U0237411

高等学校水土保持与荒漠化防治专业教材

水土保持项目管理

赵廷宁　赵永军　主编

中国林业出版社

内容提要

本书共分为 15 章，全书从水土保持项目初期的规划、项目建议书及可行性研究报告的编写、招投标，到水土保持项目中期的资金管理，施工监测、监理和管理，再到水土保持项目实施后的评价及验收，进行系统的分析和总结。全书内容详尽、文字简练、通俗易懂。

本书不仅可以作为水土保持与荒漠化防治专业学生的必修课教材或农学、林学、水利、国土、环境保护等专业学生的选修课教材，也可以作为国内培养水土保持工程管理与技术人员，开展水土保持项目管理培训使用。同时，也可供区域治理、生态环境建设领域的管理人员、技术人员学习参考。

图书在版编目（CIP）数据

水土保持项目管理/赵廷宁，赵永军主编 . —北京：中国林业出版社，2011.7
高等学校水土保持与荒漠化防治专业教材
ISBN 978-7-5038-6507-7

Ⅰ．①水…　Ⅱ．①赵…②赵…　Ⅲ．①水土保持—项目管理—高等学校—教材　Ⅳ．①S157

中国版本图书馆 CIP 数据核字（2012）第 035135 号

中国林业出版社·教材出版中心

策划编辑：牛玉莲　肖基浒　　　　责任编辑：肖基浒
电话：83282720　83220109　　　　传真：83220109

出版发行　中国林业出版社（100009　北京市西城区德内大街刘海胡同 7 号）
　　　　　E-mail：jaocaipublic@163.com　电话：(010)83224477
　　　　　http://lycb.forestry.gov.cn
经　　销　新华书店
印　　刷　北京市昌平百善印刷厂
版　　次　2012 年 7 月第 1 版
印　　次　2012 年 7 月第 1 次印刷
开　　本　850mm×1168mm　1/16
印　　张　28
字　　数　630 千字
定　　价　45.00 元

高等学校水土保持与荒漠化防治专业教材
编写指导委员会

顾　问：关君蔚（中国工程院院士）

　　　　刘　震（水利部水土保持司司长，教授级高工）

　　　　刘　拓（国家林业局防沙治沙办公室主任，教授级高工）

　　　　朱金兆（教育部高等学校环境生态类教学指导委员会主任，教授）

　　　　吴　斌（中国水土保持学会秘书长，教授）

　　　　宋　毅（教育部高等教育司综合处处长）

　　　　王礼先（北京林业大学水土保持学院，教授）

主　任：余新晓（北京林业大学水土保持学院院长，教授）

副主任：刘宝元（北京师范大学地理与遥感科学学院，教授）

　　　　邵明安（西北农林科技大学资源与环境学院原院长，中国科学院水土保持研究所所长，研究员）

　　　　雷廷武（中国农业大学水利与土木工程学院，教授）

委　员：（以姓氏笔画为序）

　　　　王　立（甘肃农业大学林学院水土保持系主任，教授）

　　　　王克勤（西南林业大学环境科学与工程系主任，教授）

　　　　王曰鑫（山西农业大学林学院水土保持系主任，教授）

　　　　王治国（水利部水利水电规划设计总院，教授）

　　　　史东梅（西南大学资源环境学院水土保持系主任，副教授）

　　　　卢　琦（中国林业科学研究院，研究员）

　　　　朱清科（北京林业大学水土保持学院副院长，教授）

　　　　孙保平（北京林业大学水土保持学院，教授）

　　　　吴发启（西北农林科技大学资源与环境学院党委书记，教授）

吴祥云(辽宁工程技术大学资源与环境学院水土保持系主任,
　　教授)

吴丁丁(南昌工程学院环境工程系主任,教授)

汪　季(内蒙古农业大学生态环境学院副院长,教授)

张光灿(山东农业大学林学院副院长,教授)

张洪江(北京林业大学水土保持学院副院长,教授)

杨维西(国家林业局防沙治沙办公室总工,教授)

范昊明(沈阳农业大学水利学院,副教授)

庞有祝(北京林业大学水土保持学院,副教授)

赵雨森(东北林业大学副校长,教授)

胡海波(南京林业大学资源环境学院,教授)

姜德文(水利部水土保持监测中心副主任,教授级高工)

贺康宁(北京林业大学水土保持学院,教授)

蔡崇法(华中农业大学资源环境学院院长,教授)

蔡强国(中国科学院地理科学与资源研究所,研究员)

秘　书:牛健植(北京林业大学水土保持学院,副教授)

张　戎(北京林业大学教务处,科长)

李春平(北京林业大学水土保持学院,博士)

《水土保持项目管理》编写人员

主　　编　　赵廷宁　赵永军

副 主 任　　许　丽　杨建英

编写人员　　(以姓氏笔画为序)

王　丽(内蒙古农业大学)

朱首军(西北农林科技大学)

许　丽(内蒙古农业大学)

李红丽(山东农业大学)

宋维峰(西南林业大学)

陈奇伯(西南林业大学)

国润才(内蒙古农业大学)

杨建英(北京林业大学)

郑子成(四川农业大学)

赵永军(水利部水土保持监测中心)

赵廷宁(北京林业大学)

郭建斌(北京林业大学)

董　智(山东农业大学)

　　随着社会经济的不断发展，人口、资源、环境三者之间的矛盾日益突出和尖锐，特别是环境问题成为矛盾的焦点，水土流失和荒漠化对人类生存和发展威胁日益加剧。据统计，世界上土壤流失每年 250 亿 t，亚洲、非洲、南美洲每公顷土地每年损失表土 30~40t，情况较好的美国和欧洲，每公顷土地每年损失表土 17t，按后者计算，每年损失的表土比形成的表土多 16 倍。而我国是世界上水土流失与荒漠化危害最严重的国家之一。全国水土流失面积 367 万 km^2，占国土总面积的 38.2%，其中水蚀面积 179 万 km^2、风蚀面积 188 万 km^2，年土壤侵蚀量高达 50 亿 t 以上。新中国成立以来，特别是改革开放后，中国政府十分重视水土流失的治理工作，投入巨大的人力、物力和财力进行了大规模的防治工作，尽管如此，但生态环境仍然十分脆弱，严重的水土流失已成为中国的头号生态环境问题和社会经济可持续发展的重要障碍。水土保持和荒漠化防治已成为我国一项十分重要的战略任务，它不仅是经济建设的重要基础、社会经济可持续发展的重要保障，也是保护和拓展中华民族生存与发展空间的长远大计，是调整产业结构、合理开发资源、发展高效生态农业的重要举措，是实施扶贫攻坚计划、实现全国农村富裕奔小康目标的重要措施。

　　近年来，国家对水土流失治理与荒漠化防治等生态环境问题给予高度重视，水土保持作为一项公益性很强的事业，在"十一五"期间，被列为中国生态环境建设的核心内容，这赋予了水土保持事业新的历史使命。作为为水土保持事业培养人才的学科与专业，如何更好地为生态建设事业的发展培养所需各类人才，是每一个水土保持教育工作者思考的问题。水土保持与荒漠化防治专业是 1958 年在北京林业大学（原北京林学院）创立的，至今在人才培养上已经历了 50 年，全国已有 20 多所高等学校设立了水土保持与荒漠化防治专业，已形成完备的教学体系，但现在必须接受经济全球化的挑战，以适应知识经济时代前进的步伐，找到适合自身发展的途径，培养特色鲜明、竞争力强的高素质本科专业人才。其中之一就是要搞好教材建设。教材是体现教学内容和教学方法的知识载体，是进行教学的基本工具，也是深化教育教学改革，全面推进素质教育，培养创新人才的重要保证。组织全国部分高校编写水土保持与荒漠化防治专业"十一五"规划教材就是推动教学改革与教材建设的重要举措。

　　由于水土保持与荒漠化防治专业具有综合性强、专业基础知识涉及面广的特点，既需要较深厚的生态学和地理科学的知识基础，又要有工程科学、生态经济学和系统工程学的基本知识和技能。因此，在人才培养计划制定中一直贯彻厚基础、宽口径、门类多、学时少的原则，重点培养学生的专业基本素质和基本技能，这有利于学生根据社会需求和个人意向选择职业，并为学生毕业后在实际工作中继续深造奠定坚实的基础。

本套教材的编写，我们一直遵循理论联系实际的原则，力求适应国内人才培养的需要和全球化发展的新态势，在吸纳国内外最新研究成果的基础上，树立精品意识。精品课程建设是高等学校教学质量与教学改革工程的重要组成部分。本套教材的编写力求为精品课程建设服务，能够催生出一批精品课程。同时，力求将以下理念融入到教材的编写中：一是教育创新理念。即以培养创新意识、创新精神、创新思维、创造力或创新人格等创新素质以及创新人才为目的的教育活动融入其中。二是现代教材观理念。传统的教材观以师、生对教材的"服从"为特征，由此而生成的对教学矛盾的解决方式表现为"灌输式"的教学关系。现代教材观是以教材"服务"师生，即将教材定义为"文本"和"材料"，提供了编者、教师、学生与真理之间的跨越时空的对话，为师生创新提供了舞台。本套教材充分体现了基础性、系统性、实践性、创新性的特色，充分反映了要强化学生的实践能力、创造能力和就业能力的培养目标，以适应水土保持事业的快速发展对人才的新要求。

本套教材不仅是全国高等院校水土保持与荒漠化防治专业教育教学的专业教材，而且也可以作为林业、水利、环境保护等部门及生态学、地理学和水文学等相关专业人员培训及参考用书。为了保证教材的质量，在编写过程中经过专家反复论证，教材编写指导委员会遴选本领域高水平教师承担本套教材的编写任务。

最后，借此机会感谢中国林业出版社和北京林业大学对本套教材编写出版所付出的辛勤劳动，以及各位参与编写的专家和学者对本套教材所付出的心血！

教育部高等学校环境生态类教学指导委员会主任　**朱金兆**　教授
高等学校水土保持与荒漠化防治专业教材编写指导委员会主任　**余新晓**　教授

2008 年 2 月 18 日

前 言

　　生态环境是人类生存的基本条件，是社会经济发展的重要基础。随着经济的发展，人类对于资源的需求急速增长，世界正面临着水土流失、土地沙化、环境污染等一系列生态危机。各种自然灾害频发，严重威胁着人类生存和社会经济的可持续发展。改善生态环境，努力开创生产发展、生活富裕和生态良好的文明发展道路，促进人与自然的和谐发展，是中国实现可持续发展的重大使命。

　　改革开放以来，党和国家领导人高度重视水土保持事业。1991 年 6 月，颁布了《中华人民共和国水土保持法》，将水土保持提高到了国家法律层面。1993 年，国务院发布《关于加强水土保持工作的通知》，强调"水土保持是山区发展的生命线，是国土整治、江河治理的根本，是国民经济和社会发展的基础，是我们必须长期坚持的一项基本国策"。实践证明，开展水土保持工作是社会生态和经济可持续发展的重要途径。2010 年 12 月，十一届全国人大常委会第十八次会议表决通过了修改后的《水土保持法》，完善了水土保持法律责任种类，提高了处罚力度，增强了可操作性，提升了法律的威慑力。

　　随着我国开发建设项目、生态建设和保护进程的加快，特别是西部大开发战略的实施，开发建设项目等日益增多，进行项目管理规范工程建设、保障工程效益、保证资金安全、为宏观决策提供技术支持就成为了重中之重的工作。为此，国家逐步强化了对开发建设项目、生态建设工程的规范化管理。国务院于 2000 年 1 月发布了《建设工程质量管理条例》；水利部于 2006 年 5 月印发了《水土保持规划编制规程》（SL 335—2006），2008 年 11 月印发了《开发建设项目水土保持设施验收技术规程》（GB/T 22490—2008），2009 年 9 月印发了《水土保持工程项目建议书编制规程》（SL 447—2009）、《水土保持工程可行性研究报告编制规程》（SL 448—2009）、《水土保持工程初步设计报告编制规程》（SL 449—2009）等，对水土保持生态建设工作提出了新的、更高的要求。

　　为大力推动水土保持项目管理的规范化进程，保证水土保持项目的顺利进行，提高水土保持项目的质量和效益，我们在重点参考引用《开发建设项目水土保持方案技术规范》（GB 50433—2008）、《开发建设项目水土保持方案管理办法》（水保〔1994〕513 号）、《水土保持综合治理 验收规范》（GB/T 15773—2008）、《开发建设项目水土流失防治标准》（GB/T 50434—2008）、《水土保持工程项目建议书编制规程》（SL 447－2009）等相关条例和标准的基础上，通过全面收集各种水土保持项目管理文件和案例，系统分析和总结其中的失败教训和成功经验，经过深入调查研究和审查评估，组织相关专家学者编写了水土保持项目管理。

本书纲要由北京林业大学赵廷宁教授、水利部水土保持监测中心教授级高工赵永军处长、内蒙古农业大学许丽教授、北京林业大学杨建英副教授等经过多次讨论修改而定。全书共分15章，第1章由北京林业大学教授赵廷宁和水利部水土保持监测中心教授级高工赵永军处长编写；第2章由西南林业大学教授陈奇伯编写；第3章由北京林业大学副教授郭建斌编写；第4章由内蒙古农业大学王丽副教授编写；第5章由西北农林科技大学副教授朱首军编写；第6章由四川农业大学副教授郑子成编写；第7章由内蒙古农业大学副教授国润才编写；第8章、第11章、第13章和第15章由内蒙古农业大学许丽教授、北京林业大学杨建英副教授编写；第9章由山东农业大学副教授李红丽编写；第10章由西南林业大学副教授宋维峰编写；第12章由北京林业大学副教授杨建英编写；第14章由山东农业大学副教授董智编写。全书从水土保持项目初期的规划、项目建议书及可行性研究报告的编写、招投标，到水土保持项目中期的资金管理，施工监测、监理和管理，再到水土保持项目实施后的评价及验收，内容详尽、文字简练、通俗易懂。

该书不仅可以作为水土保持与荒漠化防治专业学生的必修课教材或农学、林学、水利、国土、环境保护等专业学生的选修课教材，也可以作为国内培养水土保持工程管理与技术人员，开展水土保持项目管理培训使用，对各级政府、事业单位、企业优化管理水土保持项目具有指导意义。同时，也可供区域治理、生态环境建设领域的管理人员、技术人员学习参考。

在本教材的编写过程中，引用了大量的论文、专著和相关标准、条例，在此谨向文献的作者们致以深切的谢意。限于我们的知识水平和实践经验，缺点、遗漏甚至谬误在所难免，热切希望各位读者提出批评，以期本书内容的逐步完善和水平的不断提高。

编　者

2012 年 3 月

目　录

第 1 章

水土保持项目管理概述

1.1 项目及项目管理

1.1.1 项目及其特点

1.1.1.1 项目的含义及其特点

项目的含义一般是对项目特征的描述，它是指在一定约束条件下，具有特定目标的一次性任务。在社会生活中，符合该含义的事物是非常普遍的。例如，各类科研项目、治理环境污染的环保项目、建设一座水库或淤地坝的工程建设项目等，项目已渗入社会生活的各个领域。

项目作为被管理的对象，具有以下特点：

（1）任务的一次性

它是指任何项目都有自己的任务、内容、完成的过程和最终的成果，不会完全相同。项目不同于工业生产的批量性和生产过程的重复性，每个项目都有自己的特点，每个项目互不相同。认识项目任务的一次性，有助于针对项目的特殊情况和要求进行有效、科学的管理。

（2）目标的特定性

任何项目都有自己的特定目标，围绕这一特定目标形成其约束条件，必须在约束条件下完成目标。一般来讲，约束条件为限定的时间、限定的质量和限定的投资（工程项目还应有限定的空间要求）。这就要求项目实施前必须进行周密的策划，比如规定总体工作量和质量标准、时间界限、空间界限、资源（人力、资金、材料、设备等）的消耗限额等。项目实施过程中的各项工作都是为完成项目的特定目标而进行的。

（3）项目的系统性

在现代社会中，一个项目往往由多个单体组成，同时又要求多个单位共同协作，由多个在时间和空间上相互影响和制约的活动构成。每一个项目在作为母系统的同时，又是更大母系统中的子系统，这就要求在项目运作中，必须全面、动态、统筹兼顾地分析处理问题，用系统的观念指导项目管理工作。

1.1.1.2 工程项目的含义及其特点

工程项目是指为达到预期的目标，投入一定量的资本，在一定的约束条件下，经过决策与实施的必要程序从而形成固定资产的一次性事业。工程项目是最常见、最典型的项目类型，它属于投资项目中最重要的一类，是一种既有投资行为又有建设行为的项目的决策与实施活动。一般来讲，投资与建设是分不开的：投资是项目建设的起点，没有投资就不可能进行建设；而没有建设行为，投资的目的也无法实现。所以，建设过程实质上是投资的决策和实施过程，是投资目的的实现过程，是把投入的货币转换为实物资产的经济活动过程。

从管理角度看，一个工程项目应是在一个总体设计及总概算范围内，由一个或者若干个互有联系的单项工程组成，建设中实行统一核算、统一管理的投资建设项目。工程项目一般具有以下特点：

（1）建设目标的明确性

任何工程项目都具有明确的建设目标，包括宏观目标和微观目标。政府有关部门主要审核项目的宏观经济效果、社会效果和环境效果；企业则较多重视项目的盈利能力等微观财务目标。

（2）建设目标的约束性

工程项目实现其建设目标，要受到多方面条件的制约：①时间约束，即工程要有合理的工期时限；②资源约束，即工程要在一定的人、财、物力条件下完成；③质量约束，即工程要达到当期的生产能力、技术水平、产品等级的要求；④空间约束，即工程要在一定的施工空间范围内通过科学合理的方法来组织完成。

（3）建设的一次性和不可逆性

工程项目建设地点一次性确定，建成后不可移动。设计的单一性，施工的单件性，使得它不同于一般商品的批量生产，一旦建成，要想改变非常困难。

（4）影响的长期性

工程项目一般建设周期长，投资回收期长，工程寿命周期长，工程质量影响久远。

（5）投资的风险性

由于工程项目建设是一次性的，建设过程中各种不确定因素很多，因此，投资的风险性很大。

（6）管理的复杂性

工程项目的内部结构存在许多结合部，是项目管理的薄弱环节，使得参加建设的各单位之间的沟通、协调较为困难，也是工程实施中容易出现事故和质量问题的地方。

1.1.2　项目的分类

1.1.2.1　一般工程项目的分类

工程项目种类繁多，为便于科学管理，需要从不同角度作出分类。

（1）根据投资的再生产性质划分

工程项目按投资的再生产性质可分为基本建设项目和更新改造项目，新建、扩建、改建、迁建、重建等项目属于基本建设项目，由发展和改革行政主管部门负责；而技术改造、技术引进、设备更新等项目属于更新改造项目，由财政部门或商务行政主管部门负责。

①新建项目　指从无到有，新开始建设的项目，即在原有固定资产为零的基础上投资建设的项目。按国家规定，若建设项目原有基础很小，扩大建设规模后，其新增固定资产价值超过原有固定资产价值3倍以上的，也可算作新建项目。

②扩建项目　指企业、事业单位在原有基础上投资扩大建设的项目。如在企业原场地范围内或其他地点为扩大原有产品的生产能力或增加新产品的生产能力而建设的主要生产车间，独立的生产线或总厂下的分厂，事业单位和行政单位增建的业务用房（如办公楼、病房、门诊部等）。

③改建项目　指企业、事业单位对原有设施、工艺条件进行改造的项目。我国规定，企业为消除各工序或各车间之间生产能力的不平衡，增建或扩建的不直接增加本企业主要产品生产能力的车间为改建项目。现有企业、事业、行政单位增加或扩建部分辅助工程和生活福利设施（如职工宿舍、食堂等）并不增加本单位主要效益的，也称为改建工程。

④迁建项目　指原有企业、事业单位，为改变生产力布局，迁移到异地建设的项目，不论其建设规模是企业原来的还是扩大的，都属于迁建项目。

⑤重建项目　指原有企业、事业单位，因自然灾害、战争等原因，使已建成的固定资产的全部或部分报废以后又投资重新建设的项目。但是尚未建成投产的项目，因自然灾害损坏再重建的，仍按原项目看待，不属于重建项目。

⑥技术改造项目　指企业采用先进的技术、工艺设备和管理方法，为增加产品品种、提高产品质量、扩大生产能力、降低生产成本、改善劳动条件而投资建设的改造工程。

⑦技术引进项目　是技术改造项目的一种，少数是新建项目，主要特点是由国外引进专利、技术许可证和先进设备，再配合国内投资建设的工程。

（2）根据建设规模划分

根据国家规定的标准，基本建设项目可划分为大型、中型和小型项目，技术改造项目可分为限额以上项目和限额以下项目。

①按投资额划分的基本建设项目，属于工业生产性项目中的能源、交通、原材料部门的工程项目，投资额达到5 000万元以上为大中型项目；其他部门和非工业建设项目，投资额达3 000万元以上为大中型项目。

②按生产能力或使用效益划分的建设项目，以国家对各行业的具体规定作为标准。

③更新改造项目按投资额标准划分，5 000万元以上（含5 000万元）的能源、交通、原材料工业项目及3 000万元以上（含3 000万元）的其他项目为限额以上项目；其他为限额以下项目。

（3）根据建设阶段划分

可将建设项目分为：①预备项目（投资前期项目）或筹建项目；②新开工项目；③

施工项目;④续建项目;⑤投产项目;⑥收尾项目;⑦停建项目等。

（4）根据投资建设的用途划分

①生产性建设项目 指用于物质产品生产的建设项目，如工业项目、运输项目、农田水利项目和能源项目。

②非生产性建设项目 指满足人们物质文化生活需要的项目。非生产性项目可分为经营性项目和非经营性项目。

（5）根据资金来源划分

可将建设项目分为①国家预算拨款项目；②国家拨改贷项目；③银行贷款项目；④企业联合投资项目；⑤企业自筹项目；⑥利用外资项目；⑦外资项目。国际援助资金项目实行双重管理，例如，JICA项目、欧盟援助项目等；贷款项目按国际项目管理要求进行，例如，世界银行贷款项目等。

1.1.2.2 水土保持项目分类

（1）水土保持生态建设项目

水土保持生态建设项目是以流域或区域为单元实施的水土流失综合治理工程，一般由国家投资。水土保持生态建设工程纳入了基本建设管理程序，要求强化施工管理，特别是质量评定和控制工作。

1983年以来，为带动水土保持生态建设项目的开展，国家投资相继开展了八片国家水土流失重点治理工程、长江上游水土保持重点治理、黄土高原水土保持世界银行贷款项目、京津风沙源治理水土保持工程、首都水资源可持续利用规划水土保持工程、国家农业综合开发水土保持工程、中央预算内资金水土保持项目、东北黑土区水土流失综合防治试点工程、珠江上游南北盘江石灰岩地区水土保持综合治理试点工程、黄土高原地区水土保持淤地坝工程等一批由水行政主管部门开展的国家水土保持生态项目。

水土保持生态建设项目可分为小流域综合治理工程、坡耕地水土流失综合治理工程、淤地坝工程和崩岗治理工程4类，具有以下特点：

①以治理水土流失，改善农业生产条件和生态环境为目标，人工治理与生态自我修复相结合，促进农村产业结构调整和区域经济社会可持续发展。②工程建设参照基本建设程序管理，按项目区组织实施，严格立项审批，按设计施工，按标准验收。③项目区在《全国水土保持生态环境建设规划》及所在流域或省（自治区、直辖市）确定的重点治理区范围内。④工程建设实行中央、省、地（市）、县分级管理。例如，国家水土保持重点建设工程（原八片水土保持重点工程）由水利部和财政部联合组织实施，实行中央、省、地、县分级管理。

（2）开发建设项目水土保持工程

开发建设项目水土保持工程是指在建设或生产过程中，可能引起水土流失的公路、铁路、机场、港口、码头、水工程、电力工程、通信工程、管道工程、国防工程、矿产和石油天然气开采及冶炼、工厂建设、建材开采、城镇新区建设、地质勘探、考古、滩涂开发、生态移民、荒地开发、林木采伐等项目防治水土流失的工程。

开发建设项目水土保持方案由水行政主管部门审批，项目建设单位组织实施。按《中华人民共和国水土保持法》（以下简称《水土保持法》）的规定，水土保持工程要与主体工程同时设计、同时施工、同时投产使用。

（3）水土保持国际合作项目

例如，JICA项目、水土保持欧援项目均属于水土保持国际合作项目。

（4）其他相关项目

我国水土流失面广量大，急需得到治理的水土流失面积超过$200 \times 10^4 \text{km}^2$，加之水土保持是一个多领域、跨区域、长时期、高难度的社会系统工程，单靠国家每年的专项治理资金难以满足治理任务与形势发展的要求。不少地方、企业、社会团体及个人积极参与，加大了治理力度和进度。主要包括以机关团体、厂矿企事业单位、城乡居民、个体工商户及私营企业以承包、租赁、股份合作、拍卖"四荒"使用权等形式，获得对土地治理开发的权益，主要集中在陕西、内蒙古、山西、河南、河北等6省（自治区）。

1998年之后，国家相关部门也加大对生态环境的投入和建设力度，陆续开展了退耕还林、以工代赈、退牧还草和国土整治等生态建设项目，促进了生态建设工作。

1.1.3 项目的周期

工程项目周期，是指一个工程项目由筹划立项开始，直到项目竣工投产，收回投资，达到预期投资目标的整个过程。这个过程对每个项目来说是一次性的，而对整体来说，则是依次连接、周而复始地进行的一个循环过程。

按照项目自身的运动规律，工程项目将顺序经过投资前期，然后进入投资建设期，最后进入生产运行期，每一个时期又分为若干阶段。不同时期、不同阶段需要投入的资源不同，目标和任务也不同，因此管理内容、要求和特性不同。

我国改革开放以来，总结以往的经验教训，在利用外资的同时，吸收国外项目周期理论和方法，根据我国的工程建设实际，重新开始了科学的项目周期探索。在原来投资建设程序上，逐步改进和发展，形成了目前的投资前期—投资建设期—生产运行期3个时期多个环节的项目周期。

1.1.3.1 投资前期

投资前期指从投资意向形成到项目评估决策这一时期。其中心任务是对工程项目进行科学论证和决策，是项目管理的关键时期。项目的成立与否、规模大小、产品的市场前景、资金来源和利用方式、技术与设备选择等重大问题，都要在这一阶段完成，它是项目的研究决策时期，该时期分为以下3个阶段：

（1）项目选择——投资机会研究

投资机会研究是对项目内容的预见性描述和概括，目的是找准投资领域和方向。投资机会研究主要是市场需求研究和资源研究，要将投资意向构思成项目概念。

（2）立项——项目建议书或可行性研究

使用政府性资金、国家机关的基本建设项目、城镇基础设施建设项目或经济适用住房、学生公寓等政策类项目，项目建议书是立项环节，实行审批制。对不使用政府性资金投资建设的其他项目，可行性研究阶段是立项环节，分别实行核准制或备案制。

项目建议书是投资机会研究的具体化，它以书面形式阐述项目建设的理由和依据。项目建议书通过之后，还需继续做工程可行性研究、初步设计等工作。

可行性研究是投资前的关键环节，它要对项目进行科学的、客观的、详细的研究论证，提出可行性研究报告，作为项目评估和决策的依据。

（3）项目评估与决策

项目评估是对项目建议书或可行性研究报告的真实性、可靠性进行的评价，是项目决策的最后依据。

1.1.3.2 投资建设期

投资建设期是项目决策后，从项目选址到项目竣工验收、交付使用这一时期。其主要任务是通过投资建设使项目成为现实，一般要形成固定资产。投资建设期包括以下6个阶段：

（1）项目选址

从宏观上，要考虑国家、地区的发展规划，产业布局，产业之间的关联状况，地区产业的聚集程度，以及城市建设规划和环境保护等因素；从项目自身需要看，要考虑厂址的自然状况、原材料供应、地质、水文、气候、交通运输条件、燃料动力供应、土地资源等条件。项目选址是否适宜对项目的建设和投产后的生产经营活动会产生重大影响。

（2）项目设计

工程项目一般要下达设计任务书，根据设计任务书进行初步设计和施工图设计。初步设计是项目可行性研究的继续和深化，施工图设计是建设施工的依据。

（3）制订年度建设计划

一般来说，工程项目要跨年度实施，因此，通常以年为单位制订建设计划。

（4）施工准备与施工

施工准备的主要内容有：设备和建筑材料的订货与采购，根据施工图纸、施工组织设计和施工图预算，组织建筑工程的招标，以及征地、拆迁等工作。施工是把项目设计图纸变成为实物的关键环节，为保证施工的顺利进行和施工质量，在正式开工之前要认真审查施工的准备工作和施工条件，然后提出开工报告，经主管部门批准，才能动工兴建。工程施工结束后要进行竣工验收。

（5）生产准备

为使工程项目建成投产后能正常运转并达到设计水平，必须在竣工验收之前做好各项生产准备工作。生产准备工作主要包括：按进度计划培训管理人员和生产工人，组织人员参加设备的安装、调试、熟悉生产工艺流程和操作。

（6）竣工验收，交付使用

竣工验收的目的，是为了保证工程项目建成后能达到设计要求的各项技术经济指标。竣工验收一般是先进行单项工程竣工验收，然后进行全部工程整体验收。验收合格后，办理固定资产交付使用和转账手续。

1.1.3.3　生产运行期

项目交付使用之后，便进入生产运行期。经过生产运行可实现项目的生产经营目标，归还贷款，收回投资，并产生资金增值以便使再生产继续进行。这一时期包括以下工作：

（1）项目后评价

项目后评价是在经过一段时间的生产运行之后，对项目的立项决策、设计、竣工验收、生产运营全过程进行总结评价，以便总结经验，解决遗留问题，提高工程项目的决策水平和投资效果。

（2）实现生产经营目标

它包括尽快生产出合格的产品，并达到设计所规定的生产能力，按计划实现年利润指标。这里最重要的是做好产品的市场开发。

（3）资金回收与增值

项目能否按计划归还贷款、收回投资并达到资金增值的目的，是项目建设的根本出发点。

1.1.4　项目的内部构成及外部关联

1.1.4.1　项目的内部构成

工程项目内部由单项工程、单位工程、分部工程和分项工程等系统构成。

（1）单项工程

单项工程一般是指具有独立设计文件，建成后可以单独发挥生产能力或效益的一组配套齐全的工程项目。单项工程从施工的角度看也就是一个独立的系统，在工程项目总体施工部署和管理目标的指导下，形成自身的项目管理方案和目标，按其投资和质量的要求，如期建成交付生产和使用。一个工程项目有时包括多个单项工程，但也可能仅有一个单项工程。

单项工程的施工条件往往具有相对的独立性，因此一般单独组织施工和竣工验收。单项工程体现了工程项目的主要建设内容和新增生产能力或工程效益的基础。

（2）单位工程

单位工程是指具有独立的设计文件，可独立组织施工但建成后不能独立发挥生产能力或工程效益的工程。一个单位工程可以是一个建筑工程或设备与安装工程，故又称建安工程。

①建筑工程　按组成的性质与作用分为：一般土建工程，包括建筑物与构筑物的各种结构工程；特殊构筑物工程，包括各种设备的基础、烟囱、桥涵、引水工程等；工业管道工程，如蒸汽、输油、压缩空气、煤气等的管道工程；电气照明工程，包括室内外照明设备的安装、线路铺设、变电和配电设备的安装工程等。

②设备安装工程　如各种加工设备、动力设备的安装工程等。

每一个单位工程可进一步划分为若干个分部工程。

（3）分部工程

分部工程是建筑物按单位工程部位划分的组成部分，即单位工程的进一步分解。一般工业或民用建筑工程划分为地基与基础工程、主体工程、地面与楼面工程、建筑设备安装工程、装修工程、屋面工程 6 个部分，其相应的建筑设备安装工程由建筑采暖工程与煤气工程、建筑电气安装工程、通风与空调工程、电梯安装工程组成。

（4）分项工程

分项工程一般是按工种工程划分，也是形成建筑产品基本部构件的施工过程，例如钢筋工程、模板工程、混凝土工程、砌砖工程、木门窗制作等。分项工程是建筑施工生产活动的基础，也是计量工程用工用料和机械台班消耗的基本单元。分项工程是工程质量形成的直接过程。分项工程既有其作业活动的独立性，又有相互联系、相互制约的整体性。

另外，按照工程的性质和作用，工业建设项目还可分为主要生产系统，附属、辅助生产系统，以及行政办公与生活福利设施系统等。

1.1.4.2　项目的外部关联

一个工程项目的建设，是一项有计划有组织的系统活动，也是人的劳动和建筑材料、构配件、机具设备、施工技术方法以及工程环境条件等有机结合的过程。因此，从物质生产角度看，就是劳动主体和劳动手段、劳动资料的结合过程。这就必然涉及建筑市场，包括建设工程市场和建筑生产要素市场的各方主体，通过一定的交易方式形成以经济合同（包括工程勘察设计合同、施工承发包合同、工程技术物资采购供应合同等）为纽带的种种经济关系或责权利关系，从而构成了工程项目和其外部各相关系统的关联关系。正确认识、把握和处理好这些关系，对于工程项目管理显然是十分必要的。

（1）项目业主

项目业主，即项目的投资者，由业主代表组成项目法人机构、取得项目法人资格。从投资者的利益出发，根据建设意图和建设条件，对项目投资和建设方案做出既要符合自身利益，又要适应建设法规和政策规定的决策，并在项目的实施过程中履行业主应尽的责任和义务，为项目的实施创造必要的条件。业主的决策水平、业主行为的规范性等，对一个项目的建设有着重要的作用。

（2）项目使用者

非生产性建设项目，包括公共项目、办公楼宇、民用住宅等，既作为广义的物质手段，又作为人们生活的消耗资料，因此，其使用者对工程项目使用功能和质量要求，随着社会生产力的发展和经济水平的提高，也会发生新的变化。即工程项目质量的潜在需要是发展变化的，这对工程项目的策划、决策、设计以及施工质量的形成过程提出了更高的要求，从质量管理的思想来说，要把"用户第一"作为基本的指导方针，并且以使用者的最终评价作为工程建设质量评价的重要依据。

（3）研究单位

一个工程项目的实施，往往也是新技术、新工艺、新材料、新设备，以及新的管理思想、方法和手段等自然科学和社会科学最新成果转化为社会生产力的过程。因此，研究机构是工程项目的后盾，它为项目的建设策划、决策、设计、施工等各个方面，提供社会化的、直接或间接方式的技术支援。无论在项目运行的哪个阶段，项目管理者都必须充分重视社会生产力发展的最新动向和最新成果的应用，它不但对项目的投资、质量、进度目标产生积极的影响和作用，而且对项目建成后的生产运营、使用和社会效益都有极为重要的影响。

（4）设计单位

设计单位是将业主的建设意图、政府建设法律法规要求、建设条件作为输入，通过智力的投入进行项目方案的综合创作，编制出用以指导项目活动设计文件的机构。设计联系着项目决策和项目建设施工两个阶段，设计文件既是项目决策方案的体现，也是项目施工方案的依据。因此，设计过程是确定项目总投资目标和项目质量目标的过程，包括建设规模、使用功能、技术标准、质量规格等。设计先于施工，然而设计单位的工作还责无旁贷地延伸于施工过程，指导并处理施工过程可能出现的设计变更或技术变更，确认各项施工结果与设计要求的一致性。

（5）施工单位

施工单位是以承建工程施工为主要经营活动的建筑产品生产者和经营者。在市场经济体制下，施工单位通过工程投标竞争取得承包合同后，以其技术和管理的综合实力，通过制定经济合理的施工方案，组织人力、物力和财力进行工程的施工安装作业活动，以求在规定工期内，全面完成质量符合发包方标准的施工任务。通过工程移交，取得预期的经济效益，实现其生产经营目标。因此，施工单位是将工程项目的建设意图和目标转变成具体工程目的物的生产经营者，是一个项目实施过程的主要参与者。

（6）生产厂商

生产厂商包括建筑材料、构配件、工程用品与设备的生产厂家和供应商。他们为项目实施提供生产要素，其交易过程，产品质量、价格，服务体系等，直接关系到项目的投资、质量和进度目标。通过市场机制配置建设资源，是项目管理按经济规律办事的重要方面。在项目管理目标的制订、物资资源的询价、采购、签订合约和供应过程中，都必须充分注意到生产厂商与工程项目之间的这种技术、经济上的关联性对项目实施的作用和影响。

（7）建设监理单位

我国实行建设监理制，社会监理单位是指依法登记注册取得工程监理资质，承接工程监理任务，为项目法人提供高层次项目管理咨询服务，站在第三方角度实施工程项目管理的经济组织。其工作包括项目策划和投资决策阶段的咨询服务和项目实施阶段的合同管理、信息管理和项目目标控制。因此，监理单位的水平和工作质量，对项目建设过程的作用和影响也是非常重要的。

（8）政府主管与质量监督机构

建筑产品具有强烈的社会性，政府代表社会公众利益，对建设行为要进行依法监督与管理，以保证工程建设的规范性及其质量标准。政府主管部门通过执行基本建设程序，对建设立项、规划、设计方案进行审查批推；政府主管部门派出工程质量监督站，实施工程施工质量监督。因此，在工程项目的决策和实施过程中，工程项目建设单位和政府主管部门及其派出机构等的联络沟通是非常密切的。在执行建设法规和质量标准方面取得政府主管部门的审查认可，是工程项目管理过程必须遵守的规矩，不能疏忽和违背。

（9）质量检测机构

在工程建设领域，国家实行"政府监督、社会监理、企业自检"的质量保障体系。国家对工程质量实施监督检测制度，由国家技术监督部门认证批准的国家级，省、自治区、直辖市级，以及地区级工程质量检测中心，按其资质依法受委托承担有关工程质量的检测试验工作，出具有关检测试验报告，为工程质量的认定和评价、质量事故的分析和处理和质量争端的调解及仲裁等提供科学的测试数据和有权威性的证据。由此可知，工程项目和质量检测机构同样也有密切的关系。

（10）地区与社会

工程项目与所在地区有许多系统的接口配套，需要有关部门的协作配合才能得以妥善安排和解决，如项目内部交通与外部的衔接、供电、供气、给水、排水、消防、环卫、通信等，都必须和市政管理的有关方面进行联络、沟通和协商，使项目的各个子系统能够按照规定的要求和流程，与外部相应系统进行衔接，为项目提交生产或使用创造运行条件。

此外，在工程项目的全面施工过程中，还必须得到周边近邻单位，包括附近居民及过往人员、车辆等方方面面的配合与理解，以创造良好的、安全的施工环境，这都需要在项目管理中充分注意公共关系并做好沟通协调工作。

1.1.5 项目管理的含义

1.1.5.1 项目管理的含义

项目管理是为使项目取得成功（实现所要求的质量、所规定的时限、所批准的费用预算）所进行的全过程、全方位的规划、组织、控制与协调。项目管理具有以下特征：

（1）复杂性

项目一般由多个部分组成，工作跨越多个组织，需要运用多学科的知识来解决问题；通常很少有以往的经验可以借鉴，而且其中有许多未知因素，每个因素又常常带有不确定性，还需要项目组织在严格的约束条件下实现项目的目标。这些因素决定了项目管理的复杂性，它往往超过一般重复性管理工作。

（2）创造性

由于项目具有一次性的特点，故项目管理必须具有创造性，这是与一般重复性管理工作的主要区别。

（3）组织性

一个项目进行过程中，可能会出现这样或那样的问题，这些问题又往往是贯穿于各组织部门的，而要解决这些问题就要求这些不同的部门做出迅速而关联的反应。因此，进行项目管理需要建立围绕专一任务进行决策的机制和相应的项目管理组织。

（4）项目经理的重要性

项目管理的一个基本准则就是把项目委托给一个人，这个人就是项目经理。项目经理要对项目目标的实现负责，他有权独立进行计划、资源分配、协调和控制。

1.1.5.2 工程项目管理的含义

工程项目管理是指为使工程项目在一定的约束条件下取得成功，对项目的所有活动实施决策与计划、组织与指挥、控制与协调、教育与激励等一系列工作的总称。工程项目管理具有决策与计划、组织与指挥、控制与协调、教育与激励等重要职能，这一点在工程项目管理实践中已得到深刻的体现。

（1）决策与计划

决策是计划的重要依据之一，是决策者对工程项目有关的重大问题所做出的选择和决定。计划，就是根据决策情况，制订科学的奋斗目标，来指导项目的各项施工生产经营活动。计划要有明确规定需要达到的目标，以及完成目标所采取的措施和方法，实施的地点、时间和负责人，需要消耗的原材料，可能实现的效果等。一个工程项目若没有正确的决策和科学的计划，就不可能实现其目标。

（2）组织与指挥

组织就是根据计划目标，合理安排人力、物力和财力，把工程项目的各个方面、各个阶段，按计划的要求严密地组织起来，使计划规定的措施方法落实到每个部门、每个环节乃至每一个成员。指挥就是为达到计划目标而实行的有效的领导，使工程项目的各个职能部门和各个基层单位都能按照一个统一的意志协调地、有秩序地运行。

（3）控制与协调

控制就是通过信息反馈系统，对工期目标、质量目标、成本目标及其他目标和实际完成情况及时进行对比，发现问题，立即采取措施加以解决。所谓协调就是及时调整解决各个过程、各个环节和各职能部门之间的矛盾，做到人尽其才，物尽其用，以期达到工程项目的目标。

（4）教育与激励

进行有效的思想政治工作，坚持精神鼓励和物质鼓励相结合的原则，调动广大职工的积极性、创造性，共同为实现项目的总目标而努力。

上述各种具体职能是一个紧密联系的有机整体，共同围绕工程项目这个中心发挥其各自的独立作用。通过决策与计划，明确奋斗目标；通过组织与指挥，实现项目的有效运转；通过控制与协调，建立正常的秩序，及时解决不协调因素；通过教育与激励，调动职工积极因素，从而保证工程项目既定目标顺利实现。

1.2　水土保持项目管理的含义

水土保持项目管理是指在水土保持项目建设中，利用工程项目管理的原理、方法、手段，针对水土保持项目建设活动的特点，对水土保持项目建设的全过程、全方位进行科学管理和全面控制，最优地实现水土保持项目建设的投资和成本目标、工期目标及质量目标。

1.2.1　水土保持项目资质管理

1.2.1.1　水土保持规划设计资质的管理

工程设计资质由建设部归口管理，分为工程设计综合资质、工程设计行业资质、工程设计专业资质、工程设计专项资质 4 类。当前，水土保持与水库枢纽、引调水、灌溉排涝、河道整治、城市防洪、围垦、水文设施等专业一起形成水利行业设计资质，分甲、乙、丙三级管理。编制水土保持工程初步设计报告需要相应等级的设计资质。具体信息可在中国水利水电勘测设计协会查询。

1.2.1.2　水土保持方案编制资质的管理

为保证水土保持方案编制的质量，水利部于 1995 年颁布了部门规章，明确编制水土保持方案的机构和单位必须持有水利部及省级水行政主管部门颁发的水土保持方案编制资格证书。2008 年，按国务院关于水土保持方案编制资质证书转变管理方式的要求，水利部将此项职责转交中国水土保持学会管理（水利部水保〔2008〕329 号）。从事水土保持方案编制的单位，应申请加入中国水土保持学会，成为学会的团体会员单位；按照管理办法取得《水土保持方案编制资格证书》（以下简称"资格证书"）；并在资格证书等级规定的范围内从事水土保持方案编制业务。

水土保持方案编制资格证书分为甲、乙、丙 3 个等级。持甲级资格证书的单位，可承担各级立项的生产建设项目水土保持方案的编制工作；持乙级资格证书的单位，可承担所在省级行政区省级及以下立项的生产建设项目水土保持方案的编制工作；持丙级资格证书的单位，可承担所在省级行政区市级及以下立项的生产建设项目水土保持方案的编制工作。具体信息可在中国水土保持学会网站查询。

1.2.1.3　水土保持工程建设监理资质的管理

从 2000 年开始，水利部发文推行了水土保持监理工作，并设立了水土保持监理资质，2003 年又专门颁发了资质管理的暂行办法。2006 年，水利部出台第 28 号令、第 29 号令，正式明确了水土保持监理资质要求。使用政府性资金 200 万元以上的防洪、排涝、灌溉、水力发电、引（供）水、滩涂治理、水土保持、水资源保护等各类水利工程（包括新建、扩建、改建、加固、修复、拆除等项目）及其配套和附属工程，以及水土保持工程投资在 200 万元以上的各类生产建设项目，必须实行水利监理。水利监理分为水利工程施工监理、水土保持工程施工监理、机电及金属结构设备制造监理和水利工程建设环境保护监理 4 个专业，人员资质分为总监理工程师、监理工程师和监理员 3 类，由中国水利工程协会管理；单位资质甲、乙、丙三级，由水利部评审委员会管理。

水土保持工程施工监理专业资质等级可以承担的业务范围如下：甲级可以承担各等级水土保持工程的施工监理业务；乙级可以承担Ⅱ等及以下各等级水土保持工程的施工监理业务；丙级可以承担Ⅲ等水土保持工程的施工监理业务。同时具备水利工程施工监理专业资质和乙级以上水土保持工程施工监理专业资质的，方可承担淤地坝中的骨干坝施工监理业务。其中，水土保持工程等级划分标准如下：

Ⅰ等：$500 km^2$ 以上的水土保持综合治理项目；总库容 $100 \times 10^4 m^3$ 以上、小于 $500 \times 10^4 m^3$ 的沟道治理工程；征占地面积 $500 hm^2$ 以上的开发建设项目的水土保持工程。

Ⅱ等：$150 km^2$ 以上、小于 $500 km^2$ 的水土保持综合治理项目；总库容 $50 \times 10^4 m^3$ 以上、小于 $100 \times 10^4 m^3$ 的沟道治理工程；征占地面积 $50 hm^2$ 以上、小于 $500 hm^2$ 的开发建设项目的水土保持工程。

Ⅲ等：小于 $150 km^2$ 的水土保持综合治理项目；总库容小于 $50 \times 10^4 m^3$ 的沟道治理工程；征占地面积小于 $50 hm^2$ 的开发建设项目的水土保持工程。

监理工程师考试和监理单位资质申请，原则上每年进行一次，可在水利部网站进行查询。

1.2.1.4　水土保持监测资质的管理

为加强对水土保持监测工作的管理，根据《水土保持生态环境监测网络管理办法》（水利部令第 12 号）的规定，水利部于 2003 年 5 月制定并印发了《水土保持监测资格证书管理暂行办法》，2005 年 7 月进行了修改，2010 年以部门规章形式修改发布。

凡从事水土保持监测工作的单位，必须取得《水土保持监测资格证书》；凡从事水土保持监测工作的技术人员，必须通过水利部组织的监测人员上岗技术培训，持《水土保持监测人员上岗证书》开展工作。

水土保持监测资格证书分为甲、乙 2 个等级。甲级持证单位可以在全国范围内承担各类项目水土保持监测工作，乙级持证单位可以在本省范围内承担省级以下项目的监测工作。具体信息可在中国水土保持监测网查询。

1.2.2　水土保持项目申报与审批

1.2.2.1　水土保持生态建设项目申报与审批

（1）前期程序

党中央、国务院高度重视水土保持生态建设，从我国经济社会可持续发展和国家生态安全的战略高度，把水土保持作为西部大开发战略和全面建设小康社会的重要内容。近年来，国家在继续实施长江上中游、黄河中上游和全国八片水土保持重点防治工程的同时，又先后实施了京津风沙源治理工程、首都水资源可持续利用水土保持工程、国家农业综合开发水土保持工程、中央财政预算内专项资金水土保持项目、东北黑土区水土流失综合防治试点工程、珠江上游南北盘江石灰岩地区水土保持综合治理试点工程、黄土高原水土保持淤地坝工程、治淮骨干工程水土保持建设项目、丹江口库区水土保持工程、云贵鄂渝水土保持世行贷款项目、岩溶地区石漠化综合治理工程等一批重点建设项目，水土保持重点工程建设的力度不断加大。各级水利部门加强项目管理，认真组织实施，积极探索与推行符合水土保持工程特点的建设机制和管理制度，提高了工程建设的质量、效益与速度，全国水土保持生态建设取得重要进展。

随着我国经济社会的发展，对水土保持生态建设提出了新的更高的要求。为进一步加强与规范水土保持重点工程建设与管理，充分发挥投资效益，确保工程建设质量，水利部相继颁发了《关于进一步加强水土保持重点工程建设管理的意见》(水利部水保[2002]15 号)《关于黄土高原地区淤地坝建设管理的指导意见》《关于京津风沙源治理工程水利水保项目建设管理的指导意见》《国家农业综合开发水土保持项目管理实施细则》(水利部水保[2005]359 号)《国家水土保持重点建设工程管理办法》(水利部办水保[2005]67 号)等规范性文件，对水土保持重点工程的前期工作和审批作了以下规定：

①水土保持工程前期工作，一般分为项目建议书、可行性研究和初步设计 3 个阶段，依次报批。项目建议书、可行性研究报告按流域或区域编制，初步设计报告按小流域编制。初步设计报告审批后，即可开工建设。中央已明确投资的项目，不再编制项目建议书。

黄河上中游水土保持淤地坝工程，应在小流域初步设计的基础上，按单项工程开展技施(招标)设计，技施(招标)设计审批后，方可开工建设。

②严格审批程序。中央立项项目的可行性研究报告由水利部或流域机构审批，初步设计由省级水行政主管部门或计划部门审批。地方项目的项目建议书、可行性研究报告，经省级水利部门组织技术审查后，报省级计划部门审批，初步设计由地级以上水利部门审批。限额以上项目，必须按照基建程序报批。

③前期工作各阶段设计报告，应根据水利部印发的《水土保持工程项目建议书编制规程》(SL 447—2009)、《水土保持工程可行性研究报告编制规程》(SL 448—2009)和《水土保持工程初步设计报告编制规程》(SL 449—2009)编制，并由具有相应资质的设计单位承担。

④项目规划设计要与当地经济社会发展规划相结合，并征求所在项目区群众的意见。设计人员要深入基层，广泛听取项目区群众对工程建设内容、组织实施与成果管护等方面的意见，做到群众对项目有知情权、发言权、建议权，把群众的合理意见吸收到规划设计中去，总结推行具有中国特色的、符合水土保持特点的群众"参与式"规划设计模式。

⑤逐步推行水土保持工程师负责人制度。为提高前期工作成果质量，工程项目建议书、可行性研究和小流域初步设计报告编制，除要求有设计资质的单位承担外，还必须有经水行政主管部门认可的水土保持工程师主持编制，实行水土保持工程师负责制。否则，设计报告不予审批。

(2)国家重点水土保持建设工程的前期程序

为加强国家水土保持重点建设工程(以下简称"国家水保工程"，属财政和水利部门联合实施的水土保持工程）管理，确保工程质量，提高投资效益，依据国家基本建设有关规定，结合水土保持工程特点，水利部制定并颁发了相关的管理办法。办法的主要内容如下：

①国家水保工程以治理水土流失，改善农业生产条件和生态环境为目标，人工治理与生态自我修复相结合，促进农村产业结构调整和区域经济社会可持续发展。

②工程建设参照基本建设程序管理，按项目区组织实施，严格立项审批，按设计施工，按标准验收。工程建设实行中央、省、地（市）、县分级管理。国家水保工程分期规划、分期实施，每期 5 年。

③国家水保工程按项目区组织实施。项目区选择须符合下列条件：项目区应在《全国水土保持生态环境建设规划》及所在流域或省（自治区、直辖市）确定的重点治理区范围内；项目区须具有一定的规模，规划实施期末，每个项目区新增水土流失治理面积一般不少于100km^2；当地政府重视，项目区群众自愿投劳参与工程建设；项目实施县制定并出台封山禁牧的有关政策；项目实施县水土保持机构健全，技术力量较强，能够承担工程组织实施与管理工作。

④国家水保工程以省（自治区、直辖市）为单位，由省级水行政主管部门按项目区组织编制规划，会同省级财政部门初审后联合上报水利部、财政部。

⑤水利部、财政部联合批复各省上报的规划，规划经审批后实施，作为年度计划下达的依据。

⑥项目实施县水利水保部门依据批复的规划，以项目区为单位，以小流域为单元组织编制初步设计。初步设计须达到施工深度，由地级以上水行政主管部门审批后作为工程施工的依据。

⑦国家水保工程规划和初步设计根据《水土保持项目前期工作暂行规定》编制。初步设计承担单位应熟悉水土保持业务，并具有相应的规划设计资质。

⑧规划设计要与当地经济社会发展规划及相关生态建设工程相结合，充分征求项目区群众对工程建设内容、组织实施与管护等方面的意见，优化工程规划设计。

⑨年度建设任务和资金补助申请由省级水行政主管部门会同省级财政部门根据审批的规划编制，于当年 2 月底前联合上报水利部、财政部。

⑩水利部根据各省申报的年度建设任务和资金补助申请，编制国家水保工程年度资金补助和治理任务计划，经财政部审定后，由财政部和水利部联合下达。

（3）水土保持工程的前期程序

对中央各类水利投资安排实施的水土保持工程，水利部也颁发过相应的建设管理办法。办法规定：

①水土保持项目按属性分为地方项目和中央直属项目。对地方项目，各地发展改革部门商有关部门做好规划编制报批、项目审批、计划下达和建设管理监督等工作；各地水利部门商有关部门做好规划、项目可行性研究报告、初步设计报告编制和审查等工作，具体组织指导项目实施及管理；流域机构与地方有关部门做好前期工作技术指导、在审核汇总区域规划的基础上编制流域规划、工程实施的监督检查等工作。对中央直属项目，由水利部有关流域机构和单位组织实施。

②水土保持工程项目前期工作分为规划、可行性研究和初步设计 3 个阶段,上一阶段的批准文件是开展下一阶段工作的依据。

③各地要根据经批准的水土保持工程规划,按项目区或小流域坝系编制可行性研究报告,按小流域或淤地坝单坝编制初步设计报告。对规模较小、较为分散的工程,可打捆编制可行性研究报告和初步设计报告。工程规划、可行性研究报告和初步设计编制工作应由具有相应资质的单位承担。

④对地方水土保持项目,可行性研究报告经水利部门提出审查意见后由发展改革部门审批;初步设计按地方规定的程序审批。其中,黄土高原淤地坝工程可行性研究报告和库容 100×10^4 m^3 以上的骨干坝工程初步设计,以及《丹江口库区及上游水污染防治和水土保持规划》《21 世纪初期首都水资源可持续利用规划》确定的近期水土保持小流域治理项目可行性研究报告,审批前须经有关流域机构提出技术审查意见。

⑤流域水土保持监测、技术研究推广等中央直属水土保持项目,其可行性研究报告和初步设计由水利部按程序和权限审(报)批。其中,中央补助投资在 500 万元以下的,其可行性研究报告和初步设计由有关流域机构审批,报水利部备案。

⑥县级水利水保部门或项目单位在报送重点治理项目可行性研究报告时,须一并提供项目所在乡镇政府出具的受益区群众投劳承诺文件;在初步设计阶段,应出具落实工程建后管护责任的文件。

1.2.2.2 开发建设项目水土保持方案申报与审批

在《水土保持法》和《中华人民共和国水土保持法实施条例》(以下简称《水土保持法实施条例》)的基础上,水利部还颁布了关于生产建设项目的相关规定,分部门规章和规范性文件。要求在生产建设项目立项前编制水土保持方案并通过水行政主管部门的审批,否则不予立项。这些要求主要包括:

①适用范围。凡从事有可能造成水土流失的开发建设单位和个人,必须在项目可行性研究阶段编报水土保持方案,并根据批准的水土保持方案进行前期勘测设计工作。其中,审批制项目,在报送可行性研究报告前完成水土保持方案报批手续;核准制项目,在提交项目申请报告前完成水土保持方案报批手续;备案制项目,在办理备案手续后、项目开工前完成水土保持方案报批手续。

②方案分类。凡征占地面积在 1 hm^2 以上或者挖填土石方总量在 1×10^4 m^3 以上的开发建设项目,应当编报水土保持方案报告书;其他开发建设项目应当编报水土保持方案报告表。水土保持方案报告书、水土保持方案报告表的内容和格式应当符合《开发建设项目水土保持技术规范》(GB 50433—2008)和有关规定。水土保持方案的编报工作由生产建设单位负责,具体编制水土保持方案的单位,必须持有中国水土保持学会颁发的《编制水土保持方案资质证书》,编制人员持有相应的上岗证书。

③水行政主管部门审批。水土保持方案实行分级审批制度,县级以上地方人民政府水行政主管部门审批的水土保持方案,应报上一级人民政府水行政主管部门备案。中央审批立项的生产建设项目和限额以上技术改造项目水土保持方案,由国务院水行政主管部门审批;地方审批立项的生产建设项目和限额以下技术改造项目水土保持方

理与其下属的职工之间也是如此。这样可使项目从建设到建成投产后的运营都建立起责任网，明确各自的分工、权利、责任和义务。

第四，有利于保证工程项目实行资本金制度。投资项目资本金制度，是指项目总投资中必须包含一定比例的由各出资方实缴的资本金的制度，该部分资本金对项目法人来讲是一笔非负债资金。按照"先有法人，后有项目"的原则，在各出资方同意参加建设某一项目后，必须根据公司组建原则达成出资协议，并缴足所承诺数额的资本。资本总额达到注册总资本后，公司才能获准注册成为企业法人，此时股东的地位才能落实；有了垫底资金，才能成为自负盈亏、自担风险、自我发展、自我约束的法人。实行项目法人责任制有利于保证工程项目实行资本金制度，而实行资本金制度又是推行项目法人责任制和现代企业制度的基本前提。

第五，有利于投资项目建设和运营的统一管理。项目法人责任制投资责任主体明确，先有法人，再有项目，由法人对投资项目的筹划、筹资、人事任免、招标定标、建设实施，直至生产经营管理、债务偿还以及资产的保值增值，实行全过程负责，避免了对投资活动的割裂管理。

尽管国家对水土保持生态建设工作逐年重视，但由于治理任务重，所需投资较多，因此也未完全实行基本建设程序。近年出现的报账制、以奖代补等制度，就是针对水土保持工作面广量大、依靠群众自愿投劳的特点而制定的，效果较好。

1.2.3.2 水土保持重点治理工程的立项及管理机制

（1）国家水土保持重点建设工程

国家水保工程以治理水土流失，改善农业生产条件和生态环境为目标，人工治理与生态自我修复相结合，促进农村产业结构调整和区域经济社会可持续发展。由水利部和财政部联合组织实施，实行中央、省、地、县分级管理。年度建设任务和资金补助申请由省级水行政主管部门会同省级财政部门根据审批的规划编制，于当年2月底前联合上报水利部、财政部。水利部根据各省申报的年度建设任务和资金补助申请，编制国家水保工程年度资金补助和治理任务计划，经财政部审定后，由财政部和水利部联合下达。工程建设参照基本建设程序管理，按项目区组织实施，严格立项审批，按设计施工，按标准验收。

①资金管理 国家水保工程实行中央补助的投资机制；工程建设资金专账核算，专款专用，严禁挪用、截留和抵扣；严格执行国家财经管理制度，建立健全资金审批、使用，管钱、管账相分离的内部监督机制，省级水行政主管部门和财政部门要加强对项目资金使用情况的监督，定期对资金使用情况进行检查，项目实施单位要自觉接受上级主管部门的检查和审计部门的审计；中央财政资金主要用于工程建设的材料、技工及机械施工费，籽种、苗木费，苗圃基础设施费，监测、封禁治理等；项目前期工作、建设管理等费用，由地方负担；中央财政资金使用实行报账制，项目开工建设后，可拨付一定比例的预付资金给承建单位，其余资金根据工程建设进度与质量，经主管部门验收合格后拨付。

②组织实施 国家水保工程建设实行项目责任主体负责制，项目的责任主体为县

级水利水保部门。

国家水保工程实行工程建设监理制。监理单位由县级水利水保部门通过招标的方式择优选定，且必须由具有水土保持生态工程监理资质的单位承担。

工程建设推行群众投劳承诺制。在项目规划阶段，采取"一事一议"的方式征求群众意见，经项目区 2/3 以上群众同意，由村民委员会以书面形式向县级水利水保部门做出承诺后，方可列入规划申报立项并实施。组织群众投劳一般只在项目受益村进行，不得跨村或平调使用劳动力。确需跨村投工的应采取借工或换工的形式组织进行。

工程建设实行公示制。工程实施前，要把拟建工程的建设内容、中央补助规模、预期效益和所需群众投劳数量等向受益区群众公开，接受群众监督。

在项目实施过程中，必须严格执行经批准的年度计划，严格按设计施工，不得擅自变更建设地点、规模、标准和建设内容。如因特殊情况确需变更的，需经原审批部门批准；如属一般性的设计修改，经原设计单位同意后，报县级水利水保部门备案。

在项目实施的同时开展效益监测工作，项目竣工后进行效益评估。效益监测与评估工作由县级水利水保部门组织进行，并及时将监测评价成果报送上级水行政主管部门。

工程建设要因地制宜推广水土保持实用技术，加强技术培训，提高工程建设效益。所有项目实施县要明确科技支撑单位，为工程建设提供科技服务与技术支撑。

在项目规划立项阶段或工程建成后，必须明确工程建后管护责任。项目区所在县级人民政府或乡（镇）按国家有关政策落实治理成果产权或使用权，能落实到农户的一律落实到农户，并明确相应的责、权、利，确保工程长期发挥效益。各级水行政主管部门要加强对工程建后管护责任落实情况的监督检查。管护责任不落实或治理成果被破坏的，要严肃查处；情节严重的不得继续安排国家水土保持重点工程。

加强项目档案管理，建立项目数据库。项目档案管理责任到人，分类进行收集、整理、归档、保管，保持档案的真实性、连续性和完整性。省级水行政主管部门要建立所有项目区包括基本情况、建设内容、投资、治理成效、管护制度等在内的图文资料数据库。

（2）国家农业综合开发水土保持项目

国家农业综合开发水土保持项目是农业综合开发项目的重要组成部分，遵循国家农业综合开发的指导思想和方针政策，以保持水土、整治国土为基础，改善农业生产条件和生态环境，提高农业综合生产能力，促进经济社会可持续发展。该类项目以《全国水土保持生态环境建设规划》《国家农业综合开发水土保持项目规划》等国家和流域（区域）水土保持规划为指导，按照"轻重缓急，突出重点"的原则，集中投资，规模治理。并参照基本建设程序管理，实行中央、流域、省、地（市）、县分级管理的制度。地方各级水行政主管部门应与同级财政部门（设在财政部门的农发办，下同）密切配合，各负其责，互相支持，共同做好农发水保项目管理工作。

①前期工作及立项审批

——农发水保项目按项目区申请立项，项目区选择须符合下列条件：项目区应在

《全国水土保持生态环境建设规划》《国家农业综合开发水土保持项目规划》及流域水土保持规划确定的重点治理区内,与国家农业综合开发总体规划相衔接;按流域或区域集中连片,规模治理,每个项目区水土流失治理面积一般不少于70km^2;当地政府重视,把水土保持工作列入领导目标责任考核内容;所在地水土保持机构健全,技术力量强;有资金配套能力,项目区群众积极性高,投劳有保障。

——省级水行政主管部门根据《国家农业综合开发水土保持项目规划》,编制本省(自治区、直辖市)项目建设规划。项目根据规划分期实施,每个项目实施期为3年。

——农发水保项目前期工作包括可行性研究和初步设计两个阶段:可行性研究报告以项目区为单元,由省级水利水保部门组织编制;初步设计依据批准的可行性研究报告,以小流域(或单坝)为单元,由县级水利水保部门组织编制。可行性研究和初步设计报告根据水土保持工程前期工作有关技术规范编制,并须由具有相应规划设计或水土保持方案编制资质的单位承担。可行性研究和初步设计的投资概(估)算,按水利部颁发的《水土保持生态建设工程概(估)算编制规定》和《水土保持生态建设工程概算定额》执行。

——可行性研究报告由省级水行政主管部门会同省级财政部门初审后,与省级财政部门联合报送水利部,经水利部审批后立项。未按要求联合申报或越级申报的项目,不予立项。水利部在立项审批前,组织流域机构对可行性研究报告进行评估,其评估意见作为立项审批的重要依据;中央财政年度投资500万元(含500万元)以上的项目,项目可行性研究报告由国家农业综合开发办公室组织评估与审批立项。

——项目评估建立责任制。评估人员应对项目区选择的合理性、防治措施的技术可行性等做出客观真实的评价,因评估结论失实影响项目正确决策的,评估人员及其所属评估机构应承担相应责任。

——初步设计由省级水行政主管部门审批,作为施工和安排年度投资计划的依据。

——可行性研究阶段,须按照《水土保持重点工程农民投劳管理暂行规定》(水利部水保[2004]665号)的要求,落实群众投劳承诺。凡是投劳不符合有关规定、投劳不落实的项目,不予审批立项。

②计划管理

——水利部按照超过国家农业综合开发办公室当年下达的投资控制指标10%~20%的比例,根据批复的可行性研究报告和对各省项目实施的综合考核情况,会同流域机构提出下年度备选项目。在国家农业综合开发办公室下达下一年度项目中央财政投资控制总指标20个工作日内,在保证续建项目的基础上,从备选项目中择优选项,向国家农业综合开发办公室申报中央财政分省分项目投资控制指标,同时附报项目评估审定情况。

——农发水保项目计划自下而上编报。地方水行政主管部门依据项目可行性研究报告及初步设计批复情况,以及国家农业综合开发办公室下达的中央财政分省分项目投资控制指标,会同同级财政部门逐级编报、汇总年度项目实施计划。省级水行政主管部门应在中央财政分省分项目投资控制指标下达后2个月内,会同省级财政部门将年度项目实施计划报送水利部，抄送流域机构，同时附送项目初步设计批复文件、省级财政部门出具的地方财政配套资金承诺文件。

——水利部会同流域机构对省级年度项目实施计划进行审查，汇总编制年度项目实施计划，于中央财政分省分项目投资控制指标下达 3 个月内报国家农业综合开发办公室批复。水利部根据国家农业综合开发办公室批复的汇总计划，批复项目分省计划，并报国家农业综合开发办公室备案，抄送省级财政部门。

——年度项目实施计划经水利部批复后，省水行政主管部门应及时将建设任务和投资计划逐级下达到项目实施单位，并抄送省财政部门和水利部。

——年度项目实施计划一经批复必须严格执行。如因特殊情况确需变更的，须经原审批单位批准。

③组织实施

——各级水行政主管部门应加强项目实施的监督管理。其主要职责为：编制本辖区农发水保项目总体规划；制定农发水保项目管理实施细则；组织开展项目前期准备、设计审批和实施工作，负责项目的技术审查、年度实施计划申报、竣工项目验收，以及项目建设、资金使用和效益等情况的汇总统计工作；加强对计划执行情况和项目实施质量的监督和检查。

——农发水保项目的责任主体为县级水利水保部门，对项目建设的全过程负总责。

——以中央财政投资为主的种苗、淤地坝和坡面水系工程、集中连片的机修梯田等单项工程，投资规模在 50 万元以上的，应推行招标投标制。承建单位必须具有法人资格和相应的施工能力。严禁转包和分包。群众施工的工程，应加强施工组织、劳力安排和技术指导。

——农发水保项目全面推行工程建设监理制。监理单位必须具有水土保持专业监理资质，由项目责任主体通过公开招标或邀请招标的方式选定。监理单位依据合同，公正、独立、自主地开展监理工作。

——项目实施根据《水土保持重点工程农民投劳管理暂行规定》的要求，按照"一事一议"的原则，落实群众投劳。并根据《水土保持重点工程公示制管理暂行规定》（水利部水保[2004]642 号）的要求，实行施工前和竣工自验后公示，作为监督检查与验收的重要内容。

——工程建设必须严格执行经批准的初步设计和年度项目实施计划，不得擅自变更。如因特殊情况确需变更且属布局、投资规模、主要建设内容调整的，须经原审批部门批准；不涉及总投资和治理面积，不降低质量，不影响项目功能的一般性修改应经原设计单位同意、地(市)水行政主管部门批准，报省水行政主管部门备案。

——项目实施应开展效益监测工作。监测工作须由有相应水土保持监测资质的单位承担，监测成果及时报送上级主管部门。

——因地制宜地推广新技术，引进新品种，加强技术培训，建立技术支撑体系，提高工程建设的质量与效益。

——工程竣工后，应明确管护主体，及时办理移交手续，明晰产权、办理产权登记，制定管护制度，确保项目长期发挥效益。

④资金管理

——实行"国家引导、配套投入、民办公助"的投资机制和"集中投入、奖优罚劣"的原则。以资金投入控制项目规模，按项目管理资金。

——项目资金多渠道筹集，包括中央财政资金、地方财政配套资金、农村集体和农民群众自筹资金等。中央财政资金与地方财政资金配套比例根据财政部印发的有关文件执行。地方财政分级配套比例原则上为：省级不低于80%，地（市）和县级20%以下，地（市）、县分级配套比例由省（自治区、直辖市）自定。国家级扶贫重点县和财政困难县原则上取消县级配套，由此减少的配套资金由省级承担。

——地方各级财政部门应按照经批准的项目计划足额落实财政配套资金，并将财政配套资金列入同级财政年度预算。地方财政配套资金不落实的，将根据情况调减下年度的中央财政资金规模。

——项目财政资金主要用于坡地及沟道整治、土壤改良、保土耕作、田间道路；拦引蓄灌排小型水利水保工程等所需的材料、设备、机械施工补助及技工工资；营造水土保持林草、经济林所需的种子、苗木、整地、定植及幼林管护、封禁治理、苗圃建设；科技推广、技术培训、效益监测及小型仪器设备购置等费用。

——用于项目前期及建设管理等费用，严格执行农业综合开发财务管理的有关政策规定。其中：项目可行性研究和初步设计费、工程建设监理费、科技推广费、幼林管护费分别按财政资金总额的2%、2%、7.5%和2%控制，在地方财政配套资金中列支。

——项目实行财政资金使用报账制度，并按照财政部《农业综合开发资金报账实施办法》执行。

——项目财政资金严格按照农业综合开发财务、会计制度进行管理，实行专人管理、专账核算、专款专用，及时足额拨付，按规定范围使用资金，严禁挤占挪用。严格执行各项财经管理制度，建立健全内部监督制约机制。加强资金使用的追踪检查，定期对资金的拨付、到位、使用情况进行审计，发现问题及时纠正，问题严重的要严肃处理。

⑤检查验收与档案管理

——农发水保项目验收包括年度验收和竣工验收。验收结果作为安排下年度或下一期农发水保项目中央财政投资的依据。年度验收工作由省（或委托地级）水利水保部门会同省（或地级）财政部门组织，在县级水利水保部门自验的基础上进行。自验要对各项治理开发措施的数量、质量，逐项、逐地块进行全面的验收，对单项工程做出总体评价，并提出年度自验报告。年度验收按项目对各项措施进行抽样验收，抽样比例不得少于20%，淤地坝、坡面水系、集中连片的机修梯田等工程要逐个进行验收，并对验收结果做出评价，提出验收报告。

——在项目实施3年期满后，由水利部组织竣工验收，地方财政部门参与。竣工验收的主要内容是：项目建设任务及投资是否按计划完成；各项建设内容的质量是否符合设计要求，达到规定标准；资金是否及时足额到位，使用是否符合规章制度；效益指标是否达到设计要求；档案资料是否完整；工程管护责任是否落实。竣工验收结束，应提出验收总结报告并对分省分项目做出评价。

——竣工验收的项目由项目所在县水行政主管部门提供如下资料：项目竣工自验报告和省级水利水保部门年度验收报告；监理报告；项目的现状图、设计图、竣工图以及相应的数据表；竣工财务决算报告；工程管理、管护落实情况的有关文件。

——水利部在竣工验收的基础上向国家农业综合开发办公室提交验收考评申请并附验收总结报告。国家农业综合开发办公室按一定比例随机抽样确定考评项目，组织开展验收项目考评，并按考评标准做出是否合格的综合评价。

——流域机构受水利部委托对农业综合开发水保项目进行不定期检查和抽查验收，并将检查、抽验情况报送水利部。抽查不合格的，要责令限期纠正；问题严重的要向水利部提出处理建议。

——项目档案应有专人管理，按文书、财务、工程分为三大类，根据有关档案管理规定进行收集、整理、归档、保管，保持档案的真实性、完整性。档案实行分级管理，省级掌握到县级，县级掌握到乡级，乡级掌握到村，基础资料到户。

——省水利水保部门每年 2 月底前向水利部报送上年度项目实施工作总结（含计划完成情况统计表），抄送流域机构，并附年度验收报告。

（3）黄土高原淤地坝工程

为了加强和规范黄土高原地区水土保持淤地坝工程建设管理，根据国家发改委和水利部联合印发的《水土保持工程建设管理办法》（水利部办水保〔2005〕168 号），以及有关政策和规定，结合淤地坝工程特点，水利部发布了《黄土高原地区水土保持淤地坝工程建设管理暂行办法》。

淤地坝工程建设以《黄土高原地区水土保持淤地坝规划》为指导，以黄河中游多沙粗砂区为重点，以小流域为单元，按坝系安排实施。黄河水利委员会主要负责项目前期工作技术审查、工程建设技术指导与培训，以及工程实施的监督、检查验收。地方各级水行政主管部门负责淤地坝工程建设的组织实施。有淤地坝工程建设任务的，要分级成立由政府主管领导负责的淤地坝工程建设组织领导机构。淤地坝工程建设要求参照国家基本建设项目管理程序管理，建设单位由省级水行政主管部门负责组建，原则上由县级水利水土保持部门作为工程建设单位。

《黄土高原地区水土保持淤地坝工程建设管理暂行办法》的主要管理规定如下：

①前期工作

——淤地坝工程前期工作包括可行性研究和初步设计两个阶段。前期工作实行合同管理，由建设单位选择有相应资质的规划设计单位承担。

——黄河水利委员会依据《黄土高原地区水土保持淤地坝规划》及重点支流规划，提出淤地坝工程建设近期实施方案，省级水行政主管部门依据近期实施方案组织开展前期工作。

——可行性研究报告以小流域为单元按坝系进行编制；初步设计根据批准的可行性研究按单坝进行编制，达到施工要求，并落实工程管护责任。

——淤地坝工程可行性研究和骨干坝初步设计编制单位必须具有水利水电工程设

计丙级以上资质和水土保持方案编制乙级以上资质；中小型淤地坝初步设计编制单位须具有水利水电工程设计丙级以上资质或水土保持方案编制丙级以上资质。

——可行性研究报告经省级水行政主管部门初审，黄河水利委员会组织审查后，由省级计划主管部门会同省级水行政主管部门根据黄河水利委员会提出的审查意见审批，批复文件同时抄送国家发展和改革委员会、水利部和黄河水利委员会。

——初步设计由省级水行政主管部门或省级计划主管部门负责审查批复，其中库容在 $100 \times 10^4 \mathrm{m}^2$ 以上的骨干坝初步设计在审批前须先经黄河水利委员会审查。批复文件抄送水利部、黄河水利委员会。

——可行性研究和初步设计的投资概(估)算编制，执行水利部颁发的《水土保持生态建设工程概(估)算编制规定》《水土保持生态建设工程概算定额》。

——规划和可行性研究等前期工作经费由各级水行政主管部门筹集落实。初步设计工作经费根据有关定额标准，列入淤地坝工程建设投资计划。

②计划管理

——申报中央年度投资计划的淤地坝工程建设项目，必须具备以下条件：有省级计划主管部门对小流域坝系可行性研究报告的批复文件；单坝工程的初步设计审批文件，且属于省级计划主管部门已批复的可行性研究报告所确定的范围内；地方配套资金、群众投劳承诺文件，以及建后管护责任落实文件；具备工程施工的基本条件。

——省级计划和水行政主管部门根据可行性研究及初步设计批复，以及上年度淤地坝工程项目实施情况，联合编制省级年度建议计划，于每年 12 月底前报送国家发展和改革委员会、水利部，同时抄送黄河水利委员会。

——中央投资计划下达后，省级计划和水行政主管部门要在 1 个月内将计划下达到建设单位。淤地坝工程建设要严格按照中央下达的投资计划和批准的初步设计组织实施，不得随意变更计划和设计。如因特殊情况确需对单坝工程位置、建设规模、概算等进行调整时，建设单位须经设计单位同意后，按程序上报原审批单位审批。

——淤地坝工程建设全面推行工程建设公示制度。工程实施前，建设单位要以单坝或坝系为单位，把工程设计单位、施工单位、监理单位、建设任务、中央投资规模、地方配套投资、所需群众投劳数量、建后管护责任单位等主要内容向工程所在地群众公开，接受群众和社会的监督。

——淤地坝工程建设实行季报和年报逐级报送制度。各级水行政主管部门要明确专人负责统计工作，每季度第一个月上旬报送上季度工程建设进度，每年 1 月报送上年度工程建设情况及工作总结。省级水行政主管部门将统计等情况报水利部水土保持司，抄送黄河水利委员会，黄河水利委员会将各省情况汇总并分析后报水利部。

——黄河水利委员会和省级水行政主管部门要建立淤地坝工程管理数据库，实行信息化管理，及时准确地反映淤地坝前期项目储备及工程进展情况。

③招投标管理

——淤地坝工程建设要按照《水利工程建设项目招标投标管理规定》(水利部令第14 号)的有关规定，认真执行招标投标制。

——骨干坝的施工和所有淤地坝工程的监理必须通过招投标择优确定施工及监理单位。其中库容在 $100 \times 10^4 m^3$ 以上的骨干坝须由具有水利水电工程施工总承包或水工大坝工程专业承包三级以上资质的施工单位承建。

——淤地坝工程施工和监理招标工作由建设单位按照公开、公平、公正的原则组织进行。严禁对工程施工和监理进行转包、违法分包。

——招标投标工作须按有关规定在省级水行政主管部门监督下进行。建设单位应在发布招标公告 10 日前，向省级水行政主管部门报送拟招标项目的招标报告，省级水行政主管部门应派监督员参加开标评标会议。

④工程监理

——淤地坝建设必须全面实行工程建设监理，监理工作按照水利部《水利工程建设监理规定》(水利部令第 28 号)执行。

——承担监理工作的单位不得与建设单位有行政隶属关系，且必须具有水土保持生态建设工程监理资格和能力。其中骨干坝的监理应由具有水利工程丙级和水土保持生态建设工程乙级以上监理资质的单位承担。

——监理单位应依据监理合同开展监理工作，选派足够的、具有相应资质的工程监理人员组成现场监理机构，实行总监理工程师负责制，按照"公正、独立、自主"的原则开展监理工作。对骨干坝关键部位和隐蔽工程必须实行旁站监理。

——建设单位应为监理单位提供必要的工作、生活条件。

⑤质量管理

——淤地坝工程建设质量管理，实行建设单位负责、监理单位控制、施工单位保证和政府监督相结合的管理体制。

——建设单位对工程质量负全面责任，要建立健全工程质量保障体系。在与设计、施工、监理单位签订的合同中，必须有工程质量条款，明确质量标准和责任，以及每座工程的质量责任人。

——施工单位要推行全面质量管理，从组织、制度、方案、措施等方面实施全过程的质量控制。要制定和完善岗位质量责任制，认真执行初检、复检和终检的施工质量"三检制"，自觉接受质量监督机构、建设单位等部门的质量检查。发生质量事故要及时报告，并严肃认真处理。

——省级水行政主管部门质量管理机构，依照《水利工程质量管理规定》(水利部令第 7 号)和水利工程质量监督管理规定履行监督管理职能，全面负责辖区内淤地坝工程建设的质量管理工作。

——各级工程质量监督机构对工程建设、监理、设计和施工等参建各方的质量行为依法实施监督管理，发现质量问题要及时责成责任单位加以纠正，问题严重的应向上级主管部门提出整改建议，并监督责任单位执行；造成重大工程质量事故的，要提请有关部门追究事故责任单位和个人的行政、经济和法律责任。

——淤地坝工程质量实行终身责任制。工程建设、设计、施工和监理单位，要对所建设的淤地坝质量负终身责任，一旦工程质量出现问题，将追究有关单位和人员的责任。

⑥资金管理

——淤地坝工程由中央、地方、群众共同投资或投工建设。地方各级政府要严格按照工程计划，落实地方配套资金。地方配套资金应纳入地方财政预算，专项列支。

——淤地坝工程建设资金必须设立专账，专款专用，不得以任何借口滞留和挪用。中小型淤地坝原则上实行资金使用报账制度，根据工程建设进度，经监理单位同意，建设单位验收合格后在建设单位报账支付。骨干坝严格按照招标合同等规定支付工程建设费用。

——淤地坝工程建设资金的开支范围：项目固定资产投资；建设物料、材料采购及运杂费；直接用于工程建设的机械作业费用和劳务费用；有关科研和监测等独立费用。核定的建设管理等独立费用，只能用于工程勘测、设计、建设监理、质量监督、检查验收等所发生的支出。

——各级主管部门要切实加强工程建设资金的管理。定期对资金的拨付、到位、配套、使用情况进行监督检查，发现问题及时纠正。建设单位对已完工项目要及时编制竣工财务决算，自觉接受财政、审计部门的检查审计。

——淤地坝建设引起的土地占用、搬迁及淹没损失，其补（赔）偿由工程所在县级人民政府负责解决。

——建设单位和各级主管部门要按时逐级上报财务、基建统计报表。

⑦竣工验收

——淤地坝工程验收包括单坝工程和小流域坝系工程验收。单坝工程验收分中间验收和竣工验收，坝系工程验收分初验和终验。

——验收工作分级负责。单坝工程的中间验收由建设单位组织，单坝完工1年内，在建设单位全面自验的基础上组织竣工验收。库容 $100 \times 10^4 \mathrm{m}^3$ 以上的骨干坝竣工验收由省级水行政主管部门会同省级计划主管部门组织验收，验收结果报黄河水利委员会。$100 \times 10^4 \mathrm{m}^3$ 以下的骨干坝及中小型淤地坝竣工验收由地市级水行政主管部门组织，验收结果报省级水行政主管部门。

——小流域坝系工程验收，由省级水行政主管部门组织初验，黄河水利委员会会同省级计划、水行政主管部门进行终验，验收结果报水利部。

——工程验收的依据是已下达的工程建设计划，已批准的坝系可行性研究报告、单项工程初步设计、设计变更文件、技术规范和相关的管理规定。建设单位需提交竣工验收报告、监理报告、中间验收文件、施工记录、合同文本、监测评价报告及工程竣工财务决算。骨干坝和坝系验收，建设单位还需提交工程审计报告和质量监督部门的质量评价报告。

——验收的主要内容包括：工程建设任务及投资是否按计划完成；工程建设内容和质量是否符合设计要求，达到规定标准；资金是否及时足额到位，使用是否符合有关规章制度；档案资料是否完整；工程管护责任主体是否落实。

——验收合格的工程由省级水行政主管部门发给合格证书。对未实行工程建设公示制度、管护责任主体未落实的工程，不得通过验收。对验收不合格的工程，由验收组提出处理意见，限期处理，经复验合格后，由省级水行政主管部门补发合格证书。

⑧运行管理

——各省（自治区）应按照"建管用、责权利相结合"和"谁受益、谁管护"的原则，制定并出台相关政策，因地制宜地积极推行淤地坝产权制度改革，通过承包、租赁、拍卖和股份合作等方式，明确工程经营使用权，落实工程运行管护责任。

——骨干坝的运行管理原则上由县或乡（镇）人民政府负责，中、小型淤地坝由乡（镇）人民政府或村民委员会负责。各级水利水保部门负责淤地坝运行管护的监督检查工作。

——通过产权制度改革回收的资金要设立专账，专户储存，建立工程管护维修基金，用于本辖区淤地坝的运行维护、监测等。

——淤地坝的防汛工作纳入当地防汛管理体系，实行行政首长负责制，分级管理，落实责任。各级水行政主管部门负责淤地坝防汛工作的技术指导和监督检查，督促运行管护责任主体搞好淤地坝设施的日常管理和维护。

——淤地坝工程管护要明确划定工程管理范围和保护范围，其范围的确定由省级水行政主管部门具体规定。

⑨监测工作

——监测工作以省（自治区）为单位编制监测实施方案，按拟开展监测的典型小流域坝系编制初步设计，经黄河水利委员会审查后，由省级水行政主管部门委托有水土保持监测资质的单位开展监测工作。监测实施方案及初步设计应由具有水土保持监测乙级资质单位编制。

——监测站点布设应与区域水文站、水土保持试验站等站点相结合，根据水土流失类型区和小流域坝系规模、水沙条件等合理确定。

——监测机构和监测技术人员须取得《水土保持监测资格证书》和《水土保持监测人员上岗证书》。

——淤地坝监测内容主要有：水沙监测，监测小流域水文气象、坡面与沟道耦合侵蚀动态、坝系水沙变化及淤积等情况；坝体监测，包括坝体变形和渗流，主要有表面变形、裂缝接缝、岸坡位移、渗流量、渗流压力浸润线位置等；效益监测，包括工程建设的生态、经济和社会效益。

——监测工作所需投资根据《黄土高原地区水土保持淤地坝规划》，列入工程建设总投资，并在省级计划主管部门审批的坝系可行性研究报告中明确，以省（自治区）为单位由省级水行政主管部门统一组织实施。

——监测单位应定期向省级水行政主管部门和上级监测单位报送经整理、分析、汇编的监测成果及评价报告，省级水行政主管部门应按年度向黄河水利委员会、水利部报送有关监测成果。

（4）京津风沙源治理工程水利水保项目

京津风沙源治理工程是国家生态建设中的重点工程。工程的实施，对加快当地沙化土地治理，改善京津周边地区生态环境，促进区域经济社会可持续发展，具有十分重要的意义。为进一步加强和规范这项工程中水利水保项目的管理，确保小流域综合治理、水源及节水灌溉工程建设的顺利实施，充分发挥水利水保工程在防沙治沙中的作用，水利部根据《京津风沙源治理工程建设管理办法》和国家基本建设管理的有关规定，结合水利水保工程的特点，专门发布《关于京津风沙源治理工程水利水保项目建设管理的指导意见》。

①前期工作

——县级水利水保部门应根据省级计划部门批准的年度工程实施方案和有关技术规范要求，编制工程的初步设计报告，初步设计必须由具有相应设计资质或水土保持方案编制资质的单位承担。

——水利水保项目的初步设计中，深水井（井深100m以上）的初步设计由省级水行政主管部门审查，小流域治理、节水灌溉、浅水井及其他小型水源工程的初步设计由省级水行政主管部门或委托地市级水行政主管部门审查，报省级计划主管部门审批。初步设计未经批准，不得开工建设和下达年度计划。

——小流域治理初步设计按照水利部颁发的《水土保持建设项目前期工作暂行规定》和《水土保持综合治理　技术规范》（GB/T 16453.1~6—2008）等有关技术规范编制，水源与节水灌溉工程的初步设计按照《机井技术规范》（SL 256—2000）、《节水灌溉技术规范》（SL 207—1998）等有关技术规范编制。初步设计要图、文、表齐全，各项建设任务要落实到山头地块，达到施工要求。小流域治理工程总体布局及规划图按照1:1000~1:1万的比例尺绘制，其他图件绘制依据《水利水电工程制图标准　水土保持图》（SL 73.6—2001）进行。

水源工程建设以水窖、塘坝、浅水井等小型水利水保工程为主，不得盲目大规模开采地下水。对确需建设机井，开采地下水发展节水灌溉的，必须按照《建设项目水资源论证管理办法》和相关规定，做好前期论证工作，并依据《取水许可制度实施条例》办理取水许可证。

根据国家计划下达的要求，水源和节水灌溉工程统一按工程处数折算工程量。水窖、蓄水池和塘坝等小型拦蓄水源工程，以拦蓄总库容每200 m³计水源工程一处，节水灌溉工程以灌溉面积每3 hm²计节水灌溉工程一处。

——初步设计的投资估算和概算，执行水利部颁布的《水利水电工程设计概（估）算编制规定》《水土保持生态建设工程概（估）算编制规定》《水土保持生态建设工程概算定额》。

——京津风沙源治理工程水利水保科技支撑项目按基本建设程序管理，明确科技支撑单位，由省级水行政主管部门组织有关科研单位编制可行性研究报告，经水利部审批后申请列入工程建设年度计划。

②项目建设管理

——水利水保项目实施要严格按照国家的有关要求，建立健全领导责任制，积极推行项目法人责任制、工程建设监理制、招标投标制、资金报账制和群众投工承诺制等管理制度。

——水利水保项目的责任主体是县级水利水保部门，对项目建设的全过程负总责。其主要职责为：负责落实工程建设计划；负责设计、施工和工程建设监理的组织实施；负责工程质量、进度、资金管理；负责项目的监督检查和工程自验。

——因地制宜地推行工程招投标制，对以中央投资为主，投资规模超过 50 万元的大型沟道工程、集中连片机械施工、机井建设、节水灌溉等单项工程，应通过招标投标选择施工单位。优先选择水平高、技术强、信誉好的施工队伍进行施工建设，确保工程进度快、质量好。

承建单位须具备相应的资质和施工能力，严禁转包、分包。

——水利水保项目全面推行工程建设监理制。承担工程建设监理的单位必须具有水土保持生态建设工程监理资质，监理工作执行水利部颁发的《水土保持生态建设工程监理管理暂行办法》。

——推行群众投工承诺制。在初步设计阶段，应把所需群众投工及投工数量向项目区群众公开，征求群众意见。项目区 2/3 以上群众同意，并由村民委员会以书面形式向县级主管部门做出承诺，经县级政府批准后，方可申报立项并实施。

组织群众投工一般只在项目实施受益村进行，不得跨村投工或平调使用劳动力；确需跨村投工的采取借工或换工的形式组织进行。

——严格按设计施工，不得随意变更设计。如确需变更，属于项目调整、建设规模变化、概算变更等重大变动，需经原设计单位同意，报原审批单位批准；不涉及总投资和治理面积、不降低质量、不影响功能的一般性变更，经原设计单位同意，报项目责任主体备案。

——坚持走科技治沙之路。要切实加强技术培训和技术引进，不断总结、借鉴和推广各地防沙治沙的先进经验，提高项目建设的科技含量。科技支撑项目要对工程实施起示范带动作用。

——项目验收实行阶段(年度)验收和竣工验收。阶段验收和竣工验收均按县级自验、省级复验和国家核查 3 个层次进行。县级自验由县水行政主管部门负责组织，对各项治理措施的数量、质量逐项、逐地块地进行验收，提出验收报告。自验结束后报省级水行政主管部门申请复验，复验由省级水行政主管部门组织进行，邀请省级计划、林业部门参加。复验以县为单位，逐条小流域进行(验收抽样比例见第 10 章附录 D)，对大型沟道工程、集中连片机械施工工程要逐个进行验收。复验后省级水行政主管部门将复验报告报水利部，由国家林业局牵头组织有关部委核查。

竣工验收分单项工程竣工验收和项目总体竣工验收。单项工程竣工验收由省级水行政主管部门主持，项目总体竣工验收由国家林业局牵头组织有关部委进行。

——小流域综合治理验收执行《水土保持综合治理 验收规范》(GB/T 15773—2008)；机井及节水灌溉工程按照机井、节水灌溉等有关技术规范进行验收。

——国家和省级检查验收时，项目建设单位应提供下列资料：项目建设工作总结；申请验收报告；建设任务和投资计划完成情况表；项目初步设计文件、图表和现状图；项目竣工财务决算报表；审计部门的资金审计报告；监理单位的监理报告、项目技术档案资料。

③工程管护

——各地要将治理后的土地和水利水保设施及时纳入规范管理，工程项目竣工验收合格后，按原有土地权属关系及国家有关政策，尽快落实治理成果的产权或使用权，并由县级人民政府核发有关权属证明。

——按照"谁治理、谁管护、谁受益"的原则，积极探索灵活的、有效的管护机制，鼓励社会各界、企业、社团等参与水利水保项目建设，尽快落实工程管护措施，把管护任务承包到户、到人，保证工程建设成果得以巩固，长期发挥效益。

1.3 水土保持项目管理的依据

1.3.1 法律、法规体系

与水土保持项目管理相关的法律法规主要包括：《水土保持法》《中华人民共和国水法》（以下简称《水法》）《中华人民共和国草原法》《中华人民共和国防沙治沙法》《中华人民共和国环境保护法》《中华人民共和国环境影响评价法》（以下简称《环境影响评价法》）等法律，以及《水土保持法实施条例》《建设项目环境保护管理条例》等行政法规，以及各省（自治区、直辖市）或较大市的人大或其省会城市颁布的地方性法规。

部门规章主要指国务院组成部门按职能分工依法颁布的实施法律等方面的详细规定。水利部主要颁布了《开发建设项目水土保持方案编报审批管理规定》（水利部令第5号）《水土保持生态环境监测网络管理办法》《开发建设项目水土保持设施验收管理办法》（水利部令第16号）等。国家发展和改革委员会、财政部等部门也发布过相关规定。一些较大的市人民政府也发布了地方规章。

1.3.2 规范性文件

水利方面的主要文件有：《水利工程建设安全生产管理规定》《水利工程建设程序管理暂行规定》（水利部水建［1998］16号）《水利工程建设项目档案管理规定》《水利工程建设项目监理招标投标管理办法》《水利工程建设项目施工分包管理暂行规定》《水利工程建设项目施工招标投标管理规定》（水利部水建［1997］339号）《水利工程建设项目招标投标管理规定》《水利工程质量管理规定》《水利工程质量监督管理规定》《水利工程质量事故处理暂行规定》《水利基本建设项目竣工决算审计暂行办法》《水利基本建设资金管理办法》等。

水土保持方面的主要文件有：《水土保持工程建设管理办法》《关于进一步加强水土保持重点工程建设管理的意见》《国家农业综合开发水土保持项目管理实施细则》《关于进一步加强水土保持生态修复工作的通知》《关于京津风沙源治理工程水利水保项目建设管理的指导意见》《水土保持重点工程公示制管理暂行规定》《水土保持重点工程农民投劳管理暂行规定》等。

1.3.3 技术规范体系

1.3.3.1 国家标准

国家标准主要包括：《水土保持术语》（GB/T 20465—2006）《水土保持综合治理规划通则》（GB/T 15772—2008）《水土保持综合治理 验收规范》《水土保持综合治理

效益计算方法》(GB/T 15774—2008)《水土保持综合治理 技术规范 坡耕地治理技术》(GB/T 16453.1—2008)《水土保持综合治理 技术规范 荒地治理技术》(GB/T 16453.2—2008)《水土保持综合治理 技术规范 沟壑治理技术》(GB /T 16453.3—2008)《水土保持综合治理 技术规范 小型蓄排引水工程》(GB/T 164534—2008)《水土保持综合治理 技术规范 风沙治理技术》(GB/T 64535—2008)《水土保持综合治理 技术规范 崩岗治理技术》(GB/T 16453.6—2008)《开发建设项目水土保持技术规范》《开发建设项目水土流失防治标准》(GB 50434—2008)《开发建设项目水土保持设施验收规程》《主要造林树种苗木质量分级》《自然保护区类型与级别划分原则》。

1.3.3.2　行业标准

行业标准主要包括：《土壤侵蚀分类分级标准》(SL 190—2007)、《黄土高原适生灌木栽培技术规程》《沙棘生态工程建设技术规程》《水利水电工程制图标准 水土保持图》《水土保持工程概(估)算定额编制规定》《水土保持规划编制规程》(SL 335—2006)、《水土保持工程项目建议书编制规程》《水土保持工程可行性研究报告编制规程》《水土保持工程初步设计报告编制规程》《水土保持治沟骨干工程暂行技术规范》(SL 289—2003)、《水坠坝设计及施工暂行规定》《水土保持工程质量评定规程》《沙棘种子》《沙棘苗木》《水土保持信息管理技术规范》《水土保持工程运行技术管理规程》《水土保持监测技术规程》(SL 277—2002)、《水土保持试验规范》《水土保持监测设备通用技术条件》。

1.4　水土保持项目管理程序

1.4.1　前期准备阶段

1.4.1.1　水土保持生态建设工程前期工作程序

水土保持前期工作可划分为规划、项目建议书、可行性研究、初步设计 4 个阶段。水土保持规划是一种政府行为，一般由政府委托相应机构按《水土保持法》的规定以及规划区域的实际情况进行编制，规划报告经县级以上人民政府批准后，将作为某一时期的水土保持生态建设工作指导性文件，也是政府有计划地安排规划中确定的重点地区的进行重点建设项目立项的依据。项目建议书是在规划指导下，根据规划确定的工程项目，按轻重缓急，编制的工程立项技术文件。项目建议书被批准后，即视为该项目已列入建设计划，接下来应按规定开展项目的可行性研究工作，编制可行性研究报告，该报告一经批准，则工程项目正式立项。可行性研究报告批复后应进行水土保持初步设计，经有关部门审批后，列入年度计划拨款兴建，初步设计审批后应由建设单位委托相应单位开展施工图设计，组织实施。

水土保持生态建设项目因点多面广、项目小而分散。项目建议书与可行性研究一般针对大中流域或县级以上行政区域或较大片区，而初步设计则针对小流域或骨干工程。因此，国家在建设管理程序上有时作适当简化。例如，黄土高原淤地坝工程建设项目，首先编制黄土高原淤地坝工程建设规划，然后将项目建议书与可行性研究合并营的要求,配备生产管理人员,并通过多种形式的培训,提高人员素质,使之能满足运营要求。生产管理人员要尽早介入工程的施工建设,参加设备的安装调试,熟悉情况,掌握好生产技术和工艺流程,为顺利衔接基本建设和生产经营阶段做好准备;生产技术准备,主要包括技术资料的汇总、运行技术方案的制定、岗位操作规程制定和新技术准备;生产的物资准备,主要是落实投产运营所需要的原材料、协作产品、工器具、备品备件和其他协作配合条件的准备;正常的生活福利设施准备。

——及时具体落实产品销售合同协议的签订,提高生产经营效益,为偿还债务和资产的保值增值创造条件。

④竣工验收

——竣工验收是工程完成建设目标的标志,是全面考核基本建设成果、检验设计和工程质量的重要步骤。竣工验收合格的项目即从基本建设转入生产或使用。

——当建设项目的建设内容全部完成,并经过单位工程验收(包括工程档案资料的验收),符合设计要求并按《水利基本建设项目(工程)档案资料管理暂行规定》的要求完成了档案资料的整理工作;完成竣工报告、竣工决算等必需文件的编制后,项目法人按《水利工程建设项目验收管理规定》,向验收主管部门提出申请,根据国家和部颁验收规程,组织验收。

——竣工决算编制完成后,须由审计机关组织竣工审计,其审计报告作为竣工验收的基本资料。

——工程规模较大、技术较复杂的建设项目可先进行初步验收。不合格的工程不予验收;有遗留问题的项目,对遗留问题必须有具体处理意见,且有限期处理的明确要求并落实责任人。

⑤后评价

——建设项目竣工投产后,一般经过1~2年生产运营后,要进行一次系统的项目后评价,主要内容包括:影响评价——项目投产后对各方面的影响进行评价;经济效益评价——项目投资、国民经济效益、财务效益、技术进步和规模效益、可行性研究深度等进行评价;过程评价——对项目的立项、设计施工、建设管理、竣工投产、生产运营等全过程进行评价。

——项目后评价一般按3个层次组织实施,即项目法人的自我评价、项目行业的评价、计划部门(或主要投资方)的评价。

——建设项目后评价工作必须遵循"客观、公正、科学"的原则,做到分析合理、评价公正。通过建设项目的后评价以达到肯定成绩、总结经验、研究问题、汲取教训、提出建议、改进工作,不断提高项目决策水平和投资效果的目的。

(2)2002年水利部补充文件规定

2002年11月水利部颁发的《关于进一步加强水土保持重点工程建设管理的意见》规范性文件,对水土保持重点工程的建设管理又作了以下规定:

①项目建设管理

——因地制宜推行基本建设"三项制度"。水土保持工程建设投资由国家、地方和群众三方筹集,主要依靠地方政府组织群众结合生产生活活动投工投劳实施,中央投资属补助性质，因此，推行"三制"必须符合水土保持工程的特点和项目实施的实际情况。凡是中央投资综合指标超过 20 万元/km²（含 20 万元）的水土保持工程，要全部推行项目法人制、工程建设监理制。应结合项目特点，确定项目法人，明确项目建设的责任主体。县级、地（市）级水利（水务）局、省级水利厅（局）和流域机构可单独或联合组建项目法人，对工程建设的全过程负总责。水土保持工程监理，应以公开招标或邀请招标的方式，选择有水土保持监理资质的单位，对工程建设实施监理。水土保持工程应严格按照《水利工程建设项目招标投标管理规定》进行招标投标。对全部由中央投资、投资规模超过 50 万元的淤地坝、坡面水系、机修梯田等单项工程，要通过招标投标选择施工单位。

——逐步推行资金使用报账制。水土保持工程建设要设立专用账户，专人管理。对未实行招标投标的工程，要逐步推行资金使用报账制，工程开工建设后，项目建设单位先向施工单位预拨一定比例的资金，其余部分要根据工程建设进度与质量，经验收合格后，方可拨付资金。

——做好检查验收工作。流域机构、省级水利水保部门，要切实加强水土保持工程建设的监督检查，做好竣工验收工作。要将工程检查验收结果作为下年度项目与投资计划安排的重要依据，奖优罚劣。要根据工程建设管理职责，进一步规范和完善检查验收管理办法与程序，明确责任。检查验收工作按照国家有关技术标准与规范进行，确保工程建设质量。

——做好基础工作。省级水利水保部门要按国家重点工程建设项目分类建立水土保持信息统计制度，专人负责统计工作，以季报和年报及时向水利部或流域机构报告各项工程建设进展。要根据项目实施进展情况，组织开展工程建设效益分析评估工作。

②建设管理体制与机制

——试行群众投工承诺制。为更好地发挥中央补助经费的引导作用，适应国家对农村用工政策改革的形势，国家水土保持重点工程建设中，应积极试行群众投工投劳承诺制，把国家补助经费同群众投工投劳结合起来。在项目可行性研究阶段，应以拟实施小流域为单元，把项目建设的目标、规模、中央补助投资、所需群众投工及投工数量向项目区群众公开，征求群众意见，并就工程所需投工数量做出承诺。对于群众投工实行承诺的方式方法，各地应积极开展试点，取得经验后逐步推广。

——推行产权确认制。在水土保持工程项目前期工作阶段或水土保持工程建成后，应按原有土地权属关系及国家有关政策，落实治理成果的产权或使用权，能落实到农户的一律落实到农户，并明确相应的责权利，落实管护责任，确保工程能长期发挥效益。治理成果产权或使用权是否落实，要作为项目是否立项的重要依据。

——坚持多种形式组织实施工程建设。根据水土保持工程特点，一方面要把治理水土流失同广大群众的切身利益密切结合起来，组织动员广大群众参与水土保持重点工程建设。另一方面，要按照基本建设管理程序要求，通过市场机制，选择水平高、技术强、信誉好的施工队伍或专业队伍进行水土保持工程施工和建设，以确保工程进度快、质量好、成果有人管。对水保大户治理，要在技术上给予指导、政策上给予优惠、资金补助上一视同仁。

——坚持国家、地方、群众和其他形式共同投入水土保持工程建设的投入机制。近年来，随着国家对水土保持的重视，一些水土保持重点工程建设的补助标准逐步提高。各地应根据工程建设的要求，积极落实相应的配套资金，依靠政策，引导和发动群众及社会力量参与工程建设，提高工程建设的质量与效益，加快水土保持生态建设步伐。

（3）2007 年水利部文件规定

2007 年 9 月，水利部又颁发了《水土保持工程建设管理办法》，该办法适用于中央各类水利投资安排实施的水土保持工程，该办法规定：

①项目建设管理

——水土保持工程要根据项目特点，落实项目责任主体，建立健全工程建设管理制度。施工单项合同估算价在 200 万元以上，以及种苗等重要材料采购单项合同估算价在 100 万元以上的水土保持项目，应通过招标方式择优选择施工或材料供货单位。

——水土保持工程建设应按照水利部《水土保持重点工程农民投劳管理暂行规定》和《水土保持重点工程公示制管理暂行规定》的要求，推行群众投劳承诺制、施工前和竣工自验后公示制度。

——水土保持监测项目应选择典型小流域实施。承担监测工作的单位须具有相应的水土保持监测资质。

——项目建设要因地制宜采用新技术、新工艺和新材料，提高水土保持工程建设的科技含量和效益。

——工程竣工验收后，要及时办理移交手续，明确管护主体，落实管护责任，确保工程长期发挥效益。

——淤地坝的防汛工作纳入当地防汛管理体系，实行行政首长负责制，分级管理，落实责任。

②检查和验收

——省级发展和改革委员会和水利水保部门全面负责对本地水土保持项目的监督和检查。检查内容包括组织领导、制度和办法的制定、项目进度、工程质量、资金管理使用情况等。

水利部和国家发展和改革委员会对各地水土保持工程实施情况进行督查，项目所在地的流域机构负责督导和抽查。检查结果作为中央投资计划安排的重要依据之一。

——项目建设完成后，由项目审批部门商有关部门共同组织竣工验收。验收按有关规程规范执行，对验收不合格的项目，要限期整改。

对地方项目，省级水利水保部门应及时将验收结果报水利部（水土保持司）及有关流域机构备案。水利部可视情况委托有关流域机构进行抽查复核。

——未实行工程建设公示制和工程建设监理制的项目，以及没有提交资金使用审计报告的项目，不得通过验收。

1.4.2.2 开发建设项目水土保持工程

根据水利部、国家计划经济委员会、国家环境保护局 1994 年联合颁布的《开发建设项目水土保持方案管理办法》，建设项目中的水土保持设施实行"三同时"制度，建设项目水土保持设施必须与主体工程同时设计、同时施工、同时投产使用。没有取得水行政主管部门关于生产建设项目的水土保持方案审批文件的，环境保护行政主管部门不审批环评文件；没有通过水土保持专项验收的，环境保护行政主管部门不进行环保专项验收，建设工程不得投产使用。

本章小结

本章主要介绍了项目的特点，项目的类型，项目的周期，项目的内部构成和外部关联，项目管理的含义；水土保持项目管理的含义，水土保持项目资质管理规定，水土保持项目申报与审批管理规定，水土保持项目管理机制；水土保持项目管理依据和管理程序等。

思 考 题

1. 简述项目的含义及其特点。
2. 简述一般工程项目和水土保持项目的类型。
3. 简述项目的周期及内部构成和外部关联。
4. 简述水土保持项目管理的含义。
5. 简述水土保持项目资质管理要求。
6. 简述水土保持项目申报与审批管理规定。
7. 试述我国项目管理形式是如何演化的。
8. 举例说明我国水土保持重点治理工程的立项及管理机制。
9. 简述水土保持项目管理的依据。
10. 简述水土保持项目管理的程序及其要求。

参考文献

梁世连，惠恩才. 2004. 工程项目管理学[M]. 大连：东北财经大学出版社.

苟伯让. 2005. 建设工程项目管理[M]. 北京：机械工业出版社.

中华人民共和国水利部. 2005. 国家水土保持重点建设工程管理办法. 水利部办水保[2005]67号.

中华人民共和国农业部. 2004. 农业基本建设项目管理办法[M]. 北京：中国法制出版社.

朱希刚. 1992. 农业区域开发项目管理[M]. 北京：中国农业出版社.

中华人民共和国水利部. 1995. 开发建设项目水土保持方案编报审批管理规定. 水利部水保[1995]155号.

中华人民共和国水利部. 2006. 水利工程建设监理规定. 水利部令第28号.

中华人民共和国水利部. 2006. 水利工程建设监理单位资质管理办法. 水利部令第29号.

中华人民共和国水利部. 2003. 水土保持监测资格证书管理暂行办法. 水利部水保[2003]202号.

中华人民共和国水利部.2000.水土保持生态环境监测网络管理办法.水利部令第 12 号.

中华人民共和国水利部.2002.关于进一步加强水土保持重点工程建设管理的意见.水利部水保〔2002〕515 号.

中华人民共和国水利部.2004.水土保持工程建设管理办法.水利部办水保〔2003〕168 号.

中华人民共和国水利部.1994.开发建设项目水土保持方案管理办法.水利部水保〔1994〕513 号.

第2章

水土保持规划及管理

2.1 概述

水土保持规划是指预防和治理水土流失，保护、改良和合理利用水土资源的专业规划。是在多种方案的比较和选择中，确定适合规划区域未来社会经济发展和水土流失防治目标的总体蓝图。

根据规划对象，水土保持规划分为区域性水土保持规划和流域水土保持规划。区域性规划是以省、地、县等一定地域范围为单元进行的水土保持规划，流域规划是以一个完整的流域为单元进行的水土保持规划。

水土保持规划是水土保持项目管理和水土流失综合防治的基础和前提。水土保持项目前期工作的第一步是编制水土保持规划，规划经县级以上人民政府批准后，指导今后一定时期内的水土保持生态建设工作。规划中确定的重点地区和重点建设项目应成为下阶段项目前期工作继续推进的重要依据。《水土保持法》明确了"预防为主，全面规划，综合防治，因地制宜，加强管理，注重效益"的我国水土保持工作基本方针。《水土保持法》同时指出："国务院和县级以上地方人民政府的水行政主管部门，应当在调查评价水土资源的基础上，会同有关部门，编制水土保持规划"，强化了水土保持规划工作的法律地位。1995年国家技术监督局发布了《水土保持综合治理 规划通则》，它是我国第一部水土保持规划国家标准，2008年重新进行了修订。2000年水利部公布了《水土保持规划规划编制暂行规定》(水利部水保〔2000〕187号)，2006年水利部重新修订颁布了《水土保持规划编制规程》，代替了2000年颁布的暂行规定。至此，我国的水土保持规划工作基本上走上了规范化、法制化的轨道。

2.2 规划依据和目标

2.2.1 规划依据

《水土保持综合治理 规划通则》《水土保持综合治理 技术规范》《水土保持综合治理 效益计算方法》《水土保持综合治理 验收规范》是水土保持规划必须遵循的国家标准。《水土保持规划编制规程》是水土保持规划必须执行的行业规程。同级人民政府制定的国民经济和社会发展中长期规划、上级人民政府已经批准的水土保持规划是制定同级水土保持规划的直接依据。

2.2.2 规划目标

水土保持规划的目标分近期目标和远期目标。近期目标应明确生态修复、预防监督、综合治理、监测预报、科技示范与推广等项目的建设规模，提出水土流失治理程度、人为水土流失控制程度、土壤侵蚀减少率、林草覆盖率等量化指标。远期目标可进行展望或定性描述。

水土保持规划的目标主要是实现规划区水土流失综合防治后的经济目标、社会发展目标和生态环境治理及保护目标。

(1)经济发展目标

经济发展目标要提出生产力发展以及不断完善生产关系的具体目标。

①土地生产力目标　主要有单位面积土地的产量和产值，土地利用率或土地生产潜力实现率及其他有关指标等。

②经济发展目标　采用总产值或总收入，收入或产值的增长速度，劳动生产率提高，产投比的增加等作为经济发展水平的目标指标。

③生产发展目标　如人均基本农田面积，灌溉用地面积，工矿用地、城镇交通建设用地等各类用地面积等。

(2)社会发展目标

社会发展目标主要指人口增长及社会、国家、群众对不同产品的需求和人均收入水平等。

①人口增长目标　包括人口出生率、计划生育率、人口自然增长率及治理期人口控制的目标。

②人口对产品的需求目标　包括粮食、油料、木材、蔬菜、肉类、燃料等的需求量，畜牧需求量，牧草需求量，果品需求量等一系列的需求所达到的目标。

③生活水平及其他目标　包括人均纯收入、教育普及率、劳动力利用率等。

(3)生态环境目标

水土流失防治的一个根本任务就是进行生态环境的治理，保护和改善生态环境，为水土流失区的社会经济发展创造条件。

①生态环境建设目标　指对规划区的生态环境问题(如水土流失、过度放牧造成的草场退化、乱砍滥伐造成的森林破坏等)进行整治，以实现生态环境的改善。具体目标有土壤流失量，水土流失治理程度，治理面积，林草覆盖率，防风固沙面积等。

②生态环境保护目标　生态环境保护目标主要在于水土保持规划区内特殊景观、生物多样性的保护，以及预防大气污染、水污染，防灾，生态平衡(如农田矿物质平衡、能量的投入产出平衡)等方面。

2.3　水土保持规划编制要求

水土保持规划是贯彻实施国家可持续发展战略和科教兴国战略，推动水土流失地区社会经济和资源环境协调发展的指导性文件，是水土保持工作的基础和依据。水土保持规划要与国家和地区的社会发展规划、生态环境建设规划相适应，与有关部门发展规划相协调，做到工程措施、生物措施和耕作措施相结合，治理保护与开发利用相结合，经济效益、社会效益和生态效益相结合。

水土保持规划编制的规划期，省级以上一般为 10～20 年，地、县级为 5～10 年。规划编制应研究近期和远期两个水平年，近期水平年为 5～10 年，远期水平年 10～20 年，并以近期为重点。水平年宜与国民经济计划及长远规划的时段相一致。

水土保持规划编制的任务主要是对规划区域的基本情况做宏观说明，对治理开发方向、任务和目标做重点研究和论证，对各级政府划定的水土保持"三区"（预防保护区、监督区、治理区）落实分类指导、整体推进措施，拟定分区防治的主要措施，估算工程量和投资，比选实施方案，提出优先实施的项目和排序等。

水土流失综合防治规划内容主要包括生态修复规划、预防保护与监督管理规划、土地利用规划、治理措施的总体配置、水土保持监测规划、科技示范推广规划、环境影响评价等。

生态修复规划和环境影响分析是 2006 年水利部颁布的《水土保持规划编制规程》新增加的内容，随着这两项工作的进一步推动，在水土保持规划中要不断积累经验，按照环境影响评价要求和即将出台的全国水土保持生态修复规划要求进行编制。

2.4　水土保持规划程序与内容

水土保持规划的一般程序，就是在水土保持综合调查的基础上，根据当地农村经济发展方向，合理调整土地利用结构和农村产业结构，针对水土流失特点，因地制宜地配置各项水土保持防治措施，提出各项措施的技术要求，分析各项措施所需要的劳力、物资和经费，在规划治理期限内安排好治理进度，预测规划方案实施后的效益，提出保证规划方案实施的有效措施。

（1）确定目标，编制大纲

大区域或大江大河流域的水土保持发展战略规划目标要与国家或区域社会经济发展战略规划相协调；专项规划要与总体规划的目标相一致；不同规划阶段的规划目标确定要与已批准的相应规划文件相一致。

不同规划阶段的水土保持规划，一般在工作正式启动之前，根据任务、要求，制订规划大纲。大纲要涵盖水土保持规划工作的主要内容，作为规划工作各个环节的参照依据。

（2）水土保持综合调查

调查分析规划范围内的自然条件、自然资源、社会经济情况、水土流失特点以及水土保持工作的成就与经验。

（3）规划区域系统分析与评价

分析规划区生态经济系统的要素组成、相互关系，流域生态经济系统的自然、生态和社会经济环境特征以及水土流失特征。

合于省级以下较低层次的水土保持分区，如北部红壤丘陵严重侵蚀沟坡兼制区、南部冲积平原轻度侵蚀护岸保滩区等。

2.4.4　土地利用规划

（1）调查土地利用现状

土地利用现状调查，应作为一项重要内容，结合水土保持调查一起进行，了解农村各业用地的情况和存在问题（数量、范围和位置），分析产生问题的原因（农地粮食、经济林与果园果品的单位面积产量和天然草地的单位面积产草量及载畜量），提出解决的办法。

调查内容主要包括各类土地的数量和位置。土地类型包括农地（粮食生产用地与经济作物用地，分梯田、水浇地、坡耕地、滩地等分别统计）；林地（天然林、人工林、经济林、果园，分成熟林、熟幼林等分别统计）；草地（天然草地、人工草地）；荒地（荒坡、荒沟、荒滩、荒沙）；水域（天然水面、人工水面）；其他用地（村庄、道路、矿区、城镇等）；难利用地（裸岩、沙漠等）。

（2）进行土地资源评价

土地资源的评价方法可分为直接评价方法和间接评价方法两大类。

直接评价方法，是通过试验手段直接探测，了解土地质量对某种用途的影响大小，从而确定其适应必和适应程度。间接评价法，是根据对影响土地生产力的因子作出诊断，由此推出土地的质量和适宜性。

水土保持战略规划或区域规划和小流域治理设计的土地资源评价，各有不同的要求。

在水土保持区域规划中，应根据不同的自然条件、社会经济情况和水土流失特点，分为若干不同的类型区，每个类型区分别作出不同的土地资源评价。评价要根据各区内的土地资源普查或详查成果，在各区分别选一条有代表性的小流域，作出小面积上典型的土地资源评价，与面上的普查或详查成果结合，提出各类型区的土地资源评价。

在小流域设计的土地资源评价中，通过土地详查，了解不同地块的完整程度、地面坡度、土层厚度、土壤侵蚀程度、土壤有机质含量、土壤质地、pH 值、有无灌溉条件等因素，将土地分为六级。等级高的土地作为农、林、果、牧用地都适宜；等级低的一般不宜作农地，可依次作为经济林或人工草地、人工林地；最低的等级一般为难利用地。根据以上原则将土地资源不同的适宜性列表，供规划中选用。

（3）研究农村经济与生产发展方向

在区域水土保持规划中，根据各区宏观的自然条件（地貌、林草植被、土壤、降水量、年平均气温等）和社会经济情况（人口、生产基础设施、交通运输、市场经济发育情况等）以及国家对该地区经济发展的宏观布局和地方政府制定的区域经济发展规划，来研究确定不同类型区农村经济与生产发展方向。

小流域水土保持设计中，要在区域水土保持规划的指导下，根据自然和社会经济条件，从实际出发，因地制宜地确定。主要考虑小流域的地形、土质等自然条件和人口、生产基础设施等社会发展可能出现的局部特殊情况。

总的来说，水土保持规划中，农村经济与生产发展方向的确定，核心问题是确定农、林、牧业三者用地的比例，以生态效益、社会效益和经济效益的最佳组合为总确定原则。一般情况下，在人多地少的地区，生产发展方向和土地利用中应以农为主，农、林、牧并举；而在地多人少的地区，以林、牧为主，农地所占比重相对较小。

（4）进行各业用地规划

各业用地规划是土地利用规划的主体，其中重点是确定农、林、牧业用地的数量和位置，对原来土地利用不合理的，应通过规划进行有计划的调整，使之既能满足发展生产的需要，又能符合保持水土的要求。确定各业用地的顺序是先农地，再依次是果园、经济林、牧草地和一般水土保持林地，最后确定副业、渔业和其他用地。

①农业用地规划　根据土地资源评价结果，将一级和二级土地作为农地，如不能满足需要，则考虑三级或四级土地加工改造后作为农地。

②林业用地规划　水土保持中的林业用地，包括人工营造的水土保持林、经济林和果园，以及进行封禁治理的天然林。

③牧业用地规划　牧业用地应包括人工草地、天然草地和天然牧场。

④副业用地规划　农村副业包括特种种植、养殖、编织、加工、采集、运输和第三产业等，其需用土地有的结合在农、林、牧业用地中安排，有的在其他用地（村庄、房屋、道路等）中安排，规划中可不单独安排用地。

⑤渔业用地规划　根据市场经济发展需要，渔业用地有的结合水土保持措施中的小水库、塘坝和蓄水池，有的利用天然水面，有的专修鱼塘养鱼。规划中应明确其面积和位置。

⑥其他用地规划　其他用地包括村庄、道路、房屋等。随着市场经济和第三产业的发展，规划实施期内村庄、道路、房屋等用地面积将不断增加。规划中应遵循"珍惜每一寸土地"的原则，精打细算，合理安排，在满足发展经济需要的同时，尽量节约用地，避免占用农地，特别是高产农地。

⑦改造和保护土地规划　规划范围内原有的低等级土地不能利用或不能作高等级土地利用时，经过水土保持治理措施加工改造，提高利用等级。规划范围内原有坡耕地，由于水土流失严重，出现"石化"、"砂砾化"有被迫弃耕危险的，规划时应提出抢救措施，加快治理，防止土地退化速度的进一步加快。规划范围内原有土地，由于沟头前进、崩岗发展、沙丘移动等，有破坏土地和埋压土地危险的，规划中应提出防治措施，加快治理。对因开矿、道路建设等生产建设项目造成的弃土、弃石、矿渣等的占用土地，应做出土地复垦规划，提高土地利用率。

⑧土地利用结构的方案比较　在土地利用结构调整中，一般要将各业用地提出两种以上的不同方案，分析其投入、产出、减少土壤流失量等的效益，选出最优的土地利用结构方案。

2.4.5 综合治理措施总体布局

2.4.5.1 综合治理措施的平面配置

根据各地不同的自然环境条件、社会经济状况和水土流失特点，将规划区域划分为若干个不同类型区，突出类型区的措施配置特点，并作示范小流域的典型设计，提出典型的配置模式。根据规划范围内的实际需要，确定重点治理区、监督区和防护区。土地利用规划和农村农业发展方向，应与区域经济发展规划相一致。水土保持规划的实施，应以小流域为单元，分期分批实施。

2.4.5.2 综合治理措施的实施顺序

根据各个类型区水土流失特点和开发利用效益，确定实施顺序。一般对危害严重、影响群众生产生活的区域，优先安排；另外，投入少见效快的措施优先安排。对革命老区、少数民族地区的治理优先安排。经过研究确定为重点治理区的，优先安排。

2.4.6 水土流失综合防治措施体系

2.4.6.1 坡耕地治理措施

（1）梯田

包括梯田地段的选定、梯田类型的选定、梯田区道路规划、地块的布设、田埂的利用等。

对坡地土层深厚，劳力充裕的地区，尽可能一次修成水平梯田；在坡地土层较薄，或劳力较少的地区，可先修成坡式梯田，经逐年向下方翻土耕作，减缓坡面坡度，逐渐变成水平梯田；在地多人少、劳力缺乏，同时年降雨较少、耕地坡度在15°~20°的地方，可采用隔坡梯田，平台部分种植作物，斜坡部分种植牧草，暴雨径流汇集在梯田中可增加土壤水分。一般土质丘陵、塬、台地区可修为土坎梯田；在土石山区或石质山地，可结合处理土壤中的石块、石砾，就地取材，修成石坎梯田。

（2）保土耕作

对25°以下未修梯田的坡耕地，采用保土耕作法进行治理。同时，在坡耕地内部及其上部外侧，设置坡面小型蓄排工程，防止外区域地表径流进入。

保土耕作的重点包括改变微地形的的保土耕作沟垄种植、抗旱丰产沟、等高耕作等，增加地面覆盖的保土耕作草田轮作、间作套种等，提高土壤入渗与抗蚀能力的保土耕作深耕深松等。

2.4.6.2 荒地治理措施

荒地包括荒山、荒坡、荒沟、荒滩（简称"四荒"）和河岸以及村旁、路旁、宅旁、渠旁（简称"四旁"）等。荒地的利用与治理，主要是人工造林、人工种草和封禁治理等措施。

（1）水土保持林

荒地治理中水土保持林的营造，要求做到适地适树，既能保持水土，防治土壤侵蚀，改善生态环境，又能解决群众的燃料、饲料、肥料，并尽可能发展各类经济林与果木，增加经济收入。

荒地治理水土保持林的重点包括林种、林型、树种的选择与苗圃的布局和其他低产林改造、林地道路等的确定。

要根据不同用途和不同地貌部位选择不同林种。不同用途林种主要有经济林与果木、薪炭林、饲料林、水保型用材林等；不同地貌部位的不同林种主要有丘陵山地坡面水土保持林，沟壑水土保持林，河道两岸、湖泊水库四周、渠道沿线等水域附近的水土保持林，"四旁"造林等。水土保持林的林型主要有灌木纯林、乔木纯林和各类不同混交类型和混交方式的混交林。树种选择要坚持"以乡土树种为主、适地适树和优质高产"的原则。

荒地治理水土保持林的造林密度主要根据不同林种和不同立地条件确定，一般各地都有根据不同立地类型确定的不同林种和不同树种的造林初植密度，可选择参考。水土保持林的整地工程非常重要，不同立地条件或不同林种的不同整地方式是造林成活的关键，也是区别于其他林业工程的关键所在。

荒地治理中水土保持林的整地方式主要有水平阶、水平沟、窄梯田、水平犁沟等带状整地方式和鱼鳞坑、大型果树坑等穴状整地工程。

（2）水土保持种草

荒地治理中的水土保持种草是指 3 ~ 5 年以上多年生人工草地。人工草地的类型主要有以药用、蜜源、编织、造纸、沤肥和观赏草类为主的特种经济草生产基地，以饲养牧畜为主的饲草基地、割草地和放牧地，以提供优质高产种子为主的种子基地等。

除各类种草基地外，以饲养牧畜为主的草地面积要坚持"草畜平衡"的原则，根据畜牧业发展规划和天然草场与人工草场的单位面积产草量及载畜量，以畜定草，合理规划，确定草地种植面积。

人工种草防治水土流失的重点部位主要是在陡坡退耕地、撂荒轮歇地，过度放牧引起草场退化的牧地，沟头、沟边、沟坡，土坝、土堤的背水坡、梯田田坎，资源开发、基本建设工地的弃土斜坡，河岸、渠岸、水库周围及海滩、湖滨等地。

水土保持草种的选择要坚持抗逆性强、保土性好、生长迅速、经济价值高等原则。直播是草种种植的主要方式，包括条播、穴播、散播和飞播几种。另外，还有移栽、插条、埋植等种植方式，但适合的草种比较少，生产上应用也比较少。

（3）封禁治理

封禁治理包括封山育林和封坡育草两个方面。对原有残存疏林采取封山育林措施，对需要改良的天然牧场采取封坡育草措施。封禁、抚育与治理结合是恢复林草植被、防治水土流失、提高林草效益的有效技术措施。

在封山育林与封坡育草面积的四周，就地取材，因地制宜地采用各种形式明确封育范围，作为封育治理的基础设施之一。明确封育治理范围的设施，必须有明显的标志，并能有效地防止人畜任意进入。

2.4.6.3 沟壑治理措施

根据"坡沟兼治"原则，进行从沟头到沟口，总支沟到干沟的全面沟壑治理。沟壑治理的内容主要包括沟头防护工程、谷坊工程、淤地坝与小水库工程和崩岗治理工程。

（1）沟头防护工程

沟头防护工程的作用是防止水流下沟，制止沟头前进。在沟头防护工程的规划中，要与谷坊、淤地坝等工程相互配合，以达到共同控制沟壑发展的目的。修建沟头防护工程的重点位置是，沟头以上有坡面天然集流槽，暴雨中坡面径流由此集中泄入沟头、引起沟头剧烈前进的地方。

（2）谷坊工程

谷坊工程主要修建在沟底比降比较大（5%～10%或更大）、沟底下切剧烈发生的沟段。主要任务是巩固并抬高河床，制止沟底下切，稳定沟坡，防止沟岸扩张等。比降特大（15%以上），或由于其他原因不能修建谷坊的局部沟段，应在沟底修水平阶或水平沟造林，并在两岸开挖排水沟，保护沟底造林地。

根据建筑材料的来源和丰富程度，可选择采用土谷坊、石谷坊或植物谷坊。谷坊的布设以沟底比降为主要依据，系统地布设谷坊群。

（3）淤地坝与小水库工程

根据规划区域的土地利用特点、地质地貌特征及沟道现状，在干沟和支沟中全面合理地安排淤地坝、小水库及治沟骨干工程。

在坡面治理的基础上，为加强综合治理提高沟道坝系的抗洪能力，减少水毁灾害，在支毛沟中兴建的控制性缓洪淤地坝工程。其主要作用是以防洪为主，并保护下游小多成群的淤地坝，减轻下游危害；稳定沟床，防治沟壑侵蚀。

在水土流失严重地区，沟道是径流汇集和流域泥沙的主要来源地，沟道的治理要兼顾上下游、主支沟，一般根据沟道地形，分别部署大、中、小型淤地坝，同时在适当位置布设小水库和治沟骨干工程。要求除地形不利的沟道外，尽可能地将坝布满，统一进行坝系规划，以充分拦泥淤地，发展种植业，控制水土流失。

坝系规划与坝址勘测必须建立在流域水土保持综合调查的基础上，通过调查，全面了解流域内的自然条件、社会经济状况、水土流失特点和水土保持状况。同时着重了解沟道情况，包括各级沟道的长度、比降、有代表性的断面、土料、石料分布状况等。坝址勘测与坝系规划应反复研究，逐步落实。首先通过综合调查，对全流域提出坝系的初步规划，再对其中的骨干工程和大型淤地坝逐个查勘坝址；根据坝址落实情况，对坝系规划进行必要的调整和补充；最后，对选定的第一期工程进行具体勘测，为搞好工程布局和设计创造条件。

全流域淤地坝、小水库、治沟骨干工程三者的分布要合理、协调，以保证三者的作用都能充分发挥。新修的淤地坝应尽可能快地淤平种地（一般小型3～5年，中型与大型5～10年，少数可延长至20年）；小水库应避免或减轻泥沙淤积，延长使用年限；治沟骨干工程应有较大库容，能真正起到保护其他坝库安全的作用。

（4）崩岗治理

崩岗是风化花岗岩地区沟壑发展的一种特殊形式，其治理布局原则与沟壑治理类似。一般在崩口以上集水综合治理，崩口处修"天沟"，制止水流进入崩口。沟口底部修谷坊群巩固侵蚀基点，崩壁两侧修小平台造林种草，崩口下游修拦沙坝防止泥沙流出。

2.4.6.4　小型蓄排引水工程

（1）坡面小型蓄排工程

包括截流沟、蓄水池、排水沟三项措施，截、蓄、排三者合理配置，暴雨中保护坡面农田和林草不受冲刷，并可蓄水利用。

（2）"四旁"小型蓄水工程

包括水窖、涝池（蓄水池）、塘坝等，主要布设在村旁、路旁、宅旁和渠旁，拦蓄暴雨径流，供人畜饮用，同时可减轻土壤侵蚀。

（3）引洪漫地

包括引坡洪、村洪、路洪、沟洪和河洪 5 种。其中前 3 种措施简单易行，暴雨中使用一般农具即可引水入田，后两种需经正式设计，修建永久性引洪漫地工程。引沟洪工程包括拦洪坝、引洪渠、排洪渠等，主要漫灌沟口附近小面积川台地。引河洪工程包括引水口、引水渠、输水渠、退水渠、田间渠道工程等，主要漫灌河岸大面积川地。

2.4.7　主要技术经济指标计算

水土保持规划中的技术经济指标包括投入、进度与效益三方面。技术经济指标既直接指导规划的实施，又是规划可行性论证的主要内容之一。

2.4.7.1　投入指标的计算

（1）纳入投入计算的项目

包括劳工、物资和经费三项。投入的劳工、物资和经费，是直接用于各项措施在治理水土流失阶段一次性投入，是具有基本建设性质的投入，不包括在治理后土地上进行生产和经营的投入。造林、种草，根据当地成活率与保存率的客观情况，在规划中应包括适量补栽、补种的投入，以保证完成"保存面积"的规划指标。各类工程措施，包括梯田、坝地、引洪漫地、坡面小型蓄排工程等，在规划中，应在基本建设投入劳工数量基础上，增加 5% ～10% 的维修、管护等投入的劳工。封禁治理的投入，包括从封禁开始到完成验收期间用于管护和补栽、补种等工作的投入。

（2）单项措施投入指标的计算

单项措施投入指标的计算方法是先求得每项措施三个方面的投入定额，分别乘上各项措施规划期内新增的数量。

（3）综合治理投入指标的计算

按上述方法分别计算各项治理措施的投入劳工、物资、经费指标，再将各项措施三个方面的指标分别累加，求得综合治理三个方面的投入指标。

2.4.7.2 进度指标的计算

（1）纳入进度指标计算的项目

纳入进度指标计算的项目包括治理面积和工程数量两方面。

按治理面积计算的措施包括梯田、坝地、引洪漫地、小片水地、保土耕作法、造林（乔木林、灌木林和经济林）、种草、果园、封山育林与封坡育草。

按工程数量计算的措施包括谷坊、淤地坝、小水库、塘坝、治沟骨干工程（以上按座计）、沟头防护（个）、水窖（眼）、涝池（个）以及截流沟（道或米）、排水沟（道或米）等。

保土耕作当年实施当年有效，只计算当年实施面积，第二年不在原地继续实施便自然消失，其治理进度不再累计。封禁治理不能在开始时就计算治理面积，应在封禁3～5年后经验收合格，才能计算治理面积。淤地坝在坝库建成时可计算完成坝库座数和"可淤地面积"，在坝地已淤平可以耕种时才计算坝地面积。谷坊、淤地坝、小水库、塘坝、治沟骨干工程等的集水面积不能计算为治理面积，但应计算为"控制面积"，供研究治理情况参考。防风固沙林带、农田防护林网等保护的农田面积可单独计算，但不能计算为治理面积。

（2）进度指标的计算

①进度指标计算原则　实施进度的计算既要积极，又要可靠；既考虑治理水土流失与发展农村生产的需要，也考虑劳工、物资和经费各项投入的可能。当投入的劳力、物资和经费不能满足各项治理措施同时开展时，应分类排队，选其中对控制水土流失和发展农村生产作用大的优先安排，特别是其中某项措施完成后能推动其他措施更好开展的，更应优先安排。在根据投入劳工计算治理进度中，应充分挖掘劳动潜力，特别是小面积规划，更应根据当地实际情况，充分利用半劳力和妇女劳力，以加快治理进度。规划中根据经费投入计算治理进度时，必须落实经费来源，包括农民自筹（一般是投入劳工折合经费）、地方政府投入、国家投资等。在各项治理措施总需经费中，根据各地实际情况，分别确定各类经费来源的不同比例，并落到实处，以保证规划的实施。

②进度指标计算方法　根据生产需要确定实施进度：在各类投入基本有保证的经济条件较好的地区或各级重点治理区与重点治理流域，一般应根据生产需要来确定实施进度，但应用各类投入的可能数量进行核算，即用可能投入的劳工、物资和经费进行核算。在核算中，如果任何一方面不能满足要求，都应对规划的各项措施实施进度进行调整，降低某些项目的治理进度。根据投入可能确定实施进度：在经济条件较差或一般治理地区与流域，国家和地方政府没有专项经费投入的，应根据投入可能确定实施进度，使规划的治理进度切实可行。在没有专项经费投入的情况下，一般应按投入劳工的数量作为控制因素，计算治理进度。需要物资数量大、投资多的大型淤地

坝、治沟骨干工程等一般暂不安排，苗木、草籽等物资不需大量经费，一般可自力更生通过建设苗圃与草籽基地解决，可按此要求计算造林种草进度。不同方案对比：有条件的地方应在规划中采取两种以上不同投入与不同进度的方案对比，分别论证其优缺点，供上级主管部门审批，以提高投入与进度计算成果的科学性与实用性。

（3）投入指标计算与进度指标计算的关系

在计算进度过程中，需以可能投入的计算结果为确定进度的依据；在进度确定之后，则需按此进度要求具体计算相应的投入。在算得规划期总进度与总投入的基础上，还应根据各项治理措施分期或分年的实施进度，算出相应的分期或分年的各项投入。对工程量大，需跨年度施工的大型淤地坝或治沟骨干工程，其各年需要投入的劳工、物资、经费不同，应分年单独计算，不宜简单地取年平均数，以免由于投入不足影响工程实施。

2.4.7.3 经济评价

大、中型基本建设项目的经济评价包括国民经济评价和财务评价。

国民经济评价应从国家整体角度，分析计算项目的全部费用和效益，考察项目对国民经济所作的净贡献，评价项目的经济可行性。

财务评价应从项目财务角度，采用财务价格，分析测算项目的财务支出和收入，考察项目的盈利能力、清偿能力，评价项目的财务可行性。水土保持生态环境建设是非盈利性生态公益性项目，一般只进行国民经济初步评价，但有些国际合作项目或盈利性的专项工程除外。

国民经济评价指标一般有经济内部收益率、经济净现值及经济效益费用比。经济评价设定几种效益减少、投资增大的不利情况下的敏感性分析。

2.4.8 水土保持效益计算

水土保持效益是指在水土流失地区通过保护、改良和合理利用水土资源及其他再生自然资源所获得的生态效益、经济效益和社会效益的总称。水土保持效益的分析结果，是判断水土保持规划是否可行的主要依据。

《水土保持综合治理 效益计算方法》中规定，水土保持综合治理效益包括基础保水保土效益、经济效益、社会效益和生态效益等4类。四者间的关系是在保水保土效益的基础上产生经济效益、社会效益和生态效益。

（1）基础保水保土效益

基础保水保土效益是水土保持综合效益的基础，其他效益都是在此基础上产生的。保水效益主要是各项治理措施(特别是梯田、林、草等坡面措施以及小型蓄、排、引水工程)在暴雨中增加了土壤入渗，拦蓄和减少了地表径流，把雨水蓄在土壤中。保土效益包括两个方面：一是减蚀，在有治理措施的坡面和沟壑，由于减少了地表径流，地面植被保护了表土，相应地减少了土壤侵蚀(包括面蚀和沟蚀)；二是拦泥，坡面一些工程，如水平梯田、水平沟、鱼鳞坑及沟壑中的谷坊和淤地坝，不仅有减轻水力的冲蚀作用，而且还有拦蓄泥沙的作用。

（2）生态效益

生态效益指改善生态环境的效益。通常包括：①改善了土壤的理化性质和生物生态环境。在一定深度内（主要在表土层 0～30cm），提高了土壤含水量和氮、磷、钾、有机质的含量，促进了团粒结构的形成，增加了土壤孔隙率，减少了土壤容重，提高了田间持水能力和抗御自然灾害（特别是干旱）的能力。②改善和改良水质。减少小流域和区域的水质污染源（农药、化肥和土壤养分随降雨和径流的流失），改善和改良水质变化。③增加地面的植被覆盖度。通过实施水土保持林草措施，使得原有林草地面积有所增加。④改善小气候。在一定小范围内（特别在农田防护林网内），减少了风暴日数，减少了风速风力，改善了地面温度、湿度，减轻了霜冻灾害等。

（3）经济效益

经济效益有直接经济效益和间接经济效益两种。①直接经济效益。各项治理措施直接增加的产品及其相应的产值。如梯田、坝地增产粮食，灌木增产枝条，经济林增产果品，种草增产饲草等。各类产品未经加工转化时的产量和产值，都是直接经济效益。②间接经济效益。上述各类产品，经加工转化后，提高了的产值。如果品加工成饮料、果酱、果脯，枝条加工成筐、篮、工艺品、纤维板，饲草养畜后的畜产品等。实施水土保持措施后为社会带来的物质财富或对项目区或国民经济所创出的物质财富，它含有物质数量增加（增产）和社会价值增加（增收）。

（4）社会效益

水土保持社会效益是指水土保持措施实施后给国家和社会带来的受益，这些受益有的发生在当地，有的发生在治理区下游，但其性质都表现为保护全社会的利益方面（包括促进社会进步和减轻自然灾害两个主要方面）。

2.4.9　规划实施组织管理

（1）组织管理措施

组织管理措施包括组织管理的政策、机构、人员和经费等。

要提出项目建设期管理的组织形式、机构设置的方案和各自的责任，提出项目管理必要工作设施的配置计划，包括办公设备、交通工具、办公地点等。

明确项目法人、治理措施的产权、管护责任等；确定推行工程投标、招标的工程项目，提出项目监理的方案；提出项目后评估的时间安排（工程完成后 5～10 年内）；提出项目建设期和运行期的管理办法和要求。

建立项目管理的各种规章制度，如承包责任制、奖惩措施等。

（2）投入保障措施

投入保障措施包括资金筹措、筹劳和物资采购等。要有明确的资金筹措方案，使用贷款的项目还要提出还贷方案。国家投资、地方投资、群众集资和群众投劳折资数量，都要列表说明。

（3）技术保障措施

提出项目实施的技术支持体系，针对项目实施过程中可能遇到的难点问题进行专题调研，拟定课题承担的单位、研究内容和进程。

提出主要示范、推广的项目和组织实施方案，包括技术依托单位、科技人员组成、教育培训、推广应用的机制等。有必要的还要提出综合示范区建立和实施的措施。

2.5　水土保持规划成果

水土保持规划成果包括水土保持规划报告、附表、附图和附件。大范围的规划可分别装订成册。

水土保持规划报告的主要内容包括：

一、规划概要

二、基本情况

1. 自然条件

2. 自然资源

3. 社会经济情况

4. 水土流失情况

5. 水土保持现状

三、规划依据、原则和目标

1. 规划的依据

2. 规划原则

3. 总规划期及近、远期水平年

4. 规划目标

四、水土保持分区及总体布局

1. 水土流失重点防治分区划分

2. 水土流失类型区划分

3. 分区概况

4. 水土保持总体布局

五、综合治理规划

1. 生态修复规划

(1) 原则和目标

(2) 分区措施及总体要求

(3) 典型小流域设计

(4) 措施汇总

2. 预防保护与监督管理规划

2.1 预防保护规划

(1) 预防保护的原则与目标

(2) 预防保护的位置、范围与面积

(3) 预防保护措施

3.1 项目建议书的编制目的和基本规定

3.1.1 项目建议书的编制目的

项目建议书编制的目的就是研究或规划拟上项目设想的效益前途是否可信，是否可以在此阶段阐明的资料基础上提出投资建议的决策；建设项目是否需要和值得进行可行性研究的详尽分析；项目研究中有哪些关键问题，是否需要作专题研究；所有可能的项目方案是否均已审查甄选过；在已获资料基础上，是否可以决定项目有无足够吸引力和可行度。

项目建议书的编制阐明了项目与国家有关生态建设的方针和政策的一致性；阐明了项目在国民经济和社会发展规划、流域（区域）综合规划、水土保持规划或其他相关规划中的地位和作用；阐明了项目所在行政区域的水土流失对经济、社会和生态环境造成的危害和影响；阐明水土保持现状，分析治理经验以及存在的问题。根据项目所在行政区域社会经济发展规划、各行业及各部门相关规划确定的江河整治、生态保护、饮水安全、粮食安全、农业生产条件改善及农村基础设施建设等目标，分析项目所在行政区域对防治水土流失的要求，进行必要的补充调查研究工作，论证项目建设的必要性。

3.1.2 项目建议书的基本规定

根据《水土保持工程项目建议书编制规程》基本规定，项目建议书的主要内容和深度应符合下列要求：①说明项目所在行政区域内自然条件、社会经济条件、水土流失及其防治等基本情况，论证项目建设的必要性；②基本确定工程建设主要任务，初步确定建设目标；③基本确定建设规模，基本选定项目区，初步查明项目区自然条件、社会经济条件、水土流失及其防治等基本情况，涉及工程地质问题的应了解并说明影响工程的主要地质条件和工程地质问题；④初步确定工程总体方案，选定典型小流域，进行典型设计，对大中型淤地坝、拦沙坝等沟道治理工程应做重点论证；⑤推算工程量，初步拟定施工组织形式及进度安排；⑥初步拟定水土保持监测计划；⑦初步拟定技术支持方案；⑧初步明确管理机构，初步提出项目管理模式和运行管护方式；⑨估算工程投资，初步提出资金筹措方案；⑩初步分析效益，评价项目的经济合理性。对利用外资项目，还应提出融资方案并评价项目的财务可行性。

项目建议书的编制，除应符合《水土保持工程项目建议书编制规程》规定外，还应符合国家现行有关标准的规定。如《水土保持综合治理 效益计算方法》《水土保持综合治理 技术规范》《全国生态公益林建设标准》（GB/T 18337.1~3—2001）、《水土保持术语》《水利水电工程制图标准 水土保持图》《土壤侵蚀分类分级标准》《水土保持监测技术规程》《水土保持治沟骨干工程技术规范》（SL 289—2003）、《水利水电工程设计工程量计算规定》（SL 328—2005）、《水土保持规划编制规程》《环境影响评价技术导则 水利水电工程》（HJ/T 88—2003）、《水土保持工程项目建议书编制规程》等。

3.2 项目建议书的内容与深度要求

3.2.1 项目建议书的内容

3.2.1.1 项目建设的必要性和任务

项目建设的必要性是水土保持工程项目建议书要论述的核心内容。应根据项目所在地区的有关情况、水土保持规划及审批意见，论证水土保持工程项目在地区国民经济和社会发展规划及江河流域水土保持规划中的地位与作用，从而论证项目建设的必要性。同时，要根据项目所在地区的水土流失情况以及对地区经济和社会造成的危害，地区经济和社会发展对防治水土流失的要求，水土保持工程项目要达到的建设目标以及对地区经济和社会发展将产生的影响，详细论述开展本项目的理由。一般情况下，可从两方面来论述：一是结合国家的方针、政策以及国民经济发展的要求，从宏观上进行分析和论证；二是通过对项目区内群众的贫困状况、水土资源的损失情况、生态环境的恶化情况等因素的分析，反证项目建设的必要性。

项目建设的任务取决于本项目的水土保持防治目标。因此，应根据本项目所确定的防治目标，提出项目的建设任务。对分期建设的项目要分别按照确定的分期防治目标，确定项目的分期建设任务和总任务。

3.2.1.2 项目区概况

（1）自然概况

项目区自然概况主要包括地质地貌、水文气象、土壤植被、矿藏资源等。

地质地貌概况主要包括地质构造、总地势走向、海拔高度、地貌类型及地面组成物质等；水文气象概况主要包括多年平均径流量，多年平均降水量，最大、最小年降水量，降雨的年内分配情况，实测最大 24h 降水量，多年平均大风日数，多年平均气温等；土壤植被概况应重点描述土壤的主要类型、分布的地带，占项目区面积的比例和植被的组成、分布状况，各林种的面积、郁闭度及主要树种，天然草地面积等；矿藏资源概况主要是指各类矿产资源的分布、储量、目前的开采状况以及发展前景等。

（2）社会经济状况

社会经济状况主要包括项目区人口、土地利用、群众生活水平、基础设施等情况。

项目区人口情况包括总人口、农村人口及农村劳动力等；土地利用情况一般可用土地总面积、农业用地面积、林地面积、草地面积、未利用地面积等指标来反映；项目区群众生活水平及状况，应重点描述项目区农业生产总值以及各业的构成、人畜饮水及三料（燃料、饲料、肥料）、人均耕地（特别是坡耕地）、人均产粮、人均纯收入等情况。

（3）水土流失情况

项目区水土流失情况主要包括流失形式、面积、侵蚀强度和侵蚀量，以及造成的危害和产生的原因等。必要时，还可划分出水土流失类型区。

（4）水土保持现状

项目区水土保持现状主要指水土保持工作的开展情况，现有水土保持设施的数量和质量，开展水土保持工作的经验和教训。

水土保持工作的开展情况是指项目区目前的水土流失治理面积、治理典型、取得的成效，以及与此相配套的政策法规、组织机构等；现有水土保持设施，主要包括基本农田、水土保持林、人工种草、淤地坝、骨干工程等；水土保持工作的经验教训，主要指项目的实施和运行管理中存在的问题及过去开展水土保持工作值得借鉴的经验。

3.2.1.3 建设规模及防治措施布局

（1）防治目标

水土流失综合防治目标的确定，是确定项目规模和措施布局的前提。应按照项目所在流域或区域水土保持规划提出的水土保持总体目标和近、中、远期目标，合理确定项目的综合防治目标。在大多数情况下，防治目标并不是单一的，而是由多个目标构成，主要包括水土流失治理程度、水土流失控制量、经济增长幅度和林草覆被度等。

（2）治理措施布局

水土流失治理措施布局主要包括：初步确定项目区水土流失综合治理面积，初选总体布局方案，初步确定不同类型区水土保持治理措施种类及配置。项目区水土流失综合治理面积的确定，主要依据该区域内不合理的土地利用结构面积和水土流失状况。总体布局方案主要指项目区综合治理措施平面配置，不需具体到每一种措施，只需对生物、工程措施进行宏观配置。

（3）预防监督

简述项目区预防监督分区情况，初步确定预防监督的主要任务、主要措施、水土流失监测任务。要根据国家和地方政府已公布的水土保持"三区"或按照国家划分"三区"的标准，说明项目区内防护区和监督区的面积与位置，并分别提出防护区和监督区的水土保持任务及其采取的措施。项目区水土流失监测，包括水土流失面积、分布及流失量的监测，水土流失发展趋势和危害的监测，水土保持预防监督、治理开发情况及效益监测等。在不同的区域内，监测任务是不一样的。

3.2.1.4 技术支持、项目实施及管理

（1）技术支持

一般来讲，水土保持项目技术支持体系大致由五部分内容组成：①专题研究。对本项目实施过程中可能出现的问题或技术难点，应列专题进行研究。②技术推广。初步选定一批比较好的技术成果在本项目内进行推广。③技术培训。包括派员到有关院校、科研单位培训或把有经验的技术人员请进来授课。④技术考察。到国内或国外有关单位进行考察，可将一些先进的技术引进到本项目中。⑤综合示范区。在不同类型

区初选一批综合示范区，明确主要示范内容及规模。

（2）项目实施

在确定实施进度时，应首先拟定施工总进度，然后根据各项措施的任务量和当地的实际情况，初步安排年进度。进度核算的方法主要有 3 种：①在经费投入有保证的情况下，根据生产需要确定进度；②根据劳力或资金投入情况确定实施进度；③按照每年应完成的措施数量所确定的进度，反求每年所需的劳力或资金，并据此进行劳力或资金的准备。分期建设的项目，对各期或各阶段的任务量及完成的大概时间要在项目建议书中交待清楚。

（3）项目管理

水土保持工程项目涉及的行业多，建设周期长，内外协作配合的环节多，大的项目涉及的地域也较广，众多的部门之间以及各项工作之间都存在着许多需要协调的问题。为了保证项目的顺利实施，在项目建议书阶段，要根据项目建设的规模、资金的构成情况对项目建设的组织管理机构、隶属关系以及机构职能提出初步的设想。

3.2.1.5　投资估算及资金筹措

（1）投资估算

投资估算的编制应说明所采用的价格水平年。价格水平年一般取项目建议书开始编制的年份。投资指标包括工程静态总投资和动态总投资、主要单项措施投资，以及分年度投资。

水土保持工程投资划分为水土保持工程费（含设备费）、临时工程费和其他费用等三部分。水土保持工程费及临时工程费用由直接工程费、间接费、计划利润和税金四部分组成。

直接工程费指工程施工过程中直接消耗在工程项目上的活劳动和物化劳动，由直接费、其他直接费和现场经费组成。直接费指人工费（基本工资、工资附加费、劳动保护费）、材料费和施工机械使用费（包括基本折旧费、修理费、机上人工费和动力燃料费等）；其他直接费用包括水土保持建设管理费、科研勘测设计咨询费、施工期水土保持监测及工程质量监督费。

在项目建议书阶段，只对主要工程措施进行单价分析，按工程量估算投资；对其他工程措施，可采用类比法估算。其他费用可逐项分别估算，也可进行综合估算。分年度投资估算应根据施工进度中分年度安排的措施量（工作量），依据上述要求进行计算。

在项目建议书阶段，对利用外资的项目或已明确利用外资的项目，必须按照利用外资的要求，开展项目投资估算工作。

（2）资金筹措

由于水土保持工程项目投资具有多渠道的特点，因而在项目建议书中必须说明本项目投资主体的组成以及各种投资主体的投资数量，必要时可附有关提供资金单位的意向性文件。

利用国内外贷款的项目，应初拟资本金、贷款额度、贷款来源、贷款年利率以及借款偿还措施。对利用外资的项目，还应说明外资的主要用途及汇率。

3.2.1.6 经济评价

（1）说明采用的价格水平、主要参数及评价准则

经济评价中的价格，一律采用当地社会平均价格。从时间上来讲，一般采用编制项目建议书当年的前半年或前一年的价格水平。国民经济评价参数主要包括社会折现率和计算期。

社会折现率是项目国民经济评价的重要通用参数，各类建设项目的国民经济评价都要采用国家统一规定的社会折现率。社会折现率是项目经济效益的一个基准判据，经计算得出的项目经济内部收益率大于或等于社会折现率，则认为项目的经济效益达到或超过了最低要求；项目的经济内部收益率小于社会折现率，则认为项目经济效益没有达到最低要求，项目的经济效益是不好的。国民经济评价主要准则是项目经济内部收益率大于社会折现率。

计算期是计算总费用和效益的时间范围，包括建设期和运行期。计算期的长短应视工程具体安排而定。

在国民经济评价中还应明确评价基准年，以及工程效益和费用折算的基准点。一般将评价基准年选择在工程开工的第一年，并以该年的年初作为基准点。

（2）费用估算

根据投资估算中所计算的静态总投资，扣除内部转移性支付的资金（如法定利润和税金），作为国民经济评价采用的影子工程投资。

水土保持工程年运行费，主要是指项目完建后运行期间需要支出的经常性费用，包括维护费、管理费及其他有关费用等。因为这些费用是每年直接为该工程服务的，所以也称直接年运行费。年运行费计算如有困难，可根据类似项目实际发生的年运行费占建设期总投资的比例，来确定本项目的各年运行费。

（3）效益估算

水土保持工程项目效益估算主要是对生态效益（含蓄水保土效益）、经济效益和社会效益的有关指标尽量进行量化估算，对不能量化的效益进行初步定性分析。水土保持工程项目的经济效益包括直接经济效益和间接经济效益两类。

水土保持各项措施按确定的经济分析计算期计算出逐年的产出效益。经济计算期是指从开始受益的年份起到年生产维护费用和年产出效益接近或相等而无经营价值的年份的年限，一般可取开始治理的第一年至计算期末年。产出效益可采用由产量推求产值的方法，产量可在当地进行调查确定，也可通过丰、平、枯等代表年份进行计算确定。

（4）国民经济评价

项目国民经济评价，主要是对国民经济盈利能力的分析，评价指标是经济内部收益率和经济净现值，其中经济内部收益率是项目国民经济评价的最主要指标。

经济内部收益率（$EIRR$），是项目在计算期内各年经济净效益流量累计现值等于零时的折现率，可用下式来定义：

$$\sum (B - C)_t(1 + EIRR) - t = 0$$

式中　$EIRR$———经济内部效益率；

$(B - C)t$———第 t 年的净效益流量时值，B 为效益流入量，C 为费用流出量；

n———项目的计算期，以年计。

经济净现值($ENPV$)，是指用社会折现率将计算期内项目各年净效益流量，折算到项目建设期初的现值之和。其计算公式为：

$$ENPV = \sum (B - C)_t(1 + is) - t$$

式中　is———社会折现率；

其余符号意义同前。

经济净现值是反映项目对国民经济净贡献的绝对指标。项目的经济净现值等于或大于零，表示国家为拟建项目付出代价后，可以得到或超过符合社会折现率所要求的社会盈余，其数值表示这种社会盈余的量值。经济净现值越大，表明项目经济效益的绝对值越大。

最后应对项目进行综合性评价，即评价项目的实施对技术、经济、社会、政治、资源利用等各方面的目标产生的影响。

项目的经济效益往往起决定性的作用，但有时经济效益差的项目，如果其他方面效益好，也应认为是可行项目，这一点对水土保持项目而言是十分重要的。

3.2.2　项目建议书的深度要求、工作范围和时限

项目建议书编制阶段的主要工作，是在批准的项目总体规划指导下，对项目做具体调查和必要的勘测，优选工程项目、规模、建设地点及建设时序，论证项目的必要性，初步分析可行性和合理性。因此，项目建议书的技术深度为初步确定、拟定或选定，主要内容包括项目建设的必要性和任务、建设条件、建设规模、主要防治措施、工程施工、工程管理、投资估算及资金筹措、经济评价、结论与建议以及附件等。

项目建议书是以拟建的项目区为工作范围。项目的实施期为 5 ~10 年，对建设期长的项目可分一、二、三期提出分期建设的建议书。在选择项目时，各地应综合考虑审批权限、建设工期、投资能力等因素，提出适宜的建设项目，不能为了争取资金而申报投资大、周期长的项目，其结果往往会适得其反，影响项目的立项。

3.3　水土保持工程项目建议书编写提纲

3.3.1　综合说明

综合说明为项目建议书的内容纲要和主要结论概述，对于报告中有关指标性和结论性内容应予以充分反映。

地理位置图以行政区划图为底图。水土流失类型划分及项目分布图应以区域水土流失类型分区图为底图，项目分布原则上按小流域标注，如项目范围过大，可按片区标注，辅以必要表格说明工程涉及小流域；对于大型骨干工程(如淤地坝、塘坝)，原

则上应在项目分布图上注明工程所在位置和名称。对于工程特性表的栏目内容可根据本项目的实际情况和工程建设内容进行适当增删。比例尺以图面和标注清晰为准。

3.3.2 项目建设的必要性

3.3.2.1 项目建设的背景和依据

水土保持工程项目建议书一般是依据水土保持规划而编制的。如有相应规划，应对相关规划中涉及水土保持工程建设的任务、规模和目标的总体安排进行详细阐述。如没有明确的工程建设规划依据，则应对项目区有关经济社会发展、水土保持现状、全国水土保持规划或流域综合规划中有关水土保持建设要求等进行详细介绍。

3.3.2.2 项目建设的必要性

项目建设的必要性是本阶段的工作重点。应根据项目所在地区国民经济发展规划和社会发展中长期规划、流域规划、流域(区域)水土保持规划的要求，确定项目的开发任务和目标。按照项目的不同建设任务和目标，阐述项目区在水土保持生态保护、饮水安全、粮食安全、农业生产条件和农村基础设施方面的现状和问题，说明水土流失对经济、社会和生态环境造成的危害和影响，分析水土保持治理经验；论证项目区在江河整治、生态保护、饮水安全、粮食安全、农业生产条件改善及农村基础设施建设等方面的需求，进行必要的补充调查研究，论证项目建设的必要性。

3.3.3 建设任务、规模和项目区选择

3.3.3.1 项目建设的任务

阐明水土保持工程的主要建设任务，项目区有特殊任务要求的，可酌情拟定并加以阐述。建设任务的主次顺序应根据项目区有关水土流失、社会经济、饮水安全、粮食安全等方面的危害严重程度或治理的迫切性角度，经综合比较分析后合理确定。

3.3.3.2 建设目标

阐明具有代表性的工程建设目标。如在改善农村生产生活条件、涵养水源、减轻山地灾害等方面的控制目标，应经充分论证后提出，并明确相应的指标测算方法；在效益分析章节中，要进行必要的可达性分析。

3.3.3.3 建设规模

概述规划阶段拟定的项目建设规模。根据项目建设任务及其主次顺序、治理的难易程度、轻重缓急、投入可能，初步确定建设规模，即项目的水土流失综合治理面积；对于水土保持单项工程应明确其建设数量。需对工程建设规模比选论证的，应根据建设任务、目标和可能的投入，从水土流失状况、综合治理面积、骨干工程数量等方面进行比选论证。

3.3.3.4　项目区选择及概况

阐述项目区选择的原则、依据；提出项目区比选方案，从区域水土流失危害程度、水土保持工作基础、地方对项目建设的积极性、工程建设条件、工程投资等方面分析并确定推荐方案；简述项目区的自然概况、社会经济条件；简述项目区水土流失及其防治情况。

3.3.4　总体方案

3.3.4.1　防治分区及措施配置

水土流失防治分区的划分区界考虑行政区界是为了便于基本资料的调查与统计。

典型小流域应具有代表性，应从土地利用现状、已治理和未治理的水土流失面积、水土流失类型和强度等方面，结合建设任务进行分析。

当治理小流域的总面积小于 5 000 km²，选取的典型小流域面积所占比例应取上限；总面积大于等于 10 000 km² 的比例取下限；总面积在 5 000 ~ 10 000 km² 的，其所占比例采用内插法进行取值。

对于水土保持单项工程，单项工程数量在 100 座以上的，按下限比例选择典型工程；单项工程数量在 50 座以下的，按上限比例选择典型工程；单项工程数量在 50 ~ 100 座之间的，按内插法确定典型工程所占比例。

典型工程应结合防治分区划分，尽可能均匀分布。

典型小流域设计应在小班调查与勾绘的基础上，统计土地利用、水土流失和水土保持现状数据，分析措施配置模式及比例。如梯田措施设计应根据坡耕地的面积、人均水平农田的面积，分析需修筑梯田的面积；并按坡度和建筑材料进行分类，做出各类的典型设计，通过加权平均获取单位治理面积措施数量指标。

水土保持措施体系包括治理措施和预防监督措施。治理措施包括工程措施、林草措施和封禁措施。泥石流、滑坡治理应列入治理措施，泥石流、滑坡预警预报应列入水土保持监测内容；水土保持监督执法属于预防监督措施中的项目管理内容。

3.3.4.2　典型小流域措施设计

单项工程应选择典型工程，在初步勘测基础上，进行构筑物布置，并做出断面设计。

3.3.5　工程施工

3.3.5.1　工程量推算

根据不同水土流失防治分区的单位治理面积措施数量指标和措施设计的工程量，推算并汇总项目的总工程量。

3.3.5.2　施工条件与施工组织形式

简述项目区施工的气象、水文、供水供电、交通、建筑材料(含苗木、种子)等施工条件；简要分析项目区劳动力状况，提出施工组织形式。

3.3.5.3 施工要求与施工进度

简述各类水土保持措施施工的基本要求；初步确定施工总工期，初拟进度安排。对分期建设的项目，简述分期实施意见。

3.3.6 水土保持监测

基本明确监测任务、布局原则和监测方法。初步确定水土保持监测内容，拟定监测计划。对于泥石流、滑坡预警预报监测，应初步确定其建设地点，明确监测方法和内容。水土保持监测涉及的土建工程和设备采购投资纳入工程措施，监测人工费用纳入独立费用中水土流失监测费。

3.3.7 技术支持

简述本项目技术支持的必要性；提出项目实施的技术支持体系；简述专题研究、示范、培训、推广等项目的工作内容。

3.3.8 环境影响

简述项目区生态环境状况，分析与水土保持工程相关的环境问题和环境制约因素；从环境影响角度对项目区比选方案进行环境合理性分析；简要分析项目区推荐方案实施后可能造成的环境影响；初步提出环境影响减免的对策和措施；简述环境影响分析的综合结论。对于水土保持单项工程，料场、渣场、施工临时道路等应提出相应的水土保持要求及防治措施。

3.3.9 项目管理

初步提出项目建设的管理机构、管理职责、组织管理模式；简述施工期工程管理的主要内容，包括劳动力组织、工程监理、质量监督、单项工程验收和项目竣工验收等；初步提出项目运行管理的要求；初步提出施工期和运行期的水土保持预防监督内容。

根据国家有关规定，预防监督措施确需计列投资的，应说明具体内容并作为非工程措施列入总体布局和措施配置一节。

3.3.10 投资概算及资金筹措

3.3.10.1 投资估算

简述投资估算的编制原则、依据及采用的价格水平年；估算单项措施投资、工程静态总投资及动态总投资，测算分年度投资。

3.3.10.2　资金筹措

初步明确项目投资组成、资金来源和承诺意见；利用外资项目应初步说明融资方案、外资投资用途、额度、汇率、利率、偿还期及偿还措施等。

3.3.11　经济评价

3.3.11.1　概述

建设项目的背景、开发任务、规模、效益等是项目经济评价的重要基础资料，在进行经济评价之前，简述这些基本资料，有助于对项目的全面了解。

水土保持工程一般只进行国民经济评价。对于筹措了债务性资金的项目必须进行财务分析，主要是分析项目的财务生存能力。

3.3.11.2　国民经济评价

在项目的生态、经济和社会效益分析中，主要针对可量化的效益指标进行分析。对于不能量化的效益分析指标，需进行定性分析。评价时应注意效益和费用对等的原则。

3.3.11.3　财务分析

对于筹措了债务性资金的项目，应进行偿债能力分析。在项目运营期间，是否能从项目经济活动中得到足够的净现金流量是项目能否持续生存的条件。非经营性项目本身财务收入有限，无能力实现自身资金平衡，提出要靠政府补贴或老百姓自筹解决。

3.3.12　结论与建议

综述项目建设的必要性、任务、规模、建设工期、投资估算和经济评价等主要成果；简述地方政府及各部门、有关方面的意见和要求；提出下阶段工作的建议。

3.3.13　附表、附图及附件

附表：1. 水土保持工程特性表
2. 项目所在区域气象特征表
3. 项目所在区域社会经济情况表
4. 项目所在区域土地利用现状表
5. 项目所在区域水土流失现状表
6. 项目所在区域水土保持治理措施现状表
7. 建设规模汇总表
8. 项目区水土保持措施量汇总表
9. 项目区水土保持工程量汇总表

    10. 施工进度安排表

    11. 投资估算总表

    12. 分年度投资表

    13. 资金筹措表

附图：1. 项目区地理位置图

    2. 小流域综合治理和单项工程项目分布图

    3. 典型小流域治理措施设计和单项工程总体布置图

附件：1. 与工程有关的重要文件

    2. 中间讨论或审查会议纪要

3.4　编制项目建议书应注意的问题

（1）认真调查研究，广泛收集资料

用完整的资料数据作依据，是写好项目建议书的基本要求。编制项目建议书之前必须深入实际，围绕拟上项目展开调查研究，尽可能多了解、掌握项目的基本情况，收集项目涉及的各方面的资料、信息、数据，求证资料、数据的真实性、准确性，做到资料翔实、数据准确、全面系统、融会贯通，为编写项目建议书作充分准备。

一般应收集的资料范围包括：相关的国家标准、行业标准、规范、国家产业政策；同类产品的结构、性能、工艺、技术指标、成本、价格、生产厂家、市场销售情况等；国内外同类技术工艺的应用情况及技术水平；建厂地区的自然情况、辅助协作条件、政府的税收、土地政策等。涉及合作方的还应收集合作企业的基本情况、经营实力等。

（2）注意分析方法

项目建议书的写作，是以数量方面所表现出的规律性为依据的，要求对未来的发展趋势进行科学、严密的推断分析。像投资估算、厂址选择、产品市场需求预测分析、经济效益评价分析等项目需要通过一定方法分析计算才能得出结论。如果分析方法不当或计算出现偏差，那么得出的结论就会和实际有出入，甚至出现错误，所以分析方法的选定十分重要。例如，厂址选择经济评价中有分级评分法、重心法、线性规划法3种，经济效益评价又有时间指标、数量指标、利润指标等，其他项也有多种分析评价方法。针对条件不同，各种分析评价方法各有侧重，难免有片面性，而现实情况又千差万别。实际操作中，如何选定分析方法，是单选一种，还是多种方法综合运用，参数如何确定，等等，都是需要认真研究的问题，这就要求我们在编制过程中，一定要从实际出发，具体问题具体分析，认真研究，反复比较，不能盲目套用，确定最符合实际、最科学合理的分析方法，以获得真实、最有价值的结论，为科学决策提供正确依据。

（3）项目建议书与可行性研究报告的区别与联系

项目建议书和可行性研究报告是项目开发计划决策阶段的2项工作。项目建议书不同于可行性研究报告，二者有密切的联系，但也有区别。从程序上看，项目建议书在前，可行性研究报告在后，项目建议书得到批复后，才转入可行性研究阶段，可行性研究是在批复的项目建议书的基础上进行的。从内容上看，项目建议书主要包括：项目名称、项目内容、提出的依据、必要性、产品生产工艺方案、建厂情况、产品的市场前景、产品的经济和社会效益评估、投资及资金来源等；而可行性研究报告还需在批复的项目建议书的基础上增加项目总论（含编制依据、原则、范围、自然情况等）、详细的工艺方案、项目实施规划、成本估算、编制财务计算报表、总图、储运、土建、公用工程和辅助设施、项目招投标、项目进度安排、综合评价及结论等内容。项目建议书以叙述说明为主，可行性研究报告以分析论证为主。可行性研究报告的内容比项目建议书更详细、更具体、分析更深入透彻。项目建议书解决的是上什么项目、为什么上、依据是什么、怎么上的问题。可行性研究报告是对拟上项目从技术、工程、经济、外部协作等多方面进行全面调查分析和综合论证，从深层次上研究分析产品市场是否可行、生产技术是否可行、经济效益是否可行的问题，为项目建设的决策提供依据。所以，在实际编排中，要妥善把握项目建议书与可行性研究报告的区别和联系、正确取舍、合理编排，使项目建议书更趋完善。

（4）语言表达清楚，陈述事实准确

编写项目建议书主要用叙述和说明的方法，通过叙述与说明把项目表达清楚，把建议陈述完整。叙述时必须不折不扣地反映客观事实，切记浮泛描写，说明中不能掺杂想像、主观因素。图表、计算与叙述说明相互补充；专业描述尽量使用专业术语；计算方法选用正确，结果准确，结论明确；推理分析要有高度的科学性和严密的逻辑性；数据、引用的内容核实无误，论述的部分要理由充分，论述严密；项目编排条理清楚，内容翔实；语言文字简洁凝练，准确明了。

3.5 项目建议书的审批与管理

目前，项目建议书要按现行的管理体制、隶属关系，分级审批：

（1）大中型建设项目

大中型建设项目、限额以上更新改造项目，由建设单位委托有资格的工程咨询、设计单位初审后，经省、自治区、直辖市发展和改革委员会及行业主管部门初审后，报国家发展和改革委员会审批，其中特大型项目（2 亿元以上），由国家发展和改革委员会审核后报国务院审批。

（2）小型建设项目

小型建设项目、限额以下更新改造项目，由建设单位按基本建设程序将项目分阶段经主管部门同意后，转报地方或国务院有关部门审批。

项目建议书批准后的主要工作：

——确定项目建设的机构、人员、法人代表、法定代表人；

——选定建设地址，申请规划设计条件. 做规划设计方案；

——落实筹措资金方案；

——落实供水、供电、供气、供热、雨污水排放、电信等市政公用设施配套括：①国家经济和社会发展的长期规划，部门与地区规划，经济建设的指导方针、任务、产业政策、投资政策和技术经济政策以及国家和地方法规等。②经过批准的项目建议书和在项目建议书批准后签订的意向性协议等。③由国家批准的资源报告，国土开发整治规划、区域规划和工业基地规划。对于交通运输项目建设要有有关的江河流域规划与路网规划等。④国家进出口贸易政策和关税政策。⑤当地的拟建厂址的自然、经济、社会等基础资料。⑥有关国家、地区和行业的工程技术、经济方面的法令、法规、标准定额资料等。⑦由国家颁布的建设项目可行性研究及经济评价的有关规定。⑧包含各种市场信息的市场调研报告。

4.1.3.2 可行性研究的一般要求

可行性研究工作对于整个项目建设过程乃至整个国民经济都有非常重要的意义，为了保证可行性研究工作的科学性、客观性和公正性，有效地防止错误和遗漏，在可行性研究中，①首先必须站在客观公正的立场进行调查研究，做好基础资料的收集工作。对于收集的基础资料，要按照客观实际情况进行论证评价，如实地反映客观经济规律，从客观数据出发，通过科学分析，得出项目是否可行的结论。②可行性研究报告的内容深度必须达到国家规定的标准，基本内容要完整，应尽可能多地占有数据资料，避免粗制滥造，搞形式主义。在做法上要掌握好以下4个要点：先论证，后决策；处理好项目建议书、可行性研究、评估这3个阶段的关系，哪一个阶段发现不可行都应当停止研究；要将调查研究贯彻始终。一定要掌握切实可靠的资料，以保证资料选取的全面性、重要性、客观性和连续性；多方案比较，择优选取。对于涉外项目，或者在加入WTO等外在因素的压力下必须与国外接轨的项目，可行性研究的内容及深度还应尽可能与国际接轨。③为保证可行性研究的工作质量，应保证咨询设计单位足够的工作周期，防止因各种原因不负责任地草率行事。

4.2 可行性研究报告的内容和深度要求

4.2.1 可行性研究报告的内容

可行性研究是国家基本建设工作程序中的一个重要阶段，也是水土保持建设项目前期工作的一个重要的环节，是确定建设项目和进行初步设计的依据。编制水保项目可行性研究报告应遵守国家的方针、政策以及现行的技术规范，依据已批准的项目建议书，在大量翔实的调查、勘测资料的基础上论证项目建设必要性、技术可行性和经济合理性。水土保持项目可行性研究报告的内容包括：总则、术语、综合说明、项目建设的背景及设计依据、建设任务与规模、总体布局与措施设计、施工组织设计、水土保持监测、技术支持、环境影响评价、项目管理、投资估算与资金筹措和经济评价，共十三部分。

4.2.1.1 总则

①为明确水土保持工程可行性研究报告的编制原则、基本内容和深度要求，根据

国家基本建设有关规定，结合水土保持工作实际情况，特制定本规程。

②本规程适用于大、中型水土保持综合治理工程可行性研究报告的编制，小型水土保持综合治理工程可行性研究报告的编制可参照执行。对水土保持专项工程和利用外资项目，可根据工程任务的特点对本规定的条文进行取舍，也可根据需要适当调整内容和深度。

③可行性研究报告应以批准的项目建议书或规划为依据，贯彻国家基本建设的方针政策，遵循有关技术标准，在对工程项目的建设条件进行调查和勘测的基础上，从技术、经济、社会、环境等方面，对工程项目的可行性进行全面的分析、论证和评价。

④本标准引用以下标准：

《水土保持综合治理 效益计算方法》《水土保持综合治理 技术规范》《全国生态公益林建设标准》《水土保持术语》《水利水电工程制图标准 水土保持图》《土壤侵蚀分类分级标准》《水土保持监测技术规程》《水土保持治沟骨干工程技术规范》《水利水电工程设计工程量计算规定》《水土保持规划编制规程》。

⑤可行性研究报告的编制，除应符合本规程的规定外，还应符合国家现行有关标准的规定。

4.2.1.2　相关术语

（1）现状水平年（present situation level year）

指水土保持工程涉及项目区的自然、社会经济、水土保持等情况，以及工程设计相关背景数据或资料的调查统计年份。

（2）设计水平年（design level year）

指所有水土保持设施正常运行，达到预期目标并发挥整体效益的年份。

（3）水土保持单项工程（monomial project of soil and water conservation）

指在小流域综合治理中工程规模较大的、需进行专门设计的工程，如治沟骨干工程、塘坝、格栅坝、排导、停淤等工程。

（4）水土保持专项工程（special project of soil and water conservation）

指不属于综合治理工程的作为专项建设的水土保持工程，如水土保持监测、水土保持泥石流预警、淤地坝坝系工程等。

（5）水土流失治理度（erosion control ratio）

项目区内，设计水平年水土流失治理面积占现状水平年调查水土流失总面积的百分比。

（6）水土流失控制量（amount of soil erosion and water loss controll）

指项目区实施治理后，至设计水平年所能形成的年蓄水拦沙量。

（7）治沟骨干工程（key works for gully erosion control）

在沟道中修建的，单坝总库容为 $50 \times 10^4 \sim 500 \times 10^4 \mathrm{m}^3$，具有控制性缓洪作用的淤地坝工程。

③说明技术培训的内容、方式和培训计划。

④初步选定推广项目，提出推广计划。

4.2.1.10 项目管理

①提出项目建设的管理机构、管理职责、组织管理形式、管理制度等。

②阐述施工期工程管理的主要内容，包括工程招投标、监理、质量监督、检查验收等。

③提出工程运行期管理的模式、措施、责任和经费。

④阐述施工期和运行期的水土保持预防监督内容。

4.2.1.11 投资估算和资金筹措

（1）投资估算

①说明投资估算的编制原则、编制依据、项目划分、计算方法、采用的定额和取费标准以及价格水平年。

②分析计算基础单价和工程单价，估算分项投资、工程静态总投资及动态总投资，测算分年度投资。估算投资编制，应根据编制年价格水平，分析计算主要材料预算价格，计算基础单价和工程单价；蓄水池、沉沙池、机耕道、畜圈、节柴灶等措施可通过调查分析确定单位造价指标进行估算。投资估算编制深度应按《水土保持工程概（估）算编制规定》的要求执行。

③利用外资工程的内外资投资估算应在全内资估算的基础上结合利用外资型式进行编制。报账型（式）需根据全内资估算结果按当时汇率将人民币转换为相应外币并考虑由于利用外资增加的相关费用。

④应按《水土保持工程概（估）算编制规定》编制投资估算附件。

（2）资金筹措

① 明确项目投资组成、资金来源，配套资金应附列相应的承诺意见。

②利用外资项目应说明融资方案、外资投资用途、额度、汇率、利率、偿还期及偿还措施等。

（3）附表

①总估算表。

②分部工程估算表。

③分年度投资表。

④独立费用计算表。

⑤单价汇总表。

⑥主要材料、林草（种子）预算价格汇总表。

⑦施工机械台班费汇总表。

⑧主要材料量汇总表。

⑨设备、仪器及工具购置表。

⑩资金筹措表。

4.2.1.12 经济评价

（1）概述

①简述项目背景、建设性质、任务、规模、效益、建设内容、建设工期、管理组织形式等。

②说明经济评价的基本依据和计算原则。

（2）国民经济评价

①说明采用的价格水平、主要参数及评价准则。

②费用估算

a. 简述项目投资估算编制范围、主要依据、价格基准年等，建设投资和资金流量。

b. 简述年运行费和流动资金的计算方法及成果。

③效益估算

a. 概述项目的经济、社会、生态(含蓄水、保土)效益。

b. 简述经济效益的估算方法及成果。对可以货币化的效益应尽可能量化；难以定量的效益，可进行定性描述。

④经济费用效益分析与评价

a. 计算经济净现值、经济内部收益率、经济效益费用比等评价指标。

b. 对项目的经济合理性进行综合评价，提出结论意见。

（3）财务分析

①计算项目各年度财务收入，总成本费用，分析项目盈亏平衡的情况和财务生存能力。

②对项目财务可行性进行综合评价，提出结论意见。

③对于生存能力较差的项目提出工程运行费用的来源。

（4）附表

①经济效益分析成果表。

②项目敏感性分析成果表。

4.2.1.13 结论与建议

①综述项目建设、投资估算和经济评价的主要成果，阐述社会、技术、经济、环境等方面的综合评价结论。

②下阶段工作的建议。

4.2.2 可行性研究报告深度要求

可行性研究报告的深度应符合下列要求：

①论述项目建设的必要性和确定项目建设任务。

②确定建设目标和规模，选定项目区，明确重点建设小流域(或片区)，对水土保

持单项工程应明确建设规模。

③明确现状水平年和设计水平年，查明并分析项目区自然条件、社会经济技术条件、水土流失及其防治状况等基本建设条件；水土保持单项工程涉及工程地质问题的，应查明主要工程地质条件。

④提出水土保持分区，确定工程总体布局。根据建设规模和分区，选择一定数量的典型小流域进行措施设计，并推算措施数量；对单项工程应确定位置，并初步明确工程形式及主要技术指标。

⑤估算工程量，基本确定施工组织形式、施工方法和要求、总工期及进度安排。

⑥初步确定水土保持监测方案。

⑦ 基本确定技术支持方案。

⑧明确管理机构，提出项目建设管理模式和运行管护方式。

⑨估算工程投资，提出资金筹措方案。

⑩分析主要经济评价指标，评价项目的国民经济合理性和可行性。对利用外资项目，还应提出融资方案并评价项目的财务可行性。

4.3　可行性研究报告的审批与管理

编制可行性研究报告的重要依据是批准的项目建议书。由项目建设单位法人代表，通过单位法人代表，通过招投标或委托等方式，确定有资质的和相应等级的设计或咨询单位承担，项目法人应全力配合，共同进行这项工作。可行性研究报告是项目建设程序中十分重要的阶段，必须达到规定要求，为组织审查、咨询金融等单位评估提供政策、技术、经济、科学的依据，为投资决策提供科学依据。

可行性研究报告的审批：国家发展和改革委员会现行规定审批权限如下：大中型项目的可行性研究报告，按隶属关系由国务院主管部门或省、自治区、直辖市提出审查意见，报国家计委审批，其中重大项目由国家计委审查后报国务院审批。国务院各部门直属及下放、直供项目的可行性研究报告，上报前要征求所在省（自治区、直辖市）的意见。小型项目的可行性研究报告，按隶属关系由国务院主管部门或省（自治区、直辖市）计委审批。

可行性研究报告后的主要工作：可行性研究报告批准后即国家同意该项目进行建设，列入预备项目计划。列入预备项目计划并不等于列入年度计划，何时列入年度计划，要根据其前期工作的进展情况、国家宏观经济政策和对财力、物力等因素进行综合平衡后决定。建设单位可进行下列工作：

①用地方面，开始办理征地、拆迁安置等手续。

②委托具有承担本项目设计资质的设计单位进行扩大初步设计，引进项目开展对外询价和技术交流工作，并编制设计文件。

③报审供水、供气、供热、下水等市政配套方案及规划、土地、人防、消防、环保、交通、园林、文物、安全、劳动、卫生、保密、教育等主管部门的审查意见，取得有关协议或批件。

④如果是外商投资项目，还需编制合同、章程、报经贸委审批，经贸委核发了企业批准证书后，到工商局领取营业执照、办理税务、外汇、统计、财政、海关等登记手续。

本章小结

可行性研究是国家基本建设工作程序中的一个重要阶段，也是水土保持建设项目前期工作的一个重要的环节，是确定建设项目和进行初步设计的依据。编制水保项目可行性研究报告应遵守国家的方针、政策以及现行的技术规范，依据已批准的项目建议书，在大量翔实的调查、勘测资料的基础上论证项目建设必要性、技术可行性和经济合理性。

可行性研究作为一种决策分析方法，产生并发展完善于西方。一般地，可行性研究可划分为机会研究、初步可行性研究（或称预可行性研究）、可行性研究和项目评估4 个工作阶段。

项目的可行性研究因项目的性质、规模及所处行业等的不同，其侧重点及编制格式和要求存在着一定的差异。但无论如何，项目的可行性研究应遵循一定的程序，按照一定的要求进行，并应取得必要的编制依据，在内容与深度等方面满足投资决策者要求的前提下，按一定的编制格式，形成项目的可行性研究报告。

思 考 题

1. 可行性研究的含义是什么？
2. 可行性研究有哪些作用？
3. 项目的可行性研究可以分为几个阶段？各阶段的主要内容是什么？
4. 对于水土保持项目来说，可行性研究应包括哪些主要内容？
5. 项目可行性研究报告有哪些编制步骤与要求？

参考文献

李智广，曾大林 . 1999. 建立国家水土保持信息数据库的基本思路[J]. 资源生态环境网络研究动态，10（2）：6-10.

陈群香，韩凤翔 . 2000. 水土保持工程的项目管理[J]. 中国水土保持（3）：31-43.

张大全 . 2001. 水土保持建设项目可行性研究报告的编制 . 中国水土保持（9）：40-42.

王治国，郭索彦，姜德文 . 2002. 我国水土保持技术标准体系建设现状与任务[J]. 中国水土保持（6）：61-71.

王治国，郭索彦，姜德文 . 2002. 我国水土保持技术标准体系建设现状与任务[J]. 中国水土保持（8）：21-22.

第 5 章

水土保持项目初步设计及其管理

　　国家的各类工程项目，都是在国民经济和社会发展中长期规划的指导下，分别编制项目建议书、可行性研究报告、初步设计报告等不同阶段的前期文件。从各级计划行政管理部门的管理看，主要是审批项目建议书和可行性研究报告。项目经批准后，初步设计文件由行业管理部门审查后编制水土保持项目初步设计。

　　水土保持项目初步设计是在已批准的可行性研究报告的基础上，以小流域为单元，按有关规程、规范，根据项目区综合规划，对各项水土保持措施做出综合配置和典型设计，对实施进度、投入做出安排，对其效益做出评价，对单项工程做出设计和实施安排的一个具有可操作性和实施性的设计文件。

　　但长期以来，在水土保持工作中，无论是区域专项工程，还是小流域综合治理，在前期工作中均以"规划"名义编制报告，并将它作为立项的依据进行上报，与国家基本建设项目建设程序不符，造成计划审批部门难以分清项目所处的阶段，影响了项目的立项和实施；即便是在做水土保持工程初步设计时，往往随着任务来源、性质不同，制定不同的编制提纲和技术要求，有的参照国家其他基本建设项目初设文件进行编制，而忽略了水土保持建设项目自身特点，造成水土保持工程初步设计文件内容不全、深度不统一，给项目的实施及后期管理工作带来很多不必要的麻烦。

　　规划设计图件不规范主要表现在：一是规划设计中所附图件不统一，所附图件大多由各设计单位自行决定，没有按规定和标准进行编制；二是图件标注内容不统一，有许多规划图件中没有实质内容的标注，多属示意图；三是图示和图例不统一，图纸大小、标示的位置、基本图例等不够规范。

　　由于没有完全按基本建设程序编制设计文件执行，要求做到初步设计阶段，但设计的部分措施只做到了规划或可研深度；工程典型设计没有达到规定标准，只是一个简单示意图；工程总体布局的各项措施没有反映到总体布局图上。2009 年 5 月，水利部发布了《水土保持工程初步设计报告编制规程》，对初步设计报告的编制深度、章节安排和主要内容作了规定。

5.1　水土保持项目初步设计的编制目的和基本规定

5.1.1　水土保持项目初步设计的编制目的

　　水土保持项目初步设计是在认真做好调查、勘测、试验和研究，取得可靠资料的基础上，进行分析、论证、方案比选等，得出结论并进行设计，对可行性研究阶段的成果报告进行复核，按批复文件的要求，对工程设计做补充。它是水土保持项目技术设计和施工图设计的主要依据。

初步设计是保证技术标准具体落实的设计，是前期工作中重要的一环。与可行性研究的主要区别在于：初步设计的技术要求必须落实到地块，可行性研究报告不要求到地块；可行性研究报告的投资为投资估算，初步设计的投资是投资概算。

水土保持项目初步设计的成果要提出初步设计报告、初步设计概算和初步设计经济评价三项资料。

5.1.2　水土保持项目初步设计的基本规定

根据国家立项审批部门的要求，水土保持工程总体初步设计的工程量和投资需按典型小流域（或其他单项工程）初步设计推算，典型小流域（或其他单项工程）的比例按审批部门的要求确定。

小流域综合治理初步设计确需与施工图设计合并的，初步设计报告既要满足年度施工计划、施工招标的要求，同时必须达到指导施工要求的深度。

初步设计阶段应针对各小流域的实际情况，根据批准的可行性研究报告对小流域水土保持工程的任务和规模进行复核和适度调整，说明可行性研究阶段确定的涉及本流域的水土保持监测设施及管理要求。

本章以小流域综合治理项目的初步设计为主进行阐述。对水土保持单项工程和水土保持专项工程，初步设计报告章节编排应根据建设任务和规模等实际情况对本章规定的内容作适当调整。利用外资的水土保持项目，还可根据需要对本章规定的内容和深度作适当调整。

5.2　水土保持项目初步设计的内容和深度要求

5.2.1　水土保持项目初步设计的内容

5.2.1.1　前期资料收集和调查

在进行水土保持工程初步设计之前，要进行大量的资料收集和综合调查，以了解规划设计范围内的自然条件、自然资源、社会经济情况、水土流失特点、水土保持现状。对小流域内的主要分水岭、干沟和主要支沟逐坡、逐沟和逐乡、逐村地现场进行，按调查的项目和内容，取得第一手资料，作为进行水土保持初设的依据，使初步设计能符合客观实际，有利于实施，达到预期的目标和效益。综合调查的成果应经过文字、图表的加工整理，纳入初步设计报告，作为其中一个重要的组成部分。具体内容包括：

（1）自然条件

着重调查地貌、土壤与地面组成物质、植被、降雨和其他农业气象等与水土流失和水土保持有关的项目和内容。

①地貌

a. 宏观地貌调查：首先从现有资料上了解地貌分区，再在调查范围内选几条主要路线进行普查，对分区的界线和各区的范围进行验证。普查中携带海拔仪，对各区主要高程点进行验证。主要了解山地(高山、中山、低山)、高原、丘陵、平原、阶地、沙漠等地形以及大面积的森林、草原等天然植被，作为大面积水土保持规划中划分类型区的主要依据之一。

b. 微观地貌调查：以小流域为单元进行地形测量，或利用现有的地形图进行有关项目的量算，并在上、中、下游各选有代表性的坡面和沟道、逐坡逐沟地进行现场调查，了解以下情况：

——阐明流域面积、水土流失面积、流域形状、所在位置及经纬度、海拔高程和相对高差、所属地貌类型区。

——沟道情况，调查干沟长度、主要支沟长度；全流域平均(或分上、中、下游)沟壑密度；沟壑面积占流域总面积的比例；上、中、下游干沟和有代表性主要支沟的比降；沟底宽度和沟谷坡度。

——坡面情况调查：着重调查坡面长度和地面坡度组成。

②土壤(地面组成物质)调查

a. 宏观调查：根据现有地理、土壤等科研部门的研究成果作初步划分，然后到现场调查验证，了解其分布范围、面积和变化情况。主要有以下三方面：

——根据山区地面组成物质中土与石占地面积的比例，划分石质山区、土质山区或土石山区。划分的标准是：以岩石构成山体、基岩裸露面积大于70%者为石质山区；以各类土质构成山体、岩石裸露面积小于30%者为土质山区；介于二者之间为土石山区。着重了解裸岩面积的变化情况。

对土层较薄、土地"石化"、"沙化"发展较严重的地方，需了解其土层厚度与每年冲蚀厚度，计算其侵蚀"危险程度"。

——根据丘陵或高原地面组成物质中大的土类进行划分。如东北黑土区、西北黄土区、南方红壤区等。着重了解土层厚度的变化情况。

——根据地面覆盖明沙的程度，确定沙漠或沙地的范围。着重了解沙丘移动情况和规律、沙埋面积、厚度及沙化土地扩大情况。

b. 微观调查：在小面积规划中，除进行与上述相同内容的调查外，还需具体调查坡、沟不同位置的土壤和土质情况，作为治理措施布局的依据。

——调查坡沟不同部位的土层厚度、土壤质地、容重、孔隙率，取样分析氮、磷、钾、有机质含量，了解其对农、林、牧业的适应性，作为土地资源评价依据之一。

——对于需修梯田的坡耕地，重点调查其土层厚度是否能适应修建水平梯田。对于需造经济林或建果园的荒山荒坡，也应调查其土层厚度，以便规划中采取适应的树种和整地工程。

——对需要取土、取石作为修筑坝库建筑材料的地方，对土料场、石料场的情况应作详细调查，了解土料、石料的位置、数量和质量。

　　c. 土地资源评价：根据各类土地的性状评价其对农、林、牧等各业的适应性。通过调查分析，确定各等级土地的数量和分布。

　　d. 土地利用现状：土地利用分为农地、林地、草地、果园与经济林、荒地、水域、其他用地(工矿、居民点、道路等)、未利用地(峭壁、裸岩、石沟床等)，分别调查其分布与面积、人均土地和耕地数量，结合土地资源评价，指出土地利用中存在的问题。

　　③植被调查

　　a. 宏观调查：在大面积设计中，宏观调查作为不同类型区分区主要依据之一。根据自然地理、植物、林业、畜牧等部门的科研成果作初步划分，然后到现场调查验证，着重了解以下问题：

　　——调查天然林区与草原的分布范围、面积、主要树种、林分、草类、群落。

　　——调查树木与草类的生长情况。

　　——调查林草植被覆盖度。

　　——调查森林和草原的历史演变情况。

　　——通过调查，应对需列为重点防护区或需采取封育措施的林地和草地提出建议，并明确其位置、范围和面积。

　　b. 微观调查：在小面积规划中，对天然林草和人工林草都需进行现场调查。调查的内容基本上与宏观调查一致，包括林草植被的分布、面积、种类、群落、郁闭度(或盖度)、生长情况和历史演变等。

　　④降雨和其他农业气象的调查

　　a. 宏观调查：在大面积规划中，年均降水量和年均气温，作为划分不同类型区的主要依据之一。调查中应收集气象、水文等部门的观测研究成果，加以分析应用。

　　——降雨。着重调查以下几方面：年降水量：最大年、最小年、多年平均和丰水年、枯水年、平水年各占比例。根据年降水量等值线，了解其地区年内分布，10 年、20 年一遇 24h、3～6h 最大降水量。

　　年降水量的季节分布：特别注意农作物播种、出苗与不同生长期的雨量、汛期与非汛期的雨量。

　　暴雨：暴雨出现季节、频次、雨量、强度(最大、一般)占年降水量比重。

　　——温度。着重调查收集年均气温、季节分布、最高、最低气温、≥10℃积温、无霜期、早霜晚霜起讫时间。根据有关等值线了解其地区分布。

　　——蒸发。了解水面年蒸发量与陆面年蒸发量，根据有关等值线了解其地区分布。调查中以年蒸发量与年降雨量的比值为干燥度(d)。$d > 2.0$ 的为干旱地区；$d < 1.5$ 的为湿润地区；$d = 1.5 \sim 2.0$ 之间的为半干旱地区。以此为依据划分调查范围的气候分区。

　　——灾害性气候。着重调查霜冻、冰雹、干热风、风暴、风沙等分布的地区、范围与面积、出现的季节与规律、灾害程度等具体情况。

　　b. 微观调查：小面积规划中，在上述各项宏观调查内容基础上，还需补充以下要求：

——引用有关气象站、水文站或水土保持站的气象观测资料时，该站与规划小流域必须属于同一个类型区，并且观测站位置与规划小流域之间没有高山阻隔等影响。

——在山区、丘陵区暴雨分布区域性很强的地方，调查中对小流域上、中、下游的暴雨分布应作补充了解，为坝库的规划、设计收集更准确的暴雨资料。

（2）自然资源调查

①土地资源调查　包括土地类型、土地资源评价、土地利用现状等。

a. 土地类型调查：一般按土地所在位置及其地貌特征分类。宏观调查中，一般分山地、坡地、沟地、平地等几个大类；微观调查，在山地中又分山顶地、山腰地、山脚地，在坡地中又分缓坡（<5°）、中坡（5°~15°）、陡坡（15°~25°）、急陡坡（>25°），在沟地中又分沟坡地、沟台地、沟底地等。

b. 土地资源评价：根据调查范围内各类土地的地貌与地面完整程度、地面坡度、土层厚度、土壤侵蚀、土壤质地、表层土壤有机质含量、石砾含量、盐碱化程度，以及有无灌溉条件等指标，将各类土地分为6个等级，评价其对农、林、牧各业的适宜性。一般高等级的土地为宜农地，其次为果园和经济林地，再次为牧草地和水土保持林地。

c. 土地利用现状调查：土地利用分类包括农地、林地（天然林地与人工林地）、草地（天然草地与人工草地）、果园与经济林、荒地、水域（水利工程或天然水面占地）、其他用地（村庄、道路等）、难利用地（沙漠、裸岩、石沟床等），分别调查其分布位置与面积、人均各类土地数量，结合土地资源评价，指出土地利用中存在的问题，特别是由于土地利用不合理，导致水土流失和低产、贫困等方面的问题。

调查方法：大面积规划中，收集土地管理部门和农、林、牧等部门的普查和区划成果，按上述三方面作基本了解，结合局部现场调查，并在不同类型区内选有代表性的小流域进行具体调查，加以验证。小面积规划中，与当地农民和乡、村干部结合，用土地详查的办法，对上述三方面的内容，一坡一沟地进行调查，着重了解土地资源评价和土地利用现状中存在的问题，为水土保持规划中的土地利用规划打好基础。

②水资源调查　以调查地面水为主，同时调查地下水。

大面积规划中，收集水利部门的水利区划成果和水文站的观测资料，结合局部现场调查验证，着重了解以下内容：年均径流深的地区分布。根据河川径流和地表径流等值线图，按不同年均径流深将规划范围划分为不同的径流带。提出各带分布范围与面积、人均水量（m³/人）和单位面积耕地平均水量（m³/hm²）。着重调查人畜饮水困难地区的分布范围、面积、涉及的县、乡、村与人口、牲畜数量、困难具体程度和解决的途径。不同类型地区地表径流的年际分布（最大、最小、一般）与年内季节分布（汛期洪水占年总径流的比重）。河川径流含沙量（kg/m³），河川径流利用现状、存在问题与发展前景。

小面积规划中，以小流域为单元，在上、中、下游干沟和主要支沟进行具体调查。调查非汛期的常水流量和汛期中的洪水流量、含沙量。调查常水流量，选有代表性的断面，用活动三角堰量水槽或当水量很小时用水桶、量杯、秒表等进行量算。调查洪水流量，选有代表性的断面，请了解历史情况的人指出洪水痕迹进行量算。对于不同频率的暴雨洪水，结合暴雨调查，查阅当地的水文手册，弄清各次洪水的洪峰流量与洪水总量。

③生物资源调查　着重调查有开发利用价值的植物资源和动物资源，以植物资源为主。在植物资源中着重调查可供用材、果品、纤维、编织（含工艺品）、药用、油脂、淀粉、染料、调料、山货、观赏等方面开发利用的树种和草类。在动物资源中着重调查易于饲养、繁殖、肉皮毛绒等产品在市场上有竞争能力的畜、禽、鱼、虫和珍奇动物。

大面积规划中，从植物、动物、农业、林业、畜牧、水产、综合经营等部门收集有关资料，结合局部现场调查，进行验证。小面积规划中，除查阅有关资料外，着重现场调查和向有经验的农民进行访问。

④光热资源调查　大面积规划中，根据气象站、水文站的观测资料，结合农业气象，就光热资源的以下三项主要指标进行调查，包括年均大于等于 10℃ 的积温，年均日照时数，年均辐射总量，作为不同类型区的分区依据之一。小面积规划中，调查内容和方法与大面积规划相同。但引用资料的观测站（场）必须与规划小流域属于同一类型区，而且二者之间没有高山阻隔等影响。

⑤矿藏资源调查　大面积规划中，向各地各级发展和改革委员会和地质、矿产部门收集有关资料，结合局部现场调查进行验证着重了解煤、铁、铝、铜、石油、天然气等各类矿藏分布范围、蕴藏量、开发情况、矿业开发对当地群众生产生活和水土流失、水土保持的影响、发展前景等。小面积规划中，调查内容与大面积相同。调查方法除查阅有关资料外，应着重对规划范围内各类矿点逐个进行具体调查。对因开矿造成水土流失的，应选有代表性的位置，得出具体年均新增土壤流失量。

（3）社会经济状况

①人口与劳动力　人口调查中应着重调查现有人口总量、人口密度、城镇人口、农村人口、农村人口中从事农业和非农业生产的人口；各类人口的自然增长率；规划期内可能出现的变化；人口素质、文化水平。劳力调查中着重调查现有劳力总数，其中城镇劳力与农村劳力、农村劳力中男、女、全、半劳力，从事农业与非农业生产的劳力；从事农业生产劳力中一年实际用于农业生产的时间，可能用于水土保持的时间，在水土保持中使用半劳力和辅助劳力的情况。各类劳力的自然增长率，规划期内可能出现的变化。

大面积规划，主要从县以上各级民政部门和发展和改革委员会收集有关资料，按不同类型区分别进行统计计算。对各类型区劳力使用情况，应选有代表性的小流域进行典型调查。

小面积规划，主要从乡、村行政部门收集有关资料，按规划范围进行统计计算。如小流域内上、中、下游人口密度和劳力分布等情况不一样，应按上、中、下游分别统计。对其中劳力使用情况，需向群众进行访问，结合在某些施工现场进行调查加以验证。

②农村各业生产　大面积规划侧重农村产业结构，根据规划范围内各地农村不同的产业结构，提出不同类型区的生产发展方向。小面积规划侧重根据农村产业结构和

各业生产中存在的具体问题，研究在规划中采取相应的对策。

a. 农村产业结构：了解农、林、牧、副、渔各业在土地利用面积、使用劳力数量和年均产值和年均收入等各占农村总生产的比重。同时调查近年来拍卖"四荒"地(即未治理小流域，包括荒山、荒沟、荒滩、荒丘)使用权情况及其对农村各业生产与水土保持的影响。

b. 农业生产情况：着重调查粮食作物与经济作物各占农田面积、种植种类、耕作水平、不同年景的单产和总产。耕地中基本农田(梯田、坝地、小片水地等)所占比重、一般单产、修建进度、主要经验和问题。

c. 林业生产情况：着重调查不同林种(水土保持林、经济林、果园等)各占林地面积、主要树种、经营管理情况、生长情况、成活率与保存率、经济收入情况、主要经验与存在问题。

d. 牧业生产情况：着重调查各类牲畜数量、品种、饲料(饲草)来源、天然牧场与人工草地情况(数量、质量)、载畜量情况、经营管理情况、存栏率与出栏率、经济收入情况、主要经验与存在问题。

e. 副业生产情况：着重调查副业生产门路(种植、养殖、编织、加工、运输、建筑、采掘、第三产业等)占用劳力数量和时间、经营方式与水平、经济收入、主要经验和问题。

f. 渔业生产情况：着重调查养鱼水面的类型(水库、池塘或其他)、面积、经营管理情况、单产和总产、主要经验和问题。

g. 与农村经济发展有关的交通运输、市场贸易、经济信息等情况和问题：大面积规划中，从农业、林业、畜牧业、水利、水产、综合经营、土地管理等部门收集有关资料，并进行局部现场调查加以验证。

小面积规划中，除收集并查阅有关资料外，还应在小流域的上、中、下游，各选有代表性的乡、村、农户和农地、林地、牧地、鱼池和各类副业操作现场进行深入的典型调查或抽样调查。

③农村群众生活调查　调查内容以人均粮食和现金收入为重点，同时还应了解燃料、饲料、肥料和人畜饮水供需情况。除在规范范围内进行一般调查外，还应选择"好、中、差"3种不同经济情况的典型农户进行重点调查。实施规划后还应跟踪调查，了解其变化情况。

a. 人均粮食和收入情况：根据当地的粮食总产和收入总量按调查时农村总人口平均计算。人均粮食调查不同年景(丰年、平年、歉年)的情况，人均收入应了解收入来源组成。大面积规划中，对不同类型地区应分别统计，小流域规划中，如果上、中、下游收入有较大差异也应分别统计，并说明其原因。

b. 燃料、饲料、肥料缺乏问题：小面积规划中逐村进行具体调查，大面积规划中对不同类型地区分别选有代表性的小流域进行调查。调查内容包括燃料、饲料、肥料各自缺乏的程度，有此问题的范围、面积、涉及的农户和人口。

c. 人畜饮水困难问题：小面积规划中逐村进行具体调查，大面积规划中对不同类型地区分别选有代表性的小流域进行调查。调查内容包括了解人畜饮水缺乏的程度、范围、面积，涉及的农户、人口和牲畜数量。划分人畜饮水困难的标准是：取水地点距农民住处垂直高差 200m 以上，水平距离 500m 以上。

③水土流失调查

a. 水土流失现状调查：着重调查不同侵蚀类型（水力侵蚀、重力侵蚀、风力侵蚀）及其侵蚀强度（微度、轻度、中度、强度、极强度、剧烈）的分布面积、位置与相应的侵蚀模数，并据此推算调查区的年均侵蚀总量。

水力侵蚀调查包括面蚀与沟蚀，面蚀调查中要特别注意细沟侵蚀的调查，沟蚀调查包括沟头前进、沟底下切与沟岸扩张三方面。调查中应分别了解其年均侵蚀数量。

重力侵蚀主要在沟壑内，调查应包括崩塌、滑塌、泻溜等主要形态及其与水力侵蚀相伴产生形成的泥石流。调查中应分别了解其崩滑数量和在沟中被冲走数量和影响的土地面积。在有大型滑坡和大量泥石流的地方，应另作专项调查。

风力侵蚀调查包括风力将原地的土壤（或沙粒）扬起刮走和外地的土壤（或沙粒）吹来埋压土地两方面。调查中了解其土壤（或沙粒）刮走和运来的数量。在风沙区应调查沙丘移动情况。

各类土壤侵蚀形态，分别调查其侵蚀模数，并根据水利部颁发的《土壤侵蚀分级标准》分别划定其侵蚀强度。

大面积规划中的调查应注意到：收集有关部门对土壤侵蚀分区的研究成果，进行规划范围的水土流失分区。在不同类型区内选有代表性的小流域，进行水土流失情况的具体调查加以验证。

小面积规划的调查应结合自然条件中地貌的调查和土地资源中土地类型和土地资源评价等调查，逐坡逐沟地具体调查面蚀、沟蚀、重力侵蚀、风力侵蚀等各种侵蚀类型的分布位置、面积及其侵蚀模数；根据各类侵蚀分布情况绘制土壤侵蚀分布图，用求积仪量算各类侵蚀的面积。侵蚀强度的调查，对某一具体位置，可根据地中或地边的树木、墓碑等根部地面多年下降的情况加以量算；或根据地面的坡度、坡长、土质、植被等情况，引用同一类型区水土保持站的观测资料。对各类土地的综合侵蚀强度，可根据沟中坝库拦泥量进行推算。

b. 水土流失危害调查：包括对当地的危害和对下游的危害两方面。

——对当地的危害。着重调查降低土壤肥力和破坏地面完整情况。降低土壤肥力，在水土流失严重的坡耕地和耕种多年的水平梯田田面，分别取土样进行物理、化学性质分析，并将其结果进行对比，了解由于水土流失，使土壤含水量和氮、磷、钾、有机质等含量变低、孔隙率变小、容量增大等情况，同时相应地调查由于土壤肥力下降增加了干旱威胁、使农作物产量低而不稳等问题。破坏地面完整，对侵蚀活跃的沟头，现场调查其近几十年来的前进速度（m/a），年均吞蚀土地的面积（hm^2/a）。用若干年前的航片、卫片，与近年的航片、卫片对照，调查由于沟壑发展使沟壑密度（km/km^2）和沟壑面积（km^2）增加，相应地使可利用的土地减少。崩岗破坏地面的调查与此要求相同。

调查由于上述危害造成当地人民生活贫困、社会经济落后，对农业、工业、商业、交通、教育等各业带来的不利影响。

——对下游的危害。加剧洪涝灾害。调查几次较大暴雨中，没有进行水土保持的小流域及流域出口处附近平川地遭受洪水危害情况，包括冲毁的房屋、田地、伤亡的人畜、各类损失折合为货币(元)。

泥沙淤塞水库、塘坝、农田。调查在规划范围内被淤水库、塘坝、农田的数量(座、hm^2)、损失的库容(m^3)，按建筑物造价每立方米库容折算为货币(元)；被淤农田(或造成"落沙田")每年损失的粮食产量(kg)折合为货币。

泥沙淤塞河道、湖泊、港口。向水利、航运等部门收集有关资料，调查其在若干年前的航运里程，与目前航运里程对比(注意指出可能还有其他因素)，调查影响湖泊容量、面积及其对国民经济的影响。调查影响港口深度、停泊船只数量、吨位等，并进行局部现场调查进行验证。

c. 水土流失成因调查

——自然因素调查。结合规划范围内自然条件的调查，了解地形、降雨、土壤(地面组成物质)、植被等主要自然因素对水土流失的影响。

大面积规划中，根据不同自然条件划分各个类型区，由于地形、降雨、土壤、植被的显著差异，影响水土流失数量差异很大，可通过各类型区的水文站的径流泥沙观测资料进行对比分析，了解4项主要自然因素及其不同的组合情况时水土流失的影响。

小面积规划中，结合不同土地类型与不同土地利用情况下不同的土壤侵蚀强度，现场调查地形(坡度、坡长)、土壤(地面组成物质)、植被对水土流失的影响。根据同类型区内水土保持站的观测资料进行验证，并将不同年降水量和不同暴雨情况下的水土流失量进行对比，了解降雨对水土流失的影响。

——人为因素调查。以完整的中、小流域为单元，全面系统地调查流域内近年来由于开矿、修路、陡坡开荒、滥牧、滥伐等人类活动破坏地貌和植被、新增的水土流失量；结合水文观测资料，分析各流域在大量人为活动破坏以前和以后洪水泥沙变化情况，加以验证。同时调查可能引起水土流失的政策、土地利用经营方式和能源紧缺情况。

④水土保持现状

a. 水土保持发展过程调查：着重了解规划范围内开始搞水土保持的时间(a)，其中经历的主要发展阶段，各阶段工作的主要特点，整个过程中实际开展治理的时间(a)。

b. 水土保持成绩和经验调查：水土保持成绩调查，调查各项治理措施的开展面积和保存面积，各类水土保持工程的数量、质量。在小流域调查中还应了解各项措施与工程的布局是否合理，水土保持治沟骨干工程的分布与作用。大面积调查中应了解重点治理小流域的分布与作用。各项治理措施和小流域综合治理的基础效益(保水、供土)、经济效益、社会效益、生态效益。

水土保持经验调查，包括治理措施经验和组织领导经验。在水土保持措施经验方面，着重了解水土保持各项治理措施如何结合开发、利用水土资源建立商品生产基地，为发展农村市场经济、促进群众脱贫致富奔小康服务的具体做法。其中包括各项治理措施的规划、设计、施工、管理、经营等全程配套的技术经验。在水土保持领导经验方面，着重了解如何发动群众、组织群众，如何动员各有关部门和全社会参加水土保持，如何用政策调动干部和群众积极性的具体经验。

　　c. 水土保持中存在问题的调查：着重了解工作过程中的失误和教训，包括治理方向、治理措施、经营管理等方面工作中存在的问题。同时了解客观上的困难和问题，包括经费困难、物资短缺、人员不足、坝库淤满需要加高、改建等问题。

　　d. 今后开展水土保持的意见：根据规划区的客观条件，针对水土保持现状与存在问题，提出开展水土保持的原则意见，供设计工作中参考。

5.2.1.2　建设目标、规模和工程总体布局

　　(1) 建设目标和规模

　　初步设计，应根据批准的可行性研究报告，复核并确定工程建设规模，明确建设任务。其中的建设任务与目标，主要包括治理水土流失、改善生态环境、发展农村经济等 3 类基本目标，而且应用量化指标来体现。

　　①治理水土流失目标　现有治理程度，达到的治理程度，减少的水土流失量，减沙效益。

　　②改善生态环境目标　林草面积达到宜林宜草面积的比例，综合治理措施保存率，人为水土流失控制程度，水保工程度汛安全。

　　③发展农村经济目标　总产值、总收入增加量，人均粮食、人均收入比当地平均水平提高幅度。

　　④其他　根据小流域的特点，明确一些其他目标，如解决燃料、饲料、肥料(不包括化肥)问题的目标，解决人畜饮水困难和发展微型水利等方面的目标。

　　(2) 工程总体布置

　　通过研究确定农村经济发展方向，合理调整土地利用结构。通过对生态效益、经济效益和社会效益的综合考虑和方案比选，合理确定治理措施总体布局和配置。确定各项治理措施的具体布设。

　　根据建设目标要求，合理调整土地利用结构，确定治理措施总体布局，各小流域可根据当地的实际情况，确定自己的退耕还林还草范围。原则上除保留基本农田外，其他的一律退耕。基本农田也可以种植优质牧草或其他经济作物。

　　各项治理措施的具体布设，应根据该项措施的功能和要求综合考虑。结合小流域的特点把交通道路、排洪设施、居民生活用地等统筹兼顾，优化组合，经过方案比选，确定工程总体布局。

　　工程总体布局包括措施平面配置与实施顺序安排两个方面。

　　措施平面配置，一是以小流域四周分水岭为界，不受行政区划限制，从分水岭到坡脚，从沟头到沟口，从支毛沟到干沟，从上游到下游，全面规划，建成完整的防御体系；二是根据土地利用规划，在不同利用的土地上分别配置相应的治理措施，如梯田、植树种草、小型蓄排工程、治沟工程；三是治理保护与开发利用相结合，根据各类土地防治水土流失的需要，布置各类治理措施的产品必须满足群众生产、生活需

要，并适应市场经济的要求；四是小流域各项治理措施的平面配置，必须逐项到位，落实到措施规划图上，明确反映各项措施的具体位置和数量，并做出典型设计，便于实施。

实施顺序安排，一是先治坡面，后治沟底；先治支沟，后治干沟；先治上游，后治下游。二是先易后难，一般应是投入少、见效快、收益大的先治；有的措施虽然投入较多、见效较慢，但对治理全局有重大影响的，经科学论证也应优先安排，如梯田、道路。三是对实施顺序上相互影响的措施，应根据其相互关系妥善安排，如建基本农田、退耕陡坡、造林种草三者紧密结合，逐年交错进行。

小流域综合治理工程总体布置，应满足如下三项要求：一是在地块上调查、勾绘的基础上，明确各地块的面积、地面坡度、土地利用情况，分别布置工程、林草、封禁治理等措施。二是工程措施应在调查勘测的基础上，经必要的论证，选定位址，确定工程措施的位置和数量，做出平面布置。治沟骨干工程应选定坝址。三是林草和封禁治理措施应在调查的基础上，明确其生态防护和生产功能，划定林种类型和人工草地类型并选定树草种，落实到地块。

5.2.1.3　工程典型设计

以《水土保持综合治理　技术规范》为标准，结合当地的实际情况，具体设计各单项治理措施。面上的治理措施按照本规定的要求设计，或者做出一个标准设计图，总体布置图上有该项措施的图斑，每个图斑在设计时，按照标准设计图的要求进行设计。对于总库容 $1 \times 10^4 \mathrm{m}^3$ 以上的治沟拦洪工程，应有单项工程设计。

（1）水平梯田设计

水平梯田应在 25° 或当地禁垦坡度以下的坡耕地上，选择土质较好，离村庄近，交通比较方便，有利于实现机械化和水利化的地方修筑；梯田埂应沿等高线布设，若地形弯曲较大时，可按"大弯就势，小弯取直"的原则设计；梯田地块要相对集中，田、林、渠、路要结合，在一座山、一面坡尽可能一次修完，不能一次修完的，要一次设计，分期施工；合理布设田间道路和防洪排水系统；要提出设计图、工程量表和技术要求。对坡面完整、面积小于 $1\mathrm{hm}^2$（南方小于 $0.5\mathrm{hm}^2$）的做标准设计，其余逐块进行设计，提出设计图、工程量表和技术要求。

（2）造林（种草）设计

根据小流域的不同立地条件，确定各造林（种草）类型，编制不同造林（种草）类型的标准设计，提出林种、树种（草种）、造林（种草）技术、种苗、幼苗抚育等设计。

（3）封育措施设计

以小流域内每个封山育林、封坡育草地块为单元进行单元设计，条件是封育图斑内有残存的林草植被，当地的水热条件能满足自然恢复植被的需要，封育 3～5 年之后，林草覆盖率达到 70% 以上，并根据不同立地条件，设计相应的封育组织管理措施和封育技术措施。

（4）沟道工程设计

沟道工程主要包括谷坊、塘坝（淤地坝）、沟头防护，每个工程必须有单项设计，在工程总布置图上标明工程所在的位置。谷坊设计内容包括坝高、容积、结构尺寸、工程量等；沟头防护、塘坝（淤地坝）设计内容包括汇流面积、拦蓄库容、工程结构尺寸、工程量等。

骨干坝：单坝控制面积 $3\sim5km^2$，总库容 $50\times10^4\sim500\times10^4 m^3$。每座坝必须有单项工程设计，按《水土保持治沟骨干工程暂行技术规范》执行。

淤地坝：单项控制面积 $3km^2$ 以下，总库容 $1\times10^4\sim50\times10^4 m^3$，每项工程做出单项工程设计。设计标准按《水土保持综合治理　技术规范　沟壑治理技术》执行。

谷坊、水窖：按标准图进行设计。设计内容包括坝高、容积、结构尺寸、工程量等。在工程总布置图上标明工程所在位置。

沟头防护、塘库（涝池）、坡面排水系统、崩岗治理工程：按单项工程进行设计。设计内容包括汇流面积、拦蓄库容、工程结构尺寸、工程量等。在工程总布置图上标明工程所在位置。

（5）其他工程设计

包括人畜饮水、小型灌溉、施工道路等设计内容，按有关行业标准执行，并在工程总布置图上标明所在位置。

5.2.1.4　施工组织设计

概述施工组织形式，施工队、个人承包、集体承包等完成的种类和数量；主要材料的来源和质量保证；施工交通、场地、水、电等安排；施工季节安排和劳动力、机械调配情况。

当前应强调专业队承包和个体承包治理的组织形式。对于专业队，经业务主管部门批准后可以成为水保治理的事业法人，与主管部门签订治理合同，按合同规定进行治理。专业队发展壮大后可以在县级以上工商行政部门注册登记，成为水保工程的施工企业和社会法人，可以跨流域、跨行政区承包水土保持治理任务。在管理中要推行项目法人制、招标承包制和工程监理制。

根据劳力和资金调配情况合理安排分年的实施计划，列表说明每年的工程量、劳动力、投资。编制分年实施计划应注意以下问题：

①应根据生产需要确定实施计划，生态和经济效益好的项目优先安排。

②应根据各项措施的用工定额，计算出分年投入劳工量，以每年水土保持用工量不超过总劳工量的 25% 为宜，需要雇用外地劳工时，须经过详细论证。由施工企业承包的工程不在此列。

③投资计划与投资来源发生矛盾时，应进行调整，以保证投资的足额到位。

5.2.1.5　工程概算

水土保持项目初步设计的工程概算是指在工程初步设计阶段，设计单位为确定拟建基本建设项目所需的投资额或费用而编制的工程造价文件。它是初步设计文件的重要组成部分。初设概算在已批准的可行性研究阶段投资估算静态总投资的控制下进行编制。由于初步设计对建筑物的布置、结构型式、主要尺寸以及设备的型号、规格等根据投资来源的不同，水土保持项目初步设计的审批实行分级管理体制。中央投资、地方配套的项目，可行性研究报告由中央部门审批，初步设计文件多由省级部门审批，批复内容包括设计内容和投资概算。地方投资的水土保持项目的审批原则上由同级部门审批初步设计文件。企业投资的水土保持项目，由企业自行审批水土保持初步设计文件。

5.4.1.2　初步设计方面的管理要求

（1）推行基本建设管理体制改革

当前，国家正在积极推行基本建设管理体制改革，其主要内容是建立以项目法人制为核心，招标承包制和建设监理制为服务体系的建设项目管理体制格局。水土保持作为改善生态环境的主体工程，得到了国家的高度重视。因此，各地应顺应形势，积极进行管理体制改革，这是加强项目和资金管理的重要手段，是确保工程质量的基础。各地应结合水土保持生态环境建设的特点，因地制宜地推行项目负责制、招标投标制和建设监理制，县（市、区）水利局作为项目的负责主体，对建设项目的全过程负责并承担风险；对组织发动群众义务投工的水保项目，以有关乡镇长作为施工单位负责人，对项目管理单位负责；对骨干工程、机修梯田等技术要求较高，单项投入较大的项目，可推行招标投标制；对重点防治工程和水利、水电，开矿、修路、建厂等大型开发建设项目中的水土保持工程，实行项目法人、招标投标和建设监理制，确保工程质量。在资金使用和管理方面，要按照基建项目管理规定，结合水土保持工程的特点，列出必要的前期工作经费，作为项目概预算的重要内容，确保前期工作的质量。

（2）明晰项目产权是水土保持工程后续管理的基础

随着水土流失治理范围的扩展和治理速度的加快，治理成果的管护工作已成为一项重要内容。通过水土保持多年的实践探索，各地在这方面总结出许多成功经验，如20世纪80年代的"广包治理"，90年代的拍卖、租赁、股份合作开发治理"四荒"等等。这些措施不仅加快了治理步伐，更重要的是提供了治理成果管护的成功经验，即明晰了产权，落实了"谁管护、谁收益"的原则。水土保持成果涉及的措施较多，各项措施的功能也有所侧重，在追求经济效益的同时，更要兼顾生态和社会效益。综合治理项目虽然是国家的，但在管理权限的划分上应认真分析，区别对待。要在落实水土保持法律法规的前提下，尽可能将大量管理工作通过利益诱导，交给治理区的集体和群众去做。具体来说，对于公益性为主的水土保持林草措施，项目建设单位应采取拍卖、租赁、股份合作等形式，签订合同，建场管理；对于改善农业生产条件的蓄、引、排工程，鼓励集体和个人承包经营，获取收益；对于农民直接收益为主的项目，如坡改梯、经果林项目等，提出管护标准，交给农户自己管理。积极鼓励治理成果的拍卖，以吸引社会资金，用于治理成果的管护。

5.4.2　生产建设项目水土保持初步设计文件的审批管理

生产建设项目在可行性研究阶段审批水土保持方案后，方可开展生产建设项目的初步设计工作。与水土保持项目的审批管理不同，生产建设项目在初步设计阶段需编制水土保持专章,水行政主管部门参加生产建设项目初步设计中水土保持设计部分的审查,为总设计审查提出此方面的意见。

在水土保持方案审查、审批中要抓住要点,避免方案出现大的疏漏,确保方案的科学性、合理性、可行性。主要有6条要点:防治责任要准确,预测要科学,防治目标要明确、防治措施要有效和可行,设计深度要对应,概算编制要规范,实施措施要落实。

审查初步设计阶段的水土保持设计文件时,需注意水土保持内容要单独成章,并单独编制水土保持概算,落实批复同意的水土保持方案的内容。

本章小结

本章阐述了水土保持项目初步设计的基本概念,分析了与水土保持项目可行性研究的主要区别;重点阐述了水土保持项目初步设计编制的目的意义,编制的基本内容、方法和编制深度要求;阐述了水土保持项目初步设计的审批和管理制度。为了更好地学习本章内容,建议认真学习主要推荐参考书目的相关内容。

思 考 题

1. 如何理解水土保持项目初步设计?
2. 阐述水土保持项目初步设计报告编制的目的和意义。
3. 水土保持项目初步设计与水土保持项目可行性研究有什么异同?在编制时应当注意些什么问题?
4. 水土保持项目初步设计的深度要求有哪些规定?
5. 阐述水土保持项目初步设计审查审批的要点。

参考文献

中华人民共和国建设部,中华人民共和国质量监督检验检疫总局. 2006. GB/T 20465—2006 水土保持术语[S]. 北京:中国标准出版社.

龙江英. 2007. 政府投资工程项目可行性研究阶段的管理[J]. 贵州社会科学, 7(4): 45-46.

赵文海. 2007. 关于水土保持工程初步设计阶段的探讨[J]. 黑龙江水利科技 (4): 158.

陈晨宇,盛永校,李健,等. 2007. 开发建设项目水土保持方案阶段划分探讨[J]. 水土保持研究, 17(3)265-268.

中华人民共和国建设部,中华人民共和国质量监督检验检疫总局. 2008. GB 50433—2008 开发建设项目水土保持技术规范[S]. 北京:中国计划出版社.

姜伟,郭丙庄. 2004. 开发建设项目水土保持方案编制的几点思考[J]. 浙江水利科技 (4): 51-52.

张建军. 2006. 水土保持方案编制若干问题探讨[J]. 山西水土保持科技 (1): 42-43.

王海军,张雨华,王兆良,等. 2005. 编制矿山开发建设项目水土保持方案的几点经验[J]. 水土保持通报，25(5)：108 – 110.

刘会青，张文燕．2000. 试论水土保持工程初步设计的规范化[J]. 吉林水利（216）：32 – 33，40.

马慕铎．2001. 水土保持工程初步设计报告编制[J]. 中国水土保持（11）：40 – 42.

周安录，王玉波．2007. 水土保持工程初步设计的探讨[J]. 东北水利水电（9）：69 – 70.

程适时．2005. 浅谈新建项目可行性研究阶段水保方案的编制[J]. 中国水土保持（9）：39.

赵永军，王安明，袁普金．2008. 生产建设项目水土保持管理制度研究[J]. 水利发展研究（4）：46 – 50.

孙红光，孙鹏旭，王树元．2003. 浅谈水土保持工程建设项目管理方式[J]. 水土保持科技情报（4）：45 – 46.

高占全．2003. 水土保持项目"三制"管理探讨[J]. 山西水土保持科技，9(3)：43 – 44.

第 6 章

水土保持项目的招标投标及其管理

招标(tendering, call for bidding)与投标(bidding)是市场经济的产物,也是目前国际上广泛采用的分派工程建设任务主要的交易方式,如工程设计、工程施工、工程设备和材料采购等过程均采用招标方式。在我国,2000年开始施行的《中华人民共和国招投标法》,对规范招投标的行为,保护国家利益、社会公共利益和招投标活动当事人的合法权益,提高经济效益,保证项目质量等均起到重要作用。水土保持生态建设项目,通过招投标方式,运用专业队治理,既可避免暗箱操作,又能提高工程标准质量,公平竞争、择优录用项目实施单位,更好地发展完善融资市场、建设市场、设计市场、施工市场和监理市场,从而使我国水土保持生态建设项目事业在市场经济中得到发展、完善和壮大,尽快地和国际市场接轨。

6.1　项目招标投标法律制度

招标与投标是合同的要约与承诺的一种形式,也是相辅相成的两个方面,具有很强的法律、法规性特点。

6.1.1　招标投标与招标投标法

6.1.1.1　招标投标

招标投标又称招标承包,是市场经济的一种竞争方式,是在双方同意基础上的一种交易行为,它对维护工程建设的市场秩序,控制建设工程,保障工程质量,提高工程效益具有重要意义,是国际建设市场通行的主要交易方式。

(1)基本含义

招标是指业主为发包方,根据拟建工程的内容、工期、质量和投资额等技术经济要求,发布招标广告或信函或邀请有资格和能力的企业或单位参加投标报价,通过评标择优选取承担可行性研究、方案论证、科学试验或勘查、设计、施工等任务的承包商,并与之签订工程建设承包合同的过程。

投标是指经审查获得投标资格的投标人,以统一发包方投标文件所提出的条件为前提,经过广泛的市场调查掌握一定的信息并结合自身情况,以投标报价的竞争形式获取工程任务的过程。

(2)水土保持项目招投标

水土保持项目招标是建设单位(招标人)就拟建的工程提出招标条件,发布招标广告或信函，邀请投标企业前来提出自己完成工程的要求和保证，从中选择条件优越的投标企业完成工程建设任务的委托方式。水土保持项目招投标主要发生在项目前期，包括规划设计招标投标、设备和材料供应招标投标、项目监理招标投标和施工招标投标。

①规划设计招投标 为保证水土保持项目实施的科学性、经济性和合理性，在国家级、省级重点工程项目均应实行规划设计的招投标制，由项目法人或各级水行政主管部门负责招投标，经公开竞争择优选择设计单位。

投标单位的基本要求：应具备设计资质，其等级要与项目规模相适应；设计证所属专业要以水土保持、水利水电、生态工程等专业为主；以往承担过水土保持生态工程项目的规划设计工作，设计质量有保障。

②设备和材料供应招标投标 水土保持项目中，林草措施占比例较大，以往由于苗木质量不高造成林草成活率低，林草品种不合适、产品不规格等现象较为普遍，导致水土保持项目效用难以正常和全面发挥。因此，实施设备和材料供应招标投标十分迫切和必要。不论是哪一级别的水土保持项目，在材料供应上都必须实行公开招标或由业主按政府采购的原则自行采购，严把材料质量关。其他项目建设中大量使用的设备材料也应该通过招标投标的形式，提高性能价格比，用最少的钱采购到满足工程项目使用的高质量的产品。

③工程监理招标投标 按国家有关规定，水土保持项目应实行建设监理制。工程监理协助项目法人对项目的设计、施工进行招标，负责项目的质量、进度、投资控制。监理单位的选择也应通过招标或邀请议标确定。监理单位应具有水土保持工程施工监理资质，其等级要与项目规模相适应，并有相应业绩和良好的信誉。

④施工招标投标 按国家有关规定，水土保持项目施工应通过招标落实施工单位，如治沟骨干工程、坡改梯、开发建设项目水土保持工程、经济林果等应实行招标投标。通过项目招投标，既可节约资金，又能保障工程质量，各类项目的效益也能较好地发挥。

（3）招投标目的与原则

①招标投标目的 为了适应市场经济体制的需要，使建设单位和投标企业进入建设工程市场进行公平交易、平等竞争，达到控制建设工期，确保工程质量和提高投资效益的目的。

②招标投标的原则 招标投标是合同的要约与承诺的一种形式，具有很强的法律、法规性特点，其基本原则是合法、公开、公平、公正、科学、择优。水土保持生态建设工程招标投标，应当坚持公开、公平、公正、诚实信用的原则，以技术水平、管理水平、社会信誉和合理报价等情况开展竞争，不受地区、部门限制。

（4）实施招标投标制的意义

①改变了项目任务分配的方式 公开招标简化了项目建设过程中社会关系的处理，这在一定程度上不仅防止了项目管理干部的职务腐败，加强了建设单位的自身管理，同时也有利于促使水土保持生态环境建设队伍自身素质的不断提高。

②扩大了任务分配的范围 水土保持生态建设招标投标制的推行使承担建设任务

单位的选择不再局限在一个系统、一个行政区域，或者一个行业，大的项目承建单位可以在全国甚至世界范围内去筛选。因此，将有更多的建设队伍、材料供应商供建设单位挑选，从而真正引入市场竞争机制，打破地方保护主义，打破垄断，降低成本，提高质量，与市场经济、国际惯例接轨。

③促进了专业队伍的发展 招标投标制的贯彻实施体现了水土保持生态建设质量的有力保障，而专业化、正规化又是招标单位对投标单位投标资格的基本要求。随着水土保持生态建设招标项目的不断增多，项目规模的不断加大，必然会刺激投标市场，使越来越多的建设队伍加入到水土保持生态建设中来。

④扩大了水土保持事业的影响 重大项目的大范围招标可扩大水土保持生态建设事业的影响，让不同行业的企业了解水土保持生态建设工程，提高他们对生态建设工程的认知度，使其在生态项目中找到企业定位并最终参与到水土保持生态环境建设中来。

6.1.1.2 招标投标法律

招标投标法律(law for invitation tender and bid)，在我国主要指的是《中华人民共和国招标投标法》(以下简称《招标投标法》)《中华人民共和国政府采购法》《中华人民共和国合同法》《水法》《中华人民共和国建筑法》等。国际上，主要指的是《联合国国际贸易法委员会关于货物、工程及服务采购的示范法》等。

目前，有关水土保持项目招投标法律及规定主要有《招标投标法》《水利工程建设项目招标投标管理规定》《工程建设项目招标范围和规模标准确定》《工程建设项目施工招标投标办法》《评标委员会和评标方法暂行规定》《建设工程设备招标投标管理试行办法》《水利工程项目重要设备材料采购招标投标管理办法》《水利工程建设项目监理招标投标管理办法》《水利工程建设项目施工分包管理暂行规定》等。

6.1.2 项目招标方式

《招标投标法》规定我国招标方式主要有下列2种。

6.1.2.1 公开招标

公开招标(open tendering)，又称无限竞争性招标。这种招标方式是由业主在国内外主要报纸或有关刊物上刊登招标广告，凡对此招标建设项目有兴趣的承包商均有同等的机会购买资格预审文件，并参加资格预审，预审合格后均可购买招标文件进行投标。

公开招标可以为一切符合条件的有能力的承包商提供一个平等的竞争机会，业主也可以选择一个比较理想的承包商。它有利于降低工程造价、提高工程质量和缩短工期，但由于参与竞争的承包商可能很多，会增加资格预审和评标的工作量。另外，还要防止一些投机商故意压低报价以排挤其他态度认真而报价较高的承包商。因此，采用这种招标方式时，业主要加强资格预审，认真做好评标工作。

6.1.2.2 邀请招标

邀请招标(selective tendering），又称有限竞争性招标。这种招标方式一般不在报刊上刊登招标广告，而是业主根据自己的经验和所掌握的有关承包商的资料信息，预先确定一定数量的符合招标项目基本要求的潜在承包商(投标人），并向其发出邀请，请他们来参加投标。这些承包商一般被认为能力强、经验丰富且信誉度好。这一招标方式，一般邀请 5～10 家为宜，至少 3 家以上，因为投标者太少则缺乏竞争力。邀请招标的优点是被邀请的承包商大都较有经验，技术、资金、信誉等均较可靠；缺点则是可能漏掉一些在技术上、报价上有竞争力的承包商。

除了上述两种招标方式外，也有把邀请议标作为招标方式的一种。邀请议标，也称谈判招标或指定招标，是指招标人挑选几家承包商分头同时谈判，从中选择一家承包商的招标方式。它适合工期较紧、工程投资少、专业性强的工程，一般应邀请 3 个以上的单位参加，择优确定。这种方式是一种非竞争性招标，不具有公开性和竞争性，与《招标投标法》规定所要遵守的原则相违背，易于产生不正当竞争。因此，《招标投标法》对这一招标方式没有列入。

6.1.3 项目招标文件

招标文件(tendering documents)是指招标人向供应人或承包人发出的，旨在向其提供为编写投标文件所需的资料并向其通报招标投标将依据的规则和程序等项内容的书面文件。招标文件既是选择最大限度满足工程建设需要并最具竞争性的参建单位的依据，也是实施项目管理的依据。

招标文件应由招标单位自行编制，或委托有能力和资质的招标代理机构编制。主要由文字说明(包括各种图表)和设计图纸两部分组成，集中体现出政策性强、经济与法律责任性强等特点。因此，招标文件过程中要从全局出发，从各方面对工程项目进行经济效益考核，确保招标文件的准确性、真实性、合理性和可行性。招标文件的一切误差(包括数据、计量单位及文字等方面)均由招标单位对此承担责任。招标文件一般应具备以下基本内容：

①工程综合说明 包括工程名称、工程地点、规模、结构、机电设备概况，工程现场情况，供水、供电条件，对外交通条件，水文地质条件及工期与质量要求等。

②招标范围 目的在于投标人了解投标承包项目的范围与承担的责任。在建设项目中，由一家中标承包商自行组织施工往往具有很大困难。因此，在实际运行中，招标人往往会采用不同的发包方式。一个工程的发包范围可能会同时出现以下 3 种情况：由中标承包商自行施工部分；由招标单位与中标承包商共同审定分包施工承包商及工程造价，并在中标承包商与分包承包商间签订分包合同；由招标单位另行发包并签订施工合同的分项工程，如果此项工程施工与总承包商施工发生交叉时，需总承包商进行协调。

③合同主要条款 一是使投标人明确，中标后作为承包方应承担的义务和责任；二是作为洽谈签订正式合同的依据。包括工程内容，承包方式，投标报价依据，开竣

工日期，材料设备供应方式，材料款结算办法、工程价款结算办法，工程质量等级，工期与质量奖罚，保修期、保修金比例及责任，竣工验收与最终结算等。

④投标单位要求 招标人应在招标文件中说明该项目对投标单位的要求，一般包括承包商的资质、资历方面的要求，项目经理部人员的要求和施工方案等。

⑤投标单位应注意的其他方面 一般包括投标函的包装及一些招标投标方面的日程安排等。

6.1.4 开标、评标和中标

6.1.4.1 开标

开标(opening of bids)，即招标单位在规定的日期、时间、地点内，在有投标人出席的情况下，当众宣布所有投标者送来的投标文件中的投标者名称和报价，使全体投标者了解各家报价和自己的报价在其中的顺序。招标单位当场逐一宣读投标书，但不解答任何问题。

（1）开标方式

开标一般在公证员的监督下进行。近年来，国内开标方式主要有以下 3 种：①在有招标单位自愿参加的情况下，公开开标，但当场不宣布中标结果；②在公证员的监督下开标，确定预选中标户；③在有投标单位自愿参加的情况下，公开开标，当场确定预选中标人。

（2）注意事项

①如果招标文件中规定投标者可提出某种供选择的替代方案，这种方案的报价也在开标时宣读。对某些大型工程的招标，有时分两个阶段开标，即投标文件同时递交，但分两包包装，一包为技术标，另一包为商务标。技术标的开标，实质上是对技术方案的审查，只有在技术标通过之后才开商务标，技术标通不过的则将商务标原封不动退回。

②对没有按规定日期送达或寄到的投标书，原则上均应视为废标而予以原封退回，但如果迟到日期不长，延误并非由于投标者的过失(如邮政等原因)，招标单位也可以考虑接受该迟到的投标书。

③开标后任何投标者都不允许更改他的投标内容和报价，也不允许再增加优惠条件，但在业主需要时可以作一般性说明和疑点澄清，开标后业主进入评标阶段。

6.1.4.2 评标

评标(bid evaluation)，指依据文件的规定与要求，对投标文件所进行的审查、评审和比较。通常由招标人依法组织评标委员会负责评标的业务。为保证评标工作的科学性和公正性，评标委员会必须具有权威性。它一般由招标人的代表和有关技术、经济等方面的专家组成，成员人数为 7 人以上的单数，其中技术、经济等方面的专家(不含招标代表人数)不得少于成员总数的 2/3。依据《招标投标法》有关规定，评标委员会成员不得与投标人有利害关系，且名单在招标结果确定前应当保密，整个评标过程应当秘密进行。

6.1.4.3 中标

中标(bid accepted),也称决标,即确定中标人。投标人的中标条件是能够最大限度地满足招标文件中规定的各项综合评价标准;或者是能够满足招标文件的实质性要求,并且经评审的投标价格合理最低,但投标价格低于成本的除外,否则构成低价倾销的不正当竞标行为而不得中标。

6.2 项目施工招标投标管理

按照《工程建设项目施工招标投标办法》,为规范水土保持项目工程施工,在其管理过程中应实行招投标制。这一制度的施行,可以确保工程质量、缩短建设工期、降低工程造价、提高投资效益、保护公平竞争。

6.2.1 项目施工招标准备

拟进行施工招标的水土保持项目,必须具备招标条件后方可进行招标工作。因此,做好项目施工招标前的准备工作十分重要。准备工作内容主要包括落实招标条件、建立招标机构和确定招标计划3个方面。

(1)施工招标条件

施工招标条件通常包括:工程项目已列入国家或地方的建设计划;工程设计文件的设计概算已完成并经批准;项目建设资金和主要建筑材料来源已落实或已有明确安排,并能满足合同工期进度要求;有关建设项目永久征地、临时征地和移民搬迁的实施、安置工作已经落实或已有明确安排;施工准备工作基本完成,具备承包商进入现场施工的条件;施工招标申请书已经得到上级招标投标管理机构批准等。

(2)招标机构的建立

水土保持项目施工招标是一项十分复杂的工作,融专业技术、经济、法律为一体,涉及多个工作部门,需要广泛的知识。因此,招标工作需要各级有关领导机关、各部门的指导、协调,并选派具有较高素质的工程技术干部、工作人员组成一个专门的工作机构,一般包括招标领导小组和招标工作组。

(3)施工招标计划的制定

制定完整、严密的招标工作计划,有利于整个招标工作的顺利进行。施工招标计划一般包括:确定招标的范围、招标方式、招标工作进程、用人计划、经费计划和时间计划等。

6.2.2 项目施工投标人资格预审

为避免投标者做无谓的工作,一般采用资格预审的方式,只有资格预审合格的施工单位才准许参加投标。

6.2.2.1 资格预审的目的

对投标者进行资格预审是公开招标中必须有的一个环节，对投标者均要进行资格预审，通过资格预审达到下列目的。

①了解投标者的财务能力、技术状况及类似本工程的施工经验。

②选择在财务、技术、施工经验等方面优秀的投标者参加投标。

③淘汰不合格的投标者。

④减少评审阶段的工作时间，减少评审费用。

⑤为不合格的投标者节约购买招标文件、现场考察及投标等的费用。

⑥排除将合同授予没有可能通过资格预审的投标者的风险，为业主选择一个优秀的投标者打下良好的基础。

6.2.2.2 资格预审内容

投标者资格预审的内容，世界各地不尽相同，但概括起来基本上有以下几个方面。

(1)投标者一般性资料审核

投标者一般性资料审核的内容包括：

①投标者的名称、注册地址(包括总部、地区办事处、当地办事处)和传真、电话号码等；对国际招标工程，还有投标者国别。

②投标人的法人地位、法人代表姓名等。

③投标者公司注册年份、注册资本、企业资质等级等情况。

④若与其他公司联合投标，还需审核合作者的上述情况。

(2)财务情况审核

财务情况审核的内容包括：

①近3年来公司经营财务情况，对近3年经审计的资产负债表、公司益损表，重点说明总资产、流动资产、总负债和流动负债。

②与投标者有较多金融往来的银行名称、地址和书面证明资信的函件，同时还要求写明可能取得信贷资金的银行名称。

③在建工程的合同金额及已完成和尚未完成部分的百分比。

(3)施工经验记录审核

施工经验记录审核的内容包括：

①列表说明近几年(如5年)内完成各类工程的名称、性质、规模、合同价、质量、施工起讫日期、业主名称和国别。

②与本招标工程项目类似的工程的施工经验，这些工程可以单独列出，以引起审核者重视。

(4)施工机具设备情况审核

施工机具设备情况审核的内容包括：

①公司拥有的各类施工机具设备的名称、数量、规格、型号、使用年限及存放

地点。

②用于本工程上的各类施工机具设备的名称、数量和规格，以及本工程所用的特殊或大型机械设备情况，属公司自有还是租赁等情况。

（5）人员组成和劳务能力审核

人员组成和劳务能力审核的内容包括：

①公司（总部）主要领导和主要技术、经济负责人的姓名、年龄、职称、简历、经验，以及组织机构的设置和分工框图等。

②参加本工程施工人员的组织机构及其主要行政、技术负责人和管理机构框图。

③参加本工程施工的主要技术工人、熟练工人、半熟练工人的技术等级、数量，以及是否需要雇用当地劳务等情况。

④总部与本工程管理人员的关系和授权。

（6）工程分包和转包计划

工程分包和转包计划的内容有：

①哪些部分项目要分包或转包。

②分包、转包单位的名称、地址、资质等级，有无分包合同。

③哪些专业性很强的工程需要业主另行招标，总包与分包的关系等。

④分包是否服从总包的统一指挥和结算，应在资格预审中说明自己的态度。

（7）必要的证明或其他文件的审核

必要的证明或其他文件常包括：

①审计师签字、银行证明、公证机关公证，国际工程还应有大使馆签证等。

②承包商誓言等。

6.2.3 项目施工招标文件的编制

编制招标文件（也称标书），是招标准备工作中极为重要的一环，它不仅是投标者进行投标的依据，也是签订合同的基础。因此，招标文件编制质量的高低，是招标工作成败的关键。

6.2.3.1 招标文件的编制原则

编制招标文件应做到系统、完整、准确、明了，使投标者一目了然。编制招标文件的依据和原则是：

①应遵守国家的有关法律和法规，如《中华人民共和国合同法》《中华人民共和国招投标法》等多种法律法规。对于国际组织贷款的项目，还必须按该组织的各种规定和审批程序来编制招标文件。若招标文件的规定不符合国家的法律、法规，则有可能导致招标文件作废，有时业主方还要赔偿损失。

②应注意公正地处理业主和承包商（或供货商）的利益，要使承包商（或供货商）获得合理的利润。若不恰当地将过多的风险转移给承包商一方，势必迫使承包商加大风险费，提高投标报价，最终还是业主一方增加支出。

③招标文件应正确、详尽地反映建设项目的客观情况，以使投标者的投标能建立在可靠的基础上，从而尽可能减少履约过程中的争议。

④招标文件包括许多内容，从投标人须知、合同条件到规范、图纸、工程量表等，这些内容应力求统一，尽量减少和避免各种文件间的矛盾。招标文件的矛盾会为承包商创造许多索赔的机会，甚至会影响整个工程施工或造成较大的经济损失。

6.2.3.2　工程项目分标

工程项目分标是指业主对准备招标的工程项目分成几个单独招标的部分，即是对工程的这几个部分都编出独立的招标文件进行招标。这几个部分可同时招标，也可以分批招标，可以由数家承包商分别承包，也可由一家承包商全部中标，全部承包；同一工程中不同的分标项目可采用不同招标方式。我国的招投标法规规定，可根据建设项目的规模大小、技术复杂程度、工期长短、施工现场管理条件等情况采用全部工程、单位工程和专业工程等形式进行招标。分标时考虑主要的因素有：

①工程特点和施工特点。对施工场地集中、工程量不大、技术上不复杂的工程，可不分标，让一家承包，以便于管理；但对工地场面大、工程量大、有特殊技术要求的工程，应考虑分标。如高速公路不仅施工战线长，而且工程量大，应根据沿线地形、河流、城镇和居民情况等对土建工程进行分标，而道路监控系统则又可是一个独立的标。

②对工程造价的影响。对于复杂的大型工程项目，如大型水电站工程，对承包商的施工能力、施工经验、施工设备等有较高的要求。在这种情况下，如不分标，就有可能使有资格参加此项工程投标的承包商数大大减少，竞争对手的减少必然导致报价的上涨，业主得不到比较合理的报价。而分标后，就会避免这种情况，让更多的承包商参加投标竞争。

③施工进度安排。施工总进度计划安排中，施工有时间先后的子项工程可考虑单独分标。而某些子项工程在进度安排中是平行作业，则要考虑施工特性、施工干扰等情况，然后决定是否分标。

④施工现场的地形地貌和主体建筑物的布置。应考虑对施工现场的管理，尽可能避免承包商之间的相互干扰；对承包商的现场分配，包括生活营地、附属厂房、材料堆放场地、交通运输道路、弃渣场地等，要进行细致而周密的安排。

⑤资金筹措的情况。资金不足时，可以先部分工程招标；若为国际工程，外汇不足时，则将部分工程改为国内招标。

根据上述影响因素分析，分标进行时应遵循以下原则：

①各子项工程施工特性差异大时，尽量使每个子项工程单独招标，做到专业化施工。

②根据总进度安排，对某些独立性较强、且又制约其他工程的子项工程宜首先进行单独招标，这对加快工程进度具有重要作用。

③根据施工布置，相邻两标的施工干扰尽量要少，相邻两标的交接处要有明显的实物标记，前后两标要有明确交接日期和实物标记，以减少相邻标的矛盾和合同

也要承担由此行动而引起的争端、仲裁或法律程序裁决的法律后果。对银行而言，愿意承担这种保函，因为这样既不承担风险，又不卷入合同双方的争端。有条件银行保函即是银行在支付之前，业主必须提出理由，指出承包商执行合同失败，不能履行其义务或违约，并由业主和监理工程师出示证据，提供所受损失的计算数值等。一般而言银行和业主均不喜欢这种保函。动员预付款是在工程开工以前业主按合同规定向承包商支付的费用，以供承包商调遣人员、施工机械和购买建筑材料及设备等。动员预付款保函是在招标文件中规定了业主向承包商提供动员预付款（一般为合同价的10%～15%）的条件下才需要。在这种条件下承包商应到银行去开动员预付款保函，业主在收到此保函后，才支付动员预付款。

6.2.4　标底的编制与审查

标底（bid's bottom）是依据国家统一的工程量计算规则、预算定额和计价办法计算出来的工程造价，是招标人对建设工程预算的期望值，是衡量投标人报价的准绳，也是评标的主要尺度之一。标底制定得恰当与否，对投标竞争起着决定性作用。因此，在编制标底时应考虑实际情况，既要力求节约投资，又能使中标单位经过努力能获得合理利润。

6.2.4.1　标底编制的依据和原则

（1）标底编制的依据

①招标文件，包括合同条款、技术规范、设计文件中有关规定和提供的工程数量清单等。

②现行的概预算定额（作为参考），当地现行人工、材料、工程设备和施工机械台班的预算价格，以及目前的施工水平。

③施工组织设计，包括：施工进度计划、施工方案、施工布置等内容。

④市场动态，如建筑市场、材料市场、劳动力市场和劳务供求的动态。

（2）标底编制的原则

①标底要体现工程建设的政策和有关规定。标底虽可浮动，但它必须以国家的宏观控制要求为指导。

②计算标底时的项目划分必须与招标文件规定的项目和范围相一致，单价编制方法要与招标文件中确定的承包方式相一致。

③标底的工程量、施工条件应与招标文件一致。

④所选择的基础单价（人工、材料、施工机械）要和实际情况相符合，以按实际价格计算为原则。

⑤一个招标项目只能有一个标底，不能针对不同的投标人而有不同的标底。

⑥标底应由施工成本、管理费、利润、税金等组成，一般应控制在批准的总概算或投资包干的范围内。

6.2.4.2 标底编制的方法

编制标底常用两种方法，即概预算法和综合单价法。采用何种方法编制标底，常由业主或监理工程师根据工程具体情况、项目管理能力和招标范围等因素而定。

（1）概预算法

概预算法是根据初步设计（或招标设计，或施工图设计），对招标项目用概预算方法编制的一个预算，此预算成果作适当修正即为标底。

用概预算法做标底，最后确定标底，有先预算后调整和先调整后标底两种方法。先预算后调整是将预算作为标底基础，再考虑一个浮动幅度，加以调整，然后得到标底；先调整后标底是将部分或全部概预算单价考虑一个浮动幅度，加以调整作为招标单价，然后计算各招标工程项目费用，最后汇总各工程费用，即为标底。

（2）综合单价法

在招标的工程量报价表中，不出现临时工程费用等项目，只有招标项目的工程量及单价，此单价即是综合单价。因此，综合单价就应包括不单独列项工程（如临时工程）的费用，即综合单价为所列工程项目的预算单价和不列项工程的摊入单价之和，该方法是国际招标标底惯用的编制方法。该方法在实际应用过程中，一般有以下两种情况：

①一笔待摊费用仅向一个项目分摊。如混凝土拌合系统可摊入混凝土浇筑单价中，出渣线路工程可分摊入土石方单价中。

$$摊入单价 = 待摊项目费用 \div 摊入工程项目的工程量$$
$$工程综合单价 = 工程单价 + 摊入单价$$

②一笔待摊费用向几个项目中分摊。如水土保持方案编制项目中的临时工程向土方挖运、混凝土等项目中分摊。

$$摊入单价 = 工程单价 \times 分摊系数$$
$$摊入单价 = 待摊项目费用 \div 摊入某些工程项目费用之和$$
$$工程综合单价 = 工程单价 + 摊入单价$$

采用综合单价法确定标底，一般先确定各工程项目的预算费用，它等于各工程项目的工程量乘以相应的综合单价，然后将各工程项目的预算费累加，得到招标项目的总预算费用。此总预算费用仍是常规预算水平的预算，不过在项目划分上做了变化，将一些非主体工程项目的费用摊入到了主体工程的项目之中。将此总预算费用考虑一个浮动幅度，加以调整，即得标底。

6.2.4.3 标底编制的步骤

①熟悉招标文件　认真阅读招标文件，特别是设计文件和施工规范，全面了解工程情况及本工程的特殊要求。对不清楚之处或存在问题的地方，要统一记录并及时搞清楚。

②勘察现场条件　到工地实地考察，主要了解当地料源情况和经济状况。

③了解市场信息　主要了解以往类似于本招标工程的报价情况、可能投标的承包

商及其他信息，以便于有针对性地估计竞争状况，做到心中有数。

④认真校核工程量　根据图纸校核工程量清单中的工程量，因为工程量的准确程度直接影响标底的总金额。

⑤费率的确定　组织劳动工资、材料供应和财务等相关人员，选定人工、材料、设备等费率。

⑥编制标底文件　标底文件一般包括以下内容：

a. 标底编制单位名称、编制人及专业证书号。

b. 标底编制综合说明。主要说明建设项目法人名称、建设内容、主要技术经济指标、编制依据、标底包括和不包括的内容、其他费用的计算依据、需要说明的其他问题等。

c. 标底汇总表。

d. 标底计算辅助资料。主要包括单价分析表，总价承包项目分解表，施工机械台式费汇表，人工、主要材料数量汇总表等。

6.2.4.4　标底的审查

①招标工程的标底价格不能等同于工程概算或施工图预算。

②标底必须适应目标工期的要求，对提前工期应有所反映。

③标底必须适应招标方的质量要求，对高于国家验收规范的质量因素应有所反映。

④标底必须适应建筑市场供求关系和材料、设备市场价格的变化，对市场因素应有所反映。

⑤标底必须考虑本招标工程的自然地理条件和招标工程范围等因素。

⑥标底应当考虑评标的标准差异，避免将合理报价的投标人排除在外。

6.2.5　项目施工投标报价、评标与定标

6.2.5.1　项目施工投标程序

项目施工的投标，实质是各施工单位以报价的形式争取中标的过程，其一般程序如图6-1。

6.2.5.2　项目施工投标内容

项目施工招标内容主要包括申报资格预审，现场考察、调查，分析招标文件、校核工程量，编制施工组织设计，计算投标报价，编制投标文件，准备备忘录提要。

（1）申报资格预审

资格预审（pre-qualification）能否通过是承包商能否中标的第一关。作为承包商，申报资格预审时应注意的问题有：

①准备一份一般的资格预审文件。承包商要在平时就将一般资格预审的有关资料准备齐全，最好全部存放在计算机内，针对某一招标项目填写资格预审调查表时，再将有关资料调出来，并加以补充完善。

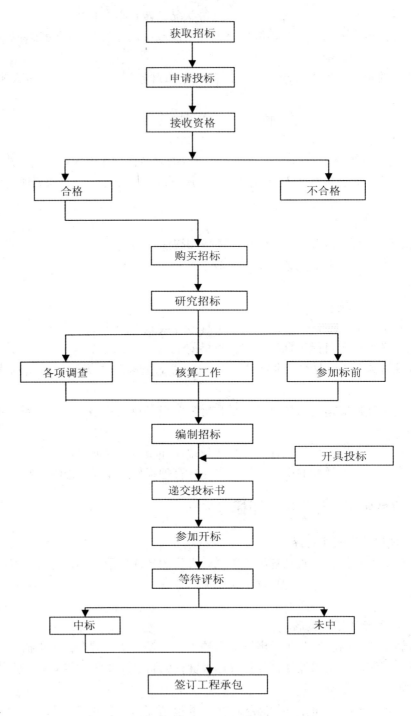

图 6-1 项目施工投标程序

②针对工程特点，填好资格预审表。在填写预审表时，要加强分析，针对工程特点，下功夫填好重点部位，特别要反映出本公司的施工经验、施工水平和施工组织能力，这些往往是业主考虑的重点。

③加强信息收集，及早动手做好资格预审申请的准备。这样可及早发现问题，并加以解决。当针对某一招标项目，发现本企业某些缺陷，如资金、技术或施工设备有问题时，则应及早考虑寻找合作伙伴，弥补某些不足，或组成联营体参加资格预审。

④做好递交资格预审文件后的跟踪工作，以便发现问题，及时解决。若是国外工程，可通过当地分公司或代理人做好这一工作。

（2）现场考察、调查

投标前现场的考察、调查是投标者必须经过的投标程序。在去现场考察之前，应仔细地研究招标文件，特别是文件中的工作范围、专用条款，以及设计图纸和说明，然后拟定出调研提纲，确定重点要解决的问题，做到事先有准备。一般业主要组织投标者进行一次工地现场考察。

承包商现场考察应从下列几方面调查了解。

①工程的性质以及与其他工程之间的关系。

②投标者所投部分工程与其他承包商或分包商之间的关系。

③施工现场地形、地貌、地质、气象、水文、交通、电力和水源供应以及有无障碍物等。

④工地附近有无住宿条件、料场开采条件、设备维修条件和其他加工条件等。

⑤工地附近生活供应和治安情况等。

（3）分析招标文件与校核工程量

①分析招标文件　招标文件是投标的主要依据，因此应该仔细地分析研究。研究招标文件，其重点应放在研究投标人须知、专用条款、设计图纸、工程范围以及工程量表上，对技术规范和设计图纸，最好组织专人研究，弄清招标项目在技术上有哪些特殊要求。

②校核工程量　对招标文件中的工程量清单，投标者一定要进行校核，这不仅影响到投标报价，若中标还影响到投标者的经济利益。例如，当投标者大体上确定工程总报价后，对某些子项目施工中可能会增加工程量的，可适当提高单价；而对某些子项目工程量估计会减少的，可以适当降低单价。在工程量核对中，若发现有重大出入，如漏项或算错，必要时应找业主核对，要求业主给予书面说明。对于总价合同，校核工程量的工作显得尤为重要。

（4）编制施工组织设计

投标过程中的施工组织设计比较粗略，但必须有一全面规划，不同的施工方案和施工组织，对工程报价影响很大。投标中施工组织设计的内容一般包括：

①选择和确定施工方法　应根据工程类型和特点，采用适当的施工方法，努力做到节省成本，提高质量，加快进度。

②选择施工机械设备　这项内容一般在研究施工方法时一并考虑。

③编制施工进度计划　施工进度计划应提出各时段内应完成的工程量及限定

日期。

④施工质量保证措施 其措施要切实可行，这一点业主经常比较重视。

（5）计算投标报价

投标报价计算工作内容一般包括：定额分析、单价分析、工程成本计算、确定间接费率和利润率，最后确定报价。

（6）编制投标文件

编制投标文件也称填写投标书，或称编制报价书。投标文件应完全按照招标文件的要求编制，一般不带任何附加条件，有附加条件的投标文件（书）一般视废标处理。投标文件的内容包括：

①投标报价书。

②投标保证书。

③报价表。报价表格式随合同类型而定，单价合同一般将各项单价开列在工程量表（清单）上。有时业主要求报单价分析表，则需按招标文件规定将主要的或全部的单价均附上单价分析表。

④施工组织设计或施工规划。各种施工方案（包括建议的新方案）及其施工进度计划表。

⑤施工组织机构图表及主要工程施工管理人员名单和简历。

⑥若将部分子项工程分包给其他承包商，则需将分包商的情况写入投标文件。

⑦其他必要的附件及资料。如投标保函、承包商营业执照、企业资质等级证书、承包商投标全权代表的委托书及其姓名和地址、能确认投标者财产及经济状况的银行或金融机构的名称和地址等。

（7）准备备忘录提要

招标文件中通常明确规定，不允许投标者对招标文件的各项要求进行随意取舍、修改或提出保留。但在投标过程中，投标者对招标文件反复深入地研究后，经常会发现许多问题，这些问题大致可分3类：

①对投标者有利的、可以在投标时加以利用或在以后可提出索赔要求的问题。这类问题投标者一般在投标时是不提的。

②明显对投标者不利的问题，如总价合同中子项工程漏项或工程量少计。这类问题投标者应及时向业主提出质询，要求更正。

③投标者通过修改某些招标文件的条件或是希望补充某规定，以使自己在合同实施过程中能处于主动地位的问题。

这些问题在准备投标文件时应单独写成一份备忘录提要，但这份备忘录提要不能附在投标文件中提交，只能由投标者保存。第三类问题一般留待合同谈判时一个一个提出来，并将谈判结果写入合同协议书的备忘录中。通常而言，投标者在投标过程中，除第二类问题外，一般是少提问题，多收集信息，以争取中标。

6.2.5.3 投标报价

投标报价（bid price）是承包商采取投标方式承揽工程项目时，确定的承包该项工程所要的总价。业主常把承包商的报价作为选择中标者的主要依据。报价是投标者投标的核心，报价过高会失去中标机会，而报价过低虽易得标，但会给其承包工程带来亏本的风险。

（1）报价的主要依据

①招标文件、设计图纸。

②工程量表。

③合同条件。特别是有关工期、款项支付等条件，对国际工程还有外汇比例的条件等。

④有关法规。

⑤拟采用的施工方案、进度计划。

⑥施工规范和施工说明书。

⑦工程材料、设备的价格及其运输价格。

⑧劳务工资标准。

⑨工程所在地生活物价水平。

⑩税收等各种费用的标准。

（2）报价的组成

投标报价费用的基本组成见图6-2，不同承包商其分类可能有些差别。要注意的是不要漏掉项目或重复计算，以免造成不应有的损失。

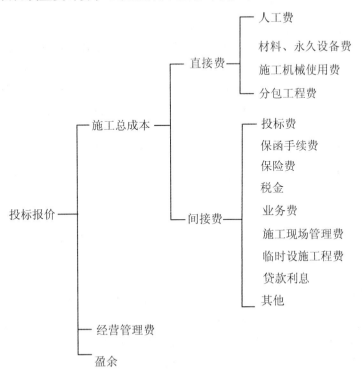

图6-2 投标报价基本组成

①直接费(direct expenses) 它一般包括：

a. 人工费；

b. 材料费；

c. 永久设备费；

d. 施工机械使用费；

e. 分包费。

其中，人工费一般由劳动工日消耗乘以当时当地劳动力单价而得；材料、永久设备费均应以到工地价计算；施工机械使用费以台班(时)计，包括基本折旧费、安装拆卸费、维修费、机械保险费、动力消耗费和机上操作人工费。

②间接费(indirect expense) 在国际工程中，间接费名目繁多，分类方法也没有统一标准。常见的一些项目包括：

a. 投标费。含招标文件购买费、投标差旅费和编制投标文件费。

b. 保函手续费。含投标保函、履约保函、预付款保函和维修保函等的手续费，如到中国银行办保函，一般要收取保函金额的0.4%～0.6%的手续费。

c. 保险费。工程承包中保险项目一般有工程保险、第三者责任保险、人身意外保险、材料设备运输保险、施工机械保险等，其中后三项常计入直接费中，不能重复计算。

d. 税金。我国的税金项目有：营业税、城市建设维护税；对国际工程，税的项目和税率很不相同，要注意了解。

e. 业务费。包括代理人佣金、法律顾问费等。

f. 施工现场管理费。指施工现场或工地管理费，一般约为直接费的10%。

g. 临时设施工程费。包括全部生产、生活和办公所需的临时设施费用，如施工区内的道路、水电、通信等，具体项目和数量应在做施工规划时列出。有的招标文件要求把临时设施作为一个独立的工程项目计入总价，此时就计入直接费内。

③经营管理费(operation and management expenses) 又称公司或总部管理费。它是指上级管理公司对所属现场施工项目经理部收取的管理费，不包括工地现场管理费，为工程总成本的3%～5%。

④盈余(margin) 一般包括利润和风险费两部分。利润随建筑市场情况变化较大，一般可考虑5%～10%。风险费对承包商来说是一项很难准确预测的费用，据对部分投标资料统计，风险费为工程总成本的4%～6%。

(3)报价编制程序

编制报价的主要步骤有：

①预测标底 这是确定报价的准备工作，因为若报价超出标底的某一范围，则无法中标；若报价低于标底很多，虽中标可能性大，但风险也很大。可根据当地或业主可能使用的定额和有关规定去试编概预算，由此进行预测。

②校核工程量 在分析招标文件时已进行，这里可省略。该过程尤其是在总价承包中，尤为重要。

③计算基础报价 即根据报价的组成计算报价表中的每一项目的单价，并汇总可

得基础报价。

④确定报价方案　基础报价算出后，不一定能把它作为报价，还应在报价策略的指导下，相应做出几个报价方案，并做出可能高报价和可能低报价的分析，供投标决策人参考。

⑤调整基础报价　投标决策人选取的报价方案即为正式报价，它一般不等于基础报价，这就要求按业主的报价表，并结合报价艺术对基础报价编制的成果进行调整，使之总价等于正式报价。

⑥填写报价表　填报价表方法和标底编制方法相对应，也分概预算法和综合单价法。

a. 概预算法，即按概预算书格式填，一般将临时工程单独列项。

b. 综合单价法，即按综合单价报表填。该报表仅列出了主体工程项目，而临时工程项目则不列入，需将这些临时工程费用分摊到所列的主体工程项目中去。临时工程费的分摊问题，也是投标的技巧之一，总的分摊原则是"早摊为好，适可而止"。早摊早收回较多的工程款，可加速资金周转，为企业多创造效益。

⑦编制投标书

6.2.5.4　投标技巧

投标技巧是指在投标报价中采用一些策略与方法，使投标者的报价既可以让业主接受，中标后又能够获得更多的利润。一般可将投标技巧分为开标前的技巧和开标后的技巧。

（1）开标前的技巧

①不平衡报价法　不平衡报价法(unbalanced bids)，又称前重后轻法。它是指一个工程项目的投标报价在总价基本确定后，如何调整内部各个子项目的报价，以期既不影响总报价，又在中标后可以获得更理想的经济效益。下列几种情况可考虑采用不平衡报价法。

a. 能够早日完工的项目，如基础工程、土方工程等，可以报较高的单价，以利于及早收回工程款，加速资金周转；而后期工程项目，如机电设备安装、装饰等工程，可适当降低单价。

b. 经工程量核算，估计今后工程量会增加的项目，其单价可适当提高；而工程量可能减少的项目，其单价可适当降低。

c. 设计图纸内容不明确，估计修改后工程量要增加的项目，可以适当提高单价；而工程内容不明确的，其单价不宜提高。

d. 没有工程量只填报单价的项目，如疏浚工程中的淤泥开挖，其单价宜高些，这并不影响到总价。

e. 暂定项目或选择项目，若经分析肯定要做，单价可高些；而不一定做，则单价不宜提高。

不平衡报价法的应用一定要建立在对工程量表中工程量仔细核对分析的基础上。同时提高或降低单价也应有一定的范围或幅度，一般在10%左右，以免引起业主反感，甚至导致废标。

②多方案报价法　对于某些招标文件，若要求过于苛刻，则可采用多方案报价法对付，即按原招标文件报一个价；然后再提出：若对某些条件作些修改，可降低报价，报另一个较低的价，以此来吸引业主。

投标者有时在研究招标文件时发现，原招标文件的设计和施工方案不尽合理，则投标者可提出更合理的方案吸引业主，同时提出一个和该方案相适应的报价，以供业主比较。当然一般这种新的设计和施工方案的总报价要比原方案的报价低。

应用多方案报价法时要注意的是，对原招标方案一定要报价，否则是废标。

③突然降价法　报价是一项保密的工作，但由于竞争激烈，其对手往往通过各种渠道或手段来刺探情况，因此在报价时可采用一些迷惑对方的手法。如不打算参加投标，或准备报高价，表现出无利可图不干等现象，并有意泄露一些情报，而到投标截止前几小时，突然前去投标，并压低报价，使对手措手不及。

采用突然降价法时，一定要考虑好降价的幅度，在临近投标截止日期前，根据情报分析判断，作出正确决策。

④优惠条件法　在投标中能给业主一些优惠条件，如贷款、垫资、提供材料、设备等，解决业主的某些困难，有时这是投标取胜的重要因素。

⑤先亏后盈法　有的承包商为了占领某一地区的建筑市场，或对一些大型工程中的第一期工程，不计利润，只求中标。这样在后续工程或第二期工程招标时，凭借经验、临时设施及创立的信誉等因素，比较容易拿到工程，并争取获利。

（2）开标后的技巧

开标后，各承包商的报价已公开，但业主不一定选择最低标中标，经常考虑多种因素确定中标者。若投标者利用议标谈判的机会，充分利用竞争手段，就可提高中标机会。

议标谈判，通常选 2~3 家条件较好的投标者进行。在议标谈判中的主要技巧有：

①降低投标价格　投标价不是中标的唯一因素，但是很重要的因素。在议标中，投标者适时提出降价要求是关键。只有摸清招标者的意图，在得到其希望降低标价的暗示后，才能提出降价要求。因为有些国家政府的招标法规中规定，已投出的投标书不得改动任何文字，否则投标无效。此外，降低价格要适当，不能损害投标者自己的利益。

②补充投标优惠条件　在议标谈判中，投标者还可以考虑其他许多重要因素，如缩短工期、提高质量、降低支付条件、提出新技术和新工艺方案等，以这些优惠条件争取中标。

6.2.5.5　评标与定标

（1）评标的原则

评标（bid evaluation）是招标人对投标书的交易条件、技术条件及法律条件进行评审、比较，选出最佳投标人。评标的基本原则是报价合理、施工方案可行、施工技术先进，确保工期和工程质量。评标时，根据该原则，就投标书的主要内容和投标者的信誉及优惠条件等，制定出具体的评定标准，对标书逐一评定。

（2）评标的工作程序

①成立评标委员会或评标小组 评标工作由招标人主持，组织项目设计单位、项目监理工程师以及有关工程咨询机构和技术经济专家，成立评标委员会或评标小组。委员会或小组不得泄露评议、会议及相关工作情况，也不得出席由投标者主办或赞助的任何活动。

②评议标书

a. 投标文件符合性审查：符合性审查即是检查投标文件是否符合招标文件的要求，审查的内容有：投标书是否按要求填写；投标书附件有无实质性修改；是否按规定的格式和数额提交了投标保证书；是否提交了承包商的法人资格证书、企业资质等级证书及对投标负责人的授权委托证书；如是联营体，是否提交了合格的联营体协议书以及对投标负责人的授权委托证书；是否提交了已标价的工程量表；招标文件要求提交单价分析表时，则投标书中是否提供；投标文件是否齐全，并按规定签了名；是否提出了招标单位无法接受或违背招标文件的保留条件；等等。上述内容一般在招标文件的"投标人须知"中作出了明确的规定，如果投标文件的内容及实质与招标文件不符，或者某些特殊要求和保留条件事先未得到招标单位的同意，则这类投标书将被视作废标。

b. 对投标者进行比较：通过投标文件审查的投标者就可参与最后的评比，具有中标的机会。土建项目评比的内容包括以下内容。

——价格比较，既要比较总价，也要比较子项目单价、计日工单价等。对于国际招标，首先要按"投标人须知"中的规定将投标货币折成同一种货币，即对每份投标文件的报价按规定日期和指定银行公布的外汇兑换率折算成当地币进行比较。由于汇率每天都在变化，所以开标当天的折算结果不应与定标当天的折算结果进行比较，以定标当天的折算结果为准。

——施工方案比较。即对主体工程施工方法、施工进度、施工机械设备、施工质量保证措施等的比较，对每一份投标文件所叙述的施工方法、技术特点、施工设备、施工质量保证措施和施工进度等进行评议，对所列的施工设备清单进行审核，审核其数量是否符合施工进度要求，以及施工方法是否先进、合理，施工进度是否满足招标文件要求等。

——对该项目主要管理人员及工程技术人员的数量及其经历的比较。拥有一定数量有资历、有丰富施工经验的管理人员和工程技术人员，是中标的一个重要因素。

——商务、法律条款方面的比较。主要是评判此方面是否符合招标文件中合同条款、支付条件、外汇兑换率条件等方面的要求。

——有关优惠条件的比较。优惠条件一般包括：施工设备赠给、软贷款（带资承包）、技术协作、专利转让以及雇用当地劳动力条件等。在上述工作的基础上，即可最后评定中标者。

③澄清问题 评标过程中，评标委员会可分别请投标者就投标书的有关问题提供补充说明和有关资料，投标者应作出书面答复，并作为投标书的组成部分。这一过

程,由招标人向投标单位发出书面通知,约定参加澄清的人员、时间、地点,而后由被澄清的单位将双方谈妥的内容整理后递交,各投标单位一般应单独进行。

④评标的方法 评标的方法既可采用讨论协商的方法,也可以采用评分的方法。评分的方法即由评标委员会事先拟定一个评分标准,在对有关投标文件分析、讨论和澄清问题的基础上,由每一个委员采用无记名方式打分,最后统计打分结果,得出中标者。采用这种方法,其评分的项目常有:投标报价、采用的施工方案、施工质量和工期保证措施等。

⑤编写评标报告 报告既要求全面反映评标情况,又要简单明了,一般包括评标小组成员、工作时间、投标单位等,开标记录、投标单位基本报价,评标工作步骤、方法,投标单位的基本情况、评语,提出中标单位及理由,评标中采用的分析评比表格等资料。

(3)定标

定标(award of contract),又称绝标,即确定中标人,是指各项投标的评标完毕,由评标委员会作出全面而综合分析并写出评标报告,上交招标委员会再分析正式修订评标报告,呈招标主管部门审定,最后根据审定意见确定中标的过程。

评标委员会推荐的中标人,经招标人批准后即为正式中标者,然后,招标人向其发出书面中标通知。中标者接到中标通知后,一般应在15天内与招标人谈判签订合同,如借故拖延谈判和签订合同,招标单位有权没收其投标保证金,并取消其中标资格,另定中标人。招标单位也不得借故改变中标单位或拖延签订合同的时间,否则招标人应按投标保证金同样数额赔偿中标人的经济损失。

本章小结

招标投标是市场经济的一种竞争方式,建设工程招标投标是国际建设市场通行的主要交易方式。随着水土保持生态建设项目逐步走向基建程序,实行招标投标将成为一项基本制度。随着我国市场经济体制的不断完善、农村税费改革、投入生态环境建设资金的增加,以水土保持为主体的生态建设项目管理机制已不适应当前形势,只有按照基本建设程序,推行工程项目招投标制,以期控制工程,保证工程质量,降低工程造价,提高经济效益,推动水土保持项目实施的更快更好的发展。

思 考 题

1. 什么是招标、投标、中标、定标、标底和投标报价?
2. 进行项目招投标时,目前主要有哪些招标方式?
3. 简述水土保持项目招投标的类型。
4. 试述水土保持项目实施招标投标制的意义。
5. 项目施工投标人资格预审目的与内容。

（2）坝体填筑

①土坝机械碾压　按每一碾压层和作业面积划分单元工程，每一单元工程作业面积不超过 2 000m²。

②水坠法填土　按每一碾压层和作业面积划分单元工程，每一单元工程作业面积不超过 2 000m²。

（3）坝体与坝坡排水防护

①反滤体铺设　按铺设长度每 30～50m 划分为一个单元工程，不足 30m 的可单独作为一个单元工程。

②干砌石　按施工部位划分单元工程，每个单元工程量为 30～50m，不足 30m 的可单独作为一个单元工程。

③坝坡修整与排水　将上、下游坝坡作为基本单元工程，每个单元工程长 30～50m，不足 30m 的可单独作为一个单元工程。

（4）溢洪道砌护

浆砌石防护，按施工部位划分单元工程，每个单元工程量为 30～50m，不足 30m 的可单独作为一个单元工程。

（5）放水工程

①浆砌混凝土预制件　按施工面长度划分单元工程，每 30～50m 划分为一个单元工程，不足 30m 的可单独作为一个单元工程。

②预制管安装　按施工面的长度划分单元工程，每 50～100m 划分为一个单元工程，不足 50m 的可单独作为一个单元工程。

③现浇混凝土　按施工部位划分单元工程，每个单元工程量为 10～20m³，不足 10m³ 的可单独作为一个单元工程。

7.2.1.2　基本农田

（1）水平梯（条）田

以设计的每一图斑作为一个单元工程，每个单元工程面积 5～10hm²，不足 5hm² 的可单独作为一个单元工程；大于 10hm² 的可划分为两个以上单元工程。

（2）水浇地水田

以设计的每一图斑作为一个单元工程，每个单元工程面积 5～10hm²，不足 5hm² 的可单独作为一个单元工程；大于 10hm² 的可划分为两个以上单元工程。

（3）引洪漫地

以一个完整引洪区作为一个单元工程，面积大于 40 hm² 的可划分为两个以上单元工程。

7.2.1.3　农业耕地与技术措施

以措施类型划分分部工程，具体以设计的每一图斑作为一个单元工程，每个单元工程面积 30～50hm²，不足 30hm² 的可单独作为一个单元工程；大于 50hm² 的可划分为两个以上单元工程。

7.2.1.4 造林

(1)乔木林

以设计的每一图斑作为一个单元工程，每个单元工程面积 10～30hm²，不足 10hm² 的可单独作为一个单元工程；大于 30hm² 的可划分为两个以上单元工程。

(2)灌木林

以设计的每一图斑作为一个单元工程，每个单元工程面积 10～30hm²，不足 10hm² 的可单独作为一个单元工程；大于 30hm² 的可划分为两个以上单元工程。

(3)经济林

以设计的每一图斑作为一个单元工程，每个单元工程面积 10～30hm²，不足 10 hm² 的可单独作为一个单元工程；大于 30hm² 的可划分为两个以上单元工程。

(4)果园

以每个果园作为一个单元工程，每个单元工程面积 1～10hm²，不足 1hm² 的可单独作为一个单元工程；大于 10hm² 的可划分为两个以上单元工程。

(5)苗圃

以每个苗圃作为一个单元工程，每个单元工程面积 1～10hm²，不足 1hm² 的可单独作为一个单元工程；大于 10hm² 的可划分为两个以上单元工程。

7.2.1.5 种草

人工草地以设计的每一图斑作为一个单元工程，每个单元工程面积 10～30hm²，不足 10 hm² 的可单独作为一个单元工程；大于 30hm² 的可划分为两个以上单元工程。

7.2.1.6 封禁治理

以区域或片划分，以设计的每一图斑作为一个单元工程，每个单元工程面积 50～100hm²，不足 50hm² 的可单独作为一个单元工程；大于 100hm² 的可划分为两个以上单元工程。

7.2.1.7 生态修复工程

具体划分为流域或行政区的生态修复工程。

(1)按面积实施的工程

以设计的每一图斑作为一个单元工程，每个单元工程面积 50～100hm²，不足 50 hm² 的可单独作为一个单元工程；大于 100hm² 的可划分为两个以上单元工程。

(2)不按面积实施的工程

按项目类型划分单元工程，其数量标准可根据工程量大小适当确定。

7.2.1.8 道路工程

（1）路面工程

按长度划分单元工程，每 100~200m 划分为一个单元工程，不足 100m 的可单独作为一个单元工程；大于 200m 的可划分为两个以上单元工程。

（2）排水工程

按长度划分单元工程，每 100~200m 划分为一个单元工程，不足 100m 的可单独作为一个单元工程；大于 200m 的可划分为两个以上单元工程。

7.2.1.9 小型水土保持工程

（1）沟头防护

以每条侵蚀沟作为一个单元工程。

（2）小型淤地坝

将每座淤地坝的地基开挖与处理、坝体填筑、排水与放水工程分别作为一个单元工程。

（3）拦沙坝

以每座拦沙坝工程作为一个单元工程。

（4）谷坊

以每座谷坊工程作为一个单元工程。

（5）水窖

以每眼水窖作为一个单元工程。

（6）渠系工程

按长度划分单元工程，每 30~50m 划分为一个单元工程，不足 30m 的可单独作为一个单元工程。

（7）塘堰

以每个塘堰作为一个单元工程。

（8）河道整治

按长度划分单元工程，每 30~50m 划分为一个单元工程，不足 30m 的可单独作为一个单元工程。

7.2.1.10 南方坡面水系工程

（1）截（排）水沟

按长度划分单元工程，每 50~100m 划分为一个单元工程，不足 50m 的可单独作为一个单元工程；大于 100m 的可划分为两个以上单元工程。

（2）蓄水池

以每个蓄水池作为一个单元工程。

（3）沉沙池

以每个沉沙池作为一个单元工程。

（4）引水及灌水渠

按长度划分单元工程，每 50～100m 划分为一个单元工程，不足 50m 的可单独作为一个单元工程；大于 100m 的可划分为两个以上单元工程。

7.2.1.11 泥石流防治工程

（1）泥石流形成区防治工程

以设计的每一图斑作为一个单元工程，每个单元工程面积 1～10hm²，大于 10hm² 的图斑可划分为两个以上单元工程。

①小型蓄排工程　每 200m 作为一个单元工程；水窖、沉沙池或涝池，每个工程作为一个单元工程。

②护坡工程　参照开发建设项目护坡工程划分单元工程。

（2）泥石流流通区防治工程

①格栅坝　每个作为一个单元工程。

②拦沙坝　每个作为一个单元工程。

③桩林　每排作为一个单元工程。

（3）泥石流堆积区防治工程

①停淤堤　每 200m 作为一个单元工程。

②导流坝　每个作为一个单元工程。

③排导槽、渡槽　分别作为一个单元工程。

7.2.2 开发建设项目水土保持工程项目具体设计要求

7.2.2.1 拦渣工程

（1）基础开挖与处理

每个单元工程长 50～100m，不足 50m 的可单独作为一个单元工程；大于 100m 的可划分为两个以上单元工程。

（2）坝（墙、堤）体

每个单元长 30～50m，不足 30m 的可单独作为一个单元工程；大于 50m 的可划分为两个以上单元工程。

（3）防洪排水

按施工面长度划分单元工程，每 30～50m 划分为一个单元工程，不足 30m 的可单独作为一个单元工程；大于 50m 的可划分为两个以上单元工程。

7.2.2.2 斜坡防护工程

（1）工程护坡

①基础面清理及削坡开级　坡面高度在 12m 以上的，施工面长度每 50m 作为一个单元工程；坡面高度在 12m 以下的，每 100m 作为一个单元工程。

②浆砌石、干砌石或喷涂水泥砂浆　相应坡面护砌高度，按施工面长度每 50m 或

100m 作为一个单元工程。

③坡面设置反滤体　坡面有涌水现象时，设置反滤体，相应坡面护砌高度，以每 50m 或 100m 为一个单元工程。

④坡脚护砌或排水渠　相应坡面护砌高度，每 50m 或 100m 为一个单元工程。

（2）植物护坡

高度在 12m 以上的坡面，按护坡长度每 50m 作为一个单元工程；高度在 12m 以下的坡面，每 100m 作为一个单元工程。

（3）截（排）水

按施工面长度划分单元工程，每 30～50m 划分为一个单元工程，不足 30m 的可单独作为一个单元工程。

7.2.2.3　土地整治工程

（1）场地整治

每 0.1～1hm² 为一个单元工程，不足 0.1hm² 的可单独作为一个单元工程；大于 1hm² 的可划分为两个以上单元工程。

（2）防排水

按施工面长度划分单元工程，每 30～50m 划分为一个单元工程，不足 30m 的可单独作为一个单元工程。

（3）土地恢复

每 100m² 作为一个单元工程。

7.2.2.4　防洪排导工程

（1）基础开挖与处理

每个单元工程长 50～100m，不足 50m 的可单独作为一个单元工程。

（2）坝（墙、堤）体

每个单元工程长 30～50m，不足 30m 的可单独作为一个单元工程，大于 50m 的可划分为两个以上单元工程。

（3）排洪导流设施

按段划分，每 50～100m 作为一个单元工程。

7.2.2.5　降水蓄渗工程

（1）降水蓄渗

每个单元工程 30～50m³，不足 30m³ 的可单独作为一个单元工程；大于 50m³ 的可划分为两个以上单元工程。

（2）径流拦蓄

每个单元工程 30～50m³，不足 30m³ 的可单独作为一个单元工程；大于 50m³ 的可划分为两个以上单元工程。

7.2.2.6 临时防护工程

（1）拦挡

按长度划分，每个单元工程量为 50～100m，不足 50m 的可单独作为一个单元工程，大于 100 m 的可划分为两个以上单元工程。

（2）沉沙

按容积分，每 10～30m³ 为一个单元工程，不足 10m³ 的可单独作为一个单元工程，大于 30m³ 的可划分为两个以上单元工程。

（3）排水

按长度划分，每 50～100m 作为一个单元工程。

（4）覆盖

按面积划分，每 100～1 000m² 为一个单元工程，不足 100hm² 的可单独作为一个单元工程；大于 1 000m² 的可划分为两个以上单元工程。

7.2.2.7 植被建设工程

（1）点片状植被

以设计的图斑作为一个单元工程，每个单元工程面积 0.1～1hm²；大于 1hm² 的可划分为两个以上单元工程。

（2）线网状植被

按长度划分，每 100m 为一个单元工程。

7.2.2.8 防风固沙工程

（1）植物固沙

以设计图斑作为一个单元工程，每个单元工程面积 1～10hm²；大于 10hm² 的图斑可划分为两个以上单元。

（2）工程固沙

每个单元工程面积 0.1～1hm²，大于 1hm² 的可划分为两个以上单元工程。

7.3 坡耕地治理技术施工图设计（比例尺）深度要求

7.3.1 改变坡耕地的微地形措施

7.3.1.1 等高耕作（横坡耕作）

我国北方干旱少雨地区，耕作方向要求基本沿等高线，以有利于保水保土。我国南方多雨且土质黏重地区，耕作方向应与等高线呈 1%～2% 的比降，以适应排水并防止冲刷。

在横坡耕作基础上采取的沟垄种植，休闲地水平犁沟等措施，其沟垄方向都照此原则处理。

将原有顺坡沟垄改为横坡沟垄时，应先经过耕翻，再进行横坡耕作，形成新的横坡沟垄。

实施横坡耕作的坡耕地，在坡面从上到下，每隔一定距离，还应沿等高线修筑若干道土埂，或种草带、灌木带，或用套二犁做成水平犁沟，以截短坡长，减轻水土流失。

(1)土埂初修高度

土埂初修高度为 40～50cm，草带宽 1m 左右。每年耕作时，从上向下翻土，使两埂(或两带)间的地面坡度逐渐减缓，同时每年加高土埂 10～20cm，使之逐步形成水平梯田。

(2)土埂或草带距离

土埂或草带距离随不同坡度和降雨条件而异，坡度陡、雨量大的地方，间距小些；坡度缓、雨量小的地方，间距大些。一般 15°以上陡坡地，埂间距 8～15m，10°以下缓坡地，埂间距 20～30m。

在有风蚀的缓坡地区，改顺坡耕作为横坡耕作时，应兼顾耕作方向与主风向正交，或呈 45°角。

7.3.1.2　沟垄种植

在坡耕地上顺等高线(或与等高线呈 1%～2%的比降)进行耕作，形成沟垄相间的地面，以容蓄雨水，减轻水土流失。

(1)播种时起垄

由牲畜带犁完成，按以下步骤进行：

①在地块下边空一犁宽地面不犁，从第二犁位置开始，顺等高线犁出第一条犁沟，向下翻土，形成第一道垄，垄顶至沟底深 20～30cm，将种子、肥料撒在犁沟内。

②在此犁沟上部犁半犁深，虚土覆盖犁沟中的种子、肥料。

③再空一犁宽地面不犁，在其上部顺等高线犁出第二条犁沟，向下翻土，形成第二道垄沟相间。此后照上述步骤依次进行。

④在沟中每隔 3～5m 做一小土挡，高 10cm 左右，相邻两沟间的小土土挡呈"品字"形错开。

(2)中耕时起垄

主要用于玉米、高粱等高秆中耕作物。由人工操作，按以下步骤进行：

①在坡耕地上顺等高线条状播种，播种时不作沟垄。

②第一次中耕时(苗高 30～40cm)，用锄将苗行间的土取起，培在幼苗根部；取土处连续不断形成水平沟，培土处连续不断形成等高垄。

③取土时在沟中每隔 3～5m 留一高约 10cm 的小土挡，相邻两沟间的小土挡呈"品"字形错开。

(3)畦状沟垄

适于我国南方种红薯等作物，由人工操作，其步骤如下：

①按照播种时起垄的步骤将坡地作成沟垄。

②每隔 5～6 条沟垄留一田间小路，兼作排水道，形成坡面长畦；沿排水道每 20～30m 做一横向畦埂，将长畦隔成短畦。

7.3.1.3 掏钵种植

掏钵种植适用于干旱、半干旱地区，由人工操作。

（1）一钵一苗法

在坡耕地上沿等高线用锄挖穴（掏钵），以作物株距为穴距（一般为 30～40cm），以作物行距为上下两行穴间行距（一般 60～80cm）。

穴的直径一般 20～25cm，深 20～25cm，上下两行穴的位置呈"品"字形错开。

挖穴取出的生土在穴下方作成小土埂，再将穴底挖松，从第二穴位置上取 10cm 表土置于第一穴内，施入底肥，播下种子。

以后各穴，采用同样方法处理，使每穴内都有表土。

（2）一钵数苗法

在坡耕地上顺等高线挖穴，穴的直径约 50cm，深 30～40cm，挖穴取出的生土在穴下方作成小土埂。穴间距离约 50cm。

将穴底挖松，深 15～20cm，再将穴上方约 50cm×50cm 位置上的表土取起 10～15cm，均匀铺在穴底，施入底肥，播下种子，根据不同作物情况，每穴可种 2～3 株。

以作物的行距作为穴的行距，相邻上下两行穴的位置呈"品"字形错开。

7.3.1.4 抗旱丰产沟

抗旱丰产沟适用于土层深厚的干旱、半干旱地区。

人工操作步骤见图 7-1。

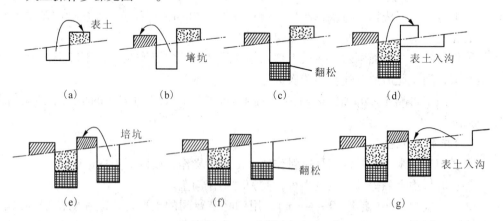

图 7-1 抗旱丰产沟人工操作步骤

从坡耕地下边开始，离地边约 30cm，顺等高线方向开挖宽约 30cm 的一条沟，深 20～25cm，将挖起的表土暂时堆放在沟的上方，见图 7-1 中（a）。

将沟内生土挖出，堆在沟的下方，形成第一条土埂，见图 7-1 中（b）。

将沟底用锹翻松，深 20～25cm，见图 7-1 中（c）。

将沟上方暂时堆放的表土推入沟中；同时将沟上方宽约60cm、深约20cm的原地面上的表土取起，推入沟中，大致将沟填满，见图7-1中(d)。

在60cm宽去掉表土的地面上，将上半部30cm宽位置挖一条沟，深20~25cm，挖出的生土堆在下半部30cm宽位置上，作成第二条土埂，见图7-1中(e)。

将第二条沟底翻松，深20~25cm，见图7-1中(f)。

将第二条沟底上方约60cm宽的表土取起约20cm深，推入第二条沟中，见图7-1中(g)。

按此继续操作，直到整个坡面都成生土作埂，表土入沟，沟中表土和松土层厚40~50cm，保水保土保肥，有利作物生长。

7.3.1.5 休闲地水平犁沟

在坡耕地内，从上到下，每隔2~3m，沿等高线或与等高线保持1%~2%比降，做一道水平犁沟。犁时向下翻土，使犁沟下方形成一道土垄，以拦蓄雨水。

为了加大沟垄容蓄能力，可在同一位置翻犁两次，加大沟深和垄高。

根据不同坡度和降雨情况，犁沟的间距可加大或缩小。坡度陡、雨量大的地方间距小些；坡度缓、雨量小的地方间距大些。

7.3.2 增加地面植被盖度措施

7.3.2.1 草田轮作

草田轮作适用于地多人少的农区或半农牧区。特别是对原来有轮歇、撂荒习惯的地区应采用草田轮作，代替轮歇撂荒，以保持水土，改良土壤。根据不同条件，分别采用不同的草田轮作方式。

(1)短期轮作

短期轮作主要适用于农区，种2~3年农作物后，种5~6年草类。草种以毛苕子、箭舌豌豆等短期绿肥、牧草为主。

(2)长期轮作

长期轮作主要适用于半农半牧区，种4~5年农作物后，种5~6年草类。草种以苜蓿、沙打旺等多年牧草为主。

7.3.2.2 间作与套种

间作与套种要求两种(或两种以上)不同作物同时或先后种植在同一地块内，增加对地面的覆盖程度和延长对地面的覆盖时间。

(1)间作

两种不同作物同时播种。选为间作的两种作物应具备生态落相互协调、生长环境互补的特点，主要有高秆作物与低秆作物、深根作物与浅根作物、早熟作物与晚熟作物、密生作物与疏生作物、喜光作物与耐荫作物、禾本科作物与豆科作物等不同作物的合理配置，并等高种植。

（2）套种

在同一地块内，前季作物生长的后期，在其行间或株间播种或移栽后季作物。两种作物收获时间不同，其作物配置的协调互补与株行距要求与间作相同。

7.3.2.3 休闲地上种绿肥

休闲地上种绿肥适用于干旱、半干旱地区，夏季作物收获后（此时正值暴雨季节），地面有数十天休闲的地区。

具体做法如下：

作物收获前 10～15 天，在作物行间顺等高线地面播种绿肥植物；作物收获后，绿肥植物加快生长，迅速覆盖地面。

暴雨季节过后，将绿肥翻压土中，或收割作为牧草。要求整个暴雨季节地面都有草类覆盖。

如因故不能在作物收获前套种绿肥，则应在作物收获后尽快播种，并配合做好水平犁沟。

7.3.2.4 合理密植

合理密植适用于原来耕作粗放、作物植株密度偏低的地区。通过选用优良品种、增施肥料、精耕细作，实行集约经营，结合等高耕作，合理调整并增加作物的植株密度，以保水保土保肥，提高作物产量。不同条件下分别采取不同的做法：

水肥条件较好的，较大幅度地提高作物地植株密度，可同时缩小株距与行距，或行距不变只缩小株距，株距不变只缩小行距。

水肥条件较差的，顺等高线适当加大行距而缩小株距，实行宽带密植，保持地中总的植株适量增加，以有利于保水保土，同时能适应较低的水肥条件。

7.3.3 增加土壤入渗的措施

7.3.3.1 深耕深松

耕松的深度，以打破犁底层，提高土壤入渗能力为原则，一般 25～30cm。

7.3.3.2 增施有机肥

要求促进土壤形成团粒结构，提高田间持水能力和土壤抗蚀性能。

7.3.3.3 留茬播种

适用于同一地块中两种作物不能套种的坡耕地或缓坡风蚀地。

7.3.3.4 梯田

（1）梯田的分类

①根据地面坡度 划分为陡坡区梯田与缓坡区梯田。

②根据田坎建筑材料 划分为土坎梯田与石坎梯田。

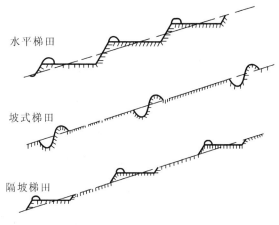

水平梯田

坡式梯田

隔坡梯田

图7-2 三类梯田断面示意图

③根据梯田的断面形式 划分为水平梯田、坡式梯田、隔坡梯田,见图7-2。

④根据梯田的用途 划分为旱作物梯田、水稻梯田、果园梯田、茶园梯田、橡胶园梯田等。

(2)进行坡耕地治理的全面规划

以小流域为单元,根据不同条件,分别确定采取梯田、保土耕作法和坡面小型蓄排工程。对其中确定为梯田区的地段,进行有关梯田的具体规划;在此基础上,再进行相应的设计和施工。

(3)部署坡面小型蓄排工程

当梯田区以上坡面为坡耕地或荒地时,应部署坡面小型蓄排工程,防止地表径流进入梯田区。我国南方雨多量大地区,梯田区内也应部署小型蓄排工程,以妥善处理梯田不能容蓄的雨水,保证梯田的安全。

梯田防御暴雨标准,一般采用10年一遇3~6h最大降雨,在干旱、半干旱或其他少雨地区,可采用20年一遇3~6h最大降雨。根据各地降雨特点,分别采用当地最易产生严重水土流失的短历时、高强度暴雨。

(4)梯田类型的选用

对坡耕地土层深厚。或当地劳力充裕的地区,尽可能一次修成水平梯田。

在坡耕地土层较薄,或当地劳力较少的地区,可以先修坡式梯田,经逐年向下方翻土耕作,减缓田面坡度,逐步变成水平梯田。

在地多人少、劳力缺乏,同时年降雨量较少、耕地坡度在15°~20°的地方,可以采用隔坡梯田,平台部分种庄稼,斜坡部分种牧草;暴雨中利用斜坡部分地表径流,增加平台部分的土壤水分。

一般土质丘陵和塬、台地区修土坎梯田;在土石山或石质山区,坡耕地中夹杂大量石块、石砾的,修梯田时,结合处理地中石块、石砾,就地取材修成石坎梯田。

丘陵区或山区的坡耕地(坡度一般为15°~25°),按陡坡区梯田进行规划设计。东北黑土漫岗区、西北黄土高原区的塬面,以及零星分布各地河谷川台地上的缓坡耕地(坡度一般在3°以下,少数可达5°~8°),按缓坡梯田进行规划设计。

（5）梯田的规划

①陡坡区梯田的规划 选土质较好、坡度相对较缓，距村较近，交通较方便，位置较低，邻近水源地方修梯田。有条件的应考虑小型机械耕作和提水灌溉。

需有从坡脚到坡顶，从村庄到田间的道路，路面一般宽 2 ~ 3m，比降不超过 15%。在地面坡度超过 15% 的地方，道路采用"S"形盘绕而上，减小路面最大比降。

田块布设需顺山坡地形，大弯就势，小弯取直，田块长度尽可能在 100 ~ 200m，以方便耕作。

梯田区不能全部拦蓄暴雨径流的地方，应布置相应的排、蓄工程；在山丘上部有地表径流进入梯田区处，应布置截水沟等小型蓄排工程，以保证梯田区安全。

②缓坡区梯田的规划 以道路为骨架划分耕作区，在耕作区内布置宽面（20 ~ 30m 或更宽）、低坎（1m 左右）地埂的梯田，田面长 200 ~ 400m，便利大型机械耕作和自流灌溉。

一般情况下耕作区为矩形或正方形，四面或三面通路，路面 3m 左右，路旁与渠道、农田防护林网结合；耕作区道路两端与村、乡、县公路相连。

对少数地形有波状起伏的，耕作区应顺总的地势呈扇形，区内梯田埂线也随之略有弧度，不要求一律成直线。

（6）梯田的设计

①水平梯田的断面设计 水平梯田断面设计需求得不同坡度下梯田的优化断面。田面应有适当的宽度（陡坡区一般为 5 ~ 15m，缓坡区一般 20 ~ 40m）。

田坎坡度适当，既能坚实稳固，又不多占耕地。

水平梯田断面要素见图 7-3。

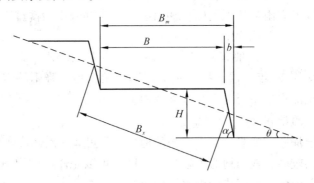

图 7-3 水平梯田断面要素

θ——原地面坡度（°） α——梯田田坎坡度（°） H——梯田田坎高度（m） B_x——原坡面斜宽（m） B_m——梯田田面毛宽（m） B——梯田田面净宽（m） b——梯田田坎占地宽（m）

田坎高度	$H = B_x \sin\theta$
原坡面斜宽	$B_x = H\cos\theta$
田坎占地宽	$b = H\cot\alpha$
田面毛宽	$B_m = H\cot\theta$
田坎高度	$H = B_m \tan\theta$

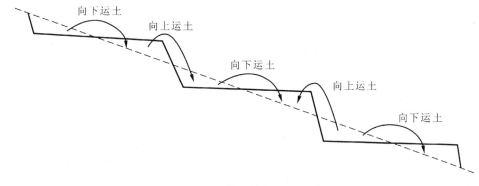

图7-8　上挖下填与下挖上填

定线、清基两道工序参照土坎梯田的施工要求。

修砌石坎先要备好石料、大小搭配均匀，堆放田坎线下侧。

逐层向上修砌，每层需用比较规整的较大块石（长40～50cm，宽20～30cm，厚15～20cm）砌成田坎外坡，各块之间上下左右都应挤紧，上下两层的中缝要错开呈"品"字形。较长石坎每10～15m留一沉陷缝。

石坎外坡以内各层，要求与外坡相同，但所用石料不必强求规整。修砌过程中整个石坎应均匀地逐层升高，压顶的块石要求规整，且具较大尺寸。

石坎外坡坡度一般1:0.75，内坡一般接近垂直，顶宽0.4～0.5m。根据不同坎高，算得石坎底宽，相应地加大清基宽度。

坎后填膛与修平田面两道工序结合进行。在下挖上填与上挖下填修平田过程中，将夹在土内的石块、石砾拾起，分层堆放在石坎后，形成一个三角形断面对石坎的支撑，见图7-9。

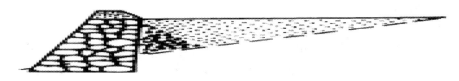

图7-9　石坎梯田断面示意

堆放石块、石砾的顺序：从下向上，先堆大块，后堆小块，然后填土进行田面平整。

通过坎后填膛，要求平整后的田面30～50cm深以内没有石块、石砾，以利耕作。

（8）梯田管理

①维修养护　每年汛后和每次较大暴雨后，要对梯田区检查，发现田坎、田埂有缺口、穿洞等损毁现象及时进行补修。

梯田田面平整后，地中原有浅沟处，雨后产生不均匀沉陷，田面出现浅沟集流的，在庄稼收割后，及时取土填平。

坡式梯田的田埂，应随着埂后泥沙淤积情况，每年从田埂下方取土，加高田埂，保持埂后按原设计要求有足够的拦蓄容量。

隔坡梯田的平台与斜坡交接处，如有泥沙淤积，应及时将泥沙均匀摊在水平田面，保持田面水平。

②促进生土熟化 梯田修平后，应在挖方部位多施有机肥（单位面积施肥量较一般施肥高一倍左右），同时深耕30cm左右，促进生土熟化。

新修水平梯田（与隔坡梯田的平台部分），第一年应选种能适应生土的作物，如豆类和马铃薯等，或种一季绿肥作物与豆科牧草。

③田坎利用 根据田面宽度、田坎高度与坡度，分别选种经济价值高、对田面作物生长影响小的树种、草种，发展田坎经济。

根据所选树种、草种的植物生理特性，经过试验研究，确定在田坎上种植的方式（株距、位置）以及经营管理要求，力争田坎上植物优质、高产。

田坎利用应与搞好田坎的维修养护、保证田坎安全相结合。

7.4 荒地治理技术施工图设计（比例尺）深度要求

7.4.1 基本规定

荒地是指除耕地、林地、草地和其他用地（村庄、道路、水域）以外，一切可以利用而尚未利用的土地。包括荒山、荒坡、荒沟、荒滩、河岸以及村旁、路旁、宅旁、渠旁等；同时也包括退耕的陡坡地、轮歇地与残林、疏林等需经人为干预才能防治水土流失并获得经济效益的土地。

上述各类土地的治理和利用，除人工造林外，还有人工种草与封育治理，应根据各类荒地的不同立地条件和当地发展生产的需要，进行总体规划，分别采取上述3种不同的治理措施。

采取人工造林对各荒地的治理，应同时着眼于开发利用，要求能够获经济、生态、社会三方面的效益。具体包括减轻或制止水土流失，改善生态环境；解决农村燃料不足，缓解饲料、肥料缺乏问题；发展以林果为主导产品的商品经济，增加农民经济收入。

在水土保持范畴内，人工造林包括利用荒地建成的各类经济林与果园。对有的地方在农地上进行农林间作或粮果间作的，其造林技术要求可参照使用。

采取人工种草对各类荒地的治理，应同时着眼于开发利用，要求获得三方面效益。具体包括减轻或制止水土流失，改善生态环境；解决农村饲料、肥料、燃料缺乏问题，促进畜牧业和种植业发展；提供农村工、副业原料，促进商品生产发展，增加农民经济收入。

草业应根据各类荒地不同的立地条件和当地发展生产的需要，进行总体规划，分别采用不同的治理措施，对其中需要采取人工种草治理开发的荒地按要求执行。

7.4.2 水土保持造林规划

7.4.2.1 林种规划

(1)根据不同用途布设林种

①水保型经济林(含果园)　在造林面积中应占相当比重,作为农民脱贫致富奔小康的主要财源之一。有条件的可规划人均 0.05 ~ 0.1hm² 或占人工林地的 15% ~ 20%。

②水保型薪炭林　在农村燃料缺乏的地区应占相当比重,根据各地人均年需烧柴数量和每公顷林木可能提供的烧柴数量确定种植面积。

③水保型饲料林　我国北方干旱、半干旱饲草不足地区,可结合水土保持营造柠条、紫穗槐等灌木饲料林作为补充。根据每公顷放牧的载畜量和牲畜发展数量确定放牧林面积。

④水保型用材林　荒坡上水土保持人工造林作为用材林的,必须修好蓄水保土的整地工程,以免因用材伐木引起水土流失。干旱少雨的水土流失地区用材林主要造在路旁、村旁、宅旁、渠旁、河滩和沟底,以及其他水源较好且伐木不致引起水土流失的地方。

(2)根据不同地形部位布设林种

①丘陵山地坡面水土保持林　根据荒坡所在位置、坡面坡度与水土流失特点,分别布设在坡面的上部、中部或下部,与农地、牧地成带状或块状相间;在地多人少地方,有的整个坡面全部造林。

②沟壑水土保持林　分沟头、沟坡、沟底 3 个部位,与沟壑治理措施中的沟头防护、谷坊、淤地坝等紧密结合。河道两岸、湖泊水库四周、渠道沿线等水域附近水土保持林,主要用以巩固河岸、库岸与渠道,防止塌岸和冲刷渠坡。

③路旁、渠旁、村旁、宅旁造林　在平原区和高原区的塬面,一般是道路与渠道结合形成大片方田。路旁、渠旁造林,应按照农田防护林网的要求进行;山区、丘陵区村旁、宅旁造林,应以经济林为主,形成庭院经济。

7.4.2.2 林型规划

(1)纯林

①灌木纯林　主要适应于干旱、半干旱地区,水土流失严重,立地条件很差的地方,一般用作薪炭林或饲料林。

②乔木纯林　主要适应于立地条件较好的地方,同时其树种生物学特点要求为纯林。一般用作经济林和速生丰产林。

(2)混交林

除灌木纯林和乔木纯林外,一般水土保持林大多应采用混交林,以充分利用水土资源,减轻病虫害,提高造林效益。

混交类型包括针叶树种与阔叶树种混交;乔木与灌木混交;深根性树种与浅根性树种混交;耐荫树种与喜光树种混交。

混交方式包括：

①株间混交 适应于瘠薄土地，在乔木株间栽种具有保土、改土作用的灌木；或在每 5～10 株灌木间，稀疏地栽植 1 株乔木。

②行间混交 一般乔木与灌木，耐荫树种与喜光树种都适宜采用。

③带状混交 适应于初期生长较慢、且两类互有矛盾的树种。带的宽度根据树种特点具体研究确定。

④块状(不规则)混交 适应于树种间竞争较强烈或地形破碎、立地条件镶嵌分布的地方。

7.4.2.3 树种规划

(1)适地适树

①小流域内造林考虑适地适树 小流域内坡面、沟壑等不同地类，坡面的上部、中部、下部、阴坡、阳坡等不同位置，立地条件不同，不仅应布设不同林种，在同一林种中，还需考虑配置不同树种。

②全国范围内造林适地适树的基本要求 根据各地气温、降雨、土质等主要生态因素，将全国粗略划分为 7 个不同立地条件的气候带，选择各气候带适应的树种。

(2)优质高产

①水保型经济林 要求产品适销对路，在市场上有较强的竞争能力；同时要求易于运销、加工增值的树种。

②水保型薪炭林 要求萌芽、萌蘖力强，耐平茬，火力旺的树种。

③水保型饲料林 要求耐干旱、耐放牧、耐平茬，同时适口性好的树种。

④水保型用材林 要求材质好、价值高、速生丰产的树种。

在符合上述原则前提下，尽量采用乡土树种；乡土树种不能满足要求的，通过试验，引进外地优良树种。

7.4.2.4 苗圃规划

(1)就地就近育苗

县、乡、村或小流域，应根据造林的需要，在规划范围内，分级设置苗圃，就地、就近育苗，避免从外地远距离购置运苗。

(2)苗圃地的位置

苗圃地应选土质较好、管理方便且有灌溉条件的地方；同时要求在规划范围内大致均匀分布，便于使用。

(3)苗圃的面积

苗圃面积应使其育苗数量能按计划逐年满足规划范围内全部造林的需要。有条件的尽可能在乡、村或小流域内部调剂满足，必要时可在县的范围内调剂满足。一般不要出县。

(4)选育的树种

应根据造林规划的林种和树种，尽量配备齐全，保证按规划要求全部种植所需林种树种,避免有什么苗栽什么树,达不到应有的效益。对引进外来的新树种,应先经过试验,确认效果良好,然后再纳入育苗计划。

(5)苗圃管理

苗圃的建设和生产,应明确专人专职管理,按照苗圃管理的技术规范和有关制度严格执行,保证育苗任务和质量。

7.4.2.5 其他有关规划

(1)残林、疏林、低效林、小老树等的改造规划

残林、疏林,根据不同的残疏程度与立地条件,分别采取封禁或更新补植的措施进行改造。

低效林、小老树,根据不同树种和形成小老树的原因,分别采取间伐、修枝、补修整地工程、松土、灌水等措施进行改造。如因树种选择不当,应以适宜树种更替。

(2)林地道路规划

成片林地四周、较大面积林地内部,都应设置道路,一般宽2~3m,考虑架子车或小型机动车通行。

(3)林地管护规划

为防止人畜破坏与林地火灾,应有管护措施、管护设备与管护人员的规划。

7.4.3 水土保持造林设计

7.4.3.1 造林密度设计

(1)造林密度的表现形式

①以行距(m)、株距(m)计 在造林施工时直接采用。

②以单位面积(hm²)造林株数计 用以统计需苗数量和造林成果(成活率、保存率、效益等)。

(2)不同林种、树种的造林密度

①用材林造林密度 一般2 000~3 000株/hm²,根据树种特点和当地条件可小至600株/hm²,大到5 000株/hm²。

②经济林与果园造林密度 一般1 000~2 000株/hm²,根据树种和管理水平可小至500株/hm²,大到5 000株/hm²。

③以灌木为主的饲料林和薪炭林 一般10 000~20 000丛/hm²,不同树种可小到6 000丛/hm²。

(3)不同立地条件的造林密度

我国南方水热条件较好地区的造林密度可比北方水热条件较差地区大些。同一地区,立地条件较好地类的造林密度可比立地条件较差地类大些。同样立地条件,计划间伐的造林密度比不计划间伐的大些。农林间作、粮果间作等的造林密度,为了不影响农作物生长,造林应采取特小的密度,30~40株/hm²或50~100株/hm²。

由于全国各地立地条件差异很大,必须坚持"因地制宜"原则,对每一地区每一地

类的造林密度都应在具体分析立地条件的基础上，通过具体设计确定。

7.4.3.2　整地工程设计

（1）基本要求

水土保持造林，一般都应采取整地工程，以保水保土，促进树木正常生长。不同立地条件、不同林种，应分别采用不同形式的整地工程。整地工程防御标准按 10~20 年一遇 3~6h 最大雨量设计。根据各地不同降雨情况，分别采用不同的暴雨频率和当地最易产生严重水土流失的短历时、高强度暴雨。除河滩、湖滨等平缓地面外，凡有 5°以上坡度的荒地，一律不应采取全垦造林。

（2）带状整地工程

适应于地形比较完整、土层较厚的坡面，整地工程基本上顺等高线在坡面上连续布设。

①水平阶　适用于 15°~25°的陡坡，阶面宽 1.0~1.5m，具有 3°~5°反坡，也称反坡梯田。上下两阶间的水平距离，以设计的造林行距为准，要求在暴雨中各台水平阶间斜坡径流，在阶面上能全部或大部容纳入渗，以此确定阶面宽度、反坡坡度（或阶边设埂），或调整阶间距离。树苗植于距阶边 0.3~0.5m（约 1/3 阶宽）处。

②水平沟　适用于 15°~25°的陡坡，沟口上宽 0.6~1.0m，沟底宽 0.3~0.5 m，沟深 0.4~0.6m，沟由半挖半填作成，内侧挖出的生土用在外侧作埂。树苗植于沟底外侧。根据设计的造林行距和坡面暴雨径流情况，确定上下两沟的间距和沟的具体尺寸。

③窄梯田　主要用于果树或其他对立地条件要求较高的经济树。一般在坡度较缓、土层较厚的地方，田面宽 2~3m，田边蓄水埂高 0.3m，顶宽 0.3m。根据设计的果树行距，确定上下两台梯田的间距。田面修平后需将挖方部分用畜力耕翻 0.3m 左右，在田面中部挖树穴种植果树。

④水平犁沟　适用于地块较大、5°~10°的缓坡。用机械或畜力沿等高线上下结合翻土，做成水平犁沟，深 0.2~0.4m，上口宽 0.3~0.6m，根据设计的造林行距，确定犁沟间距，树苗植于沟底中部。

（3）穴状整地工程

主要适用于地形破碎，土层较薄，不能采取带状整地工程的地方。

①鱼鳞坑　每坑平面呈半圆形，长径 0.8~1.5m，短径 0.5~0.8m，坑深 0.3~0.5m，坑内取土在下沿作成弧状土埂，高 0.2~0.3m（中部较高，两端较低）。各坑在坡面基本上沿等高线布设，上下两行坑口呈"品"字形错开排列。根据设计造林的行距和株距，确定坑的行距和穴距。树苗栽植在坑内距下沿 0.2~0.3m 位置。坑的两端，开挖宽深各约 0.2~0.3m、倒"八"字形的截水沟。

②大型果树坑　在土层极薄的土石山区或丘陵区种植果树时，需在坡面开挖大型果树坑，深 0.8~1.0m，圆形直径 0.8~1.0m，方形各边长 0.8~1.0m。取出坑内石砾或生土，将附近表土填入坑内。

7.4.4 水土保持造林施工

7.4.4.1 施工时间

(1)整地工程修筑时间

一般应尽可能前一年秋冬二季整地,第二年春秋二季造林,有利于容蓄雨雪,促进生土熟化。易风蚀的沙地,应随整地随造林。

秋冬造林,最迟应在当年春季整地;雨季和春季造林,最迟应在前一年秋季整地。

(2)造林季节

①春季造林 春季一般应在苗木萌动前7~10天造林,我国北方应在土壤解冻达到栽植深度时抓紧造林。

②雨季造林 应尽量在雨季开始后的前半期造林,保证新栽或直播的幼苗在当年有两个月以上的生长期,以利安全越冬。干旱、半干旱地区应结合天气预报,尽量在连阴天墒情好时造林。

③秋冬造林 秋季应在树木停止生长后和土地封冻前抓紧造林,冻害严重的山区不宜秋季造林;大粒种子、带硬壳种子和休眠期较长的种子宜在秋冬直播造林。

7.4.4.2 施工质量要求

(1)整地工程施工质量要求

各项工程的位置、尺寸应严格按照设计要求施工,不得任意改变,以保证能容蓄设计的暴雨径流。

各项整地工程的填方土埂,必须分层夯实(或踩实),干密度达 $1.3t/m^3$ 以上,保证蓄水后不坍塌或穿洞。

各类带状整地工程,施工前应用手水准测量定线。修成后每5~10m修一小土挡,高0.2m左右,防止径流纵向集中。

(2)苗木质量要求

起苗前必须提出选用苗木的规格标准,并严格按照标准要求起壮苗、好苗,防止弱苗、劣苗、病苗等混入。

苗木出土前2~3天应浇水,起苗后分级、包装、运送,整个过程需注意根部保湿,防止受冻和遭受风吹日晒。

起苗后应尽快栽植,做到随起随栽。如因故不能及时栽植,应采取假植措施,做到疏排、深埋、踩实,适量浇水。如假植时间较长,或大苗长途运送,栽植前应将根系短期浸水复壮。

外地远距离、大范围调运苗木,应经过植物检疫。

栽植前应对树苗进行挑选,用于造林的树苗必须发育良好,根系完整,基茎粗壮,顶芽饱满,无病虫害,无机械损伤。

同一地块内栽植的树苗,要求苗龄和苗木生长状况基本一致。

（3）植苗造林质量要求

在带状整地工程内，按照设计的株距，挖好植树坑。一般坑径 0.3～0.5m，深 0.3～0.5m，根据不同树种和树苗情况，以根系舒展为标准。

栽植经济林果、珍贵树种和速生丰产林，需将坑底挖松 0.2m 左右，施入基肥，与底土拌匀，上覆一层虚土。栽植时应将树苗扶直、栽正，根系舒展，深浅适宜。填土时应先填表土、湿土，后填生土干土，分层踩实。在墒情不好时，要浇灌透水，再覆一层虚土，以利保墒。

（4）直播造林质量要求

用于直播造林的种子，应经过精选，测定纯度，并经过发芽率试验，按不同树种的要求确定单位面积播种量。

①穴播 人工挖穴，穴径 0.2～0.3m，深 0.15～0.20m，穴内松土，清除草根、石砾，根据设计播种量均匀播种，根据树木种子大小，覆土 3～8cm，用脚踩实。如墒情较差，应逐穴浇水。

②条播 结合水平犁沟整地工程，用畜力或机械在犁沟底部再松土，根据设计播量进行条播，播后用犁覆土 5～10cm，随即踩实。

③飞播 在地广人稀地区，采用飞播造林。

（5）插条造林质量要求

①选好插条（或插穗） 一般插条应选树皮光滑、1～2 年生的健壮枝条；生根性强的树种（如柳树）可选 2～3 年生的枝条；针叶树种的插穗要求顶芽完好。插条一般长 30～50cm，先在水中浸泡 1～2h，以利成活。

②插条时间 一般应随采穗随造林。干旱、半干旱或其他土壤水分不足地区，应在秋季雨后土壤水分较好时插条造林。

插条时按设计要求定好行株距，按照"深埋、浅露、踏实"的原则，在种植点上先扎一孔，再将插条插入其中，上端稍高于地表。

7.4.5 水土保持造林管理

7.4.5.1 幼林管护

（1）新造幼林实行封育

禁止放牧及其他不利幼林生长和破坏整地工程的活动。

（2）种植低秆、簇生的绿肥、蔬菜、药材或其他经济作物

幼林郁闭前，在不影响幼林生长前提下，在树盘以外可利用林间空地，种植低秆、簇生的绿肥、蔬菜、药材或其他经济作物。结合耕作管理，兼顾幼林抚育。

（3）松土除草

松土除草主要在整地工程内进行，结合对工程进行养护维修，注意防治鼠害。

（4）定株除蘖

直播和丛植的幼苗，应结合松土，分次间苗，至第二年秋冬定株。根茎萌蘖力强的树种，要留好主干，及时除蘖。

（5）修枝整形

对经济林果应根据不同树种的具体要求，修枝整形。用材林修枝应将主干下部1/3的枝条剪掉，阔叶林要在第二年秋后进行，针叶林可适当推迟。

（6）灌水施肥

幼林受旱应及时灌水保苗，经济林、果应根据不同树种适时灌水、施肥，以保证优质高产。

（7）成活率调查

每年冬季，对去冬今春新造幼林在不同部位进行成活率抽样调查。抽样比例见表7-1。

表7-1　新造幼林成活率抽样调查表

造林面积(hm^2)	<10	10~50	>50
抽样比例（%）	3~5	2~3	1~2

（8）幼林补植

成活率70%以上且分布均匀的，不需补植；成活率30%~70%的进行补植；成活率不到30%的，不计其造林面积，重新造林。幼林补植需用同一树种的大苗或同龄苗。

7.4.5.2　成林管理

设专人管护，防止人畜破坏，防止林地火灾，防治病、虫、鼠害。

乔木薪炭林修枝与灌木薪炭林平茬，根据树种和长势，一般每3~5年一次，在深冬进行。乔木应结合修枝，伐去少数生长不良和互相影响的植株。陡坡上和风蚀严重地区灌木平茬应采用等高带状轮伐式平茬，避免成片全面平茬，引起水蚀和风蚀。

用材林成材后的间伐，应根据设计要求，隔株、隔行或隔带间伐，以不加剧水土流失为原则。陡坡和风沙区绝不允许成片砍伐，间伐后应根据设计，及时补植新苗。

经济林与果树，应根据不同树种的具体要求，实施集约经营，定期进行灌水、施肥、修枝，并采取防治病虫害等措施，保证优质高产。

对由于各种原因导致林木成片生长不良或形成小老树等情况，应及时调查原因，进行更新改造。

对某些经济林与果树，如原来品种不良，经济效益不高，应采取换头嫁接优良品种，力争短期内获得优质高产，提高经济效益。

对各类整地工程，应长期保持完好，每年汛后进行检查，发现损毁及时补修。

7.4.6　水土保持种草规划

7.4.6.1　确定人工种草地的位置

人工种草根据其不同的用途，应分别选定不同土地种植。

（1）特种经济草生产基地

特种经济草包括药用、蜜源、编织、造纸、沤肥、观赏等草类，应根据各种草类的生物生态学特点与适应性，分别选用相应立地条件安排种植。

（2）饲草基地

饲草以饲养牧畜为主，有以下两种情况：

①割草地 主要选距村较近和立地条件相对较好的退耕地或荒坡。

②放牧地 主要选离村较远和立地条件相对较差的荒坡或沟壑地。

（3）草籽基地

应选用地面坡度较缓、水分条件较好、通风透光、距村较近、便于田间管理的土地，以保证草籽优质高产。

7.4.6.2 确定人工种草地的面积

（1）特种经济草地面积

根据以草为原料的工、副业发展规划，以及所需草类的单位面积产草量，确定其需用面积。如产品在市场适销对路并有竞争能力，规划中应尽量满足其种草面积需要。

（2）饲草基地面积

根据畜牧业发展规划和天然草场与人工草地的单位面积产草量及载畜量，用天然草场与人工草地二者共同满足牲畜饲草需要，据此确定人工草地的面积。

（3）草籽基地面积

根据各类草籽的需用量和单位面积产籽量，确定所需面积，力争就地解决草籽，除特殊优良草种外，一般不从外地调运。

7.4.6.3 人工种草防治水土流失的重点位置

①陡坡退耕地，撂荒、轮荒地。

②过度放牧引起草场退化的牧地。

③沟头、沟边、沟坡。

④土坝、土堤的背水坡、梯田田坎。

⑤资源开发、基本建设工地的弃土斜坡。

⑥河岸、渠岸、水库周围及海滩、湖滨等地。

7.4.7 水土保持种草设计

7.4.7.1 草种设计

选作水土保持草种的基本条件是草种抗逆性强，保土性好，生长迅速，经济价值高；适地适草。

（1）根据地面水分情况选种草类

干旱、半干旱地区选种旱生草类，其特点是根系发达，抗旱耐干，如沙蒿、冰草等。

一般地区选种中生草类，其特点是对水分要求中等，草质较好，如苜蓿、鸭茅等。

水域岸边、沟底等低湿地选种湿生草类,其特点是需水量大,不耐干旱,如田菁、芦苇等。

水面、浅滩地选种水生草类,其特点是能在静水中生长繁殖,如水浮莲、茭白等。

(2)根据地面温度情况选种草类

低温地区选种喜温凉草类,如披碱草等。其特点是耐寒、怕热,高温则停止生长,甚至死亡。

高温地区选种喜温热草类,如象草等。其特点是在高温下能生长繁茂,低温下停止生长,甚至死亡。

(3)根据土壤酸碱度选种草类

酸性土壤,pH 值在 6.5 以下,选种耐酸草类,如百喜草、糖密草等。

碱性土壤,pH 值在 7.5 以上,选种耐碱草类,如芨芨草、芦苇等。

中性土壤,pH 值在 6.5 ~ 7.5 之间,选种中性草类,如小冠花等。

(4)根据其他生态环境选种不同的适应草类

在林地、果园内荫蔽地面,选种耐荫草类,如三叶草等。

风沙地选种耐沙草类,如沙蒿、沙打旺等。

7.4.7.2　种草方式设计

(1)直播

种草的主要方式,分条播、穴播、撒播、飞播几种。

①条播　适应地面比较完整,坡度在 25° 以下,一般用牲畜带犁沿等高线开沟,或牲畜带耧完成。南方多雨地区,犁沟可与等高线呈 1% 左右的比降。根据不同的草冠情况和种草的目的,分别采取不同行距,以最大草冠能全部覆盖地面为原则,放牧草地应采取宽行距(1.0 ~ 1.5m)条播。

②穴播　适应于地面比较破碎,坡度较陡(有的达 25° 以上),以及坝坡、堤坡、田坎等部位,或播种植株较大的草类时采用。沿等高线人工开穴,行距与穴距大致相等。相邻上下两行穴位呈“品”字形排列。

③撒播　对退化草场进行人工改良时采用,一般应选抗逆性较强的草种,特别注重选用当地草场中的优良草种,并在雨季或土壤墒情较好时进行。

④飞播　地广人稀种草面积较大时采用。

(2)混播

混播是直播中的特殊形式。在直播的几种方式中采取两种以上的草类进行混播,以加速覆盖,增强保土作用;并促进草类生长,提高品质。

一般以禾本科牧草与豆科牧草混播、根茎型草类与疏丛型草类混播较好,其配合比例见表 7-2。

表7-2 混播草类配合比例

草地年限	第一类混播		第二类混播	
	禾本科草类	豆科草类	根茎型草类	疏丛型草类
短期(2~3年)	25~35	65~75	0	100
中期(4~5年)	75~80	20~25	10~25	75~90
长期(8~10年)	80~90	10~20	50~75	25~50

（3）其他种植方式

①移栽 主要用于补植，一般可利用定苗时分株移栽；有条件的先覆膜育苗，然后移栽。

②插条 有的草类（如葛藤、小冠花等）可插条繁殖。

③埋植 有的草类（如芦苇、象草、小冠花等）需埋植繁育。

7.4.7.3 播种量设计

在选用国家或省级牧草种子标准规定的一、二、三级种子基础上，进行下述播种量设计。

（1）理论播种量设计

当种子的纯净度和发芽率都是 100% 时，所需的播种量为理论播种量，以 kg/hm^2 计。

理论播种量按式(7-3)计算：

$$R = (N \times Z)/106 \tag{7-3}$$

式中 R——理论播种量(kg/hm^2)；

N——单位面积播种子数(粒/hm^2)；

Z——种子千粒重(g)。

种子千粒重的确定：

取有代表性的种子 1 000 粒，称其重量测定，如果大粒种子，可改为百粒重，并将计算公式作相应的修改。

$$R = (N \times Z')/105 \tag{7-4}$$

式中 Z'——种子百粒重(g)。

其余符号意义同前。

（2）实际播种量设计

实际播种量按式(7-5)进行计算：

$$A = R/CF \tag{7-5}$$

式中 A——实际播种量(kg/hm^2)；

R——理论播种量(kg/hm^2)；

C——种子的纯净度(%)；

F——种子的发芽率(%)。

种子纯净度的测定：取有代表性的种子样品，在除去杂质和其他种子前后分别称

重,并用式(7-6)计算其纯净度:

$$C = (W_C/W_Y) \times 100 \qquad (7-6)$$

式中　C——种子纯净度(%);

　　　W_C——纯净种子重量(g);

　　　W_Y——样品重量(g)。

种子发芽率的测定:取100粒种子,放在有滤纸或沙的培养皿中,加少许清水,保持20~25℃温度和充足的光照,进行发芽试验,在规定时间内检查发芽数,并用式(7-7)计算其发芽率:

$$F = (Q_F/Q_X) \times 100 \qquad (7-7)$$

式中　F——种子发芽率(%);

　　　Q_F——发芽种子数粒(粒);

　　　Q_X——试验种子数粒(100粒)。

7.4.8　水土保持种草施工

7.4.8.1　精细整地

播种前需进行耕翻,深20cm左右,坡地沿等高线,并按条播的行距,做成水平犁沟,有利于保水保土。

干旱、半干旱地区,翻耕后应及时耙糖保墒,有条件的可采取与造林相似的工程整地。前一年先修水平阶(反坡梯田)等工程,秋冬容蓄雨雪,第二年种草。

7.4.8.2　种子处理

去杂,精选,保证播下的是优质种子。

浸种、消毒、去芒、摩擦(轻度擦破种皮),有利种子出苗,防止病虫害和鼠害。

有条件的,播种时可采适量肥料拌种,有利幼苗生长。

7.4.8.3　选好播期

不同草类在不同立地条件下,各有不同的最佳播种期。一般可根据当地实践经验确定。在干旱、半干旱地区应通过试验(在春夏之间2~3个月时期内,每5~10天播种一次),分别观察出苗和生长情况,确定最佳播期。

春播需地面温度回升到12℃以上、土壤墒情较好时进行,地下根茎埋植应在春季解冻后、植物萌芽前进行。

春旱不宜播种的地方,可以夏播;选在雨季来临和透雨后进行。地下根茎插播应在抽穗以前进行。

秋播不宜太晚,要求出苗后能有1个月左右的生长期,以利越冬。

7.4.8.4　播种深度

大粒种子要深些(3~4cm),小粒种子可浅些(1~2cm)。禾本科草类种子要深些,豆科草类种子可浅些。土壤墒情差的要深些,土壤墒情好的可浅些。土质沙性大的可深些，土质黏重的可浅些。无论哪种情况，播后都需镇压。

7.4.9 水土保持种草管理

7.4.9.1 田间管理

播种后和幼苗期间以及二龄以上草地，需进行以下田间管理工作。

（1）松土、补种

播种后地面板结的，应及时松土，以利出苗。齐苗后，对缺苗断垄地方应及时补种或移栽。

（2）中耕除草

齐苗后 1 月左右，要进行中耕松土，抗旱保墒，结合除去杂草，以利主苗生长。

（3）耙地保墒

二龄以上草地，每年春季萌生前，要清理田间留茬，进行耙地保墒；秋季最后一次性茬割后，要进行中耕松土。

（4）灌水、施肥

种子田和经济价值高的草类，有条件的可适时灌水、施肥，促进草类加快生长。

（5）专人看管，防止人畜践踏

发现病虫兽害，及时进行防治，勿使蔓延。

（6）采取补救措施

每年汛后和每次较大暴雨后，应派专人检查，发现整地工程损毁或其他问题，应及时采取补救措施。

（7）草地更新

根据不同多年生草类的生理特点，每 4～5 年或 7～8 年，需进行草地更新，重新翻耕、整地、播种。

7.4.9.2 收割利用

（1）收割时间

根据不同草类的生长特点和经济目的，分别确定其收割时间，划分收割区，各区分期进行轮收。立地条件较好、管理水平较高、草类再生能力较强的，每年可收割 2～3 次；立地条件较差、管理水平较低、草类再生能力较弱的，每年只收割 1～2 次。豆科牧草应在开花期收割，禾本科牧草应在抽穗期收割。收割时期最晚应在初霜来临 25～30 天以前。以收籽为目的的应在种子成熟后收割，以收草为目的的应在秋后收割。雨后不宜收割。

（2）留茬高度

不同草类、不同条件分别采取不同的留茬高度。高大型草类留茬高 10～15cm，稠密低草留茬高 3～4cm。一般草类的留茬高 5～6cm。第二次刈割留茬高度应比第一次高 1～2cm。

7.4.9.3 种子采收

(1)采收时间

1 年生草类在当年秋末种子成熟后,2 年生草类在次年种子成熟后,多年生草类可在 2~5 年内随不同结籽期在种子成熟后采收。

草籽成熟后容易脱落的应及时采收。采种应在种子蜡熟期和完熟期进行,不得在乳熟期采青。

对于豆荚易爆裂的豆科草类,应避开在雨天收采。

(2)采后工作

种子采回后,要及时脱粒、晒干,含水量应小于13%。清选、分级、贮藏,严防种子混杂,确保种子的纯净和质量。

7.4.9.4 合理放牧利用

制定合理放牧强度,以不破坏牧草再生能力为原则。实行划区轮牧。放牧时间以秋冬为宜。

7.4.10 封育治理

7.4.10.1 封育治理适用范围

在荒地治理中,应将封山育林、封坡育草与人工造林种草统一规划,统一实施,对通过封育措施能恢复林草植被的,采取封育治理;单靠封育措施不能恢复林草植被和必须新种林草才能满足发展生产需要和建成商品生产基地的,采取人工造林和种草。规划中应注意协调二者间的关系。

选作封山育林地的条件是:地面有残林、疏林(含灌丛),或遭到自然灾害(如火灾、病虫害)、人为破坏的林地和采伐迹地,当地的水热条件能满足自然恢复植被的需要。

选作封坡育草地的条件是:由于过度放牧导致草场退化,载畜量下降,水土流失和风蚀加剧;但地面有草类残留根茬与种子,当地的水热条件能满足自然恢复草类的生长。

封山育林与封坡育草,二者技术措施不同,应分别提出不同要求;但在组织措施上,二者有共同要求,应作出统一规定。

封山育林与封坡育草,必须在按标准要求实施几年之后,林草植被得到恢复,郁闭度达 0.7 以上,林间有 70% 以上的地被物,确有保水保土作用时,才能统计其"封禁治理"面积。

7.4.10.2 封育治理的组织措施

(1)确定封育治理的范围

在荒地治理规划中,确定人工林草面积、位置的同时,分别确定封山育林与封坡育草的面积和位置。

在封山育林与封坡育草面积的四周，就地取材，因地制宜地采用各种形式明确封育范围，作为封育治理的基础设施之一。

明确封育治理范围的设施，必须有明显的标志，并能有效地防止人畜任意进入（用木桩铅丝网围栏、用草绳树枝围栏、用磊石涂白灰作标志等）。

（2）成立护林护草组织，固定专人看管

护林护草人员应由群众推选，要求选用办事公道、责任心强、身体健康、能胜任工作的人。

根据工作量大小和完成任务情况，对护林护草人员定期付给适当报酬。

封育地点距村较远的，应就近修建护林护草哨房，以利工作进行。

（3）制定护林护草的乡规民约

根据国家和地方政府的有关法规，制定乡规民约，其内容主要有：封禁制度（时间、办法）、开放条件（轮封轮放）、护林护草人员和村民的责、权、利，奖励、处罚办法等。特别要严禁毁林、毁草、陡坡垦荒等违法行为。

乡规民约的制定，必须依靠群众，发动群众，充分听取群众意见，同时加强宣传教育，做到家喻户晓，人人明白，个个自觉遵守。

乡规民约制定后，必须严格执行，纳入乡、村行政管理职责范围，维护乡规民约的权威性，保证真正起到护林护草作用。

积极发展沼气池、节柴灶等，协助群众解决烧柴困难，促进乡规民约的顺利实施。

7.4.10.3 封山育林的技术措施

（1）封禁方式

①全年封禁 原有林地破坏严重，残留树木很少，恢复比较困难和地广人稀地区，实行全年封禁，严禁人畜进入，以利植被恢复。

②季节封禁 当地水热条件较好，原有树木破坏较轻，植被恢复较快地区，实行季节封禁。一般春、夏、秋生长季节封禁，晚秋和冬季可以开放，允许村民到林间割草、修枝。

③轮封轮放 封禁面积较大，保存林木较多，植被恢复较快，当地村民燃料、饲料较缺乏地区，将封禁范围划分几个区，实行轮封轮放。每个区封禁3~5年后，可开放1年。合理安排封禁与开放的面积，做到既能有利林木生长，又能满足群众需要。

（2）抚育管理

结合封禁，在残林、疏林中进行育苗补植，平茬复壮，修枝疏伐，择优选育，促进树木生长，加快植被恢复。

定期检查树木生长情况，加强病虫害防治。

在不影响林木生长和水土保持前提下，利用林间空地，种植饲草、药材，培养食用菌类，保护野生动物，发展多种经营。

建立封山育林技术档案，除记载有关基本情况外，着重记载封育效果、植被演替，林木生长、野生动物繁衍变化等情况。

7.4.10.4　封坡育草的技术措施

（1）封育区划分

①封育割草区　立地条件较好，草类生长较快，距村较近的地方，作为封育割草区，只许定期割草，不许放牧牲畜。

②轮封轮放区　立地条件较差，草类生长较慢，距村较远的地方，作为轮封轮放区。根据封育面积、牲畜数量、草被的再生能力与恢复情况，将轮封轮放区分为几个小区。草被再生能力强的小区，可以半年封半年放，或1年封1年放；草被再生能力差的小区应每封禁2~3年开放1年，并规定放牧强度，以不破坏草被再生能力为原则，纠正过牧、滥牧现象。

（2）天然草场改良

对严重退化、产草量低、品质差的天然草场，在封禁的基础上，采取以下改良措施：

对5°左右大面积缓坡天然草场，用拖拉机带缺口圆盘耙将草地普遍耙松一次，撒播营养丰富、适口性较好的牧草种子，更新草种。有条件的可引水灌溉，促进生长。在草场四周，密植灌木护牧林，防止破坏草场。

15°以上陡坡，沿等高线分成条带，带宽10m左右；用牲畜带耙隔带耙松地面，撒播更新草种。每次更新时应隔带进行，不要整个坡面同时耙松，以免加剧水土流失。同时在每一条带下部，用牲畜带犁，做成水平犁沟，蓄水保土。第一批条带草类生长10~20cm，能覆盖地面时，再隔带进行第二批条带更新。

陡坡草场更新，可在上述措施基础上，每隔2~3条带，增设一条灌木饲料林带，提高载畜量和保水保土能力。

积极防治病虫鼠害，保护草地正常生产。

7.5　沟壑治理技术施工图设计(比例尺)深度要求

7.5.1　沟头防护工程

7.5.1.1　沟头防护工程基本规定

沟头防护工程必须在以小流域为单元的全面规划、综合治理中，与谷坊、淤地坝等沟壑治理措施互相配合，以收到共同控制沟壑发展的效果。

修建沟头防护工程的重点位置是：当沟头以上有坡面天然集流槽，暴雨中坡面径流由此集中泄入沟头、引起沟头剧烈前进的地方。

沟头防护工程的主要任务：制止坡面暴雨径流由沟头进入沟道或使之有控制地进入沟道，从而制止沟头前进，保护地面不被沟壑割切破坏。

当坡面来水不仅集中于沟头，同时在沟边另有多处径流分散进入沟道的，应在修建沟头防护工程的同时，围绕沟边，全面修建沟边埝，制止坡面径流进入沟道。

沟头防护工程的防御标准是10年一遇3~6h最大暴雨，根据各地不同降雨情况，分别采取当地最易产生严重水土流失的短历时、高强度暴雨。

当沟头以上集水区面积较大（10hm²以上）时，应布设相应的治坡措施与小型蓄水工程，以减少地表径流汇集沟头。

7.5.1.2 沟头防护工程规划

沟头防护工程分蓄水型与排水型两类。规划中应根据沟头以上来水量情况和沟头附近的地形、地质等因素，因地制宜地选用。

（1）蓄水型沟头防护工程

当沟头以上坡面来水量不大，沟头防护工程可以全部拦蓄的，采用蓄水型。蓄水型又分两种：

①围埂式　在沟头以上 3～5m 处，围绕沟头修筑土埂，拦蓄上面来水，制止径流进入沟道。

②围埂蓄水池式　当沟头以上来水量单靠围埂不能全部拦蓄时，在围埂以上附近低洼处，修建蓄水池，拦蓄部分坡面来水，配合围埂，共同防止径流进入沟道。

（2）排水型沟头防护工程

当沟头以上坡面来水量较大，蓄水型防护工程不能完全拦蓄，或由于地形、土质限制，不能采用蓄水型时，应采用排水型沟头防护。排水型又分两种：

①跌水式　当沟头陡崖（或陡坡）高差较小时，用浆砌块石修成跌水，下设消能设备，水流通过跌水安全进入沟道。

②悬臂式　当沟头陡崖高差较大时，用木制水槽（或陶磁管、混凝土管）悬臂置于土质沟头陡坎之上，将来水挑泄下沟，沟底设消能设施。

7.5.1.3 沟头防护工程设计

（1）蓄水型沟头防护工程设计

①来水量计算　来水量按式（7-8）计算：

$$W = 10KRF \tag{7-8}$$

式中　W——来水量（m³）；

　　　F——沟头以上集水面积（hm²）；

　　　R——10 年一遇 3～6h 最大降雨量（mm）；

　　　K——径流系数。

②围埂断面与位置　围埂为土质梯形断面，埂高 0.8～1.0m，顶宽 0.4～1.0m，内外坡比各约 1:1。

围埂位置应根据沟头深度确定，一般沟头深 10m 以内的，围埂位置距沟头 3～5m。

③围埂蓄水量计算　围埂蓄水量按式（7-9）计算：

$$V = L[HB/2] = L[H^2/2i] \tag{7-9}$$

式中　V——围埂蓄水量（m³）；

　　　L——围埂长度（m）；

  B——回水长度(m);

  H——埂内蓄水深(m);

  i——地面比降(%)。

沟头围埂蓄水量示意图见图7-10。

当来水量 W 大于蓄水量 V 时,应在围埂上游附近建修蓄水池,蓄水池位置必须距沟头 10 m 以上。如地形条件允许,也可在第一道围埂上游加修第二道乃至第三道围埂。

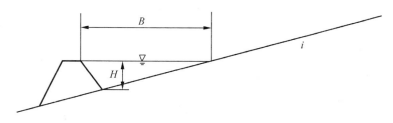

图7-10 沟头围埂蓄水量示意

(2)排水型沟头防护工程设计

设计流量按式(7-10)计算:

$$Q = 278KIF \times 10^{-6} \tag{7-10}$$

式中 Q——设计流量(m³/s);

  I——10 年一遇 1h 最大降雨强度(mm/h);

  F——沟头以上集水面积(hm²);

  K——径流系数。

跌水式沟头防护建筑物,由进水口(按宽顶堰设计)、陡坡(或多级跌水)、消力池、出口海漫等组成。

悬臂式沟头防护建筑物,主要用于沟头为垂直陡壁、高 3~5m 情况下,由引水渠、挑流槽、支架及消能设施组成。

7.5.1.4 沟头防护工程施工

(1)蓄水型沟头防护工程施工

①围埂式沟头防护 根据设计要求,确定围埂(一道或几道)位置、走向,做好定线。

沿埂线上下两侧各宽0.8m左右,清除地面杂草、树根、石砾等杂物。

开沟取土筑埂,分层夯实,埂体干容重达 1.4~1.5t/m³,沟中每 5~10m 修一小土挡,防止水流集中。

②围埂蓄水池式沟头防护 根据设计要求,确定蓄水池的位置、形式、尺寸进行开挖。

(2)排水型沟头防护工程施工

以悬臂型沟头防护为例阐述。

用木料作挑流槽和支架时,木料应作防腐处理。

挑流槽置于沟头上地面处，应先挖开地面，深0.3~0.4m，长宽各约1.0m，埋一木板或水泥板，将挑流槽固定在板上，再用土压实，并用数根木桩铆固在土中，保证其牢固。

木料支架下部扎根处，应浆砌料石，石上开孔，将木料下部插于孔中，固定。扎根处必须保证不因雨水冲蚀而动摇。

浆砌块石支架，应做好清基。坐底0.8 m×0.8 m~1.0 m×1.0 m，逐层向上缩小。

消能设备（筐内装石）应先向下挖深0.8~1.0m，然后放进筐石。

7.5.1.5 沟头防护工程管理

汛前检查维修，保证安全渡汛；汛后和每次较大暴雨后，派专人到沟头防护工程巡视。发现损毁，及时补修。

围埂后的蓄水沟及其上游的蓄水池，如有泥淤积，应及时清除，以保持其蓄水量。

沟头、沟边种植保土性能强的灌木或草类，并禁止人畜破坏。

7.5.2 谷坊

7.5.2.1 基本规定

谷坊工程必须在以小流域为单元的全面规划、综合治理中，与沟头防护、淤地坝等沟壑治理措施互相配合，以收到共同控制沟壑侵蚀的效果。

谷坊工程主要修建在沟底比降较大（5%~10%或更大）、沟底下切剧烈发展的沟段。其主要任务是巩固并抬高沟床，制止沟底下切，同时，也稳定沟坡、制止沟岸扩张（沟坡崩塌、滑塌、泻溜等）。

谷坊工程在制止沟蚀的同时，应利用沟中水土资源，发展林（果）牧生产和小型水利，做到除害与兴利并举。

谷坊工程的防御标准为10~20年一遇3~6h最大暴雨；根据各地降雨情况，分别采用当地最易产生严重水土流失的短历时、高强度暴雨。

7.5.2.2 谷坊规划

（1）谷坊类型

根据谷坊的建筑材料，分土谷坊、石谷坊、植物谷坊3类。

（2）确定谷坊位置

通过沟壑情况调查，选沟底比降大于5%~10%的沟段，系统地布设谷坊群。用手水准（或水平仪）测出其比降，绘制沟底比降纵断面图。

根据沟底比降图，从下而上初步拟定每座谷坊位置。一般高2~5m，下一座谷坊的顶部大致与上一座谷坊基部等高，如图7-11所示。

（3）谷坊坝址要求

谷坊要求"口小肚大"，工程量小，库容大。

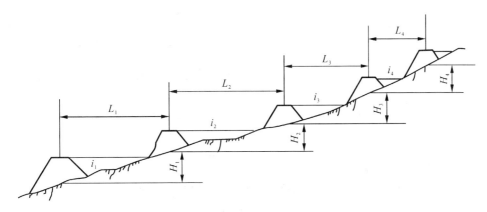

图 7-11 谷坊布设示意

沟底与岸坡地形、地质(土质)状况良好,无孔洞或破碎地层,没有不易清除的乱石和杂物。

取用建筑材料(土、石、柳桩等)比较方便。

(4)谷坊间距计算

下一座谷坊与上一座谷坊之间的水平距离按式(7-11)计算:

$$L = \frac{H}{i - i'} \tag{7-11}$$

式中　L——谷坊间距(m);

　　　H——谷坊底到溢水口底高度(m);

　　　i——原沟床比降(%);

　　　i'——谷坊淤满后的比降(%)。

不同淤积物质,淤满后形成的不冲比降见表7-3。

表 7-3 不同淤积物质,淤满后形成的不冲比降

淤积物	粗砂(夹石砾)	黏土	黏壤土	沙土
比降(%)	2.0	1.0	0.8	0.5

(5)对不适于修谷坊局部沟段的处理

比降特大(15%以上)或其他原因,不能修建谷坊的局部沟段,应在沟底修水平阶、水平沟造林,并在两岸开挖排水沟,保护沟底造林地。

7.5.2.3 谷坊设计

(1)土谷坊设计

①土谷坊坝体断面尺寸　应根据谷坊所在位置的地形条件,参照表7-4进行。

②溢洪口设计　土谷坊的溢洪口设在土坝一侧的坚实土层或岩基上,上下两座谷坊的溢洪口尽可能左右交错布设。

表7-4 土谷坊坝体断面尺寸

坝高(m)	顶宽(m)	底宽(m)	迎水坡比	背水坡比
2	1.5	5.9	1:1.2	1:1.0
3	1.5	9.0	1:1.3	1:1.2
4	2.0	13.2	1:1.5	1:1.3
5	2.0	18.5	1:1.8	1:1.5

注：1. 坝顶作为交通道路时，按交通要求确定坝顶宽度；
　　2. 在谷坊能迅速淤满的地方，迎水坡比可采取与背水坡比一致。

对沟道两岸是平地、沟深小于3.0m的沟道，坝端没有适宜开挖溢洪洪口的位置，可将土坝高度修到超出沟床0.5～1.5m，坝体在沟道两岸平地上各延伸2～3m，并用草皮或块石护砌，使洪水从坝的两端漫至坝下农、林、牧地，或安全转入沟谷，不允许水流直接回流到坝脚处。

- 设计洪峰流量按式(7-10)计算。
- 土质溢洪口断面尺寸计算：

土质溢洪口其下紧接排洪渠，按明渠流计算。

$$A = Q/V$$
$$A = (b+ph)h \tag{7-12}$$

式中　A——溢洪口断面面积(m^2)；

　　　Q——设计洪峰流量(m^3/s)；

　　　V——流速(m/s)；

　　　b——溢洪口底宽(m)；

　　　h——溢洪口水深(m)；

　　　p——溢洪口边坡系数。

明渠式溢洪口断面示意如图7-12所示。

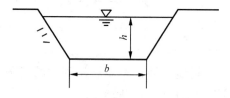

图7-12 明渠式溢洪口断面示意

- 流速 V 按式(7-13)计算：

$$V = C\sqrt{Ri} \tag{7-13}$$

式中　V——流速(m/s)；

　　　R——水力半径(m)；

　　　i——渠底比降(%)；

　　　C——谢才系数。

- 水力半径 R 按式(7-14)计算:

$$R = A/x \tag{7-14}$$

式中　R——水力半径(m);

　　　A——溢洪口断面面积(m^2);

　　　x——溢洪口断面湿周(m)。

- 溢洪口断面湿周按梯形面积公式计算。
- 谢才系数按式(7-15)计算:

$$C = \frac{1}{6}R/r \tag{7-15}$$

式中　C——谢才系数;

　　　R——水力半径(m);

　　　n——糙率,土质渠一般取 0.025 左右。

上述计算过程中,A 与 R 为不定式关系,需通过试算求解,实际工作中应根据各地具体条件,先求得 Q 等值,再假定不同的溢洪口断面尺寸,分别算得相应的 A、R、C 等值,结合已定的 i 值,最后求得适合的 A 值。

(2)石谷坊设计

①阶梯式石谷坊　一般坝高 2~4m,顶宽 1.0~1.3m,迎水坡 1:0,背水坡 1:0.8,坝顶过水深 0.5~1.0m。一般不蓄水,坝后 2~3 年淤满。

②重力式石谷坊　一般坝高 3~5m,顶宽为坝高 0.5~0.6 倍(为便利交通),迎水坡 1:0.1,背水坡 1:0.5~1:1。此类谷坊在巩固沟床的同时,还可蓄水利用,质量要求较高,需作坝体稳定分析。

石谷坊的溢洪口一般设在坝顶,采用矩形宽顶堰公式计算:

$$Q = \frac{3}{2}Mbh \tag{7-16}$$

式中　Q——设计流量(m^3/s);

　　　b——溢洪口底宽(m);

　　　h——溢洪口水深(m);

　　　M——流量系数,一般采用 1.55。

(3)植物(柳、杨)谷坊设计

①多排密植型　在沟中已定谷坊位置,垂直于水流方向,挖沟密植柳杆(或杨杆)。沟深 0.5~1.0m,杆长 1.5~2.0m,埋深 1.0~1.5m。露出地面 1.0~1.5m。

每处(谷坊)栽植柳(或杨杆)5 排以上,行距 1.0m,株距 0.3~0.5m。埋杆直径 5~7cm。

②柳桩编篱型　在沟中已定谷坊位置,打 2~3 排柳桩。桩长 1.5~2.0m,打入地中 0.5~1.0m,排距 1.0m,桩距 0.3m。

用柳梢将柳桩编织成篱,在每两排篱中填入卵石或块石,再用捆扎柳梢盖顶。

用铅丝将前后 2~3 排柳桩联系绑牢,使之成为整体,加强抗冲能力。

7.5.2.4　谷坊施工

（1）土谷坊施工

①定线　根据规划测定的谷坊位置（坝轴线），按设计的谷坊尺寸，在地面划出坝基轮廓线。

②清基　将轮廓线以内的浮土、草皮、乱石、树根等全部清除。

③挖结合槽　沿坝轴线中心，从沟底至两岸沟坡开挖结合槽，宽深各 0.5 ~ 1.0 m。

④填土夯实　填土前先将坚实土层挖松 3 ~ 5cm，以利结合。每层填土厚 0.25 ~ 0.3m，夯实一次；将夯实土表面刨松 3 ~ 5cm，再上新土夯实，要求土壤干容重 1.4 ~ 1.5t/m³。如此分层填筑，直到设计坝高。

⑤开挖溢洪口　用草皮或砖、石砌护。

（2）石谷坊施工

①定线　与土沟床清基要求与土谷坊相同。

②岩基沟床清基　应清除表面的强风化层。基岩面应凿成向上游倾斜的锯齿状，两岸沟壁凿成竖向结合槽。

③砌石　根据设计尺寸，从下向上分层垒砌，逐层向内收坡，块石应首尾相接，错缝砌筑，大石压顶。要求料石厚度不小于 30cm，接缝宽度不大于 2.5cm。同时应做到砌石顶部要平，每层铺砌要稳，相邻石料要靠紧，缝间沙浆要灌饱满。

（3）柳谷坊施工

①桩料选择　按设计要求的长度和桩径，选生长能力强的活立木。

②埋桩　按设计深度打入土内；注意桩身与地面垂直，打桩时勿伤柳桩外皮，牙眼向上，各排桩位呈"品"字形错开。

③编篱与填石　以柳桩为经，从地表以下 0.2m 开始，安排横向编篱。

与地面齐平时，在背水面最后一排桩间铺柳枝厚 0.1 ~ 0.2m，桩外露枝梢约 1.5m，作为海漫。

各排编篱中填入卵石或块石，靠篱处填大块，中间填小块。编篱顶部做成下凹弧形溢水口。

编篱与填石完成后，在迎水面填土，高与厚各约 0.5m。

7.5.2.5　谷坊管理

暴雨中应有专人到谷坊现场巡视，如有险情，及时组织抢修。

每年汛后和每次较大暴雨后，及时到谷坊现场检查，发现损毁等情况，及时补修。

坝后淤满成平地，应及时种植喜湿、耐淹、经济价值较高的用材林、果树或其他经济作物。

柳谷坊的柳桩成活后，可利用其柳枝，在谷坊上游淤泥面上成片种植柳树，形成沟底防冲林，巩固谷坊治理成果。

7.5.3 淤地坝

7.5.3.1 淤地坝的分类

根据淤地坝的坝高、库容、淤地面积等特点、分为小型、中型、大型3类。

(1)小型淤地坝

小型淤地坝一般坝高5~15m，库容$1 \times 10^4 m^3 \sim 10 \times 10^4 m^3$，淤地面积0.2~2hm²，修在小支沟或较大支沟的中上游，单坝集水面积1km²以下。建筑物一般为土坝与溢洪道或土坝与泄水洞"两大件"，可采用定型设计。

(2)中型淤地坝

中型淤地坝一般坝高15~25m，库容$10 \times 10^4 m^3 \sim 50 \times 10^4 m^3$，淤地面积2~7hm²，修在较大支沟下游或主沟上中游，单坝集水面积1~3km²，建筑物少数为土坝、溢洪道、泄水洞"三大件"，多数为土坝与溢洪道或土坝与泄水洞"两大件"。

(3)大型淤地坝

大型淤地坝一般坝高25m以上，库容$50 \times 10^4 m^3 \sim 500 \times 10^4 m^3$，淤地面积7hm²以上，修在主沟的中、下游或较大支沟下游，单坝集水面积3~5km²或更多，建筑物一般是"三大件"齐全。

7.5.3.2 淤地坝勘测的基本原则

(1)淤地坝建设

必须以小流域为单元，全面系统地进行坝系规划与坝址勘测，然后分期分批实施。

(2)对坝系规划与坝址勘测进行综合调查

淤地坝坝系规划与坝址勘测必须建立在小流域水土保持综合调查的基础上，通过综合调查，全面了解流域内的自然条件、社会经济情况、水土流失特点、水土保持现状；同时着重了解沟道情况，包括各级沟道的长度、比降、有代表性的断面、土料、石料分布状况等。

(3)坝系规划与坝址勘测应反复研究，逐步落实

首先通过综合调查，对全流域提出坝系的初步规划，再对其中的骨干工程和大中型淤地坝逐个查勘坝址；根据坝址落实情况，对坝系规划进行必要的调整和补充；最后对选定的第一期工程进行具体勘测，为搞好工程布局和设计创造条件。

7.5.3.3 淤地坝的坝系规划

坝系规划应以完整的小流域为单元，从支沟到主沟，从上游到下游，根据不同沟段的地形和比降，全面系统地布设大、中、小型淤地坝，同时在适当位置，布设小型水库和治沟骨干工程。总体布局要求如下：

第一，根据沟道地形，分别布署大、中、小型淤地坝，拦泥淤地，种植生产；要求除地形不利的沟段外，尽可能地将坝布满。

第二，在泉水露头或有其他蓄水条件的沟段，布置少量小型水库，存蓄清水，发展灌溉和水产养殖。

第三，在具控制作用的沟段，布置少量治沟骨干工程，拦蓄暴雨洪水，保护沟中其他坝库安全生产。

在做出上述坝系平面布置的基础上，应进行实施的具体安排，要求如下：

第一，根据流域内洪水、泥沙情况，选定第一期工程。

第二，要求实施过程中，全流域的淤地坝、小型水库、治沟骨干工程三者合理分布，协调发展，保证三者的作用都能充分发挥。

第三，要求新修的淤地坝尽快淤平种地（一般小型 3～5 年，中型与大型 5～10 年，少数可达 20 年）；小型水库应避免或减轻泥沙淤积，延长使用年限；治沟骨干工程应有较大库容，能真正起到保护其他坝库安全生产的作用。

根据沟道不同的集水面积，分别布置不同的淤地坝及其实施顺序，集水面积 1km^2 以下的小支沟，淤地坝的修建顺序是：

第一，先从沟口或下游开始，修建第一座坝；淤平种地时，在修其上第二座，在拦泥淤地过程中，可保护第一座安全生产。

第二，第二座淤平种地时，在修其上游的第三座；如此依次向上推移，直到把全沟修完。

集水面积为 3～5km^2 或更大的支沟，淤地坝的修建顺序是：

第一，一般应从上游向中、下游依次修坝，其坝高、库容等技术指标，应依次逐渐加大。

第二，也可在中游和下游同时各修一座中型以上淤地坝，淤平以后逐步向上推移修坝。并在上、中游适当位置选一坝址，作为治沟骨干工程，以保证坝地安全生产。

集水面积 10～20km^2 的主沟，淤地坝的修建顺序是：

第一，一般应在其上游和两岸支沟各坝建成之后，再建中、下游的淤地坝，以减轻洪水、泥沙负担，降低工程造价。

第二，要求单坝控制区间净面积在 5km^2 以下，工程规模应按大型淤地坝考虑，并于即将淤平前 1～2 年，在坝库上游的主沟或主要产洪支沟选适当位置，修治沟骨干工程，以保证坝地安全生产。

在沟中有常流水或泉水集中露头处，选适当位置，修建小型水库，蓄水利用。同时，应在其上游修淤地坝或治沟骨干工程，暴雨中拦蓄洪水，泥沙澄清后放清水进水库存蓄，以延长水库寿命，提高水库利用率。

当沟中原有零星分布的坝库平面布局不合理时，应通过坝系规划进行调整，根据洪水、泥沙、泉眼和常流水分布情况，有的淤地坝需改建为小型水库，有的大、中型淤地坝应加高为治沟骨干工程，以达到充分合理利用水土资源，保证工程安全。

当流域内有几个不同的行政单元（乡、村）时，进行坝系规划和实施，必须全流域统一规划、统一部署、统筹协调、统一指挥，不能各自为政，影响全局。应避免不同行政单位在主沟中同时各自新建一连串大型淤地坝，使洪水泥沙不能集中利用，各坝多年不能淤平种地受益，每坝各蓄半库水，一坝失事，造成连锁反应垮坝，增加防洪抢险负担。

7.5.3.4　淤地坝的坝库勘测

（1）选定坝址

选定坝址要保证"口小肚大"，沟道比降较缓，同时应选在支沟分岔的下方和沟底陡坡、跌水的上方，以求修坝工程量小，库容大，淤地多。

坝端岸坡应有开挖溢洪道的良好地形和土质（或基岩）；两岸岸坡不应大于45°，不应有集流洼地或冲沟，不应有陷穴、泉眼等隐患；要求土质坚硬，地质构造稳定，最好是黄土下面为红胶土或基岩，以节省溢洪道衬砌的工程量和投资。

坝址附近有良好的筑坝材料（土料、石料）和料场，而且采运容易，交通、施工方便。采用水坠法筑坝时，土场应紧靠坝址，并有一定高度，坝址附近应有充足的水源。

应尽量缩小库区淹没损失，避免淹没村庄、公路、矿井、大片耕地和其他重要建筑物。

（2）坝址测量

①小型淤地坝　可在坝轴线位置用手水准、皮尺、花杆量得坝轴线处的沟道断面，包括沟底宽度和两岸坡度（量到高出设计坝高10m）以上。

如坝轴上下游坝体范围内两岸岸坡有较大变化时，应在有变化处增测1~2个断面。

②大、中型淤地坝　应测绘1:500~1:1 000的坝址地形图；测图范围应高出最终坝高30m以上，同时应标出土、石料场的位置。

（3）库区测量

①小型淤地坝　用手水准、皮尺、花杆测出库区沟底比降和平均宽度；根据坝轴线处的设计淤泥面高度，测算出库区未来淤泥面的长度和平均宽度；用淤泥面长度与平均宽度相乘算得淤地面积，用长度与平均宽度、平均高度相乘算得淤泥库容；对于坝高、库容等接近中型的小型淤地坝，具体测量库区，绘制坝高—库容与坝高—淤地面积关系曲线。

②大、中型淤地坝　应测绘1:1 000~1:2 000的库区地形图，测图范围应高出最终坝高10m以上；根据地形图，绘制坝高—库容与坝高—淤地面积关系曲线；对于接近小型的中型淤地坝，进行测量并绘制关系曲线。

（4）建筑材料勘测

调查坝址附近筑坝材料（土料、石料）的位置、分布高度、厚度、储量、物理力学性质、上坝距离等，必要时应进行坑探或槽探。如采用水坠法施工，还需了解水源和电源情况。

7.5.3.5　淤地坝的工程布局

根据淤地坝的类型和流域的洪水、泥沙情况，在坝址处具体部署土坝、溢洪道、泄水洞、反滤体等建筑物，确定其位置、形式和规模。

（1）小型淤地坝

对集水面积小、洪水量小而历时短，大部沟中无常流水，坝地淤平较快，坝库常不蓄水的，工程布局一般只设土坝与溢洪道或土坝与泄水洞"两大件"；溢洪道应布设在岸坡基础地质较好的一侧，以减少衬砌工程量。

（2）大、中型淤地坝

集水面积和洪水量较大，大部沟中有常流水的，一般应有土坝、溢洪道、泄水洞"三大件"；对淤积进度较缓、蓄水时间较长的则应增设反滤体。

坝型一般采用均质土坝，若坝址处下部是窄而深的基岩沟床，可采取先修重力浆砌石坝或堆石坝，坝高与基岩沟床齐平，等基岩沟床淤平后，在其上正式修均质土坝。

在沟中石料缺乏、洪水洪峰量小的地区，经过具体计算论证，可采取高坝大库容、用泄水洞排洪而不设溢洪道的"两大件"工程布局方式。

溢洪道布设应在完整、坚硬的基岩或土基上，避开破碎岸坡、滑坡体和断层；具体位置不应靠近坝体，进水口距坝肩应不小于10m，出水口距下游坝脚不小于20m，以保证坝体安全。

当坝址上游有较大支沟汇入时，溢洪道应尽量布设在有支沟一侧的岸坡上，以便直接排泄支沟洪水，有利于坝地防洪保收。

泄水洞应布设在基岩或均匀而坚实的土基上，泄水洞方向应与坝轴线垂直；泄水洞出口高程应能满足库区排水、灌溉和防碱的要求，平面位置应布设在灌溉用水一侧；出口处的消力池应布设在坝体以外，以保证坝体安全。

淤地坝泄水洞的进口，一般应采用卧管式，并尽可能布设在溢洪道同侧，以保证暴雨洪水中放水时安全、方便，同时坝地淤成后，不致在地中形成一道深槽，影响耕作。

7.5.3.6 淤地坝的水文计算

（1）设计洪水标准与淤积年限

根据坝型确定设计洪水标准与淤积年限，具体见表7-5。

表7-5 淤地坝设计洪水标准与淤积年限

项 目		单位	淤 地 坝 类 型			
			小 型	中 型	大二型	大一型
库 容		$10^4 m^3$	<10	10~50	50~100	100~500
洪水重现期	设计	a	10~20	20~30	30~50	30~50
	校核	a	30	50	50~100	100~300
淤积年限		a	5	5~10	10~20	20~30

注：大型淤地坝下游如有重要经济建设、交通干线或居民密集区，应根据实际情况，适当提高设计洪水标准

（2）洪水总量与洪峰流量计算

根据当地不同条件，分别采取不同方法。对大型和接近大型的中型淤地坝一般应采用两种以上方法进行计算，并将其结果进行综合分析选定。

各种方法都应以设计频率的暴雨为基础,根据流域面积大小,分别确定设计频率下不同的设计暴雨历时(一般常用3、6、12、24h;流域面积较大的,采用较长的历时),以设计暴雨控制洪水总量(W),合理确定造峰历时控制洪峰。

①查阅图表法 当小流域所在的省、地区或县各级水利部门已有《水文手册》时,应按照各类淤地坝的设计频率和已确定的暴雨历时,查阅手册中相应的暴雨洪峰模数(M_q)与洪量模数(M_w),乘以坝库以上集水面积(F)即得。

$$Q = FM_q$$
$$W = FM_w$$
$$\qquad (7\text{-}17)$$

式中　Q——设计洪峰流量($\mathrm{m^3/s}$);

　　　W——设计洪水总量($\mathrm{m^3}$);

　　　M_q——洪峰模数$[\mathrm{m^3/(km^2 \cdot s)}]$;

　　　M_w——洪量模数($\mathrm{m^3/km^2}$);

　　　F——坝库以上集水面积($\mathrm{km^2}$)。

②用设计暴雨推算设计洪水　洪水总量按式(7-18)计算:

$$W = 1\,000KRF \qquad (7\text{-}18)$$

式中　W——洪水总量($\mathrm{m^3}$);

　　　R——暴雨量(mm);

　　　F——集水面积($\mathrm{km^2}$);

　　　K——径流系数。

R 和 K 值,可查阅当地或相邻同一类型区的气象站、水文站、水保站资料,有的还需根据原始资料,进行频率分析后求得。

洪峰流量根据集水面积和流域形状,研究确定洪水汇流速度与洪水历时(T)。用概化三角形面积关系式,求得洪峰流量(Q)。洪水总量(W)为三角形的面积,洪水历时(T)为三角形的底,洪峰流量(Q)为三角形的高,如图7-13所示。

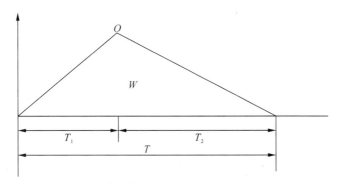

图7-13　洪量、洪峰、洪水历时的关系

$$Q = 2W/T \qquad (7\text{-}19)$$

式中　Q——设计洪峰流量($\mathrm{m^3/s}$);

　　　W——洪水总量($\mathrm{m^3}$);

　　　T——洪水历时(s)。

式中的关键性计算参数是洪水历时(T)，包括涨水历时(T_1)与退水历时(T_2)，应根据有关观测资料和经验数值，分析研究确定。

③用推理公式计算洪峰流量 用推理公式计算洪峰流量：

$$Q = 0.278KIF \tag{7-20}$$

式中 Q——设计洪峰流量(m^3/s)；

K——洪峰径流系数；

I——汇流历时内平均降雨强度(mm/h)；

F——集水面积(km^2)。

（3）流域年均输沙量计算

$$S = FM_s \tag{7-21}$$

式中 S——年均输沙量(t)；

M_s——年均侵蚀模数$[t/(km^2 \cdot a)]$；

F——坝库以上集水面积(km^2)。

分析坝库以上水保措施对洪水泥沙的影响，在进行坝库水文计算时，如其上游已有其他坝库，或集水面积上已有不同程度的水土保持措施，则应考虑其减小洪峰、洪量和年输沙量的作用，对关系式中的M_q、M_w和M_s等参数给予适当调整，具体要求如下：

第一，如设计坝库上游有其他坝库，且能全部拦蓄洪水、泥沙，则从设计坝库的集水面积中减去其上游坝库的集水面积，再进行前述各项计算。

第二，如上游坝库不能全部拦蓄洪水、泥沙，则应在上述计算基础上，再增加上游坝库排出的洪水、泥沙。

7.5.3.7 淤地坝的土坝设计

（1）土坝坝高设计

淤地坝土坝坝高按式(7-22)计算。

$$H = H_1 + H_2 + H_3 \tag{7-22}$$

式中 H——坝体总高(m)；

H_1——拦泥坝高(m)；

H_2——滞洪坝高(m)；

H_3——安全超高(m)。

坝体总高由拦泥坝高、滞洪坝高、安全超高三部分组成，如图7-14所示。

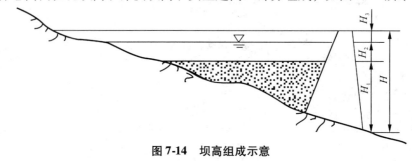

图7-14 坝高组成示意

①拦泥坝高确定 根据不同坝型确定拦沙库容(V_1)。

$$V_1 = N(S - \Delta S)/\gamma \tag{7-23}$$

式中 V——拦沙库容(m^3);

S——年均来沙量(t/a);

ΔS——年均排沙量(t/a);

N——淤积年限(a);

γ——泥干容重(t/m^3)。

从坝高—库容曲线上查得拦泥坝高(H_1),根据溢洪道、泄水洞设计排洪量中含沙量情况,确定平均排沙量(ΔS)。

②滞洪坝高确定 根据不同坝型(大、中、小)规定频率的洪水设计标准与校核标准,确定洪水总量(W)与洪峰流量(Q);据此设计溢洪道最大排洪量(ΔQ),并求得与最大排洪量相应的溢洪道最大过水深度,即为滞洪坝高(H_2);在坝高—库容曲线上查得拦泥库容以上与滞洪坝高(H_2)相应的滞洪库容(V_2),要求与来洪量(W)和排洪量(ΔQ)相协调;当淤泥面有一定比降(一般1%~2%)时,实际滞洪库容比从曲线上查得的数值偏小,计算应根据当地具体情况给予调整(减小5%左右)。

③安全超高的确定 坝高为10m时,安全超高取0.5~1.0m;坝高为10~20m时,安全超高取1.0~1.5m;坝高>20m时,安全超高取1.5~2.0m。

(2)坝体断面的确定

①坝顶宽度 不同坝高和不同的施工方法,分别采取不同的坝顶宽度,见表7-6。

表7-6 不同施工方法与不同坝高的坝顶宽度单位 单位:m

施工方法	坝 高			
	<10	10~20	20~30	30~40
碾压施工	2~3	3~4	4~5	5~6
水坠施工	3~4	4~5	5~6	6~7

注:坝顶宽度不得小于2m,如因交通需要,坝顶宽度可适当增加。

②上下游坝坡 一般淤地坝,由于蓄水时间较短,可不作坝体稳定分析。当淤地坝加高改作治沟骨干工程后,由于蓄水时间较长,需作坝体稳定分析,根据满足稳定要求的坝体断面来决定上下游坝坡。

不同坝高和不同施工方法,分别采取不同的上下游坝坡,见表7-7。

表7-7 不同坝高与不同施工方法的坝坡比

施工方法	坝坡类别与坝体土质	坝 高(m)			
		10	20	30	40
碾压施工	上游坝坡	1:1.50	1:2.00	1:2.50	1:3.00
	下游坝坡	1:1.25	1:1.50	1:2.00	1:2.00

（续）

施工方法	坝坡类别与坝体土质	坝　高（m）			
		10	20	30	40
水坠施工	砂壤土	1:2.00	1:2.25	1:2.25	1:3.00
	轻粉质壤土	1:2.25	1:2.25	1:2.75	1:3.25
	中粉质壤土	1:2.25	1:2.75	1:3.00	1:3.50
	重粉质壤土	1:2.75	1:3.00	1:3.50	1:3.75

注：水坠施工上下游坡比相同，根据坝体土质不同而取不同坡比。

坝高超过20m时，从下向上每10m坝高应设置一条马道，宽1.0～1.5m，一般应在马道处变坝坡，上陡下缓。

水坠坝施工过程中，冲填泥池的边埂断面，与坝体断面和施工质量有关，规定如下：

第一，边埂外坡应与坝体上下游坡比一致，边埂内可采用1:1或倒土时的自然安息角（35°左右）。

第二，边埂高度应高出冲填层0.5～1.0m，边埂宽度根据坝体高度与土质分别规定，见表7-8。

表7-8 不同坝高、不同土质的边埂宽度　　　　　　　　单位：m

坝体土质	坝　高				
	<15	15～20	20～25	25～30	30～40
砂壤土	2～3	3～4	4～5	5～6	6～7
轻粉质壤土	3～4	4～5	5～6	6～7	6～9
中粉质壤土	4～5	5～6	6～7	7～8	8～10
粉质壤土	5～6	6～7	7～8	8～9	9～11

（3）坝体土方计算

①小型淤地坝　坝体范围内两岸岸坡与坝轴线处岸坡基本一致，并采取坝址测量法，按简易长宽相乘法计算坝体土方量。

②大、中型淤地坝　应采用等高线包围面积法计算坝体土方量。有的中型淤地坝，如坝体范围内两岸岸坡与坝轴线处岸坡一致的，也可采用小型淤地坝的测量和方法计算坝体土方量。

（4）坝体分期加高设计

根据淤地坝的特点，在坝内库容淤满后，在淤泥面上加高土坝坝体，可大大节约土方工程量。坝体分期加高分以下两种情况，在设计上各有不同要求。

①新建土坝一次设计分期加高　建坝时一次设计到最终坝高，但坝体分两期或三期施工完成。

第一期坝体高度，按最终坝高的1/2左右设计，利用泄水洞和临时溢洪道排洪。

第一期坝高淤平后，在坝前淤泥面上加高坝体，同时改变溢洪道进口高程。

泄水洞进口必须采取卧管式,并按最终坝高设计和施工相应的平洞长度与进口高程。

加高到最终坝高时,设置永久性溢洪道。

采用此法必须岸坡有开挖临时溢洪道和分期改变溢洪道进口高程的条件;一般是在坝库设计中只有土坝与泄水洞"两大件"的情况下采用。

②旧坝加高 沟中原有坝库淤满后,为了扩大淤地面积,或改作治沟骨干工程,提高拦洪能力,进行坝体加高。由于泥沙淤积,使坝址、库区地形都发生了变化,应根据变化后的地形,重新绘制坝高—库容曲线,并据此确定坝高和设计坝体断面。加高坝体的土方量,与总坝高(原坝高与新加高)的坝体土方量相比,可节省2/3以上;但溢洪道与泄水洞等建筑物,都需根据坝体加高后的情况进行改建。

7.5.3.8 淤地坝溢洪道设计

不同的坝型在不同条件下,分别采取不同的溢洪道设计。

(1)明渠式溢洪道

小型淤地坝和接近小型的中型淤地坝,在集水面积和排洪量不大的条件下,一般采用明渠式溢洪道。

溢洪道断面形式,根据不同地基条件采用不同形式。

①岩石或黏重的红胶土类地基 采用矩形断面。

②壤土类地基 采用梯形断面。

③中型淤地坝 如溢洪道断面较大,可做成复式断面;底部常过水的小断面,做好石方衬砌;上部不常过水的大断面不衬砌。

溢洪道断面尺寸,根据设计洪峰流量和溢洪道明渠比降、糙率等有关因素确定。

明渠式溢洪道设在土坝一侧的坚实土层或岩基上。

(2)陡坡式溢洪道

大型淤地坝与接近大型的中型淤地坝,以及淤地坝加高作治沟骨干工程等集水面积和排洪量都较大,一般采取陡坡式溢洪道。

宽顶堰陡坡式溢洪道由进口段、陡坡段、出口段三部分组成;进口段包括引水渠、渐变段、溢流堰,出口段包括消力池、渐变段和尾水渠,见图7-15。

7.5.3.9 淤地坝泄水建筑物设计

(1)基本要求

一般淤地坝的泄水建筑物,要求在淤地过程中和坝地淤成以后,能及时排除坝内清水和洪水,以利于坝地种植。

只有土坝和泄水洞"两大件"而没有溢洪道的坝库,要依靠泄水洞及时排除库内洪水,以保证坝库安全和坝地粮食丰收。

淤地坝在未淤满以前,如兼有蓄水灌溉作用的,其泄水建筑物应能满足及时放足灌溉用水的需要。

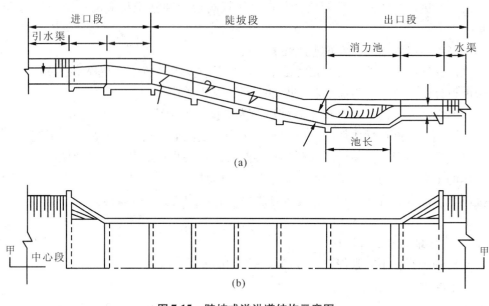

图7-15 陡坡式溢洪道结构示意图

(a)溢洪道剖面图 (b)溢洪道平面图

（2）设计流量

设计流量按式(7-24)进行计算：

$$Q = W/2T \tag{7-24}$$

式中 Q——设计洪峰流量(m^3/s)；

W——设计频率的一次洪水总量(m^3)；

T——不同要求下排完洪水的时间(s)。

T 值的确定：

第一，坝地上种有高秆作物需要保收的，要求2~3天排完洪水。

第二，坝库内没有种庄稼，要求排掉洪水保坝的，要求4~6天能将库内洪水排完。

第三，上述两种情况中，有溢洪道的，同时考虑溢洪道的排水量；没有溢洪道的，由泄水洞单独排水。

（3）泄水建筑物各组成部分的设计要求

泄水建筑物由进口段、输水段、出口消能段三部分组成，如图7-16所示。

①进口段 一般采用分级卧管形式，并尽可能与溢洪道同侧，由于地形限制等原因可采用竖井形式。

卧管布设在土坝上游岸坡，坡度1:2~1:3，管顶高度应超出库内最高洪水位。

卧管用浆砌料石作成台阶，每个台阶高差0.4~0.5m。每台阶设1~2个放水孔，孔径15~25cm，根据放水流量大小具体确定。第一放水孔尽量设在坝高的1/3以下。

卧管末端与涵管或涵洞连接处设消力池。

②输水段 涵洞形式有方形涵洞、拱形涵洞和圆形涵洞3种，根据各地不同条

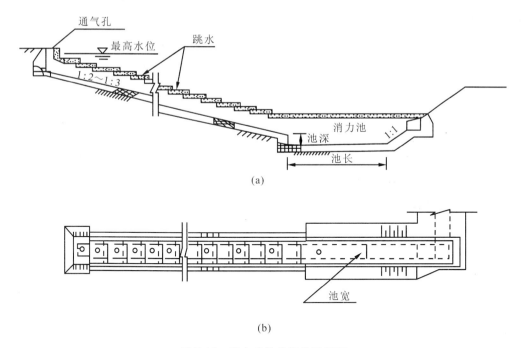

(a)

(b)

图 7-16 泄水建筑物结构示意图
(a)剖面图 (b)俯视图

件,因地制宜采用。

涵洞位置应与坝轴线正交,比降 0.5% ~ 1.0%。由浆砌料石或预制钢筋混凝土管作成。

涵洞一般为无压管道,洞内水深不应超过洞高的 75%。断面宽长不得小于 0.9m,高度不得小于 1.2m。

沿涵洞长度每 10 ~ 15m 需砌筑一道截水环,厚 0.3 ~ 0.4m,伸出管壁外层 0.4 ~ 0.5m。如涵洞采用圆形预制管,则需设置半圆形管座,厚度最小处不得小于 0.3m,其下铺设 0.3m 厚灰土层。

③出口消能段 如涵洞出口位置较低,可直接下连消力池。如涵洞出口位置较高,则需修一段引水渠,连接陡坡,陡坡末端连接消力池。

7.5.3.10 淤地坝反滤体设计

(1)反滤体的坝型

一般小型淤地坝淤积快,蓄水时间短,可不设反滤体。大、中型淤地坝和淤地坝加高作治沟骨干工程的,坝内蓄水时间较长,蓄水位较高,应设反滤体排水。

(2)反滤体的形式

反滤体的形式如图 7-17 所示。

①棱体式 作为下游坝坡的趾部,与坝体开始填筑时同步进行修砌。

②斜卧式 可在下游坝坡下部作成后,铺砌在下游坝坡的趾部。

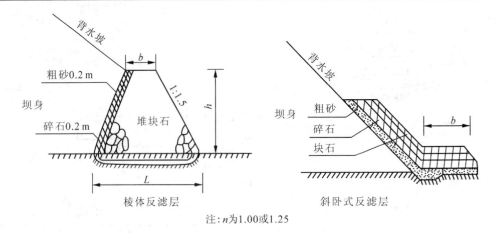

注：n 为1.00或1.25

图 7-17　反滤体两种形式示意

（3）反滤体的材料

由三层材料组成。最里层紧贴土质坝体为粗砂，中间层为砾石，最外层为干砌块石。

（4）反滤体的尺寸

不同坝高的反滤体尺寸不同，见表 7-9。

表 7-9　不同坝高下的反滤层尺寸

项　　目		坝　高（m）			
		10～15	15～20	20～25	25～30
反滤体高度		2.0～2.5	2.5～3.0	3.0～3.5	3.5～4.0
棱体式	顶宽	1.0～1.2	1.2～1.8	1.8～2.0	2.0
	外坡比	1:1.5	1:1.5	1:1.5	1:1.5
	内坡比	1:1.00	1:1.25	1:1.25	1:1.25
	底宽	6.00～8.01	8.01～9.75	9.75～11.62	11.62～13.00
斜卧式	砂层厚	0.20	0.25	0.30	0.30
	碎石层厚	0.20	0.25	0.30	0.30
	块石层厚	0.50	0.60	0.70	0.80
	顶宽	1.00	1.50	2.00	2.00

7.5.3.11　淤地坝工程施工

（1）施工准备

①施工场地准备　包括选好土、石料场，确定运送土、石路线，修筑交通道路，架设输电、通信线路，安装机泵，修建堆放物资（炸药、水泥、施工工具）的临时仓库等。

②施工定线　根据规划、设计图纸，将土坝、溢洪道、泄水洞等各项建筑物的位

置,用测量工具逐项落实到地面,并用打桩等方法予以确定。

(2)清基

包括土坝、溢洪道、泄水洞位置范围内的坝基与岸坡。

①土质沟床清基 要求将浮土、杂物等全部清除。清除深度按浮土、杂物深度而定,一般要求 30cm 以上。

沿坝轴线位置开挖结合槽,梯形断面底宽 0.5~1.0m,深 0.5~1.0m,边坡 1:1。回填均质黄土,按夯实标准压实。

②石质沟床清基 如岩石基础与坝体直接结合时,先清除表层覆盖物,再进行开挖,将强风化层全部除掉,以开挖到设计要求为原则。岩坡清除后,不应成台阶状。

如岩石有裂隙、断层、裂隙水等现象,应用箱填堵塞法或水玻璃掺水泥等方法严格处理,或作导滤槽将裂隙水引到坝外。

③削坡要求 坝体与岸坡连接处的坡度要求:土质岸坡不陡于 1:1.0~1:1.5;岩石岸坡不陡于 1:0.5~1:0.75。

④其他要求 坝基为黄土台地时,除削坡外,应预作湿陷处理;坝库有长期蓄水要求的,坝基应作截流防渗处理。

(3)土坝施工

本内容只针对辗压式土坝施工的技术作出规定。

①取土要求 土料取用坚持"先低后高、先近后远、先易后难"的原则,做到高土高用、低土低用,缩短运距;最终坝高以下的坝端严禁取土;运土道路应尽量布置成循环形式,往来路线分开,避免陡坡和急转弯;土壤含水量应达到设计要求,含水量较低的料场,应提前洒水或灌水。

②铺土要求 坝基为黏性土时,应先采取措施,使坝基表面含水量控制在设计要求范围内,然后铺土压实;若为砂性土基时,应先将坝基表面洒水压实,然后再铺土。

填筑的土料要求均质,含腐殖质土、石块、大土块、冻土块或草根、树枝等其他杂质。土料含水量要求在 15%~18%,一般不低于 14%。

铺土应平行于坝轴方向呈条形延伸;条形间横向接缝应错开,厚度应均匀,宽度应一次铺够,避免接缝。人工夯实铺土厚应不超过 30cm,机械履带碾压铺土厚度 20~25cm。

连续铺土压实的坝面需适当洒水湿润,并钩皮刨毛,以利上下层结合;越冬压实的坝面,必须将冻层面挖开运走。冬季停工的土坝,坝面应铺一层松土。

③压实要求 坝体压实应根据土料性质、含水量和压实工具事先进行试验,确定铺土厚度与夯碾次数。干容重标准数值,一般要求不低于 $1.55t/m^3$,在施工期间,每压实一层均需取样测定干容重和含水量。

大、中型淤地坝应尽量使用机械碾压。采取进退错距法,两次错车碾迹重叠 10~15cm,沿坝轴方向进行。

人工夯实使用石夯、铁夯和混凝土夯,采取梅花套打法,夯迹应重合 1/3。

④土坝整坡 土坝施工期间,每夯压升高一层,应按设计坡比随时进行整坡,要

求整个坝坡均匀一致。

（4）溢洪道施工

溢洪道过水断面必须按设计的宽度、深度、边坡施工，同时要严格掌握溢洪道底高程，不能超高或降低。

土质山坡开挖溢洪道时，过水断面边坡不小于1:1.5，过水断面以上山坡不小于1:1.0，在断面变坡处要留一平台，宽1.0m左右。溢洪道上部的山坡应开挖排水沟，以保证安全。溢洪道开挖的土方应尽量利用上坝，在施工顺序安排上，要和土坝施工相应进行。

岩石山坡上开挖溢洪道，应沿溢洪道轴线开槽，再逐步扩大到设计断面。不同风化程度岩石的稳定边坡比为弱风化岩石1:0.5~1:0.8；微风化岩石1:0.2~1:0.5。

（5）泄水洞施工

泄水洞施工包括卧管、涵洞、消力池等；涵洞工程应按涵洞、涵管等不同类型及在坝体内、外不同位置，采用不同方法进行施工。

①浆砌石涵洞施工　砌石时土质基础不坐浆，岩石基础应清基后坐浆。

侧墙砌筑，应先确定中线和边线的位置。砌筑有斜面和侧墙时，应在其周围用样板挂线。

起拱脚端应与水平成一定角度，在涵台沿未砌到拱线之前，就应将石块逐渐砌成倾斜状态，以使起拱线的斜度满足要求，外层预留2cm的沟缝槽。

砌筑拱圈时，应以拱的全宽和全厚，同时由两端起拱线处对称向拱顶砌筑。相邻两行拱石砌缝应错开，错距不得小于10cm。必须保持拱的平顺曲线形状。应待砂浆强度能承受静荷载的应力时，才能拆除支撑架。

涵洞两侧及顶部，应用黏土回填1cm以上，方能用大夯夯实。两侧要求平衡填高，干容重要求大于坝体设计值。靠近洞壁部位，填黏土含量不应小于20%，并用大锤夯捣，使回填土料挤满每个砌石缝隙。填土夯实时应在洞壁上洒水，以利结合。

②预制混凝土涵管施工　管座砌筑应根据预制涵管每节的长度，在两端接头处预留接缝套管位置。管座应采用180°或90°的支撑。

预制管必须由一端向另一端套装，接头缝隙应用沥青麻刀填塞。

预制管如为平接，必须套有管箍，管箍与管之间用水泥石棉粉砂浆填实。

管壁附近应用小木夯分层打实，当填土超过管顶1cm以上后，再用大夯或机械压实。

（6）浆砌料石或块石施工

在溢洪和泄水各部构件施工中，大部分需作浆砌料石或块石施工。此外在某些特殊情况下，需在沟中修建浆砌料石重力坝的，其施工主体也由浆砌料石完成。

①基础处理　地基开挖应清除强风化岩石，按设计挖到弱风化或微风化基岩上。基岩边坡必须保证稳定，顺河流方向的基面不能挖成向下游倾斜。

岸坡开挖应清除表面的覆盖物，并使利用的基岩面平整，坡度要符合设计要求。

浆砌石坝坝基范围内的断层破碎带或软弱夹层，应根据所在的部位、形状、宽度、组成物的性质及对坝体安全的影响，采取处理措施。一般对规模不大而倾角较陡的断层破碎带采用在表面加混凝土塞的方法处理。混凝土塞的深度，一般为破碎带宽度的 1.5~2.0 倍。若断层破碎带伸出坝基以外时，应延长处理段到坝体以外 1.5~2.0 倍的处理深度。

②石料与砂浆准备 料石尺寸应基本一致，长 50~60cm，宽 30~40cm，厚 20~30cm。浆砌前应将砌石表面的泥污、水锈等洗刷干净。

砂浆配制必须按设计的配合比调和，稠度应适中，过干不易捣实，过稀降低质量。砂浆配合比例见表 7-10。

表 7-10 砂浆配合比例参考值

砂浆名称	砂浆标号	水泥标号	体积配合比			每立方米砌体材料消耗量			
			水泥	砂子	石灰	水泥	砂子	石灰	片石
水泥砂浆	100	425	1	3	—	131	0.37	—	1.1
	75	425	1	4	—	90	0.37	—	1.1
	50	425	1	6	—	75	0.37	—	1.1
混合砂浆	50	425	1	6.5	—	54	0.33	—	1.1
	25	425	1	13.5	—	40	0.33	—	1.1
白灰砂浆	10	—	—	3	1	—	0.33	70	1.1

③砌石要求 镶面石要一顶一顺间隔排列，上下层镶面石的竖缝应错开 8cm 以上；腹石需错开石块长度的 1/3~1/2；砌石缝宽与石料形状有关，粗料石为 1.5~2.0cm，块石为 3cm，片石为 4cm 左右。

迎水面镶面石应用 50 号水泥砂浆砌筑；背水面面石可用 25 号混合砂浆砌筑；填腹石可用 10 号白灰砂浆砌筑；表面勾缝宜用 75 号水泥砂浆。

水泥砂浆砌石体应进行洒水养护(洒水次数根据气温风力而定)，表面用草袋覆盖，使砌体经常保持湿润状态。暂不加砌的，至少需养护 7 天。正在砌筑的表面，严禁敲打、震动。

砌筑方法应用挤浆法，先在基础表面铺一层厚 3cm 的砂浆，将石料放在砂浆上，用脚踩或锤击，使之紧密结合，然后给竖缝灌灰浆，至缝深 2/3 后，向缝内挤片石，并用铁锤捣实，使砂浆与石块紧密结合。

(7)干砌块石施工

砌体要分层进行，层间竖缝要错开，每层以大石块为骨干，大面朝下。不平稳部位应用小石块垫稳，不得有松动石块。

层面应经常用厚薄不同的石块调整高度，以便始终保持各层呈基本水平上升。

砌体应表里一致，不得以大块石砌外缘而内填碎石或河卵石；外砌石块要互压 1/2 以上，并用大块石封顶。

(8)冬季施工

一般土石工程，不应在 0℃ 以下进行施工。如利用白天温度较高施工，而夜间气温降到 0℃ 以下时，施工中应采取防寒措施。

①土坝冬季施工　要求取土场尽量选择在背风向阳处，采用立面开挖，实行挖、装、运、铺、压流水作业，不留间歇，防冻结，冻土禁止上坝。

尽可能采用爆破松土、机械碾压方法施工。夜间施工时应铺一层虚土，次日夯碾。

限制土壤含水量，一般砂壤土含水量不大于16%；轻、中粉质壤土及黏土不大于18%。

②浆砌石或混凝土工程冬季施工　可采用以下措施。

加热法：混凝土施工需有预热设施，先用热水拌合，再对骨料预热。石块温度保持在0℃以上，砂浆温度保持在10℃以上。

暖棚法：棚内温度保持在5℃以上。

掺料法：在砂浆里掺入食盐或氯化钙。

（9）安全施工

①爆破施工　必须按照爆破安全规程进行，并确定各项安全距离，见表7-11。

表 7-11　爆破施工安全距离单位

爆破方法	洞室大爆破	大药包小洞室抛掷爆破	裸露药包	炮眼爆破及深洞法	大口径松动爆破	扩大炮眼或深孔	炸倒建筑物或破坏基础	扩大药室
最小安全距离	400	400	300	200	200	100	100	50

②汛期施工　应做好防汛抢险的一切准备工作。

③高空作业　脚手架必须经常检查、维修和加固。料、具妥善保管，现场作业要有防护准备。

7.5.3.12　淤地坝的工程管理

（1）工程检查与观测

①竣工检查　工程竣工后和蓄水、泄水前后，应对各项建筑物进行全面检查。

②汛期检查　汛前检查防汛准备情况，并落实抢险队伍的组织和制度。暴雨洪水来临时，应有专人观测雨情和水情，检查坝体和溢洪道、泄水洞等建筑物的安全状况。

③对重点工程或新材料、新技术施工的工程的观测　根据工程规模和生产需要，观测土坝的沉陷、位移、裂缝、渗流。定期观测雨量、库水位、库内淤积、泄水流量、含沙量、库区塌岸。

（2）工程维修养护

①土坝的维修养护　严禁在坝体上和坝体四周3m以内种地、植树、挖坑、打井、爆破和进行其他对工程有害的活动。

对坝体滑坡、裂缝及动物洞穴等现象，应及时处理；对坝顶的过量沉陷，应及时填补，保持坝顶、坝坡的完整。保护各种观测设施的完好，清除坝面排水沟内淤泥和杂物。

土坝蓄水后，应检查背水坡脚有无渗流、管涌及两岸渗漏现象，如有混水或流土，应查明原因，填铺滤料，妥善处理。

坝轴线两端山坡上如有天然集流槽，应及时在坡面修截水沟、排水沟，防止暴雨中坡面径流由此下泄，冲坏坝体和其他建筑物。

②土坝裂缝的处理　发现裂缝，应开挖探坑查明裂缝部位、形状、宽度、长度、深度、错距和走向；根据观测资料，结合土坝设计、施工情况，分析裂缝成因，针对不同性质的裂缝，采取相应的处理措施。

对于较浅的龟裂缝，一般可在表面铺一厚约30cm的保护土层。

较深的裂缝用回填法处理，处理后随即铺设保护层。裂缝较深时上部开挖回填、下部灌浆处理。灌浆时应按先稀后稠的原则，泥浆稠度以水土比1:1.2～1:2.5为宜。

横向裂缝危险性极大，汛期应加强监测，控制运用，汛后及时挖槽回填处理。

③溢洪道维修养护　溢洪道两侧如有松动土石体坍塌危险时，应根据不同情况分别采取清理、削坡或锚固等处理措施。如坍塌体堵塞水流时，应在暴雨到来之前及时清除。

④泄水建筑物管理养护　如发现泄水涵洞由于土石结合不好导致管壁漏水，应将迎水坡开挖一段，回填黏土夯实，并在涵洞进口处加做几道截水环。如因基础不均匀沉陷发生涵管断裂，或因管道接头处理不好而漏水，应在空库时从迎水坡挖开漏水段进行翻修，并加筑截水环，同时在管内用水泥砂浆填缝、塌实、勾缝，里缝用沥青水泥砂浆回填，外缝用丝布粘贴。对涵洞内淤塞的石块、杂土等阻水物随时清除。发现竖井、卧管裂缝应及时处理。

⑤排洪渠维修管理　坝地一侧排洪渠内，如有淤泥和堆积物，应及时清除，并结合加固防洪堤。对冲坏或破坏的导流坝要及进修复。

⑥环境保护　工程竣工后，对施工现场进行全面整治。取土场修成1～2m宽的反坡水平阶，造林种草。下游坝坡种草和种植浅根性灌木。建筑物四周5m以内严禁控土采石，坝顶和坝坡禁止放牧。严禁向库内排放污水和废渣。

7.5.3.13　淤地坝的坝地利用

（1）坝地防洪保收措施

①坝系联合运用

第一，上坝拦洪、下坝种地。集水面积小的支毛沟，建坝时，可从下游开始，第一座建成淤平种地，其上游修第二座拦洪，保护第一座安全生产。第二座淤平种地时，在其上游再修第三座拦洪，保护第二座。

第二，支沟拦洪，干沟种地。如干沟坝已淤平种地，坝区范围内有较大支沟来洪，单靠上游修坝拦洪不能解决，应在此支沟内修坝拦洪，保护干沟坝地安全生产。

第三，在集水面积不大的支毛沟中，当各坝都已淤满时，选其中一坝加高，扩大其库容，成为此沟中的骨干工程。暴雨中，依靠此坝拦蓄沟中大部洪水，保护其他坝地安全生产。加高库容淤满后，可改为种地，另选一坝加高成为骨干工程。

②在坝地本身修建防洪设施 在坝地末端附近上游沟中修防洪堤，与坝地一侧的防洪堤连接一起，将坝地包围其中，防止上游洪水进入坝地。

在坝地一侧开挖排洪渠，挖出的土方修作防洪堤，下接溢洪道或泄水洞的进口，暴雨中上游来洪量通过排洪渠，从溢洪道或泄水洞排除，不使进入坝地。两岸山坡上下来的暴雨径流，一岸由排洪渠排除，一岸可流入坝地淤漫。

③种植适应作物 坝地尚未淤地稳定高程，还需继续淤高的，可种植大麦、黑麦等早熟品种的夏收作物，在暴雨洪水到来之前抢收一季庄稼，洪水来时拦洪落淤。

坝地已淤到稳定高度时，可种植高粱、玉米等高秆作物，通过前述的防洪设施，暴雨季节坝地上短期积水不影响庄稼收成。

（2）坝地防治盐碱化

淤地坝修建以前和建成以后，对淤地范围内沟底、沟壁有泉水露头的，应在落淤之前就采取措施，将泉水引出或垒石护住泉眼，在坝地中修成水井，勿使淤在地中，导致盐碱化。

坝地末端紧接上坝趾处，由于上坝渗水导致盐碱化的，应在此位置向下深挖 3~5m，兴修蓄水池，降低坝地末端地下水位，勿使盐碱化向坝地其他部分蔓延。

当盐碱化已蔓延到坝地 1/3~1/2 面积时，应在坝地上开挖纵横排水沟，每 20~30m 一条，深 2m 以上，宽 1m 左右，其出口与坝地一侧的排洪渠相接，排除地下水，降低地下水位。

对盐碱化程度较重与不适宜种庄稼的坝地，可改种芦苇、柽柳等有经济价值的耐碱植物。对盐碱化又兼潮湿、沼泽化的坝地，可种植水稻、莲藕等耐碱水生作物。

本章小结

水土保持项目施工图设计为加强水土保持工程的质量管理，保证工程施工质量，统一质量检验及评定方法，实现施工质量评定标准化、规范化起着重要作用。本章通过对水土保持工程项目进行划分，对各种水土保持工程项目的施工图设计要求进行了阐述，以期能更好的指导水土保持工程施工，使得工程起到更好的水土保持效果。

思 考 题

1. 水土保持工程项目划分原则与方法是什么？
2. 水土保持生态建设工程项目中大型淤地坝和骨干坝具体划分要求是什么？
3. 小型水土保持工程具体包括哪些措施？
4. 什么叫做等高耕作？将顺坡耕作改为等高耕作应注意哪些技术环节？
5. 梯田规划时应注意什么？水平梯田断面设计包括哪些要素？
6. 土谷坊施工的主要环节有哪些？
7. 集水面积 10~20km² 的主沟，淤地坝的修建顺序是什么？

参考文献

中华人民共和国水利部.2006.SL 336—2006 水土保持工程质量评定规程[S].北京:中国水利水电出版社.

中华人民共和国国家质量监督检验检疫总局,中国国家标准化管理委员会.2008.GB/T 16453.1—2008 水土保持综合治理 技术规范 坡耕地治理技术[S].北京:中国标准出版社.

中华人民共和国国家质量监督检验检疫总局,中国国家标准化管理委员会.2008.GB/T 16453.2—2008 水土保持综合治理 技术规范 荒地治理技术[S].北京:中国标准出版社.

中华人民共和国国家质量监督检验检疫总局,中国国家标准化管理委员会.2008.GB/T 16453.3—2008 水土保持综合治理 技术规范 沟壑治理技术[S].北京:中国标准出版社.

中华人民共和国国家质量监督检验检疫总局,中国国家标准化管理委员会.2008.GB/T 16453.4—2008 水土保持综合治理 技术规范 小型蓄排引水工程[S].北京:中国标准出版社.

王礼先.1994.流域管理学[M].北京:中国林业出版社.

王礼先.2000.水土保持工程学[M].北京:中国林业出版社.

第8章

水土保持项目施工管理

8.1 水土保持项目的组织实施

在水土保持项目建设中，利用工程项目管理的原理、方法、手段，针对水土保持项目建设活动的特点，对水土保持项目建设的全过程、全方位进行科学管理和全面控制，最优地实现水土保持项目建设的投资和成本目标、工期目标及质量目标，是新时期水土保持项目建设的必然趋势。因此，本节重点介绍工程项目"三制"管理的有关内容。

8.1.1 水土保持项目的组织管理形式

工程建设项目项目组织管理形式有多种，常见的有自营方式、工程指挥部管理方式、总承包管理方式、工程托管方式、三角管理方式等。目前，我国已基本实行项目管理法人制、工程建设招标投标制和建设监理制（通常称"三制"）。开发建设项目水土保持工程应纳入与主体工程项目建设管理的范畴，采用工程项目管理的组织形式。

但是，水土保持生态建设项目点多、面广，施工点分散。就水土保持生态建设项目整体而言，组织管理形式是农业补助项目的管理方式，即采取国家与地方筹资，农民投劳的管理模式。20 世纪 50～70 年代后期采取的组织管理形式是乡村集体行政组织负责制。主要依靠农村集体经济辅以国家补助的形式，没有明确管理制度和技术规范要求。20 世纪 80 年代后逐渐被县级行政主管部门责任主体制取代，即项目建设由县级人民政府承诺，县水行政主管部门作为责任主体负责项目管理，此种管理形式实际上仍是一种行政负责制，不是严格意义上项目法人负责制。

近年来，水土保持世界银行贷款项目、黄土高原淤地坝工程项目、京津水源工程项目等已采用或借鉴工程项目管理，创造了一些可供借鉴的项目组织管理形式。以下是 3 类水土保持项目组织管理形式：①长江上游水土保持重点防治工程，由六省一市主管领导组成水土保持委员会，并由项目所在地（市）、县各级水土保持委员会和水土保持办公室及区、乡（镇）水土保持工作站逐级负责实施。②黄土高原水土保持世界银行贷款项目（1994—2001），组织管理形式上成立了中央、省、地（市）、县四级项目领导小组，逐级建立实施机构、技术支持服务机构、监测评价机构。国家审计署受世界银行委托负责对项目资金运行和全面审计。③黄土高原淤地坝工程和京津水源工程项目，实施了项目法人制、招标投标制和监理制（简称"三制"）的管理形式。

今后，随着农村两工(积累工、义务工)和各种摊派的取消，传统的水土保持项目组织管理形式已不能适应当前的水土保持生态建设的需要。水土保持生态建设工程实行"三制"管理是必然趋势。因此，项目投资体制和经费管理必须做相应的改革。现阶段我国财力尚无法达到对水土保持项目实行全额投资，全面实施工程项目管理制还需一段较长的时间。

8.1.2 水土保持项目的"三制"管理

8.1.2.1 项目法人制

(1)项目法人制的基本含义

项目法人是指由项目投资代表组成的对项目全面负责并承担投资风险的项目法人机构，它是一个拥有独立法人财产的经济组织。

项目法人负责制是指将投资者所有权与经营管理分离，对项目从规划设计、筹资、建设开始，直到生产经营以及投资保值、增值和投资风险全过程负全部责任。

(2)项目法人制的形式

水土保持生态建设工程项目与水利工程及其他工程的主要区别是：前者是非全额投资，而后者是全额投资。因此，在现行投资体制不改变的情况下，水土保持生态建设工程的项目法人制仅是一种探索和尝试，并非严格意义上的项目法人制。主要有以下几种：

①县级行政主管部门主体法人负责制 这种负责制实质是一种行政负责制，但其可以代理业主职能，对项目实施招投标和监理。

②专业队项目法人负责制 政府采取免税、投资建设苗木基地等多种优惠政策，由当地农民组建水土保持专业队伍，由专业队作为项目法人。农闲或造林季节实施项目，农忙和冬季则解散，基本没有常设管理人员。该种形式一般与县级行政主管部门主体法人负责制相结合。专业队本身只具有施工法人性质，招投标和监理仍由主体法人负责。

③股份公司形式的项目法人负责制 即在经济相对发达地区，组建股份公司，国家给予一部分投资，以法人负责形式完成项目。此种形式适用于生态经济型水土保持项目的管理，即股份公司在项目完成后应有稳定的经济收入。

④专项工程项目法人负责制 对于投资额度大，基本接近全额投资的专项项目，可组建项目法人，负责项目实施管理。

8.1.2.2 项目招标投标制

项目招投标制在本书第6章已有详细叙述，在此不再赘述。

8.1.2.3 项目建设监理制

(1)项目建设监理制的基本含义

受项目法人委托，对工程建设的各种行为和活动进行监督、监控、检查、确认，并采取相应的措施，使建设活动符合行为准则，防止在建设中出现主观随意性，盲目决断，以达到项目的预期目标。

（2）监理的主要任务

①对工程建设各阶段的投资进行控制；

②在项目设计和施工中对工程质量进行全面控制；

③对工程整个过程的进度进行控制；

④依据各方签订的合同，对合同的执行进行管理；

⑤及时了解、掌握项目的各类信息，并对其进行管理；

⑥在项目实施过程中，对项目法人与承包方发生的矛盾和纠纷组织协调。

8.2 水土保持工程质量评定

为了控制和提高水土保持工程的施工质量，统一质量检验及评定方法，实现施工质量评定标准化、规范化，根据国家对水土保持生态建设工程、开发建设项目水土流失防治工程的管理规定，2006年3月中华人民共和国水利部发布了由水利部水土保持监测中心制定的《水土保持工程质量评定规程》行业标准。该规程规定了水土保持工程质量评定的程序、方法，并对质量评定中水土保持项目的划分提出了指导意见。该规程适用于由中央投资、地方投资、利用外资的水土保持生态建设工程以及开发建设项目水土保持工程的质量评定，群众和社会出资的水土保持工程质量评定可参照执行。

该规程要求：在水土保持工程质量评定过程中，单元工程检验应由施工单位全检、监理单位抽检；监理单位抽检比例或数量，在单元工程质量评定标准中未作具体规定的，应按监理单位全检执行。另外，水土保持工程质量评定除符合该规程要求外，还应符合国家现行有关标准的规定，例如，国家标准《水土保持综合治理 验收规范》等。本节结合该标准介绍水土保持项目的质量评定。

8.2.1 基本概念

①水土保持工程质量　国家和行业的有关法律、法规、技术标准、设计文件和合同中，对水土保持工程的安全、适用、经济、美观等特性的综合要求。

②重要隐蔽工程　大型水土保持工程中对工程建设和安全运行有较大影响的基础开挖、地下涵管、隧洞、坝基防渗、加固处理和地下排水工程等。

③工程关键部位　对工程安全和效益有显著影响的部位。

④中间产品　需要经过加工、培育生产的原材料或半成品（如种子、树苗、建材、混凝土预制件等）。

⑤外观质量得分率　单位工程外观质量实际得分占应得分数的百分率。

8.2.2 水土保持工程质量评定的项目划分

8.2.2.1 一般规定

①水土保持工程质量评定应划分为单位工程、分部工程、单元工程3个等级。水

土保持生态建设工程质量评定项目划分见本书 7.2.1 所述，开发建设项目水土保持工程质量评定项目划分见表 8-1。

表 8-1 开发建设项目水土保持工程质量评定项目划分表

单位工程	分部工程	单元工程划分
拦渣工程	△ 基础开挖与处理	每个单元工程长 50~100m，不足 50m² 的可单独作为一个单元工程；大于 100m 的可划分为两个以上单元工程
	△坝(墙、堤)体	每个单元长 30~50m，不足 30m 的可单独作为一个单元工程；大于 50m 的可划分为两个以上单元工程
	防洪排水	按施工面长度划分单元工程，每 30~50m 划分为一个单元工程，不足 30m 的可单独作为一个单元工程；大于 50m 的可划分为两个以上单元工程
斜坡防护工程	△工程护坡	1. 基础面清理及削坡开级，坡面高度在 12m 以上的，施工面长度每 50m 作为一个单元工程；坡面高度在 12m 以下的，每 100m 作为一个单元工程 2. 浆砌石、干砌石或喷涂水泥砂浆，相应坡面护砌高度，按施工面长度每 50m 或 100m 作为一个单元工程 3. 坡面有涌水现象时，设置反滤体，相应坡面护砌高度，以每 50m 或 100m 为一个单元工程 4. 坡脚护砌或排水渠，相应坡面护砌高度，每 50m 或 100m 为一个单元工程
	植物护坡	高度在 12m 以上的坡面，按护坡长度每 50m 作为一个单元工程；高度在 12m 以下的坡面，每 100m 作为一个单元工程
	△截(排)水	按施工面长度划分单元工程，每 30~50m 划分为一个单元工程，不足 30m 的可单独作为一个单元工程
土地整治工程	△场地整治	每 0.1~1hm² 为一个单元工程，不足 0.1hm² 的可单独作为一个单元工程，大于 1hm² 的可划分两个以上单元工程
	防排水	按施工面长度划分单元工程，每 30~50m 划分为一个单元工程，不足 30m 的可单独作为一个单元工程
	土地恢复	每 100m² 作为一个单元工程
防洪排导工程	△ 基础开挖与处理	每个单元工程长 50~100m，不足 50m 的可单独作为一个单元工程
	△坝(墙、堤)体	每个单元工程长 30~50m，不足 30m 的可单独作为一个单元工程，大于 50m 的可划分为两个以上单元工程
	排洪导流设施	按段划分，每 50~100m 作为一个单元工程
降水蓄渗工程	降水蓄渗	每个单元工程 30~50m³，不足 30m³ 的可单独作为一个单元工程；大于 50m³ 的可划分为两个以上单元工程
	△径流拦蓄	同降水蓄渗工程

（续）

单位工程	分部工程	单元工程划分
临时防护工程	△拦挡	每个单元工程量为 50～100 m，不足 50m 的可单独作为一个单元工程，大于 100 m 的可划分为两个以上单元工程
	沉沙	按容积分，每 10～30m³ 为一个单元工程，不足 10m³ 的可单独作为一个单元工程，大于 30m³ 的可划分为两个以上单元工程
	△排水	按长度划分，每 50～100m 作为一个单元工程
	覆盖	按面积划分，每 100～1 000m² 为一个单元工程，不足 100hm² 的可单独作为一个单元工程，大于 1 000m² 的可划分为两个以上单元工程
植被建设工程	△点片状植被	以设计的图斑作为一个单元工程，每个单元工程面积 0.1～1hm²，大于 1hm² 的可划分为两个以上单元工程
	线网状植被	按长度划分，每 100m 为一个单元工程
防风固沙工程	△植物固沙	以设计图斑作为一个单元工程，每个单元工程面积 1～10hm²，大于 10hm² 的图斑可划分为两个以上单元工程
	工程固沙	每个单元工程面积 0.1～1hm²，大于 1hm² 的可划分为两个以上单元工程

注：表中带 △ 者为主要分部工程。

②按建设程序单独批准立项的水土保持生态建设工程，可将一条小流域或若干条小流域的综合治理工程视为一个工程项目，在单元工程、分部工程、单位工程质量评定的基础上，对于只有一条小流域的工程项目应直接进行项目质量评定；对于包括若干条小流域的工程项目，应在各条小流域质量评定的基础上，进行项目的质量评定。开发建设项目水土保持工程应纳入主体工程，单独进行质量评定，作为水土保持设施竣工验收的重要依据。

③水土保持工程的单元工程划分和工程关键部位、重要隐蔽工程的确定，应由建设单位或委托监理单位组织设计及施工单位于工程开工前共同研究确定，并将划分结果送工程质量监督机构备案。对于开发建设项目中具有水土保持功能的附属工程，还应由相应的设计、施工单位共同研究确定。

8.2.2.2　单位工程划分

①单位工程应按照工程类型和便于质量管理等原则进行划分。

②水土保持生态建设工程可划分为以下单位工程：a. 大型淤地坝或骨干坝，以每座工程作为一个单位工程；b. 基本农田、农业耕地与技术措施、造林、种草、封禁治理、生态修复、道路、坡面水系、泥石流防护等分别作为一个单位工程；c. 小型水利水土保持工程如谷坊、拦沙坝等，统一作为一个单位工程。

③开发建设项目水土保持工程划分为：拦渣、斜坡防护、土地整地、防洪排导、降水蓄渗、临时防护、植被建设、防风固沙等 8 类单位工程。

8.2.2.3 分部工程划分

分部工程可按照功能相对独立、工程类型相同的原则划分。

（1）水土保持生态工程

水土保持生态工程的各项单位工程可划分为以下分部工程：

①大型淤地坝或骨干坝　可划分为地基开挖与处理、坝体填筑、排水及反滤体、溢洪道砌筑、放水工程等分部工程；

②基本农田　可划分为水平梯（条）田、水浇地水田、引洪漫地等分部工程；

③农业耕地与技术措施　可以措施类型划分分部工程；

④造林　可划分为乔木林、灌木林、经济林、果园、苗圃等分部工程；

⑤种草　可主要为人工草地分部工程；

⑥封禁治理　可主要为封育林草分部工程；

⑦生态修复　可按照小流域或行政区域划分分部工程；

⑧作业道路（含施工便道）　可划分为路面、路基边坡排水等分部工程；

⑨小型水土保持工程　可划分为沟头防护、小型淤地坝、谷坊、水窖、渠系工程、塘堰、沟道整治等分部工程；

⑩南方坡面水系工程　可划分为截（排）水、蓄水、沉沙、引水与灌水等分部工程；

⑪泥石流防治工程　可划分为泥石流形成区、流通区、堆积区防治等分部工程。

（2）开发建设项目水土保持工程

开发建设项目水土保持工程的各项单位工程可划分为以下分部工程：

①拦渣工程　可划分为基础开挖与处理、拦渣坝（墙、堤）体、防洪排水等分部工程；

②斜坡防护工程　可划分为工程护坡、植物护坡、截（排）水等分部工程；

③土地整治工程　可划分为场地整治、防排水、土地恢复等分部工程；

④防洪排导工程　可划分为基础开挖与处理、坝（墙、堤）体、排洪导流等分部工程；

⑤降水蓄渗工程　可划分为降水蓄渗、径流拦蓄等分部工程；

⑥临时防护工程　可划分为拦挡、沉沙、排水、覆盖等分部工程；

⑦植被建设工程　可划分为点连植被、线网植被等分部工程；

⑧防风固沙工程　可划分为植被固沙、工程固沙等分部工程。

8.2.2.4 单元工程划分

单元工程应按照施工方法相同、工程量相近，便于进行质量控制和考核的原则划分。

不同工程应按下述原则划分单元工程：

①土石方开挖工程按段、块划分；

②土方填筑按层、段划分；

③砌筑、浇筑、安装工程按施工段或方量划分；

④植物措施按图斑划分；

⑤小型工程按单个建筑物划分。

8.2.3 水土保持工程质量检验

8.2.3.1 一般规定

①计量器具应具备有效的合格证书和鉴定证书。

②检测人员应熟悉检测业务，了解检测对象和仪器设备性能，并经考核合格，持证上岗。参与中间产品质量复核的人员应具有初级以上工程系列技术职称。

③施工单位应建立完善的质量保证体系。建设单位、监理单位应有相应的质量检查机构和健全的管理制度。

④工程质量检验项目的名称、数量和检验方法，在颁布《水土保持工程单元工程质量评定标准》(以下简称《评定标准》)后按此标准执行，在该标准未正式颁布前按《水土保持综合治理 技术规范》和《水土保持综合治理 验收规范》执行，下同)和国家及行业现行技术标准的有关规定。

⑤施工单位应按照《评定标准》的要求全面进行自检，并作好施工记录，如实填写《水土保持工程施工质量评定表》。

⑥监理单位应根据《评定标准》复核工程质量。

⑧质量监督机构实行以抽查为主的监督制度。抽查结果应及时公布。

8.2.3.2 质量检验程序、内容和方法

①工程质量检验包括施工准备检查，中间产品及原材料质量检验，单元工程质量检验，质量事故检查及工程外观质量检验等程序。

②施工准备检查：工程开工前，施工单位应对施工准备工作进行全面检查，并经监理单位确认合格后才能进行施工。

③中间产品与原材料质量检验：施工单位应按《评定标准》及有关技术标准对中间产品及原材料质量进行全面检验，并报监理单位复核。不合格产品不得使用。

④单元工程质量检验：施工单位应按《评定标准》检验单元工程质量，做好施工记录，并填写《水土保持工程单元工程质量评定表》。监理单位根据自己抽检的资料，核定单元工程质量等级。发现不合格单元工程，应按设计要求及时进行处理，合格后才能进行后续单元工程施工。对施工中的质量缺陷要记录备案，进行统计分析，并记入单元工程质量评定表"评定意见"栏内。

⑤施工单位应及时将中间产品及原材料质量、单元工程质量等级自评结果报监理单位，由监理单位核定后报建设单位。

⑥工程外观质量检验：大中型工程完工后，由项目法人单位组织质量监督机构、监理、设计、施工单位进行现场检验评定。参加外观质量评定的人员必须具有工程师及其以上技术职称。评定组人数不应少于5人。

8.2.3.3 质量事故检查和处理

①质量事故发生后，应按事故原因不查清不放过、事故责任者未受到教育不放过、处理措施不落实不放过原则（即"三不放过"），调查事故原因，研究处理措施，查明事故责任者，并根据国家有关法规处理。

②一般质量事故，由施工单位进行调查，提出处理意见，经建设单位、监理单位同意后实施。由建设单位将事故调查、处理情况书面报质量监督单位核备。

③重大质量事故，由建设单位会同质量监督机构组织监理、设计、运行管理及施工单位共同调查，分析事故原因，明确责任，研究提出处理方案，报主管部门批准后，由施工单位实施，并将事故调查及处理情况报上级主管部门和上一级质量监督机构核查。事故处理后，应按照处理方案的质量要求进行检测和评定。

④质量事故处理后的工程质量，应符合合格标准。

8.2.3.4 数据处理

①测量误差的判断和处理、数据保留位数、数值修约应符合国家和行业的现行规定。

②检验和分析数据可靠性时，应符合下列要求：

a. 检查取样应具有代表性；

b. 检验方法及仪器设备应符合国家及行业规定；

c. 操作应准确无误。

③实测数据是评定质量的基础资料，严禁伪造或随意舍弃检测数据。对可疑数据，应检查分析原因，并做出书面结论。

④单元工程检测成果按《评定标准》规定进行计算。

⑤中间产品和原材料的检测数量与数据统计方法按现行国家和行业有关标准执行。

8.2.4 水土保持工程质量评定

8.2.4.1 质量评定的依据

①《水土保持工程质量评定规程》，国家及行业有关施工规程、规范及技术标准。

②经批准的设计文件、施工图纸、设计变更通知书、厂家提供的说明书及有关技术文件。

③工程承发包合同中采用的技术标准。

④工程试运行期的试验及观测分析成果。

⑤原材料和中间产品的质量检验证明或出厂合格证、检疫证。

8.2.4.2 质量评定的组织与管理

①单元工程质量应由施工单位质检部门组织自评，监理单位核定。

②重要隐蔽工程及工程关键部位的质量应在施工单位自评合格后，由监理单位复

核，建设单位核定。

③分部工程质量评定应在施工单位质检部门自评的基础上，由监理单位复核，建设单位核定。

④单位工程质量评定应在施工单位自评的基础上，由建设单位、监理单位复核，报质量监督单位核定。

⑤工程项目的质量等级应由该项目质量监督机构在单位工程质量评定的基础上进行核定。工程质量评定报告格式见表8-2。

⑥质量事故处理后应按处理方案的质量要求，重新进行工程质量检测和评定。

表8-2 水土保持工程质量评定报告格式

工程名称		建设地点	
工程规模		所在流域	
开工日期		完工日期	
建设单位		监理单位	
设计单位		施工单位	

一、工程设计及批复情况(简述工程主要设计指标、效益及主管部门的批复文件)

二、质量监督情况(简述人员的配备、办法及手段)

三、质量数据分析(简述工程质量评定项目的划分，分部、单位工程的优良品率及中间产品质量分析计算结果)

四、质量事故及处理情况

五、遗留问题的说明

报告附件目录

工程质量等级意见

质量监督机构负责人：(签字)(公章)

年 月 日

8.2.4.3 单元工程质量评定

①单元工程质量等级标准按《评定标准》规定执行。

②单元工程质量达不到合格标准时，必须及时处理。其质量等级应按下列规定确定：

a. 全部返工重做的，可重新评定质量等级；

b. 经加固补强并经鉴定能达到设计要求，其质量只能评为合格；

c. 经鉴定达不到设计要求，但建设单位、监理单位认为能基本满足防御标准和使用功能要求的，可不加固补强；或经加固补强后，改变断面尺寸或造成永久性缺陷的，经建设单位、监理单位认为基本满足设计要求，其质量可按合格处理，所在分部工程、单位工程不得评优。

③建设单位或监理单位在核定单元工程质量时，除应检查工程现场外，还应对该单元工程的施工原始记录、质量检验记录等资料进行查验，确认单元工程质量评定表所填写的数据、内容的真实和完整性，必要时可进行抽检。并应在单元工程质量评定表中明确记载质量等级的核定意见。

8.2.4.4 分部工程质量评定

①符合下列条件的可确定为合格：单元工程质量全部合格；中间产品质量及原材料质量全部合格。

②符合下列条件的可确定优良：单元工程质量全部合格，其中有50%以上达到优良，主要单元工程、重要隐蔽工程及关键部位的单元工程质量优良，且未发生过质量事故；中间产品和原材料质量全部合格。

8.2.4.5 单位工程质量评定

①符合下列条件的可确定合格：分部工程质量全部合格；中间产品质量及原材料质量全部合格；大中型工程外观质量得分率达到70%以上；施工质量检验资料基本齐全。

②符合下列条件的可确定优良：分部工程质量全部合格，其中有50%以上达到优良，主要分部工程质量优良，且施工中未发生过重大质量事故；中间产品和原材料质量全部合格；大中型工程外观质量得分率达到85%以上；施工质量检验资料齐全。

8.2.4.6 工程项目质量评定

①合格标准：单位工程质量全部合格。

②优良标准：单位工程质量全部合格，其中有50%以上的单位工程质量优良，且主要单位工程质量优良。

8.3 水土保持项目施工中质量控制

工程质量管理体系一般包括各级政府及其所属的质量监督体系、设计单位和施工单位的质量保证体系、项目法人和其所聘的监理单位的质量控制体系。开发建设项目水土保持工程因纳入主体工程建设，实行全面质量管理；但水土保持生态建设工程因投资、机构、技术规范等多方面的原因，目前的质量管理体系尚在探索过程中，实施全面质量管理尚需一段时间。本节内容参照《水土保持综合治理 验收规范》和《开发建设项目水土流失防治标准》等编写。

8.3.1 水土保持项目施工质量控制的方法与程序

施工阶段的质量控制分为事前控制、事中控制和事后控制三个过程。质量控制的主要依据是有关设计文件和图纸，施工组织设计文件，合同中规定的其他质量依据。

8.3.1.1 质量控制方法

（1）旁站式检查

由于生态工程施工点多而且分散，采用旁站检查主要在关键工序和关键工程点，进行现场质量控制。对浆砌石、混凝土工程的原料配比进行现场检查。

（2）试验与检验控制

生态工程主要是对水泥、砂、粗骨料等材料的性能做试验，经试验各项指标未达到设计要求的，施工中不能使用。对植物措施的材料要进行抽检，达不到设计规格的，也不能在工程中使用。

（3）指令性控制

对发现质量问题的，监理工程师应以书面形式及时通知施工方，要求其改正。

（4）抽样检验控制

对大多数治理工程，如整地工程、造林工程、种草工程、一般的土石方工程，等等，都要用抽样方法，检验其施工质量。

8.3.1.2 质量控制程序

①开工条件的审核；
②施工过程中的检查和检验；
③工程完工后的中间交工签认。

8.3.2 生态建设工程施工工序质量控制

8.3.2.1 工序质量分析及控制

工序质量分析及控制的作用是：对经常会发生质量问题的工序进行调查，进而采取对策措施；建立工序质量控制流程，明确工序质量控制的重点和难点；对工程质量出现的问题，分析规律，找出其原因，进行改进试验，落实整改技术措施；对影响工序质量的因素在实现或在过程中进行有效地控制。

8.3.2.2 生态建设工程的施工工序

①水平梯田（含坡式梯田、隔坡梯田） 包括定线、清基、筑埂、保留表土、修平

田面等五道工序。

②造林　主要包括整地和造林两大工序。整地的施工工序包括定线定位、挖方、筑埂夯实。造林的施工工序包括苗木准备和栽植等。

③种草　包括条状整地保墒、种子处理、选择播期、播种、镇压。

④封育治理措施　包括划定并界标封育区、管护、补植、防病虫害。

⑤沟头防护工程　包括蓄水型工程为定线、清基、开沟筑埂、夯实等工序，排水型工程还要增加跌水、消能工序。

⑥谷坊工程　土谷坊包括定线、清基、挖结合槽、填土夯实、挖溢洪道；石谷坊包括定线、清岩基、开凿结合槽、砌石；柳谷坊为桩料选择、埋桩、编篱、填石和土。

⑦淤地坝工程　前期工序包括定线、清基、削坡、截流防渗；土坝施工工序包括取土、铺土、分层压实、整坡；溢洪道施工工序包括开挖、基础处理、砌筑；浆砌石涵洞施工工序包括清基、侧墙砌筑、拱圈砌筑、两侧及顶部回填等。

⑧坡面小型蓄排水工程　截水沟和排水沟施工工序包括定线放样、地面处理、挖沟筑埂、跌水种植防冲草皮或砌石；蓄水池和沉沙池的工序包括定线放样、基础处理和砌筑等。

⑨路旁、沟地小型蓄引水工程　水窖的施工工序包括窖体开挖、窖体防渗、地面集水池和沉沙池修筑；沟道滚水坝工序包括定线、清基、砌石和养护等。

⑩引洪漫地工程　由渠首建筑物、渠道、田间工程组成，施工工序参照前述。

⑪风沙治理工程　植物防沙治沙技术（治沙造林）和工程治沙技术施工工序可参照前述。

⑫崩岗治理工程　主要有截水沟、崩壁小台阶、土谷坊、拦沙坝等措施，工序参照前述。

8.3.3 生态建设工程质量检验的内容及施工质量要求

8.3.3.1 梯田工程质量

①集中连片，总体布局应符合小流域综合治理设计要求。

②多数情况下修筑水平梯田，对坡度平缓地带可修筑部分坡式梯田。

③水平梯田质量应做到田面水平，田坎坚固，靠田坎侧有1m左右的反坡。

④田坎的利用一般是种植经济果木、草本植物、灌木等，其密度和种植方式要符合设计。

⑤经过暴雨后应及时对田坎进行修补加固。

8.3.3.2 保土耕作措施质量

①对改变局部地形的农业技术措施，其布设应沿等高线，雨量较大的地区其沟垄应有一定的排水坡度。

②耕作的间距、高度应符合设计。

③采取深耕、深松耕作措施的，其耕作深度应达到犁底层。

④增施有机肥的，应使土壤的团粒结构和保水能力显著增加。

⑤对增加地面植被的农业技术措施，其种植方式应符合设计要求。

8.3.3.3 造林质量

①总体布局要合理，造林地块选择得当，根据地块的立地条件确定相应的林种、树种，造林的株行距符合设计要求。

②造林整地工程应与实地情况相符，工程的规格尺寸及施工质量达到设计要求。

③在树种的选择上，要能够满足当地解决燃料、经济果木、饲草料等需求，所占比例根据当地实际情况确定。

④水土保持林当年造林的成活率要达到80%以上，即春季造林、秋季达到80%以上或秋季造林、第二年秋季达到80%以上；3年后的保存率在70%以上。

8.3.3.4 种草质量

①从种草地的选择上，应是符合种植各类牧草的地块，草种适合当地及地块的立地条件，种草的密度达到设计要求。

②所选草种应具有较强的蓄水保土能力，产量高，有较高的经济价值。

③在干旱、半干旱地区应采用抗旱种植技术措施。

④在质量验收中，种草的当年出苗率和成活率应达到80%以上，3年后的保存率达到70%以上。

8.3.3.5 封禁治理质量

(1)封禁

具备了合理齐全的封育规划和作业设计；设置了明晰的固定标志；落实了职责明确的管护机构和人员；制定了技术合理的封育制度和封育措施；已实施或准备实施封育措施；建立了封山(沙)育林技术档案。

(2)林草培育

对植被覆盖度较大的地块，进行带状或块状除草，促进林木萌生；对自然繁育能力低的地块，进行人工补植、补种；萌蘖强的乔灌木，进行平茬复壮，林地进行抚育等。

①无林地和疏林地封育

乔木型：乔木郁闭度≥0.20；平均有乔木1 050株/hm²以上，且分布均匀。

乔灌型：乔木郁闭度≥0.20；灌木覆盖度≥30%；有乔灌木1 350株(丛)/hm²以上或年均降水量400mm以下地区1 050株(丛)/hm²以上，其中乔木所占比例≥30%，且分布均匀。

灌木型：灌木覆盖度≥30%；有灌木1 050株(丛)/hm²以上或年均降水量400mm以下地区900株(丛)/hm²以上，且分布均匀。

灌草型：灌草综合覆盖度≥50%，其中灌木覆盖度≥20%；年均降水量在400mm以下地区灌草综合覆盖度≥50%，其中灌木覆盖度≥15%；有灌木900株(丛)/hm²以上或年均降水量在 400mm 以下地区 750 株(丛)/hm² 以上,且分布均匀。

竹林型:有毛竹 450 株/hm² 以上或杂竹覆盖度≥40%,且分布均匀。

②有林地封育 小班郁闭度≥0.60,林木分布均匀;林下有分布较均匀的幼苗 3 000 株(丛)/hm² 以上或幼树 500 株(丛)/hm² 以上。

③灌木林地封育 灌木林地封育小班的乔木郁闭度≥0.20,乔灌木总盖度≥60%,且灌木分布均匀。

(3)预防保护

制定具体措施,预防森林火灾,防治病、虫、鼠害;封禁后 3～5 年原地块的林草郁闭度应达到 80% 以上,水土流失显著减轻;管理、管护措施落实,没有人为破坏现象。

8.3.3.6 沟头防护工程质量

①工程定位应准确,防护工程的规格尺寸及施工质量达到设计要求。

②雨季经暴雨考验后,做到总体完好、稳固,局部受损地方得到及时补强加固;侵蚀沟向深、向两侧、向沟头的延伸得到控制。

8.3.3.7 谷坊、淤地坝、小水库、治沟骨干工程质量

①治沟工程在小流域综合治理中按流域和各支沟进行了系统设计和建设,形成完整的坝系工程。

②土坝施工分层进行了压实,没有土块缝隙,坝体土层的干容重达到 1.5t/m³ 以上,与坝体内泄水洞和坝肩两端山坡地结合紧密。

③溢洪道、泄水洞等建筑物材料质量符合标准,所用水泥、砂浆的质量等达到规定标准。

④治沟工程的规格尺寸及施工质量达到设计要求,能够保证设计洪水安全排放。经暴雨的考验后,工程总体完好,局部受损地方及时得到了维修、复原。

⑤淤地坝工程在设计频率暴雨下,能够种植作物。

⑥小水库上游的泥沙得到控制,使用寿命达 20 年以上。

⑦治沟骨干工程能够在较大暴雨情况向下保护其他小型工程,起到骨干控制作用。

8.3.3.8 崩岗治理工程质量

①对崩口以上集水区进行了综合治理,地表径流显著减少。

②天沟的规格尺寸、蓄水容量、排水能力达到了设计要求,保证设计暴雨情况下不冲崩口。

③谷坊、拦沙坝工程的施工达到设计要求,能够经受暴雨考验。

④崩壁两岸进行了剥坡处理,小平台种植了林草,暴雨后工程基本完好。

8.3.3.9　风沙治理工程质量

（1）沙障固沙

沙障布设的位置、配置形式、建设用材料、施工方式等达到设计的要求，沙障建设的当年就能发挥防风固沙效果。

（2）造林固沙

采用林网、林带成片造林进行固沙的，其林带的走向、宽度布置要适当，树种选择、林型选择、株行距控制也要达到设计要求；在工程验收时造林当年成活率要在80%以上，3年后的保存率要在70%以上；灌木带方式种植的防风固沙林在种植、平茬、采伐利用时，应实行带状作业，隔带间伐，新种植的灌木带成林后，在间伐相邻一侧的林带。

（3）引水拉沙固沙

引水所需的配套设施应达到设计要求，冲填过程符合规范程序，所造田面要平整，必须设林带进行防护。

8.3.3.10　小型蓄排引水工程质量

（1）坡面蓄排工程

坡面设置的截水沟、排水沟在布置上应合理，其规格尺寸及施工质量达到设计要求；能有效控制坡上部来水，保护农田和林草地，排水工程设有削能处理；在设计频率暴雨下，工程总体完好率在90%以上。

（2）水窖、旱井、蓄水池等工程

布设的位置应合理，有地表径流水源保证，其规格尺寸、建筑材料、施工方法、防渗等达到设计要求。

（3）引洪漫地工程

建设的拦洪坝、引洪渠布局合理，规格尺寸、渠道比降等达到设计要求，在引洪过程中渠系能做到冲淤平衡；淤灌的土地能均匀淤沙；在设计频率暴雨下，水工建筑物保持完好；所淤灌的土地能实现高产稳产。

本章小结

在水土保持项目建设中，通过"三制"管理制度，实现项目的有序顺利进行。水土保持工程的质量评定可以有效控制和提高水土保持工程的施工质量，而水土保持项目施工的质量控制体系可以进一步实现对工程质量的全面管理，以保证最优地实现水土保持项目建设的投资和成本目标、工期目标及质量目标。

思 考 题

1. 简述水土保持项目的组织管理形式。
2. 简述水土保持项目"三制"管理的含义及其形式。
3. 简述单位工程、分部工程和单元工程的含义。
4. 水土保持单位工程、分部工程和单元工程是如何划分的？
5. 简述水土保持项目质量检验程序和内容。
6. 简述评定单位工程、分部工程的合格和优良标准。
7. 简述水土保持工程质量评定的组织与管理。
8. 简述水土保持工程质量控制方法和程序。
9. 说明各类水土保持生态建设工程的施工工序。
10. 试述各类水土保持生态建设工程的施工质量要求。

参考文献

赵廷宁，丁国栋 . 2004. 生态环境建设与管理［M］. 北京：中国环境科学出版社 .

中华人民共和国水利部 . 2006. SL 336—2006 水土保持工程质量评定规程［M］. 北京：中国水利水电出版社 .

中华人民共和国水利部 . 2008. GB/T 50434—2008 开发建设项目水土流失防治标准［M］. 北京：中国计划出版社 .

中华人民共和国水利部 . 1996. GB/T 15773—2008 水土保持综合治理 验收规范［M］. 北京：中国标准出版社 .

中华人民共和国水利部 . 1996. GB/T 16453.1~6—2008 水土保持综合治理 技术规范［M］. 北京：中国标准出版社 .

苟伯让 . 2005. 建设工程项目管理［M］. 北京：机械工业出版社 .

中华人民共和国农业部 . 2004. 农业基本建设项目管理办法［M］. 北京：中国法制出版社 .

朱希刚 . 1992. 农业区域开发项目管理［M］. 北京：中国农业出版社 .

中华人民共和国水利部 . 2006. 水利工程建设监理规定 . 水利部令第 28 号 .

中华人民共和国水利部 . 2006. 水利工程建设监理单位资质管理办法 . 水利部令第 29 号 .

中华人民共和国水利部 . 2002. 关于进一步加强水土保持重点工程建设管理的意见 . 水保［2002］515 号 .

中华人民共和国水利部 . 2004. 水土保持工程建设管理办法 . 办水保［2003］168 号

秦向阳，王存荣，邓吉华 . 2006. 黄土高原水土保持生态工程建设监理［M］. 银川：宁夏人民出版社 .

国家林业局 . 2002. 林业生态工程建设监理实施办法（试行）. 林计发［2002］137 号 .

国家林业局 . 2004. GB/T 15163—2004. 封山（沙）育林技术规程［S］. 北京：中国标准出版社 .

第 9 章

水土保持项目监理

为适应国家大规模开展水土保持生态建设的形势需要，提高生态建设工程的设计水平，有效控制生态建设工程的质量、进度和投资，确保国家生态建设工程的质量，国家于 2000 年开始明确设立水土保持生态建设监理资质，并于 2003 年全面实行水土保持重点工程建设监理制，大中型开发建设项目亦应实行工程建设监理制，监理报告作为验收的主要技术依据之一。

9.1 水土保持生态建设监理的概念及意义

9.1.1 水土保持生态建设监理概述

9.1.1.1 工程建设监理及相关概念

根据建设部和国家计委以工程建设监理的规定，所谓工程建设监理，是指具有相应资质的监理企业，接受建设单位的委托，依据建设行政法规和技术标准，综合运用法律、经济和技术手段控制工程建设的投资、工期和质量，代表建设单位对承建单位的建设行为进行专业化监督和管理的服务活动。该定义中涉及建设单位、承建单位，其中，建设单位又称业主、甲方、项目法人，是工程项目的买方。业主可以是个人或组织，他们往往既是投资者，又是投资使用者、投资偿还者和投资受益者，集责、权、利于一身。工程项目建设实行的是业主负责制，业主要对工程项目的策划、资金筹措、建设实施、生产经营、债务偿还和资产的保值、增值等方面全面负责。承建单位又称承包商、承包人、乙方、承包单位，是工程项目的卖方。他们负责按照与业主签订的工程承包合同完成工程项目建设，并从中获得收益。国外的承包商多指工程项目的施工方，我国的承包商概念中则包括设计单位在内。

9.1.1.2 水土保持生态建设监理的概念

水土保持生态建设监理是指具有相应资质的监理单位受项目法人或项目责任主体委托，依据国家有关法律法规的规定、批准的项目建设文件、工程建设合同以及工程建设监理合同，对所建项目的各种行为和活动进行监督和管理。水土保持项目监理包括对项目的论证与决策、规划设计、物资采购与供应、施工组织设计、投资、质量、进度等进行全方位的监督、监控、检查、确认等，并采取相应的措施使建设活动符合行为为准则（即符合国家的法律、法规、政策、经济合同等），防止在建设中出现主观随意性和盲目决断，以达到良好的水土保持工程建设目标。水土保持项目监理，必须由水利部批准的具有水土保持生态建设工程监理资格的单位承担，并配备具有监理资质的监理人员。

9.1.1.3　水土保持工程监理的发展

随着建设管理制度的改革和国际惯例组织工程建设的需要，工程建设监理是在我国建设领域继项目业主负责制、招标投标制之后推行的又一工程建设的科学管理制度。我国工程建设监理从 1988 年开始，到目前仅有二十多年的历史，经过试点阶段和稳步发展阶段，于 1996 年起正式进入全面推行阶段。1996 年 8 月 23 日水利部水建 396 号通知发布《水利工程建设监理规定》，2006 年 12 月 18 日以水利部令第 28 号发布，规定指出，根据国务院批准的水利部"主管全国水利水电工程建设监理工作"的职能，结合水利工程建设特点，在我国境内的大中型水利工程建设项目必须实施建设监理，小型水利工程建设项目也应逐步实施建设监理。规定中的"水利工程"包括防洪除涝工程、灌溉排水工程、水力发电工程、乡镇供水工程、给排水工程、水土保持工程、环境水利工程、水利系统的地方电力工程及其配套和附属工程，以及外资、中外合资兴建的水利工程。经过在全国水利工程建设管理中全面推行"三项制度"改革，使建设监理制在水利工程建设管理中发挥了十分重要的作用。

对于生态环境建设项目，1998 年国家计划经济委员会等颁布《国家生态环境建设项目管理办法》，对生态建设监理提出具体实施意见。从 1998 年开始实行生态环境建设起，才通过全国生态环境建设部际联席会议办公室与达华能源高技术总公司签订了监理合同，1999 年开始对生态环境建设项目实行质量、进度、投资三个控制，合同和信息两个管理，统一协调参建各方的关系，使整个项目目标得以实现。但其监理范围也仅是国家生态环境建设重点示范县综合治理项目。经过近十多年的运行，生态建设项目监理已初步完善，并形成了自己的监测体系、监测内容和规则。

为适应国家大规模开展水土保持生态建设的形势需要，提高生态建设工程的设计水平，有效控制生态建设工程的质量、进度和投资，确保国家生态建设工程的质量，从 1999 年开始，黄河水利委员会在黄河上中游水土保持生态工程建设中，积极推行项目法人负责制的同时，开展了建设监理试点工作，取得了很好的效果。但由于水土保持生态工程建设的公益性、社会性、群众性等特点，水土保持生态工程建设监理制的开展步伐缓慢。2000 年国务院批转四部委《加强公益性水利工程建设管理若干意见》，必须认真执行"四制"管理制度。2000 年水利部水土保持司、建设与管理司联合发布《关于加强水土保持生态建设工程监理管理工作的通知》，对监理人员培训、考试、注册做了部署，并展开了第一轮培训。经专门的水土保持生态建设监理工程师培训和全国统一考试，并经水利部建设监理资格评审委员会审定，全国 23 个省（自治区、直辖市）的 305 名工程技术人员于 2001 年 7 月获得了第一批水土保持生态建设监理工程师资格，并持证上岗。

2003 年，水利部 79 号文《水土保持生态建设工程监理管理暂行办法》规定：国家水土保持重点工程按基建程序管理，全面推行项目法人制或项目责任主体负责制、工程建设监理制、因地制宜推行招标投标制。所有国家水土保持重点工程和外资项目，都应全面实行建设监理制，大中型开发建设项目亦应实行工程建设监理制，监理报告作为验收的主要技术依据之一。其他项目根据实际情况参照执行。同年发布的 89 号文《关于加强大中型开发建设项目水土保持监理工作的通知》规定，凡水利部批准的水土保持方案，必须实行水土保持工程建设监理，作为水土保持设施评估及验收的必备条件和依据。其中，水土保持生态工程项目的规模见表 9-1。不同工程建设监理的发展见图 9-1。

表 9-1 水土保持生态工程项目规模划分

规模	大型	中型	小型	备注
治理面积(km^2)	>300	50~300	<50	小流域治理
治沟库容($\times 10^4 m^3$)	100~500	10~100	<10	治沟专项工程
其他	跨流域、跨省，投资 3 000 万元以上	跨省，流域内，投资 3 000 万元以下	省内，投资 3 000 万元以下	不适于用上两项指标划分的项目

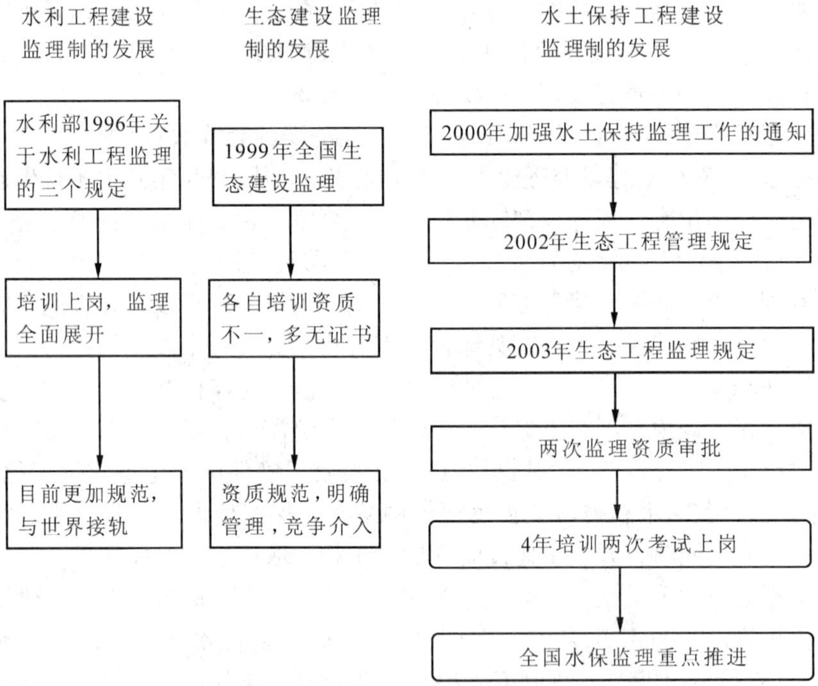

图 9-1 不同工程建设监理制的发展

9.1.2 水土保持生态建设监理依据与监理总则

9.1.2.1 监理依据

监理依据有：国家建设的相关法律、法规，国家及国家有关部门颁布的规程、规范、质量检验和验收标准，水土保持生态建设相关文件（批准的可行性研究报告、批准的水土保持设计方案、批准的施工图设计文件等）、水土保持生态工程建设合同（咨询合同、勘察合同、设计合同、施工合同以及设备采购合同等)和水土保持生态工程监理合同。

9.1.2.2 监理总则

监理工作要按建设单位与监理单位签定的监理合同进行。监理单位和监理人员必须严格守法，诚实信用，坚持"独立、公正、自主"的原则，维护建设单位和施工单位的合法权益。

9.1.3 水土保持生态建设项目监理的特点

虽然水土保持生态建设项目监理与其他项目监理一样其内容也是"三控制、二管理、一协调"，即：投资控制、进度控制、质量控制、合同管理、信息管理和统一协调，但是由于水土保持生态建设为公益性项目，以政府作为投资主体、服务全社会为主要特征。因此，水土保持生态建设项目工程监理除具有服务性、独立性、公正性和科学性等监理工作的普通特性外，还具有区别于其他监理工作的显著特征。

(1)社会性

水土保持生态建设项目监理作为项目管理者，最终要实现项目的成果性目标和约束性目标，但是两个目标并非等同。由于水土保持工程建设项目的法人一般由政府或政府机关委派或任命，水土保持工程建设项目的成果性目标又主要体现在社会功能和社会效益方面。所以，水土保持生态建设工程监理尤其要重视其项目的成果性目标，与其说对项目法人负责，更准确地说应对政府负责，对全社会负责。因此，水土保持生态建设项目监理肩负着为政府、为全社会把关的重任，其社会性非常明显。

(2)专业性强，涉及面广

水土保持生态建设监理部门要保证实现项目的成果性目标，担负起它的社会作用，不能简单地就工程论工程，还必须了解和掌握包括项目的立项背景、设计理念、服务对象、效益分析、环境影响在内的全部信息，也只有如此才能发挥其社会作用，以使每一项，特别是大中型工程建设项目都能实现它的成果性目标。由此可见，水土保持生态建设监理具备特殊的行业性和专业性，在它工作的全部过程中同水行政主管部门、设计部门、科研部门等存在着千丝万缕的联系。

同时，水土保持生态建设综合性较强，涉及农业、林业、牧业、水利、地理、土壤、经济等多种学科，其综合治理技术措施包括工程措施、生物措施和农业耕作措施三大类，监理工程师的知识结构如果较为单一，则很难胜任工作。由于专业领域不同，监理人员在项目的监理工作中应遵循的法律法规、技术标准和规范等与其他工程都有很大区别。

(3)工程项目的特点突出

水土保持生态建设项目所包含的工程类型多，工程类别多样，有水土保持工程、造林工程、种草工程、防沙治沙工程、生态林业工程、生态农业工程等。这些工程都因地制宜，虽然按照集中连片的原则设置，但工程分布面广，较分散，每个工点面积大，同时开工建设的项目多，而且常常是上万人在一个区域施工，工程受自然条件影响较大，监理工工作难度和工作任务大，因此对生态环境建设过程中的质量应采用驻地监理工程师现场监理与总监理工程师巡视监理相结合的方式。

（4）工程投资落实的限制

从投资看，我国水土保持生态建设项目的资金投入包括两大部分，一是中央投资，二是地方省、市、县三级人民政府投资。但是，国家投入与实际需要相比仍是补助性质，大量的投入仍主要以劳动力投入为主，资金为辅，且投资标准和强度较低；同时在实际的项目建设过程中，中央的投资到位率是100%，而地方政府因财政支出困难，投资的到位率则很低，即便工程资金到位，时间也较晚，往往延误建设的施工。由于资金到位不足或较晚，致使部分工程建设进展困难；同时，加大投工投劳力度增加了当地群众负担，所以不得不根据资金情况对个别项目进行调整。因此，资金控制是水土保持生态建设项目监理工作的首要问题和难题。

（5）工程质量的延续性限制

水土保持工程建设的质量与一般性的工程建设质量不同，除了根据有关质量标准进行检查验收外，还包括建设质量的延续性问题。首先，从一般性的工程质量角度分析，目前水土保持生态建设工程的专门设计单位少，设计施工监督呈一体化格局；而且建设工程的施工队伍大多是农民，机械和专业施工少，施工人员技术素质较低，工程质量的保证和控制较为困难。其次，从建设质量的延续性分析，工程建设完成后，还必须要有机构和人员对其进行长期的维护，才能使工程的质量最终得到保障。以树木的成活率为例，植树造林不仅仅是栽树，更重要的是养护，而树木的养护是一个持续时间较长的过程。

（6）工程进度的季节性限制

从工程进度看，水土保持生态建设工程的工期不仅受资金的影响，而且综合治理中，植物的成活率、保存率和土方工程的完好率受季节和自然条件的影响很大，往往造成工期拖延。因此，在水土保持项目建设过程中，工程进度的安排一定要考虑到季节的变化。季节性问题主要受植物生长期和劳动力资源的控制，因而建设工程必须合理安排工期和合理使用劳动力资源。例如，大规模的植树造林应在3～4月即开始，飞播应在5～6月安排，如果安排不当，错过了一季即错过了一年；另外，项目建设的施工主力军是农民，建设项目多是农民投工投劳，因而在安排项目施工时必须考虑到农民的实际利益，尽量在农闲时进行，如坡耕地改造项目，宜在每季收割后进行，否则就会损害农民利益；农田水利建设适宜在冬季枯水期进行。水土保持生态建设项目的进度控制要充分考虑其季节性的特点。

9.1.4 监理的目的与意义

9.1.4.1 监理的目的

水土保持生态建设监理的主要目标是对工程项目进行总目标控制，实现工程项目的最优投资目标、进度目标和质量目标，通过风险管理、项目目标规划和项目目标动态控制,使工程项目实际投资得到控制,实际建设周期不超过计划建设周期,实际质量达到计划规定的质量等级和标准。水土保持监理人员结合自身的工作职能,根据建设项目的特点,依据国家相关法律法规、技术规范以及设计文件的有关要求,按照监理规划与细则确定的工程目标控制流程,采取旁站和巡视监理相结合的方式,以保证施工质量为重点,严格控制工程进度与投资,按规范要求管理施工资料信息、安全生产、环境保护,协调解决施工中出现的各种问题。

9.1.4.2 监理的意义

实践证明,实行水土保持生态建设监理制不仅有利于提高水土保持生态工程建设项目的管理水平,有效提高工程建设质量,而且,有利于加强和规范水土保持生态工程建设前期工作,保证国家建设资金效益的正常发挥。

(1)有利于提高建设项目管理水平

长期以来,我国的水土保持生态工程建设,一直采用按国家投资计划将建设资金分配给部门和地方,然后由建设单位(一般为县级水土保持局或水土保持工作站)自行组织实施的管理模式,建设单位既是工程建设的组织者和实施者,又直接承担了工程建设的监督和管理职能。这种自我封闭型的管理模式,使施工单位和管理单位合为一体,缺乏必要的监督和制约,工程投资、进度、质量一家说了算,降低了工程建设管理的透明度,既不能有效地保证工程建设质量,又不利于投资效益的充分发挥。而通过第三方的监理,可有效地控制工程投资、工期、质量,严格按照工程设计和国家有关规范控制工程质量和确认建设工程量,为各级业务管理部门提供了较为可靠的决策依据,从而可大大提高水土保持生态工程建设管理水平。

(2)有利于提高工程建设质量,加快工程建设速度

水土保持生态工程建设是以地方和群众自筹为主,国家补助为辅的社会公益性工程,具有单项工程分布分散,建设规模较小,群众参与性强等特点。由于各地群众对水土保持工作的认识不同,施工条件和施工手段不同,使得各地的工程建设质量存在着很大差距。在实际工作中,虽然大部分的小流域综合治理都有较为详细的规划设计,但在具体实施过程中,往往不能很好地按规划设计方案进行,使规划设计留于形式。在工程措施建设方面,有些地方在施工过程中随意改动工程设计方案或施工方案,使工程效益和工程安全性大打折扣,并且造成了建设资金的严重浪费。在造林种草方面,由于缺乏严格有效的监督机制,群众随意种植苗木,而忽视了植物工程建设的科学性,结果大大降低了工程建设质量。这也正是长期以来水土保持生态工程建设中,造成林草措施存在成活率低、保存率低、效益低等"三低"现象的重要原因,也是治理速度比较缓慢的主要根源。通过实行水土保持生态建设监理制,可加强对水土保持生态工程建设的监督和约束,有效地保证工程建设质量,切实提高水土保持生态工程建设速度。

(3)有利于充分发挥工程投资效益

长期以来,水土保持生态工程建设实行的以建设单位为主的封闭管理模式,使建设单位既是工程建设的责任者,又是工程施工的承包者,工程施工过程中干多干少、

干好干坏都由建设单位做主，这样势必造成一定的建设资金浪费，甚至在有些地方出现虚假工程，或者挤占、挪用水土保持生态环境建设资金的现象，在建设计划管理和建设资金分配上也容易出现平均主义。通过水土保持生态建设监理，可严格按照业主下达的工程建设计划和工程施工设计进行投资控制，从而为计划管理者提供可靠依据，有效堵塞建设资金管理方面的漏洞，最大限度地发挥工程投资效益。

（4）有利于促进水土保持生态工程建设前期工作进一步规范化

水土保持生态工程建设监理的一个重要依据就是工程的实施设计文件，而且要求这些设计文件必须规范，具有很强的可操作性。过去，由于大部分的小流域治理规划和水土保持工程设计都是由建设部门自行完成的，其规划设计水平参差不齐，特别是在小流域综合治理方面，大部分只有规划而无实施设计，并且在规划内容的叙述和图斑标注等方面很不规范，给工程建设的组织实施和管理工作带来很大困难。通过水土保持生态建设监理，将对水土保持生态环境建设前期工作提出更高的要求，严格按照项目建议书→规划 →可研→初设的程序进行项目前期工作，真正做到每项工程有设计，每步实施都能按设计进行，不断提高水土保持生态环境建设的规范性和科学性。

9.2 水土保持生态工程建设监理的程序和基本方法

9.2.1 监理的程序

9.2.1.1 确定项目总监理工程师，成立项目监理机构

监理单位应根据建设工程的规模、性质、业主对监理的要求，委派称职的人员担任项目总监理工程师，总监理工程师是一个建设工程监理工作的总负责人，对内向监理单位负责，对外向业主负责。

监理机构的人员构成是监理投标书中的重要内容，是业主在评标过程中认可的，总监理工程师在组建项目监理机构时，应根据监理大纲内容和签订的委托监理合同内容组建，并在监理规划和具体实施计划执行中进行及时的调整。

9.2.1.2 编制建设工程监理规划

监理规划是监理单位根据建设单位与监理单位签订的监理合同确定的监理内容，编制的实施监理的工作计划，是开展工程监理活动的纲领性文件。监理规划的编制应在签订监理合同、收到工程设计文件后进行。监理规划由项目总监理工程师主持编写，主要内容包括工程概况、监理组织机构、监理任务和方法等。

9.2.1.3 制定各专业监理实施细则

监理实施细则应符合监理规划的要求，要结合水土保持项目的特点，做到详细具体，具有较强的可操作性。监理实施细则应在工程施工前由专业监理工程师负责编写，经总监理工程师批准后生效。编制的主要依据有监理规划、监理专业相关的标准、规范、设计文件、技术资料及项目施工组织设计等。主要内容包括工程特性、监理总则、目的、范围、任务、方法、开工许可证申请程序、施工过程监理、施工质量

控制、工程验收等。

9.2.1.4 按监理规划、实施细则和监理工作规程进行规范化监理

监理工作的规范化体现在：

①工作的时序性　指监理的各项工作都应按一定的逻辑顺序先后展开。

②职责分工的严密性　由不同专业背景、不同层次的专家群体共同来完成监理，各监理之间严密的职责分工是协调进行监理工作的前提和实现监理目标的重要保证。

③工作目标的确定性　在职责分工的基础上，每一项监理工作的具体目标都应确定，完成的时间也应有时限规定，从而能通过报表资料对监理工作及其效果进行检查和考核。

9.2.1.5 参与验收和质量评定，签署监理意见

建设工程施工完成以后，监理单位应在正式验交前组织竣工预验收，在预验收中发现的问题应及时与施工单位沟通，提出整改要求。监理单位应参加业主组织的工程竣工验收，签署监理单位意见。

9.2.1.6 向业主提交建设工程监理档案资料

建设工程监理工作完成后，监理单位向业主提交的监理档案资料应在委托监理合同文件中约定。如在合同中没有作出明确规定，监理单位一般应提交设计变更、工程变更资料，监理指令性文件，各种签证资料等档案资料。

9.2.1.7 监理工作总结

监理工作完成后，项目监理机构应及时从两方面进行监理工作总结。其一，是向业主提交的监理工作总结，其主要内容包括：委托监理合同履行情况概述，监理任务或监理目标完成情况的评价，由业主提供的供监理活动使用的办公用房、车辆、试验设施等的清单，表明监理工作终结的说明等。其二，是向监理单位提交的监理工作总结，主要内容包括：①监理工作的经验，可以是采用某种监理技术、方法的经验，也可以是采用某种经济措施、组织措施的经验，以及委托监理合同执行方面的经验或如何处理好与业主、承包单位关系的经验等；②监理工作中存在的问题及改进的建议。施工阶段的监理工作程序如图9-2所示。

9.2.2 填写监理日志

（1）现场各种具体情况的记录和描述

现场记录的主要包括：当天的施工内容，当天投入的劳动力、机械设备，当天完成的工作量，当天发生的质量问题，天气状况等。

（2）当天施工出现的问题及处理

当天施工出现的问题主要包括质量问题、进度问题、投资问题、合同执行问题等。

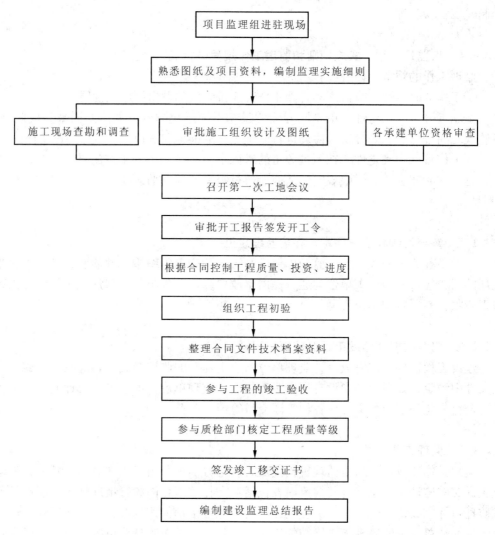

图9-2 施工阶段监理工作程序

问题的处理主要记录建设单位、设计单位、监理单位、施工单位是如何研究、如何处理施工中出现的各种问题。

9.2.3 编写监理报告

监理报告的主要内容包括：
①工程概况；
②监理组织机构、监理人员、监理设备；
③工程质量、进度，费用的控制情况；
④监理合同、建设合同的履行情况；
⑤总工程及各单项工程、单位工程、分部工程、单元工程的质量评估；
⑥监理工作的主要成效；

⑦施工中出现的主要问题及处理情况和建议；

⑧附件(包括监理合同、监理规划、监理实施细则、监理记录等)。

9.2.4 监理的基本方法

水土保持生态建设工程项目监理实行总监理工程师负责制，其基本监理方法包括巡回检查式监理、检测式监理、旁站式监理和指令式监理。

(1)巡回检查式监理

生态工程占地范围广、工点分散，即使在一个县内，建设范围在 $100 \sim 300 \text{km}^2$，而且又分散在几十个施工区内，每个施工区又有几十至上百个工点，故监理工作不可能以旁站监理为主，而是以巡回抽样检查为主。大面积造林、种草，土地整治工程，小型治沟土方工程等，均适宜采用抽样检查、检测。具体方法按随机抽样或成数抽样方法进行。

(2)检测式监理

主要是对工程中用到的机械设备、苗木、种子、水泥、木材等，在正式进入工地使用前，必须进行检测，达到设计要求后方可使用。这些物资的检测，多数应采用随机抽样检测，按抽样精度抽取一定比例，检测其是否达到国家规定的有关标准。

(3)旁站式监理

对关系到总体工程质量、进度、投资等方面的重大工程和关键工序进行旁站监理。如治沟骨干工程的放线、清基、开槽，北方地区造林后的浇水，混凝土、浆砌石工程、隐蔽工程的施工等，需要监理工程师亲自到场监理。

(4)指令式监理

对开、停、复工令，质量问题通知单，现场批准书，材料合格证书，通过监理工程师发出相应的指令进行监理。

9.3 水土保持生态建设工程监理组织

9.3.1 监理的组织形式与资质

2003 年水利部《水土保持生态建设工程监理管理暂行办法》和《加强大中型开发建设项目水土保持监理工作的通知》都强调，对于水土保持生态建设工程应全面实施水土保持建设监理。水土保持建设监理需持有监理资质的单位依据合同进行监理。

监理单位是指取得监理资质证书，具有法人资格的监理公司、监理事务所和兼承监理业务的工程设计、科学研究及工程建设咨询的单位。水土保持生态建设工程监理是一种高智能的有偿技术服务，它受业主的委托，可以对工程建设的全过程实施监理，也可以对工程建设的某一阶段或某一阶段部分工程实施监理。工程建设监理单位资质分为甲、乙、丙三个级别，各个级别所从事的监理工程的大小、范围均有差别。建设监理的组织形式包含两类，即兼营水土保持监理的单位和专营水土保持监理的公司。前者多是水利部和省、自治区、直辖市水行政主管部门、其他职能部门、水利水电勘察设计院、高等院校研究院所等部门，在从事其他业务的同时，通过获取资质证书而兼营水土保持监理的机构；后者是指符合资质管理规定条件而经批准成立的专营性的监理单位(图 9-3)。

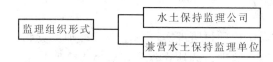

图 9-3 水土保持监理的组织形式

监理单位对于建设项目监理任务的取得是委托性的，监理单位只有与业主签订监理合同以后，才能对工程项目的实施阶段进行监理。监理单位监督和管理承建单位的一切施工活动，承建单位虽然与监理单位和设计单位没有合同关系，但由于建设单位的授权，承建单位与设计单位必须服从其监督与管理。

水土保持监理单位资质评定由水利部有关监理评审委员会负责，日常管理工作由水利部建设与管理司负责，水利部水土保持监测中心承办水土保持监理单位管理的具体工作。个人资格均须经中国水利工程协会组织的考试与上岗注册、再培训考核等(图 9-4)。其中监理单位经考核后定级并发放相应的资质证书，从事相应资质规定的水土保持监理工作，由总监理工程师负责业务管理工作。监理工程师是指经全国土木工程水利水电监理工程师执业资格统一考试合格，取得监理工程师执业资格证书，并经注册从事建设工程监理活动的专业人员。监理工程师一经注册确认，监理单位可以任命其为专业监理工程师，具有对外签字权。从事监理工作的其他人员称监理员，对监理工程师负责，监理工程师对总监理工程师负责。

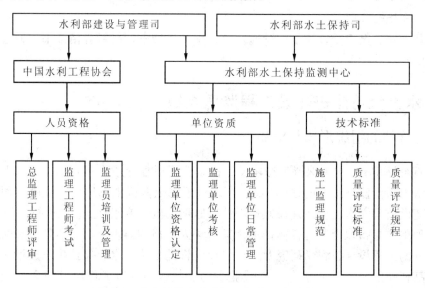

图 9-4 水土保持生态建设工程监理资质管理

9.3.2　监理的组织结构及人员设置

监理单位履行施工阶段的委托监理合同时，必须在施工现场建立项目监理机构。水土保持生态建设工程项目监理机构是监理单位派驻工程项目负责履行委托监理合同的组织机构，它是为实施工程项目的监理工作而按合同设立的临时组织机构，在完成委托监理合同约定的监理工作后可撤离施工现场，随着工程项目监理工作的结束而撤销。

监理单位应根据建设工程的规模、性质、业主对监理的要求，委派称职的人员担任项目总监理工程师，总监理工程师是一个建设工程监理工作的总负责人，行使监理合同授予的权限，对内向监理单位负责，对外向业主负责。监理工程师是派驻于施工现场的负责人，在总监理工程师领导下工作，主要负责监理分工范围内的日常工作及管理，执行总监理工程师的指令和交办的任务，协助编制监理部工作计划，并组织实施。

监理机构的人员构成是监理投标书中的重要内容，需经过业主在评标过程中认可，总监理工程师在组建项目监理机构时，应根据监理大纲内容和签订的委托监理合同内容组建，并在监理规划和具体实施计划执行中进行及时的调整。一般地每个项目设总监理工程师1人，若干名监理工程师及监理员，其组织结构及人员设置如图9-5、图9-6所示。其中，每个监理工程师适宜控制3~5条小流域，每条小流域设2~3名监理员，每个监理员配备1~2名信息员，由总监理工程师、监理工程师、监理员及信息员共同构成一个监理网络，对项目进行全方位的监理，保证工程的顺利实施及质量、进度、投资控制。

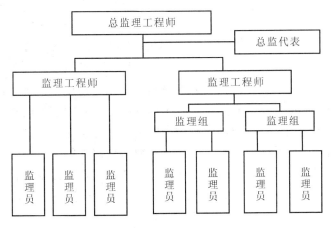

图9-5　水土保持监理组织结构设置

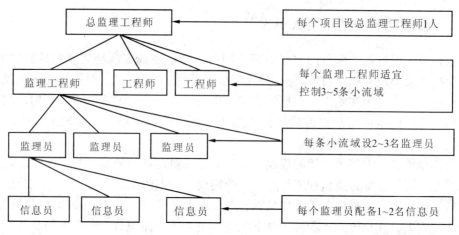

图 9-6 水土保持监理组织人员配置

9.3.3 监理的职权与权限

监理总工程师执行公司的指令和交办的任务，组织领导监理工程师开展监理工程，负责编制监理工作计划，组织实施，并督促、检查执行情况。保持与业主及建设单位的密切联系，弄清其要求与愿望，并负责与施工负责人联系，确定工作中相互配合的问题及有关需要提供的资料或需要协商解决的问题。审查施工方的劳力配备、施工技术方案和施工进度计划，督促、检查施工方开工准备工作，审查开工报告。参加与所建项目有关的设计、规划、技术、安全、质量、进度等会议或检查。签发工程质量通知单、工程质量事故分析及处理报告、返工或停工命令，审签往来公文函件及报送的各类综合报表，审查、签署月、季、年验工计价汇总表及备用费使用情况。参加竣工验收，审查初验报告，督促整理各种技术档案资料。审查工程决算，定期向公司报送"监理月报"、"监理旬报"，遇有特殊情况及时报告，分析监理工作情况，不断总结经验，完成监理工作总结。

监理工程师是施工现场监理负责人，对施工现场进行质量监督、检查，定期检查施工方执行承包合同的情况。对施工中发生的问题，提出限期整改和指导意见，避免影响工期。根据施工质量，提出本段范围内的返工、停工命令报告，报总监审批。进行抽验和参加监理组织的竣工初验，参加有关协调会议，每月小结监理工作，定期向总监理工程师做工作汇报，填写监理工作日志，执行监理部拟定的管理制度，向总监理工程师提供"监理月报"、"旬报"、"工作总结"的素材等。

9.4 监理的内容

监理是对项目施工准备及施工阶段及维护阶段全过程进行监理，监理的业务范围，主要包括项目前期监理、施工监理、竣工验收监理和维护监理等。重点是进行工程建设合同管理，依据合同对项目的投资、质量、工期进行控制。

9.4.1 施工准备阶段的监理内容与任务

①对需要进行的招投标项目，协助建设单位编制审查招标、评标文件，审查投标单位资格。

②协助建设单位评审标书，组织开标、评标、决标工作，提出决标评估建议。

③协助建设单位起草工程承包合同，参与合同谈判，与中标单位签承包合同等。

④协助建设单位编写生态综合治理工程施工方案、施工工艺、工程材料和设备选择、选购，对规划设计现场进行检查，检查项目包括是否符合规划要求、总体布局是否合理，单项设计是否适用、增产、省工。

⑤参加规划设计单位向施工方的技术交底，检查规划设计文件是否符合规划设计规范、规程及有关技术标准规定。协助做好规划优化和改善规划设计工作。

⑥审查施工方提交的施工组织设计，重点是对施工方案、劳动力、种苗、草种等及保证工程质量、工期和控制费用等方面的措施及管理程序进行监督，并向建设单位提出监理意见。监督检查施工方质量保证及技术措施，完善质量管理程度与制度。

9.4.2 施工阶段的监理内容与任务

在施工阶段监理的内容与任务是：

①审查施工方各项准备工作，协助建设单位下达施工通知书。

②督促施工方对施工管理制度、质量、安全文明施工保证体系的建立、健全与实施。

③审查施工方提交的施工组织设计，包括技术方案和施工进度计划，并督促其实施。

④协助编制用款计划、复核已完工程量，签署工程付款凭证。

⑤检查确认工程使用的种苗、草种等的质量和价格，检查材料进场合格证是否合格、齐全，必要时进行抽查和复验。监理工程师有权禁止不符合质量要求的种苗、草种、设备进入工地投入使用。

⑥监督施工方严格按照规范、规程、标准和规划、设计图纸要求进行施工，控制工程质量。

⑦检查工程施工质量，参与工程质量事故的分析及处理，检查工程进度存在的问题。

⑧分阶段协调施工进度计划，适时提出调整意见，控制工程总进度。

⑨监督施工主按合同执行情况，协助处理合同纠纷和索赔事宜，协调业主代表与施工单位之间的争议。

⑩督促施工方检查安全生产、文明施工；督促施工方规范施工技术档案资料，包括竣工图。

⑪检查施工单位的工程自检工作，包括数据是否齐全，填写是否正确，并对施工单位质量评定自检工作做出综合评价。

⑫监督施工单位认真处理施工中发生的一般质量事故，并认真做好监理记录。对重大质量事故以及其他紧急情况应及时报告总监理工程师和通知主管单位。

⑬组织施工方对工程进行分部分项验收及竣工初验，并督促整改，对工程施工质量提出评估意见，协助建设单位组织竣工验收。

9.4.3 竣工验收阶段的内容与任务

①督促、检查施工方及时整理竣工文件和验收资料，受理单位工程竣工验收报告，提出监理意见。

②根据施工方的竣工报告，提出工程质量检验报告。

③负责工程初检，并参加主管单位组织的竣工交接验收工作，审查工程初检报告，提出监理意见。

9.4.4 维护阶段的监理内容与任务

建立工程管理机构、管理制度和管理措施。维护其间如出现工程质量问题，应参与调查研究、确定发生工程质量问题的责任，共同研究修补措施并督促实施。

9.5 监理的目标控制

质量、进度、投资统称为建设项目的三大目标，三者之间相互关联、相互制约，共同组成工程项目目标系统，三者之间既矛盾又统一，是一个不可分割的整体(图9-7)。工程建设监理的中心任务就是控制工程项目目标，也就是控制经过科学地规划所确定的工程项目的投资、进度和质量目标。在整个监理过程中，要针对整个目标系统实施控制，防止发生盲目追求某一目标而干扰其他目标的现象，力求做到三大目标的统一。监理活动分为主动控制和被动控制两大类，主动控制又称预控、事前控制；被动控制分为事中控制和事后控制两种。监理工程师在进行目标控制过程中，两大控制缺一不可，它们都是实现目标所必须采用的控制方式。因此，监理实质上是对质量、进度、目标实现事前、事中和事后的控制。

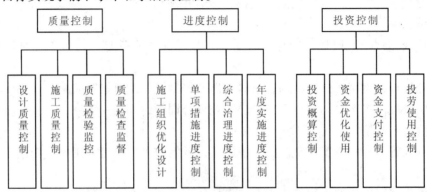

图9-7 水土保持工程监理的主要目标控制

9.5.1 质量控制

建设工程监理的质量控制目的在于保证工程项目能够按照工程合同规定的质量要求达到业主的建设意图。监理人员对工程施工质量的控制，就是按合同赋予的权利，围绕影响施工质量的各种因素对工程项目的施工进行有效的监督和管理。项目施工阶段是使工程设计意图最终实现并形成工程实体的阶段，也是最终形成工程产品质量的重要阶段，是项目建设的核心，是决定整个工程建设成败的关键，这一阶段直接影响工程项目最终质量，尤其是影响工程项目实体质量，关系到人民生命财产安全。因此，施工阶段是工程质量控制的关键阶段，不仅是施工监理重要的工作内容，也是工程项目质量控制的重点。在这个阶段，奉行"以人为本，推行以动态控制为主，事前预防为辅"的管理办法，主要抓住事先指导、事中检查、事后验收三个环节，做好工程质量事前、事中、事后控制。做好提前预控，从预控角度主动发现问题，对重点部位、关键工序进行动态控制。在施工管理过程中，抓"重点部位"的质量控制，对工程施工做到全过程、全方位的质量监控，从而有效地实现工程项目施工的全面质量控制，确保了施工质量符合国家有关的施工技术规范及合同规定的质量标准。

9.5.1.1 开工前的质量控制

开工前的质量控制从源头抓起，做好施工前的监理准备工作，并协助建设单位做好承建单位进场前的准备工作，审查承建单位的开工条件，做好施工组织设计、技术措施、施工图的审查及施工图发放，做好综合治理材料质量的控制等工作。

审查承建单位开工条件包括承建单位的管理机构及人员审查，承建单位工地试验室及试验、检测设备的检查，对原始基准点、基准线和参考标高的复核和工程放线的审查，施工机械设备的检查，质量保证体系审查。

（1）施工组织设计审查

主要包括：①施工合同文件、施工文件及与乡、村组织签订的责任合同或协议等有关文件是否齐全；②施工范围、地点及与之相对应工程是否与设计的图班相一致；③施工方法与施工方案在技术上是否可行，对质量有无保证；④施工机械的性能与数量等能否满足施工进度和质量的要求；⑤质量控制点的设置是否正确，其检验方法、检验频率、检验标准是否符合相关技术规范的要求；⑥技术保证措施是否切实可行；⑦季节安排与进度安排是否合理可行；⑧计量方法是否符合合同规定。

（2）技术措施的审查

主要包括：①技术组织措施，即技术组织的人员组成，工程师、助理工程师、技术员及技工等数量。②保证工程质量的措施。审查内容为有关建筑材料的质量标准、检验制度、使用要求，主要工种工程的技术要求、质量标准和检验评定方法，对可能出现的技术问题或质量通病的改进办法和措施。③安全保证措施。审查的内容为有关安全操作规程、安全制度等。

（3）施工图审查

主要包括：①图纸是否符合设计文件和上级批文的要求；②设计目标和质量要求

是否满足设计任务书的质量目标；③设计图纸与说明是否齐全；④施工图中的各项技术要求是否切合实际；⑤设计图纸的平面图、剖面图之间是否矛盾，几何尺寸、平面位置、标高等是否一致；⑥基础处理方法是否合理；⑦细部结构及预埋件是否表示清楚，有无钢筋明细表；⑧施工安全、取土场的布设是否合理。

（4）施工图发放

主要包括：①图纸正确无误，承建单位应立即按施工图组织实施；②发现图纸中有不清楚的地方或可疑的线条、结构、尺寸等，或有矛盾的地方，承建单位应向监理工程师提出"澄清要求"，待这些问题澄清以后，再进行施工；③提出"技术修改"要求，使施工方法更为简便，结构更为完善；④难以按原来的施工图进行施工，承建单位可提出"现场设计变更要求"。

（5）综合治理材料质量的控制

主要包括：①主要对造林种草使用的苗木及种子的质量进行控制。监理工程师对经济林、用材林、水土保持防护林等施工所用各种苗木，要求承建单位尽量调用当地苗木或气候条件相近地区的苗木，苗木的生长年龄、苗高与地径等必须符合设计和有关标准的要求。在苗木出圃前，应由监理工程师或当地有关专业部门对苗木的质量进行测定，并出具检验合格证。苗木出圃起运至施工场地，监理工程师或施工技术人员应及时对苗木的根系和枝梢进行抽样检查，检查合格的苗木才能用于造林。②对育苗、直播造林和种草使用的种子，应有当地种子检验部门出具的合格证。播种前，应进行纯度测定和发芽率试验，符合设计和有关标准要求，监理工程师签发合格证，再进行播种。③治沟骨干工程（淤地坝）使用的主要建筑材料有水泥、砂石料、钢筋、防水材料等，成品主要有混凝土预制件（涵管、盖板等）。按照国家规定，建筑材料、预制件的供应商应对供应的产品质量负责。供应的产品必须达到国家有关法规、技术标准和购销合同规定的质量要求，要有产品检验合格证、说明书及有关技术资料。

因此，原材料和成品到场后，承建单位应对到场材料和产品，按照有关规范的要求进行检查验收，填写建筑材料报验单，详细说明材料来源、产地、规格、用途及承建单位的试验情况等。报验单填好后，连同材料出厂质量保证书和有检验资质单位的试验报告，一并报送监理工程师审核。

监理工程师在收到承建单位的报验单后，应及时进行抽检复查试验，然后在承建单位送来的报验单上签发证明，证明所报验的材料的取样、试验，是否符合规程要求，可不可以进场在指定的工程部位使用。将此报验单留一份在监理组存档，另一份退还给承建单位。

9.5.1.2 施工阶段质量控制

（1）施工阶段质量控制的依据与方法

施工阶段质量控制的依据主要有：已批准的设计文件与设计变更，已批准的施工组织设计，合同中引用的国家和行业（部颁）标准、技术规范、技术操作规程及验收规范，合同中引用的有关原材料及构配件方面的质量依据，建设单位与承建单位签订的工程建设合同中有关质量合同条款等。

质量控制的方法为旁站式监理、巡视检查与抽样检查、测量(度量)、试验、指令文件的应用和有关技术文件、报告、报表的审核。

(2)施工阶段的质量控制程序

首先，审核承建单位的开工申请，合格后签发开工令，如不合格则由施工单位修改、复核或换材料再次审核；施工后，则进行现场检查和监理抽样试验或联合检查，由监理签发检验认可及自检认可，并填写《工程报验申请表》，组织现场检查，合格后签发《工程质量合格证》。具体程序如图9-8所示。

(3)监理工程师的质量控制

①事前质量控制　事前质量控制需要审查承包商的资质和工程等级是否相符，确认进入施工现场的施工单位的工程负责人、技术负责人、质量管理人员以及质量保证体系是否真正到位和参加施工人员的业务素质情况，承包商提交的施工组织设计和施工方案，组织或参加由各方参加的施工图会审并提出监理意见，施工单位的开工报告并签字确认等。主要抓施工图和施工组织设计的审查，督促施工单位建立质量保证体系，在开工前召集施工单位技术人员进行现场技术交底，明确放线控制点，对进场材料抽检生产许可证件和材料的产品质量证明。

②事中质量控制　事中质量控制需进行原材料及半成品的质量控制，施工方案及措施执行监督和施工工艺过程质量控制，工序交接和隐蔽工程检查确认签证，工程设计变更及相关衔接情况的审定及处理，工程质量不合格及事故处理，行使质量监督权，建立质量巡视和旁站监理过程监理日志，组织每月工程质量分析会，预测工程质量未来趋势并形成文件，定期(月，季)向业主报告工程质量动态情况。

事中控制要严格执行"三检"制度，"三检"合格后报监理工程师复核确认方可进行下道工序，严格工序交接检验，未经监理工程师检验合格的工序完工后不得进入下道工序的施工。水土保持治沟骨干工程和建设项目的土、石料场，以及弃渣场、施工场地、移民迁建区的各项工程措施，是质量控制的关键部位。监理工作开始前，须与设计和施工方明确重要的单位工程和质量要求，对不符合要求的要坚决进行修正，对工程的变更设计进行审查，对存在安全隐患的要及时发布整改指令，严重的要与建设单位协商后发布停工指令。由于水土保持工程的分散性，对其他工程部位，可采用巡查、抽查的方式进行监理，仅在待检点进行质量确认。

③事后质量控制　事后控制主要是对施工质量检验报告及有关技术文件进行审核，整理相关资料，建立档案，检查各单元工程的质量情况，进行质量事故确认及处理，同时对工程质量进行评定。工程质量评定是对已完成的、质量满足设计要求的单元工程应及时复核评定，单元工程评定应尽量在施工单位自检合格后上报监理工程师复核，并及时将评定结果向项目法人反馈。

在具体工作中应特别注意以下几条：一是把好项目开工关，首先准备好施工图、施工队伍、施工现场布置和施工放线等工作；二是把好材料"进口"关，苗木、种子的品种、规格及水泥、燃油、木材等物资的规格等必须达到施工设计要求；三是把好施工现场控制关，由于生态环境建设工程大多是民工施工，施工区点多面广，在施工高峰期应保障在每个施工场地都有监理检查人员，进行巡回检查；四是把好施工工序

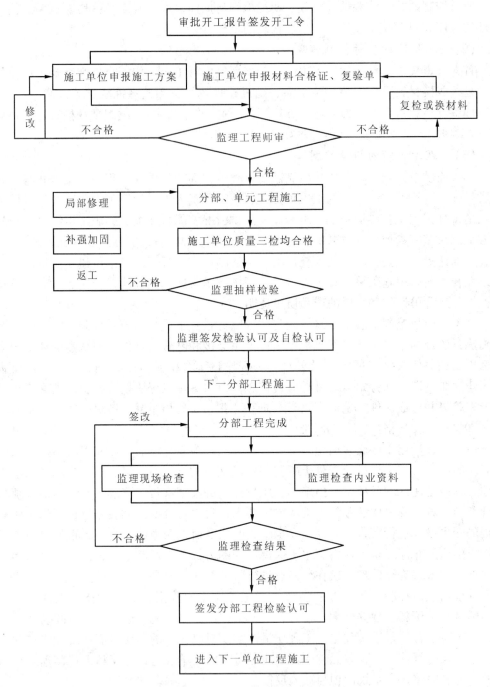

图9-8 施工阶段监理质量控制程序

关，治沟工程的基础处理、林草措施的浇水养护、梯田工程的表土复原等重要工序要进行旁站式检查，保证施工到位；五是把好检查验收关，施工方要首先"三检"（初检、复检、终检），上一道工序不合格不得进入下一道工序的施工。工程措施应在一个雨季后、林草措施应在一个旱季后进行验收，以保障土石方工程的质量和林草措施的保存率。单项工程、单项措施完成后必须进行完工验收，对存在的问题及时进行处理，合格后方能进行综合验收。

凡质量、技术问题方面有法律效力的最后签证，只能由项目总监理工程师一人签字；专业质量监理工程师、现场质量检验员可在有关质量、技术方面原始凭证上签字，最后由项目总监理工程师签发后方可有效。在质量控制过程中，要建立质量监理日志，组织现场质量协调会、定期向业主报告有关工程质量方面的情况。依据项目建设质量，监理可行使质量否决权。

9.5.1.3 监理工程师质量检验体系

监理工程师通过审核施工图、控制关键工序、质量检验和完工验收等关键点建立质量控制体系，并完成质量控制（图9-9）。

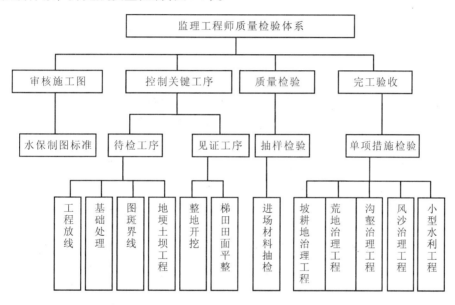

图9-9　监理工程师质量检验体系

（1）关键工序控制

①水土保持工程待检点　水土保持工程待检点包括：混凝土工程中的钢筋、伸缩缝、坝下排水管等工序，施工放线，治沟工程的基础处理，苗木、草籽的进场检验，梯田地埂、坝体碾压工序，骨干坝达到一定高度后的检验等内容。

②水土保持工程见证点　水土保持工程见证点主要包括：造林整地工程的开挖、苗木种植、水平梯田田面平整、大面积造林、大面积种草、等高耕作等。

③质量监督与验收　按照水土保持生态建设工程的质量标准，进行施工过程中抽样检验和年度检验，对施工过程进行监督与管理，保证高质量地进行施工。进行验收时，按水土保持国家标准，分别进行单项工程的验收，并进行施工阶段、项目竣工验收，合格后签发《工程质量合格证》（图9-10）。

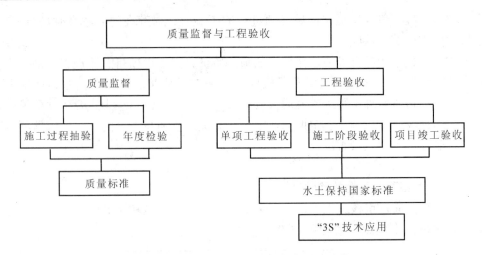

图 9-10 监理工程师质量监督与工程验收

9.5.2 进度控制

监理进度控制主要是依据建设施工合同有关条款、施工图及经过批准的施工组织设计制定进度控制方案，绘制总进度、单项措施进度图，对实际进度与计划进度做出具体分析，对进度目标进行风险分析，预测后续施工进度时间，制定相应的防范性控制措施，并对付诸实施的措施计划进行检查，记录实际进度及其相关情况，当发现实际进度滞后于计划进度时，签发现场指令要求施工单位采取调整措施。当实际进度严重滞后于计划进度时，应及时向建设单位报告工程进度和所采取进度控制措施的执行情况，并提出合理预防因建设单位原因导致的工程延期及其相关费用索赔的建议。

现场施工进度控制是建设项目水土保持监理的关键。项目工程量小面大、战线长，对坝系、整地、绿化等工程实施时的关键部位及关键工序，水土保持监理必须亲临现场进行把关，但又要照顾季节性的特点，保证水土保持工程建设的质量和工期。工程项目的水土保持、环境保护等工作均需与建设项目同时设计、同时施工、同时投产使用。只有做到"三同时"，才能及时布设水土流失防治措施，把水土流失控制在容许范围。同样，流域上广布的水土保持工程，特别是其植物措施，错过了种植季节，也将带来不可挽回的进度损失。因此，事先应与施工单位在合同中申明，如果进度控制不达标，将进行严厉的经济处罚。水土保持监理应定期召开水土保持监理例会、专题会，定期编写监理日志、监理月报、监理年报和监理总结报告并报业主和水行政部门。

在施工进度控制方面，要做好进度的事前控制、事中控制和事后控制，即工期控制、落实进度控制的责任，建立进度控制协调制度。要根据资金投入、材料供应、设备和劳动力组织、气象条件等情况，适时调整进度。

进度的事前控制包括：①编制工程进度网络计划；②审核施工单位提交的进度计划；③检查施工前施工单位的人员、机械、设备、环境、技术资料和资金情况，签发开工报告。

进度的事中控制包括：①建立反映工程进度状况的监理日志；②对工程进度进行定期检查；③对有关工程进度计量方面的签证；④建立工程进度动态管理的盘点报告；⑤为施工单位工程进度款的支付进行签证；⑥组织或参加施工现场协调会，并提出监理意见；⑦定期(季度)向业主提交有关工程进度情况报告。

进度的事后控制包括：①制定工期突破后的补救措施；②组织施工单位进行新的协调与平衡。

进度检查的主要内容有：①当期实际完成及累计完成的工程量、工作量，占计划值的百分比；②当期实际参加工程的劳力、机械台班数量及生产效率；③当期停止生产的人力、机械台班数量及原因；④当期发生影响工程进度的特殊事件及原因；⑤每日天气情况及其他问题。工程进度计划检查的方法有标牌法、实际记录法、工程进度曲线法、网络计划技术法、双线横道图法。

为保证有效控制进度，在具体工作中应特别注意以下几点：一是审核施工方提交的造林、种草及水保工程的设计图的合理性；二是尽量做到资金的及时足额到位，对有限的资金进行优化调配，做好资金的流转使用；三是做好劳动力的有效组织工作，专业施工队伍常年施工，农闲时节集中施工；四是做好土石方工程和林草措施进度的衔接，在工程完成后的适当时机立即种植所配置的林草；五是努力克服自然条件的不利影响，如连续干旱、超标准降雨等，应及时做调整种植林草和修复土方工程施工进度，确保工期目标的实现，避免不合理施工；当资金、材料无法按设计到位时，应采取补救措施尽量减少损失。监理过程中应建立工程进度台账，核对工程进度，按月向主管单位报告施工计划执行情况、工程进度及存在问题。当实际进度与计划进度发生差异时，应分析原因并采取相应的对策措施、技术措施、组织措施、经济措施和其他配套措施等，避免窝工现象的出现。

9.5.3 投资控制

水土保持投资概(估)算项目可分为工程措施投资、林草措施投资、封禁治理工程投资和独立费用4个部分。其中，工程措施投资包括梯田工程、谷坊、水窖、小型水利工程、沟道治理工程、设备及安装工程、其他工程等七部分投资。林草工程投资包括造林工程、种草工程、苗圃建设等三部分投资。封禁治理工程投资包括封山育林、封山育草、补植封育等三部分投资。独立费用由建设单位管理费、建设监理费、技术支持培训与试验推广费(为解决工程的技术问题而进行的必要的科学研究、技术推广、人员培训所需的经费)、科研勘测设计费、征地及淹没补偿费、水土保持监测费、工程质量监督费和其他费用八项组成。

监理投资管理的主要工作内容是造价控制，通过施工过程中对工程费用的监测，确定项目的实际投资额，使它不超过项目的计划投资额，并在实施过程中，进行费用动态管理控制。施工阶段监理投资控制程序如图9-11所示。

为加强项目资金的管理与监督，提高资金的使用效率，按照工程施工合同的要求，监理工程师在严把施工质量、准确计量工程量的基础上，根据批准的工程施工控制性进度计划及其分解目标计划协助业主相关部门编制工程合同支付资金计划。依据

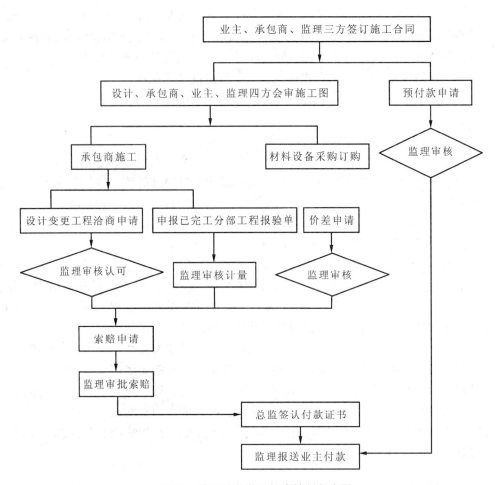

图 9-11 施工阶段监理投资控制程序图

工程施工合同文件规定和项目法人授权受理合同索赔和价格调整，对变更、工期调整申报的经济合理性进行审议并提出审议意见，保证工程资金最大限度地发挥其应有效益。按项目法人的授权和所签合同，支付工程款；定期或不定期地进行工程费用超支分析，并提出控制工程费用突破的方案和措施，建立各施工单位各种费用台账，审定施工单位提交的月度完成投资情况（月报）并签字，审定工程设计变更和变更设计产生的费用增加，协助业主进行不可预见费和概算调整的预审查，协助业主制定年度、季度投资使用方向计划和投资运筹计划并监督执行情况，协助业主召开投资使用分析会，并针对存在问题采取相应措施，审定施工单位报送的价款结算申请或按合同规定的应支付的费用并提出监理意见，定期向业主报告工程投资动态情况；审核施工方申报的季、年度报告，认真核对其工程数量，做到不超验、不漏验，严格按现行文件规定办理验工计价签证；保证验工签证的各项质量合格、数量准确，签证上报主管单位据以拨款；对不符合质量标准的工程，未经返工处理达标前，不予验收。监理工程师严格按照工程的进度和质量情况，签发工程款支付单。施工阶段控制投资的主要措施包括：制定资金投入计划和投资控制规划，审批承包商的现金流量估算，工程计量和

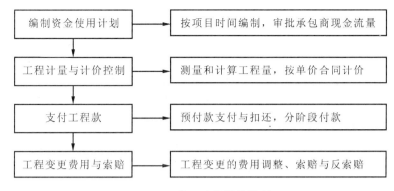

图 9-12 施工阶段投资控制

计价控制，工程价款支付，索赔控制等（图 9-12）。

9.5.4 合同与信息管理

从项目实施之初，建立完善的资料收集、整理、调用、传递、管理制度。在项目实施过程中，积极主动地收集整理各种有关项目的批复、设计、计划文件及监理工作的第一手资料，按单位工程单独建立资料档案。作好监理日记，如实记录各种具体情况，收集各种信息资料。

9.6 工程建设监理投标文件的编制

为使监理制朝着制度化、规范化、科学化的方向健康发展，使监理能够更好地发挥作用，业主可以通过招标方式科学选择合适的监理单位。不同的业主对投标文件的编制要求不尽相同，但总体来说，监理投标文件的编制原则应全面、务实、有针对性。监理单位中标后即可签订监理合同，并开展监理规划、监理实施细则（方案）等内容的编写。监理工作过程如图 9-13 所示。

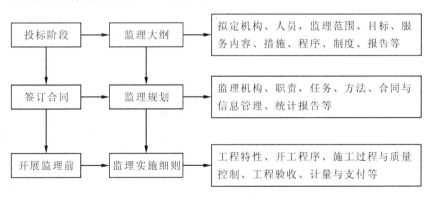

图 9-13 监理工作过程

9.6.1 投标函

投标函是参加投标的监理企业向招标单位(以下简称业主)表达投标意愿的文件。在投标函中,监理单位应明确表示已详细阅读了招标文件,理解并确认其中的内容,同意按招标书中所列出的工作内容、质量标准、技术要求和监理费支付方式完成该项目的全部工作。在投标函中监理单位还应承诺,如果中标将认真履行合同,承担违约责任,为业主提供优质的服务,努力实现工程投资、进度和质量控制目标。

9.6.2 商务报价书

监理费报价是监理投标的重要环节。在技术文件通过评审后,投标者之间的竞争主要就体现在价格的竞争。在商务报价书中,监理费计取依据和报价必须清楚明确,不得有双重报价或隐含报价。监理单位根据业主委托监理业务的内容、深度和工程的性质、规模、复杂程度以及工作环境等情况按3种方式计费:①按所监理工程概(预)算的百分比计收;②按参加监理工作的平均人数计算;③不宜按上述两项计收的,由业主和监理单位按商定的其他方法计取。

9.6.3 监理企业资信文件

企业资信文件有两方面作用:首先,业主通过审查企业资信文件确认该企业资质和营业范围以及满足承担该工程的条件;另外,监理企业通过企业资信文件展示企业的实力和经验,使业主确信本企业有能力承担该工程监理工作。企业资信文件一般应包括投标单位概况、企业资质证书、企业法人营业执照副本、企业财务状况表、近三年来的监理业绩和监理业务手册等。企业概况应重点介绍人员资质、专业配套情况,检测设备和技术情况。监理业绩重点介绍承担类似工程的经验,结合监理业务手册突出体现监理工程采取的主要措施和手段,取得的效果,业主及质量监督部门的评价等。

9.6.4 监理大纲

工程监理的性质是向业主提供高智能的技术服务,所以监理投标文件的核心是提供反映技术服务水平高低的监理大纲,尤其是针对工程具体情况制定的监理对策,以及向业主提出的原则性建议等。监理大纲一般应包括以下内容。

(1)工程概述

根据业主提供和自己初步掌握的工程信息,对工程特征进行简要描述,主要包括工程名称、工程内容及建设规模、工程结构或工艺特点、工程地点及自然条件概况、工程质量、投资和进度控制目标等。

(2)监理工作范围和监理依据

①监理工作内容:根据业主的委托,一般包括质量控制、进度控制、投资控制、合同管理、信息管理和组织协调等内容。

②监理依据：监理合同、有关法律法规、技术标准、规范、图纸、技术文件及其他合同等。

（3）监理实施方案

监理实施方案是监理投标文件的核心，是监理评标的重点。根据监理招标文件的要求，针对业主委托监理工程的特点，初步拟订该工程项目的监理工作内容和控制目标；监理工作指导思想、工作计划；主要的管理措施、技术措施以及控制要点；拟投入的资源等。在监理实施方案中，业主特别关注监理企业资源的投入。一方面是监理机构的设置和人员配备，包括监理人员（尤其是总监理工程师）素质、监理人员数量和专业配套情况；另一方面是监理装备配置，包括检测、办公、交通和通信等设备。如果本单位检测设备不能满足工程需要，业主一般允许监理单位将检测工作委托给满足资质要求的检测单位，但是在投标文件中应提供检测单位资质文件及双方委托意向书。

（4）向业主提交的监理工作文件资料

向业主提交的监理工作文件资料有：

①监理规划及监理细则；

②监理月报；

③工程监理分阶段报告及不定期工作简报；

④相关的声像、图片及计算机软盘资料；

⑤工作会议纪要；

⑥业主、监理单位、施工单位之间为执行合同来往的委托书、要求书、指令、联络单、传真及电话记录等文件资料；

⑦监理工作总结及监理档案。

（5）监理制度

监理工作的制度化、程序化、规范化是提高监理工作水平的关键，是实现工程建设总目标的基本保证。监理制度一般可分为监理人员岗位职责、监理工作制度、会议（例会）制度和报告制度四部分。

（6）附件

在监理投标文件中，监理单位一般应提供以下文件：

①监理企业法人营业执照副本；

②监理企业资质证书；

③监理企业荣获国家和地方（或行业）荣誉证书的复印件；

④监理企业完成的监理工程业绩表；

⑤监理业务手册；

⑥拟派往本工程的总监理工程师资质及业绩表；

⑦拟派往本工程的监理工程师资质及业绩表；

⑧拟用于本工程使用的主要设备、仪器及工具一览表。

监理投标单位按照招投标制度通过竞争方式投标，而后经业主对多个投标单位的标价、监理经历、监理资质、组织结构、人员素质、监理方案和社会信誉等多方面因素进行综合考虑和评标,进行优劣排序、择优选择,而后与投标单位签订监理合同。

9.6.5 监理规划

①工程概况 包括工程简介、项目目标(总投资、总工期等)、工程建设组织(建设单位、监理单位、设计单位等)。

②监理组织机构 包括总部,二、三级机构设置,各专业监理人员配置,各级监理人员职责,监理工作制度等。

③监理任务和方法 包括质量控制、进度控制、投资控制等。其中质量控制涉及项目划分,执行标准,质量控制组织、技术、合同等措施,薄弱环节控制预案,检测方法;进度控制包括年、季、月控制目标,影响因素防范预案、调控方案;投资控制包括投资费用控制分解、计量与支付的方法和程序等。

④合同管理 主要包括各项合同关系、执行措施、纠纷处理。

⑤信息管理 包括信息源、现场信息统计员、信息处理和使用等。

⑥各类报告 涉及月报、旬报、年报、总结报告。

9.6.6 监理实施细则

监理实施细则的主要内容为:

①工程特性 包括项目名称、内容、分布、工程量及项目特点等。

②监理总则 包括编制依据(有关国家和行业标准、规程、规范,监理合同及监理规划等)、适用范围及有关规定等,监理原则(独立、公正、自主)。

③监理范围与目的 列出实施监理的工程及范围,并对质量、投资、效益等目的进行明确。

④监理组织、方式与任务 监理组织包括监理机构设置及职责,监理方式采用巡视、抽样、旁站等,监理任务为施工准备期、施工期和保修期等。

⑤开工许可证申请程序 包括施工单位开工准备和报审程序(一般由总监理工程师审批)。

⑥施工过程监理 包括施工有关规定和监理过程中原始资料的记录、填写,可能出现问题的预防、处置、监督,施工资料的整理及报送等。

⑦施工质量控制 包括施工工序要求、施工精度、质量检验指标、材料检验、质量问题的处理等。

⑧合同管理 合同签订应规范化和严密,并应进行合同评审形成文件,依据双方合同规定中的承诺,监督各方履行合同情况,若出现纠纷应按国家法律法规和依据合同规定进行协调,如协调不成,由仲裁机关仲裁或诉讼法律。

⑨信息管理 文件及其管理,包括各类党政文件、上级主管部门或相邻单位文件、信件,工程前期文件,工程内部文件。档案管理应按国家档案管理规定对文件进行归档并保存,同时利用计算机进行辅助文档管理,建立文件库,便于存储与查寻。

⑩工程验收 包括单项措施验收、分部工程验收、工程验收、阶段验收、中间验

收、竣工验收、质量缺陷责任期验收及后评价等。

本章小结

目前，国家对水土保持重点项目及大中型开发建设项目实行了水土保持生态建设项目监理制度。水土保持生态监理就是具有相应资质的监理单位受项目法人或项目责任主体委托，依据国家有关法律法规的规定、批准的项目建设文件、工程建设合同以及工程建设监理合同，对所建项目的各种行为和活动进行监督和管理。监理单位应根据建设工程的规模、性质、业主对监理的要求、监理合同等，组织监理机构，编制监理规划，制定监理实施细则，并负责向业主提交监理总结、月报、季报和报告，负责处理各种监理事宜。监理可采用巡回检查式、检测式、旁站式和指令式等方法开展监理活动。监理的业务范围主要包括项目前期监理、施工监理、竣工验收监理和维护监理等，重点是进行工程建设合同管理，依据合同对项目的投资、质量、工期进行控制。监理前业主可通过招标方式选择监理单位，监理单位中标后需与业主签订监理合同，在招投标及监理活动过程中，需要编制投标函、报价书、企业资信文件、监理大纲、监理规划及实施细则、监理报告等内容。

思　考　题

1. 简述水土保持生态建设项目监理的概念、目的与意义。
2. 简述我国水土保持生态建设项目的发展。
3. 水土保持生态建设项目监理的特点有哪些？
4. 简述水土保持生态建设项目监理的程序。
5. 水土保持生态建设项目监理方法有哪些？
6. 简述水土保持生态建设项目监理的职责与权限。
7. 试述不同阶段监理的内容与任务。
8. 如何进行质量监理与控制？
9. 如何进行进度与投资的控制？
10. 工程建设监理投标文件包括哪些内容？
11. 监理大纲包括哪些内容？
12. 简述监理规划的内容。

参考文献

赵廷宁，丁国栋，等．2004．生态环境建设与管理［M］．北京：中国环境科学出版社．

梁世连．2002．工程项目管理［M］．北京：人民邮电出版社．

注册咨询工程师（投资）考试教材编写委员会．2006．工程项目组织与管理［M］．北京：中国计划出版社．

《投资项目可行性研究》指南编写组．2002．投资项目可行性研究指南［M］．北京：中国电力出版社．

王立国，王红岩，宋维佳.2002.工程项目可行性研究[M].北京：人民邮电出版社.

石长金，刘凤飞，李日新.2006.黑土区水保工程建设施工阶段质量监理控制[J].水土保持应用技术（3）：55-56.

水利部水土保持监测中心.2009.GB/T 22490—2008　开发建设项目水土保持设施验收技术规程[S].北京：中国标准出版社.

赵永军.2007.开发建设项目水土保持方案编制技术[M].北京：中国大地出版社.

赵力仪，马国力，祁永新，等.2000.水土保持社会效益的监测与评价[J].人民黄河，22（6）：23-25.

劳本信.2008.ERP项目监理的内涵与原则[J].项目管理技术（9）：17-20.

劳本信.2009.ERP项目监理评价体系的构建[J].中国管理信息化，12（13）：89-92.

王秉录，王英豪.2006.大同市御河中水调蓄工程施工阶段监理质量控制[J].山西水利（6）：134-135.

蒋朝晖，常光明.2009.工程监理工作中的"三控两管一协调"[J].皖西学院学报，25（2）：119-121.

全国监理工程师培训教材编写委员会.2002.工程建设监理概论[M].北京：中国建筑工业出版社.

徐伟.2000.土木工程项目管理[M].上海：同济大学出版社.

尹增斌，秦向阳，王博.2007.黄河水保生态工程乌兰察布市项目区建设的监理实践[J].中国水土保持（10）：41-44.

谢坚勋，叶勇，欧阳光辉，等.2004.浅谈工程监理和项目管理接轨[J].建设监理（3）：23-36.

黄金枝，斜逢光.2006.工程监理向项目管理发展的若干问题探讨[J].技术经济与管理研究（5）：3-9.

崔磊，顾洪宾.2009.水电工程环境保护和水土保持监理的发展与探索[J].水力发电，35（6）：70-72.

付鑫，李宁，王先成.2008.水利工程施工监理中的合同管理[J].质量与管理（6）：30-31.

任海民.2008.泰安抽水蓄能电站水土保持工程监理实践[J].山东水利（11）：42-44.

代春梅.2008.议旁站监理在水利工程施工中的作用[J].内蒙古水利（5）：135-136.

中华人民共和国水利部.2001.水利工程建设项目招标投标管理规定.水利部第14号令.

中国水利工程协会.2007.水利工程建设监理概论[M].北京：中国水利水电出版社.

第 10 章

水土保持项目验收管理

根据水土保持项目的来源与性质，水土保持项目可以分为：水土保持生态建设项目；开发建设项目水土保持（公路、电力、矿山、输变电、水利）；水土保持国际合作项目；水土保持科技支撑项目。本章就水土保持生态建设项目和开发建设项目水土保持设施验收的内容、程序、标准、成果要求等进行阐述，以便对水土保持项目验收有一个总体的认识和了解。

10.1 水土保持生态建设项目验收管理

10.1.1 水土保持生态建设项目竣工验收分类

1995 年国家颁布、2008 年修订的中华人民共和国国家标准《水土保持综合治理验收规范》，适用于以小流域为单元的水土保持综合治理验收。对大、中流域或县以上大面积重点治理区，以小流域为单元的治理可参照使用。水土保持生态建设项目可以参照该规范执行。

水土保持综合治理项目（水土保持生态建设项目）的验收根据验收的时间和内容分单项措施验收、阶段验收与竣工验收 3 类。

（1）单项措施验收

在小流域综合治理实施过程中，施工承包单位按合同完成某一单项治理措施时，由实施主持单位及时组织验收，评定其质量和数量。对工程较大的治理措施（如大型淤地坝、治沟骨干工程等），施工单位在完成其中某项分部工程（如土坝、溢洪道、泄水洞等）时，实施主持单位应及时组织验收。

（2）阶段验收

每年年终，小流域综合治理（水土保持生态建设项目）实施主持单位，按年度实施计划完成治理（建设）任务时，由项目主管单位组织阶段验收，并对年度治理（建设）成果作出评价。

（3）竣工验收

一届治理期（一般 5 年左右）末，项目主管单位按小流域综合治理规划全面完成治理任务时，由项目提出部门组织全面的竣工验收，并评价治理成果等级。

三类验收都应有相应的验收条件、组织、内容、程序和成果要求；应以相应的合同、文件和有关的规划、设计为验收依据；验收的重点都应是各项治理措施的质量和数量（质量不符合标准的不计其数量）。在竣工验收中，还应着重验收治理措施的单项效益与综合效益。

10.1.2 单项措施验收

10.1.2.1 验收条件

各项治理措施的施工承包单位，按有关规划、设计和施工合同，完成某一单项治理措施或重点工程的某一分部工程施工任务，施工现场整理就绪，施工质量、数量符合要求，施工承包单位提出申请时，应及时组织验收。

10.1.2.2 验收组织

由小流域综合治理(水土保持生态建设项目)实施主持单位负责组织验收，该单位有关技术人员参加具体验收工作。

10.1.2.3 验收内容

①措施项目 按以下五个方面，完成一项及时验收一项，未规定的项目不予验收。

a. 坡耕地治理措施，包括各类梯田(梯地)与保土耕作；

b. 荒地治理措施，包括造林(含经济林、果园)种草、封禁治理(育林、育草)；

c. 沟壑治理措施，包括沟头防护工程、谷坊、淤地坝、治沟骨干工程、崩岗治理等；

d. 风沙治理措施，包括沙障、林带、林网、成片林草、引水拉沙造田等；

e. 小型蓄排引水工程，包括坡面截水沟、蓄水池、排水沟、水窖、塘坝、引洪漫地等。

②验收重点 第一是各项治理措施的质量，第二是各项治理措施的数量。质量不符合标准的，不计其数量；其中经过返工，重新验收，质量符合标准时，可补计其数量。

③其他 各项治理措施的施工质量要求，质量测定方法，数量统计要求等，在规范里都有要求。

10.1.2.4 验收程序

①验收人员与施工承包单位负责人一起，在施工现场，根据施工合同，按规范的质量要求、质量测定方法、数量统计要求，一坡一沟、逐项措施地具体验收。

②验收合格的，由实施主持单位向施工承包单位发给验收单，单上写清验收的措施项目、位置、数量、质量、验收时间等，验收人与施工负责人分别在验收单上签字，见表10-1。

表10-1 单项治理措施验收单

治理措施	所在位置(小地名)	治理完成数量	验收合格数量	验收时间(年月日)	验收人(签字)

注：梯田林草等计算单位按公顷，谷坊、水窖等计算单位按座或个。

此验收单适用于一个承包单位承包几项治理措施，或一项措施分布几处地方。验收单一式两联，其中一联由承包单位保存，用以向实施单位领取补助经费。

③验收人员根据单项措施验收情况，在施工现场及时绘制验收草图。草图以小流域综合治理规划图或土地利用现状图为底图，在施工现场根据验收合格单项措施（如梯田、林、草、果园等）的位置、范围，及时准确地勾绘在图上，并注明验收数量和验收时间。

④每次单项措施验收后，验收人员在室内填写单项措施验收表，每项措施各列一表，表内填写该项措施每次验收的位置、数量、质量、验收时间、验收人等内容。到年终总计该项措施全年的验收数量，作为阶段验收的依据，见表10-2。

表10-2 _____ 措施 _____ 年验收汇总表

措施位置 （小地名）	施工单位	合同规定 数　　量	验收合格 数　　量	验收时间	验收人
合计					

注：梯田、林草等计算单位按公顷，谷坊、水窖等计算单位按座或个。

10.1.2.5 验收成果

验收成果内容主要是验收单、验收图、验收表三项。

10.1.3 阶段验收

10.1.3.1 验收条件

①小流域综合治理（水土保持生态建设项目）实施主持单位按年度计划完成了各项治理措施任务。

②实施主持单位自查初验，认为各项治理措施的质量、数量都符合要求，提出申请阶段验收报告。

③阶段验收申请报告应附当年的《小流域综合治理（水土保持生态建设）年度工作总结》。包括以下内容：

a. 文字部分：应说明本年度完成治理措施的质量、数量、工程量（土、石方量），完成的治理面积、投入的劳工、物资、经费，工作中的经验、教训等。各项治理措施的数量，应同时分别说明其开展（实施）数量与保存数量。

b. 附表：《小流域综合治理措施阶段验收表》（见规范）。同时应以《单项措施验收汇总表》作为《小流域综合治理措施阶段验收表》的附件和依据。

c. 附图：《小流域综合治理阶段验收图》，根据单项措施验收时现场勾绘的草图加工绘制而成，每年新增的措施与前几年原有的措施应有明显的区别与标志。

10.1.3.2 验收组织

由项目主管单位主持，该单位有关技术人员参加，同时请有关财务、金融部门人员配合验收，并请上级主管部门派员参加检查指导。

10.1.3.3 验收内容

①措施项目 根据年度计划和《阶段验收申请报告》中要求验收的措施项目，在前述所列五方面治理措施项目范围内逐项进行验收。

②验收重点 各项治理措施的质量和数量。质量要求、质量测定方法、数量统计要求按规范执行。

对于汛前施工的工程措施，还应检查其经受暴雨考验情况；对于春季种植的林草还应检查其成活情况。

对当年完成的各项措施的位置和数量，应与当年的验收图对照，防止和历年完成的措施混淆。

③全部阶段验收内容应以年度计划为依据，申请验收的内容与年度计划一致，验收成果应与申请验收报告一致。对年度计划有修改变动的，应说明理由。

10.1.3.4 验收程序

项目主管单位对实施主持单位提出的《阶段验收申请报告》和《年度工作总结》的文字、图、表进行全面审查。

对本年度实施的各项治理措施选有代表性的若干处施工现场，按照附录 D 规定的抽样比例，对照年度治理成果验收图，逐项进行抽样复查其数量与质量，验证实施主持单位自查初验情况的可靠程度。

对治沟重点工程(库容 $50 \times 10^4 \, \mathrm{m}^3$ 以上的坝库)的成果或其阶段性成果(分部工程)应逐座进行专项验收。

结合抽样复查，应到现场重点检查春季种植林草的成活率和工程措施汛期经受暴雨考验情况。

在上述工作基础上，对本年度小流域综合治理成果作出评价，并由项目主管单位向实施主持单位发给《阶段验收合格证书》。

10.1.3.5 验收成果

《小流域综合治理阶段验收报告》包括必要的附表、附图，由项目主管单位根据阶段验收情况编写。

实施主持单位提出的《小流域综合治理年度工作总结》及其有关附表、附图。

10.1.4 竣工验收

10.1.4.1 验收条件

项目主管单位按小流域综合治理规定全面完成了规划期内(一般 5 年左右)的治理

任务，经自查初验，认为数量、质量达到规划、设计与合同要求。

自查初验的治理措施质量，还应包括各项治理措施经过规划期内多次汛期暴雨考验，基本完好（或小有破坏已及时修复完好）；造林、种草的成活率、保存率符合规定要求；各项治理措施获得了规划期内应有的各类效益。

项目主管单位提出《竣工验收申请报告》，附《小流域综合治理竣工总结报告》，主要包括以下内容。

文字部分：应说明规划期内完成各项治理措施的质量、数量、工程量（土、石方量），累计完成的治理面积、年均治理进度等，规划期内共计投入的劳工、物资、经费，小流域综合治理获得的基础效益（保水、保土）、经济效益、社会效益和生态效益；工作中的经验、教训等（在保土效益中应将减蚀与拦泥分别叙述，下同）。

附表：包括《小流域综合治理措施竣工验收表》《小流域综合治理经费使用情况表》《小流域综合治理主要效益统计表》《小流域综合治理前后农村经济变化情况表》《小流域综合治理前后土地利用与农村生产结构变化情况表》。

附图：小流域综合治理竣工验收图，在历年的阶段验收图基础上汇总绘制而成，包括规划期内完成各项治理措施的位置和数量。

附件：包括以下几方面。

a. 小流域综合治理规划任务书与综合治理承包合同；

b. 小流域综合治理规划报告及其附表、附图；

c. 重点工程的专项规划、设计；

d. 效益计算的专项报告（及计算过程表）；

e. 历年阶段验收表；

f. 综合治理经费使用情况报告。

10.1.4.2 验收组织

由项目提出部门主持，该部门有关工程技术人员参加，并邀请有关财务、金融部门配合验收，有关科技专家参加指导。

10.1.4.3 验收内容

①措施项目　根据《小流域综合治理规划》和《竣工验收申请报告》要求验收的措施项目，在前述所列五方面治理措施项目范围内，逐项进行验收。

②验收重点　各项治理措施在小流域内的综合配置是否合理，是否按照规划实施。

各项治理措施的质量和数量。验收质量要求按照附录 A，质量测定方法按照附录 B，数量统计要求按照附录 C。

质量验收中，包括造林、种草的成活率与保存率，各类工程措施经汛期暴雨考验情况。

小流域综合治理的基础效益（保水、保土）、经济效益、社会效益与生态效益。

③全部竣工验收　验收内容应以《小流域综合治理规划》为依据，申请竣工验收的

内容应与规划一致，验收成果应与申请竣工验收的内容一致。实施过程中对规划有修改的，应说明理由。

10.1.4.4 验收程序

①项目提出部门对项目主管单位上报的《竣工验收申请报告》和《小流域综合治理竣工总结》的文字报告、附表、附图、附件等进行全面审查。

②对规划期内实施的各项治理措施选有代表性的若干处，按附录 D 规定的抽样比例，对照综合治理竣工验收图，逐项进行抽样复查，验证项目主管单位自查初验情况的可靠程度。

③ 对治沟重点工程，应逐座进行专项验收。

④结合抽样复查，到现场重点检查造林种草的成活率与保存率、各类工程措施汛期经受暴雨考验的情况。

⑤对各项措施的各类效益，应根据《效益分析报告》采取现场观察与室内核算相结合的办法，审查其效益分析的基础资料是否可靠、计算方法是否合理、计算结果是否符合实际。

⑥在上述验收工作基础上，对规划期内的小流域综合治理成果，按该标准相关内容的要求，作出全面评价，并评定其等级，由项目提出部门向项目主管单位发给小流域综合治理《竣工验收合格证书》。

⑦提出后续工作，竣工验收时必须确定验收后的经营管理单位及其负责人，并明确以下要求：管理保护好已有治理成果，及时维修养护，保证不遭破坏，并搞好经营管理，充分发挥效益。对流域内尚未治理的水土流失面积，应进一步加强治理，提高治理程度和效益。

10.1.4.5 验收成果

《小流域综合治理竣工验收报告》，包括竣工验收图和各项竣工验收表，由项目提出部门根据验收情况编写。

项目主管单位上报的《小流域综合治理竣工总结报告》及其附表、附图、附件。

10.1.4.6 验收评价标准

根据小流域综合治理的不同治理程度、质量和效益，分为两个等级，作为成果评价的依据。

（1）一级标准

按规划目标全面完成治理任务，各项治理措施符合附录 A 的验收质量要求，治理程度达 70%以上，林草保存面积占宜林宜草面积 80%以上（经济林草面积占林草总面积的 20%~50%），综合治理措施保存率 80%以上，人为水土流失得到控制，并有良好的管理。没有发生毁林毁草、陡坡开荒等破坏事件，以及开矿、修路等生产建设，都采取了水土保持措施，妥善处理了废土、弃石，基本上制止了新的水土流失产生。

各项治理措施配置合理，工程与林草，治坡与治沟紧密结合，协调发展，互相促进,建成了完整的水土流失防御体系;各项措施充分发挥了保水、保土效益(保土效益中主要是减蚀,其次是拦泥,不能用拦泥代替减蚀),实施期末与实施前比较,流域泥沙减少 70% 以上,生态环境有明显的改善。

通过治理调整了不合理的土地利用结构,做到农、林、牧、副、渔各业用地比例合理,布局恰当,治理保护与开发利用相结合,建成了能满足群众粮食需要的基本农田和能适应市场经济发展的林、果、牧、副等商品生产基地、土地利用率 80% 以上,小流域经济初具规模,土地产出增长率 50% 以上,商品率达 50% 以上。到实施期末人均粮食达到自给有余(400~500kg),现金收入比当地平均增长水平高 30% 以上(扣除物价变动因素,下同),条件较好地区要求达到小康水平,走上了人口、资源、环境、经济的良性循环。

(2)二级标准

基本要求与一级标准相同,但指标应稍低一些。

全面完成规划治理任务,各项治理措施符合质量标准,治理程度达 60% 以上,林草面积占宜林宜草面积 70% 以上。

各项治理措施配置合理,建成有效的防御体系;实施期末与实施前比较,流域泥沙减少 60% 以上(保土减沙效益中应以减蚀作用为主)。

合理利用土地,建成满足群众粮食需要的基本农田,解决群众所需燃料、饲料、肥料,增加经济收入的林、果、饲草基地。到实施期末达到人均粮食 400kg 左右,现金收入比实施前提高 30% 以上,制止了恶性循环,开始走上良性循环。

列入国家重点和各级重点治理的小流域,都应达到一级标准;一般治理小流域,都应达到二级标准,达不到的为不合格。

10.1.5　技术档案

10.1.5.1　技术档案的基本要求

(1)明确档案制度,资料及时归档

技术档案的主体,应包括综合治理过程中各个工作环节形成的各类技术资料,是各类验收工作中的重要一环,各级水土保持主管部门和实施主持单位必须把各项技术资料的积累、整理和建立技术档案工作作为综合治理任务中一个组成部分,并列入治理项目有关人员的职责范围。工作一开始,就应明确建立档案的制度,对每一工作环节的每一技术资料,必须妥为保存,及时归档,不得丢失不得私人据为己有,以确保档案材料的完整。

将水土保持综合治理每一实施期(一般 5 年左右)中的每一年作为一阶段,在每一年中又应根据各项措施的进展情况,分为若干小阶段。要求每阶段和每一小阶段工作任务完成进行验收后,及时将有关技术档案进行一次阶段性清理,在实施期全部结束竣工验收时进行一次总清理,建立全面系统的技术档案,填写保管期限,注明密级,由项目负责人审查后,及时归档。

各级技术档案的建立和清理,应由各级主要技术负责人主持,有关人员参加。各分项档案的建立和清理,应由各分项技术负责人主持或参加。

进行阶段验收和竣工验收时，应同时验收其技术档案。对治理项目同时又是科研项目的，没有技术档案不得进行验收和成果鉴定。

由几个单位协作完成的项目，其技术档案应由主办单位主持办理，并保存一整套；参加协作的单位应负责完成分工承担的部分技术档案，并保存此部门档案正本，同时将复制本送交主办单位保存。

（2）项目内容齐全，资料确切可靠

对水土保持综合治理过程中的规划、设计、工程施工、检查验收、经营管理等几个主要技术环节，以及每一个环节中涉及的有关各方面的技术资料，都必须收集、整理齐全；如有丢失、漏缺等事故，应及时设法弥补，直到齐全为止。

各项主要技术成果，应包括文字和必要的图、表；收集的原始资料（作为辅助性技术成果），除文字、图、表外包括必要的照片、录音、录像等。

一般文件材料，归档 1 份。重要的和使用频繁的，应根据需要复制副本，归档 2～3 份。

10.1.5.2　技术档案的主要内容

（1）反映工作过程的主要文献

反映任务来源的主要文献。包括上级主管部门提出规划与治理的任务书（或通知）、项目主管单位或实施主持单位上报的申请书和上级的批复、引用外资考评过程中的有关文献、上级主管部门、项目主管单位、实施主持单位之间签订的合同等。当治理项目同时又是科研项目时，应有课题报告、课题论证等文献。

反映工作部署的主要文献。包括规划与治理过程中重要会议的会议纪要、重要问题的书面汇报、请示和上级批复的文件、有关领导同志检查指导工作时的谈话记录等。

反映验收情况的主要文献。包括对治理成果、历次阶段验收和竣工验收的会议记录、总结、纪要等材料，特别是上级主管部门验收的书面意见和竣工验收的《合格证书》等。

（2）各个工作环节的主要技术成果

①综合调查成果　将调查成果按以下几个方面及时整理归档：

a. 调查报告。其内容包括自然条件、自然资源、水土流失情况、社会经济情况、水土保持治理现状、开展水土保持的意见等。在大面积综合调查中，还需有分区的调查成果和各不同类型区内典型小流域的调查成果。同时应有上述各种调查的原始记录。

b. 附表与附图，包括为配合上述报告内容而填制的各类附表与绘制的各种附图，在各类附图中，最主要的是水土流失、土地利用和治理措施现状图，其余如地貌土壤、植被、降雨等分布图，有条件已制成的，也应整理归档。

②规划设计成果

a. 规划总体布局、土地利用规划、各项治理措施规划、重点工程规划等的规划报告及其附表、附图。

b. 小面积规划中应有土地利用规划与治理措施规划落实到地块的附图,同时应有沟壑治理的坝系规划图、崩岗治理的措施配置图;大面积规划中应有水土流失类型分布图(或水土保持区划图)、各分区内典型小流域的土地利用规划与治理措施规划图,以及重点防护区、重点监督区、重点治理区分布图。

c. 各项治理措施在不同类型地区的标准设计或定型设计,包括坡耕地治理中各类措施(梯田、保土耕作法、坡面小型蓄排工程),荒地治理中各类林型、林种、整地工程,沟壑治理中的各类措施(沟头防护、谷坊、小型淤地坝、塘坝等)的设计文字说明和平面布置与断面示意图。

d. 大型淤地坝、小型以上小水库、治沟骨干工程等重点工程以座为单元的专项规划、设计(包括坝址选定、设计洪水、调洪演算、建筑物平面布置、断面设计、坝库运用安排等)的文字说明和附表、附图。

③小流域综合治理验收成果

a. 单项措施验收成果。根据10.1.2.5的规定,将单项措施的验收单、验收图和验收表三项归档。

b. 阶段验收成果。根据10.1.3.5的规定将《小流域综合治理阶段验收报告》与相关图表、《小流域综合治理年度工作总结》及其有关图表归档。

c. 竣工验收成果。根据10.1.4.5的规定将《小流域综合治理竣工验收报告》与相关图表、《小流域综合治理竣工总结报告》及其附表、附图、附件归档。

(3)各个工作环节的辅助性技术成果

①综合调查的辅助性技术成果 包括调查过程中向有关单位索取的技术资料、现场观察(或观测)的情况记载(包括文字、照片、录像)、向有关人员口头调查的谈话记录和录音、有关数据的统计计算过程等,调查工作结束后应及时整理归档。

②规划设计的辅助性技术成果 包括为规划设计提供依据的技术资料(文字、图、表)、暴雨洪水资料、规划设计草图、规划设计的计算过程、规划设计不同比较方案的研究过程、规划设计修改过程(修改几次全部保存)等,在规划设计工作结束后,及时整理归档。

③工程施工中的辅助性技术成果

a. 各承包施工单位对每一单项措施或分部工程逐日(或每旬)出工数量记录、相应完成的措施工程量记录(由此求得实际用工定额)。

b. 各单项治理措施或分部工程使用物资(种子、树苗、水泥、炸药、柴油等)记录、相应完成的措施工程量记录(由此求得实际用料定额)。

c. 施工过程中根据附录B的规定,对各单项治理措施或分部工程质量检查的原始记录。

d. 施工过程中遇暴雨洪水或其他事故,进行抢救或处理的记录和总结。

④验收中辅助性技术成果 包括自查初验的原始记录、各类统计数据的原始资料与计算过程、各项措施四类效益的计算过程、施工承包单位领取补助费的收据等。

10.1.5.3 技术档案的管理与使用

（1）分类建档

按照前述的反映三个工作过程、三个主要技术环节进行分类，同时将主要技术成果与辅助性技术成果既有区别、又相配套地纳入分类系列，分别建档，便于按工作性质分类查阅。

（2）分级建档

各级主管部门、流域机构、省（自治区、直辖市）、地（盟、市）、县（旗、市）和基层实施单位，在建档内容和要求上应各有侧重。前述各项建档内容和要求主要适用于县级主管部门和基层实施单位；地区以上各级主管部门，应根据工作需要，酌情增减其中某些内容。下级部门建档情况应向上级部门汇报，并得到上级部门的指导和协助。上级部门建档时，下级部门应积极提供有关资料。

（3）档案保存年限

①长期保存（15 年以上） 包括：流域综合调查资料（含有关声像、测绘资料）、综合治理规划、重点工程设计、重要专题报告、综合治理总结、竣工验收成果等。

②中期保存（5~15 年） 包括：一般技术成果、重要辅助性技术成果、重要工作计划、财务账目等（财务账目可交财务部门归档但需保存目录备查）。

③短期保存（3~5 年） 包括：各类原始资料、年度计划、年度工作总结、一般日常行文等。

（4）档案的使用

根据国家《档案法》的规定和各级技术档案与水土保持档案的总体布局，将水土保持综合治理技术档案纳入各级水土保持部门档案体系，按有关制度，统一管理，完善借还手续，既便于查阅利用，又保证不致丢失或损毁。

归档材料移交时，移交部门或移交人应编制移交目录，一式二份，交接时按目录内容当面清查，并在交接单上签字。

档案材料借阅时，应在借阅单上填清材料名称、份数，并规定归还时间，由借阅者签字，到期及时送还归档，以免流失。

10.2 开发建设项目水土保持设施验收管理

10.2.1 开发建设项目水土保持设施验收的目的和任务

开发建设项目水土保持设施验收指的是水行政主管部门审批水土保持方案报告书的建设项目的水土保持设施验收工作。

建设项目的土建工程完工后、主体工程竣工验收前，建设单位应当向行政验收主持单位申请水土保持设施行政验收。分期建设、分期投入生产或者使用的建设项目，其相应的水土保持设施行政验收应按照《开发建设项目水土保持设施验收技术规程》（GB/T 22490—2008）进行分期验收。水土保持设施验收相关资料的制备由建设单位负责。

（1）验收的目的

①检查水土保持设施的设计和施工质量。

②评价水土流失防治效果，判断是否达到国家标准规定的要求，检查是否存在水土流失隐患。

③确认临时占地范围内的水土流失防治义务是否终结。

④认定水土保持投资。

⑤发现和解决遗留问题。

⑥评价建设单位的社会责任。

（2）验收的任务

①建设单位、设计单位和施工单位要分别对水土保持设施进行评价，实事求是地总结各自在建设过程中的经验和教训，对质量、进度和投资进行分析。

②建设单位负责办理各单位工程的验收和交接手续，完成水土保持工程的竣工结算，完成其他善后工作。

③施工单位完成扫尾和清理工作，以保证施工队伍尽快退场。

④行政主管部门复核检查是否完成水土流失防治任务，评价水土保持设施的质量是否合格，检查档案资料及管护措施。

10.2.2 开发建设项目水土保持设施验收的分类

根据《开发建设项目水土保持设施验收技术规程》，建设项目水土保持设施的验收包括建设单位开展的自查初验和审批水土保持方案报告书的水行政主管部门主持（以下简称"行政验收主持单位"）的水土保持设施行政验收两个方面。

自查初验：建设单位或其委托监理单位在水土保持设施验收建设过程中组织开展的水土保持设施验收。主要包括分部工程的自查初验和单位工程的自查初验，设计、监理和施工方参加，是建设过程中的验收，由业主自行组织，其中的单位工程验收有时又称为交工验收，是行政验收的基础。

行政验收：由水行政主管部门在水土保持设施建成后开展的水土保持设施验收，是对审批事项的终结，是主体工程验收（含阶段验收）前的专项验收。分期建设项目，分期进行验收；验收前还应通过技术评估；没有自查初验、技术评估或未通过技术评估的，不能验收。

涉及开发建设项目水土保持设施验收的重要术语有：

技术评估：建设单位委托的水土保持专业咨询机构对建设项目中的水土保持设施的数量、质量、进度及水土保持效果等进行的全面评估。

重要单位工程：对周边可能产生水土流失重大影响或投资较大的单位工程，包括征占地 $\geq 5hm^2$ 或土石方 $\geq 5 \times 10^4 m^3$ 的大中型弃土（渣）场或取土场的防护设施，工程投资 ≥ 1 万元的穿（跨）越工程及临河建筑物，周边有居民或学校且征占地 $\geq 1\ hm^2$ 或 $\geq 5\ 000m^3$ 的小型弃渣场的防护设施，占地 $1hm^2$ 及以上的园林绿化等。

10.2.3 开发建设项目水土保持设施验收的依据与责任主体

（1）验收依据

开发建设项目水土保持设施验收的依据主要有：水土保持相关法规，有关技术标准，有关政府批件、水土保持方案及其设计文件，相关合同等。

①法律法规 主要指法律、行政法规、地方性法规、部委规章、地方政府规章和规范性文件。

②有关技术标准 指水土保持方案编制、设计、施工、监理、监测、质量评定等技术标准；有关政府批件：水土保持方案批复文件、初步设计批准文件、概算调整批复文件等。

③水土保持方案及其设计文件 指批复的水土保持方案、后续的初步设计及施工图设计、设计变更、补充设计等。

④相关合同 指技术评估合同、施工合同、监理合同、监测合同等。

（2）责任主体

开发建设项目水土保持设施验收各阶段的责任主体均为建设单位。

①建设单位负责组织设计、监理和施工单位进行自查初验。

②报请质量监督机构评定工程质量。

③委托技术评估单位进行技术评估。

④在土建工程完工后、主体工程竣工验收前，报请验收。

⑤制备相关资料及档案资料。

（3）档案资料保存

开发建设项目水土保持设施验收对档案资料有明确要求：

①重要档案资料 重要资料应保存15年以上，主要包括：有关水土保持文件，包括工程立项文件、水土保持有关批件、有关合同、概算调整文件；工程建设过程中的主要技术成果，包括水土保持方案及其设计文件，水土保持监理成果、水土保持监测成果；水土保持设施建设的有关资料，包括施工图纸、施工资料、设计变更、验收签证和鉴定书、竣工资料等；其他相关资料，包括有关行政主管部门的监督检查意见、水土保持规费缴纳资料等。

②一般性技术成果 如年度计划、工作总结等可短期保存3~5年。

10.2.4 自查初验

10.2.4.1 总体要求

建设项目水土保持设施的分部工程和单位工程完工时，建设单位或其委托的监理单位应及时组织参建单位开展自查初验工作，进行质量控制和过程管理。

自查初验应当依据《水土保持工程质量评定规程》开展。建设单位对水土保持设施档案资料的真实性、完整性和规范性负责，并满足档案管理的有关要求，重要档案资料应长期保存。需要归入档案的资料主要有有关水土保持文件、工程建设过程中的主要技术成果、水土保持设施建设的有关资料、其他相关资料等。

建设单位在行政验收前，应当依据各单位工程试运行及自查初验的情况，编写水土保持方案实施工作总结报告和水土保持设施竣工验收技术报告。

10.2.4.2 分部工程自查初验

（1）实施条件

分部工程的所有单元工程被监理单位确认为完建且质量合格或有关质量缺陷已经处理完毕，方可进行分部工程自查初验。

（2）组织

分部工程的自查初验由建设单位或其委托的监理单位主持，设计、施工、监理、监测和质量监督等单位参加。运行管理单位根据建设项目及其水土保持设施运行管理的实际情况决定是否参加。

（3）分部工程自查初验的主要内容

①鉴定水土保持设施是否达到国家强制性标准以及合同约定的标准。

②按《水土保持工程质量评定规程》和国家有关技术标准，评定分部工程的质量等级。

③检查水土保持设施是否具备运行的条件或进行下一阶段建设的条件。

④确认水土保持设施的工程及投资。

⑤对遗留问题提出处理意见。

（4）分部工程自查初验成果

分部工程自查初验资料包括工程图纸、过程资料及验收成果。

分部工程自查初验应填写"分部工程验收签证"，作为单位工程自查初验资料的组成部分。参加自查初验的成员应当在签证上签字，分送各参加单位。归档资料中还应补充遗留问题的处理情况，并有相关责任单位的代表签字。

10.2.4.3 单位工程自查初验

（1）单位工程自查初验条件

①按批准设计文件的内容基本建成。

②分部工程已经完建并自查初验合格。

③运行管理条件已初步具备，并经过一定时段的试运行。

④少量尾工已妥善安排。水土保持设施投入使用后，不影响其他工程正常施工，且其他工程施工不影响该单位工程安全运行。

（2）单位工程自查初验组织方式

单位工程自查初验由建设单位或其委托的监理单位主持。设计、施工、监理、监测、质量监督、运行管理等单位参加。重要单位工程还应邀请地方水行政主管部门参加。

（3）单位工程自查初验的主要内容

①对照批准的水土保持方案及其设计文件，检查水土保持设施是否完成。

②鉴定水土保持设施的质量并评定等级，对工程缺陷提出处理要求。

③检查水土保持效果及管护责任落实情况，确认是否具备安全运行条件。

④确认水土保持工程质量和投资。

⑤对遗留问题提出处理要求。

（4）单位工程自查初验成果

单位工程自查初验应填写"单位工程验收鉴定书"，作为技术评估和行政验收的依据。形成的"单位工程验收鉴定书"分送参加验收的相关单位，预留技术评估机构和运行管理单位各一份。

建设项目所在地各级水行政主管部门对建设项目的各次督察、检查、评估等书面意见以及处理结果，应由建设单位保存，并作为技术评估和行政验收的依据。

10.2.5 技术评估

10.2.5.1 技术评估的范围

技术评估机构应当依据相关水土保持技术标准和批复的水土保持方案及其设计文件，组织水土保持、水工、植物、资源环境、经济及主体工程等方面的专家，对水土保持方案落实情况、水土保持措施及投资、水土流失防治工作及防治效果等方面进行评估，提交技术评估报告。

技术评估范围以批复的水土保持方案确定的水土流失防治责任范围为基础，根据实际情况可适当调整评估范围。

技术评估的主要对象为批复的水土保持方案及其设计文件确定的水土保持工程措施、植物措施和临时防护措施，还需对主体工程的水土保持功能进行评价或提出要求。工程措施采用实地测量和典型调查法，植物措施采用样方测量和面积推算法，临时防护措施以监理记录和调查统计为主；也可根据项目特点，采用遥感、遥测等技术手段进行调查核实。对包含在水土保持方案内、因设计变更实际未征用且未发生扰动的范围，技术评估时可在现场检查、论证的基础上予以扣除；对不包含在水土保持方案内、实际征用或发生扰动的范围应予以增加。

10.2.5.2 评估内容和程序

（1）开展技术评估应具备的条件

①各项水土保持设施按批准的方案及其设计文件建成，防治目标基本实现。

②水土保持设施投资的竣工结算已经完成，运行管理单位明确，后续管护和运行资金有保证。

③建设单位完成自查初验，水土保持工程达到合格以上标准，并有质量监督结论。

④具备正常运行、交付条件。

⑤遗留问题和需处理的质量缺陷已有处理方案，尾工已有安排。

⑥编制完成水土保持方案实施工作总结报告、水土保持设施竣工验收技术报告、水土保持监理总结报告、水土保持监测总结报告、水土保持设计总结报告、水土保持

工程质量评定报告、水土保持工程施工总结报告等。

⑦水土保持设施的设计变更已经批复或备案，水土保持档案资料完整。

（2）技术评估的主要内容

①评价建设单位对水土流失防治工作的组织管理。

②评价水土保持方案后续设计及实施情况。

③评价施工单位制定和遵守相关水土保持工作管理制度的情况，调查施工过程中采取的水土保持临时防护措施的种类、数量和防治效果。

④抽查核实水土保持设施的数量，对重要单位工程进行核实和评价，检查评价其施工质量，检查工程存在的质量缺陷及是否影响工程使用寿命和安全运行。

⑤评价水土保持监理、监测工作。

⑥判别建设项目的扰动土地整治率、水土流失总治理度、土壤流失控制比、拦渣率、林草植被恢复率、林草覆盖率等指标是否满足建设项目水土流失防治标准，分析能否达到批复同意的水土流失防治目标。

⑦检查水土流失防治效果与生态环境恢复和改善情况，调查施工过程中水土流失防治效果，分析评价水土保持设施运行的效果及水土保持设施运行管理维护责任落实情况。

⑧根据水土保持质量监督部门或监理单位的工程质量评定报告或评价鉴定意见，评估工程质量等级或质量情况。

⑨分析评价水土保持投资完成情况。

⑩开展公众调查，了解当地群众对建设项目的水土保持工作的满意程度，总结成功的经验和不足之处；提出行政验收前后需要解决的主要问题。

（3）技术评估的程序

①熟悉项目基本情况并进行现场巡查，拟订技术评估的工作方案。

②走访当地居民和水行政主管部门，收集督查相关资料等，调查施工间水土流失危害情况、防治情况和防治效果。

③组织不同专业的专家进行现场查勘与技术评估。

④讨论并草拟总体评估意见，提出行政验收前需解决的主要问题并督促落实。

⑤征求当地水行政主管部门及建设单位的意见。

⑥核实行政验收前需解决的主要问题的落实情况，完成技术评估报告。

10.2.5.3　评估核实

（1）评估核实的内容

①对重要单位工程，应全面核查工程设施的外观质量，并对关键部位的几何尺寸进行测量；全面核查植物措施生长状况（完成率、成活率和保存率）和林草植被种植面积；检查水土流失防治效果等。

②对其他单位工程，应核查主要部分工程的外观质量，对关键部位的几何尺寸进行测量；核查主要部位植物措施生长状况和林草植被种植面积；检查水土流失防治效果等。

（2）评估核实的方法

①对重要单位工程，工程措施的外观质量和几何尺寸主要采用目视检查和皮尺（或钢卷尺）测量，必要时采用 GPS 和经纬仪测量；混凝土浆砌石强度可采用混凝土回弹仪检查，必要时可以做破坏性检查；植物措施采用样方测量，必要时对覆土厚度、穴坑尺寸等做深坑、挖掘检查。

②对其他单位工程，工程措施的外观质量和几何尺寸采用目视检查和皮尺（或钢卷尺）测量；植物措施采用样方测量。

10.2.5.4　点型建设项目评估

点型建设项目包括矿山、电厂、城市建设、水利枢纽、水电站、机场等布局相对集中、呈点状分布的建设项目。这类项目的重点评估范围是土石方扰动较强、水土流失防治措施集中、投资份额较高，以及容易造成水土流失危害的区域。如火电站的贮灰场、水利枢纽的取土场和弃土（渣）场及周边地区、矿山中的矸石山（场）等区域。

点型建设项目技术评估核查的比例应达到以下要求：

重点评估范围内的水土保持单位工程应全面查勘，分部工程的抽查核实比例应达到50%；其他评估范围的水土保持单位工程查勘比例应达到50%，分部工程的抽查核实比例达到30%；重要单位工程应全面查勘，其分部工程的抽查核实比例应达到50%。

10.2.5.5　线型建设项目评估

线型建设项目包括公路、铁路、管道工程、灌渠等布局跨度较大、呈线型分布的建设项目。重点评估范围为主体工程沿线附近的弃土（石、渣）场、取土（石、料）场、伴行（临时）道路；穿（跨）越河（沟）道、中长隧道、管理站所等沿线关键控制点。

线型建设项目水土保持单位工程的查勘比例应达到以下要求：

重点评估范围内，单位工程查勘比例应达到50%；在不同地貌类型或不同侵蚀类型区，应分别进行核实；其他评估范围内，单位工程查勘比例应达到30%；对重要单位工程，查勘比例应达到80%。

按照工程建设扰动地表强度的不同，线型建设项目可分为扰动强度较弱的 A 类项目和扰动强度较强的 B 类项目。输汽（输油）管道、输电线路等属于 A 类项目，公路、铁路等属于 B 类项目。

对 A 类项目，重点评估范围中分部工程抽查核实比例应达到40%，其他评估范围应达到30%；对 B 类项目，重点评估范围中分部工程抽查核实比例应达到50%，其他评估范围应达到30%；混合类型项目先划分成点型和线型分（支）项目，再参照上述要求确定单位工程查勘比例和分部工程抽查核实比例，其中线形分项目的比例应调增10%。

10.2.5.6　评估标准和成果要求

（1）通过技术评估的条件

①建设项目水土保持方案审批手续完备，水土保持工程设计、施工、监理、质量

评定、监测、财务支出的相关文件报告等资料齐全。

②水土保持设施按批准的水土保持方案及其设计文件建成，全部单位工程自查初验合格，符合主体工程和水土保持的要求。

③建设项目的扰动土地整治率、水土流失总治理度、土壤流失控制比、拦渣率、林草植被恢复率、林草覆盖率等指标满足建设项目水土流失防治标准，达到批复水土保持方案的防治目标。

④水土保持投资使用符合审批要求，管理制度健全。

⑤水土保持设施的后续管理、维护措施已落实，具备正常运行条件，且能持续、安全、有效的运转，符合交付使用要求。

（2）技术评估成果

①建设项目水土保持设施技术评估报告及相关附件。

②建设项目水土保持行政验收前需解决的主要问题及其处理情况说明。

③重要单位工程影像资料。

④建设项目水土保持设施竣工验收图。

10.2.6　行政验收

10.2.6.1　开展行政验收的条件和主要内容

（1）开展行政验收的条件

①通过技术评估。

②主要遗留问题和质量缺陷已经处理完毕，尾工基本完成，技术评估提出的行政验收前需解决的主要问题已经处理完毕。

③临时征、占地已经整治完毕并符合归还当地的条件。

④水土保持设施的管理、维护措施落实。

⑤历次验收或检查督查中发现的问题已基本处理完毕。

⑥国家规定的其他条件。

（2）行政验收的主要内容

①检查水土保持设施是否符合批发的水土保持方案及其设计文件的要求。

②检查水土保持设施施工质量和管理维护责任落实情况。

③检查水土保持投资完成情况。

④评价水土流失防治效果。

⑤对存在的问题提出处理意见。

（3）行政验收的形式与要求

行政验收时应成立验收组，验收组设组长1名(由验收主持单位的代表担任)，副组长1~3名。验收组一般由水行政主管部门、有关行业行政主管部门，相关工程质量监督单位、建设单位的上级主管部门、建设项目的主要投资方、技术评估等单位的代表组成。行政验收由验收组长主持；行政验收合格意见必须经2/3以上验收组成员同意。行政验收过程中有争议的问题，验收组长应提出裁决意见，若有1/2以上的验收成员不同意裁决意见时，验收主持单位对争议问题有裁决权；验收组成员必须在"水土保持设施专项验收意见"（以下简称验收意见）上签字，保留意见应有明确记载；建设、设计、施工、监理、监测、运行管理单位等列席行政验收会议，负责解答验收组的质疑，并在验收会议代表名单上签字。

（4）通过行政验收的评价标准

①建设项目水土保持方案审批手续完备，水土保持工程管理、设计、施工、监理、监测、专项财务等建档资料齐全。

②水土保持设施案批准的水土保持方案及其设计文件的要求建成，符合水土保持的要求。

③扰动土地整治率、水土流失总治理度、土壤流失控制比、拦渣率、林草植被恢复率、林草覆盖率等指标达到了批准的水土保持方案的要求及国和地方的有关技术标准。

④水土保持设施具备正常运行条件，且能持续、安全、有效运转，符合交付使用要求。且水土保持设施的管理、维护措施已得到落实。

同时符合以上四项标准，即可通过水土保持设施行政验收。

10.2.6.2 行政验收的任务与工作程序

（1）行政验收的主要任务

①审查建设单位提交的验收申请材料，受理验收申请。

②听取技术评估机构的技术评估汇报，确定行政验收时间。

③召开预备会议，听取建设单位有关验收情况的准备情况汇报，确定验收组成员名单。

④现场检查水土保持设施及其运行情况。从水土保持设施竣工图中抽取重点工程和重点部位，现场查勘不同防治区和主要防治措施的质量、数量、防治效果、生态与环境状况等。

⑤查阅有关资料。

⑥召开验收会议。

（2）召开验收会议的主要程序

①宣布验收会议议程。

②宣布验收组成员名单。

③观看工程声像资料。

④听取建设单位的"工作总结报告"和"技术报告"。

⑤听取施工单位"施工总结报告"。

⑥听取监理单位"监理总结报告"。

⑦听取监测单位"监测总结报告"。

⑧听取技术评估单位"评估报告"。

⑨会议质询。

⑩验收组讨论并形成"水土保持设施专项验收意见"（以下简称验收意见），落实

遗留问题处理责任及核查单位。

⑪宣布水土保持设施"验收意见"，验收组成员在"验收意见"上签字。

如果在验收过程中发现重大问题，验收组可停止验收，待处理完毕后再组织验收。

验收合格的项目，验收主持单位负责印发验收合格的批复文件，作为建设项目竣工验收的重要依据之一。

行政验收中发现的遗留问题，由建设单位负责整改，并由水行政主管部门监督实施(以下简称核查单位)。

验收意见应准确反映工程建设的实际情况，达到合格及以上标准的水土保持设施的质量结论应当确定为合格。建设单位和工程参建单位可依据有关评定标准，自主决定参加有关建设项目水土保持示范工程等奖励或荣誉证书的申报。

对通过验收的建设项目，建设单位在收到合格的批复文件后，还应注重水土保持设施的管护和修复工作，确保水土保持设施的安全运行。

附　录 A

各项治理措施验收质量要求

A1　坡耕地治理措施质量要求

A1.1　梯田(梯地)

A1.1.1　梯田应做到集中连片，梯田区的总体布局(包括梯田区位置、道路与小型蓄排工程)、田面宽度、田坎高度与坡度、田边蓄水埂等，规格尺寸符合规划、设计要求。

A1.1.2　水平梯田(隔坡梯田的水平台)应做到田面水平，田坎坚固，田边有宽1m 左右反坡。

A1.1.3　坡式梯田应做到田埂顶部水平，地中集流槽内有水簸箕等分流措施。

A1.1.4　暴雨中田坎(田埂)被冲毁处已及时修补复原。

A1.1.5　田坎利用应种有经济林、草，种植密度与成活率符合设计要求。

A1.2　保土耕作

A1.2.1　沟垄种植、抗旱丰产沟、休闲地水平犁沟等改变微地形的保土耕作法，应做到规格尺寸与基本作法符合设计要求。一般地区要求顺等高线布设，在雨量较大、沟垄需要排水的地区，沟垄与等高线的倾斜度应符合设计要求。

A1.2.2　草田轮作、间作套种、休闲地种绿肥等增加地面被覆的保土耕作，在总的作法符合设计要求基础上，着重要求暴雨季节地面有植物覆盖。

A1.2.3　深耕、深松等保土耕作，要求划破"犁底层"。增施有机肥的要求土壤中的团粒结构和保水能力有显著增加。

A2　荒地治理措施质量要求

A2.1　水土保持造林

A2.1.1 要求总体布局合理，造林位置恰当，不同林种、树种适应当地的立地条件，生长良好，各类树种的造林密度符合设计要求。

A2.1.2 各类树种的配置，能满足群众解决燃料、饲料、肥料和增加经济收入的需要。经济林、果、薪炭林、放牧林、用材林等各占适当的比例。

A2.1.3 工程整地的形式与当地地形适应，其规格尺寸与施工质量都符合设计要求。

A2.1.4 当年成活率在80%以上(春季造林，秋后统计；秋季造林，第二年秋后统计)，3年后的保存率在70%以上。

A2.2 水土保持种草

A2.2.1 种草的位置分布合理，符合各类草种所需的立地条件，种草密度符合设计要求。

A2.2.2 采用经济价值高、保土能力强的优良草种，能满足解决群众燃料、饲料、肥料和促进畜牧业发展，增加经济收入的需要。

A2.2.3 干旱、半干旱地区采用了抗旱栽培技术。

A2.2.4 当年出苗率与成活率在80%以上，3年后保存率在70%以上。

A2.3 封禁治理

A2.3.1 当年开展时应达到以下要求：

a. 封禁区四周有明显的标志，有专人专管，有合理的封禁规划和计划；

b. 有明确的封禁制度和相应的乡规民约，并做到家喻户晓；

c. 封山育林结合了补植、平茬复壮、修枝疏伐等抚育措施，封坡育草结合了补播、灌水、施肥、铲除毒草等管理措施。

A2.3.2 封禁3~5年后应达到以下要求：

a. 封禁期内严格按规划、计划和有关制度实施，无破坏林草事件发生；

b. 林、草郁闭度达80%以上，水土流失显著减轻。

A3 沟壑治理措施质量要求

A3.1 沟头防护工程

A3.1.1 当年施工的，做到修建位置恰当、规格尺寸与施工质量都符合设计标准。

A3.1.2 经暴雨考验后，做到工程完好、稳固，沟头不再前进。

A3.2 谷坊、淤地坝、小水库、治沟骨干工程

A3.2.1 进行了坝系规划，各项工程的位置布设合理。

A3.2.2 按照规定的暴雨频率，进行了坝库建筑物设计，工程施工的规格尺寸符合设计要求，蓄洪(滞洪)量和排洪量能保证坝库安全。

A3.2.3 土坝坝体均匀压实，无冻块缝隙，干容重达1.5t/m3以上，与坝体内泄水洞和坝肩两端山坡结合紧密。

A3.2.4 溢洪道、泄水洞等石方建筑物，料石、块石的规格、质量符合标准，胶合材料(水泥、白灰砂浆等)性能良好、砌石牢固、整齐。

A3.2.5 经暴雨洪水考验后，各项工程基本完好，局部小的损毁能很快修复。

A3.2.6　淤地坝坝地的防洪保收措施完备，同时在设计频率的暴雨下保证收成。小水库做到减淤措施落实，能保证使用寿命，蓄水利用 20 年以上。治沟骨干工程在暴雨中能发挥保护沟中其他工程的作用。

A3.3　崩岗治理

A3.3.1　崩口以上集水区进行了综合治理，减少了地表径流来源。

A3.3.2　天沟的规格尺寸、容量、排量、施工质量都符合设计要求，在设计频率暴雨下能保证地表径流不入崩口。

A3.3.3　谷坊、拦沙坝的总体布局合理、工程规格尺寸、容量与施工质量都符合设计要求，经暴雨考验基本完好。淤出的沙渍地得到有效的利用。

A3.3.4　崩壁两岸小平台的规格尺寸、施工质量都符合设计要求；平台上种植树、草既有保土能力，又有经济价值；经暴雨考验，小平台基本上完好无损。

A4　风沙治理措施质量要求

A4.1　沙障。要求布设的位置和形式、使用的材料、施工的方法和质量都符合设计要求，并于布设当年就起到固沙作用。

A4.2　防风固沙林带、农田防护林网、成片造林等。要求布局合理、林带走向、宽度、树种、林型、株行距等都符合设计要求。造林当年成活率在80%以上，3年后保存率在70%以上。

A4.3　沙柳等灌木的开发利用，采取迎主风方向带状种植、带状间伐、带状轮栽的作法，地面始终保持有防风固沙植物。

A4.4　引水拉沙造田，配套工程(蓄水池、引水渠、冲沙渠等)齐备，布局合理，造出的田面平整，且有林带保护，不致遭受风沙危害。

A5　小型蓄排引水工程质量要求

A5.1　坡面截水沟、排水沟等做到总体布局合理，能有效地控制上部地表径流，保护下部的农地或林草地；断面尺寸与施工质量符合设计要求，排水去处有妥善处理。

A5.2　水窖、蓄水池做到布设位置合理，有地表径流水源；规格尺寸与施工质量符合设计要求，蓄水容量能满足人畜饮用需要。

A5.3　上述各项工程经规定频率的暴雨考验，完好率在90%以上。

A5.4　引洪漫地

A5.4.1　拦洪坝、引洪渠等工程的规划布局、断面尺寸、渠道比降和各项工程的施工质量，都达到设计要求，引洪过程中渠系做到不冲不淤。

A5.4.2　淤漫地块要求布设合理，暴雨洪水中能迅速、均匀地淤漫全部地块。

A5.4.3　在设计频率的暴雨洪水下，各项建筑物和淤漫地块基本上完好无损；局部损毁的能很快补修完好。

A5.4.4　按照规划设计的技术要求，有计划地实施淤漫成地，并获得高产。

附 录 B

各项治理措施质量测定方法

B1 基本规定

B1.1 本附录与附录 A、附录 C 配套使用，根据附录 A 规定的质量要求进行质量测定，质量测定结果符合要求的才进行数量统计。

B1.2 严格按照质量测定的操作规程办事。

B1.2.1 在每项治理措施的质量测定中，所需测定的面积、座（个）数、部位、以及取样的数量等，都应分别按照该项措施质量测定的有关规定执行，不应任意减少。

B1.2.2 对每项治理措施的质量测定方法，应按照该项措施质量测定的规定方法执行，不应任意改变。对各项质量测定结果，应及时准确地记载，并同时注明测定的方法。

B1.2.3 特殊情况下需改变测定方法时，应论证其改用方法的可靠性，并在记载测定结果时，注明改用的方法及其理由。

B1.3 质量测定采用的仪器和工具应符合标准。

B1.3.1 测定质量以前，应对使用的仪器和工具进行检查，符合标准才能使用。

B1.3.2 当仪器有某种误差影响质量测定结果时，应在计算中消除其误差，求得准确结果，然后记载，并注明消除误差的情况。

B1.4 质量测定应贯彻到施工与验收的全过程。

B1.4.1 造林种草等植物措施，从总体部署、工程整地、种子、苗木、栽植，直到完成，各道工序的质量都应及时进行测定，不合要求的及时改正，前一道工序质量不合要求的，不进行后一道工序，以保证质量，避免返工浪费。

B1.4.2 各类工程措施，从总体部署、施工设计到清基、备料、开挖、填筑、砌石等直到完成，各道工序的质量都应进行测定，不合要求的应及时改正，不应只在竣工后才测定一次，致使有些不合要求的工程无法纠正，造成隐患。

B1.4.3 造林种草在完成施工后 1～3 年之内，应测定其成活率与保存率。各类工程措施在竣工后 3 年之内，应测定其经暴雨、洪水考验的质量。

B1.5 结合成果质量测定，确定治理成果数量。

B1.5.1 各项治理措施成果统计的原则是：质量不合要求的，不统计其数量。质量测定应直接为成果数量统计服务。

B1.5.2 在单项治理措施施工过程中，实施主持单位对施工承包单位的治理成果进行验收时，一般应测定质量与验收数量同时进行。梯田、林、草的面积等措施数量还应通过质量测定，在弄清其规格尺寸基础上，才能最后确定数量。

B1.5.3 竣工验收时，在确定各项治理措施数量的基础上，计算土地利用结构的变化。

B2 坡耕地治理措施的质量测定

主要包括梯田（梯地）、保土耕作两方面，至于坡耕地退耕造林种草，其质量测定要求与荒地造林种草相同。

B2.1　梯田的质量测定。应在观察了解其总体布局是否合理基础上，着重测定其规格尺寸与施工质量。

B2.1.1　水平梯田规格尺寸的测定

B2.1.1.1　田面宽度的测定，用皮尺或测绳丈量。如田面为规整的矩形，在田面中部量一处即可。如田面不规整，则在田面中部和距两端各约 1/5 部位，共量 3 处，取其平均值。

B2.1.1.2　田面长度的测定，用皮尺或测绳丈量。如田面为规整的矩形，则顺田坎量其长度即可。如田面不规整，则在田面最外边、最里边和中部共量三处，取其平均值。

B2.1.1.3　田面净面积，采取田面平均宽度乘以平均长度算得(以平方米计，除以 10 000，折合为公顷)。

B2.1.1.4　田坎高度和坡度的测定。田坎高度用木尺或钢卷尺量、田坎坡度用坡度尺(或量斜仪)量。如一条田坎各处高度、坡度一致，只在田坎中部量一处即可；如不一致，则在中部和距两端各约 1/5 处，共量 3 处，取其平均值。

B2.1.1.5　田坎占地宽度的测定。根据田坎高度和坡度，用三角关系计算而得。

$$b = h\cot\theta$$

式中　h——田坎高度 m；

　　　θ——田坎坡度(°)；

　　　b——田坎占地宽度(m)。

B2.1.1.6　用两根木尺测定田坎尺寸，一人执木尺竖于田坎根部，使之垂直地面，读出田坎高度为 h；另一人用另一木尺从田坎顶部量到垂直木尺上，与之正交，读出田坎占地宽度为 b；则田坎坡度 θ 为：

$$\theta = \cot{-1}b/h$$

B2.1.2　水平梯田施工质量的测定

B2.1.2.1　田面横向是否水平的测定。一人执木尺立于田面里侧，另一人执手水准立田边，看尺读数，如读数与仪器高度相等，或高差小于 1%，则田面水平。

B2.1.2.2　田面纵向是否水平的测定。在田面两端各有一人持水平尺，田面中部一人持手水准，先后向左右两端看尺上读数，如两端读数相等或高差小于 1%，则田面水平。田埂顶部是否水平，采用同样方法测定。

B2.1.2.3　田坎是否坚固的测定。在田坎上取土样测定其干容重，达 1.3t/m³；或人从田坎上来回走一遍，田坎不坍塌、坎顶无陷坑，即算合格。

B2.1.3　隔坡梯田质量测定。其平台部分的规格尺寸、施工质量的测定，与水平梯田相同；其斜坡部分的宽度和坡度，应用皮尺和测坡仪量，折算为垂直投影宽度；测定其与平台的比例，是否与设计相符。也可采用两人各执一根木尺，一扶垂直，一执水平，直角相交，同时测得斜坡部分的垂直高度与水平宽度，再用三角关系计算其坡度。

B2.1.4　坡式梯田质量测定。田面规格尺寸与田埂坚实程度的测定方法与水平梯田相同。但应着重测定田埂顶部是否水平(与水平梯田测定田面纵向是否水平方法相同),地中集流槽是否处理。

B2.1.5 石坎梯田质量测定。田面规格尺寸、施工质量等测定方法与水平梯田相同;田坎应着重观察砌石的施工质量,要求外沿整齐,砌缝上下交错、左右咬紧,先砌大块,后砌小块,逐层上升,最上一层用大块压顶。

B2.1.6 暴雨后梯田质量的测定。检查在田坎(田埂)总条数中,有坍塌现象的条数,求得其比例(%);量坍塌田坎(田埂)的长度(m),求得占田坎(田埂)总长度(m)的比例(%)。要求田坎(田埂)有坍塌现象的条数比例和长度比例都不超过10%。同时观察田面是否有细沟侵蚀等现象。

B2.2 保土耕作的质量测定

B2.2.1 改变微地形保土耕作法的质量测定

B2.2.1.1 沟垄种植法与抗旱丰产沟、休闲地上水平型沟等的沟、垄宽度和深度,都用木尺或钢卷尺量得。在地块中轴线的上部、中部、下部,各量一条沟、垄,取其平均值,检查是否符合设计要求。

B2.2.1.2 等高耕作、沟垄种植、抗旱丰产沟等的沟垄走向是否水平,或沟垄走向的倾斜度是否符合设计要求,都用手水准测定。测定水平的方法与梯田测纵向田面水平相同。测倾斜度时,基本作法相似,但两端水平尺上读数不同;用两端读数之差(m)除以二尺之间的水平距离(m),求得沟垄走向的倾斜度。

B2.2.2 增加地面植被保土耕作法的质量测定

B2.2.2.1 首先应观察草田轮作中的粮食作物与牧草、间作套种中的高秆作物与簇生作物、休闲地种绿肥等措施选种的作物种类与品种是否符合设计要求,着重观察暴雨季节是否地面有植物覆盖。

B2.2.2.2 暴雨季节应在上述各项措施地块中轴线的上部、中部、下部,各选一个 5m×5m 的样方,测定其植物盖度。测定方法是:在样方内用目测作物(牧草)枝叶垂直投影面积(m^2)与样方面积($25m^2$)之比,即为此项措施对地面的植物盖度。可与无此措施的一般耕作暴雨季节地面植物盖度进行对比,算得增加的盖度。

B2.2.3 加深土壤耕深保土耕作方法的质量测定。在地块中轴线的上、中、下部各选一个 1m×1m 的样方,用铁锨挖开一道宽 50cm 的小坑,用木尺或钢卷尺量得耕作的深度,着重观察耕深是否划破了"犁底层"。

B3 荒地治理措施的质量测定

B3.1 水土保持造林的质量测定

B3.1.1 造林总体布局的检查。对照水土保持造林规划图与完成情况验收图,在小流域内全面走看一遍,检查林种、林型、树种是否适合立地条件并符合规划、设计的要求,按小地名逐片作好记载。特别注意检查经济林、果园的数量、位置、立地条件是否合适。

B3.1.2 整地工程的测定。水平沟、水平阶、反坡梯田、鱼鳞坑等整地工程的断面尺寸,用木尺或钢卷尺量;工程是否水平用手水准量。在规定的抽样范围内,取一面坡的中轴线,在上部、中部、下部各选一条整地工程,进行测定,取其平均值,检查其是否符合设计要求。

B3.1.3　树苗质量的测定。用木尺或钢卷尺测定树苗的高度、根径，检查是否符合设计的苗龄要求。并检查树根是否完好、枝梢是否新鲜，判断其栽植后能否保证成活。

B3.1.4　株行距和造林密度的测定。一般水土保持林取 10m×10m 样方，果园和造林密度较小的经济林取 30m×30m 样方，用皮尺量其株行距，同时清点样方内的造林株数，由此推算每公顷的造林株数。株距在同一水平线上量两树的根部；陡坡行距取水平距离，测定时由两人各执一木尺，一人将木尺垂直竖于下行树根处（或与其等高位置），另一人将木尺水平置于上行树根处，二木尺直角相交，在平置木尺上读出上下两行间的行距。

B3.1.5　造林成活率和保存率的测定。造林一年后和三年后，分别测定其成活率与保存率。不分林种、林型，在规定的抽样范围内，取样方 30m×30m，检查造林株数、成活株数与保存株数。采取成活株数除以造林株数，算得成活率（%），保存株数除以造林株数算得保存率（%）。

B3.2　水土保持种草的质量测定

B3.2.1　种草总体布局的检查。对照水土保持种草规划图与完成情况验收图，到有种草面积的现场逐片观察，分清荒地或退耕地上长期种草与草田轮作中的短期种草，按小地名分别作好记载。

B3.2.2　整地情况的测定。根据规定的抽样范围，在一面坡的中轴线上取上、中、下三处，用木尺或钢卷尺测定整地翻土深度，并观察其耙耱碎土情况，看是否达到"精细整地"要求。

B3.2.3　种草出苗与生长情况的测定。在规定抽样范围内取 2m×2m 样方，测定其出苗与生长情况。用目测清点其出苗株数，以每平方米面积上有苗 30 株为合格。草长成后，在同样尺寸的样方上，用木尺或钢卷尺测定其自然草层高度，并目测其垂直投影对地面的盖度（%）。

B3.3　封禁治理的质量测定

B3.3.1　封禁措施的检查。对照封禁治理规划图与完成情况验收图，围绕封禁区四周走一遍，检查封禁范围是否有明确的界限，是否有专人管理，管理人员的职责、工作地址与工作条件是否落实。

B3.3.2　封禁制度的检查。对照封禁制度与乡规民约，进入封禁区，现场观察封禁和轮封轮放的具体执行情况，检查是否有违反制度、破坏林草现象。

B3.3.3　抚育、管理措施的检查。进入封禁区现场观察，封山育林是否按规划、设计要求、结合进行了补播、修枝、疏伐等抚育措施；封坡育草是否按规划设计要求结合进行了补播、灌水、施肥、铲除毒草等措施。

B3.3.4　封山育林效果的测定。在规定的抽样范围内，取 20m×20m 的样方，清点原有残林株数和新生幼林株数，并各选 10 株老树和新树，分别用钢卷尺或木尺测定其株高、冠幅，用卡尺测定其根（胸）径，推算其对地面的覆盖度（%）。

B3.3.5　封坡育草效果的测定。在规定的抽样范围内，取 2m×2m 的样方，观察其草丛结构，并测定其牧草质量、生物产量与对地面的盖度。

B4 沟壑治理措施的质量测定

B4.1 沟头防护工程的质量测定

B4.1.1 蓄水型沟头防护工程，用皮尺测定防护土埂与沟头之间的距离（应在 2m 以上）和土埂长度，用钢卷尺或木尺测定土埂断面尺寸（设计顶宽和内外坡），同时观察沟头以上水路情况，检查防护工程是否能有效地防止径流下沟。暴雨后观察工程是否完好，沟头是否前进。

B4.1.2 排水型沟头防护工程，用皮尺和钢卷尺或木尺测定排水设施的各部尺寸，检查该项工程各构件与沟头地面的结合部位是否牢固，排水出口处的消能设备是否完善；暴雨后着重检查这两处有无损毁。

B4.2 谷坊工程的质量测定

B4.2.1 对各类谷坊首先应现场测定其总体布局，用皮尺测定坊间的水平距离，用手水准测定下坊顶部与上坊趾部之间的沟底比降，并检查是否能有效地制止沟底下切。

B4.2.2 土谷坊用皮尺测定坊顶长度、宽度、最大高度、上下游坡比、溢洪口尺寸（长度、深度、上下口宽度）等；并在坝顶中部和距两端各约 1/5 处，用环刀取坝体土样（取样部位为坝顶一处，上、下游坡各二处），测定其干容重（要求不小于 1.5t/ m³）。

B4.2.3 石谷坊应用皮尺测定其断面尺寸（长度、宽度、最大高度、上下游坡比），着重测定施工质量，在最大坊高处用钢卷尺或木尺测定铺砌石的厚度、宽度、高度，测定水泥砂浆的配合比是否恰当，衬砌技术是否作到"平、稳、紧、满"四字要求（砌石顶部要平，每层铺砌要稳，相邻石料要靠得紧，缝间砂浆要灌饱满），两端与山坡接头处是否牢固。

B4.2.4 柳谷坊应用钢卷尺或木尺测定柳桩长度、直径、入土深度、桩距、行距等尺寸，并检查柳梢是否分层平顺填实，捆紧柳梢的铅丝是否牢固。

B4.2.5 暴雨后观察各类谷坊完好程度，如有损毁，用皮尺、木尺或钢卷尺测定损毁部位的长、宽、深度，做好记载。

B4.3 大型淤地坝、小水库、治沟骨干工程的质量测定

B4.3.1 对照坝系规划图和完成验收图，检查坝系工程的总体布局是否全面和完善，各类坝库的坝址是否恰当，每一坝库的建筑物（土坝、溢洪道、泄水洞）具体位置是否合适。

B4.3.2 各类坝库土方填筑、石方衬砌以前，就应检查其清基工作是否完善。用皮尺测定清基范围是否足够（应比坝趾坡脚线加宽 0.5 ~ 0.6m），检查此范围内地面表土、淤泥、卵石、砾石、树根等是否清除干净，洞穴等隐患是否处理，并用测坡仪测定两岸山坡削坡以后的坡度是否合适（土坡不陡于 1：1，石坡不陡于 1：0.75），用钢卷尺或木尺测定坝轴线与山坡接头处开挖的接合槽深度（要求不小于 0.5m），坝底沟床上开挖的截水槽断面尺寸与回填土料是否符合设计要求。

B4.3.3 土坝的坝轴线、溢洪道与涵洞的中心线，应根据施工时设置的控制桩，

在不同施工阶段，进行多次测定和校正，要求中心线位移不超过 ±15mm。

B4.3.4　土坝的上坝土料，在分层夯实过程中，及时测定其质量。包括土料含水量、每层铺土厚度、压实次数、对照施工单位的施工记录，每压实一层进行一次核实；并挖坑用环刀取土样，测定其干容重（要求不小于 $1.5t/m^3$），直到坝体全部完成。取土样位置，按碾压面积，大致每 $200m^2$ 一个，对死角、坝端、接缝等薄弱处应加密取样。同时各层土样取土位置要错开，应取在上下两层接合处，包括上层 2/3、下层 1/3。要求压实干容重不合格的样品数不得超过样品总数的 10%。

B4.3.5　溢洪道、泄水洞的石方或混凝土方工程，在衬砌之前，用皮尺测定其各构件部位基础的尺寸和质量；溢洪道的溢流堰顶高程，泄水洞的涵洞比降，在衬砌施工前用水平仪测定是否符合设计要求，土质基础测定其是否分层压实与压实后的干容重；石方衬砌过程中测定其砂浆配料是否符合规定，铺砌技术是否符合"平、稳、紧、满"四字要求，以及坝体和山坡结合部位是否牢固。

B4.3.6　反滤体堆砌过程中，由下到上、由里到外，及时测定其每层堆砌沙料与石料的级配、高度、厚度、长度，检查其是否符合设计要求。

B4.3.7　土坝、溢洪道、泄水洞三大件每项分部工程完成后，及时用皮尺和测坡仪测定其各部尺寸，包括土坝的坝高、顶宽、顶长、上下游坡比等，溢洪道的引水渠、宽顶堰、渐变段、陡坡、消力池等，泄水洞的卧管、涵洞、消力池等，是否符合设计要求，检查其能否满足蓄洪、排洪和泄水的需要。泄水洞竣工后，采取灌水或浓烟法充满洞内，检查是否漏水、漏烟。如发现漏水、漏烟，用水泥砂浆或沥青麻刀封堵。

B4.3.8　土坝竣工后，顺坝轴线长度每 1/10 处设一高程标志点，在岸坡上用水平仪测定其高程，作好记载；在竣工后一年内每三个月再测一次各标志的高程，检查是否有不均匀沉陷。

B4.3.9　暴雨洪水后，及时检查坝库各项建筑物是否完好无损，如有损毁，及时测定其损毁部位的尺寸，并查明其原因，作好记载。

B4.3.10　坝库蓄水后，检查坝下有无管涌和浑水现象，坝体与两岸山坡接合处有无渗水现象。如有，应测定其水量，查明原因，及时处理，并做好记载。

B4.4　崩岗治理措施的质量测定

B4.4.1　以每一个崩口为单元，对照其规划图与完成措施验收图，现场检查其总体布局，是否符合规划要求。

B4.4.2　崩口以上排水天沟的质量测定，参照沟头防护与坡面小型蓄排工程的质量测定要求执行。

B4.4.3　崩口内谷坊、拦沙坝的质量测定，参照侵蚀沟治理中谷坊、淤地坝的质量测定要求执行。

B4.4.4　崩壁两岸小平台种树种草的质量测定，参照荒地治理中造林、种草质量测定的要求执行。

B5　风沙治理措施的质量测定

B5.1　以一定规划范围（乡、村或小流域）为单元，对照其规划图与完成措施验收图，现场检查其总体布局是否符合规划的要求。

B5.2 用罗盘仪测定防风固沙林带与农田防护林网的主林带走向是否与主风向正交(农田防护林网的主林带，如不与主风向正交时，其偏角不应大于45°)，用皮尺测定林带的宽度、树木的株行距。

B5.3 造林的栽培质量及其成活率、保存率的测定，参照荒地治理质量测定中有关规定执行。

B5.4 用皮尺测定引水拉沙造地的平面尺寸，用手水准测定其水平程度。测定方法参照水平梯田质量测定方法执行。

B6 小型蓄排引水工程质量测定

B6.1 坡面小型蓄排工程的质量测定

B6.1.1 以每一完整坡面为单元，逐坡观察坡面截水沟、蓄水池、排水沟、沉沙池的位置、数量，是否符合规划、设计要求，是否能保证其下部农田和林地、草地的安全。

B6.1.2 截水沟的长度用皮尺丈量，其断面尺寸(深度、上口宽、底宽)应用钢卷尺或木尺测定，每一条截水沟的中部和距两端各约1/5处，分别各测一次，取其平均值。截水沟比降(水平或有微度倾斜)用手水准与水平尺测定，每条截水沟中部各测长约30m一段，计算其蓄排能力是否符合设计要求。

B6.1.3 蓄水池的长、宽、深用皮尺或测绳测定，并计算其容量。土质蓄水池，检查其防渗措施。石砌蓄水池，测定其砌石质量，用钢卷尺或木尺量料石厚度(要求不小于30cm)与接缝宽度(要求不大于2.5cm)，铺砌中是否做到"平、稳、紧、满"四字。

B6.1.4 排水沟应用钢卷尺或木尺测定其断面尺寸，用手水准测定其比降，并计算其排水量是否符合设计要求。着重检查其排水去处，是否有防冲措施。

B6.1.5 水窖首先检查其是否有地表径流来源、径流入窖前的拦污、沉沙措施是否齐全、完善；用皮尺测定窖身各部尺寸，计算其单窖容量，检查其防渗措施和效果。

B6.2 引洪漫地措施的质量测定

B6.2.1 以一个完整的引洪区为单元，对照规划图和完成验收图，现场检查其总体布局是否符合规划要求，河道引洪和沟道引洪的拦洪坝、溢洪道、引洪渠、各级输水渠以及田间工程等布局是否合理。

B6.2.2 应用皮尺测定各项建筑物的外部尺寸，用钢卷尺或木尺测定各级渠系横断面，用水平仪测定各级渠系比降，每级渠系各测定三处(在该渠段中部和距两端各约1/5处)。结合测定引水含沙量，审定其是否符合不冲不淤流速的要求。

B6.2.3 各类土方填挖工程、石方衬砌工程的质量测定，参照沟中坝库和坡面小型蓄排工程质量测定的有关规定执行。

B6.2.4 淤漫技术的质量测定。在竣工后第一年引洪淤漫和每次较大暴雨淤漫后，测定一次淤地厚度，检查漫区总体和每一地块的各部位，是否淤漫均匀。同时检查各类建筑物是否完好；对有损毁的部位，测定其损毁尺寸，查明原因，作好记载。

附　录 C

各项治理措施成果统计要求

C1　基本要求

各项治理措施必须符合附录 A 规定的质量要求，并经用附录 B 规定的质量测定方法确认后，才能作为治理成果，进行其数量统计。

C2　坡耕地治理措施统计要求

C2.1　梯田(梯地)

主要统计其当年完成面积和累计完成面积的保存数(以公顷计)。不同形式的梯田，有不同的要求。

C2.1.1　水平梯田，统计其净田面面积和埂坎占地面积(按垂直投影计，下同)，不能以原坡耕地面积作为梯田面积。

C2.1.2　隔坡梯田，统计其平台部分和隔坡部分面积(按垂直投影计)，同时统计其埂坎占地面积。

C2.1.3　坡式梯田，统计其种植面积(按垂直投影计)和田埂占地面积。

C2.1.4　田坎利用，统计其已利用的田坎长度(m)、与此长度相应的梯田面积(hm^2)和种植经济树木的数量(株)。

C2.2　保土耕作

C2.2.1　必须是在未修基本农田的坡耕中采用的保土耕作法，才纳入统计。

C2.2.2　分别统计其每年完成的面积。同一地块，当年采用保土耕作，当年可统计其面积；第二年不采用，就不再统计。各年实施面积可供参考，但不应作为治理面积累计。

C3　荒地治理措施统计要求

C3.1　水土保持造林

C3.1.1　当年完成的，统计其开展面积；3 年后经过核实统计其保存面积。历年的开展面积和保存面积应分别累计。

C3.1.2　不同的树种(乔木、灌木、经济林、果园等)分别统计。

C3.1.3　有工程整地的面积与无工程整地的面积分别统计。

C3.2　水土保持种草

C3.2.1　对荒坡与退耕地上长期性种草和草田轮作中的牧草与休闲地上种绿肥等短期性种草，应分别统计。

C3.2.2　长期性种草，当年统计其开展面积，3～5 年后经过核实统计其保存面积，其开展面积与保存面积应分别累计；短期性种草，只统计其当年开展面积，不应累计。

C3.3　封禁治理

C3.3.1　封山育林与封坡育草的开展面积与保存面积应分别统计。

C3.3.2　当年采取的封禁措施，经检查验收合格，统计其开展面积；3～5 年后，林、草达到封育治理成果要求的，统计其保存面积。

C4 沟壑治理措施统计要求

C4.1 沟头防护统计其当年开展数量与历年累计保存数量(座)及其相应的土、石方工程量(m^3)和蓄水型沟头防护的容量(m^3)。

C4.2 谷坊、淤地坝(拦沙坝)、小水库(塘坝)、治沟骨干工程等，统计其当年开展数量与历年累计数量(座)及其库容(m^3)、土石方工程量(m^3)。

C4.3 淤地坝(和淤平后改作坝地用的小水库)，同时统计其坝地面积，坝修成后地未淤平的，统计其"可淤地面积"，淤平以后统计为"已淤地面积"，种地以后再统计其"种植面积"(因有一部分面积不种植)。各类坝地除统计当年新增数外，还应统计累计保存数。

C4.4 崩岗治理措施统计

C4.4.1 对于正在进行治理的，统计其开展治理崩口的数量(个)及相应的各项治理措施的数量、容量及土、石方工程量；对于已完成治理措施并经暴雨考验确实已控制崩岗发展的，统计其已治理崩口的数量(个)及其相应的各项治理措施的数量、容量及土、石方工程量。

C4.4.2 天沟统计其长度(m)、容量、土石方量。谷坊、拦沙坝统计其座数、容量、土石方量；淤出的沙渍地统计其面积。崩壁两岸小平台统计其面积、土方量，种植树木数量(株)。当年施工验收合格的统计开展面积，经暴雨考验工程基本完好的统计保存面积。

C5 风沙治理措施统计要求

C5.1 沙障固沙与沙地种草、成片造林等措施当年施工验收合格的，统计其开展面积；3年后根据其保存情况，统计其保存面积，保存面积应当累计。

C5.2 大型防风固沙林带与农田防护林网，除按上述要求统计其开展面积与保存面积外，还需统计受其保护免遭风沙危害的土地面积和农田面积。

C5.3 引水拉沙造田、碱滩地改良等措施，统计其开展面积与累计保存面积。同时统计其有关设施(蓄水池、引水渠)的开展数量(蓄水池以座计，引水渠以米计)。

C6 小型蓄排引水工程统计要求

C6.1 坡面截水沟(m)、排水沟(m)、蓄水池(个)、水窖(眼)等统计其当年完成和历年累计完成的数量，及其相应的容量(m^3)。

C6.2 引洪漫地工程

C6.2.1 当年施工验收合格的统计其开展面积，经暴雨洪水考验工程完好的统计其保存面积，并应累计。

C6.2.2 同时统计其配套工程拦洪坝(座)、引洪渠(m)等，并统计其土石方工程量(m^3)。当年施工验收合格的，统计其开展数量；经暴雨洪水考验工程完好的统计其保存数量，二者都应累计。

附 录 D　各项治理措施验收抽样比例

治理措施	验收面积或座数	抽样比例(%)		备 注
		阶段验收	竣工验收	
梯田、梯地	<10hm²	7	5	
	10~40hm²	5	3	
	>40hm²	3	2	
造林、种草	<10hm²	7	5	
	10~40hm²	5	3	
	>40hm²	3	2	
封禁治理	40~150hm²	7	5	
	>150hm²	5	3	
保土耕作		7	5	
截水沟		20	10	
水窖		10	5	
蓄水池		100	50	
塘坝		100	100	
引洪漫地		100	50	
沟头防护		30	20	
谷坊	<100座	12	10	
	>100座	10	7	
淤地坝		100	100	
拦沙坝		100	100	

本章小结

　　水土保持项目的验收管理是水土保持工作非常重要的环节，是检验和衡量水土保持项目实施效果的标准。验收的重点都是各项治理措施的质量和数量以及治理措施的单项效益与综合效益。开发建设项目水土保持设施的验收包括建设单位开展的自查初验和审批水土保持方案报告书的水行政主管部门主持的水土保持设施行政验收两个方面。通过严格的验收管理，对项目是否符合规划设计要求以及建筑施工和设备安装质量进行全面检验，取得竣工合格资料、数据和凭证。

思 考 题

1. 简述水土保持生态建设项目验收的分类及验收程序。
2. 简述开发建设项目水土保持设施验收的分类与主要内容。
3. 论述开发建设项目水土保持设施验收中技术评估的内容和程序。
4. 水土保持生态建设项目验收与开发建设项目水土保持设施验收在验收组织与内容上有何差异？

参考文献

中华人民共和国水利部 . 2008. GB/T 15773—2008　水土保持综合治理 验收规范［S］. 北京：中国标准出版社 .

中华人民共和国水利部 . 2008. GB/T 22490—2008　开发建设项目水土保持设施验收技术规程［S］. 北京：中国标准出版社

第 11 章

开发建设项目水土保持管理

开发建设项目严重破坏水土资源、植被资源，引发严重的水土流失，特别是在山区、丘陵区、风沙区，以及在县级以上人民政府划分并公告的水土流失重点预防保护区、重点监督区和重点治理区的各类开发建设项目。因此，加强开发建设项目水土保持工作的管理尤为重要。本章主要介绍在开发建设项目实施全过程中，有关水土保持工作的管理规定、内容及要求。

11.1 基本概念

（1）开发建设项目水土保持工程

开发建设项目水土保持工程是指在建设或生产过程中，可能引起水土流失的公路、铁路、机场、港口、码头、水工程、电力工程、通信工程、管道工程、国防工程、矿产和石油天然气开采及冶炼、工厂建设、建材、城镇新区建设、地质勘探、考古、滩涂开发、生态移民、荒地开发、林木采伐等项目防治水土流失的工程。开发建设项目水土保持方案由水行政主管部门审批，项目建设单位组织实施。按照《水土保持法》规定，其水土保持工程要与主体工程同时设计、同时施工、同时投产使用。

（2）建设类项目

建设类项目是指基本建设竣工后，在运营期基本没有开挖地表、取土(石、料)弃土(石、渣)等生产活动的公路、铁路、机场、水工程、港口、码头、水电站、核电站、输变电工程、通信工程、管道工程、城镇新区等开发建设项目。

（3）建设生产类项目

建设生产类项目是指基本建设竣工后，在运营期存在开挖地表、取土(石、料)弃土(石、渣)等生产活动的燃煤电站、建材、矿产和石油天然气开采及冶炼等开发建设项目。

（4）线型开发建设项目

线型开发建设项目是指布局跨度较大呈线状分布的公路、铁路、管道、输电线路渠道等开发建设项目。

（5）点型开发建设项目

点型开发建设项目是指布局相对集中呈点状分布的矿山、电厂、水利枢纽等开发建设项目。

（6）水土流失防治责任范围

水土流失防治责任范围是指项目建设单位依法应承担水土流失防治义务的区域，由项目建设区和直接影响区组成。

（7）项目建设区

项目建设区是指开建设项目建设征地、占地、使用及管辖的地域。

（8）直接影响区

直接影响区是指在项目建设过程中可能对项目建设区以外造成水土流失危害的地域。

（9）主体工程

主体工程是指开发建设项目所包括的主要工程及附属工程的统称，不包括专门设计的水土保持工程。

（10）方案设计水平年

方案设计水平年是指主体工程完工后，方案确定的水土保持措施实施完毕并初步发挥效益的时间。建设类项目为主体工程完工后的当年或后一年，建设生产类项目为主体工程完工后投入生产之年或后一年。

11.2 项目建设前期与水土保持管理

11.2.1 开发建设项目水土保持方案报告制度

根据《水土保持法》《环境影响评价法》《水土保持法实施条例》《建设项目环境保护管理条例》的规定，凡在生产建设过程中可能引起水土流失的开发建设项目必须编制水土保持方案，防治其造成水土流失。包括在山区、丘陵区、风沙区，以及在县级以上人民政府划分并公告的水土流失重点预防保护区、重点监督区和重点治理区的各类开发建设项目。

国家计划委员会、国家环境保护局、水利部根据法律法规的规定，于1994年制定了《开发建设项目水土保持方案审批管理办法》，调整了建设项目立项审批的程序，首先由水行政主管部门审批水土保持方案，之后由环境保护主管部门审批环境影响报告，最后由计划主管部门审批项目的立项。管理办法中明确了在开发建设项目的可行性研究阶段报批水土保持方案。2003年9月施行的《环境影响评价法》第十七条规定："涉及水土保持的建设项目，还必须有经水行政主管部门审查同意的水土保持方案"。

《开发建设项目水土保持方案管理办法》的具体规定如下：

①在山区、丘陵区、风沙区修建铁路、公路、水工程、开办矿山企业、电力企业和其他大中型工业企业，其建设项目环境影响报告书中必须有水土保持方案。编制水土保持方案的具体技术要求由国家水行政主管部门制定。

②环境保护行政主管部门负责审批建设项目的环境影响报告书，水行政主管部门负责审查建设项目的水土保持方案，建设项目环境影响报告书中的水土保持方案必须先经水行政主管部门审查同意。建设项目的环境影响报告书经过环境保护行政主管部

门审查批准后，开发建设单位方可申请计划行政主管部门审查建设项目可行性研究报告。

③经过审批的开发建设项目如有较大变动时，项目建设单位应及时修改水土保持方案报告的内容，并报水行政主管部门审查。

④建设项目中的水土保持设施实行"三同时"制度，建设项目水土保持设施的竣工验收，必须有水行政主管部门参加签署意见。水土保持设施未经验收或者经验收不合格的，建设工程不得投产使用。

⑤《水土保持法》实施前已建或在建的生产建设项目造成水土流失的，项目单位或者生产者必须在县级以上人民政府水行政主管部门规定的期限内提出水土保持措施，并按规定程序报有关行政主管部门审查。

11.2.2 编制开发建设项目水土保持方案的资质规定

为保证水土保持方案编制的质量，水利部于1995年6月制定并颁发了《编制开发建设项目水土保持方案资格证书管理办法》。2005年7月水利部令第25号废止了该文，要求重新制定有关管理办法，目前已经移交中国水土保持学会管理，管理办法略有调整。办法明确了编制水土保持方案的机构和单位必须持有水土保持方案编制资格证书，该资格证书分为甲、乙、丙三级。具体规定如下：

——从事水土保持方案编制工作的人员须具有中专以上学历，参加资质管理单位组织的专业技术培训，取得《水土保持方案编制人员上岗证书》（以下简称"上岗证书"）方可开展工作，同时每3年至少参加一次知识更新培训。

——从事水土保持方案编制的单位，应申请加入中国水土保持学会，成为学会的团体会员单位；按照本办法取得《水土保持方案编制资格证书》（以下简称"资格证书"）；并在资格证书等级规定的范围内从事水土保持方案编制业务。

资格证书分为甲、乙、丙三个等级。持甲级资格证书的单位，可承担各级立项的生产建设项目水土保持方案的编制工作；持乙级资格证书的单位，可承担所在省级行政区省级及以下立项的生产建设项目水土保持方案的编制工作；持丙级资格证书的单位，可承担所在省级行政区市级及以下立项的生产建设项目水土保持方案的编制工作。

中国水土保持学会负责资格证书的管理工作。资格证书的颁发、降级和吊销等证书管理文件由中国水土保持学会理事长签发。中国水土保持学会预防监督专业委员会具体承担资格证书的申请受理、审查、颁发、延续、变更等管理工作；省级水土保持学会受中国水土保持学会委托承担甲级资格证书的初审和乙、丙级资格证书的申请受理、延续及变更的审查、日常检查等具体管理工作。没有省级水土保持学会的省（自治区、直辖市），其乙、丙级资格证书的具体管理工作由中国水土保持学会预防监督专业委员会承担。

资格证书实行动态管理，总量控制。中国水土保持学会根据水土保持方案编制业务的需求等情况确定不同时期的持证单位控制总量，对符合本办法规定条件的申请单位，择优发放资格证书。

——申请甲级资格证书的单位应当具备下列条件：

①在中华人民共和国境内登记的独立法人，有健全的组织机构、完善的组织章程或管理制度，有固定的工作场所，有健全的质量管理体系，注册资本不少于500万元（或开办资金不少于200万元，或固定资产不少于1 000万元）。

②水土保持方案编制机构持有上岗证书的专职技术人员达20人以上，其中注册水利水电工程水土保持工程师3人以上，具有高级专业技术职称的6人以上，技术负责人应具有水土保持相关工程类高级专业技术职称。

③水土保持方案编制机构的专职技术人员中，所学专业为水土保持的须有3人以上，所学专业为水利、资源环境和其他土木工程专业的须各有2人以上，为概（预）算专业的须有1人以上。

④持有乙级资格证书2年以上，近2年内独立完成并通过省级水行政主管部门审批的生产建设项目水土保持方案报告书不少于5个。

⑤有与承担大型生产建设项目水土保持方案编制任务相适应的实验、测试、勘测、分析等仪器设备以及计算机绘制图设备等。

——申请乙级资格证书的单位应当具备下列条件：

①在中华人民共和国境内登记的独立法人，有健全的组织机构、完善的组织章程或管理制度，有固定的工作场所，有健全的质量管理体系，注册资本不少于100万元（或开办资金不少于50万元，或固定资产不少于200万元）。

②水土保持方案编制机构持有上岗证书的专职技术人员达12人以上，其中注册水利水电工程水土保持工程师2人以上，具有高级专业技术职称的2人以上，技术负责人应具有水土保持相关工程类高级专业技术职称。

③水土保持方案编制机构的专职技术人员中，所学专业为水土保持的须有2人以上，为水利、资源环境和其他土木工程专业的须各有1人以上。

④有与承担中型生产建设项目水土保持方案编制任务相适应的实验、测试、勘测、分析等仪器设备以及计算机绘制图设备等。

——申请丙级资格证书的单位应当具备下列条件：

①在中华人民共和国境内登记的独立法人，专职从事水利、水土保持或相关专业的规划、勘察、设计、咨询及科研等单位，有健全的组织机构、完善的组织章程或管理制度，有固定的工作场所。

②水土保持方案编制机构的专职技术人员达6人以上，其中注册水利水电工程水土保持工程师1人以上，持有上岗证书的4人以上，所学专业为水土保持、水利工程的各1人以上，技术负责人须具有中级以上水土保持相关专业技术职称。

③近2年内独立完成并已通过县级以上水行政主管部门审批或鉴定的水土保持规划、勘察、设计、咨询以及科研等成果不少于5个。

④具有与承担小型生产建设项目水土保持方案编制任务相适应的实验、测试、勘测、分析等仪器设备。

——资质管理单位定期受理资格证书的申请，具体时间提前3个月向社会公告。申请资格证书的单位必须如实提交有关材料和反映真实情况，并对申请材料的真实性负责。申请资格证书的单位，在公告确定的受理时间内提出申请，须提交以下材料（一式两份）：

①水土保持方案编制资格证书申请表。

②法人资格证明材料。

③管理制度（包括机构章程和质量认证体系证明材料）。

④工作场所证明材料。

⑤注册资本、开办资金或固定资产证明材料。

⑥法定代表人任命或聘任文件，法定代表人和技术负责人的简历、技术职称和身份证明材料。

⑦专职技术人员名单及其专业、职称证书、注册工程师证书和上岗证书复印件。

⑧近2年内的业绩证明材料。

⑨主要实验、测试、勘测、分析设备清单及权属证明材料。

⑩资质管理单位要求提供的其他材料。

——资格证书有效期为3年。有效期满需继续从业的，应在有效期满前3个月提出资格证书延续申请。延续申请提供的材料同申请材料。在达到申请同级证书条件的前提下，证书管理单位根据日常检查及申请证书延续单位持证期间的业绩情况，作出延续、降级和不予延续的决定。

持证单位应每年填写《水土保持方案编制资格证书持证单位年度业绩报告表》（简称"年度业绩报告表"），其中甲级持证单位于次年2月底前报中国水土保持学会，乙、丙级持证单位于次年2月底前报省级水土保持学会（没有省级水土保持学会的直接报中国水土保持学会）。省级水土保持学会应于每年3月底前将本省（自治区、直辖市）乙、丙级持证单位年度业绩汇总表报中国水土保持学会。

——中国水土保持学会预防监督专业委员会负责对甲级、省级水土保持学会负责对乙、丙级持证单位进行日常检查。根据日常检查情况，可以对持证单位进行警告、限期整改、降级、吊销证书等处分。被吊销或不予延续资格证书的单位，3年内不得申请原等级资格证书；被降级或降级延续资格证书的单位，2年内不得申请原等级资格证书。日常检查的主要内容：

①贯彻执行水土保持法律法规情况。

②遵循水土保持技术标准规范情况。

③单位、编制机构及技术负责人情况。

④水土保持方案编制工作开展情况。

⑤专业技术人员的专业组成、培训及继续教育情况。

⑥设备仪器配置情况。

11.2.3 开发建设项目水土保持方案编报审批管理规定

为了加强对水土保持方案编制、申报、审批的管理，根据《水土保持法》《水土保持法实施条例》和国家计划经济委员会、水利部、国家环保局发布的《开发建设项目水土保持方案管理办法》，水利部于1995年5月30日发布了《开发建设项目水土保持方案编报审批管理规定》（水利部令第 5 号），并于 2005 年 7 月进行了修订，主要规定如下：

①凡从事有可能造成水土流失的开发建设单位和个人，必须编报水土保持方案。其中，审批制项目，在报送可行性研究报告前完成水土保持方案报批手续；核准制项目，在提交项目申请报告前完成水土保持方案报批手续；备案制项目，在办理备案手续后、项目开工前完成水土保持方案报批手续。经批准的水土保持方案应当纳入下阶段设计文件中。

②开发建设项目的初步设计，应当依据水土保持技术标准和经批准的水土保持方案，编制水土保持篇章，落实水土流失防治措施和投资概算。初步设计审查时应当有水土保持方案审批机关参加。

③水土保持方案分为水土保持方案报告书和水土保持方案报告表。凡征占地面积在 $1hm^2$ 以上或者挖填土石方总量在 $1 \times 10^4 m^3$ 以上的开发建设项目，应当编报水土保持方案报告书；其他开发建设项目应当编报水土保持方案报告表。

水土保持方案报告书、水土保持方案报告表的内容和格式应当符合《开发建设项目水土保持技术规范》和有关规定。

④水土保持方案的编报工作由开发建设单位或者个人负责。具体编制水土保持方案的单位和人员，应当具有相应的技术能力和业务水平，并由中国水土保持学会实施管理(参见其具体的管理办法)。

⑤编制水土保持方案所需费用应当根据编制工作量确定，并纳入项目前期费用。

⑥水土保持方案必须先经水行政主管部门审查批准，开发建设单位或者个人方可办理土地使用、环境影响评价审批、项目立项审批或者核准(备案)等其他有关手续。

⑦水行政主管部门审批水土保持方案实行分级审批制度，县级以上地方人民政府水行政主管部门审批的水土保持方案，应报上一级人民政府水行政主管部门备案。

中央立项，且征占地面积在 $50hm^2$ 以上或者挖填土石方总量在 $50 \times 10^4 m^3$ 以上的开发建设项目或者限额以上技术改造项目，水土保持方案报告书由国务院水行政主管部门审批。中央立项，征占地面积不足 $50hm^2$ 且挖填土石方总量不足 $50 \times 10^4 m^3$ 的开发建设项目，水土保持方案报告书由省级水行政主管部门审批。

地方立项的开发建设项目和限额以下技术改造项目，水土保持方案报告书由相应级别的水行政主管部门审批。

水土保持方案报告表由开发建设项目所在地县级水行政主管部门审批。

跨地区项目的水土保持方案，报上一级水行政主管部门审批。

⑧开发建设单位或者个人要求审批水土保持方案的，应当向有审批权的水行政主管部门提交书面申请和水土保持方案报告书或者水土保持方案报告表各一式三份。

有审批权的水行政主管部门受理申请后，应当依据有关法律、法规和技术规范组织审查，或者委托有关机构进行技术评审。水行政主管部门应当自受理水土保持方案报告书审批申请之日起 20 日内，或者应当自受理水土保持方案报告表审批申请之日起 10 日内，作出审查决定。但是，技术评审时间除外。对于特殊性质或者特大型开发建设项目的水土保持方案报告书，20 日内不能作出审查决定的，经本行政机关负责人批准，可以延长 10 日，并应当将延长期限的理由告知申请单位或者个人。

⑨水土保持方案报告的审批条件如下：

a. 符合有关法律、法规、规章和规范性文件规定。

b. 符合《开发建设项目水土保持技术规范》等国家、行业的水土保持技术规范、标准。

c. 水土流失防治责任范围明确。

d. 水土流失防治措施合理、有效，与周边环境相协调，并达到主体工程设计深度。

e. 水土保持投资估算编制依据可靠、方法合理、结果正确。

f. 水土保持监测的内容和方法得当。

⑩经审批的项目，如性质、规模、建设地点等发生变化时，项目单位或个人应及时修改水土保持方案，并按照本规定的程序报原批准单位审批。

⑪项目单位必须严格按照水行政主管部门批准的水土保持方案进行设计、施工。项目工程竣工验收时，必须由水行政主管部门同时验收水土保持设施。水土保持设施验收不合格的，项目工程不得投产使用。

⑫水土保持方案未经审批擅自开工建设或者进行施工准备的，由县级以上人民政府水行政主管部门责令停止违法行为，采取补救措施。当事人从事非经营活动的，可以处 1 000 元以下罚款；当事人从事经营活动，有违法所得的，可以处违法所得 3 倍以下罚款，但是最高不得超过 3 万元，没有违法所得的，可以处 1 万元以下罚款，法律、法规另有规定的除外。

⑬地方人民政府根据当地实际情况设立的水土保持机构，可行使本规定中水行政主管部门的职权。

11.2.4 开发建设项目前期工作文件编制要求

开发建设项目水土保持工程设计可分为项目建议书、可行性研究、初步设计和施工图设计 4 个阶段。根据《开发建设项目水土保持技术规范》规定：

①开发建设项目在项目建议书阶段应有水土保持章节；工程可行性研究阶段（或项目核准前）必须编报水土保持方案，并达到可行性研究深度，工程可行性研究报告中应有水土保持章节；初步设计阶段应根据批准的水土保持方案和有关技术标准进行水土保持初步设计，工程的初步设计应有水土保持篇章；施工图阶段应进行水土保持施工图设计。

②以下特殊情况时，开发建设项目水土保持设计文件还应符合以下规定：

a. 当主体工程建设地点、工程规模或布局发生变化时水土保持方案及其设计文件应重新报批。

b. 当取土（石、料）场、弃土（石、渣）场、各类防护工程等发生较大变化时，应编制水土保持工程变更设计文件。

c. 涉及移民（拆迁）安置及专项设施改（迁）建的建设项目，规模较小的，水土保持方案中应根据移民与占地规划，提出水土保持措施布局与规划，明确水土流失防治责任，估列水土保持投资；规模较大的，应单独编报水土保持方案。

d. 征占地面积在 $1hm^2$ 以上或挖填土石方总量在 $1 \times 10^4 m^3$ 以上的开发建设项目必须编报水土保持方案报告书，其他开发建设项目必须编报水土保持方案报告表，其内容和格式应分别符合表 11-1 和表 11-2 的规定。

e. 水土流失防治措施应分阶段进行设计，其内容和要求应符合技术规范的规定。

f. 在施工准备期前，应由监测单位编制水土保持监测设计与实施计划，为开展水土保持监测工作提供指导。

11.2.4.1　项目建议书编制要求

（1）项目区的水土流失及其防治现状

①简要介绍项目区水土流失现状。

②扼要介绍项目所处地区的水土流失重点防治区划分（"三区"划分）情况，以及区域防治要求与项目水土流失防治要求的关系，基本明确水土流失防治标准。

③扼要说明项目区水土流失防治现状、当前防治的任务。注意不应简单直接抄录省、市或县的情况，重点是项目区所涉区域的水土流失及其防治情况，尤其是防治责任范围内的情况。对线型工程，如灌渠、供水管线工程等，可以村、乡为单元，以表格形式说明。

（2）水土流失防治责任范围

本阶段应按项目建设区和直接影响区，初步确定项目区水土流失防治责任范围，根据主体工程设计深度，用文字详细说明界定的原则、方法、初步的范围。

项目建设区：包括施工建设期永久征地、临时征占地、水库工程的淹没区等，在本阶段应基本明确。移民安置、专项设施迁建等在本阶段应作必要的说明。

直接影响区：可通过类比或专家估测的方法初步确定。对建设过程中可能造成的直接影响区域，如山区、丘陵区临时和永久道路在施工过程中对上坡部位切削造成的滑坡、崩塌隐患，下坡部位的土石下泻造成的植被埋压、岸坡处理、基础开挖等产生的影响区等，应有说明。

（3）水土流失影响与估测

①综合分析和评价不同方案总体布局、选线、选址、施工工艺、组织设计等在不同建设和生产阶段的水土流失影响，扼要说明主要影响。

②明确有可能引起较为严重水土流失的工程地段。

③水土流失量估测的方法（类比法为主）和结果（量级水平）。

（4）水土流失防治总体要求、布局与初步方案

①根据水土流失影响与估测，从水土保持角度对工程项目总体布置与施工组织设计进行分析，提出水土保持总体要求（即实现的初步目标），包括设计优化达到水土流失最小限度，植被恢复达到和超过规定的要求，扰动土地得到全面整治等。

②初步确定水土流失防治分区及总体布局，包括水土保持的初步分区及定性描述，各类措施的初步确定（主要是措施类型和位置），并绘制水土保持措施总体布局示意图。

③分析主体工程的平面布置、初步确定的弃渣场和初拟的料场和取土场，初步明确水土保持措施体系、措施布局和内容，进行典型措施分析，并估计工程量。如有困难，可用可行性研究分析已完成的类似工程的各项措施的工程量，按措施类型及数量推算单项和总工程量。

④特别要注意水库移民安置区和专项设施迁建的水土保持问题。如果在本阶段暂时无法解决，应在水土保持方案报告书中明确解决的要求。

⑤本阶段不能完全明确直接影响区及其水土保持措施时，应根据类比工程提出初步安排，根据主体设计实际情况，按推算的各工程类别的工程量估算，或估算工程措施量，用示意的方法标注在水土保持措施布局图上。

⑥明确本阶段难以解决的问题，提出水土保持方案报告书中解决的要求。

（5）水土保持投资估算

①明确估算原则和依据。

②根据工程量估算进行投资估算，或根据工程措施数量和单位工程措施量造价分析估算投资。水保投资小于工程主体总投资5%以下时，经分析论证，可按投资比例的形式做出估算。

11.2.4.2　可行性研究编制要求

（1）综合说明

简要说明对主体工程水土保持分析评价结论、水土流失防治责任范围、水土流失预测结果、水土保持措施布置及典型设计、工程量、施工组织设计、工程投资及效益分析、水土保持要求与建议。

（2）编制总则

①方案编制的目的和原则。

②方案编制依据：包括法律法规、规章、规范性文件、技术规范与标准、相关资料等。

③设计深度、设计水平年。

④水土流失防治标准执行等级。

（3）项目及项目区概况

介绍或论述某个项目时，首先综合性地简要介绍项目及项目区的基本情况。包括项目建设内容、建设规模、投资总额、市场前景、经济效益、社会效益、地理位置、交通条件、气候环境、人文环境和优惠政策等内容。

（4）主体工程水土保持评价

①主体工程方案比选的水土保持影响、范围及制约性因素分析评价。

②工程占地类型、面积和占地性质分析评价。

③主体工程施工组织设计分析评价。

④主体工程设计中具有水土保持功能的工程分析评价。

⑤评价结论及建议和要求。

（5）水土流失防治责任范围

开发建设单位或个人对生产建设行为可造成水土流失而必须采取有效措施进行预防和治理的范围，由项目建设区和直接影响区组成。

（6）水土流失预测

①预测范围和内容。

②预测时段、预测单元划分、预测方法。

③扰动土地面积、损坏水土保持设施、弃土弃渣量的预测。

④新增水土流失分析与预测。

⑤水土流失危害预测与分析。

⑥预测结论及综合分析。

（7）水土流失防治目标、分区及措施布设

①水土流失防治目标：扰动土地治理率、水土流失总治理度、土壤流失控制比、拦渣率、植被恢复系数和林草覆盖率。

②防治分区、措施体系及总体布置。

③各分区防治措施典型设计。

④水土保持工程量。

⑤施工组织设计。

（8）水土保持监测

从保持水土资源和维护良好的生态环境出发，运用地面监测、遥感、全球定位系统、地理信息系统多种信息获取和处理手段，对水土流失的成因、数量、强度、影响范围、危害及其防治效果进行动态监测和评估。

（9）投资估算及效益分析

依据现有的资料和一定的方法，对建设项目的投资额（包括工程造价和流动资金）进行估计，然后对投资项目的经济效益和社会效益进行分析，并在此基础上，对投资项目的技术可行性、经济赢利性以及进行此项投资的必要性做出相应的结论，作为投资决策的依据。

（10）实施保证措施

主要包括：监理监测、施工管理、后续设计、检查与验收、资金来源及使用管理等。

（11）结论与建议

根据对上述的各个方面进行全面分析，由此可以得到水土保持工程项目的可行性结论，同时，对其中存在的缺陷和不足等提出整改建议。

11.2.4.3 水土保持初步设计编制要求

根据《开发建设项目水土保持技术规范》和水规计［2005］199号文件的规定，在初步设计阶段，应根据批准的水土保持方案编制水土保持初步设计文件并进行审查。水土保持初步设计报告主要任务是复核水土保持措施总体布局，深化措施设计，进行水土保持投资概算。初步设计文件应达到该阶段设计深度，不得简单重复水土保持方案的内容或简化设计。移民安置区的水土保持则在本阶段编制水土保持方案报告书。

（1）对水土保持方案复核说明

根据主体工程初步设计和水土保持方案报告书结论，复核水土流失防治责任范围及防治目标、总体布局与防治分区等。

①复核方案报告书的结论性意见。简述本阶段主体工程设计中与水土保持有关内容(如工程布置优化、土石方平衡、弃渣场布置、施工组织等)的变化与调整，并说明其原因以及对批准的水土保持方案的内容和投资的影响等。

②复核水土流失防治责任范围，说明调整原因。

③复核水土流失防治分区，说明调整原因。

④复核水土保持总体布局。应注意主体工程深化设计后，工程布置、型式结构等有局部优化调整的地段，需分析水土保持措施布局调整的合理性及其与主体各项工程设计上的技术衔接，特别要注意临时防护措施布设是否到位。

⑤复核工程设计标准。说明采用设计标准特别是防洪标准、稳定性标准、树种和草种的种子苗木标准的调整，以及主要工程设计变化与调整情况。

⑥复核工程量和投资概算，说明调整的原因。

（2）主要设计内容

①深化各项水土保持措施设计　根据水土保持方案中典型设计，进一步深化设计，工程措施应按水利工程初步设计要求进行；植物措施应根据造林技术规程、园林植物设计标准和规范进行；设计图及工程量计算应达到初步设计深度。

②水土保持监测设计　水土保持监测方案设计，重点是复核监测时段、监测内容、监测点布设，以及监测点的观测设施设计和采取的监测方法。

③进度安排与施工组织设计　参考水利工程施工组织设计规范和造林种草的技术规范进行水土保持施工组织设计。施工进度安排应与主体工程施工组织设计相衔接，对施工组织的特殊要求应有详细说明。

④投资概算　包括概算依据、基础单价的确定、工程定额的确定等。应注意前后数据的一致性。

⑤水土保持管理　重点是监理、监测、质量管理、施工管理等方面的内容。

11.2.4.4　施工图设计编制要求

施工图设计阶段的主要任务包括：

①水土流失防治单项工程的施工图设计。

②工程量计算、工程预算编制。

③附图：应符合初步设计深度和水土保持制图标准的要求。

11.3　开发建设项目水土保持方案编制

2008年7月，中华人民共和国建设部与国家质量监督检验检疫总局联合发布了由水利部制定的《开发建设项目水土保持技术规范》，该规范是在总结原有规范《开发建设项目水土保持方案技术规范》实施 9 年来实践经验的基础上，吸收相关行业设计规范的最新成果，并根据水土保持工作的现状和发展趋势编制而成，新规范对水土保持方案防治目标、编制方法、编制内容及调查勘测方法等作了详细规定。

11.3.1 一般规定

（1）开发建设项目水土保持方案应达到的防治水土流失的基本目标

①项目建设区的原有水土流失得到基本治理。

②新增水土流失得到有效控制。

③生态得到最大限度的保护，环境得到明显改善。

④水土保持设施安全有效。

⑤扰动土地整治率、水土流失总治理度、土壤流失控制比、拦渣率、林草植被恢复率、林草覆盖率等指标达到现行国家标准《开发建设项目水土流失防治标准》的要求。

（2）水土流失防治责任范围的确定要求

①开发建设项目防治水土流失的责任范围包括项目建设区和直接影响区。

②项目建设区包括永久征地、临时占地、租赁土地以及其他属于建设单位管辖范围的土地。经分析论证确定的施工过程中必然扰动和埋压的范围应列入项目建设区。

③直接影响区应通过调查分析确定。

（3）水土保持方案中水土保持工程的界定原则

①主导功能原则 以防治水土流失为目标的工程为水土保持工程；以主体设计功能为主，同时具有水土保持功能的工程不作为水土保持工程。

②责任区分原则 对建设项目临时征、占地范围内的各项防护工程均作为水土保持工程。

③试验排除原则 难以区分以主体设计功能为主或以水土保持功能为主的工程，可按破坏性试验的原则进行排除。假定没有这些工程，主体设计功能仍旧可以发挥作用，但会产生较大的水土流失，此类工程应作为水土保持工程。

（4）主体工程及比选方案的水土保持分析与评价内容

①主体工程是否满足新规范的要求。

②工程选址（线）、总体布局、施工组织（施工布置、交通条件、施工工艺及时序等）。

③弃土（石、渣）场选址、数量、容量、占地类型及面积。

④取料场分布、位置、储量、开采方式等。

⑤主体工程防护措施的标准、等级、型式、范围等。

（5）其他规定

①对生态可能有重大影响和严重危害的，总体布置和主体工程设计中不能满足水土保持要求的，应提出要求与建议。

②对施工交通、土石方调配、施工时序等应提出水土保持要求与建议。

③对主体工程有否定性意见的，应由主体设计单位重新论证。

11.3.2　调查和勘测方法

11.3.2.1　地质地貌的调查内容与方法

①地质调查内容应包括地质构造、断裂和断层、岩性、地下水、地震烈度、不良地质灾害等与水土保持有关的工程地质情况等。

②地质调查应采取资料收集和野外调查方式进行。

③地貌调查内容应包括项目区内的地形、地面坡度、沟壑密度、地表物质组成、土地利用类型等。

④调查方法应采用地形图调绘(比例尺 1/5 000 ~ 1/10 000)，也可采用航片判读、地形图与实地调查相结合的方法。

11.3.2.2　气象、水文的调查内容与方法

①气象调查内容应包括项目区所处气候带、干旱及湿润气候类型，气温，≥10℃有效积温，蒸发量，多年平均降水量、极值及出现时间、降水年内分配，无霜期，冻土深度，年平均风速、年大风日数及沙尘天数。

②水文调查内容应包括一定频率(5 年、10 年、20 年一遇)、一定时段(1h、6h、24h)降水量，地表水系，河道不同设计标准对应的洪水位等与工程防护布设和设计标准相关的水文、气象资料。

③调查方法应以收集和分析资料为主，辅以必要的野外查勘。

④气象资料系列长度宜在 30 年以上。

11.3.2.3　土壤、植被调查内容和方法

①土壤调查内容应包括地带性土壤类型、分布、土层厚度、土壤质地、土壤肥力、土壤的抗蚀性和抗冲刷性等。

②调查方法应为收集资料、现场调查和取样化验相结合。

③植被类型的调查内容应包括地带性(或非地带性)植被类型，项目区植物种类，乡土树种、草种及分布，林草植被覆盖率。

④植被类型的调查可采用野外调查或野外调查与航片判读相结合的方法，乡土树种、草种的种类和造林经验等情况采取收集资料和现场调查相结合的方法。

11.3.2.4　水土流失的调查内容和方法

①水土流失调查内容　应包括水土流失类型、面积及强度、现状土壤侵蚀(流失)量或模数、土壤流失容许量、水土流失发生、发展、危害及其造成原因等。

②调查方法

a. 水土流失类型和面积应采取收集资料并结合现场实地勘察进行。

b. 项目周边地区的土壤侵蚀状况应收集和使用国家最新公布的土壤侵蚀遥感调查成果，项目区的土壤侵蚀状况应以调查、实测为主。

c. 土壤侵蚀(流失)模数宜采用本工程和类比工程实测资料分析确定,采用数学模型法应有当地3年以上实测验证的参数。

d. 水土流失发生、发展、危害及其造成原因应以询查和收集资料为主。

e. 扩建工程应调查原工程的水土流失及水土保持情况。

11.3.2.5 水土保持的调查内容和方法

①水土保持重点防治区划分成果,水土流失防治主要经验、研究成果。

②水土流失治理程度,水土保持设施,成功的防治工程设计、组织实施和管护经验等。

③主要经验与成果应采用资料收集和访问等方法,治理情况应采用实地调查与收集资料相结合的方法。

11.3.2.6 工程调查与勘测的调查内容和方法

①主体工程的平面布局、施工组织可采用收集相关资料及设计文件的方法。

②对 $100 \times 10^4 m^3$ 以上的取土(石、料)场、弃土(石、渣)场以及其他重要的防护工程必须收集工程地质勘测资料及地形图(比例尺不低于1/10 000),并进行必要的补充测量。

③工程建设可能影响的范围应采用资料收集与实地调查相结合的方法。

11.3.3 项目概况介绍的基本要求

(1)基本情况

包括建设项目名称、项目法人单位、项目所在地的地理位置(应附平面位置图)、建设目的与性质,工程任务、等级与规模,总投资及土建投资,建设工期等主要技术经济指标等,并附主体工程特性表。

(2)项目组成及布置概况

①项目建设基本内容,单项工程的名称、建设规模、平面、布置等(应附平面布置图)。扩建项目还应说明与已建工程的关系。

②项目附属工程,包括供电系统、给排水系统、通信系统、本项目内外交通等。

(3)施工组织概述

①施工布置、施工工艺、主要工序及时序,分段或分部分进行施工的工程应列表说明,重点阐述与水土保持直接相关的内容。

②施工方法,特别是土石方工程挖、填、运、弃的施工方法、工艺。

③建设生产用的土、石、砂、砂砾等建筑材料的数量、来源、综合加工系统,料场的数量、位置、可采量等。

④施工所用的水、电、风等能量供应方式及设施布局情况。

(4)工程占地

可包括永久性占地和临时性占地,应按项目组成及行政区分别说明占地性质、占地类型、占地面积等情况。

（5）土石方工程量

应分项说明工程土石方挖方、填方、调入方、调出方、外借方、弃方量。土石方平衡应根据项目设计资料、标段划分、地形地貌、运距、土石料质量、回填利用率、剥采比等合理确定取土（石）量、弃土（石、渣）量和开采、堆砌地点、形态等。并附土石方平衡表、土石方流向框图。

对于铁路、公路的隧道、穿山、穿河流等土石方开挖工程，应说明出渣的方法、出渣量及弃土（石、渣）的处置方案。

（6）工程投资

应说明主体工程总投资、土建投资、资本金构成及来源等。

（7）进度安排

应说明主体工程总工期，包括施工准备期、开工时间、完工时间、投产时间、验收时间，建设进度安排以及施工季节的安排等。对于分期建设的项目，还应说明后续项目的立项计划，并附施工进度表。

（8）拆迁与移民安置

应包括移民规模、搬迁规划、拆迁范围，安置形式，主产、拆迁和安置责任。

11.3.4 项目区概况介绍的基本要求

（1）自然环境概况的介绍

①地质 包括项目区所处的大地构造位置和地质结构，岩层和岩性，断层和断裂结构和地震烈度、不良地质灾害等。

②地貌 包括项目建设区域的地貌类型、地表形态要素、地表物质组成等。

③气象 包括项目建设区所处气候带、干旱及湿润气候类型，代表性气象站的年平均气温，无霜期，≥10℃ 有效积温，极端最高气温，极端最低气温，最高月平均气温，最低月平均气温；冻土深度；多年平均降水量及降水的时空分布 5 年、10 年及 20 年一遇最大日降水量，反映阵雨强度的一定频率的 1h、6h 或 24h 降雨量；年平均蒸发量，大风日数，平均风速，主导风向等与植物措施配置相关的气候因子。线性工程的气象特征值应分段表述。

④水文 包括项目建设区及周边区域水系及河道冲淤情况，地表水、地下水状况，河流泥沙平均含沙量，径流模数，洪水（水位、水量）与建设场地的关系等情况，如有沟道工程应说明不同频率洪峰流量、洪水总量，并说明植被建设等生态用水的来源和保证率。

⑤土壤 包括项目区及周边区域土壤类型、分布、理化性质等，并说明土壤的可蚀性。

⑥植被 包括项目区及周边区域林草植被类型、当地乡土树（草）种，主要群落类型、植被的垂直及水平分布、覆盖率、生长状况等基本情况。

⑦其他 包括可能被工程影响的其他环境资源，项目区内的历史上多发的自然灾害。

（2）不同工程的要求

对于点型工程，可适当扩展到项目区范围外；线型工程以乡（镇）、县（市、区）为单位进行调查统计。不需单独编报移民拆迁安置水土保持方案的，应说明拟安置或迁建区的位置、面积、土地利用现状等基本情况。应包括下列两项内容：项目区人口、人均收入、产业结构；项目区域的土地类型、利用现状、分布及其面积，基本农田、林地等情况，人均土地及耕地等。

（3）水土流失及水土保持现状的介绍

①水土流失现状　项目区及周边区域水土流失类型、流失强度、土壤侵蚀模数、土壤流失容许量等，并列表、附图说明。项目周边区域的水土流失对工程项目的影响。

②水土保持现状　项目区及周边区域水土流失治理现状、主要经验、成功的防治工程类型、设计标准、林草品种和管护经验，项目区水土保持设施，水土流失重点防治区划分成果，同类型开发建设项目水土保持经验等。

③项目区内的水土保持现状　项目区内现有水土保持设施的类型、数量、保存现状、防治水土流失的效果等。扩建项目还应介绍上期工程水土保持开展情况和存在问题。

11.3.5　主体工程水土保持分析与评价

（1）分析评价内容

①分析评价主体工程是否满足规范的要求。

②从主体工程的选线（址）、总体布置、施工方法与工艺、土石料场选址、弃土（石、渣）场选址、占地类型及面积等方面，用扰动面积、土石方量、损坏植被面积、水土流失量及危害、工程投资等指标做出水土资源占用评价、水土流失影响评价和景观评价，提出或认定准荐方案。

③对主体设计选定的弃土（石、渣）场从水土保持角度进行比选和综合分析，不符合水土保持要求的必须提出新的场址；主体工程设计深度不够的，由水土保持与主体设计单位共同调查、分析比选，确定弃土（石、渣）场。

④综合分析挖填方的施工时段、土石料组成成分、运距、回填利用率等因素，从水土保持角度提出土石方调配的合理化建议，并对施工时序是否做到"先拦后弃"做出评价。

（2）评价主体工程设计

应从布置、范围、标准等方面评价能否控制水土流失，是否满足水土保持要求。

（3）分析评价结论

经分析与评价，对主体工程设计中不能满足水土保持要求的，应提出要求或在方案中进行补充、设计。

11.3.6　水土流失防治责任范围及防治分区

（1）项目建设区范围

应包括建（构）筑物占地，临时生产、生活设施占地，施工道路（公路、便道等）

占地，料场(土、石、砂砾、骨料等)占地，弃渣(土、石、灰等)场占地，对外交通、供水管线、通信、施工用电线路等线型工程占地，水库正常蓄水位淹没区等永久和临时占地面积。改建、扩建工程项目与现有工程共用部分也应列入项目建设区。建设区除文字叙述外，还应列表附图说明。

(2)直接影响区

应包括规模较小的拆迁安置和道路等专项设施迁建区，排洪泄水区下游，开挖面下边坡，道路两侧，灰渣场下风向，塌陷区，水库周边影响区，地下开采对地面的影响区，工程引发滑坡、泥石流、崩塌的区域等。应依据区域地形地貌、自然条件和主体工程设计文件，结合对类比工程的调查，根据风向、边坡、洪水下泄、排水、塌陷、水库水位消落、水库周边可能引起的浸渍，排洪涵洞上、下游的滞洪、冲刷等因素，经分析后确定，不应简单外延。

(3)水土流失防治分区

①在确定防治责任范围的基础上应划分防治分区，并分区进行典型设计，计算工程量。

②应根据野外调查(勘测)结果，在确定的防治责任范围内，依据主体工程布局、施工扰动特点、建设时序、地貌特征、自然属性、水土流失影响等进行分区。

③分区的原则应符合下列要求：各分区之间具有显著差异性；各分区内造成水土流失的主导因子相近或相似；一级分区应具有控制性、整体性、全局性，线型工程应按地貌类型划分一级区；二级及其以下分区应结合工程布局和施工区进行逐级分区；各级分区应层次分明，具有关联性和系统性。

④宜采取实地调查勘测、资料收集与数据分析相结合的方法进行分区。

⑤分区结果应包括文字、图、表说明。

11.3.7　水土流失预测的基本要求

(1)水土流失预测

应在主体工程设计功能的基础上，根据自然条件、施工扰动特点等进行预测。可从气象(降水、大风)、土壤可蚀性、地质地貌、施工方法等方面进行水土流失影响因素甄别，分析项目生产建设产生水土流失的客观条件。

(2)扰动前土壤侵蚀模数

应根据自然条件、当地水文手册、土壤侵蚀模数等值线图、库坝工程淤积观测、相关试验研究等资料合理确定，并作为水土流失预测分析的基础。扰动后土壤侵蚀模数应根据施工工艺、施工时序、下垫面、汇流面积、汇流量的变化及相关试验等综合确定。

(3)开发建设项目可能产生的水土流失量

应按施工准备期、施工期、自然恢复期三个时段进行预测。每个预测单元的预测时段按最不利的情况考虑，超过雨季(风季)长度的按全年计算，不超过雨季(风季)长度的按占雨季(风季)长度的比例计算。

（4）水土流失预测单元的划分要求

①地形地貌、扰动地表的物质组成相近；

②扰动方式相似；

③土地利用现状基本相同；

④降水或大风特征值（降水量、强度与降雨的年内分配等）基本一致。

（5）水土流失预测内容

包括开挖扰动地表面积、损坏水土保持设施的数量、弃土（石、渣）量、水土流失量、新增水土流失量、水土流失危害等。

（6）水土流失量预测方法的选择

①采用类比法进行水土流失预测

a. 当具有类似工程水土流失实测资料时，应列表分析预测工程与实测工程在地形地貌和气象特征、植被类型和覆盖率、土壤、扰动地表的组成物质和坡度、坡长、侵蚀类型、弃土（石、渣）的堆积形态等水土流失主要因子的可比性。

b. 当预测工程与实测工程具有较强的可比性时，可采用类比法进行水土流失预测，根据对水土流失影响的因子比较，对有关参数进行修正。

土壤流失量可按下式计算：

$$W = \sum_{i=1}^{n} \sum_{k=1}^{3} F_i \times M_{ik} \times T_{ik} \qquad (11\text{-}1)$$

式中　W——扰动地表土壤流失量（t）；

　　　i——预测单元（1，2，3，…，n）；

　　　k——预测时段，1，2，3分别代表施工准备期、施工期和自然恢复期；

　　　F_i——第 i 个预测单元的面积（km^2）；

　　　M_{ik}——扰动后不同预测单元不同时段的土壤侵蚀模数 [$t/(km^2 \cdot a)$]；

　　　T_{ik}——预测时段（扰动时段）（a）。

新增土壤流失量可按下式计算：

$$\Delta W = \sum_{i=1}^{n} \sum_{k=1}^{3} F_i \times \Delta M_{ik} \times T_{ik} \qquad (11\text{-}2)$$

式中　ΔW——扰动地表新增土壤流失量（t）；

　　　ΔM_{ik}——不同单元各时段新增土壤侵蚀模数 [$t/(km^2 \cdot a)$]。

$$\Delta M_{ik} = \frac{(M_{ik} - M_{i0}) + |M_{ik} - M_{i0}|}{2} \qquad (11\text{-}3)$$

式中　M_{i0}*——扰动前不同预测单元土壤侵蚀模数 [$t/(km^2 \cdot a)$]；

　　　其余符号意义同式（11-1）和式（11-2）。

②有条件的地方可采用当地科学试验研究成果并经鉴定认可的公式和方法。

③宜通过试验、观测等方法进行水土流失预测，可在项目区设立监测小区（或径

---

　　* 1. 当各区土壤侵蚀强度恢复到土壤侵蚀容许值及以下时，不再计算。

　　2. 当弃土弃渣外表面积每年变化时应分年计算和预测。

流小区)和土壤流失观测场,采用天然或人工模拟(降雨)试验,取得不同预测单元的土壤流失模数。通过对上述指标的论证分析与调整后,采用类比法的公式进行计算。

(7)水损失的预测

位于大中城市及周边地区、南方石漠化地区和西北干旱地区的开发建设项目,以及有大量疏干水和排水的项目,还应进行水损失(或水资源流失、有效水资源的减少)的预测,以减轻城市排水防洪压力,改善水环境。预测基础应为工程按设计建成后的情况。

水损失的预测宜采用径流系数法,可按下式计算:

$$W_w = \sum_{i=1}^{n} \left[F_i \times H_i \times (a_i - a_{i0}) \right] \tag{11-4}$$

式中　W_w——扰动地表水流失量(m^3);

　　　F_i——第 i 个预测单元的面积(km^2);

　　　H_i——项目区年降水量(mm);

　　　α_i——预测单元扰动地表的径流系数;

　　　α_{i0}——预测单元原状地表的径流系数。

(8)项目可能造成的水土流失危害预测和分析

预测水土流失危害形式、程度,可能产生的后果。

(9)预测结果分析

根据预测结果,分析并明确产生水土流失的重点区域(地段)和时段、水土流失防治和监测的重点区段和时段,并对防治措施布设提出指导性意见。

11.3.8　水土流失防治措施布局

11.3.8.1　水土流失防治措施的布局原则

①结合工程实际和项目区水土流失现状,因地制宜、因害设防、总体设计、全面布局、科学配置,并与周边景观相协调。

a. 在干旱、半干旱地区以工程、防风固沙等措施为主,辅之以必要的植物措施。

b. 在半湿润区采用以植物措施、土地整治与工程措施相结合的防治措施。

c. 在湿润区应有挡护、坡面排水工程、植被恢复等措施。

②减少对原地貌和植被的破坏面积,合理布设弃土(石、渣)场、取料场,弃土(石、渣)应分类集中堆放。

③项目建设过程中应注重生态环境保护,设置临时性防护措施,减少施工过程中造成的人为扰动及产生的废弃土(石、渣)。

④宜吸收当地水土保持的成功经验,借鉴国内外先进技术。

11.3.8.2　水土流失防治措施布局要求

①在分区布设防护措施时,应结合各分区的水土流失特点提出相应的防治措施、防治重点和要求,保证各防治分区的关联性、系统性和科学性。

②植物措施应在对立地条件的分析基础上，推荐多树种、多草种，供设计时进一步优化。

③防治水蚀、风蚀的植物措施应有针对性，水蚀风蚀复合区的措施应兼顾两种侵蚀类型的防治。

11.3.8.3 方案比选

应对所拟定的重要防护工程进行方案比选，提出推荐方案。防治措施比选的重点地段应为大型弃渣(土、石)场、取料(土、石)场、高路堑、大型开挖面等。防治措施比选的内容应包括防护措施类型、防护效果、投资等。防治措施比选的考虑因素应包括工程安全、水土保持防护效果、施工条件、立地条件、工程投资等。

11.3.8.4 进度安排

水土保持工程施工组织设计应包括施工组织、施工条件、施工材料来源及施工方法与质量要求等内容。进度安排应符合下列规定：

①遵循"三同时"制度。按照主体工程施工组织设计、建设工期、工艺流程，坚持积极稳妥、留有余地、尽快发挥效益的原则，以水土保持分区进行措施布设，考虑施工的季节性、施工顺序、措施保证、工程质量和施工安全，分期实施，合理安排，保证水土保持工程施工的组织性、计划性、有序性，以及资金、材料和机械设备等资源的有效配置，确保工程按期完成。

②分期实施应与主体工程协调一致。根据工程量组织劳动力，使其相互协调，避免窝工浪费。

③应先工程措施再植物措施、工程措施应安排在非主汛期，大的土方工程宜避开汛期。植物措施应以春季、秋季为主。施工建设中，应按"先拦后弃"的原则，先期安排水土保持措施的实施。结合四季自然特点和工程建设特点及水土流失类型，在适宜的季节进行相应的措施布设。

11.3.9 水土保持监测的基本要求

11.3.9.1 水土保持方案中有关监测的编制内容

开发建设项目水土保持监测应按照《水土保持监测技术规程》的规定进行。在水土保持方案中，应确定监测的内容、项目、方法、时段、频次，初步确定定点监测点位，估算所需的人工和物耗。能够指导监测机构编制监测实施计划，落实监测的具体工作。监测成果应能全面反映开发建设项目水土流失及其防治情况。

11.3.9.2 水土保持监测时段

应从施工准备期前开始，至设计水平年结束。建设生产类项目还应对运行期进行监测。

11.3.9.3 水土保持重点监测应包括的内容

①项目区水土保持生态环境变化监测 应包括地形、地貌和水系的变化情况，建

设项目占地和扰动地表面积，挖填方数量及面积，弃土、弃石、弃渣量及堆放面积，项目区林草覆盖率等。

②项目区水土流失动态监测　应包括水土流失面积、强度和总量的变化及其对下游及周边地区造成的危害与趋势。

③水土保持措施防治效果监测　应包括各类防治措施的数量和质量，林草措施的成活率、保存率、生长情况及覆盖率，工程措施的稳定性、完好程度和运行情况，以及各类防治措施的拦渣保土效果。

11.3.9.4　开发建设项目水土流失监测

应以水土流失严重区域为重点，不同类型建设项目的监测重点区域的选择应遵循下列规定：

①采矿类工程应为露天采矿的排土（石）场、地下采矿的弃土（渣）场和地面塌陷区，以及铁路和公路专用线，集中排水区下游。

②交通铁路工程应为施工过程中弃土（渣）场、取土（石）场、大型开挖破坏面和土石料临时转运场，集中排水区下游和施工道路。

③电力工程应为电厂施工中弃土（渣）场、取土（石）场、临时堆土场、施工道路和火力发电厂运行期贮灰场。

④冶炼工程应为施工中弃土（渣）场、取土（石）场和运行期添加料场、尾矿（渣）场，施工和生产道路。

⑤水工程应为施工中弃土（渣）场、取土（石）场、大型开挖面、排水泄洪区下游、施工期临时堆土（渣）场。

⑥建筑及城镇建设工程应为施工中的地面开挖、弃土弃渣和土石料的临时堆放地。

⑦其他工程应为施工或运行中易造成水土流失的部位和工作面。

11.3.9.5　水土流失危害监测

可根据水土流失防治措施的薄弱环节以及生产生活集中区设置，施工过程中防治措施不能及时到位的施工区（段）应重点监测。

11.3.9.6　开发建设项目水土保持监测站点的布设

应根据开发建设项目扰动地表的面积、涉及的不同水土流失类型、扰动开挖和堆积形态、植被状况、水土保持设施及其布局，以及交通、通信等条件综合确定。应根据工程特点与扰动地表特征分别布设不同的监测点，并应符合下列要求：

①对弃土弃渣场、取料场及大型开挖面宜布设监测小区。

②项目区较为集中的工程宜布设监测控制站（或卡口站）。

③项目区类型复杂、分散、人为活动干扰小的工程宜布设简易观测场。

11.3.9.7　开发建设项目水土保持监测布点要求

①建设类项目施工期宜布设临时监测点；建设生产类项目施工期宜布设临时监测

点，生产运行期可布设长期监测点；工程规模大、环境影响范围广、建设周期长的大型建设项目应布设长期监测点；特大型建设项目监测点的布设还应符合国家或区域水土保持监测网络布局的要求，并纳入相应监测站网的统一管理。

②制定和完善调查和巡查制度，扩大监测覆盖面，并作为上述监测点的补充。

③监测小区、简易土壤侵蚀观测场应在同一水土流失类型区平行布设，平行监测点的数目不得少于3个。对铁路、公路、输油(气)管道、输电等线型工程，还应在不同水土流失类型区布设平行监测点。

11.3.9.8 监测点的场地选择要求

①每个监测点都应有较强的代表性，对所在水土流失类型区和监测重点要有代表意义，原地表与扰动地表应具有一定的可比性。

②各种观测场地应适当集中，不同监测项目宜相互结合。

③宜避免人为活动的干扰。

④交通方便，便于监测管理。

⑤监测小区应根据需要布设不同坡度和坡长的径流小区进行同步监测。

⑥控制(卡口)站的主要工程设施应与小流域水文、泥沙及其动力特性相适应。

⑦简易土壤侵蚀观测场应避免周边来水对观测场的影响。

⑧风蚀量监测点应避免围墙、建筑物、大型施工机械等对监测的影响。

⑨重力侵蚀监测点应根据开发建设项目可能造成的侵蚀部位布设。滑坡监测应针对变形迹象明显、潜在威胁大的滑坡体和滑坡群布置；泥石流监测应在泥石流危险性评价的基础上进行布设。

11.3.9.9 监测方法

开发建设项目水土保持监测应采取定位监测与实地调查、巡查监测相结合的方法，有条件的大型建设项目可同时采用遥感监测方法。监测方法的选择应遵循下列原则：

①小型工程宜采取调查监测或巡查监测方法。

②大中型工程应采取地面定位监测、实地调查和巡查监测相结合的方法。

③规模大、影响范围广、有条件的特大型工程除地面定位监测、实地调查和巡查监测外，还可采用遥感监测的方法。

④水土流失影响因子和水土流失量的监测应采用地面定位监测。

⑤扰动面积、弃渣量、地表植被和水土保持设施运行情况等项目监测应采用定位监测和实地调查监测方法。

⑥施工过程中时空变化多、定位监测困难的项目可采用巡查法监测。

11.3.9.10 径流小区建设

标准径流小区的建设应按国家相关标准建设；非标准径流小区的观测设施可参照标准径流小区建设；条件具备的可建设人工模拟降雨径流小区进行观测；以控制站进

行监测的应能满足监测工作的需要。

11.3.9.11 风蚀监测

应根据扰动地表情况、可能产生风蚀的区域和数量，合理布设监测点主要是布设集沙池和插钎等。

11.3.10 实施保障措施的管理规定

第一条，项目法人必须将水土保持工程纳入项目的招标投标管理中，并在设计、施工、监理、验收等各个环节逐一落实，合同文件中应有明确的水土保持条款。

第二条，水土保持方案确定的各项水土流失防治措施均应在工程初步设计及施工图设计阶段予以落实，编制单册或专章。重大变更应按规定程序重新编报水土保持方案。

第三条，施工管理应满足下列要求

①施工期应控制和管理车辆机械的运行范围，防止扩大对地表的扰动。

②应设立保护地表及植被的警示牌，施工过程应保护表土与植被。

③应有施工及生活用火安全措施，防止火灾烧毁地表植被。

④应对泄洪防洪设施进行经常性检查维护，保证其防洪效果和通畅。

⑤建成的水土保持工程应有明确的管理维护要求。

第四条，从事水土保持监理工作的单位应具有水土保持工程监理资质。

第五条，从事水土保持监测工作的单位应具有水土保待监测资质。

第六条，建设单位应经常开展水土保持工作的检查。

第七条，主体工程投入运行前必须首先验收水土保持设施，验收内容、程序等应符合国家有关规定。

第八条，水土保持工程验收后，应由项目法人负责对永久占地区的水土保持设施进行后续管护与维修，临时占地区内的水土保持设施应由项目法人移交土地权属单位或个人继续管理维护。

11.3.11 结论及建议

①结论中应明确有无限制工程建设的制约因素，对主体工程方案比选的结论性意见，水土保持方案的最终结论。

②应提出对主体工程及施工组织的水土保持要求，水土保持工程后续设计的要求，明确下阶段需进一步深入研究的问题。

11.3.12 水土保持方案编制的主要内容

11.3.12.1 水土保持方案报告书的主要内容

开发建设项目可行性研究阶段(项目核准阶段)水土保持方案报告书编制的主要内容如下：

（1）综合说明

①主体工程的概况、方案设计深度及方案设计水平年。

②项目所在地的水土流失重点防治区划分情况，防治标准执行等级。

③主体工程水土保持分析评价结论。

④水土流失防治责任范围及面积。

⑤水土流失预测结果。主要包括损坏水土保持设施数量、建设期水土流失总量及新增量、水土流失重点区段及时段。

⑥水土保持措施总体布局、主要工程量。

⑦水土保持投资估算及效益分析。

⑧结论与建议。

⑨水土保持方案特性表（见表11-1）。

表 11-1　开发建设项目水土保持方案特性表

项目名称			流域管理机构		
涉及省区		涉及地市或个数		涉及县或个数	
项目规模		总投资（万元）		土建投资（万元）	
动工时间		完工时间		方案设计水平年	
项目组成	建设区域	长度/面积（m/hm²）	挖方量（×10⁴m³）		填方量（×10⁴m³）
国家或省级重点防治区类型			地貌类型		
土壤类型			气候类型		
植被类型			原地貌土壤侵蚀模数[t/(km²·a)]		
防治责任范围面积（hm²）			土壤容许流失量[t/(km²·a)]		
项目建设区（hm²）			扰动地表面积（hm²）		
直接影响区（hm²）			损坏水保设施面积（hm²）		
建设期水土流失预测总量（t）			新增水土流失量（t）		
新增水土流失主要区域					
防治目标		扰动土地整治率（%）		水土流失总治理度（%）	
		土壤流失控制比		拦渣率（%）	
		植被恢复系数（%）		林草覆盖率（%）	
防治措施	分区	工程措施	植物措施		临时措施
	投资（万元）				
水土保持总投资（万元）			独立费用（万元）		

11.4.1.3 监督管理

①县级以上人民政府水行政主管部门应加强对开发建设项目水土保持方案监理活动的监督管理，对项目法人和监理单位执行国家法律法规、工程建设强制性标准以及履行监理合同的情况进行监督检查。

②县级以上人民政府水行政主管部门在履行监督检查职责时，有关单位和人员应当客观、如实反映情况，提供相关材料。县级以上人民政府水行政主管部门实施监督检查时，不得妨碍监理单位和监理人员正常的监理活动，不得索取或者收受被监督检查单位和人员的财物，不得谋取其他不正当利益。

③县级以上人民政府水行政主管部门在监督检查中，发现监理单位和监理人员有违规行为的，应当责令纠正，并依法查处。

④任何单位和个人有权对水利工程建设监理活动中的违法违规行为进行检举和控告。有关水行政主管部门及有关单位应当及时核实、处理。

11.4.1.4 惩罚规定

(1)项目法人将开发建设项目水土保持方案实施的监理业务委托给不具有相应资质的监理单位，或者必须实行建设监理而未实行的，依照《建设工程质量管理条例》第五十四条、第五十六条处罚。项目法人对监理单位提出不符合安全生产法律、法规和工程建设强制性标准要求的，依照《建设工程安全生产管理条例》第五十五条处罚。

(2)项目法人及其工作人员收受监理单位贿赂、索取回扣或者其他不正当利益的，予以追缴，并处违法所得3倍以下且不超过3万元的罚款；构成犯罪的，依法追究有关责任人员的刑事责任。

(3)监理单位有下列行为之一的，依照《建设工程质量管理条例》第六十条、第六十一条、第六十二条、第六十七条、第六十八条处罚：超越本单位资质等级许可的业务范围承揽监理业务的；未取得相应资质等级证书承揽监理业务的；以欺骗手段取得的资质等级证书承揽监理业务的；允许其他单位或者个人以本单位名义承揽监理业务的；转让监理业务的；与项目法人或者被监理单位串通，弄虚作假、降低工程质量的；将不合格的建设工程、建筑材料、建筑构配件和设备按照合格签字的；与被监理单位以及建筑材料、建筑构配件和设备供应单位有隶属关系或者其他利害关系承担该项工程建设监理业务的。

(4)监理单位有下列行为之一的，责令改正，给予警告；无违法所得的，处1万元以下罚款，有违法所得的，予以追缴，处违法所得3倍以下且不超过3万元罚款；情节严重的，降低资质等级；构成犯罪的，依法追究有关责任人员的刑事责任：以串通、欺诈、胁迫、贿赂等不正当竞争手段承揽监理业务的；利用工作便利与项目法人、被监理单位以及建筑材料、建筑构配件和设备供应单位串通，谋取不正当利益的。

(5)监理单位有下列行为之一的，依照《建设工程安全生产管理条例》第五十七条处罚：未对施工组织设计中的安全技术措施或者专项施工方案进行审查的；发现安全事故隐患未及时要求施工单位整改或者暂时停止施工的；施工单位拒不整改或者不停止施工，未及时向有关水行政主管部门或者流域管理机构报告的；未依照法律、法规和工程建设强制性标准实施监理的。

（6）监理单位有下列行为之一的，责令改正，给予警告；情节严重的，降低资质等级；聘用无相应监理人员资格的人员从事监理业务的；隐瞒有关情况、拒绝提供材料或者提供虚假材料的。

（7）从事监理人员，有下列行为之一的，责令改正，给予警告；其中，监理工程师违规情节严重的，注销注册证书，2年内不予注册；有违法所得的，予以追缴，并处1万元以下罚款；造成损失的，依法承担赔偿责任；构成犯罪的，依法追究刑事责任：利用执（从）业上的便利，索取或者收受项目法人、被监理单位以及建筑材料、建筑构配件和设备供应单位财物的；与被监理单位以及建筑材料、建筑构配件和设备供应单位串通，谋取不正当利益的；非法泄露执（从）业中应当保守的秘密的。

（8）监理人员因过错造成质量事故的，责令停止执（从）业1年，其中，监理工程师因过错造成重大质量事故的，注销注册证书，5年内不予注册，情节特别严重的，终身不予注册。监理人员未执行法律、法规和工程建设强制性标准的，责令停止执（从）业3个月以上1年以下，其中，监理工程师违规情节严重的，注销注册证书，5年内不予注册，造成重大安全事故的，终身不予注册；构成犯罪的，依法追究刑事责任。

（9）水行政主管部门和流域管理机构的工作人员在工程建设监理活动的监督管理中玩忽职守、滥用职权、徇私舞弊的，依法给予处分；构成犯罪的，依法追究刑事责任。

（10）依法给予监理单位罚款处罚的，对单位直接负责的主管人员和其他直接责任人员处单位罚款数额5%以上、10%以下的罚款。监理单位的工作人员因调动工作、退休等原因离开该单位后，被发现在该单位工作期间违反国家有关工程建设质量管理规定，造成重大工程质量事故的，仍应当依法追究法律责任。

（11）降低监理单位资质等级、吊销监理单位资质等级证书的处罚以及注销监理工程师注册证书，由水利部决定；其他行政处罚，由有关水行政主管部门依照法定职权决定。

11.4.2 开发建设项目水土保持方案监测管理

2002年9月中华人民共和国水利部发布的《水土保持监测技术规程》，对开发建设项目的监测原则、监测项目、监测时段及监测方法等作了明确规定。

11.4.2.1 监测原则

①建设性项目的水土保持监测点应按临时点设置。生产性项目应根据基本建设与生产运行的联系，设置临时点和固定点。

②水土保持监测点布设密度和监测项目的控制面积，应根据开发建设项目防治责任范围的面积确定。重点地段应实施重点监测。

③水土保持监测点的观测设施，观测方法、观测时段、观测周期、观测频次等应根据开发建设项目可能导致或产生的水土流失情况确定。监测方案应进行论证，批准后方可实施。

④开发建设项目水土保持监测费用应纳入水土保持方案，基建期监测费用应由基建费用列支，生产期的监测费用应由生产费用列支。监测成果应报上一级监测网统一管理。

⑤大中型开发建设项目水土保持监测应有相对固定的观测设施，做到地面监测与调查监测相结合；小型开发建设项目应以调查监测为主。地面监测可采用小区观测法、简易水土流失观测场法和控制站观测法。采用小区观测法和控制观测站的设置应充分论证。各类开发建设项目的临时运转土石料场或施工过程中的土质开挖面、堆垫面的水蚀，可采用侵蚀沟体积量测法测定。

11.4.2.2　监测重点管理规定

①采矿行业　露天矿山的重点是排土(石)场和铁路或公路专用线，地下采矿重点是弃土弃渣、铁路或公路专用线和地面塌陷。

②交通铁路行业　主要是对施工过程中的水土流失进行监测，重点是弃渣、取土场、大型开挖破坏面和土石料临时转运场。

③电力行业　电厂施工建设过程水土流失监测以弃土弃渣、取石取土场为主。火力发电厂运行期以贮灰场为主，其他类型的电厂生产期可根据实际情况确定。

④冶炼行业　施工生产建设过程水土流失以弃土弃渣、取石取土场为主，运行期以添加料场、尾矿、尾沙、炉渣为主。

⑤水利水电工程　重点是施工期的弃土弃渣、取石取土场及大型开挖破坏面。

⑥建筑及城镇建设　重点是建设过程中的地面开挖、弃土弃渣、土石料临时堆放地。

⑦其他行业　根据实际情况确定。

11.4.2.3　监测项目管理规定

开发建设项目水土流失及其防治效果的监测内容，根据批准的开发建设项目水土保持方案确定。

(1)项目建设区水土流失因子监测内容

①地形、地貌和水系的变化情况。

②建设项目占用地面积、扰动地表面积。

③项目挖方、填方数量及面积，弃土、弃石、弃渣量及堆放面积。

④项目区林草覆盖度。

(2)水土流失状况监测项目

①水土流失面积变化情况。

②水土流失量变化情况。

③水土流失程度变化情况。

④对下游和周边地区造成的危害及其趋势。

（3）水土流失防治效果监测项目

①防治措施的数量和质量。

②林草措施成活率、保存率、生长情况及覆盖度。

③防护工程的稳定性、完好程度和运行情况。

④各项防治措施的拦渣保土效果。

11.4.2.4　监测时段管理规定

①生产性项目监测时段可分为施工期和生产运行期。在水土保持方案编制时，监测时段应与方案实施时段相同。

②建设性项目监测时段可分为施工期和林草恢复期。林草恢复期种植通常为 2～3 年，最长不超过 5 年。

11.4.2.5　监测方法管理规定

开发建设项目监测应主要采用定位观测与实地调查、巡查监测法，也可同时采用遥感监测方法。通过设立典型观测断面、观测点、观测基准等，对开发建设项目在生产建设和运行初期的水土流失及其防治效果进行监测。

①开发建设项目水土流失监测，宜采用地面定位观测法和实地调查监测法。

②在防治责任区范围内，水土流失影响较小的地段，可进行调查监测；水土流失影响较大的地段，应进行地面观测。

③积极鼓励采用新技术、新方法。

11.5　开发建设项目水土保持设施验收管理

开发建设项目水土保持设施经过验收合格后，项目方可正式投入生产或使用。水土保持设施未经验收或者验收不合格，主体工程不得投入运行。2002 年 10 月，中华人民共和国水利部令第 16 号发布了《开发建设项目水土保持设施验收管理办法》，该管理办法对开发建设项目的验收机构、验收范围、验收工作的主要内容、验收合格条件、验收程序等都有详细的管理规定。2005 年水利部令第 24 号对上述管理办法又进行了修改。

11.5.1　水土保持设施验收机构

①县级以上人民政府水行政主管部门或者其委托的机构，负责开发建设项目水土保持设施验收工作的组织实施和监督管理。

②县级以上人民政府水行政主管部门按照开发建设目水土保持方案的审批权限，负责项目的水土保持设施的验收工作。

③县级以上地方人民政府水行政主管部门组织完成的水土保持设施验收材料，应当报上一级人民政府水行政主管部门备案。

11.5.2　水土保持设施验收范围

水土保持设施验收的范围应当与批准的水土保持方案及批复文件一致，如责任区范围、包含的工程、达到的目标、实施进度等。

11.5.3　水土保持设施验收工作的主要内容

检查水土保持设施的设计落实情况及建设进度、工程量及质量，核查水土保持投资到位及使用情况，调查和评价水土流失防治效果，落实水土保持设施的管理维护责任，对存在问题提出处理和改进意见。

11.5.4　水土保持设施验收合格条件

①开发建设项目水土保持方案审批手续完备，水土保持工程设计、施工、监理、财务支出、水土流失监测报告等资料齐全。

②水土保持设施按批准的水土保持方案报告书和设计文件的要求建成，符合主体工程和水土保持的要求。

③治理程度、拦渣率、植被恢复率、水土流失控制量等指标达到了批准的水土保持方案和批复文件的要求及国家和地方的有关技术。

④水土保持设施具备正常运行条件，且能持续、安全、有效运转，符合交付使用要求。水土保持设施的管理、维护措施落实。

11.5.5　水土保持设施验收的技术标准

11.5.5.1　技术标准

主要应遵循以下标准：《开发建设项目水土保持设施验收规程》《开发建设项目水土保持技术规范》《开发建设项目水土流失防治标准》《水土保持工程质量评定规程》《水利水电基本建设工程单元工程质量评定标准》等。

11.5.5.2　技术指标

应达到批准的水土保持方案确定的目标，主要包括扰动土地整治率、水土流失总治理度、土壤流失控制比、拦渣率、植被恢复系数、林草覆盖率等。

11.5.6　水土保持设施验收程序

11.5.6.1　验收权限

水行政主管部门对开发建设项目水土保持设施的验收，实行统一管理、分级负责制度。水土保持设施的竣工验收由水土保持方案的原批准机关组织，不得越级验收。水利部负责由国家立项建设的项目验收，地方水行政主管部门负责由同级主管部门立项建设的项目验收。

开发建设项目水土保持设施验收实行备案制度，下一级水行政主管部门组织的水土保持设施验收材料须报上一级水行政主管部门备案。

11.5.6.2 验收过程

①开发建设项目土建工程完成后，应当及时开展水土保持设施的验收工作。建设单位应当会同水土保持方案编制单位，依据批复的水土保持方案报告书、设计文件的内容和工程量，对水土保持设施完成情况进行检查，编制水土保持方案实施工作总结报告（编制提纲见附件1）和水土保持设施竣工验收技术报告（编制提纲见附件2）。对于符合验收合格条件的，方可向审批该水土保持方案的机关提出水土保持设施验收申请。

②县级以上人民政府水行政主管部门在受理验收申请后，应当组织有关单位的代表和专家成立验收组，依据验收申请、有关成果和资料，检查建设现场，提出验收意见。其中，需要先进行技术评估的开发建设项目，建设单位在提交验收申请时，应当同时附上技术评估报告。建设单位、水土保持方案编制单位、设计单位、施工单位、监理单位、监测报告编制单位应当参加现场验收。

③验收合格意见必须经2/3以上验收组成员同意，由验收组成员及被验收单位的代表在验收成果文件上签字。

④县级以上人民政府水行政主管部门应当自受理验收申请之日起20日内作出验收结论。对验收合格的项目，水行政主管部门应当自作出验收结论之日起10日内办理验收合格手续，作为开发建设项目竣工验收的重要依据之一；对验收不合格的项目，负责验收的水行政主管部门应当责令建设单位限期整改，直至验收合格。

⑤分期建设、分期投入生产或者使用的开发建设项目，其相应的水土保持设施应进行分期验收。

11.5.6.3 竣工验收程序

（1）验收的分阶段工作

验收分为直接组织竣工验收和先评估后验收两种情况。由地、县级负责验收的项目，因其规模较小可以直接进行竣工验收；国家立项的项目，必须先进行技术评估，在评估合格的基础上方能组织验收；省级负责验收的项目可以参照国家立项的项目，先评估后验收。

（2）竣工验收工作程序

①印发验收通知。

②召开预备会。

③召开验收开始大会。

④检查工程现场。

⑤召开验收委员会会议。

⑥召开验收结束大会。

⑦印发验收合格文件或者不合格整改文件。

11.5.7　水土保持设施验收的技术评估

①国务院水行政主管部门负责验收的开发建设项目，应当先进行技术评估；省级水行政主管部门负责验收的开发建设项目，可以根据具体情况参照执行；地、县级水行政主管部门负责验收的开发建设项目，可以直接进行竣工验收。

②技术评估，须由具有水土保持生态建设咨询评估资质的机构承担。承担技术评估的机构，应当组织水土保持、水工、植物、财务经济等方面的专家，依据批准的水土保持方案、批复文件和水土保持验收规程规范对水土保持设施进行评估，并提交评估报告。

11.5.8　水土保持设施验收后管理

①水土保持设施验收合格并交付使用后，建设单位或经营管理单位应当加强对水土保持设施的管理和维护，确保水土保持设施安全、有效运行。

②水土保持设施未建成、未经验收或者验收不合格，主体工程已投入运行的，由审批该建设项目水土保持方案的水行政主管部门责令限期完建有关工程，并办理验收手续；逾期未办理的，可以处以 1 万元以下的罚款。

③开发建设项目水土保持设施验收的有关费用，由项目建设单位承担。

附件1　水土保持方案实施工作总结报告编制提纲

一、前言

有关工程、水土保持方案报批、实施过程情况简介。

二、主体工程及水土保持工程概况

1. 主体工程主要技术经济指标，主要建设内容，有关设计文件批复、调整过程。

2. 水土保持方案报批过程，主要建设内容、建设时限、建设概算，水土保持方案中确定的防治措施设计落实、调整情况。

三、工程建设管理

1. 组织领导。包括水土保持工作领导及具体管理机构，水土保持工程建设、设计、施工、监理单位。

2. 规章制度。有关水土保持工程建设过程中建立的各类规章、制度、办法。

3. 监督管理。各级水行政主管部门及水土保持监督管理部门检查、监督情况。

4. 建设过程。包括水土保持工程招标投标过程，合同及其执行情况，施工材料采购及供应。

5. 建设监理。包括监理规划及实施细则，监理制度、机构、人员、检测方法，水土保持工程的质量、进度、投资控制情况。

6. 工程投资。包括批准的水土保持投资概算，资金到位时间，年度安排，概算调整情况，经费支出。

7. 完成主要工程。包括治理措施类型及数量变更情况，实际完成水土保持工程、植物、临时防护工程等的类型、数量，设计工程量增减情况及原因分析。

四、经验、存在问题及建议

在水土保持方案实施过程中的主要经验，目前存在的主要问题，对今后管理运行的建议。

五、运行管理

水土保持工程移交、使用，管理维修养护责任、办法，运行期水土保持监测任务。

六、附件

1. 水土保持方案及其批复文件。

2. 水土保持工程设计批复文件。

3. 水土保持工程设计变更审批文件。

4. 投资到位及使用情况说明。

5. 有关水行政主管部门的监督检查意见。

6. 主体工程总平面图。

附件2　水土保持设施竣工验收技术报告编制提纲

一、简要说明

有关水土保持方案实施情况说明。

二、防治责任范围

1. 批复的水土流失防治责任范围与实际发生的责任范围对比，调整变化的原因。

2. 扰动土地的治理面积、治理率。

三、工程设计

水土保持方案确定的水土保持措施，在设计报告中的设计要点，重大设计变更。

四、施工

1. 工程量及进度。各项防治工程完成的数量、实施时间，与批准的方案实施时间、工程量比较，并分析其原因。

2. 施工质量管理。施工单位质量保证体系，建设单位和监理单位的质量控制体系，施工事故及其处理。

3. 工程建设大事。包括有关批文，较大的设计变更，有关合同协议，重要会议等。

4. 价款结算。批准的工程量及其投资，施工合同价与实际结算价对比，分析增减的原因。

五、工程质量

1. 项目划分。水土保持工程的单位工程、分部工程、单元工程划分情况。

2. 质量检验。监理工程师、质量监督机构的质量检验方法，检验结果。

3. 质量评定。初步验收确定的各单位工程的质量等级，对整体水土保持工程质量评价。

六、工程初期运行及成效评价

1. 工程运行情况。各项水土保持工程建成运行后，其安全稳定性、暴雨后的完好情况，工程维修、植物补植情况。

2. 工程效益

（1）水土流失治理。工程试运行期间控制水土流失面积，治理水土流失面积及治理程度，项目区水土流失强度变化值。废弃土(石、渣)的拦挡量、拦渣率，各类开挖面、拆除后的施工营地的平整，护砌量，植被恢复数量。

（2）植被变化。建设前、施工期间、竣工后林草植被面积，植被恢复指数。

（3）土地整治及生产条件恢复。土地整治率，施工临时占用耕地的恢复数量，土地生产力恢复能力。

（4）水土流失监测。根据水土流失专项监测报告，提出施工期间、工程运行后水土流失量，是否达到国家规定的限值。对水系、下游河道径流泥沙影响，水土流失危害情况变化。

(5)综合评价。主体工程建设对水土流失及生态环境的实际影响范围、程度、时间，水土保持工程的控制效果，防治成效。

七、附件及有关资料

1. 工程竣工后水土流失防治责任范围图。

2. 水土保持工程设计文件、资料。

3. 水土保持工程施工合同、验收报告。

4. 工程质量等级评定报告。

5. 水土流失专项监测报告。

6. 水土保持设施竣工验收图。

7. 水土保持工程实施过程中的影像资料。

本章小结

开发建设项目破坏水土资源、植被资源严重，引发严重的水土流失，加强开发建设项目水土保持工作的管理尤为重要。涉及水土保持的建设项目，必须有经水行政主管部门审查同意的水土保持方案，编制水土保持方案的机构和单位必须持有水土保持方案编制资格证书。严格按照开发建设项目水土保持方案的编制要求，编写水土保持方案，并通过水土保持的监理和监测对水土保持方案的实施予以监督，保证水土保持方案的落实。最终水土保持设施经过验收合格后，项目方可正式投入生产或使用。

思 考 题

1. 试述开发建设项目水土保持工程、建设类项目、建设生产类项目的含义。

2. 试述线型开发建设项目、点型开发建设项目的含义。

3. 试述水土流失防治责任范围及其内容。

4. 试述方案设计水平年的含义。

5. 简述开发建设项目前期工作文件及其编制要求。

6. 开发建设项目水土保持方案应达到的防治水土流失的基本目标是什么？

7. 如何确定水土流失防治责任范围？

8. 简述水土保持方案中水土保持工程的界定原则。

9. 简述主体工程及比选方案的水土保持分析与评价内容。

10. 简述项目概况介绍与项目区概况介绍的异同。

11. 简述水土流失的预测内容和预测方法。

12. 简述水土流失防治措施的布局原则、要求及进度安排。

13. 简述开发建设项目水土保持监测站点、布点要求及监测方法。

14. 水土保持方案报告书和报告表的主要内容是什么？

15. 开发建设项目水土保持工程的实施应遵循哪些监理和监测规定？

16. 简述开发建设项目水土保持设施验收机构、范围、主要内容、合格条件、技术标准、验收程序。

参考文献

中华人民共和国水利部，国家计划委员会，国家环境保护局．1994.开发建设项目水土保持方案管理办法[C].水保[1994]513号.

中华人民共和国水利部.1995.开发建设项目水土保持方案编报审批管理规定.水利部令第5号

中华人民共和国水利部.1995.编制开发建设项目水土保持方案资格证书管理办法.水利部水保[1995]155号.

中华人民共和国水利部.2005.开发建设项目水土保持设施验收管理办法.水利部第24号

中华人民共和国水利部.2008.GB 50433—2008 开发建设项目水土保持技术规范[S].北京：中国计划出版社.

中华人民共和国水利部.2007.SL 387—2007 开发建设项目水土保持设施验收技术规程[S].北京：中国水利水电出版社.

中华人民共和国水利部.2002.GB 50433—2008 水土保持监测技术规程[S].北京：中国水利水电出版社.

中华人民共和国水利部.2003.GB 50434—2008 开发建设项目水土流失防治标准[S].北京：中国水利水电出版社.

赵永军，王安明，袁普金.2008.生产建设项目水土保持管理制度研究[J].水利发展研究(4)：46-50.

孙红光，孙鹏旭，王树元.2003.浅谈水土保持工程建设项目管理方式[J].水土保持科技情报(4)：45-46.

史明昌，牛崇桓，李智广等.2005.开发建设项目水土保持方案管理信息系统建设研究[J].中国水土保持(6)：5-8.

王安明.1998.开发建设项目中水土保持方案的管理工作[J].浙江水利科技(1)：3-5.

刑乐宝，张万明，栾久先，等.2009.监理工作基本程序及要点[J].中国科技信息(15)：39-41.

郭索彦，姜德文，赵永军，等.2008.建设项目水土流失现状与综合治理对策[J].中国水土保持科学(1)：10-12.

第 12 章

水土保持项目资金管理

水土保持项目从立项到实施的整个过程中，始终伴随着资金的运动。特别是在实施阶段，更离不开资金的参与。资金投入是项目实施的先决条件，也是项目顺利完成的有力保障，因此，资金管理是水土保持项目建设中的关键环节。水土保持项目的资金管理，包括资金筹措管理、资金运用管理和资金回收管理。

12.1 资金筹措管理

从 1998 年生态环境建设项目的实施情况来看，生态环境建设项目能不能实施，实施规模是否达到设计规模，实施过程是否顺利，资金问题是首当其冲需要解决的问题。项目正常实施过程中，资金的投入数量和供给时间，是项目运作的先决条件。显然，没有资金就谈不上实施项目；没有充足的资金，就达不到项目的规模效益；资金不能及时到位，就保证不了项目的正常实施。因此，在项目的准备阶段，必须落实资金来源；在项目的实施阶段，必须保证资金及时足额到位。这是项目资金筹措管理的重要内容。

12.1.1 资金筹措渠道与合理构成

12.1.1.1 资金筹措的主要渠道

（1）国内财政渠道

按照《国家生态环境建设工程项目管理办法（试行）》规定，我国的生态环境建设资金实行专户管理，专款专用，按项目安排，不按部门切块，严禁挪作他用。生态环境建设资金来源于以下渠道：中央基本建设投资（预算内拨款投资）中安排部分专项资金、地方各级政府（省、地、县三级）必须相应安排配套资金。地方配套资金为省、地、县三级基建拨款或财政拨款，应纳入各级财政预算，专项列支。地方配套资金与中央投资的比例依各地经济发展水平而异，国定贫困县按 1:0.5 比例落实地方配套资金，其中省、地、县分别各落实 50%、25% 和 25%。省定贫困县按 1:0.8 比例落实地方配套资金，其他县按 1:1 比例落实配套资金，其中省、地、县各 1/3。特别困难的国定贫困县的县级地方配套资金经国家批准后可以减免。地方配套资金不落实的，相应扣减下年度国家投资。各省在上报项目计划时，必须同时附报各地方、各级政府配套资金承诺文件。

（2）国内金融渠道

国内金融渠道分为中央银行、专业银行、农村信用合作社均可贷款，其中部分为贴息贷款。如基本农田建设和水毁项目贷款等。此外，中央的国家农业投资公司、林业投资公司、农村发展信托投资公司（以上为国家发展和改革委员会所属）、中国经济开发信托投资公司（财政部所属）等一些其他非银行金融机构也可提供贷款。

（3）开发建设项目渠道

对于矿业开采、工矿企业建设、交通运输、水工程建设、电力建设、荒地开垦、林木采伐及城镇建设等一切可能引起水土流失的开发建设项目，必须开展相应的水土保持工作，建设水土保持设施，其建设资金来源于相应的开发建设项目。

（4）国内其他渠道

除以上财政、金融和开发建设项目渠道之外，还有一些可供选择的渠道：

①部门资金 发展和改革委员会、农业、林业、畜牧、水利、科技等有关部门可以提供一部分资金，进行专项生态环境建设，如水土保持生态环境建设。

②集资 向职工、农民集资，或经批准发行债券、股票，也是一种筹措的渠道。

③募捐 经批准向社会募捐，或寻找关系接受赠款、赠物。

④投工投劳 这是目前我国生态环境建设中一种重要的投入形式。

（5）国外与国际渠道

随着对外开放不断扩大，筹措资金的视野要不断拓宽，面向海外，面向全球。有以下几条渠道：

①国外政府援助 如内蒙古自治区阿拉善盟生态环境综合治理澳大利亚援助项目，科尔沁沙地治理德国援助项目等。

②国外合作伙伴 通过各种关系寻找、建立"三资"企业或"三来一补"企业。

③国际金融机构 通过发展和改革委员会、财政、银行或其他部门，引进世界银行、亚洲开发银行、国际农业发展基金的贷款。

④国际其他机构 通过有关部门引进联合国开发计划署、联合国粮食与农业组织、福特基金会等国际组织的借款或赠款。

12.1.1.2 资金来源的合理构成

从我国水土保持项目的实践看，资金来源的主要问题是：①短期投入多，长期投入少；②固定资金多，流动资金少；③中央拨款不及时，地方资金配套少；④国内资金多，国外资金少。因此，在项目资金管理中应注意研究解决这些问题。水土保持项目是一种建设周期较长、回收较慢的项目，因此不能光投入几年就不管，而应长期持续地投入，如天然林保护、人工林抚育管护等均需大量长期的投入。在水土保持项目建设中，中央投入的建设资金到位不及时，地方财政限于财力配套少，可能使建设项目规模减少或延误工期，因此应尽量保证中央及时投入，同时搞好地方配套。此外，在继续以国内投入为主的同时，要大力引进外国政府贷款或赠款、国际金融机构贷款、有关国际组织的借款或赠款，争取更多的建设资金。

12.1.2 资金筹措计划与策略

12.1.2.1 资金筹措计划

在了解资金渠道，清楚各类资金的管理原则和办法的基础上，应根据水土保持项目评估报告和其他有关项目文件所确定的建设内容，项目建设费用和成本开支，参考各相关的消耗定额，进行项目资金概算，编制项目资金需求计划和资金筹集计划。

（1）项目资金需求计划

编制项目资金需求计划要注意以下几点：

①资金供求保持平衡。在编制资金需求计划时，必须与计划、物资、工程施工等部门密切配合，统筹安排、综合平衡，使项目资金需要与资金供应保持基本一致，保证项目建设顺利进行。

②项目所需资金的各项建设内容的分类，必须与项目年度建设计划中的分类保持一致。

③工程造价或物资单价要按照预算价、计划价和已知的实际价进行估算，与评估报告预计的金额之间产生的差异可在项目执行中期或后期统一调整计算。

④年度资金需求额可能不等于年度计划投资额，造成不等的原因多种多样，比如需要有预付工程款，需要为以后年度备料，也可能需要在指标采购时一次付清多年使用的物资设备的款项等。这就会出现项目建设初期财务计划中的资金需求数大于投资额，而在建设后期则相反。

项目资金需求计划表格式见表12-1。

表 12-1 年度综合资金需求计划表　　　　　　　　单位：万元

项目建设内容	单 位	数 量	资金需求量	时 间
新疆杨防护林 飞　播 ⋮	株 hm²	30 000 6 000	6.0 120	4～5月 5～6月
合 计				

（2）项目筹资计划

一般而言，项目评估报告中已确定了项目总体的资金来源量和来源渠道，但每年究竟从各种渠道能取得多少资金，什么时间可以取得等一系列具体问题在项目评估报告中通常未予详细说明，因此，在项目资金管理中应逐项落实安排并编制项目年度筹资计划表（表12-2）。

表 12-2 项目年度筹资计划表　　　　　　　　单位：万元

资金来源渠道	金额	占需求量（%）	取得时间	备注
1. 国家财政拨款				
2. 中国农业发展银行贷款				
3. 农村信用合作社贷款				

（续）

资金来源渠道	金额	占需求量(%)	取得时间	备注
4. 地方财政拨款				
5. 农民自筹资金				
6. 农民劳务折款				
⋮				
全部筹资合计				
资金需求量				
资金供需差额(+ , −)				

　　表 12-2 中各项资金来源应有专项计划，如中国农业发展银行贷款一项，在专项计划中除明确说明贷款金额、取得的形式和时间以外，尚需进一步说明贷款的结构。该表中的资金需求量是根据表 12-1 中资金需求计划数合计填列；该表中资金供需差额为全部筹资合计与资金需求量之差，供大于求为正(+)，供小于求为负(−)。应尽可能使资金供需平衡，不留缺口，否则就应调整项目年度建设计划。

12.1.2.2　资金筹措策略

　　项目筹资是为项目投资服务的，其成本的高低会影响项目的投资效益，但项目筹资也是受项目投资总量制约的。在全国生态环境规划范围内的水土保持生态建设项目，资金筹措一般由国家、地方财政配套和群众投工投劳组成。由地方行政部门组织的一些水土保持项目则要多方面争取资金，因此资金筹措成为一个必不可少的环节。树立正确的项目筹措策略，有利于选择合理的筹资方式，有利于项目的投资决策。以下是一些基本的操作方法：

　　(1)熟悉各种投资者的业务范围、规章制度、政策原则和操作程序

　　在操作中不仅要了解各种投资渠道，而且要深入了解投资者的投向偏好，掌握其运作的倾斜政策及近几年的发展态势，特别是要掌握这些投资者愿意投资于何种工程项目，以便及早准备。其次要具体掌握有关投资的规章制度，明确每种资金的运作程序，掌握每种资金的管理规定和运作程序，争取投资机会。

　　(2)建立与有关投资者的良好的公共关系

　　与有关投资者建立相互密切合作的关系，经常保持联系，并建立优良的信用关系，使投资者在充分信任、理解、支持的基础上，投入资金。

　　(3)准备切实可行的项目

　　虽然生态环境项目已成为国际优先合作项目，但在争取各种投资时，必须要有切实可行、可操作性强的项目。没有项目，只有想法，是不能得到投资的。争取资金时，要让项目等资金、以项目争资金。

　　(4)积极并及时向有关投资者申请

　　积极、主动、及时向有关投资者、政府部门提出申请，争取给予资金支持。通常

情况下，提出申请时，要附项目建议书或可行性研究报告。为便于投资者了解情况，在提供文件的同时，还应进行必要的面谈，说明情况和理由，以引起投资者的兴趣。

（5）确定合理的资金结构

资金结构是指项目投资资金的构成及其比例。项目在进行资金筹措时，应结合资金成本及有关政策制度的规定，确定合理的自有资金与负债资金的比例。

12.2 资金运用管理

12.2.1 资金运用的基本原则与特点

资金运用是水土保持项目周期中资金管理的另一个重要环节，筹措资金是实施工程的条件，运用好资金则是确保项目成功的有力保障。没有资金，项目运作无从谈起；但有了充足的、及时到位的资金，如果不按正确的渠道和规则运作，也会影响项目的实施，严重的会导致项目的失败。资金运用管理主要涉及资金运用的基本原则、主要条件、合理布局，资金运用的监督控制机制等。

12.2.1.1 资金运用的基本原则

一般而言，资金运用的目标是实现最大的效益，包括经济效益、生态效益和社会效益。其中的经济效益主要是投入与产出的关系；生态效益主要是改善和保护生态环境的问题；社会效益主要指对国家、对全社会所创造的利益和机会。这三者之间的关系实际上也是宏观与微观、长远与眼前的关系，必须统筹兼顾，不可偏废。水土保持项目资金运用的基本原则表现为以下两个方面：

（1）效益性

通过最小的投入换取最大的产出，这是资金运用的最基本的原则。鉴于生态环境建设项目的多元目标性，可以从生态效益指标、经济效益指标、社会效益指标来分析其效益性。以下是一些参考指标：

①生态效益系列指标　生态效益即通过生态建设活动产生的各种效益，例如：森林覆盖率增长率、防护林对农业增产效益、水土流失治理率、荒漠化防治率、改善小气候效益、减少沙尘暴效益、载畜量提高率、减轻自然灾害效益等。生态环境建设的生态效益虽然非常明显，但生态效益，尤其是生态经济效益的估算较为困难。

②经济效益系列指标　经济效益即资金投入所创造的产值。主要包括：资金产值率、资金利税率、资金利润率、资金回收率、内部收益率、净现值和投资回收期等一系列指标。

a. 资金产值率：考核计算期内投入资金所创造的产值，主要反映全部投入与全部产出的对比关系。其计算公式为：

$$资金产值率 = \frac{创造产值总额}{资金投入总额} \times 100\%$$

b. 资金利税率：考核计算期内投入资金所创造的利润和税收，主要反映全部产出中扣除全部投入后的纯收益，这是反映项目效益的重要指标。其计算公式为：

$$资金利税率 = \frac{创造利税总额}{资金投入总额} \times 100\%$$

c. 资金利润率：考核计算期内投入资金所创造的利润。由于项目享受免税待遇，故设置此指标。其计算公式为：

$$资金利润率 = \frac{创造利润总额}{资金投入总额} \times 100\%$$

d. 资金回收率：考核计算期内资金投入与资金回收的比例关系。这是资金运用效益中的一个重要指标。其计算公式为：

$$资金回收率 = \frac{资金回收总额}{资金投入总额} \times 100\%$$

e. 内部收益率：指项目在计算期内各年净现金流量现值累计等于零时的折现率。它是衡量项目盈利能力的指标，若内部收益率大于行业的基准收益率，认为项目是可以接受的；反之，认为项目效益较差。

f. 净现值：指项目按部门或行业的基准收益率，将各年的净现金流量折算到建设起点时的现值之和。它是衡量项目是否超过行业平均收益水平的指标。正为好，等于零为中，负为差。

g. 投资回收期：指项目的净收益抵偿全部投资所需的时间。它是反映投资回收能力的指标。短于行业的基准回收期为好，等于为中，大于为差。

③社会效益系列指标　主要包括：劳动就业率、脱贫率、人均收入增长率等指标。

a. 劳动就业率：考核计算期内项目应安排就业人数与实际解决就业人数的比例关系，该指标主要反映项目区的就业状况。其计算公式为：

$$劳动就业率 = \frac{解决就业总人数}{应就业总人数} \times 100\%$$

b. 脱贫率：考核计算期内项目建设前后贫困户变化的对比关系。其计算公式为：

$$脱贫率 = \frac{项目开发前贫困户总数 - 项目开发后贫困户总数}{项目开发前贫困户总数} \times 100\%$$

c. 人均收入增长率：考核计算期内项目建设前后人均收入的变化情况，反映群众收入增长水平。其计算公式为：

$$增长率 = \frac{项目开发后人均收入 - 项目开发前人均收入}{项目开发前人均收入} \times 100\%$$

（2）政策性

水土保持项目建设专项资金，其运用必须以控制水土流失、发展区域经济为目标，因此其资金应专款专用，任何人不得以任何名义挤占、挪用、贪污、浪费和提高利率，以确保项目实施。核定的项目管理费用，只能用于项目论证、验收、图文材料制作及直接从事管理活动等支出，不得用于单位事业费差额补贴。

12.2.1.2　资金运用的特点

从总体上讲，项目资金运用体现在项目周期各阶段资金的投入与分配上。水土保持项目管理周期一般划分为 3 个阶段：即前期准备阶段、项目实施阶段和竣工验收阶段。在项目前期准备阶段，资金投入占 5% ~15%，主要用于项目可行性研究和评估、论证及项目初步设计。在项目实施阶段，资金投入占 60% ~80%，主要用于项目建设中的物资设备采购、建设施工、工资及管理费等。在项目竣工验收阶段，资金投入占 10% ~15%，主要用于对项目建设内容、数量、质量及效益的检查验收。

从水土保持项目资金运用来看，其特点主要表现为：

①项目资金大量的以投资资金的形式表现出来，而且大多数发生在项目建设初期。如水土保持项目中的防护林建设项目、飞播项目等，当年投入并不形成固定资金，固定资产在工程完工后慢慢体现。因此，在进行项目的财务分析和经济分析时，这种投资就是以投资成本方式在发生年一次计入项目成本流出，而不是分摊到项目生命周期的以后各年度。

②项目资金运用的另一大部分是项目经营费用，它包括因项目建设扩大生产引起的流动资金的增量，还包括一般的经营费用，如材料费、种苗费、肥料费、农药费、水费、电费、管理费、运杂费等。

③直接用于建设项目的机械作业费用和劳务费用及与项目建设直接相关的实用技术的试验与推广。项目建设竣工后或机器设备投入经营使用后所形成的全部固定资产应相应地计提折旧并记入当年生产经营成本，用以正确确定当年的生产经营利润，同时提取相当的折旧基金，保证资产报废时重置的资金来源。

12.2.2　资金运用的合理布局与监控

12.2.2.1　资金运用的合理布局

为了确保水土保持项目资金的有效、有序运用，不但要研究单个项目是否可行，更要研究项目之间的布局是否合理。所谓资金运用合理布局，是一个相对的概念，它是在一定时期内结构优化的反映。可通过不断调整投向结构，优化资金投向，合理布局。

（1）区域布局

水土流失本着先易后难的原则进行治理，实行循序渐进的防治战略。因此，在资金使用上，首先应将其用到条件相对较好、容易治理和改善的地方，如投向区位优势较好的地区。也可建立水土保持示范区，树立典型和样板，为其他地区的治理和建设提供思路和模式。

（2）产业布局

在水土流失治理的同时，根据自然资源优势，考虑调整产业结构，变"以农为主"或"以牧为主"的"一元经济发展模式"为"二元经济发展模式"。大力发展生态农业、特色产业，同时，应加强道路、水利、电力、通信等基础设施建设。加强发展支柱产业、瓶颈产业、农科教、种养加、产供销、贸工农、农工商等"一体化"产业。

（3）组织形式布局

通过因地制宜地组织农牧户或联户、职能部门、乡镇场站等形式进行建设活动，促进资金的有效和有序运行。

12.2.2.2 资金运用的监控

合理而有效地运用资金，必须依赖监控体系的保障。建立监督与控制的约束机制，是资金管理不可缺少的方面。

（1）监控组织

为了加强对资金运用的管理，必须设立资金管理监控组织——财务监理，负责审查和批准资金运用，负责资金运用的监督和控制，负责资金运用结果的评价，完善项目资金管理系统。

（2）监控内容

①资金是否及时到位 为了减少资金占用，确保资金安全，一般来讲，项目所需全部资金并不是一次足额到位，而是分期分批按工程进度支付。为保证项目的实施，必须保证资金及时到位。

②有无挤占挪用、贪污浪费问题 要完善审批和检查制度，防止挤占挪用、贪污浪费等现象发生，保证资金用到项目上去。使项目正常进行。

③项目预算是否够用 在项目实施中，机器设备、原辅材料、劳动力等价格可能上涨，原有设计方案调整也可能需要追加投资，以及受其他因素影响需要扩大开支，对这些因素要及早调查预测，以便尽快筹措资金。

④流动资金能否保证 近些年不少项目建成后，流动资金没有保证，致使项目不能正常投入生产，这也是一个不容忽视的问题。

⑤是否达到预期的效益 资金运用是否达到项目预期的效益。

（3）监控形式

监控形式可以多种多样，但通常采用以下几种方法：

①报账制 重点地区水土流失综合治理工程资金一律进行专户管理，并在县一级资金专户实行报账制。各项目实施单位根据投资计划和工程进度，按已完成工程量填写报账申请书，经项目负责人和工程监理人员签字，并要经水利、农业、林业等部门的质量检查，连同所有财务原始凭证，报县生态办审核后到资金专户报账。这种方式便于监督，易于控制，行之有效。一般地，当有上级投资承诺时，地方政府的项目单位可先用自有资金或预付资金从事建设活动，发生支付行为后，定期、不定期向执行部门（财务监理）报账以取得新的资金。

②审批制 由项目单位或上级部门资金管理组织执行，对每笔开支进行审查，经批准后才能支付。

③稽核制 由项目单位或上级部门执行。项目单位资金管理组织要做好内部审计稽核工作，上级审计稽核部门、资金管理部门要定期、不定期到项目单位进行检查，发现问题要及时纠正，必要时要予以行政、法律、经济等制裁。

④报表制 制订与监测内容有关的报表，由项目单位填制，实行定期报告制度。

不管采取何种监控形式，作为项目执行单位来讲，为加强项目资金的运用管理，都需建立严格的财务报告制度。财务报告的内容，主要包括借款人、联合贷款人和银行的所有资金均应记入会计记录；财务报表应反映全部重要情况；财务报表应真实而公正地反映财务活动及其状况；财务报表应明确所采用的会计政策；在编报财务报告时，应对账目和制度作独立的检查。

12.3 资金回收管理

从资金筹措到资金运用，这只是资金运动的一个过程；另一个过程即是资金回收。资金回收是投资运动过程中不可缺少的环节，是投资资金运动过程的最后一个阶段，同时又是后续投资过程的开始阶段。资金的良性循环运转即是资金能够继续流转，按时足额回收的体现。投入的资金只有经过回收，才能开始新的循环，保证投资活动的持续进行。

资金的回收管理，是整个资金管理中不可缺少的重要组成部分。资金回收使其有限的资金能够周而复始的循环，有利于提高资金利用率，有利于促进整个项目管理，特别是资金运用管理。但对于水土保持项目而言，因其多为公益性项目，多体现在生态效益上，因而资金周转较慢，回收期较长。

从单个项目单位来讲，资金回收包括财政拨款有偿使用部分的回收，项目贷款本金、利息的回收，物资占用资金的回收，项目垫支外资的提回等。资金回收是否及时，关系到项目资金能否正常周转，整个项目能否顺利进行。同时，通过项目资金的回收，从另一个侧面也看出项目建设是否如期完工并达到预期的效益目标。一个效益好的项目，其资金回收率往往也是较高的。如果项目效益不好，则可能出现资金的沉淀。但是，如果资金回收管理不善，该回收的不收回，也可能出现项目效益好而资金回收差的现象。因此，加强项目资金回收的管理非常重要。在回收过程中要做好以下几方面的工作：

①严格工程建设进度计划，保证国际金融机构(如世界银行)的贷款及时提回 外资的提回主要有两种途径：一是根据国内项目建设进度和国内物资采购情况向国际金融机构报账提回；二是直接申请支付国际招标和采购的物资费用。在实际工作中，常常由于各种原因，使得工程建设进度落后于计划进度，采购的物资不能及时到达，也使得国际金融机构的贷款不能及时提回，影响项目的顺利实施。

②采取多种多样的资金回收承包责任制 由于项目的种类多种多样，其收入的来源也千差万别。从其性质上来说，有生产性的，也有服务性的；从项目单位的大小来说，有大也有小。因此，在项目资金的回收上，应根据具体情况，采取不同方式，责任到人。这不仅是对具体的项目单位而言，对项目的各级管理人员也应如此，采取措施，明确责任，提高其收回资金的积极性。可以通过各级政府、项目管理人员分别与相应的下级政府及项目管理机构层层签订承包合同，把工资、奖金与其所管理项目区的资金回收情况挂钩。逐步完善项目资金回收的激励机制，保证资金的及时回收。

③制定相应的奖罚措施，促使债务人如期还贷 为了确保项目建设的顺利进行及其资金的循环周转，必须建立相应的规章制度，促使贷款人合理利用资金，增强其责任感。例如：对项目资金回收任务完成好的单位实行返贷政策，支持其他建设项目所

需资金;对逾期不还的贷款单位,根据规定加收一定的滞纳金;对挪用贷款的单位,全部追回资金并加收 10% 以上的罚款,并根据情节的轻重,追究审批人、经办人的责任;对催收不还的贷款,按高于贷款利率 20% 的利率以天计算加收罚款,从担保单位在银行的账户中扣除;对有意拖欠的单位,可借助行政或法律的力量,强制其归还所欠资金或清算其财产等。

总之,在资金回收上,要树立资金回收的观念,建立资金回收责任制,加强对资金回收的组织、管理和领导,制定资金回收的相关措施。同时,要综合运用思想教育、行政、经济、纪律、法律等手段,加强宣传教育,加快资金回收。但在资金回收上,也应实行区别对待的回收政策。对因政策调整、不可抗拒力等造成的难以收回而需要缓收的,要酌情缓收;但对该收回也有条件收回的,要坚决收回。对挤占、挪用、贪污、私分建设资金的要坚决收回,并视情节轻重严肃处理。

本章小结

水土保持项目从立项到实施的整个过程中,始终伴随着资金的运动。资金管理是水土保持项目建设中的关键环节。资金筹措管理、资金运用管理和资金回收管理是水土保持项目资金管理的三个主要部分。在项目的准备阶段,必须落实资金来源;在项目的实施阶段,必须保证资金及时足额到位。筹措到资金后运用好资金则是确保项目成功的有力保障。资金回收使其有限的资金能够周而复始的循环,有利于提高资金利用率,有利于促进整个项目管理。

思 考 题

1. 水土保持项目资金筹措的主要渠道有哪些?
2. 编制项目资金需求计划要注意什么问题?
3. 如何编制项目年度筹资计划表?
4. 简述水土保持项目资金运用的基本原则。
5. 简述水土保持项目资金运用的特点。
6. 简述资金运用合理布局的含义。
7. 简述财务评价、国民经济评价的内涵。
8. 简述资金运用的监控内容。
9. 资金运用的监控形式有哪些?
10. 如何做好资金回收管理工作?

参考文献

中华人民共和国财政部国家农业综合开发办公室. 1999. 国家农业综合开发项目和资金管理实用读本[M]. 北京:经济科学出版社.

朱希刚. 1992. 农业区域开发项目管理[M]. 北京：农业出版社.

赵廷宁，丁国栋，马履一. 2004. 生态环境建设与管理[M]. 北京：中国环境科学出版社.

苟伯让. 2005. 建设工程项目管理[M]. 北京：机械工业出版社.

中华人民共和国水利部. 2005. 国家农业综合开发水土保持项目管理实施细则. 水利部水保[2005]359号.

吴今. 2006. 我国林业重点工程投融资及资金管理研究[D]. 东北林业大学图书馆.

张海龙. 2001. 我国大型引水工程投资项目的资金管理[D]. 大连理工大学图书馆.

张红梅. 2001. 公路建设资金的筹集和管理[D]. 长安大学图书馆.

王一平. 2009. 高速公路建设项目资金管理研究[J]. 交通财会(4)：6-8.

黄孝华. 2009. 加强建设项目的财务管理和监督——对兖矿集团的建议[J]. 经营与管理(5)：37-38.

第 13 章

水土保持项目经济评价

对于大中型水土保持项目，在其可行性研究和初步设计阶段，都应作经济评价来确定项目的可行性。经济评价由于所站的角度不同可分为财务评价和国民经济评价。国民经济评价是站在国家整体利益的角度来考察项目的经济效益是否可行，财务评价是从项目角度考察项目的盈利能力和偿债能力。本章主要介绍水土保持项目的经济评价的方法和内容。

13.1 财务评价

财务评价是分析预测工程项目的财务效益与成本，计算财务分析指标，考察拟建项目的盈利能力、偿债能力和外汇平衡能力，据此评价和判断项目财务可行性的一种经济分析方法。水土保持项目的财务评价是从项目或企业的角度对财务指标进行经济效益的分析与评价，是项目可行性研究的核心内容，其评价结论是项目取舍的重要依据。

13.1.1 财务评价的目标与程序

13.1.1.1 财务评价的目标

财务评价的主要目标是工程项目的盈利能力、偿债能力和外汇平衡。

（1）盈利能力目标

盈利能力主要考察项目的盈利水平，是反映项目在财务上可行性程度的基本标志。工程项目的盈利能力分析，主要考察拟建项目建成投产后是否盈利、盈利的大小、盈利能力是否可使项目可行。项目的盈利能力分析一般是分析项目年度投资盈利能力和项目整个寿命期内的盈利水平。

（2）偿债能力目标

工程项目的偿债能力，是指项目按期偿还其债务的能力。项目偿债能力分析通常表现为建设投资借款偿还期的长短，利息备付率和偿债备付率的高低，这些指标是银行进行贷款决策的重要依据。

（3）外汇平衡目标

对于产品出口创汇等涉及外汇收支的项目，还应编制外汇平衡表，分析项目在计算期内各年外汇余缺程度，以衡量项目实施后，对国家外汇状况的影响。

13.1.1.2 财务评价程序

水土保持项目的财务评价是在项目市场分析和实施条件分析的基础上，搜集有关的基础数据，编制财务报表，计算财务评价指标，进行财务评价，得出评价结论。主要包括以下几个步骤：

（1）基础数据的搜集

根据项目市场分析和实施条件分析结果，以及现行的有关法律法规和政策，对项目总投资、资金筹措方案、产品成本费用、销售收入、税金和利润，以及其他与项目有关的一系列财务基础数据进行分析和估算，并将所得的数据编制成辅助财务报表。

（2）基本财务报表的编制

将分析和估算所得的财务基础数据汇总，编制财务现金流量表、损益和利润分配表、资金来源与运用表、资产负债表及外汇平衡表等基本财务报表。基本财务报表是计算项目盈利能力、偿债能力和外汇平衡能力等指标的基础。

（3）财务效益指标的计算与分析

依据基本财务报表，就可以计算出反映项目盈利能力和偿债能力的一系列指标。反映项目财务盈利能力的指标包括静态指标（投资利润率、投资利税率、资本金利润率、资本金净利润率和投资回收期等）和动态指标（财务内部收益率、财务净现值和动态投资回收期等）。反映项目偿债能力的指标包括借款偿还期、利息备付率和偿债备付率等。

（4）不确定性分析

通过盈亏平衡分析、敏感性分析和概率分析等不确定性分析方法，分析项目可能面临的风险及在不确定条件下适应市场变化的能力和抗风险能力，得出项目在不确定条件下的财务分析结论或建议。

（5）财务分析结论

由上述确定性分析和不确定性分析的结果，与国家有关部门公布的基准值、经验标准、历史标准、目标标准等加以比较，并从财务的角度提出项目可行与否的结论。

13.1.2 财务评价报表

财务评价的主要报表有：财务现金流量表、损益和利润分配表、资金来源与运用表、借款偿还计划表等。

13.1.2.1 财务现金流量表

（1）财务现金流量表的概念与作用

现金流量是反映项目在计算期内实际发生的流入和流出系统的现金活动及其流动数量。项目在某一时间内支出的费用称为现金流出，取得的收入称为现金流入。现金流入与现金流出统称为现金流量。同一时点的现金流入与现金流出之差称为净现金流量。财务现金流量表是反映项目在计算期内各年的现金流入、现金流出和净现金流量的计算表格。编制财务现金流量表的主要作用是：计算财务内部收益率、财务净现值和投资回收期等分析指标。现金流量只反映项目在计算期内各年实际发生的现金收支，不反映非现金收支(如折旧费、应收及应付款等)。

根据投资计算基础不同，财务现金流量表可分为项目财务现金流量表、资本金财务现金流量表和投资各方财务现金流量表。

(2)财务现金流量表的结构与填列

①项目财务现金流量表 它是指在确定项目融资方案前，对投资方案进行分析，用以计算工程项目所得税前的财务内部收益率、财务净现值及投资回收期等财务分析指标的表格(表13-1)。由于项目各个融资方案不同，所采用的利率也不同，但编制项目财务现金流量表时不考虑利息对项目的影响；另外，由于项目的建设性质和建设内容的差别，项目的所得税率和享受国家优惠政策也不同，而在编制项目财务现金流量表时，一般只计算所得税前的财务内部收益率、财务净现值和投资回收期等财务分析指标，即不考虑资金来源、利息及税率不同对项目财务指标的影响，这样可以为各个投资方案的比较建立共同的基础。项目财务现金流量表的现金流入包括：产品销售(营业)收入、回收固定资产余值(可用净残值代替)、回收流动资金和其他现金收入。现金流出包括：建设投资(不含建设期利息)、流动资金、经营成本、销售税金及附加、增值税和其他现金流出等。现金流入和现金流出的有关数据可依据"产品销售(营业)收入和销售(营业)税金及附加估算表"、"建设投资估算表"、"流动资金估算表"、"资金投入计划与资金筹措表"、"总成本费用估算表"和"损益和利润分配表"等有关财务报表填列。

表 13-1 项目财务现金流量表 单位：万元

序号	项　目	计　算　期								合计
		1	2	3	4	5	6	…	n	
	生产负荷(%)									
1	现金流入									
1.1	产品销售(营业)收入									
1.2	回收固定资产余值									
1.3	回收流动资金									
1.4	其他现金收入									
2	现金流出									
2.1	建设投资(不含建设期利息)									
2.2	流动资金									
2.3	经营成本									
2.4	销售税金及附加									
2.5	增值税									
2.6	其他现金流出									
3	净现金流量(1-2)									
4	累计净现金流量									

注：计算指标包括财务内部收益率(%)、财务净现值(万元)、投资回收期(年)。

②资本金财务现金流量表 它是从投资者角度出发,以投资者的出资额(即资本金)作为计算基础,把借款本金偿还和利息支付作为现金流出,用以计算资本金的财务内部收益率、财务净现值等财务分析指标的表格(表13-2)。编制该表格的目的是考察项目所得税后资本金可能获得的收益水平。资本金财务现金流量表与项目财务现金流量表的现金流入内容相同。现金流出包括:项目投入的资本金、借款本金偿还、借款利息支付、经营成本、销售税金及附加、增值税、所得税和其他现金流出等。

表13-2 资本金财务现金流量表 单位:万元

序号	项　　目	计　算　期								合　计
		1	2	3	4	5	6	…	n	
	生产负荷(%)									
1	现金流入									
1.1	产品销售(营业)收入									
1.2	回收固定资产余值									
1.3	回收流动资金									
1.4	其他现金收入									
2	现金流出									
2.1	资本金									
2.2	借款本金偿还									
2.3	借款利息支付									
2.4	经营成本									
2.5	销售税金及附加									
2.6	增值税									
2.7	所得税									
2.8	其他现金流出									
3	净现金流量(1－2)									

注:计算指标:资本金收益率(%)。

③投资各方财务现金流量表 它是通过计算投资各方财务内部收益率,分析投资各方投入资本的盈利能力的财务分析报表(表13-3)。投资各方财务现金流量表的现金流入包括:股利分配、资产处置收益分配、租赁费收入、技术转让收入和其他现金流入。现金流出包括:股权投资、租赁资产支出和其他现金流出。

表13-3 投资各方财务现金流量表 单位:万元

序号	项　　目	计　算　期								合计
		1	2	3	4	5	6	…	n	
1	现金流入									
1.1	股利分配									

（续）

序号	项目	计 算 期								合计
		1	2	3	4	5	6	…	n	
1.2	资产处置收益分配									
1.3	租赁费收入									
1.4	技术转让收入									
1.5	其他现金流入									
2	现金流出									
2.1	股权投资									
2.2	租赁资产支出									
2.3	其他现金流出									
3	净现金流量									

注：计算指标：资本金收益率(%)。

上述3种财务现金流量表各有其目的。项目财务现金流量表在计算现金流量时，不考虑资金来源、所得税和项目是否享受国家优惠政策，因而不必考虑借款本金的偿还、利息的支付和所得税，为各个投资项目或投资方案进行比较建立了共同的基础；资本金财务现金流量表主要考察投资者的出资额即项目资本金的盈利能力；投资各方财务现金流量表主要考察投资各方的投资收益水平，投资各方可将各自的财务内部收益率与各自设定的基准收益率及其他投资方的财务内部收益率进行对比，以便寻求平等互利的投资方案，并据此判断是否值得投资。

13.1.2.2 损益和利润分配表

（1）损益和利润分配表的概念与作用

损益和利润分配表（表13-4）是反映项目计算期内各年的利润总额、所得税及税后利润的分配情况，用以计算投资利润率、投资利税率、资本金利润率和资本金净利润率等静态财务分析指标的表格。

表13-4 损益和利润分配表 单位：万元

序号	项 目	计 算 期								合计
		1	2	3	4	5	6	…	n	
1	销售(营业)收入									
2	销售税金及附加									
3	增值税									
4	总成本费用									
5	利润总额(1-2-3-4)									
6	弥补以前年度亏损									

（续）

序号	项　目	计　算　期								合计
		1	2	3	4	5	6	…	n	
7	应纳税所得额(5-6)									
8	所得税									
9	税后利润(5-8)									
10	提取法定盈余公积金									
11	提取公益金									
12	提取任意盈余公积金									
13	可供分配利润(9-10-11-12)									
14	应付利润(股利分配)									
15	未分配利润									
16	累计未分配利润									

（2）损益和利润分配表的结构与填列

①利润总额　利润总额是项目在一定时期内实现的盈亏总额，即产品销售（营业）收入扣除销售税金及附加、增值税和总成本费用之后的数额。用公式表示为：

利润总额＝产品销售（营业）收入－销售税金及附加－增值税－总成本费用

产品销售（营业）收入和销售税金及附加依据"产品销售（营业）收入和销售（营业）税金及附加估算表"填列。总成本费用依据"总成本费用估算表"填列。增值税根据其计算公式（即销项税额扣除进项税额）单独计算得出。

②项目亏损及亏损弥补的处理　项目在上一年度发生亏损，可用当年获得的所得税前利润弥补；若当年所得税前利润不足弥补的，可以在5年内用所得税前利润延续弥补；延续5年未弥补的亏损，用缴纳所得税后的利润弥补。

③所得税的计算　利润总额按照现行财务制度规定进行调整（如弥补上年的亏损）后，作为计算项目应缴纳所得税税额的计税基数。用公式表示为：

应纳税所得额＝利润总额－弥补以前年度亏损

所得税税率按照国家规定执行。国家对特殊项目有减免所得税规定的，按国家主管部门的有关规定执行。用公式表示为：

所得税＝应纳税所得额×所得税税率

④所得税后利润的分配　缴纳所得税后的利润，按照下列分配顺序分配：

a. 提取法定盈余公积金。法定盈余公积金按当年税后利润的10%提取，其累计额达到项目法人注册资本的50%以上可不再提取。法定盈余公积金可用于弥补亏损或按照国家规定转增资本金等。

b. 提取公益金。公益金按当年税后利润的5%~10%提取，主要用于集体福利设施支出。

c. 提取任意盈余公积金。除按法律法规规定提取法定盈余公积金之外，企业按照公司章程规定或投资者会议决议，还可以提取任意盈余公积金，提取比例由企业自行决定。

d. 向投资者分配利润，即应付利润。应付利润包括对国家投资分配利润、对其他单位投资分配利润和对个人投资分配利润等。分配比例往往依据投资者签订的协议或公司的章程等有关资料来确定。项目当年无盈利，不得向投资者分配利润；企业上年度未分配的利润，可以并入当年向投资者分配。

e. 未分配利润，即为可供分配利润减去应付利润后的余额。未分配利润主要偿还长期借款。按照国家现行财务制度规定，可供分配利润应首先用于偿还长期借款，借款偿还完毕，才可向投资者进行利润分配。

税后利润及其分配顺序，用公式可表示为：

$$税后利润 = 应纳税所得额 - 所得税$$

$$可供分配利润 = 税后利润 - 盈余公积金(含法定盈余公积金、任意盈余公积金和公益金)$$
$$= 应付利润 + 未分配利润$$

13.1.2.3 资金来源与运用表

（1）资金来源与运用表的概念

资金来源与运用表（表13-5）反映项目计算期内各年的投资、融资及生产经营活动的资金流入、流出情况，考察资金平衡和余缺情况。

（2）资金来源与运用表的结构与填列

资金来源与运用表分4项，即资金流入、资金流出、资金盈余和累计资金盈余。

①资金流入　销售（营业）收入依据"损益和利润分配表"填列；长期借款、短期借款、发行债券和项目资本金等依据"资金投入计划与资金筹措表"填列。

②资金流出　经营成本和利息支出依据"总成本费用估算表"填列；销售税金及附加、增值税、所得税和分配股利或利润依据"损益和利润分配表"填列；各种债务本金的偿还依据"借款偿还计划表"填列；建设投资（不包括利息）和流动资金依据"资金投入计划与资金筹措表"填列。

③资金盈余　资金流入减去资金流出的余额为资金盈余。

④累计资金盈余　各年资金盈余累加值为累计资金盈余。

表13-5　资金来源与运用表　　　　　　　　　　单位：万元

序号	项　　目	计　算　期								合计
		1	2	3	4	5	6	…	n	
1	资金流入									
1.1	销售（营业）收入									
1.2	长期借款									
1.3	短期借款									
1.4	发行债券									

（续）

序号	项目	计算期								合计
		1	2	3	4	5	6	…	n	
1.5	项目资本金									
1.6	其他									
2	资金流出									
2.1	经营成本									
2.2	销售税金及附加									
2.3	增值税									
2.4	所得税									
2.5	建设投资(不含建设期利息)									
2.6	流动资金									
2.7	各种利息支出									
2.8	偿还债务本金									
2.9	分配股利或利润									
2.10	其他									
3	资金盈余(1-2)									
4	累计资金盈余									

13.1.2.4 财务外汇平衡表

（1）外汇平衡表的概念与作用

外汇平衡表适用于有外汇收支的项目，用以反映项目计算期内各年外汇余缺程度，进行外汇平衡分析。

（2）外汇平衡表的结构与填列

外汇平衡表主体结构包括两大部分，即外汇来源和外汇运用，表现形式是：外汇来源等于外汇运用。在外汇平衡表中，外汇来源包括：产品外销的外汇收入、外汇贷款和自筹外汇等，自筹外汇包含在其他外汇收入项目中。外汇运用包括：建设投资中的外汇支出、进口原材料和零部件的外汇支出、生产期间用外汇支付的技术转让费、偿付外汇借款本息和其他外汇支出。各项均按相应表中的外汇收入和外汇支出数据填列。

13.1.2.5 借款偿还计划表

（1）借款偿还计划表的概念与作用

借款偿还计划表(表13-6)是反映项目借款偿还期内借款支用、还本付息和可用于偿还借款的资金来源情况，用以计算借款偿还期或者偿债备付率和利息备付率指标，进行偿债能力分析的表格。按现行财务制度规定，归还建设投资借款的资金来源主要是当年可用于还本的折旧费和摊销费、当年可用于还本的未分配利润、以前年度结余可用于还本资金和可用于还本的其他资金等。由于流动资金借款本金在项目计算期末一次性回收，因此不必考虑流动资金的偿还问题。

表13-6　借款偿还计划表　　　　　　单位：万元

序号	项　目	计　算　期								合计
		1	2	3	4	5	6	…	n	
1	借款									
1.1	年初本息余额									
1.2	本年借款									
1.3	本年应计利息									
1.4	本年还本付息									
1.5	年末本息余额									
2	债券									
2.1	年初本息余额									
2.2	本年发行债券									
2.3	本年应计利息									
2.4	本年还本付息 其中：还本付息									
2.5	年末本息余额									
3	借款和债券合计									
3.1	年初本息余额									
3.2	本年借款									
3.3	本年应计利息									
3.4	本年还本付息 其中：还本付息									
3.5	年末本息余额									
4	还本资金来源									
4.1	当年可用于还本的未分配利润									
4.2	当年可用于还本的折旧和摊销									
4.3	以前年度结余可用于还本资金									
4.4	用于还本的短期贷款									
4.5	可用于还款的其他资金									

（2）借款偿还计划表的结构与填列

①借款偿还计划表的结构　借款偿还计划表的结构包括两大部分，即各种债务的借款及还本付息和偿还各种债务本金的资金来源。在借款尚未还清的年份，当年偿还

本金的资金来源等于本年还本的数额；在借款还清的年份，当年偿还本金的资金来源等于或大于本年还本的数额。

②借款偿还计划表的填列

a. 借款。在项目的建设期，年初借款本息累计等于上年借款本金和建设期利息之和；在项目的生产期，年初借款本息累计等于上年尚未还清的借款本金。本年借款和建设期本年应计利息应根据"资金投入计划与资金筹措表"填列；生产期本年应计利息为当年的年初借款本息累计与借款年利率的乘积；本年还本可以根据当年偿还借款本金的资金来源填列；年末本息余额为年初本息余额与本年还本数额的差。

b. 债券。借款偿还计划表中的债券是指通过发行债券来筹措建设资金，因此债券的性质应该等同于借款。两者之间的区别是，通过债券筹集建设资金的项目，项目是向债权人支付利息和偿还本金，而不是向贷款的金融机构支付利息和偿还本金。

c. 还本资金来源。当年可用于还本的未分配利润和可用于还本的以前年度结余资金，可根据"损益和利润分配表"填列，当年可用于还本的折旧和摊销可根据"总成本费用估算表"填列。

13.1.2.6 财务报表之间的相互关系

财务报表是项目财务分析中重要的组成部分，各种基本报表之间是存在着密切的关系。"财务现金流量表"和"损益和利润分配表"都是为进行项目盈利能力分析提供基础数据的报表，但"财务现金流量表"是为计算项目盈利能力的动态指标提供数据，"损益和利润分配表"是为计算项目盈利能力的静态指标提供数据；同时"损益和利润分配表"也为"财务现金流量表"的填列提供一些基础数据。"资金来源与运用表"和"借款偿还计划表"都是为进行项目偿债能力分析提供基础数据的报表，根据"借款偿还计划表"可以计算借款偿还期、利息备付率和偿债备付率等偿债能力指标。

13.1.3 财务评价指标计算

13.1.3.1 财务评价指标分类

项目财务评价结果的好坏，一方面取决于基础数据的可靠性，另一方面取决于所选取的指标体系的合理性。一般来讲，投资者的投资目标不只一个，因此项目财务效益评价指标是一个体系。根据不同的评价深度要求和可获得资料的多少，以及项目本身所处条件与性质的不同，可选用不同的指标。

财务评价指标体系根据不同的标准，可有如下的分类。

①按是否考虑货币的时间价值，财务分析指标可分为静态指标和动态指标。静态指标包括：静态投资回收期、借款偿还期、投资利润率、投资利税率、资本金利润率和资本金净利润率；动态指标包括：动态投资回收期、财务净现值和财务内部收益率。

②按指标的性质，财务分析指标可分为时间性指标、价值性指标和比率性指标。时间性指标包括：投资回收期和借款偿还期；价值性指标，如财务净现值；比率性指标包括：财务内部收益率、投资利润率、投资利税率、资本金利润率和资本金净利

润率。

③按财务分析的目标,财务分析指标可分为盈利能力指标、偿债能力指标和外汇平衡能力指标。盈利能力指标包括:财务内部收益率、财务净现值、投资回收期、投资利润率、投资利税率、资本金利润率和资本金净利润率;偿债能力指标如借款偿还期。

13.1.3.2 项目盈利能力指标计算

(1)静态指标的计算

静态盈利能力指标主要包括投资利润率、投资利税率、资本金利润率、资本金净利润率和静态投资回收期等。这些指标可以根据"建设投资估算表"、"资金投入计划与资金筹措表"、"损益和利润分配表"和"财务现金流量表"中的有关数据计算。

①投资利润率 投资利润率是指项目在计算期内正常生产年份的年利润总额或平均年利润额与项目总投资之比。计算公式为:

$$投资利润率 = 年利润总额/总投资 \times 100\% \qquad (13-1)$$

式中,总投资为建设投资、建设期利息和流动资金之和。年利润总额视具体情况而定,若项目生产期较短,且年利润总额波动较大,可以选择生产期的平均年利润总额;若项目生产期较长,年利润总额在生产期波动较小,可选择正常生产年份的年利润总额。计算出的投资利润率要与同行业的平均投资利润率进行比较,以判断项目的获利能力和水平。若计算出的投资利润率大于或等于同行业的平均投资利润率,则认为项目是可以考虑接受的。

②投资利税率 投资利税率是指项目的年利润总额或年均利润总额与销售税金及附加三项之和与项目总投资之比。计算公式为:

$$投资利税率 = 年利税总额/总投资 \times 100\% \qquad (13-2)$$

式中,总投资同前述公式。年利税总额根据项目生产期长短和利税之和的波动大小而定,波动小时,可以选择正常生产年份的年利润总额与销售税金及附加之和;波动大时,可以选择生产期平均的年利润总额与销售税金及附加之和。若计算出的投资利税率大于或等于同行业的平均投资利税率,则认为项目是可以考虑接受的。

③资本金利润率 资本金利润率是项目的年利润总额或年均利润总额与项目资本金之比。计算公式为:

$$资本金利润率 = 年利润总额/资本金 \times 100\% \qquad (13-3)$$

式中,资本金是指项目的全部注册资本金;年利润总额同前述公式。若计算出的资本金利润率大于或等于同行业的平均资本金利润率或投资者的目标资本金利润率,则认为项目是可以考虑接受的。

④资本金净利润率 资本金净利润率是项目的年税后利润与项目资本金之比。资本金净利润率反映了投资者自己的出资所带来的净利润。计算公式为:

$$资本金净利润率 = 年税后利润/资本金 \times 100\% \qquad (13-4)$$

⑤静态投资回收期(P_t) 静态投资回收期是指在不考虑货币时间价值因素条件下,以项目的净效益回收项目全部投资所需要的时间,一般以年为单位,并从项目建

设起始年算起。其表达式为：

$$\sum_{t=1}^{P_t} (CI - CO)_t = 0 \qquad (13\text{-}5)$$

式中 P_t——静态投资回收期；

    CI——现金流入量；

    CO——现金流出量。

若项目每年的净效益基本相同，可用下式计算：

$$投资回收期 = 总投资/各项效益之和$$

如果计算出的投资回收期小于或等于同行业基准投资回收期或同行业平均投资回收期，则认为项目是可以考虑接受的。

（2）动态指标的计算

动态盈利能力指标主要包括财务净现值、财务内部收益率和动态投资回收期，可根据财务现金流量表计算。

①财务净现值（$FNPV$） 财务净现值是指按规定的折现率计算项目计算期内各年净现金流量现值之和。其计算公式为：

$$FNPV = \sum_{t=1}^{n} (CI - CO)_t (1 + i_c)^{-t} \qquad (13\text{-}6)$$

式中 $FNPV$——财务净现值；

    CI——现金流入量；

    CO——现金流出量；

    $(CI - CO)_t$——第 t 年的净现金流量；

    n——计算期（$1，2，\cdots，n$）；

    i_c——设定的折现率；

    $(1 + i_c)^{-t}$——第 t 年的折现系数。

财务净现值是评价项目盈利能力的绝对指标，它反映项目在满足按设定折现率要求的盈利能力之外，获得的超额盈利的现值。计算结果有 3 种：即 $FNPV > 0$，说明项目的盈利能力超过了设定的折现率，从财务角度考虑，项目是可行的；$FNPV = 0$，说明项目的盈利能力与设定的折现率相等；$FNPV < 0$，说明项目的盈利能力达不到设定的折现率，一般可判断项目不可行。

财务净现值指标有两个缺陷：第一，需要事先确定折现率，而折现率的确定又是非常困难和复杂的，选择的折现率过高，可行的项目可能被否定；选择的折现率过低，不可行的项目就可能被选中，特别是对那些投资收益水平居中的项目。所以，在运用财务净现值指标时，要选择一个比较客观的折现率，否则，评价的结果往往"失真"，可能造成决策失误。第二，财务净现值指标是一个绝对数指标，只能反映项目是否有盈利，并不能反映拟建项目的实际盈利水平。为了克服财务净现值指标对评价方案或筛选方案所带来的不利影响，在财务分析中，往往选择财务内部收益率作为主要评价指标。

②财务内部收益率（$FIRR$） 财务内部收益率是指项目在整个计算期内各年净现

金流量现值之和为零时的折现率, 它是评价项目盈利能力的一个重要的动态评价指标。其计算公式为:

$$\sum_{t=1}^{n} (CI - CO)_t (1 + FIRR)^{-t} = 0 \qquad (13\text{-}7)$$

式中 $FIRR$——财务内部收益率;

其余符号意义同前。

计算财务内部收益率时, 要经过多次试算, 使得净现金流量现值累计等于零。财务内部收益率的计算比较繁杂, 一般可借助专用软件的财务函数或有特定功能的计算器完成; 如用手工计算, 应先采用试算法, 后采用内插法。计算的基本步骤是:

a. 用估计的某一折现率对拟建项目整个计算期内各年财务净现金流量进行折现, 并得出净现值。如果得到的净现值等于零, 则所选定的折现率即为财务内部收益率; 如所得财务净现值为一正数, 则再选一个更高一些的折现率再次进行试算, 直至正数财务净现值接近零为止。

b. 在上一步的基础上, 再继续提高折现率, 直至计算出接近零的财务净现值是负数为止。

c. 根据上两步计算所得的正、负财务净现值及其对应的折现率, 运用内插法计算财务内部收益率。由于内部收益率与净现值之间不是线性关系, 如果两个折现率之间的差太大, 计算结果会有较大的误差, 为保证计算的准确性, 一般规定, 两个折现率之差最好在 2% ~5%。

财务内部收益率的计算公式如下:

$$FIRR = i_1 + (i_2 - i_1) \frac{FNPV_1}{FNPV_1 + |FNPV_2|} \qquad (13\text{-}8)$$

式中 $FIRR$——财务内部收益率;

i_1——偏低折现率;

i_2——偏高折现率;

$FNPV_1$——正净现值;

$FNPV_2$——负净现值。

按分析内容不同, 财务内部收益率分为项目财务内部收益率、资本金财务内部收益率和投资各方的财务内部收益率。项目财务内部收益率是考察项目在确定融资方案前和所得税前整个项目的盈利能力, 计算出的项目财务内部收益率要与行业发布的或财务分析人员设定的基准折现率, 或投资者的目标收益率 i_c 进行比较, 如果计算的 $FIRR$ 大于或等于 i_c, 说明项目的盈利能力能够满足要求, 项目是可以考虑接受的; 资本金财务内部收益率是以项目资本金为计算基础, 考察所得税税后资本金可能获得的收益水平; 投资各方财务内部收益率是以投资各方出资额为计算基础, 考察投资各方可能获得的收益水平。资本金财务内部收益率和投资各方财务内部收益率应与出资方最低期望收益率对比, 判断投资方的收益水平。

③动态投资回收期(Pt') 动态投资回收期是在考虑货币时间价值的条件下, 用项目净效益回收项目全部投资所需要的时间。其表达式为:

$$\sum_{t=1}^{P_t'} (CI - CO)_t (1 + i_c)^{-t} = 0 \qquad (13\text{-}9)$$

式中各符号意义同前。

动态投资回收期可通过财务现金流量表计算得出。具体计算公式为：

Pt' = 累计折现净现金流量开始出现正值的年份 − 1 +
上年累计折现净现金流量的绝对值/当年折现净现金流量

如果计算出的动态投资回收期小于或等于行业规定的标准动态投资回收期或同行业平均动态投资回收期，认为可以考虑接受项目。

13.1.3.3 项目偿债能力的指标计算

反映项目清偿能力的指标包括借款偿还期、利息备付率和偿债备付率。如果采用借款偿还期指标，可以不再计算备付率指标；如果计算备付率，可不再计算借款偿还期指标。

（1）借款偿还期

借款偿还期是以项目投产后获得的可用于还本付息的资金来源，还清建设投资借款本息所需要的时间，一般以年为单位。偿还借款的资金来源包括：按照国家规定当年可用于还本的折旧、摊销费、未分配利润、以前年度结余可用于还本的资金、用于还本的短期借款和其他可用于还款的资金等。借款偿还期依据"借款偿还计划表"计算。

借款偿还期的计算公式为：

借款偿还期 = 偿还借款本金的资金来源大于年初借款本息累计的年份 −
开始借款的年份 + 当年偿还借款数/当年可用于还款的
资金来源 (13-10)

或：借款偿还期 = 偿还借款本金的资金来源大于年初借款本息累计的年份 −
开始借款的年份 + 年初借款本息累计/当年实际偿还借款
本金的资金来源

计算出借款偿还期后，要与贷款机构的要求期限进行对比，等于或小于贷款机构提出的要求期限，即认为项目有足够的偿债能力。否则，认为项目的偿债能力不足，从偿债能力角度考虑，可认为项目不可行。计算借款偿还期指标的目的是计算项目的最大偿还能力，所以这一指标适用于尽快偿还贷款的项目，不适用于已经约定偿还借款期限的项目。例如，项目借款中涉及国外借款时，一般采取等本偿还或等额偿还的方式，借款偿还期限是约定的，这时无需计算借款偿还期指标。对于已经约定借款偿还期限的项目，应采用利息备付率和偿债备付率指标分析项目的偿债能力。

（2）利息备付率

利息备付率是指项目在借款偿还期内，各年可用于支付利息的税前利润与当期应付利息费用的比值。这一指标主要用以衡量项目偿付借款利息的能力。其计算公式为：

利息备付率 = 税息前利润/当期应付利息费用 (13-11)

式中，税息前利润是指损益和利润分配表中未扣除利息费用和所得税之前的利润；当期应付利息费用是指本期发生的全部应付利息。利息备付率可以按年计算，也可按整个借款期计算。利息备付率表示项目的利润偿付利息的保证倍率。对于正常运营的企业，利息备付率应当大于2，否则，表示付息能力保障程度不足。

（3）偿债备付率

偿债备付率是指项目在借款偿还期内，各年可用于还本付息与当期应还本付息金额的比值。其计算公式为：

$$偿债备付率 = 可用于还本付息资金/当期应还本付息金额 \quad (13-12)$$

式中，可用于还本付息的资金包括可用于还款的折旧费、摊销费和可用于还款的利润等；当期应还本付息金额包括当期应还贷款和列入成本的利息。偿债备付率可以按年计算，也可以按整个借款期计算。偿债备付率表示项目可用于还本付息的资金，偿还借款本息的保证倍率。对于正常运营的企业，偿债备付率应当大于1。当指标值小于1时，表示当年资金来源不足以偿还当期债务，需要通过短期借款偿付到期的债务。

（4）外汇平衡分析

涉及外汇收支的项目，应进行财务外汇平衡分析。首先应根据各年的外汇收支情况，编制"外汇平衡表"，然后进行分析，考察计算期内各年的外汇余缺程度。一般要求，涉及外汇收支的项目要达到外汇的基本平衡，如果达不到外汇的基本平衡，项目评估人员要提出具体的解决办法。

13.1.4 财务评价案例

案例13.1 ×××工程项目财务评价

一、基本资料

1. 生态建设工程建设期为2年，运营期为6年。

2. 项目投资估算总额为3 600万元，其中：预计形成固定资产3 060万元（含建设期贷款利息为60万元），无形资产540万元。固定资产使用年限为10年，净残值率为4%，固定资产余值在项目运营期末收回。

3. 无形资产在运营期6年中，均匀摊入成本。

4. 流动资金为800万元，在项目的生命周期期末收回。

5. 项目的设计生产能力为年产量120万件，产品售价为45元/件，销售税金及附加的税率为6%，所得税为33%，行业基准收益率为8%。

6. 项目的资金投入、收益和成本等基础数据见表1。

7. 还款方式按实际偿还能力测算。长期贷款利率为6%（按年计息），流动资金贷款利率为4%（按年计息）。

表1　×××工程项目资金收入、收益及成本表　　单位：万元

序号	项　目	计　算　期				
		1	2	3	4	5～8
1	建设投资：	1 200	2 340			
1.1	自有资金部分	1 200	340			
1.2	贷款(不含贷款利息)		2 000			
2	流动资金			400	400	
2.1	自有资金部分			300		
2.2	贷款部分			100	400	
3	年销售量(万件)			60	90	120
4	年经营成本			1 682	2 360	3 230

二、财务要求

1. 编制项目财务现金流量表、资本金财务现金流量表、资金来源与运用表；

2. 计算各项盈利能力和偿债能力指标，对该拟建项目进行财务评价。

三、分析要点

项目的财务分析，主要是分析项目的盈利能力和偿债能力，而项目盈利能力和偿债能力的考察是通过填制财务报表和计算财务分析指标完成的。

四、分析结果

1. 根据已经完成的总成本费用估算表、损益和利润分配表完成项目财务现金流量表，见表2。

表2　×××工程项目财务现金流量表　　单位：万元

序号	项　目	计　算　期							
		1	2	3	4	5	6	7	8
1	现金流入			2 700	4 050	5 400	5 400	5 400	6 909.92
1.1	销售收入			2 700	4 050	5 400	5 400	5 400	5 400
1.2	回收固定资产余值								709.92
1.3	回收流动资金								800
1.4	其他现金流入								
2	现金流出	1 200	2 340	2 244	3 003	3 554	3 554	3 554	3 554
2.1	建设投资(不包括建设期利息)	1 200	2 340						
2.2	流动资金			400	400				
2.3	销售税金及附加			162	243	324	324	324	324
2.4	经营成本			1 682	2 360	3 230	3 230	3 230	3 230
2.5	增值税								
2.6	其他现金流出								

（续）

序号	项目	计算期							
		1	2	3	4	5	6	7	8
3	净现金流量	−1 200	−2 340	456	1 047	1 846	1 846	1 846	3 355.92
4	累计净现金流量	−1 200	−3 540	−3 084	−2 037	−191	1 655	3 501	6 856.92

注：1. 计算指标包括财务内部收益率 27.90%，财务净现值（$i_c = 8\%$）3324.15 万元，投资回收期 5.10 年；

2. 根据总成本费用估算表、损益和利润分配表、借款偿还计划表，完成资本金财务现金流量表（表3）；

3. 根据总成本费用估算表、损益和利润分配表、借款偿还计划表，完成资金来源与运用表（表4）；

4. 指标的计算

（1）盈利能力指标的计算

①静态指标

投资利润率 ＝ 年利润总额/项目总投资 ×100% ＝ 1 173.04/4 400 ×100% ＝27%

投资利税率 ＝ 年利税总额/项目总投资 ×100% ＝（1 173.04 + 283.50）/4 400 ×100% ＝33%

资本金利润率 ＝ 年利润总额/项目资本金 ×100% ＝ 1 173.04/1 840 ×100% ＝64%

投资回收期 ＝ 累计净现金流量出现正值年份 −1 + |上年累计净现金流量|/当年净现金流量 ＝6 −1 + |−191|/1846 ＝5.1 年

②动态指标

项目财务净现值（$FNPV$）＝ 3 324.15 万元

资本金财务净现值（$FNPV$）＝ 1 896.83 万元

项目财务内部收益率（$FIRR$）＝ 27.90%

资本金财务内部收益率（$FIRR$）＝ 25.16%

（2）偿债能力指标的计算

借款偿还期 ＝ 借款偿还后出现盈余年份 − 开始借款年份 + 年初借款本息累计/当年可用于偿还借款资金来源 ＝5 −2 + 508.72/（293.76 + 90 + 851.27）＝3.41 年

表3　×××工程项目资本金财务现金流量表　　　　　单位：万元

序号	项目	计算期							
		1	2	3	4	5	6	7	8
1	现金流入			2 700	4 050	5 400	5 400	5 400	6 409.92
1.1	销售收入			2 700	4 050	5 400	5 400	5 400	5 400
1.2	回收固定资产余值								709.92
1.3	回收流动资金								300
1.4	其他现金收入								
2	现金流出	1 200	340	2 976.91	3 986.01	4 579.11	4 049.94	4 049.94	4 049.94
2.1	资本金	1 200	340	300					

（续）

序号	项 目	计 算 期							
		1	2	3	4	5	6	7	8
2.2	借款本金偿还			591.58	959.71	508.72			
2.3	借款利息支付			127.6	108.11	50.52	20	20	20
2.4	销售税金及附加			162	243	324	324	324	324
2.5	经营成本			1 628	2 360	3 230	3 230	3 230	3 230
2.6	增值税								
2.7	所得税			113.73	315.19	465.87	475.94	475.94	475.94
2.8	其他现金流出								
3	净现金流量	−1 200	−340	−276.91	63.99	820.89	1 350.06	1 350.06	2 359.98

注：计算指标包括财务内部收益率25.16%，财务净现值（$i_c=8\%$）1 896.83万元。

表4 ×××工程项目资金来源与运用表 单位：万元

序号	项 目	计 算 期							
		1	2	3	4	5	6	7	8
1	资金流入	1 200	2 340	3 100	4 450	5 400	5 400	5 400	5 400
1.1	销售收入			2 700	4 050	5 400	5 400	5 400	5 400
1.2	长期借款		2 000						
1.3	短期借款			100	400				
1.4	项目资本金	1 200	340	300					
2	资金流出	1 200	2 340	3 076.91	4 386	5 305.4	4 919.61	4 919.61	4 919.61
2.1	经营成本			1 682	2 360	3 230	3 230	3 230	3 230
2.2	销售税金及附加			162	243	324	324	324	324
2.3	增值税								
2.4	所得税			113.73	315.19	465.87	475.94	475.94	475.94
2.5	建设投资（不含建设期利息）	1 200	2 340						
2.6	流动资金			400	400				
2.7	借款本金偿还			591.58	959.71	508.72			
2.8	借款利息支付			127.6	108.11	50.52	20	20	20
2.9	分配利润					726.31	869.67	869.67	869.67
3	资金盈余			23.09	63.99	94.58	480.39	480.39	480.39
4	累计资金盈余			23.09	87.08	181.66	662.05	1 142.44	1 622.83

五、结论

财务分析表明，该项目的财务净现值为3 324.15万元，资本金财务净现值为1 896.83万元，远远大于零；该项目的财务内部收益率为27.90%，资本金财务内部收益率为25.16%，大于基准折现率8%；投资利润率、投资利税率和资本金利润率分别为27%、33%和64%，高于同行业平均标准；借款偿还期3.41年，低于银行规定标准(4年)。可见，该项目的盈利能力和偿债能力都是比较强的。因此，从财务角度分析，该项目是可行的。

13.2 国民经济评价

13.2.1 国民经济评价的范围和内容

国民经济评价是按合理配置资源的原则，采用影子价格等国民经济评价参数，从国民经济的角度考察投资项目所耗费的社会资源和对社会的贡献，评价项目的经济合理性。

国民经济评价是站在国家整体利益的角度来考察项目的经济效益是否可行，财务评价是从项目角度考察项目的盈利能力和偿债能力。在市场经济条件下，财务评价结论可以满足大多数项目投资决策的要求，但有些项目需要进行国民经济评价。这些项目主要是国家控制的战略性资源开发项目、较大的水利水电项目、主要的铁路和公路项目、动用社会资源较大的中外合资项目及主要产出物和投入物的市场价格不能反映其真实价值的项目。国民经济评价主要研究内容是：识别国民经济效益与费用，计算和选取影子价格，编制国民经济评价报表，计算国民经济评价指标并进行方案比选。

13.2.2 国民经济效益与费用识别

项目的国民经济效益是指项目对国民经济所作的贡献，分为直接效益和间接效益。项目的国民经济费用是指国民经济为项目付出的代价，分为直接费用和间接费用。

13.2.2.1 直接效益和直接费用

直接效益是指由项目产出物直接生成，并在项目范围内计算的经济效益。表现为增加项目产出物或服务的数量以满足国内需求的效益。直接费用是指项目使用投入物所形成，并在项目范围内计算的费用。表现为其他部门为本项目提供投入物，需要扩大生产规模所耗用的资源费用等。

13.2.2.2 间接效益和间接费用

间接效益和间接费用是指项目对国民经济做出的贡献与国民经济为项目付出的代价中，在直接效益和直接费用中未得到反映的那部分效益与费用。间接效益和间接费用的计算应考虑环境及生态影响效果。

13.2.2.3 转移支付

项目的某些财务收益和支出，从国民经济角度看，并没有造成资源的实际增加或减少，而是国民经济内部的"转移支付"，不计为项目的国民经济效益与费用。转移支付的主要内容包括：国家和地方政府的税收、国内银行借款利息、国家和地方政府给予项目的补贴等。若以项目的财务评价为基础进行国民经济评价时，应从财务效益与费用中剔除在国民经济评价中计为转移支付的部分。

13.2.3　国民经济评价参数

国民经济评价参数是国民经济评价的基础。正确理解和使用评价参数对正确计算费用、效益和评价指标，以及方案选优非常重要。国民经济评价参数有两类：一类是通用参数，这些参数由有关专门机构测算和发布，如社会折现率、影子汇率和影子工资等；另一类是一般参数，由行业或项目评价人员测定，如影子价格等。

13.2.3.1　社会折现率

社会折现率是衡量资金时间价值的重要参数，反映社会资金被占用应获得的最低收益率，并用作不同年份资金价值换算的折现率，它可以根据国民经济发展多种因素综合测定。各类投资项目的国民经济评价都应采用有关专门机构统一发布的社会折现率作为计算经济净现值的折现率。社会折现率可作为经济内部收益率的判别标准。根据对我国目前国民经济运行的实际情况、投资收益水平、资金供求状况、资金机会成本及国家宏观调控等因素综合分析，社会折现率取值为10%。

13.2.3.2　影子汇率

影子汇率是指能正确反映外汇真实价值的汇率。在国民经济评价中，影子汇率通过影子汇率换算系数计算，影子汇率换算系数是影子汇率与国家外汇牌价的比值。投资项目投入物和产出物涉及进出口的，应采用影子汇率换算系数调整计算影子汇率。根据目前我国外汇收支状况、主要进出口商品的国内价格与国外价格的比较、出口换汇成本以及进出口关税等因素综合分析，我国目前的影子汇率换算系数取值为1.08。

13.2.3.3　影子工资

在国民经济评价中，影子工资作为国民经济费用计入经营费用。影子工资一般通过影子工资换算系数计算，影子工资换算系数是影子工资与项目财务评价中劳动力的工资和福利费的比值。根据目前我国劳动力状况，技术性工种劳动力的影子工资换算系数取值为1，非技术性工种劳动力的影子工资换算系数取值为0.8。

13.2.4　影子价格及其计算

影子价格是在项目国民经济评价中，计算国民经济效益与费用时专用的价格，它是依据一定原则确定的，能够反映投入物和产出物真实价值、市场供求状况、资源稀缺程度，并使资源得到合理配置的价格。进行国民经济评价时，项目的主要投入物和产出物的价格，原则上都应采用影子价格。

13.2.4.1 市场定价货物的影子价格

随着我国市场经济的发展和贸易范围的扩大，大部分货物的价格由市场形成，市场价格可近似反映其真实价值。进行国民经济评价可将这些货物的市场价格加上或减去国内运杂费等，作为投入物或产出物的影子价格。

13.2.4.2 政府调控价格货物的影子价格

有些货物或者服务不完全由市场机制形成价格，而是由政府调控价格，如政府发布指导价、最高限价和最低限价等。这些货物或服务的价格不能完全反映其真实价值，在进行国民经济评价时，应对这些产品或服务的影子价格采用特殊方法确定。确定影子价格的原则，投入物按机会成本分解定价，产出物按消费者支付意愿定价。例如：①水价作为项目投入物的影子价格，按后备水源的边际成本分解定价，或者按恢复水功能的成本计算。水价作为项目产出物的影子价格，按消费者支付意愿或者承受能力加政府补贴计算。②电价作为项目投入物的影子价格，一般按完全成本分解定价，电力过剩时按可变成本分解定价。电价作为项目产出物的影子价格，可按电力对当地经济边际贡献率定价。

13.2.4.3 特殊投入物的影子价格

项目的特殊投入物是指项目在建设和生产运营中使用的自然资源、土地和劳动力等。项目使用这些特殊投入物所发生的国民经济费用，应分别采用下列方法确定其影子价格。

（1）自然资源影子价格

各种自然资源是一种特殊的投入物，项目使用的水资源、森林资源及矿产资源等都是对国家资源的占用和消耗。水和森林等可再生自然资源的影子价格按资源再生费用计算，矿产等不可再生资源的影子价格按资源的机会成本计算。

（2）土地影子价格

土地影子价格反映土地用于该拟建项目后，不能再用于其他目的所放弃的国民经济效益，以及国民经济为其增加的资源消耗。土地影子价格按农用土地和城镇土地分别计算。农用土地影子价格是指项目占用农用土地后国家放弃的收益，由土地的机会成本和占用该土地而引起的新增资源消耗两部分构成。土地机会成本按项目占用土地后国家放弃的该土地最佳可替代用途的净效益计算；新增资源消耗一般包括拆迁费和劳动力安置费。城镇土地影子价格通常按市场价格计算，主要包括土地出让金、征地费和拆迁安置补偿费等。

（3）影子工资

影子工资反映国民经济为项目使用劳动力所付出的真实代价，由劳动力机会成本和劳动力转移而引起的新增资源消耗两部分构成。劳动力机会成本是指若不就业于拟建项目而从事于其他生产经营活动所创造的最大效益，它与劳动力的技术熟练程度和供求状况有关。技术越熟练，稀缺程度越高，其机会成本越高。新增资源消耗是指项目使用劳动力，由于劳动者就业或迁移而增加的城市管理费和城市交通等基础设施投资费用。

13.2.5 国民经济评价报表和国民经济评价指标计算

13.2.5.1 国民经济评价报表编制

国民经济评价报表是进行国民经济评价的基础工作。国民经济效益费用流量表有两种：即项目国民经济效益费用流量表和国内投资国民经济效益费用流量表。项目国民经济效益费用流量表以全部投资（包括国内投资和国外投资）作为分析对象，考察项目全部投资的盈利能力；国内投资国民经济效益费用流量表以国内投资作为分析对象，考察项目国内投资部分的盈利能力。国民经济效益费用流量表一般在财务评价报表的基础上进行调整编制，有些项目也可以直接编制。

（1）在财务评价报表基础上编制国民经济效益费用流量表

以项目财务评价报表为基础，编制国民经济效益费用流量表，应注意合理调整效益与费用的范围和内容。

①剔除转移支付　将财务现金流量表中列支的销售税金及附加、增值税、国内借款利息作为转移支付剔除。

②计算外部效益与外部费用　根据项目的具体情况，确定可以量化的项目外部效益与外部费用。首先确定项目有哪些重要的外部效果，然后选取合适的估算方法，并保持效益和费用的计算口径一致。

③调整建设投资　用影子价格、影子汇率逐项调整构成投资的各项费用，剔除涨价预备费、税金及国内借款建设期利息等转移支付项目。进口设备价格调整要剔除进口关税、增值税等转移支付。建筑工程费按材料费、劳动力的影子价格进行调整。土地费用按土地影子价格进行调整。

④调整流动资金　财务报表中的应收、应付款项及现金并没有实际耗用国民经济资源，在国民经济评价中应将其从流动资金中剔除。若财务评价中的流动资金是采用扩大指标法估算的，国民经济也应按扩大指标法估算，以调整后的销售收入、经营费用乘以相应的流动资金指标系数进行估算；若财务评价中的流动资金是采用分项详细估算法进行估算的，则应用影子价格重新分项估算。

⑤调整经营费用　对主要原材料、燃料及动力费用影子价格进行调整；对劳动工资及福利费，用影子工资进行调整。

⑥调整销售收入　用影子价格调整计算项目产出物的销售收入。

⑦调整外汇价值　国民经济评价各项销售收入和费用支出中的外汇部分，应用影子汇率进行调整，计算外汇价值。从国外引入的资金和向国外支付的投资收益、贷款本息，也应用影子汇率进行调整。

（2）直接编制国民经济效益费用流量表

有些项目需要直接进行国民经济评价，判断项目的经济合理性可按以下步骤直接编制国民经济效益费用流量表。①确定国民经济效益费用的计算范围，包括：直接效益和直接费用，间接效益和间接费用；②测算主要投入物和产出物的影子价格，并在此基础上对各项国民经济效益和费用进行估算；③编制国民经济效益费用流量表（表13-7和表13-8）。

表13-7　×××工程项目国民经济效益费用流量表　　　　单位：万元

序号	项　目	计算期							合计
		1	2	3	4	5	…	n	
1	效益流量								
1.1	产品销售（营业）收入								
1.2	回收固定资产余值								
1.3	回收流动资金								
1.4	项目间接效益								
2	费用流量								
2.1	建设投资（不包括建设期利息）								
2.2	流动资金								
2.3	经营费用								
2.4	项目间接费用								
3	净效益流量（1－2）								

注：计算指标包括经济内部收益率（％），经济净现值（万元）。

表13-8　×××工程国内投资国民经济效益费用流量表　　　　单位：万元

序号	项　目	计算期							合计
		1	2	3	4	5	…	n	
1	效益流量								
1.1	产品销售（营业）收入								
1.2	回收固定资产余值								
1.3	回收流动资金								
1.4	项目间接效益								
2	费用流量								
2.1	建设投资中国内资金								
2.2	流动资金中国内资金								
2.3	经营费用								
2.4	流到国外的资金								
2.4.1	国外借款本金偿还								
2.4.2	国外借款利息支付								
2.4.3	其他								
2.5	项目间接费用								
3	国内投资净效益流量（1－2）								

注：计算指标包括经济内部收益率（％），经济净现值（万元）。

13.2.5.2　国民经济评价指标计算

根据国民经济效益费用流量表计算内部收益率和经济净现值等主要评价指标。

（1）经济内部收益率（EIRR）

经济内部收益率是反映项目对国民经济净贡献的相对指标，它表示项目占用资金所获得的动态收益率，是项目在计算期内各年经济净效益流量的现值累计等于零时的折现率。其计算公式为：

$$\sum_{t=1}^{n}(B-C)_t(1+EIRR)^{-t} = 0 \qquad (13\text{-}13)$$

式中　$EIRR$——经济内部效益率；

B——国民经济效益流量；

C——国民经济费用流量；

$(B-C)_t$——第 t 年的国民经济净效益流量；

n——计算期。

若经济内部收益率等于或大于社会折现率，表示项目对国民经济的净贡献达到或超过了要求的水平，认为项目是可以接受的。

（2）经济净现值（ENPV）

经济净现值是反映项目对国民经济净贡献的绝对指标，是项目各年效益和费用的现值代数和。其计算公式为：

$$ENPV = \sum_{t=1}^{n}(B-C)_t(1+i_s)^{-t} \qquad (13\text{-}14)$$

式中　$ENPV$——经济净现值；

i_s——社会折现率；

其余符号意义同前。

项目的经济净现值等于或大于零，表示国家为项目的投资可以得到等于或大于社会折现率的收益。经济净现值越大，表示项目所带来的经济效益的绝对值越大。

根据分析效益和费用的口径不同，可分为：整个项目的经济内部收益率、经济净现值和国内投资的经济内部收益率、经济净现值两种。若项目没有国外投资和国外借款，则用全投资来计算评价指标；若项目有国外资金流入或流出，则应以国内投资的经济内部收益率和经济净现值作为项目国民经济评价的评价指标。

本章小结

对于大中型水土保持项目，在其可行性研究和初步设计阶段，都应作经济评价来确定项目的可行性。经济评价由于所站的角度不同可分为财务评价和国民经济评价。水土保持项目的财务评价是从项目或企业的角度对财务指标进行经济效益的分析与评价，是项目可行性研究的核心内容，其评价结论是项目取舍的重要依据。国民经济评

价是按合理配置资源的原则，采用影子价格等国民经济评价参数，从国民经济的角度
考察投资项目所耗费的社会资源和对社会的贡献，评价项目的经济合理性。

思 考 题

1. 财务评价的目标包含哪些内容？
2. 简述财务评价的程序。
3. 简述财务评价报表的种类及其作用。
4. 简述财务报表的编制方法。
5. 如何计算项目盈利能力指标？
6. 如何计算项目偿债能力指标？
7. 简述财务评价、国民经济评价的内涵。
8. 如何确定国民经济评价参数？
9. 如何编制国民经济评价报表？
10. 简述国民经济评价指标及其计算方法。

参考文献

赵国杰 . 1989. 建设项目经济评价［M］. 天津：天津科技翻译出版公司 .

《投资项目可行性研究指南》编写组 . 2002. 投资项目可行性研究指南［M］. 北京：中国电力出版社 .

吴恒安 . 1998. 财务评价、国民经济评价、社会评价、后评价理论与方法［M］. 北京：中国水利水电出版社 .

简德三 . 2004. 项目评估与可行性研究［M］. 上海：上海财经大学出版社 .

王立国，王红岩，宋维佳 . 2001. 可行性研究与项目评估［M］. 大连：东北财经大学出版社 .

王勇，方志达 . 2004. 项目可行性研究与评估［M］. 北京：中国建筑工业出版社 .

肖玉新 . 1996. 投资项目可行性研究理论与实务［M］. 北京：冶金工业出版社 .

汤炎非，杨青 . 1998. 可行性研究与投资决策［M］. 武汉：武汉大学出版社 .

许荫桐 . 1987. 水利工程可行性研究［M］. 北京：水利电力出版社 .

于铜钢 . 1991. 土地开发整治可行性研究理论与方法［M］. 北京：科学出版社 .

中华人民共和国水利部 . 1994. SL 72—1994 水利建设项目经济评价规范［S］. 北京：中国标准出版社 .

石振武 . 2004. 公路建设项目经济评价相关问题的研究［D］. 东北林业大学图书馆 .

石晓翠 . 2005. 建设项目环境影响的经济评价方法研究［D］. 新疆农业大学图书馆 .

房茂红 . 2006. 矿区生态恢复环境经济评价方法及理论研究 ［D］. 辽宁工程技术大学图书馆 .

第 14 章

水土保持项目监测评价

监测是指执行项目活动的各级管理部门对项目进行连续或定期的评价和监督，以确保项目投入物的发放、工作日程、目标产出和其他所要求的行动进程与计划一致；评价是为了系统地有目的地确定基于项目活动目标的相关性、效率、效果及影响过程。它是一种旨在了解情况和采取行动的管理手段，也是改进当前活动及未来规划、方案和决策的组织过程。监测评价是项目重要的管理手段和信息系统的组成部分，监测与评价就是检查项目投入、活动及产出是否按计划完成的过程。

水土保持项目监测评价是评定项目管理过程中各种职能活动和各项投入产出的效果。项目监测是项目管理的一项重要内容，也是项目管理部门的重要职能。实践证明，即使项目经过充分准备和严格评价，执行过程中仍然不可避免地会遇到一些困难和风险。所以在项目进入实施阶段后，必须进行连续不断的、全面有效的监测活动，及时发现并消除或减少障碍，保证项目的顺利实施。项目监测的目的在于及时收集项目执行过程中有关投入、产出、质量、进度等方面的信息，并对这些资料加以分析和处理，预先得知和及时发现可能出现的偏差、问题、困难和风险，为项目经理和管理部门决策提供可靠依据，使项目管理科学化、程序化，以保证项目的顺利实施，实现预定目标。

14.1　项目监测工作体系

14.1.1　水土保持监测的组织管理

水土保持监测的组织管理必须既服务于水土保持工作的需要，又反映土壤侵蚀和水土保持工作的区域特点；既有利于全国水土保持生态建设规划的落实，又便于分区分类监测相关内容；既服从于建立全国性的监测体系和技术网络，又为建立全国或区域性的水土流失预测预报模型提供全面、系统的数据。

《水土保持法实施条例》第二十二条规定："水土保持监测网络是指全国水土保持监测中心，大江大河流域水土保持中心站，省、自治区、直辖市水土保持监测站以及省、自治区、直辖市重点防治区水土保持监测分站。"全国水土保持监测中心对全国水土保持监测工作实施具体管理，组织对全国性、重点地区、重大开发建设项目的水土保持监测，承担对申报水土保持监测资质单位的考核与验证工作。大江大河流域监测中心站参与国家水土保持监测、管理和协调工作，向监测中心提供中等尺度的监测信息，负责组织和开展流域内大型工程项目和对生态环境有较大影响的开发建设项目的水土保持监测工作。省级水土保持监测总站负责对所辖区内的监测分站、监测点的管理，并向监测站和上级主管部门提供监测信息，承担国家、省级开发建设项目水土流失及其防治的监测工作。

2000 年，中华人民共和国水利部令 12 号颁布了《水土保持生态环境监测网络管理办法》，水利部、流域机构、各省（自治区、直辖市）及其水土流失重点防治区陆续建立了水土保持监测机构，水土保持监测工作开始正式列入水土保持部门的日常工作。目前，全国水土保持监测网络已经成立了 1 个国家水土保持监测中心、7 个流域机构水土保持监测中心站、31 个省（自治区、直辖市）和新疆生产建设兵团水土保持监测总站和部分重点预防保护区、重点治理区和重点监督区的水土保持监测分站。整个监测网络由各级监测机构和监测点构成层次式网络结构，该网络既是一个开展、组织和管理监测的工作体系网络，又是一个监测数据传递、整（汇）编、交流和发散的数据交换网络。监测网络的总体结构如图 14-1 所示。

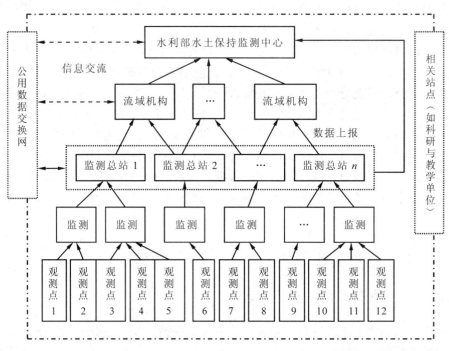

图 14-1 水土保持监测网络的层次式网络结构示意图

14.1.2 水土保持项目监测的组织体系

项目确立以后，应围绕项目的实施内容、结构和目标，设计出一个针对性强、科学、可行的监测指标及指标体系，在项目实施的同时，开展项目监测工作。

一般来说，监测的组织体系大体分为 3 个层次，即上级监测领导部门、中级监测执行部门和基层监测组织。三者之间的关系及任务如图 14-2 所示，3 个层次各司其职，缺一不可。基层监测组织是监测组织体系的基础，其作用是及时准确地将搜集到的各种监测信息向上传递给中层监测执行部门，并经中级监测执行部门加工整理后传

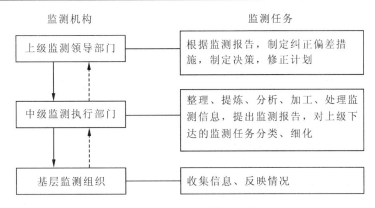

图 14-2　项目监测的组织体系

递至上级监测领导部门，从而使上层领导部门及时掌握项目的进展情况，形成决策，对于错误的决策可及时纠偏，修正计划。因此基层监测组织工作质量好坏决定着监测工作的质量。

中级监测执行部门是监测组织体系的核心。中级监测执行部门起一个上情下达、下情上达的中介作用，其作用是对基层监测组织收集的信息进行分析、加工、提炼、处理，得到有用的信息，并编制成监测报告提交给上层领导决策部门；同时对上级领导部门的决策分解成具体任务向下传递到基层监测组织，以便指导基层组织开展监测工作。

上级监测领导部门的作用是依据传递上来的信息，做出正确的决策，并将之落实到中级监测执行部门。中级监测执行部门对监测任务逐级细化、分类，而后将具体的监测范围、任务、内容等传递到基层监测人员手中，以便监测人员的工作顺利进行。在这一系列信息传递过程中，要保证信息传递不失真、不繁杂。如果传递信息量过少，或不准确，就可能使项目经理片面错误地估计情况，导致错误的决策。如对监测资料不加任何整理就上报，会使上报的信息过于繁杂，同样影响项目经理的正确决策。

针对不同的水土保持项目，这一工作体系略有变化。如在水土保持二期世界银行贷款项目监测评价过程中，内蒙古项目办和各盟（市）旗（县）项目办均成立了专门的项目监测机构，开展监测评价工作。项目监测评价工作由各级项目办公室负责，内蒙古项目区设置4级项目监测评价工作机构：在内蒙古项目办公室领导下，设监测分中心，下设治理进度与质量监测组、经济效益监测组、社会效益监测组、生态效益监测组和保水保土效益监测组。在盟（市）级项目办公室领导下各设1个监测总站，下设5个监测组。旗（县）级项目办公室领导下各设1个监测站，下设5个监测组。在项目乡各设1个监测分站，受旗（县）项目办公室领导。

14.1.3　水土保持项目监测的内容体系

水土保持项目监测即是对项目实施过程的监测，因而其监测的内容体系大体包括人员及组织管理监测、计划管理监测、财务管理监测、物资管理监测、工程技术管理监测、成果与效益监测、其他专题监测等 7 个部分。

14.1.3.1 人员及组织管理监测

人员及组织管理监测是项目监测体系的基础环节。它包括对规章制度的制定、管理人员的设置、劳务投入的数量、质量的高效性、人员培训工作的开展、考绩工作的科学性、项目管理组织机构的健全、机构之间关系的协调性、机构运转的高效性、各机构的职责和项目招投标实施中的有关问题等进行监测。

14.1.3.2 计划管理监测

检查项目实施的实际进度，监测项目总体进展情况和各子项目间进度的协调配套情况。特别是对关键工序的进度监测，尤为重要，如对工程建设项目的进度监测，设备、材料采购计划的进度监测、施工进展情况监测等。在监测中应及早发现计划进度与实际进度的偏离情况，及时发现问题，经分析整理后向项目法人报告，以便采取预防和挽救措施。

为便于监测记录和管理，在实际工作中，需要利用各种监测报表，以便明晰简洁地反映和比较项目计划及实际完成的情况。

14.1.3.3 财务监测

财务监测是项目监测的一项重要内容，主要监测资金的筹措、资金的分配使用、资金的回收以及影响资金按计划筹措和使用的干扰因素等。生态建设项目立项时许诺的各项资金不是一次全部落实到位的，而是在项目运行后逐年投放的。资金筹措的监测包括筹措方法是否得当，措施是否得力；各方资金到位数额和时间是否按计划落实；项目资金的构成情况如何等。

财务监测是根据项目资金使用计划，监测年、季、月度资金使用额、使用方向及其与项目实施进度是否配套等。如果计划与实际不一致或资金投放量与工程进展量不一致，应分析原因，促进资金的高效使用。

资金管理制度监测，主要检查在项目资金管理中是否建立健全和严格执行了项目财务制度，是否执行了专款专用的原则等。

财务监测结果通常也通过一系列表格反映出来。表 14-1 和表 14-2 示例某项目的资金筹措和使用监测表。

表 14-1 项目资金筹措监测表

项目名称： 单位：万元

项目　　资金来源	计划投资						实际投资						实际投资占计划投资（%）					
	合计	其中					合计	其中					合计	其中				
		中央投资	省级投资	地县投资	群众自筹	银行贷款		中央投资	省级投资	地县投资	群众自筹	银行贷款		中央投资	省级投资	地县投资	群众自筹	银行贷款
一、梯田																		

（续）

项目＼资金来源	计划投资						实际投资						实际投资占计划投资（%）					
	合计	其中					合计	其中					合计	其中				
		中央投资	省级投资	地县投资	群众自筹	银行贷款		中央投资	省级投资	地县投资	群众自筹	银行贷款		中央投资	省级投资	地县投资	群众自筹	银行贷款
二、骨干坝																		
三、淤地坝																		
四、水窖																		
五、人工造林																		
六、人工种草																		
七、封育																		
八、支持服务																		
九、启动费																		
十、其他																		
合计																		

填报日期：　　　　　　　　　制表：　　　　　　　审核：

表14-2　项目资金使用监测表

项目名称：　　　　　　　　　　　　　　　　　　　　　　单位：万元

支出项目	计划投资			实际使用			占计划投入资金比重（%）			形成固定资产	每百元投资形成固定资产率
	合计	其中		合计	其中		合计	其中			
		有偿	无偿		有偿	无偿		有偿	无偿		
一、梯田											
二、骨干坝											
三、淤地坝											
四、水窖											
五、人工造林											
六、人工种草											
七、封育											
八、支持服务											
九、启动费											
十、其他											
合计											

填报日期：　　　　　　　　　制表：　　　　　　　审核：

14.1.3.4 物资管理监测

物资管理监测内容包括：物资、设备采购、库存及使用等各环节的监测。物资设备的采购如果采取招标形式，应检查招标是否公开、公正、公平。物资库存管理监测主要包括入库前的认真验收和验收记录，入库物资的入账、保管、储存及项目管理单位与供货单位之间，仓库与运输单位之间的手续等。物资使用监测包括物资的领用分发、消耗是否符合物资管理规定；设备的维修是否按规章制度进行；设备管理是否建立了设备档案等。

14.1.3.5 工程技术管理监测

工程技术管理监测的具体内容包括：工程在交付施工前，设计单位编制的设计文件、图纸，是否经各级技术负责人签字，是否符合国家和地区的有关法规，技术标准，设计文件是否符合设计任务书、初步设计和设计合同的要求；施工单位是否建立了质量检查、测试、监督机构，是否建立了全面质量管理制度，工程施工中出现过什么重大技术问题，如何解决及解决程度；技术服务工作是否有效，工程是否达到技术指标要求等。

14.1.3.6 成果与效益监测

主要监测项目包括受益者的反映和参与程度，水土保持项目的生态效益、经济效益和社会效益各项指标是否按期完成、是否达到要求等。

14.1.3.7 其他专题监测

对于在项目执行中提出的各项专题以及发现的某一侧面的矛盾需要进行调查分析时，应开展专题监测，提出解决矛盾的建议。如对水土保持执法监督的监测、典型流域项目的监测等。

14.1.4 水土保持项目监测技术与规范体系

为更好地规范水土保持工程项目与开发建设项目的水土保持监测工作，需要具有完善的监测技术体系、规范体系与方法。2004 年水利部对《水坠坝设计及施工暂行规定》(SD 122—1984)进行修订，并更名为《水坠坝技术规范》，2002 年修定了《水土保持治沟骨干工程暂行技术规范》(SD 175—1986)，1988 年颁布《水土保持技术规范》(SD 238—1987)和《水土保持试验技术规范》(SD 239—1987)。1995—1996 年间，水利部修改和完善了《水土保持技术规范》(SD 238—1987)，并将其提升为国家标准，先后颁布《水土保持综合治理 规划通则》(GB/T 15772—1995)、《水土保持综合治理 技术规范》《水土保持综合治理 验收规范》《水土保持综合治理 效益计算方法》共 4 部 9 个标准，极大地推动了我国水土保持预防、治理、设计和监测等工作的规范化。1998 年颁布行业标准《开发建设项目水土保持方案技术规范》，对开发建设项目的水土保持方案编制具有重要的指导作用，并于 2008 年 7 月 1 日作为国家标准并更名为《开发建设项目水土保持技术规范》。2000年颁发了《水土保持前期工作暂行规定》（包括规划、项目建议书、可行性研究和初步设计等），对水土保持工作迈向正规的建设程序起到了巨大的推动作用。2001年颁布了《水利水电工程制图标准 水土保持图》。2002年，水利部颁布实施了《水土保持监测技术规程》，有力地推动水土保持监测工作，并规范了监测技术和方法。

14.2 水土保持项目监测指标体系的构建

14.2.1 水土保持生态建设项目监测指标体系

项目监测内容是通过具体的监测指标来体现，项目监测内容与监测指标相辅相成，有什么样的监测内容，则相应地设置一定的监测指标。指标的设置应遵循目的明确、相对稳定、简明方便、反应灵敏的原则。据此原则对水土保持工程项目设置了一系列具体的监测指标，共同构成了整个项目监测的指标体系，以便对项目进行及时、准确地监测。

一般来说，在监测指标体系中，应包括如下几类指标：项目进度监测指标、项目资金监测指标、项目物资管理监测指标、项目实施质量和效用监测指标、项目成本监测指标、项目受益者参与指标、项目效益监测指标、项目影响监测指标、项目的可持续监测指标、项目风险性指标等。现分述如下。

14.2.1.1 项目进度监测指标

主要监测指标为工程实际完成率，是将项目实际进度与计划进度进行比较，用来反映项目工程进度计划执行的程度。其计算公式为：

$$工程实际完成率 = \frac{本期实际完成工程量（数量）}{本期计划完成工程量（数量）} \times 100\% \qquad (14-1)$$

该指标可用于季度进度监测，也可用于年度进度监测及阶段进度监测等。对于由若干子项目组成的水土保持工程项目，可先按上式计算同一时间段各子项目的完成率，并根据各子项目工程量占总体工程量的比例分别确定各子项目的权数，然后求出总体工程的加权平均完成率。

14.2.1.2 项目资金监测指标

（1）资金使用情况监测指标

资金计划完成率是指资金的实际投资情况与同期按计划应使用的资金额比较，用来检查资金使用的计划执行情况。其计算公式为：

$$资金计划完成率 = \frac{项目资金支出额}{计划使用资金额} \times 100\% \qquad (14-2)$$

（2）资金使用效益监测指标

这些指标包括：资产产值率、资金利税率、资金利润率、资产回收率、资产创汇率等，其具体含义及计算方法在资金管理中已叙述。

14.2.1.3　项目物资管理监测指标

项目完施后，大量的资金用于物资设备的采购，不能按时完成采购计划或超计划采购造成资金积压，都会影响项目资金的正常运用，其监测指标有：

物资采购计划完成率：分析采购计划完成情况的监测指标。其计算公式为：

$$物资采购计划完成率 = \frac{本期实际物资采购总额}{本期物资采购计划额} \times 100\% \tag{14-3}$$

实际物资储备率：反映物资储备是否合理。其计算公式为：

$$实际物资储备率 = \frac{物资实际储备数量}{物资合理储备的数量} \times 100\% \tag{14-4}$$

实际物资储备率越接近 1，物资储备的数量越趋于合理；该值大于 1 时，造成资金积压；小于 1 且偏差较大时，就应及时按计划采购，否则可能造成供需脱节，影响项目实施进度。

物资储备保险系数：它是反映实际物资储备是否可维持生产的一项监测指标。当物资储备数量偏少时，该指标具有重要意义。其计算公式为：

$$物资储备保险系数 = \frac{实际物资储备可持续生产的天数}{物资储备保险天数} \times 100\% \tag{14-5}$$

式中物资储备保险天数是根据工作的重要性、供应条件、项目进度计划及经验确定的，为维持生产，库存物资应储备的最低天数。物资储备系数不能小于 1。

14.2.1.4　项目实施质量和效用监测指标

(1) 质量监测指标

监测人员应按项目设计要求和各类质量标准要求与工程人员一道对质量进行监督检查。对于已完工工程，监测人员除协助工程主管部门按全面质量管理要求进行验收外，还需用工程合格率、工程质量优良品率、实际返工损失率等指标考核工程质量。工程合格率是指验收合格的工程占已完工工程总数的百分比。其计算公式为：

$$工程合格率 = \frac{验收合格的工程数}{完工工程总数} \times 100\% \tag{14-6}$$

工程合格率须达到具体项目要求的标准才能验收合格，如"甘肃省庆城县黄土高原水土保持世行贷款二期项目监测评价"项目，其梯田、造林、种草、果园等工程的合格率分别为 97%、85%、97%、95%。梯田工程合格标准为：①断面尺寸合理。陡坡(15°以上)田面宽 8～10m，田坎 3～4m；缓坡(5°以下)田面宽 20～40m，田坎 1～2m；②纵向坡度小于 1°，田面水平；③边埂坚固，埂高 0.30m，顶宽 0.30～0.50m；④田坎巩固，坎坡合理，大部分田坎有植物护坡。造林和果园均达到以下标准：①整地工程达到项目办尺寸标准；②水平沟和水平阶坡面水平、土埂坚固；③造林和果园选用的树种均能适应本地自然气候条件，多以适地适树的乡土树种为主，而且有较好的经济价值等。

工程质量优良品率是指达到质量优良规定的单位工程个数占已验收单位工程总数的百分比。其计算公式为：

$$工程质量优良品率 = \frac{实际已验收的单位工程优良品个数}{验收鉴定的单位工程总数} \times 100\% \quad (14-7)$$

实际返工损失率是指项目累计因质量停工、返工增加项目投资额与项目累计完成投资额的百分比，是衡量项目因质量问题造成的实际损失大小的相对指标。其计算公式为：

$$实际返工损失率 = \frac{项目累计质量事故停工返工增加投资额}{项目累计完成投资额} \times 100\% \quad (14-8)$$

（2）工程效用监测指标

可以用工程效果合格率来衡量。工程的效用是指合乎工程目的性的效果和作用。其计算公式为：

$$工程效果合格率 = \frac{工程完工后的实际效果}{工程设计效果} \times 100\% \quad (14-9)$$

14.2.1.5　项目成本监测指标

以项目制定的成本控制指标与项目实际成本指标为监测指标，监测二者之间的偏差，分析成本控制情况。

14.2.1.6　项目受益者参与监测指标

项目受益者参与监测指标反映项目对受益者产生的影响程度，受益者对项目所持态度。这些指标包括对项目的了解、参与和态度，如项目区参与项目人数所占比例，对项目持有"非常满意"、"满意"、"不太满意"、"失望"等态度的人数占受益区总人数的比例等。

14.2.1.7　项目效益监测指标

项目效益监测指标一般是通过监测项目成本与项目成果之间的相对关系来比较资源是否得到优化配置和经济可行。在监测这一指标时，一般都以财务经济分析指标来表示。如内部收益率、投资回收期、投资利润率、产品产量增加率等。此外，水土保持项目还有一套监测指标，分别从经济效益、社会效益、生态效益和保水保土效益的角度来监测项目的效益。

经济效益监测指标主要有：人均纯收入、各业收入、人均产粮、生活消费等指标，并根据调查资料计算恩格尔系数。

社会效益监测指标主要反映项目区内由于基础设施改善、农业增产、农民增收而促进农村经济发展与社会进步的效益，其主要调查内容为：粮食及其他农产品的产量与产值、土地利用结构与土地利用率的变化、农村产业结构与土地生产率的变化、劳动力利用率与劳动生产率的变化、农户消费水平的变化、环境容量变化、教育事业的发展变化、卫生事业的发展变化、交通运输事业的发展变化、科技水平的提高情况、解决人畜饮水困难情况以及农村供水设备、供水农户及其占缺水农户比例的变化。

生态效益监测主要监测植被度变化、土壤理化性状、水质变化等指标，其中植被度变化监测主要观测植被的成活率、生长量、保存率等；小气候变化监测主要包括气温、地温、降水量、蒸发量、空气湿度、风力等；土壤理化性质监测主要包括土壤含水率、容重、密度、孔隙率、速效磷、速效钾、有机质、pH 值等；水质变化监测主要监测水样的 pH 值、生化需氧量、氨氮、有机磷农药等指标及监测项目区各项治理措施施入化肥、农药等对小流域水质的影响。

保水保土效益监测分为单项措施(骨干坝、淤地坝、谷坊等)的保水保土能力监测和小流域的保水保土能力监测。

14.2.1.8 项目影响监测指标

因项目实施导致的长远影响，包括经济影响、社会影响和环境影响。这些影响一般在项目执行期难以充分表现出来，只有在项目完成相当长一段时间才能表现出来。经济影响监测指标可用国民经济的影响及分配、就业国内资源成本、技术进步的影响指标来表示。环境影响监测指标可用森林覆盖率、水土流失量等表示。社会影响监测指标可采用农民人均纯收入、人均粮食生产量等表示。

14.2.1.9 项目可持续性监测指标

项目可持续性指项目的目标群体或受益农户在项目执行期结束和外部资源投入终止后能否在环境不变或环境发生变化时动态或静态地保持项目所带来的好处，因此有动态持续性和静态持续性之分。衡量可持续性的最佳指标为动态持续性指标。

14.2.1.10 项目风险性监测指标

风险性指标是对决策可能导致的结果出现概率的统计指标，它包括风险发生的可能性指标、发生的概率指标、风险发生的影响及影响程度指标、风险的重要程度指标。

14.2.2 开发建设项目水土保持监测指标体系

开发建设项目水土保持监测内容体系是根据已审批的水土保持方案确定的，是以水土保持科学为主体，围绕水土流失及其治理，遵循"影响因素—水土流失—水土流失治理—治理效果"的逻辑关系进行划分的，主要涉及开发建设项目类型(如线型工程、点面工程)的数量与位置、对原地貌的扰动而造成的水土流失及其危害的监测，以及地方政府对项目按照国家有关水土保持和生态环境保护方面法律、法规要求进行的监督、管理，项目施工组织管理、在开发建设项目扰动区和直接影响区实施的水土保持措施情况(包括措施类型、措施数量、措施效益)等。

14.2.1.1 开发建设项目概况指标

开发建设项目概况指标包括项目区位置、项目区所属"三区"类型、项目的数量和类型等。以上内容可通过收集主体工程相关报告、项目水土保持方案报告书、项目水土流失监测报告书及项目评估报告获得。

14.2.1.2 水土流失情况指标

开发建设项目的水土流失情况监测包括对原地貌类型的扰动而造成的水土流失的监测，主要指标有：扰动土地类型与面积，损坏水土保持设施面积，弃土、石、渣量及占地面积，水土流失面积，水土流失强度，水土流失量等。

14.2.1.3 生态环境变化情况指标

生态环境变化情况指标指由于开发建设项目引起的地形地貌、植被、水系、水土流失等的变化情况和对当地农(牧)业造成的影响，对项目区及周边生态、水环境及周边居民居住环境等的影响。主要包括占用、扰动土地面积，挖方、填方数量，弃土弃渣量，河流泥沙含量变化，项目建设前后项目区水土流失面积、强度的变化情况等。

14.2.1.4 水土流失危害指标

水土流失危害指标是水土流失带来的生态危害、经济损失的标志，可为开发建设项目水土流失治理技术提供实践指导。该指标需要随时监测施工过程中的水土流失情况，对可能发生的危害进行预测预警，防止滑坡、崩塌、泥石流等灾害造成的危害。

14.2.1.5 水土保持措施实施指标

水土保持措施的指标是治理水土流失、控制水土流失灾害、改善生态环境的数量和标志，可反映开发建设项目的治理措施的质量和水平。主要包括水土保持方案的实施情况，各项防治措施(水土保持工程和植物措施)的种类、数量及工程的实施时间、工程量等。

14.2.1.6 水土保持措施效果指标

水土保持效果是用以表达因水土保持措施所带来的水土流失减少、生态恢复及对开发建设项目作用的指标，包括水土流失治理度、扰动土地整治率、土壤流失控制比、拦渣率、林草覆盖率、植被恢复系数等6项量化指标(表14-3)。除此之外，还需对各项防治措施的保存量，林草措施的成活率、保存率，防护工程的稳定性、完好性，防护措施的拦渣、护坡、排水沉沙、改善生态环境效果等到进行监测。

表14-3 开发建设项目水土保持措施效益监测表

| 开发建设项目名称 | 项目所在地 | 投入运行时间 | 水土保持设施验收时间 | 水土保持总投资 | 扰动地表面积 | 新增水土流失量 | 防治措施 | | 扰动土地整治率(%) | 水土流失治理度(%) | 土壤流失控制比 | 拦渣率(%) | 林草覆盖率(%) | 植被恢复系数(%) |
							类型	工程量						

14.3 水土保持项目监测方法体系

根据项目监测的目的和分工要求不同，水土保持监测的方法可分为监测资料收集方法和监测资料分析方法。

14.3.1 监测资料的收集方法

水土保持项目监测资料的收集方法可以根据不同需要来确定，如果根据项目建设目标和项目实施涉及的内容来分，则应收集每一个阶段的工程进展情况，包括工程量完成情况、投资筹措、资金使用情况、材料消耗情况、工程质量等单项工程资料、项目区的经济效益、生态效益和社会效益等，然后汇总监测。资料的收集可采用不同方式，如图表资料、文字资料、调查数据等。根据资料类型来分，则可分为数量型信息和质量型信息两种收集方法。数量型信息为可用数字准确表示的信息，可以通过统计核算方法（如统计报表、典型调查、抽样调查）、设立固定的技术经济监测点和发放调查表的手段获取；质量型数据则可通过个别访问、问卷调查、召开小型座谈会等形式直接获取，也可通过报刊杂志、项目文件、会议记录、已写成的调查报告等资料间接获取。

开发建设项目监测资料的收集可采用巡查、调查及收集主体工程相关报告、项目水土保持方案报告书、相关水行政主管部门验收的典型工程水土保持设施竣工验收报告书和验收评估报告，以及项目评估报告等获得。

14.3.2 监测资料的分析方法

监测资料的分析方法很多，根据不同用途采用不同方法。一般可采用如下几种简单分析方法。

14.3.2.1 比较分析法

比较分析方法是最常用的方法，即将项目执行中的实际情况与计划相比较，偏差超出允许范围时，及时分析原因，提出建议，供职能部门决策参考。运用比较法进行项目监测分析时，应注意相互比较的双方必须具备可比性，指标含义、范围、计算方法、计量单位都要一致。在比较前应首先排除不可比因素，并将定量分析与定性分析相结合，获得正确的比较结果。

（1）执行的实际情况与计划指标相比较

如项目进度、完成工程量、物资和设备的采购与供应、培训工作等实际完成情况与计划相比较，监测是否按计划完成，分析其原因。

（2）设计要求与现实状况相比较

从数量和质量两个方面在外形、结构、规模、性能、指标等方面比较完成情况与设计要求。

（3）完成后的实际效果与预期效果相比较

将实际效果如产量，受益者的收入改善，投资效果，生态环境改善，社会效益如居住条件、教育、卫生、就业人数等实际效果与预期指标相比较。

（4）项目区与非项目区相比较

选择一块和项目区类似的具有可比性和可操作性的非项目区。一般选择与项目区的社会、经济和自然条件基本一致、原有生产水平大致相同、地理位置相近的地段作非项目区。通过比较二者之间的各项指标反映项目建设效果。

14.3.2.2 数理统计法

利用监测信息数据和数理统计工具，找出影响项目进度、质量、资金分配、经济效益等方面的主要因素，帮助项目管理人员整理思路，以求及时纠正偏差或调整计划。实际操作中常用简便易行的有排列图法、分层法、因果图法和控制图法等几种方法。

（1）排列图法

排列图法又称主次因素排列图法，为分析影响效果（如质量、产量、进度）的主要原因所使用的图。这种方法的优点是比较直观，便于掌握。

排列图的绘制步骤是首先针对要分析的问题，将分散的有关监测资料进行整理，根据各类影响因素计算频数、频率和累计频率。频数就是把监测数据接种类分成若干组，数据落入组内的个数；频率是指组内监测值的频数与数据总数的比值。为绘制排列图方便，在绘图之前列出频数、频率计算表。

表14-4为某水土保持造林项目影响产量因素的频数、频率计算表。然后用累计频数和累计频率作双坐标图，左方纵坐标为累计频数，右方纵坐标为累计频率，横坐标表示影响因素。频数的单位根据需要而定，如次数、件数、钱数等。图形绘制后，在频率80%、90%、100%处各画一条平行于纵坐标的虚线，频率小于80%的区域为主因素区，频率在80%和90%之间的区域为次要因素区，90%以上的区域为一般因素区。

表14-4　影响水土保持造林项目建设诸因素频数、频率计算表

序号	影响因素	频数	累计频数	频率（%）	累计频率（%）
1	种苗	160	160	47.0	47.0
2	种后灌水	64	224	18.8	65.8
3	种植季节	30	254	8.8	74.6
4	整地方式	28	282	8.2	82.8
5	整地季节	24	306	7.1	89.9
6	灌水量	18	324	5.3	95.2
7	田间管理	12	336	3.5	98.8
8	其他	4	340	1.2	100

（2）分层法

当通过项目监测发现偏差，并按排列图法找出主要因素区、次要因素区和一般因素区后，再对每个影响因素进一步分层分析，其分层方法和格式与排列图相同。

（3）因果图法

因果图法又称树状图法。这种方法的主要特点是把影响因素一一列出，逐次深入分析，将影响因素的大、中、小原因标在因果图上，使监测资料的分析结果一目了然，便于项目经理根据监测结果作出正确决策，采取纠正偏差的适当措施。

（4）控制图法

控制图法在项目管理中通常用于质量监测分析。控制图通常有 3 条平行线，中间一条线叫中心线 A，上、下两条线分别叫控制上限 B 和控制下限 C。这 3 条线的位置根据允许偏差值确定。如果处于正常状态，质量监测所测的点及连线应在中心线上下波动，绝大部分点（97%）应在 B、C 控制线之内。有时 B、C 两条线外还有 D、E 两条线，由此图形分成 3 个区域：B、C 两条线之间的 I 区为正常区，表示质量符合要求；D、B 两条线之间及 C、E 两条线之间的区域为 II 区，叫做警戒区，如监测结果出现在 II 区内，应引起警惕并采取相应措施，以保证质量；警戒线 D、E 以外的区域为 III 区，称为不合格区。质量偏差超出允许范围，需要返工（图 14-3）。

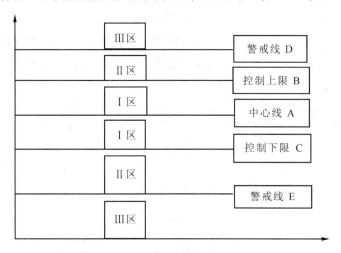

图 14-3　质量监测控制图

（5）平均数分析法

在进行监测资料的分析时，有时出现一些不正确的、片面的、甚至可能导致错误结论的数据。如何尽可能限制这些数据的影响，使监测资料的分析能够得出正确的结论，采用平均数分析法是比较简单实用的方法。常用的平均数法有算术平均数法、加权平均数法标准等。

（6）百分比表示法

在项目监测资料的分析中进行相对比较时，往往需要反映各方面的比例关系。百分比表示法是一种常用的分析方法。

14.4 开发建设项目水土保持监测

14.4.1 开发建设项目水土保持监测内容

14.4.1.1 水土流失防治责任范围动态监测

水土流失防治责任范围包括项目建设区和直接影响区，监测过程中要监测复核水土流失防治责任范围，界定其边界，并对其动态进行监测。其中，项目建设区根据永久性占地和临时性占地面积确定；直接影响区视工程类型、施工工艺等情况确定。

（1）项目建设区

项目建设区包括永久性占地和临时性占地，在水土保持方案编制中均由建设者（或业主）负责治理水土流失，保持水土、恢复植被或恢复原地类。在监测过程中需要监测两类占地的实际变动情况。

①永久性占地　永久性占地是指项目建设征地红线范围内、由项目建设者（或业主）负责管辖和承担水土保持法律责任的地方。永久性占地面积由国土部门按权限批准。水土保持监测是对红线围地认真核查，监测建设单位或开发商有无超越红线开发的情况、各阶段永久性占地变化情况。

②临时性占地　临时性占地是指因主体工程开发需要、临时占用的部分土地，土地管辖权仍属于原单位（或个人），建设单位无土地管辖权。临时性占地主要有工棚，施工便道，土、石方临时转运场，材料仓库，砼搅拌场地和其他需要临时占用的土地。水土保持监测时，主要监测是否有超范围使用临时性占地的情况，各种临时占地的临时性水土保持措施的有无和落实情况，以及施工结束以后对临时占地原貌恢复情况。

③扰动地表面积　在开发建设过程中对原有地表植被或地形地貌发生改变的行为，均属于扰动地表行为。主要包括毁坏地表植被、表土被剥离（表土部分或全部被剥离时毁坏地表植被）和改变地形等的行为。进行水土保持监测时，主要监测扰动地表面积、地表堆存面积、地表堆存处的临时性水土保持措施和被扰动部分能够恢复植被的地方植被恢复情况。

（2）直接影响区

直接影响区主要指因工程建设引起的水土流失影响范围内（项目建设区以外）的地段。直接影响区对下游和周边地区造成的危害及其趋势，取决于开发建设项目的工程规模、占地面积、地形地貌、敏感地带、水土流失预防措施等。危害范围包括附近河道、居民住宅、城市下水道或其他市政设施、海滨浴场或其他旅游景点、水资源保护区等。凡是其流失的泥沙能到达最远点的范围内，均界定为直接影响区。随着工程的进展和水土保持设施效益的发挥，危害程度会逐步减弱。在监测过程中，需设定临时监测点位，对项目周边地区或下游地区开展监测，确定直接影响区范围及其变动。

14.4.1.2 水土流失背景值监测

水土流失背景值指开发建设前项目所在区域的土壤侵蚀强度，由水土流失调查资料或地面观测确定，用以与开发建设后水土流失状况的比较。

14.4.1.3 水土流失影响因子监测

水土流失因子也称水土流失影响因子，包括自然因子和人为因子两个方面。

（1）自然因子监测

影响水土流失的自然因子主要有地形、气象、土壤（地面物质组成）、植被、地质等因子。

①地形因子 地形因子监测指标主要包括地理位置、地貌形态类型与分区、海拔与相对高差、坡面特征（坡度、坡长、坡向、坡形等）、地面起伏等因子。

②气象因子 包括气候类型、降水（降水量、降水历时、降水强度、降水过程等）、气温与地温（平均温度、最高与最低温度）、蒸发量、≥10℃积温、无霜期、干燥指数、太阳辐射、日照时数、风速（平均风速、最大风速）、风向、大风日数、沙尘暴日数等。具体监测因子可根据水土流失类型的不同而选取，如水蚀区主要关注降水因子，而风蚀区主要体现风因子。

③土壤因子 主要包括土壤类型、土壤质地与组成、有效土层厚度等指标。此外，还需要监测土壤有机质含量、土壤入渗状况、土壤容重、土壤孔隙度与土壤团粒结构等。

④植被因子 主要包括植被类型与植物种类组成、数量、盖度（郁闭度）、覆盖率等变化。

⑤地质因子 一般在开发建设项目水土保持监测中，可以不涉及地质因子。但当发生水土流失灾害事件时，需要进行地质因子的监测与分析。主要包括地质构造特征、地层岩性特征、物理地质现象、水文地质现象及新构造运动等。

（2）人为因子

人为因子包括社会经济因子和建设项目活动因子。社会经济因子包括人口数、农业和城镇人口数量、人口密度、人口增长率等社会因子，以及国民生产总值、产业结构、人均收入、人均资源占有量（如人均林地面积、耕地面积等）、交通发展状况等经济因子。

建设项目活动因子是指影响开发建设项目活动直接参与的在水土保持背景状况下诱发新的水土流失的直接因素。一般地，人为再塑地貌的水土流失的降水、温度、光照等因子是基本不变的，主要的变动因子是地质地貌、土壤、植被及局地水文循环等，这与建设生产活动扰动强度、面积、部位有关，同一地区不同的项目是也千差万别。因此，项目建设活动因子主要包括建设项目占用地面积，扰动土地面积，项目挖方、填方数量及面积，弃土、弃石、弃渣量及堆放面积等。

14.4.1.4 水土流失状况监测

开发建设项目水土流失状况监测内容根据发生区域的不同而不同。水蚀监测指标主要包括土壤流失形式、水土流失面积、水土流失强度、流失量、土壤侵蚀模数等。风蚀主要包括风蚀面积、土壤侵蚀深度、强度、起沙风、输沙量、沙丘移动、沙尘暴次数与降尘量等。其他侵蚀监测内容主要为侵蚀形式及其数量等。

水土流失状况监测一般采用地面观测方法，实际测定并计算得到开发建设项目水土流失量，要求每年一个数值。从主体工程奠基开始，首先测得测区范围内水土流失背景值，以后随着工程进展，每年测定多次，至年终归纳计算一年水土流失量，直至工程竣工验收以后一年。分析所得数据，从中反映出该开发建设项目自开工至竣工以后一年内，各年内水土流失量的变化情况。

水土流失强度是反映水土流失剧烈程度的指标，用土壤侵蚀模数表示。开发建设项目的水土流失强度是根据水土流失量的变化，通过计算求得其流失强度变化的相对值。因此，监测部位、监测方法、监测时段应与水土流失量监测相一致，通过计算以后得出水土流失强度的变化情况。

14.4.1.5　水土保持措施监测

（1）防治措施类型

开发建设项目水土流失防治措施类型主要有拦渣工程、护坡工程、土地整治工程、防洪排水工程、泥石流防治工程、风沙治理工程和植物措施工程等 7 种类型。这 7 种类型的工程可以划分为工程措施和林草措施两大类。此外，在开发建设项目实施过程中，为了防止施工场地及其周围或者临时（短暂）的扰动面、占压区和开挖面等的水土流失，常常采用表面覆盖、挡土挡石、排水、沉沙等临时措施，这类措施也需要进行监测。

（2）水土保持措施的数量与质量

对于开发建设项目水土保持措施的监测主要包括措施的类型及其对应的数量、质量等数值。其中数量指标可根据已审批的水土保持方案，监测其水土保持设施完成情况（包括数量要求、时间要求）；水土保持设施质量监测，一方面要查阅监理报告，另一方面要到实地检查。

对于工程措施，常常用工程质量等级及保存率、完好率、稳定性、运行情况等表征其质量。工程措施的施工质量由监理单位确定。监测时主要查看其是否有损坏或不稳定情况出现，定性描述。砼裂缝、挡墙断裂或沉降均属于不稳定现象。

对于林草措施，常常用工程质量等级及成活率、保存率、生长情况、林木密度及覆盖率等指标表征其质量。林草措施的阶段验收工作一般在栽植 3 个月（养护期）以后进行，监测工作在查阅验收报告的基础上进行实地测量。成活率是反映栽植以后林草成活情况的指标，即成活株数占栽植总株数的百分比。保存率是反映运行期林草植被保存情况的指标，是按保存林木株数占栽植总株数的百分比计算，一般在种植以后每年测定一次。覆盖率则是反映林草植被覆盖情况的指标。

上述水土保持措施监测指标，应按照工程实施进展分阶段监测，并依据设计要求和措施质量要求，检查质量。监测频次可以与工程建设阶段一致，或按照年度进行统计分析。开发建设项目水土保持措施及其监测要求见表14-5。

表 14-5 开发建设项目水土保持监测水土保持措施及其监测要求

水土保持措施	监测要求
防治措施工程量	各阶段(时段)各种措施的数量和质量,以及治理期累计量
拦渣工程量	以拦渣为目的的各种建筑物的数量和质量,包括分年(时段)新增的拦渣工程的方式、工程量以及项目建设累计量
护坡工程量	对不稳定边坡采取各种措施的数量和质量,包括分年(时段)新增的护坡工程的方式、工程量以及项目建设累计量
土地整治工程工程量	建筑扰动区土地整治工程的数量和质量,包括分年(时段)新增的土地整治工程的方式、工程量以及项目建设累计量
防洪排导工程量	用以防洪排导的各项工程的数量和质量,包括分年(时段)新增的防洪排导工程的方式、工程量以及项目建设累计量
降水蓄渗工程量	用以拦截降水并蓄水的各项工程的数量和质量,包括分年(时段)新增的降水蓄渗工程的方式、工程量以及项目建设累计量
防风固沙工程量	用以防风固沙保护主体工程的各项工程的数量和质量,包括分年(时段)新增的防风固沙工程的方式、工程量以及项目建设累计量
植被建设工程量	建设区和直接影响区植被建设的各项工程量和质量,包括分年(时段)新增的植被建设工程的方式、工程量以及项目建设累计量
临时工程工程量	建设区和直接影响区临时工程的各项工程量和质量,包括分年(时段)新增的临时工程的方式、工程量以及项目建设累计量

注:1. 表中的分年(时段)新增的"工程的方式、工程量以及项目建设累计量",包括措施数量和质量两个方面。其中,数量方面包括了措施的点位数量、措施的面积(长度)、动用土(石)方量、使用植被数量等与措施的数量相关的统计方式;质量方面包括了工程质量等级及保存率、完好率、稳定性、成活率、运行情况或生长状况等与措施质量相关的表征方式。

2. 对于临时工程,监测频率应随着工程进展及时监测;对于其他工程,监测频率为一年一次,每个施工时段一次或每个点位的工程施工期末及验收前各一次。

14.4.1.5 水土保持效果监测

开发建设项目水土保持效果评价与水土保持生态建设项目效果评价不同,开发建设项目水土保持主要表现在保土调水、治理水土流失、维护主体工程安全运行等方面,而水土保持生态建设项目效益评价强调水土保持的经济效益、生态效益和社会效益。因此,开发建设项目水土保持效果评价的监测指标也主要反映措施治理水土流失、维护工程安全运行的指标。从分析和计算评价指标的基本数据来源来考虑,可以分为以下两种指标。

(1)分析计算的效果指标

分析计算的效果指标是指可通过水土流失状况、水土流失危害、水土保持措施等指标经过计算得到其数值,或者直接应用水土流失状况、水土流失危害、水土保持措施等指标直接表征其数值。主要有水土流失面积、土壤流失量,以及水土流失总治理度、扰动土地整治率、土壤流失控制比、拦渣率、林草植被恢复率、林草覆盖率等量化指标。

①防治指标 包括开发建设项目水土保持防治效果的六大目标。

a. 扰动土地整治率：项目建设区内扰动土地的整治面积占扰动土地总面积的百分比。可用式(14-10)计算：

$$扰动土地整治率(\%) = \frac{土地整治面积}{建设区内扰动土地总面积} \times 100$$

$$= \frac{水土保持措施面积 + 永久建筑占地面积}{建设区内扰动土地总面积} \times 100$$

$$(14-10)$$

b. 水土流失总治理度：项目建设区内水土流失治理达标面积占水土流失总面积的百分比。可用式(14-11)计算：

$$水土流失总治理度(\%) = \frac{项目建设区内水土流失治理面积}{建设设区水土流失总面积} \times 100$$

$$= \frac{水土保持措施面积}{建设区水土流失总面积} \times 100 \qquad (14-11)$$

式中 水土保持措施面积 = 工程措施面积 + 林草植物措施面积

建设区水土流失总面积 = 项目建设区面积 − 永久建筑物占地面积 − 场地道路硬化面积 − 水面面积 − 建设区内未扰动的微度侵蚀面积

c. 土壤流失控制比：项目建设区内，容许土壤流失量与治理后的平均土壤流失强度之比。可用式(14-12)计算：

$$土壤流失控制比 = \frac{容许土壤流失量}{治理后建设区内的年平均土壤流失量}$$

$$= \frac{容许土壤流失量(200,500,1000)}{\sum_{i=1}^{n}(第 i 个监测点流失量 \times i 监测点代表区域面积)/建设区总面积}$$

$$(14-12)$$

d. 拦渣率：项目建设区内采取措施实际拦挡的弃土(石、渣)量与工程弃土(石、渣)总量的百分比。可用式(14-13)计算：

$$拦渣率(\%) = \frac{拦渣工程实际拦挡弃土(石、渣)量}{建设区内工程弃土(石、渣)总量} \times 100 \qquad (14-13)$$

e. 林草植被恢复率：项目建设区内，林草类植被面积占可恢复林草植被(在目前经济、技术条件下适宜于恢复林草植被)面积的百分比。可用式(14-14)计算：

$$林草植被恢复率(\%) = \frac{林草类植被面积}{建设区内可恢复植被面积} \times 100$$

$$= \frac{人工林地面积 + 人工草地面积 + 封育管护面积 + 天然林草面积}{建设区内可恢复植被面积(水土保持方案确定的可恢复植被面积)} \times 100$$

$$(14-14)$$

f. 林草覆盖率：林草类植被面积占项目建设区面积的百分比。可用式(14-15)计算：

$$林草覆盖率(\%) = \frac{林草植被面积}{建设区面积} \times 100 \qquad (14\text{-}15)$$

式中，林草植被面积中乔、灌、草（特别是乔灌草结合布设）的面积不能重复计算。

②各项措施的拦渣保土效果工程措施与生物措施的综合防护效果主要反映在拦沙（渣）保土效果上。其监测方法主要有：一是从流失强度的变化计算出拦沙（渣）保土效果；二是从出口断面直接测定开发区泥沙变化情况和拦沙（渣）保土效果。

③项目挖方、填方数量及面积，弃土、弃石、弃渣量及堆放面积　主要包括挖方填方的地点、数量及占地面积，弃土、弃石、弃渣量及其堆放面积，挖、填方形成的边坡水土流失防护、边坡稳定性，弃土、弃石、弃渣堆放处临时性水土保持措施（包括编织袋围堰、表面覆盖、四周排水等），弃土、弃石、弃渣场必要的生物复垦措施和挖、填方处及弃土、弃石、弃渣堆放场地水土流失对周围的影响。

（2）直接采集的效果指标

直接采集的指标是指需要通过调查而直接采集得到的数据指标，如林草郁闭度或盖度，植物种高度、多度等。

上述监测指标一般一年监测一次，或者按照工程实施进度分阶段分析计算或直接监测，或者经过多次监测，或者分析计算，建设期末汇总而成。

14.4.2　开发建设项目水土保持监测方法与频次

14.4.2.1　监测方法

（1）地面监测

①监测对象　对地面扰动较大的区域或地段，如大的开挖面、取土取料场、弃土弃渣场、施工场地、高陡边坡等。

②监测内容和项目　主要监测与侵蚀有关的内容，包括土壤侵蚀面积、侵蚀强度、侵蚀程度、侵蚀量、土壤养分和污染物质流失与迁移、土体的位移和微地貌的变化等。

③监测方法　通常采用常规小区监测、卡口站监测、简易土壤侵蚀场监测和重力侵蚀场监测等方法。此外，也常采用侵蚀形态与侵蚀量量测、土壤分析、化学分析、水质分析、植被调查与分析及其他调研方法。

④适用范围　小区监测适用于除砾岩堆积物外各种类型的开发建设项目，主要应用于水土流失量及拦渣保土量的监测。卡口站监测适用于扰动破坏呈面状、块状、并集中在一定的流域范围内的开发建设项目中，主要集中在山区流域的开发建设项目，如采石场、采矿区、工矿企业等；但不适用于线型的开发建设项目。简易土壤侵蚀场精度不高，但造价低，适用于项目区内类型复杂、分散、暂不受干扰或干扰的弃土弃渣的土壤侵蚀。风蚀量监测适用于风蚀区、水蚀风蚀交错区开发建设项目的风力侵蚀监测。在风蚀微弱区，由于开发项目对地貌和植被的破坏，可能出现较为严重的风蚀，因而也适用于风蚀量的监测。重力侵蚀调查则在汛期开始和每次暴雨过后，对项目区的重力侵蚀情况进行普查，查清发生重力侵蚀的次数、地点、类型（崩塌、泻溜等）、原因、面积、总土方量及被洪水量带走的土方量等。

（2）调查监测

①监测对象　对地面和环境影响较小的区域和地段，以及难以应用或不需要本项目直接观测，引用相关资料即可的监测项目。

②监测内容和项目　地形地貌变化、水系调整、土地利用变化、扰动土地面积、损坏水土保持设施数量、植被破坏面积、水土流失面积；与水土流失有关的降雨、大风情况；土石方开挖与回填量、弃土弃石弃渣量；各项防治措施的面积、数量、质量、林草措施的成活率、保存率、面积核实率、生长情况，工程措施的稳定性、完好性和运行情况；河道淤积、水土流失危害、生态环境变化等。

③调查监测方法　调查监测的方法主要有询问、资料收集、普查、典型调查、重点调查、抽样调查等。

④适用范围　普查法主要适用于工作量较少的监测项目指标的调查，如工矿企业数量的变化，年弃渣量、地表植被破坏面积等，通过监测人员深入项目区采用访问、实地量测、填写表格等形式进行，从而掌握具体情况及变化动态。

抽样法适用于工作量大、技术性强的项目指标调查，如对人为造成的水土流失量，水土保持林草成活率等的调查，一般都通过抽样选点，以局部数值推算出整体数值，因而选点要有足够的数量(一般不少于30个)和代表性。

（3）现场巡查

现场巡查是开发建设项目施工期间水土保持监测中的一种特殊和方法。因为开发建设项目施工场地的时空变化复杂，定位观测有时十分困难，如临时堆土石料的时间可能很短，来不及观测；不断变化的弃土弃渣场、取土场常因各种原因造成水土流失，必须及时采取措施，控制水土流失。因此，现场巡查是最好的方法。现场巡查的重点是：堆放在坡面或沟道的弃土弃渣场、开挖量大的山坡取土场、取石场，特别是周边有来水的陡立和破碎工作面。

在巡查过程中，不仅要量测水土流失量、分析水土流失的原因，而且要监测水土保持措施、分析防治成效，记录土壤流失、防治措施的相关数据。

14.4.2.2　监测频次

根据监测内容分别确定监测频次。地面监测的项目根据数据采集的需要随时进行监测。水土流失量一般在产沙后即观测，泥沙量不大时可间隔一定时间观测。需要监测侵蚀过程时，应将降雨、径流、泥沙同步观测，暴雨时加测。调查监测的项目一般可间隔一定时间调查，根据开发建设项目的工程进度、扰动影响面、治理进度等合理确定调查周期。每次调查均应填写调查表，年末进行汇总整理。巡查则根据需要随时进行监测，每次巡查时应将巡查的情况详细记录，以备分析、总结水土保持成效和编制水土保持监测报告。

14.4.3　开发建设项目水土保持监测阶段

14.4.3.1　开发建设项目水土保持监测周期

开发建设项目水土保持监测工作，是从水土保持监测任务被委托开始，直到提交监测总结报告结束。其实，在建设项目水土保持监测任务被委托前，期望承担建设项目水土保持监测的机构(以下简称"监测机构")，已经进行了公开投标、竞标、竞争性谈判及为中标而开展的必需调研、资料收集与整理分析、标书编制等一系列前期工作。因此，建设项目水土保持监测周期应从监测机构对项目的关注、研究和参与投标开始，直到提交监测总结报告，并成为支撑水土保持设施验收的良好材料结束。在这个周期中，监测工作的主要环节和流程如图14-4所示。

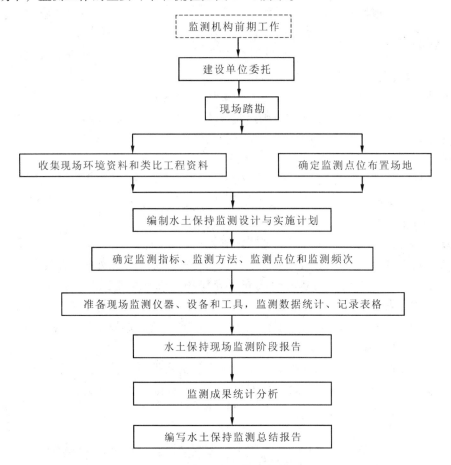

图14-4 开发建设项目水土保持监测主要环节和流程

在整个监测流程中，监测机构不仅要与监测任务委托机构不断联系，而且要及时向水土保持设施建设的行政管理机构汇报监测情况，要与水土保持设施的设计、施工和施工监理等机构不断联系，以便水土保持监测工作能顺利开展。

14.4.3.2 开发建设项目水土保持监测阶段划分

参考工程项目建设周期与阶段划分，根据开发建设项目水土保持监测整个过程的阶段性特点，可以将开发建设项目水土保持监测周期划分为监测项目投标竞标阶段、监测启动准备阶段、动态监测实施阶段和监测总结报告编制与提交阶段。每个阶段的特点与主要任务各有不同。

（1）监测项目投标竞标阶段

按照工程项目建设的基本程序，在开发建设项目水土保持方案报告书和水土保持设施设计批复以后，就进入到设备、工程和技术服务等的招标阶段。在开发建设项目的工程招标阶段，该项目的水土保持监测也就进入服务投标阶段，此阶段称为监测项目投标竞标阶段。

这一阶段的主要工作包括：开发建设项目调查研究、水土保持监测可行性分析与决策、投标。本阶段的主要目标是通过项目研究、监测可行性分析、监测机构决策，对是否要开展项目监测、如何实施监测、何时何地提交何种监测成果等重大事宜，进行科学论证和多方案比较，最后确定是否投标、选择哪个方案投标。

这一阶段十分重要，关系到投标是否成功，关系到监测实施的工作量和人力、时间和资金的投入，关系到监测成果的质量。从监测技术角度来讲，标书的内容就成为重中之重。投标书的技术条款部分，主要包括编制依据、监测点位布局、监测指标及其观测方法、预期成果、经费预算、监测实施组织和质量保证体系等内容。在投标书中，出众的监测技术内容，以及与之对应的、合理的经费预算，是中标的前提。

（2）监测启动准备阶段

中标之后，即监测合同签订（或监测机构接受委托）后，就进入到了监测启动准备阶段。本阶段的主要任务是监测实施条件的准备，包括队伍组建、基础资料收集、设施设备准备、建设项目水土保持现状调查、监测设计与实施计划编制、人员培训等。本阶段是监测项目投标竞标阶段决策的具体化，在很大程度上决定了项目监测实施的成败及能否高效率地达到预期目标。

监测设计与实施计划是该阶段的主要技术报告，是由承担开发建设项目水土保持监测工作的机构，根据水土保持方案编制的、用于规范和指导监测技术人员开展工作的技术文件，其重点是：依据项目的水土保持、批复文件和项目具体特点，对水土保持监测的内容、时段、监测范围、监测点布局、主要观测指标、监测方法与频次、监测工作组织管理、实施进度和预期成果等进行设计。该报告是监测机构开展水土流失及其治理措施监测的技术指导文件，也是监测委托机构及时获得澎湃动态信息的依据，因而，该文件既可使监测工作进度与质量得到保证，也可指导委托机构及时调整设计与施工，防止水土流失。同时，对于开发建设项目水土保持监督机构，可作为检查监测工作乃至其他工作的依据。

（3）动态监测实施阶段

动态监测实施阶段的主要任务是按照监测设计与实施计划的规定，布设监测点，开展测验和调查，采集相关数据，并及时向利益相关者提供信息，为水土流失防治提供依据。在整个项目监测周期中，本阶段需要认真执行相关技术标准、规范和监测合同，按部就班地对项目进行全方位的监测，同时及时整理与分析监测数据，得到相关的阶段报告。

开发建设项目水土保持监测的阶段报告可以是报告书，也可以是报告表。报告书是按照监测设计和实施计划或者项目监测合同确定的时间，定期向监测任务委托机构交付的阶段性监测报告，其内容应该反映从开始到当前整个过程的主体工程建设进度、水土保持设施实施情况与工程建设造成的水土流失等，主要包括工程建设进度、监测布局、监测内容、监测工作组织、监测成果与分析、监测建议等，同时填写水土保持监测阶段信息表。报告表主要用于临时性、不定期向项目建设机构交付监测数据及其初步分析的信息，内容与格式较报告书简单。其主要内容包括：水土保持工作进度、实施的监测工作及其主要数据、结论与建议等，同时填写水土保持监测阶段信息表。

（4）监测总结报告编制与提交阶段

提交阶段应该完成监测数据的整理分析、编制监测报告、监测档案整理，以及向相关单位汇报、提交监测总结报告等工作。项目监测成果科学、合理，在开发建设项目水土保持设施验收后，开发建设项目水土保持监测即告结束。

监测技术报告主要从技术角度，全面系统地反映监测的内容、指标、方法、数据及其分析结果、结论等；监测工作报告主要从实施组织角度总结分析项目监测的人员组织、质量控制、进度管理、监测事件及其处理情况等，提出监测经验、存在问题与建议等；监测档案就是按照相关规定，按照一定序列整理整编的监测过程的全部必需存档的资料的集合。其中技术报告和工作报告可以合并为一个监测报告。监测报告的内容包括监测点布局、监测指标及其数据采集方法、对应的监测设施设备及监测数据质量；全面分析水土流失的自然和人为因素，并与之对应地分析防治措施实施的时间、工程内容(措施类型)和工程量(措施数量)，并计算各类型分区各时段的水土流失量、防治措施及其效益；分析总结全过程分阶段的监测工作组织管理、质量保证和质量控制体系，以及主要经验和存在问题等。

14.4.4 开发建设项目水土保持监测方案与报告编写

根据有关规定，承担开发建设项目水土保持监测的机构应在签订监测合同后，编制水土保持监测实施方案，并报水土保持方案原批准机关备案。监测工作结束时，应向各级水行政主管部门、建设单位提供监测报告。在水土保持设施专项验收时，报告监测情况。

14.4.4.1 监测实施方案提纲

（1）监测依据

开发建设项目水土保持监测方案应根据国家有关法律法规、技术规范、技术资料等编制。如《水土保持法》《水土保持法实施条例》《开发建设项目水土保持设施验收管理办法》《水土保持生态环境监测网络管理办法》《水土保持监测资格证书管理暂行办法》《开发建设项目水土保持技术规范》《水土保持综合治理 技术规范》《水土保持监测技术规程》以及工程项目水土保持方案报告书、水土保持设计专章、工程施工、监理等方面的技术资料。

（2）监测方案编制的基础和原则

①编制基础 监测方案编制基础是国家和地方政府对水土保持监测的要求，水利

部批复的水土保持方案中确定的水土保持监测初步方案。工程项目水土保持监测的范围应是批复的水土保持方案确定的水土流失防治责任范围。

②监测原则 水土保持监测原则主要为全面调查与重点观测相结合，定期调查和动态观测相结合，调查、观测与巡查相结合，实际调查观测与模型分析相结合，监测分区与监测内容相结合等。

（3）监测时段和监测点布设

①划分监测时段 根据监测项目的特性、施工期限、内容等划分监测时段。

②监测分区和监测点布设 初步拟定以扰动地形作为主要划分因子，结合地面组成物质划分监测分区。监测点的布设按分区特点、水土流失强度等布设。

（4）监测内容与方法

①监测内容 包括对水土流失防治责任范围、扰动面积、弃土弃渣量、临时防护措施、植被恢复、工程措施、土壤流失等进行动态的监测。

②监测方法和监测频次 根据监测内容制定相应的监测方法。主要包括定位监测、临时监测、调查和巡查。监测频次应根据不同监测分区和方法确定。

（5）监测点典型设计

①监测设施与仪器设备 根据《水土保持监测技术规程》和《水土保持试验技术规范》，设计气象观测场、径流小区、沉沙池、量水堰及相应的仪器设备等。

②观测内容、要求和方法 分类对监测点的内容、要求和方法做出设计，主要包括径流量、泥沙含量、水位、侵蚀厚度及其观测频次、方法、精度等。

③监测表格设计 根据有关规范，结合实际情况，设计监测用表。

（6）监测汇报制度

①巡查制度 包括巡查的目的、巡查时间与周期、巡查报表设计、巡查报表填写、巡查汇报制度。

②月、季度报表 考虑满足业主和水行政主管部门的要求，制定月、季度报表。

③年度汇总报告 年度汇总报告的内容、表格、编写格式等。

（7）经费预算

监测期间的总经费，应以签订的合同为依据。

（8）预期成果

预期成果包括水土保持监测技术报告和水土保持监测资料整编集及数据库。

（9）监测工作组织与管理

确定监测工作的组织领导机构、人员、责任、资金管理使用制度等；明确委托方（建设单位）、承担方（监测单位）的职责、义务；建立和健全监测工作的质量保证体系；对参与监测工作的人员进行实地培训。

（10）附件

附件内容包括：①监测点位平面布置图；②监测设施设计图及设计说明书；③监测设备明细表；④监测项目、方法、频次设计表；⑤监测资料记录表；⑥监测成果汇总表。

14.4.4.2 开发建设项目水土保持监测报告提纲

监测报告提纲包括以下内容：

1 前言

主要包括任务来源情况(包括合同签订)、组织领导、监测计划确定、监测任务的组织实施(监测布点、现场监测)、监督管理(监测资料的检查核定)、监测结果分析、监测阶段报告和上级检查。

2 项目区及项目概况

3 监测时段和监测点布设

3.1 划分监测时段

3.2 扰动地貌类型划分和监测点布设

4 监测内容与方法

4.1 监测内容

4.1.1 水土流失防治责任范围动态监测

4.1.2 扰动面积监测

4.1.3 弃土弃渣监测

4.1.4 临时防护措施监测

4.1.5 植被恢复监测

4.1.6 工程措施监测

4.1.7 水土流失动态监测

4.2 监测方法

4.2.1 定位监测(沉沙池、简易观测场等)

4.2.2 临时监测

4.2.3 调查监测

4.2.4 巡查

5 不同侵蚀单元土壤侵蚀模数的分析确定

5.1 原地貌不同土地类型土壤侵蚀模数

5.2 不同扰动类型土壤侵蚀模数

5.3 不同防治措施土壤侵蚀模数

6 水土流失监测动态结果与分析

6.1 防治责任范围动态监测结果

6.2 弃土弃渣动态监测结果

6.3 扰动地面动态监测结果

6.4 土壤流失量动态监测结果

7 水土流失防治效果监测结果与分析

7.1 弃渣处理及防治效果

7.2 工程措施防治效果

7.3 植物措施防治效果

14.5 水土保持工程项目评价

14.5.1 水土保持工程项目评价原则

(1)近期、中期、远期相结合

为了准确评价其预期效益，把水土保持工程项目大体分为 3 个阶段，即项目基期，选在项目实施的前一年，评价内容包括：资料基础、经济发展水平、农民收入状况、生产技术条件等，对人力、资金、原料、技术、市场、管理等诸生产要素进行充分估计，以此为项目执行期和后期的评价依据。项目执行期，即项目实施过程，对水土保持工程项目的开发规模、实施进度、目标规模、优势与劣势、项目效益等进行系统评价。项目后期，即项目受益期，对项目预期的经济、社会、生态效益进行全面评价，力求全面反映项目在未来时期的整体作用与效果。

(2)生态、经济、社会三大效益相结合

追求生态、经济和社会效益最佳，既是水土保持工程项目建设的重要目标，也是综合评价的重点。因而，评价过程应突出对系统功能进行全面、完整的分析，把生态、经济和社会效益统一起来加以评价。围绕三大效益确立投入产出率、内部收益率、投资回收率、成本利润率、财务效益、劳动生产率、土地利用率、商品率、社会总产值、总产量、年平均增长率、人均占有量、劳动就业率、林草覆盖率、土壤侵蚀率、土壤肥力增长率和水土流失控制比等主要指标。力求通过对这些指标的分析评价全面反映出水土保持工程项目的内涵和特点。

(3)静态评价与动态评价相结合

对于评价结果，不仅应具有系统自身不同阶段的可比性，同时还应有不同系统在同一时段上的可比性。这就要求对水土保持工程项目的各个系统功能效益，不仅要进行静态的现状评价，而且要通过动态评价提示系统功能的发展趋势，分析其结构的稳定性和应变力。

(4)定性分析与定量分析相结合

为了客观、准确、全面地把握水土保持工程项目发展的现状和未来，应从数量、质量、时间等方面做出量的规定，得出较为真实、可靠、准确的数据。对少量难以定量、难以计价或难以预测的指标或因素则采用定性分析法，在充分占有数据资料的情况下，进行客观公正的评价。

14.5.2　水土保持工程项目评价指标体系

水土保持工程项目的实质是根据生态经济学的原理，根据不同的侧重点合理配置资源，向系统人为地输入能量，以便取得较好的效益。水土保持工程项目的综合效益，主要表现在生态效益、经济效益和社会效益的综合与统一。生态效益是目的，也是其他两个效益的基础，经济效益是 3 个效益中最为活跃、最积极的因素，社会效益是归宿，是生态效益和经济效益的具体体现。生态效益是经济效益长远目标的保证，良好的生态环境和经济条件是社会稳定繁荣的基础。正确处理三者的关系，是实现最佳综合效益的前提。根据评价的效益，其评价指标体系也可分为三大类，即经济效益指标、生态效益指标和社会效益指标。

14.5.2.1　评价指标的概念和作用

综合效益评价指标体系是由若干指标按照一定的规则，相互补充而又相对独立地组成的群体指标体系，它是各种投入资源利用效果的数量表现，反映各类生产资源相互之间，生产资源和劳动成果之间，生态子系统和社会、经济子系统之间的因果关系，能够应用统一计量尺度把治理效益具体计算出来，为进一步的调控和治理方案的设计奠定基础。综合效益评价的目的，在于科学、合理地定量评价其综合效益，为国家水土保持建设提供投资依据。

指标体系应具有如下作用：有助于对治理效益做出比较全面、系统而又简明的评价，防止主观随意性，避免盲目性和片面性；有助于明确、具体地反映各项措施的效益，避免措施之间的重复计算，从而提高评价的准确性，有利于各项措施的合理布设；有助于系统、客观地认识各个指标、各种措施或因子在综合治理中的作用和地位，便于发现综合治理的关键因子和找出提高治理效益的突破点。

总之，正确、合理地设置和运用评价指标及指标体系，能反映治理区域的各个方面，是全面、系统、客观和准确评价治理区综合治理效益的基础。

14.5.2.2　指标的选取原则

①指标应具有代表性，既具有明显的差异性，又具有一定的普适性。具体讲，应真实、直接地反映生态效益的作用功能，指标根据评价对象和内容分出层次，使指标体系结构清晰。

②指标具有相对独立性，同一层次的各项指标能各自说明被评客体的某一方面，尽量不相重叠或成为相互包含的因果关系。

③指标应具有可行性。所谓可行性，一方面要求反映客观实际，另一方面要求其可供实际评价计算，因而应是一个较为确定的量。

④指标应具有可比性，便于和其他结构模式相比较，能够为规划设计等提供必要的依据。

⑤指标体系应具有整体性，能综合地、全面地反映水土保持工程项目特征的各个方面。

14.5.2.3　指标内容及计量

（1）生态效益系列指标

水土保持工程建设使短暂失去平衡的生态经济系统重新趋于平衡，使恶化了的自然环境向有利于人类生产、生活和土地资源持续利用的方向发展。因此，生态效益是指实施生态环境建设工程后对自然环境及人类生活、生产环境的保护和改善效益。生态效益指标即反映环境改善的一类指标，它包括控制土壤水土流失、改良土壤理化性状、小气候调节作用、涵养水源、减少灾害、改善生态环境条件等指标。如森林覆盖率增长率、防护林对农业增产效益、水土流失治理率、改善小气候效益、减少沙尘暴效益、载畜量提高率、抗自然灾害效益等。

（2）经济效益系列指标

经济效益一般指经水土保持工程建设综合治理后，随着生态环境的改善和生产条件的提高而增加的已变为经济形态的那部分效益。它包括已经转为货币形式和具有潜在货币转换形式的效益，如农业生产产量提高、人均纯收入增加等。常用的指标包括投入产出率、投资回收期、成果利润率、土地生产率、资金产值率、资金利税率、资金利润率、资金回收率、财务净现值、内部收益率、现值回收期、益本比、人均纯收入、各业收入、人均产粮、生活消费等。

$$人均收入增长率 = \frac{项目开发后人均收入 - 项目开发前人均收入}{项目开发前人均收入} \times 100\%$$

$$恩格尔系数 = \frac{食品消费支出}{总消费支出} \times 100\%$$

（3）社会效益指标

社会效益包括两个方面的内容，一是指对于水土保持工程建设治理区域内的社会经济所产生的有利影响，二是对治理区以外地区的社会经济产生的有益作用。通过水土保持工程建设促进了项目建设区群众物质文化生活水平的提高，减轻了国家支援贫困地区的负担，为建设区的持续发展和整个社会的稳定和经济繁荣奠定了基础。包括粮食及其他农产品的产量与产值、土地利用结构与土地利用率的变化、农村产业结构与土地生产率的变化、劳动力利用率与劳动生产率的变化、农户消费水平的变化、环境容量变化、教育事业的发展变化、卫生事业的发展变化、交通运输事业的发展变化、科技水平的提高情况、解决人畜饮水困难情况以及农村供水设备、供水农户及其占缺水农户比例的变化。

$$劳动就业率 = \frac{解决就业总人数}{应就业总人数} \times 100\%$$

$$脱贫率 = \frac{项目开发前贫困户总数 - 项目开发后贫困户总数}{项目开发前贫困户总数} \times 100\%$$

14.5.3　综合效益评价方法

水土保持工程项目的特点，决定了其效益评价方法有许多不同于工业、农业经济分析的地方。一是它的大部分单项措施不以自然数计算，而以面积计量，这是由这些措施空间的广泛性和地域的连续性决定的；二是在工程投入上，一般为国家治理性补贴投资和群众投劳相结合，而群众投劳多以义务工形式出现；三是在防护区许多措施在空间上的组装很困难，而且单项措施和综合体系效益的经济分析十分复杂；四是单项措施效益的数学相加并不是建设体系的经济效益。基于以上状况，为了比较好地解决这一问题，防治体系效益评价既要遵循经济分析的一般原则，又要结合综合防治工作的特点，使方法科学实用。

建设体系效益的评价方法从评价的性质看，可分为定性和定量评价两类，定性评价是以评价人员的主观判断为基础的一种评价方法，是以"评分"或"指数"为评价尺度而进行的评价；定量评价是一种通过数值形式的指数体系，以计算结果为基础的一种评价方法。在实际过程中，往往将二者结合起来进行综合评价。

14.5.3.1 参与式监测评价方法

参与式监测是指项目受益者参与项目监测数据的收集、记录、整理、加工和信息反馈的全过程，以帮助为项目执行机构和决策机构提供切实可靠的数据和信息的一种工作方式。根据我国一些国际合作项目的经验，一般将参与式农村评价（participatory rural appraisal，PRA）作为参与式监测的主要方法。

参与式农村评价方法不仅是一种调查方法，也是农民参与调查、分析和决策的过程。参与式农村评价强调定性分析，不注重数据的系统统计，其目的是通过社区内农民的参与，使农民自己发现所存在的问题、发展机会和潜力。

参与式监测评价（participatory monitoring and evaluation，PME）是一种从国外引进的新型监测评价方法，它是在传统监测评价的基础上，充分考虑监测评价相关团体的参与性、内容的有效性、过程的效率、基层的权力等各方面的内容，融合参与式农村评价的理念，形成的一种定性描述和定量分析相结合的先进的监测评价方法。参与式监测评价是强调以参与为核心的监测评价方法。参与既是目的也是手段，通过涉及项目的所有相关对象的参与，充分挖掘和综合各个对象的知识和能力，以期获得真实的、符合本土利益的监测评价结果。参与应该在监测评价过程中体现出普遍性、全程性、深入性，应最大限度地使涉及项目的各个对象都参与进来，以保证在监测评价过程中能够考虑到各个方面的影响和利益。

参与式监测评价的目的是对参与农户进行赋权，让社区成员充分参与到项目实施的全过程，并使他们成为甄别项目成功与否的决策者，使当地人具有成就感、自主感和责任感，从而使其向自己认为能够成功的方向努力，因而，其最终目的在于创造一种机制使项目有关各方面都能在收集、分析、解释、评价项目数据的工作中充分发挥作用。有关方面包括项目投资方、投资方的合作伙伴、项目管理者、项目实施方及项目受益者（农户）等。参与式监测评价一般包括以下步骤：

（1）建立农民参与式监测评价小组

该小组可以是以农民为主或包括农民代表在内的多学科小组。以农民小组为主体的监测评价小组由农民自己组织或由项目机构帮助农民组成，如果由学科专家和当地农民一起构成监测评价小组，则要有技术专家和经济、社会、环境等多学科的专家，以避免单一学科专家的片面性。

（2）选择监评领域、确定指标体系和制定监评计划

为了科学地、准确地反馈项目执行中的信息，给管理人员提供决策依据，以确保项目预期目标的顺利实现，项目监测评价主要是从工程进度与质量、经济效益、社会效益、生态效益和保水保土效益 5 个领域进行的。在各自评价领域，将抽象的研究对象按照其本质属性和特征的某一方面的标识分解成为具有行为化、可操作化的结构，并对指标体系中每一构成元素（即指标）赋予相应权重，确定形成指标体系。根据指标体系，提出在未来一定时期内要达到的组织目标以及实现目标的方案途径，制定监评计划，并按照监评计划，实施具体的监测和评价。

（3）调查、收集数据

在开始调查收集数据前，必须根据具体调查目的和将要收集的数据形式等具体要求，对将被调查的对象进行抽样，然后再进行观察和具体访谈。

①抽样　一般采取随机抽样的调查方法。根据需要调查对象的不同，又分为名单抽样、区域抽样、小组抽样和分层抽样 4 种类型。其中分层抽样可根据需要可按年龄、性别、文化程度、贫富差别、土地规模、劳动力数量、主要收入来源、民族类别、地理位置等进行分层，然后再按比例抽取一定的样本数量。

②观察　就是对项目区的农户基本情况、农林牧生产情况、生活水平、对项目的举行态度等进行直观考察。

③访谈　是与调查对象的访问座谈。即通过事先准备问卷和问题提纲，在调查中对农户进行问卷调查和提问采访，而且可随访问中遇到的感兴趣的问题而增加内容。访谈形式灵活多样、访谈地点可在田间地头，也可在家中。通过访谈，获得可靠的信息。

④分析和决策　通过对调查数据的分析，找出项目区的问题所在，从而进一步分析项目区的发展机会和潜力，寻找项目区发展的最佳途径。

14.5.3.2　比较分析方法

比较分析方法是进行效益评价最主要的方法之一。在具体比较时，一般要根据评价的目的要求，选取一些具有代表性的指标进行比较，来评价不同治理成果效益的高低。

根据比较的内容，可有单项比较和综合比较。单项比较是从治理效益的一个方面或一个指标来比较，例如，只评价比较生态效益或只评价比较生态效益中的防风或固沙效益。综合比较是多方面的比较，既有经济的，又有生态和社会的。从比较分析的方法来说，又可以分为绝对比较分析法和相对比较分析法。绝对比较分析法，是根据对事物本身的要求评价其达到水平，包括达到水平评价、较原状增长水平评价和接近潜在状态水平的评价。相对比较分析法，是将若干项待评事物的评价数量结果进行相互比较，最后对各待评事物的综合评价结果排出优劣次序。

14.5.3.3　投入产出分析法

投入产出分析法是由美国经济学家瓦西里·列昂节夫（Wasoily Leontief）20 世纪 30 年代提出来的。它是一种现代化的科学管理方法，是利用数学方法和电子计算机来研究各种经济活动的投入与产出之间的数量关系，这种方法既可用于研究整个系统经济，也可用于研究各个部门、各业内部的各种经济联系。

在利用投入产出法研究经济活动的联系时，通常以一个表格把各个部门生产过程中的投入数据和各部门产出的数据综合反映出来，这个表格就是投入产出表。在利用投入产出分析法研究经济活动的相互联系时，通常建立经济数学模型，也就是利用数学形式来表示各部门的投入与产出之间数量依存关系，因此，各种投入产出模型可与最优规划方法相结合，建立投入产出优化模型。

投入产出模型按照分析时期的不同，可分为静态投入产出模型和动态投入产出模型两大类。静态模型研究某一个特定时期各种经济活动的投入产出关系，动态模型则研究若干时期中各部门的投入与产出之间的关系。投入产出模型按照计量单位分类，可分为价值型、实物型、劳动型和能量型 4 类。

14.5.3.4　投资分析方法

投资分析的目标是研究基本建设投资的经济效益。在生态环境的综合治理中，投资包括人力、物力和财力资源的投入。由于综合治理工作较多，不可能用实物来计算，必须用货币才能综合地反映投资的规模和效益。同时由于治理所需时间较长，投资效益不仅反映在投资和治理过程中，而且也反映在以后投入产出过程中；不仅反映在投资本身的利用上，也反映在自然资源的利用方面。因此，投资分析要用"时间价值"的观点来研究资金投入与产出经济效益的关系。投资不仅包含现在投入多少，也包括将来回收多少，是一个含有时间因素的经济活动。资金的时间价值是因时间变化而引起的资金价值的变化。当分析资金活动的效益时，存在着"时间价值"的不可比性，有的项目见效快，有的项目见效慢；有的措施经济效益寿命期长，有的措施经济寿命期短，因此需要解决时间的可比性问题。而投资分析方法，正是把不同时间的投资和收益换算成一个可比的时间，进行其投资的经济效益分析。

14.5.3.5　模拟评价方法

模拟评价方法可分为数学模型和实验室或野外模拟两种。数学模拟是把不同方案涉及的自然、技术和经济等方面的各种数据，按其内在联系及总体规划的要求，相应地建立各种数学模型，用电子计算机算出各种治理方案的经济效益与生态效益。如相关分析法、线性规划模型和灰色模型预测等方法均属于这一范围。

由于任何一种定量分析法都有一定的局限性，因此，在效益评价中不宜用单一方法进行分析计量，应采用多种方法比较，从单项到综合，从静态到动态，从定性到定量做出客观的评价。

案例14.1　甘肃省静宁县水土保持二期世行贷款项目参与式监测评价案例

1　静宁县世行项目背景

1.1　项目区概况

静宁县世行项目区地处静宁县西北，属黄土高原丘陵沟壑区第三副区，涉及八里、界石、红寺、细巷4个乡镇11条小流域的45个行政村，总人口42 120人，其中农业劳动力18 900人。

项目区土地总面积260 km²，植被稀疏，林草覆盖率仅有8.5%，水土流失面积比例达100%，多年平均土壤侵蚀模数10 730 t/（km²·a），以水蚀和重力侵蚀为主。地貌以丘陵沟壑为主，兼有河谷川道，海拔1 700~2 100m。年平均降水量442.8 mm，6~9月降水量占年降水量的60%以上，且多以暴雨形式出现。年平均气温7.1℃，无霜期160天。项目区土壤以黄绵土为主，分布于梁峁、山坡和沟谷，约占总面积的90%；黑垆土、新积土、灰褐土、红黏土等零星分布于河谷川台地、河滩等。截至1997年底，项目区累计治理水土流失面积75.26 km²，治理度为29%。

项目区经济来源以农业为主，属典型的旱作农业区，1998年农、林、牧、副业总产值6 418.5万元，人均产值1 524元，农民人均纯收入686元、产粮380 kg。

1.2　项目目标

项目计划实施6年，完成治理面积74.98 km²，治理度达到58%，林草覆盖率达到30%，基本农田人均达到0.16 hm²，年人均产粮480 kg，年人均纯收入1 200元。项目计划投资3 620.8万元，其中世行贷款271.8万美元，国内配套1 364.8万元。

2　参与式监测评价工作程序

参与式监测评价的工作程序如图1所示。

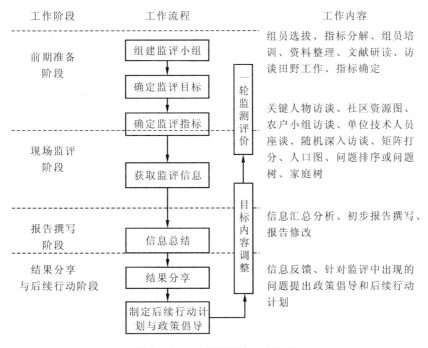

图1　参与式监测评价工作流程

2.1 前期工作

（1）监测评价指标的分解与指标框架的建立。根据工作需要，对监评指标进行分解，并初步确定了社会经济效益监评指标框架（表1）。

表1   项目区参与式监测评价框架

内　容		指　标	信息来源	工　具	受益群体
产出结果和影响	经济效益	项目新增梯田、坝地、果园、经济林、灌木林、草地面积，项目新增水窖、果库、苗圃数量，项目引进种畜数量，项目封山育草的面积，项目新增骨干坝、淤地坝数量	项目相关单位（水保局、农牧局、果业局、林业局等），项目区农户	关键人物访谈、社区资源图、农户小组访谈、单位技术人员座谈、随机深入访谈	项目区农户
	社会效益	与项目相关的农村生产基础设施建设，如道路、提灌设施等的新增数量；与项目相关的农村生活基础设施建设，如新增供水设备、卫生医疗设备、通讯娱乐设备的数量；项目提供的就业机会；参与项目的机构、组织人员数量；项目组织的培训人次			
产出结果和影响	经济发展	梯田、坝地、果园、经济林、灌木林、草地的年产值、年投入、年产出和增产效益，年人均纯收入、年人均产粮数、恩格尔系数的变化，农业生产结构与土地生产率的变化，农村劳动利用率与劳动生产率的变化	项目相关单位（水保局、农牧局、果业局、林业局等）、项目区农户、一线技术人员	关键人物访谈、社区资源图、农户小组访谈、单位技术人员座谈、随机深入访谈、矩阵打分、问题排序或问题树、家庭树	项目区政府、项目区农户、参与项目的各个单位、因项目获取就业的个人
	社会进步	缺水农户数量的变化；科教文卫事业的发展，如学校和在校生数量的变化，农村医疗单位、人员和医疗设备的变化，技术服务单位、人员数量的变化，广播电视普及率和科技成果转化率的变化等；妇女劳动时间、强度的变化；妇女的参与决策能力、自信心及其经济、家庭地位的变化；政府工作方式、工作态度的变化；人居环境变化的影响面			
影响面	对周围地区响情况	非项目区对项目的认识，非项目区对项目与经济发展、社会进步关系的理解，其他项目在该地区推广的情况，该项目被新闻媒体报道的次数	非项目区农户、政府机构、其他项目的技术人员	农户小组访谈、农户深入访谈、政府访谈	项目区和非项目区

（2）培训。鉴于参与式监测评价工作对监评人员有较高要求，监评组就参与式监测评价的内容与方法、参与式农村评价的内容与方法和社会调查的理论与方法等对监评人员进行了培训。

（3）监评指标体系的确定。根据参与式监测评价的工作程序，通过各种访谈工作，建立监测评价指标体系。

（4）问卷设计。根据监评工作需要，分别设计了针对项目区重点农户、村民小组和项目各相关单位及组织（水土保持局、林业局、果业局、农牧局、民宗局、教育局、卫生局、民政局、妇联、农产品批发商、非政府组织等）关键人物的访谈问卷。所设计的问卷均为半结构式。

2.2　监评工作

监评小组在进行了充分的前期准备工作后，采用半结构访谈、关键人物访谈、问卷调查、村民小组访谈等形式，在静宁县有关职能部门和项目区村社开展了监评工作。

（1）政府访谈。监评小组分别对静宁县水保局、农牧局、林业局、果业局、妇联、民宗局、教育局、卫生局、民政局、扶贫办、界石镇政府、七里乡卫生所、七里乡中学、红寺乡政府、静宁中心果库、静宁县中心苗圃等相关单位负责人和技术人员进行了访谈。

（2）农户小组访谈。监评小组对静宁县七里乡中庄社、红寺乡丈子村阴坡社、红寺乡二社、八里乡靳坪村一社分别进行了农户小组访谈。

（3）典型农户深入访谈。监评小组对静宁县七里乡中庄社，红寺乡丈子村阴坡社，红寺乡一社、二社，八里乡靳坪村一队的典型农户进行了深入访谈。

3　参与式监测评价结果综述

3.1　项目进度监测

监评效果显示：静宁项目区新建梯田 2 705.2 hm²，完成项目计划的 140.75%；新建果园 510.97 hm²，完成计划的 121.7%；新营造经济林 715.3 hm²，完成计划的 100%；新营造乔木林 1 135.3 hm²，完成计划的 105.29%；新建灌木林 1 824.3 hm²，完成计划的 123.56%；新建中心苗圃 1 处，占地 10 hm²；人工种草 1 339 hm²，完成计划的 100%；引进种畜 146 头用于品种改良；新建水窖 281 眼，完成计划的 100%；新建果库 6 座，完成计划的 100%。

截至 2004 年年底，项目实际到位资金 3 620.8 万元，占计划资金的 100%，其中世行贷款资金 2 256 万元，国内配套资金 1 364.8 万元；累计完成投资 3 903.89 万元，超计划投资 283.09 万元，但超额投资的来源，没有得到准确结果。

3.2　项目决策、管理与执行概况监测

决策层面：实行"项目捆绑"，具有集中人、财、物，快速完成各个项目指标的优势；一些政府官员认为，"报账制"的财务管理方式比较先进。

管理层面："归口管理"方式能够发挥职能部门的专业特长、技术优势和人力资源；有政府官员认为，"入户访谈"式的监督管理办法非常有效。

3.3　项目实施的经济概况监测

（1）水平梯田。将坡耕地改造成可保墒和阻止土壤侵蚀的水平梯田是项目的主要内容。通过与其他项目捆绑，梯田建设发展较快，绝大部分项目区达到了计划的 100%。部分村社（农户）同时采用自筹和贷款方式修建梯田，目前大部分贷款已经还清。梯田实现了较高的粮食产量，使农作物种植结构多样化，作物的产量一般比坡地高出 50%～100%。

（2）果园。经果林在川地、公路两侧得到快速发展。不同村、社虽存在一定差异，但普遍与国家退耕还林政策捆绑执行。果园发展任务太重，每户只能精心管理 0.2 hm² 左右，但实际任务远大于能够完成的指标，农户普遍认为气候风险太大。

（3）水窖。通过修建水窖，解决了饮水困难地区人民群众的生产生活用水和牲畜饮水问题，深受农户欢迎，部分地区仍然希望继续修建。

（4）引进种牛。项目区普遍认为养牛经济效益高、风险小，但项目规划数量不足，没有充分满足农户需求。

（5）生态林。在荒坡、荒沟营造生态林受到了农民的普遍欢迎，为农户提供了增加收入的机会。

（6）苗圃。项目管理单位租用农民土地修建苗圃 1 个，在项目高峰期提供了生态林种苗，但经营效益不理想。

（7）果库。农户贷款所建果库均为通风库，不仅果品自然损耗大，而且库存时间短，气温回升前的来年 3 月必须出库，由于 3 月份果品行情最糟，所以经营果库市场风险很大。

3.4 项目实施的社会概况监测

（1）妇女的情况。通过参与项目工作，妇女的生产技术和决策能力得到了提高，社会地位有一定程度的提高，出现了一些女社长。但因 70% 以上的男劳动力外出打工，农业生产主要由妇女劳动力完成，所以实施各种项目加重了妇女的劳动强度。

（2）社会基础设施。乡村道路、村社道路、田间道路的建设改善了交通状况，为农村社会发展带来了较大的推动作用，加速了农业机械的快速普及，促进了农业产前、产中、产后部门的衔接。"三轮车代替架子车，摩托车代替自行车"成为普遍现象，带动了产品销售和市场信息流通。

4 基于参与式监测评价工作结果的几点建议

（1）加强项目宣传工作。在全社会，尤其是在项目区加大对世界银行项目宣传力度，使公众了解黄土高原水土保持世行项目和世行在我国的主要工作内容和方式，如帮助中央和地方各级政府加强宏观经济管理，强化公共部门治理；为满足贫困人口、弱势群体以及欠发达地区的需要，通过贷款支持农村经济发展、基础设施建设和社会领域的其他项目开展，开展政策咨询和培训活动等。促进可持续发展，采取的方式为贷款、政策支持和机构发展。支持的项目主要在水资源管理、小流域治理、污水处理、清洁能源、可持续农村发展和城市污染治理等领域。

（2）在项目规划工作中引进"以人为本"的发展机制和"自下而上"的决策机制。现实施的世行项目，实施单位是以"保证口粮、发展畜牧、调整产业、发展经济、巩固生态"为指导，由农户、集体自行申请世行贷款，决定项目建设内容。今后，向政府申请世行项目时，农村社区和项目执行单位先要做好项目区建设规划，确定农村社区和项目的发展目标，明确具体的发展指标。政府进行项目决策，相关职能部门和各级项目管理机构进行项目监督管理、财务管理并提供技术服务。

（3）县级项目区成立专门（独立）项目管理机构，负责项目实施和财务管理。在县级成立项目执行管理机构，在人、财、物配置方面，根据项目实施的内容确定，进行项目相关部门之间的协调；项目执行机构实行实时"监督—验收—报账"制度，避免单一职能部门财务"独立"和部门之间协调的困难。

（4）实行参与式监评制度，保护弱势群体，实行制度化的"农户入户访谈"。项目区当前的监评机制是项目内部的自我监评，没有外来人员参与。因此，开展有效的参与式工作必须有足够的项目受益对象和项目区弱势群体参与进来，这样才能保证项目监评的真实性。

本章小结

水土保持项目监测评价是项目重要的管理手段和信息系统的组成部分，是评定项目管理过程中各种职能活动和各项投入产出效果的过程。开发建设项目水土保持监测主要就水土流失责任范围、水土流失影响因子、水土流失状况、水土保持措施、水土保持效果等内容进行监测。另外，水土保持工程项目应遵循远期、中期与近期相结合，生态、经济、社会三大效益相结合，静态评价与动态评价相结合，定性分析与定量分析相结合的原则，采用参与式监测评价、比较分析、投入产出分析、投资分析、模拟评价等方法，对项目的生态、经济及社会效益进行全面评价。

思 考 题

1. 简述水土保持项目监测的组织体系的组成及各层次的作用。
2. 简述水土保持项目监测的内容体系。
3. 水土保持生态建设项目监测指标体系包括哪些内容？
4. 开发建设项目水土保持监测指标体系有哪些指标？
5. 简述开发建设项目水土保持监测内容。
6. 试述开发建设项目水土保持监测方法及其适用范围。
7. 试述开发建设项目水土保持监测的阶段划分及其主要任务。
8. 简述开发建设项目水土保持监测实施方案与监测报告的主要内容。
9. 简述水土保持生态建设项目监测评价的原则。
10. 简述参与式监测评价的概念及其目的与意义。
11. 水土保持生态建设项目监测评价的方法有哪些？

参考文献

赵廷宁，丁国栋，等.2004. 生态环境建设与管理[M]. 北京：中国环境科学出版社.

梁世连.2002. 工程项目管理[M]. 北京：人民邮电出版社.

注册咨询工程师(投资)考试教材编写委员会.2006. 工程项目组织与管理[M]. 北京：中国计划出版社.

刘震.2004. 水土保持监测技术[M]. 北京：中国大地出版社.

李智广.2005. 开发建设项目水土保持监测实施细则编制初探[J]. 水土保持通报，25(6)：91-95.

《投资项目可行性研究》指南编写组.2002. 投资项目可行性研究指南[M]. 北京：中国电力出版社.

王立国，王红岩，宋维佳.2002. 工程项目可行性研究[M]. 北京：人民邮电出版社.

李智广.2008. 开发建设项目水土保持监测[M]. 北京：中国水利水电出版社.

中华人民共和国水利部.2008. GB 50434—2008 开发建设项目水土流失防治标准[S]. 北京：中国计划出版社.

水利部水土保持监测中心.2002. SL 277—2002 水土保持监测技术规程[S].北京：中国水利水电出版社.

水利部水土保持监测中心.2007. SL 387—2007 开发建设项目水土保持设施验收技术规程[S].北京：中国水利水电出版社.

水利部水土保持监测中心.2006.关于印发《开发建设项目水土保持监测设计与实施计划编制提纲(试行)》的函.水保监[2006]16号.

赵永军.2007.开发建设项目水土保持方案编制技术[M].北京：中国大地出版社.

中华人民共和国水利部.2008. GB 50433—2008 开发建设项目水土保持技术规范[S].北京：中国计划出版社.

赵华.2007.参与式监测评估在甘肃黄土高原水土保持二期世行项目中的实践[J].中国水土保持(3)：44-46.

张晓萍，温仲明，马晓微.1999.参与性农村调查评估(PRA)概念与调查方法[J].水土保持科技情报(4)：53-55.

董晓峰，高峰，李丁，等.2006.参与式监测评估在黄土高原水土保持项目中的应用研究[J].水土保持研究，13(3)：26-29.

李海宽，于亚文，张云.2003.监测评价体系在内蒙古黄土高原水土保持二期世行贷款项目中的应用[J].内蒙古水利(3)：57-58.

郭宏忠，于娅莉，黄建辉，等.2006.开发建设项目水土保持监测评价指标体系研究[J].水土保持研究，13(6)：247-249.

张强.2000.项目监测与评价的概念和方法[J].中国健康教育杂志，16(5)：314-316.

赵力仪，马国力，祁永新，等.2000.水土保持社会效益的监测与评价[J].人民黄河，22(6)：23-25.

第 15 章

水土保持项目后评价

　　水土保持项目后评价是在项目建设完成并投入使用或运营一定时间后，对照项目可行性研究报告及审批文件的主要内容，与项目建成后所达到的实际效果进行对比分析，找出差距及原因，总结经验教训，提出相应对策建议，以不断提高投资决策水平和投资效益。

15.1　水土保持项目后评价的含义与作用

15.1.1　水土保持项目后评价的含义

15.1.1.1　水土保持项目后评价的概念

　　国内外有关项目后评价的概念，主要有以下几种不同的理解：

　　第一种：指项目决策完成并开工建设后，对项目进行的再评价。其实质是对项目实施过程的监测评价，又称项目中评价，通称为项目追踪评价，目的在于检测项目实施的实际状态与目标状态的偏差，分析其原因，并及时反馈信息，以改进项目管理。

　　第二种：指项目竣工投产时，对项目准备、决策、实施及实际效益的再评价。目的在于总结评价项目竣工投产以前各阶段项目管理的经验与教训，检验项目投产所产生实际效益的能力，分析项目投产时实际形成的生产能力与设计生产能力的偏差及其原因。内容包括项目前期工作的评价、项目实施的评价和项目投产时的影响评价。

　　第三种：指在项目建成投产一段时间后（一般 2～3 年），当项目达到设计生产能力后，对项目准备、决策、设计、实施、试生产直至达产后全过程进行的再评价。内容包括项目前期工作评价、项目实施过程的评价、项目试生产情况的评价和项目达产后的影响评价。目的在于通过对项目投资全过程的实际情况与预计情况的比较研究，衡量和分析这两种情况间的偏离程度及其原因，总结项目投资管理经验，为改进项目管理和制订科学合理的投资计划、政策反馈信息等服务。

　　第四种：指项目达到设计生产能力后，对项目实际运行状态的影响评价。目的在于衡量和分析项目运行状态与预期目标间的差距及其原因，并针对项目实际运行状态中存在的问题，提出改进措施，提高项目运行效率。

　　第五种：指项目达到设计生产能力后的经济评价，包括项目财务后评价和项目国民经济后评价。目的在于衡量和分析项目实际经济效益与预测经济效益的偏差程度及其原因，检测项目前评价中的经济预测水平，为今后项目决策反馈信息。

　　以上几种理解各有侧重，根据我国项目管理的实际情况，多数学者认为比较科学合理的解释是第三种。

根据 2008 年 11 月国家发展与改革委员会发布的《中央政府投资项目后评价管理办法(试行)》,中央政府投资项目后评价应当在项目建设完成并投入使用或运营一定时间后,对照项目可行性研究报告及审批文件的主要内容,与项目建成后所达到的实际效果进行对比分析,找出差距及原因,总结经验教训,提出相应对策建议,以不断提高投资决策水平和投资效益。根据需要,也可以针对项目建设的某一问题进行专题评价。

因此,参照中央政府投资项目后评价的定义,水土保持项目后评价是指在水土保持项目建设完成并产生效益后,对照项目可行性研究报告及审批文件的主要内容,与项目建成后所达到的实际效果进行对比分析,找出差距及原因,总结经验教训,提出相应对策建议,以不断提高投资决策水平和投资效益。

项目后评价应在所建设施能力和投资的直接经济效益发挥出来的时候进行,即在项目完工后,贷款项目在账户关闭之后、生产运营达到设计能力之际进行项目正式的后评价。此时评价,可以全面系统地总结分析项目的实施过程,比较准确地预测项目的可持续性,更易为决策提出宏观的建议。但在实际工作中,后评价的时点是可以变化的。一般来说,从项目开工之后,由监督部门所进行的各种评价,都属于项目后评价的范围,这种评价可以延伸至项目的寿命期末。所以,根据评价时点,项目后评价可分为:①跟踪评价。又称中间评价或实施过程评价,是指在项目开工以后到项目竣工验收之前所进行的评价,这种由独立机构所进行的评价,其目的是检查评价项目评估和设计的质量,或项目在建设过程中的重大变更(如产品市场变化、方案变化、概算调整及主要政策变化等)对项目效益的作用和影响,或诊断项目发生的重大困难和问题,以寻求对策和出路等,该类评价侧重于项目层次上的问题。②实施效果评价。即通常所称的项目后评价,世界银行和亚洲开发银行称为 PPAR(project performance audit report),是指在项目竣工后一段时间内所进行的评价。一般认为,生产性行业在竣工后 2 年左右,基础设施行业在竣工后 5 年左右,社会基础设施行业会更长些。这种评价的目的是检查确定投资项目达到预期效果的程度,并总结经验教训,为新项目的宏观导向、决策和管理反馈信息。评价要对项目层次和决策管理层次的问题加以分析和总结,同时为完善已建项目、调整在建项目和指导待建项目服务。③影响评价。又称项目效益监督评价,是指在项目后评价报告完成一定时间之后所进行的评价。它以后评价报告为基础,通过调查项目的经营状况,分析项目发展趋势及其对社会、经济和环境的影响,总结决策等宏观方面的经验教训。行业或地区的总结都属于这类评价的范围。

此外,还可根据项目后评价的范围和深度,分为以下几种类型:①重点项目中的关键工程,在运行过程中的追踪评估;②大型项目或项目群的后评价;③同类项目运行结果的对比评价,即比较研究的后评价;④投资收益差异性的后评价,即对不同行业投资收益性差别的实际评价。

15.1.1.2 水土保持项目后评价的特点

水土保持项目后评价的目的和要求与项目可行性研究、项目前评价、项目中间评价、竣工验收、项目审计检查和一般性的工作总结不同，其特点及差异性主要表现在：

（1）与项目可行性研究和前评价相比

项目可行性研究和前评价是在项目决策之前，通过深入细致的调查研究、科学预测和技术经济论证，分析评价项目的技术先进适用性、经济合理性和建设可能性的过程，其目的是为了建设项目投资决策提供依据。与可行性研究和前评价相比，项目后评价的特点是：

①现实性　项目后评价分析研究的是项目实际情况，评价依据的数据资料是现实发生的真实数据或根据实际情况重新预测的数据。

②全面性　项目后评价既要分析投资过程和投资经济效益，又要分析经营实施过程及经营管理经验，挖掘项目的潜力。

③探索性　项目后评价需通过分析企业现状，发现问题并探索未来的发展方向，因此，要求评价人员具有较高的素质和创造性，把握影响项目效益的主要因素，并提出切实可行的改进措施。

④反馈性　项目后评价的主要目的在于为有关部门反馈信息，为以后项目管理、投资计划和投资政策的制定积累经验，并检测投资决策的正确性。

⑤合作性　后评价需要更多方面的合作，如专职技术经济人员、项目经理、企业经营管理人员、投资项目主管部门等各方融洽合作，项目后评价工作才能顺利进行。

由此可见，水土保持项目后评价与项目可行性研究、项目前评价存在以下的差别：

①项目建设过程中所处的阶段不同　项目可行性研究和前评价属于项目前期工作，它决定项目能否上马，项目后评价是项目竣工投产并达到设计生产能力后对项目进行的再评价，是项目管理的延伸。

②比较的标准不同　项目可行性研究和项目前评价依靠国家、部门颁布的定额标准、国家参数来衡量建设项目的必要性、合理性和可行性。后评价虽然也参照有关定额标准和国家参数，但它主要是直接与项目前评价的预测情况或国内外其他同类项目的有关情况进行对比。检测项目的实际情况与预测情况的差距，并分析其产生的原因，提出改进措施。

③在投资决策中的作用不同　项目可行性研究和前评价直接作用于项目投资决策，前评价的结论是项目取舍的依据，后评价则间接作用于项目投资决策，是投资决策的信息反馈。通过分析项目指标实际完成情况来评判投资决策是否正确，用以总结过程、指导未来。通过项目后评价反映项目建设过程和投产阶段(乃至正常生产时期)出现的问题，将各类信息反馈到投资决策部门，以提高未来项目决策水平。

④评价的内容不同　项目可行性研究和前评价主要分析和研究项目建设条件、工程设计方案、项目实施计划及项目经济社会效益。项目后评价除了针对前评价上述内容进行再评价外，还要对项目决策、项目实施效率进行评价，分析项目实际运营状况。

⑤组织实施部门不同　项目可行性研究和前评价主要由投资主体(企业、部门、

银行)或投资计划部门组织实施,后评价则由投资运行的监督管理机构或者单设的后评价机构进行,以确保项目后评价的公正性和客观性。

⑥评价的性质不同 项目前评价是以数量指标和质量指标为主要依据,进行定量经济评价为主的评价行为。而项目后评价是集行政、经济、法律为一体的综合性评估,是一种以事实为依据、以提高经济效益为目的、以法律为准绳对建设项目实施结果的鉴定行为。

(2)与项目中评价相比

项目中评价又称中期评价,是指在项目实施过程中,通过项目实施的实际状况与预测(计划)目标的比较分析,揭示问题,分析原因,提出改进措施的过程,目的是改进项目管理。项目后评价与项目中评价存在以下区别:

①在项目管理中所处的阶段不同 项目中评价是在项目实施过程中的评价,即在项目开工后至竣工投产前的再评价;而项目后评价的时机则在项目实施过程完成后,即在项目运营阶段。

②目的和作用不同 项目中评价目的在于检测项目实施状况与预测目标的偏离程度,并分析其原因,将信息反馈到项目管理机构,以改进项目管理;后评价的目的在于检测项目前期工作、项目实施、项目运营全过程中项目实际情况与预测目标的偏差程度,并分析其原因,提出改进措施,将信息反馈到计划、银行等投资决策部门,为投资计划、政策的制订和改进项目管理提供依据。

③评价的内容不同 项目中评价的内容范围限定在项目实施阶段,例如:项目实施进展与目标进度的偏差程度及其原因,实际建设成本突破计划成本的原因,承包商表现等问题。而后评价内容范围较广泛,且重点在项目运营阶段的再评价。

④组织实施不同 项目中评价不必像项目后评价那样需要一个相对独立的机构来组织实施,其组织管理机构可以设在项目管理机构内,人员也可以由项目管理人员承担。而后评价则不然,因为它涉及对项目实施过程的评价,由项目管理人员进行后评价显然不合适。

(3)与竣工验收和审计检查相比

①竣工验收以设计文件为依据,注重移交工程是否依据其要求按质、按量完成,在功能上是否形成生产能力,产出合格产品。它仅是后评价内容中对建设实施阶段进行评价的环节之一。项目经过竣工验收,对固定资产投资效果进行了考核和评价,完成了后评价的前期工作。

②对基本建设项目进行审计检查是以项目投资活动为主线,注重对于违法违纪、损失浪费和经济财务方面的审查工作,经过审计检查的项目,其财务数据更为真实可靠。重大损失浪费的暴露,将为后评价工作提供重要的分析线索。如果将基本建设项目的事后审计扩展到项目决策审计,设计、采购和竣工管理审计,以及项目效益审计的领域,那么后评价工作和审计工作可能结合进行,世界银行业务评价局对完成项目的后评价即是以项目审计评议方式进行的。

项目后评价具有事后进行广泛观察的优越条件,应充分利用项目中评价、竣工验收和审计检查的成果,把后评价工作搞好。

15.1.2 水土保持项目后评价的作用

项目后评价对于提高项目决策科学化水平，促进投资活动规范化，弥补拟建项目从决策到实施完成整个过程缺陷，改进项目管理和提高投资效益等方面发挥着极其重要的作用。具体而言，水土保持项目后评价的作用主要表现在：

①总结项目管理的经验教训，提高项目管理水平　项目管理是一项十分复杂的活动，涉及计划、主管部门、银行、企业、物资供应、施工等许多部门，只有这些部门密切合作，项目才能顺利完成。如何协调各部门间的关系，各方应采取何种具体协作形式等都在不断探索之中。项目后评价通过对已经建成项目实际情况的分析研究，总结项目管理经验，指导未来项目管理活动，提高项目管理水平。

②提高项目决策科学化水平　前评价是项目投资决策的依据，而后评价是前评价预测准确性的检验。通过建立完善的项目后评价制度和科学的评价方法体系，既可以增强前评价人员的责任感，促使评价人员努力做好前评价工作，提高项目预测的准确性；又可以通过项目后评价的反馈信息，及时纠正项目决策中存在的问题，以提高未来项目决策的科学化水平。

③为国家投资计划、政策的制订提供依据　通过项目后评价可以发现宏观投资管理中的不足，促使国家及时修正某些不适合经济发展的技术经济政策或已经过时的指标参数；同时，国家还可以根据后评价反馈的信息，合理确定投资规模和投资流向，协调各产业、各部门之间及其内部的各种比例关系。此外，国家还可以充分地运用法律、经济、行政等手段，建立必要的法令、法规、相关制度和机构，促进投资管理的良性循环。

后评价项目的经验和教训可以为今后类似项目的投资决策或方案改进提供借鉴的模式，对具有共性或重复性的决策起示范和参考的作用，并可为项目评价所涉及的评价方法、参数以及有关的政策与法规的不断完善和补充提供修正依据及建议。

④为银行部门及时调整信贷政策提供依据　我国的银行部门除自身作为投资主体外，还是国家投资资金的供应部门和投资的监督管理部门，担负着回收国家投资资金的职责。通过项目后评价，及时发现项目建设资金使用过程中存在的问题，分析研究贷款项目成功或失败的原因，从而为银行调整信贷政策提供依据，确保投资资金的按期回收。

⑤可以对企业经营管理进行诊断，促使项目运营状态的正常化　项目后评价是在项目运营阶段进行，因而可以分析和研究项目投产初期和达产时期的实际情况，比较实际状况与预测状况的偏离程序，探索产生偏差的原因，提出切实可行的措施，从而促使项目运营状态的正常化，提高项目的经济效益、生态效益和社会效益。

此外，把项目后评价纳入基本建设程序，决策者和执行者预先知道自己行为和后果要受到事后的评价和审查，就会感到责任的重大，将促使其在主观上认真努力地做好工作。从这一点而言，后评价对项目建设具有监督和检查的作用。

15.1.3 项目后评价的发展现状

15.1.3.1 我国项目后评价的发展现状

(1) 我国项目后评价工作的产生和发展

在实践中，我国曾开展过类似项目后评价的工作。这些工作相当于工作总结或调查，主要有以下几种形式：①对某些重点项目或单项工程，从某一角度进行再评价，例如，对重点建设项目的跟踪审计等；②为制订政策，了解行业现状而进行的一些调查，例如，由银行进行的项目投资效益调查等；③项目管理经验总结，例如，由施工管理部门举办的项目管理经验交流等。但这些工作的内容深度都远未达到项目后评价的要求，也没有较固定的程序和方法。近年来，国家开始重视项目后评价工作。

1986年底，国家计划委员会对外经济计划局与世界银行后评价局在北京举办后评价学习班，希望建立起我国的世行贷款项目后评价制度，进而推动我国基本建设项目后评价制度的建立。

我国较早的后评价工作是完成OECF贷款的京秦铁路项目后评价，见计委1987年10月1845号文《关于转发铁道部京秦铁路项目后评价报告(摘要)的通知》，该通知指出了后评价的定义、作用及重要性。

1988年2月，《中国基本建设》杂志第一次开设"后评价"专栏，发表了"武钢一米七轧机工程后评价报告"，这是国内公开发表的第一份项目后评价报告。

1988年6月，《中国基本建设》杂志发表了王五英的"建立项目后评价制度的思考"一文，文章对我国项目后评价的内容、方法、组织等问题进行了探讨，这是国内最早发表的系统探讨建立后评价制度的文章。

1988年11月，国家计划委员会下发了《关于委托进行利用国外贷款项目后评价工作的通知》，通知中说："为了对利用国外贷款项目的效果进行检验和系统的总结，决定在已完工的项目中先选择几个项目进行后评价，待取得经验后再推广，以便逐步形成一项制度。"通知中还明确提出了后评价的主要内容和具体做法，这是我国政府下达的有关后评价工作的第一份文件。

我国首批进行后评价的项目是9个利用国外贷款的项目。世界银行贷款项目6个：新荷兖铁路、西南地区农村公路、辽河化肥厂节能技术改造、广东橡胶种植、徐沪变电工程、电视教育和短期大学项目；OECF贷款项目2个：秦皇岛二期煤码头、兖石铁路；其他政府贷款项目1个：福建顺昌水泥厂(澳大利亚政府贷款)。在国家计委的指导下，第一批9个国外贷款项目后评价的试点工作取得了预期的成效。

1990年1月，国家计划委员会下达了《关于开展1990年国家重点建设项目后评价工作的通知》，该通知对于后评价的内容更加具体和详细。

1990年4月，国家计划委员会在北京召开了"重点建设项目后评价工作会议"，并部署了对14个项目进行后评价的任务。这14个大中型国家重点建设项目是：山东兖州矿区鲍店立井、大庆30万吨乙烯原料工程、大庆30万吨乙烯工程、邹县电厂一期工程、石横电厂、福州电厂、秦皇岛三期煤码头、大连港和尚岛码头、衡广铁路复线及电气化、青海铝厂一期工程、厦门感光材料有限公司、北京中央彩电工程、六里桥二级电站等。

1991 年 7 月，国家计划委员会在哈尔滨召开了"全国重点建设项目后评价座谈会"，会上总结交流了 14 个重点建设项目后评价工作经验，讨论修改了《国家重点建设项目后评价工作暂行办法(讨论稿)》。同月，国家计划委员会发出通知，确定 1991 年对 10 个重点建设项目进行后评价。从此，我国建设项目后评价工作从无到有发展起来，人们对它的认识逐步深入。

2008 年 11 月，国家发展和改革委员会印发了《中央政府投资项目后评价管理办法(试行)》的通知，通知指出，为加强和改进中央政府投资项目的管理，建立和完善政府投资项目后评价制度，规范项目后评价工作，提高政府投资决策水平和投资效益，根据《国务院关于投资体制改革的决定》要求而制定该管理办法，自 2009 年 1 月 1 日起施行。该管理办法规定了中央政府投资项目后评价的工作程序、管理和监督、成果应用等。

我国项目后评价目前仍处于初级阶段，需要进一步发展和完善。

(2)政府有关部门和机构开展项目后评价管理的基本情况

①国家发展和改革委员会　国家发展和改革委员会是我国率先开展后评价工作的部门。20 世纪 80 年代初，国家计划委员会为总结国家重点建设项目经验教训，开展后评价的研究工作，这在我国后评价工作还没有真正开展的情况下，对于率先宣传、指导我国各行业开展后评价工作，起了积极的推动作用；同时，国家计划委员会进行了一批国家重点建设项目(含技术改造项目)的后评价试点工作；1990 年在下达《关于开展 1990 年国家重点建设项目后评价工作的通知》时，又对后评价的目的和意义、评价方法内容、项目选择评价层次以及后评价报告意见的反馈和传播等作了明确规定；1991 年国家计划委员会又提出了《国家重点建设项目后评价暂行办法》(讨论稿)，对后评价成果应用和反馈作了明确规定，上述两个文件是中国政府部门最早制定的有关后评价的政策法规，对各行业部门和地方进行后评价起到很大作用，是各行业部门制定行业后评价规章制度的依据。

国家计划委员会和建设部于 1992 年共同颁发了《建设项目经济评价方法与参数》，内容包括：关于建设项目经济评价工作的若干规定、建设项目经济评价方法、建设项目经济评价参数、中外合资经营项目经济评价方法等四个部分，该书不仅是我国目前进行大中型项目经济评价的方法参数，也是地方一些中小型项目评价的重要参考。

国家计划委员会投资研究所和建设部标准定额研究所还共同出版了《投资项目社会评价方法》，该书对项目社会评价的理论方法、社会评价的主要内容、原则、步骤及其定量分析作了详细的论述，是我国目前进行社会评价的主要参考书。

②住房和城乡建设部　为改革工程建设管理体制，提高工程建设的投资效益和社会效益，建设部建立建设监理制度，并于 1989 年 7 月颁布了《建设监理试行规定》。在规定中对建设监理的性质、类型、政府监理机构及职责、社会监理单位及监理内容，以及外资、中外合资和国外贷款建设项目的监理工作都作了明确规定。建设部对建设项目实行的监理，包含一些后评价性质的内容。

③农业部　农业部的后评价工作，主要是世界银行和其他国家金融组织贷款项

目，因此一般都是与这些组织联合进行监督和评价工作，直接采用世界银行的农业贷款项目评价方法，对每个项目分别制定《监测和评价实施方案》，作为项目监测评价的依据。例如，长江中上游水果项目中期评价，由世界银行提供中期评价提纲，对项目完成情况、期中变化和对未来项目完成目标及总费用进行评价。又如，中国红镶三期项目监测和评价实施方案明确规定项目评价是一种阶段性活动，主要有项目实施阶段的中间评价；项目完成评价，即全面总结实施全过程的经验教训；项目运行和维护阶段的评价，即通过对项目效益持续性和项目充分发挥效益等，进行项目影响评价。

④国家审计署　20 世纪 80 年代以来，国家审计署对利用国外贷款项目每年做年度审计，并向国外贷款组织提出报告。1991 年国家审计署发布了《涉外贷款资助项目后评价方法》，同时也发布了一些地方贷款项目的评价准则，对一些已竣工项目做投产后二年内的财务效益审计。1992 年国家审计署与国家计划委员会、中国人民建设银行联合发布了《基本建设项目竣工决策审计试行办法》。按联合文件规定：对新建扩建的基本建设项目，其竣工决算应经审计机关进行审计，审计项目有竣工决算的编制依据、项目建设及概算执行情况、交付使用财产和在建工程、结余资金、基建收入、竣工结算以及投资效益评价。1994 年 8 月 31 日（1995 年 1 月 1 日执行）颁布的《中华人民共和国审计法》规定，国家实行审计监督制度，国务院和县级以上地方人民政府设立审计机关。审计机关对国家建设项目预算的执行情况和落实进行审计监督，对国际组织和外国政府援助贷款项目的财务收支进行审计监督。

15.1.3.2　国外项目后评价现状

项目后评价已成为一些国际机构和国家的项目管理中不可缺少的环节，世界银行、亚洲开发银行、印度、美国、菲律宾、日本等都已形成了比较完善的项目后评价制度和方法。世界银行单独设有业务评价局，直接向执行董事会和行长报告其评价结果；印度成立了一个专门组织规划评价局，隶属于国家计划委员会，但其工作直接向议会报告；美国已授权美国会计事务总署，对与联邦政府有关的项目进行监测和评价。

（1）世界银行

由世行贷款的每个项目必须经过项目初选、准备、评估立项、谈判、执行和评价 6 个阶段，这里的评价阶段，开始时仅仅反映对项目完成后的总结，以后逐步扩展为后评价。

世界银行的项目后评价工作，经过近 20 年的实践，已初步形成了相对固定的工作程序。该程序大致分为 5 个阶段：自我评价、对自我评价的审计、年度报告、对特殊项目的复评以及项目后评价结果的反馈。

①自我评价阶段　在贷款终止后 6 个月内，每个项目都要编制一份《项目完成报告》。该报告既是项目完成、实施过程结束的标志，又是项目后评价过程的开始，是项目周期中项目执行阶段与后评价阶段的交叉点。根据最新颁布的世界银行《项目完成报告编写指南》，《项目完成报告》主要包括三部分：第一部分由世行编写，主要包括项目执行情况概要和主要问题的分析，指出执行结果和预期目标之间的差异，世界

银行和借款国在整个项目周期中的活动情况，各方在项目执行过程中所采取的主要措施，获得的经验和教训，并对项目的作用做出初步评价；第二部分由借款国编写，着重从借款人的角度对世界银行项目管理机构及个人的工作情况做出评价；第三部分是与项目执行情况有关的统计资料，包括贷款情况、执行情况、成本和资金使用情况、项目的直接效果、对经济的影响以及协议执行情况等。这些资料都是将来业务评价局进行后评价的基本资料。

②对自我评价的审计　业务评价局接到项目完成报告后，据其内容一般分为三类：第一类是经济效果较好、工期符合计划要求、投资没有超过预算、在完成报告中已充分反映出经验教训的项目，对这类项目仅作粗略的审核，在项目审计备忘录上仅记录一些概括情况和带有普遍意义的教训；第二类项目是经验和教训对当前世界银行开展业务有重要指导意义的项目，这些项目是业务评价局的审议重点，业务评价局几乎每项都要进行实地考察，与借款国政府和项目实施机构讨论项目的成功经验和失败的教训，与项目不同阶段的有关人员、咨询人员一起进行详细总结，之后在项目审计备忘录上对项目审计情况进行详细记录，并着重指出项目的特殊经验和教训，提请有关部门注意；其余的项目为第三类项目，情况介于前两类之间，审计的粗细程度由业务评价局根据情况具体而定。《项目审计报告》一般包括两部分：第一部分为项目审计备忘录，包括项目背景、项目审计结果和项目的经验和教训；第二部分为项目完成报告，作为审计的依据附后。

③对项目审计情况的概括——年度报告　在《项目完成报告》的基础上，把各个项目中指出的经验和教训综合起来，得出对世行项目贷款工作有普遍意义的结论，指导世行未来的贷款方向和贷款重点，这些工作就反映在年度报告中。该报告着重按行业研究项目在世界不同地区的效果，指明哪一类项目在哪个地区效果好，有哪些经验教训；该报告还在上述分析的基础上综合评价当年评估过的项目的经济、政治、社会、技术、环境和机构方面的影响，进而成为世界银行今后决策的依据。

④复评　以《项目完成报告》为基础所进行的上述一系列工作，构成了业务评价局经常性的后评价业务。但这些工作的基础有一个明显的问题，就是有些项目在其完成时，其效益尚未完全确定，因而《项目完成报告》所做的一系列评价必然带有局限性。为了解决这个问题，业务评价局还要在上述项目中挑出一部分，在项目完成五年后进行复评，并编制该项目的《影响评价报告》，该报告才是真正意义上的后评价。因为只有在此时，项目的所有效益，包括项目的直接效益和间接效益，项目的所有成本，以及项目对社会的综合影响才基本显现。

⑤后评价的反馈　在世界银行后评价工作中的一个重要内容是宣传后评价的结论，使这些结论能应用到新项目的计划和设计中去，执行董事会和行长要了解项目后评价的重要结论，随时掌握各业务部门对后评价结论的反馈情况，并督促有关部门制定相应的制度和措施，在项目初选、准备、评估立项、谈判和执行各个环节注意运用后评价的成就，吸取教训，以使项目贷款工作不断完善和提高。

上述 5 项程序保证了世界银行能够不断地从自己的工作中总结经验和教训，并使这些经验和教训迅速地应用到新项目的开发中去，有效地保证了世行贷款项目成功率的不断提高。

经过长期的实践，世界银行认为，后评价工作应当注意以下几方面问题：要把后评价和项目实施过程中的中期评价区别开来，项目后评价是在项目完成以后对项目所作的一系列评价，后评价的起码条件是：投资成本已经明确，有些效益已经取得，可以和立项时的估算相比较；后评价的目的是查明项目成功或失败的各种原因，获取将来进行同类项目时应记取的经验和教训；项目后评价应当对事不对人，关键是指出错误，吸取教训，使这些错误不再发生，而不是指责当事人；为了保证项目后评价的客观性，应当使项目实际参加者的自我评价与独立于项目之外的专业评价人员的专门评价结合起来；项目评价结果要公开，以便让更多的人能够吸取教训。

（2）亚洲开发银行

后评价是亚洲开发银行管理体系不可分割的一部分，是制定政策的关键依据之一，其目的在于评价亚行贷款活动的效果及其采取的各种措施的有效性，分析贷款成功与失败的原因，改善项目的选定、设计、执行并发挥成效。亚行项目后评价基本上效仿世行项目后评价，其后评价系统通常包括以下五部分：

①项目竣工报告 项目竣工报告为项目后评价工作提供基本信息，它包括：综合说明项目的主要内容，为项目执行过程中的监督活动提供依据；证明项目业已完工；判断是否要求借款人或项目执行单位以及亚行本身采取必要的补救措施或进一步的工作；指出长远的经验教训，供正在执行和未来的项目参考；在可能的程度上评价项目成果及所采取措施的有效性。

②项目执行审计报告 对于已完工并已编制项目竣工报告的亚行资助项目都要编制项目执行审计报告，项目执行审计报告侧重于一些值得特别关注的特殊问题，而不像项目竣工报告那样涉及项目的全部方面，因此，项目执行审计报告通常遵循固定的编制模式：项目准备和评价，即提出项目的环境背景，对项目准备过程的评价，评估过程和评估报告的充分性；贷款文件，即贷款条款是否充分保证项目顺利实施，是否遵守贷款条件等；项目执行，即贷款的有效性，执行进度，咨询专家的使用，设备的采购、安装以及劳务的选择，土建工程设施的建设，项目范围方面的变化，支付情况和项目总成本；工作表现，即技术表现、采购表现、机构表现、管理表现；经济再评价，即项目社会经济效益；亚行和借款人或项目执行机构的表现。

③后评价报告的年度回顾 后评价办公室每年都要对过去一年中项目后评价报告中的观点和结论进行分析、总结和归纳，并根据亚行目前业务的实际情况，努力在某些领域得出更为广泛的结论，以提高亚行业务和政策水平。

④影响评价研究 亚行对项目的关注一般要持续到全面投产阶段或所预计的满负荷生产效益实现的时候。经验表明，对于一些项目来说，时间长达亚行贷款结束后2~3年。为了对亚行贷款的长期效果做出评价，后评价办公室提出定期有选择地进行亚行资助项目的长期影响研究。一种方法是对某一国家的一组由亚行资助的项目进行评价，在这种情况下，还要研究这些项目在多大程度上对实现行业以及总体发展方向起到相互促进作用；另一种方法是对不同国家中某个行业的一组项目进行重新检查，这种情况下，可仔细分析亚行在某个特定的行业中的贷款在多大程度上实现了亚行有

关政策所规定的目标。长期影响研究需要获得充分的标准数据来追踪项目进展情况，其信息基本来源为项目评估报告。

⑤特别研究　就是后评价办公室对项目方面的业务、惯例的某些特别的方面进行总结评价。特别研究的范围并不需要预先确定，只要与亚行活动有关。特别研究重点分析亚行需要进行回顾和评价的业务和惯例的某些特定方面，深入细致地研究项目执行审计报告中普遍反映出的共性问题。

（3）美国

一般认为美国后评价兴起的时间为20世纪60年代，这主要是约翰逊总统实施的大量反贫困社会项目的结果，至目前，后评价在美国取得了较大的发展。后评价被确立为美国政策制定者的重要工具，是以美国管理和预算办公室1979年颁布的"行政部门管理改进和后评价应用"的第A-117号文为标志，该文件提出：联邦政府所有行政部门的机构将评价其项目的效果和项目实施效率，坚持不懈地寻求改进措施，以便联邦政府的管理反映最先进的公共和工商管理实践，并以此向公众提供服务。其结果是给政策制定者带来了一套非常好的管理办法和分析框架。

20世纪60年代，后评价也进入美国立法部门。主要由于国会对独立客观信息的需求，要求美国会计总署对政府政策和项目进行评价的情况越来越多。到80年代，国会要求美国会计总署进行的后评价项目已非常之多，于是美国会计总署建立了后评价研究所。该研究所由社会科学家所组成，对美国联邦政府所有部门的后评价问题进行研究。它现在已被改编为项目后评价方法处。

在经过一段关于何时和怎样在美国联邦系统使用后评价的讨论之后，现在已达成一致的意见，即后评价有多种用途和很多使用者。常见的使用者包括国会和行政部门的政策制定者、项目管理者、中央机构、新闻单位和公众，但任何单一后评价战略或单一后评价报告都不可能满足不同用户对多种类型信息的需求。因此，现在常见的做法是，对有不同信息需求的用户，提供不同类型的后评价。此外，有必要区分一般用户（如新闻单位和公众）的需求与负责某一特别项目或改革的政策制定者的需求。这些政策制定者可能是立法部门的，也可能是行政部门的。他们在政策周期的3个不同阶段都需要后评价的信息：①政策制定阶段，需要评价和决定是否需要制定一项新政策或上一个新项目，并在过去经验的基础上进行设计；②政策实施阶段，需要保证政策或项目按照政策制定者原来的意图实施、并取得最佳的成本效益和应用先进的技术；③政策考核阶段，需要决定一项已有政策或项目的效果和影响、所需修改是否要继续或终止，以及机构或部门实际进行政策和项目结果及影响评价的技术基础。由于在这3个阶段需要回答的后评价问题和需要的信息不同，因此，具体准确地理解后评价问题很重要。这是因为政策制定阶段的问题所要求的后评价设计、需要收集的数据及后评价资料收集与分析所需的时间跨度是不同的。

（4）印度

印度自独立以后，就开始实施有计划有组织的经济发展计划，为了使其经济发展计划顺利实施，在第一个五年计划（1951—1955年）期间成立了规划评议组织（PED），负责组织项目后评价工作。当时该组织的任务是评价在农村改造中"居民区发展规划"

的工作，评价的内容是在规划执行中取得的实际进展，评议被证明为行之有效的方法及不成功的做法，评价发展规划对人民生活和经济发展的影响，并提出建立和改建农村机构的建议；该组织还向负责居民发展规划工作的规划委员会年度会议提交"年度评价报告"。后来，该组织项目后评价的范围逐步扩展，现已涉及几乎所有部门的项目，如农业、灌溉、农村电气化、工业、保健、教育等项目。除了中央的规划评议组织外，印度各邦还设有邦评议组织(SED)，负责组织各邦政府的发展规划和投资项目的后评价工作。

到目前为止，包括中央和各邦在内，印度有800余人的专业评议员，在当今世界和国际机构中，印度拥有的后评价人员规模最大。

印度项目后评价工作起步较早，其后评价的方法制度在实践过程中逐步完善。与其他国家和国际机构相比，具有以下特点：

①项目后评价组织机构划分为中央和地方两级，每一级评价组织职责分工明确。

②项目后评价对象的范围仅限于政府投资项目，其中中央评价组织负责组织实施国家计划内投资项目或发展规划的后评价工作，地方评价组织负责实施各邦政府投资项目或发展规划的后评价工作。

③项目后评价的实施完全由专职后评价人员进行，从基础资料的收集到编制项目后评价报告全过程的工作都由专职后评价人员完成。

④项目后评价结果广泛公开。项目后评价组织所准备的报告几乎全部公开发表，有些重要报告由指定的政府出版情报局的官员负责出版，有些报告的主要结论通过电台、电视台和各日报向社会公布。

15.2 水土保持项目后评价的内容和程序

每个项目进行后评价的内容和程序并不完全一致，这与项目的类型、规模、复杂程度以及项目后评价的目的等有关。世界各国、各种经济组织在项目后评价的内容和程序上都各有侧重面，自成体系，其中世界银行的项目后评价内容和程序较为完善，我国在这方面的工作尚处于探索之中。

15.2.1 水土保持项目后评价的原则

项目后评价应保证对项目评价的独立性、公正性、可信性、实用性、透明性及反馈性等方面的要求。

(1)独立性与公正性

后评价必须保证独立性和公正性。独立性标志着后评价的合法性，后评价应从受援者或项目以外的第三者的角度出发，独立地进行，尤其要避免项目决策者和管理者自己评价自己的情况发生。公正性标志着后评价及评价者的信誉，避免在发现问题、分析原因做结论时避重就轻，做出不客观的评价。独立性和公正性应贯穿后评价的全过程，即后评价项目的选定、计划的编制、任务的委托、评价者的组成及评价过程和报告的全过程。

（2）可信性

可信性取决于评价者的独立性和经验，还取决于资料信息的可靠性和评价方法的实用性。可信性的一个重要标志是应同时反映出项目的成功经验和失败教训，这就要求评价者具有广泛的阅历和丰富的经验。而且，后评价也提出参与的原则，要求项目管理者和执行者应参与后评价，以利资料收集和查明情况。为增强评价者的责任感和可信度，评价报告要注明评价者的姓名或名称，并说明所用资料的来源和出处，使分析和结论有充分可靠的依据。评价报告还应说明评价所采用的方法。

（3）实用性

后评价成果应具有较强的实用性。即要求后评价报告针对性强，文字简练明确，避免引用过多的专业术语，并能满足多方面的要求。实用性的另一项要求是报告的时间性，报告应重点突出，不要面面俱到。报告所提的建议应与报告其他内容分开表述，建议应能提出具体的措施和要求。

（4）透明性

从可信度来看，后评价的透明度越大越好，因为后评价往往需要引起公众的关注，以期对国家预算内资金和公众储蓄资金的投资决策活动及其效益和效果实施更有效的监督。在评价成果的扩散和反馈的效果方面，透明度也是越大越好，使更多的人借鉴过去的经验教训。

（5）反馈性

反馈是后评价的主要特点。后评价的结果要反馈到决策部门，作为新项目立项和评估的基础，也是调整投资规划和政策的依据，这是后评价的最终目标。因此，后评价结论的扩散和反馈机制、手段和方法成为后评价成败的关键环节。通过建立项目信息管理系统，进行项目周期各个阶段的信息交流和反馈，就可以系统地为后评价提供资料，并向决策机构提供后评价的反馈信息。

15.2.2 水土保持项目后评价的内容

15.2.2.1 后评价项目的分类

国外后评价项目的分类一般是按项目的效益评价方法和创造效益的资金来源划分的，通常分为以下几类。

（1）生产类

如工业和农业。此类项目一般有直接的物质产品产出，通过加大投入增加产出，其产出可提供更多的税收和财务收入，为社会提供直接的积累。此处的农业是指包括农、林、牧、副、渔、水利等的大农业。

（2）基础设施类

如能源、交通、通信等行业。此类项目为生产类行业提供生产必需的服务和条件，一般没有直接的产品产出。此类项目主要依靠社会生产的积累来投入，项目评价的要点是项目的经济分析和社会影响的效果。

（3）社会基础设施和人力资源开发类

如公共教育、公共卫生、公共社会服务和福利事业、环境保护、人员培训和技能开发等。此类项目由社会的公共积累来开支，一般与生产行业无直接的服务关系，为社会税收的花费行业。

15.2.2.2 项目后评价的基本内容

项目后评价是以项目前期所确定的目标和各方面指标与项目实际实施的结果之间的对比为基础的，所以项目后评价的内容范围大体与前评估的范围相同。在 20 世纪 60 年代以前，国际上项目评价和评估的重点是财务分析。到 60 年代，发达国家对能源、交通、通信等基础设施及社会福利事业投入了大量资金，这些项目的直接财务效益远不如工业类项目，同时，世界银行等国际金融组织对不发达国家的投资也有类似情况，为此，经济评价的概念引入了项目效益评价的范围。70 年代前后，许多国家先后颁布了环保法，根据法律要求，项目评价增加了环境评价的内容。此后，随着经济的发展，项目的社会作用和影响日益受到投资者的关注。特别到 80 年代，世界银行等组织十分关心其援助项目对受援地区的贫困、妇女、社会文化和持续发展所产生的影响，社会影响评价成为投资活动评估和评价的重要内容。近年来，国外援助组织通过多年实践认识到，机构设置和管理机制是项目成败的重要条件，对项目的机构分析已经成为项目评价的重要组成部分。因此，投资项目评价的分析内容包括经济、环境、社会和机构发展等 4 个方面，项目后评价的内容范围也如此。一般而言，项目后评价的基本内容包括：项目目标评价、项目实施过程评价、项目效益评价、项目影响评价和项目持续性评价。

（1）项目目标评价

评定项目立项时预定的目的和目标的实现程度，是项目后评价的主要任务之一。因此，项目后评价要对照原定目标完成的主要指标，检查项目实际实现的情况和变化，分析实际发生改变的原因，以判断目标实现的程度。项目目标指标应在项目立项时就已确定，一般为宏观目标，即对地区、行业或国家经济和社会发展的总体影响和作用。建设项目的直接目的可能是解决特定的供需平衡，向社会提供某种产品或服务，指标一般可以量化。目标评价的另一任务是对项目原定决策目标的正确性、合理性和实践性进行分析评价。有些项目原定的目标不明确，或不符合实际情况，项目实施过程中可能会发生重大变化，如政策性变化或市场变化等，项目后评价要给予重新分析和评价。

（2）项目实施过程评价

项目实施过程评价应对照立项评估或可行性研究报告时所预计的情况和实际执行的过程进行比较和分析，找出差别，分析原因。一般包括以下内容：①项目的立项、准备和评估；②项目的内容和建设规模；③工程进度和实施情况；④配套实施和服务条件；⑤受益者范围及其反映；⑥项目的管理和机制；⑦财务执行情况。

（3）项目效益评价

项目效益评价即财务评价和经济评价，评价的主要内容与前评估相似，主要分析指标有内部收益率、净现值和贷款偿还期等项目盈利能力和清偿能力的指标。对项目后评价，需注意以下几点：

①项目前评估采用的是预测值，项目后评价则是对已发生的财务现金流量和经济流量采用实际值，并按统计学原理加以处理。对后评价时点以后的流量应做出新的预测。

②当财务现金流量来自财务报表时，对应收而未实际收到的债权和非货币资金都不可计为现金流入，只有当实际收到时才作为现金流入。同样，对应付而实际未付的债务资金不能计为现金流出。必要时，要对实际财务数据做出调整。

③实际发生的财务会计数据都含有物价通货膨胀的因素，而通常采用的盈利能力指标是不含通货膨胀水分的，所以，对项目后评价采用的财务数据要剔除物价上涨的因素，使前后具有可比性和一致性。

（4）项目影响评价

项目影响评价包括经济影响、环境影响和社会影响，具体内容如下：

①经济影响评价　主要分析评价项目对所在地区、所属行业和国家产生的经济影响。它要与项目效益评价中的经济分析相区别，避免重复计算。评价内容主要包括：分配就业、国内资源成本（或换汇成本）及技术进步等。由于经济影响的部分因素难以量化，一般只能做定性分析，有时也把该项内容列入社会影响评价的范畴。

②环境影响评价　环境影响评价一般包括：项目的污染控制、地区环境质量、自然资源利用和保护、区域生态平衡和环境管理等。

③社会影响评价　社会影响评价是项目对社会经济和发展所产生的有形和无形的影响，重点评价项目对所在地区和社区的影响。评价内容一般包括贫困、平等、参与、妇女和持续性等。

（5）项目持续性评价

项目持续性评价是指在项目的建设资金投入完成之后，项目的既定目标是否还能继续，项目是否还能持续地发展下去，接受投资的项目业主是否愿意并可能依靠自己的力量继续去实现既定目标，项目是否具有可重复性。持续性评价也可作为项目影响评价的一部分，但世界银行和亚洲开发银行等组织把项目的可持续性视为其援助项目成败的关键之一，要求在评价中进行单独的持续性评价。影响项目持续性的因素一般包括：政府的政策，管理、组织和地方参与，财务因素，技术因素，环境和生态因素，社会文化因素，外部因素等。

15.2.3　水土保持项目后评价的程序

项目后评价的程序一般包括提出问题、筹划准备、收集资料、分析研究、编写报告等5个阶段。

（1）提出问题

明确项目后评价的具体对象、评价目的及具体要求。项目后评价的提出单位可以是国家计划部门、银行部门、各主管部门，也可以是企业（项目）自身。

（2）筹划准备

问题提出后，项目后评价的提出单位或者委托其他单位进行项目后评价，或者自已组织实施，项目后评价的承担单位进入筹划准备阶段。筹划准备阶段的主要任务是组建评价领导小组，并按委托单位的要求制定周详的项目后评价计划。后评价计划的内容包括：项目评价人员的配备、建立组织机构的设想、时间进度的安排、内容范围与深度的确定、预算安排、评价方法的选定等。

（3）收集资料

该阶段的主要任务是制定详细的调查提纲，确定调查对象和调查方法并开展实际调查工作，收集后评价所需要的各种资料和数据。这些资料和数据主要包括：

①项目建设资料　如项目建议书、可行性研究报告、工程概预算及决算报告、项目竣工验收报告及有关合同文件。

②国家经济政策资料　如与项目有关的国家宏观经济政策，产业政策，国家金融、价格、投资、税收政策及其他有关政策法规等。

③项目运营状况的有关资料　如投产后历年利润情况、产品销售情况、生产成本情况、上缴税收情况、偿还投资贷款本息情况等，这可在利润表、资金平衡表（资产负债表）、会计报表等一系列企业财务报表上反映出来。

④反映项目实施和运营实际影响的有关资料　如环境监测报告、对周围地区和行业的影响等有关资料。

⑤本行业有关资料　如国内外同类行业、同类项目的有关资料。

⑥与后评价有关的技术资料及其他资料。

（4）分析研究

围绕项目后评价内容，采用定量和定性分析方法，发现问题，提出改进措施。项目后评价所采用的定量研究方法较多，如指标计算法、指标对比法、因素分析法、回归分析法等。

（5）编写报告

将分析研究的成果汇总，编制项目后评价报告，交予委托单位和被评价单位。

15.3　水土保持项目后评价中的效益评价方法

15.3.1　经济效益评价

项目后评价的经济效益评价主要指项目的财务评价和经济评价，后评价要以实际发生的数据为依据。

15.3.1.1　项目后评价的财务评价

（1）盈利能力分析

盈利能力的主要指标为财务内部收益率（FIRR）和财务净现值（FNPV）。分析步骤如下：收集项目的财务报表或会计账目；收集项目开工以来的物价变化的统计资料（包括国家或地区的消费指数、行业产品物价指数等）；用财务报表数据编制项目现金流量表，计算净现金流量；用确定的物价指数对净现金流量进行换算，扣除物价的影响，由换算后的净现金流量得出后评价的财务内部收益率和财务净现值；用后评价的结果与前评估的预测指标相比，与行业基准收益率或同期贷款利率相比。据评价时确定的基准年不同，有以下两种分析方法：

①以后评价时点为基准年计算财务内部收益率。后评价现金流量的数据取自财务报表，按时价计算时，应剔除物价总水平上涨因素。一般以后评价时点为基准年，物价指数为100，把净现金流量数据用物价指数换算成基准年的不变价格数据计算。在实际进行项目后评价效益计算时，财务现金流量表数据很多，往往不可能对每一个数据单独进行换算。通常的做法是，在得出财务净现金流量后，再用行业或当地统计部门公布的物价系数进行换算，得到换算后的现金流量，然后计算财务内部收益率和财务净现值。

②以完工时间为基准年计算财务内部收益率。有些国际金融组织（如亚洲开发银行），后评价规定一项目完工时间为计算财务内部收益率的基准年。现金流量表的数据由三部分组成，第一部分为项目开工时到完工时的数据，第二部分为从基准年到后评价时的数据，第三部分为后评价时点以后的数据。假定项目前评估时已考虑了建设期的物价上涨因素，而且预测指数基本与实际相符，那么，第一部分数据可直接引用财务报表的数据，不用换算；第二部分数据要以基准年的物价为100%，把这段时间发生的费用按所确定的物价指数进行换算；第三部分数据应以该后评价时点为不变价往后推算。

（2）清偿能力分析

清偿能力分析在后评价阶段主要用于鉴别项目是否具有财务上的持续能力。可以从项目的损益与利润分配和资产负债表中考察以下指标：负债资产比、流动比率和速动比率。应按项目的实际偿还能力来计算借款偿还期，可根据偿还项目长期借款本金（包括融资租赁的扣除利息后的租赁费）的税后利润、折旧和摊销等数据来计算。这些数据可根据后评价时点的实际值并考虑适当的预测加以确定。

（3）敏感性分析

财务后评价的敏感性分析是指在后评价时点以后的敏感性分析，主要用来评价项目的持续性。后评价时项目的投资、开工时间和建设期已经确定，因此敏感性分析主要是对成本和销售收入的分析，分析方法与前评估相同。

15.3.1.2 项目后评价的经济评价

后评价中的经济评价是从国家或地区的整体角度考察项目的费用和效益，采用国际市场价格、价格转换系数、实际汇率和贴现率（或社会折现率）等参数对后评价时点以前各年度项目实际发生的效益和费用加以核实，并对后评价时点以后的效益和费用进行重新预测，计算出主要评价指标经济内部收益率。

（1）项目后评价中经济分析的作用

①与前评估的结论相比较，分析项目的决策质量。

②以实际数据和更现实的预测数据对项目的效益做出评价，以指明项目的持续性和重复的可能性。

（2）项目后评价的经济分析与财务分析的区别

①经济评价中要把税收和附加列为转移支付，因为它们只是社会部门之间的价值转移，并不直接关系对资源的使用和分配。

②经济评价所采用的折现率是对于整个社会资本的机会成本，即社会折现率，而不是某个具体项目的机会成本。

（3）项目经济后评价的方法

项目经济后评价的方法原则上与财务后评价相同。由于经济后评价的费用效益采用国际市场价格，剔除物价变化影响的指数一般应参照世界银行国际货币基金组织公布的物价指数。根据项目数据资料提供和搜集的可能性，经济评价方法有两种。

①以财务后评价为基础的方法 在后评价的财务评价的基础上，对数据进行调整，编制经济效益费用流量表。该方法的优点是资料易获得，可靠性强。分析步骤如下：剔除转移支付项目，如建设期发生的投资方向调节税、国内借款利息、进口设备材料的关税，生产运营期的销售税（增值税）及附加、所得税等；用每年的国际市场价格将主要投入物和产出物的财务价格进行调整，换算成经济评价所需的价格；确定评价的基准年，用国际物价指数消除通货膨胀的影响；计算经济内部收益率（EIRR）和经济净现值（ENPV）。

②以前评估的经济评价为基础的方法 该法需对项目前评估时的主要投入物和产出物的数据按实际情况做出调整，必要时可对先评估所用的参数加以修正，用发生时有效的参数进行计算，可得出经济内部收益率和经济净现值。

15.3.2 环境影响评价

项目后评价的环境影响评价是指对照项目前评估时批准的《环境影响报告书》，重新审查项目环境影响的实际结果，审核项目环境管理的决策、规定、规范、参数的可靠性和实际效果。实施环境影响后评价应遵照国家环保法的规定，根据国家和地方环境质量标准和污染物排放标准以及相关产业部门的环保规定。在审核已实施的环境影响评价报告时，除评价环境影响现状外，还要对未来进行预测。对有可能产生突发性事故的项目，要有环境影响的风险分析。如果项目生产或使用对人类和生态危害极大的剧毒物品，或项目位于环境高度敏感的地区，或项目已发生严重的污染事件，则还需提出一份单独的项目环境影响后评价报告。

环境影响后评价一般包括如下内容：项目污染控制，区域环境质量影响，自然资源利用和保护，区域生态平衡和环境管理能力。

（1）项目污染控制

检查和评价项目污染控制的主要内容有：项目的废水、废气、废渣和噪音是否在总量和浓度上都达到了国家和地方政府颁布的标准；项目的环保治理装置是否做到了"三同时"并运转正常；项目环保的管理和监测是否有效等。

（2）区域环境质量影响

环境质量评价要分析对当地环境影响较大的若干种污染物，这些物质与环境背景值相关，并与项目的"三废"排放有关。环境质量指数（IEQ）的计算公式如下：

$$IEQ = \sum_{i=1}^{n} Q_i / Q_{i0} \qquad (15\text{-}1)$$

式中　n——项目排放的污染物种类；

　　　Q_i——第 i 种污染物的排放数量；

　　　Q_{i0}——第 i 种污染物政府允许的最大排放量。

（3）自然资源合理利用和保护

自然资源合理利用和保护包括水、海洋、土地、森林、草原、矿山、渔业、野生动植物等自然界中对人类有用的一切物质和能量的合理开发、综合利用、保护和再生增殖。资源利用分析的重点是节约能源、水资源，土地的合理利用及资源的综合利用等。对于这些内容的管理条例和评价方法，世界银行和各国的环保部门大都已制定了有关的规定和办法，项目后评价原则上应按这些条例和方法进行分析。

（4）区域生态平衡的影响

项目对生态平衡的影响是指人类活动对自然环境的影响，内容包括：气候；人类；植物和动物种群，特别是珍稀濒危的野生动植物；重要水源涵养区；具有重大科教文化价值的地质构造，著名溶洞、化石、冰川、火山、温泉等自然遗迹、景观和人文遗迹；可能引起或加剧的自然灾害和危害，如土壤退化、植被破坏、洪水和地震等。

（5）环境管理能力

对项目环境管理的评价是环境影响后评价的一项重要内容。包括环境管理，"三同时"和其他环保法令和条例的执行；环保资金、设备及仪器仪表的管理；环保制度和机构、政策和规定的评价；环保的技术管理和人员培训等。主要分析随着项目的进程和时间的推进，这些内容所发生的变化。由于项目所在地环境背景差别很大，工程废弃物各不相同，因此，要分析不同项目的特点，找出各种污染因素，选择合适的权重系数，进行全面评价，做出环境影响评价结论。

15.3.3　社会影响评价

项目的社会影响评价是指项目对国家（或地方）社会发展目标的贡献和影响。包括项目本身和对周围地区及社会的影响。评价内容有持续性、机构发展、参与、妇女、平等和贫困等要素。具体评价时，要根据项目的特点进行重点要素评价。一般评价要素和方法如下。

（1）就业影响

就业影响指项目对就业的直接影响。可用同类的而又采用了影子价格的已评项目进行对比，就业率指标用单位投资新增就业人数表示。

（2）地区收入分配影响

地区收入分配影响指项目对不同地区收入分配的影响，即项目对公平分配和扶贫政策的影响。对于较富裕地区和贫困地区收入分配上的差别宜建立一个指标体系，以计算项目对贫困地区收入的作用，体现国家的扶贫政策，促进贫困地区的发展。收入分配影响可用贫困地区收益分配系数和贫困地区收入分配效益来衡量。

（3）居民的生活条件和生活质量

居民的生活条件和生活质量包括收入的变化，人口与计划生育，住房条件和服务设施，教育和卫生，营养和体育活动，文化、历史和娱乐等。

（4）受益者范围及其反映

受益者范围及其反映分析内容包括：谁是真正的受益者，投入和服务是否到达了原定的对象，实际项目受益者的人数占原定目标的比例，受益者人群的收益程度，受益者范围是否合理等。

（5）各方面的参与

各方面的参与内容包括：当地政府和居民对项目的态度及其对项目计划、建设和运行的参与程度，正式或非正式的项目参与机制的建立等。

（6）妇女、民族和宗教信仰

妇女、民族和宗教信仰内容包括：妇女的社会地位，少数民族和民族团结，当地的风俗习惯和宗教信仰等。

15.3.4 可持续性评价

在项目投资完成时进行持续性评价，主要采取预测的方法，即以项目实施过程中所取得的经验知识和能力为基础，预测项目的未来。具体分析时，可以设计一个逻辑框架，用来建立和说明未来的长远目标、效益、产出、措施、投入及其相关的条件和风险。设计和建立新的逻辑框架时，要对项目原定的逻辑框架进行调整和分析，以验证与其相关的投入、产出、条件和风险。项目后评价的持续性分析，应按逻辑框架的反方向顺序，以项目的影响和其原因为主线进行分析。评价顺序见表 15-1。

表 15-1 持续性验证模型的逻辑框架

	验证指标	条件的重新评价	风险的重新评价
问题和需要		5	
长远目标		6	6
效益	1	7	7
产出	2	8	8
措施	3	9	9
投入	4	10	10

注：表中数字代表评价步骤序号，其含义如下：

1——建立全部时间的实际利润流量；

2——建立全部时间的实际产出流量；

3——建立措施计划，计划包括项目周期各个方面已采取或正在采取的措施，目前所提措施的实际采纳情况；

4——确定按照项目计划投入的情况；

5～10——按照持续性评价的关键因素，比如：各方面的问题、需要和目的，部门政策，机构能力，技术含量，财务状况和环境影响等。重新评价项目的条件和风险，以确定在项目立项、设计阶段所确定的持续性因素与效益间可能存在的因果关系。

15.4　水土保持项目后评价的组织管理和成果应用

15.4.1　水土保持项目后评价的组织

根据2008年颁发的《中央政府投资项目后评价管理办法（试行）》，对于中央政府投资项目，国家发展和改革委员会建立项目后评价信息管理系统，负责项目后评价的组织管理工作。具体的工作程序如下：

第一步：国家发展和改革委员会每年年初研究确定需要开展后评价工作的项目名单，制定项目后评价年度计划，印送有关项目主管部门和项目单位。开展项目后评价工作应主要从以下项目中选择：

①对行业和地区发展、产业结构调整有重大指导意义的项目；

②对节约资源、保护生态环境、促进社会发展、维护国家安全有重大影响的项目；

③对优化资源配置、调整投资方向、优化重大布局有重要借鉴作用的项目；

④采用新技术、新工艺、新设备、新材料、新型投融资和运营模式，以及其他具有特殊示范意义的项目；

⑤跨地区、跨流域、工期长、投资大、建设条件复杂，以及项目建设过程中发生重大方案调整的项目；

⑥征地拆迁、移民安置规模较大，对贫困地区、贫困人口及其他弱势群体影响较大的项目；

⑦使用中央预算内投资数额较大且比例较高的项目；

⑧社会舆论普遍关注的项目。

第二步：列入项目后评价年度计划的项目单位，应当在项目后评价年度计划下达后3个月内，向国家发展和改革委员会报送项目自我总结评价报告。项目自我总结评价报告的主要内容包括：

①项目概况　包括项目目标、建设内容、投资估算、前期审批情况、资金来源及到位情况、实施进度、批准概算及执行情况等；

②项目实施过程总结　包括前期准备、建设实施、项目运行等；

③项目效果评价　包括技术水平、财务及经济效益、社会效益、环境效益等；

④项目目标评价　包括目标实现程度、差距及原因、持续能力等；

⑤项目建设的主要经验、教训和相关建议。

第三步：在项目单位完成自我总结评价报告后，国家发展和改革委员会根据项目后评价年度计划，委托具备相应资质的甲级工程咨询机构承担项目后评价任务，并且国家发展和改革委员会不得委托参加过同一项目前期工作和建设实施工作的工程咨询机构承担该项目的后评价任务。

第四步：承担项目后评价任务的工程咨询机构，在接受委托后，组建满足专业评价要求的工作组，在现场调查和资料收集的基础上，结合项目自我总结评价报告，对照项目可行性研究报告及审批文件的相关内容，对项目进行全面系统地分析评价。必要时应参照初步设计文件的相关内容进行对比分析。

在此项工作中，要求承担项目后评价任务的工程咨询机构，按照国家发展和改革委员会的委托要求，根据业内应遵循的评价方法、工作流程、质量保证要求和执业行为规范，独立开展项目后评价工作，按时、保质地完成项目后评价任务，提出合格的项目后评价报告。而且要求承担工程咨询机构在开展项目后评价的过程中，重视公众参与，广泛听取各方面意见，并在后评价报告中予以客观反映。

15.4.2　水土保持项目后评价的管理和监督

《中央政府投资项目后评价管理办法（试行）》规定，工程咨询机构应对项目后评价报告质量及相关结论负责，并承担对国家秘密、商业秘密等的保密责任。工程咨询机构在开展项目后评价工作中，如有弄虚作假行为或评价结论严重失实等情形的，根据情节和后果，依法追究相关单位和人员的行政和法律责任。

列入项目后评价年度计划的项目单位，应当根据项目后评价需要，认真编写项目自我总结评价报告，积极配合承担项目后评价任务的工程咨询机构开展调查工作，准确完整地提供项目前期及实施阶段的各项正式文件、技术经济资料和数据。如有虚报瞒报有关情况和数据资料等弄虚作假行为，根据情节和后果，依法追究相关单位和人员的行政和法律责任。

国家发展和改革委员会将委托中国工程咨询协会，定期对承担项目后评价任务的工程咨询机构和人员进行执业检查，并将检查结果作为工程咨询单位资质和个人资质管理及工程咨询成果质量评定的重要依据。

国家发展和改革委员会委托的项目后评价所需经费由国家发展和改革委员会支付，经费标准按照国家有关规定执行。承担项目后评价任务的工程咨询机构及其人员，不得收受国家发展和改革委员会支付经费之外的其他任何费用。

15.4.3　水土保持项目后评价成果的应用

国家发展和改革委员会通过项目后评价工作，认真总结同类项目的经验教训，将后评价成果作为规划制定、项目审批、投资决策、项目管理的重要参考依据。

国家发展和改革委员会将后评价成果及时提供给相关部门和机构参考，加强信息引导，确保信息反馈的畅通和快捷。

对于通过项目后评价发现的问题，国家发展和改革委员会会同有关部门和地方认真分析原因，提出改进意见。

国家发展和改革委员会会同有关部门，大力推广通过项目后评价总结出来的成功经验和做法，不断提高投资决策水平和政府投资效益。

15.5　水土保持项目后评价的自我评价和独立后评价

15.5.1　水土保持项目后评价的自我评价

项目竣工验收报告可以为项目后评价提供大量的数据和信息，但是从后评价角度考虑，其内容和深度还不能满足评价要求。特别是在项目财务分析、效益评价和可持续发展方面还需要补充资料和深入分析。为此，国家发展和改革委员会和国家开发银行在项目后评价实施规定中明确了由项目业主先提交自我评价报告的要求。

15.5.1.1　自我评价的目的和任务

后评价项目的自我评价是从项目业主或项目主管部门的角度对项目的实施进行全面的总结，为开展项目独立后评价做好准备。

（1）项目的自我评价与竣工验收的区别

①评价的重点不同　竣工验收侧重在项目工程的质量、进度和造价方面，而自我评价侧重在项目效益和影响方面。虽然自我评价需要了解工程方面的情况，但重点是分析原因，解决项目的效益和影响问题，为今后项目决策和管理提供借鉴。

②评价的目的不同　竣工验收的目的是为了把形成的固定资产正式移交给企业转入正常生产，同时总结出工程建设中的经验教训；而自我评价的目的是为项目后评价服务，需要全面总结项目的执行、效益、作用和影响，为其他项目提供可以借鉴的经验教训。

（2）项目的自我评价与世界银行和亚洲开发行的完工报告的区别

①评价角度不同　项目完工报告是由银行的项目负责官员编制的，代表了银行方面的意见；而自我评价报告则是由项目业主或执行机构编写的，代表了项目单位的意见，两者的评价角度有所不同。

②评价的层次不同　项目完工报告可以提出项目业主管理权限以外的问题和意见；而项目自我评价则往往难以超脱项目范围去分析原因，提出建议，两者所处的管理层次不同。

因此，项目的自我评价是业主处在项目层次上对项目的实施进行的总结，是按照项目后评价要求，收集资料、自我检查、对比分析、找出原因、提出建议，达到总结经验与教训的目的。

15.5.1.2　项目的自我评价报告

项目自我评价的内容基本上与项目完工报告相同，但要侧重找出项目在实施过程中的变化，以及变化对项目效益等各方面的影响，分析变化的原因，总结经验教训。在我国，由于国际金融组织（如世界银行和亚洲开发银行）、国家发展和改革委员会和国家开发银行及各部门和地方对项目后评价的目的、要求和任务不尽相同，因此项目自我评价报告的格式也有所区别。

（1）国际组织在华项目的自我评价报告

世界银行和亚洲开发银行等国际金融组织在华贷款项目的自我评价报告是这些组织项目完工报告的一个重要附件。世界银行在华贷款项目的后评价，包括项目完工报告、成果审核报告和影响评价报告，虽然这些报告是由世界银行官员和专家来完成，但这些报告的基础资料都要求项目单位提供。多数情况下，项目业主要准备完工报告和审核报告的资料。因此，项目业主单位要编写一份类似自评报告的资料。

（2）国内银行的项目执行自我评价报告

根据国家有关规定，从 1998 年起利用国内商业银行贷款的项目，凡是投资总额超过 2 亿元以上的，在项目完工以后必须进行后评价。因此，项目单位需要在银行评价之前提交一份项目执行自我评价报告。

（3）国家重点项目的自我评价报告

凡是列入国家发展和改革委员会和商务部后评价计划的项目属于国家重点后评价项目，这些项目一般都是大中型和限额以上项目。这类项目的后评价自我评价报告由项目业主单位根据发展和改革委员会和商务部的规定编制，或按照主管部门的实施细则编制。

15.5.1.3 项目自我评价报告的编写案例

案例15.1　×××银行贷款项目自我评价报告编写提纲

一、项目实施完成评价

1. 主要建设内容

2. 投资及银行承诺贷款额的确认

3. 建设工期

4. 实施中存在的主要问题

二、项目（企业）生产运营评价

1. 生产运营及管理

2. 生产运营中存在的主要问题

三、项目（企业）财务效益评价

1. 项目效益状况及获利能力测算

2. 项目偿债能力测算与对比

四、贷款管理评价

1. 银行贷款（资金）到位及使用

2. 银行贷款利息实收

3. 委托代理行的管理

4. 借款人资格、资信及变化

5. 贷款担保、抵押方资格、资信及变化

6. 贷款人履行合同的其他内容

五、评价结论及建议

六、附件和附表

1. 主要附件包括

(1)项目的基础资料

(2)项目可行性研究报告/评估报告/批复文件

(3)项目初步设计文件/批复文件

(4)项目调整文件

(5)项目竣工验收报告或财务决算审计报告

2. 主要附表包括

(1)项目总投资来源表(表1)

表1　×××项目总投资来源表

序号	投资来源	预概算			实际金额数					备注
		可研评估	初步设计	概算调整	合计	第1年	第2年	第3年	...	
1	资本金									
2	预算内资金									
3	银行贷款									
4	国外贷款(折人民币)									
5	其他									

(2)项目总投资执行情况表(表2)

表2　×××项目总投资执行情况表

序号	项　目	可研评估	初步设计	概算调整	竣工决算	后评价	变化
		(1)	(2)	(3)	(4)	(5)	(5):(1)
1	项目总投资						
2	建筑工程						
3	安装工程						
4	设备						
5	工器具						
6	其他费用						

(3)项目总投资变化因素分析表(表3)

(4)资产负债表(表4)

(5)损益表(表5)

(6)总成本费用表(表6)

(7)借款还本付息计算表(表7)

(8)现金流量表(表8)

(9)项目目标逻辑框架(表9)

项目的基础资料

项目的基础资料包括可研/评估时及实际实现的项目资料,一般有以下内容:

(1)项目单位项目名称、主管部门、所属地区、项目地理位置、项目单位、联系地址及通信。

表 3 ×××项目总投资变化因素分析表

序号	变化原因分析	与可研评估比	与初步设计比	与概算调整比	合计
1	设计变更、漏项				
2	标准变化				
3	定额变动				
4	规模和内容变化				
5	设备材料价格变化				
6	汇算变化				
7	贷款利息变化				
8	其他				

注：变化原因可因项目不同而异，超支为"＋"，节约为"－"。

表 4 ×××项目资产负债表

资 产	年初数	期末数	负债及所有者权益	年初数	期末数
流动资产（合计）			流动负债（合计）		
货币资金			短期借款		
短期投资			应付票据		
应收票据			应收账款		
应收账款净额			预收账款		
预付账款			其他应付款		
其他应收款			应付工资		
存款			应付福利费		
待摊费用			未交税金		
待处理流动资产净损失			未付利润		
一年内到期的长期债券投资			其他未交款		
其他流动资产			预提费用		
			待扣税金		
长期投资			一年内到期的长期负债		
			其他流动负债		
固定资产（合计）					
固定资产原值			长期负债（合计）		
减：累计折旧			长期借款		
固定资产净值			应付债券		
在建工程			长期应付款		
待处理固定资产净损失			其他长期负债		
无形及递延资产（合计）			所有者权益（合计）		
无形资产			实收资本		
递延资产			资本公积		
			盈余公积		
其他资产			未分配利润		
资产总计			负债及所有者权益总计		

计算指标：资产负债率＝ ％，流动比率＝ ％，速动比率＝ ％

表5 ×××项目损益表

序号	项 目	实际数			预测数			
		1	2	3	4	5	6	…
1	销售(营业)收入							
2	销售税金及附加							
3	总成本							
4	其他营业利润							
5	投资收益							
6	营业外净支出							
7	利润总额(1-2-3+4+5-6)							
8	应弥补以前年度亏损							
9	应纳税所得额(7-8)							
10	所得税							
11	税后利润(7-10)							
12	盈余公积							
13	应付利润							
14	未分配利润(11-12-13)							
15	可用于还款的未分配利润							

表6 ×××项目总成本费用表

序号	项 目	实际数			预测数			
		1	2	3	4	5	6	…
1	生产负荷%							
1.1	原材料及辅助材料							
1.2	燃料及动力							
1.3	工资及福利费							
1.4	制造费用							
2	管理费用							
3	财务费用							
4	销售费用							
5	总成本(1+2+3+4)							
5.1	其中:折旧费							
5.2	摊销费							
5.3	借款利息							
6	经营成本(5-5.1-5.2-5.3)							
7	可变成本(1.1+1.2)							
8	固定成本(5-7)							

序号	项目	名义利率	有效利率	1	2	3	4	…
1	基建借款							
1.1	年初借款余额							
1.2	本年借款额							
1.3	本年应计利息							
1.4	本年应付利息							
1.5	本年付息							
1.6	本年应付未付利息							
1.7	本年合同归还本金							
1.8	本年应还本金							
1.9	本年归还本金							
1.10	年末借款余额							
1.11	短期借款							
2	年初借款余额							
2.1	本年借款额							
2.2	本年应计利息							
2.3	本年应付利息							
2.4	本年付息							
2.5	本年应付未付利息							
2.6	本年合同归还本金							
2.7	本年应还本金							
2.8	本年归还本金							
2.9	本年应还未还本金							
2.10	年末借款余额							
2.11	还本付息资金来源							
3	折旧费							
3.1	摊销费							
3.2	未分配利润							
3.3	基建收入							
3.4	短期借款							
3.5	财务费用							
3.6	其他资金							
3.7	财务费用中的借款利息							
4	计算指标							
5	偿债覆盖率(%)							

表7　×××项目借款还本付息计算表

表8 ×××项目现金流量表

序号	项 目	财务年度						
		1	2	3	4	5	6	…
1	现金流入							
1.1	销售(营业)收入							
1.2	回收固定资产余值							
1.3	回收流动资金							
1.4	基建收入							
1.5	其他							
2	现金流出							
2.1	固定资产投资							
2.2	投资方向调节税							
2.3	流动资金							
2.4	经营成本							
2.5	销售税金及附加							
2.6	营业外净支出							
2.7	所得税							
2.8	其他							
3	净现金流量							
4	累计净现金流量							
5	所得税前净现金流量							
6	所得税前累计净现金流量							
7	换算后净现金流量							
8	换算后累计净现金流量							

计算指标：财务内部收益率：   % 税前   ；税后   ；换算后   ；

净现值(换算后)：

投资回收期：(年)

表9 ×××项目目标逻辑框架

	原定目标	实际结果	原因分析	可持续条件
宏观目标				
项目目的				
项目产出				
项目投入				

（2）项目建设内容、产品方案、规模。

（3）项目总投资（单位）原预计金额、实际金额；项目总投资（万元）、基本建设投资、建设期利息、流动资金。

（4）资金来源（合计）、利用外资、资本金、预算内资金、银行贷款、其他资金来源。

（5）项目进度及批复文件批复日期、单位及文号；批复项目建议书、批复可行性报告/评估报告、完成并批复初步设计、批准开工、竣工验收、达到设计能力、项目后评价。

（6）项目主要效益指标对比表（表10）。

表 10　×××项目主要效益指标对比表

项　　目	计量单位	可研评估 （1）	可研批复	初步设计	调查设计 （2）	变化值 （3）*	变化率（%） （3）/（1）
总投资	亿元						
销售收入	亿元						
总成本费用	亿元						
工期	月						
利润总额	亿元						
投资回收期	年						
FIRR	%						
EIRR	%						

*（3）=（2）-（1）

15.5.2　水土保持项目的独立后评价

根据后评价的含义，项目后评价应该由独立或相对独立的机构去完成，因此也称为项目的独立后评价。项目独立后评价要保证评价的客观公正性，同时要及时将评价结果报告委托单位。世界银行、亚洲开发银行的项目独立后评价由其行内专门的评价机构来完成，称这种评价为项目执行审核评价。

15.5.2.1　项目独立后评价的任务

项目独立后评价的主要任务是：在分析项目完工报告、或项目自我评价报告、或项目竣工验收报告的基础上，通过实地考察和调查研究，评价项目的结果和项目的执行情况。

（1）项目的成果评价

①评价任务

a. 宏观分析。评价者要从项目目标相关的各个方面进行分析，特别是从国家和行业产业政策、发展方向等方面，评价项目目标是否符合这些方针政策，对其有什么贡献和影响。对世界银行和亚洲开发银行项目还需要结合银行的扶贫、环保、人力资源开发和鼓励私营行业发展等策略进行必要的分析。

b. 效应分析。评价者要对照项目目标，从建设内容、项目财务、机构发展及其他相关政策方面分析项目的实际作用和后果。

c. 效益分析。评价者要结合项目的投入、建设成本、实施内容和项目的财务经济结果，分析评价项目的实际成果。按照世界银行的规定，要重新测算项目的经济内部收益率，看其是否大于10%。

②主要评价指标

a. 总体结果(成功度)。用"成功"、"部分成功"和"不成功"来表示。项目"成功"表示已经或将要实现建设的主要目标，几乎没有什么明显的失误。

b. 可持续性。用"可持续"、"不可持续"和"待定"来表示，以此来评价已经或可能沿着项目既定目标运营下去的持续性。

c. 机构和体制评价。不少项目的成果、效益和可持续性是与体制形式、机构设置和管理者能力相关，包括政策制度的改革完善，法制的加强，人员的培训，以及机构能力的增强等。

(2)项目实施的管理评价

项目执行结果与各个方面的管理能力和水平密切相关，评价者要对在项目周期中各个层次的管理进行分析评价。项目实施的管理评价包括以下内容：

①投资者的表现　评价者要从项目立项、准备、评估、决策和监督等方面来评价投资者和投资决策者在项目实施过程中的作用和表现。

②借款人的表现　评价者要分析评价借款者的投资环境和条件，包括执行协议能力、资格和资信，以及机构设置、管理程序和决策质量等。世行和亚行贷款项目还要分析评价协议承诺兑现情况、政策环境、国内配套资金等。

③项目执行机构的表现　评价者要分析评价项目执行机构的管理能力和管理者的水平，包括合同管理、人员管理和培训，以及与项目受益者的合作等。世界银行和亚洲开发银行贷款项目还要对项目技术援助、咨询专家使用、项目的监测评价系统等进行评价。

④外部因素的分析　影响到项目成果的还有许多外部的管理因素，例如，价格的变化、国际国内市场条件的变化、自然灾害、内部形势不安定等；以及项目其他相关管理机构的因素，例如，联合融资者、合同商和供货商等。评价者要对这些因素进行必要的分析评价。

(3)评价的分析方法

①分析评价的基本思路　项目独立后评价的基本思路是：通过阅读文件、现场调查，对照项目原定的目标和指标，找出项目实施过程中的变化、问题及影响；通过对变化和问题的分析，找出内部和外部的原因；再通过原因的分析，提出对策建议；最后通过全面总结，提出可供借鉴的经验教训。

②分析评价的策划　项目独立后评价要找出问题、分析原因，就必须按照项目周期的顺序，从不同时点上发现项目指标的变化，为最终对比和结论找到依据。项目后评价的主要分析时点有：可行性研究报告，评估，批复、初步设计，批复、概算调整、竣工验收和后评价5个时点。项目评价的内容一般也可分为5个方面：目标(宏观目标和项目目的)，资源(物质和技术资源、人力资源和财力资源)，经济(财务和

经济)，环境和社会，管理(体制、水平)等。为此，在项目评价前要把评价分析时点和评价内容结合起来，进行周密的策划，以使评价完整、科学，并节约大量的时间、人力和物力。

15.5.2.2 项目独立后评价的实施步骤

(1)独立后评价的实施步骤

①接受委托、明确任务 项目后评价委托者应以委托任务书或其他形式，正式委托独立的咨询机构去实施后评价。委托书必须目的明确，一般都有确定的评价范围、工作内容、时间要求和经费来源。委托者同时要通知被评项目单位后评价任务的下达。

②制订工作计划 评价者根据委托书的要求，按照确定的评价时点和内容，编制工作计划和费用预算，确定项目后评价负责人。并与项目业主联系，敦促其作好项目后评价自我评价报告的编写，确定完成时间，必要时可先指导和帮助项目业主单位编写自我评价报告。

③成立专家组 一般项目后评价都需要成立专家组来完成任务，专家的选择必须考虑专业知识、评价经验和独立性，专家组长应由与被评项目没有直接关系的人员担任。

④收集资料 专家组成立后，应开始收集与项目有关的信息和资料，主要收集的资料包括：项目可行性研究报告及其评估报告，初步设计文件，项目开工报告，概算调整报告，竣工验收报告，项目运营的主要财务报表等。

⑤编制调查提纲 在专家阅读文件资料的基础上，通过仔细研究项目的自我评价报告，找出项目需要调查的主要内容，并根据委托任务的要求和编写项目后评价报告的需要，准备现场调查提纲。

⑥现场调查 根据现场调查提纲，专家组赴项目实地了解情况，发现问题，分析原因。业主单位的项目执行者、财务管理人员和工程设计单位应配合协助调查。

⑦形成专家组意见 在现场调查后应及时形成专家组意见，特别是对项目的重大问题达成共识，但允许保留并记录不同意见，专家组要形成对项目整体评价的结论。专家组意见应作为项目后评价报告的重要附件。

⑧后评价报告初稿的编写 项目负责人根据调查和专家意见，按照项目后评价报告的格式，及时编写项目后评价报告，经部门负责人审查修改后形成报告初稿。

⑨后评价报告初稿的修改 项目后评价报告初稿形成后，一般要征求后评价委托者的意见，以确定是否满足委托方的要求，并按照委托者的要求进行修改。

⑩报告和反馈 项目后评价报告应按规定的时间及时送出，并根据成果反馈的需要，经委托者同意，尽快反馈到有关单位和部门。

(2)调查准备和收集资料

现场调查和收集资料是项目后评价的关键环节，是分析问题、总结经验教训和编写后评价报告的主要依据。在项目后评价实施中要特别重视调查的准备工作。在一般情况下，调查提纲的准备应注意从以下几方面提出问题，收集资料。

①立项条件方面　在项目立项批复时，项目的建设内容、设计和组织管理是否适宜？立项是否参考了相关的宏观经济政策？项目与国家、部门发展规划有什么关系？项目与地方发展等其他外部条件的关系如何？项目是否符合国家的发展战略、布局、投资重点和国家的有关政策？

②立项程序和文件　项目文件起草时，政府部门起了何种作用？项目文件对存在的问题是否表述清楚，以使项目为解决这些问题而有所准备？项目的主要条件是否清晰？对风险是否有所估计？项目策略的筹划是否建立在项目类型和执行方式的方案分析的基础上？项目管理机构的能力是否经过评价？业主对管理形式的选择是否采纳了评价的意见？项目产品的拟定用户是否明确？市场需求情况如何？项目是否考虑了妇女特别关心、需求和可能做出其贡献的各个方面？项目主要应形成什么样的生产能力？是否对当时已有的结构调整计划有所了解，并指明与项目关联的问题？项目文件是否从定性和定量两个方面明确了项目的目的和产出？项目的工作计划安排和投入是否切合实际？项目文件是否明确了项目各主要阶段的监测机制，并考虑了需要采取管理措施来解决的困难和阻力？这些措施是否要在预算中做财务准备？在项目文件中是否包括了工作计划或进度安排？如果没有，项目计划是何时制定的，是否具有可操作性和现实性？

③项目实施方面　项目是否按原定计划和进度进行？若没有，为什么？项目投资和管理的各个方面是否对项目实施计划和主要方案取得了完全一致的意见？项目完成了哪些特定建设任务？其成本如何？有什么作用？是否可能增加一些效用，或减少一点成本，如何减少？项目实施的基本方针是什么？有无创新？是否符合政府的政策和合理的开发方式？负责项目的政府机构或非政府组织对项目有什么承诺(即人事、基金、一般的行政支持)？地方官员对项目的实施是如何介入的？他们如何能继续介入下去？在项目实施过程中机构或人员发生了哪些变动及其对项目的影响如何？项目的实施与项目执行机构或其他代理机构的主要工作是如何保持联系的？项目在行政和财务方面是如何进行管理的？是否有明显的资金缺口、资金流动问题、超概算或其他财务困难妨碍了项目的实施？影响项目顺利进行的主要问题和障碍是什么？为什么？应该采取什么样的正确措施，以及这些措施的作用如何？向项目提供了什么样的专门技术和经验？这些经验是否有用？地方和部门能采用吗？技术引进如何，是否成功？项目提供的正规培训是否成功？被培训人员目前的工作岗位和责任怎样？项目提供的设备装置是否适用？备品备件是否能够或可由国内供应？目前使用的是什么设备，哪些设备材料是有用的？项目实施了哪些内部监测和评价？这些工作的深度如何？监测评价的结果是否有用？在实际执行中，业主是否改进了其监测和评价方面的工作？在项目实施过程中，是否进行过深入的外部条件评价？这些评价对改进项目内部的监测评价和顺利实施项目有什么作用？项目是否有竣工验收报告及其批复，报告主要有什么结论？项目是否进行过审计，有哪些主要结论？

④项目成果、影响和经验教训　项目实施过程所选定和采用的目标、方法、措施和机构目前是否仍然适用？从人员、培训、设备、政府联系等方面考虑，项目是否处于良好管理和运营状态？项目的产出是什么？产品质量和产出的时效性如何？在最新

的项目产品产出单上有哪些还没有达到原定目标？从整体上看，项目的哪些近期目标已经完全或部分实现了？项目的产出对实现目标的作用何在？若没实现，原因何在，何时能实现？项目在宏观上的作用是什么？从项目的发展趋势看，项目对未来宏观的作用可能怎样？项目近期目标的实现对地区、部门或国家的发展有什么长远和广泛的意义？如果采用其他方法是否可能增加项目的效应？项目利用资源的总费用与得到的效益相比是否合理？项目在机构改革和人才开发方面有什么成果？项目是否产生了预想不到的正反两方面的效果？原因何在？与项目有什么联系？项目结束时，哪些人有得，哪些人有失(指不同的人群)？得失各是什么？项目的环境影响怎样？项目对部门、地方和企业的管理机构有什么影响？项目的成果能否在外部支持结束后继续维持下去？理由是什么？需要哪些支持措施来保证项目成果、资料、建议得到合理使用？通过项目后评价得出的最主要的结论是什么？政府主管机构、投资者和项目执行单位对主要问题有什么答复？项目后评价在项目准备、执行和成果方面所得出的结论是什么？为完善项目，建议应由谁在何时采取什么具体措施？在同类项目的计划和执行中，以及未来同类项目建设时应注意采取哪些措施？为改进和提高国家、地方和部门决策和管理水平，本项目有哪些主要的经验教训值得借鉴？

15.5.2.3 项目独立后评价报告

(1)项目独立后评价报告的内容

一般项目独立后评价报告的内容包括项目背景、实施评价、效果评价和结论建议等几个部分，具体内容如下。

①项目背景 项目的目标和目的。简单描述立项时社会和发展对本项目的需求情况和立项的必要性，项目的宏观目标，与国家、部门或地方产业政策、布局规划和发展策略的相关性，建设项目的具体目标和目的，市场前景预测等。具体包括以下4方面内容：

a. 项目建设内容。项目可行性研究报告和评估提出主要产品、运营或服务的规模、品种、内容，项目的主要投入和产出，投资总额，效益测算情况，风险分析等。

b. 项目工期。项目原计划工期，实际发生的可研批准、开工、完工、投产、竣工验收、达到设计能力、以及后评价时间。

c. 资金来源与安排。项目批复时所安排的主要资金来源、贷款条件、资本金比例，以及项目全投资加权综合贷款利率等。

d. 项目后评价。项目后评价的任务来源和要求，项目自我评价报告完成时间，后评价时间程序，后评价执行者，后评价的依据、方法和评价时点。

②实施评价。项目实施评价应简单说明项目实施的基本特点，对照可研评估找出主要变化，分析变化对项目效益影响的原因，讨论和评价这些因素及影响。世界银行和亚洲开发银行项目还要就变化所引起的对其主要政策可能产生的影响进行分析，如环保、扶贫、妇女等。主要包括以下6个方面内容：

a. 设计。评价设计的水平、项目选用的技术装备水平，特别是规模的合理性。对照可研和评估，找出并分析项目设计重大变更的原因及其影响，提出如何在可研阶段预防这些变更的措施。

b. 合同。评价项目的招投标、合同签约、合同执行和合同管理方面的实施情况，包括工程承包商、设备材料供货商、工程咨询专家和监理工程师等。对照合同承诺条款，分析和评价实施中的变化和违约及其对项目的影响。

c. 组织管理。包括对项目执行机构、借款单位和投资者三方在项目实施过程中的表现和作用的评价。如果项目执行得不好，评价要认真分析相关的组织机构、运作机制、管理信息系统、决策程序、管理人员能力、监督检查机制等因素。

d. 投资和融资。分析项目总投资的变化，找出变化的原因，分清内外部原因，比如，是汇率变化、通货膨胀等政策性因素，还是项目管理的问题。分析投资变化对项目效益的影响程度。评价要认真分析项目主要资金来源和融资成本的变化，讨论原因及影响，重新测算项目的全投资加权综合利率，作为项目实际财务效益的对比指标。如果政策性因素占主导，应对这些政策的变化提出意见和对策建议。

e. 项目进度。对比项目计划工期与实际进度的差别，包括项目准备期、施工建设期和投产达产期。分析工期延误的主要原因及其对项目总投资、财务效益、借款偿还和产品市场占有率的影响。同时还要提出今后避免进度延误的措施建议。

f. 其他。包括银行资金的到位和使用，世界银行和亚洲开发银行安排的技术援助，贷款协议的承诺和违约，借款人和担保者的资信等。

③效果评价。效果评价应分析项目所达到和实现的实际结果，根据项目运营和未来发展以及可能实现的效益、作用和影响，评价项目的成果和作用。主要包括以下5个方面：

a. 项目运营和管理评价：根据项目评价时的运营情况，预测出未来项目的发展，包括产量、运营量等。对照可研评估的目标，找出差别，分析原因。分析评价项目内部和外部条件的变化和制约条件，如市场变化、体制变化、政策变化、设备设施的维护保养、管理制度、管理者水平、技术人员和熟练工的短缺、原材料供应、产品运输等。

b. 财务状况分析：根据上述项目运营及预测情况，按照财务程序和财务分析标准，分析项目的财务状况。主要应评价项目债务的偿还能力和维持日常运营的财务能力。在可能的情况下，要分析项目的资本构成、债务比例；需要投资者、政府和其他方面提供的政策和资金，如资本重组、税收优惠、增加流动资金等。

c. 财务和经济效益的重新评价：一般的项目在后评价阶段都必须对项目的财务效益和经济效益进行重新测算，要用重新测算得出的财务内部收益率和经济内部收益率与项目可研评估时的指标进行对比分析，找出差别和原因。还要与后评价计算的项目全投资加权综合利率相比，确定其财务清偿能力。同时，评价根据未来市场、价格等条件，进行风险分析和敏感性分析。

d. 环境和社会效果评价：主要评价项目对受益者产生的影响，一般应评价项目的社会经济、文化、环境影响和污染防治等。如人均收入、就业机会、移民安置、社区发展、妇女地位、卫生与健康、扶贫作用、自然资源利用、环境质量、生态平衡和污染治理等。

e. 可持续发展：项目可持续性主要是指项目固定资产、人力资源和组织机构在外部投入结束之后持续发展的可能性。评价应考虑以下几个方面：技术装备与当地条件的适用性；项目与当地受益者及社会文化环境的一致性；项目组织机构、管理水平、受益者参与的充分性；维持项目正常运营、资产折旧等方面的资金来源；政府为实现项目目标所承诺提供的政策措施是否得力；防止环境质量下降的管理措施和控制手段的可靠性；对项目外部地质、经济及其他不利因素防范的对策措施。

④结论建议　项目独立后评价报告的最后一部分内容包括：项目的综合评价及结论，经验教训，建议对策等。主要包括以下 3 个方面：

a. 项目的综合评价和评价结论：综合评价应汇总以上报告内容，以便得出项目实施和成果的定性结论。一般项目独立后评价的定性结论分为成功、部分成功和不成功三个等级。

b. 主要经验教训：经验教训主要是两个方面的：一是项目具有本身特点的重要的收获和教训，二是可供其他项目借鉴的经验教训，特别是可供项目决策者、投资者、借款者和执行者在项目决策、程序、管理和实施中借鉴的经验教训，目的是为决策和新项目服务。

c. 建议和措施：根据项目的问题、评价结论和经验教训，提出相对应的建议和措施。

（2）项目独立后评价报告的格式

①报告封面（包括编号、密级、后评价者名称、日期等）

②封面内页（世界银行和亚洲开发银行要求说明汇率、英文缩写、权重指标及其他说明）

③项目基础数据

④地图

⑤报告摘要

⑥报告正文

⑦附件和附表（图）

（3）独立后评价报告格式的说明

①项目基础资料　项目基础资料是项目独立后评价的依据之一，同时为计算机录入做好准备。世界银行和亚洲开发银行项目后评价的基础资料还包括技术援助数据、财务内部收益率、经济内部收益率、借贷双方的表现、派出代表团情况等。

②项目独立后评价报告摘要的格式　项目独立后评价报告摘要一般包括以下几部分内容：项目目标和范围，项目投资和融资，项目的实施，项目的运营和财务状况，项目的机构和管理，环境和社会影响，项目的财务和经济评价，项目的可持续性，评价结论，反馈信息。

③附件和附表　附件包括项目自我评价报告和后评价专家组意见，是项目独立后评价报告的主要附件，专家组意见则是按后评价要求由组长编写的报告。附表包括项目主要效益指标对比表，项目财务现金流量表，项目经济效益费用流量表，企业效益指标有无对比表，项目后评价逻辑框架图等。

15.5.2.4 项目独立后评价报告编写案例

案例15.2 ×××项目独立后评价报告编写提纲

一、报告正文

1. 项目背景

①项目的目标和目的

②项目建设内容

③项目工期

④资金来源与安排

⑤项目后评价

2. 实施评价

①设计与技术

②合同

③组织管理

④投资和融资

⑤项目进度

⑥其他

3. 效果评价

①项目的运营和管理

②财务状况分析

③财务和经济效益评价

④环境和社会效果评价

⑤可持续发展

4. 结论建议

①综合评价和结论

②主要经验教训

③建议和措施

二、附件

1. 项目自我评价报告

2. 项目后评价专家组意见

3. 其他附件

三、附表(图)

1. 项目主要效益指标对比表

2. 项目财务现金流量表

3. 项目经济效益费用流量表

4. 企业效益指标有无对比表

5. 项目后评价逻辑框架图

6. 项目成功度综合评价表

本章小结

项目竣工验收报告可以为项目后评价提供大量的数据和信息,但是从后评价角度考虑,其内容和深度还不能满足评价要求,而由项目业主进行的自我评价报告以及由独立或相对独立的机构进行的独立后评价,可以较好的满足评价要求。在水土保持项目建设完成并产生效益后,按照后评价的程序及效益评价方法,组织管理水土保持项目后评价,对照项目可行性研究报告及审批文件的主要内容,与项目建成后所达到的实际效果进行对比分析,找出差距及原因,总结经验教训,提出相应对策建议,将后评价成果作为规划制定、项目审批、投资决策、项目管理的重要参考依据。

思 考 题

1. 项目后评价的含义是什么?
2. 中央政府投资项目后评价的含义是什么?
3. 项目后评价的作用和特点是什么?
4. 简述项目后评价的原则和基本内容。
5. 简述项目后评价的程序。
6. 简述项目后评价中的效益评价内容及其方法。
7. 简述项目后评价的组织管理与监督的内容。
8. 如何应用项目后评价成果?
9. 如何编制项目后评价的自我评价报告?
10. 如何编制独立项目后评价报告?

参考文献

任淮秀,汪昌云. 1992. 建设项目后评价理论与方法[M]. 北京:中国人民大学出版社.

许三力. 1998. 项目后评价[M]. 北京:清华大学出版社.

许晓峰,肖翔. 1999. 建设项目后评价[M]. 北京:中华工商联合出版社.

国家计划委员会,建设部. 1993. 建设项目经济评价方法与参数[M]. 2版. 北京:中国计划出版社.

赵廷宁,丁国栋,马履一. 2004. 生态环境建设与管理[M]. 北京:中国环境科学出版社.

国家发展和改革委员会. 2008. 国家发展和改革委员会关于中央政府投资项目后评价管理办法(试行)的通知. 发改投资[2008]2959号文件.

陈岩. 2007. 基于可持续发展观的水利建设项目后评价研究[D]. 河海大学图书馆.

王瑷玲. 2006. 区域土地整理时空配置及其项目后评价研究与应用[D]. 山东农业大学图书馆.

王越. 2006. 水土保持生态建设经济社会分析[D]. 河海大学图书馆.

《土壤退化与修复》
编写人员

主　　编：贾汉忠　　张建国

副 主 编：代允超　　贾宏涛

编写人员：(按姓氏笔画排序)

卢　嘉　甘肃农业大学

代允超　西北农林科技大学

李　雄　西北农林科技大学

杨晓梅　西北农林科技大学

何阳波　华中农业大学

张凤华　石河子大学

张建国　西北农林科技大学

单立山　甘肃农业大学

禹朴家　西南大学

贾汉忠　西北农林科技大学

贾宏涛　新疆农业大学

党晓宏　内蒙古农业大学

郭学涛　西北农林科技大学

黄传琴　华中农业大学

蒙仲举　内蒙古农业大学

前　言

　　早在 1971 年，联合国粮食及农业组织（Food and Agriculture Organization of the United Nations，FAO）出版专著《土壤退化》（Soil Degradation）并提出"土壤退化"的概念。半个世纪以来，人们在不断地认识和思考土壤退化的问题和对策。1977 年，在肯尼亚内罗毕首次召开了与土壤（土地）退化相关的全球性会议——联合国防治荒漠化会议（United Nations Conference on Desertification，UNCOD）。会议制定了《防治荒漠化行动计划》，要求国际间加强合作，通过恢复植被实现防风固沙，与荒漠化作斗争。1982 年，在印度新德里举行的第 12 届国际土壤会议将"土壤退化"确定为主要的议题，提出了"土壤资源管理已是人类面临的迫切问题"的主题，认识到土壤侵蚀、盐渍化和污染的严重性及危害性。1993 年，联合国粮食及农业组织等组织和国家召开了"国际土壤退化会议"，呼吁加强国家级试点合作，决定开展热带亚热带地区土壤退化领域的研究。1996 年，国际土壤联合会在土耳其组织了"第一届国际土地退化会议"，并决定成立土壤退化研究工作组。2008 年的世界防治荒漠化和干旱日，联合国提出了《防治荒漠化公约》，成为国际上唯一被认可的，在应对土地退化和干旱问题上有法律约束力的文书。2017 年，在内蒙古鄂尔多斯召开了第 13 次缔约方大会，会议通过了《鄂尔多斯宣言》。《鄂尔多斯宣言》设定在 2030 年之前实现土地退化零增长的履约自愿目标。在新的形势下，土壤退化问题也面临着新的挑战，为此，2018 年在联合国粮食及农业组织总部召开了"全球土壤污染研讨会"，突出防治土壤污染对粮食安全、环境和人类健康的重要性。总之，土壤退化问题是人类所面临的一个长期挑战，国际间有关水土保持、荒漠化防治、土壤污染与修复等土壤退化问题的交流、合作与研究还在不断地加强，并将继续成为 21 世纪国际土壤学、农学及环境科学界共同关注的热点。

　　长期以来，我国人民出于对物质生活的急切追求而忽视了生态环境的保护。众所周知，"胡焕庸线"东南方占 43%的国土面积，却聚集了全国 94%的人口，区域主要以平原、水网、低山丘陵和喀斯特地貌为主，生态环境压力巨大；"胡焕庸线"西北方占 57%的国土面积，供养全国 6%的人口，区域主要以草原、戈壁沙漠、绿洲和雪域高原为主，生态系统非常脆弱。当脆弱的生态环境、全球最多的人口、对环境破坏性巨大的工业化进程三者遇到一起，便形成了我国目前严峻的生态恶化的整体形势。特别是过度放牧、乱砍滥伐、不合理耕作、盲目灌溉和"三废"排放等，导致植被锐减、洪水泛滥、土地沙化、酸化盐渍化、环境污染……生态惨遭破坏，它所支持的人畜生活和工农业生产也难以为继。而土壤的退化是生态破坏的集中表现形式，严重威胁到我国人民的生存空间、食品安全、环境健康，以及农业生产和生态系统的可持续发展。随着人口的不断增加，对自然资源掠夺性开发，土壤退化问题不但未得到有效控制，整体还呈现出日趋严重的态势。由此，生态文明建设是国家治国理念的一个新发展，实施生态系统保护，优化生态安全屏障体系，开展国土绿化行动，推进荒漠化、石漠化、水土流失的综合治理，强化环境污染的修复，是根据中国国情条件、顺应社会发展而做出的正确抉择。而全面认识土地和土壤退化过程与机制、退化类型与特征、评价指标与方法、修复策略与技术对于防止和应对生态环境恶化具有重要的学术价值和现实生产意义。

在此背景下，部分高等院校的自然保护和环境生态类专业相继开设了与"土地(土壤)退化与修复"相关的课程，为此我们组织国内多所高校从事相关研究和教学工作的教师编写了《土壤退化与修复》这一教材。为强化相关专业学生对土壤退化与修复的系统认识，本教材将从土壤的组成、发生、质量和功能层面认识土壤质量的演变过程，从土壤圈与其他圈层间相互作用的角度分析生态系统的变化趋势，从自然因素与人为作用的互动和累加效应探讨土壤退化问题，着重关注人类活动在土壤退化发生机制与演变动态、时空分布特征、未来变化预测以及恢复重建与修复对策等方面的关键角色和作用。通过对本教材内容的学习，提高学生对土壤退化过程的认识，掌握退化土壤修复重建的方法，引导新一代青年人才成为生态文明建设的践行者、传播者和受益者。

本书共11章，具体编写分工如下：绪论由贾汉忠编写；第1章由张建国编写；第2章由杨晓梅编写；第3章由何阳波编写；第4章由卢嘉、单立山编写；第5章由蒙仲举、党晓宏编写；第6章由黄传琴编写；第7章7.1~7.3由张凤华编写，7.4~7.7由禹朴家、贾宏涛编写；第8章由李雄、张建国编写；第9章由贾汉忠、代允超编写；第10章由代允超、贾汉忠编写；第11章由郭学涛编写。

由于编者能力有限，加之时间仓促，书中疏漏之处在所难免，恳请各位读者给予批评指正。

编　者

2021年5月

目　录

第 0 章

绪　论

0.1　土地退化与土壤退化

　　土地是由岩石、土壤、地貌、水文和地表生物组成的自然综合体，其结构和功能更为宏观，远超出土壤的范畴，更多的是强调地形、植被以及人们对其利用方式。按照地形区分，土地包括平原、高原、山地、丘陵、盆地等；按照植被则可分为林地、草地、耕地等；基于人们的不同利用方式，土地又可划分为农用地、建设用地、湿地、未利用地等。农用地包括水田、水浇地、旱地、果园、茶园等。我国的基本土情：国土面积大但可利用耕地缺、空间分布不均且优质土壤少、人均水平低并后备资源少、山地多平原少耕地林地比重低、水分分布不平衡且旱涝灾害多，并且生态脆弱区范围大，如北方的农牧交错带、黄土高原、西部绿洲、喀斯特地区、荒漠化地区等。土地利用类型在空间上存在较大差异，耕地主要分布在南方和东部的湿润和半湿润的盆地、平原和丘陵地区；草地主要分布在北方、西北及青藏地区干旱和半干旱的山地和高原区；林地主要分布在东北、西南的山区和东南部的山地。

　　土壤是土地的核心组成单元，具有独特的组分、结构、功能及演化规律；在地球表层生态系统中，土壤圈是与大气、水、生物、岩石等圈层相互作用、相互依存的疏松堆积物的连续圈层。对于农业生产来说，土壤是土地中与植物生长密不可分的自然条件，具有持续地为地上植被提供营养物质并协调生长条件的能力。从生态学的角度看，土壤作为地球表层生态系统中生物多样性最丰富、能量交换和物质循环最活跃的层面，严重影响着全球气候的变化、生物的演替，以及生态系统的重建。从环境科学的角度看，土壤既是污染物最终的"容纳场所"，也可成为污染物的"二次排放源"，它是环境中最为重要的一种介质和要素，具有吸附、分散、中和、降解环境污染物功能，是环境中重要的缓冲带和过滤器。总之，土壤是土地的重要组成部分，可调节地上、地下生物过程，为生物繁衍和植物生长提供必要的环境条件，影响着大气、水体的化学组成、水分与热量平衡，是地表生态系统的生命库、信息源和记忆体，是历史和自然的双重产物。

　　随着人口数量的不断增加及其对物质需求的日益增长，在有限的土地资源、环境承载力、土壤肥力和粮食单产下，人口、资源、环境之间矛盾异常突出，而土地退化是这一矛盾的主要表现形式，它是人类活动造成的一个区域的土地资源生产力和使用价值的下降过程。土地退化一般分为潜在土地退化和实际土地退化，前者是指一个地区由气候、地形、母质和土壤等自然要素综合作用所造成的土地退化，相对缓慢且过程稳定；

而实际土壤退化是人们利用土地过程中施加不利影响后造成土地的退化，相对易变且速度快。土地退化主要表现在三个方面：一是土地物理和生物因子的改变所导致的生产力、健康状况和经济潜力的下降或丧失；二是土地生态平衡受到破坏、土壤和环境质量变弱、调节再生能力衰退、承载力下降；三是土壤质量及其可持续性的下降甚至丧失的物理、化学和生物学过程。土地的退化会直接破坏陆地生态系统的平衡及其生产力；破坏自然景观及人类生存环境；通过水分和能量的平衡与循环的交替演化诱发区域乃至全球的生态破坏、水系萎缩、森林衰亡和气候变化。具体表现为：森林的破坏、草地的退化、水资源的恶化、以及土壤肥力质量和环境质量的下降等。

土地退化包括土地功能的退化、人类生存空间的退化、生物数量和多样性退化、地表水量和水质退化、大气环境退化，而土地退化的核心是土壤的退化，土壤的退化被认为是土地退化的集中表现形式，从实质上讲"土地退化"过程是通过土壤退化反映的。它包括土壤的侵蚀化、沙化、盐碱化、肥力贫瘠化、酸化、沼泽化及污染等，也可概括为土壤的物理退化、化学退化与生物退化。

具体来说，土壤退化是指因自然环境不利因素和人为利用不当引起的土壤肥力下降、生物生存环境恶化、农业生产力减退；抑或土壤自净、调控及再生潜力减退，环境质量和健康水平降低；同时土壤生态平衡遭受破坏、承载力变弱。土壤退化的内涵包括如下方面：

①由于生态的破坏与土地的不合理的利用，造成土壤物理、化学、生物指标质量的下降，从而导致土壤肥力退化、生产力减退、环境功能减退，因此人类活动是影响土壤退化的基本动力之一。

②土壤退化是一个动态平衡过程，体现于数量与质量、时间与空间的内在演变。在特定的时间和空间下，土壤退化与重建过程是一个相对的动态过程，受时间和空间的限制，其内涵对立统一。

③土壤肥力(土壤养分)是农业生产的物质基础，因此，土壤养分水平的下降与恢复是土壤退化与重建的核心，退化土壤的修复以土壤环境质量和健康质量的提升为重点。

④土壤退化与重建过程在自然行为和人为作用下均普遍存在，其差别仅是在特定时间和空间内的表现程度不同而已；在人类对退化土壤的修复过程中，需要对这两个相反过程的发生强度进行调控，使其向有利于提升土壤质量的方向发展。

总之，土地退化是指人类对土地的不合理利用而导致的土地质量下降、经济生产潜力下降、系统结构复杂性的下降，甚至完全丧失的过程，例如，森林的破坏及消失、草地退化及沙化、水资源的下降和水质的恶化等。土壤退化则是土地退化中最集中的表现，包括土壤有机质含量的下降、土壤物理结构的破坏、土壤组分的流失、土壤酸化和盐碱化、土壤的外源污染，以及生物多样性衰退和活性的下降。土地退化与土壤退化关系密切，但二者不属于同一范畴。在评价土地退化时，以地表植物群落为主，其他因素为辅；而评价土壤退化时，则应以土壤肥力状况为主。在自然状况下，二者退化与恢复的速度是不同的，土地退化先于土壤退化出现，且波动性大、速度快。而土壤退化的速度慢、稳定性高。只要土体的主要部分未遭到全部侵蚀、表土覆沙不过厚或者盐碱含量不过高，那么土壤作为植物的水分、养分资源库的功能就不会消失。土壤稳定性是支撑提供依据。

（3）土壤与土地退化过程、机制及关键影响因素的研究

重点研究土壤侵蚀、土壤肥力衰减、土壤酸化、土壤污染及土壤盐渍化等退化形式的发生条件、过程、影响因子及其相互作用机制。

（4）土壤与土地退化动态监测与动态数据库及其管理信息系统的研究

主要包括土壤退化监测网点或基准点的选建、"3S"技术和信息网络及尺度转换等技术和手段、土壤退化属性数据库和 GIS 图件及其动态更新、土壤退化趋向的模拟预测与预警等方面的工作。

（5）土壤退化与全球变化关系研究

主要包括土壤退化与水体富营养化、地下水污染、温室气体释放等。

（6）退化土壤生态系统的恢复与重建研究

主要包括运用生态经济学原理及专家系统等技术，研究和开发适用于不同土壤退化类型区的、以持续农业为目标的土壤和环境综合整治决策支持系统与优化模式，主要退化生态系统类型土壤质量恢复重建的关键技术及其集成运用的试验示范研究等方面的工作，为土壤退化防治提供决策咨询和示范样板。

（7）加强土壤退化对生产力的影响及其经济分析研究，协助政府制定有利于持续土地利用，防治土壤退化的政策

总之，从土壤圈与地圈—生物圈系统及其他圈层间的相互作用的角度研究土壤退化，特别是人为因素诱导的土壤退化的时空分布特征、发生机制与演变动态、未来变化预测以及恢复重建对策，已成为研究全球变化的最重要的组成部分，并将继续成为 21 世纪国际土壤学、农学及环境科学界共同关注的热点。

思考题

1. 名词解释

土壤退化 潜在土地退化 土壤质量演变 高速退化 土壤修复 土壤改良

2. 简述土壤的主要功能。

3. 简述土壤圈与其他圈层间的关系。

4. 土壤的基本组成有哪些？

5. 常用土壤含水量的表示方式有哪些？其定义分别是什么？

6. 简述土壤空气与大气组成间的差异及原因。

7. 土壤形成的影响因素有哪些？简述它们是如何影响土壤形成的。

8. 试比较不同质地土壤的肥力特征。

9. 土壤物理、化学、生物学性质的常用指标有哪些？

推荐阅读书目

1. 耿增超，贾宏涛，2020. 土壤学(第二版). 科学出版社.

2. 关连珠，2016. 普通土壤学(第二版). 中国农业大学出版社.

3. 徐建明，2019. 土壤学(第四版). 中国农业出版社.

4. Ray R Weil, Nyle C Brady, 2016. The Nature and Properties of Soils (15th Edition). Pearson.

1.1.2.1　土壤圈在地球系统中的位置

土壤圈位于四大圈层(大气圈、水圈、岩石圈与生物圈)的交界面上,处于四大圈层的中心,它既是各圈层间物质与能量交换的枢纽,也是各圈层间相互作用的产物(图1-3)。

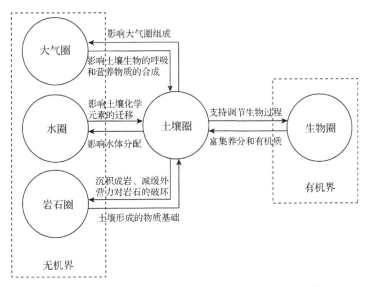

图 1-3　土壤圈在地球表层系统中的地位和作用(引自耿增超等,2020)

土壤圈是地球系统中最活跃最富有生命力的圈层。土壤圈内各种土壤的类型、特征和性质是自然环境和人类活动共同作用的信息记忆块,也是各圈层物质与能量相互交换及作用的反映。

1.1.2.2　土壤圈与其他圈层间的关系

(1)土壤圈与大气圈

土壤圈与大气圈之间进行着频繁的物质交换,土壤具有疏松多孔的结构,使其能够接纳和贮存大量大气降水,土壤水则通过土面蒸发和植物蒸腾以水汽的形式再回到大气圈。同时,大气不断地为土壤补充 O_2,以满足维系土壤生物的生命活动,同时也会影响土壤营养物质的合成、转化及有效性;反过来,土壤则不断地向大气释放由土壤生物的代谢活动和有机质的矿化分解等过程所释放的 CO_2、CH_4 与 NO_x 等温室气体,影响大气的组成,这些气体的产生、释放与人类的施肥、灌溉、耕作等土壤管理活动密切相关。由温室气体所导致的气候变化等问题日趋严重,如何最大限度地减少农业活动中温室气体的排放已成为当今全球共同关心的热点问题。此外,土壤与大气间还通过干、湿沉降和粉尘释放等过程进行物质和能量的交换。

(2)土壤圈与生物圈

作为地球上最大的生态系统,生物圈包括海平面以上约 10 000 m 至海平面以下 10 000 m 处范围内大气圈的底部,岩石圈的表面和全部水圈。土壤为人类、高等动植物、地下动物和微生物提供了生存的基地和栖息的场所，源源不断地为众多生物的生长繁衍提供养分、水分以及一系列的生存条件，调节各种生物学过程。而土壤生物吸收富集的养分又以残体的形式归还给土壤，为土壤补充有机质和养分。生物物质对土壤的归还量及其组成、土壤性质也会产生深刻的综合性的影响。土壤与生物彼此之间相互作用、相互影响，存在极为复杂的相互作用过程。

（3）土壤圈与水圈

水是一切生命的源泉，也是地球上各圈层之间进行物质交换的重要介质。土壤具有高度非均质性的特点，会影响到降雨在陆地和水体的重新分配、元素的生物地球化学行为以及水圈的化学组成。植物—大气连续系统中，植物所属的水分及其有效性，很大程度上由土壤的理化和生物学过程所决定。地球上水资源储量非常丰富，但可利用的淡水资源严重不足，而我国可利用的淡水资源更少，严重制约工农业生产的发展。土壤是地球上除湖、江、河、冰川外淡水的最大贮存库。我们人类的活动加剧了土壤圈与水圈的物质交换过程，如各类污染物进入土壤后对地下水和地表水的污染，污染的水资源反过来又会对土壤、生物以及人类造成危害。如何保护、利用与调控水资源，防止土壤污染物向水体迁移，保护好人类的生存环境，也是人们所面临的重要课题。

（4）土壤圈与岩石圈

土壤是由岩石风化产物经成土作用而形成的。土壤圈位于岩石圈的顶部，属于岩石风化壳的一部分，其物质基础来源于岩石，在风化过程与成土过程中，风化壳中的各种化学元素不停地进行迁移与转化，属于地质大循环的重要组成部分。作为地球的"皮肤"，土壤圈可以大幅降低各种外部营力对岩石圈的破坏，具有一定的保护作用。同时，土壤沉积物也是沉积岩的重要物质来源。

总之，作为地球表层系统最活跃、最富有生命力的圈层，土壤圈具有特殊的、极其重要的地位与功能，对四大圈层的能量流动、物质循环和信息传递起着维持与调节作用。地球上各种土壤的类型、特征和性质是四大圈层的记录和反映，土壤圈的任何变化都可能对各圈层，乃至全球变化产生决定性的影响。

1.2 土壤的基本组成

土壤是由固相、液相和气相三相物质组成的复合物。固相物质包括土壤矿物质和有机质；液相物质包括土壤水分与其他溶液；气相物质是指存在于土壤孔隙中的空气（图1-4）。一般情况下，矿物质颗粒在土壤中占绝对优势且比较稳定，约占总体积的45%～50%，有机质约占1%～5%，甚至更低；土壤孔隙约占总体积的50%～55%，气相和液相存在于固体颗粒的表面和孔隙中。土壤中气体与液体的体积变化比较大，二者之间此消彼长，在干旱季节液体体积比可下降至百分之几，风沙土甚至低于1%，而在淹水条件下气体可全部排出，孔隙全部被液体占据。由于土壤中固、液、气三相比例不同，土壤理化和生物学性质表现出很大的差异。

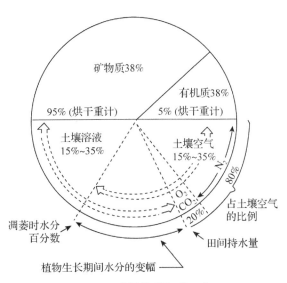

图1-4 土壤物质组成示意
(引自吕怡忠和李保国，2006)

1.2.1 土壤固相

1.2.1.1 土壤矿物质

土壤矿物质来源于母质，它是土壤的主要组成物质，也是土壤的"骨架"，其质量一般占土壤固相部分的95%以上。矿物质对土壤的土壤物理性质(结构性、水分性质、通气性、热性质、力学性质和耕性等)、化学性质(吸附性能、表面活性、酸碱性、氧化还原电位、缓冲作用等)，以及生物与生物化学性质(土壤微生物、生物多样性、酶活性等)均有深刻的影响。矿物组成也是土壤类型鉴定、认识和了解土壤形成过程的基础。

土壤矿物质的元素组成十分复杂，在其中几乎可以找到地壳中的全部元素，但主要包括氧、硅、铝、铁、钙、镁、钾、钠、磷、硫大量元素以及锰、锌、铜、钼等微量元素。其中，氧、硅、铝、铁4种元素含量最高，约占75%以上。在土壤矿物的组成中，绝大多数是含氧化合物，其中以硅酸盐居多。自然界已知的矿物有3000多种，其中成土矿物有1000多种。

按其成因，土壤矿物分为原生矿物和次生矿物。原生矿物是指那些经过不同程度的物理风化，未改变化学组成和结晶结构的原始成岩矿物。主要分布在质地较粗的砂粒和粉砂粒中。原生矿物以硅酸盐和铝硅酸盐占绝对优势，常见的有石英、长石、云母、辉石、角闪石和橄榄石，以及其他硅酸盐类和非硅酸盐类。而次生矿物，则是由原生矿物经风化和成土等作用转化而形成的，其种类很多，有成分简单的各种碳酸盐、重碳酸盐、硫酸盐、氯化物等盐类，也有成分复杂的各种次生铝硅酸盐，还有各种晶质和非晶质的含水硅、铁、铝的氧化物。各种次生铝硅酸盐和氧化物称为次生黏土矿物，是土壤黏粒的主要组分，也是土壤无机胶体的重要组成部分。

主要的成土矿物有数十种，比较常见的有：

①硅酸盐矿物 硅酸盐矿物是主要的成土矿物，分布极广，约占地壳总质量的75%。包括长石类、云母类、角闪石和辉石类等。长石类包括正长石 $K[AlSi_3O_8]$ 和斜长石(钠长石 $Na[AlSi_3O_8]$ 和钙长石 $Ca[Al_2Si_2O_8]$ 的类质同相混合物)。云母类包括白云母 $KAl_2[AlSi_3O_{10}](OH)_2$ 和黑云母 $K(Mg，Fe)_3[AlSi_3O_{10}](OH，F)_2$。角闪石 $Ca_2Na(Mg，Fe^{2+})_2(Al，Fe^{3+})(Si，Al)_4O_{11}(OH)_2$ 和辉石 $Ca(Mg，Fe，Al)(Si，Al)_2O_6$ 统称为铁镁矿物。

②氧化物类矿物 其中石英和铁矿类矿物最为常见。这类矿物在地壳中分布广泛，约占地壳总质量的17%。石英(SiO_2)是最为常见的成土矿物，在酸性岩浆岩、砂岩、石英岩中大量存在。其化学性质稳定，抗风化能力强，但易发生物理崩解而成为碎屑状残留物，是土壤砂粒的主要来源。铁矿类矿物容易风化，风化物富含铁元素，是土壤呈黄色、红色、棕色的主要原因。赤铁矿(Fe_2O_3)和褐铁矿($Fe_2O_3 \cdot xH_2O$)最为常见，还包括磁铁矿(Fe_3O_4 或 $Fe^{2+}Fe_2^{3+}O_4$)、针铁矿($Fe_2O_3 \cdot H_2O$)等。

③简单盐类矿物 比较常见的主要包括碳酸盐类矿物和硫酸盐类矿物，还包括较少量的硫化物类和磷化物类矿物。碳酸盐类矿物是沉积岩和变质岩的主要组分，其中方解石($CaCO_3$)和白云石($CaMg[CO_3]_2$)最为常见，二者都是土壤钙质的来源。方解石易发生化学风化，是土壤碳酸盐的主要来源。白云石抗风化能力强于方解石。硫酸盐类矿物中主要有石膏($CaSO_4 \cdot 2H_2O$)和硬石膏($CaSO_4$)，二者性质相似，是原生矿物经化学风化而形成的次生矿物，在干旱区土壤中常以霜状、结晶状、结核状或假菌丝状存在。自然界中硫化物类和磷化物类矿物分布较少，常见的有黄铁矿(FeS_2)、磷灰石 $Ca_5[PO_4]_3(F，Cl，OH)$ 等。

④黏土矿物 是指具有层状构造的含水铝硅酸盐矿物，是构成黏土岩和土壤黏粒的主要矿物组分。黏土矿物作为构成土壤黏粒的主要成分，又称次生黏土矿物，主要是由长石类、云母类、铁镁类等矿物风化形成的次生硅酸盐矿物。黏土矿物种类很多，在土壤中普遍存在，最常见的是层状构造硅酸盐矿物，主要有高岭石、多水高岭石、蒙脱石、水云母、海绿石、绿泥石等。非晶质黏土矿物有水铝英石，链状构造者有海泡石等。黏土矿物的化学成分以 SiO_2、Al_2O_3 和水为主。黏土矿物颗粒一般极细，小于 0.01 mm，呈细小鳞片状，具有可塑性、耐火性和烧结性，是陶瓷、耐火材料、水泥、造纸、石油化工、油漆、纺织等工业的重要原料。

1.2.1.2 土壤有机质

土壤有机质泛指土壤中所有含碳的有机物质，是土壤固相的重要组成部分，也是土壤固相中较为活跃的部分。有机质是土壤中具有结构性和生物学性质的基本物质，既是生命活动的产物，也是生命活动的条件，是土壤生物化学的最重要组分。它包括土壤中各种动、植物残体，微生物体及其分解和合成的各种有机物质。受气候、植被、地形、土壤类型、人为耕作等多重因素的影响，土壤有机质含量存在很大差异，比如泥炭土可高达20%以上，荒漠土壤甚至不足0.5%。

土壤有机质含量虽低，但在土壤肥力、环境保护、农业可持续发展等方面都有着非常重要的作用和意义。一方面，它含有植物生长发育所需的各种营养元素，也是土壤微作用。

⑧病毒　病毒是一类超显微非细胞生物，每种病毒只有一种核酸，只能在寄主的活细胞内营专性寄生，在寄主代谢系统的协助下复制核酸，合成蛋白质等组分，才能实现增殖。凡有生物之处，都会有相应的病毒存在。土壤中的病毒一般呈休眠状态，目前我们对其认识和了解还比较少。目前，病毒在农业害虫及杂草的生物防治方面已显示出良好的应用前景。

土壤微生物的功能主要包括以下几方面：

① 分解有机物质，释放其中的营养元素；还可以分解土壤中的残留农药和有机废弃物，起到净化土壤的作用。

② 合成土壤腐殖质，促进团聚体的形成。土壤微生物在腐殖化过程中起主导作用，通过分解有机残体，合成和分泌有机物质。微生物的分泌物和有机物分解的中间产物可作为土壤团聚体形成的胶结物质。此外，真菌菌丝的穿插、缠绕作用也可促进土壤团聚体的形成。

③ 固氮微生物进行生物固氮，增加土壤中氮的含量。某些微生物在 C、N、P、S 等元素的形态转化中起主导作用。

④ 影响植物生长，防治病虫害。某些土壤微生物，特别是根际微生物分泌的氨基酸、维生素和生长激素等物质，对植物生长有促进作用。很多土传病害的发生及防治与土壤微生物密切相关。通过产生抗生素，放线菌能抑制或消除土传病害的发生与传播。部分植物病害是由细菌、真菌引起的。在某些条件下微生物还会与植物争夺有效养分。

（2）土壤动物

土壤动物是土壤中和枯枝落叶下生存着的各种动物的总称，是指在一段时间内定期在土壤中度过，并对土壤具有一定影响的动物。土壤动物的类群很多，几乎地球上所有的类群在土壤中都能找到，主要包括：原生动物门、线形动物门、扁形动物门、软体动物门、节肢动物门、环节动物门、脊椎动物门等。

土壤动物又可分为原生动物和后生动物两大类。

①原生动物　为单细胞真核生物，是一类能够运动的微生物。细胞结构简单，数量多，分布广，各类土壤中都有原生动物，但不同地区、不同类型的土壤中其种类和数量存在差异。每克土壤中原生动物的数量一般为 $10^4 \sim 10^5$ 个，且在表土中数量最多，下层土壤数量很少。土壤原生动物包括纤毛虫、鞭毛虫和根足虫等，体型差异非常大，常通过分裂方式进行无性繁殖，也可行有性繁殖。原生动物常以有机物碎屑为食，有时也捕食细菌、单细胞藻类和真菌的孢子，可以调节土壤中细菌的数量，促进营养元素的转化，并参与动植物残体的分解。

②后生动物　原生动物以外所有其他动物的总称，多细胞，有细胞和组织分化。常见的土壤后生动物包括线虫、蠕虫、蚯蚓、蜗牛、蛞蝓、千足虫、蜈蚣、轮虫、螨类、蚂蚁、蜘蛛、昆虫和环节动物等。土壤后生动物中线虫的种类最多，每平方米可达几百万个；蚂蚁、蚯蚓能分解枯枝落叶和有机质，并将有机质转移至深层土壤；螨类、千足虫、蚁类等也可参与植物残体的破碎过程，从而有利于原生动物的取食和微生物的进一步分解。

作为生态系统中的重要消费者，土壤动物的生物量虽然相对较少，但在生态系统中发挥着非常重要的作用，其作用主要体现在以下三个方面：

①土壤养分的创造者 土壤动物首先将动植物残体等新鲜有机质进行粉碎，然后与微生物一起将这些碎屑进一步分解成可被吸收利用的营养物质，或合成结构更为复杂的腐殖物质，提升土壤肥力。

②参与自然界的物质循环 自然界物质循环的原动力主要来源于土壤生物。某些土壤生物可直接参与氮循环过程；生活在热带雨林的白蚁与共生的菌类可以和原生动物一起分解纤维素和木质素，参与碳循环过程。

③影响有机物质的分解 土壤动物的分泌物可向土壤环境释放有机质，这一过程作用比较弱；通过取食微生物影响其分解有机物质的速率；有机物质被其破碎后能够增加土壤表面积，从而有利于土壤微生物的定殖；土壤动物的活动还可以将土壤基质和有机质混合，将微生物引入土壤，加速有机质的分解转化过程。

（3）植物根系

植物根系虽然只占土壤的很小一部分体积，但其呼吸作用却占土壤呼吸的 $1/4 \sim 1/3$，甚至更高。许多植物的须根直径仅 $10 \sim 50~\mu m$，比一些微型真菌还小。植物根系的作用一是将植物固定在土壤中，为植物提供机械支撑；二是从土壤中吸收水分和养分，同时又可将不溶解的无机化合物溶解释放出有机养分；三是植物根系的活动可显著影响土壤理化性质；此外，植物根系与其他生物之间经常存在种间竞争或协同关系。根系对根际土壤产生影响的物质基础是根系分泌物，包括渗出物、分泌物、黏胶质和裂解物质等。根圈微生物群落与根圈外常存在很大差异。

土壤中的某些真菌侵染或寄生在植物根系中，可与植物根系一起形成菌根。根据侵染方式的不同，菌根可分为内生菌根和外生菌根两大类。自然界中的大部分植物都有菌根，它对于改善植物营养、调节植物代谢、增强植物抗逆性等方面有一定作用，具有非常好的应用前景。

1.2.2 土壤液相

土壤液相不仅包括液态的土壤水，还包括溶解于其中的各种可溶物，以及悬浮或分散于其中的胶体颗粒。例如，在盐碱土中，土壤水中的可溶性盐浓度是相当高的。我们平常所说的土壤水是指在 105 ℃温度条件下从土壤中驱逐出来的水分。

土壤水是土壤的重要组分。首先，水在土壤形成发育过程中发挥着极其重要的作用，因为土壤剖面形成过程中各种物质的迁移，主要是以可溶物的形式进行的，同时，土壤水参与了土壤中许多物质的转化过程：如矿物质的风化、有机物质的合成和分解等；其次，土壤水是植物吸收水分的主要来源，也是自然界水循环的重要环节。土壤水一直处于不断地变化和运动中，影响植物的生长发育和土壤中许多物理、化学和生物学过程。

1.2.2.1 土壤水分的类型

大气降水或灌溉是土壤水的主要来源，还有一部分来源于大气中水汽的凝结和地下水上升。进入土体的水分会受到重力、土—水界面的吸附力和毛管力的作用。根据受力情况，可以把土壤水分为以下几类：一是吸附水(或称束缚水)，受土壤吸附力的作用而保持，又可分为吸湿水和膜状水；二是毛管水，受毛管力的作用而保持；三是重力水，在重力作用下容易向深层土壤剖面运动。上述各类土壤水分之间彼此密切交错联结，很难将其严格划分开。

(1)吸湿水

吸湿水是指干土通过从空气中吸着水汽所保持的水分，又称为紧束缚水。吸湿水受土粒的吸力大，表面分子引力大于 $31×10^5$ Pa，水分子排列非常紧密，难以自由移动，没有溶解能力，也不能为植物所吸收利用，属于无效水。其含量主要取决于土粒的比表面积和大气的相对湿度两个因素，其中土粒的比表面积主要取决于土壤质地和有机质含量。质地越黏、有机质含量越高，土壤的比表面积越大，吸湿水含量往往越高；大气相对湿度越大，吸湿水含量也就越高。当大气的相对湿度为94%~98%时，吸湿水含量即可达到最大值，称为最大吸湿量。

(2)膜状水

当吸湿水达到最大吸湿量后，土粒还有部分剩余的引力可以吸附液态水，在吸湿水的外围形成一层水膜，称这部分水分为膜状水，也称薄膜水。膜状水对植物来说属于弱有效水，也称松束缚水，因为膜状水所受的吸附力比吸湿水要小得多，受到的引力大小为 0.625~3.1 MPa，它具有液态水的性质，可以移动，但移动速率非常慢，一般由水膜厚处向水膜薄处移动。一般植物根系的吸水力大小平均为 1.5 MPa，所以外层部分的膜状水有效性较高，但数量极为有限。内层的膜状水植物无法吸收利用，为无效水。

当土壤水所受引力超过根系的吸水力(一般为 1.5 MPa)时，植物便无法从土壤中吸水而出现永久凋萎，此时的土壤含水量即为凋萎系数(也称萎蔫系数或萎蔫点)。它是植物可利用土壤水的下限。凋萎系数主要受土壤质地的影响，同时也受到植物类型及气候条件的影响。通常情况下，土壤质地越黏，凋萎系数越大(表 1-1)。凋萎系数一般为最大吸湿量的 1.5~2.0 倍，此时土壤水所受引力大小为 1.5~1.6 MPa。当膜状水的厚度达到最大时的土壤含水量称为最大分子持水量，由吸湿水和膜状水组成，其数值等于最大吸湿量的 2~4 倍。

表 1-1　不同质地土壤凋萎系数的参考范围(θ_m)

土壤质地	粗砂壤土/%	细砂土/%	砂壤土/%	壤土/%	黏壤土/%
萎蔫系数	0.96~1.11	2.7~3.6	5.6~6.9	9.0~12.4	13.0~16.6

注：引自耿增超和戴伟，2011。

(3)毛管水

当土壤含水量超过最大分子持水量后，土粒的引力全部被水所抵消，水分不再受土粒引力的作用，能够自由移动，这部分水分主要受毛管力的作用。靠毛管力作用而保持在土壤孔隙中的水分，称为毛管水。它所受毛管力的大小为 0.625~0.01 MPa，远小于植物根系对水的平均吸力，因此它既能依靠毛管力保持在土壤中，又可以被植物吸收利用，而且具有溶解养分的能力，所以其数量对植物具有重要意义。其数量主要取决于土壤质地、有机质含量和土壤结构状况。土壤中粗细不同的毛管孔隙相互连通，形成了十分复杂的毛管体系，所形成的毛管水也呈多种状态，可简略地将其分为毛管支持水和毛管悬着水两大类。

①毛管支持水　指地下水借助毛管力上升进入并保持在土壤中的水分，因此也称毛管上升水。与地下水位相连是其显著特点。毛管支持水的上升高度与地下水位关系紧密，地下水位上升，其高度随之上升；地下水位下降，其高度也随之下降。此外，它的上升高度还与土壤质地有关，在砂土中上升高度比较低，在黏土中上升高度也有限，在壤土的上升高度最大。当地下水位适当时，毛管支持水可到达植物根系的分布层，成为植物水分的重要来源之一；当地下水位埋藏较深时，毛管支持水无法到达根系分布层，无法发挥补水作用；但当地下水位埋藏过浅时，则易发生渍害，特别是地下水如果含有较多的可溶性盐时，容易引起次生盐渍化。这里有一个重要概念，临界深度，它指的是指含盐地下水沿毛管上升到达根系活动层，对作物开始产生危害时的埋藏深度，它等于此时地下水面至地表的垂直距离。在进行盐碱土改良时，临界深度往往采用毛管水强烈上升高度加上超高（即安全系数 30~50 cm）。一般土壤的临界深度为 1.5~2.5 m，砂土最小，壤土最大，黏土居中。防止土壤次生盐渍化发生的主要办法就是利用开沟排水将地下水位控制在临界深度以下。

②毛管悬着水　指当地下水埋藏较深时，靠毛管力将降水或灌溉水保持在土壤中而未能下渗的水分。其显著特点是与地下水无联系，不受地下水位的影响。它是地下水埋藏较深区域植物吸水的主要来源。毛管悬着水含量达到最多时的土壤含水量称为田间持水量，它是土壤所能保持的最大水量，由吸湿水、膜状水和毛管悬着水组成。当一定深度的土体达到田间持水量时，即使继续供水，也无法使土体的持水量继续增大，而只能向深层渗漏湿润下层土壤。田间持水量是农业生产过程中非常重要的土壤水分常数，是确定农田灌水量的重要依据，也是旱地作物灌水量和大部分植物可利用土壤水的上限，其大小主要受土壤质地、有机质含量、结构、松紧状况等因素的影响。

（4）重力水

当土壤含水量超过田间持水量之后，多余的水分不能被毛管所吸持，在重力作用下沿着大孔隙向深层渗漏而成为多余的水，这部分水称为重力水。当重力水达到饱和，即土壤所有孔隙都被水所填充时的含水量，称为饱和持水量或全蓄水量。它是计算水田灌水定额的重要依据。

需要注意的是，重力水可以被植物吸收利用，但它在土壤中存留的时间非常短，很快即渗漏到深层土壤，因此植物吸收利用的量很少，一般将它视为无效水。当重力水含量过多时，土壤通气不良，会影响植物根系的发育和微生物的活动；而在水田中则应设法保持重力水，防止渗漏过快。当重力水到达不透水层时会不断地聚积而形成地下水。

1.2.2.2　土壤含水量的表示方法

土壤含水量是表征土壤水分含量高低的指标，也称为土壤含水率、土壤湿度等。土壤含水量的表达方式有多种，它们的数学表达式也不同，常用的有以下 4 种：

（1）质量含水量

即土壤中水分的质量与干土质量的比值，常用符号 θ_m 表示。θ_m 可用小数形式，也可用百分数形式表示，若以百分数形式表示，其计算公式如下：

$$\theta_m(\%) = \frac{m_1 - m_2}{m_2} \times 100 \tag{1-1}$$

式中　θ_m——质量含水量（%）；

　　　m_1——湿土的质量（g）；

　　　m_2——干土的质量（g）；

　　　$m_1 - m_2$——土壤水的质量（g）

干土指的是在 105 ℃ 条件下烘干的土壤。而另一种意义上的干土是含有吸湿水的风干土，即在当地的大气环境中自然干燥的土壤，也称气干土，其质量含水量一般比烘干土要高。

（2）容积含水量

指的是单位容积土壤中水分所占的容积分数，也称容积湿度、体积含水量、土壤水的容积分数等，用符号 θ_v 表示。θ_v 也可用小数或百分数形式表达，若以百分数形式表示，可用下式计算：

$$\theta_v(\%) = \frac{V_w}{V_s} \times 100 \tag{1-2}$$

式中　θ_v——容积含水量（%）；

　　　V_w，V_s——分别为土壤水所占的容积和土壤的容积（单位一般为 cm^3）。

由于水的密度近似等于 $1\ g \cdot cm^{-3}$，因此可推知 θ_v 与 θ_m 的换算公式为：

$$\theta_v = \theta_m \cdot \rho \tag{1-3}$$

式中　ρ——土壤容重（也称为干容重）（$g \cdot cm^{-3}$）。

土壤容重指的是单位容积（包括孔隙在内）原状土壤烘干后的质量，其含义是干土粒的质量与土壤总容积之比。多数情况下，容积含水量使用最为广泛，若无特别说明，土壤含水量指的就是容积含水量。

（3）相对含水量

指的是土壤含水量占某一标准（田间持水量或饱和含水量）的百分数。它可以说明土壤水的饱和程度、有效性和水、气的比例等，是农业生产中常用土壤含水量的表示方法，其计算公式为：

相对含水量（%）= 土壤含水量/田间持水量×100

或

相对含水量（%）= 土壤含水量／饱和含水量 × 100 　　　　（1-4）

一般在研究植物生长适宜的含水量、适宜耕作的含水量时，常以田间持水量为标准，在农业生产中该标准应用更为广泛。而在进行土壤微生物研究时，了解土壤中水分和空气的比例，或计算排水量时，一般用以饱和含水量为标准。通常认为，适宜一般农作物生长及微生物活动的水分条件为 60%~80% 的相对含水量（田间持水量为计算依据）。

（4）土壤储水量

土壤储水量是指一定面积和厚度土壤中所含水分的绝对数量，是土壤物理、农田水利学、水文学等学科经常用到的土壤水分指标。它主要有以下两种表达方式：

①水深 D_w　指在一定面积 A、一定厚度 h 的土壤中所含水量相当于同等面积水层的厚度。D_w 与 θ_v 的关系如下式：

$$D_w = \theta_v \cdot h \tag{1-5}$$

式中　D_w——任何面积一定厚度土壤的含水量（mm），其与灌溉量、降水量、蒸发量等单位相统一，方便直接进行比较和计算。

如果土壤含水量是均一的，可直接用式（1-5）进行计算。但不同土层含水量在绝大部分情况下并不是均一的，常需要分层进行计算，其计算式如下：

$$D_w = \sum_{i=1}^{n} \theta_i \cdot h_i \tag{1-6}$$

式中　n——一定厚度的土壤所划分的含水量均一的层次数；

θ_i——第 i 层土壤的容积含水量；

h_i——第 i 层土壤的厚度（mm）；

D_w——该厚度土壤所含水的水深（mm）。

②绝对水容积（体积）　是指一定面积一定厚度的土壤中所含水分的体积。它可由 D_w 与土壤的面积 A 相乘而求得。这一参数在灌排计算中经常用到，以确定农田的灌溉量和排水量。绝对水体积与土壤的面积和厚度有关，在使用时应标明计算的面积和厚度，因此不如 D_w 方便。

一般在未标明土壤厚度时，通常指 1 m 土层厚度。若都以 1 m 厚度计，每公顷绝对水容积 $V_{方}$（m³）与水深之间的换算关系如下：

$$V_{方} = D_{w,100} \tag{1-7}$$

式中　$D_{w,100}$——1 m 土层的水深（mm）。

土壤含水量的测定方法很多，包括质量法（即烘干法）、中子仪法、TDR 法、电阻法和宇宙射线法等，不同方法各有其优缺点，具体内容请参考土壤学教材。

1.2.2.3　土水势

土壤水分运动过程十分复杂，为了研究土壤水的运动，Buckinghan 在 1907 年首次提出用能量状态来研究土壤水，并由此引出了土水势的概念。土水势指将单位质量或体积的水量从一个土—水系统移到温度和它完全相同的纯水池时所做的功。用土水势研究土壤水有诸多优点：一是可以作为判断各种土壤水能态的统一标准和尺度；二是水势的数值可以在土壤、植物、大气之间统一使用，把土水势、根水势、叶水势等统一进行比较，判断水流的方向、速度和土壤水的有效性；三是能为土水势的研究提供一些更为精确的测定手段。"水往低处流"，所说的就是水流动的方向总是从水势高向水势低的地方运动。

在进行土水势的研究和计算时，通常要选取一定的参考标准。土壤水在重力、毛管力和吸附力等各种力的作用下，与相同温度、高度和大气压等条件下的纯自由水相比

(即假定自由水的势值为零),其自由能必然不同,这个自由能的差若用势能来表示即为土水势。

由于引起土水势变化的原因或动力是不同的,所以土水势又可分为基质势、压力势、溶质势和重力势等若干分势。

(1)基质势

在非饱和情况下,土壤水所受的力主要包括土壤吸附力和毛管力,其水势低于纯自由水参比标准的水势。假定纯水的势能为 0,则土水势为负值。这种由土壤吸附力和毛管力所制约的土水势称为基质势(ψ_m)。土壤含水量越低,其基质势也就越低;反之,土壤含水量越高,基质势也越高。当土壤水达到完全饱和时,ψ_m 达到最大值,等于零。

(2)压力势

压力势(ψ_p)是指在土壤水达到饱和的情况下,由于受到压力的作用而产生的土水势的变化。在非饱和土壤中,压力势一般与参比标准相同,等于零。但在饱和土壤中,所有孔隙被水充满并连续成水柱。地表的土壤水与大气接触,仅受到大气的压力,其压力势为零。而在土体内部,除承受大气压外,土壤水还要承受其上部水柱的静水压力,其压力势高于参比标准,为正值。越是深层的土壤水,所受的压力越大,其正值也就越大。

对于水分饱和的土壤而言,在水面以下深度为 h 处,体积为 V 的土壤水所具有的压力势大小为:

$$\psi_p = \pm \rho g h V \tag{1-8}$$

式中　ρ——水的密度($kg \cdot m^{-3}$);

　　　g——重力加速度($m \cdot s^{-2}$);

　　　h——研究点至水面的垂直距离(m);

　　　V——土壤水的体积(m^3)。

(3)溶质势

溶质势(ψ_s)也称渗透势,是指由土壤水所溶解的溶质而引起的土水势的变化,其值一般为负。土壤水溶解的溶质越多,ψ_s 也就越低。只有在土壤水运动或传输过程中存在半透膜时 ψ_s 才起作用。在一般土壤中不存在半透膜,所以 ψ_s 对土壤水运动的影响不大,但对植物吸水却有重要影响,因为根系表皮细胞可视作半透膜。ψ_s 的大小等于土壤溶液的渗透压,但符号相反。ψ_s 的产生如图 1-5 所示,U 形管左侧盛的是水,右侧盛的是水的糖溶液,中间为半透膜(图左),水分子可以透过半透膜在 U 形管左右两侧自由运动,而糖分子则不能穿过半透膜。当水分运动达到平衡时(图右),则会在 U 形管两侧形成一定的水位差,该差值即代表渗透势。

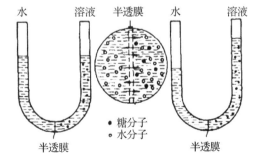

图 1-5　渗透作用和渗透压示意

(引自黄昌勇,2000)

（4）重力势

重力势（ψ_g）是指由重力的作用而引起的土水势的变化。土壤水有一定的质量，所以会受到重力的作用，若土壤水高于参比标准，它所受重力作用大于参比标准，其 ψ_g 为正。高度越高则 ψ_g 的正值越大；反之 ψ_g 越低。

参比标准高度往往根据研究的需要而定，一般设在地表或地下水面。在参考平面上取原点，土壤中垂直坐标为 z，质量为 M 的土壤水分所具有的重力势大小为：

$$\psi_g = \pm Mgz \tag{1-9}$$

式中　z——土壤水至参考平面的垂直距离。当 z 坐标在参考平面上方时，上式取正号；
当 z 坐标在参考平面下方时，上式取负号。

（5）总水势

土壤总水势（ψ_t）是以上四个土水势的分势之和：

$$\psi_t = \psi_m + \psi_p + \psi_s + \psi_g \tag{1-10}$$

在不同的土壤水分条件下，决定 ψ_t 大小的各分势是不同的。因此在计算 ψ_t 时，必须分析土壤的含水状况，且要注意参比标准及各分势的正负值。在饱和状态下，若不考虑半透膜的存在，则 ψ_t 等于 ψ_p 与 ψ_g 之和；在非饱和情况下，则 ψ_t 等于 ψ_m 与 ψ_g 之和；在考虑根系吸水时，一般可忽略 ψ_g，因为根吸水的表皮细胞可看作半透膜，此时 ψ_t 等于 ψ_m 与 ψ_g 之和；若土壤含水量达到饱和，且考虑半透膜时，则 ψ_t 等于 ψ_s。

还有一个重要的土水势分势需要注意，当土体存在温度差时，存在温度势 ψ_T。ψ_T 是由于温度场的温差所引起的土水势的变化。土壤中任意一点土壤水分的 ψ_T 是由该点的温度与标准参考状态的温差所决定的，其值可由下式求得：

$$\psi_T = - S_e \Delta T \tag{1-11}$$

式中　S_e——单位数量土壤水的熵值；

ΔT——温差（K）。

温度可通过改变土壤水分的熵值而影响土水势，但温度对土水势的影响主要是通过改变土壤的物理性质（黏性、表面张力和渗透势）来实现的。通常认为，由温差所引起的土壤水分运动通量相对很小，因而 ψ_T 常常被忽略。

1.2.3　土壤气相

1.2.3.1　土壤空气组成

土壤空气是土壤的基本组成物质之一，其体积一般占土壤总体积的 15% ~ 35%。作为重要的土壤肥力因子，土壤空气直接影响植物的生长发育、土壤养分的吸收转化、土壤微生物活动等很多土壤过程。了解土壤空气的组成及不同条件下土壤空气的运动变化规律，对于改善土壤的通气状况，为植物生长创造良好的环境条件具有重要实际意义。

土壤空气包括土壤中的自由气体、土壤水中溶解态的气体以及土壤颗粒吸附的气体。土壤空气主要来源于大气，其组分和地面大气基本一致，但在各种土壤生物活动以及有机质的分解转化等生物化学过程的影响下，其各种组分的数量比例和大气又存在一定差异（表 1-2），同时也还含有某些特殊气体。

类别	气体种类				
	O_2	N_2	CO_2	水汽(相对湿度)	其他气体
近地表大气	20.99	0.03	78.05	60~90	0.939
土壤空气	18.00~20.03	0.15~0.65	78.80~80.29	100	痕量

注：引自关连珠，2016。

1.2.3.2　土壤空气组成特点

土壤空气与近地表大气的差异主要包括：

(1)土壤空气中的 CO_2 含量高于大气

由于土壤中存在大量的生物，其活动导致土壤空气中 CO_2 的含量比大气高数倍至数十倍。动植物和微生物的呼吸、土壤有机质的分解均会产生大量的 CO_2。同时，土壤碳酸盐类物质和酸类物质的反应也可产生部分 CO_2。

(2)土壤空气中的 O_2 含量低于大气

土壤动植物和微生物的代谢活动需要消耗大量的 O_2，土壤生物活动越旺盛，O_2 的消耗量也就越大，因此会导致土壤空气中 O_2 的含量低于大气。

(3)土壤空气中的水汽含量一般高于大气

在一般含水条件下，土壤空气的相对湿度可高达100%，水汽湿度接近饱和，这有利于土壤微生物的活动，但并一定能够满足植物生长的需求，因为植物生长所需水分主要来源于土壤中的有效水。

(4)土壤空气中含有较高量的还原性气体

土壤通气不良条件下，例如，在过度板结或质地过黏等条件下，土壤有机质往往分解不完全，会产生一些 CH_4、H_2S、NH_3、H_2 等还原性气体，这些气体的积累会对植物生长、土壤养分转化及微生物活动均会产生不良影响，因此需要及时改善土壤的通气状况。

(5)土壤空气组成存在时空变异性

土壤空气的组成和分布受土壤水分状况、深度、生物活动以及气候和耕作措施等多重因素的影响。一般情况下，土壤空气中 CO_2 含量随着土层深度的增加而增大，O_2 含量则随之减少，二者含量呈此消彼长的关系，总和维持在19%~22%；土壤温度升高会增强根系的呼吸作用，加快微生物的活动，因而土壤中 CO_2 的含量增加；农业生产中薄膜、秸秆等地表覆盖措施可以阻碍土壤空气和大气间的气体交换，导致土壤中 CO_2 含量明显高于未覆盖土壤，而 O_2 含量则与之相反。

1.3　土壤的形成发育

土壤是由岩石经过一系列复杂的风化和成土过程而形成的，这是一个漫长的历史过程。这一演变过程经历了从岩石在地质大循环过程中逐渐风化形成土壤母质，再进一步经由生物小循环过程形成了层次分明的土壤剖面，在该过程中，母质与成土环境之间发生了一系列复杂的物质和能量的交换和转化，逐步发育了肥力特性。作为一种独立的历史自然体，土壤具有自身所特有的发生和发展规律。

1.3.1　土壤的形成发育过程

地球上存在多种多样的土壤类型，尽管它们的形成条件、性质各异，但是它们的形成发育过程有着共同的规律性。19 世纪末，俄国土壤学家道库恰耶夫在俄罗斯大草原土壤的调查结果基础上，认为土壤是在气候、母质、生物、地形和时间这五大成土因素共同作用下形成的，上述各因素起着同等重要和不可替代的作用，成土因素的变化制约着土壤的形成和演化。20 世纪 40 年代，美国的詹尼进一步发展了道库恰耶夫的成土因素学说，提出了"成土因素函数"的概念。

（1）土壤的形成及发展变化是地质大循环和生物小循环的有机统一

土壤肥力是土壤的本质特性，土壤的形成发育过程也是土壤肥力逐渐形成过程。地表的岩石矿物经物理和化学风化形成细小的颗粒，同时有部分元素溶于水，这些风化物随地表径流进入海洋，再经过长期的地质作用在海洋中重新形成沉积岩，这一过程为地质大循环。土壤母质在地质大循环中形成，同时不断矿化释放出矿质养分但又被淋失掉。土壤生物，特别是绿色植物选择性吸收各种矿质养分，通过光合作用合成有机物，当生物有机体死亡之后，其残体通过微生物的分解作用，又重新释放出各种养分，供土壤生物循环利用，这一过程为生物小循环。土壤养分在生物小循环过程中得到固持和富集。

地质大循环形成土壤母质，母质在生物的作用下形成土壤，整个成土过程的实质是发生在地质大循环基础上的有机质的不断合成与分解过程，是两个循环过程的统一，这也是土壤肥力不断发生发展的过程。

（2）土壤肥力的变化取决于五大成土因素

成土因素决定了地质循环和生物循环的强弱，影响着岩石矿物风化作用的强弱和矿质元素的释放，也影响着成土矿物的类型。不同成土条件下，土壤淋溶作用的强度、生物的富积作用、有机质的积累强度也是不同的。成土因素决定了成土过程与土壤肥力的演变规律，不同成土因素影响下所形成的土壤类型及演变规律也是不同的。

五大成土因素学说认为，主导因素是生物因素，后来很多学者持不同观点，詹尼认为在土壤的形成发育过程中，母质、气候、生物、地形、时间及其他的一些因素都有可能成为土壤形成发育的主导因素。

（3）土壤类型的演变与土壤生物的演变相统一

在多种因素的综合作用下，土壤类型也随着土壤肥力的发展不断发生更替，土壤类型的更迭是与土壤生物的演化更迭相统一的。人们所区分的各种土壤类型不过是土壤在时间极长、范围极广的形成过程中相对静止的瞬间。

土壤形成学说揭示了土壤发生发展的演变规律，奠定了土壤分类以及土壤分布规律性的基础。

1.3.2　土壤形成的影响因素

自然土壤是在五大成土因素综合作用下逐渐发育形成的。这五种因素间相互作用，同等重要。它们共同影响土壤形成发育的速率、方向及程度。如果一个因素发生变化，土壤类型也可能相应地发生变化，因此土壤具有多样性。在这些因素之中，母质、气候和生物参与土壤物质和能量的交换，地形和时间只是对前三者及土壤间物质和能量的交换产生影响。

随着农业生产和科学技术的不断发展与进步，人类活动对土壤的影响越来越大，因此在农业生产条件下，人为因素对土壤的形成发育具有特别重要的作用和意义，有时候甚至成为主导因素。

1.3.2.1　母质

地表岩石经风化作用所形成的风化壳在地表广泛分布。土壤母质是指原生基岩经过风化、搬运、堆积等过程形成的位于地表的疏松、最年轻的一层矿物质层，它是土壤的前身和形成土壤的物质基础。土壤与母质之间存在着"血缘"关系，土壤的某些性质是从母质继承而来的。但母质又与岩石不同，它已有初步发展的肥力特征，具分散性，疏松多孔，有一定的吸附能力、蓄水性和透水性；可释放出少量的矿质养分，但还不能满足植物生长的需要。母质养分缺乏，几乎不含氮、碳，也不能同时解决满足植物所需的通气性和蓄水性。

自然界成土母质的类型是非常多的，根据成因可将其分为残积母质和运积母质两大类（图 1-6）。残积母质是指岩石风化后未经动力搬运而残留在原地的风化物；运积母质是指岩石风化物在外力作用（水、风、冰川和地心引力等）下而迁移到其他地区的物质。其颗粒大小、磨圆度、分选性和层理性等存在较大差异。

土壤母质的存在形式、物理性状和化学组成有很大差异，对土壤的形成过程和基本属性均有很大影响。土壤发育的时间

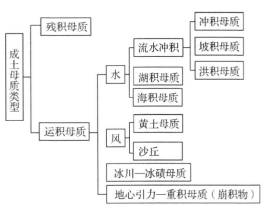

图 1-6　土壤母质的类型

越长，其性质与母质差异就越大，但母质的某些性质还是会长期保留下来。

首先，母质的机械组成决定了土壤的机械组成。一般情况下，由残积母质形成的土壤含有较多的石块，且质地越往下越粗；由河流冲积母质发育而来的土壤大多砂黏层相间，而由洪积母质发育而来的土壤常含有粗大的角砾；由湖积母质发育而来的土壤则往往十分黏重。

其次，由不同母质发育而来的土壤其矿物组成往往存在较大差别。对原生矿物而言，由基性岩母质发育而来的土壤中含有较多抗风化能力弱的角闪石、辉石、黑云母等深色矿物；而由酸性岩发育而来的土壤则含有较多抗风化能力强的石英、正长石、白云

母等浅色矿物。对黏土矿物而言，不同母质可产生不同的次生矿物，例如，在相同的成土环境条件下，辉长岩风化物含有较多的盐基，由其发育而来的土壤常含有较多的蒙皂石，而由酸性花岗岩风化物发育而来的土壤则常形成较多的高岭石。

最后，母质中的矿物、化学组成影响着成土的速率、方向、性质及养分状况。例如，由花岗岩发育而来的土壤即使经历漫长的形成发育过程，仍可保存较多的石英，而且因其所含的在强降雨条件下极易淋失的盐基成分（Na_2O、K_2O、CaO、MgO）较少，使土壤常呈酸性反应；而玄武岩、辉绿岩等风化物中黏粒和盐基的含量丰富，抗淋溶作用要强得多。即使在同一地区，由不同类型母质发育而来的土壤类型也常常不同。不同母质发育而来的土壤，其养分状况也存在明显差异。例如，由钾长石风化物形成的土壤含有较多的钾，而由斜长石风化物发育而来的土壤则含有较多的钙；由辉石和角闪石风化物发育而来的土壤有较多的铁、镁、钙等元素。

1.3.2.2 气候

气候决定着成土过程中的水、热条件。水分和热量不仅直接参与母质的风化和物质的淋溶过程，而且很大程度上控制着植物的生长和微生物的活性，影响有机物的积累和分解，对养分物质的生物小循环的速度和范围起着决定作用。

首先，气候决定着土壤形成发育的水热条件。在地球上，温度由低纬到高纬逐渐降低，气候从沿海到内陆越来越干旱，土壤的水热条件也随之发生巨大变化。

其次，气候显著影响土壤有机质的含量。气候在很大程度上对植物的生长和微生物的活动起着控制作用，从而影响到土壤有机质的积累与分解。一般而言，降水量越大，植物生长越旺盛，土壤中积累的有机物质也就较多；反之则少。在一定温度范围内，微生物的活动随着土温的升高而加强，有机质的分解速率也随之加快，若年平均气温超过25 ℃，土壤有机质则难以积累。在我国，从黑龙江往西由内蒙古至新疆，降水量逐渐减少，植被生长越来越差，土壤积累的有机物质越来越少，加上土壤通气性好有利于有机质的分解，因而土壤有机质含量逐渐降低；东部湿润区由北往南，虽然年平均气温逐渐升高，降水量增加，植物年生长量增大，进入土壤的有机质多，但有机质分解的速率更快，所以土壤有机质的含量呈下降趋势。

最后，气候影响风化和淋溶过程。由于干旱区的化学风化过程和淋溶过程均比较微弱，土壤成分变化很小，土壤盐基成分的淋溶量和淋溶深度均比较小，因此黄土高原和西北荒漠区的土壤剖面有明显的碳酸钙聚积层。我国的降水量由西部往东逐渐增加，淋溶、风化作用逐渐增强，土壤剖面中碳酸钙聚积层的分布深度也逐渐增大，pH 值逐渐降低。在东北的黑土区，降水量较大，碳酸钙从土体中淋失，土壤 pH 值呈中性。我国整个北方草原土壤的盐基饱和度高，矿质养分丰富。我国东部地区由北向南，随降水量的增加和温度的升高，土壤化学风化、淋溶过程增强，钠、钾、钙、镁等盐基成分大量淋失，土壤盐基饱和度降低，矿质养分减少，酸性增强。

1.3.2.3 生物

严格地说，母质中出现生物后才开始真正意义上的成土过程。一是生物可以对母质

表 1-4　国际制土壤质地分类表

质地类别	质地名称	各级土粒含量/%		
		砂粒 （2～0.02 mm）	粉粒 （0.02～0.002 mm）	黏粒 （<0.002 mm）
砂土类	砂土及壤质砂土	85～100	0～15	0～15
壤土类	砂质壤土	55～85	0～45	0～15
	壤土	40～55	30～45	0～15
	粉砂质壤土	0～55	45～100	0～15
黏壤土类	砂质黏壤土	55～85	30～0	15～25
	黏壤土	30～55	20～45	15～25
	粉砂质黏壤土	0～40	45～85	15～25
黏土类	砂质黏土	55～75	0～20	25～45
	壤质黏土	10～55	0～45	25～45
	粉砂质黏土	0～30	45～75	25～45
	黏土	0～55	0～35	45～65
	重黏土	0～35	0～35	65～100

注：引自黄昌勇，2000。

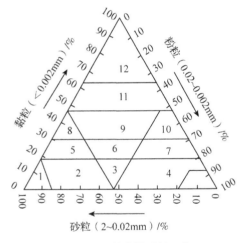

图 1-7　国际制土壤质地三角

1. 砂土及壤砂土　2. 砂壤　3. 壤土　4. 粉壤
5. 砂黏壤　6. 黏壤　7. 粉黏壤　8. 砂黏壤
9. 壤黏土　10. 粉黏土

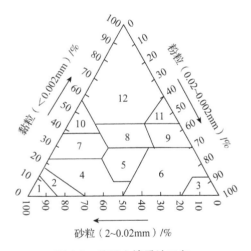

图 1-8　美国土壤质地三角

1. 砂土　2. 壤砂土　3. 粉土　4. 砂壤
5. 壤土　6. 粉壤　7. 砂质黏壤　8. 黏壤
9. 粉黏壤　10. 砂黏壤　11. 粉黏壤　12. 黏土

③卡庆斯基制　包括基本分类(简制)及详细分类(详制)两种。其中简制应用更为广泛，考虑到了土壤类型的差别对物理性质的影响，采用二级分类法，按照小于 0.01 mm 的物理性黏粒(或大于 0.01 mm 的物理性砂粒)含量，并根据不同土壤类型划分为砂土、壤土和黏土 3 类 9 级(表 1-5)。

表 1-5　卡庆斯基土壤质地基本分类（简制）

质地名称		物理性黏粒（<0.01 mm）/%			物理性砂粒（>0.01 mm）/%		
		灰化土类	草原土及红黄壤类	碱土及碱化土类	灰化土类	草原土及红黄壤类	碱土及碱化土类
砂土	松砂土	0~5	0~5	0~5	100~95	100~95	100~95
	紧砂土	5~10	5~10	5~10	95~90	95~90	95~90
壤土	砂壤土	10~20	10~20	10~15	90~80	90~80	90~85
	轻壤土	20~30	20~30	15~20	80~70	80~70	85~80
	中壤土	30~40	30~45	20~30	70~60	70~55	80~70
	重壤土	40~50	45~60	30~40	60~50	55~40	70~60
黏土	轻黏土	50~65	60~75	40~50	50~35	40~25	60~50
	中黏土	65~80	75~85	50~65	35~20	25~15	50~35
	重黏土	>80	>85	>65	<20	<15	<35

注：表中数据仅包括<1 mm 的土粒，石砾（>1 mm）另算，按>1 mm 的石砾百分含量确定石质程度（0.5%~5%为轻石质，5%~10%为中石质，>10%为重石质），冠以质地名称之前。

④中国制　兼顾了我国南北土壤的特点，将土壤质地划分为3类12级（表1-6）。北方土壤中 1~0.05 mm 砂粒含量较多，砂土组将 1~0.05 mm 砂粒的含量作为划分依据；黏土组主要考虑南方土壤的实际情况，以<0.001 mm 细黏粒含量划分；壤土组以 0.05~0.01 mm 粗粉粒含量作为主要划分依据。

表 1-6　中国土壤质地分类

质地组	质地名称	颗粒组成/%		
		砂粒（0.05~1 mm）	粗粉粒（0.05~0.01 mm）	细黏粒（<0.001 mm）
砂土	极重砂土	>80		<30
	重砂土	70~80		
	中砂土	60~70		
	轻砂土	50~60		
壤土	砂粉土	≥20	≥40	
	粉土	<20		
	砂壤	≥20	<40	
	壤土	<20		
黏土	轻黏土			30~50
	中黏土			35~40
	重黏土			40~60
	极重黏土			>60

注：引自邓时琴，1985，1996。

心自问，自己所创导和从事的活动是否有利于为子孙后代留下山川秀美、万物兴旺的一片沃土，还是将会导致土壤质量的不断退化最终成为毫无生气、风沙迷漫的一片荒漠。

2.1.2 不同时期土壤质量的概念

在土壤学界，有些人认为提出土壤质量的概念是不必要的，因为很多人都知道是什么构成好的土壤以及在什么地方可以发现好的土壤。而有些人认为对土壤质量定量化是不可能的，因为相同土纲甚至相同土系中的天然差异可以在不同的地方发现且难以定量。还有人认为评价土壤并不是一个新的事物，从评价作物生长和产量到评价土地的适宜性，从评价土壤的耕作性能到养分含量，以及 20 世纪 50 年代开始的土壤肥力评价等都是土壤肥力质量评价的雏形。

有些土壤学家认为，土壤质量只要简单地与作物生产力联系起来就可以了，而另一些土壤学家还强调土壤对粮食和饲料质量的影响。这说明目前大多数人仅把土壤质量与农业生产相联系即与土壤生产力和肥力相联系。毫无疑问，如果考虑土壤对人居环境的影响、土壤与森林和牧场生态系统的联系，以及考虑城市和工业副产品作为土壤改良剂施入土壤中，就必然会联系到土壤具有的更多活的或动态的其他功能。有很多土壤学家认为，土壤评价也应当考虑到居住在土壤上的动植物的数量和类型（即土壤生物多样性）以及它们的健康和安全。这种观点与传统的土地分等定级、肥力评价不同，同时考虑了土壤管理措施和土壤使用方式对附近水体和空气的环境、对土壤居民（动植物和微生物）的健康、对动植物产品的质量，以及将其作为食物的人畜的健康等的影响。

在评价土壤质量时要重视与土壤的内在价值相联系。这个观点不仅强调土壤的作物生长、土地的使用价值和生态功能价值，而且强调土壤的唯一性和不可替代性。但是土壤的内在价值还没有被土壤学家广泛研究和认识。

第二次世界大战后，农业的集约化获得了巨大的成功，并导致了作物产量的急剧增加，这样使农业能养活更多的人，土壤的肥力质量得到了提高。但却忽视了采用适当的措施来保护土壤资源，没有认识到管理土壤和作物的措施可能对土壤生产力和周边环境造成的负面影响。例如，水土流失的加剧、荒漠化的扩大和沙尘暴频发对空气质量的影响，河流和湖泊沉积物的迅速增厚，CH_4 和 CO_2 等温室气体的积累，大量使用氮肥造成土壤氮素的反硝化和氨挥发增加诱发的酸雨，原生动物居住环境的失去，农药对生物的潜在破坏，水体中 N、P 浓度增加诱导的水体富营养化，以及城市垃圾和工业副产品的污染对土壤的破坏等。对这些问题的忽视使人类对土壤生态系统的理解和保护十分不全面（Karien et al.，1997）。

土壤是陆地生态系统的重要组成部分，是农业和自然生态系统的基础。鉴于土壤在农业可持续发展中的重要作用，土壤质量问题在世界范围内正受到各方面人士日益广泛的关注。土壤质量是随着土地、水和空气的使用和管理的重要性的显现而被提出的。显然，我们必须将土壤保持在一种清洁健康的状态，使农业可持续生产，使水和空气受到最少的污染，使作为土壤改良剂的废弃物和副产品能安全地被使用。人们必须修复被人为活动严重污染的不清洁土壤。

以往主要是根据土壤的生物生产功能来定义土壤肥力质量，共同之处是都包含了使土壤在目前和未来均具有正常的生物生产能力，其中，不同利用方式的土地的适宜性是最早和最常见的土壤肥力质量的概念。

现在所谓的土壤质量又包含了对土壤所存在的景观的综合评价，是它所存在的生态系统的功能发挥程度的一个尺度。实际上土壤质量包括了两个土壤特性：土壤的内在性质及人类使用和管理所决定和影响的土壤动态性质。土壤的内在性质是由五大成土因素（气候、地形、母质、植被和时间）决定的。因此，所有土壤都有发挥自己生物生产功能的内在性质，只是某些土壤发挥土壤肥力水平的能力更高。利用土壤的这个特性可以将一个土壤的生物生产能力与另一个土壤的能力进行比较，并且常以此来评价其作为农业上某一用途的价值或适宜性的依据。

土壤的动态性质是受人类使用和管理土壤的活动所决定和影响的，它综合了土壤类型和发挥其特定功能的自然能力及由人类的使用和管理所决定的对环境的影响，以及对土壤动植物和人类健康的影响——土壤的环境质量和健康质量。这是土壤质量的内涵，同时也是评价土壤质量的重点。土壤的动态性质是评价土壤质量的基础数据，并随时间和空间而变化。

科学定义土壤质量和为评价土壤质量建立适当的标准和方法是一个循序渐进的过程。土壤质量像农业的可持续发展一样，正逐渐被人们重视。

2.1.3 土壤质量的科学定义

土壤质量的概念是在人口对土地压力的增大、人类对土地资源的过度开发利用导致了土壤资源退化，并对农业可持续发展造成严重威胁的情况下提出来的。在人类时间尺度上，土壤资源是一种脆弱性的非再生资源。土壤质量对农业的可持续发展影响最为直接、深刻和长远，对农业土地利用的重要性是不言而喻的。土壤质量是衡量和反映土壤资源与环境特性、功能和变化状态的综合体现与标志，是土壤科学和环境科学研究的核心。

长期以来，土壤生产力及其所代表的土壤质量，以及人类活动引起空气与水资源的质量退化已为人们深刻理解和接受；然而，作为地球表层环境系统之一的土壤圈层的环境功能及其所代表的土壤质量，即土壤圈层与其他圈层之间的相互影响和作用，特别是土壤圈层在地球陆地生态系统中物质与能量生物地球化学迁移和转化过程所起的关键作用，对环境污染物的净化与缓冲性能，对地球表层环境系统的水分与能量循环的调节和稳定作用，直到20世纪70年代后，随着人口、资源、环境之间的矛盾日趋尖锐，全球土壤质量退化的加剧，以及由土壤质量退化诱发的生态环境破坏和全球变化及其与植物、人类健康之间的关系，才开始引起人们的关注与重视。

土壤质量或土壤健康是指土壤在地球陆地生态系统界面内维持生物的生产力、产品品质，保护环境质量和环境稳定性，以及促进动物和人类健康行为的能力。美国土壤学会将土壤质量定义为：在自然或人类生态系统边界内，土壤具有动植物生产持续性，保持和提高水、气质量以及支撑人类健康与生活的能力。

目前对土壤质量研究和评价存在着一些不同的观点，在土壤学界，有些人认为，提出土壤质量的概念是不必要的，而有些人认为对土壤质量定量化是不可能的。但从评价作物生长和产量到评价土地的适宜性，从评价土壤的耕性到养分含量，一直到 20 世纪 50 年代开始的土壤肥力评价工作，这些都是土壤质量评价的雏形。

不同利用方式的土地适宜性是最早和最常见的土壤质量概念。它与农作物的产量有关，也与农产品的质量相联系。有些学者认为土壤质量只要简单地与作物生产力联系起来就可以了，而另一些人则强调土壤对饲料和粮食质量的影响，以及土壤质量对人类居住环境的影响的重要性。很多土壤学家认为，土地评价应当考虑居住在土壤上的动植物的数量和类型。这些观点与传统的土地分等不同，它们考虑若干不同的因素，并且考虑到管理措施和土地使用对环境的影响。

土壤质量是随着土地、水和空气使用和管理的重要性的日益显现而提出来的。显然，我们必须使土壤保持在一种清洁状态，以便进行农业的持续生产，使水和空气受到最小限度的污染，而且让作为土壤改良剂的废弃物和副产品能安全地使用。人们必须修复被人为活动严重污染的不清洁土壤。

土壤质量的含义因土壤使用者的目的不同而不同。对土地管理者或农业咨询者来说，它指的是维持或提高生产力并获取最大的经济效益；对土地保护者来说，它指的是保护环境并使土壤资源能持续生产；对农业生产的消费者来说，它指的是能在现在和未来生产出丰富、健康和廉价的食物；对环境主义者来说，它指的是能在一个生态系统中保持或提高生物的多样性和水的质量、促进养分循环和提高生物的生产力。对农民来说，田野中的田块是重要的；对社区的居民来说，他们生活的流域内土壤质量的影响是重要的；对国家政策制定者来说，全国土壤质量的评价以及发展趋势是重要的。这里的关键是要找到他们所关心内容的结合点。

土壤质量是对其所存在景观的一个综合看法，也是土壤所存在的生态系统内功能发挥程度的一个尺度。土壤质量包括两方面的土壤特性，即土壤的内在性质和受人类使用与管理影响的土壤动态性质。土壤的内在性质是由土壤的五大成土因素(气候、地形、母质、生物和时间)决定的。因此，每一种土壤都有发挥自己特定功能的内在性质。土壤的这个特性可以将一种土壤的能力与另一种土壤的能力进行比较，并且经常用来评价土壤作为某一特殊用途时的价值或适宜性。土壤动态性质是受人类使用和管理影响的，它综合了土壤类型和发挥功能的自然能力及其对它的使用和管理的性质。这个观点通常作为土壤健康的内涵，同时也是评价土壤质量的重点。

中国土壤学界根据我国的科学实践，在国际土壤科学家阐明的土壤质量定义的基础之上给土壤质量又更明确赋予它新的科学内涵(徐建明等，2004)。土壤质量是指土壤肥力质量、土壤环境质量及土壤健康质量三个方面的综合质量。它是保障土壤生态安全和资源可持续利用的能力指标，是现代土壤学的研究核心。土壤质量可定义为：土壤在生态系统的范围内，维持生物的生产力、保护环境质量及促进动植物健康的能力(赵其国等，1997)。因此，土壤质量可以形象化地理解为一个三条腿的凳子，它的功能和平衡有赖于持续的生物生产量、环境质量以及动植物健康三大组成要素的结合 (Karien et al.，1997)。土壤具有不同等级的质量，这是与土壤各种形成因素以及土壤耕作引起的动态变化有关的一种固有的土壤属性。土壤质量的内涵综合表征土壤维持生产力、环境净化能力以及保障动植物健康能力的量度。土壤质量包括三个方面的含义(赵其国等，

1997）：土壤肥力质量是指土壤提供植物养分保障生物生产的能力，是保障粮食生产的根本；土壤环境质量是指土壤容纳、吸收和降解各种环境污染物的能力；土壤健康质量是指土壤影响或促进人类和动植物健康的能力。Doran 和 Parkin（1994b）将土壤质量定义为：特定类型土壤在自然或农业生态系统边缘内保持动植物生产力，保持或改善大气和水的质量以及支持人类健康和居住的能力。实际上把土壤质量看作"土壤运行能力"。他们认为可以用这个概念评价土壤管理策略对土壤剖面内的物理、化学和生物性质的影响。

根据土壤的功能及国内外土壤质量研究已积累的知识（Doran et al.，1994；赵其国等，1997；曹志洪，1998，2000），土壤质量可定义为：土壤提供食物、纤维、能源等生物物质的土壤肥力质量，土壤保持周边水体和空气洁净的土壤环境质量，土壤容纳消解无机和有机有毒物质、提供生物必需的养分元素、维护人畜健康和确保生态安全的土壤健康质量的综合量度。

土壤质量的定义可进一步阐明为：土壤肥力质量是土壤确保食物、纤维和能源的优质适产、可持续供应植物养分以及抗御侵蚀的能力；土壤环境质量是土壤尽可能少地输出养分、温室气体和其他有机和无机污染物质，维护地表（和地下）水及空气的洁净，调节水、气质量以适于生物生长和繁衍的能力；土壤健康质量是土壤容纳、吸收、净化污染物质，生产无污染的安全食品和营养成分完全的健康食品，促进人畜和动植物健康，确保生态安全的能力。

土壤质量概念的引入使我们更全面地理解土壤，也有助于合理地使用和分配劳力、能源、财政和其他投入。土壤质量也提供了一个通用的概念，使得专业人员、生产者和公众明白土壤的重要性。此外，它也是一个评价管理措施和土地利用变化对土壤影响的工具。

从上面对"土壤质量"的定义中，至少可以认识到：土壤质量主要是依据土壤功能进行定义的，即目前和未来土壤功能正常运行的能力。土壤的功能质量包括三个方面：一是生产力，即土壤提高植物和生物生产力的能力；二是环境质量，即土壤降低环境污染物和病菌损害，调节新鲜空气和水质量的能力；三是动物和人类健康，即土壤质量影响动植物和人类健康的能力。土壤质量的定义已超越了土壤肥力的概念，也超越了通常土壤环境质量的概念，它不只是将食物安全作为土壤质量的最高标准，还关系到生态系统稳定性，地球表层生态系统的可持续性，是与土壤形成因素及其动态变化有关的一种固有的土壤属性。

土壤质量研究的复杂性在于影响土壤质量的因素太多太复杂，例如：①许多外部因子（土地利用、土壤管理措施、生态环境系统）以及社会经济和政治状况都会影响土壤质量；②土壤本身包含了众多在时间和空间上存在显著变化的化学、物理和生物因子，这些因子在土壤质量中作用的重要程度至今还没有被充分认识；③不同人士由于所从事的工作不同或立场观点不同，对土壤质量的认识也不尽相同。

根据我国土壤资源多样、复杂和人为作用强烈的特点，在继承以往土壤学研究成就的基础上，紧紧围绕当今土壤科学发展的前沿领域——土壤质量的新概念、新理论开展研究，研究重点是从土壤质量变化的主要过程入手，通过对土壤系统内部物理、化学、生物学过程的研究，以及土壤圈层间物质交换的规律及其对全球变化、水质污染、动植物健康的影响机制的研究，阐明土壤圈内部及与其他圈层的物质循环与交换过程对土壤质量的影响机制，为土壤质量的科学持续管理提供理论依据；遴选表征土壤肥力质量、土壤环境质量和土壤健康质量的指标，运用综合、多指标量化手段，建立土壤质量指标体系和评价系统，提出土壤质量国家标准的建议方案；以此为依据，选择主要耕地土壤（水稻土、红壤、潮土和黑土）进行质量评价，并运用遥感和尺度转换等技术手段，研究土壤质量在时间和空间上的演变规律，建立相关的土壤质量数据库与咨询系统；依托我国各类型区的野外试验站，通过定位观察、田间试验和数值模拟等方法建立土壤质量的预测预警系统；结合现代生物技术与手段，创建主要耕地土壤质量的保持与定向培育理论。

2.1.4　土壤质量研究的重要性

可持续发展已日益成为当今国际社会共同关注的重大课题，而可持续发展的基础是农业的可持续发展，即可持续农业。土壤质量在维护可持续土壤生产力和土壤—植物—动物—人类食物链安全健康中具有重要作用。研究可持续农业有必要研究土壤质量，在人多地少的中国研究土壤质量显得尤为重要。

土壤是地球生物圈内的重要组成部分，是农业和自然生态系统的基础。土壤资源作为一种脆弱性的非再生资源，土壤质量在世界范围内正日益受到各方面人士的广泛关注。土壤质量是随着土地、水和空气使用和管理的重要性的日益显现而提出来的。

土壤质量是土壤维持生产能力、维持空气和水环境质量，保障动物、植物和人体健康能力的集中体现，一般从土壤生产力、土壤功能可持续性、土壤环境质量、土壤健康影响等方面来描述土壤质量。土壤质量的好坏与土壤所处地理位置、土壤类型、土壤内部相互作用、土地的利用方式和生态系统类型等因素紧密相关（熊燕，2021）

随着人口、资源、环境之间的矛盾日趋尖锐，因土壤侵蚀、肥力下降、盐渍化、沼泽化、沙漠化、酸化以及环境污染等所造成的土壤退化问题变得越来越突出，极大地限制了人类社会的发展，因而土壤质量问题引起了各方面人士的广泛关注。

为了更好地解决日益严重的土壤退化及环境污染问题，近十多年来，国际土壤学界十分重视从环境和健康的角度开拓土壤科学研究的新领域。因而，土壤质量这个土壤新学科就应运而生，并成为现代土壤学发展的前沿和热点。由于土壤是地球生物圈中极其重要的成员，因此土壤资源的质量和健康日益受到人们的关注。

粮食增产和环境的持续发展中，土壤资源是一种具有脆弱性的非再生资源。要想获得农业的稳定增产，必须重新认识土壤在环境中的重要意义，其核心就是要注意保持和提高土壤质量及土壤管理与环境的相互关系（赵其国等，1997）。鉴于土壤质量在土地资源开发和农业发展及环境保护中的特殊作用，土壤质量的保持和提高已日益成为当今国际土壤学界、农学界、环境学界、生态学界、土地学界等共同关注的研究课题。

中国土壤资源具有以下特点：①土壤类型众多、土壤资源丰富；②山地土壤资源所占比例大；③耕地面积少、宜农后备土壤资源不多；④土壤资源空间分布差异明显。为了保障我国 21 世纪粮食安全，必须保持和提高土壤质量，重新认识土壤管理与环境间的相互关系和土壤在环境中的重要意义。中国如何在其有限的土壤资源上生产足够的食物，一直是世界关注的热点问题之一。我国属于资源强度约束型的国家，其耕地、林地和草地的人均占有量分别仅为世界平均值的 1/3、1/5 和 1/4。同时，我国人口仍以每年 48 万人的速率增长，而后备的土地资源则十分有限。因而，依靠扩大耕地面积来增加粮食总量的潜力很小。当前我们的紧迫任务是，既要确保全国 18×10^8 亩耕地总量的动态平衡，更要通过改善土壤质量来提高作物单产和农产品品质。

2.2 土壤质量指标与评估

2.2.1 土壤质量指标

土壤质量可以看作一个生态系统概念的合理延伸，但是在评价空气和水的质量时，大多数情况下，是指分析其中的特定污染物富集的浓度在特定的环境过程中对它的负面影响来定义（Sojka and Upchurch，1999）。

土壤质量可以通过土壤质量指标来推测。土壤质量指标具有复杂的时间和空间变异性，包含了众多在时间空间上存在显著变异的化学、物理和生物指标。由于土壤具有多种不同的潜在利用方式，所以土壤质量的评价应采取相对质量而非绝对质量（Karien et al.，1997）。Doran 和 Parkin（1994b）、Karien 等（1997）建议土壤质量的评价应该以土壤功能为基础，着重于确定一个系统内的土壤功能的完善程度。正如我们不能用一个指标评价一个人的健康状况一样，我们也不能用个指标评价种土壤的质量。迄今为止，尚没有评估土壤质量的统一标准。土壤研究者已认识到需要用一个可靠而又系统的方法来评价土壤质量。

土壤质量指标应当包括以下五个方面：①生态过程及其相关过程的特定模式；②综合土壤的物理、化学和生物的性质和过程；③能为使用者所接受并能应用于田间条件；④对管理和气候的变化敏感；⑤如有可能，这些指标应当是土壤数据库的组成。

土壤质量或土壤健康的评价并不限于在作物生产领域中使用。森林和森林土壤对地球的碳平衡是极为重要的。土壤有机质和土壤孔隙度被用来作为森林土壤质量评价的重要指标。评价牧场的质量可根据以下三个标准：①土壤稳定度和分水岭的功能；②养分循环和能量流；③功能恢复机制。

土壤质量指标是从土壤生产潜力和环境管理的角度监测和评价土壤的性状、功能或条件。这些指标可以与土壤直接有关，也可以与受土壤影响的某些因子（如作物和水）有关。既包括描述性指标，也包括分析性指标。这些指标应该是公正的、灵敏的，有预测能力的、有阈值、可参考数据资料可以转化和综合、易于收集和交流的。土壤质量分析

表 2-1　土壤质量的有关指标与其过程的关系

土壤质量指标	影响的过程
有机质	养分循环、除草剂和水的吸持、土壤结构
渗透性	径流和淋溶的潜能、作物水分利用率、侵蚀潜能
团聚性	土壤结构、抗蚀性、作物出苗、渗透性
pH 值	养分有效度、除草剂的吸附和运动
微生物生物量	生物活性、养分循环、降解除草剂的能力
氮的形态	氮对作物的有效性、氮淋溶的潜能、氮的矿化和固定速率
容重	作物根系的穿透性、容纳水和空气的孔隙、生物活性
表土层厚度	作物生产力所必需的根系容量、水和养分有效性
电导或盐渍度	水的入渗率、作物生长、土壤结构
有效养分	支持作物生长的能力、环境的危害性

注：引自徐建明等《土壤质量指标与评价》，2010。

性指标影响着土壤中的某些过程，它们之间的关系列于表 2-1。

2.2.1.1　土壤质量分析性指标

对土壤质量的综合定量评价要选择土壤各种属性的分析性指标，确定这些指标的阈值和最适值。土壤指标通常包括物理指标、化学指标和生物指标，各项指标的不同取值组合决定了土壤质量的状况。在土壤质量评价中需要根据不同的土壤类型、不同的评价目的对这些指标进行取舍组合。

土壤物理状况对作物生长和环境质量有直接或间接的影响。例如，土壤团聚性会影响土壤侵蚀、水分运动和植物根系生长。土壤孔隙提供了空气交换、水分运动和养分传输的通道，也直接影响着植物根系的生长。围绕着土壤中固、液、气三相的分配，各种土壤物理属性是相互联系和制约的，土壤团聚性好的土壤一般具有较好的土壤孔隙分布，土壤团聚体间的大孔隙和团聚体内的小孔隙相互补充，使土壤具有较好的持水性、导水性和通气性。而土壤结构差、团聚性差、容重大，则容易带来固结、结皮、滞水等问题，进而导致根系发育不良，养分传输受限，污染物质难以降解，具有较差的土壤生产和环境质量。

各种土壤养分和土壤污染物在土壤中的存在形式和浓度，会直接影响作物生长及动物与人类的健康，例如，土壤氮素不仅是植物养分的来源，还会造成水体和大气的污染，影响土壤肥力和土壤环境质量。土壤的一些基本化学性质如阳离子交换量、pH 值和电导率则影响着这些养分和污染物在土壤中的转化、存在状态和有效性，阳离子交换量是限制土壤化学物质存在状态的阈值，pH 值是限制土壤生物和化学活性的阈值，电导率是限制植物和微生物活性的固值。对土壤质量的深入认识需要土壤化学方面更进一步的知识。

土壤支持不同种群的生物，从病毒到大型哺乳动物，这些生物和作物与其他系统成分相互作用，许多土壤生物可以改善土壤质量状况，但是也有一些生物如线虫、病原细菌或真菌会降低作物生产力。在表 2-2 列出的土壤生物指标中，主要考虑了土壤微生物

表 2-2　常用土壤质量分析性指标

物理指标	化学指标	生物指标
通透性	盐基饱和度(BS%)	有机碳
团聚稳定性	阳离子交换量(CEC)	生物量
容重	污染物有效性	碳和氮
黏土矿物学性质	污染物浓度	总生物量
颜色	污染物活动性	细菌
湿度(干、润、湿)	污染物存在状态	真菌
障碍层深度	交换性钠百分率(ESP)	潜在可矿化氮
导水率	养分循环速率	土壤呼吸
氧扩散率	pH 值	酶
粒径分布	植物养分有效性	脱氢酶
渗透阻力	植物养分含量	磷酸酶
孔隙连通性	钠交换比(SAR)	硫酸酯酶
孔径分布		生物碳/总有机碳
土壤强度		呼吸/生物量
土壤耕性		微生物群落指纹
结构体类型		培养基利用率
温度		脂肪酸分析
总孔隙度		氨基酸分析
持水性		

资料来源：Singer 和 Ewing，2000。

指标，而中型和大型土壤动物也可以指示土壤质量状况，对土壤动物作为土壤质量表征的研究目前仍处在开展阶段。

2.2.1.2　土壤肥力质量指标

（1）土壤肥力质量的概念

目前国际上比较通用的土壤质量概念是：在生态系统边界内保持作物生产力、维持环境质量、促进动植物健康的能力（Doran *et al.*，1994；Staben *et al.*，1997；Islam *et al.*，2000；郑昭佩等，2003）。土壤质量可以形象化地理解为一个三条腿的凳子，它的功能和平衡有赖于持续的生物生产量、环境质量以及植物和动物健康三大组成要素的结合（Karlen *et al.*，1997），土壤肥力质量就是土壤在生态系统边界内保持生物生产量的能力。

土壤肥力概念是土壤学中古老而又非常基础的概念，自1840年利比希创立植物矿质营养说以来，欧美土壤学家关于土壤肥力的概念主要侧重于土壤的植物营养，并以养分多少衡量土壤肥力高低。苏联土壤学家威廉斯认为土壤肥力是"在植物全部生长过程中，土壤同时地、不断地供应植物以最高水分和养分的能力"。美国土壤学会认为土壤肥力是"在光照、湿度、温度、土壤物理条件及其他因素都适合于特定植物生长时土壤向植物以适当的量和平衡的比例供应养分的性能"。

中国的土壤学家对土壤肥力也提出了自己的观点，侯光炯和谢德体（2001）认为，土壤肥力是土壤代谢功能、调节功能的强弱和在一定地理位置、自然条件下，土壤圈内部水、养适量程度，气、热周期性动态特征及其稳、匀、足、适的程度；并从生态系统的角度把土壤肥力分为母质肥力、层次肥力、田块肥力、耕作肥力、气候肥力、地貌肥力、水文肥力和植被肥力。陈恩凤（1984）认为，土壤肥力是土壤自动调节能力，是对水、肥、气、热的储存和供应能力，高肥力土壤具有吸收容量大、转化释放供应量大的特征，从而有较强的适应植物生长需要和抵抗不良生长条件的能力。章家恩和廖宗文（2000）提出土壤生态肥力（soil ecological fertility）概念，即在一定的环境条件下，土壤及其生物群落（包括动物和微生物）之间长期协同进化、相互适应、相互作用而表现出的和谐共融特性，以及在该特性状态下土壤保证植物生长所需物质与能量的可获得性和可持续性的一种功能和能力。

土壤肥力是度量土壤为植物正常生长提供并协调养分和环境条件，确保食物、纤维和能量等生物生产的能力。《中国土壤》（第二版）把土壤肥力定义为"土壤从营养条件和环境条件方面供应和协调植物生长的能力"，是"土壤物理、化学和生物学性质的综合反映"，也是"土壤的基本属性和本质特征"。

土壤肥力不仅是一个数量的概念，其本质是供给作物所需、维系作物产出的综合能力。因此，土壤肥力的概念可以从三个角度去理解和认识，一是构成土壤肥力的各因子的数量概念；二是在特定的环境条件下与诸因子协同作用下的养分有效性；三是特定植物的养分需求和产出。土壤肥力高低不仅受土壤养分、植物的吸收能力和植物生长的环境条件各因子的单独影响，也取决于各因子的协调程度。

土壤肥力质量是衡量土壤提供植物生长所需营养成分的能力，是土壤各种基本性质的综合表现。土壤肥力质量体现了土壤的肥沃程度，是土壤作为自然资源和生产资料的物质基础，是保障农作物丰产丰收的根本（熊燕，2021）。

（2）土壤肥力质量指标

土壤肥力质量指标具有以下特性：①制约性，土壤肥力因子之间有着各种交互作用和制约作用，某一因子的增减，会影响其他因子的利用率。若某一土壤肥力因素处于较低水平时，即使其他因素水平较高，也难以使作物获得高产。②相对性，土壤肥力的定量化须同土体内物质能状况与植物转化联系起来才能确定。土壤肥力也可理解为土壤内可被植物利用转化的物质和能量。③系统性和模糊性，土壤是受多种成土因素和人为活动制约的复杂系统。因此，不可能精确地算出或预测出某一时刻土壤系统的各种性质，这就是系统行为的模糊性。土壤肥力是一个多因子、多变量的综合系统，它受水、肥、气、热的综合影响，不同肥力水平之间不存在明显的界线。

土壤肥力质量是土壤质量的重要内容，对一个地区的土壤肥力质量作出合理的解释与评价，对于发展该地区的农业生产、改土培肥、揭示人类活动对土壤质量的影响均具有重要的意义。因为无论是研究土壤质量变化的机理，还是定向培育土壤，都必须进行土壤肥力质量的评价。土壤肥力质量一般采用作物产量来衡量。

一方面，土壤肥力质量是通过土壤性质，包括各种土壤物理、化学和生物性质来表达的。表征土壤单项质量的各种指标均有其自身独特的意义和用途，适用于各种专门目的的土壤质量评价。有时，人们为了方便，在指定的区域进行土壤质量调查，可以根据区域人文和自然地理特征选定若干有关项目进行调查测定而舍弃其他无关项目。另一方面，出于实际应用的目的，如将土壤肥力质量评价用于土地的分等、定级时，土壤肥力指标的选定应符合最小指标数据集的要求。因此，指标的确定应基于其易测定性、重现性，以及代表控制土壤肥力质量的关键变量的。研究认为，一般应考虑以下土壤肥力质量指标。

①土壤物理指标　质地、土层和根系深度、容重、渗透率、团聚体的稳定性、田间持水量、土壤持水特征、土壤含水量、土壤温度、土壤通气性。

②土壤化学指标　有机质，全氮，pH 值，阳离子交换量，电导率，离子饱和度，可提取 N、P、K 以及必需微量元素如 Zn、B 等。

③土壤微生物指标　微生物生物量碳和氮、潜在可矿化氮、土壤呼吸量、微生物量碳/总有机碳、土壤呼吸碳/微生物量碳。

④土壤动物指标　土壤线虫种类的丰富度、多样性指数，中型土壤动物类群的丰富度、多样性指数，弹尾目种类的丰富度、多样性指数，蚯蚓的密度、生物量等。

（3）土壤肥力质量评价

在表 2-3 指标中，物理指标中土壤质地是最常见和最综合性的指标，它与其他很多物理性状，如容重、孔隙度、渗透速率等密切相关，但土壤质地涉及几种不同的颗粒级别，通常以黏粒含量作为代表性的指标。

化学指标中，pH 值无疑是土壤化学环境最重要和直接的反映，决定着几乎所有元素的化学行为。养分指标中，氮、磷、钾等大量元素都是重要的土壤肥力因子，与作物的表现密切相关。研究表明，当土壤中的硝态氮（$NO_3^- - N$）含量低于 25 mg·kg^{-1} 时，作物产量与其存在显著的正相关，但更高的含量并不会使产量进一步增加（Binford *et al.*，

表 2-3　土壤肥力评价指标汇总

土壤物理指标	土壤化学指标	土壤养分指标	土壤生物指标
表土层厚度 pH 值	全氮	有机质	有机质易氧化率
障碍层厚度	阳离子交换量	全磷	
容重	电导率	全钾	HA
黏粒	盐基饱和度	碱解氮	HA/FA
粉黏比	交换性酸	水解氮	微生物生物量碳
通气孔隙	交换性钠	速效磷	微生物生物量碳/总有机碳
毛管孔隙	交换性钙	缓效钾	微生物总量
渗透率	交换性镁	有效钾	细菌总量和活性
团聚体稳定性	铝饱和度	微量营养元素全量和有效性	真菌总量和活性
大团聚体	氧化还原电位（E_h）	Ca Mg S Cu Fe Zn Mn B Mo	放线菌总量和活性
微团聚体			脲酶及活性
结构系数			转化酶及活性
水分含量			过氧化氢酶及活性
温度			酸性磷酸酶及活性
水分特征曲线			
渗透阻力			

注：引自曹志洪等《中国土壤质量》，2008。

1992)。全氮与土壤有机质存在高度的相关性，所以一般在使用有机质含量指标后不再需要全氮含量。磷素在土壤中存在多种化学形态，主要有无定形和晶质二氧化物形态结合的无机态磷和有机磷，但对作物生长而言，速效磷含量最具直接意义。当然，不同提取剂获得速效磷也存在一定的差异。在大量养分元素中，钾素通常是含量最高的。矿质土壤的钾素含量为 $0.4 \sim 30$ g · kg^{-1}，每公顷 20 cm 表层土壤中全钾储量为 $3 \sim 100$ t，但其中 98% 是以矿物结合态存在，只有不到 2% 是以土壤溶液和交换态存在（Bertsch and Thomas，1985），而后者对作物是有效的。因此，在评价土壤肥力质量时，也只用所谓的有效钾含量作为标准。

严格说来，土壤有机质既是土壤化学指标，也是土壤生物学指标，因为有机质对土壤的化学特性和生物学特性存在着至关重要的作用，有机质既与养分释放有关，同时具有阳离子交换量形成、调节土壤 pH 值和络合无机离子等功能，因此在土壤肥力评价中是不可或缺的指标。

阳离子交换量是土壤保持养分的综合指标，反映了土壤中有机(有机质含量)和无机成分(黏粒矿物组成和黏粒含量)的共同效应，因此也是反映土壤保肥供肥性能的综合指标，特别是对于酸性土壤而言，具有综合意义，而对于 CEC 高的石灰性和黑土而言，对土壤肥力的差别不具有区分性能。

因此，在土壤肥力质量评价中，通用的最小数据集包括 pH 值、有机质、黏粒、速效磷、速效钾、容重、阳离子交换量。此外，有关土类必须有的指标：土层厚度(红壤)；电导率和地下水位(潮土)；坡度(红壤、黑土)等。对于各具体的农业土壤，它们的各自最小数据集如下：

①水稻土土壤肥力指标　pH 值、有机质、速效磷、速效钾、容重、阳离子交换量、黏粒。

②红壤土壤肥力质量指标　pH 值、有机质、速效磷、速效钾、阳离子交换量、黏粒、土层厚度、坡度。

③潮土土壤肥力指标　pH 值、有机质、速效磷、速效钾、含盐量、黏粒、质地层次、地下水位。

④黑土土壤肥力指标　pH 值、有机质、速效磷、速效钾、黏粒、坡度。

(4)土壤肥力质量评价指标选取原则

简而言之，土壤肥力质量评价就是对土壤供肥能力高低的评判和鉴定。由于土壤肥力概念的不统一性，内涵的不确定性，评价目的侧重的不同，因而在土壤肥力评价指标的选取过程中就存在着很大的差异；由于在评价过程中指标的不同，可能导致评价结果的差异，甚至出现与客观实际相悖的结果。因此，如果能够确定相对稳定、适用区域广、可用于多种评价方法的土壤肥力指标系统，是很有意义的。

①综合性原则　在进行土壤肥力评价时，指标的选取直接影响到土壤肥力评价的真实性、合理性和科学性，因此，土壤肥力评价指标应全面、综合地反映土壤肥力的各个方面，即土壤的养分储存、养分有效性、因子协调程度、作物需求和产出等。因此，在确定土壤肥力评价指标时，应该广泛调查了解，多方征求意见，减少评价者的主观性，使指标能真实、客观地反映土壤肥力水平和状况。

②主导因素原则　影响土壤肥力质量的因素很多，而且因素之间具有重叠影响，土壤肥力评价指标选取应避免指标间多重共线性问题。如果选取的指标间存在多重共线性，既增加了不必要的计算量和分析量，又影响土壤肥力评价结论的真实性。为避免指标间多重共线性问题，在进行土壤肥力评价时，应采用各种数学统计方法，对选取的指标进行相关或独立性分析，保留主导因素，剔除部分次要的、重叠的指标。

③实用性原则　虽然我们努力定量地评价土壤肥力质量，但事实上土壤肥力质量是难以客观表达的，因为概念的模糊性，使得土壤肥力质量的真值根本就不存在。因此，在进行评价时，在一定的精度范围内，能够反映实际情况就满足要求了，精益求精的目标在土壤肥力质量概念中未必适用。在进行指标的选取时，也应该兼顾指标的获取难度、获取成本、区域特点等因素，与理论研究不同，实际应用中，尤其要考虑指标选取的实用性和操作性问题。

（5）土壤肥力质量评价的意义

农民们很早就懂得区分"好的土壤"和"坏的土壤"，他们用各种词汇评价土壤在作物生产中的表现。在中国古代人们对土壤肥力质量已经有相当深入地认识。《尚书·禹贡》中已经将天下九州的土壤分为三等九级，根据等级制定赋税，这可能是世界上最早的关于土壤肥力质量评价的记载。

土壤肥力质量对农业可持续发展具有非常重要的意义，是降低农业成本、维系土地产出、保护生态环境质量的重要基础，土壤肥力质量评价的服务领域包括：①评价土壤肥力质量的现状，确定存在障碍的生产区域，预测粮食生产，指导施肥和农业管理；②分析不同土地利用方式或土壤管理措施对土壤带来的影响，理解土壤肥力质量变化的机理，预测土地利用方式的改变或采用新的土壤管理措施对土壤可能产生的影响，以及随之带来的风险；③通过土壤肥力状况评估土壤对水环境以及动物和人体健康的影响。

（6）土壤肥力评价的时空尺度与范围

土壤性质具有复杂的时间和空间变异性。不同的时间和空间尺度下，土壤肥力质量表现出不同的变化规律。时空变异也影响着人们对土壤肥力质量的认识。土壤肥力质量评价必须确定合适的时间和空间尺度。土壤肥力质量评价范围可以是土体、土壤上图单元、田块、景观以至整个流域。政策制定者还需要对国家、国际范围内的土壤肥力质量进行评价。

土壤性质在空间上的变异也会影响土壤肥力质量的评价，在宏观尺度上的研究不可避免地会由于测定密度的降低导致精确性的降低，因而更依赖于模拟模型，遥感数据和其他数据库进行预测。Karle 等（1997）建议在宏观尺度上的研究中选择更具普遍性的土壤质量指标以适应土壤质量评价的尺度。

评价时间范围的确定也是非常重要的，因为气候、人类影响、作物状况以及其他因素都会随时间变化，这些变化都会影响土壤肥力质量状况。所有的土壤肥力质量指标都不是恒定的，它们都会随时间而变化，但不同的土壤性质随时间变化的速率和频率是不一样的。Carter（1996）将土壤质量指标区分为"短期的""动态的"和"长期的""静态的"，动态指标容易受人类管理措施的影响，静态指标不容易被管理措施影响而迅速改变。

在时间范围上对土壤质量的认识有静态和动态两种不同的观点：静态观点认为土壤

质量是土壤的内蕴性质，是由土壤发生过程决定的，每种土壤有其天然的运行能力；动态观点认为土壤质量是土壤的健康状况，在最佳管理措施（best management practice，BMP）下，土壤质量会得到提高，而在不适当的管理方式下土壤质量会下降。根据静态观点，土壤质量评价是由一系列参数值确定土壤完成特定功能的能力，根据动态观点，土壤质量评价是监测土壤指标的当前状况，并与标准状况进行比较。

2.2.1.3　土壤质量的生物学指标

土壤生物学性质能敏感地反映土壤质量的变化，是评价土壤质量不可能少的指标。其中土壤微生物是最有潜力的敏感性生物指标之一。土壤微生物是土壤生物系统中养分源和汇的一个巨大的原动力，在植物凋落物的降解、养分循环与平衡、土壤理化性质改善中起着重要的作用。一般来说，可选择以下土壤质量的微生物学指标：

（1）土壤微生物的群落组成和多样性

土壤微生物十分复杂，地球上存在的微生物可能超过 18 万种，其中包括藻类、原生动物、细菌、病毒和真菌等，1 g 土壤就包含 10 000 个不同的生物种。土壤微生物的多样性，能敏感地反映自然景观及其土壤生态系统受人为干扰（破坏）或生态重建过程中微细的变化及程度。因而是一个评价土壤质量的良好指标。恢复一个受干扰的生态系统，如矿山复垦，不仅要恢复植被，还要恢复微生物群落。土壤真菌影响土壤团聚体的稳定性，是土壤质量的重要微生物指标。

（2）土壤微生物的生物量

土壤微生物的生物量（microbial，MB）能代表参与调控土壤中能量和养分循环以及有机物质转化的对应微生物的数量。它与土壤有机质含量密切相关，而且土壤微生物碳（MBC）或微生物氮（MBN）转化迅速，能在检测到土壤总碳或总氮的变化之前表现出较大的差异，是更具敏感性的土壤质量指标。土壤微生物碳（MBC）或微生物氮（MBN）对不同耕作方式、长期或短期的施肥管理都很敏感。

（3）土壤微生物的活性

土壤微生物的活性表示了土壤中整个微生物群落或其中的些特殊种群的状态。可以反映自然或农田生态系统的微小变化。

（4）土壤酶活性

土壤酶绝大部分来自土壤微生物，在土壤中已发现 50~60 种酶，它们参与并催化土壤中进行的一系列复杂的生物化学反应。由于土壤酶反应相对简单、迅速，并且按既定的程度进行，土壤酶活性对环境条件和耕作管理等因素造成的土壤变化十分敏感，土壤的非生物酶活性可以提供管理措施对土壤长期影响的信息，因此土壤酶的潜在活性可以作为土壤质量的评价指标。

美国土壤微生物学家（Keeney 等，1995）提出了土壤质量的微生物学指标体系，其参数如下：①有机碳；②微生物生物量 MB：总生物量，细菌生物量，真菌生物量，微生物量碳、氮比；③潜在可矿化氮；④土壤呼吸；⑤酶活性：脱氢酶，磷酸酶，精氨酸酶，芳基硫酸酯酶；⑥生物量碳与有机碳化；⑦呼吸量与生物量比；⑧微生物群落：基质利用，脂肪酸分析，核酸分析。

另外，还有土壤动物指标，土壤动物对土壤结构影响可能是评价土壤质量最好的长期指标。

2.2.1.4 土壤环境质量指标

现代土壤质量是土壤维持生产力、净化环境能力以及保障动植物健康能力的综合量度，由土壤肥力质量、土壤环境质量和土壤健康质量共同构成。

环境污染对人体健康的影响是多方面的，而且也是错综复杂的。通过对人群健康的调查和统计，分析并找出可能影响环境的污染物和污染源，找出引起影响人群健康的原因的因果关系，并探索污染物剂量与毒性反应关系。通过长期观察和积累资料，为制定环境中污染物最高浓度的标准提供依据，并为防治环境污染对人体的危害提出科学的对策和措施。

研究环境污染对人体健康的影响，是一件非常复杂的事情，首先要进行一系列细致的调查研究，然后才能进行分析评价。结论是否恰当准确，与调查工作有着密切的关系。目前，对流行病学方法的范围与应用，已远远超过了过去单纯着重于对传染病的研究范围。在研究环境污染对人体健康的影响时，也需要应用流行病学的有关调查方法。在世界上著名的一些公害病如伦敦烟雾事件、水俣病、四日市哮喘、洛杉矶光化学烟雾事件、痛痛病等，都是通过了一系列的实验研究和流行病学调查而确定的。土壤地理医学就是通过调查研究，阐明大气、水体、土壤等环境指标与人体健康、疾病、死亡间的关系，为消除病因，保护人群健康提供科学依据。

土壤环境质量是土壤调控温室气体和氮、磷排放、保护大气和水体安全的能力。土壤环境质量指标被用来度量土壤碳、氮的储量及其向大气的释放量，以及土壤磷、氮储量及其向水体的释放量。

土壤环境质量指标应该主要包括污染物背景值、土壤环境容量、净化能力、缓冲性能、重金属元素全量、重金属元素有效性、有机污染物（包括农药）的残留量、土壤 pH 值、土壤质地、植物或动物中的污染物、地表水质量、地下水质量等。

2.2.1.5 土壤健康质量指标

土壤健康质量是土壤影响和促进人畜健康的能力，尤其是针对因自然地质过程和生物地球化学循环而造成土壤中某些元素丰缺，继而通过食物链对人畜健康产生影响的能力。土壤健康质量是指土壤容纳、净化污染物质、保障清洁生产和提供人畜健康特需养分的能力。万物土中生，而人和动物吃万物，故土壤中营养元素的多寡与人类和动物的健康息息相关。

土壤健康质量指标包括重金属元素全量、重金属元素有效性、有机污染物等。其中，有机污染物通常有工农业生产和生活废弃物中生物易降解和生物难降解有机毒物和农药如杀虫剂、杀菌剂及除莠剂等。

尽管人类和动物对微量元素的需要量很少，但问题较多，这些元素占土壤<1%，占人体<0.01%，主要来自食物和水，最终来自土壤，与成土母质（母岩）有关，地区性分异明显，许多微量元素参与人体中特定的代谢作用，其作用全部或部分不能被其他元素

所代替。

2.2.1.6　土壤生态指标

物种和基因保持是土壤在地球表层生态系统中的重要功能之一，一个健康的土壤可以滋养和保持相当大的生物种群区系和个体数目，物种多样性应直接与土壤质量有关。土壤质量考虑的生态学指标有：种群丰富度、多样性指数、均匀度指数、优势性指数、植被及其覆盖率等。

2.2.1.7　土壤退化指标

如土壤抗蚀性能、侵蚀强度、侵蚀率、土壤沙化、次生盐渍化、沼泽化和酸化强度等。

土壤质量是土壤的许多物理、化学和生物学性质，以及形成这些性质的一些重要过程的综合体。至今为止，尚没有评估土壤质量的统一标准。不同的地区，不同景观类型的土地，也应该使用不同的指标体系。实际上根据特定状况确定一套兼顾广泛性和专一性的最简单的土壤质量评价指标体系比寻找一个绝对的统一指标更有意义和实用。为了在实践中便于应用，土壤质量参数指标的选择应符合下列条件：

①代表性　一个指标能代表或反映土壤质量的全部或至少一个方面的功能，或者一个指标能与多个指标相关联。

②灵敏性　能相对灵敏地指示土壤与生态系统功能与行为变化，如黏土矿物类型不宜于作为土壤质量指标。

③通用性　一方面能适用于不同生态系统，另一方面能适用于时间和空间的变化。

④经济性　测定或分析的费用较少，测定过程简便快速。

2.2.1.8　土壤质量指标的筛选

我国古代通过"摸、闻、尝"来评价土壤质量。现代土壤学则通过现代仪器测定的土壤质量指标，采用现代先进方法来评价土壤质量。土壤质量指标的筛选应满足以下几条：

①包含于生态过程中，与模型过程相关。

②综合了土壤物理、化学和生物学性质和过程。

③为多数用户接受并能应用于田间，容易被测定，且重现性好。

④对气候和管理条件变化足够敏感，能监测出退化导致土壤性质的变化，尽可能是现有数据库中的一部分。

土壤质量指标的筛选应考虑以下影响因素：①土地利用类型(放牧地、湿地、农用地等)或土地利用方式：如水的入渗在湿地土壤和农业土壤上的作用是不同的，入渗不是湿地土壤质量的有用指标，却是大多数农业土壤质量的有用指标。②生产物种类。③时空变化，指一些土壤质量指标受气候、土壤含水量、人类活动、植物生长阶段等影响。土壤质量评价的空间尺度：第一级即国家和国际尺度，为可持续资源管理的政策制定和执行；第二级即流域，为维护和提高环境质量开展多机构监测和土地利用规划；第三级即一片土地或森林，采取措施达到目标土壤质量，监测和了解土壤质量；第四级即试验区或处理：土壤质量随管理措施而变化，用于教学和研究；第五级即样点，是指土壤质量属性和指标的基础研究。④成土因素。⑤土壤质量指标与土壤功能。

因土壤质量指标的繁复性，其筛选要符合和考虑上述所有条件和影响因素是很难的，在生产上也难以应用，故为了实用起见，引入了土壤质量指标的最小数据集（MDS）。Larson 等（1991）认为最小数据集（MDS）应包括以下土壤质量指标：速效养分、有机碳、活性有机碳、土壤颗粒大小、植物有效性水含量、土壤结构及形态、土壤强度、最大根深、pH 值、电导率。但归根结底，土壤质量指标的筛选应以有效实用、测定简便为标准。如研究土壤重金属污染时，只要筛选重金属全量和有效性含量、质地、pH 值、水分状况就足够了。

2.2.2　土壤质量评价

2.2.2.1　土壤质量评价目的

近年来，人们开始重视土壤质量调查，因为土壤质量对可持续发展具有非常重要的意义，土壤质量评价是生态、环境、经济、社会可持续发展评价的重要基础，土壤质量评价的服务领域包括：①评价土壤质量的现状，确定存在障碍的生产区域，预测粮食生产，为土壤的开发利用服务；②分析不同土地利用方式或土壤管理措施对土壤带来的影响，理解土壤质量变化的机制，预测土地利用方式的改变或采用新的土壤管理措施可能对土壤产生的影响以及随之而来的风险；③评价土壤管理利用方式的可持续性，确定土壤的最佳管理措施（best management practices，BMP），帮助政府机构建立和评价可持续农业和土地利用政策；④监测土壤的环境质量，发现土壤本身存在或潜在的环境问题，评估土壤对大气和水环境以及动物和人体健康的影响。

虽然土壤质量评价服务的领域很多，但必须分清土壤质量指标与总体质量之间的区别与联系，因为前者是用来表征后者的可测量的标准，而后者则是总体评价的一个主观等级，因此在讨论土壤质量评价的目的时有必要区分对待。

目前所选择的土壤质量指标主要指那些能比较好地反映土壤生产能力、代表土壤缓冲性能或者保证动植物生长健康的指标，如土壤有机质含量、主要大量养分元素含量、重金属或者有机污染物含量等可量测的土壤属性。每个指标的优劣是根据它的功能表现所规定的区间来确定的，如高、中、低，或者超过某标准，在对照一定的标准以后，我们可以根据土壤某些属性，即土壤单项质量来调节土壤的功能表现，如施肥、耕作改良、修复污染土壤等。

2.2.2.2　土壤质量指标评价方法

在评价土壤质量时要重视与土壤内在价值的联系。这个观点不但强调土壤的作物生长、土地使用和生态功能的价值，而且还强调土壤的唯一性和不可替代性。然而，土壤内在价值还没有被土壤学家广泛研究。

土壤质量评价是设计和评价持续性土壤及土地的一个基础。对土壤质量评价已提出多种方法，如多变量指标克立格法（multiple variable indicator kriging，MVIK），土壤质量动力学方法以及土壤质量综合评分法等，但至今尚无国际统一的标准方法。不管采用哪种方法，首先要确定有效、可靠、敏感、可重复及可接受的指标，建立全面评价土壤质量的框架体系。可根据不同的评价目标和技术水平选择或设计合适的评价方法。美国国家土壤保持局（SCS）建立的土壤评价目标包括：①确定当前技术水平可测定的参数；②建立评价这些参数的标准；③建立评价短期和长期土壤质量变化的体系；④确定耕作措施的组成及其对土壤质量的影响；⑤评价现有的知识和数据以找到适合他们的适宜参数和方法。1992 年，在美国召开的关于土壤质量的国际会议建议标准的土壤质量评价应包括对气候、景观、土壤化学和物理性质的综合评价。

目前，相对比较有一定代表性的方法是大尺度地理评价法（broad-scale geographical assessment of soil quality）。该方法一般有下列五个基本步骤：

第一步：利用土地资源信息（包括大尺度的土壤、景观和气候信息），针对一二个特定的土壤功能估计土壤自然（或内在的）质量（inherent soil quality，ISQ）。例如，一个深厚的、排水良好的、在保持和供给养分方面能力较强的土壤能很好地适应于作物生长、截持和降解有毒物质。

第二步：利用地形和其他土地资源信息确定土地遭受退化的危险性的物理条件，并通过土壤质量易感性（soil quality susceptibility，SQS）指标识辨出处于土壤质量下降的农业区。例如，陡坡和地表土壤质地粉砂会使土壤易于遭受水蚀。

第三步：利用土地利用和管理信息与趋势估计那些具有使土壤下降危险性加大的人为条件。例如，集约化的顺坡条行种植可加剧土壤水蚀和有机质损失过程。

第四步：把信息综合起来估测土地资源质量发生变化的可能性及趋向。综合的方法包括：①主观法，根据经验知识主观地进行综合评估；②动态监测法，依据监测和新记录的土地资源数据进行综合评估；③模型法，利用模拟土壤退化过程的计算机模型，参照历史的和有代表性的气候数据进行综合评估。

第五步：利用土地资源评估结果，对特定利用下的未来土壤的质量进行再评价。利用土壤自然质量指数排序土壤。土壤的自然质量主要由地质学性质和成土过程决定，其大小的确定主要基于与土壤生产作物能力密切相关的 4 个土壤要素：①土壤孔隙（为生物学过程提供空气和水分）；②养分保持能力（维持植物养分）；③根系生长的物理条件（作为某些物理性质的结果促进根系生长）；④根系生长的化学条件（作为某些化学性质的结果促进根系生长）。

上述评估土壤质量的方法及步骤可应用于不同空间尺度上，小到地块，大到整个国家。既可为农民凭着主观直觉去使用，又能为研究人员借助复杂的模型或信息系统进行系统的操作。

由于目前对土壤质量的评价还没有一个统一的标准，为此在国家"973 计划"中的"土壤质量演变规律与持续利用"课题组在充分调研的基础上提出了我国土壤质量指标体系的初步建议方案。该方案由四步组成：第一，测定土壤的化学指标、物理指标和生物指标等质量指标，包括土壤有机质、速效钾、有效磷、pH 值、土层厚度、黏粒、容重、水稳性团聚体和微生物生物量碳等。第二，根据土壤质量指标隶属函数计算隶属度，评价指标与作物生长效应曲线之间关系的数学表达式，即隶属度函数。第三，用因子分析法确定指标的权重值，以特征值>1为选取主因子的条件作因子分析，得到各质量因子主成分的特征值和贡献率，并由因子载荷矩阵计算土壤质量指标的公因子方差及权重值。第四，计算土壤肥力质量综合评价指标值。根据模糊函数中的加乘法原则，利用专用的计算公式求得土壤肥力质量综合评价指标。

客观地评价土壤质量指标和准确地判别指标等级是土壤质量综合评价、改土培肥和科学施肥的关键。综观土壤质量指标（指单项指标）的评价方法，大致可以分为直接法和间接法两大类。

直接评价法是指通过试验手段直接探测评价指标对土壤某种用途的适宜程度。目前多以空白地产量作为标准。严格地说，直接评价的结果只能应用于具体特定的试验点，或与特定试验点相类似的地方。而且直接评价法受到研究资料不足的限制，不能充分反映土壤质量状况，因此大多数的土壤质量指标评价采用间接评价法。

间接评价法是根据具体的参评指标与土壤质量或作物产量之间的关系，推知评价指标的优劣。间接评价法可以充分利用已有的土壤、作物和气候等资料，评价简单、准确，应用广泛。间接评价法又可分为两大类：一类是分级法或归类法，根据评价指标的潜力和限制条件，把评价指标分为一级、二级、三级等或分为高、中、低等几个等级；另一类是评分法，又称数值法或参数法。间接评价法是经过长期的实践检验并不断得到发展的一种评价方法。

2.2.2.3　土壤质量评价指标的选取原则

（1）综合性原则

在进行土壤肥力评价时，指标的选取直接影响到土壤肥力评价的真实性、合理性和科学性，因此，土壤肥力评价指标应全面、综合地反映土壤肥力的各个方面，即土壤的养分储存、养分有效性、因子协调程度、作物需求和产出等。因此，在确定土壤肥力评价指标时，应该广泛调查了解，多方征求意见，减少评价者的主观性，使指标能真实、客观地反映土壤肥力水平和状况。

（2）主导因素原则

影响土壤肥力质量的因素很多，而且因素之间具有重叠影响，土壤肥力评价指标选取应避免指标间多重共线性问题。如果选取的指标间存在多重共线性，既增加了不必要的计算量和分析量，又影响到土壤肥力评价结论的真实性。为避免指标间多重共线性问题，在进行土壤肥力评价时，应采用各种数学统计方法，对选取的指标进行相关或独立性分析，保留主导因素，剔除部分次要的、重叠的指标。

（3）实用性原则

虽然我们努力定量地评价土壤肥力质量，但事实上土壤肥力质量是难以客观表达的，因为概念的模糊性，使得土壤肥力质量的真值根本就不存在。因此，在进行评价时，在一定的精度范围内，能够反映实际情况就满足要求了，精益求精的目标在土壤肥力质量概念中未必适用。在进行指标的选取时，也应该兼顾指标的获取难度、获取成本、区域特点等因素，与理论研究不同，实际应用中，要尤其考虑指标选取的实用性和操作性问题。

2.2.2.4　土壤质量评价的工作程序

土壤质量评价应该充分考虑被评价地区的特殊情况，在评价之前应该充分了解研究区域的背景资料，与当地人民共同讨论，确定研究区域存在的主要问题，做到有的放矢。土壤质量调查是土壤质量评价的核心工作，采用标准的采样规程、样品预处理和分析方法是非常重要的。对于调查结果还要进行质量确认和质量控制。在土壤质量评价的基础上应该给予使用者提供必要的建议，促进土壤的可持续利用。根据美国农业部自然资源保护局(USDA-NRCS)土壤质量研究所制定的土壤质量评价清单，土壤质量评价应该包括以下步骤：

①访问当地农民、研究者和政府有关部门，获取土壤质量相关信息，确定存在的主要问题。

②详细说明土壤的主要功能，确定土壤质量评价的目标。

③确定土壤质量指标和评价方法，收集背景信息。

④开展土壤质量调查，记录调查数据。

⑤得到土壤质量调查结果，发现调查结果中存在的规律和趋势，比较不同评价方法得到结果的差异，并对差异进行详细分析，在确定评价的可靠性以后提供给土地使用者土壤质量评价的综合结果。

⑥提出存在的主要问题，提供可选择的管理方案来改善或保持土壤状况。

⑦考虑各种管理方案的负效应，包括对生态、资源、社会、文化和经济的影响，预测不同措施会产生的结果。

⑧帮助土地使用者确定最终方案，共同制定实施时间表。

⑨提供方案实施的技术支持。

2.3　土壤质量的演变

内在的或自然的土壤质量是由母质和土壤形成过程(如化学和物理风化)所决定的。土壤质量的变化在自然条件下是十分缓慢的，但在人为活动的影响下，土壤质量的变化可以变得异常迅速。

农用土地利用指的是在某一地域上发生的耕作活动的类型。农业管理措施指的是农民使用土地、种植作物和饲养牲畜的方法。对牧地而言，管理措施包括牲畜饲养、轮作放牧、杂草防治、植被保护等。对耕地而言，管理措施则包括作物选择和轮作、耕作方法、残茬和交通管理、肥料和其他营养改良剂的使用、病虫害防治、水分管理等。通常，对一种特定的土地使用者来说，对土地的自然生态的破坏越大，它对土壤质量的影响就越大。

人类对土地不和谐的利用和管理可以导致全球生物地球循环发生改变和加快土壤性质变化的速度，当前世界各地土壤退化相当严重，已威胁到人类赖以生存的土地资源。近年来，土地利用对土壤质量影响的机理和规律、退化土地的恢复和区域土地资源管理以及土地的持续利用的研究已引起国内外学者的重视。

2.3.1　城市土壤质量的演变趋势

城市土壤质量的演变是伴随着城市化进程出现的。城市化进程中最显著的变化是城市和其辐射区内土地利用结构的变化。城市化的另一个更为直接的影响是地表特征的改变。城市化的影响更体现在污染物的大量产生和转移上，全世界80%的工业和生活污染物来源于城市，其中大部分污染物将直接或间接地进入城市和周边地区的生态系统中。土壤虽然有容纳和净化污染物的功能，但在强烈的超负荷环境冲击下，土壤的缓冲和净化功能将面临巨大的威胁，从而导致土壤质量的下降。

人类活动导致自然生态系统向人工生态系统转变已有数千年的历史，而城市化是其中强度最大、影响最深的过程之一。城市化以经济高度集中、资源高度利用、物质快速循环为标志（张甘霖等，2003）。

城市化更为直接的影响是地表特征的改变，从可渗透的土壤表面变为没有渗透和吸收功能的人工封闭地表，这意味着土壤的生产力功能、缓冲和净化功能、景观功能等自然功能大部分甚至完全丧失。由于城市土壤地表封闭的普遍出现，土壤的水分过滤、热量交换、污染物净化等重要的生态功能部分甚至完全消失。城市土壤的压实经常影响城市树木生长，并降低渗透性能，加上地表的封闭，显著提高地表的径流系数，导致降雨集中时短时间的洪涝。此外，土壤中大孔隙的存在，增加了污染物下渗的危险。

城市土壤化学性质的强烈改变和土壤污染的加剧是城市土壤性质发生变异的主要原因（张桃林等，1997）。严重的土壤污染导致一些土壤的 Zn、Pb 含量高达 3000 mg · kg^{-1}。养分富集（如城郊菜园土氮磷的富集）是城市土壤的另一特征。城市土壤污染一方面影响土壤的生态功能，另一方面污染物通过食物链传递和土壤颗粒物直接吸入而影响城市居民的健康。城市土壤质量除了影响水环境和植物（主要指蔬菜）外，对城市绿化建设的成败也关系极大。

由于城市化过程的加快，大量林业和农业土壤被城市扩展而占用，城市区域的土壤受人为活动长期扰动，多次无序侵入土体和地下施工翻动，破坏土壤原有的表土层和腐殖质层，形成了一类独特的土壤。与原始土壤相比，表现为土壤剖面结构混乱、无层次、无规律、结构差、侵入体多、养分匮乏、污染等特性，使原有的自然土壤产生时间和空间上的变异，土壤理化性质也发生了实质性的变化。

2.3.1.1　城市土壤物理性质的演变

城市土壤与森林和农业土壤相比由于人为践踏和车辆压轧等，土壤较紧实，结构和团聚体多遭受破坏，土壤容重大，孔隙度小，土体中多为沙石、砖头、瓦块等建筑和生活垃圾等侵入体。

从表 2-4 可以看出，土壤容重以农业土壤最小，森林土壤其次，城市土壤最大。而在农业土壤中以原始未受人为因素影响的五花草甸自然土壤容重最小；在森林土壤中以原始的天然白桦林土壤容重为最低，在城市土壤中以草坪用地土壤容重为最低。城市绿化用地 20~40 cm 土壤容重分别比森林土壤和农业土壤提高 17.7%～43.7% 和 35.4%～93.9%，总孔隙度降低 1.9%～13.0% 和 34.1%～52.4%，土壤饱和持水量分别降低

16.6%~39.5%和60.0%，田间持水量提高98.0%~104.4%和59.8%~69.8%。城市草坪绿地20~40 cm 土层土壤容重比人工林土壤降低7.3%，比天然林提高13.2%，比农业土壤提高 6.7%~52.7%，总孔隙度比森林土壤提高 29.5%~46.2%，比农业土壤降低1.8%~2.3%，土壤饱和持水量比森林土壤提高 14.4%~57.7%，比农业土壤降低24.4%，田间持水量比森林土壤和农业土壤提高 108.8%~204.5%和 63.3%~73.4%。结果表明，土壤物理性质以未受人为因素干扰的最原始五花草甸自然土和天然白桦林的土壤为最好，随着人为因素影响的增大，土壤物理性质越差。由于人为破坏了原始的土壤结构，土体变得坚实，土壤容重增大，孔隙度减小，通气性差，有益微生物的活动受到抑制，土壤养分的有效性降低，植物根系发育受阻乃至死亡。因此，在城市建设中，尽量减少土壤的破坏，清除建筑和生活垃圾，在施工中要把表层与底层土壤分开，并把表土层的土壤回填到绿化用地，从而改善城市绿化土壤的物理性质。

表 2-4　不同土壤类型土壤物理质量的演变

土壤类型	土壤种类	土层/cm	容重/(g·cm⁻³)	饱和持水量/%	毛管持水量/%	田间持水量/%	非毛管孔隙度/%	毛管孔隙度/%	总孔隙度/%
城市土壤	草坪用地	20~40	1.344	43.71	40.88	64.00	3.80	54.93	58.73
	绿化用地	20~40	1.706	23.12	22.71	62.65	1.70	37.73	39.43
森林土壤	人工落叶松	20~40	1.450	27.71	24.40	21.02	4.80	35.38	40.18
	天然白桦林	20~40	1.187	38.2	35.21	30.65	3.55	41.79	45.34
农业土壤	老耕地	25~45	1.260	—	—	36.90	—	—	59.80
	五花草甸	30~40	0.88	57.83	—	39.20	—	—	60.10

注：引自陈立新《城市土壤质量演变与有机改土培肥作用研究》，2002。

2.3.1.2　城市土壤养分质量的演变

城市建筑的兴建与废弃、城市地貌的改变等决定着土壤发育方向，使原有的自然土壤不但发生土壤物理性质的演变，而且土壤养分也发生了时间和空间上的变异。

从表 2-5 可以看出，城市土壤 0~60 cm 土层，土壤养分变化并不是随土壤深度的增加而减少，而是表现出无层次性。而森林土壤、农业土壤和自然土壤则不同，表现出随土壤深度的增加而递减的规律性。城市土壤与森林土壤、农业土壤和自然土壤相比土壤养分含量发生了明显的变化。但是，其中各土壤类型 0~60 cm 土层 pH 值没有明显差异，说明土壤对人为干扰、植物影响所引起的酸碱度变化的缓冲能力较强，也进一步说明土壤的忍耐能力在未达到极限范围内对酸碱度具有一定的自我调节能力。城市土壤中草坪用地和绿化用地表层土壤有机质含量比森林土壤降低 82.0%~95.9%和 77.1%~94.8%；比农业土壤降低 86.6%和 82.9%；比自然土壤降低 96.1%和 95.0%。0~60 cm 城市土壤全氮、水解氮含量降低；全磷和有效磷均比森林土壤提高 70.1%~117.4%和 173.5%~222.1%，比农业土壤提高 44.9%~161.2%和 98.4%~694.4%。非城区自然土壤天然白桦林有效磷的含量只有 3.98~7.3 μg·g⁻¹，五花草甸（自然土壤）有效磷的含量 1.50~

表 2-5　不同土壤类型土壤养分质量的演变

土壤类型	土壤种类	土层/cm	pH 值	有机质/%	全 N/%	全 P/%	水解 N/(μg·g⁻¹)	有效 P/(μg·g⁻¹)
城市土壤	草坪用地	0~20	6.10	0.59	0.058	0.252	41.54	19.813
		20~40	6.30	2.24	0.069	0.351	76.77	41.087
		40~60	6.50	2.37	0.052	0.249	67.45	40.275
城市土壤	绿化用地	0~20	6.50	0.75	0.051	0.384	39.56	73.415
		20~40	6.40	0.40	0.031	0.389	27.37	22.244
		40~60	6.30	0.61	0.041	0.317	27.63	23.501
森林土壤	人工落叶森林	0~20	6.13	14.36	0.740	0.370	5.31	16.00
		20~40	6.01	2.11	0.130	0.040	12.63	13.00
		40~60	6.01	0.49	0.050	0.090	3.29	8.00
	天然白桦林	0~20	6.54	3.28	0.147	0.138	3.52	3.98
		20~40	6.12	0.83	0.077	0.061	1.40	7.30
		40~60	6.12	0.35	0.038	0.072	1.00	3.98
农业土壤	老耕地	0~12	6.28	4.39	0.199	0.153	192.9	20.00
		12~30	6.30	3.46	0.155	0.147	139.90	12.00
		30~65	6.26	2.46	0.102	0.116	85.80	19.00
	五花草甸（自然土壤）	0~15	6.40	15.13	0.718	0.238	81.40	10.00
		15~30	5.90	7.30	0.377	0.206	68.70	3.50
		30~60	6.00	3.20	0.170	0.143	43.60	1.50

注：引自陈立新的《城市土壤质量演变与有机改土培肥作用研究》，2002。

10.0 μg·g⁻¹，处于缺乏至严重缺乏水平［根据文献（鲁如坤，1998）的分级标准：>20 μg·g⁻¹ 为丰富，<10 μg·g⁻¹ 为缺乏，<5 μg·g⁻¹ 为严重缺乏］，与城市土壤比较有极显著的差别。城市土壤有效磷的含量超过植物的需求，磷素的供给达到很高水平，具有明显的土壤磷富营养化特征，与卢瑛（2001）研究结果一致。这是由于城市土壤人为活动和大量含磷的废水以及垃圾的混入，使得土壤中全磷、有效磷的含量明显高于森林土壤和农业土壤。另外，不同地点人为作用的强度不同，导致土壤中磷素变异性很大，使磷酸盐、硝酸盐富集，各种离子失去平衡，对土壤和植物易产生毒害。

2.3.2　设施栽培蔬菜地和雷竹林土壤质量演变趋势

设施栽培菜园土的土壤肥力演变通常呈现养分富集、盐渍化和酸化的规律。

（1）耕层土壤养分富集

与露天大田相比，大棚蔬菜地土壤有机质、氮、磷均表现增加的趋势（焦坤和李德成，2003），而且增加程度随棚龄的延长而增大。速效氨、磷、钾一般也呈现增加的趋势，这一趋势也随利用年限的增加而增加。大棚蔬菜地的碱解氮、速效磷、速效钾含量分别为大田含量的 4.1~6.8 倍、3.7~10.5 倍、2.4~6.5 倍。化肥和有机肥投入量过大是大棚土壤养分增加的原因所在。大棚土壤中磷积累最明显，复合肥中磷比例过高被认为是主要原因。

（2）土壤盐渍化

土壤全盐含量高、盐分表聚是设施土壤次生盐渍化的主要特征。据报道，大棚土壤总盐量是露地的 2.1~13.4 倍，并随棚龄的延长而升高（刘德和吴凤芝，1998）。土壤中盐分的增加导致电导率升高，哈尔滨市和大庆市蔬菜大棚内土壤的电导率是露天大田的 2.0~5.6 倍。由于设施土壤不受雨水淋洗，施入的多余肥料残留于土壤中并逐年累积，而超量使用化肥和偏施氮肥是引起土壤次生盐渍化的直接原因（余海英等，2005）。

（3）土壤酸化

位于长江三角洲的嘉兴市在稻麦轮作田改为多年连作的蔬菜保护地后，土壤已出现明显的酸化。调查发现，嘉兴市蔬菜地土壤 pH 值已从 1981 年的 6.30 下降到 1988 年的 5.39（黄锦法等，2003）。过量施氮肥是导致蔬菜地土壤酸化的主要原因。

近年来，集约经营雷竹林长期大量施肥特别是化肥和冬季覆盖导致了土壤有机质和养分含量的快速积累和急剧提高（蔡荣荣等，2007；姜培坤等，2000；黄芳等，2007），从而造成部分竹林的提前退化（金爱武等，1999）、土壤酶活性的异常（姜培坤等，2000）、竹笋硝酸盐含量的严重超标（姜培坤和徐秋芳，2004）及土壤重金属含量的升高（姜培坤等，2003）。

2.3.3 中国土壤质量演变趋势

近 20 年来，中国四大区土壤（水稻土、红壤、潮土和黑土）肥力质量发生了重大变化（曹志洪等，2008）。

（1）土壤 pH 值的演变

太湖流域水稻土区 pH 值全面下降，下降的面积占总面积的 91.6%。红壤区近 20 年来绝大部分地区的土壤 pH 值下降。黑土区土壤 pH 值降低了 0.33 个单位，潮土区土壤 pH 值从 8.9 降低到 8.0。大气酸沉降和施肥不当是造成我国土壤大面积酸化的主要原因。

（2）土壤有机质的演变

黑土区 87.8% 以上面积的土壤有机质都出现不同程度的下降，其中降低 20 g·kg^{-1} 以上的达到 40% 以上，降低 10 g·kg^{-1} 以上的达到 55% 以上，而仅有 13% 的土壤有机质略有增加。潮土区近 20 年来占土地总面积 89.5% 的土壤有机质都出现不同程度的上升。土壤有机质含量由全国第二次土壤普查时的 10.03 g·kg^{-1} 提高到 13.34 g·kg^{-1}。红壤区（鹰潭地区）有 61.9% 的区域土壤有机质含量是增加的。水稻土区有 92% 面积的有机质是增加的，其中又以上升 5~10 g·kg^{-1} 的分布面积最大。近 20 年来，水稻土区有机质呈现积累的过程。

（3）土壤速效磷的演变

与全国第二次土壤普查数据相比，黑土区土壤速效磷平均增加 9.82 mg·kg^{-1}。潮土区土壤速效磷由全国第二次土壤普查时的 5.06 mg·kg^{-1} 增加到现在的 21.80 mg·kg^{-1}。太湖地区水稻土土壤速效磷含量下降面积比上升的面积大，但总体来看，速效磷养分是亏缺的。红壤区的鹰潭地区土壤速效磷含量也呈增加趋势。

（4）土壤速效钾的演变

与全国第二次土壤普查数据相比较，黑土区土壤速效钾含量平均降低 40 mg·kg^{-1}，约占总量的 20%。20 年来，潮土区土壤速效钾有的区域增加（如北京通州、山东陵县），有的区域减少（如河北曲周），潮土区的土壤速效钾含量增加的区域占总面积的 75.9%。太湖流域水稻土区土壤速效钾含量呈下降趋势。红壤区的兴国县土壤速效钾含量是以下降为主，下降的面积占总面积的 67.2%。

（5）土壤重金属和有机污染物空间分异

研究区域内土壤环境质量总体良好，只是局部地区出现了不同类型和程度的污染。黑土区 97.9% 面积的土壤属于清洁区，黑土区是生产绿色食品的理想基地。潮土区清洁和尚清洁的土壤占潮土面积的 98.7%，仅 1.3% 的地区出现重金属镉的污染，目前尚没有受到其他重金属的污染，也基本没有农药（六六六、DDT）的污染。水稻土区清洁和尚清洁土壤占水稻土总面积的 95.7%，轻度污染占 3.8%，中度和严重污染占 0.4%，局部地区出现汞、铜重金属污染。红壤环境质量总体良好，只有很少的局部地区和矿区出现不同类型和程度的重金属污染。

2.3.4　土壤质量保持与提高的途径

保持和提高土壤质量是实现农业可持续发展的基础。要使土壤质量得以保持和提高，必须实施可持续的土地管理战略，即用一种能保持土地的生产性能又不会耗竭资源和损害环境的方法去管理土地，因而需要同时兼顾以下各个方面的要求：①生产性，维持或者改善农业生产和服务；②稳定性，降低生产风险水平；③持续性，保护自然资源，防止土壤和水资源退化；④生存性（生活力），具有良好的经济意识和经济效益；⑤可接受性，可为社会长期接受。

北美的一些研究结果表明，土壤质量在那些针对当地土壤退化问题而采取了相应的保护性措施的地区，将维持稳定或提高；而在那些没有采取保护性耕作方法而又集约种植的地区的土壤质量将会不断下降；当生荒地开垦成农地时，经常在开始的头 10 年其土壤质量会迅速下降，而之后当投入大于产出时土壤质量则会慢慢得到改善；合理地增加有机物质、采取保护性耕作和作物轮作及种植豆科植物、作物残茬管理、连续种植（减少夏季休闲）、侵蚀控制（如覆盖种植、深播、等高种植、修筑梯田、水道种草）和修筑地下排水系统等措施，可使土壤质量得以维持甚至提高。提高土壤质量的可持续发展的农业管理战略有：①保护土壤有机质的管理战略，如通过采用少耕法来维持土壤中的碳、氮水平，植物残茬和动物粪便的再循环，增加生物的多样性，使碳的投入大于碳的输出；②减少土壤侵蚀的管理战略，如保护耕作，增加保护性覆盖（残茬、稳定性团聚体、种植覆盖作物、绿肥休闲）；③生产和环境的平衡管理战略，如保护和综合管理体系（最适的耕作，残茬、水、化学品的使用），根据作物的需要协调有效氮、磷的水平；④可再生资源的最佳使用管理战略，如降低对矿物燃料和石油化学品的依赖性，多使用可再生资源，增加生物的多样性（作物轮作、豆科作物、有机肥等）（Doran and Parkin，1994a）。

要提高土壤环境质量，最有效的措施是控制人口的过速增长，控制过分采伐森林和破坏植被，加速退化土壤的治理，提高化肥、农药和能源的利用率，控制有害物质在土壤、水体中的聚集速率和温室气体的排放，提倡土壤和生物资源的持续利用等。

2.3.5　土壤质量退化及其过程

土壤的内在质量是天然和相对稳定的，它是五大自然成土因素长期相互作用的产物。人类活动则是土壤质量形成的第六个因素。因此，土壤质量一方面会因一些自然过程，如风化淋溶作用的进行而缓慢改变，另一方面更会因人类活动，如土地利用和农作实践活动而加速变好或变坏。

2.3.5.1　土壤退化表现形式

土壤退化是指因自然环境不利因素和人为利用不当引起的土壤肥力下降、植物生长条件恶化和土壤生产力减退的过程，也是土壤生态平衡遭受破坏、土壤质量变劣、再生能力衰退、承载力变弱的动态过程。土壤退化是导致土壤质量下降的一个最直接、最主要的途径。因此，所有导致土壤环境质量和数量下降的过程都属于土壤退化。以土壤退化为核心的土地退化，已成为人类社会持续发展的主要障碍。土壤有机质含量的降低、土壤结构的丧失、因风蚀和水蚀而引起的土壤损失、土壤酸化和盐碱化的发展，以及因农药残留和重金属积累而引起的土壤污染都会使土壤功能减弱或丧失。

土壤退化的形式多种多样，但主要的形式为：风蚀和水蚀、有机质含量和质量下降、土壤结构破坏、盐渍化和化学污染、土壤生物多样性衰减及生物活性下降等。根据土壤退化的表现形式，土壤退化可分为显型退化和隐型退化两大类，前者是指退化过程（有些甚至是短暂的）可导致明显的退化结果，后者则是指有些退化过程虽然已经开始或已经进行较长时间，但尚未导致明显的退化结果（张翠莲等，2010）。联合国环境规划署关于"土壤退化的全球评价"表明，几乎 40% 的农地受到土壤退化的不良影响。

目前由外因（人为因素、自然因素）和内因（母质因素、土壤因素）综合作用不利影响引起的土壤退化问题已严重危及世界"有土栽培"领域的可持续性发展。据统计，世界土壤退化的总土地面积为 $1.30 \times 10^8 \ km^2$，而人为引起的土壤退化面积达 $1970 \times 10^4 \ km^2$，占总土地面积的 15.12%。按区域分布来看，亚洲的土壤退化面积最大（$747 \times 10^2 \ km^2$），占全球土壤退化总面积的 38.02%，其次是非洲（$494 \times 10^4 \ km^2$）占 25.14%、美洲（$402 \times 10^4 \ km^2$）占 20.46%、欧洲（$218 \times 10^4 \ km^2$）占 11.09%、大洋洲（$102 \times 10^4 \ km^2$）占 5.19%。按土壤退化类型来看，全球土壤物理退化（包括水蚀、风蚀、土壤压实、渍水、有机土下陷等）面积 $1730 \times 10^4 \ km^2$，占退化总面积的 87.84%，其中土壤侵蚀退化（水蚀、风蚀）占总退化面积的 83.56%，其结果以表土丧失为主，是造成土壤退化的最主要因素之一，全球土壤化学退化（包括土壤养分衰退、盐渍化、污染、酸化等）面积 $239 \times 10^4 \ km^2$，占退化总面积的 12.16%；按退化程度来看，全球土壤退化以中度、强度和极强度退化为主，其中中度退化土壤占全球土壤退化总面积的 46.00%、强度退化占 15.00%，而轻度退化仅占 38.00%。

在北美洲，由于草地和森林被开垦为可耕地，其中很多土壤的质量严重退化。机械耕作和作物的连续种植已导致土壤物理性质的变劣。土壤侵蚀的发生、土壤有机质含量的急剧降低以及有机质碳以 CO_2 的形式向大气排放造成大气的污染，都会对土壤质量和环境产生严重的不良影响。土地的集约管理以及随之而来的土壤中 C、N 和水的不平衡，使得全世界部分地区的地表水和亚地表水的质量变差。目前，美国已经把农业看作分布最广泛的非点源污染源。

　　长期以来，因我国人口众多，人均资源占有量少，致使自然资源利用不合理，尤其对土地资源的不合理利用，使我国区域生态环境遭受严重破坏，土壤退化问题极为突出，已经严重阻碍整个中国现代化的建设进程。目前我国土壤退化主要表现为土壤侵蚀、土壤养分贫瘠化、土壤黏重化、土壤粗骨沙化、土壤酸化、土壤障碍层及其高位化、土壤污染毒化等。

　　我国的土壤化学退化形势不容乐观，据统计，仅南方山区土壤化学退化(贫有机质化、贫 N 化、贫 P 化、贫 K 化、酸化、碱化、污染毒化等)面积就达 $44.5×10^4$ km²，占该区土地总面积的 20.42%。从土壤肥力状况来看，我国耕地的有机质含量一般较低，水田土壤大多在 1%~3%，而旱地土壤有机质含量较水田低，<1% 的占 31.2%；我国大部分耕地土壤全氮都在 0.2% 以下，其中山东、河北、河南、山西、新疆等 5 省(自治区)严重缺氮面积占其耕地总面积的一半以上；缺磷土壤面积为 $67.3×10^4$ km²，其中 20 多个省(自治区)有一半以上耕地严重缺磷；缺钾土壤面积比例较小，约有 $18.5×10^4$ km²，但在南方缺钾较为普遍，其中海南、广东、广西、江西等省(自治区)有 75% 以上的耕地缺钾，而且近年来，全国各地农田养分平衡中，钾素均亏缺。因而，无论在南方还是北方，农田土壤速效钾含量均有普遍下降的趋势；缺乏中量元素的耕地占 63.3%(杨卿等，2009)。

　　影响土壤退化和土壤质量变化的因素包括生物物理的、社会经济的、技术的和文化的因素。土壤退化可由其中的一种或多种因子及其相关过程引起。一般来说，不合理的人为活动如毁林、过度放牧、地下水过度开采、过量施用化肥和有机厩肥等所引起的土壤退化问题无论在范围还是程度上均比自然因子引起的退化要严重得多。以土壤侵蚀为例，人为活动诱导的土壤侵蚀是导致土壤质量下降的最根本的动因之一。

　　据 1992 年统计，欧洲由于物理、化学和生物方式而导致退化的土壤面积高达 23%。化学退化主要是由过量的重金属、化肥和杀虫剂引起的，物理退化是由压实和侵蚀引起的，而生物退化则是由有机质和生物多样性的损失引起的。在高产农业中，特别是西欧国家和我国的太湖流域，肥料和杀虫剂的使用导致当地的环境污染，但是，通常工业对土壤和水的污染强度要比农业大得多。

2.3.5.2　土壤质量降低过程类型

　　土地利用和耕作管理可以使土壤向好的方向或坏的方向变化。定期地施加有机质、采用保护性耕作、种植豆科作物等则可以保持或提高土壤质量。相反，不适当的土地利用和管理措施都会加速土壤质量降低的过程。风和水的侵蚀、有机质的损失、土壤结构的破坏、盐渍化、土壤酸化和化学污染等可以使土壤质量降低。这些过程会降低土壤生长作物和维持健康环境的能力。

　　(1)侵蚀

　　土壤侵蚀是在各种外力的作用下，土壤物质被剥离、迁移、沉积的过程。自然状态

量也越大。我国是一个多山的国家，全国土地约有 46.4% 为山地，20% 为丘陵，在我国总耕地面积中，坡度大于 15° 的耕地占 14.1%；其中，西部地区坡度大于 15° 的耕地比例为 35.7%。这种地形和耕地条件易使降水形成径流，随着坡度、坡长的增大，水的能量增大，对土壤的侵蚀随之增强（刘树坤，2004）。

③土壤因素　土壤透水性（由机械组成、土壤结构、孔隙和土壤湿度等影响）、土壤抗蚀性（土壤抵抗径流对其分散和悬浮的能力）和土壤抗冲性（抵抗径流对其机械破坏和推动下移的能力）都是影响土壤遭受侵蚀程度的因素。如我国黄土粒级以粉砂为主，黏粒及细沙少见。风成黄土具垂直节理，孔隙度大、湿陷性强、抗蚀性弱，极易遭受流水侵蚀。四川盆地的紫色土，华南的红壤、黄壤、砖红壤，东北的灰化土等，多土层浅薄、有机质少、持水性低，植被一旦破坏，极易产生水土流失（余新晓，2012）。

④植被因素　植被对于水土流失具有拦截雨滴、削弱降水能量、调节地面径流、固结土体和改良土壤性状的作用。据四川省有关资料分析，在等雨量条件下，覆盖度 95% 以上的耕地，径流系数为 0.23，而覆盖度为 15% 的农地径流系数为 0.59。具有乔灌草三层结构的高植被覆盖地区，由于其保水保土效果十分明显，一般无明显水土流失现象。但是，在西部干旱半干旱地区，生态系统极为脆弱，稀疏灌草及裸土、裸岩广泛分布，成为水土流失重灾区（吴佩林等，2004；刘树坤，2004）。

3.2.2.2　人为活动

森林砍伐和植被过度开发、过度放牧、滥用农用化学品和缺乏土壤保护措施等是导致土壤退化的人为原因。

(1) 森林退化

森林砍伐是指将森林转变为非森林用途，如农田、牧场、工业综合体和城市地区（图 3-4、图 3-5）。世界森林总面积逾 $40×10^8$ hm²，其中 7 个国家［俄罗斯、巴西、加拿大、美国、中国、印度尼西亚和刚果（金）］的森林面积总和占世界总森林面积的 60% 以上。10 个国家或地区根本没有森林，另外 54 个国家的森林面积不到其国土面积的 10%（FAO，2010）。据调研发现，大约一半覆盖地球的森林已经被清除（Kapos，2000）。每年，有 $1600×10^4$ hm² 的森林消失（缪东玲，2010）。世界资源研究所（1997）估计，世界原始森林只有 22% 左右保持完整，其中大部分位于三个大区域：加拿大和阿拉斯加北部森林、俄罗斯北部森林、亚马孙盆地西北部热带森林和圭亚那石林（圭亚那、苏里南、委内瑞拉、哥伦比亚等）。Kim *et al.*（2015）分析也证明了，与 2000 年之前相比，2000 年的森林砍伐面积总和有所增加，增加了 62%。总之，几千年来，人类活动对森林的影响是巨大的。森林砍伐正在扩大并加速进入未受干扰森林的剩余区域，剩余森林的质量也正在下降，但是随着世界各国政策和经济发展改变，世界某些地区的森林砍伐速率已经稳定下来，并且一些地方正在重新造林。总之，森林在地球陆地的几大洲中，不同类型的森林在全球范围内退化面积和退化速率不同，森林退化主要发生在热带地区，而且速率仍然在加快，如在拉丁美洲，热带森林的砍伐正在以每年 2% 的速率进行；在非洲，这一速率约为每年 0.8%；而在亚洲，这一速率为每年 2%。温带森林退化速率低于热带地区（图 3-6）。

图 3-4　亚马孙雨林森林砍伐
（图片来自 Ashley Curtin，November 27，2018，
Nation of Change）

图 3-5　亚马孙雨林森林砍伐
（https：//www. nationalgeographic. org/encyclo-
pedia/deforestation）

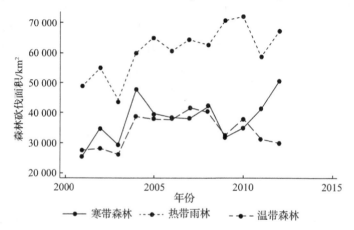

图 3-6　不同气候下国家一级森林砍伐总量（km²）（资料来源：Leblois *et al.*，2017）

　　森林砍伐，在不同的国家也面临着不同趋势。根据联合国粮食及农业组织（FAO）的分析，森林砍伐集中在发展中国家。Leblois *et al.*（2017）以 2001—2015 年间森林砍伐面积超过 40 000 km² 的发展中国家为研究对象，发现在六个最大的发展中国家中［中国、巴西、刚果（金）、印度尼西亚、马来西亚和俄罗斯］，印度尼西亚和俄罗斯的森林砍伐面积增幅较大，中国、刚果（金）和马来西亚变化不明显，而巴西在 2005 年后由于严格的国家政策而减少了森林砍伐（图 3-7）。

　　联合国粮食及农业组织（FAO）分析认为，造成森林砍伐的主要原因是自给农业的扩大（在非洲和亚洲更为普遍），以及政府支持的森林向其他土地用途的转变，如大规模牧场（在拉丁美洲和亚洲最为普遍）。在现有的世界范围内 80% 的森林退化是由农业生产引起的（FAO，2015），例如，在 1980 年至 2000 年期间，超过 80% 的新农田是以之前的林地砍伐为代价建成的（Gibbs *et al.*，2010）。在拉丁美洲，沿森林边界的小农户农业扩张可能是森林砍伐的主要原因；其次是原位农业和牧场扩张、燃料和建筑用木材砍伐以及基础设施扩张。如世界上面积最大的森林，巴西亚马孙森林（4000 000 km²）根据巴西政

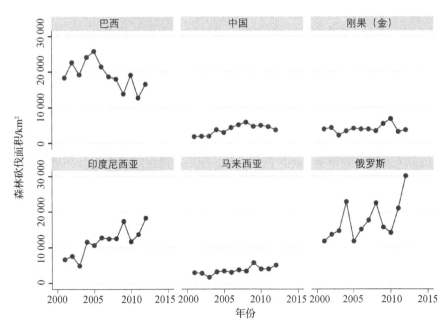

图 3-7　2001—2012 年的森林砍伐超过 $4×10^4 km^2$ 的六大发展中国家森林砍伐情况
(资料来源: Leblois *et al.*, 2017)

府森林监测项目 PRODES 显示,该地区约 20% 的原始森林覆盖已被转变为牧场、农业用地,并在较小程度上转变为城市地区。Souza *et al.* (2013) 分析了十年间 (2000—2010) 巴西境内森林砍伐和森林退化的历史变化情况以及各个州对森林砍伐的不同影响,其中森林砍伐面积在 2001 年以前都很高,然后以 2005 为分界点逐渐下降,其中巴西的帕拉州 (Para) 是十年间森林砍伐面积最大的州 (表 3-3)。

森林砍伐的影响主要体现在以下几个方面,包括森林损失、生物多样性丧失、气候变化和自然灾害、水循环中断、洪水和干旱、水质下降、土壤侵蚀等。森林调节着重要

表 3-3　利用陆地卫星图像获得 2000—2010 年期间的巴西亚马孙森林年砍伐量　$km^2 · a^{-1}$

州	2001	2002	2003	2004	2005	2006	2007	2008	2009	2010	Total
阿马帕洲	1.97	3.84	2.59	3.31	3.44	2.11	2.21	1.04	2.00	0.82	23.33
亚马孙纳斯州	—	—	—	—	—	—	—	—	—	—	—
马腊尼昂州	6.00	10.02	6.81	8.13	8.22	6.77	5.29	4.51	6.21	3.71	65.67
马托格罗索州	2.74	1.50	1.63	1.33	2.12	1.57	1.75	2.38	3.72	0.96	19.69
帕拉州	23.90	30.46	35.35	42.34	28.16	16.76	12.25	12.36	4.92	4.94	211.44
朗多尼亚州	18.28	32.94	25.07	26.97	30.86	25.03	23.83	21.38	27.09	10.04	241.47
罗赖马州	14.27	12.07	15.18	14.83	16.08	11.41	9.37	7.43	4.15	1.40	106.19
托坎廷斯州	2.05	3.03	3.04	1.74	0.69	0.71	0.79	0.76	0.16	0.00	12.99
亚马孙州	0.42	0.61	0.29	0.26	0.44	0.32	0.17	0.33	0.22	0.38	3.44
总计	69.62	94.46	89.96	98.93	90.01	64.69	55.65	50.19	48.47	22.24	684.22

资料来源: 引自 Souza *et al.*, 2013。

的水文过程：蒸发、蒸腾、渗透和地表水流，而大面积砍伐树木可能会导致该地区的气候越来越干燥。此外，森林砍伐使裸露的土壤暴露在阳光的灼热和雨水的拍打下，导致大量表土团聚体被破坏，土壤更容易遭受侵蚀而流失，地表径流也会增大。再者，由于温度升高，土壤有机质分解速率加快。研究表明，森林砍伐后，下面的土壤成为重要的碳释放源，增加了进入大气的二氧化碳排放量。其中热带森林砍伐引起的碳排放约占全球二氧化碳排放总量的 20%（IPCC，2007）。对全球最大的热带雨林亚马孙森林的研究发现，由于森林砍伐和森林破碎化，生物量损失和 C 的释放量随之发生改变（Numata *et al.*，2011）（表 3-4）。类似地，Schmitz *et al.* （2015）利用经济土地利用模型和生物物理植被模型相结合的办法，预测到 2050 年，全球范围内由于额外的近 $30×10^4 \sim 60×10^4$ km^2 （5%~10%）热带雨林被砍伐，将会导致额外的二氧化碳排放量达到 20~40 Gt。

表 3-4 2001—2010 年亚马孙地区毁林和森林破碎造成的生物量损失和碳排放基本情况

	项 目	2001—2010	2001—2005	2006—2010
森林砍伐	森林砍伐/km^2	169 126	125 159	43 967
	年平均森林砍伐量/(km^2·a^{-1})	16 912	25 032	8793
	生物量损失/Tg	4195	3075	1120
	碳排放量/TgC	1530	670	860
森林破碎	边缘森林/km^2	66 149	51 075	15 073
	年平均边际损/益/(km^2·a^{-1})	8567/2170	12 566/2940	4568/1533
	生物量损失/Tg	126~221	70~123	56.5~98.2, 31.3~55[a]
	碳排放量/TgC	41.0~71.2	11.7~20.7	29.3~50.5, 5.7~10[a]
	边缘 C/总 C/%	2.6~4.5	1.7~3.0	3.3~5.6, 2.1~3.7

注：[a] 这些是相对于 2005 年以后产生的边际效应。这些数值按 2001—2005 和 2006—2010 这两个时期进行细分，这两个时期的年平均森林砍伐率非常不同。数据来源：引自 Numata *et al.*，2011。

（2）过度放牧

过度放牧意味着放牧土地上的牲畜数量会对该土地的植物生长质量或物种组成产生重大不利影响（Statutory Instrument，1996）。Wilson and MacLoad（1991）认为植被变化和动物生产力的损失来自对草食动物的过度放牧。过度放牧是全球土壤退化的主要原因（Oldeman *et al.*，1991），占所有退化形式的 35.8%。

过度放牧是干旱地区荒漠化产生的最具破坏性的因素。在许多干旱和半干旱国家和地区，牲畜（包括骆驼、马、牛、绵羊和山羊等）是主要的收入来源，牲畜的饲料和过度放牧导致了一系列的退化问题。例如，严重地减少了植被覆盖和土壤肥力，当家畜迅速清除植被后，对已经处于低植被覆盖率的土地造成了更大的压力（图 3-8）。同时，动物成群结队地移动，锋利的蹄子很容易把土团弄碎，使土壤更容易受到侵蚀。侵蚀降低了肥沃土壤中的有机

图 3-8 美国蒙大拿州
（何阳波拍摄）

物含量，缺乏有机物导致植物生长的养分利用率进一步降低，最终可导致荒漠化。

过度放牧引起草地退化是 20 世纪中国干旱地区土壤退化的一个重要原因。20 世纪中国北方高寒牧区上存栏数量成倍增加，引起过度放牧，进而导致草场生产能力下降，畜牧业生产能力也随之降低。我国青藏高原典型的"黑土滩"现象就是草地退化的外观表征之一，它的出现是由于土壤和草地植被受到严重破坏，导致原来位于草皮下的黑褐色腐殖质层裸露、植被稀疏。据统计发现，20 世纪 90 年代青藏高原退化草地的面积达 $42.51×10^4$ km^2，占该区可利用草地总面积的 32.69%。然而这种退化问题仍然在持续。以三江源地区的草地退化为例，通过陆地卫星遥感影像的多期对比分析发现，从 20 世纪 70 年代到 2004 年，本区的草地退化面积从 $7.64×10^4$ km^2 增加到了 $8.41×10^4$ km^2（刘纪远等，2008）。超载放牧导致草地退化、沙化面积迅速扩大。在造成这些退化问题的成因之中（自然因素如长期干旱、风蚀、水蚀等；人为因素如过牧、重刈、滥垦、开矿等），超载过牧是比较认可的成因之一。

传统的草地畜牧业一直是青藏高原最主要的生产方式和牧民群众赖以生存的生计来源。在传统的畜牧业中，把家畜存栏量的多少作为畜牧业生产发展的标准和牧民贫富的象征，因此青藏高原的人口增长导致家畜数量相应增加，进而不可避免地造成牲畜对牧草啃食量的成倍增加和过度放牧问题。影响主要是三个方面：一是草地被啃食强度增大；二是草场植物叶面积减少、光合速率降低，植物越冬性变差；三是优良牧草得不到充足的时间休养生息，使得竞争能力弱于其他杂草，植物群落组成结构趋于简单，甚至出现裸地（武高林等，2007）。草地退化导致土壤的性质出现了不同程度变化。Niu et al.（2019）分析了我国青藏高原的不同牧场（高山草原、高山草甸和高山沼泽）蓄养过多动物后土壤的性质变化（尤其是土壤裂隙、土壤压实、含水量和水分入渗）。土壤裂隙在青藏高原只出现在高山草甸上，在隔离带隔开的过度放牧的地面，较低的植被高度和生物量导致土壤温度变化明显进而出现裂隙；反之正常管理的草甸地面则没有裂隙。这种过度放牧后裂隙明显的现象也与大量牲畜加大土壤压实、减少土壤孔隙，从而减少膨胀收缩空间有关。类似地，周兴民等（1987）对中国科学院海北高寒草甸生态系统试验站的长期放牧的研究发现，与适度放牧相比，过度放牧的地上和地下生物量都显著下降（如夏秋牧场分别下降 54% 和 40% 左右），土壤板结现象出现且土壤表面硬度增加 2~3 倍，土壤有机质和全氮含量下降 50%，而土壤砂粒含量增加了 50% 以上，这些性质的变化导致土壤导水率降低，进而加剧了水土流失和沙化。针对这些研究，Niu et al.（2019）利用过度放牧导致的土壤开裂现象，提出了一个新的高寒草甸退化模型，并提供了防止过度放牧和开裂的关键测量指标：剩余生物量大于 65 $g·m^{-2}$，牧草高度大于 6 cm，土壤压实度应低于 1044.26 kPa±188.88 kPa。通过这些保护阈值可以警告牧场管理者减少放牧率或改进放牧管理。除此之外，土壤颗粒有机碳（POC）也被认为可以很好地指示巴塔哥尼亚草甸放牧地区的状态、阈值和变化（Soledad Enriquez and Victoria Cremona，2018）。

（3）单作

单作是在同一块土地上连年种植同一种作物而没有通过轮作种植其他作物的情况。水稻、玉米、大豆和小麦是常见的单作作物。单作是一个经济有效的系统，但对土壤肥力和生态有负面影响，主要原因是作物根系长期从土壤中吸取相同种类和比例的养分，导致土壤养分失衡、特定种类的昆虫和害虫大量繁殖，使农民不得不越来越依赖农药。

（4）农用化学品使用

农用化学品包括化学肥料、粪肥、土壤调理剂和杀虫剂等。化肥和粪肥引入了一些重金属，如砷、镉、铀等。农药包括杀虫剂、除草剂和杀菌剂等也含有大量重金属。它们通常是剧毒化学品，有些还是持久性的。

3.3 土壤退化的内在机制与形成条件

土壤退化按照不同标准被划分为不同类型，此处仅从土壤质量角度考虑土壤物理退化、化学退化和生物活性退化三个方面的内在机制和形成条件，三者之间各不相同。

3.3.1 物理退化

土壤物理退化包括土壤结构破坏、土壤颗粒分散、孔隙封闭、容重增加、压实和根系渗透减少、低渗透率、内涝、表面径流以及侵蚀加速。除此之外，随着剥蚀发生，干旱和半干旱地区也会出现沙漠化。最终结果是失去支持生态系统的能力。

3.3.1.1 物理退化的内在机制

与土壤肥力、生产力和土壤质量有关的重要土壤物理性质包含质地、结构、容重、孔隙度、土壤水、空气和温度。在这些性质中，只有土壤质地是不易改变的永久性性质。其他特性可能很容易被土壤管理措施所改变。如土壤结构可以通过耕作和施肥改变，耕作作业打破了土块，改变了土壤孔隙的大小和大小孔隙的比例，从而改变了土壤容重、持水性和通气状态。因此，由于土壤管理不当，土壤可能发生物理退化。据观察，以下过程可能在很大程度上解释了土壤的物理退化。

①聚结　细土颗粒在单个团聚体之间缓慢沉积，将它们"焊接"成一个巨大的块状结构。土壤在非常干燥的状态下耕作，特别容易聚结。

②消散　非常干燥的土壤团聚体被雨水或灌溉水迅速浸湿时的结构崩塌。有机碳含量较低（<2%）的土壤容易发生快速消散。

③分散　由于黏土颗粒之间的强烈斥力，使消散产物分解成单个颗粒。这些强大的排斥力是由高浓度的可交换钠离子促进的。

④固结　通过破坏孔隙空间（主要是大孔隙）减少土壤体积。有机碳含量低（<2%）的土壤特别容易产生压实，但有机质含量高的土壤具有较高的回弹性，可能使其反弹。

⑤团聚体破碎　当过于干燥的土壤被耕作时，团聚体会被破坏形成细粉。另一方面，当土壤太湿时，由于土壤强度变低，耕作会通过涂抹破坏土壤团聚体结构。理想情况下，耕作应该在土壤水分处于"塑性下限"时进行。

3.3.1.2 物理退化的类型和形成条件

土壤物理退化是土壤退化的主要类型之一。它有以下几种类型：①表面结皮、硬化和压实；②内涝；③地下水位下降；④有机土沉降。荒漠化也是一个物理退化过程，已成为干旱和半干旱地区的主要问题。

（1）土壤结皮（壳）

土壤表面在发生进一步干燥和封闭的时候，表面可能形成结皮，这种情况在干旱和半干旱地区比较常见。降雨容易引起土壤产生崩解、分离、沉积和压缩，导致土壤封层的形成，随后形成土壤表面的结皮（图 3-9）：即土壤表面的一个薄层，其特点是比下层土壤密度大、抗剪强度高、导水性差（Zejun et al.，2002）。结皮的形成主要包括两个机制：①物理作用，包括土壤团聚体的崩解和雨滴撞击造成的土壤颗粒压实；②物理化学作用，包括团聚体的分散、分散土壤颗粒运移堵塞土壤孔隙从而在表土区域形成了一个渗

图 3-9　土壤沉积结皮（surface crusting）
（何阳波拍摄）

透性较差的薄层（Cai et al.，1998）。结皮的形成取决于许多因素，包括土壤的质地和土壤稳定性、降雨强度和能量、坡度，以及土壤溶液和雨水的电解质浓度（Remley et al.，1989）。

表面结壳有两种类型：构造结壳和沉积结壳。构造结壳位于土壤的表层（几毫米到几厘米厚），是土壤结壳形成的第一阶段。首先，它是由土壤表层团聚体分解产生的微粒形成的，且这层结壳比下面的物质更致密。构造结壳的形成与外来物质的输入无关，与沉积结壳恰恰不同。构造结壳可能是硬化结壳和交通结壳。其中，硬化（hardsetting）是指在没有施加外部荷载的情况下，土壤随着容重的增加不断压实的过程。其次，通过崩解产生的颗粒通过填充和压实被重新组织成更密集、更连续的结构，造成土壤表面透水性逐渐降低且可能出现过量水分；当额外的水分入渗时，由微团聚体解体而形成的细颗粒堆积形成沉积壳（Gallardo-Carrera et al.，2007）。沉积结壳的形成离不开悬浮在水中的土壤颗粒在土壤表面的沉积，这种沉积结壳的形成过程往往涉及外来物质，这些细小的悬浮土壤颗粒的主要来源是洪水、地表径流以及受降雨冲击飞溅的土壤颗粒。这些混悬液中的黏颗粒既可以分散，也可以絮凝。当悬浮液中的电解质浓度低于黏土的絮凝阈值时，它们会发生分散，颗粒沉降形成沉积壳（He et al.，2013）。

一旦结皮形成后，危害较大。结皮可以显著减少土壤的渗透，增加土壤表面的径流，与土壤侵蚀有着密切的关系，影响种子发芽等。所以有必要了解影响结皮形成的因素，以便于更好地抑制结皮形成。研究认为结皮的形成主要受土壤团聚体稳定性、土壤黏土矿物类型、交换性离子、有机质含量和降雨特征影响（唐泽军等，2007；何园球和孙波，2008）。

①土壤团聚体稳定性　结皮的形成与位于土壤表面的团聚体对雨滴的抗冲击能力、表面流动和消散的抵抗力有关。随着团聚体稳定性降低，土壤结皮的可能性增加。Hu et al.（2018）以陕北地区的黄土娄土为研究对象，以不同浓度梯度预处理土壤，之后发现当土壤盐浓度较低且低于临界浓度时候，土壤颗粒之间的静电斥力和水合斥力之和大于颗粒之间的引力，从而造成团聚体破坏和颗粒释放。土壤团聚体在受到土壤内力破坏后，

释放出细小的土壤颗粒，为雨滴溅蚀提供大量的土壤材料。这些溅蚀的土壤颗粒恰恰是干旱地区土壤形成结皮的重要物质来源之一。

②土壤黏土矿物质类型　高岭土通常由于边到边和边到面连接使得土壤具有稳定的团聚体，主要是因为高岭石破碎的边缘上存在一些正电荷，而颗粒面上则暴露出负电荷，二者之间容易吸引结合。此外，高岭石是一种不膨胀的黏土，因此，以高岭土为主的土壤在湿润时不易崩解。反之，蒙脱石是一种膨胀性黏土，当含有大量蒙脱石的土壤湿润时会产生异常大的膨胀。因此，含有蒙脱石的土壤可能会形成不稳定的水团聚体。

③交换性离子　所有土壤结壳的形成都涉及团聚体的崩解和分散。土壤胶体的分散性受可交换阳离子的性质和分布的影响。如可交换钠（Na^+）是一种比氢（H^+）、钙（Ca^{2+}）、镁（Mg^{2+}）和其他多价阳离子更容易引起分散的阳离子。因此，在雨水对土壤表面的稀释作用下，交换性钠含量高的土壤会迅速分散。

④有机质含量　有机物质可以通过两种不同的方式稳定土壤结构：a. 有机物质可以减少水与无机胶体的相互作用；b. 有机物质可以将土壤颗粒通过物理或化学方式结合在一起，腐殖物质充当将颗粒结合在一起的桥梁。

⑤降雨因素　研究人员已经证明了累积降雨或动能水平对土壤表结皮的产生、结皮不同阶段的发育有重要影响（Gallardo-Carrera et al.，2007）。Gallardo-Carrera et al.（2007）对法国北部三种不同质地的苗床土壤结皮研究发现，一个完整的构造结壳的出现对于黏土（超过 2 cm 厚的结皮，所占百分数为 0~15%）、壤土（超过 2 cm 厚的结皮，所占百分数为 15%~30%）和砂土（超过 2 cm 厚的结皮，所占百分数>30%），所需要的累积降水量分别为 13 mm、22 mm 和 27 mm。从第一阶段的构造结壳发育为沉积结壳则需要至少平均 50 mm 的累积降水量。

（2）土壤压实

土壤压实是指通过施加力（通常是通过耕作工具）对土壤进行的物理加固，破坏土壤结构、压缩土壤体积、增加土壤容重、降低多孔性，并限制土壤中的水和空气流动（图 3-10）。实际上，表面结壳和硬化也是通过土壤结构的退化在表层土壤中所发生的某种土壤压实。植物生长迟缓、植物根系浅而畸形、积水、耕作后形成大土块和土壤物理致密都是土壤压实的标志。

（3）土壤内涝

内涝是指土壤长期处于饱水状态。有时，土壤可能会在短时间内（如暴雨和洪水）被水饱和，但是这种暂时的溃水不被认为是内涝，因为这种水很容易排走。内涝是由多种原因引起的，包括自然条件和人类活动。自然条件包括暴雨、洪水、低地、黏土和不透水底土的存在等原因；人类活动包括不良灌溉、排水不足、表面封闭和深层土壤耕作压实等。耕地土壤内涝容易阻碍大部分作物生长。

造成土壤内涝的最重要原因是由于压实造成的排水不良，以及地下水位的上升。土壤压实包括表面密封、结壳、硬化等，都是与土壤有机物耗尽、土壤结构退化、分散、压缩等过程有关，而这些过程通常又是由于不适当的耕作和重型农场机械施加引起的。土壤压实降低了导水率，从而减少了渗透和渗漏，导致雨水或灌溉水难以移动到土壤深处并通过地下水排出。在某些情况下，不透水的土层可能出现在表层透水土壤的下面，

土总是分布于特定的地形地貌部位上。在大地形上，陆地上的盐分移动和集聚的基本趋势是地面和地下径流由高处向低处汇集，积盐状况由高处到低处逐渐加重。从小地形来看，在低平地区中的局部高处，由于蒸发快，水和盐分由低处向高处聚积（Yang et al.，2016），有时往往相距几十米或几米，高差仅为十几厘米的地方，高处的盐分含量可能比低平处高出几倍（王静等，2013）。

③地下水状况是土壤盐渍化的主导因素　含盐的地下水，借助土壤毛管作用可以上升至土壤表层，水分蒸发后盐分便会积聚在土壤表层。而地下水位高低和地下水矿化度的大小都与土壤盐碱化有着密切的关系（张蔚，2007）。如我国新疆地区地下水的矿化度较高，北疆地下水的矿化度为 $1 \sim 3$ g·L^{-1}，而南疆较高，一般为 $3 \sim 10$ g·L^{-1} 和 $10 \sim 30$ g·L^{-1}，是当地土壤形成盐渍化的重要原因之一。

④母质和生物也是土壤盐渍化的形成条件　母质对土壤盐渍化形成的影响有两个方面：一是母质本身含盐，在经过漫长地质年代聚集下来的盐分，形成古盐土、含盐地层、盐岩或盘层，在漠境极端干旱的条件下，盐分得以残留下来成为目前的残积盐土。二是含盐母质在滨海或盐湖形成新的沉积物，经地壳运动将这些新沉积物暴露出来成为陆地，从而使土壤含盐。有些盐地植物的耐盐力很强，能在土壤溶液渗透压很高的土壤上生长，这些植物根系发达能从深层土壤或地下水中吸取大量的水溶性盐类。吸收积累的盐分可达植物干重的 20%～30%，甚至高达 40%～50%，植物死亡后，就把盐分留在表层土壤中或地面上，从而加速土壤的盐化，新疆盐渍土上生长的红柳和胡杨等都具有这种作用（麦麦提吐尔逊·艾则孜，2016）。

⑤人类活动是引起土壤次生盐渍化的主因　在干旱、半干旱和半湿润的平原灌区，不合理的人类活动是引起土壤次生盐渍化的主要原因，这种由于人为生产措施不当而造成的土壤盐渍化，称为次生盐渍化。例如，灌溉是干旱区作物增产的最有效的途径之一，但是过度灌溉或灌溉方式不当以及缺少有效的排水系统也会造成地下水位上升，含盐的地下水借助土壤毛细管上升到地表，或者灌溉水本身含盐量高，水被蒸发后留下盐分，从而造成土壤次生盐渍化（张凤荣，1999）。

（2）我国盐渍化的类型和分布

全国约有 99.13×10^4 km^2 盐渍土，相当于全国耕地面积的 33%。盐碱土从分布范围方面看，大致沿着淮河—秦岭—巴彦克拉山脉—念青唐古拉山—冈底斯山一线以北的干旱、半干旱、荒漠地带，以及东部和南部沿海低平原，还包括台湾在内的诸海岛沿海岸也有零星分布。凡在地形比较低平，地面水流和地面径流较滞缓的地区，例如，河流三角洲等都有各种类型的盐渍土存在。主要分布在我国的西北、华北、东北，以及华东和东南沿海地区，其中三北（干旱及半干旱地区）是受到盐碱化危害最大的地区（龚子同，1999）。我国西北地区盐碱地分布，包含半漠境内陆盐土区和新疆极端干旱漠境盐土区，盐渍土分布面积见表 3-7。例如，甘肃河西走廊和宁夏与内蒙古的河套灌区，冬季严寒少雪，夏季高温干热，昼夜温差大。加之蒸发量大，降雨较少，地下水的运动属于垂直入渗蒸发型。灌溉水中含盐量约为 0.5 g·L^{-1}，决定了河套灌区盐碱化程度较严重（孙兆军，2017）。东北地区盐渍土主要分布在松嫩平原西部，是我国最大的苏打盐碱地分布区，也是世界三大苏打盐碱土分布区之一。华北地区盐渍土主要分布在海河流域平原，

表 3-7　西北部各省盐碱土面积及比例

省(自治区)	总面积/ (×10⁴ km²)	耕地面积/ (×10⁴ km²)	盐渍土面积/ (×10⁴ km²)	占总面积比例/ %	占耕地面积比例/ %
新疆	166.49	4.06	11	6.61	270.94
甘肃	45.37	5.41	1.04	2.29	19.22
青海	72.23	0.54	2.3	3.18	425.93
陕西	20.58	5.13	0.35	1.7	6.82
宁夏	6.64	1.32	0.39	5.87	29.55
内蒙古	118.3	7.36	7.63	6.45	103.67

到 1999 年，盐碱地面积大约还有 $530 \sim 670 \text{ km}^2$，主要集中在滨海地区，依据耕层含盐量划分，一般地区已经很少见到盐碱土。

有研究根据海陆位置以及盐化过程，将盐渍土粗略分为内陆盐渍土及滨海盐渍土。滨海盐碱土主要分布在人口、工业密集的东部沿海地区，华北平原，如辽东湾、渤海湾、莱州湾和江苏及浙江沿海地区，总面积大约 $2.114 \times 10^4 \text{ km}^2$，占盐碱土总面积的 7.03%(张涛，2016)，大部分为氯盐碱土。

3.3.2.5　酸化

土壤酸化是土壤化学退化的表现形式之一。土壤酸化是指土壤吸收性复合体接受了一定数量交换性氢离子或铝离子，使土壤中碱性(盐基)离子淋失的过程。由于土壤的酸化影响了土壤中养分的有效利用和根系生长。通常与降雨大而集中，强烈的淋溶作用造成土壤钙、镁、钾等碱性盐基离子大量流失，过度施肥，土壤污染和酸雨等有关(朱东方和陈明良，2018)。

3.3.3　生物活性退化

土壤微生物在养分循环、废物和残渣分解以及环境污染化合物解毒中起着关键作用。但是微生物的这些能力可能受到不良人类活动影响而退化。生物活性退化是指土壤中一个或多个"重要"微生物种群受到损害或消除，并通常伴随着相关生态系统内生物地球化学处理的变化。重要的"微生物"是指那些对生态有重要作用的微生物。

3.3.3.1　微生物活性退化的指标

(1)微生物种群数量与多样性

微生物活性退化常见的措施之一是测量某些处理对特定分类群内种群数量(counts of organisms)的影响。种群生物学的另一个延伸也已经引起了人们的注意，是关于分类学、生理或多样性。尽管对土壤微生物多样性的详细研究很少，但相关概念在文献中普遍存在。多样性可以用来描述物种或分类群在群落中的聚集方式。物种多样性的概念在 1943 年由 Fisher 等提出，用于描述动物、植物和微生物的群落。

土壤微生物生物量和土壤酶活性等可以作为土壤健康的生态指标，判断土壤退化的进程。土壤微生物群落和土壤酶活性显著下降，与土壤物理和化学性质退化保持一致的趋势。李海云等(2019)对祁连山中段高寒草地土壤细菌群落分布进行分析得出了土壤生物量和多样性指数随着退化程度加剧而显著降低的趋势。土壤中细菌群落的优势菌门为放线菌门、厚壁菌门、酸杆菌门和变形菌门,且细菌群落丰富度指数表现为轻度>中度>重度,多样性指数表现为轻度>重度>中度。江玉梅等(2019)对江西退化红壤区人工林植被恢复过程中的土壤微生物进行分析发现,0~10 cm 土壤微生物生物量 C 在不同植被下的分布趋势为:荒草地>枫香纯林>木荷纯林>马尾松纯林>马尾松混交林,土壤脲酶、天门冬酰胺酶活性也在林型之间差异显著,表现为:枫香纯林>荒草地>木荷纯林>马尾松混交林>马尾松纯林。此外,高寒草甸土的不同退化程度的土壤研究也证明了微生物活性伴随着退化程度的巨大差异,其中土壤酶活性的降低是反应草地土或草环境衰退的一个重要表征(王玉琴等,2019)。以脲酶活性为例,随着退化程度加剧,土壤的全 N、P、有机质和含水量呈下降趋势,且轻度退化的草地土壤的这些含量高于中度和重度退化的土地,与此同时,脲酶活性在 0~10 cm 土层随着退化程度的加剧有增加的趋势,而中性磷酸酶和蔗糖酶活性均有降低趋势。但是,在 10~20 cm 土层中,脲酶活性表现为原生与中度退化显著高于重度退化、轻度退化和黑土滩($P<0.05$)。

(2)养分循环

对受损陆地生态系统功能状态最常见的评估办法是对营养循环过程的研究。最常见的是土壤酶的测定、氮循环过程(尤其是硝化作用、矿化作用和固氮作用)、纤维素和/或木质素的降解以及呼吸测量。土壤酶活性和呼吸作用不是测量养分周转的直接指标,而是反映土壤群落功能状态的指标。

有研究认为,在草地退化过程中,土壤微生物特性和酶活性会受到影响,进而造成土壤氮素周转发生变化,并影响土壤的氮储量和氮素循环,最终进一步影响土壤的氮素供应潜力。其中,土壤微生物量 C 和 N 是衡量微生物活性的重要指示因子,土壤基础呼吸可以衡量土壤微生物活性总指标。马源等(2020)对祁连山 4 种不同退化程度(未退化、轻度退化、中度退化和极度退化)的高寒草甸研究证实了退化程度加剧降低了土壤中微生物量 C 和土壤微生物量 N 以及土壤的呼吸速率,间接证明了土壤微生物活性的降低。与此同时,退化土壤的净氨化速率整体下降而净硝化速率整体上升,净氮矿化速率整体下降(由未退化草甸土壤的 14.9 mg·kg^{-1}·d^{-1} 下降到极度退化草甸土壤的 9.49 mg·kg^{-1}·d^{-1})。这种 N 的矿化变化规律与土壤中相应的酶活性(土壤蛋白酶、脲酶、β-乙酰葡糖胺糖苷酶和亮氨酸氨基肽酶)有关:如土壤蛋白酶活性从 0.62 mg·g^{-1}·d^{-1} 下降到 0.34 mg·g^{-1}·d^{-1},脲酶由 0.91 mg·g^{-1}·d^{-1} 下降到 0.55 mg·g^{-1}·d^{-1},亮氨酸氨基肽酶由 27.07 μmol·g^{-1}·d^{-1} 下降到 22.11 μmol·g^{-1}·d^{-1}。冗余统计分析也进一步证实了土壤酶活性对土壤氮素循环的重要影响。

(3)污染物分子积累

微生物群落的功能受损会导致有毒物质的积累,而这些有毒物质在正常情况下本应该会转化为一些无害的种类。例如,在过量硫酸盐的存在下,有毒有机化合物的还原脱氯作用可能受到抑制,这可能导致在富含硫酸盐的厌氧环境中氯化烃的积聚(Gibson and Sunita, 1986)。某些微生物,包括亚硝酸盐氧化性化能自养生物、硝化细菌,对微量氨浓度极为敏感。如果铵浓度和土壤 pH 值较高,硝化细菌的功能可能会受到损害,从而导致有毒的亚硝酸盐积聚(通过铵氧化作用)。微生物产生的亚硝酸盐的积累与土壤接受大量动物废物有关(Alexander，1971)。

(4)土壤动物丰富度及多样性指数

影响土壤动物群落特征的土壤因素包括土壤温度、湿度、pH值、有机质、容重、污染物含量等多方面。当土壤退化发生后，土壤动物群落特征变化主要表现在物种数量、多样性、水平和垂直分布等方面。首先，土壤退化会导致土壤动物数量减少。比如土壤污染容易导致土壤结构恶化，导致土壤动物种类和数量减少，动物群落结构简单化。对铅锌矿采矿废物污染土壤中原生动物的研究发现，相对于未污染土壤中的原生动物数量(65种)，污染土壤中只有4种，这与重金属污染导致土壤群落中大量原生动物种类消亡有关，最终导致土壤整体群落物种多样性显著下降(樊云龙等，2010)。其次，动物分布特征发生改变，多与土壤的退化程度有关。锰污染的水稻灌溉田研究显示，土壤动物分布与污染源的远近程度有关，沿着引水溪沟的方向距污染源愈远污染愈轻，在垂直溪沟的方向距溪沟愈远稻田污染程度减轻，而土壤动物密度随污染程度减少而增加(王振中等，1994)。

3.4 我国土壤退化概况与演变趋势

3.4.1 我国土壤资源的现状与存在问题

(1)我国人均土壤资源占有率低

我国国土面积达 $960×10^4$ km²，约占世界陆地面积的1/15，居世界第三位。我国耕地面积已从1996年的19.51亿亩(折合 $1.3×10^8$ hm²)减少到2006年的18.27亿亩(折合 $1.218×10^8$ hm²)，逼近18亿亩(折合 $1.2×10^8$ hm²)红线，人均耕地仅有1.39亩(折合 0.09 hm²)，不及世界人均水平的40%(沈仁芳等，2012)。

(2)我国土地资源空间分布不均匀，区域开发利用压力大

一方面我国土地类型从东向西，由平原、丘陵到西藏高原，形成我国土地资源空间分布上的3个台阶，其中山地和高原占59%，盆地和平原仅占31%，土地资源配置不协调。另一方面，我国土地资源虽绝对数量较大，耕地总量居世界第四位，草地居世界第二位，林地居第八位，但人均耕地、草地、林地分别是世界平均水平的1/4、1/2和1/6。而且90%以上的耕地和陆地水域分布在东南部，一半以上的林地集中在东北和西南山地，80%以上的草地在西北干旱和半干旱地区，这一特点决定了我国土地资源和耕地资源空间分布存在十分不均的矛盾，农业开发的压力大(孙向阳，2005)。

(3)生态脆弱区域范围大

我国黄土高原、西南岩溶区、东北西部和内蒙古地区均属生态脆弱带，土壤存在退化危险(孙向阳，2005)。

(4)耕地土壤质量总体较差，自维持能力弱

我国耕地土壤质量不高，在国土资源部(2009)发布的《中国耕地质量等级调查与评定》中，我国耕地评定为15个等别，1等耕地质量最好，15等最差。调查显示，全国耕地质量平均等别为9.8等，等别总体偏低，其中优等地、高等地、中等地、低等地面积

占全国耕地评定总面积的比例分别为 2.67%、29.98%、50.64%、16.71%。我国中部和东部地区耕地平均质量等别较高，而西部和东北地区耕地平均质量等别较低。根据农业部调查资料，2007 年在我国 $1.2×10^8$ hm^2 耕地中，中低产田的耕地总共约占 2/3，其中中产田和低产田面积分别占耕地总面积的 39% 和 32%。

这可能是因为，自 20 世纪 80 年代初第二次全国土壤普查后 30 多年来，农业生产方式(由生产队为基础改为家庭联产承包责任制)，作物布局方式(由过去的计划种植变成以市场为导向的多元化种植)，肥料施用种类(从以有机肥为主转变成以化肥为主，例如，化肥的投入量从 1978 年的 $800×10^4$ t 增至 2014 年的近 $6\,000×10^4$ t)，以及除草剂和农药用量都发生了明显改变，这些因素剧烈变化共同造成我国主要耕地土壤质量发生了很大变化(周健民，2015)。例如，统计结果表明东北黑土土壤肥力普遍下降，87.82% 以上面积的黑土区土壤有机质都出现不同程度的下降，其中降低 20 $g·kg^{-1}$ 以上的土壤面积超过 40%，降低 10 $g·kg^{-1}$ 以上的土壤面积超过 55%，而仅有 13% 的土壤有机质略有增加。我国其他区域总体上虽土壤质量有所提升，但也存在着养分非均衡化、变异较大、大面积酸化、土壤污染加剧趋势明显等问题，为资源可持续利用带来巨大压力。

(5)耕地面积锐减，非农业占用逐渐增加

中国科学院遥感与数字地球研究所根据 1987—2010 近 30 年遥感监测数据发现，2000 年前后我国耕地面积出现了明显的转折点，1987 年至 2000 年耕地总面积略有增加，2000 年至 2010 年我国耕地面积持续减少且日益明显(赵晓丽等，2014)。表 3-8 显示了我国近 30 年以来各省耕地不同时段净变化面积。例如，2000—2010 年，我国新增耕地 26 872.17 km^2，减少耕地 37 032.61 km^2，导致耕地面积净减少 10 160.44 km^2，净减少面积占 2000 年中国耕地总面积的 0.71%。减少速率最快的区域集中于长江三角洲、珠江三角洲地区，而增加速率最快的区域集中在新疆、黑龙江以及内蒙古部分地区。一方面，城市发展建设用地扩展对优质耕地资源的占用是耕地面积减少的主要原因，城市化与耕地保护的矛盾进一步凸显。1987—2000 年，我国建设用地占耕地减少面积 45.96%；2000—2010 年建设用地占减少耕地面积的 55.44%，建设用地占用耕地面积最大的是江苏、山东等省；占用耕地比例最大的包括上海、北京、江苏、福建、广东、安徽、浙江、山东等省(直辖市)。另一方面，生态脆弱区以林地、草地为主的植被恢复等生态建设活动也是导致 1987 年至 2010 年期间耕地面积减少的主要原因之一，生态建设占耕地减少总面积的 33.05%，仅次于建设用地对耕地的占用比例。1987—2000 年，林地、草地增加导致耕地减少占同期耕地减少总面积的 38.29%，该时期大规模的生态建设与生态退耕尚未全面展开，林地、草地增加导致的耕地面积减少尚不普遍，耕地减少的部分原因是沙化、盐碱化等退化耕地的撂荒。2000—2010 年，受国家实施"退耕还林(草)"和其他生态保护工程影响，生态建设占用耕地的数量导致耕地面积减少。

此外，在我国不同时期的耕地构成中，水田和旱田的耕地面积变化趋势不同(赵晓丽等，2014)。水田占耕地的面积比例主要呈现下降趋势，1987 年的耕地中，有 25.73% 是水田，渐次降低到 1995 年的 25.42%、2000 年的 25.11%、2005 年的 24.84%、2008 年的 24.71%，到 2010 年只有 24.58%。旱地比例持续增加，1987 年为 74.27%，2010 年已增加到 75.42%，提高了 1.15 个百分点。

3.4.2 我国土壤退化的现状与基本态势

3.4.2.1 土壤退化的面积广、强度大、类型多

早在 20 世纪 90 年代，联合国粮食及农业组织（FAO）在泰国曼谷召开的第三届问题土壤亚洲网络专家咨询会议上，就建立了土壤退化状况评价指南，即南亚和东南亚国家人为诱导下土壤退化状况的评价，并提出中国土壤退化的问题（张学雷等，2003）。在我国土壤退化中，土壤侵蚀引起的土壤退化面积占据首位。黄河流域是全国最严重的土壤侵蚀地区，第二个土壤侵蚀严重的地区为中国南方红色土壤丘陵地区。第三个土壤侵蚀严重的地区为东北地区。例如，根据 2019 年 6 月水利部所发布的关于 2018 年全国水土流失动态监测成果显示，2018 年全国水土流失面积 273.69×10⁴ km²，占全国国土面积（不含港澳台）的 28.6%，与 2011 年相比，水土流失面积减少了 21.23×10⁴ km²。总体而言，水力侵蚀在全国 31 个省（自治区、直辖市）均有分布，但严重程度在不同地域不同（于萌，2019）。从东、中、西地区分布来看，西部地区水土流失最为严重，面积为 228.99×10⁴ km²，占全国水土流失总面积的 83.7%；中部地区次之，面积为 30.04×10⁴ km²，占全国水土流失总面积的 11%；东部地区最轻，面积为 14.66×10⁴ km²，占全国水土流失总面积的 5.3%（刘军平等，2020）。我国当前的水土流失主要呈现以下几个特点：

一是水土流失面积持续减少。根据 1985、1999、2011、2018 年四次调查（监测）结果，全国水土流失总面积分别为 367.03×10⁴ km²、355.56×10⁴ km²、294.92×10⁴ km²、273.69×10⁴ km²，三个时段分别减少 11.47×10⁴ km²、60.65×10⁴ km² 和 21.23×10⁴ km²，年均减幅分别为 0.22%、1.42% 和 1.03%。

二是水土流失以中轻度为主，强度明显下降。与 2011 年结果对比，2018 年中度以上侵蚀面积均有下降，共减少 51.11×10⁴ km²，减幅 32.65%，中度以上侵蚀面积占比降低 14.6%，呈现出高强度侵蚀向低强度变化的特征。当前水土流失以中轻度侵蚀为主占比 78.7%。

三是水力侵蚀减幅大，风力侵蚀减幅相对小。与 2011 年对比，全国水力侵蚀面积减少 14.24×10⁴ km²，减幅 11%，风力侵蚀面积减少 6.99×10⁴ km²，减幅 4.22%，水力侵蚀减少绝对量和减幅均高于风力侵蚀（刘军平等，2020）。

四是东部地区减幅大，西部地区减少绝对量大。与 2011 年对比，东、中、西部地区水土流失面积分别减少 2.59×10⁴ km²、3.32×10⁴ km²、15.31×10⁴ km²，减幅分别为 15.00%、9.97%、6.27%。东部地区水土流失面积减幅大，减少绝对量小；西部地区水土流失面积减幅相对低，减少绝对量大。

除了水土流失之外，我国其他土壤退化类型，例如，沙漠化、荒漠化总面积达 110×10⁴ km²，占国土总面积的 11.4%（胡宏祥等，2013）。全国草地退化面积 67.7×10⁴ km²，占全国草地面积的 21.4%。土壤环境污染问题也日趋严重，20 世纪 90 年代初仅工业三废污染农田面积达 6×10⁴ km²，相当于 50 个大县的全部耕地面积。进入 21 世纪以来，中国农业面源污染进一步加剧，对水体富营养化的影响也进一步加剧，农业和农村发展引起的水污染将成为中国可持续发展的最大挑战之一。化肥、农药、农业固体废弃物、畜牧

养殖、水土流失是土壤面源污染的主要来源(胡宏祥等，2013)。

我国土壤退化的发生区域广，全国各地都发生类型不同、程度不等的土壤退化现象。就地区来看，华北地区主要发生盐碱化，西北主要是沙漠化，黄土高原和长江中、上游主要是水土流失，西南发生石质化，东部地区主要表现为土壤肥力衰退和环境污染。总体来看土壤退化已影响到我国 60% 以上的耕地土壤(王静等，2013)。

3.4.2.2　土壤退化速度快，影响深远

我国土壤退化的速度十分惊人(表 3-9)。例如，土壤流失的发展速度十分注目，水土流失面积由 1949 年的 1.50×10^4 km^2 发展到 2018 年的 273.69×10^4 km^2(范富等，2007；于萌，2019)。土壤污染退化从城市、城郊延伸到乡村，例如，1983 年全国受污染的土壤面积有 1.7×10^4 km^2，仅占耕地面积的 1.7%(吴燕玉，1990)；而 2014 年全国土壤污染状况调查公报显示全国污染超标土壤占总调查样本的 16.1%，而耕地污染超标土壤更是达到 19.4%(环境保护部，2014)。我国土壤的酸化问题也十分严重，新的研究结果更是显示从 20 世纪 80 年代早期至今，我国耕地土壤的 pH 值下降明显，几乎所有土壤类型表土层的 pH 值都下降了 0.13~0.80 个单位(Guo *et al.*，2010)。

表 3-9　我国土壤退化类型的发展速度

土壤退化类型	发展速度/($\times 10^4$ hm$^2 \cdot$ a^{-1})	土壤退化类型	发展速度/($\times 10^4$ hm$^2 \cdot$ a^{-1})
耕地占用	0.15	土壤沙化	4.90
耕地剥离	0.10	草地退化	1.30
土壤流失	0.30~0.40		

3.4.3　土壤退化的后果

土壤退化对我国生态环境和国民经济造成巨大影响。其直接后果有：

①陆地生态系统的平衡和稳定遭到破坏，土壤生产力和肥力降低。

②破坏自然景观及人类生存环境，诱发区域乃至全球的土被破坏、水系萎缩、森林衰亡和气候变化。

③水土流失严重，自然灾害频繁，特大洪水危害加剧，对水库构成重大威胁。

④化肥使用量不断增加，而化肥的报酬率和利用率递减，环境污染加剧；农业投入产出比增大，农业生产成本上升。

⑤人地矛盾突出，生存环境恶化，食品安全和人类健康受到严重威胁(孙向阳等，2005)。

思考题

1. 什么是土壤退化？引起土壤退化的主要原因是什么？

2. 土壤的物理退化是指什么？举出土壤物理退化的类型和过程，并能够讨论区分表面结皮、硬

壳、压实之间的区别。

3. 了解我国土壤退化的区域分布，并以其中一个区域作为主要研究对象查阅资料，讨论在该区域形成该种土壤退化的主要原因(如亚热带地区)。

4. 请思考碱土和盐土的区别特征。碱土对作物生长的影响主要通过什么土壤机制来完成的?

5. 思考过度施化肥与土壤酸化的关系。通过文献下载阅读了解我国土壤近 20 年来的土壤酸化情况。

6. 请讨论土壤压实所引起主要土壤物理性质的变化以及对植物根系分布和特征的影响。

推荐阅读书目

1. Brandy N C and R R Weil. 2016. The Nature and Properties of Soils (15th edition). Prentice Hall. 阅读第 9 章：Soil acidity, alkalinity, aridity and salinity；第 14 章：Soil erosion and control；第 15 章：Soils and chemical pollution.

2. 黄巧云. 土壤学(第二版). 中国农业出版社, 2017.

3. Khan Towhid Osman. Soil Degradation, Conservation, and Remediation. Springer, 2014.

第 4 章

土壤侵蚀与水土保持

【本章提要】土壤侵蚀是指土壤及其母质在水力、风力、冻融、重力等外营力作用下，被破坏、剥蚀、搬运和沉积的过程；而水土保持是指对自然因素和人为活动造成水土流失所采取的预防和治理措施。本章主要阐述土壤侵蚀机理及影响因子、水土流失特征、水土保持措施、黄土丘陵沟壑区九华沟小流域案例解析。

4.1 土壤侵蚀机理及影响因素

4.1.1 土壤侵蚀的定义

《中国大百科全书·水利卷》对土壤侵蚀(soil erosion)的定义为：土壤及其母质在水力、风力、冻融、重力等外营力作用下，被破坏、剥蚀、搬运和沉积的过程。土壤在其外营力作用下所产生位移的物质量，称为土壤侵蚀量(the amount of soil erosion)。单位面积单位时间内的土壤侵蚀量，称为土壤侵蚀速率(the rate of soil erosion)。

4.1.2 土壤侵蚀营力的类型

地壳组成物质和地表形态一直处于不断的发展变化中。这导致土壤侵蚀发生、发展规律及其成因十分复杂。内营力(或称内力)和外营力(或称外力)是改造地表起伏状态，促进土壤侵蚀发生发展的基本力量。内营力与外营力之间相互作用、相互影响、相互制约，直接决定着土壤侵蚀形式的发生及其发展过程。

(1)内营力作用

内营力作用是由地球内部能量所引起的，其主要表现为地壳运动、岩浆活动和地震等内营力作用的地壳运动使地表发生位变和形变，改变地壳构造形态，因此又称为构造运动。根据地壳运动的方向，可分为垂直运动和水平运动两类。这两类运动在时间上和空间上可以是交替出现的，有时也可能同时出现，不是截然分开的。

岩浆活动则是来自地球内部的物质运动(地幔物质运动)。岩浆侵入地壳形成各种侵入体，喷出地表则形成各种类型的火山，改变原有的地表形态，造成新的起伏。

地震也是内营力作用的一种表现。地幔物质的对流作用使地壳及上地幔的岩层遭受破坏，将蓄积的内能释放出来，引起地表剧烈振动。地震往往是与断裂、火山现象相联系的。因此，世界主要火山带、地震带与断裂带的分布均呈现出一致性。

（2）外营力作用

外营力作用的主要能源来自太阳能。地壳表面直接与大气圈、水圈和生物圈接触，它们之间发生复杂的相互影响和相互作用，从而使地表形态不断发生变化。外营力作用总的趋势是通过剥蚀、堆积（搬运作用则是将二者联系成为一个整体）使地面逐渐被夷平。外营力作用的形式很多，如流水、地下水、重力、波浪、冰川、风沙等，各种作用对地貌形态的改造方式虽不相同，但是从过程实质来看，都经历了风化、剥蚀、搬运和堆积（沉积）几个环节。

4.1.3　土壤侵蚀类型

4.1.3.1　土壤侵蚀类型划分

土壤侵蚀主要是在水力、风力、温度作用力和重力等外营力作用下发生的（包括土壤及其母质被破坏、剥蚀、搬运和沉积的全过程）。土壤侵蚀的对象不仅限于土壤，还包括土壤层下部的母质或浅层基岩。实际上，土壤侵蚀的发生不仅受到外营力影响，同时还受到人为不合理活动等的影响。

根据土壤侵蚀研究和其防治的侧重点不同，土壤侵蚀类型的划分方法也不一样。常用以下 3 种方法进行划分，即按导致土壤侵蚀的外营力种类来划分、按土壤侵蚀发生的时间划分和按土壤侵蚀发生的速率划分土壤侵蚀类型。

（1）按导致土壤侵蚀的外营力种类划分

按导致土壤侵蚀的外营力种类进行土壤侵蚀类型的划分，是土壤侵蚀研究和土壤侵蚀防治等工作中最常用的一种方法。一种土壤侵蚀形式的发生主要是由一种或两种外营力导致的，因此这种分类方法就是依据引起土壤侵蚀的外营力种类划分出不同的土壤侵蚀类型。

在我国引起土壤侵蚀的外营力种类主要有水力、风力、重力、水力和重力的综合作用力、温度（由冻融作用而产生的作用力）作用力、冰川作用力、化学作用力等，因此土壤侵蚀类型主要有水力侵蚀类型、风力侵蚀类型、重力侵蚀类型、冻融侵蚀类型、冰川侵蚀类型、混合侵蚀类型和化学侵蚀类型等。此外，还有一类土壤侵蚀类型称之为生物侵蚀，它是指动、植物在生命过程中引起的土壤肥力降低和土壤颗粒迁移的一系列现象。一般植物在防蚀固土方面有着特殊的作用，但人为活动不当会发生植物侵蚀，如部分针叶纯林可恶化林地土壤的通透性及其结构等物理性状，过度开垦种植会导致土壤肥力下降等。

（2）按土壤侵蚀发生的时间划分

以人类在地球上出现的时间为分界点，将土壤侵蚀划分为两大类：一类是人类出现在地球上以前所发生的侵蚀，称为古代侵蚀（ancient erosion）；另一类是人类出现在地球上之后所发生的侵蚀，称为现代侵蚀（modern erosion）。

古代侵蚀是指人类在地球出现以前的漫长时期内，由于外营力作用，地球表面不断产生的剥蚀、搬运和沉积等一系列侵蚀现象。这些侵蚀有时较为轻微，不足以对土地资源造成危害；有时较为激烈，足以对地表土地资源产生破坏，但是其发生、发展及其所造成的灾害与人类的活动无任何关系。

现代侵蚀是指人类在地球上出现以后，由于地球内营力和外营力的影响，并伴随着人类不合理的生产活动所发生的土壤侵蚀现象。这种侵蚀有时十分剧烈，可给人民生活和生产建设带来严重恶果。

一部分现代侵蚀是由于人类不合理活动导致的，另一部分则与人类活动无关，主要是在地球内营力和外营力作用下发生的，将这一部分与人类活动无关的现代侵蚀称为地质侵蚀。地质侵蚀即在地质营力作用下，地层表面物质产生位移和沉积等一系列破坏土地资源的侵蚀过程。地质侵蚀是在非人为活动影响下发生的一类侵蚀，包括人类出现在地球上以前和出现后由地质营力作用发生的所有侵蚀。

（3）按土壤侵蚀发生的速率划分

依据土壤侵蚀发生的速率大小和是否对土地资源造成破坏，将土壤侵蚀划分为加速侵蚀（accelerated erosion）和正常侵蚀（normal erosion）。

加速侵蚀是指由于人类不合理活动，如滥伐森林、陡坡开垦、过度放牧和过度樵采等，再加上自然因素的影响，使土壤侵蚀速率超过正常侵蚀（或称自然侵蚀），导致土资源的损失和破坏。一般情况下所称的土壤侵蚀就是指发生在现代的加速土壤侵蚀。

正常侵蚀指的是在不受人类活动影响下的自然环境中，所发生的土壤侵蚀速率小于或等于土壤形成速率的那部分土壤侵蚀。这种侵蚀不易被人们所察觉，实际上也不至于对土地资源造成危害。

从陆地形成以后，土壤侵蚀就在不间断地进行着。这种在纯自然条件下发生和发展的侵蚀作用侵蚀速率缓慢。自从人类出现后，人类为了生存，不仅学会适应自然，也开始改造自然。有史以来（距今 5000 年），人类大规模的生产活动逐渐形成，改变和促进了自然侵蚀过程，这种加速侵蚀发展的侵蚀速率快、破坏性大、影响深远。

4.1.3.2　土壤侵蚀类型形式

（1）水力侵蚀形式

水力侵蚀（water erosion）是指在降雨雨滴击溅、地表径流冲刷和下渗水分作用下，土壤、土壤母质及其他地表组成物质被破坏、剥蚀、搬运和沉积的全部过程。水力侵蚀也简称为水蚀。水力侵蚀是目前世界上分布最广、危害最为普遍的一种土壤侵蚀类型。在陆地表面，除沙漠和永冻的极地地区外，当地表失去覆盖物时，都有可能发生不同程度的水力侵蚀。常见的水力侵蚀形式主要有雨滴击溅侵蚀、面蚀、沟蚀、山洪侵蚀、库岸波浪侵蚀和海岸波浪侵蚀等。

①雨滴击溅侵蚀　在雨滴击溅作用下土壤结构破坏和土壤颗粒产生位移的现象称为雨滴击溅侵蚀（raindrop splash erosion），简称溅蚀（splash erosion）。雨滴滴落在裸露的地面特别是农耕地时，表层土体颗粒受到雨滴打击作用被破碎、分散、飞溅，引起土壤结构破坏。

溅蚀可分为 4 个阶段，即干土溅散阶段、湿土溅散阶段、泥浆溅散阶段和地表板结阶段。雨滴击溅发生在平地上时，由于土体结构破坏，降雨后土地会产生板结，使土壤的保水保肥能力降低。雨滴击溅侵蚀发生在斜坡上时，因泥浆顺坡流动，带走表层土

图 4-1 松软的地表土壤雨滴击溅侵蚀
(资料来源：水力电力部黄河水利委员会《黄河流域水土保持》，1988)

壤，使土壤颗粒不断向坡面下方产生位移（图 4-1）。由于降雨是全球性的，雨滴击溅可以发生在全球范围的任何裸露地表。

②面蚀　当斜坡上的降雨不能完全被土壤吸收时在地表产生积水，并在重力作用下形成地表径流，开始形成的地表径流处于未集中的分散状态，分散的地表径流冲走地表土粒称为面蚀（surface erosion）。面蚀可带走表土中大量土壤营养成分，导致土壤肥力下降。在没有植物保护的地表，风直接与地表摩擦，将土粒带走，造成明显的面蚀。面蚀多发生在坡耕地及植被稀少的斜坡上，其严重程度取决于植被、地形、土壤、降水和风速等因素。

按面蚀发生的地质条件、土地利用现状和发生程度不同，面蚀可分为层状面蚀、砂砾化面蚀、鳞片状面蚀和细沟状面蚀。

③沟蚀　在面蚀的基础上，尤其细沟状面蚀进一步发展，分散的地表径流在地形的作用下逐渐集中，形成有固定流路的水流，称作集中的地表径流或股流。集中的地表径流冲刷地表，切入地面带走土壤、母质及破碎基岩，形成沟壑的过程称为沟蚀（gully erosion）。由沟蚀形成的沟壑称作侵蚀沟，此类侵蚀沟深、宽均超过 20 cm，侵蚀沟呈直线形，有明显的沟沿、沟坡和沟底，用耕作的方式是无法平覆的。根据沟蚀强度及表现的形态，沟蚀可以分为浅沟侵蚀、切沟侵蚀和冲沟侵蚀等不同类型。

沟蚀是水力侵蚀中常见的侵蚀形式之一。虽然沟蚀所涉及的面积不如面蚀范围广，但它对土地的破坏程度远比面蚀严重。沟蚀的发生还会破坏道路、桥梁或其他建筑物。沟蚀主要分布于土地瘠薄、植被稀少的半干旱丘陵区和山区，一般发生在坡耕地、荒坡和植被较差的古代水文网（图 4-2）。由于地质条件的差异，不同侵蚀沟的外貌特点及土质状况是不同的，但典型的侵蚀沟组成基本相似，即由沟顶、沟沿、沟底及水道、沟坡、沟口和冲积扇组成。

④山洪侵蚀　在山区、丘陵区富含泥沙的地表径流，经过侵蚀沟网的集中，形成突发洪水，冲出沟道向河道汇集，山区河流洪水对沟道堤岸的冲淘、对河床的冲刷或淤积

图 4-2　农耕坡地上密布的细沟侵蚀

（资料来源：水力电力部黄河水利委员会《黄河流域水土保持》，1988）

过程称为山洪侵蚀（torrential flood erosion）。由于山洪具有流速高、冲刷力大和暴涨暴落的特点，因而破坏力较大，能搬运和沉积泥沙石块。受山洪冲刷的河床称为正侵蚀，被淤积的河床称为负侵蚀。山洪侵蚀改变河道形态，冲毁建筑物和交通设施，淹埋农田和居民点，可造成严重危害。山洪比重往往在 1.1~1.2，一般不超过 1.3。

　　暴雨时在坡面的地表径流较为分散，但分布面积广，总量大，经斜坡侵蚀沟的汇集局部形成流速快、冲力强的暴发性洪水，溢出沟道产生严重侧蚀。山洪进入平坦地段，因地势平坦，水面变宽，流速降低，在沟口及平地淤积大量泥沙形成洪积扇，或沙压大量的土地，使土地难以再利用。当山洪进入河川后由于流量很大，河水猛涨引起的决堤，可淹没、冲毁两岸的川台地及城市、村庄或工业基地，甚至可导致河流改道，给整个下游造成毁灭性的破坏。

　　⑤海岸浪蚀及库岸浪蚀　在风力作用下，形成的波浪对海岸及水库岸库产生拍打、冲蚀作用。岸体为土体时，使海岸及库岸产生侧洗、崩塌，逐渐后退；岸体为较硬的岩石时，岸体形成凹槽，波浪继续作用就形成侵蚀崖。

　　（2）风力侵蚀形式

　　风力侵蚀（wind erosion）简称风蚀，是指土壤颗粒或沙粒在气流冲击作用下脱离地表，被搬运和堆积的一系列过程，以及随风运动的沙粒在打击岩石表面过程中，使岩石屑剥离出现擦痕和蜂窝的现象。风对地表所产生的剪切力和冲击力引起细小的土粒与较大的团粒或土块分离，甚至从岩石表面剥离碎屑，使岩石表面出现擦痕和蜂窝，随之土粒或沙粒被风挟带形成风沙流。气流中的含沙量随风力的大小而改变，风力越大，气流含沙量越高。当气流中的含沙量过饱和或风速降低，土粒或沙粒与气流分离而沉降，堆积成沙丘或沙垄（图 4-3）。在风力侵蚀中，土壤颗粒和土沙粒脱离地表、被气流搬运、沉积 3 个过程是相互影响穿插进行的。

图 4-3 风力侵蚀

（资料来源：水力电力部黄河水利委员会《黄河流域水土保持》，1988）

风蚀的强度受风力强弱、地表状况、粒径和密度大小等因素的影响。当气流的剪切力和冲击力大于土粒或沙粒的重力以及颗粒之间的相互联结力，并能克服地表的摩擦阻力，土沙粒就会被卷入气流，而形成风沙流，随后风对地表的冲击力增大。因粒径和地表状况不同，通常把细沙开始起动的临界风速（5 m·s⁻¹）称为起沙风速。

（3）重力侵蚀形式

重力侵蚀（gravitational erosion）是一种以重力作用为主引起的土壤侵蚀形式。它是坡面表层土石物质及中浅层基岩，由于本身所受的重力作用（很多情况还受下渗水分、地下潜水或地下径流的影响）失去平衡发生位移和堆积的现象（图 4-4）。重力侵蚀多发生在25°的山地和丘陵，在沟坡和河谷较陡的岸边也常有发生。而由于人工开挖坡脚形成的临空面、修建渠道和道路形成的陡坡也是重力侵蚀的多发地段。

图 4-4 崩塌

（资料来源：水力电力部黄河水利委员会《黄河流域水土保持》，1988）

严格地讲，纯粹由重力作用引起的侵蚀现象不多，重力侵蚀的发生多是与其他外营力参与有密切关系，特别是在水力侵蚀及下渗水的共同作用下，以重力为其直接原因导致地表物质移动。在严重的土壤侵蚀地区，重力侵蚀与水力侵蚀中的面蚀、沟蚀之间呈现相互影响、互相促进的复杂而紧密的关系。根据土石物质破坏的特征和移动方式，一般可将重力侵蚀分为陷穴、泻溜、滑坡（图 4-5）、崩塌、地爬、崩岗、岩层动、山剥皮等。

（4）混合侵蚀形式

混合侵蚀（mixed erosion）是指在水流冲力和重力共同作用下的一种特殊的形式。在

资源将会流失殆尽，土地将失去生产能力，潜在危险性很大。

5）西南岩溶石漠化区

西南岩溶石漠化地区以贵州高原为中心，分布于贵州、云南、广西、湖南、广东、湖北、四川、重庆 8 省（自治区、直辖市），总面积 $10.5×10^4 km^2$，其中贵州、云南东部、广西石漠化面积 $8.81×10^4 km^2$，占石漠化总面积的 83.9%。西南岩溶地区是珠江和流向东南亚诸多国际河流的源头，长江的重要补给区，水土保持的地理位置非常重要。

该区碳酸盐岩出露面积较大（一般为 30%~60%，局地达 80% 以上），气温高，降水多，旱涝交替明显。地势由西向东降低，以高原和熔岩地貌组为主，地形破碎，崎岖不平，坡地比例大，地下河网发育。以红壤、黄壤和石灰土为主，土层薄（20~30 cm）不连续，成土速率慢（形成 1 cm 土壤需 2500 年以上），植被盖度低。

西南岩溶石漠化区岩溶与机械侵蚀、地上与地下河侵蚀并存，流失强度大大超过成土速率，水土流失与石漠化区域差异显著。

该区石漠化面积大，可利用土地面积缩小，土层减薄，肥力降低，泥沙淤积地下河，秋季干旱，雨季洪涝水旱灾害同时发生。水利工程淤积严重，生物多样性降低，生态环境脆弱。

6）北方农牧交错区

北方农牧交错区包括 76 个县（市、旗），总面积为 $43.50×10^4 km^2$，水土流失总面积为 $39.80×10^4 km^2$。大致可分为西、中、东 3 段。

西段：北界狼山、乌拉山和大青山；西界贺兰山；南界白于山；东界五台山。因此，西段包括了晋西北和晋北地区。自然单元包括呼包平原、鄂尔多斯高原和晋北高原。

中段：南界大青山、大马群山（河北坝缘）；西界狼山；东界大兴安岭；南深入草原百灵庙—供济堂—敦达浩特（正蓝旗）—线。自然单元包括乌兰察布后山地区、锡林郭勒盟浑善达克沙地以南地区、河北坝上地区。

东段：西以大兴安岭、南以冀辽山地为界；北到洮儿河流域；东深入松辽平原西部。

本区降水稀少，风力较强，以高原丘陵为主，气候、土壤和植被过渡性特征明显。沙土、黄土由西向东组成变细，黄土由南向北为零星覆沙黄土、片状覆沙黄土、盖沙黄土和沙土。

该区植被由东北向西南依次分布有森林草原、典型草原和干草原植被类型；历史时期为纯牧业，逐渐过渡到农牧交错，有些地方甚至出现以农为主的土地利用方式。

水力与风力侵蚀共同作用和季节的更替，导致风蚀水蚀交错侵蚀类型由西北向东南，由北向南明显过渡。西北和北部以风蚀为主，水蚀呈斑点状分布；南部以水蚀为主的地区，风蚀风积地貌也很发育，如覆沙黄土区。

水土流失不仅造成表土养分损失，导致土地生产力下降，大量洪水下泄和泥沙在江河下游淤积会造成河道、水库淤积，导致平缓地段的河床抬升，形成"悬河"，直接危及两岸人民生命财产安全。风水复合蚀区干旱洪涝灾害严重，土地盐碱化、沙化不断扩大，沙尘暴频繁发生。

7）长江上游及西南诸河区

长江上游及西南诸河区包括长江上游和中国境内的西南诸河（雅鲁藏布江、怒江、澜沧江、元江和伊洛瓦底江），行政区域包括西藏全境、四川全境、重庆全境、云南非喀斯特区域以及贵州、甘肃、陕西和湖北的部分地区。涉及约 513 县（市、区），其中西藏 73 县、云南约 100 县（不含石漠化区域）、贵州 59 县、四川 180 县、重庆 40 县、甘肃 13 县、陕西 30 县、湖北 18 县，总面积 $259.36×10^4$ km²。

长江上游地处我国一级阶地向二级阶地的过渡地带和青藏高原东南的延伸部分，西部和西北部是广大的高原和高山峡谷，东北部为秦巴山地，东南部为云贵高原，中部为四川盆地。地质构造复杂，晚近期新构造活动强烈，断裂带发育，地形起伏大，山高坡陡，岩层破碎，地势高低悬殊。降雨积雪多，侵蚀力强，土壤、植被类型多，分布差异明显，紫色砂岩抗蚀性弱，自然因素对侵蚀影响显著，人为因素如陡坡开荒和工程破坏等活动造成森林毁坏、植被退化，大幅加剧了土壤侵蚀。

由于特殊的地质地理环境，复杂的地形地貌格局和气候气象条件，存在导致水土流失和泥石流、滑坡等山地地质灾害易于发生的诸多自然因素。在横断山区深切河谷地带，金沙江下游及嘉陵江上游，由于新构造运动活跃，断裂发育，岩层破碎，谷坡陡峭，加之降水集中，水土流失的一个重要特点是突发性的水土流失灾害泥石流、滑坡分布极为普遍，侵蚀量大，危害严重，损失巨大。

（2）以风力侵蚀为主的类型区

据第三次全国土壤侵蚀遥感普查，全国风力侵蚀总面积 $195.70×10^4$ km²，占国土总面积的 20.6%，分布在河北、山西、内蒙古、辽宁、吉林、黑龙江、陕西、甘肃、宁夏、青海、新疆、山东、江西、海南、四川和西藏 16 省（自治区）。轻度、中度、强度、极强度和剧烈侵蚀的面积分别为 $80.89×10^4$ km²、$28.09×10^4$ km²、$25.03×10^4$ km²、$26.48×10^4$ km² 和 $35.22×10^4$ km²，分别占风力侵蚀总面积的 41.3%、14.4%、12.8%、13.5%和 18.0%。

（3）以冻融侵蚀为主的类型区

据第三次全国土壤侵蚀遥感普查，全国冻融侵蚀总面积 $1271.82×10^4$ km²，占国土总面积的 13.5%，主要分布在内蒙古、甘肃、青海、新疆、四川和西藏 6 省（自治区）。轻度、中度和强度侵蚀面积分别为 $62.16×10^4$ km²、$30.50×10^4$ km² 和 $35.16×10^4$ km²，分别占冻融侵蚀总面积的 48.6%、23.9%和 27.5%。

4.1.4 土壤侵蚀影响因素

4.1.4.1 气候因素

气候与土壤侵蚀的关系极为密切，所有的气候因素都在不同方面和不同程度上对土壤侵蚀产生直接或间接的影响。一般来说，大风、暴雨和重力等因素是造成土壤侵蚀的直接动力，而温度、湿度、日照等因素通过对植物的生长、植被类型、岩石风化、成土过程和土壤性质等的影响，进而间接地影响土壤侵蚀的发生和发展过程。

降水是气候因子中与土壤关系最为密切的一个因子。降水是地表径流和下渗水分的

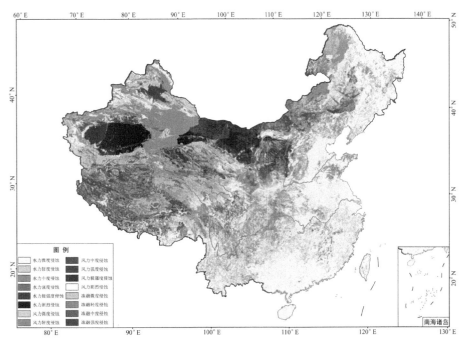

图 4-6 全国土壤侵蚀类型分布图
（资料来源：地理国情监测云平台）

主要来源。在土壤侵蚀的发生发展过程中，降水是水力侵蚀的基础。降水包括降雨、降雪、冰雹等多种形式，在我国分布的土壤侵蚀类型及形式中，以降雨的影响最为明显。

（1）降雨

降雨包括降水量、降雨强度、降雨类型、降雨历时、雨滴大小及其下降速度等，它们都与土壤侵蚀量及其侵蚀过程有着密切的关系。

我国气象部门规定，单位时间的降水量称为降雨强度，其时间一般以日或小时为单位。按降雨强度的大小，可将降雨分为小雨、中雨、大雨、暴雨、大暴雨和特大暴雨等。一日降水量超过 50 mm 或 1 小时降水量超过 16 mm 的都称为暴雨。一般来说，暴雨以上的降雨能造成严重的水力侵蚀，因为暴雨强度大，很快形成地表径流，再加之暴雨雨滴较大，所具有的动能也较大，侵蚀作用强，所以暴雨强度越大，土壤侵蚀越严重。

①降雨强度 单位时间内的降量称为降雨强度，常用 mm/h 表示。大量研究结果表明，降雨强度是降雨中对土壤侵蚀影响最大的因子。我国许多土壤侵蚀研究者研究发现，降雨强度与土壤侵蚀量呈正相关。

当降水量大而强度小时，雨滴直径及末速度都较小，因此它只有较小的动能，所以对土壤的破坏作用较轻。强度较小的降雨大部分或全部被渗透、植物截留、蒸发所消耗，不能或者只能形成很少径流；当降雨强度小到与土壤的稳渗速率相等时，地面就不会产生径流。因此，径流冲刷破坏土壤的力就不存在。当降雨强度很大时，雨滴的直径和末速度都很大，因而它的动能也很大，对土壤的击溅作用也表现得十分强烈。由于降雨强度大，土壤的渗透蒸发和植物的吸收、截持量远远小于同一时间内的降水量，因而

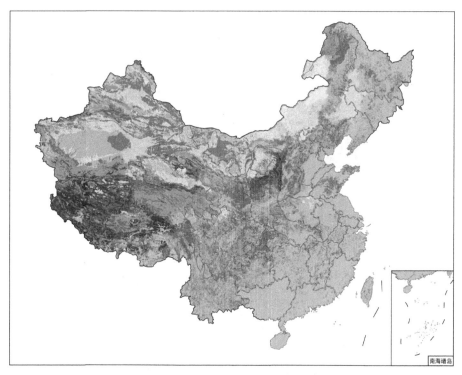

图 4-7 全国土壤侵蚀强度分布图

(资料来源:《中国科学院资源环境科学数据中心数据注册与出版系统》,中国土壤侵蚀空间分布数据,徐新良,2018 年)

形成大量的地表径流,只要降雨强度大到一定程度,即使降水量不大,也有可能出现短历时暴雨而产生大量径流,因此其冲刷的能量也很大,所以侵蚀也就严重。

②雨滴质量 雨滴质量由雨滴的体积大小直接确定。一般情况下,大质量雨滴具有较大的落地终点速度,故其对土壤侵蚀的影响,随雨滴质量的增加而加大。体积大、质量重的雨滴因其具有的势能大,落地时产生的动能也必然导致较为严重的土壤溅蚀;体积小、质量轻的雨滴则不易导致溅蚀的发生。雨滴质量的大小与雨滴半径的立方呈正比。

③降雨类型与降历时 降雨类型是指降雨强度随时间的变化过程。在场降雨中,由于降雨强度及其峰值出现的时间不同,而形成不同的降雨类型。降雨历时是指一场降雨所延续的时间长度。

④前期降雨 本次降雨以前的降雨称为前期降雨。充分的前期降雨是导致暴雨形成较大地表径流和产生严重冲刷的重要条件之一。这是因为充分前期降雨已使土壤含水量增大,再遇暴雨易于形成径流所致。在各种因素相同的情况下,前期降雨的影响主要表现为降水量的影响。

⑤降雨总量 一般来说,随着降雨总量的增大,土壤侵蚀应该也越大,但事实上并非完全如此。因为降雨强度、雨滴大小及降雨类型等因素在很大程度上决定了一场降雨的土壤侵蚀量。由于地域环境条件的差异,低于 10~30 mm/h 的降雨不至于导致土壤侵蚀的发生。

虽然低强度、长历时、大雨量降雨不会由于产生地表径流冲刷而导致土壤侵蚀，但是这种降雨类型对于受地下水分影响较大的重力侵蚀(主要是滑坡和崩塌)而言，却有不容忽视的重要作用。

(2)降雪

降雪过程本身并不直接引起土壤侵蚀的发生。但是，一方面由于积雪后一系列的"变质作用"，形成冰川冰及冰川，冰川运动导致土壤侵蚀发生；另一方面由于积雪融化产生地表径流而导致土壤侵蚀发生。

(3)气温

气温的变化可以引起含有一定土体水分的土体及岩石体冻结和解冻。由于液态水分在结冻变为固态时，其体积将增大约 9%。因此，岩石裂隙中的水分在结冻过程中，可对其裂隙两侧的岩石体产生 2000~6000 kg·cm^{-2} 的压力。这将加速岩石裂缝的发展，使岩体破碎，可能导致重力侵蚀发生。

气温的激烈变化对重力侵蚀作用有直接影响，尤其是当土体和基岩中含有一定水分，气温反复在 0 ℃附近变化时，其影响就更明显。春季回暖后，在冻融交替作用下，常形成泻溜、滑塌、崩塌等重力侵蚀。高山雪线附近也常是由于气温激烈变化引起重力侵蚀活跃的地段。

(4)风力

风是土壤风蚀和风沙流动的动力。风蚀的强弱首先取决于风速通常情况下，风速越大，风的作用力也越强，当作用力大于沙粒惯性力时，沙粒即被起动。单个沙粒沿地表开始运动所必需的最小风速称起沙风速(或临界风速)。一切大于起沙风速的风统称为起沙风。起沙风的数值，各地不一，需通过实测而获得。其次，风的作用时间又是影响风蚀的一个因子。再次就是起沙风的合成风向。另外，当暴雨伴有风时，雨滴动能就会增大，致使溅蚀能力增强。

4.1.4.2　地形因素

地形是影响土壤侵蚀的重要因素之一。地面坡度的大小、坡长、地形、分水岭与谷底及河面的相对高差以及沟壑密度等都对土壤侵蚀有很大影响。

地形因素之所以是影响土壤侵蚀的重要因素，就在于不同的坡度、坡长、坡形及坡面糙率是否有利于坡面径流的汇集和能量的转化。当坡度、坡形有利于径流汇集时，则能汇集较多的径流；而当坡面糙率大则在能量转化过程中，消耗一部分能量用于克服粗糙表面对径流的阻力，径流的冲刷力就要相应地减小。因此，地形是影响降雨在汇集流动过程中能量转化最主要的因素。地形影响能量转化的主要因子是坡度、坡长、坡形和坡向。

(1)坡度

地面坡度是决定径流冲刷能力的基本因素之一。坡面侵蚀的主要动力来自降雨及由此而产生的径流，径流所具有的能量是径流质量与流速的函数，而流速的大小主要取决于径流深度与地面坡度。另外，由于坡度大，在相同坡长的情况下水流用较短的时间就能流出。当土壤的入渗速率相同时，由于入渗时间短，其入渗量较小，增大了径流量，因此，坡度是地形因素中影响径流冲刷力及击溅输移的主要因素之一。

但在整个坡面上，侵蚀量随坡度增加是有一定极限的。冲刷量随坡度的加大而增加，但径流量在一定条件下，随坡度的加大有减少的趋势。据中国科学院地理科学与资源研究所通过黄土地区水土保持实验站观测资料分析，认为坡度对水力侵蚀作用的影响并不是无限地呈正比增加，而是存在一个"侵蚀转折坡度"。在这个转折坡度以下，冲刷量与坡度呈正比，超过了这个转折坡度，冲刷量反而减小。在黄土丘陵沟壑区，这个转折坡度大致在 25°~28.5°。地面坡度对雨滴的溅蚀也有一定影响。在地面较平坦情况下，即使雨滴可以导致严重的土粒飞溅现象，但不致造成严重的土壤流失，但是在较大地面坡度情况下，土粒被溅起后向下坡方向飞溅的距离较向上飞溅的距离要大，而且这种现象随坡度的增加而变大。

（2）坡长

坡长指的是从地表径流的起点到坡度降低到足以发生沉积的位置或径流进入一个规定沟（渠）的入口处的距离。坡长之所以能够影响到土壤的侵蚀，主要是当坡度一定时，坡长越长，其接受降雨的面积越大，因而径流量越大，水将有较大的重力势能，因此当其转化为动能时能量也大，其冲刷力也就增大。

地形因素是由不同坡度、坡长及具有不同物理化学性质的土壤组合而成，因此情况非常复杂，作为自变量坡长的变化与因变量—侵蚀量之间，因不同的试验地点有不同的变化，如果不考虑雨强及入渗情况，笼统分析它们之间只呈现无规律的相关关系，有时可以出现较好的相关性，有时也可能出现较差的相关性。特别是当雨量不大，坡度较缓，同时土壤又具有较大的渗透能力时，径流量反而会因坡长加长而减少，形成所谓"径流退化现象"。除此以外，坡形的影响也较明显。

（3）坡形

自然界中山岭丘陵的坡形虽然十分复杂，总的来说，有以下 4 种：凸形坡、凹形坡、直线形坡和阶段形坡。坡形对水力侵蚀的影响，实际上是坡度、坡长两个因素综合作用的结果。一般来说，直线形坡上下坡度一致，下部集中径流最多，流速最大，所以土壤冲刷较上部强烈。凸形坡上部缓，下部陡而长，土壤冲刷较直线形坡下部更强烈。凹形坡上部陡，下部缓，中部土壤侵蚀强烈，下部侵蚀减小，常有堆积发生。阶段形坡在台阶部分土壤侵蚀轻微，但在台阶边缘上，易发生沟蚀。

此外，坡形对风蚀也有一定的影响。在土壤裸露情况下，坡度越小，地表越光滑，则地面风速越大，风蚀越严重。迎风坡的坡度越大，土壤吹蚀越剧烈。背风坡上，因坡度大小不同，风速减缓程度亦不同，有时形成无风带，出现沙土堆积。

（4）坡向

坡向不同，所接受的太阳辐射不同，从而影响土壤湿度、温度、植被状况等环境因子的不同，其侵蚀过程也有明显差异。观测结果证实，阳坡的侵蚀量一般大于阴坡。

（5）地貌组合特征对土壤侵蚀的影响

一定区域范围内，地貌的组合特征也会对土壤侵蚀产生一定的影响。例如，黄土高原以墚峁为主的丘陵沟壑区土壤侵蚀大于以塬、破碎塬和台塬为主的高原沟壑区；我国的山地地区又是泥石流和重力侵蚀的多发区；由于受秦岭—阴山山系的导向作用，致使西路、西北路的沙尘暴往往东移，强化了沙尘暴的强度等。

4.1.4.3　地质因素

岩石中的节理、断层、地层产状和岩性等都对崩塌有直接影响。在节理和断层发育的山坡岩石破碎，很易发生崩塌。当地层倾向和山坡坡向一致，而地层倾角小于山坡坡度角时，常沿地层层面发生崩塌。软硬岩性的地层呈互层时，较软岩层易受风化，形成凹坡，坚硬岩层形成陡壁或突出成悬崖，易发生重力侵蚀。

4.1.4.4　土壤因素

土壤既是侵蚀的对象又是影响径流的因素，因此土壤的各种性质都会对面蚀产生影响。通常利用土壤的抗蚀性和抗冲性衡量土壤抵抗径流侵蚀的能力，用渗透速率表示对径流的影响。

土壤的抗蚀性是指土壤抵抗径流对其分散和悬浮的能力。土壤越黏重，胶结物越多，抗蚀性越强。腐殖质能把土粒胶结成稳定团聚体和团粒结构，因而含腐殖质多的土壤抗蚀性强。土壤的抗冲性是指土壤抵抗径流对其机械破坏和推动下移的能力。土壤的抗冲性可以用土块在水中的崩解速率来判断，崩解速率越快，抗冲能力越差；有良好植被的土壤，在植物根系的缠绕下，难于崩解，抗冲能力较强。

影响土壤上述性质的因素有土壤质地、土壤结构及其水稳性、土壤孔隙、剖面构造、土层厚度、土壤湿度，以及土地利用方式等。

土壤质地通过土壤渗透性和结持性来影响侵蚀。一般来说，质地较粗的土壤，大孔隙含量多，透水性强，地表径流量小。

土壤结构性越好，总孔隙率越大，其透水性和持水量就越大，土壤侵蚀就越轻。土壤结构的好坏既反映了成土过程的差异，又反映了目前土壤的熟化程度。我国黄土高原的幼年黄土性土壤和黑垆土，土壤结构差异明显。前者土壤密度大，总孔隙和毛管孔隙少，渗透性差；后者结构良好，土壤密度小，根孔及动物穴多，非毛管孔隙多，渗透性好。不同的渗透性导致地表径流量不同，侵蚀也不同。

土壤中保持一定的水分有利于土粒间的团聚作用。一般情况下，土体越干燥，渗水越快，土体越易分散；土壤较湿润，渗透速率小，土粒分散相对慢。

土壤抗蚀性指标多以土壤水稳性团粒和有机质含量的多少来判别，土壤抗冲性以单位径流深所产生的侵蚀数量或其倒数作指标。

4.1.4.5　植被因素

生长的植物，以其具有的覆盖地面，防止雨滴击溅，枯枝落叶及其形成的物质改变地表径流的条件和性质，促进下渗水分的增加，并以其根系直接固持土体等作用，与风、水所具有的夷平作用相制约，抵抗平衡的结果，形成相对稳定的坡地。植被的功能主要表现为：森林、草地中有一厚层枯枝落叶，具有很强的涵蓄水分的能力。随凋落物量的增加，其平均蓄水量和平均蓄水率都在增加，一般可达 $20 \sim 60$ kg · m^{-2}。由于凋落物的阻挡、蓄持以及改变土壤的作用，提高了林下土壤的渗透能力。同时，由于植被的枯枝落叶增大了地表糙度，使得其中径流的流速大幅减缓，据测定其径流流速仅为裸地上的 1/40~1/30。

上述几种作用，使得有较好植被分布区域的径流量减小，且延长了径流历时，植被对土壤形成有巨大的促进作用。因为植被调落物可以直接进入土壤，提高了土壤有机质的含量，也导致土壤抗蚀性的提高。

4.1.4.6 人为因素

历史上，受社会和科学技术的发展所决定，相当长时间内由于对自然规律缺乏认识，不能合理地利用土地，甚至是掠夺式地利用土地资源，在坡地上就会引起了水土流失，降低和破坏了土壤肥力，耗竭和破坏了土地生产力，导致难以挽回的生态灾难。

当破坏力大于土体的抵抗力时，必然发生土壤侵蚀，这是不以人们的意志为转移的客观规律。但是，影响破坏土壤侵蚀发生和发展及控制土壤侵蚀的有关因素的改变，都会影响破坏力与土体的抵抗力的消长。因此，应了解影响土壤侵蚀的自然因素之间的相互制约关系。在现阶段人类尚不能控制降雨的条件下，可以通过改变有利于消除破坏力的因素，有利于增强土体抗蚀能力的因素，来加强保持水土，促使水土流失向相反方向转化，使自然面貌向人类意愿方向发展，这就是水土保持工作中人的作用。也就是说，人类的活动既可能引起水土流失，又可以通过人的活动控制土壤侵蚀。

4.2 土壤侵蚀危害

土壤侵蚀直接影响到水、土资源的开发、利用和保护问题，水土资源是人类生存最基本的条件。由于人口数量的增长，耕地资源相对减少，而社会需求日益增加。

在联合国环境与发展会议上许多专家认为，土壤侵蚀和荒漠化的危害可从三个层次上来认识，从全球来看，土壤侵蚀和荒漠化对生态系统中的气候因素造成不利影响，破坏生态平衡，引起生物物种的损失并导致政治上的不稳定；从一个国家来看，土壤侵蚀和荒漠化会引起国家经济损失、破坏能源及食物生产、加剧贫困、社会的不安定；对一个局部地区来说，土壤侵蚀和荒漠化破坏土地资源及其他自然资源，使土地退化，妨碍经济及社会的发展。由此可以看出土壤侵蚀与荒漠化的危害已不是局部问题，它危及全人类的生存、社会稳定和经济发展。土壤侵蚀的危害具体主要表现在以下几个方面。

（1）破坏土地，吞食农田

西北黄土区、东北黑土区和南方"崩岗"地区土壤侵蚀最为严重。黄土高原的侵蚀沟头一般每年前进 1~3 m。严重的土壤侵蚀导致土地"沙化"。在我国西北干旱草原和与风沙区相邻的黄土丘陵区，常因风蚀危害造成土地"沙化"现象。

（2）降低土肥力，加剧干旱发展

土壤中含有大量氮、磷、钾等各种营养物质，土壤流失也就是肥料的流失。我国东北地区辽宁、吉林、黑龙江 3 省共有坡耕地 561.47×10^4 hm^2，因土壤侵蚀每年损失氮 92.4×10^4 t、磷 39.9×10^4 t、钾 184.4×10^4 t（张洪江等，2014）。据湖北省有关部门观测分析，坡耕地每年流失土壤约 2.1×10^8，其中含有机质 273×10^4 t，氮等养分 231×10^4 t。云南省坡耕地面积为 472.55×10^4 hm^2，土壤有机质年流失总量为 3129.33×10^4 t、全氮年

流失总量为 210.76×10^4 t、速效钾年流失总量为 12.69×10^4 t, 有效磷年流失总量为 1.22×10^4 t(陈正发等, 2019, 2021)。坡耕地水、土、肥流失后, 土地日益瘠薄, 田间持水能力降低, 加剧了干旱发展。据统计全国多年平均受旱面积约 1960×10^4 hm^2, 成灾面积约 673.3×10^4 hm^2。

(3)淤积抬高河床, 加剧洪灾害

土壤侵蚀使大量坡面泥沙被冲蚀、搬运后沉积在下游河道, 降低了水利设施调蓄功能和天然河道泄洪能力, 加剧了下游的洪涝灾害。黄河年均约 4×10^8 t 泥沙淤积在下游河床, 使河床每年抬高 8~10 cm, 形成著名的"地上悬河", 增加了防洪的难度。1998 年长江发生的全流域性特大洪水的原因之一, 就是中上游地区水土流失严重、生态环境恶化, 加速了暴雨径流的汇集过程。

(4)淤塞水库湖泊, 影响开发利用

中华人民共和国成立以来, 山西省修建的大、中、小型水库共有超过 40×10^8 m^3 库容, 由于土壤侵蚀平均每年损失库容约 1×10^8 m^3。内蒙古自治区 46 座水库已淤积 8×10^8 m^3, 占总库容的 45.5%。山西省汾河水库库容 7.26×10^8 m^3, 已淤积 3.2×10^8 m^3, 严重影响到太原市供水和 15×10^4 hm^2 农田的灌溉。四川省龚嘴水电站库容 3.6×10^8 m^3, 原设计为蓄水发电的水利枢纽, 但 1976 年水库建成后 1987 年就被泥沙淤满, 不得不改为径流发电。甘肃省碧口水电站 5.21×10^8 m^3 的库容, 1975 年建成后到 1987 年已淤积 50%。山东省共兴建小型水库和山塘共 36 810 座, 总库容 41.4×10^8 m^3, 现已淤积 25.5×10^8 m^3, 占总库容的 61.7%。辽宁省有大、中、小型水库 1033 座, 总库容 52.1×10^8 m^3, 现已淤积 6.8×10^8 m^3, 占 13%, 在 733 座小型水库中, 已有 106 座由于淤积而报废。初步估计全国各地由于土壤侵蚀而损失的各类水库、山塘等库容历年累计在 200×10^8 m^3 以上。

长江中游的洞庭湖, 清代道光年间有水面 6270 km^2, 由于土壤侵蚀导致的泥沙淤积, 加之沿湖围垦等, 1949 年湖面面积缩小至 4350 km^2, 1993 年又缩小到 3641 km^2, 同时由于湖底因泥沙淤积而升高, 使得其容量减少了 40%, 严重影响了洞庭湖的缓洪能力和湖周的生态环境, 1998 年长江干流发生的特大洪水灾害与之有密切关系。

(5)影响水资源的有效利用, 加剧了干旱的发展

黄河流域 3/5~3/4 的雨水资源消耗于水土流失和无效蒸发。为了减轻泥沙淤积造成的库容损失, 部分黄河干支流水库不得不采用蓄清排浑的方式运行, 使大量宝贵的水资源随着泥沙下泄。黄河下游每年需用 200×10^8 m^3 的水冲沙入海, 降低河床。

(6)生态恶化, 加剧贫困程度

植被破坏, 造成水源涵养能力减弱, 土壤大量"石化""沙化", 沙尘暴加剧。同时, 由于土层变薄, 地力下降, 群众贫困程度加大。

4.3 水土流失特征

4.3.1 我国水土流失状况

4.3.1.1 水土流失面积、强度及其分布现状

根据 2018 年中国水土保持公报, 全国水土流失总面积 273.69×10^4 km^2, 占国土总面

积的 28.51%。其中，水蚀面积为 115.09×10⁴ km²，占水土流水总面积的 42.05%；风力侵蚀面积为 158.60×10⁴ km²，占水土流水总面积的 57.95%。按侵蚀强度分类结果见表 4-1。

表 4-1　我国水土流失强度分级及其面积和所占比例

侵蚀强度	轻度	中度	强度	极强度	剧烈	合计
面积/(×10⁴ km²)	168.25	46.99	21.03	16.74	20.68	273.69
百分比/%	61.48	17.17	7.68	6.11	7.56	100

从各省（自治区、直辖市）的水土流失分布看，水蚀主要集中在黄河中游地区的山西、陕西、甘肃、内蒙古、宁夏和长江上游的四川、重庆、贵州和云南等省（自治区、直辖市）；风蚀主要集中在西部地区的新疆、内蒙古、青海、甘肃和西藏 5 省（自治区）。

4.3.1.2　土壤侵蚀面积、强度及其分布的变化趋势

与第一次全国水利普查（2011）相比，2011—2018 年的 7 年间，全国水土流失总面积减少 21.23×10⁴ km²，减少了 7.20%。不同类型的侵蚀变化不同，水蚀面积 7 年间减少 14.23×10⁴ km²，减少了 11.00%，平均每年减少 2.03×10⁴ km²；风蚀面积 7 年间减少 6.99×10⁴ km²，减少了 4.22%，平均每年减少 1.00×10⁴ km²。不同侵蚀强度的侵蚀变化不同，轻度侵蚀强度水土流水面积增加了 29.89×10⁴ km²，增加了 21.60%，平均每年增加 4.27×10⁴ km²，中度侵蚀强度水土流水面积减少 9.90×10⁴ km²，减少了 17.41%，平均每年减少 1.41×10⁴ km²，强烈及以上水土流失面积减少了 41.22×10⁴ km²，减少了 41.36%，平均每年减少 5.89×10⁴ km²。

4.3.1.3　我国水土流失主要特征

由于特殊的自然地理和社会经济条件，我国的水土流失具有以下特征：

（1）分布范围广、面积大

全国水土流失总面积为 273.69×10⁴ km²，占国土总面积的 28.51%，除上海市外，全国其他地区均有不同程度的水土流失发生。

（2）侵蚀形式多样，类型复杂

水力侵蚀、风力侵蚀、冻融侵蚀及滑坡、泥石流等重力侵蚀特点各异，相互交错，成因复杂。西北黄土高原区、东北黑土漫岗区、南方红壤丘陵区、北方土石山区、南方石质山区以水力侵蚀为主，伴随有大量的重力侵蚀；青藏高原以冻融侵蚀为主；西部干旱地区、风沙区和草原区风蚀非常严重；西北半干旱农牧交错带则是风蚀水蚀共同作用区。

（3）土壤流失严重

我国每年土壤流失总量约为 50×10⁸ t，其中长江流域最多，为 23.50×10⁸ t；黄河流域次之，为 15.81×10⁸ t。水蚀区平均侵蚀强度约为 3800 t·km⁻²·a⁻¹，黄土高原的侵蚀强度最高达 15 000~23 000 t·km⁻²·a⁻¹，侵蚀强度远远高于土壤容许流失量。从全世界范围看，中国多年平均土壤流失量约占全世界土壤流失量的 19.2%，土壤流失十分严重。

4.3.2　流域水土流失特征

流域作为自然的集水单元，降雨后是径流、泥沙的产地和输送通道，在流域内，地

表径流的汇集，土壤侵蚀的发生发展，泥沙的产生和搬运都明显地表现出来。流域是水土流失的基本单元，各种侵蚀形式(面蚀、沟蚀、重力侵蚀)在流域内均有体现。

流域是以地貌为单元划分的。流域是分水线所包围的区域，它汇集了该范围内的地表水流和地下水流。流域地貌系统一般包括坡地系统、沟(河)道系统和沉积区(三角洲)系统。在坡地系统中，降雨在坡地上形成层状流水，均匀地侵蚀坡地，使坡地土壤均匀流失，侵蚀的物质向坡脚搬运。当层状水流逐渐汇集而形成线状水流时，侵蚀能力加强，坡面出现细沟。细沟的沟底坡度与坡面坡度一致，细沟平行排列。当细沟的下部由于水流进一步集中，发生剧烈侵蚀，形成切沟；切沟沟缘为坡地系统的下边界，上界限为分水岭。由切沟开始，水流沟道不断加宽加深，发育成冲沟、小溪、河流，属河道系统，以水流和泥沙输移为主要特点。在坡地系统中，影响水土流失的主要要素包括坡度、地形、物质组成、植被、动物、降雨、温度、重力以及人为活动等。河道系统的主要要素是流量、流速、水流结构、河道纵横剖面、坡度、河道物质组成、河型、河水化学成分、含沙量等。在流域系统中，地表径流的汇集、土壤侵蚀的发生、发展，泥沙的产生和搬运都明显地表现出来。各种侵蚀形式在流域内均有表现。因此，流域是进行水土保持生态建设的基本单元。水土保持生态建设一般以中、小尺度的流域为治理单元，其面积在 300 km² 以下。根据流域系统本身的特点和水土流失外营力确定流域水土流失的主要形式和分布特征(表 4-2)。

表 4-2 水土流失形式特征分布表

水土流失营力	水土流失形式	发生范围	主要影响要素
降雨	溅蚀	坡面	坡长、坡度、坡型、坡向、植被、气候、土地利用
水流	面蚀、径流损失	坡面	
	浅沟侵蚀	坡面	
	切沟侵蚀	沟谷	构造、地质、岩性、沟谷类型、气候
	冲沟侵蚀	沟谷	
	山洪侵蚀	沟谷	
	河流侵蚀	河道	河型、水文、比降
重力	崩塌、崩岗、滑坡等	坡地、沟谷、河道	地质、地形、气候、植被、土地利用
水流和重力	泥石流	流域	地质、地形、气候、植被、土地利用
风力	风蚀	干旱、半干旱地区	土壤粒径组成，土地利用，植被

资料来源：引自高甲荣和齐实《生态环境建设规划》，2006。

流域水土流失特征来看，主要体现在以下 3 类情况：

(1)水土流失形式的多样性

流域系统中作用于地表并引起水土流失的主要自然营力是重力、水的张力和压力，水流的力和雨滴撞击力，水分和水温度变化产生的膨胀力、扩散力；其他影响因素包括地形、地貌、植被、岩石、土壤、人类活动方式(即土地利用方式)等。其水土流失的多样性主要是由于其影响因素的多样性而形成的。

(2)水土流失形式空间分布的区域性

在流域不同的空间位置上，水土流失影响因素本身存在着空间分布的区域性，主要表现在不同地貌类型和土地利用方式、植被的区域空间分布规律。例如，坡面系统主要为面蚀，沟谷系统为重力侵蚀和沟蚀等。

(3)水土流失影响的内、外部效应

流域作为一个开发系统，其水土流失的影响包括系统内和系统外两个方面。而其外部因素会影响内部的土地利用方式。流域水土流失的内、外部效应的特征对流域管理目标的制定起着至关重要的作用。

4.4 水土保持措施

水土保持措施是指为防治水土流失，保护、改良与合理利用水土资源，在流域水土保持规划基础上所采取的工程措施、林草措施、农业措施的总称。

4.4.1 水土保持措施设计的原则

(1)预防为主，保护优先

预防就是对可能产生水土流失的地方实行预防性保护措施。在水土保持措施设计中要针对自然、人为因素可能引起水土流失的地段设置预防性水土保持措施，对土壤、植被的保护要放在措施设计的首位，从而防止新的水土流失产生。

(2)因地制宜，因害设防

我国幅员广大，各地的自然、社会和经济条件千差万别，因此在水土保持措施设计中必须认真研究各地区、各流域的具体情况，在类型区划分及水土保持规划等纲领性文件的指导下，认真研究项目的可行性，针对水土流失的空间分布与重点、治理难点设计不同的治理措施，使之形成多种措施体系，既符合当地的自然环境条件又满足水土流失防治目标的需求。

(3)全面规划，综合治理

水土保持综合治理必须做到工程措施、林草措施、农业技术措施相结合，治坡措施与治沟措施相结合，造林种草与封禁治理相结合，骨干工程与一般工程相结合。在治理工作中，各项措施、各个部位同步进行，或者做到从上游到下游，先坡面后沟道，先支、毛沟后干沟，先易后难，要使各措施相互配合，最大限度地发挥措施体系的防护作用，要做到治理一片，成功一片，受益一片。

(4)尊重自然，恢复生态

在水土保持措施配置中应当遵循"干扰最小原则"，能借助自然恢复生态的地段绝不应用人工措施，能用生物措施绝不用工程措施，能用乡土植物种尽量不用外来种，在林草措施应用中遵循"管理最小原则"，尽量恢复与当地自然环境相协调的植物群落，建设景观生态小流域。

(5)长短结合，注重实效

没有经济效益的生态效益，不易被群众理解和接受，也缺乏水土保持事业发展的内在活力；相反，没有生态效益的经济效益，会使水土保持走向急功近利的极端，从而丧失生产后劲，乃至资源也会受到严重破坏。在水土保持措施的选择与配置上，要考虑到流域群众的利益，要考虑不同措施发挥作用的时间期限，进行中长短期搭配，注重每一种措施的实际效益。

(6) 经济可行，切合实际

严格按照自然规律和社会经济规律办事，在进行水土保持措施选择时不能脱离当地的社会经济实际情况，在技术上是先进的，在经济上也是合理的，具有实施的技术力量，投资是在当地社会经济承载力允许范围之内。无论是治理措施的布局，还是治理措施选择与治理进度的安排，都应做到各项措施符合设计要求，在规定的期限内可以实施完成，有明显的经济效益、生态效益和社会效益。

在规划布设小流域综合治理措施时，不仅应当考虑水土保持工程措施与生物措施、农业耕作措施之间的合理配置，而且要求全面分析坡面工程、沟道工程、节水灌溉工程之间的相互联系，工程与生物相结合，实行沟坡兼治、上下游治理相配合的原则。

4.4.2 水土保持工程措施

工程措施是指为了防治水土流失危害，保护和合理利用水土资源而修筑的各项工程设施。我国根据兴修目的及其应用条件，将水土保持工程分为以下 4 种类型：①坡面防护工程；②沟道治理工程；③小型水库工程；④山地灌溉工程。

4.4.2.1 坡面治理工程

坡面在山区农业生产中占有重要地位，斜坡又是泥沙和径流的策源地，水土保持要坡沟兼治，而坡面治理是基础。坡面治理工程措施的主要目的是：消除或减缓地面坡度，截断径流流线，削减径流冲刷动力，强化降水就地入渗与拦蓄，保持水土，改善坡耕地生产条件，为作物的稳产、高产和生态环境建设创造条件。坡面治理工程包括坡面固定工程、坡面集水蓄水工程、梯田工程和沟头防护工程等。

(1) 坡面固定工程

1) 坡面固定工程的作用

坡面固定工程是指为防止斜坡岩体和土体的运动、保证斜坡稳定而布设的工程措施，包括挡墙、抗滑桩、削坡和反压填土、排水工程、护坡工程、滑动带加固措施、植物固坡措施和落石防护工程等。坡面固定工程在防治滑坡、崩塌和滑塌等块体运动方面起着重要作用，如挡土墙、抗滑桩等能增大坡体的抗滑阻力，排水工程能降低岩土体的含水量，使之保持较大凝聚力和摩擦力等。防止斜坡块体运动，要运用多种工程进行综合治理，才能充分发挥效果。例如，在有滑坡、崩塌危险地段修建挡墙、抗滑桩等抗滑措施时，配合使用削坡、排水工程等减滑措施，可以达到固定斜坡的目的。

2) 坡面固定工程的种类及设计

①挡墙 又称挡土墙，可防止崩塌、小规模滑坡及大规模滑坡前缘的再次滑动。抗滑挡墙与一般的挡墙有所不同：一般的挡墙在设计时，只考虑墙后土体的主动土压力，而抗滑挡墙需要考虑滑坡体的推力，滑坡体的推力一般都大于挡墙的主动土压力，如果算出的推力不大，则应与主动土压力大小比较，取其较大值进行设计。按构造挡墙可以分为以下几类：重力式，半重力式、悬臂式、扶壁式、支垛式、棚架扶壁式、框架式和

锚杆挡墙等。

②抗滑桩　是穿过滑坡体插入稳定地基内的桩柱，它凭借桩与周围岩石的共同作用，把滑坡推力传入稳定地层，来阻止滑坡的滑动。使用抗滑桩，土方量小、省工省料、施工方便且工期短，是广泛采用的一种抗滑措施。

③滑坡和反压填土　削坡主要用于防止中小规模的土质滑坡和岩质斜坡崩塌。削坡可以减缓坡度，减小削坡体体积，从而减小下滑力。滑坡可分为主滑部分和阻滑部分。主滑部分，一般是滑坡体的后部，它产生下滑力；阻滑部分是滑坡前端的支撑部分，它产生抗滑阻力。所以削坡的对象是主滑部分，如果对阻滑部分进行削坡反而有利于滑坡。当高而陡的岩质斜坡受节理裂隙切割，比较破碎，有可能崩塌坠石时，可消除危岩，削缓坡顶部。当斜坡高度较大时，削坡常分级留出平台。反压填土是在滑坡体前面的阻滑部分堆土加载，以增加抗滑力。填土可筑成抗滑土堤，土要分层夯实，外露坡面应干砌片石或种植草皮，堤内侧要修渗沟，土堤和老土间修隔渗层，填土时不能堵住原来的地下水出口，要先做好地下水引排工程。

④排水工程　可减免地表水和地下水对坡体稳定性的不利影响，一方面能提高现有条件下坡体的稳定性；另一方面允许坡度增加而不降低坡体稳定性。排水工程包括排除地表水工程和排除地下水工程。排除地表水工程的作用，一是拦截危害斜坡以外的地表水，二是防止危害斜坡内的地表水大量渗入，并尽快汇集排走。排除地下水工程的作用是排除和截断渗透水，包括渗沟、明暗沟、排水孔、排水洞、截水墙等。

⑤护坡工程　为防止崩塌，可在坡面修筑护坡工程时加固。护坡工程是一种防护性工程措施，即修筑护坡工程必须以边坡稳定为前提，而以防止坡面侵蚀、风化和局部崩塌为目的，若坡体本身不能保持稳定，就需要削坡或改修挡土墙等支挡工程。常见的护坡工程有：干砌片石和混凝土砌块护坡、浆砌片石和混凝土护坡、格状框条护坡、喷浆或喷混凝土护坡、锚固护坡等。

⑥滑动带加固措施　防治沿软弱夹层的滑坡，加固滑动带是一项有效措施，即采用机械或物理化学方法，提高滑动带强度，防止软弱夹层进一步恶化。加固方法有灌浆法、石灰加固法和焙烧法等。灌浆法按使用浆液材料可分为普通灌浆法和化学灌浆法。普通灌浆法采用由水泥、黏土、膨润土、煤灰粉等普通材料制成的浆液，用机械方法灌浆。灌注水泥砂浆的作用在于从裂隙中置换水分，将水泥浆灌入，固结并形成块体间的稳定骨架。水泥灌浆法对黏土、细砂和粉砂土中的滑坡特别有效。也可以使用爆破灌浆法，即钻孔至滑动面，在孔内用炸药爆破，以增大滑动带和滑床岩土体的裂隙度，然后填入混凝土，或借助一定的压力把浆液灌入裂缝。这种方法对于地下水是滑坡移动的主要诱因、滑面近于直线且下伏坚硬基岩的滑坡效果较好。施工中有关炸药的用量和放置部位较难确定。所以，此种方法有待试验，摸索取得经验后才能应用。化学灌浆法采用由各种高分子化学材料配制的浆液，借助一定的压力把浆液灌入钻孔。一般说来软弱夹层、断裂带和裂隙中常为细颗粒的土粒岩屑等物质充填，因其孔隙小，用水泥等材料灌浆不易吸浆，难以达到充填固结滑带物质的效果。在这种情况下，应用化学灌浆法不仅可以固结滑带物质，改善其物理特性，还能充满细微的裂隙，达到既可提高滑带物质的强度，又可以防渗阻水的效果。由于普通灌浆法需要爆破或开挖清除软弱滑动带，所以

化学灌浆法比较省工。

⑦植物固坡措施 植被能防止径流对坡面的冲刷,并能在一定程度上防止崩塌和小规模滑坡。植树造林对于渗水严重的塑性滑坡或浅层滑坡是一个有效的方法。对深层滑坡只能部分减少地表水渗入到坡面之下,间接地有助于滑坡的稳定性。植物固坡措施包括坡面防护林、坡面种草和坡面生物工程综合措施。

⑧落石防护工程 悬崖和陡坡上的危石会对坡下的交通设施,房屋建筑及人身安全产生很大的威胁。常用的落石防护工程有:防落石棚、挡墙加拦石栅、囊式栅栏、利用树木的落石网和金属网覆盖等。

(2)梯田工程

梯田是山区、丘陵区常见的一种基本农田,它是由于地块顺坡按等高线排列呈阶梯状而得名。在我国,梯田一般主要指水平梯田。各地对水平梯田有不同的名称,如陕西把山区、丘陵区陡坡上修的水平梯田叫梯田,把塬区、川地区缓坡上修的梯田叫埝地;在我国南方,有的把坡上种水稻的梯田叫梯田,而把种旱作物的梯田叫梯土或梯地。虽然名称和形式不同,但本质都是把具有不同坡度的地面修成具有不同宽度和高度的水平台阶。25°以下的坡地一般可修成梯田,25°以上的则应退耕植树种草。

1)梯田的作用

梯田是基本的水土保持工程措施,对于改变地形、减少水土流失、改良土壤、增加产量、改善生产条件和生态环境等都有很大作用。

2)梯田的分类

①按修筑的断面形式分类 可分为水平梯田、坡式梯田、反坡梯田、隔坡梯田和波浪式梯田等类型。水平梯田田面呈水平。在缓坡地上修成较大面积的水平梯田又称埝地或条田,适用于种植水稻、其他大田作物、果树等。坡式梯田是顺坡向每隔一定间距沿等高线修筑地埂而成的梯田。依靠逐年翻耕、径流冲淤并加高地埂,田面坡度逐年变缓,终至水平梯田。坡式梯田也是一种过渡的形式。反坡梯田田面微向内侧倾斜,反坡角度一般为1°~3°,能增加田面蓄水量,并使暴雨产生的过多的径流由梯田内侧安全排走。适于栽植旱作与果树。干旱地区造林所修的反坡梯田、一般宽仅1~2 m。隔坡梯田是相邻两水平阶台之间隔一段斜坡的梯田,从斜坡流失的水土可拦截流于水平阶台,有利于农作物的生长;斜坡段则种植草、经济林或林粮间作。一般25°以下的坡地上修隔坡梯田可作为水平梯田的过渡。波浪式梯田是在缓坡地上修筑的断面呈波浪式的梯田,又名软埝或宽埝梯田。一般是在小于7°~10°的缓坡上,每隔一定距离沿等高线方向修建软埝和截水沟,两软埝和截水沟之间保持原来坡面。软埝有水平和倾斜两种:水平软埝能拦蓄全部径流,适于较干旱地区;倾斜软埝能将径流由截水沟安全排出,适于较湿润的地区。软埝的边坡平缓,可种植作物。两软埝和截水沟之间的距离较宽、面积较大,便于农业机械化耕作。波浪式梯田在美国最多,其次是俄罗斯、澳大利亚等国也较多。

②按田坎建筑材料分类 可分为土坎梯田、石坎梯田、植物坎梯田。黄土高原地区,土层深厚,年降水量少,主要修筑土坎梯田;土石山区,石多土薄,降水量多,主要修筑石坎梯田;陕北黄土丘陵地区,地面广阔平缓,人口稀少,则采用灌木,牧草为田坎的植物坎梯田。

③按土地利用方向分类　可分为农田梯田、水稻梯田、果园梯田和林木梯田等。

④按灌溉方法分类　可分为旱地梯田和灌溉梯田。

⑤按施工方法分类　可分为人工梯田和机修梯田。

（3）沟头防护工程

沟头防护工程是指在沟头兴建的拦蓄或排除坡面暴雨径流，保护村庄、道路和沟头上部土地资源的一种工程措施。其主要作用是防止坡面径流由沟头进入沟道或使之有控制地进入沟道，从而制止沟头前进、沟底下切和沟岸扩张，并拦蓄坡面径流泥沙，提供生产和人畜用水。

沟头侵蚀对工农业生产危害很大，主要表现为3个方面：造成大量土壤流失，沟头集水面积小而侵蚀量大，崩塌、滑坡的疏松土体和沟床下切，是沟蚀的主要泥沙源，大大增加沟道输沙量；毁坏农田沟头延伸和扩张，毁坏了大量农耕地，使可耕地面积逐年减小，沟谷逐年扩大；切断交通，沟头侵蚀如不防治，延伸将无休止，直到溯源侵蚀至分水岭后，沟谷还要下切和扩张。这样原来的交通要道或生产道路就会被数十米的沟壑隔断，严重影响山区交通和农业生产。

沟头侵蚀的防治，应按流量的大小和地形条件采取不同的沟头防护工程。沟头防护工程是斜坡固定工程的一个组成部分。

根据沟头防护工程的作用，可将其分为蓄水式沟头防护工程和排水式沟头防护工程两类。

1) 蓄水式沟头防护工程

当沟头上部来水较少，且有适宜的地方修建沟埂或蓄水池，能够全部拦蓄上部来水时，可采用蓄水式沟头防护工程，即在沟头上部修建沟埂或蓄水池等蓄水工程，拦蓄上游坡面径流，防止径流排入沟道。根据蓄水工程的种类，蓄水式沟头防护工程又分为沟梗式和围梗蓄水池式两种。

①沟梗式沟头防护　是在沟头上部的斜坡上修筑与沟边大致平行的若干道封沟埂，同时在距封沟埂上方 1.0~1.5m 处开挖与封沟埂大致平行的蓄水沟，拦蓄斜坡汇集的地表径流。

②围埂蓄水池式沟头防护　当沟头以上坡面有较平缓低洼地段时，可在平缓低洼处修建蓄水池，同时围绕沟头前沿呈弧形修筑围埂，防止坡面径流进入沟道，围埂与蓄水池相连将径流引入蓄水池中，这样组成一个拦蓄结合的沟头防护系统。同时蓄水池内存蓄的水可以利用。

当沟头以上坡面来水较大或地形破碎时，可修建多个蓄水池，蓄水池相互连通组成连环蓄水池。蓄水池位置应距沟头前缘一定距离，以防渗水引起沟岸崩塌，一般要求距沟头 10 m 以上。蓄水池要设溢水口，并与排水设施相连，使超设计暴雨径流通过溢水口和排水设施安全地送至下游。蓄水池容积与数量应能容纳设计标准时上部坡面的全部径流泥沙。

2) 排水式沟头防护工程

沟头防护应以蓄为主，作好坡面与沟头的蓄水工程，变害为利。

在下列情况下可考虑修建排水式沟头防护工程：沟头以上坡面来水量较大，蓄水式沟头防护工程不能完全拦蓄；由于地形、土质限制，不能采用蓄水式时，应采用排水式沟头防护工程把径流导至集中地点，通过排水建筑物有控制地把径流排泄入沟。

一般排水式沟头防护工程有悬臂跌水式、陡坡式和台阶式跌水 3 种类型。

①悬臂式跌水沟头防护　在沟头上方水流集中的跌水边缘，用木板、石板、混凝土板或钢板等做成槽状，一端嵌入进口连接渐变段，另一端伸出崖壁，使水流通过水槽直接下泄到沟底，不让水流冲刷跌水壁，沟底应有消能措施，可用浆砌石作为消力池，或用碎石堆于跌水基部，以防冲刷。为了增加水槽的稳定性，应在其外伸部分设支撑或用拉链固定。

②陡坡式沟头防护　陡坡是用石料、混凝土或钢材等制成的急流槽，因槽的底坡大于水流临界坡度，所以一般发生急流。陡坡式沟头防护一般用于落差较小、地形降落线较长的地点。为了减少急流的冲刷作用，有时采用人工方法来增加急流槽的粗糙程度。

③台阶式跌水沟头防护　台阶跌水可用石块或砖加砂浆砌筑而成，施工方便，但需石料较多，要求质量较高。台阶跌水式沟头防护按其形式可分为单级式和多级式 2 种。

4.4.2.2　沟道治理工程

沟道治理工程指为固定沟床、拦蓄泥沙，防止或减轻山洪及泥石流灾害而在山区沟道中修筑的各种工程措施。沟道治理工程的主要作用在于防止沟头前进，沟床下切、沟岸扩张，减缓沟床纵坡，调节山洪洪峰流量，减少山洪或泥石流的固体物质含量，使山洪安全地排泄，对沟口冲积圆锥不造成灾害。

（1）谷坊

谷坊又名防冲坝、砂土坝、闸山沟等，是山区沟道内为防止沟床冲刷及泥沙灾害而修筑的横向挡栏建筑物，是水土流失地区沟道治理的一种主要工程措施。谷坊高度般小于 3 m。

1）谷坊的作用

谷坊规模小数量多，是防治沟壑侵蚀的第二道防线工程。

谷坊的主要作用有 4 点：固定与抬高侵蚀基准面，防止沟床下切；抬高沟床，稳定山坡坡脚，防止沟岸扩张及滑坡；减缓沟道纵坡，减小山洪流速，减轻山洪或泥石流灾害；使沟道逐渐淤平，形成坝阶地，为发展农林业生产创造条件。

谷坊的重要作用是防止沟床下切冲刷。因此，在考虑某沟段是否应该修建谷坊时，首先应当研究该段沟道是否会发生下切冲刷作用。

2）谷坊的分类

谷坊可按所使用的建筑材料、透水性和使用年限进行分类。

依修筑谷坊的建筑材料的不同可分为：土谷坊、石谷坊、插柳谷坊（柳桩编篱）、枝梢（梢柴）谷坊、铅丝石笼谷坊、混凝土谷坊和钢筋混凝土谷坊等。依谷坊透水与否可分为：透水性谷坊和不透水性谷坊。根据使用年限的不同，可分为永久性谷坊和临时性谷坊。

（2）拦砂坝

拦砂坝是以拦蓄山洪泥石流沟道（荒溪）中固体物质为主要目的，防治泥沙灾害的挡拦建筑物，它是荒溪治理的主要沟道工程措施。拦砂坝多建在主沟或较大的支沟内的泥石流形成区或形成区——流通区，通常坝高大于 5 m，拦砂量在 1000~1 000 000 m³，甚至更大。在黄土区拦砂坝也称泥坝。

在水土流失地区沟道内修筑拦砂坝，具有以下 3 个方面的作用：

①拦蓄泥沙（包括块石），调节沟道内水沙，以免除泥沙对下游的危害，便于河道下游的整治。拦砂坝在减少泥沙来源和拦蓄泥沙方面能起重大作用。拦砂坝将泥石流中的固体物质堆积库内，可以使下游免遭泥石流危害。

②提高坝址处的侵蚀基准，减缓坝上游淤积段河床比降，加宽了河床，并使流速和流深减小，从而大幅减小水流的侵蚀能力。

③因沟道流水侵蚀作用而引起的沟岸滑坡，其剪出口往往位于坡脚附近。拦砂坝的淤积物掩埋了滑坡体剪出口，对滑坡运动产生阻力，促使滑坡稳定，减小泥石流的冲刷及冲击力，防止溯源侵蚀，抑制泥石流发育规模。

（3）拱坝

拱坝是一种在平面上向上游弯曲成拱形的挡水建筑物。由于它具有拱的结构作用，把承受的水压力等荷载部分或全部传到两岸和河床，因而不像重力坝那样需要依靠本身的重量来维持稳定，坝体内的内力主要是压应力，可以充分利用筑坝材料的强度，减小坝身断面，节省工程量。因此，拱坝是一种经济性和安全性都很高的坝型，在小流域治理及泥石流防治中应用广泛。

拱坝的类型，除一般按坝的高度、筑坝材料和泄水条件分类外，还可按照坝的平面布置形式、坝的纵向断面以及它的结构作用特点等来分类。

按坝的高度分为低坝（坝高 30 m 以下）、中坝（坝高 30~70 m）和高坝（坝高 70 m 以上）；按筑坝材料分为混凝土拱坝和砌石拱坝；按泄水条件，拱坝分为溢流拱坝和非溢流拱坝；根据同层拱圈厚度是否变化，分为等厚拱坝和变厚拱坝；按平面布置的形式分为等半径拱坝、等中心角拱坝、变半径变中心角拱坝和双向弯曲拱坝；按坝体曲率分为单曲率拱坝和双曲率拱坝；按坝的厚高比可分为薄拱坝、拱坝（纯拱坝）和重力拱坝。

（4）淤地坝

在水土流失地区，用于拦蓄泥沙、淤地而横向布置在沟道中的坝叫淤地坝。淤地坝是我国黄土高原沟壑区沟道治理的一种水土保持工程措施，是一种淤地后进行农业种植的土坝工程。在我国陕西、山西、内蒙古、甘肃等地分布较多。

①淤地坝的组成　一般淤地坝由坝体、溢洪道和放水建筑物三部分组成。

②淤地坝的分类和分级标准　淤地坝工程根据生产建设和科学研究的目的不同，可有多种分类方法。

淤地坝按筑坝材料可分为土坝、石坝、土石混合坝等；按坝的用途可分为缓洪骨干坝、拦泥生产坝等；按建筑材料和施工方法可分为夯碾坝、水力冲填坝、定向爆破坝、堆石坝、干砌石坝、浆砌石坝等；按结构性质可分为重力坝、拱坝等；按坝高、淤地面积或库容可分为大型淤地坝、中型淤地坝、小型淤地坝等。也可进行组合分类，如水力冲填土坝、浆砌石重力坝等。

③淤地坝的作用　通过多年实践，水土保持淤地坝工程在拦泥淤地、防洪保收、灌

溉、养殖、人畜饮水、改善交通等方面发挥了重要作用，成为不可缺少的水土保持措施。

淤地坝的作用有以下 7 点：抬高侵蚀基点，稳定沟坡，减少水土流失；拦泥淤地，发展生产；实现高产稳产；促进退耕还林还草，促进了农村产业结构调整；拦洪蓄水，合理利用水资源；以坝代路，便利交通；治沟骨干工程防洪保收。

4.4.2.3 小型水库工程

水库是指在山沟或河流的狭口处建造拦河坝形成的人工湖泊。兴建水库一般是为工业、农业和生活提供用水，水力发电，发展养殖业和娱乐业等。我国兴建的水库，有以灌溉为主要功能的水库，也有以供给城市用水为主要功能的水库，但绝大多数都具有综合功能，对水资源有高效利用的价值。

水库是综合利用水资源的工程措施，除灌溉农田外，还可防洪、发电、发展养殖业、改变自然面貌。在我国干旱、半干旱的水土流失地区，以灌溉为主，同时考虑综合利用的小型水库是研究的主要对象。

小型水库主要由坝体(拦截河流或山溪流量、提高水位，形成水库)、放水建筑物(涵洞)、溢洪道(排除库内多余的洪水)三部分组成，通常称为水库的"三大件"。

4.4.2.4 山地灌溉工程

(1)水源

我国是一个以山地为主的国家，耕地有限且以山丘区坡耕地为主，因此山丘区的农业生产关系着整个国家的粮食安全，至关重要。但山丘区水源条件差，季节性缺水明显，遇干旱年份，塘、库蓄水量不足，农业生产与生活用水矛盾十分突出。山地灌溉工程是指为山区、丘陵区农业生产灌溉服务的系列工程，主要包括水源工程、泵站、提水引水工程和输配水工程等。

灌溉水源是用于灌溉的地表水和地下水的统称。地表水包括河川径流、湖泊和汇流过程中拦蓄起来的地面径流；地下水主要是指可用于灌溉的浅层地下水。地表水是主要的灌溉水源，例如，我国灌溉面积中约有75%以地表水为水源。

①地表灌溉水源 我国可利用的灌溉水量在时空分布上很不均匀。时间上，年降水量的50%～70%集中在夏季或春夏之交的季节，径流量的年际变化较剧烈，且时常出现连续枯水年或连续丰水年的现象。空间上，南方水多，北方水少，可利用的水量与耕地面积分布不相适应，严重制约农业的发展。

②地下灌溉水源埋藏在地面以下的地层(如沙、砾石、砂砾土及岩层)裂隙、孔洞等空隙中的重力水，一般称为地下水，而蓄积地下水的上述土层和岩层则称为含水层。

(2)小型泵站

泵站是由抽水的一整套机电设备和与其配套的水工建筑物两部分组成。泵站由下列部分组成：

①抽水设备 包括水泵、动力机、传动设备、管道及其附属设备。其中，水泵是最主要的设备。

②配套建筑物　包括引水闸、引水渠、前池、进水池、泵房、出水池和输水渠道或穿堤涵洞等建筑物。

③辅助设施　包括功能（变电、配电、储油、供油等）设施、泵房内的供排水设施和安装、起吊、检修设施等。对小型泵站来说，一般只建辅助性房屋即可，供管理人员值班和存放工具等使用。

4.4.3　水土保持林草措施

水土保持林草措施又称水土保持植物措施、水土保持林业措施或水土保持生物措施，是在水土流失地区人工造林或飞播造林种草、封山育林育草等，为涵养水源、保持水土、防风固沙、改善生态环境、开展多种经营、增加经济与社会效益而采取的技术方法。它是区域（流域）水土流失综合治理措施的组成部分，与水土保持农业措施、水土保持工程措施组成一个有机的区域（流域）综合防治体系。

4.4.3.1　水土保持林草措施体系

（1）水土保持植被恢复

在山地丘陵的水土流失地区进行水土保持林建设，所面临的主要问题是立地条件恶劣：北方的主要问题是干旱缺水；南方则是土壤瘠薄，部分地区也存在干旱现象。20世纪50年代以来我国各地造林经营证明，适地适树、良种壮苗、细致整地、合理密度、精细栽植、抚育管理6项基本措施是水土保持造林的基本技术措施。而在干旱半干旱地区，关键是保证林木成活和提高其生长量的抗旱技术。

1）适地适树，选择抗性强的树种

水土流失地区选择树种应适合当地的立地条件，最关键的是抗性强，只有抗性强才能确保造林的成活率，造林成活后才有生长量。在半干旱温暖性地区，树种的抗旱性是关键；半干旱寒温性地区则要既抗旱又抗寒；南方亚热带、热带湿润区则耐水湿、耐高温、耐土壤瘠薄是关键。总的来讲，水土保持树种应是深根、冠大、枯落物多、根蘖性强、改良立地性能好（如固氮）的抗性强树种。总结我国多年来的造林经验，就是划好立地类型，通过适宜树种的选择做到适地适树。

2）细致整地，改善立地条件

水平阶适用于坡面较为完整的地带。水平阶是沿等高线里切外垫，作成阶面水平或稍向内倾斜成反坡（约5°~8°）；阶宽1.0~1.5 m；阶长视地形而定，一般为2~6m，深度40 cm以上；阶外缘培修20 cm高的土埂。

反坡梯田适用于坡面较为完整的地带。多修成连续带状，田面向内倾斜成12°~15°反坡，田面宽1.5~2.5 m；在带内每隔5 m筑一土埂，以预防水流汇集；深度40~60 cm。

水平沟适用于坡面完整、干旱及较陡的斜坡。水平沟上口宽1 m，沟底宽60 cm，沟深60 cm，外侧修20 cm高埂；沟内每隔5 m修横挡。

鱼鳞坑适用于地形零碎地带。为近似于半月形的坑穴，坑面低于原坡面，稍向内倾斜。一般横长1~1.5 m，竖长0.8~1.0 m，深40~60 cm，外侧修筑成半环状土埂，上埂高20~25 cm。鱼鳞坑要呈品字形排列。

3)应用抗旱造林方法，采取科学栽植技术

水土保持林的造林方法，应当突出其抗旱技术措施。一般应以植苗造林为主。但是，一些先锋灌木树种可以采用直播造林方法；在阴坡土壤水分条件较好地带，一些针阔叶乔木树种也可以直播造林。

植苗造林在同一块地不要一、二级苗混栽，以求林木生长整齐。一般植苗采用明穴植树法。开穴深、宽要大于根幅、根长，栽正扶直，深浅适宜，根系舒展，先填表土、湿土，分层踏实，最后覆一层虚土。有的小苗，可采用窄缝栽植法。在土质较松地带，对根系细窄的小苗木，如马尾松小苗，可采用窄缝栽植法，但不要窝根，栽后压紧土缝或踏实，再覆些虚土。北方干旱、半干旱地区，萌芽力强的阔叶树种采用截干栽根，有利于保持苗木自身的水分平衡，成活率较高。用地膜、草秸覆盖于植树穴上，可以抑制土壤水分蒸发，达到蓄水保墒、促进幼树成活的目的。地膜覆盖还有增加土温、促进生根的作用，应予推广。播后可迅速发芽生根，有一定抗旱能力的先锋树种，如柠条、马桑、栓皮栎等，在鸟兽害少的地方，直播造林已取得较好成效。在南方高海拔山地，云南松、华山松、光皮桦等树种直播造林的效果也很好。水土保持造林还应当采取一系列其他抗旱造林配套技术。例如，选用壮苗造林，必须从起苗到定植，做好苗木保湿，力争使苗木水分不过多减少，还要选择温度、水分最稳定的季节定植等。

4)加强抚育与保护，保证良好生长环境

幼林抚育包括除草松土、培土壅根、正苗、踏实、除萌、除藤蔓植物，以及对分蘖性强的树种进行平茬等，但重点是除草松土。

5)营造混交林，提高生态经济功能

营造水土保持林，要以混交林为主。良好的混交林分，其生长量也较纯林高。

众所周知，混交林多树种生态效益的互补作用，使病虫害明显减少。因此，水土保持林、水源涵养林应以混交林为主，这是一个带有方向性的重大技术问题，对于改善全局的生态平衡，将产生深远的影响。在不少地区，当前不仅营造乔灌混交林成为现实，而且发现不少乔木树种混交林的成功范例。

人工营造乔木树种与封育林内天然乔混木树种相结合的方法，形成多树种、多层次的混交林，是亚热带湿润地区、半湿润地区广大山区丘陵现实可行的成功经验，值得提倡和推广。

在北方温带半湿润、半干旱地区，可以营造乔灌混交林，各地乔木树种的混交林也有一些成功经验，如油松槲树混交、油松元宝枫混交等，也有生长良好的油松、山杨、白桦、灌木形成天然混交。

各地经验证明，有条件地区，通过封山育林，构成多树种多层次的混交林，是现实可行的办法。

(2)水土保持林草体系

1)水土保持林草体系的组成

防护林体系同单一的防护林林种不同，它是根据区域自然历史条件和防灾、生态建设的需要，将多功能、多效益的各个林种结合在一起，形成一个区域性、多树种、高效益的有机结合的防护整体。这种防护体系的营造和形成，往往构成区域生态建设的主体和骨架，发挥着主导的生态功能与作用。

2）水土保持林草体系的意义

山区和丘陵区一般都具有发展农、林、牧业生产的条件和优势。与平原区不同，山区和丘陵区具有进行多种经营、从事多种种植业并取得多种产品的优越条件。也就是说，充分合理地利用山丘区的水土资源、气候资源、生物资源的优势，其所拥有的和可发挥的巨大的生产潜力是显而易见的。为了以中、小流域为单元建成生态经济高效、持续、稳定的人工生态系统，在合理规划土地利用方向和生产内容的条件下，各个生产用地上必须及时地采取适合山丘区条件的生产措施和水土保持措施。这些措施的目标在于创造良好生产条件的同时，获取所期望的经济效益。从这个意义上看，山区、丘陵区的水土保持各项措施，不仅是"水土保持"，实质上它也是保障和增加生产的生产措施，是山区生产建设中必不可少的重要组成部分，"水土保持是山区生产的生命线"的道理即在于此。综合的水土保持措施是山区各生产用地上进行合理生产活动的必要组成部分。改变山丘区单一的经济结构为复合的农业经济结构是改善和发展山区经济条件的重要前提，而土地利用的合理规划及各业用地合理比例的确定又是农业经济结构转换的基础，各个生产用地上，如何充分发挥其土地利用率和大幅度地提高其土地生产力，实质上影响经济结构的形成。如此看来，山区的生产措施和水土保持措施，必须纳入市场经济对山区经济开发需要的轨道，在充分保证良好生产条件的基础上，最大限度地通过生产措施、水土保持措施为种植业及养殖业提供生产条件。

水土保持林在水土保持工作中，不仅是一项以水土保持林特有的防护效益为理论依据、其他任何措施不可取代的水土保持措施；同时，又是一项具有极大生产意义的重要的生产措施。因此，在山区和丘陵区，不论从林地占有面积和空间（一般可达中、小流域面积的70%~80%），从发挥其调节河川径流，控制水土流失，减免水、旱灾害，以及最终改善生产条件方面，还是为开发山区经济，发展多种经营提供物质基础等方面，水土保持林均占有极其重要的地位。林业的发展一是要发挥林业特有的生态屏障功能，二是要把林业作为山丘区一项骨干产业为当地提供多种林业产品，显示其应有的社会经济功能。

在山区、丘陵区作为"体系"的水土保持林种内应根据其防护特点、配置位置，同其他水土保持措施的结合，以及其经营目标的不同，进步划分若干林种，以便提出相应的配置和营造技术措施。在一个中、小流域范围内，合理配置（水平配置）的各个林种。应因地制宜，因害设防，在其防护功能上则相互补充、完善，从整体上形成完善的防护体系；同时，在其经济功能上通过与其他生产用地的结合，通过植物多样性的选择与配合，形成稳定的生物生产群体和高额的土地生产力。

（3）水土保持林草空间配置

在小流域范围内，水土保持林体系的合理配置，要体现各个林种具有的生物学稳定性，显示其最佳的生态经济效益，从而达到流域治理持续、稳定，人工生态系统建设高效的主要作用。水土保持林体系配置的组成和内涵，主要基础是做好各个林种在流域内的水平配置和立体配置。

所谓"水平配置"是指水土保持林体系内各个林种在流域范围内的平面布局和合理规划。对具体的中小流域应以其山系、水系、主要道路网的分布，以及土地利用规划为基础，根据当地发展林业产业和人民生活的需要，根据当地水土流失的特点，水源涵养、水土保持等防灾和改善各种生产用地水土条件的需要，进行各个水土保持林种合理布局和配置，在规划中要贯彻"因害设防，因地制宜""生物措施和工程措施相结合"的原则，在林种配置的形式上，在与农田、牧场及其他水土保持设计的结合上，兼顾流域水系上、中、下游，流域山系的坡、沟、川和左、右岸之间的相互关系，同时，应考虑林种占地面积在流域范围内的均匀分布和达到一定林地覆盖率的问题。我国大部分山区、丘陵区土地利用中林业用地面积大致占到流域总面积的 30%~70%，因此，中、小流域水土保持林体系的林地覆盖率可在 30%~50%。

所谓林种的"立体配置"是指某一林种组成的树种或植物种的选择和林分立体结构的配合形成。根据林种的经营目的，要确定林种内树种、其他植物种及其混交搭配，形成林分合理结构，以加强林分生物学稳定性和形成开发利用其短、中、长期经济效益的条件。根据防止水土流失和改善生产条件，以及经济开发需要和土地质量、植物特性等，林种内植物种立体结构可考虑引入乔木、灌木、草类、药用植物、其他经济植物等，其中，要注意当地适生的植物种的多样性及其经济开发的价值。"立体配置"除了上述林种内的植物选择、立体配置之外，还应注意在水土保持与农牧用地、河川、道路、四旁、庭院、水利设施等结合中的植物种的立体配置。在水土保持林体系中，通过林种的"水平配置"与"立体配置"使林农、林牧、林草、林药的合理结合形成多功能、多效益的农林复合生态系统；形成林中有农、林中有牧、利用植物共生、时间生态位重叠，充分发挥土、水、肥、光、热等资源的生产潜力，不断培肥地力，以达到最高的土地利用率和土地生产力。因此，林种立体配置应强调的问题：一是针对防火需要和所处立地条件而合理选择树种或植物种；二是根据选定的树种或植物种的生物学特性、生态学特性，处理好植物种间的关系；三是林分密度的确定，除应考虑一般确定林分密度的原则之外，还要注意林分防护灾害的需要以及所应用树种和植物种的特性相结合。

水土保持林体系在小流域范围内的总体配置原则，就是通过山丘区防护林体系各林种的水平配置、布局和各林种组成树种或植物种的立体配置，体现林种合理的林分结构，达到林分的生物学稳定性，获取在该立地条件下较高的生物产量，从而达到预期的生态、经济效益。由于生态林业的科学概念正在形成、发展和完善中，林种配置技术，特别是林种的立体配置技术，依据因害设防、因地制宜的原则，因所处地区社会经济、自然历史条件和当地传统经验及其技术优势等原因，会出现各具特点、多样的形式。因而目前尚难以指出普遍适用的配置技术模式。

4.4.4　水土保持农业技术措施

水土保持农业技术措施是在水蚀或风蚀的农田中，采用改变地形、增加植被、地面覆盖和土壤抗蚀力等方法达到保水、保土、保肥的措施。实际操作中大多仅将必需的作业在方式上调整，不需增加劳力或费用。有的虽要花些费用，但功效上则不但保持了水土，改良了土壤，而且有增产省工等多方面效益。

水土保持农业技术措施主要包括水土保持耕作措施、水土保持栽培技术措施、土壤培肥技术、旱作农业技术和复合农林业技术等。

4.4.4.1 水土保持耕作措施

（1）水土保持耕作的定义

水土保持耕作是指以保土、保水、保肥为主要目的的提高农业生产的耕作措施。广义上讲，整个农业技术改良措施，特别是旱地农业技术措施均属此类。从狭义上讲，水土保持耕作措施是专门用来防治水土流失的独特的耕作措施，即习惯上所说的水土保持耕作法。狭义范畴仅指水土流失地区的水土保持耕作法，而广义范畴则包括了整个农业区特别是旱作农业区的水土保持耕作法。

（2）水土保持耕作措施的任务

土壤耕作的主要任务为：

①根据天然降水的季节分布，及时采取适宜的措施，最大限度地把宝贵的天然降水，纳蓄于"土壤水库"之中，尽量减少农田内各种形式径流的产生。

②根据水分在土壤中运动的规律，及时采取适宜的措施，减少已纳蓄于"土壤水库"中水分的各种非生产性消耗，如地表蒸发、渗漏等。使土壤内所储蓄的水分。尽最大可能地为农作物生长发育所利用，调节天然降水季节分配与作物生长季节不协调的矛盾。

③根据生态学的原理，及时采取适宜的措施，促进肥效的提高，防止倒伏，消灭杂草及一些病虫害，以提高有效土壤水分对农产品的转化效率，即提高水分的生产效率。

总之，在现有的生产条件下，天然降水是否能较充分地被土壤所蓄纳，并有效地用于农业生产，是农业生产成功与失败的关键。简而言之，水土保持耕作的中心任务就是蓄水保墒，提高天然降水的生产效率，给作物生产创造一个良好的土壤环境条件。

（3）水土保持耕作措施的种类

对现有耕作措施，按其作用的性质，其分类见表4-3。

表4-3　水土保持耕作措施的种类

类别	耕作法名称		适宜条件	适宜地区（括号可作示范试验区）
以改变微地形为主	等高耕作		25°以下；坡越陡作用越小	全国
	沟垄种植	垄作区田	20°以下的坡地；年降水量300 mm以上	全国
		水平沟种植法	25°以下；坡越缓作用越大	西北（华北）
		平插起垄	15°以下；川地、坝地、梯田均可	西北（华北）
		圳田	20°以下；坡越缓作用越大	西北（华北）
		水平防冲沟	20°以下；坡度越大间隔越小；夏季休闲地和放牧	西北
		蓄水聚肥耕作	15°以下；旱塬、梯田均可；需劳力较多	西北（华北）
		抽槽聚肥耕作	平地，15°以下；造林、建设经济林园；需劳力较多	湖北（南方）
	坑田耕作法		20°以下；品字排列；平地也可；需劳力较多	全国
	半旱式耕作		水田少耕；免耕条件；掏沟垒埂，治理隐匿侵蚀	四川（南方）

（续）

类别	耕作法名称		适宜条件	适宜地区（括号可作示范试验区）
以增加地面覆盖为主	青草覆盖		茶园；种植绿肥也可	湖北、安徽（南方）
	地膜覆盖		缓坡或梯田、平地；经济作物、果树等	全国
	砂田覆盖		干旱区10°以下；有砂卵石来源；需劳力较多	甘肃（新疆）
	留茬覆盖		缓坡地，平地也可；不翻耕	黑龙江（北方）
	秸秆覆盖		缓坡地或平地；不翻耕	山东（北方）、云南
以改变土壤物理性状为主	少耕	少耕深松	缓平地、平地；深松铲	黑龙江、宁夏（北方）
		少耕覆盖	缓坡地、平地；5年以上要全面深耕，尚待研究	云南（南方）
		搅垄耙茬	缓坡地、平地、风沙区	东北
		硬茬播种	缓坡地、平地、风沙区	华北
		垄作深松耙茬耕作	缓坡地、平地、风沙区	全国
		轮耕	风沙旱地、风沙区	全国
	免耕		平地；用除草剂	湖北、东北
	马尔采夫耕作法		平地、缓坡地	东北

资料来源：王礼先和朱金兆《水土保持学》，2005。

4.4.4.2　水土保持栽培技术措施

水土保持栽培技术措施具有因地制宜，充分有效地利用当地自然条件的特点。在不同的环境条件下，实行不同的轮作、间作、套作、混播及栽培制度，可以充分发挥多种作物的优势，扬长避短，相互促进，减少水土流失，肥培地力，取得稳产高产。

水土保持栽培技术的种类主要有：轮作技术措施；间作、套种和混播技术措施；等高带状间作；等高带状间轮作。

（1）轮作

轮作是指在一定的周期之内（一般是一年、两年或几年），两种以上的农作物，本着持续增产和满足植物生活的要求，按照一定次序，一轮一轮倒种的农业栽培措施。例如，小麦→大豆→玉米，两年一轮，倒种3次。

我国各地自然条件差异很大，轮作的具体方式多种多样。大部分旱区气温较寒冷、无霜期较短，多采用一年一熟的轮作。部分水热条件较好的地区采用二年三熟、一年二熟或间、套、混等多熟制的轮作。

依据生产任务和种植对象的不同，通常将轮作分为大田轮作和草田轮作两大类。大田轮作以生产粮食或工业原料为主，它包括为了满足专门的生产要求而建立的专业轮作，为了能多方面满足国家对农产品的需要而建立的水旱轮作，以及为后茬作物提供较好的水肥条件的休闲轮作。草田轮作以生产粮食作物和牧草并重，它包括利用空闲季节和作物行间隙地种植绿肥，用地养地相结合的粮肥轮作和绿肥轮作，生产饲料为主，种植粮食作物或蔬菜作物的饲料轮作。

在水土流失地区，合理而科学地实行农作物之间或牧草与农作物之间的轮作制度，对提高农牧业生产和改善土壤水分—物理化学性质均具有深远和现实的意义。因为农作物生长在土地上，土壤会直接制约和影响农作物的生长和发育；农作物又是土壤形成的主导因素，农作物种植在土壤里，直接影响着土壤理化性质的变化。

（2）间作、套种和混播

间作、套种与混播，是增加土壤表层覆盖面积，提高单位面积作物的产量和保持水土、改良土壤的一项有效的农业技术措施。它是我国农民在长期生产实践中，逐步认识并掌握各种农作物的特性和相互之间的关系，积极利用作物互利的条件，克服不利条件而发展起来的。采取这种农业技术措施，极为省工，简单易行，行之有效。

①间作　两种作物同时在一块地上间隔种植的一种栽培方法，如玉米间作大豆，玉米间作马铃薯等。

②套种　在同一块地上，不同时间播种两种以上的不同作物，当前作物未成熟收获时，就把后作物播种在前作物的行间，如小麦套种黑豆。

③混播　指两种作物均匀地撒播，或混播在同一播种行内，或在同一播种行内进行间隔播种，如小麦混播豌豆等。

（3）等高带状间作

所谓等高带状间作，就是沿着等高线将坡地划分成若干条地带，在各条带上交互或轮流地种植密生、疏生作物或牧草与农作物的一种坡地保持水土的种植方法。它利用密生作物带覆盖地面、减缓径流、拦截泥沙来保护疏生作物生长，从而起到比一般间作更大的防蚀和增产作用；同时，等高带状间作也有利于改良土壤结构，提高土壤肥力和蓄水保土能力，便于确立合理的轮作制，促进坡地变梯田。

等高带状间作可分为农作物带状间作和草田带状间作2种。

①农作物带状间作　是利用疏生作物（如玉米、高粱、棉花、土豆等）和密生作物（如小麦、莜麦、谷子、糜子等）成带状相间种植。

②草田带状间作　是利用牧草与农作物成带状相间种植，这种方法防止水土流失，增加农作物的产量和改良土壤的效果都很好。这一方法一般在坡地上广泛采用。在不十分破碎的坡地上，或在沿着侵沟岸边的坡地上，亦能采用。

（4）等高带状间轮作

等高带状间轮作要求首先将坡地沿等高线划分为若干条带，再根据粮草轮作的要求，分带种植作物和草，一面坡地至少要有2年生或4年生草带3条以上，沿峁边线则种植紫穗槐或柠条带。

采用此法的好处：一是可促进坡地农田退耕种草，即一半面积种草，一半面积种粮；二是把草纳入正式的轮作之中，巩固了种草面积；三是保证粮食作物始终种在草茬上，可减少优质厩肥上山负担，节省大批劳畜力；四是既改良了土壤结构，又提高了土壤蓄水保土能力；五是既确立了合理的轮作制，又可促使坡地变成缓坡梯田。

4.5　案例解析

本节以黄土丘陵沟壑区第五副区的九华沟流域为例，从流域自然及社会经济情况、土壤侵蚀特征与水土保持及治理成效等方面阐述小流域综合治理等问题，为理论的应用提供案例。

4.5.1　九华沟流域自然资源及社会经济概况

九华沟流域是黄河水系祖厉河的一级支流，位于甘肃省定西县北部 104°18′48″～104°25′23″E、35°40′24″～35°43′40″N，属黄土丘陵沟壑区第五副区，总面积 83 km²。

流域地形切割十分严重，墚峁沟谷分明，坡陡沟深。自然坡度<5°、5°～15°、15°～25°和>25°的面积分别占流域总面积的 6.8%、57.8%、26.8%和 8.6%。全流域沟壑密度为 2.7 km·km⁻²。地势西北高，东南低，海拔在 1990～2271 m 之间，相对高差 281 m。阳坡陡峭，开垦指数在 0.3 左右；阴坡较缓，开垦指数接近 0.6，为流域的主要农事作业区。主沟上游支多呈"V"字形，正处于发育阶段，泄溜、崩塌等侵蚀活跃；下游沟道呈"U"字形，较为平缓开阔。

流域地处内陆，气候属典型的温带大陆性气候，多年平均降水量仅 380 mm，且集中在 5～9 月，占全年降水的 78%。其中暴雨径流占 80%以上，对地面破坏性大，大部分随水土流失外泄，开发利用率极低。作物需水高峰期，常常发生少雨缺水现象，使作物生长极易受到干旱的威胁。年平均气温 6.3 ℃，极端最高气温 34.3 ℃，极端最低气温 −29.5 ℃。全年≥10 ℃的活动积温为 2230 ℃。年平均太阳辐射能为 5.91 J·cm⁻²，年日照时数 2500 h，年蒸发量 1550 mm，无霜期 141 d。区内日照充足，光能富裕，温热适中。温差较大，适宜种植多种粮食和经济作物。

流域内土壤类型主要以黄绵土和黑垆土为主，土壤多为粉质壤土，土层深厚，土质较松，适耕性强，但持水能力差，易造成水土流失。耕作层土壤总体上呈富钾少氮缺磷的状态，肥力低下。流域内每年平均流失土壤有机质 4302.7 t、全氮 318.2 t、全磷 227.9 t。

人口密度大，劳动力素质低下。流域平均人口密度高达 80 人·km⁻²。远远超过国际规定的半干旱地区 20 人·km⁻²的标准。巨大的人口压力使人们的教育、卫生、健康以及经济增长等长期内无法得到改善，人口素质提高缓慢，文盲半文盲率高达 42%。

坡耕地比重大，粮食产量低而不稳。1997 年年底，流域耕地面积 3231.3hm²，其中，山坡地 1360 hm²，占 42.1%；水平梯田 1570 hm²，占 48.6%；川台地 300 hm²，占 9.3%；没有水浇地，属典型的雨养农业区。由于自然条件严酷，农业生产方式落后，粮食产量低而不稳，多年平均单产仅 400～600 kg·hm⁻²。

4.5.2　流域土壤侵蚀与水土保持

4.5.2.1　流域土壤侵蚀特征

九华沟流域在未治理前土壤侵蚀模数高达 5400 t·km⁻²·a⁻¹，年土壤侵蚀总量 4482×10⁴ t，坡耕地每年流失总量 540 t·hm⁻²。流域内沟谷面积 308.76 hm²，占流域总面积的 24.8%，溯源侵蚀、下切侧蚀、崩塌侵蚀严重，土壤侵蚀模数高达 9365.25 t·km⁻²，是流域的主要产沙区。

4.5.2.2 流域水土保持

九华沟流域在综合治理的实践中，根据生态经济学和系统工程理论，坚持"以土为首，土水林综合治理"的水土保持方针和"以治水改土为中心，山、水、田、林、路综合治理"的农田基本建设原则，以建设具有旱涝保收、高产稳产生态经济功能的大农业复合生态经济系统为目标，以恢复生态系统的良性循环为重点，注重将工程措施和生物措施相结合(图4-8)。其生态经济系统综合治理与建设重点包括两方面内容：

其一，建设水土保持综合防御体系，以充分利用有限的降水资源为目标，建设包括梯田工程、径流集聚工程、小型拦蓄工程、集雨节灌工程、道网工程在内的径流调控综合利用工程，进行山、水、田、林、路综合治理，达到对自然降水的聚集、储存及高效利用。具体做法是：

①实现了梯田化　累计修建水平梯田3051 hm²，人均0.44 hm²，水平梯田面积已占总耕地面积的94.43%，整体实现了梯田化。

②科学调控了地表径流　利用自然坡面、道路、庭院等自然集流场，采取混凝土硬化、灰土夯实、固化剂处理、覆膜等技术手段建成人工集流面61处14 170 m²、水窖6919眼，不仅有效地解决了人畜饮水问题，还发展补灌面积250 hm²，配套滴灌面积16 hm²，发展庭院经济102 hm²。

③合理利用了沟道水资源　修建治沟骨干工程7座，总控制面积30.75 km²，总库容347.86×10⁴m³，拦泥库容167.42×10⁴m³，发展水浇地165 hm²。修建小型拦蓄工程391座，其中谷坊356座，涝池35座。

图4-8　九华沟流域

④对位配置了林草植被　营造乔木林 200 hm²、灌木林 951 hm²、经济林 526 hm²，种植以紫花苜蓿为主的多年生优质牧草 756 hm²，每年种植青饲草 320 hm²，使林草覆盖率提高到 57.1%。

⑤实现了农村道路网络化　新修和改造干线道路 2 条 51.78 km，支线道路 13 条 97.22 km，混凝土衬砌阴沟 49 600 m。同时，配合梯田工程建设，对田间道路进行了全面改造。

⑥加强了农村能源建设　推广聚光型抛物面太阳灶 766 台，修建厌氧型沼气池 14 座，起到了示范带动作用。

其二，建设高效农业综合开发体系，以优化土地利用结构，推动社会经济协调发展为目标，结合坡耕地退耕还林草，积极发展畜牧业，调整畜牧养殖结构，大力发展牛、羊等草食性畜牧业；调整种植结构，大力发展马铃薯、中药材、林果等区域特色产业，扩大高附加值经济作物种植面积；推行农业产业化经营，发展农畜林果产品加工业，提高农业附加值；大力推广设施农业、地膜、节水灌溉等实用农业技术，以科技促进农业的新发展。

4.5.2.3　主要经验

九华沟流域水土保持综合治理开发，始终以降雨径流调控为主线，优化配置综合治理开发措施，从上游到下游、从坡面到沟道，建成了完整的径流调控体系，将导致水土流失的降雨径流变为调整产业结构、改造低效劣质侵蚀地、发展高效农林牧业生产的有效水资源。径流调控体系按其组成分为聚集、贮存和利用 3 个系统，聚集系统主要指依靠集雨面(自然坡面、沥青路面、村道、庭院、屋面、混凝土面、覆膜等)来收集、拦截降雨径流的工程体系，贮存系统有水窖、蓄水池、涝池、塘坝、淤地坝、骨干工程等，利用系统主要是通过小型蓄引工程和滴灌、渗灌、喷灌及小沟暗管等节灌技术为发展高效农业服务。将径流调控与植被建设相结合，创造性地提出了隔坡软埂水平沟、燕尾式鱼鳞坑、正方形漏斗式聚流坑、长方形竹节式聚流坑、圆锥形连环式聚流坑、地膜覆垄聚流坑等不同形式的径流聚集技术，大幅提高了造林种草的成活率和保存率。坡面径流聚渗工程、路舍集流贮用工程、沟道坝系拦蓄工程有机结合的多元化、多功能降雨聚渗贮用水土保持工程体系，使水土资源得到科学高效利用，为农工贸一条龙、产供销一体化系统开发、实现农村经济的可持续发展打下了坚实的基础，走出了水保立县、以水定业、脱贫致富的新路子、总结出"修梯田，治水土；集雨水，种林草；兴科技，增效益；搞调整，拓富路"的治理开发新模式。

4.5.2.4　流域治理成效

(1)生态环境明显改善

水土流失基本得到控制。全流域内综合治理面积由 37.3 km² 增加到 71.6 km²，治理程度由 44.9% 提高到达到 86.3%，初步形成水土保持综合防御体系。年平均径流模数由 17 000 m³·km⁻² 降低到 1557.28 m³·km⁻²，年土壤侵蚀模数由 5400 t·km⁻² 降低到 915 t·km⁻²，减沙效益达 83.1%，水土流失得到有效控制。通过兴修水平梯田，流域内

91%的坡耕地通过坡改梯得到了整治，其余9%的坡耕地已退耕还林还草，流域整体上实现了耕地梯田化、荒坡绿色化；流域内林草面积由1986.7 hm² 增加到4739.3 hm²，林草覆盖率由24%提高到57.1%。图4-8为九华沟流域经过治理，成了山青水秀的小"江南"，水土保持的经济效益、社会效益和生态效益十分显著。

（2）经济结构趋于合理，经济效益稳步增长

土地利用结构趋于合理。通过综合治理和生产结构调整，全流域农、林、牧、荒及其他用地比例由39：19：5：23：14调整为24：39：18：2：17，农业用地减少38.5%，林牧业用地增长137.5%。土地利用率达到81.3%，比治理初期提高18.8%。卓有成效的产业结构调整，使流域内经济结构趋于合理，各业协调发展，农产品产量不断提高，土地生产率比治理初期提高了4倍多，各业产值年均增长26.6%，农民人均纯收入年均增长24%。

（3）社会效益显著

流域内交通、通信和电力等基础设施得到改善，群众生活条件明显改观。由于在综合治理中加强了基础设施建设，实现了"五通"，即农路通、农电通、电话通、电视通、广播通。农民受教育年限增加，劳动力素质普遍提高，文盲半文盲率由42%降低到20%。脱贫致富步伐加快。流域内绝对贫困率下降到3%，稳定解决温饱的农户达到85%以上，返贫现象基本消除。

思考题

1. 什么是土壤侵蚀？正常侵蚀与加速侵蚀的区别与联系是什么？
2. 导致土壤侵蚀发生的动力因素有哪些？
3. 土壤侵蚀类型主要有哪几种？其特点分别是什么？
4. 产生土壤侵蚀的影响因素有哪些？
5. 简述我国水土流失的主要特征。
6. 简述水土保持措施设计的原则。
7. 什么是工程措施？我国根据兴修目的及其应用条件，将水土保持工程分为哪几种类型？
8. 什么是水土保持林草措施？

推荐阅读书目

张洪江，程金花. 土壤侵蚀原理(第3版). 科学出版社，2014.

吴发启，张洪江. 土壤侵蚀学. 科学出版社，2012.

余新晓，毕华兴. 水土保持学(第4版). 中国林业出版社，2020.

第 5 章

土壤沙化过程与防治

【本章提要】土壤沙化是指在风蚀和风力的作用下，有机质含量较多的土壤或者可利用土地变成含沙量较多的土壤或者土地，甚至最终变成沙漠的过程；而土壤沙化防治是指为预防和治理土壤沙化采取的各种生物的、工程的、农业的和综合的技术措施与手段。本章主要阐述了土壤沙化的过程和机理、土壤沙化的形成条件、沙漠化的特征与危害及沙漠化的防治技术措施，进一步解析了沙坡头、民勤和库布齐等地的防沙治沙案例。

5.1 土壤的沙化过程与机理

土壤沙化（soil desertification）是指在风蚀和风力的作用下，有机质含量较多的土壤或者可利用土地变成含沙量较多的土壤或者土地，甚至最终变成沙漠的过程。土壤的风蚀及风沙堆积过程都属于土壤沙化的范畴。北部沙漠、北方长城沿线干旱、半干旱地区、黄淮海平原、黄河故道和老黄泛区是我国土壤沙化的严重区域。引起我国土壤沙化主导因素为风蚀沙化，其中植被覆盖率、土体构型、引水灌溉、地形起伏、引水放淤等也是土壤沙化重要的影响条件。

根据土壤沙化发生发展特点和区域差异，我国沙漠化土壤（地）大致可分为 3 种类型：

（1）干旱荒漠地区的土壤沙化

主要分布在内蒙古的狼山—宁夏的贺兰山—甘肃的乌鞘岭以西的广大干旱荒漠地区，该区域沙漠化发展快，面积大。据研究表明，甘肃省河西走廊的沙丘每年向绿洲推进 8 m。该地区由于气候极端干旱，土壤沙化后很难恢复。

（2）半干旱地区土壤沙化

以宁夏东南部、陕北、河北北部以及内蒙古中西部和东部为主。由于过度农垦和放牧，使得该地区生态脆弱，沙化呈区域化发展，但是由于该类型区退化以人为因素为主，所以在一定条件下该区域土壤沙化有逆转可能。

（3）半湿润地区土壤沙化

主要发生于黑龙江、嫩江下游，其次是松花江下游、东辽河中游以北地区。该地区林—牧—农交错带沙化面积呈狭带状断续分布在河流沿岸，发展程度较轻。与土壤盐渍化交错分布，降水量在 500 mm 以上，所以这个区域的土壤沙化，控制和修复是完全可能的。

5.1.1　土壤沙化过程

5.1.1.1　近地面层风的特征

（1）大气的分层及近地面层

根据大气在垂直方向上的温度、电荷等物理性质及大气垂直运动的情况，可将大气从低空到高空依次划分为对流层、平流层、中间层、热层与散逸层。其中，大气运动最活跃的是对流层（troposphere），对流层的平均高度在 12 km 以下。对流层集中了大气质量的 3/4 和几乎全部的水汽，雨、雪、云、雾、风等主要大气现象都主要集中在这一层，所以说对流层与人类生产生活密切相关，而且风沙活动也发生在对流层。对流层的气温随高度的升高而呈下降趋势，在不同的时节、不同的地区、不同的海拔高度，气温的下降情况是不同的。对流层空气产生强烈的对流与乱流运动现象，随着高层冷空气的下降和底层暖空气的上升，空气产生对流运动，在高层与低层空气交换时，近地面的热量、水汽、固体杂质等向上输送，这也严重影响着降雨的形成。根据气流、温度和天气特点，在对流层内又可以分为上层、中层和下层。

上层：在地面 6 km 与对流层顶之间，此层水汽较少，气温常年在 0 ℃ 以下。

中层：在距地面 2~6 km 高度的气层之间，由于受地表的摩擦影响较小，多发生云和降水。

下层：又称为摩擦层，自地面到 1~2 km 的高度。此层与地面的联系最为密切，因此受地面的影响强烈，由于空气频繁的对流与乱流活动，加之水汽充沛、气溶胶多等诸多条件，因而频繁出现云、雾、霾等现象。大气对流层的下层贴近地面的 10~100 m 的地方为近地面层又称地面边界层或常通量层，是大气边界层中稳定存在的，最接近下垫面的部分。

在近地面层中，最大的特点就是具有湍流摩擦力，湍流摩擦力不随高度的变化而变化。当流体沿表面流动时，表面的质点受到黏滞力的作用而减慢速度，当质点与表面接触时，速度为零。在流体上质点间的速度差会形成切变应力，但当质点离开流体表面一定的距离，质点的距离就接近未经扰动时的距离了。所以近地面层的另一个含义为受到发生于表面的切变应力影响的流体层。

（2）近地层风的流态特征

依据运动学和动力学特征，流体中存在两种基本的流态：一种是平滑成层流动的层流；另一种是湍流，是以旋涡形式或者无规则运动的一种流态。而风沙流（wind-drift sand）作为一种流体，也存在层流和紊流两种形态。

①层流　液体质点作有条不紊的运动，彼此不相混掺的形态称为层流。

②紊流　液体质点作不规则运动、互相混掺、轨迹曲折混乱的形态称为紊流。

当风速逐渐变大时，规则的层流运动便变成了无规则的紊流运动。与层流相比，紊流的空气质点运动不规则，因此紊流是风沙运动的主要形式。

雷诺数 Re 是判别层流与紊流的主要依据：

$$Re = \frac{\rho u L}{\mu} \tag{5-1}$$

式中　ρ——流体密度（kg·m^{-3}）；

　　　u——平均流速（m·s^{-1}）；

　　　L——物体或对比空间的长度（m）；

　　　μ——动力黏滞系数或动力黏度（N·s·m^{-2}）。

雷诺数是流体惯性力与黏滞力之间比率的一个常数系数。雷诺数越小，则黏滞力>惯性力，属于层流。雷诺数越大，则黏滞力<惯性力，属于紊流。在空气中，当 Re>1400 时，层流就过渡到了紊流，在一般情况下，能够引起沙粒运动的风几乎都是紊流。

5.1.1.2　土壤沙化形成的力学原理

土壤沙化过程主要是以风力为主的外营力作用于地面而引起的土壤颗粒的蠕移、跃移和悬移的风力侵蚀过程。风力侵蚀过程、风力输移过程和风力沉积过程是风力作用的三大过程。由于风力作用力下，土壤极易产生土壤风蚀（soil wind erosion），最终导致风蚀沙漠化。

（1）沙粒的启动机制

目前，关于沙粒的启动机制有几种不同的说法，拜格诺认为沙粒的运动方式为在风力达到一定的程度时，沙粒首先开始沿着地表滚动，在滚动的过程中沙粒开始积累能量，随着动力积累到一定程度，沙粒便开始脱离地表进入气流。而比萨尔（Bisal）和尼尔森（Nielsen）认为沙粒在脱离地表进入气流之前，先在某一特定位置产生振动，然后进入气流运动。1986 年，威廉斯（Williams）在 *Aeolian Entrainment Threshold in a Developing Bountary Layer* 一书中通过风洞模拟实验，发现沙粒既有沿地表的滚动也有通过碰射进入气流的运动方式，但是进入气流前，都得在原地发生一段时间原地振荡运动，这种观点实际综合了拜格诺、比萨尔（Bisal）和尼尔森（Nielsen）等的观点。我国学者吴正在风洞中，通过用高速摄影对沙粒的运动过程，实验发现当平均风速在一定条件下，在湍流及压力脉动的作用下，某些突出于水平面的沙粒会发生不脱离原地的振动。当风速进一步增大，上升力大于沙粒自身重力的时候，一些突出的不稳定的沙粒开始沿沙面滚动或者滑动，由于沙粒的不规则形状及所处位置的复杂性，因此在滚动的过程中沙粒会与地面发生摩擦冲击后获得较大的冲量跃入气流当中运动。

风作为沙粒运动的直接动力，气流对沙粒的作用力表现为：

$$P = \frac{1}{2}C\rho V^2 A \tag{5-2}$$

式中　P——风的作用力（N）；

　　　C——与沙粒形状有关的作用系数；

　　　ρ——空气密度（kg·m^{-3}）；

　　　V——气流速度（m·s^{-1}）；

　　　A——沙粒迎风面面积（m^2）。

以上等式中，风的作用力与风速的变化呈正相关，当风速的作用力超过沙粒的惯性力时，沙粒就会被风吹动。风作用于地表，使沙粒沿地表开始运动所必需的最小风速，称为启动风速或者临界摩阻速度。起沙风也可以定义为所有超过启动风速的风。

颗粒的主要启动方式有流体启动和冲击启动，也有与之相应的启动风速，有流体启动值和冲击启动值之分，如果风直接推动沙面沙粒运动，则启动的临界风速称为流体启动值。如果跃移的冲击作用引起的沙粒的运动，则启动的临界风速值称为冲击启动值。

拜格诺依据风和水的起沙原理相似性，得出了启动风速理论值的公式，其表达式为：

$$V_t = 5.75A \sqrt{\frac{\rho_s - \rho}{\rho} \cdot gd} \cdot \lg \frac{y}{K} \tag{5-3}$$

式中　V_t——任意高度处的启动风速值($m \cdot s^{-1}$)；

A——风力作用系数；

ρ_s——沙粒的密度($kg \cdot m^{-3}$)；

ρ——空气的密度($kg \cdot m^{-3}$)；

g——重力加速度($m \cdot s^{-2}$)；

d——沙粒粒径(mm)；

y——任意点的高程(m)；

K——粗糙度。

从上式可以看出，沙粒的启动风速随着地面越粗糙和植被的覆盖度的增加而增加。

(2)风沙流

风沙流是一种含沙气流，它是一种气固两相流。风沙流是一种贴近地面的沙粒搬运现象，一般在距地面0~30 cm，大部分集中在0~10 cm范围内。影响起沙风速的因素有沙粒粒径、沙土含水率等。风沙流中含沙量的大小与风速的大小息息相关，风速越大，风沙流中的含沙量越大；反之，当风沙流处于饱和状态下或者风速变小时，沙粒便开始与风沙流逐渐分离沉降或者堆积成沙丘。而风速是由气流的动能大小决定的，风的动能计算公式为：

$$E = \frac{1}{2}mV^2 \tag{5-4}$$

式中　E——动能(J)；

m——动能(kg)；

V——风速($m \cdot s^{-1}$)。

垂直于气流方向的平面风压可表现为：

$$P = \frac{\rho g}{2}V^2 \tag{5-5}$$

式中　P——风压($kg \cdot m^{-2}$)；

ρ——动能($kg \cdot m^{-2}$)；

V——风速($m \cdot s^{-1}$)。

朱瑞兆(1984)曾根据中国北方的实际情况，推导出风压P的一个简单而实用的经验表达式：

$$P = \frac{1}{16}V^2 = 0.0625V^2 \tag{5-6}$$

式中 P——风压（kg·m⁻²）；

V——风速（m·s⁻¹）。

根据此公式可计算得出 10 m 高处蒲福（Beaufort）风级各风速引起的相应风压（表 5-1）。

表 5-1 蒲福风级及相应的对照表（10 m 高处）

风力等级	名称	风速范围/(m·s⁻¹)	平均风速/(m·s⁻¹)	风压/(kg·m⁻²)	陆地地面物象
0	静风	0~0.2	0	0	静，烟直上
1	软风	0.3~1.5	0.9	0.05	烟示风向
2	轻风	1.6~3.3	2.4	0.36	感觉有风
3	微风	3.4~5.4	4.4	1.20	旌旗展开
4	和风	5.5~7.9	6.7	2.80	吹起尘土
5	劲风	8.0~10.7	9.3	5.40	小树摇摆
6	强风	10.8~13.8	12.3	9.50	电线有声
7	疾风	13.9~17.1	15.5	15.00	步行困难
8	大风	17.2~20.7	18.9	22.39	折断树枝
9	烈风	20.8~24.4	22.6	31.90	轻损房屋
10	狂风	24.5~28.4	26.4	43.60	拔起树木
11	暴风	28.5~32.6	30.5	58.10	损毁重大
12	飓风	>32.6	34.8	75.70	损毁极大

（3）风力侵蚀过程

风力侵蚀（wind erosion）是指颗粒或沙粒在风沙流的作用下脱离地表，被搬运与堆积的一系列过程，以及随风运动的沙粒在击打岩石表面的过程中，使岩石碎屑剥离出现擦痕和蜂窝的过程，风力侵蚀作用简称风蚀。强大的风和干燥松散的土壤是发生风蚀的主要条件，因此，风力侵蚀主要发生在蒸发量远大于降水量的干旱、半干旱及半湿润地区。

①吹蚀作用 吹蚀作用是指风力作用下，吹走地表的松散沉积物或者基岩上的风化产物，破坏地面的过程，或者是指风吹过地面产生紊流，沙粒或尘土离开地面，使地表物质遭受破坏的过程。沙粒的粒径影响着吹蚀作用，根据研究表明，粒径在 0.1 mm 左右的沙粒最易遭受吹蚀作用，吹蚀作用与下垫面条件密切相关，下垫面的覆盖状况越好，风蚀作用较轻，下垫面的覆盖状况越差，则风蚀越严重。

②磨蚀作用 磨蚀作用是指风沙流在贴近地面运动时，地表物质（岩石等）受到运动的沙粒的冲击、摩擦作用的过程。沙粒主要集中在距地面 30 cm 处，沙粒的磨蚀作用与沙粒的运动速度、粒径、沙粒的稳定性、入射角度等性质密切相关。

（4）风力输移过程

风力输移过程是指当风速大于起动风速下，沙粒和土壤中的细小颗粒随风沙流一起运动的过程。决定土壤与沙物质运动方式的主要因素是风速与被搬运颗粒粒径的大小。悬移、跃移和蠕移为风力输移的主要运动方式，主要表现为沙粒在地表面上的蠕移运动，离开地表面在近地层上的跃移运动，以及跟随大气流动进入风沙流的悬移运动（图 5-1）。一般情况下，跃移质约占总输沙量的 70% 左右，悬移质约占总输沙量的 20% 左右，而蠕移质却不足总输沙量的 10%。在风沙流的运动中主要以跃移运动为主，不仅仅是因为跃移质占输沙量的总体，最关键的是悬移、蠕移运动都和跃移运动密切相关。所以说在研究沙粒的运动过程时应主要放在跃移质的运动方面。

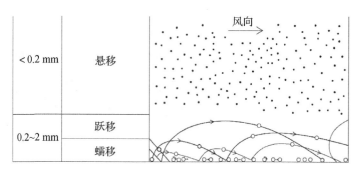

图 5-1 沙粒运动的三种基本形式

①悬移运动 沙土保持悬浮于空气中而不与地面接触一定时间，以与气流相同的速度向前运动称为悬移运动，呈悬移状态的沙土颗粒就为悬移质。悬移质约占风沙流总输沙量的 1%~5%，在大风状态下沙粒粒径 d<0.1 mm 的沙粒呈现悬移运动状态。当沙粒粒径 d<0.05 mm 时，沙粒在空气中沉速低，一旦被风扬起，可以悬浮较长时间保持不下沉，贺大良(1990 年)《风沙运动的三种形式及其测量》等指出悬移质运动主要取决于气流的向上脉动分速度。

冯·卡门曾推算过沙物质自床面外移之后在空气中的时间 T 和能够到达的距离 L，据此推算出相关公式：

$$T = \frac{40\varepsilon\mu^2}{\rho_s^2 g^2 d^4} \tag{5-7}$$

$$L = \frac{40\varepsilon\mu^2 V}{\rho_s^2 g^2 d^4} \tag{5-8}$$

式中 μ——空气中的黏滞系数(Pa·s)；

V——平均风速(m·s^{-1})；

d——颗粒粒径(m)；

ρ_s——沙土的密度(kg·m^{-3})；

ε——空气中的紊流交换系数，对于较强的风来说，ε 可取 104~105 cm^2·s^{-1}。

依据上述等式，推算出不同粒径的沙物质悬移在平均风速为 15 m·s^{-1} 所能到达的最远距离和高度(表 5-2)。

表 5-2 沙物质在 15 m·s^{-1} 风速下运动的距离、高度及持续时间

沙物质粒径/mm	沉降速度/(cm·s^{-1})	距离	高度	空中持续时间
0.001	0.0083	4.5×10^5~4.5×10^6 km	7.75~77.5 km	0.95~9.5 a
0.01	0.824	45~450 km	78~775 m	0.83~8.3 h
0.1	82.4	4.5~45 m	0.78~7.75 m	0.3~3 a

②跃移运动 颗粒的振动、滚动和滑移是由流体作用直接作用产生的，而沙粒的跃移却是由滑移产生的初级碰撞而逐步激发起来的，运动方式则以连续跳跃为主。在研究沙粒的运动过程时应主要放在跃移质的运动方面。跃移质是指一切发生跃移运动的沙物质。一般情况下，大约风沙流总输沙量的 70% 为跃移质。跃移运动由于起跳较高，所以在气流中获得的动能也大，下落撞击地面时，会被再次反弹跳起，在此过程中，会将地

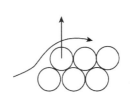 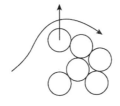

A. 滚动沙粒撞击沙粒　　　B. 滚动沙粒向上垂直运动　　　C. 滚动沙粒进入气流运动

图 5-2　沙粒跃移启动过程

面更多的沙粒溅起(图 5-2)。跃移是风沙运动的主要形式,参与运动的沙粒数量也较多,所以跃移运动是造成风沙危害的主要原因。

跃移运动主要有以下特征:

a. 跃移运动的沙粒粒径在 0.10~0.15 mm。

b. 沙粒发生跳跃运动下落时的角度变化较小,一般在 10°~16°,与沙粒跳跃时的距离无关。

c. 绝大多数的跃移运动都发生在距离地表层的 30 m 以内,通过实验证明发现,跃移质中 90% 左右都是在距离地表层的 30 cm 的范围内运动,其中 50% 的跃移质在距地表 5 cm 的范围内运动。

d. 跃移运动中的沙粒约以 200~1000 r·s^{-1} 的速度高速运转。并且高速运动中的沙粒依靠冲击力可以推动相当于它粒径 6 倍或它质量 200 倍的颗粒运动。

e. 贺大良等通过实验粗略推算出沙粒跃移时的平均风速,约为风速的 30%~40%。

f. 地面组成物质及起跳角是影响跃移运动中沙粒跃移长度与起跳角度的主要因素。一般情况下,随着地面组成物质越粗糙,跃移的长度和高度值就越大。

③蠕移运动　沙粒沿土体表面滚动或滑动的运动形式称为蠕移运动,沙粒的蠕移运动中沙粒称为蠕移质,蠕移运动的沙粒粒径一般为 0.5~1 mm。蠕移质约占风沙流中总沙量的 5%~10%,产生蠕移运动的作用力主要是风的正面推力与跃移沙粒的冲击力。在低风速下,沙粒蠕移速度很慢,只有每秒几毫米;在高风速下,会出现地表上部的一层沙粒向前移动的现象。

(5)风力沉积过程

风沙流在运行时,当风速减小、遇到障碍物或者下垫面的性质改变时,使风沙流中的沙粒发生沉降堆积的过程称为风力沉积(wind deposition)作用,经历搬运沉积的沙粒称为风积物。一般情况下,风力堆积作用主要分为沉降堆积与遇阻堆积。

①沉降堆积　在风沙流运动过程中,当风速减弱,且紊流漩涡的垂直风速小于重力产生的沉降时,风沙流中运行的沙粒就会沉降在地表上,这个过程为沉降堆积。沙粒的沉降速度主要于沙粒的粒径相关,沙粒的粒径较大时,沙粒的沉降速度就快;沙粒的粒径较小时,沙粒的沉降速度就慢(表 5-3)。

表 5-3　沙粒粒径与沉速的关系

沙粒粒径/mm	0.01	0.02	0.05	0.06	0.1	0.2	2
沉降速度/(cm·s^{-1})	2.8	5.5	16	50	167	250	500

注:引自孙保平,2000。

② 遇阻堆积　在风沙流中运动的沙粒，在运动过程中受到阻碍，沙粒堆积的过程称为遇阻堆积。风沙流在活动的过程中受到阻碍时，风沙流之中的涡流会降低速度，开始削减风沙流中携带的沙粒，被削减的沙粒会在阻碍处沉积下来，形成堆积现象。风沙流受到阻碍时，会在障碍物的背风侧形成涡流，障碍物的透风能力越差，沙粒的堆积状况也就越严重，最终形成沙丘地貌(图 5-3)。

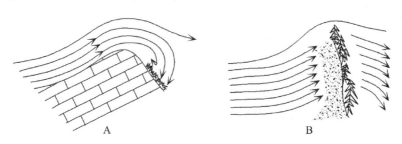

图 5-3　遇阻堆积

风沙流在遇到阻碍时，可以在山体迎风坡坡度小于 20° 的山坡上堆积下来；当风沙流在迎风坡的坡度大于 20° 小于 90° 的坡面上运动时，风沙流会分为两部分运动：一部分顺山势前行，另一部分与山体迎风坡成斜交方向上升，会与山体发生摩擦，最终导致沙粒沉降在山体的迎风坡上形成堆积。

③ 沙丘的移动。沙丘的移动与风力、沙丘高度、水分等因素息息相关。沙粒在风力的作用下从沙丘迎风坡吹蚀搬运，在沙丘背风坡堆积。一般情况下，只要风力大于当地的起沙风速，沙粒就会发生运动。

a. 沙丘的移动方式。沙丘的移动方式主要由风向与变化规律决定，按照其移动方式主要分为前进式、往复式、往复前进式(图 5-4)。沙丘的前进式运动是沙丘在单一风向的作用下形成的，主要发生于宁夏、甘肃的腾格里沙漠的西部以及新疆的塔克拉玛干沙漠等地。沙丘的往复式运动是由两个相反方向的风力作用下产生的沙丘移动，由于往复式运动需要在风力大致相等的情况下运动，所以一般这种情况较为少见。

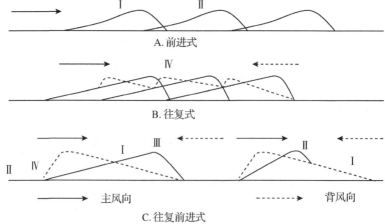

图 5-4　沙丘的移动方式

　　沙丘在两个方向相反风力不相等的作用下产生的运动则为沙丘的往复前进式，在我国的东部与中部沙区较为常见。在冬季风和夏季风的交替作用下沙丘多发生往复前进式运动，但往往在沙区中冬季风相比夏季风较大，所以沙丘的移动方向也主要与冬季风的方向大致相同。

　　b. 沙丘的移动速度。沙丘在单位时间内前移距离 D 表示：

$$D = \frac{Q}{rH} \tag{5-9}$$

式中　Q——单位时间内通过单位宽度的全部沙量(m^3)；

　　　　H——沙丘高度(m)；

　　　　r——沙子容重($N \cdot m^{-3}$)；

　　　　D——移动距离(m)。

　　c. 沙丘的移动方向。沙丘的移动方向的变化由起沙风方向决定，起沙风的年合成风向大致为沙丘移动方向。据相关资料显示，东北风和西北风是影响我国沙漠地区沙丘移动的两大主要风系。

5.1.1.3　土壤理化性质的改变

　　(1)物理性质的改变

　　土壤沙化过程中土壤物理的劣化性质主要表现为质地变轻和土壤结构破坏。其主要过程如下：

　　①沙物质的掺入　在过渡性的耕地、荒漠草原地带，传统的耕作方式及工矿业的开采，使得当地的土壤被频繁翻耕。由于风沙的作用，将其他地区的较细的沙粒带入土壤中，在翻耕过程中将其压入土壤中，导致土壤的质地变轻，改变土壤的物理性质，使土壤贫瘠化。

　　②风蚀作用　在干旱地区的春季，风力可以达到 3~4 级，在过渡性的耕地、荒漠草原地带，会形成"黄风"的扬尘现象。在风蚀过程中，会将土壤中的细小颗粒吹蚀，土壤中的粗粒相对聚集增多，使粗粒在机械组成的百分比中相对增加。

　　(2)化学性质的改变

　　风蚀会使土壤有机质和土壤细粒物质流失，造成土壤肥力低下和土壤粗化。据有关研究发现，在毛乌素沙地和宁夏河东风蚀沙区，流沙层中的有机质含量约占 0.13%，全氮含量占 0.27%，全磷含量约占 0.058%；而在流沙层下面的土壤层中，有机质约占 0.30%，全氮占 33%，全磷占 0.08%，远远高于流沙层。风的吹蚀加速了土壤水分流失，改变土壤的水热状况。不同的阶段土壤有机质的损失情况在沙漠化发展的过程中有所差别。在干旱半干旱地区，土壤有机质和各种矿物质主要分布在土壤表面，因此荒漠化发展初期土壤肥力损失最为严重，所以要及早的布设防治措施。

5.1.2　土壤沙化的发生机理

5.1.2.1　人类生产系统对土壤沙化的作用机制

　　当前人类生产系统对土壤沙化的形成主要表现在以下几个方面：①人口的快速增长

给现有的土地带来较大的压力，继而引发了一系列的社会问题；②人类对土地资源的不合理利用也成为了引发土壤沙化的重要因素之一，过度放牧、乱砍滥伐、过度开垦等问题日益严重；③水资源的无节制使用也加速了土壤的沙化进程，这会造成地下水位下降，植被干旱死亡，植被的覆盖度下降，最终加速土壤的沙化过程。

（1）种植业对土壤沙化的影响机制

如图5-5的农业生产对沙漠化的正反馈图所示。随着人口的激增，对粮食的需求也越来越大，如果现有的粮食不能够满足人们的需要，迫于生存问题人们会增加垦殖面积来提高粮食的总产量，以满足人类的生存要求。但是在此过程中，土地生产力下降，新的土地继续被开垦，这个过程恶性地循环往复，造成大量的土地荒废，导致土壤沙化过程的发生。

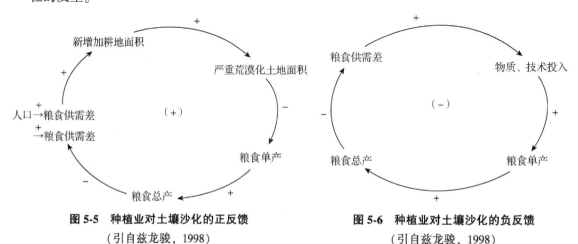

图5-5　种植业对土壤沙化的正反馈
（引自兹龙骏，1998）

图5-6　种植业对土壤沙化的负反馈
（引自兹龙骏，1998）

图5-6是一个农业生产对土壤沙化的负反馈示意图，在一定的农田面积的情况下，如果粮食的产量不能够满足现有的粮食需求，人们便通过增施化肥、加大科技化种植、改善灌溉条件以及品种改良等措施来满足需求，这样可以避免土地的滥垦，合理地利用自然资源，避免土壤沙化过程的发生。

（2）畜牧业对土壤沙化的影响机制

如图5-7所示。牧民为了追求经济效益，无节制增加牲畜的数量，超过了草场的承载量，造成草场逐步退化，牲畜的数量及质量下降，最终导致草场沙化的发生。相反的，将牲畜的数量合理的控制在草场的载畜量之下，既可以获得最大的经济利益，也可以保证草场的延续发展，有效地防止草场沙化情况的发生。

（3）林业对土壤沙化的影响机制

如图5-8所示，人类盲目地扩大造林面积，随着造林面积的不断增加，对水的需求量也就不断增加，在水资源短缺地方，部分树木会因为无法忍耐干旱而死亡。若在干旱区内流河的上游拦截用水，就会造成下游用水短缺，严重时还会威胁下游的地下水位，造成下游的地下水位下降，导致下游的植被因缺水而死亡，地面裸露会加速土壤沙化的进程，形成一个恶性循环。反之，如果进行合理的人工造林，就可以防止土壤的沙化，增加地表的覆盖度，改善当地的生态环境。

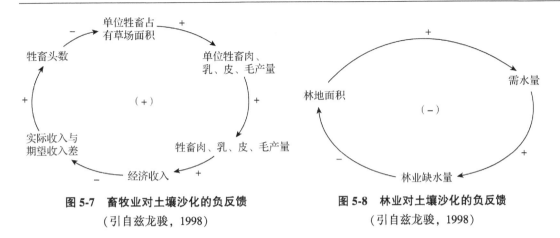

図 5-7　畜牧业对土壤沙化的负反馈　　　　图 5-8　林业对土壤沙化的负反馈
（引自兹龙骏，1998）　　　　　　　　　（引自兹龙骏，1998）

5.1.2.2　气候变化对土壤沙化的作用机制

　　土壤沙化的形成不仅与人类活动的有关，而且与全球气候的变化也息息相关。近些年来，由于大量使用煤炭与化石能源，使大气中的 CO_2 等温室气体的浓度增加，加速大气增暖的进程。全球气候的变暖，会导致土壤的含水量降低，土粒的紧实度下降，产生风蚀，加速土壤沙化的进程。

5.2　土壤沙化的形成条件与因素

　　近些年来，造成土壤沙化的原因主要有水资源利用不当、气候变化、过度放牧、砍伐、交通、工矿、城镇建设破坏土地等。在土壤沙化过程中气候变异与人类活动是两个不可忽略的因素。从时间的角度来看，气候的变化与自然环境的演绎对土壤沙化的进程的影响是缓慢的，一旦有人类的生活与生产活动参与进来，则会加快土壤沙化的进程，甚至可能在短时间内对土壤的环境发生质的改变。

5.2.1　气候

　　气候影响着土壤的水热条件和土壤中含有的矿物质及有机质的转化过程。而我国土壤沙化的发生地区，大多分布于干旱、半干旱及亚湿润干旱地区。此类地区深居西北内陆腹地和干旱地带，属于干旱的大陆性气候，并且在青藏高原剧烈的抬升作用下，终年干旱，少雨，降水量奇缺，绝大部分地区的年降水量不足 250 mm，有的地区甚至低至几毫米。夏季日照强烈，蒸发性强，蒸发的水量远远超过降水量。同时由于长期出现连续无降水的干旱年，并且在降水与蒸发两方面的影响下，土壤沙化的发生地区自西向东逐渐扩张，干燥度逐渐增加，也逐渐加速土壤的风蚀沙化进程。

　　以毛乌素沙地为例，毛乌素沙地处于温带半干旱与干旱的过渡地带，夏秋盛行东南季风，导致该地的降水不均匀，东部的降水为 400~440 mm，西部仅为 250~320 mm，而该地的年蒸发量却为 2100~2600 mm，蒸发量是降水量的 4~5 倍。该地的干燥度为 1.6~

2.0，年日照时数为 2700~3100 h，无霜期可达 130~160 d，严酷的气候条件正在加速当地土地的沙化进程。

5.2.2　水文

水文条件也是影响土壤沙化的重要因素，我国的西北内陆干旱、半干旱地区及半湿润地区为土壤沙化频发地区，此类地区降水稀少，地面蒸发强烈，地表土壤土质疏松，易于渗漏，因此地表水比较贫乏。河流多为内陆河，且分布极不均匀，河流补给多为高山冰雪融化、夏季降水、及地下水补给。大部分的内陆河流消失在大漠深处，或者在尾闾处形成湖泊，不能直接注入海洋。据相关资料统计，我国西北内陆地区的河流约有 700 多条，具有流程短、水量小的特点，约有 70% 河流是小于 $1×10^8$ m^3 的河流，而其径流量只占内陆河总径流量 20% 左右；约有 30% 大型内陆河流年径流量大于 $10×10^8$ m^3，其径流量约占内陆河总径流量的 50% 以上。

以塔里木盆地为例，中国最大的内陆盆地，四面环山，海洋的湿气被阻断，年降水量少，地表水资源量少。据有关资料统计，塔里木盆地的地表水资源仅为 $332×10^8$ m^3 左右，外部水资源 $60×10^8$ m^3 左右，总径流量为 $392×10^8$ m^3 左右。

5.2.3　地质地貌

特殊的地质地貌构造也是土壤沙化形成的重要原因之一，板块运动和构造运动造成地质单元下陷，或者周围有高大山体隆起，阻碍水汽运动，致使土壤干旱加剧风蚀运动，造成土壤沙化。从地理位置看，我国位于欧亚大陆的东端，气候类型以季风气候为主，是我国年温差大、蒸发量大、降水量分布不均匀等问题的主要原因。当然，中国的整体地理结构是西高东低，这给中国中西部地区的长期干旱创造了条件。从沙漠化形成的自然区域来看，西部地区主要分布在蒙新高原地区和青藏高原地区，东部地区则零星分布于江、河、湖、海等沿岸地区。这些沙漠化地区所处的区域年降水量少，蒸发量大。

以浑善达克沙地为例，浑善达克沙地的地质构造为蒙古地槽古生代褶皱带的一部分，在海西运动演变为陆地，随着长时间剥蚀，在燕山运动中形成下陷的盆地，在第三世纪末和第四世纪初，气候与海平面下降。在强劲的风力作用下，浑善达克地区逐渐出现土壤沙化。

5.2.4　气温

土壤侵蚀受地表温度影响，随着地表温度的上升，土壤的蒸发量越大，地面土壤越干燥，土壤中的水分会随之减少，土壤的颗粒由原有的团聚体变为颗粒，使得土壤的可蚀性增加。一般气温较高的地方，局部的空气运动越剧烈，风蚀状况亦越来越严重。

以古尔班通古特沙漠周边地区为例，在 20 世纪 60 年代至 2007 年，周边地区最高温度甚至可以达到 44 ℃，较高的温度也会加速土壤的沙化进程(表 5-4)。

表 5-4　古尔班通古特沙漠周边地区温度

气　温	漠北	漠西	漠西南	漠南		漠东南
	福海	克拉玛依	漠索湾	蔡家湖	阜康	吉木萨尔
年平均气温/℃	4.15	8.47	6.658	5.91	7.19	7.08
年极端最高气温/℃	40.00	44.00	43.10	43.90	41.50	41.60
年极端最低气温/℃	−42.7	−35.9	−42.8	−42.2	−37	−36.6

5.2.5　植被状况

通过增加植被覆盖度是降低风蚀的最有效途径。植被可以改变地面粗糙度来阻碍风沙的吹蚀，防止土壤的沙漠化，植被的类型和覆盖度不同，其防风作用也就不同。在沙漠化地区的植被以荒漠植被和干旱植被为主，植被稀疏。通常在土壤沙化发生的地方，其植被的覆盖度也随着沙化程度的加重而减少，使得土壤沙化的状况愈演愈烈。

长期以来，拥有中国"沙乡"之称的民勤县一直都走在全国荒漠化监控与防治的前沿，其也是我国沙尘暴的主要策源地之一。民勤的天然植被主要有沙蒿、芦苇、沙米、红柳、白刺、红砂等，白刺作为当地的顶极植被群落，以灌丛沙包的形式存在，然而自20世纪80年代初期以来，由于机电井的大力开发，使得地下水位急剧下降，造成当地的植被覆盖度下降，白刺沙包的数量也开始下降，导致绿洲外围的植被大面积死亡，当地的土地沙化迅速扩张。

5.2.6　风力

风力的强弱也是引诱土壤沙化过程发生的关键因素。一般情况下，当风力逐渐增大到超过地表临界风速（≥ 5 m·s^{-1}）以后，地表沙粒便开始脱离静止状态迅速进入气流运动，不同的风速携带不同粒径的沙粒运动，从而产生风蚀。

在土壤沙化发生严重的西北地区，大风主要受温带季风的影响，夏季主要是来自太平洋的东南季风，冬季主要是来自蒙古—西伯利亚一带的冬季风。据相关资料统计表明，在西北地区，风沙日数一般在20~100 d，在一些沙漠的边缘地区风沙日数甚至可以占全年的1/3。如阿拉善的吉兰泰地区年平均风速在5 m·s^{-1}左右，春季的风速有时甚至超过了8 m·s^{-1}，能见度不足200 m，对土壤的破坏极为严重。从时间上来看，我国土壤沙化地区风季主要为冬春季节，主要是由于这个季节降水稀少且植被覆盖较少，土壤极易发生沙化过程，对土壤的破坏力极大。从我国北方地区来看，克拉玛依、二连浩特发生8级以上风力最为频繁（表 5-5）。

表 5-5　中国北方部分地区年均 8 级以上风力日数

地　名	日数/d	地　名	日数/d
克拉玛依	76	锡林浩特	61
二连浩特	72	张家口	46
安　西	68	大　同	43
白灵庙	68	呼和浩特	36
额济纳	52	乌鲁木齐	24

注：8 级风力的风速为 17.2~20.4 m·s^{-1}。

5.2.7　不合理的人类活动

人类的生活与生产活动对土壤沙化的影响作用也是不可小觑的。近些年来，由于人类不合理的放牧、樵采和开垦等活动，使原有土地的自然状态被严重破坏，加速土壤的沙化过程。在我国北方的干旱、半干旱及亚湿润的草原地区，农民为了追求更高利益，在当地草场上放养的牲畜常常超过当地草场的理论载畜量，草场不能得到休养，逐渐造成草场退化，最终导致草场沙化。有关资料显示，在我国北方沙漠化土地中 94.5% 是人为因素所致（表 5-6）。

表 5-6　我国北方土地沙化成因

成因类型	占北方土地沙漠化百分比/%	成因类型	占北方土地沙漠化百分比/%
过度农垦	23.3	水资源利用不当	8.6
过度放牧	29.3	工矿交通城镇建设	0.8
过度樵采	32.4	风力作用下沙丘前进入侵	5.5

注：引自朱震达，1999。

5.2.7.1　滥垦

由于人口的激增和迁移，造成人均土地占有量骤减，在利益的驱动下，人们会在草原上或者森林里面大量开垦土地。由于传统落后的生产技术，耙、种只能采取传统的扣翻式犁具耕种，况且只能在春天进行耕作，而春天正是我国大风的季节，松动的土壤极易被风蚀。据相关资料记载，在乌兰察布的草原上，一场大风就会损失 5 mm 厚的土层。因此，新开垦的土地用不了几年就会贫瘠化，而人们又会马上开垦新的土地，这样的过程循环往复，最终大量的土地被撂荒，进一步加深土地的沙漠化。

据不完全统计，1958 年到 1973 年的 15 年间，内蒙古出现过两次开荒热，最终导致沙漠化面积超过 2000×10^4 亩。通过对黑龙江、内蒙古、甘肃、新疆 4 省（自治区）卫星遥感调查，1986 年到 1996 年 10 年间 4 省（自治区）开垦的 2912×10^4 亩土地，其中存在 1433×10^4 亩撂荒，撂荒面积约占开垦总面积的 49.2%。据有关资料统计，2010 年新疆耕地面积超过理论面积的 42.6%，可见干旱区过度开垦问题相当严重。

5.2.7.2　滥牧

草场严重超载会加大草场的承载能力，最终导致草场沙化。牧民为了追求经济利益而往往会忽略草场的承载量，如锡林郭勒草原的西乌珠穆沁旗在 1949 年时每平方千米草场仅有 9.6 头牲畜，到了 20 世纪 60 年代末期却增加到 69.8 头，草场到不到有效的休养，导致草场退化，形成风蚀坑并且逐步扩大，最终在草原上形成了大片的斑点状裸露的沙面（图 5-9）。

有关调查显示，内蒙古浑善达克沙地由于过牧超载，加之畜群点和水井点布局不合理，使草地植被破坏严重，风沙活动加剧，1989—1996 年 7 年间草地面积由原来的

图 5-9　草场退化

60.25×10⁴ hm² 减少到 43.01×10⁴ hm²，减少了 28.6%，同期流沙面积增加了 93.3%。目前我国沙区草场超载现象极为普遍，平均超载率为 50%~120%，个别地区高达 300%，致使草场大面积退化、沙化、使牧场原有的载畜能力下降。

5.2.7.3　滥伐

在中国一些落后和经济欠发达地区，没有再生条件和保护措施前提下，人口迅速增加，依然以天然植被为基本燃料。导致这些地区正在变成沙漠。一些沙漠地区的森林被滥伐、樵采，森林被滥伐，破坏了宝贵的沙漠植被，破坏了土地的保护屏障。具有风蚀危害的草原及沙漠的边缘地带主要依靠植被来阻沙固沙，当植被被破坏以后，固定的沙丘在风蚀作用下会变成流动沙丘，逐步侵蚀土地。

据有关资料统计，青海柴达木盆地原有固沙植被约有 200×10⁴ hm²，因樵采而遭到破坏，到 20 世纪 80 年代中期，已有 14% 左右的土地沙化。内蒙古阿拉善盟吉兰泰镇 70 年代左右，盐湖西北部的天然梭梭林可到达 7×10⁴ hm² 左右，由于因当地居民砍伐，在短短 20 年时间里，天然梭梭林的数量使已减少到 2×10⁴ hm² 左右，该镇周围 40 km 范围内的已无梭梭林的踪迹，由于失去植被保护，我国最大的湖盐生产基地吉兰泰盐场的盐矿床已有一半以上被流沙埋没，严重影响了当地的生产生活。

5.2.7.4　滥采

为了追求经济利益，中药材的滥采和无序开采矿藏资源，在没有保护措施的情况下，破坏了大量的植被和裸露的土壤。1994 年，甘肃省因挖甘草毁坏草场 6.67×10⁴ hm² 左右。据内蒙古自治区有关资料显示，甘肃、宁夏、内蒙古等每年进入阿拉善盟搂发菜的牧民超过 10 万人，导致大范围草场破坏。由于搂发菜全区草原破坏面积达 1300×10⁴ hm²，其中发生土地沙化就有约 400×10⁴ hm²。

在草原上进行露天矿的开采，对草原的破坏力是无法弥补的，露天矿的开采会大量的挖掘表土，草原上四周没有遮蔽的高大山体，很容易发生风蚀，造成大片草原退化，最后导致草场沙化(图 5-10)。以霍林河煤矿为例，霍林河煤田储量 132.8×10^8 t，相当于抚顺煤矿的 9 倍之多，大同煤矿的 4 倍有余，是全国五大露天煤矿之一。二十世纪七八十年代，该矿区共拥有煤矿 12 家，占用草原面积累计下来多达 6893 hm^2，截至现在，因为开矿，总共破坏的草原面积已有 4494.2 hm^2，连续不断的矿山开采在草原上留下了两处深度超过 100 m、总面积多达 50 km^2 的巨型坑。从 20 世纪 70 年代开始开采至今，开采的草原面积达 86 km^2。

图 5-10　草原上的露天煤矿

5.2.7.5　滥用水资源

水资源的不合理利用也是造成土壤沙化的重要原因。时至今日，在我国的西北部分地区仍沿用大水漫灌的落后方式，既浪费了水资源，又造成土地盐渍化。每年春夏灌溉用水时节，河流的下游、部分支流经常出现季节性断流，下游的供水时断时续，干枯的河道就会裸露在外面，河道中的泥沙都是从上游冲刷下来的细小颗粒，在春季干旱与大风频发的时候，发生土壤风蚀，导致土地沙化(图 5-11)。

图 5-11　河道干涸

据有关资料显示，甘肃、宁夏、青海、新疆 4 省(自治区)已有 1573.3×10^4 hm^2 土地盐渍化。此外，由于上游对水资源开发利用缺乏有效管理，用水过度，致使下游因来水量减少，大面积农田被迫撂荒，最终导致土地沙化。

5.2.8　全球气候变化

全球气候变化，特别是温度变化是土地沙漠化发生、发展的环境大背景，其对土壤沙漠化发生、发展有着直接的影响。由于温室气体增加导致的全球变化，特别是 20 世纪 50 年代后全球工业化飞速的发展，造成大气中 CO_2 等温室气体呈指数增加，全球变暖的趋势也日趋明显。据有关资料显示，1951—1991 年，我国整个干旱区近 40 年平均气温呈上升趋势，从较大范围来看温度普遍升高 0.6 ℃，温度总体趋于干旱区。尤其是进入 20 世纪 80 年代中期，气温上升的趋势有增无减，1987—2000 年西北地区气温较 1961—1986 年平均升高了 0.7 ℃。在这样的环境大背景下，对土壤沙漠化的发生、发展有着较大的影响。

5.3　沙漠化的特征与危害

随着沙漠化的日趋扩张，沙漠化的特征也日益突显，主要表现为沙漠化区域面积大、分布广等特点。同时沙漠化的危害也表现得越来越严重，主要表现在沙漠化对土地资源、农牧业生产、建设工程及生活文化设施的危害，以及对人类生活及健康的危害。每年造成的经济损失不计其数，甚至对人类的生命安全产生了威胁，所以说沙漠化治理的速度刻不容缓。

5.3.1　沙漠化的特征

沙漠化的定义为在极度干旱、干旱、半干旱和部分半湿润地区的沙质地表条件下，由于自然因素或人为活动的影响，破坏了自然脆弱的生态系统平衡，出现了以风沙活动为主要标志，并逐步形成风蚀、风积地貌景观的土地退化过程，称为沙漠化(desertifica-tion)。据有关资料显示，我国的沙漠化的区域正在逐年增加，分布区域广，涉及我国的 10 多个省(自治区、直辖市)，扩展速度快，造成的危害损失难以弥补。

(1)沙漠化区域面积大

根据调查资料显示，截至 2014 年，全国沙漠化土地总面积 17 211.75×10^4 hm^2，占国土总面积的 17.93%，荒漠化土地分布在 30 个省(自治区、直辖市)、920 县(旗、市、区)。其中，轻度沙漠化土地面积 2611.43×10^4 hm^2，占沙漠化土地总面积的 15.17%；中度面积 2536.19×10^4 hm^2，占沙漠化土地总面积的 14.74%；重度面积 3335.22×10^4 hm^2，占沙漠化土地总面积的 19.38%；极重度面积 8728.90×10^4 hm^2，占沙漠化土地总面积的 50.71%。

(2)沙漠化区域分布广

我国沙漠化土地分布主要在北纬 35°~50°，干旱地区的沙漠化主要分布在内蒙古狼山以西、腾格里沙漠和龙首山以北，包括河西走廊西部以北、柴达木盆地及其以北、以西至西北部的大片土地。半干旱地区，沙漠化主要分布在狼山以东向南，穿越杭锦后旗、磴口县、乌海市，然后向西纵贯河西走廊中部、东部直到肃北蒙古族自治县呈连续大片分布。

从行政区划上看主要分布在内蒙古东部西侧，在藏北高原主要为板块状分布。其中，截至 2014 年，新疆、内蒙古、西藏、青海、甘肃的荒漠化土地面积位列全国前 5 位，分别为 $7470.64×10^4$ hm^2、$4078.79×10^4$ hm^2、$2158.36×10^4$ hm^2、$1246.17×10^4$ hm^2、$1217.02×10^4$ hm^2。其余 25 省（自治区、直辖市）荒漠化土地面积合计为 $1039.95×10^4$ hm^2。

（3）沙漠化扩展速度快

根据调查资料，二十世纪五六十年代，我国荒漠化土地面积每年以 1560 km^2 速度扩展，80 年代以每年 2000 km^2 左右的速度扩展，90 年代初期以每年 2500 km^2 左右的速度扩展，后期每年扩展达 3500 km^2，直至 21 世纪初期，沙漠化的扩展速度才有所降低。

（4）沙漠化造成的危害大

土壤沙漠化的过程中造成危害涉及面很广，涉及土地资源、农牧业生产、人类的生活及健康、交通等方面，造成的直接经济损失大。沙漠化的过程中会降低土壤肥力、影响土壤有机质的含量、土壤的水肥状况。风蚀沙埋的过程中，会对农牧业的生产造成影响，损害农牧民的经济效益。沙尘危害会对人类的生产生活及出行交通形成阻碍，严重时还会威胁人类的身体健康及生命安全。

（5）沙漠化恢复速度慢

土壤沙漠化形成的原因包括气候变异和人类活动在内的多种因素，形成的原因复杂，在沙漠化恢复的过程中，我国执行的一贯宗旨是以植物措施为主，工程措施为辅的原则。但是恢复的过程时间周期长、基础投资大、收益回报慢，且在植被恢复的过程中，又往往会发生新的风蚀活动，所以导致沙漠化的恢复速度较慢。

5.3.2　沙漠化的危害

5.3.2.1　沙漠化对土地资源的危害

（1）土地面积减少

据相关资料统计，全球陆地面积的 1/4，也就是 $35.92×10^8$ hm^2 的土地正受到沙漠化的侵蚀；全球荒漠化面积高达 $3600×10^4$ km^2，并仍以每年 $5×10^4$ km^2 至 $7×10^4$ km^2 的速度扩大范围，全球超过 20% 的耕地、30% 的森林和 10% 的草原出现退化情况。我国也是全球沙漠化面积较大、分布较广、危害较严重的国家之一，我国沙漠化主要分布在西北、东北、华北地区的 13 个省（自治区、直辖市）。大概有 4 亿左右人口的生活受到沙漠化的影响，沙区中包括近 60% 的贫困县，这对于当地本就贫困的生活无疑是雪上加霜。

（2）土壤养分状况下降

风蚀作为土壤沙化的主要方式，由于风蚀具有分选性强的特点，所以在风蚀的过程中，大量的养分和有机物质被吹蚀，导致土壤的肥力状况下降。在具有较高肥力的土壤中，由于长期的风沙吹蚀，导致土壤表层的氮、磷、钾等营养物质不断的被吹蚀和积沙，土壤的养分状况不断下降。同时，土壤也因失水而变得干燥，土壤黏性降低，趋于粗骨化和贫瘠化。以宁夏盐池县为例，由于土壤风蚀，在地表 0~1 cm 的土层中，有机质含量为 0.32%，在 1~20 cm 的土层中，有机质含量为 0.43%，在 20~40 cm 的土层中有机质含量仅为 0.77%，与未经过风蚀的土层相比，有机质含量显著下降。

（3）改变土壤的机械组成

自然土壤的矿物质都是由大小不同的土粒组成的，各个粒级在土壤中所占的相对比例或质量分数，称为土壤机械组成，也称为土壤质地。由于风蚀作用，在此过程中逐渐改变了土壤的机械组成。土壤表层的粒度随着风蚀程度逐渐增加而趋于变粗，地表中细砂、粉粒和黏粒的含量也随之逐渐降低，但是粗砂含量会增加，最终导致养分含量降低。

（4）土壤生产力下降

土壤生产力是提供植物生长所需要的潜在能力，是土壤物理性质、化学性质及生物性质的综合反映。在土壤风蚀的过程中，土壤的养分流失，土壤的水分含量下降，土壤的结构发生变化，导致土壤的生产力下降。在风蚀的过程中，土壤的表层土被吹蚀，不适宜耕作或者难以耕作的底土层逐渐裸露于地面上，造成土壤的生产力下降。

5.3.2.2　沙漠化对农牧业生产的危害

（1）沙漠化对农业生产的危害

①吹蚀表土　在沙漠化地带，植被的生存环境比较恶劣，除了忍受干旱缺水等不利因素之外，还得遭受风沙的危害。沙漠化地带的土地地面多裸露，地面植被覆盖较少，尤其农田在春季多处于裸露状态，土壤表面的有机物质、营养元素等会被风蚀，严重时会将土壤里面刚刚播种的种籽吹出土壤，造成农作物减产。

②沙打植被　存在于沙漠化地区的边缘地带的耕地，周围有大量的流动及半固定沙地存在，在风力的作用下会形成风沙流，在风沙流的运动过程中被风沙流带起沙粒会不断地击打植被叶片等部位，造成幼苗的叶片受伤，甚至是造成植被死亡。风沙流也会吹蚀植被的根部，造成植物的根系裸露，导致植被因无法吸收水分而干旱死亡。

③侵蚀农田　侵蚀农田是指由风沙流携带沙粒受阻沉降和沙丘前移而造成农田积沙造成土壤难以耕作。据第一次全国水利普查成果显示，截至 2011 年年底，全国土地侵蚀总面积 294.9×10⁴ km²，占全国普查范围总面积的 31.1%，其中风力侵蚀的面积为 165.6×10⁴ km²。

（2）沙漠化对牧业生产的危害

在我国的西北地区，草地沙化的现象也很严重，大面积的草地也开始出现退化。出现这样的现象主要是由于在春季草场返青的时节，强烈的风蚀会导致地面的水分蒸发加快，刚刚返青的幼苗也会在强烈的风蚀和干旱的作用下难以生存，会推迟草场返青的时间。春季的草场返青推迟，使得牲畜无牧草可以食用，牲畜会去啃食牧草的根部，继而进一步加速草场的沙漠化进程。牲畜在啃食牧草根部的过程中，也会将根部的沙尘吸食到体内，轻者会使牲畜患沙结病，重者会导致牲畜死亡。此外，处于退化过程中的草场地面植被稀疏，会出现斑块状的裸露，在风沙流的作用下，也会加速草场的退化进程。草场的沙漠化会导致草场难以维持原有的畜牧能力，则牲畜长期处于饥饿、半饥饿状态，最终导致牲畜体重小、出栏率低，影响牧民的经济收入。

5.3.2.3　沙漠化对建设工程及生活文化设施的危害

（1）沙漠化对生产建设及城镇的危害

盐湖作为一种矿产资源，在国民经济中发挥着重要的作用。中国现代内陆盐湖有300余处，从内蒙古的东北部沿国境线向西延伸，直至新疆全部及西藏大部地区，形成一条大的盐湖分布带。这一分布带绝大部分位于中国西北荒漠地区，区域内气候干旱，风沙活动强烈，这些盐湖附近都有不同程度的沙埋现象，制约盐湖资源的正常开采，严重影响地区经济发展。以吉兰泰盐湖为例，在20世纪70年代左右，内蒙古阿拉善盟的吉兰泰盐场，其每年创造的利润占全盟国民经济50%以上，而它却遭受着风蚀沙埋的危害，导致产盐量下降，造成不可估量的经济损失。

沙漠化也会对城镇及居民点造成危害，风沙活动遇居民房屋受阻沙粒沉降掩埋积压居民房屋，造成居民的财产损失，威胁居民的生命安全（图5-12）。

图5-12　沙埋房屋

沙漠化还会对文化遗产造成破坏，作为沙漠中的文化瑰宝敦煌莫高窟，与山西大同云冈石窟、河南洛阳龙门石窟、甘肃天水麦积山石窟并称为中国四大石窟，其已经在沙漠中屹立了1600多年，这样的文化瑰宝不但遭受许多人为的破坏，而且也在默默忍受着风蚀的摧残。

沙漠化对敦煌的危害主要表现在风蚀和沙埋，长期的风蚀运动会导致莫高窟所在的岩体正面坍塌或者窟顶因风蚀变薄塌陷遭受"灭顶之灾"，同时风蚀还会对莫高窟内的壁画造成破坏。积沙危害主要表现在长期大量的积沙会造成栈道堵塞，窟壁无法承受积沙的重量而塌陷，也会堵塞窟洞，对文化遗产造成不可估量的损失。遭受同样破坏的还有新疆塔克拉玛干沙漠南缘及雅河下游三角洲上的精绝遗址、内蒙古额济纳境内的居延黑城遗址、库尔勒附近孔雀河下游的楼兰遗址等。

（2）沙漠化对交通线路的危害

①沙漠化对铁路的危害　铁路作为陆陆交通的主要形式，常常由于风沙侵蚀路面，导致火车脱轨，造成重大经济损失。沙漠化对铁路的危害的主要形式有风蚀路基和沙埋线路。风沙区铁路的路基与钢轨，常年的遭受着风沙流的撞击与风蚀，细小的沙粒充满道砟，造成排水不畅，易使枕木腐朽，造成使用年限缩短，风沙掩埋在钢轨上，火车通过时会造成钢轨磨损。线路积沙是风沙危害铁路最直接的一种方式，风沙流受到阻碍沙粒会堆积在线路上，造成铁路运输受阻，严重时还会造成列车脱轨等危险（图 5-13）。

图 5-13　沙埋铁路

目前，我国的西北地区已经相继修建了包兰、兰新、甘武、吉二、乌吉、临策等主干线及支线。这几条铁路的大部分线路位于风沙地区，常年遭受着风沙的危害。以临策铁路为例，临策铁路东起内蒙古西部巴彦淖尔市临河区，西至阿拉善盟中蒙边境策克口岸，途径乌兰布和、亚马雷克、巴丹吉林沙漠，其经过地区仅有植被较好地段 70 km 左右，沿线将近有 400 km 的无人区。这条全长 771 km 左右的大漠天路，严重沙害地段达到 14 处。其中，呼和浩特至额济纳的旅客列车自开通运营以来，多次因风沙堆积铁轨而导致停运。

②沙漠化对公路的危害　不仅是铁路，公路也是如此，沙漠化对公路的危害的主要形式也是风蚀路基和沙埋线路，风沙流可以钻入公路孔隙内旋磨，会将公路的路肩部分或者路面底层掏空，造成塌陷，严重时会导致行驶的汽车侧翻，沙埋线路同样会导致汽车行驶困难（图 5-14）。在我国中西部的阿拉善盟、鄂尔多斯、榆林市、塔里木等地区的一些穿沙公路地区，由于风沙掩埋路面，造成交通运输中断的情况也时有发生。塔里木沙漠公路全长超过 500 km，南起新疆的民丰县 315 国道，途中经过塔中油田、塔里木河、轮南油田，最后与轮台 314 国道相连，这条公路是我国在流动沙漠中修建的最长的一条，这条路南北贯穿塔里木盆地，公路全长 522 km，其中流动沙漠段长 450 km 左右，沙埋公路常常造成交通中断，交通受阻。

图 5-14　沙埋公路

5.3.2.4　沙漠化对人类生活及健康的危害

(1) 沙漠化对人类生活的危害

沙尘暴会使建筑物大量被破坏, 树木、电杆甚至会被连根拔起, 引起停水停电, 造成通信中断, 影响工农业生产甚至威胁生命安全。以"9355 沙尘暴"为例, 仅仅在短短的 4 个小时内, 这场特大沙尘暴就袭卷新疆、宁夏、甘肃、内蒙古等的 18 个市(州、盟), 在古浪、金昌、武威这几个县里, 造成了 80 多人死亡, 270 多人受伤, 30 余人失踪, 影响范围超过了 $100 \times 10^4 \text{ km}^2$, 更有 $30 \times 10^4 \text{ hm}^2$ 左右的耕地因沙土掩埋而绝收。

中国西北、华北和东北西部地区是沙尘暴的多发区, 特别是西北地区, 其沙尘暴发生次数一年可达到百余次(图 5-15)。在我国的北方地区, 土壤风蚀沙粒已经成为城市空气颗粒物的主要来源, 已成为我国城市环境空气质量达标的关键因素。据有关监测数据显示, 2019 年 3~5 月, 我国北方地区共发生 10 余次沙尘天气, 其中强沙尘暴 1 次, 沙

图 5-15　沙尘暴来袭

尘暴 2 次，扬沙 7 次。沙尘天气影响范围涉及我国东北、华北、西北地区 15 省（自治区、直辖市）680 个县（市、区、旗），受影响国土面积达到 $275×10^4$ km²，人口约为 1.9 亿。这些沙尘天气主要起源于蒙古国南部和我国内蒙古、甘肃河西走廊、南疆盆地等地区。

2006 年 11 月 1 日，由中华人民共和国国家质量监督检验检疫总局和国家标准委员会批准发布的《沙尘暴天气等级》（GB/T 20479—2006）等 8 项与气象有关的国家标准开始实施。《沙尘暴天气等级》规定了沙尘天气是指风将地面尘土、沙粒卷入空中，使空气混浊的天气现象。其划分等级的原则，主要依据沙尘天气发生时地面水平能见度。其中，首次使用"特强沙尘暴"等级。

沙尘天气强度由轻至重被分为 5 级。《沙尘暴天气等级》依据沙尘天气地面水平能见度依次分为浮尘、扬沙、沙尘暴、强沙尘暴和特强沙尘暴 5 个等级。浮尘即当无风或平均风速小于等于 3.0 m·s⁻¹ 时，沙尘浮游在空中，水平能见度小于 10 000 m 的天气现象；扬沙是指风将地面沙尘吹起，空气很混浊，水平能见度小于 1000 m 的天气现象；强沙尘暴是指大风将地面沙尘吹起，空气非常混浊，水平能见度小于 500 m 的天气现象；特强沙尘暴是指狂风将地面沙尘吹起，空气特别混浊，水平能见度小于 50 m 的天气现象（表 5-7）。

表 5-7 沙尘暴天气等级标准

沙尘天气等级	沙尘粒径/mm	水平能见度/m	天气状况
一级沙尘天气（浮尘）	<0.001	<10 000	沙尘浮游在空气中
二级沙尘天气（扬沙）	0.001~0.05	1000~10 000	风将地面沙尘吹起空气混浊
三级沙尘天气（沙尘暴）	>0.05	<1000	强风将地面尘吹起空气很混浊
四级沙尘天气（强沙尘暴）	>0.05	<500	大风将地面尘吹起空气非常混浊
五级沙尘天气（特强沙尘暴）	<0.05	<50	大风将地面尘吹起空气特别混浊

（2）沙漠化对健康的危害

与一般风暴相比，沙尘暴除了大风之外，还混有大量的尘埃颗粒、花粉、细菌和病毒以及其他一些对人体有害的物质。因此，沙尘暴被认为是传播某些疾病的媒介，而且因为波及的范围较大，会引起严重的公共卫生问题。例如，当沙尘暴"吹"到下游地区而变成浮尘天气时，仍有大量不利于人体健康的微粒成分。医疗卫生部门提供的资料显示，沙尘暴可以把过敏原从遥远的地方传到本地，有些在本地不曾有过敏史的人，当有吹沙（沙尘暴、扬沙和浮尘天气的总称）发生时，就可能有许多过敏反应症状（如过敏性鼻炎、过敏性皮肤瘙痒症等）。

每当沙尘暴侵袭北方城市时，眼疾患者就会急剧增多。沙尘暴可直接引起眼睛疼痛、流泪。沙尘暴会引起呼吸系统疾病。空气质量不好，使得一些呼吸道本来就不健康的人出现干咳、咳痰、咳血症状，同时还可能伴有高烧。此外，大风使地表蒸发强烈，驱走大量的水汽，空气中的湿度大幅降低，使人口干唇裂，鼻腔黏膜因干燥而弹性削弱，易出现微小裂口，防病功能随之降低，空气中的病菌乘虚而入。

沙尘暴还会引发皮肤方面的疾病，沙尘暴多发的季节。天气一般较干燥，皮肤表层水分极易流失。同时，降落在皮肤上的粉尘颗粒物进入毛孔后会堵塞皮肤腺和汗腺，轻者可能引起痤疮，易过敏的人群还可能引起皮疹。

5.3.2.5 沙漠化加剧贫困

沙漠化的出现及不断扩展，致使人类的生存环境恶化，耕地、草场、林地等可利用土地资源质量下降、生产力丧失；生产和生活设施的破坏，情况严重时，迫使人们不得不背井离乡。据不完全统计，我国荒漠化地区包括国家级贫困县 101 个，占到了全国 592 个贫困县的 17.1%，贫困人口在 1500 万左右，占全国贫困人口的 1/4 左右。1995 年荒漠化地区人均工农业生产总值为 4230 元，在全国平均水平的 59.6%，人均收入为 1038 元，仅仅为全国平均水平的 49.3%。在部分地区，出现了因流沙前移埋压房屋和牲畜棚圈等现象，造成农户、居民点甚至县城被迫搬迁。

根据荒漠化普查情况显示，我国北方 12 省份有近 24 000 多个村庄仍遭受着风沙的侵害。内蒙古鄂托克旗 1949—1977 年间因流沙埋压的水井就多达 1438 眼，还包括埋压房屋 2203 间、棚圈 3312 间，有 698 户居民不得不迁走；在锡林郭勒盟北部苏尼特左旗出现强烈的风蚀沙埋，导致 500 多间房屋遭到破坏，旗政府所在地被迫搬迁。我国荒漠化地区多在老少边穷地区，同时又是少数民族聚居区，共有 31 个少数民族、220 个自治县（旗），少数民族人口在 2200 万人左右，占全区总人口的 20.19%，约占全国少数民族总人口的 1/3，因此对于这些地区荒漠化治理的力度刻不容缓。

5.4 沙漠化的防治方法与技术

沙漠化的成因与类型多种多样，防治的措施也多种多样。在沙漠化的防治方法中，很少单独使用，往往是以植被措施为主，各类措施相互结合，构成一定的防护体系，才能更好地发挥防治荒漠化危害的作用。

5.4.1 沙漠化防治的基本原理

沙漠化的过程中，会对土壤养分、土壤结构、土壤的生产力及植被造成较大的伤害，风蚀沙漠化的过程实质就是土壤的风蚀退化过程，因此风蚀荒漠化防治的技术措施就是依据土壤风蚀的原因及风沙的运动规律来制定的。目前，根据土壤风蚀的原因及风沙的运动规律来防治沙漠化，可将其原理来概括为以下几个方面。

（1）阻止气流对地面的直接作用

风及风沙流对土壤颗粒的吹蚀和磨蚀只有作用于裸露的地表才能起作用，因此通过地表植被覆盖物或者铺设沙障，或者使用秸秆、砾石、柴草等材料，覆盖在裸露的地表面上形成一层保护壳，避免风及风沙流对地面直接的吹蚀及磨蚀作用，以此来达到固沙的目的。

（2）增大地表的粗糙度

风沙流经过地表时，会带动地表的土壤颗粒及沙粒运动。风的作用力及输沙率也与风速的大小直接相关，风速越大，风的作用力及输沙量也就越大，同时对地表的侵蚀力也就越强。因此，只要降低风速就可达到降低风的作用力及输沙量，降低输沙的动量的效果，使沙粒沉积。地表的粗糙度对风速的影响作用最大，地表的粗糙度越大，地面的风的阻力也就越大，降低风速的效果也就越强，地面的抗风蚀能力也就越强。因此，可通过增大地表的粗糙度来降低风蚀，增大地表粗糙度主要包括植树种草、布设沙障等技术措施。

(3)提高沙粒的起动风速

沙粒开始运动所需的最小风速被称为起动风速，而产生风蚀、风沙流的一个必要条件就是风速必须超过沙粒的起动风速，所以可通过加大地表颗粒的启动风速，使地面风速始终小于起动风速，从而来达到防治风蚀的目的。起动风速的大小主要与沙粒的粒径及沙粒之间的黏着力有关，沙粒的粒径越大，沙粒之间的黏着力越大，吹动沙粒所需要的启动风速就越大，抵抗风蚀的能力也就越强。提高沙粒的黏着力可通过喷洒化学胶结剂或者增施有机肥，以此来改变沙粒的团聚结构，提高沙粒的之间的黏着力，增强抗风蚀的能力。

(4)改变风沙流的蚀积规律

风沙流在运动过程中具有一定的蚀积规律，可以通过风沙流的运动规律，利用风力，再人为地控制增大风沙流的流速，提高风沙流的流量，降低地面的粗糙度，改变蚀积关系，从而拉平沙丘造田或延长风沙流的饱和路径来输导沙害以此达到防沙治沙的目的。利用风沙流拉沙的技术要领是，在流动沙丘加大风沙流的流速，促进丘间低地加速积沙，减少沙害的危害。

5.4.2　沙漠化防治的生态学原理

植物治沙具有经济、稳定、作用持久、美化环境，并且可以改良流沙的理化性质，促进土壤的形成等特点，所以说植物治沙一直以来就是沙漠化防治的首选措施。植物治沙需要流沙环境具备植物成活、生长、发育的必要条件，而植物大多数情况无法在流沙环境上稳定存在，所以在采用该措施之前，首先保证植物在流沙环境上稳定存在。

(1)植物对流沙环境的适应性原理

在流沙上的分布的植物虽然比较稀少，但是它们的分布却存在一定的规律性。不同的植物对流沙环境有各自的要求与适应性，这种现象是环境长期选择的结果，是植物对流沙环境的适应。

植物对流沙环境的适应性主要表现在植物对干旱的适应性和植物对风蚀、沙埋的适应性。植物对干旱的适应性主要是指植物适应流沙环境的气候与土壤条件，在长期干旱的流沙环境上分布的植物具有萌发速度快、根系生长迅速且发达等特点，并且已经形成了具有一定旱生形态结构和生理机能的组织，随着干旱环境的变化植物的体内的化学成分也发生着变化。

植物对风蚀沙埋环境的适应性主要表现在植物可以在风蚀沙埋的环境里可以稳定的存在。根据其特征可以将其分为速生型、稳定性、选择性和多种繁殖性四种类型。速生适应性植物具有迅速生长的能力，特别是在植物苗期，其速生能力可以发挥重要的作用。稳定适应性的植物可以在沙区环境中稳定自己的形态结构，适应流沙的流动性，使得植物本身可以在流沙环境上稳定并且长期存在。选择适应性植物因流沙环境的不同而分布在不同的地方。如在丘间低地或者植物周围的弱风处，风蚀沙埋较弱，适应一些不耐风蚀沙埋的植物种生存。一般情况下，选择适应性的植物种是由大自然选择的。多种繁殖适应植物种既能有性生殖又能够无性生殖，当流沙环境不利于有性生殖时，它就可以通过无性繁殖进行更新，以适应流沙环境。这类植物主要有杨柴、沙拐枣、沙蒿、白刺、柽柳等。

（2）植物对流沙环境的作用性原理

植物对流沙环境的作用原理主要为植物的固沙作用、植物的阻沙作用、植物改善小气候的作用以及对风沙土的改良作用。植物的固沙作用主要表现为植物以其茂密的枝叶和枯落物保护层，保护沙粒不被风沙流吹起。植物还具有加速土壤形成的作用，可以提高土壤的固结力，促成土壤结皮的形成，提高土壤的临界风速值。

植物可以通过植物的灌丛阻碍风沙流活动，使得风沙流中的沙粒遇阻沉降。植物的阻沙能力的大小主要取决于近地层的枝叶分布状况，据有关资料显示，植被的覆盖度达到40%~50%时，地面的吹蚀痕迹不明显，风沙流中90%以上的沙粒可以被阻截沉积。如果植物可以在流沙环境上稳定存在，植物周围的小气候环境可以得到明显的改善。在植物的覆盖下，流沙环境表面的反射率、水面蒸发、温度等显著下降，其相对湿度提高明显，形成的小环境又反作用于土壤，加速土壤的形成，最终形成一种良性循环。

植物在流沙上环境上稳定存在后，可以大幅加速风沙土的成土过程。植物对风沙土的改良作用，主要表现在土壤的机械组成发生变化、黏粒含量增加、土壤中的营养物质增加、微生物数量增加等。改良后的风沙土更有利于植被的生存，增加植被的覆盖度，对流沙环境的控制能力更强。

5.4.3 沙漠化防治的植被技术

植被技术又称生物技术，是通过植树种草增加人工植被，保护并恢复天然植被等手段，阻止流沙移动，防治风沙危害，改善沙区生态环境和提高土地生产力的一种技术措施。植被技术被称为沙漠化防治最安全最环保经济而又持久的一项的防治技术措施。利用植物治沙可以有效地改善流沙环境的理化性质，加速土壤的良性循环。封沙育林育草恢复天然植被技术、飞播造林种草技术、人工植被固沙技术等是沙漠化地区植被建设的主要技术。

5.4.3.1 封沙育林育草恢复天然植被技术

沙漠化土地的扩展归根结底是天然植被遭受破坏的结果，经过封育手段恢复天然植被，是我国多年以来治理土地荒漠化的一项行之有效的措施。其中封沙育林育草恢复天然植被是一项投资少、收益大、事半功倍的有效措施。封沙育林育草是指在植被遭到破坏的沙地上，建立某种防护设施，严禁人畜破坏，为天然植物提供休养生息、滋生繁衍的条件，使植被逐渐恢复。

在实施封育的时候，要首先划分封育范围或者封育带宽度。封育的范围按照实际的需要而定，但与荒漠绿洲接壤的封育带，宽度大多选在300~1500 m，沙源活动强烈的地区宽度较大，反之则可缩小。其次，为防止牲畜进入对封育区再次造成伤害，可在划

障多为防风蚀而布设，透风式的高立式在劫持风沙流等方面效果更好。为改变地形而布设的沙障，可以选用紧密结构的高立式沙障，其可以使气流载沙能力减弱，使沙粒沙障前后堆积沉降，从而改变地形。

②沙障的孔隙度　沙障孔隙面积与沙障总面积之比称为沙障孔隙度，它是衡量沙障透风性能的指标。当孔隙度为 25%时，障前积沙范围约为障高的 2 倍，障后积沙范围可到达障高的 7~8 倍。当孔隙度为 50%时，障前无沙粒堆积，障后的积沙范围可达到障高的 12~13 倍。沙障紧密度随沙障孔隙度的缩小而缩小，其积沙范围也随之变窄，即延伸距离缩短。

③沙障的方向　沙障设置的方向通常与主风方向垂直，一般在沙丘迎风坡上设置。设置时应先顺主风方向在沙丘中部划一道纵向轴线作为基准，考虑到沙丘中部的风相比两侧较强，因此沙障与轴线的夹角要在 90°~100°，这样就可将沙丘中部的风沙流向两侧释放。假如沙障与主风方向的夹角在 90°以内，则会导致气流易趋中部而沙障被掏蚀或沙埋（图 5-22）。

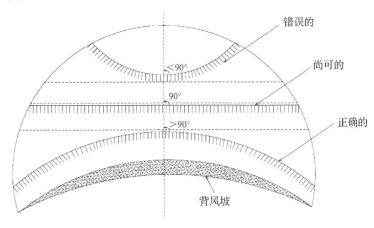

图 5-22　迎风坡沙障设置方向

④沙障的高度　一般在沙地部位和沙障孔隙度相同的情况下，积沙量与沙障高度的平方呈正相关。根据风沙流的运动规律及特点，沙粒主要在近地面层内运动，而且绝大部分沙粒都集中 10 cm 以下，因此在一般情况下，沙障的高度在 15~20 cm 就足以起到阻碍风沙的作用。

⑤沙障的配置形式　沙障的配置形式应该既要综合当地的实际情况，又应该综合优势、次优势风的出现频率和风沙流的强弱状况及沙丘地貌形态的不同来考虑。当前主要的配置形式有行列式和格列式两种，在单向起风为主的地区，一般选用行列式；在多向起风的地区，多选用格状式。

⑥沙障的间距　沙障间距即相邻两条沙障之间的距离。沙障的间距设置与地形坡度及沙丘的高低密切相关。合理地设置沙障的间距，可以达到事半功倍的效果，若沙障的间距设置过大，则沙障极易被风蚀损坏，使其达不到预期的防护效果；若沙障的间距设置太小，则会增加工料投入。一般情况下，在坡度较为平缓的地方，沙障的间距要设置的大一点，而在坡度较为陡峭的地方，沙障的间距就要适当缩小。当在坡度为 4°以下的

平缓沙地上布设沙障时，沙障的间距通常为沙障高度的 15~20 倍；在高大的沙丘迎风侧布设沙障时，下一列的沙障基部必须与上一列的沙障顶端齐高，可避免沙障被埋。在地势不平坦的沙丘坡面上布设沙障时可根据公式计算沙障的间距。计算公式如下：

$$D = H\cos\alpha \tag{5-11}$$

式中　D——沙障间距（m）；
　　　H——沙障高度（m）；
　　　α——沙面坡度（°）。

5.4.4.2　风力固沙

（1）概念及原理

风力固沙是指以风的动力为基础，人为干扰控制风沙的蚀积搬运，因势利导，变害为利的一种治沙方法。风力固沙的技术要求较高，仅限于特殊地区或者局部地段。风力固沙原理是指利用当地天然的地形条件设置屏障，以此来聚集风力，改变风向，借以削平沙丘并且疏导流沙，避开被保护的对象，使风沙流达到过地表面而不形成沙堆。

目前比较成熟的风力治沙工程技术主要包括集流输导技术和非积沙工程技术。集流输导技术主要通过聚风板来加大风速聚集风力，疏导积沙（图 5-23）。非积沙工程技术主要是根据风沙流的特征，提供一个平滑的下垫面，通过增加上升力来达到过地表面而不形成堆积的效果，减少沙粒的堆积。集流输导技术主要包括聚风下输法、水平疏导法和垂直疏导法（图 5-23）。

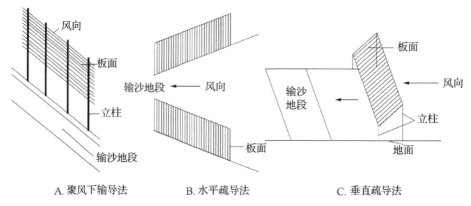

A. 聚风下输导法　　　　　B. 水平疏导法　　　　　C. 垂直疏导法

图 5-23　集流疏导示意

（2）风力固沙的应用

①渠道防沙　近些年来，由于风沙堆积渠道，造成渠道堵塞，每年清理渠道里面的积沙都会花费巨大的财力与人力，造成不可估计的财产损失。所以渠道防沙的重点是防止在渠道内形成积沙。渠道防沙的原理是使风沙流在经过渠道时成为不饱和气流，或者使渠道的长度小于饱和路径的长度。

为了防止渠道积沙，渠道被设计为具有弧形或者接近弧形的剖面形状，弧形的渠道容易产生上升力，可以使沙粒不在渠道堆积。还应该合理地设计渠道的宽度和深度，保证一定的深宽比，为不饱和风沙流通过渠道提供条件。此外，还应在该渠道的迎风坡面上设置防沙堤和护道。

②拉沙修渠筑堤　拉沙修渠筑堤是指利用风力输沙修筑渠堤。其原理是利用高立式紧密沙障逐步积沙，随着沙障被掩没的高度逐渐向上提升，将积沙堆积到设计的高度后，取出沙障，来达到修渠筑堤的目的。修建渠堤时可以先从渠道的中心线设置沙障，然后按照先下风侧后上风侧的顺序布设。沙障距中心线的距离一般可按下式计算：

$$I = \frac{1}{2}(b + a) + mh \tag{5-12}$$

式中　I——沙障据渠道中心线的距离(m)；

　　　b——渠道底宽(m)；

　　　a——渠道顶宽(m)；

　　　h——渠堤高度(m)；

　　　m——边坡系数，沙区一般为 1.5~2.0。

③拉沙改土　拉沙改土是利用风力拉平沙丘，使丘间低地的土与沙混合，改良土壤。拉沙改土可以改变丘间低地的机械组成，改变土壤的水分与通气条件，在一定的程度上可以改良盐碱土。

5.4.4.3　水力治沙

水力治沙是以水为动力，按照需要使沙子进行输移，消除沙害，以改造利用沙漠的一种方法。其实质就是利用水力冲击定向地控制蚀积搬运，以达到兴利除害的目的。水力治沙一般通过人为的控制影响流速的流量、坡长、坡度、地表粗糙度等各项因子，将水流集中，使其流速增加，利用水产生的冲力拉平沙丘，改变沙丘原有的地貌，形成新的基本农田和林、牧业基地。水力固沙措施一般在沙区河流两岸，水库下游及渠道附近使用，按照规划的路线，引水开渠，以水冲沙。

5.4.4.4　化学胶结物固沙

化学胶结物固沙是指在受风沙危害的地方，利用化学材料及工艺，对易造成沙害的沙丘或沙质地表建造一层能够及防治风力吹扬又具有保持水分和改良沙地性质的固结层，从而加强地表的抗风蚀能力，达到改善和控制沙害环境，提高沙地生产力的技术措施。

(1)化学固沙的原理

化学固沙的原理是在松散的流沙上面喷洒一层具有一定胶结性质的化学物质，具有胶结性质的化学物质渗入到沙层里面，在松散的沙粒上胶结成一层致密的保护层。以此来隔绝气流，避免风沙流与松散沙面的直接接触，以此达到到防治风蚀的作用。流沙表面形成一层致密的固结层以后，可以保墒增温，保证植物的健康生长。

(2)化学固沙的类型

① 沥青乳胶固沙剂　沥青乳液又称乳化沥青，是沥青在乳化剂的作用下通过乳化设备制成的。沥青乳化剂主要由石油沥青、乳化剂和水等组成。沥青乳胶被称为"液态地

膜"，沥青乳胶一般与植物固沙和机械固沙结合使用，它不仅可以固定流沙，增温保墒，还可以高效地利用土壤中的肥料与有机质，提高植被的存活率。沥青乳液在喷施时，必需用水稀释，沥青乳液的含量不宜过多，一般不超过 10%~15%，沙层入渗深度控制在 10~30 mm，喷撒分 2~3 次完成，间隔期为 1~2 个月。

② 高分子聚合物固沙剂　高分子聚合物固沙剂属于水溶性或油溶性化学胶结物质的一种，其通常使用的材料有脲醛树脂、聚醋酸乙烯乳液、聚乙烯醇、聚丙烯酰胺等，其中聚乙烯醇的固沙效果最佳。高分子聚合物固沙剂相比于其他化学固沙材料稳定性好、施工便捷、固结强度较高、吸水性保水性好、耐水性好，可以缩短施工的工期，但往往高分子聚合物固沙剂的价格较昂贵，所以大规模推广使用有一定的困难。

③ 生物质资源类固沙剂　生物质资源类固沙剂主要是通过木质素磺酸盐及其改性产品和栲胶类固沙剂组成。使用方法为将固沙剂直接喷洒在沙表面，该固沙剂分子中的羟基、磺酸基可以与沙粒很好地结合，在沙粒表面形成一层致密的固结层，以达到风沙流通过而不起沙的作用。栲胶类物质主要为从植物组织中提取出的一种固体物质，用其制成栲胶类固沙剂直接喷洒在沙层表面上，在沙表面形成一层具有固沙保水作用的高分子凝胶。

5.5　案例解析

5.5.1　宁夏中卫沙坡头

中国三大鸣沙——沙坡鸣钟所在地沙坡头是我国首批 AAAA 级旅游景区，被世人称为"沙都"，是第一个国家级沙漠生态自然保护区，丰硕的治沙成果以及治沙模式在 1994 年分别被联合国和国务院授予"全球环保 500 佳单位"的光荣称号和"科技进步特别奖"。

沙坡头位于中卫市城西 20 km 处的腾格里沙漠南缘，地理坐标为 105°02′E、37°32′N（图 5-24）。该地位于宁夏、甘肃、内蒙古 3 省（自治区）交界处，中卫市东临宁夏中宁县，南接宁夏海宁县，西靠甘肃白银市，北临内蒙古阿拉善盟。中卫市自古被称为"丝

图 5-24　沙坡头

绸之路"所经之地。通往周边地区的铁路四通八达，通过包兰、中宝、甘武铁路可达北京等 12 个省会城市。

据史料记载，在清朝乾隆年间，因在中卫黄河岸边形成一个大沙堤而得名沙陀头，讹音沙坡头。在沙坡头，人从沙顶向下滑时，沙坡内便发出一种"嗡嗡"的轰鸣声，犹如金钟长鸣，悠扬洪亮，故得"沙坡鸣钟"之誉，是中国四大响沙湾之一。沙坡头集高山、流水、绿洲、大漠风光于一体，有塞外江南之美誉。加之多年来，治沙专家与当地人民群众为保证铁路安全畅通而创造的一系列的治沙措施，造福了中卫人民，震惊了世界，使沙坡头驰名中外。

5.5.1.1　自然特征

沙坡头位于西北内陆地区，属于温带荒漠大陆性气候，该地气候干旱、降水少且集中、温度变化大、蒸发旺盛、春季风大沙多。年平均日照时数为 2778.4 h，多年平均气温 9.6 ℃，≥0 ℃的有效积温 3918.3 ℃，热量资源丰富，年平均降水量为 182.77 mm，季节和月份分布极不均匀，降水多集中在 7~9 月，可达到 182.77 mm，占全年降水量的 60%，年平均蒸发量为 3000.7 mm，是年均降水量的 16 倍。年平均风速为 2.8 m·s^{-1}，年起沙风速（5 m·s^{-1}）的次数有 272 次，以 3~5 月最为集中，从风向的年平均频率来看，最高的是西北风。

该地区为典型的风沙地貌，有各种形态的流动沙丘和固定、半固定沙地。流动沙丘包括以下 5 种类型：格状沙丘、新月形沙丘链、横向沙丘、新月形沙垄和单个新月形沙丘。沙丘高低起伏、纵横交错、沙层深厚，地势西北高东南低，由西北向东南倾斜。该地区有黄河经过，黄河与沙丘存在较大的高差。土壤主要以流动的风沙土为主，还有灰钙土、潮土、盐土等，土壤有机质含量较低。

沙坡头地区的植被类型主要为草原化荒漠，主要有灌木、半灌木和草本植物。天然的草本植物主要有雾冰藜、小画眉草、虫实、刺沙蓬、砂蓝刺头、沙米等，灌木主要有油蒿、花棒、沙拐枣等。

5.5.1.2　沙害情况

中卫市沙坡头三面环沙，被腾格里沙漠包围。据有关资料记载，仅在 1973—2001 年间，中卫沙坡头的沙漠面积就增加了 78 km^2。在沙害最为严重的时候，只要一场大风，沙子便可以淹没房顶，房屋完全被沙漠掩埋。西风口作为中卫市沙尘暴的发源地，中卫人所受的风沙侵害 90% 左右来自这里。自中华人民共和国成立以来，中卫防沙治沙虽取得一些成果，但由于其风沙源头没有得到彻底的治理，沙害依然存在，对中卫群众的生产和生活仍然产生着一定的影响。

"9355 沙尘暴"期间，沙坡头所在的中卫市，瞬时最大风速达到 37.9 m·s^{-1}，最大风力 12 级，气温由 26.2 ℃下降到 11.9 ℃，沙尘暴持续时间 1.5 h。在此次特大沙尘暴期间，中卫市共死亡 18 人，失踪 12 人，受重伤 38 人，其中绝大部分为儿童和中小学生。此次沙尘暴给农业生产也造成巨大损失，粮食作物受灾面积 2685.3 hm^2、成灾面积 939.47 hm^2、15 000 张秧田、20.1 hm^2 日光温室受灾，造成了不可估计的损失。

5.5.1.3　防治措施

沙坡头是中卫境内沙害最重的区域之一，这里的风沙最为猛烈，狂风一过，黄沙漫天飞舞，沙坡头的治沙始于 20 世纪 50 年代，当时中国开始修建包兰（包头—兰州）铁路开始的，经过专家和当地群众的努力，沙坡头成功创造出"五带一体化"防沙技术，即固沙防火带、灌溉造林带、草障植物带、前沿阻沙带、封沙育草带。五带一体化的具体布设措施为：

①固沙防火带　在主风侧，设置卵石面台，形成固沙防火带。

②灌溉造林带　在固沙防火带空出一段距离，将高低起伏的沙丘削平，然后设置草方格沙障固沙后，并且在沙障上修建灌溉设施，在沙障里面种植抗风沙树种，提黄河水浇灌，营造乔灌木混交林。草方格植物带可以增加地表粗糙度、截留水分、削减风力，增加土壤含水量，提高植物的存活率。

③草障植物带　在灌溉造林带外侧，先扎设几排麦草方格沙障固定流沙，然后在草方格沙障上种植沙生植物形成草障植物带。

④前沿阻沙带　在草障植物带外围设置 1 m 高的枝条栅栏，该枝条栅栏的主要作用为阻挡流沙入侵。

⑤封沙育草带　紧邻前沿阻沙带，设置一条铁围网栅栏，禁止人与牲畜进入，确保天然植被可以得到恢复。

5.5.1.4　治理现状

如今，沙坡头依靠独特的地理资源优势打造沙漠旅游聚集地，推动产业转型，大力发展旅游业，2018 年沙坡头接待游客人数已达到 760 万人次，实现旅游总收入近 60 亿元，旅游从业人数达 1.5 万名，旅游业已经跃升为区域经济最具活力的增长点，城里城外开发建设了 1333.3 hm² 的四湖一水系，昔日的边陲小镇蜕变成为环境优美的滨河城市。

沙坡头北部湾区与香山北麓形成了林果一体化产业，促进了沙区农民的收入，形成了以盐碱湖为核心区的葡萄产业，以香山北麓阶地为核心的苹果、红枣及枸杞产业，在中卫腾格里沙漠前缘形成了一道防沙治沙的绿色长墙，实现了由"沙逼人退"向"人进沙退"的转变，截至 2012 年年底，经济林栽培面积为 7.45×10⁴ hm²，总产值达到 29.72 亿元。当地政府通过这样的造林模式，高起点、高标准地筑起了一道守护地方经济社会发展的生态屏障。

5.5.2　民勤

民勤县地处甘肃省河西走廊东北部，是镶嵌在古丝绸之路要道上的一颗绿色宝石（图 5-25）。民勤历史悠久，文化灿烂。早在 2800 多年前，民勤就有了人类生息繁衍，公元前 121 年，霍去病将军率兵西征，平定河西地区，在该地设置县。

由于建城历史悠久，所以民勤有较高的历史价值和艺术价值。这里有沙井文化的发祥地——沙井柳湖墩遗址，于 1923 年瑞典人安特生考察发掘；这里有亚洲最大沙漠水库——红崖山水库，在石羊河下游，是一座中型洼地蓄水库；这里有西部保存最完整的地主庄园——瑞安堡，始建于民国 27 年(1938)，是全国重点保护单位；这里有闻名国内外的沙生植物王国——沙生植物园，园内培育着 30 多种珍贵的沙生植物，自开园以来先后接待了日本、美国、法国等 12 个国家的贵宾。

图 5-25　民勤地理位置示意

5.5.2.1　自然特征

民勤县处于 101°49′~104°11′E、38°04′~39°27′N，东、西、北三面被腾格里和巴丹吉林沙漠包围，民勤像一个楔子一样，紧紧地插在中间，阻止两大沙漠合拢。现有陆地面积 1.6×10⁶ hm²。属于典型的温带大陆性气候，太阳辐射强、年均日照时数 3028 h，多年平均降水量为 116 mm，与腾格里沙漠接壤的民勤北部地区年降水量仅为 50 mm，蒸发强烈，年蒸发量 2500 mm 左右。温差较大，年平均气温 8.35 ℃，年均 8 级以上的大风可以达到 28 d。民勤地区的地貌为风沙地貌，主要由新月形沙丘、沙垄等组成。植被类型主要以乔、灌、草植被为主，荒漠区以旱生、超旱生植被为主。主要植被包括霸王、白刺、盐爪爪、红砂、碱蓬、芨芨草、沙蒿、芦苇等。

5.5.2.2　沙害情况

民勤三面环沙，被腾格里沙漠、巴丹吉林两大沙漠紧紧包围，在沙漠边缘地带风沙危害农田现象尤为严重。据有关资料显示，在 20 世纪 70 年代后期至 80 年代末，民勤的沙尘暴达到高峰期，年均沙尘暴次数可达 40 d 左右。民勤历年的观测数据中显示，民勤在 3~6 月的大风和沙尘次数仅次于和田，仅 2001 年出现 8 级以上大风 16 次，沙尘暴 14 次。更有专家表示照此发展，民勤将成为第二个罗布泊。造成民勤沙漠化的主要原因为水资源的不合理利用，据有关资料显示，进入民勤的洪河水流量，从二十世纪六七十年代的 4~5 m³·s⁻¹ 下降到 0.5 m³·s⁻¹，而民勤的年径流量必须 2×10⁸~3×10⁸ m³ 才能够满足需要，为补充水源，只好大量开采地下水作为补充，由于近些年的大量开采，造成民勤地下水下降，年下降 0.5~1 m 地下水位已由 70 年代的 1~9 m 下降到现在的 12~28 m。

截至 2010 年，民勤需要治理的流沙区多达 4×10^4 hm^2，因沙漠化而弃耕得的土地多达 32×10^4 hm^2，有 3.33×10^4 hm^2 天然灌木丛处于枯死状态，有 6667 hm^2 的耕地沙化，26.3×10^4 hm^2 草场退化，3.87×10^4 hm^2 林地沙化，造成不可估量的经济与生态损失。

5.5.2.3 防治措施

民勤县政府经过长期的经验积累和科学的观察分析、论证实践，总结了一套符合民勤实际情况的防沙治沙模式，形成了具有沙区特色的治理和发展体系。在老虎口、青土湖、西大河等风沙危害区相继布设了一系列大规模治理工程，成功探索出了"沙障梭梭"压沙造林模式、滩地造林和封沙育林等治沙措施。

（1）沙障+梭梭压沙造林

在流动沙丘上造林，先用黏土压埋流沙，然后在黏土的基础上铺设行列式或网格状的草方格沙障固沙，最后再进行人工拉水对栽培植物补埋栽。沙障材料选用棉花秆、秸秆、芨芨草、砂砾石、土工编织袋、尼龙网、黏土沙障等治沙材料。梭梭造林采取穴植法，在草方格中先用铁锹铲去表层的干沙，坑深 50 cm，将苗木放到定植穴内，埋土至 3/4 处。

（2）滩地造林

针对戈壁滩墒情差、造林成活难的情况，先在前一年秋季用用机械开沟整地，使流沙汇集于沟内，然后在秋冬季将降水蓄于沙中，翌年春季挖穴栽植耐旱灌木，人工拉水补墒，覆沙保墒。选取的灌木主要有梭梭、沙拐枣、柠条、怪柳、花棒等。

（3）封沙育林

沙区划定一定的封育区，对封育区内的天然的植物的沙地进行封禁。在牲畜活动频繁地区，设置刺丝围栏围封。在封育区周边，每隔 50~100 m 的距离设立明显的标识牌。采取全封育措施，最大限度地保证保护区内的植被恢复。

（4）发展节水技术

为应对民勤目前严重的水资源紧缺的问题，通过实施田间工程配套技术，渠道防渗抗冻技术、斗农渠衬砌技术及覆膜滴灌技术，最大程度地减少水资源的浪费。在全面节水的基础上全面推广"小麦全生育期地膜覆盖穴播节水增产栽培技术""玉米全地面地膜覆盖技术"等，同时选用耗水量小，经济效益显著的农作物。

5.5.2.4 治理现状

民勤依托节水治水技术稳步前进。目前，全县已建成输水渠道 7100 km，干渠长达 171.37 km，支渠长达 500 km 左右，斗农渠长达 3850 km，累计衬砌渠道 3000 km，全县累计关闭机井 3200 眼，积极推行工业废水净化循环利用、中水回用和"零排放"等工业循环节水技术，全县用水总量由 2006 年的 7.56×10^8 m^3 减少到 2017 年的 3.69×10^8 m^3。同时配套节水农业，推广使用一膜两用免耕技术及干种湿出栽培技术。

在 2018 年第二十四届中国兰州投资贸易洽谈会上，民勤县积极开展多种形式的招商引资活动，着力加强对项目准备和招商引资工作的统筹指导，采取"走出去、请进来"等方式，对 120 多种产品进行展销，特别是红枣、枸杞、锁阳、苁蓉等特色农产品受到参观宾客的好评。在本届兰洽会民勤引资签约项目 7 亿多元，其中，沙漠戈壁农业示范园区建设项目，总投资 2.2 亿元；苏武小镇和摘星小镇建设项目，总投资 4.6 亿元。

5.5.3　库布齐沙漠

库布齐是蒙语，意为"胜利在握的弓弦"，2000 年前曾是一片水草丰美的大草原。从地形上看，黄河"几"字形河道恰似一把弯弓，库布齐正是弓上的弦。据史料记载，在 3000 年前，库布齐草原上就已经出现了部落。秦末汉初，匈奴王国数十万骑兵长驱直入，十年间发动了多次大侵略。公元前 127 年，汉武帝派兵大战匈奴，在此地取得胜利，收复该地区，遂设置朔方郡。战役历时 9 年，汉朝最终战胜匈奴，获得了方圆千余里的缓冲地带，保卫了内地安全。

汉朝对西北采取积极开发的政策，沿河设置郡县，并大规模移民戍边。朔方郡的居民、驻军主要都在河套以内，意在以河为固，依黄河为堑。由于人口较多，开垦的程度较高，据《水经注》记载，汉代朔方郡北部出现多片流沙，但并未联成大片。后沙化面积不断扩大，最终形成了如今的库布齐沙漠(图 5-26)。

图 5-26　库布齐沙漠

5.5.3.1　自然特征

库布齐沙漠是我国的八大沙漠之一，地理坐标位于 106°55′E~109°16′E、39°22′N~40°52′N，地势呈现南高北低缓慢倾斜，它是距离北京最近的沙漠。东、西、北均以黄河为界限，位于鄂尔多斯市杭锦旗、达拉特旗和准格尔的部分地区，总面积为 145×10⁴ hm²，其中，流动沙丘占 61%，库布齐沙漠横跨了荒漠草原和干草原，年降水量从东向西由 400 mm 向 100 mm 递减，大部分土壤为风沙土和栗钙土。

库布齐属于典型的温带大陆性半干旱温带季风气候，该地气候常年干燥、多风，四季温差较大，日照充沛，无霜期短。年平均气温为 5~7 ℃，平均日照时数为 3100 h，无霜期可达到 130~155 d，年平均降水量 350 mm。全年主要以西风、南风和西北风为主，年平均风速 3 m·s^{-1}，一年中大于启动风速的风达到 300 多次，在频繁的大风条件下，极易发生风蚀。天然植被主要有沙拐枣、黑沙蒿、杨柴、柠条、刺蓬、唐古特白刺等。

5.5.3.2 沙害情况

截至 2004 年，据有关资料测定，近 40 年来，库布齐的沙漠化土地退化的速度达到了 100 km^2·a^{-1}。沙暴日数一年可达到 60 多天。每当暴雨季来临，大量泥沙会被雨水携带进入黄河，抬高河床，使得两岸的生产基地设施被淹没，人民生产生活安全受到威胁。沙漠化过程中，大量的耕地被流沙侵占，草场发生风蚀，使得土壤的养分降低，土地的生产潜力衰退，最终导致土地或者草场沙化。

5.5.3.3 防治措施

（1）南围、北堵、中切工程措施

南围是指将库布齐沙漠的南缘用铁丝网栅栏围封起来，给植被恢复提供一个有利的条件，使植被覆盖率提高，固定流动沙丘。北堵是在库布齐沙漠北缘、黄河南岸建立防沙护河锁边林带，通过该防护林带可以有效地降低风速、避免流沙入侵黄河，抬升河床。中切是指在库布齐沙漠中间修建穿沙公路，在路的两侧修建防护带，实现以路划区，分而治之的作用。

（2）以路划区、分而治之工程措施

以路划区、分而治之的工程措施就是指按照"南北走向，以路划区、分隔治理"的方略，在库布齐沙漠修建了 5 条全长 350 km 左右的穿沙公路，实现以路为隔，分区治理，在沙漠的四周分别实施相应的工程措施。

（3）削峰填谷技术

库布齐沙漠治理中所使用的削峰填谷技术主要包括"前挡后拉""后拉前不挡""先前挡，再后拉"三种形式。在固定较小的流动沙丘时，先在迎风坡栽植灌木，利用风力削平与灌木齐平的沙丘上部，使流动沙丘高度下降，将丘间低地填平，以达到削峰填谷的目标。

（4）飞播治沙造林技术

飞播治沙造林技术指在已经具有沙障的流动沙丘上进行地面处理、分播、复播、重播等一系列方式进行造林，沙障与飞播的有效结合可以增加飞播后种子的附着力，提高造林成活率，固定流动沙丘。

（5）甘草治沙改土技术

甘草是一种耐旱、耐盐碱、耐寒、耐热的多年生补益中药材，又名甜根子、国老。由于其可以有效地改良沙地和盐碱地及耐旱等特性，所以被广泛地种植在干旱、半干旱地区及沙漠边缘。通过种植甘草可以有效地改良当地的沙土环境，促进沙土的良性循环。

5.5.3.4 治理现状

库布齐沙漠在亿利、伊泰、东达等龙头企业带动下，形成了"六位一体"和一二三产业融合发展的生态综合体系，实现了生态、社会、民生、经济等效益的有机统一。实现综合创收 24.6 亿元人民币，曾经的"死亡之海"变成了如今的"希望之海"。2012 年亿利资源集团被联合国授予"全球环境与发展奖"。

据有关资料显示，库布齐累计为沙区农牧民提供就业岗位 100 多万人次，带动超过 10 万农牧民脱贫，让沙区农牧民人均收入由不足 400 元增长到 1.5 万多元。在国家能源局的支持下，库布齐建成了 310 MW 生态光伏电站，集"发电、治沙、种植、养殖、扶贫"于一体的立体光伏系统，实现了既可发电，又可扶贫一方。除此之外，还投资建设了 240 MW 京张奥运光伏廊道和 50 MW 村级扶贫电站，将光伏产业迅速做大做强。

5.5.4 敦煌莫高窟

莫高窟作为丝绸之路在敦煌留存下最为辉煌的文化遗产和最为丰富的历史印记，又名千佛洞，建于 1600 多年前，现保存有洞窟 491 个，雕塑 2400 多尊。莫高窟壁画完美地还原了十六国、北魏、西魏、北周、隋、唐、吐蕃、五代、宋、回鹘、西夏等时期的人文生活，具有不可估量的历史价值。1961 年，莫高窟入选全国重点文物保护单位，1987 年入选"世界文化遗产"名录(图 5-27)。

图 5-27 敦煌莫高窟

5.5.4.1 自然特征

敦煌莫高窟位于我国的西北地区，甘肃省河西走廊的最西端，坐落于敦煌盆地的南部边缘，洞窟开凿于大月泉河西岸洪积扇阶地的垂直崖面上，窟顶为一平坦戈壁，从东向西依次可以划分为砾质戈壁带、砂砾质戈壁带。莫高窟海拔为 1330~1380 m，地处甘肃、青海、新疆 3 省(自治区)的交界地带，东与瓜州县相邻，南面和肃北蒙古族自治县和阿克赛哈萨克族自治州相接，西北是新疆维吾尔族自治区，地理位置处于 92°13′E ~ 95°30′E、39°40′N~41°40′N。在敦煌，降水集中在 4~9 月，年平均降水量为 39.9 mm，而年平均蒸发量为 2505 mm，是降水量的 60 多倍，空气干燥指数达 32，年日照时数

2962.5 h，干旱少雨，属于典型的极度干旱气候区。

莫高窟常年多风，年平均风速可达 3.5 m·s⁻¹，主要为南风和偏南风。大泉河是莫高窟窟区仅有的地表河流，是疏勒河的支流，由于流量较小，补给较小，到达出山口时，河流几乎已经断流。沙丘类型主要为格状沙丘、金字塔沙丘和复合型沙山。

5.5.4.2　沙害情况

据有关资料显示，由于西北地区强烈的大风，沙粒与窟内的壁画发生摩擦，使得窟内的壁画被摩擦褪色，将原始的塑像几乎摩擦为原始的泥塑。且窟顶由于严重的掏蚀和风蚀，已出现裂缝。底层的洞窟也由于风沙的堆积而被掩埋。据史料《推沙扫窟重饰功德记》记载，戊申年（948 年）冬天，安某和家人在巡查敦煌莫高窟洞窟时，发现第 129 窟由于长时间无人管理，窟内积沙已经堆积无法进入，窟内的壁画也已被严重风蚀。

5.5.4.3　防治措施

（1）阻沙区

莫高窟防护的阻沙区主要建立在鸣沙山东缘 500~600 m 流沙环境上，采用间隔 4 m 的高立式栅栏布设。沙障材料为疏透度 20%~25% 的尼纶网栅栏，将其布设在鸣沙山前中小沙丘脊线和防风固沙林带前沿流沙地上，采用直径为 15 cm 左右的木桩固定，外露高度为 1 m 左右。

（2）固沙区

作为莫高窟风沙危害综合防护体系的主体—固沙区，其主要建立在阻沙区下风向的中小沙丘上，采用麦草方格沙障、砾石压沙带、窟顶植物固沙带等来固定流沙。麦草方格沙障布设沿高立式栅栏带平行延伸，布设长度约为 2000 m，宽度则从沙丘边缘的植物固沙带起延伸至沙丘内部，草方格沙障的规格为 1 m×1 m。

在鸣沙山前沿流动沙地上布设 2 条长约 1800 m，宽分别为 12 m 和 14 m，高度 1.5 m 左右的窟顶植物固沙带，走向为西南至东北。窟顶植物固沙带主要起着阻风挡沙的作用，避免起沙，减轻窟顶的吹蚀，而窟前透风结构防护林带的配置作用主要为减轻崖面风蚀、调节洞窟通风。

砾石压沙带依据当地地形条件而定，布局为不规则倒梯形。"A"字形尼纶网沙障设置在窟顶的戈壁区，用以保护窟顶不受风蚀，设置栅高 1.8m，设计孔隙率为 20%，"A"字形顶点指向主风向（W），使其既能在主风向（W）上疏导风沙，避免风沙堆积，又能在次风向（SSW）上截断鸣沙山的沙源，减少风沙流里面的含沙量。

（3）输沙区

天然的砾质戈壁组成的空白带为输沙区，由于砾质戈壁不易起沙，所以只要封护好现有的砾质戈壁地表不被破坏，在加速沙丘前缘防沙措施的前提下，保护其天然输沙场不受阻，就可以取得较好的输沙效果。

5.5.4.4　治理现状

随着莫高窟保护工程的全面实施，一个由阻沙区、固沙区和输沙区组成的综合防护体系已经形成，该体系可以有效减轻莫高窟受积沙、风蚀和风沙尘的危害。与布设措施前相比，窟前栈道积沙量总体减少了 80% 左右，石窟内的文物得到了有效保护。2019 年敦煌市累计共接待游客突破了 1100 万人次，同比增长 20% 左右；旅游收入达到 120 亿元左右，旅游综合效益再创新高。

思考题

1. 什么是土壤沙化？在风力作用下，土壤极易发生吹蚀、输移、沉积，最终导致风蚀沙漠化。简述风力作用三大过程。

2. 简述土地沙漠化的危害。

3. 植物治沙是根据植物对流沙的不同适应与功能，研究流沙上植被恢复和建设显得尤为重要，请简述植物对流沙环境的作用性原理。

4. 简述植物治沙的技术体系。

5. 简述适度沙埋为什么会促进植物生长？

6. 论述工程防沙治沙的主要措施及其各措施的作用原理。

推荐阅读书目

1. 孙保平．荒漠化防治工程学．中国林业出版社，2000.

2. 张奎壁，邹受益．治沙原理与技术．中国林业出版社，1989.

3. 丁国栋．风沙物理学．中国林业出版社，1992.

4. 马世威．沙漠学．内蒙古人民出版社，1998.

5. 孙洪祥．干旱区造林．中国林业出版社，1991.

6. 黄昌勇．土壤学．中国农业出版社，2000.

7. 高国雄，吴卿，杨春霞．荒漠化防治原理与技术．黄河水利出版社，2010.

第6章

土壤的酸化

【本章提要】酸性土壤主要分布在水热资源丰富的热带、亚热带地区，植物生产潜力巨大。中国酸性土壤主要分布于南方高温多雨的红壤地区。由于自然过程与人为因素的共同作用，我国土壤酸化呈加速发展的趋势，对该地区农业的可持续发展和生态环境的保护构成严重威胁。总结土壤酸化的现状、酸化机制及影响因素等，可以加深对红壤酸化问题的认识；通过合理的管理措施减缓土壤的酸化速度，应用修复技术和改良措施以恢复红壤的生产力。这对热带和亚热带地区农业的可持续发展、保障我国的粮食安全和恢复该地区退化的生态系统等具有重要的现实意义。

6.1 土壤酸化及危害

6.1.1 土壤酸化现状

土壤酸化是指在自然或人为条件下土壤中 H^+ 数量增加或者土壤 pH 值下降的过程。因此，在讨论某一土壤是否已发生酸化时，一定要参照以前的某一酸度状态。在全球范围内，pH<5.5 的酸性土壤面积约 $39.5 \times 10^8 \ hm^2$，占全球土壤面积的 1/3 左右(表 6-1)。全世界约 $25 \times 10^8 \ hm^2$ 耕地和潜在可耕地属于酸性土壤，约占耕地和潜在可耕地总面积的 50%。因此，酸化过程的影响是极其广泛的。世界酸性土壤主要分布于热带、亚热带和部分温带地区，水热资源丰富，气候条件适宜农业生产。中国酸性土壤主要分布于南方高温多雨的红壤地区，遍及 14 个省(自治区、直辖市)，面积达 $218 \times 10^4 \ km^2$，约占全国土地总面积的 22.7%。

表 6-1 全球酸性土壤(pH<5.5)的分布估计

土 纲	总面积/($\times 10^6 \ hm^2$)	其中酸性土壤面积比例/%	总酸化土壤面积/($\times 10^6 \ hm^2$)
氧化土	840	60	500
老成土	1350	80	1070
淋溶土	1790	20	360
软土	1100	0	0
新成土	2730	30	820
始成土	1550	40	620
变形土	310	0	0
干旱土	2280	0	0

（续）

土　纲	总面积/($\times 10^6$ hm^2)	其中酸性土壤面积比例/%	总酸化土壤面积/($\times 10^6$ hm^2)
火山灰土	140	50	70
有机土	240	80	200
灰化土	480	100	480
合计	12 800	32	4120

注：引自 Sanchez and Logan，1992。

　　土壤酸化分为自然酸化和人为酸化两种。我国热带和亚热带地区的酸性可变电荷土壤、温带地区的灰化土和酸性硫酸盐土都是自然形成的酸性土壤。红壤地区大部分土壤 pH<5.5，其中相当一部分土壤的 pH<5.0，甚至为 4.5。根据第二次全国土壤普查资料，亚热带地区的福建、湖南和浙江等省 pH 值为 4.5~5.5 的强酸性土壤分别占各省土壤总面积的 49.4%、38% 和 16.9%，pH 值为 5.5~6.5 的酸性土壤分别占各省土壤总面积的 37.5%、40% 和 56.4%，江西省 pH 值为 5.5 以下的强酸性土壤面积为该省土壤面积的 70.98%。

　　近年来由于酸沉降的危害加重和生理酸性肥料的大量施用，我国亚热带地区农田土壤酸化呈加速发展的趋势，就连以弱酸性土壤分布为主的北亚热带地区也存在土壤加速酸化的现象。据最近的调查，亚热带地区 301 个红黄壤采样点土壤平均 pH 值由 20 世纪 80 年代的 5.37（4.40~6.60）下降至近期的 5.14（粮食作物，4.17~6.52）和 5.07（经济作物，3.93~6.44）。土壤 pH 值分别下降 0.23 和 0.30（Guo et al.，2010）。对太湖流域的调查发现，近 20 年来研究区域内占总面积 85% 左右的土壤发生酸化，土壤 pH 值的平均降幅达 0.56。对安徽广德的调查发现，该县土壤平均 pH 值由第二次土壤普查时的 5.27 下降至 2006 年的 4.97，20 年间下降了 0.3。pH<5.0 的土壤面积显著增加，由第二次土壤普查时的 314.8 km^2 增加到 2006 年的 1335.8 km^2，增加了 3.24 倍（李贤胜等，2008）。吴甫成等（2005）比较了 1981 年、1993 年和 2001 年湖南衡山土壤酸度的变化，发现土壤 pH 值逐年下降，而土壤交换性酸逐年增加（表 6-2），20 年间土壤 pH 值最大降幅达 1。酸沉降是导至衡山土壤加速酸化的主要原因。

表 6-2　衡山土壤酸度随时间的变化

土　壤	海拔/m	深度/cm	土壤 pH 值			土壤交换性酸/(cmol·kg^{-1})		
			1981	1993	2001	1981	1993	2001
山地黄棕壤	1260	3~20	5.02	4.83	4.02	4.73	6.19	8.63
		20~37	4.89	4.81	4.43	5.40	6.40	6.53
山地草甸土	1080	8~20	5.52	5.16	5.08	3.96	4.40	4.58
		20~45	5.49	5.14	5.16	2.38	2.91	3.25
黄壤	880	6~30	5.26	5.06	4.65	3.61	4.23	6.69
		30~55	5.04	5.01	4.75	5.09	5.20	5.79
红壤	320	3~19	5.57	4.81	4.44	1.85	2.54	6.30
		19~50	5.05	5.85	4.50	3.92	5.60	6.00

注：引自吴甫成等，2005。

6.1.2　土壤酸化过程的形成和实质

在热带亚热带高温多雨的气候条件下，土壤矿物质高度风化和物质强烈淋溶，土壤酸缓冲体系能力显著下降，导致土壤中硅和盐基离子大量淋失而铁铝氧化物富集，形成了酸瘠土壤。因此，土壤的自然酸化过程，即盐基离子淋失，使土壤交换性阳离子变成以 Al^{3+}、H^+ 为主的过程，是土壤风化成土过程的重要方面。在自然条件下，土壤酸化是一个非常缓慢的过程，土壤 pH 值需要经历数十年甚至数百年才会出现明显降低。

6.1.2.1　盐基的淋溶

盐基（K^+、Na^+、Ca^{2+} 和 Mg^{2+}）淋失是土壤形成过程中的一个较为普遍的过程，在降水量超过蒸发量的情况下，土壤中铝硅酸盐矿物风化过程释放出的盐基离子将随土壤溶液从土体流失。在热带、亚热带高温多雨的自然背景中，盐基淋失是富铁铝化的先行步骤，且随着富铁铝化的发展而增强，直至彻底淋失（陈志诚，1990）。热带富铁铝化土壤的形成过程实际上是一个典型的土壤自然酸化过程，它包括矿物的分解和合成、盐基的释放和淋失、部分二氧化硅的释放和淋溶以及铁、铝氧化物的释放和富集等，最后形成低 pH 值、低盐基含量和饱和度、高氧化铁含量的土壤。土壤中的盐基元素通常以可溶态、交换态与矿物结合态存在，因此，盐基淋失的化学过程是与溶解、交换及水解作用相联系的（Huang et al.，2012）。

土壤中与矿物结合的盐基主要存在于原生的含铝和不含铝的硅酸盐及次生 2：1 型铝硅酸盐矿物中，由于矿物的水解使盐基不断释放进入土壤溶液中。以蒙脱石为例：

$$2MgAl_7Si_{16}O_{40}(OH)_8 \cdot Na + 45H_2O \longrightarrow 2Mg^{2+} + 2Na^+ + 6OH^- + 18Si(OH)_4 + \\ 7Al_2Si_2(OH)_4(高岭石) \tag{1}$$

一般说来，在风化的初始阶段，由于硅酸盐矿物的水解而引起的 K^+、Mg^{2+} 的释放和淋失比 Ca^{2+}、Na^+ 缓慢，这与含 K^+、Mg^{2+} 矿物的抗风化稳定性较强并参与次生 2：1 型黏土矿物的合成有关。但随着富铁铝化的发展，在 H^+ 存在的条件下，硅铝酸盐矿物的水解作用显著增强，其中的 K^+、Mg^{2+} 也继 Ca^{2+}、Na^+ 之后被释放而受到淋失。在土壤酸化的发展过程中，硅铝酸盐矿物的水解与 H^+ 增加是相互促进的过程，最后的结果是土壤可风化矿物的逐渐减少，土壤胶体表面的 H^+ 增加，使土壤酸化逐步加强。

随着淋溶作用的增强，风化溶液中盐基的浓度下降，而且由于铝硅酸盐矿物风化产物释放出的 Al^{3+} 与 $Si(OH)_4$ 合成高岭石，或者经水解而形成三水铝石，产生 H^+。

$$Al^{3+} + Si(OH)_4 + 1/2H_2O \rightleftharpoons 3H^+ + 1/2Al_2Si_2O_5(OH)_4 \tag{2}$$

$$Al^{3+} + 3H_2O \rightleftharpoons 3H^+ + Al(OH)_3 \tag{3}$$

土壤溶液中 H^+ 的增加势必导致土壤胶体上交换性盐基的置换和释放。一般认为，阳离子带的电荷多，土壤胶体对它的吸附力越强；在电荷数相同的情况下，离子的水合半径越小，即电荷密度越大，土壤胶体的吸附力也越大。K^+、Na^+、Ca^{2+} 和 Mg^{2+} 的水合半径分别为 115 nm、21.5 nm、30 nm 和 40 nm，H^+ 由氢键的电化学特殊性，其行为接近于二价或三价的阳离子。因此，这些被土壤胶体吸附的离子被置换的相对顺序为：Na^+ >

$K^+ > Mg^{2+} > Ca^{2+} > H^+ > Al^{3+}$（Bohn *et al.*，1979）。

随着土壤淋溶和富铁铝化的发展，土壤将形成以 1∶1 型高岭石占优势的黏粒矿物，这类矿物吸附阳离子的数量和强度都比较低。同时，由于风化时释放的铝以羟基铝离子或铝离子的形态存在，对交换性盐基产生强烈的置换作用。在极度风化的土壤中，土壤负电荷数量减少以至没有明显的永久负电荷，导致土壤几乎不能吸附交换性阳离子，使它们的淋失达到最大的程度（于天仁等，1983）。

土壤自然酸化的另一个重要地理区域是湿润的温带和北温带地区。在这些地区的灌丛和针、阔叶森林植被条件下，普遍发育着灰化土壤。其土壤酸化的原因在于森林凋落物分解产物中含有以富啡酸为主的有机酸（Duchaufour，1982），它们与硅酸盐相互作用，生成的配合物被水淋洗，并聚集在下部的淀积层中。由于有机酸可加快矿物分解和盐基淋失过程，加之配位过程的活化作用，促使灰化土 pH 值通常 <5.5，而灰化层的 pH 值则更低。灰化土的盐基饱和度也很低，但铝的迁移能力大幅增加，所以灰化土是典型的酸性土壤。

6.1.2.2　铝的活化

土壤酸化过程除了盐基淋失以外，重要的变化发生在铝的活化，实际上这两个过程是相互联系的，因为在盐基活化和淋失的同时铝的活化也已经开始。土壤中的铝主要包括原生和次生矿物铝、无定形铝、黏土矿物的层间结合铝、无机和有机胶体吸附的可交换铝，以及土壤溶液中自由和配合态铝（王维君等，1992）。这些不同形态的铝在土壤固—液界面和土壤溶液中可以互相转化。

土壤中铝的活化过程的解释大致有 3 种，即矿物的溶解—沉淀理论、有机质吸附理论和溶解有机碳的配位溶解理论。但是铝的活化过程受到土壤性质和类型、植被种类、气候和水文条件等多方面的影响。因此，没有哪一种模式可以成功地运用于所有土壤的铝迁移活化过程的解释，不同的土壤类型常常以某一种机制为主导过程。

（1）矿物的溶解—沉淀理论

该理论主要以不同氢离子活度条件下，各种矿物的溶解平衡来预测土壤溶液中铝离子的活度。如上所述，土壤包含多种含铝原生和次生矿物，其中三水铝石的溶解—沉淀平衡对铝活度最具影响。

$$Al(OH)_3 + 3H^+ \rightleftharpoons A^{3+} + 3H_2O \tag{4}$$

$$\lg\{Al^{3+}\} = \lg K_{sp} - 3pH \tag{6-1}$$

式中　K_{sp}——三水铝石的溶度积常数，但该常数与矿物的结晶形态密切相关，常常差别很大，可以变化于 $10^{-8} \sim 10^{-11}$。

Reuss 等（1990）建立了一个修正公式来描述 Al 活度与 pH 值的关系：

$$\lg\{Al^{3+}\} = \lg K_o - \alpha pH \tag{6-2}$$

式中　K_o，α——经验常数。

如果控制 Al 活度的是其他矿物，则这种关系也会随之变化。例如，在有些情况下，铝的硫酸盐矿物（如斜铝矿）决定着溶液中 Al 的活度（Alva *et al.*，1991）：

$$AlSO_4OH(s) + H^+ \rightleftharpoons Al^{3+} + SO_4^{2-} + H_2O \tag{5}$$

$$\lg\{Al^{3+}\} = \lg K_{ju} - \lg\{SO_4^{2+}\} - pH \tag{6-3}$$

式中　K_{ju}——斜铝矿的溶度积常数（$10^{-3.4}$）。

（2）有机质吸附理论

土壤有机质包含大量对铝具有很强吸附能力的羧基、羟基和酚羟基，通过与H^+的交换可以释放出铝。研究认为，有机质吸附态铝（SOM-Al）的离子交换平衡也是影响土壤溶液中铝活度的重要因素，这种离子交换作用主要受溶液 pH 值和 SOM-Al 中的 Al 饱和度以及盐基离子种类和浓度的影响。酸化条件下有机质吸附 Al 的交换反应过程和相互关系可用如下方程和公式描述（Guo et al. , 2006；Larssen et al. , 1999）：

H^+与有机吸附态 Al 的交换反应为

$$RAl^{(3-x)}(s) + xH^+ \Longleftrightarrow RH_x(s) + Al^{3+} \tag{6}$$

则有

$$\{Al^{3+}\}/\{H^+\}^x = K_1 RAl^{(3-x)+}/RH_x \tag{6-4}$$

假设

$$RAl^{(3-x)}/RH_x = K_2\{Al_{org}\}/C \tag{6-5}$$

则有

$$\{Al^{3+}\}/\{H^+\}^x = K_1 K_2 Al^{(3-x)+}\{Al_{org}\}/C \tag{6-6}$$

令

$$Y = \{Al^{3+}\}C/\{Al_{org}\} = K^*\{H^+\}^x \quad (K^* = K_1 K_2) \tag{6-7}$$

则

$$pY = p(\{Al^{3+}\}C/\{Al_{org}\}) \tag{6-8}$$

$$pY = pK^* + x\,pH \tag{6-9}$$

式中　K_1——交换反应的平衡常数；

K_2——系数；

K^*——K_1 与 K_2 的复合常数；

$RAl^{(3-x)+}$——铝的活度；

RH_x——土壤有机质结合的质子；

Al_{org}——可提取的有机结合态铝；

C——土壤有机碳含量。

（3）溶解有机碳的配位—溶解理论

除了无机矿物溶解和有机质解吸造成 Al 的活化以外，也有研究表明有机质的配位—溶解过程也是促进土壤 Al 活化的可能原因（Vogt and Taugbol，1994；徐仁扣，1998）。土壤溶液中的溶解有机碳（dissolved organic carbon，DOC）一般是相对分子质量低的有机酸，它们能以配位反应的方式与 Al 结合，从而导致 Al 从其他结合态中游离出来。研究表明，DOC 含量与有机铝含量呈明显的正相关关系，但是 Al 的配位过程还取决于有机酸的种类、强度、电离度、pH 值和离子强度等其他因素（Zhu et al. , 1994）。外源质子在土壤中的反应是与土壤的缓冲机制相联系的。H^+首先作用的对象是土壤中的碳酸盐，其次是交换性阳离子，随后才是 Al 体系和 Fe 体系（Prenzel，1985）。

6.1.3 土壤酸化的危害

6.1.3.1 酸化改变土壤表面化学性质，降低土壤肥力

土壤酸化除了导致 Ca^{2+}、Mg^{2+}、K^+ 等营养性盐基阳离子大量淋失外，随着土壤酸化的进行，土壤 pH 值降低，土壤的阳离子交换量也会下降，这样土壤对盐基阳离子的吸持能力减弱。早期研究认为土壤酸化导致土壤阳离子交换量下降的原因是可溶性铝水解形成的羟基铝对土壤表面负电荷位的物理覆盖所致（Ulrich，1991）。近期有学者对酸化茶园土壤的研究结果表明，土壤酸化导致土壤中蛭石结构的层间羟基铝发生溶解，并加速蛭石的化学风化作用。土壤酸化过程中 2∶1 型黏土矿物（蛭石）的分解和 1∶1 型黏土矿物（高岭石）的形成是土壤阳离子交换量降低的主要原因（Alekseeva *et al.*，2010）。Nakao 等（2009）在灰化土的酸化过程中也观察到类似的现象。

土壤酸化导致土壤中可溶性铝的增加，铝离子又与盐基阳离子竞争土壤表面的吸附位，加速盐基阳离子的淋失。这是因为阳离子价态越高，与负电荷表面之间的静电作用力越强，阳离子的吸附能力越强。不同价态阳离子与表面作用力的大小顺序为：3 价>2 价>1 价。因此，随着土壤 pH 值的降低和大量铝的溶出，铝离子与盐基阳离子竞争土壤表面阳离子交换位的作用增强，盐基阳离子的淋失加速。

红壤属可变电荷土壤，土壤酸化改变了红壤类土壤的表面电荷性质。随着 pH 值的降低，红壤所带的表面正电荷数量增加，净负电荷数量减少，对阳离子的吸附能力减弱，但对阴离子的吸附作用增强，所以红壤酸化后对磷的固定作用增强，导致土壤中磷的有效性降低。Mo 是土壤中的一种微量元素，通常以钼酸根阴离子形态存在，土壤酸化也使其对钼酸根的吸附能力增强，Mo 的有效性降低，其机理与 P 相似。

由于土壤酸化导致土壤的化学性质发生变化，土壤对阳离子形态养分的保持能力下降，对阴离子养分的固定增加，因此土壤酸化一般与土壤肥力退化同时发生。

6.1.3.2 酸化导致 H^+、Al 和 Mn 对植物的毒害

土壤酸化使土壤中 H^+、Al 和 Mn 等毒性元素浓度增加、活动性增强，从而影响植物的正常生长。土壤溶液中过量的 H^+ 会影响根膜的渗透性，破坏根膜上的离子选择性载体，H^+ 还与别的离子争夺吸附位，干扰其他离子在根表面的传输。但与 Al 的毒性相比，H^+ 的毒性较小。

铝是地壳中最丰富的金属元素，也是组成土壤无机矿物的主要元素。通常情况下，土壤铝主要以无毒的氧化铝和铝硅酸盐形态存在。但在酸性条件下，尤其当 pH 值低于5.5 时，铝会从固相释出进入土壤溶液。进入土壤溶液中的铝离子很容易发生水解反应，形成羟基铝。另外，溶液的铝离子还容易与自然界中存在的某些无机和有机阴离子形成络合物。因此，土壤溶液中的铝离子可以以 Al^{3+}、羟基铝、Al-F 络合物、$Al-SO_4$ 络合物及 Al-有机络合物等形态存在。另外，铝的单核水解产物可以进一步聚合成多核聚合物。铝的毒性很强，在几分钟或几小时内，微摩尔浓度的铝，便可抑制大多数植物根系生长，继而影响 Ca、Mg、Zn、Mn 等养分和水分的吸收，导致生长不良，产量下降。因

此，铝毒害被认为是酸性土壤上植物生长的主要限制因素之一。

不同形态铝对植物的毒性差别很大，一般认为 Al^{3+} 和羟基铝毒性较大。当 Al^{3+} 与有机和无机配体形成络合物后，铝对植物的毒性大幅减小，甚至无毒。比如铝与低相对分子质量有机酸形成络合物后，铝的毒性减小。因此，当受铝胁迫时，某些植物会通过根系释放有机酸以解除铝对其的毒害。植物根系分泌有机酸是植物耐铝毒的重要机制。有机酸对铝的解毒能力与它们对 Al 的络能力有关，柠檬酸、草酸和酒石酸的解铝毒能力最强，苹果酸、丙二酸和水杨酸次之，琥珀酸、乳酸、甲酸和乙酸最弱（Hue et al.，1986），这一顺序与这些有机酸与铝形成络合物的稳定常数大小一致，说明有机酸与铝的络合能力越强，有酸解铝毒能力越强。

过去研究铝对植物的毒害与铝的化学形态关系大多采用水培实验进行，水培条件与实际的土壤环境存在很大差异，因为在实际的土壤中，往往是多种影响因素混合在一起，很难将某一因素与其他因素区分开来。在实际的土壤条下，如何定性或半定量地判断土壤中铝大概达到什么样的浓度，就会对植物产生毒害呢？目前这方面的资料还很少见。澳大利亚科学家提出了一种经验性的方法，他们先用 $0.01\ mol \cdot L^{-1}$ 的 $CaCl_2$ 按 $1:5$ 土液比提取土壤中的可溶性铝，然后按植物对铝的敏感程度不同，划定相应的临界铝毒浓度范围，见表6-3。根据这一临界浓度范围及土壤可溶性铝的数量可以初步判断酸性土壤中铝对某一具体植物的可能毒性。铝对植物的毒害程度因植物品种和耐铝能力而异，有些植物可以在强酸性土壤上正常生长，具备耐铝毒机制。常见的耐铝毒植物有茶树、水稻、荞麦、黑麦等，对铝相对比较敏感的有大麦、小麦等。

表6-3　植物铝中毒临界浓度（在 $1:5$ 土液比的 $0.01\ mol \cdot L^{-1}\ CaCl_2$ 中测定）

植物种类	临界铝浓度/$(mg \cdot kg^{-1})$	植物种类	临界铝浓度/$(mg \cdot kg^{-1})$
对铝高度敏感的植物	0.5~2.0	对铝不敏感的植物	4.0~8.0
对铝敏感的植物	2.0~4.0	对铝高度不敏感的植物	8.0~13.5

注：引自 Fenton et al.，1996。

铝对植物毒害作用最初和最明显的特征是抑制植物根系伸长。因此，人们常以根长为指标确定植物受铝毒害和耐铝的程度。铝毒害有短期反应（铝处理几分钟甚至几秒即可发生的毒害）和长期反应（铝处理几小时，几天甚至更长时间后产生的毒害）。短期反应，植物整体上无明显影响，但根毛伸长受抑制；长期反应则表现出主根伸长严重受抑制，根尖细胞伸长和细胞分裂受抑，根粗短，褐色，分枝减少，根尖膨大，根冠/表皮脱落。地上部分铝毒害症状与缺磷、缺钙和缺铁症状类似，主要表现在植株矮小，晚熟；茎、叶和叶脉变紫；叶片小、深绿，叶尖黄化和死亡；幼叶卷曲，生长点坏死。

锰通过原生矿物的风化作用释放出来，并与 O_2、CO_3^{2-} 和 SiO_2 发生化学反应，形成 MnO_2、Mn_3O_4、$MnOOH$、$MnCO_3$ 和 $MnSiO_3$ 等次生矿物。在酸性条件（pH<5.5）下和合适的还原剂存在时，这些次生含锰矿物发生还原和溶解作用，使土壤溶液中 Mn^{2+} 浓度增加，土壤中大量 Mn^{2+} 的积累导致植物遭受锰的毒害。过量 Mn^{2+} 主要通过破坏植物体内几种氧化酶降低 ATP 含量和呼吸速率，从而影响植物生长，并可使植物叶片输导组织坏死，蛋白质合成受阻，其中叶绿体蛋白的合成受阻尤为显著，使叶片叶绿素含量减少，

叶色褪淡,光合作用受阻。因此,锰过量引起植株中毒的症状一般表现为老叶边缘和叶尖出现许多焦枯褐色的小斑,并逐渐扩大。此外,过量锰还可能导致植物体内的激素平衡遭到破坏而加速植株衰老。酸性土壤中 Mn^{2+} 的毒害与土壤中 Mn 的总量、pH 值及氧化还原条件等有关。由于不同土壤中氧化锰含量差别很大,Mn 毒害问题只是在某些酸性土壤中存在,与铝毒相比,它是次要的。

6.1.3.3　酸化增强土壤中重金属的生物有效性

土壤酸化使土壤中重金属的活动性增强,植物有效性增加。这主要有两个方面的原因:一是土壤 pH 值降低使重金属的溶解度增加;二是土壤 pH 值降低使土壤对重金属离子的吸附量减小。pH 值对重金属吸附的影响也有两种机制:一种机制是随着 pH 值的增加可变电荷土壤的表面负电荷增加,对重金属的吸附量增加;另一种机制是随着 pH 值的增加,重金属离子的水解作用增强,土壤表面对水解反应形成的金属—羟基离子的吸附亲和力比对游离金属离子的大,因此重金属离子的吸附量随水解作用的增强而增加。土壤酸化使重金属活性增加,并导致其对植物的毒性提高,导致作物减产,而且作物可食部分重金属含量的增加使农产品品质下降并危害人类健康。

6.1.3.4　酸化影响土壤生物群落结构和功能

土壤的不断酸化显著改变土壤中的生物群落结构及其功能,包括植物、动物和微生物。虽然在酸性土壤环境中亚热带湿润森林系统拥有最大物种丰富度,但是亚热带湿润阔叶林系统对土壤酸化非常敏感。长期氮沉降导致的草原酸化显著降低了草原植物物种丰度。一些森林生态系统植物绝亡和土壤退化与土壤严重酸化有关。对长白山土壤不同海拔梯度下裸足肉虫的群落分布特征分析发现,土壤 pH 值与裸足肉虫的丰富度和多样性呈极显著的正相关,表明土壤 pH 值对土壤动物有显著影响。连续 5 年施用氮肥后,内蒙古典型草原土壤酸化降低了草原微生物碳氮和微生物活性,也改变了土壤碳代谢微生物群落结构多样性。真菌一般对土壤酸化不太敏感,而细菌对土壤酸化非常敏感。不同的氨氧化微生物对土壤酸化响应也不一样。氨氧化细菌比氨氧化古菌对土壤酸化响应更加敏感。因此,土壤酸化对植物、动物和微生物群落结构和生物多样性有着重要影响。

6.2　土壤酸化的成因

土壤在自然条件下的酸化速率一般较为缓慢,但当受到人为活动影响时,其酸化速率会显著增加。加速土壤酸化的人为因素主要有酸沉降、化学肥料施用等农业措施、矿山开采和金属冶炼酸性废水的排放等。

6.2.1　自然土壤发生过程

即使在没有人为干扰的情况下大气降水一般呈酸性,酸和潜在酸进入土壤中后产生一系列的质子反应(质子消耗过程)。图 6-1 表示了土壤体系内质子收支平衡关系。土壤

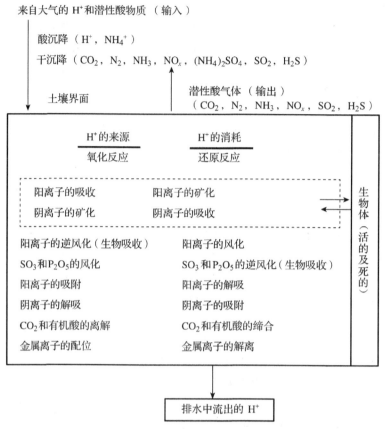

图 6-1 土壤中质子的输入和输出关系

（引自 van Breemen *et al.*，1983）

中的氧化还原反应通常都涉及质子的转移，因此，也是影响土壤酸度的重要机制。自然酸化条件下质子的来源主要是大气干湿沉降和土壤中有机质物质转化形成的有机酸。

　　土壤发生中的酸化作用，如红壤化过程和砖红壤化过程（统称富铁铝化过程）、灰化过程都是典型的自然酸化过程，它们都涉及矿物的分解、盐基离子的淋失和土壤中活性铝的富集，但最初的动力并不一样。驱动灰化过程的因素主要是有机酸对矿物的分解和对铁、铝的配位反应引起的移动，而决定富铁铝化过程的主要因子是有利于矿物分解和盐基淋失的高温多雨自然条件。

　　酸性硫酸盐土的形成是土壤酸化的另一种情形。这种含硫土壤的形成分为两个阶段，第一阶段是硫酸盐的还原，当土壤处于淹水还原条件时，硫酸盐还原形成的大部分硫化物以 FeS_2 的形态被固定于土壤中。当具备好气条件时，FeS_2 氧化，使土壤的酸中和容量（acid-neutralizing capacity，ANC）永久性地减少，所产生的质子量可以比任何其他土壤中的质子总量高 100 倍，以至土壤极度酸化（于天仁，1990）。在随后的淋溶过程中就可能排出大量强酸性的渗漏或径流水，使周围水体遭受严重的影响。酸性硫酸盐土中的主导反应可以表示为：

$$FeS_2 + 3.5O_2 + H_2O \longrightarrow Fe^{2+} + 2SO_4^{2-} + 2H^+ \tag{7}$$

即使在没有硫参与的情况下，亚铁离子的氧化也是一个酸化的过程：

$$2Fe^{2+} + 1/2O_2 + 5H_2O \longrightarrow 2Fe(OH)_3 + 4H^+ \qquad (8)$$

这一过程也是淹水土壤，如水耕人为土，在淹水还原后排干过程中发生的一个典型过程，这也是 Brinkman(1970) 提出的铁解过程(ferrolysis)中的一个关键反应：在还原条件下，土壤中形成的交换性亚铁使一部分交换性盐基金属离子被置换，并以重碳酸盐的形态随水分淋失，致使土壤的酸中和容量(ANC)减少；当土壤变为好气条件时，交换性亚铁被氧化、土壤胶体的一部分交换点被 H^+ 占据，从而降低 pH 值。土壤经过这样的反复循环以后，可以变成酸性土壤。

6.2.2 生物地球化学平衡的失调

当土壤中的质子收支不平衡时，土壤 pH 值必然发生变化。质子增加时土壤酸度增加，pH 值下降。所以，在生物地球化学循环过程中，元素的迁移过程往往导致土壤酸化的发生。

元素吸收或释放的不平衡，可以导致土壤的酸化。当植物吸收 NH_4^+ 等阳离子，为了保持电中性，根系会分泌出等当量的 H^+ 从而使根际土壤酸化。这种机制的影响有时十分强烈，可使根际 pH 值下降 2~4 个单位，相应地，$0.01\ mol \cdot L^{-1}\ CaCl_2$ 提取的可溶性 Al 从 0 增加到 $0.023\ mmol \cdot L^{-1}$，大于 Al 的毒害水平($0.01 \sim 0.002\ mmol \cdot L^{-1}$)(Gahoonia, 1983)。除了分泌 H^+ 以外，根系在缺磷等逆境条件下会分泌出柠檬酸、草酸、酒石酸和苹果酸等有机酸，它们大部分被土壤所吸附，或与固相铝作用，少部分与根内自由空间中的 Al 迅速反应形成有机结合态 Al。

作物在选择性地吸收 K^+、Ca^{2+} 和 Mg^{2+} 等交换性盐基阳离子(养分)时，会同样产生上述生理机制，一方面分泌 H^+，另一方面使土壤中 Al 相对富集，从而导致酸化作用的产生。实际上，这些作物如茶叶、橡胶和桑叶等，在收获部分被移出土壤—生物系统以外时，被移走部分的(Ca+Mg+K+Na)/Al 的比例要高于土壤，这意味着土壤胶体表面的吸附态盐基离子被更多地移除，从而被 H^+ 或 Al^{3+} 所替代，产生酸化效应。我国茶园土壤酸化非常严重，75%的茶园土壤 pH 值低于 4.5，已经成为限制我国茶叶生产发展的主要障碍因素(马力锋等，2000)。研究同样发现桑园土壤存在明显的酸化现象，土壤 pH 值普遍低于 5.0(周奇速等，1999)。张华等(2003)在海南对几种不同利用方式下土壤性质变化的研究表明，橡胶种植条件下，土壤出现明显的酸化。与荒地相比，幼年橡胶和成年橡胶地土壤 pH 值下降约 0.6 个单位，交换性 Al 大约是咖啡园的 2 倍，总交换性酸也大为增加。

6.2.3 加速土壤酸化的主要原因

据调查，过去 20 年间，中国农田生态系统、森林生态系统和草原生态系统土壤 pH 值质分别下降了 0.42、0.37 和 0.62 单位。在各种人为因素中，氮肥的过量施用被认为是农田生态系统土壤酸化加速的主要诱因。酸沉降，主要是氮、硫沉降，被认为是森林和草原生态系统土壤酸化加速的主要原因。另外，一些植物种类如豆科植物和山茶科植物会引起土壤酸化；高强度种植模式下作物收获带走了大量盐基，也会导致土壤酸化。

6.2.3.1 酸雨和酸沉降

大气中 CO_2 与雨水中 HCO_3^- 存在如下平衡关系：

$$CO_2 + H_2O \Longleftrightarrow H_2CO_3 \tag{9}$$

$$H_2CO_3 \Longleftrightarrow H^+ + HCO_3^- \tag{10}$$

根据 CO_2 在大气中分压计算，通常雨水的 pH 值在 5.6 左右。当大气受 SO_2 和 NO_x 等酸性气体污染时，雨水 pH 值就会下降，形成酸雨，所以酸雨指 pH 值低于 5.6 的降雨。进入大气的 SO_2，一部分经过一系列化学或光化学反应转化为 SO_3，再与雨水反应形成硫酸，方程式如下：

$$SO_2 + O_2 + h\gamma \longrightarrow SO_3 \tag{11}$$

$$SO_3 + H_2O \longrightarrow H_2SO_4 \tag{12}$$

我国的酸雨区主要分布在长江沿线及其以南的广大热带和亚热带地区，我国的酸性土壤也主要分布在这一地区，因此我国酸雨区和酸性土壤分布地区重叠，酸沉降是加速我国南方红壤酸化的重要原因。但最近的研究表明，与化肥的作用相比，酸沉降对农田土壤酸化的影响很小（Guo *et al.*，2010）。酸沉降对森林土壤酸化有明显的加速作用，土壤酸化是导致南方部分地区森林退化的主要原因。

正如上面所讨论，当土壤 pH 值较高时，来自酸雨和酸沉降中的 H^+ 将与土壤中易风化的硅酸盐矿物反应，从矿物晶格中释放碱金属和碱土金属离子并消耗 H^+，同时形成难风化的矿物。土壤中的原生矿物主要有石灰石、橄榄石、云母、长石和石英等，除石英外其他原生矿物均较易发生化学风化。由于红壤长期处于高温多雨的环境中，所遭受的化学风化作用强烈，因此土壤中除石英外，基本不含其他原生矿物。中亚热带地区红壤的黏土矿物组成以高岭石为主，并含有一定量的蛭石和水云母等 2∶1 型次生黏土矿物，这些矿物的风化难易程度介于原生矿物和高岭石之间。土壤黏土矿物风化按下列顺序递减：水云母>蛭石>蒙脱石>绿泥石>高岭石和埃洛石>山水铝石。当有外源酸加入时，水云母、蛭石和蒙脱石等 2∶1 型次生黏土矿物发生风化，并消耗 H^+。随着外源酸的不断加入和 2∶1 型黏土矿物含量的减少，土壤 pH 值将进一步下降。华南地区的红壤，由于土壤形成过程中所受到的风化淋溶作用更为强烈，土壤黏土矿物以高岭石为主，仅含有少量水云母和蛭石等 2∶1 型黏土矿物，因此这一地区土壤对酸沉降的缓冲能力很弱。

当土壤 pH 值低于 5.0 时，土壤主要通过阳离子交换反应缓冲外源酸。土壤矿物风化是一个相对较缓慢的过程，但离子交换反应的速率要快得多。酸雨和酸沉进入土壤后，H^+ 与土壤交换位上的盐基阳离子发生离子交换反应，将部分盐基阳离子释放到土壤溶液中，这些盐基阳离子很容易因地表径流和淋溶作用而淋失。随酸雨进入土壤的大量阴离子如 SO_4^{2-} 和 NO_3^- 等也加速了盐基阳离子的淋失，因为酸雨中的 H^+ 与土壤反应留在土壤阳离子交换位上，盐基阳离子作为陪伴离子随阴离子淋失，以保持溶液的电荷平衡。红壤属于可变电荷土壤，由于含一定量的铁、铝氧化物，对硫酸根有一定的吸附能力，在我国西南地区的定位观察结果表明，由酸沉降输入森林土壤中的硫有 30%~40% 是由于土壤的吸附作用留在土壤中，其余 60%~70% 随地表径流进入地表水中，硫酸根是地表水中的主要阴离子，多数情况下其浓度超过地表水中无机阴离子总浓度的95%（Larssen et al.，1998）。红壤对硫酸根的吸附涉及专性吸附和静电吸附两种制，专性吸附过程中，硫酸根与土壤表面的羟基发生配位体交换反应，将羟基释放到土壤溶液中，这一过程能中和酸雨中的部分酸，减小酸雨对红壤酸化的加速作用（Wang and Yu，1996；Xu and Ji，2001）。研究表明，对含较多有机质的土壤，以硫酸为主要成分的酸雨对红壤酸化的加速作用可比以硝酸为主的酸雨低20%~40%；对于含有机质很少的砖红壤，降幅可达50%（Wang and Yu，1996）。因此，我国热带和亚热带地区的可变电荷土壤对硫酸根的吸附及其导致的羟基释放对缓冲酸雨造成的土壤加速酸化起到积极作用。

随着酸雨的不断加入，土壤表面交换性 H^+ 含量不断增加，土壤交换性 H^+ 不稳定，会自发地与矿物晶格中的 Al^{3+} 发生转化反应，并将铝离子释放到土壤表面的阳离子交换位上，因此随着土壤不断酸化，土壤交换性铝含量显著增加。我国酸雨中 NH_4^+ 含量很高，主要由于农田和大型养殖厂挥发出 NH_3 对酸雨酸的中和所致。这一反应使酸雨的酸度有所下降，但当 NH_4^+ 进入土壤后，它会过硝化反应转化为 NO_3^- 并产生 H^+，提高土壤的酸度。因此，酸雨中的 NH_4^+ 是种潜性酸。酸雨中的 Ca^{2+} 可以增加土壤中钙的含量，对减缓酸化有益。

6.2.3.2 农业措施对土壤酸化的影响

（1）铵态氮肥对红壤酸化的加速作用

某些土壤管理措施也是加速土壤酸化的一个重要原因。以农田施肥为例，长期施用氮肥，特别是铵态氮肥的过量施用是农田土壤加速酸化的重要原因。铵态氮肥主要通过硝化和淋溶作用来加速土壤酸化。硝化反应的方程式如下：

$$NH_4^+ + 2O_2 \longrightarrow 2H^+ + NO_3^- + H_2O \tag{13}$$

从这个方程可以看出 1 mol NH_4^+ 氧化成 NO_3^- 产生 2 mol H^+。上述反应即是图6-1中指出的产生 H^+ 的氧化反应。如果硝化反产物 NO_3^- 完全被作物吸收，由于作物吸附 1 mol NO_3^- 会释放 1 mol OH^-，中和了一半的 H^+，还有一半的 H^+ 贡献于土壤酸化。但是，如果硝化产物 NO_3^- 通过淋溶作用而损失掉，那么 2 mol H^+ 全部贡献于土壤酸化。因为通气良好的条件有利于铵的氧化，且砂质土壤易发生淋溶作用。所以通气良好的砂质土壤中，NH_4^+ 的硝化及随后 NO_3^- 的淋失对土壤酸化影响最大。

研究表明，波兰华沙肥料长期试验地30年连续施用硝酸铵的土壤，其 pH 值下降1~2个单位，土壤交换性 Al 增加6倍（Porebska et al.，1994）；连续14年施用硫酸铵（22 kg·hm^{-2}）的土壤，其 pH 值下降至3.53。在波兰卢布林的酸性湿润锥形土中，长期施肥造成表层土壤活性铝提高了16%~31%，而底层土壤（40~60 cm）的活性铝基本不受施肥的影响。林地在转变成农田后，仅种植10年冬小麦就使土壤活性铝含量比未开发的森林黑土提高30%~97%。Barak 等（1997）在美国威斯康星州的研究表明，施用氮肥引起土壤酸化作用较酸沉降的影响大25倍，因为肥料施用产生的单位面积酸性物质的量远比单位面积的酸沉降量大。施肥引起的土壤酸化程度随氮肥品种而异，大体上酸化能力为：硫酸铵>尿素>硝态氮肥。

近期的调查发现，近30年来我国农田土壤发生明显酸化，高强度农业利用条件下铵态氮肥的大量施用是加速我国农田土壤酸化的主要原因。据估计我国氮肥施用对农田土壤酸化贡献的 H^+ 为 20～33 kmol·hm^{-2}·a^{-1}，远高于酸沉降对农田土壤酸化的贡献（Guo et al., 2010）。湖南祁阳始于 1990 年的红壤长期施肥试验结果表明，14 年后 N、N+P、N+K 和 N+P+K 4 种处理土壤 pH 值分别从初始的 5.4、5.5、5.7 和 5.4 下降至 3.9、4.4、4.0 和 4.4，而不施肥的对照和仅施 P 和 K 处理，土壤 pH 值仅下降 0.1 和 0.4（Zhang et al., 2008）。

土壤中铵态氮的硝化反应是微生物参与的生物化学过程。土壤酸碱度是影响硝化反应的主要因素之一。早期研究认为，pH<5 的土壤缺少硝化能力，因为自养硝化菌适宜生长的 pH 值范围为 6.6～8.0 或更高，所以在酸性环境中，自养硝化菌很少或不存在。即使有，也是某些适应性菌株。然而，20 世纪 80 年代以来的研究逐渐表明，硝化作用实际发生的土壤 pH 值范围很宽，在 pH 3.0 的茶园土壤中仍可以进行硝化作用。用采自灌木林下发育于花岗岩的红壤和采自森林植被下发育于第四纪红黏土的红壤进行 35 d 的培养实验，在不添加外源铵态氮的情况下，前者由于土壤中的硝化反应导致土壤 pH 值由培养开始时的 5.29 降至 3.77，后者由培养实验初期的 4.38 降至 4.07（Zhao et al., 2007）。

（2）植物对土壤酸化的影响

1）豆科植物

豆科植物会加速土壤酸化。20 世纪 50 年代以后，豆科牧草的大量种植导致澳大利亚全国范围内发生土壤酸化，并对农牧业和生态环境产生不良影（Cregan and Scott, 1998）。豆科植物对土壤酸化作用涉及两方面的机制：一是豆科植物根系释放质子，酸化土壤。当没有外源氮供应时，豆科植物可通过自身固氮获得氮素营养，这时植物根系对阴离子的吸收量减少，会导致根系对阴、阳离子的吸收不平衡。当植物根系吸收的阳离子数量多于阴离子时，为保持植物体内的电荷平衡，根系会主动释放质子。小麦—蚕豆轮作处理的土壤 pH 值低于小麦—小麦轮作处理（Xu et al., 2002）是这方面的一个例证。二是豆科植物通过生物固氮增加土壤有机氮的水平，有机氮矿化产生的铵态氮的硝化反应加速土壤酸化。

固氮作用　　$N_2 + H_2O + 2R—OH \rightleftharpoons 2R—NH_2 + 3/2O_2$　　　　（14）

矿化作用　　$R—NH_2 + H_2O + H^+ \rightleftharpoons NH_4^+ + ROH$　　　　（15）

硝化作用　　$NH_4^+ + 2O_2 \rightleftharpoons NO_3^- + H_2O + 2H^+$　　　　（16）

方程（14）是固氮过程，不涉及质子反应；方程（15）是矿化过程，消耗 1 mol H$^+$；方程（16）是硝化过程，产生 2 mol H$^+$。所以 3 个方程的总收支结果是产生 1 mol H$^+$。如果上述过程中产的 NO$_3^-$ 被植物完全吸收，为了保持体内的电平衡，会释放等量的 OH$^-$ 到土壤中，那么整个过程没有净质子产生，对土壤酸化没有贡献。如果硝化作用产生的 NO$_3^-$ 通过淋溶作用从土壤中损失掉，将有 1 mol H$^+$ 留在土壤中，这部分质子将贡献于土壤酸化。

结合上述讨论的氮肥对土壤的酸化作用，可以把土壤中氮素转化与质子产生和消耗的关系总结于图 6-2 中。铵态氮的硝化、植物对铵态氮的吸收及氨挥发是产生质子的过

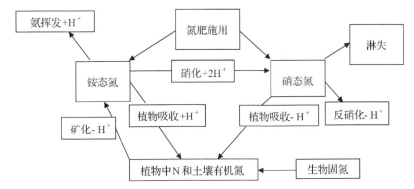

图 6-2　土壤中氮素的转化过程与质子产生和消耗的关系

（+表示产生 H^+，−表示消耗 H^+）

程；植物对硝态氮的吸收、有机氮的矿化和硝态氮的反硝化过程是消耗质子的过程。

2）茶树

茶树是我国的主要经济作物，茶园土壤在我国农用土壤中占有一定的比例，特别在南方地区。2017 年我国茶园总面积约为 168×10^4 hm^2，为世界第一。众所周知，茶树种植会导致土壤酸化，而且随着种植时间的增加土壤酸度会不断提高。

一般认为导致茶园土壤酸化的原因主要有外部因素和内部机制两个方面。外部因素主要包括酸沉降和铵态氮肥的施用，这两个方面也是加速非茶园土壤酸化的主要原因。对茶树本身加速土壤酸化的内部机制主要包括两个方面：①茶树根系较其他植物分泌更多的有机酸，从而使根际 pH 降低；②茶树是典型的喜铵和喜铝植物，在生长过程中茶树会从土壤中吸收大量的铝，一方面会将吸收的铝大部分积累在老叶中，并随着老叶的凋落导致表层土壤中活性铝大量增加；另一方面茶树根系吸收的阳离子总和大于阴离子，为了维持茶树体内的电荷平衡，茶树根系会释放质子，从而导致土壤酸化。

（3）农作物收获对土壤酸化的贡献

土壤中的 Ca、Mg、K 等是植物生长所必需的营养元素，植物在生长过程中会不断从土壤中吸收这些营养元素并储存于植物体内。在作物收获时，其籽粒和秸秆都有可能从土壤上移走，树木也可通过砍伐从土壤上移走。这样随着植物物料从土壤上移走，作物体内的盐基离子也随之移走，长期积累下来，如果土壤中的这些阳离子得不到补充，土壤就会酸化。因为土壤中的盐基阳离子减少后，土壤表面的交换位上没有足够的阳离子来平衡表面负电荷，只能由 H^+ 和 Al^{3+} 来占据这些阳离子交换位，随着交换性 H^+ 和交换性铝含量的增加，土壤酸度增加。据估计，我国每年每公顷土地上收获的农作物干物质量约为 25 t，假如这些干物质不还田，那么作物收获对土壤酸化贡献的 H^+ 为 15～20 $kmol \cdot hm^{-2} \cdot a^{-1}$（Guo *et al.*，2010）。

6.2.3.3　酸性废水对土壤酸化的影响

我国南方地区有大量的金属矿，矿山开采、选矿和洗矿的过程中会产生大量酸性废水，外排的酸性废水导致矿山周边土壤酸化，当用受酸性矿水污染的水体灌溉农田时，会导致土壤严重酸化。以广东大宝山矿区为例,在矿区拦泥坝下游的翁源县上坝村调查发现,受酸性矿山废水污染的灌溉水 pH 值低至 3.16,17 个调查样点土壤 pH 值为 3.9~5.6,平均为 4.8(林初夏等,2005)。在大宝山北部另一地点的调查发现,用受酸性矿山废水污染的水灌溉 30 年后,土壤的 pH 值降低至 2.2~3.6,土壤严重酸化(李永涛等,2004)。

金属矿中的金属多与硫伴生,且硫以还原态硫化物的形态存在。当矿石被开采、暴露于空气中时,硫化物被氧化为硫酸,释放大量强酸和重金属。因此,矿山废水中不仅含大量强酸,还含有有害重金属。用酸性矿水灌溉农田不仅会导致土壤酸化,还会导致重金属等有害物质对土壤的污染。由于酸化后重金属的活性和有效态含量大幅增加,比高 pH 值条件下对生态和环境的危害更大。对湖南长沙、株洲、衡阳和郴州等酸性土壤地区的典型有色金属矿周围农田土壤和植物的污染状况调查发现,耕作土壤中主要污染重金属为 Cd、Pb、As、Cu、Zn 和 Cr,调查区内蔬菜中 Cd、Pb、As、Cu、Zn 和 Cr 的含量,大米中 Cd、Pb 和 Zn 含量均明显超过我国食品卫生标准,其中蔬菜中的 Cd、Pb 和 As 和大米中的 Cd 和 Pb 对人体健康的潜在危害较大(郭朝辉等,2007)。对江西贵溪铜矿附近由污水灌溉导致的土壤污染调查发现,土壤已受到 Cu 和 Cd 的严重污染,其中 Cu 污染导致水稻减产,Cd 污染导致稻米品质下降,糙米中 Cd 含量远高于国家食品卫生标准(孙华等,2001)。施用碱性改良剂如石灰可以提高土壤 pH 值,降低土壤中有效态重金属的含量,降低植物对重金属的吸收。盆栽实验结果表明,红壤施用石灰提高了土壤 pH 值,降低了土壤有效态 Cd 和 Zn 含量,降低了小油菜对这两种重金属的吸收量(张青等,2006)。

与酸沉降和农业措施相比,酸性废水对土壤酸化影响的范围较小,主要集中在矿区和冶炼厂周边,但它对土壤酸化的影响程度高于酸沉降和农业措施,而且这种影响与重金属污染相叠加,对生态环境和人体健康造成严重危害。因此,在排放前对酸性废水进行净化处理具有十分重要的意义。

6.3　酸化土壤的改良

6.3.1　土壤酸化的评价方法

土壤酸碱度或者酸化程度最常用的指标是 pH 值,但由于土壤具有缓冲性能,并不是土壤内部产生和外部输入的 H^+ 都能引起土壤 pH 值改变,因此,并不是所有的土壤酸化都能用 pH 值反映出来。van Breemen 等(1983)用酸中和容量而不是 pH 值这种强度因子来定义土壤酸化。土壤的酸中和能力可以定义为将一个酸—碱体系的 pH 值降低到一个参比 pH 值时所需的强酸的数量。酸中和能力可以用土壤的酸中和容量(acid neutralizing capacity,ANC)来估计,可以表示为

$$ANC = 2[CaO] + 2[MgO] + 2[K_2O] + 2[Na_2O] + 3[Al_2O_3] + [NH_3] -$$
$$2[SO_3] - 2[P_2O_3] - [HCl] - 2[N_2O_3] \tag{6-10}$$

式中,括号代表摩尔浓度。所有的土壤都具有 ANC,大多数土壤的 ANC 与硅酸盐

矿物有关。在酸输入的情况下，ANC 随着 [CaO、MgO、K$_2$O、Na$_2$O] 的总量下降或者 [SO$_3$] 等的增加而下降。重要的酸消耗反应包括碳酸盐的溶解、盐基离子的置换、可变电荷表面的质子化、矿物的溶解、碱性硫酸铁、铝的沉淀和反硝化过程(Ulrich，1991)。这些酸中和反应的缓冲容量差别很大，表 6-4 给出了一些典型的酸中和反应的 H$^+$ 缓冲容量。

表 6-4   典型酸中和反应对 H$^+$ 的缓冲容量

酸中和反应	缓冲容量	来源
碳酸盐溶解	1500 kmol H$^+$/(%CaCO$_3$)	Ulrich，1991
盐基离子代换	70 kmol H$^+$/(%clay)	Ulrich，1991
表面质子化(表面带电)	<100 kmol H$^+$/(hm^2·15cm)	Ulrich，1991
矿物溶解	250~1500 kmol H$^+$/(%clay)	Ulrich，1991
碱性硫酸盐沉淀	<50 kmol H$^+$/(hm^2·15cm)	Ulrich，1991
反硝化	3~8 kmol H$^+$/(hm^2·a)	Ryden，1983

由于土壤的缓冲性能，很难明显观测到土壤化学特性改变，如土壤 pH 值、酸中和容量等的变化一般需要几十年，甚至几百年，使酸化过程不易观测。很多研究采用流域方法，通过质子负荷平衡估算土壤酸化速率(Fujii *et al*.，2011；van Breemen *et al*.，1984)。在流域生态系统中，质子输入和输出是可以监测和估算的，而质子进入土壤系统后，H$^+$ 的两个主要消耗途径：土壤中的(原生和次生)矿物风化反应消耗与土壤胶体上吸附的阳离子交换消耗难以监测。长期以来酸化研究没有区分这两个过程对质子的消耗，笼统地将土壤中全部质子的年消耗量作为土壤酸化速率(Frey *et al*.，2004；De Vries *et al*.，2003)。但事实上，质子作用于矿物风化时并不能直接导致土壤酸化，只有当质子与盐基离子交换时才导致土壤活性酸或潜性酸增加，才是真正意义上的酸化过程。Yang 等(2013)提出了利用硅与盐基离子的化学计量关系估算土壤酸化速率的新方法。因为硅酸盐矿物风化是硅循环的重要来源，硅循环与矿物风化和 H$^+$ 消耗紧密相连，而不涉及阳离子交换过程。因此，建立硅在循环过程中与盐基离子和硅的化学计量关系可以定量估算土壤酸化速率。在中国皖南森林流域中，利用流域质子平衡估算的 H$^+$ 净输入量为 1395 mol·hm^{-2}·a^{-1}，而利用流域主要可风化矿物斜长石风化成高岭石过程中释放的硅和盐基离子风化计量关系估算的土壤酸化速率为 703 mol·hm^{-2}·a^{-1}，约为质子平衡输入 H$^+$ 的一半(Yang *et al*.，2013)。

6.3.2   土壤酸化的预测

为了对土壤酸化进行控制，首先必须对土壤未来的酸化趋势进行预测研究，根据预测结果，通过控制外源酸的进入量，从而把土壤的酸化进程控制在人们可以接受的范围内。预测研究土壤酸化的方法主要有以下 3 种。

（1）模拟实验

模拟酸雨与土壤反应，如平衡实验或模拟酸雨淋溶实验等。根据土壤与酸反应后土壤化学性质的变化来估计土壤的酸化趋势。由于土壤酸化是一个长期的渐进的过程，所以短时间内的模拟实验结果与实际的酸化趋势还是有一定的差距。因此，这一方法获得的结果仅有一定的参考价值。

（2）数学模型方法

由于土壤酸化是一个渐进的过程，其进程对常用酸度指标来说是相当缓慢的，所以很难采用定期直接测定的方法在短期内进行跟踪。因此，在预测土壤酸化过程及酸沉降对土壤酸化的影响方面，数学模型是一个非常有用的工具。过去几十年中，人们已经提出了包括从简单到复杂、从稳态到动态、从经验模型到理论模型的各种数学模型来预测土壤的酸化趋势。这主要有两类模型：一是经验型；二是理论型。

早在20世纪70年代，人们就提出了经验型的离子平衡模型来预测土壤酸化，这类模型主要依据溶液中各种离子的电荷平衡原理和酸中和容量的概念，它们主要用于水体酸化的预测研究。所谓电荷平衡，是指一个稳定的溶液中，所有离子的正电荷和负电荷应相等，保持电中性，否则溶液就不稳定。从80年代开始逐渐有人提出一些理论模型，这些模型考虑了控制土壤酸化的一些主要化学过程，过程包括阳离子交换、CO_2 溶解平衡、SO_2 吸附、矿物风化和铝的溶解等。根据给定的酸沉降水平，通过理论计算，模型可以给出土壤 pH 值及主要化学性质的未来变化趋势。

（3）计算土壤酸化速率

土壤酸化速率指单位时间内、单位面积的土壤所接受的质子的量。土壤酸化速率是一个非常有用的参数，在土壤酸化的预测、酸性土壤的改良等方面都能挥重要的作用。土壤酸化速率的计算公式为：

$$AR = \Delta pH \cdot pH_{BC} \cdot BD \cdot V/T \tag{6-11}$$

式中　ΔpH——一段时间内土壤 pH 值的改变值；

　　　pH_{BC}——土壤 pH 值缓冲容量；

　　　BD——土壤的容重；

　　　V——体积；

　　　T——时间。

这里最难估算的是 ΔpH，因为土壤酸化是一个渐进的过程，很难在短时间内观察到土壤 pH 值的明显变化。目前有两种方法测定 ΔpH：一是直接定位观察，选择一个观测地，经过 10 年或 20 年的时间来测定土壤 pH 值的变化值。这一做法比较费时，但能获得直接的结果。第二种方法是间接法，这一方法只适用于研究农业措施对土壤酸化的影响。做法是先选择一个目标田块，采样测定土壤 pH 值；然后在目标田块附近选择一块土壤类型相近，没有受人为扰动的地方，采集土壤样品并以此作对照，测定土壤 pH 值，将两者的 pH 值之差作为 ΔpH。这一方法对研究农业措施的土壤酸化非常方便的。虽然计算出的土壤酸化速率是从过去某一时间开始到目前为止的平均值，但由于对某一具体土壤，其酸化速率的大小与土壤性质有密切关系，所以计算目前土壤的酸化速率对未来土壤酸化趋势的估计具有重要参考价值。

表 6-5 是根据一个 14 年的长期定位实验结果计算的土壤酸化速率。土壤的酸化速率在 $0.50 \sim 2.06 kmol\ H^+ \cdot hm^{-2} \cdot a^{-1}$，施用铵态氮肥加速了土壤酸化，使土壤具有较高的酸化速率。

表 6-5　轮作措施和氮肥施用对土壤酸化速率的影响

轮作措施	氮肥用量/ $(kg \cdot hm^{-2})$	ΔpH	pH 缓冲容量/ $[mmol \cdot (kg \cdot pH)^{-1}]$	酸化速率/ $(kmol\ H^+ \cdot hm^{-2} \cdot a^{-1})$
小麦—小麦	0	0.32	15.6	0.50
	80	1.32	15.6	2.06
小麦—羽扁豆	0	0.94	14.5	1.36
	80	1.28	14.5	1.85
小麦—休闲	0	0.61	15.0	0.92
	80	0.72	15.0	1.08

注：引自 Xu *et al*.，2002。

6.3.3　土壤酸化的阻控技术

6.3.3.1　酸沉降导致的土壤酸化的阻控

（1）土壤对酸沉降的敏感性

土壤组成和性质的差异造成土壤对酸沉降敏感性的差异，对酸沉降敏感的土壤易发生酸化。实际上从 20 世纪 70 年代初就有人提出了土壤对酸沉降的敏感性问题，但如何对不同土壤进行敏感评价和敏感性分级，却不是一件容易的事。首先要提出一个敏感性分级指标体系，这方面已经开展了大量的研究工作，也提出了不少的评价体系和方法。其中 McFee（1980）提出的评价方法得到了不少人的应用。他认为在评价土壤对酸的敏感性时，有 4 个参数很重要：①阳离子交换量（CEC）；②盐基饱和度（BS）；③土壤管理；④土壤剖面中有无碳酸盐的存在。他把剖面中含碳酸盐的土壤、施用石灰改良剂的土壤以及因淹水灌溉而经常更新的土壤列为对酸非敏感性土壤，其他土壤根据阳离子交换量和盐基饱和度的大小分为敏感性、微敏感性和非敏感性。

对于上述的敏感性分级体系，王敬华等（1994）认为，它不太适合我国南方酸性土壤的情况，因为这一指标体系是根据北欧、北美等温带地区土壤的特性提出的，我国南方红壤类土壤属于可变电荷土壤，其阳离子交换量具有可变性，且为盐基高度不饱和。他根据我国南方土壤酸化曲线的大量测定结果，提出了一个简单的分级方法，这一方法包括两个参数：土壤酸害容量和土壤的酸敏感值。确定土壤 pH 3.5 为植物致害参考 pH 值，将某一具体土壤的 pH 值滴定到参考 pH 值时消耗的硫酸量称为土壤的酸害容量。土壤的酸敏感值是这样确定的，按每千克土加 10 mmol 的 H_2SO_4 为基准，加酸后土壤 pH 值的变化值为土壤的酸敏感值。根据上述两个参数将土壤的敏感性分为四级，见表 6-6。

表 6-6 土壤敏感性分级

敏感等级	敏感程度	pH 值变化量	酸害容量/ (mmol · kg^{-1})	酸害难易
I	最敏感	>1.2	<5	极易受害
II	敏感	1.2~0.8	5~20	易受害
III	微敏感	0.8~0.5	20~50	稍易受害
IV	不敏感	<0.5	>50	不易受害

注：引自王敬华等，1994。

（2）土壤对酸沉降的临界负荷

土壤对酸沉降的敏感性区划可以为酸沉降控制提供定性依据，土壤对酸比较敏感的地区应该加强对酸性气体排放量的控制，以降低酸沉降水平，减缓酸沉降对土壤酸化的影响。但是土壤对酸沉降的敏感性区划不能提供定量的指标。随着研究工作的深入，人们提出了更高的要求，即如何定量控制酸沉降水平。从 20 世纪 80 年代中期开始，人们提出了临界负荷的概念。

不导致对生态系统的结构和功能产生长期有害影响的化学变化时的最大酸性化合物的沉降量，称为一个生态系统对酸沉降的临界负荷。一个给定地区，临界负荷应对土壤、地表水和地下水分别确定，然后选择三者中的最小值作为整个生态系统的临界负荷值，并根据不同地区、不同生态系统的研究结果编制出临界负荷图。根据临界负荷图，环境决策部门可以制定相应的酸沉降排放标准，各地区也可根据情况制定相应的排放标准。

6.3.3.2 化肥导致的土壤酸化的阻控

（1）合理选择氮肥品种

铵态氮肥的施用是加速土壤酸化的重要原因，这是因为施入土壤中的 NH_4^+ 通过硝化反应释放出 H^+，加速土壤酸化。但不同品种的铵态氮肥对土壤酸化的影响程度不同，对土壤酸化作用最强的是（NH_4）$_2SO_4$ 和（NH_4）H_2PO_4，其次是（NH_4）$_2HPO_4$，作用最弱的是尿素和硝酸铵（Coventry et al.，2003）。因此，对外源酸缓冲能力弱的土壤，应尽量选用对土壤酸化作用弱的铵态氮肥品种。选用缓释肥料（或包膜肥料），可以减慢氮肥的释放速率，减缓硝化反应的速率，减小氮肥对土壤酸化的加速作用。

（2）确定合理的氮肥用量

氮肥的过量施用会导致其在土壤中残留和淋失，进而加速土壤酸化。从 20 世纪 80 年代以来，我国氮肥用量增长迅猛，目前在占世界 7% 的耕地上消耗了全球 35% 的氮肥。高强度农业利用条件下，氮肥的过量施用不仅导致氮肥利用率不断下降，地表水体的富营养化日趋严重，还导致农田土壤 pH 呈下降趋势，发生不同程度的酸化现象（Guo et al.，2010；Liang et al.，2013）。因此，在保证粮食安全的前提下控制氮肥施用量、提高氮肥的利用率，既可减少氮素损失对环境的污染，也是减缓农田土壤酸化的重要途径。通过区域总量控制和分期调控等新的施肥技术，可在保证粮食产量的前提下降低氮肥用量。

（3）合理的水肥管理

铵态氮的硝化及产生的 NO_3^- 随水淋失是加剧土壤酸化的重要原因。因此，通过合理的水肥管理，以尽量减少 NO_3^- 的淋失也是减缓土壤酸化的有效措施，如选择合理的施肥时间，让施入土壤中的肥料尽可能为植物吸收利用。另外，酸性土壤上多施有机肥，可在一定程度上改良土壤的理化性质，提高土壤生产力，还能减缓土壤酸化。在施用氮肥时配合施用适量的硝化抑制剂，可以对土壤中铵态氮的硝化起到一定程度的抑制作用，减少氮肥以硝态氮形态淋失，减缓铵态氮肥对土壤酸化的加速作用。

6.3.3.3　植物加速土壤酸化的阻控

（1）合理选择作物品种

豆科植物生长过程中，其根系会从土壤中吸收大量无机阳离子，导致对阴、阳离子吸收的不平衡，为保持体内的电荷平衡，它会通过根系向土壤中释放质子，加速土壤酸化。豆科植物的固氮作用增加了土壤有机氮的水平，有机氮的矿化及随后的硝化也是加速土壤酸化的原因。因此，对酸缓冲能力弱，具有潜在酸化趋势的土壤，应尽量减少豆科植物的种植。选择耐酸和耐铝的作物品种，可以在不改变酸性土壤性质的情况下使作物获得较高的产量，对酸性土壤地区农业的可持续发展具有积极意义。

在长期的进化过程中，植物为了适应酸性土壤，已形成了各种各样的耐酸性土壤机制。鉴于铝毒是酸性土壤限制植物生长的主要因子，在植物耐铝机制方面的研究最多也最为深入。不同植物种类或者同一植物的不同品种对铝毒的响应能力差异很大。植物的耐铝机制分为内部忍耐机制和外部排斥机制。内部忍耐机制是指铝在植物体内与有机酸或酚类物质配体络合，将铝固定在液泡、表皮等部位，降低高浓度铝的毒害，或者铝诱导形成一些蛋白或改变相关酶的活性，来适应铝胁迫环境。外部排斥机制指铝在细胞外进行螯合，将铝排除在细胞外，使其不能进入植物细胞，主要包括有机酸或磷酸根的分泌、细胞壁对铝的固定、根际 pH 值升高等。目前，已有不少植物耐铝基因被分离鉴定，这为酸性土壤耐铝植物的遗传改良提供了分子信息。针对酸性土壤中的铝毒问题，挖掘了红壤区耐铝植物资源，发现了一种新的铝超积累植物——油茶（老叶铝含量可达 13.5 $g \cdot kg^{-1}$）（Chen et al.，2008）和耐铝植物——胡枝子（Dong et al.，2008）。在生物耐铝机制方面，油茶地上部铝通过韧皮部运输，而胡枝子主要通过根系分泌苹果酸和柠檬酸耐铝（图 6-3）。

植物除了利用本身的遗传潜力来抵抗酸性土壤，外部因子特别是土壤中的一些因子也会显著影响植物适应酸性土壤的能力。如上所述，酸性土壤不仅存在铝毒，而且存在多种其他共存胁迫因子，单一铝毒限制因子的酸性土壤基本上是不存在的。在人们的研究中，发现这些限制因子之间存在有意思的相互作用。例如，酸性土壤低 pH 值抑制了硝化作用，铵态氮经常为酸性土壤的主要氮源，而铵态氮能够缓解铝对植物的毒害，同时耐铝植物较为偏好铵态氮，这为通过利用氮铝相互作用机制来提高植物耐铝能力和氮效率提供了理论支持。铝毒和锰毒同为酸性土壤植物生长限制因子，对水稻的研究表明，铝能减轻锰对水稻的毒害。这些结果暗示着植物能够通过充分利用其生长环境中的各种限制因子之间的相互作用，来实现其适应酸性土壤的目的。充分利用这些相互作

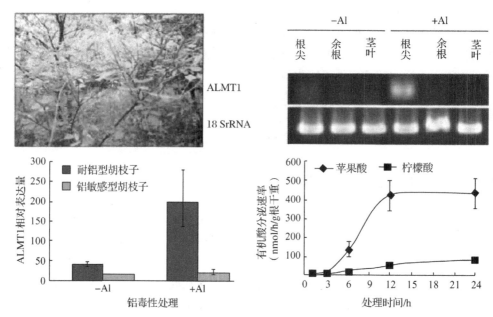

图 6-3　胡枝子耐铝机制——根尖 ALMT1 基因促进苹果酸外排鳌合铝
(引自孙波等，2018)

用，可以帮助植物来协同适应酸性土壤的多种胁迫因子。

（2）作物秸秆还田

作物的秸秆还田不但能改善土壤的理化性质，改善作物的生长环境；而且还能减少碱性物质的流失，对减缓土壤酸化有益。植物在生长过程中，根系从土壤中吸收 Ca^{2+}、Mg^{2+}、K^+ 等阳离子，其体内会积累有机阴离子(碱)。如将植物秸秆还田，则可将植物吸收积累的大部分碱性物质归还到土壤中，减缓土壤的酸化进程。因此，在红壤地应该大力鼓励农民将秸秆还田。不仅对豆科类植物秸秆和茶树修剪叶，还对其他农作物秸秆也要鼓励还田，以维持土壤的酸碱平衡，降低农业措施对土壤酸化的贡献。

6.3.4　酸化红壤的无机改良原理与技术

对于已经发生酸化的土壤，必须施用碱性改良剂中和土壤酸度，降低有毒形态铝的浓度，以恢复酸性土壤的生产力，使有限的土壤资源得到充分的利用。

6.3.4.1　石灰和白云石粉对酸性土壤的改良作用

农用石灰类物质主要是指能够中和土壤酸度的钙镁化合物，包括生石灰(CaO)、熟石灰[$Ca(OH)_2$]、石灰石粉[包括方解石($CaCO_3$)和白云石($CaMg(CO_3)_2$)]、泥炭、贝壳，以及一些工业废弃物等。石灰类物质是传统土壤改良过程中广泛应用且非常有效的改良剂，可改善酸性土壤的不良物理性质、化学及生物学性状，提高作物的产量和品质。2000 多年前，古罗马人为了提高作物产量就已经在农业上使用石灰。石灰和石灰石粉也是我国酸性土壤改良中常用的改良剂。

石灰能有效中和土壤酸度，改善酸性土壤的化学性质。如白云石改良酸性土壤的机理可用方程表示：

$$CaMg(CO_3)_2 + 2H^+ \rightleftharpoons 2HCO_3^- + Ca^{2+} + Mg^{2+} \qquad (17)$$

$$HCO_3^- + H^+ \rightleftharpoons CO_2 + H_2O \qquad (18)$$

$$CaMg(CO_3)_2 + 4H^+ \rightleftharpoons Ca^{2+} + Mg^{2+} + 2CO_2 + 2H_2O \qquad (19)$$

从以上反应式可以看出，石灰与土壤的中和反应分两步，第一步为：Ca^{2+} 和 Mg^{2+} 与土壤复合体的 H^+ 生交换反应，使 H^+ 从土壤表面交换进入水溶液，并形成 HCO_3^-；第二步为：HCO_3^- 与 H^+ 反应形成 CO_2 和 H_2O，并提高土壤 pH 值。

石灰与土壤的反应速率取决于土壤的湿度、温度、石灰的质量和数量。为了发挥石灰的最大效益，石灰类物质应在植物播种前施用，与土壤混合均匀使石灰在土壤中充分反应。在浙江兰溪第四纪红色黏土上开展的一项长期改良实验结果表明，每公顷施用 3.75~15 t 石灰石粉，其降酸和增产效应至少可以持续 10 年(孟赐福和傅庆林，1995)。施用石灰石粉 3.75 t·hm^{-2}、7.5 t·hm^{-2}、11.25 t·hm^{-2} 和 15 t·hm^{-2}，一年后土壤 pH 值由 4.86 增加至 6.3、7.3、7.6 和 8.1，五年后土壤 pH 值仍达到 5.5、5.9、6.3 和 6.7。但石灰也有不足之处，特别是石灰石粉，其溶解度小，在土壤剖面中的移动性很差，所以石灰对表层 0~10 cm 或 0~20 cm 土壤酸度的改良是非常有效的，但对底层土壤的酸度改良效果很小。施用石灰粉后红壤上油菜籽粒增产 17.5%~29.8%(孟赐福等，1999)。在江西鹰潭中国科学院红壤生态实验站上开展的石灰粉对红壤酸度改良的实验结果表明，施用石灰后土壤酸度状况得到明显改善，油菜、花生等作物产量提高。施用石灰石粉四年后，以 0~20 cm 土层酸度变化最明显，20~40 cm 土层土壤酸度稍有改善，石灰石粉对 40 cm 以下土层的作用不明显(孔晓玲等，1993)。

实验结果还表明，施用石灰后土壤存在复酸化过程，即石灰的碱性消耗后土壤再次发生酸化，而且酸化程度比施用石灰前有所加剧。其原因是施用石灰增加了 HCO_3^- 活度，加速了有机质的分解和增加了植物秸秆和籽粒移走的 Ca^{2+}。因此，虽然在酸性土壤上施用石灰是改良酸性土壤的经济便捷方法，但频繁施用石灰调节土壤酸度可能会加剧土壤的再酸化。过量施用石灰不但会造成某些微量金属元素的缺乏，还会加剧铝的毒性，抑制作物的生长。土壤中铝的溶解度在 pH 5.5~6.5 时最小，高于此 pH 值时，铝以带负电荷的偏铝酸根的形式存在于溶液中。Farine 等(1997)发现玉米在中性条件增加对铝的吸收，并降低产量。铝的这种毒性可以在 pH>7 的土壤中产生，因此通过改良作用将酸性土壤 pH 值调节至 6.5 左右可以使大多数植物获得最大产量。

白云石的主要成分为 $CaCO_3$ 和 $MgCO_3$，施用白云石粉不仅可以中和土壤酸度、增加酸性土壤交换性 Ca^{2+} 的含量，还可以增加土壤交换性 Mg^{2+} 含量，维持土壤 Ca 和 Mg 养分的平衡。用采自云南的酸性红壤进行的盆栽实验结果表明，当白云石用量为 2.8 g·kg^{-1} 时，蚕豆籽粒产量接近峰值，地上部干物质重达到最佳，施用白云石粉还改善了土壤的磷素营养(雷宏军等，2003)。在安徽皖南旱地红壤进行的 3 年定位实验结果表明，施用白云石粉降低了土壤交换性 Al^{3+}，提高了土壤 pH 值和交换性 Ca^{2+} 和 Mg^{2+} 含量；白云石粉用量为 600 kg·hm^{-2} 时，降酸作用可以维持三季作物，白云石粉用量为 2500 kg·hm^{-2} 时，降酸作用可以维持六季作物；施用白云石粉对小麦、玉米、油菜、红豆和大豆都有明显的增产效果(王文军等，2006)。

6.3.4.2 石膏和磷石膏对酸性红壤的改良作用

近30年来人们发现石膏和磷石膏对热带和亚热带地区的酸性土壤有一定的改良效果。石膏的主要成分是$CaSO_4$，磷石膏是磷酸工业的副产品，主要成分也是$CaSO_4$，它是中性的，对土壤酸不具中和作用。由于热带、亚热带地区的土壤对SO_4^{2-}有一定的吸附作用，且吸附过程中有OH^-释放，释放的这部分OH^-中和了土壤的酸度。由于$CaSO_4$的溶解度比$CaCO_3$大，所以它在土壤剖面上的移动性比石灰大，对改良底层土壤的酸度非常有效。

这一方法主要针对酸性底土难以改良的现实，由Sumner及其同事基于南非酸性土壤的研究结果提出(Reeve and Sumner，1972)，后来巴西科学家用这一方法在巴西中部高度风化的酸性土壤上进行了类似的研究，并取得明显的进展(Richey et al.，1980)，20世纪80年代这一改良技术在美国南部、巴西和南非得到了推广和应用，并取得良好的效益(Shainberg et al.，1989)。酸性土壤施用石膏或磷石膏使玉米、小麦、棉花、咖啡、大豆和桃增产。20世纪末和21世纪初，日本、澳大利亚和欧洲国家也开始应用这一方法改良底层土壤的酸度。我国科学家也对磷石膏改良酸性红壤的可行性进行过研究(叶厚专和范业成，1996；叶厚专，1998；Sun et al.，2000)。在江西红壤上开展的田间实验结果表明，施磷石膏后土壤容重下降，孔隙度增加，通透性和结构性增强；土壤Ca、S、P等营养元素含量增加，阳离子交换量和盐基饱和度提高，土壤pH值升高(叶厚专，1998)。施用磷石膏后花生和油菜产量增加，最大增幅分别可达29.4%、34.2%(叶厚专等，1996)。虽然我国磷石膏等工业废弃物存量丰富，但利用磷石膏改良酸性红壤的技术至今未得到大面积的推广。

6.3.4.3 其他工业废弃物对酸性土壤的改良作用

工业废弃物如粉煤灰、矿渣、赤泥等也被用于酸性土壤的改良，并均有一定的效果。粉煤灰是火力发电厂的燃煤经高温燃烧产生的废弃物，碱渣是氨碱法制碱过程中产生的废弃物，赤泥是电解铝工业产生的废弃物。三种工业废弃物的pH值和主要化学组成见表6-7。碱渣的主要成分为CaO和硫酸盐，其次是MgO、SiO_2和氯化物等。赤泥的主要成分为CaO和SiO_2，其次为Fe_2O_3、Al_2O_3和MgO等。粉煤灰的主要成分为SiO_2和Al_2O_3，CaO的含量相对较低。

表6-7 工业废弃物的pH值和主要成分的含量　　　　　　　　　　$g \cdot kg^{-1}$

pH值和组成	粉煤灰	赤泥	碱渣
pH_{H_2O}(土水比为1:2.5)	11.3	11.87	8.48
F^-	0.046	0.315	2.00
Al_2O_3	273.58	51.34	16.28
Fe_2O_3	33.49	79.12	8.38
CaO	27.60	306.02	242.46
MgO	6.06	36.02	59.34

（续）

pH 值和组成	粉煤灰	赤泥	碱渣
K_2O	4.46	2.71	0.03
Na_2O	12.44	63.69	39.16
MnO	0.30	0.38	0.50
P_2O_5	1.69	2.51	0.59
SiO_2	559.69	181.19	44.58
SO_4^{2-}	2.12	7.76	121.49

注：引自李九玉等，2009。

工业废弃物对土壤酸度有一定的改良效果，但这些废弃物可能含有重金属等有害物质。为了评估这些工业废弃物中有害物质的潜在环境风险，分析了其中主要重金属的含量，并与两种酸性土壤的重金属背景进行比较。结果表明（表6-8），粉煤灰 Cu、Zn 和 Pb 的含量远高于土壤背景值，长期施用存在环境风险；赤泥中 Cr 含量特别高，Pb 和 As 含量也高于土壤背景值，虽然它对红壤酸度有很好的改良效果，但长期施用也存在环境风险。碱渣中除 Cu 含量高于土壤背景值外，其他有害重金属含量均低于土壤背景值。由于 Cu 是作物所需的微量营养元素，向土壤中适当添加 Cu 有利于作物生长和作物品质的提高。综合分析可以看出，碱渣是一种优良的酸性土壤改良剂。我国有丰富的碱渣资源，全国每年用氨碱法生产纯碱 $450×10^4$ t，每吨产生 0.7 t 碱渣（干重）。

表 6-8　工业废弃物及红壤、黄棕壤中重金属的含量　　　　mg·kg^{-1}

重金属	粉煤灰	赤泥	碱渣	红壤	黄棕壤
Cu	120.54	45.43	64.87	38.63	40.30
Zn	126.16	20.53	40.71	78.25	73.01
Pb	77.91	67.61	20.38	27.93	28.15
Cr	73.22	359.13	9.45	78.19	58.60
Se	5.53	痕量	5.23	2.51	4.48
Ni	39.97	28.09	1.26	41.66	35.38
Mo	13.29	0.28	0.16	1.53	0.80
Co	29.63	39.79	2.72	18.91	21.60
As	16.24	28.21	7.23	18.23	10.23
Hg	0.51	0.69	0.03	0.07	0.06

注：引自 Li et al.，2010。

6.3.5　酸化红壤的有机改良原理与技术

在农业上利用有机物料改良酸性土壤已经有千余年的历史。土壤中施用有机物质不仅能提供作物需要的养分，提高土壤的肥力水平，还能增加土壤微生物的活性，增强土壤对酸的缓冲性能。有机物料还能与单体铝复合，降低土壤交换性 Al^{3+} 的含量，减轻铝对植物的毒害作用。用作改良酸性土壤的有机物料种类很多，在农业中取材也比较方便，如各种农作物的秸秆、家禽的粪肥、绿肥和草木灰等。

6.3.5.1 作物秸秆等农业废弃物对土壤酸度的改良

近年来的研究结果表明，某些植物物料对土壤酸度具有明显的改良作用（Noble et al.，1996；Pocknee and Sumner，1997；Tang et al.，1999；Yan and Schubert，2000；Xu and Coventry，2003；Xu el al.，2006），这种改良作用不仅仅是通过增加土壤的有机质来增加土壤阳离子交换量，而是因为植物物料或多或少含有一定量的碱，能对土壤酸度起到直接的中和作用，可在短期内见效。当然，植物物料对土壤酸度的改良效果随植物种类和土壤的性质而变化。

非豆科类植物物料对土壤酸度具有改良作用的主要原因是物料含有一定量的碱性物质（表6-9）。当物料添加到土壤中，这些碱性物质释放出来，中和土壤酸度，提高土壤pH值。非豆科植物物料提高土壤pH值的另一机制是其对土壤中氮的转化受到一定程度的抑制，甚至使无机氮发生同化作用转变成有机氮。由于不加植物物料的对照体系在培养过程中发生硝化作用，导致土壤pH值逐渐降低，植物物料对氮素转化的抑制作用间接提高了土壤pH值。

表 6-9　植物物料的灰化碱和主要化学组分的含量

植物物料	灰化碱/ (cmol$_c$ · kg^{-1})	Ca/ (cmol$_c$ · kg^{-1})	Mg/ (cmol$_c$ · kg^{-1})	K/ (cmol$_c$ · kg^{-1})	Na/ (cmol$_c$ · kg^{-1})	P/ (cmol$_c$ · kg^{-1})	总C/ %	总N/ %
油菜秸秆	62.7	13.8	3.6	15.4	8.9	1.1	44.7	0.47
小麦秸秆	23.2	22.6	2.9	17.1	0.6	2.2	43.1	0.49
稻草	33.6	7	4	31.6	2.4	3.6	41.3	0.87
玉米秸秆	48.8	6.4	4.6	46	0.5	6.7	42.1	1.88
花生秸秆	91.2	25.4	23.4	37.3	0.6	4.6	42.9	1.5
大豆秸秆	72	18.2	17.9	16.2	0.7	7.2	44.1	2.38
蚕豆秸秆	70.4	14.6	4.1	41.9	10.9	4	45.3	1.16
紫云英	84	29	11.6	32.4	1	8	44.3	4.65
豌豆秸秆	61.6	17.3	6.5	54.4	1.3	14.9	43.6	3.5

注：引自 Wang et al.，2009。

豆科植物物料对土壤酸度具有较好改良效果的原因与这类植物生长过程中其根系对无机阴离子、阳离子的不平衡吸收有关，由于生物固氮作用，豆科植物在生长过程中其根系会从土壤中吸收大量无机阳离子如 Ca^{2+}、Mg^{2+}、K$^+$等，导致植物体内无机阳离子的浓度高于无机阴离子的浓度。为保持植物体内电荷平衡，植物内有机阴离子浓度增加，这些有机阴离子是碱性物质，当植物物料施于酸性土壤时，这些碱性物质会很快释放，并中和土壤酸度。例如，将羽扇豆的茎和叶与酸性土壤一起培养，其 pH 值增加的最大值可达 1~2 个单位（Xu and Coventy，2003）。

在一定条件下，豆科类植物物料比非豆科类植物物料的改良效果更佳，因为前者比后者含有更多的碱性物质。测定结果表明，羽扇豆茎和叶所含灰化碱的量是小麦秸秆的7 倍多（Xu and Coventry，2003），表6-9 中的结果也表明，五种豆科植物物料的灰化碱含量高于非豆科植物。

豆科类植物物料能够提高土壤 pH 值的另一个原因是有机氮的矿化，豆科植物的固氮作用使其体内积累了大量的有机氮，有机氮的矿化反应是一个消耗质子过程，这一过程也使土壤 pH 值升高。但矿化反应产生的铵离子的硝化反应是一个释放质子的过程，这一过程将抵消豆科植物物料对土壤酸度的中和作用。因此，豆科植物物料对酸性土壤的改良效果取决于上述灰化碱、矿化反应和硝化反应三方面作用的总和，而植物物料中无机阳离子的浓度和总氮的含量起着决定性作（Pocknee *et al.*，1997；Xu *et al.*，2003；Xu *et al.*，2006）。

对于紫云英和豌豆秸秆等氮含量高的豆科物料，虽然其有很高的改良酸性土壤的潜力，但由于有机氮矿化产生的铵态氮的硝化反应释放质子，抵消了其对土壤酸度的改良效果。有人通过随豆科植物物料添加少量硝化抑制剂很好地解决了这一问题。添加少量硝化抑制剂双氰胺可以有效抑制土壤中铵态氮的硝化反应，但不影响有机氮的矿化，使豆科物料对土壤酸度的改良效果大幅度提高（Mao *et al.*，2010）。因此，对含氮量较低的豆科物料可以直接用于酸性土壤改良，但对氮量高的豆科物料可以与硝化抑制剂配合施用，以提高其改良效果。

6.3.5.2　生物质炭对土壤酸度的改良

焚烧作物茎秆产生草木灰在农村很常见，木材工业的残余物的焚烧也会产生很多的草木灰，这些草木灰对酸性土壤有很好的改良作用。施用草木灰对酸性贫瘠土壤主要有两方面的作用，一是草木灰在土壤中会产生石灰效应，使土壤的 pH 值大幅度升高，Ca、Mg、无机碳、SO_4^{2-} 含量增加，而 SO_4^{2-} 和 OH^- 之间的配位基交换作用也提高了碱度；另一方面，草木灰能增加土壤养分含量，除 N、P 外，特别是 K 含量丰富，能极大提高土壤 K 含量，也能提高土壤 Ca、Mg 和 SO_4^{2-} 含量。

草木灰是生物材料比较完全燃烧后的产物，近些年来的研究发现，有机物料在控氧和不完全燃烧条件下产生类似黑炭的固体物质，一般称为生物质炭（英文名 Biochar 或 Charcoal）。生物质炭是近年来发展起来的一种治理土壤酸化的有效措施。生物质炭来源于各种原材，从木质纤维到粪肥在 200～700 ℃下热解的产品（Dai *et al.*，2017）。这些生物质炭一般呈碱性（pH 值一般大于 7.0），可以用于中和土壤酸度，提高酸性土壤的 pH 值（Chan *et al.*，2008），能够改善土壤的酸化状况并提高酸化土壤的质量，增加作物的产量（Jeffery *et al.*，2011；袁金华和徐仁扣，2010）。

碳酸盐和有机阴离子是生物质炭中碱性物质的主要存在形态，是生物质发碱的主要贡献者。当生物质炭添加到酸性土壤中，生物质炭中的碳酸盐可以直接通过酸碱中和反应中和土壤酸度，提高土壤 pH 值；有机阴离子可以与质子发生缔合反应消耗质子。因此，低温下制备的生物质炭对土壤酸度的中和作用中有机阴离子的贡献比较大，而高温下制备的生物质炭中碳酸盐的贡献则较大。生物质炭中有机阴离子与 H^+ 的反应比较迅速，所以低温下制备的生物质炭可以很快地中和土壤的酸度。而碳酸盐中的结晶形态与 H^+ 的反应比较慢，因此高温条件下制备的生物质炭对土壤酸度的改良作用可以持续比较长的时间。不同热解温度下制备的生物质炭对土壤酸度的改良机制可以用图 6-4 概括。同时，生物质炭还可以通过与铝反应、吸附 Al^{3+} 及将高毒性的 Al^{3+} 转化到低毒性的

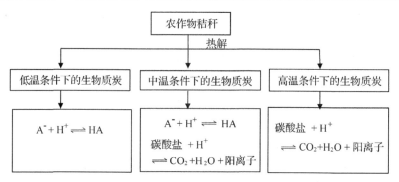

图 6-4 生物质炭改良土壤酸度的机理（A：有机阴离子）

（引自徐仁扣等，2013）

$Al(OH)_3$ 和 $Al(OH)_4^-$，从而降低酸性土壤的铝毒（Qian *et al.*，2013）。

因为生物质炭表面带有负电荷，具有很高的阳离子交换量，因此，将生物质炭作为土壤改良剂，还可以提高土壤的阳离子交换量，提高土壤对养分元素的吸持能力。生物质炭含有大量植物生长所需的氮、磷、钾和钙，并具有丰富的孔隙结构，可以增强土壤的保水能力、改善土壤物理结构和其他物理性质、促进土壤微生物的种群发展，并增强土壤微生物的活性、促进土壤养分的循环，从而可以促进植物的生长，提高作物产量（Steiner，2008；徐仁扣等，2013）。因此，生物质炭可以提高土壤的肥力，是具有很好应用前景的酸化土壤改良剂。

比较了由油菜秸秆、小麦秸秆、稻草、稻壳、玉米秸秆、大豆秸秆、花生秸秆、蚕豆秸秆和绿豆秸秆制备的生物质炭对安徽红壤酸度的改良作用，发现添加豆科植物物料制备的生物质炭的改良效果好于非豆科植物物料制备的生物质炭。生物质炭的总碱量是控制其对酸性土壤改良效果的关键参数，可用作筛选高效生物质炭改良剂的主要指标。

当然，生物质炭对土壤 pH 值的影响也与土壤本身的性质直接相关。张雯等（2013）采用小麦、糜子连续盆栽种植试验方法研究了生物质炭添加对盐碱土改良的效果，结果发现随着生物质炭施用量的提升，土壤 pH 值不增反而略有降低。进一步采用田间试验研究生物质炭施入量对盐碱土土壤性质及小麦温室气体排放效应的影响时发现，生物质炭对盐化海滨盐碱土具有改良作用，土壤 pH 值可以从 8.1 降为 7.78（赵宇侠等，2013）。原因可能是在高 pH 值的盐碱土中施加含丰富 K^+、Ca^{2+} 和 Mg^{2+} 的生物质炭可以有效改善土壤的盐基饱和度，从而起到调节土壤 pH 值的作用。此外，不同温度制备的生物质炭pH 值特性存在较大差异。一般认为低温制备的生物质炭（300~400 ℃），其 pH 值小于7；高温制备的生物质炭，其 pH 值高于 7（袁金华等，2011）。因此，生物质炭对土壤 pH 值的影响受其自身理化特性、添加量及其土壤 pH 值的综合因素的影响。

6.3.5.3 有机肥对土壤酸度的改良

由猪粪和鸡粪制备的有机肥，一般也呈碱性，可以改良酸性土壤。盆栽实验结果表明，在 pH 值为 4.2 的酸性红壤上种小麦，当不施用改良剂时出苗 32 d 后小麦苗全部死亡：按 10 g·kg^{-1} 和 30 g·kg^{-1} 比例施用猪粪提高了土壤 pH 值，降低土壤交换性 Al^{3+} 含量，不同程度缓解酸性红壤中的铝毒，增加了小麦地上部干物质重量（陈梅等，2002）。将猪粪与小麦秸秆混合，在一定条件下腐熟八周后施于酸性红壤中，发现土壤的 pH 值升高，土壤无机形态铝浓度降低；研究还发现施用猪粪和小麦秸秆对缓解铝毒的作用比用碳酸钙更明显（Shen et al.，2001）。在湖南祁阳开展的长期施肥试验结果表明，单施化肥导致土壤严重酸化，12 年后土壤 pH 值由 5.7 降低到 4.16~4.67；施用有机肥 12 年后土壤 pH 值提高到 6.39，N、P、K 与有机肥配合施用，土壤 pH 值提高到 5.94（王伯仁等，2005）。

随着我国畜禽养殖业向集约化、规模化发展，畜禽粪产生量不断增加，为有机肥生产提供了巨大的原料。但由于饲料添加剂被大量使用，畜禽粪中的重金属和兽药残留等有害物增加。对我国 7 个省（自治区、直辖市）的典型规模化养殖畜禽粪的主要化学组成的分析结果表明，规模化养殖畜禽粪中 Cu、Zn、As、Cr 含量较高，同时多有四环素残留，部分畜禽粪中会有土霉素和金霉素等抗生素残留（张树清等，2005）。因此，长期施用由畜禽粪制备的有机肥需要考虑有机肥中可能存在的有害物质对农产品品质的影响，并评估其生态环境风险。

6.4　案例解析

6.4.1　土壤酸化的预测

对人为因素导致的土壤酸化问题，我们可以通过适当的措施来减少外源酸的进入量以减缓土壤的酸化进程。例如，对于 SO$_2$ 可以通过使用清洁煤技术或对含硫量高的煤采用脱硫技术，从而达到减少 SO$_2$ 排放量的目的。对 NO$_x$ 主要要对汽车进行技术改造以减少尾气中 NO$_x$ 的排放量。但这些措施的应用无疑会增加成本，所以为了经济建设与环境保护的协调发展，必须制定一个合理的排放标准，即既保证我们的环境得到一定程度的保护，又不至于对经济建设造成太大的负担。这个标准的制定就必须依赖于对土壤酸化的预测研究。

用王敬华等（1994）提出的土壤酸敏感性分级方法对广东、广西和海南 3 省（自治区）土壤对酸沉降的敏感性进行分析和评价，并绘制土壤对酸沉降敏感性分区图（图 6-5）。图中对酸沉降最敏感区主要分布在两广的北部、雷州半岛北部和海南岛中西部；主要土壤类型为赤红壤、红壤和黄壤；成土母质主要为砂岩、花岗岩、第四纪红黏土和千枚岩等；土壤呈酸性和强酸性反应，pH 值在 4.0~5.0。敏感区位于南岭以南，土壤为赤红壤和红壤，还有一些水稻土；土壤母质为花岗岩、片岩和砂岩等；黏土矿物以高岭石为主，还含较多水云母、蛭石等 2：1 型矿物。微敏感区主要位于雷州半岛南部、珠江三角洲和海南东北部；土壤类型为玄武岩发育的砖红壤和赤红壤以及冲积物发育的水稻土；土壤呈酸性，pH 5.0~5.5。不敏感地区主要分布在广西的西北部、西南部和中部，土壤主要发育于石灰岩、非酸性砂岩和砂页岩；土壤风化和发育程度浅，黏土矿物以蛭

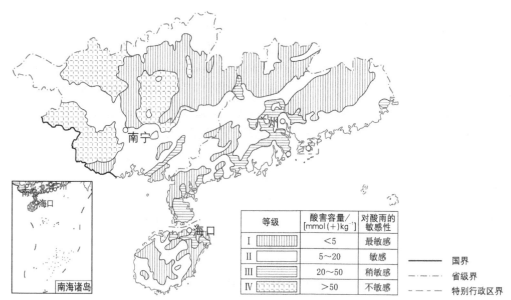

图 6-5　广东、广西和海南的土壤对酸沉降的敏感性分区概图

(引自王敬华等, 1994)

石和高岭石为主, 土壤 pH 值在 6.5 以上。

　　从分区概图来看, 如果不计石灰岩发育的土壤, 广东、广西和海南三省(自治区)的土壤对酸雨的敏感程度绝大部分属于最敏感和敏感两级。土壤对酸沉降的敏感性区划可以为酸沉降控制提供定性依据, 土壤对酸比较敏感的地区应该加强对酸性气体排放量的控制, 以降低酸沉降水平, 减缓酸沉降对土壤酸化的影响。

6.4.2　酸化农田土壤的改良实践

(1) 安徽郎溪田间试验

　　实验地土壤类型为第四纪红黏土发育的红壤, 为强酸性土壤。试验共设对照、碱渣(2250 kg·hm^{-2})、稻糠(7500 kg·hm^{-2})、碱渣(2250 kg·hm^{-2})和稻糠(7500 kg·hm^{-2})、花生秸秆(7500 kg·hm^{-2})5 种处理, 每个小区长 10 m、宽 2 m, 以油菜和花生作为指示植物。改良剂于秋季油菜移栽前施入土壤, 按正常管理方式进行施肥等田间管理。第二年 5 月底油菜收获后种植花生, 9 月收获花生。试验结果表明, 油菜生长情况明显高于不施碱渣的对照处理, 与对照相比施用碱渣可使油菜增产 40%, 下茬花生增产 8%(表 6-10)。将碱渣与稻糠配合施用效果更佳, 该处理使油菜增产幅度达 41%, 花生增产幅度达 11%。单施碱渣以及碱渣与稻糠配施使土壤 pH 值和交换性盐基阳离子含量增加, 土壤交换性 Al^{3+}减少, 铝对植物的毒害程度减小(表 6-10)。油菜是酸敏感植物, 因此施用改良剂对油菜的增产效果更佳。施用稻糠和花生秸秆等作物残体也对土壤酸度有明显的改善, 提高了油菜和花生的产量。

表 6-10　施用不同改良剂后油菜产量、花生产量和土壤 pH 值的比较(2008 年)

处　理	产量/(kg·hm^{-2})		增产/%		土壤 pH 值	交换性盐基/(cmol$_c$·kg^{-1})	交换性酸/(cmol$_c$·kg^{-1})
	油菜	花生	油菜	花生			
对　照	1635	2465	—	—	4.15	4.86	4.87
碱　渣	2284	2666	40	8	4.35	6.52	
稻　糠	2201	2726	35	11	4.32	5.19	3.77
稻糠+碱渣	2310	2741	41	11	4.39	5.55	3.43
花生秸秆	2250	2910	38	18	4.44	5.31	3.06

（2）江西鹰潭刘家站

在江西鹰潭刘家站开展的酸性旱地红壤酸度改良田间试验也获得满意的结果(表 6-11)。实验地土壤类型也为第四纪红色黏土发育的红壤，为酸性土壤，种植制度为油菜/花生(芝麻)轮作。实验共设置 7 个处理：对照、碱渣、石灰、紫云英、稻糠、稻糠+碱渣和稻糠+石灰。每个小区面积为 182 m^2，以油菜、花生和芝麻作为指示植物，每年种植两季作物，秋季种植油菜，夏季油菜收获后种植花生或芝麻。紫云英和稻糠的用量为 7500 kg·hm^{-2}，碱渣和石灰施用量为 2250 kg·hm^{-2}。结果表明，施用碱渣和石灰等无机改良剂的增产效果好于有机改良剂如稻糠和紫云英，但将稻糠与碱渣或石灰配合施用效果好于无机改良剂单独施用。如施用碱渣和石灰处理，油菜产量分别增加 13% 和 162%；稻糠与碱渣或石灰配合施用，油菜分别增产 153% 和 172%。不同改良剂对芝麻的增产效果的大小顺序与油菜试验相同，但增产幅度比油菜小，为 6%～27%。

表 6-11　改良剂对旱地红壤油菜、花生和芝麻产量的影响

处　理	油菜		花生		芝麻	
	产量/(kg·hm^{-2})	增产/%	产量/(kg·hm^{-2})	增产/%	产量/(kg·hm^{-2})	增产/%
对　照	588.0	—	3432.4	—	1081.5	—
紫云英	673.5	14.6	3834.9	11.7	1147.5	6.2
稻　糠	900.0	53.2	3802.3	10.8	1146.0	6.0
碱　渣	1366.5	132.8	3803.6	10.8	1296.0	19.9
石　灰	1539.0	162.0	3924.0	14.3	1257.0	16.4
碱渣+稻糠	1483.5	152.6	3957.8	15.3	1333.5	23.4
石灰+稻糠	1597.5	171.9	4022.8	17.2	1377.0	27.4

根据江西和安徽两地田间实验结果，可以将有机/无机改良剂的施用方法概括如下：该酸化改良技术主要针对江西和安徽第四纪红色黏土发育的酸性红壤旱地，花生(芝麻)/油菜轮作模式。采用有机/无机复合改良技术可以取得更好的改良效果。采用的有机改良剂为作物秸秆等农业废弃物，包括粉碎稻草、粉碎油菜秸秆和稻糠等。根据土壤酸度度情况，一般土壤 pH 值在 4.5~5.5，无机改良剂用量为 2250 kg·hm^{-2}，有机改良剂施用量为 7500 kg·hm^{-2}。对 pH<4.5 的强酸性土壤，无机改良剂用量为 3375 kg·hm^{-2}，有机改良剂施用量为 7500 kg·hm^{-2}。具体施用方法：在油菜或花生播种前，土壤翻耕后将改良剂均匀撒施于表土中，用钉耙将土壤与改良剂混合均匀，一周后播种即可。

思考题

1. 土壤发生酸化的主要机理是什么？
2. 哪些人为活动可能加速土壤酸化？
3. 土壤酸化的危害有哪些？
4. 常见的土壤酸化治理措施有哪些？各自有什么优缺点？

推荐阅读书目

1. 陈怀满，朱永官，董元华，等．环境土壤学(第 2 版)．科学出版社，2010.
2. 陈怀满，朱永官，董元华，等．环境土壤学(第 3 版)．科学出版社，2018.
3. 徐仁扣，等．酸化红壤的修复原理与技术．科学出版社，2013.
4. 孙波，等．红壤退化阻控与生态修复．科学出版社，2011.

第 7 章

土壤的盐渍化

盐碱地是世界性的主要生态环境问题之一，也是地球上广泛分布的一种土壤类型，约占陆地总面积的 25%，总计约 10×10^8 hm^2，从美洲、欧亚大陆到大洋洲，遍及各个大陆及亚大陆地区。我国约有各类盐碱地 9900×10^4 hm^2，其中现代盐渍化土壤 3700×10^4 hm^2，残余盐渍化土壤 4500×10^4 hm^2，潜在盐渍化土壤 1700×10^4 hm^2，主要分布在东北、华北、西北内陆地区以及长江以北沿海地带。盐渍土土层深厚、地势平坦，是宝贵的耕地后备资源，探讨我国土壤盐渍化的现状、形成因素、防治措施以及改良利用经验，对开发利用土地资源、确保耕地的永续利用具有重要意义。

7.1 土壤的盐化和碱化

盐渍化是指在特定气候、土壤、水文地质及地形地貌等自然背景条件下，或人为因素的影响下，自然盐碱成分在土体中累积，使得其他类型的土壤逐渐向盐渍土演变的成土过程。次生盐渍化，通常指在自然积盐的背景下，由于人为灌溉措施不当造成的土壤盐渍化。

盐化或碱化形成的一系列土壤，称为盐渍土。盐渍土是盐土、碱土和各种盐化土、碱化土的统称。

7.1.1 盐土

盐土是指土壤中可溶盐含量达到对作物生长有显著危害的程度的土类。其中以氯化钠（食盐）和硫酸钠（芒硝）为主。氯化物为主的盐土毒性较大，含盐量的下限为 0.6%；硫酸盐为主的盐土毒性较小，含盐量的下限为 2%。氯化物—硫酸盐或硫酸盐—氯化物组成的混合盐土毒性居中，含盐量下限为 1%。含盐量小于这个指标的，就不列入盐土范围，而列为某种土壤的盐化类型，如盐化棕钙土、盐化草甸土等。由于盐土的面积大，改良盐土，必须采用综合治理，改良与利用结合，因地制宜，因时制宜，通过改良后提高地力，在农业生产上有着重要的意义。

盐化是指土壤由于盐分积聚而缓慢恶化的过程。在蒸发作用下，地下浅层水经毛细管输送到地表被蒸发，毛细管向地表输水的过程中，也把水中的盐分带到地表，水被蒸发后盐分留在了地表及地面浅层土壤中，导致盐分积累，同时没有足够的淡水淋洗并将其排走，就形成了土壤盐化。当土壤含盐量超过 0.3% 时，形成盐土。盐土 pH 值不一定太高，土壤不一定成强碱性。

7.1.1.1 分布与形成

（1）分布

盐土是盐碱土中面积最大的类型。中国盐土分布地域广泛，主要分布在北方干旱、半干旱地带和沿海地区，如中国西北新疆、甘肃、青海、内蒙古、宁夏等省（自治区）地势低平的盆地、平原中。其次在华北平原、松辽平原、大同盆地以及青藏高原的一些湖盆洼地中都有分布。滨海地区的辽东湾、渤海湾、莱州湾、海州湾、杭州湾，包括台湾在内的诸海岛沿岸，也有相当面积存在。

中国盐土不仅地区之间的差别较大，而盐土的分布且同一地区积盐状况也有很大不同。

1）西北内陆区

在新疆塔里木、甘肃河西走廊、青海柴达木等地区，盐土呈大面积分布。这里气候干旱，降水稀少，土壤长年处在积盐过程中。不仅积盐的程度重，形态多，盐分组成变化复杂，同时积盐途径也多样。面积最大、分布最广的代表性类型是典型盐土，它广泛分布在洪积、冲积扇形地边缘溢出带的中下部，干三角洲的中下部，以及湖滨平原，河漫滩阶地上。部分区域地下水位 1.5~3 m 或 4 m，矿化度 5~30 g·L^{-1}，高的达 40~50 g·L^{-1}，聚盐层厚度一般在 10 cm 以上，最厚的可达 40~50 cm。积盐的形态，有以盐结皮为主、结皮疏松层为主、疏松层为主和盐结壳为主等不同状况。

2）内蒙古河套

在内蒙古河套平原及宁夏银川平原地区，盐土与耕地灌淤土交错分布，这里处在向干旱漠境过渡的交接地段，表层土壤含盐量多在 3%~10%，个别高的可达 30% 甚至 50%，心土含盐也在 1%~2% 以上。积盐状况有下列几种：分布在洼地边缘的，生长稀疏盐爪爪、白茨、芦草、碱蓬等耐盐植物，表层有薄层盐结皮，盐分组成以氯化镁—钠为主，这种盐土称为结皮盐土，有的结皮中含较多碳酸氢钠，碱性较大，为碱化结皮盐土。分布在地形微高起部位的盐土，生长海蓬子、芨芨草为主，表层除形成盐结皮外，下面还有 2~5 cm 疏松粉末状聚盐层，盐分组成以氯化物—硫酸盐—镁—钠为主。由于硫酸盐被蒸干失水后，体积缩小，使土内产生空隙，形成粉末疏松聚盐层，这种盐土称为结皮疏松盐土。分布在低湿积水边缘的盐土，积盐过程与沼泽过程交替进行，表层形成盐结皮，心土、底土中的潜育现象明显，盐分组成，银川平原表土以硫酸钠为主，以下土层为氯化物—硫酸钠类型；河套平原既有全以氯化钠为主的，又有以氯化物—硫酸钠为主的，这类盐土差不多都含有较多碳酸氢钠，土壤碱性一般较大，可称作碱化沼泽盐土。

3）黄淮海平原

在黄淮海平原地区，盐土一般多为斑块状插花分布，地形为小型洼地和大型洼地的边缘地段。植被很少，多为光板地，或仅有稀疏柽柳、盐蒿等耐盐植物。表土有 1~5 cm 厚的盐结皮，上边多白色盐霜，含盐量 1%~3.5%，以下土层至 150 cm，个别含盐超出 1% 外，多在 0.1%~0.9%，属草甸盐土类型，盐分组成不一致。在部分河流两岸的洼地中，有少数含苏打较多的碱化草甸盐土存在。

4) 东北松辽平原

在东北松辽平原地区，盐土零星分布在暗色草甸土、灌淤土或沙丘间低平甸子地中，生长少量碱蓬、芦草、西北利亚蓼、碱蒿等。表土为 1~3 cm 盐结皮或松散盐粉末，含盐量 1%~8%，盐分组成以碳酸钠和碳酸氢钠为主，以下至 100 cm，含盐量 0.1%~0.8%，盐分组成以碳酸氢钠和碳酸钠为主，整个剖面的碱性都比较高，pH 9.5~10.5，通常称作碱化草甸盐土或苏打草甸盐土。主要原因是土壤下部的岩层和地下水都含有一定数量的苏打，在积盐过程中逐步形成苏打盐土。

5) 滨海地区

滨海地区的盐土通称滨海盐土。它的最大特点：一是土壤和地下水的盐分组成与海水一致，都是以氯化钠为主，因此又称为氯化物盐土；二是含盐量除表土稍多外，以下土层都比较均匀，这两点是它区别于其他盐土最主要的地方。

滨海盐土积盐状况有以下几种：一种是距海稍远地段，草甸植被较多，土壤积盐程度较轻，含盐量表层为 2%~3%，以下至 150 cm 差不多在 1% 左右，土壤有机质和锈斑较多，这种类型称为滨海草甸盐土。一种是距海较近，经常受海潮侵袭的海陆交接地段，地面植物很少或仅有少量耐盐的，土壤发育很差，积盐程度较重，表土含盐量为 7%~8%，以下土层至 100 cm 含量为 2%~4%，这种类型是典型的滨海盐土。还有一种是在南海沿岸，地形低洼，土壤水分过多，潜育特征比较明显，生长芦苇、茳芏(咸水草)植物为主，表土含盐量 1%~2%，以下土层含盐 0.6%~1.5% 的，称为滨海草甸沼泽盐土；在静风浅水海湾生长红树林群落为主，表土含盐量 1%~2%，以下土层含盐 0.8%~1.5% 的，称为滨海红树林沼泽盐土；在岛周咸水湖边间歇积水地段生长马齿苋等耐盐植被为主，表土含盐量 4% 左右，以下土层含盐 0.5%~1.5% 的，称为滨海沼泽盐土。除滨海草甸盐土和滨海盐土两种沿海岸呈大面积的带状分布外，其他的多呈斑点状或窄条状断续分布。

(2) 气候

除海滨地区以外，盐渍土分布区的气候多为干旱或半干旱气候，降水量小，蒸发量大，年降水量不足以淋洗掉土壤表层累积的盐分。由于季风气候影响，四季明显导致我国盐碱地区土壤盐分状况的季节性变化。夏季降雨集中，土壤产生季节性脱盐，而春、秋干旱季节，蒸发量小于降水量，又引起土壤积盐。各地土壤脱盐和积盐的程度随气候干燥度的不同有很大差异。此外，在东北和西北的严寒冬季，由于冰冻而在土壤中产生温度与水分的梯度差，也可引起土壤心土积盐。气候干旱、排水不畅和地下水位过高，使盐分积聚土壤表层的数量多于向下淋洗的数量，结果导致盐渍土的形成，这是引起土壤积盐的重要原因。

(3) 地形

地形是影响土壤盐渍化的形成条件之一。地形高低起伏和物质组成的不同直接影响到地面和地下径流的运动，也影响土体中盐分的运动。从大地形看，水溶性盐随水从高处向低处移动，在低洼地带积聚。因此，在内流封闭盆地、半封闭径流滞缓的河谷盆地、泛滥冲积平原、滨海低平原及河流三角洲等不同地貌环境条件下，形成不同类型的区域盐渍土景观。例如，在华北平原、山麓平原坡度较陡，自然排水通畅，土壤不发生盐碱化。冲积平原的微斜平地，排水不畅，土壤容易发生盐碱化，但一般程度较轻；而洼地及其边缘的坡地或微倾斜平地，则分布较多盐渍土。在滨海平原，排水条件更差，又受海潮影响，盐分大量聚积程度更重。总之，盐分随地面、地下径流由高处向低处汇集，积盐状况也由高处到低处逐渐加重。从小地形（局部范围内）来看，土壤积盐情况与大地形正相反，在低平地区的局部高起处，由于蒸发快，盐分可由低处移到高处，导致积盐较重。所以，由于地面径流和地下径流随地形条件的变化，在中小地形的低洼部分，分布着不同类型的盐渍化土壤，无论是盐分的含量或组成，都可以明显地观察到盐分的地貌分宜，从而形成斑状盐渍土景观。

地形还影响盐分的分移，由于各种盐分的溶解度不同，溶解度大的盐分可被径流携带较远，而溶解度小的则携带较近，在不同地形区表现出土壤盐分组成的地球化学分异。由山麓平原、冲积平原到滨海平原，土壤和地下水的盐分一般是由重碳酸盐、硫酸盐逐渐过渡至氯化物（图7-1）。

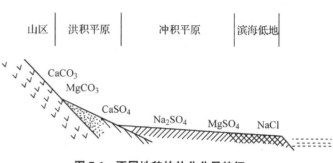

图7-1 不同地貌的盐分分异特征

（引自李保国，2014）

（4）水文及水文地质条件

水文及水文地质条件与土壤盐渍化有十分密切联系，特别是地表径流和地下径流的运动和水化学特性，对土壤盐渍化的发生和分布具有更为重要的作用。

地表径流影响土壤盐渍化有两种主要方式：一是通过河水泛滥或引水灌溉，使河水中盐分残留于土壤中；二是河水渗漏补给地下水，抬高河道两侧的地下水位，导致地下水中的盐分上行积累。地表径流影响土壤盐渍化的强弱程度，主要取决于河水含盐量的大小。在高原湖盆洼地边缘，不同地貌单元的低平地区，这里为地面径流和地下径流汇集之地，径流不畅，地下水位一般在1~4 m。

在干旱地区，地下水位的深浅和地下水的矿化度的大小，直接影响着土壤的盐渍化程度。在干旱季节，不致于引起表层土壤积盐的最浅地下水埋藏深度，称为地下水临界深度。临界深度一般3 m，但并非一个常数，是因具体条件不同而异的，其影响因素主要有气候、土壤、地下水矿化度和人为措施，地下水位埋藏越浅，地下水越容易通过土壤毛管上升至地表，蒸发散失的水量越多，留在表土的盐分就越多，尤其是当地下水矿化度大时，土壤积盐更为严重。

随着所处地形坡度的下降，从上游到下游，地下水位和地下水矿化度则相对增高，地表径流和地下水化学组成也相应发生盐渍地球化学分异，形成不同类型的盐渍化土壤，这种土壤盐渍地球化学分异规律的出现主要是在地形、水文和水文地质等因素综合影响下形成的。

（5）母质

母质对盐渍土形成上的影响，一是母质本身含盐，含盐的母质有的是在某个地质历史时期聚积下来的盐分，形成古盐土、含盐地层、盐岩或盐层，在极端干旱的条件下盐分得以残留下来成为目前的残积盐土；二是含盐母质为滨海或盐湖的新沉积物，由于其出露成为陆地，而使土壤含盐。

在北方干旱、半干旱地区，大部分盐碱土都是在第四纪沉积母质基础上发育形成的，它包括河湖沉积物、海相沉积物、洪积物和风积物等，这些沉积母质多含一定可溶性盐分。发育在冲积平原中上部的各类盐碱土，土壤质地多以壤质土为主，或粉砂壤，在冲积平原下部或河间低地和湖盆洼地多为黏壤质或黏土。

有些地区土壤盐渍化与古老的含盐地层有一定联系，特别是在干旱地区，因受地质构造运动的影响，古老的含盐地层裸露地表或地层中夹有岩盐，故山前沉积物中普遍含盐，从而成为现代土壤和地下水的盐分来源。新疆天山南麓前山带白垩纪和第三纪地层中含盐很多，以致在洪积—坡积物上广泛存在盐土。

（6）植物

有些盐碱地植物的耐盐力很强，能在土壤溶液渗透压很高的土地上生长，常见的盐土植物有碱蓬、猪毛菜、砂藜、白滨藜、海莲子等。这些深根性植物能从深层土壤或地下水吸取大量的水溶性盐类，将盐分累积于植物体中，积聚的盐分可达植物干重的20%～30%，甚至高达40%～50%，植物死亡后，有机残体分解，盐分便回归土壤，逐渐积累于地表，因而具有一定的积盐作用。此外，还有植物能够把集聚在体内的盐分分泌出来，增加了土壤中的盐分，如生长在荒漠区的胡杨、龟裂土表的蓝藻等。

由上述原生盐渍土的形成可以看出，除气候条件外，决定土壤积盐大于脱盐的水盐运动条件是土壤盐渍化得以发生的关键。

7.1.1.2 盐土形成过程、剖面形态特征及基本理化性状

（1）形成过程

盐化过程是指地表水、地下水以及母质中含有的盐分，在强烈的蒸发作用下，通过土体毛管水的垂直和水平移动逐渐向地表积聚的过程。盐化过程由季节性的积盐与脱盐两个方向相反的过程构成，但水盐运动的总趋势是向着土壤上层，即一年中以水分向上蒸发、可溶盐向表土层聚集占优势。

1）现代积盐过程

在强烈的地表蒸发作用下，地下水和地面水以及母质中所含的可溶性盐类，通过土壤毛管，在水分的携带下，在地表和上层土体中不断累积。土壤现代积盐过程又有以下几种情况：

①海水浸渍影响下的盐分累积过程 即土壤与地下水中的盐分主要来自海水。在滨海地带的成陆阶段时，河流携带大量泥沙入海，由于受海水潮汐的顶托，不断在近海沉淀下来，当其还处于水下堆积阶段时，就为高矿化海水所浸渍，随着成土作用的进行，可溶性盐类开始重新分配并且向地表运移、积累进而形成盐渍土。其特点是：土壤、地下水与海水中的盐分组成一致，即以氯化物为主；不仅土壤表层积盐重，而且心底土的含盐量也很高，仍与原始盐渍淤泥相近。

②区域地下水影响下的盐分累积过程 即不同矿化度的地下水会在土壤内通过毛细

作用将水溶性盐类累积于表层土壤中。这是土壤现代积盐过程最基本和最普遍的形式，但是这又与地下水埋藏深度及水质有关。通常是地下水位越高，矿化度越大，土壤越容易积盐；反之，越不容易积盐，积盐量也减轻。当然在地下水位浅和矿化度较低的地区，在强烈的蒸发条件下，也会导致土壤强烈积盐。主要特点是：土壤积盐除强烈的表聚性外，心底土也有较明显的积盐；土壤含盐量自表层向下递减；土壤积盐层的含盐量和厚度随气候干旱程度的增加而增加；土壤和地下水中的盐分组成基本一致。

③地下水和地面渍涝水双重影响下的盐分累积过程　以地下水起主导作用，土壤盐分累积的重要因素是地表渍涝积水，地面渍涝水的下渗补给，抬高了地下水位，并将土体中盐分溶解带到积水洼地周边，造成表聚与盐分的重新分配的过程。在一些湖沼四周和积水洼地，盐渍化土分布更为普遍。另外，在发展农业灌溉时，不能科学地分配水量，过多地消耗灌溉用水，使土壤形成次生盐渍化，均为这种积盐过程的结果。其特点是：土壤积盐的表聚性很强，表层土壤的盐组成与地下水和地表水的盐分组成不一致。

④地面径流影响下的盐分累积过程　这是指在干旱地区，冰雪融水和暴雨汇聚的淡质地区径流，流经含盐很高的岩层而成为矿化的地面径流，在流出口由散流将大量盐分与夹持的泥沙悬浮物一起沉积在洪积扇上部，再经强烈蒸发使盐分聚积的过程。这一过程的特点是：地下水很深，但仍不断发生现代盐分积聚作用，土壤中盐分的分布状况与由地下水影响所形成的盐渍土相似。

2) 残余积盐过程

土壤残余积盐过程是指在地质历史时期，土壤曾进行过强烈的积盐作用，形成各种盐渍土。此后，由于地壳上升或侵蚀基准面下切等原因，改变了原有的导致土壤积盐的水文和水文地质条件，地下水位大幅度下降，不再参与现代成土过程，土壤积盐过程基本停止；同时，由于气候干旱，降水稀少，以致过去积累下来的盐分仍大量残留于土壤中。该过程的特点是：地下水位很深，土壤含盐量仍较高，其最大积盐层往往不是地表或表层，而是在亚表层或心土层部位，有的呈盐磐状。

(2) 剖面形态特征

盐土一般没有明显的发生层次，典型盐土以地表有白色或灰白色的盐结皮、盐霜或盐结壳为剖面特征。

A_Z 层：表层盐分集聚层，一般表层有 0.5 cm 左右的盐分积聚的结皮、脆壳盐斑或蓬松的盐晶层；其下即为 A_Z 层，灰棕色，有少量植物根系及腐殖质，无结构、疏松。

B_Z 层：这是柱状型或脱盐型(图 7-2)盐分积聚特征，多有一定的盐分结晶出现，特别是当有黏质土层和 $CaSO_4$ 集聚的情况下更明显，石膏结晶颗粒直径可大至 0.2~0.5 cm。

单纯的土壤盐分积聚是一个简单的物理过程，所以盐土剖面形态以盐分积聚为标志。一般土壤剖面构型为 A_Z—B—C_g 或 A_Z—B_Z—C_g 两种类型，即盐分聚集于表层(表聚型)，或者是通体聚集(柱状型，图 7-2 所示)。

(3) 基本理化性状

盐土的主要特征是土壤表面或土体中出现白色盐霜或盐结晶，形成盐结皮或盐结壳。长期受地下水和地表水双重作用下发生的盐土，由于所处气候条件的不同，土壤积盐状况差异很大，并与蒸降比(年平均蒸发量与降水量之比)呈正相关；蒸降比越大，土

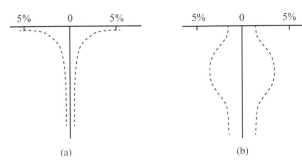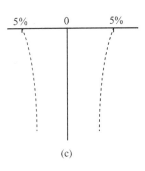

图 7-2　土壤盐分剖面示意

(a)表聚型　(b)脱盐型　(c)柱状型

壤积盐越重，盐结皮或盐结壳越厚。在半湿润、半干旱地区盐土的积盐层和盐结皮较薄，盐分呈明显的表聚性，季节性变化大，但心、底土含盐量都低，盐渍土多呈斑块状分布。干旱和荒漠地区的盐土，积盐层和盐结皮较厚，一般在地表形成盐结壳，表层积盐量很高，底土的含盐量也高，盐分的季节性变化小，并呈片状分布。

1) 盐分组成

盐土中可溶性盐类主要由 Cl^-、CO_3^-、SO_4^{2-}、CO_3^{2-} 与 Na^+、K^+、Ca^{2+}、Mg^{2+} 等离子，在土壤中相互化合而形成有 $NaCl$、Na_2SO_4(芒硝、皮硝)、$NaHCO_3$(小苏打)、Na_2CO_3(苏打)、$CaCl_2$、$CaSO_4$(石膏)、$CaCO_3$(石灰)、$Ca(HCO_3)_2$、$MgCl_2$(盐卤)、$MgSO_4$(泻盐)、$Mg(HCO_3)_2$、$MgCO_3$(白云石)等。

① 中性盐类　主要是 $NaCl$、Na_2SO_4、$CaCl_2$、$MgCl_2$ 等，中性盐类主要因为溶解于土壤水中而产生渗透压来影响作物对水分的吸收，对植物细胞来说，就是这些离子对水分的亲和力而对细胞膜的吸水渗透产生反渗透，土壤溶液中这种盐分浓度较高，则植物根系吸水越困难。

② 碱性盐类　主要是 Na_2CO_3，由于它使土壤溶液产生 pH>9.0 以上的碱性和强碱性，其危害力大于中盐性类，原因是：第一，影响一些作物营养元素的溶解度，进而影响其有效性；第二，影响土壤的微生物活动；第三，腐蚀植物根系的纤维素；第四，影响土壤的物理性状。

2) 植物的耐盐生理及其耐盐度

① 植物的耐盐生理　植物在与土壤的盐碱危害的生存竞争中产生了不同的抗盐生理，根据抗盐性的不同植物可分成盐生植物和非盐生植物。盐生植物在生理上具有一系列的抗盐特征，根据它们对过量盐分的适应性不同可分为 3 类。

第一，聚盐性植物。这类植物对盐土的适应性很强，能生长在重盐渍土上，从土壤中吸收大量可溶性盐分并积聚在体内而不受害。这类植物的原生质对盐类的抗性特别强，能忍受 6% 甚至更浓的 $NaCl$ 溶液。它们的细胞液浓度很高并具有极高的渗透压，根的渗透压高达 40 个大气压以上，有些甚至可达到 70~100 个大气压，大大超过土壤溶液的渗透压，所以能从高盐浓度盐土中吸收水分，故又称为真盐生植物。常见的代表植物如盐地碱蓬、盐角草、碱篷等。

第二，泌盐植物。这类植物也能从盐渍土中吸取过多的盐分，但并不积存在体内，而是通过茎、叶表面密布的盐腺细胞把吸收的盐分分泌排出体外，分泌排出的结晶盐在茎、叶表面又被风吹雨淋扩散，这类植物称为泌盐植物。典型的代表植物如大米草、二色补血草、柽柳等。

第三，不透盐植物。又称为拒盐植物或抗盐植物。这类植物虽然能生长在盐渍土中，但不吸收土壤中的盐类，这是由于植物体内含有大品的可落性有机物，细胞的渗透压很高，使植物具有抗盐作用。生长在盐碱荒地中的猪茅、碱蓬等都是典型的不适盐植物。

②作物的耐盐度　即作物所能忍耐土壤的盐碱浓度，当然，不同的生育期有所差异，一般苗期耐盐能力差。

7.1.1.3 盐土的类型划分

（1）草甸盐土

草甸盐土广泛分布在中国干旱、半干旱甚至荒漠、半荒漠地区的泛滥平原、河谷盆地以及湖、盆洼地中。其演化过程为：草甸土→盐化草甸土→草甸盐土；或潮土→盐化潮土→草甸盐土。草甸盐土土类下分为草甸盐土、结壳盐土、沼泽盐土、碱化盐土4个亚类(图7-3)。

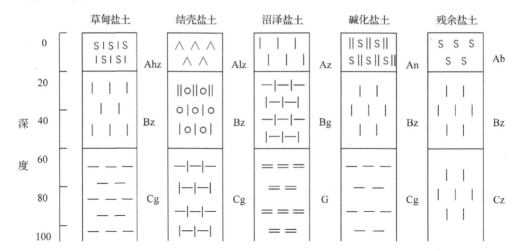

图7-3　盐土各亚类的剖面构型示意

(引自龚子同，1999)

（2）滨海盐土

滨海盐土分布在平原泥质海岸地区，由海域至陆域，首先是水下浅滩，其次为滨海盐渍母质区，最后为潮滩、光滩、草滩，渐次延展到广阔的滨海农区。

①滨海盐土盐化过程　因长期或间歇遭受海水的浸渍及高矿化潜水的共同作用，使土体积盐，含盐层的盐分含量高。积盐层深厚，可出现1~2层积盐层。

②滨海盐土形态特征　滨海盐土剖面形态由积盐层、生草层、沉积层、潮化层和潜育层等明显特征层次组成。

③滨海盐土土壤盐分状况　滨海盐土是海相沉积物在海潮或高浓度地下水作用下形成的全剖面含盐的土壤，其特点：一是盐分组成单一，以氯化物占绝对优势；二是全剖

面含盐，盐分表聚性差。滨海盐土含有大量的可溶性盐类，对作物生长有较强的抑制或毒害作用，一般农田缺苗或盐斑大于50%以上，多为大片盐荒地，仅能生长盐生植物。

④滨海盐土土壤养分状况　滨海盐土表层有机质积累少，其中滨海潮滩盐土亚类，全剖面基本上尚未形成有机质积累层，上、下层多呈均态分布。滨海盐土的整个土体中，钾素含量，特别是速效钾比较丰富。微量元素的含量，多数是硼、锰相对丰富，锌、铁、铜比较贫缺。

⑤滨海盐土的亚类　滨海盐土土类下分为滨海盐土、滨海潮滩盐土、滨海沼泽盐土3个亚类。

（3）酸性硫酸盐土

酸性硫酸盐土是热带、亚热带沿海平原低洼处，在红树林下形成的土壤，富含硫的矿物质累积，一经氧化便形成硫酸态物质，使土壤变成强酸性，pH 值可降至2.8的一种特殊的盐土类型。酸性盐酸盐土土层深厚，一般在1 m 以上，表土多呈棕灰色，心、底土呈灰蓝色，湿时松软无结构，干时多呈块状。

因表土下埋藏有较大量的红树林残体，它含有较多的有机硫化物，在嫌气条件下，不显酸性；但经围垦种稻后，其硫化物就被氧化，主要物质是游离硫酸和铁、铝、锰等酸性硫酸盐类的水解酸（即硫酸），在根孔和结构面上有黄色铁锈斑，pH<4.0，有时降至3.0左右。

（4）漠境盐土

中国干旱、漠境地区土壤积盐不同于前述草甸盐土（地下水升降活动导致积盐）之处在于：因其积盐不受或少受地下水活动直接影响，有时地下水位深达10 m 以上，其积盐情况仍很严重，有石膏磐与盐磐多种类型分异。盐分在剖面中含量高达500~700 g·kg^{-1}，有的是地质时期形成的大量盐分积累，属残余盐土类型。漠境盐土划分为漠境盐土、干旱盐土、残余盐土3个亚类。基本无开垦价值。

（5）寒原盐土

青藏高原西部的干旱湖泊边缘还有另一种积盐土壤，盐分来源于湖水，碳酸根及重碳酸根占阳离子总量的80%~90%，是地质时期残存积盐与近代湖泊干涸积盐相结合形成的产物，有时还具有特殊盐分组成，如硼酸盐盐土等；也有碱化盐土出现，现统称寒原盐土；分寒原盐土、寒原草甸盐土、寒原碱化盐土3个亚类。无开垦价值。

7.1.2　碱土

碱土（solonetz）是指土壤胶体中含交换性钠较多的土壤。一般以交换性钠占交换性阳离子总量的20%以上为碱土指标（碱化度），呈强碱性反应（pH 8.5~11）。主要分布于世界各大洲的内陆干旱、半干旱地区，碱土常与盐土相伴存在。

碱化过程是由于土壤脱盐时，土壤溶液中的钠离子与土壤胶体中的钙、镁离子相交换，使土壤表层碱性盐逐渐积累、交换性钠离子饱和度逐渐增高的现象。土壤呈强碱性反应。碱化过程使土壤物理性质恶化，土壤高度离散，湿时膨胀，干时板结，通透性很差，严重妨碍作物的生长发育。碱化过程往往与脱盐过程相伴发生，但脱盐并不一定引起碱化。

碱土主要是钠饱和度比较高，一般在20%以上，但各国分类标准有所不同。关于碱土与碱化，国际上惯用的碱土分类指标是碱化度（ESP）、电导率（EC）和pH值。美国提出土壤饱和浸提液的电导率小于4 mS·cm^{-1}（25 ℃），ESP>15，土壤pH值高于8.5的土壤称为碱土；碱化度为5%~15%的土壤则称为碱化土壤。联合国粮农组织编制的世界土壤图例中把确定碱土的碱化B层的钠饱和度大于15%作为指标，印度则把碱土的ESP指标定为30%。中国科学院南京土壤研究所提出的土壤系统分类则把划分碱土的ESP指标定为大于20%。实际上，在质地较沙，有机质含量少，土壤胶体吸收容量很低的情况下，土壤胶体吸附少量的钠离子时，即显很高的碱化度。如黄淮海平原的碱土，当ESP达40%时小麦的出苗和生长受到严重抑制，故认为这可作为该地区碱土与碱化土壤的分界值，为此，第二次全国土壤普查分类系统中，将ESP大于45%作碱土的诊断确定指标。

7.1.2.1 碱土分布

碱土在中国的分布相当广泛，从最北的内蒙古呼伦贝尔高原栗钙土区一直到长江以北的黄淮海平原潮土区；从东北松嫩平原草甸土区经山西大同、阳高盆地、内蒙古河套平原到新疆的准噶尔盆地，均有局部分布，地跨几个自然生物气候带。中国碱土总面积虽然不大，且均呈零星分布。碱土常与盐渍土或其他土壤组成复区。

7.1.2.2 碱土形成过程、剖面形态特征

（1）形成过程

土壤碱化过程可发生在土壤积盐过程，也可发生于土壤脱盐过程，或土壤积盐和脱盐反复过程中，但只有当中性钠盐盐渍土在稳定脱盐后，土壤才显示明显的碱化特征而形成碱化土壤。其特点是：土壤含有较多的交换性钠，pH值很高（一般在9以上），或多或少含可溶性盐。碱化土壤土粒高度分散，湿时泥泞，干时板结紧硬，呈块状或棱柱状结构。

碱化过程是指交换性钠不断进入土壤吸收性复合体的过程，又称为钠质化过程。碱土的形成必须具备两个条件：一是有显著数量的钠离子进入土壤胶体；二是土壤胶体上交换性钠的水解。阳离子交换作用在碱化过程中起重要作用，特别是Na^+-Ca^{2+}离子交换是碱化过程的核心。碱化过程通常通过苏打（Na_2CO_3）积盐、积盐与脱盐频繁交替以及盐土脱盐等途径进行。

土壤中苏打的来源：

①岩石的风化（主要来源）　如火成岩与沉积岩风化释放出碱金属，碱金属与有机体所释放的二氧化碳作用形成苏打。

②物理化学作用　如土壤胶体复合体所吸着的交换性钠离子与土壤中的碳酸钙或碳酸作用形成苏打。

③中性钠盐与$CaCO_3$作用　中性钠盐（硫酸钠或氯化钠）与碳酸钙作用形成苏打；以及碳酸钙中的钙进入土壤吸收复合体代换出的钠与二氧化碳结合形成苏打。

④生物化学还原作用　生物的选择吸收可以促进游离碳酸钠的形成，同时含钠的生物体经过矿化也可产生碳酸钠。另外，硫酸钠的生物化学还原过程也能够形成苏打。

⑤生物作用　包括植物残体分解的钠与二氧化碳作用形成苏打。在含有有机质和嫌气环境条件下，硫酸盐经过微生物还原作用形成苏打。

（2）剖面形态特征

由于碱化度高（如>45%）时，土壤表层的胶体物质（包括有机胶体和矿物胶体）开始呈高度的钠质分散状态，并随下降的土壤水流而向下层渗移，因此土壤表层有机质减少，其中特别是亚表层由于缺乏应有的地表腐殖质补充而形成颜色较浅的层片状结构的 SiO_2 含量较高的层次（E）。与此同时，在 B 层由于大量的钠质胶体积聚，形成比较紧实的、暗棕色的块状或柱状结构，为 Btn 层。而结构表面还经常覆有由于上层矿物胶体进行碱性水解所产生的 SiO_2 的悬移粉末。因此，碱土一般具有 Ah-（E）-Btn-Cyz 的剖面构型。由于 pH 值较高，所以 $CaCO_3$ 可在不同剖面深度淀积。

①表层（Ah）　暗灰棕，有机质含量 $10 \sim 30 \ g \cdot kg^{-1}$（草甸碱土可高达 $60 \ g \cdot kg^{-1}$），为淋溶状态，盐分不多（$<5 \ g \cdot kg^{-1}$），但 pH 值为 $8.5 \sim 10$ 以上。

②脱碱层（E）　由于脱碱化淋溶，矿物胶体遭破坏，R_2O_3 向下淋溶，因而形成具有颜色较浅质地较轻的脱碱层。

③碱化淀积层（Btn）　暗棕，有柱状结构并有裂隙，质地黏重，紧实，并往往有上层悬移而来的 SiO_2 粉末覆于上部的结构体外。

④盐分与石膏积聚层（Bcyz）　一般有盐分与石膏积聚，但 pH 值却较高。

（3）碳酸钠对作物的危害

①使土壤养分的有效性降低　由于 pH 值增大，使土壤中的许多作物营养元素降低其溶解度而变为有效性降低，如磷、铁、锌等。同时，硼、锰、铜等微量元素，在碱性土壤中有效性大幅降低，影响植物的营养状况，致使植物发生各种病症。

②不利土壤微生物的活动　土壤微生物一般最适宜的 pH 值是 $6.5 \sim 7.5$ 的中性范围。过碱则严重地抑制土壤微生物的活动，从而影响氮素及其他养分的转化和供应。

③破坏土壤结构　由于碱化土中大量的代换性钠离子充分分散土壤胶体，难以形成良好的土壤结构，特别是碱化淀积层（Btn），植物穿插困难，不利于作物生长。而且难与耕作。

④易产生各种有毒害的物质　碱性土壤中可溶盐分达一定数量后，会直接影响作物的发芽和正常生长。含碳酸钠较多的碱化土壤，对作物毒害作用更强。

7.1.2.3　碱土的亚类划分

碱土在中国分布面积不大，零星分布在东北、内蒙古、新疆以及黄淮海平原等地。在中国的碱土亚类划分中一般可分为草甸碱土、草原碱土、龟裂碱土与镁质碱土等。

（1）草甸碱土（meadow solonetz）

草甸碱土以碱化过程为主，伴随草甸和盐化附加过程，又称为盐化碱土。主要分布在半干旱区，多生长耐盐的草甸草原植物。区别于其他碱土亚类的形态特点是，在碱化层之下为锈色的、浅灰色的潜育层。草甸碱土一般都受一定的地下水的影响，故表层有轻微的季节性的积盐与脱盐而发生碱化。草甸碱土包括瓦碱与草甸构造碱土，实际上这两者在发育与剖面形态差别是很大的。

①瓦碱　又称"缸瓦碱""牛皮碱"，分布在黄淮海平原和汾渭河谷平原。多呈斑状插花分布于耕地中。其地下水埋深多在 2 m 左右，矿化度 1~2 g·L⁻¹。瓦碱的形成主要是盐渍土在积盐和脱盐频繁交替过程中，钠离子进入土壤吸收性复合体而使土壤碱化，以及低矿化地下水中重碳酸钠和碳酸钠在上升积累过程中使土壤碱化，所以也可认为是处于土壤碱化过程发展的起始阶段。瓦碱剖面无明显的淋溶层、碱化层和积盐层等发生层次，只在地表有灰白色、板结的瓦状的结壳，瓦状结壳背面多海绵状孔隙，其心土和底土形态与当地的潮土相似。瓦碱中一般含盐量不超过 5 g·kg⁻¹，心土、底土含盐量小于 1~2 g·kg⁻¹，以重碳酸钠和碳酸钠为主，碱化度为 20%~40%，高的可达 50%~70%，pH值达9或9以上。

②草甸构造碱土　草甸构造碱土当地又称"暗碱土"或"碱格子"土。多分布于松辽平原，内蒙东部和北部，山西境内沿长城内外各盆地的低阶地上。与苏打盐土成复区，插花分布于小地形较高处。草甸构造碱土由苏打盐土逐渐脱盐而成。其具有明显分异的淋溶层(Ah 与 (E) 层)、碱化层(Btn)和积盐层(Byz 与 Cz)。淋溶层为质地较轻，呈疏松片状、鳞片状的浅灰或棕灰色薄层、碱化层为紧实而具有垂直裂隙的柱状或棱柱状结构层，以下为积盐层。草甸构造碱土的地下水埋深多为 2~3 m，矿化度约 3 g·L⁻¹，多为苏打水，其淋溶层和碱化层含盐不超过 5 g·kg⁻¹，以碳酸钠和重碳酸钠为主，碱化度为 30%~70%，甚至更高，土壤 pH 值都在 9 以上。

（2）草原碱土

本亚类的现代成土过程主要是脱碱草原化过程，过去也称碱土，它主要分布在东北大兴安岭以西的蒙古高原，呈斑块状与黑钙土、栗钙土组成复区。地下水位深，在 5~6 m 或以下。草原碱土与草甸构造碱土在发生上有密切联系。这是由于地质历史上的气候变迁和侵蚀基面下切，使草甸构造碱土的地下水位下降，逐渐变成草原碱土。因此，其性状与草甸构造碱土相似，有明显的淋溶层、碱化层及积盐层。在草原碱土分布地区，由东向西干燥度逐渐增大，地带性土壤由黑钙土、暗栗钙土过渡至栗钙土，因而使草原碱土腐殖质层厚度逐渐变薄。含量减少，土壤颜色由深暗而变浅，柱状碱化层的出现部位由深变浅而逐渐接近地表，因而也可分为深位、中位和浅位。积盐层也由深变浅。

（3）龟裂碱土

龟裂碱土分布在漠境和半漠境地区，俗称"白僵土"。如新疆、甘肃、宁夏和内蒙古河套平原。龟裂碱土地下水位深，在 4~7 m 或以下。地下水不参与现代成土过程。龟裂碱土主要是通过地面间歇水的淋溶，使盐化土壤产生脱盐而形成的。在干湿交替和冻融作用下，逐渐形成短柱状或馒头状碱化层，地表呈现龟裂。龟裂碱土上几乎无高等植物，仅在春夏地而短暂湿润时期，生长一些斑状的藻类或地衣。因此，其地表有极薄的黑褐色藻类结皮层，下为 1~5 cm 的灰白色轻质淋溶层，下垫 1~2 cm 厚的鳞片或层片状结构，较紧实，脆而易碎的过渡层；再下为黏重，紧实，呈短柱状的碱化层；碱化层下为盐化层及母质层。土壤的碱化度高，为 20%~60%，个别可达 70%~90%。pH 值则达10。

（4）镁质碱土

镁质碱土碱化度高达 70%~90%，含盐量亦较高，可达 2~20 g·kg⁻¹。所以也有称为镁质盐土。镁质碱土的土壤碱度主要来自镁的碳酸盐和重碳酸盐，而不是苏打，因为当土壤吸收复合体中 Ca^{2+}、Mg^{2+} 和 Na^+ 呈一定比例（Mg^{2+} 占盐基总量的 35%~40%）存在时，Mg^{2+} 的作用近似于 Na^+，导致土壤碱化。镁质碱土与钠质碱土剖面的显著不同在于：镁质碱土剖面层次不明显，呈整块垒结，而钠质碱土最典型的特点是分散的胶体颗粒沿剖面移动，并形成疏松的片状结构的淋溶层和坚实的柱状或棱柱状结构的淀积层。镁质碱土常由碳酸镁盐土脱盐而成。

镁质碱土主要分布在河西走廊等地。这里的地下水位高，达 1~2 m，矿化度小于 1 g·L^{-1}。表土 15~30 cm 以下出现 30 cm 厚的块状或核状结构且坚实的白土层，底上则常有锈斑和石灰结核。它应属草甸碱上，但其特点是表土、亚表土中含大量交换性镁，达 6~7 cmol·kg^{-1}，毒性大，因而将其单列为亚类。其成因多与母质含镁矿物风化有关。

7.2　盐渍化土壤的分类

7.2.1　按照土壤盐分组成划分类型

按照土壤盐分组成划分类型，是目前最常用的土壤盐渍化类型划分方法，对于耕地、荒地土壤盐渍化类型划分均适用。土壤盐分在形成过程中比较复杂，盐分组成多样，主要有 CO_3^{2-}、HCO_3^-、Cl^-、SO_4^{2-} 阴离子和 Ca^{2+}、Mg^{2+}、K^+、Na^+ 阳离子，合计为八大离子。通常土壤盐渍化类型有：纯苏打、苏打、氯化物、硫酸盐—氯化物、氯化物—硫酸盐、硫酸盐。一般按氯根和硫酸根的当量比划分氯化物、硫酸盐—氯化物、氯化物—硫酸盐和硫酸盐等盐碱化类型；按阳离子的当量比划分钠、镁—钠、钙—钠和钙—镁等盐碱化类型（表7-1）。

表 7-1　土壤盐碱化类型的划分标准

阴离子	毫克当量比值	盐分组成命名
$CO_3^{2-} + HCO_3^- / Cl^- + SO_4^{2-}$	>4	苏打盐土
$CO_3^{2-} + HCO_3^- / Cl^- + SO_4^{2-}$	1~4	苏打盐渍土
Cl^- / SO_4^{2-}	≥4	氯化物盐渍土
Cl^- / SO_4^{2-}	1~4	硫酸盐—氯化物盐渍土
Cl^- / SO_4^{2-}	0.5~1	氯化物—硫酸盐盐渍土
Cl^- / SO_4^{2-}	<0.5	硫酸盐盐渍土

注：引自乔木等，2008。

7.2.2　根据土层含盐量划分盐化程度等级

按一定土层深度计算得的平均含盐量，将土壤划分为非盐化、轻度盐化、中度盐化、重度盐化和盐土等级（表7-2）。

表 7-2　全国土壤盐渍化分级标准　　　　　　　　g·kg^{-1}(0~20cm)

划分区域	盐化类型	非盐化	轻盐化	中盐化	重盐化	盐土
全国	碳酸盐	<1.0	1.0~3.0	3.0~5.0	5.0~7.0	>7.0
	氯化物	<2.0	2.0~4.0	4.0~6.0	6.0~10.0	>10
	硫酸盐	<3.0	3.0~5.0	5.0~7.0	7.0~12	>12
河北	氯化物	<1.0	1.0~2.0	2.0~4.0	4.0~6.0	>6.0
	硫酸盐	<2.0	2.0~3.0	3.0~6.0	6.0~10	>10
宁夏		<1.0	1.0~3.0	3.0~6.0	6.0~10	>10
内蒙古	碳酸盐	<1.0	1.0~3.0	3.0~5.0	5.0~7	>7.0
	氯化物	<2.0	2.0~4.0	4.0~6.0	6.0~10.0	>10
	硫酸盐	<3.0	3.0~5.0	5.0~8.0	8.0~12	>12
新疆垦区 (0~30 cm)	碳酸盐	<3.5	3.5~5.0	5.0~6.0	6.0~8.5	>8.5
	氯化物	<5.0~7.0	7.0~9.0	9.0~13	13~16	>16
	硫酸盐	<6.0~8.0	8.0~10.0	10~15	15~20	>20

注：引自乔木等，2008。

按碱化层土壤碱化度及 pH 值，将碱化土壤划分为非碱化、轻度碱化、中度碱化、重度碱化和碱土等等级（表 7-3）。

表 7-3　土壤碱化程度分级标准

盐化程度	碱化度/%	pH 值	地貌特征和作物生长情况
非碱化	<10	<8.5	无碱斑，作物生长良好，不收抑制
轻度碱化	10~20	8.5~9.0	小量碱斑，作物保苗 90%左右，产量稍受抑制
中度碱化	20~30	9.0~9.5	碱斑面积小于 30%，土壤渗水性差，作物保苗不好，产量明显减产
强度碱化	30~40	9.5~10.0	碱斑面积 50%，出现部分光板地，渗水性很差，作物严重减产
碱土	>40	>10.0	碱斑面积大于 50%，大部分为光板地，土壤渗水性极差，各种作物不保苗，产量无收

注：引自梁飞等，2018。

7.2.3　按照耕地土壤盐分来源划分类型

按照耕地土壤盐分来源划分只适用于耕地，灌区土壤盐渍化按照其形成过程划分为两大类型，即原生盐渍化土壤、次生盐渍化土壤。

原生盐渍化土壤原生盐渍化土壤是指在盐土、碱土、盐化土、碱化土上开垦的土地，自从开发利用（耕种）以来，尽管进行了洗盐、排盐等一系列土壤改良措施，但由于存在土壤质地黏重或具有黏化等障碍层或地下水位高排水、排盐出路、资金投入不足等原因，土壤始终没有完全脱盐。原生盐渍化土壤脱盐困难，主要阴离子为 CO_3^{2-}、HCO_3^-，阳离子为 Na^+、Mg^{2+}，比较难洗盐，所以土壤脱盐不彻底，容易形成碱化土壤。

次生盐渍化土壤次生盐渍化土壤是指在盐土、碱土、盐化土、碱化土上开垦的土地，土地开发耕种以后，经过洗盐、排盐等一系列土壤改良措施，土壤曾经（已经）脱盐（成为非盐渍化土壤），但是由于管理问题：灌溉水量过大，提高了地下水位，使土壤重新积盐或因排水渠道淤塞，土壤排盐变为积盐，形成次生的土壤盐渍化。

7.2.4 按照土壤水盐运移过程划分灌区土壤盐渍化

干旱、半干旱区，因为干旱少雨，土壤自然淋溶作用很弱，土壤在风化形成过程中的盐分残留在土壤内部，所以土壤体内本身盐分含量高，土壤开垦以后，一般都要经过灌溉洗盐过程。由于土壤内部的质地(质地黏细)不同或有障碍层(黏细层透水困难)等土壤内部问题，和地形(低洼)地下水位高等外部因素，使土壤耕种以后脱盐困难或积盐，形成土壤次生盐渍化。按照以上形式将灌区盐渍化土壤划分为：稳定脱盐型、脱盐不稳定型、脱盐积盐反复型、持续积盐型、盐水灌溉积盐型和潜在盐渍化型。

(1)稳定脱盐型

潜水埋深下降到 2.5~3 m，在临界深度以下，地下水的矿化度 <3 $g \cdot L^{-1}$，土壤明显脱盐，在正常灌溉和管理条件下，不再发生积盐。如新疆乌鲁木齐河中游灌区，垦前大部分是盐碱沼泽地，虽也挖过排水渠，但没有把地下水埋深控制在 2 m 以下，先后打井提取地下水灌溉，使灌水区地下水位大幅下降，每年下降 0.1~0.3 m，地下水埋深控制在 3~4 m 以下，原来挖的排水渠大多失去作用，有的已填平。

(2)脱盐不稳定型

潜水埋深在 1.5~2 m，表土虽已脱盐，但心底土含盐量仍较高。属这种情况多是兵团农场，原开垦土地积盐较重，改良条件较差，但垦后对土壤改良比较重视，有较为健全的排水系统，或采用种稻改良水旱轮作，把表层盐分压到一定深度，但没有实现稳定脱盐。如新疆农一师、农二师大部分农场，垦前 1 m 土层平均含盐量 30~80 $g \cdot kg^{-1}$，现下降到 3~14 $g \cdot kg^{-1}$，地下水矿化度由 10~35 $g \cdot L^{-1}$ 下降到 1~6 $g \cdot L^{-1}$。但由于地下水埋深乃小于临界深度，盐渍化潜在威胁还很大。

(3)脱盐积盐反复型

主要是改良措施不稳定造成，如塔里木河下游灌区，原灌溉水源较有保证实行水田和水浇地轮作，大部分耕地土壤处于脱盐状态。后因塔河来水减少，全部改为旱作，土壤又开始返盐。又如，新疆焉耆北大渠，在采用明排井排相结合时，地下水位下降到 2~2.5 m，0~20 cm 土壤含盐量由 13.6 $g \cdot kg^{-1}$ 下降到 4.1 $g \cdot kg^{-1}$，后竖井停止，明排淤塞，土壤盐分又开始回升，平均以每年 0.6 $g \cdot kg^{-1}$ 增加。近年来由于博斯腾湖水位时高时低，影响排水效果，排水更加不畅，使湖滨地区土壤盐渍化时轻时重。

(4)持续积盐型

地下水位仍保持上升状态，且小于临界深度，土壤仍处于不断积盐。这种情况仅出现在地势低平、排水不畅，现还实行大水漫灌地区。如位于布伦托海湖滨的乌伦古河三角洲，由于布伦托海水位上升，地下水埋深全都维持在 1 m 以内，使福海县城住宅楼的一些地下室也发生积水。布尔津县，大水漫灌、毛灌溉定额高时达 2×10^4 $m^3 \cdot hm^{-2}$，全县 40% 的耕地地下水在 1 m 以内，盐渍化、沼泽化还在发展。

(5)盐水灌溉积盐型

喀什地区的伽师、巴楚、岳普湖一些地区和农场用矿化度 1~3 $g \cdot L^{-1}$ 或矿化度为 5 $g \cdot L^{-1}$ 的水灌溉，把灌溉水中的盐分带入土壤，也促进了土壤盐渍化。塔里木河下游的 34 团和 35 团，在干旱年份用大西海子水库矿化度为 2~3 $g \cdot L^{-1}$ 的水灌溉，使棉苗成片成片死亡，盐斑地扩大。沙雅县托依堡乡一些村用排渠水灌溉棉田，造成棉田盐斑逐渐扩大。

（6）潜在盐渍化型

主要在一些新垦区，如克拉玛依 $6.67×10^4$ hm^2 大农业基地，夏子街、黄花沟、阿克达拉及 500 水库灌区，有些地方当前地下水埋藏虽较深，如果不注意节水灌溉，防止地下水位升高，将有可能发生局部或大面积盐渍化。

7.3 水盐运移机制与规律

土壤水盐动态即由于土壤中水盐运动而引起的土壤中水盐状况随时间和空间的变化。它是认识盐渍土发生演变和防治土壤次生盐碱化的理论基础，认识盐渍土的水盐运动规律，掌握水盐在区域和土壤中的动态变化，可作为土壤盐渍化预测预报的依据，对盐碱地改良措施的作用及其适用性作出评价，从而合理地采用改良措施，有效地进行土壤盐渍化的防治。

宏观上土壤中的水盐运移规律定性地描述为"盐随水来，盐随水去"。随着土壤水分迁移机理研究的不断发展，特别是达西定律的建立为土壤水盐运移的定量研究奠定了理论基础。水盐运移的物理过程包括对流、扩散、机械弥散、离子的交换吸附以及盐分离子随薄膜水的运动等过程，而且随着研究的深入，逐渐认识到土壤中的水是多种可溶性物质的溶液，土壤中"水"的运移本质上是土壤溶质运移与土壤水分运移的综合体现。因此，土壤中水盐运移研究的基础内容是水分和盐分在土壤中的运动规律。土壤中的盐分离子处于一个复杂的庞大系统之中，该系统内物理、化学和生物等过程相互联系且连续变化。

7.3.1 地下水与土壤盐渍化

土壤中盐分随土壤水的运动而迁移。在地下水埋藏较浅的平原地区，地表蒸腾作用会导致地下水对上部土壤水分补给，地下水与土壤水界面水分转化量是农田水分平衡的重要组成部分。对土壤而言，在地下水浅埋条件下，作为土壤水分、养分和盐分运移动力的潜水蒸发是影响土壤盐分的重要因素，潜水蒸发的规律将决定着土壤盐分的变化及盐渍土的发生和演变。在地下水浅埋区，地下水与土壤水矿化度变化关系密切：地表蒸腾作用将地下水中的盐分随水向上迁移到上层土壤中，从而导致土壤水矿化度逐渐增加，受到作物生长和大气蒸发状况的影响，随着作用强度持续增强，潜水蒸腾越发的加强，毛管力使得地下中的土壤水分持续向上运动，土壤中的盐分同样会随着水分向上运移，从而产生了土壤积盐的情况。而植物茂盛的区域，植物通过吸收土壤中的盐分降低土壤水的矿化度，地下水、植被和土壤性质是影响土壤水矿化度的重要因素。但地下水位较高且地下水含盐量多时，随着地下水的上升蒸发，盐分也随之向上运动并积聚于土壤表层，如果盐分达到一定的程度，就可能引起土壤盐碱化，进而影响作物的正常生长。

潜水蒸发作为土壤盐碱化的重要成因，需要分析盐渍化区域可溶性盐分分布、聚积和迁移的规律及灌区土壤次生盐渍化的防治途径，水盐运移规律的研究既是研究盐渍土发生和改良利用的理论基础，也是干旱半干旱地区农业和生态环境保护的主要依据，溶质在土壤中的运移规律是研究土壤盐分动态的基础，可见就潜水蒸发问题的研究，对农业水资源管理和盐碱土地治理都有着十分重要的意义。

7.3.2　地表灌溉与土壤盐渍化

　　土壤水盐运移规律不只受土壤蒸发和作物蒸腾自下而上的影响，还受到农田灌水和降水自上而下的淋洗作用。在灌溉水与降水的入渗径流途径中，因为其作用位置向下，使得土壤中盐分不断向下运移，而此作用不断积累，因此土壤盐分向下运移的程度也有所不同。研究土壤水盐运动对于农业可持续发展意义是重大的。水从灌溉器流出，湿润根部区域，属于局部灌溉。掌握了解水滴到土壤后，水分、盐分及各种离子在土壤中的运移规律，湿润体形状的变化规律及含水量的多少等规律，有利于在实际生产设计中确定合理的灌水量、地头流量、地头间距等参数，不仅可以节约水量，更可以为作物生长提供良好的水盐环境。

　　土壤盐渍化主要发生在干旱、半干旱地区，所以节水措施关系到农业的发展和生态环境保护。其中滴灌技术是目前应用较为普遍的一项技术，科学合理的灌溉制度和田间管理方式，能有效抑制土壤盐分表聚和次生盐渍化的发生。膜下滴灌条件下，膜内地表的盐分会以滴头为中心由地表向深层呈放射状路径运移，到达一定深度后，处在中轴位置的盐分由于水量充足运移深度较深，而距离中轴越远水量越少，盐分运移深度也会逐渐变浅，从而在土体中形成近椭圆形的盐壳。处在膜外浅层的盐分在蒸散作用下直接上移到膜间地表形成积盐区，而膜内浅层的盐分在地表蒸散及膜的阻隔双重作用下发生侧向上移到膜间地表积盐，可见膜内地表的盐分一部分直接被淋洗到深层土壤，另一部分则运移到膜间地表积盐，因此会在膜内地表向下形成一定深度的脱盐区。灌溉定额的大小决定了脱盐区的深浅，脱盐区的形成也为作物的生长发育创造了良好的土壤环境。

　　就目前而言，科学家们对于土壤水盐运移的研究已经取得了许多的研究成果，但是土壤水并不像地表水那般容易取样研究，它的存在具有一定的特殊性和复杂性，所以对于灌溉水与土壤盐分运移规律的研究仍然存在许多的欠缺，还需要不断的努力来进一步完善。所以对于土壤水盐运移规律的研究在今后相当长的一段时间内，其研究方向应该集中在农业生产方面，还有对灌水后土壤水盐的运移规律，以及盐分运动规律在生态系统的修复重建方面的研究。

7.3.3　水盐运移理论模型

　　(1)盐渍土水分迁移动力假说
　　土壤的水盐迁移是一个复杂的过程，适用于盐渍土水分迁移的原动力假说有以下几种：
　　①毛细管作用假说　该理论认为，水在毛细管作用下，沿土体中的裂隙和土体中的孔隙所形成的毛细管向冷端迁移。这种理论适合于含水量较大的情形。
　　②薄膜水迁移理论　该理论认为造成水分迁移和重分布的原因是土中降温过程中温度场和水分场的耦合作用，即温度梯度作用下的水分迁移。由此，土中的水分分布状况发生变化，造成土体骨架—水—晶体在空间位置的不均匀分布。薄膜水迁移理论对细颗

粒盐渍土是适用的。

③结晶力理论　在盐渍土降温过程中，温度低的一端硫酸钠的溶解度低，晶体析出的多，由于硫酸钠从溶液中析出需吸收 10 个结晶水分子，故在晶体析出多的一端水的含量应变少，造成的水力梯度是水分多的一端向水分少的一端迁移。

④吸附—薄膜理论　该理论认为，盐渍土中的水分子和离子从比较活跃和水化膜较厚处向着水分子比较稳定和水化膜较薄处移动。在自然条件下，水分迁移取决于力学、物理、物理化学等因素的综合，上述每一种假说只能代表特定条件下的水分迁移的原动力。

（2）盐渍土离子成分迁移模式

盐渍土中离子成分的迁移目前研究认为主要有 3 种方式：

①渗流迁移　水在土中渗流时，盐分随水分一起运动迁移。

②扩散迁移　盐分在重力或温度梯度作用下所产生的迁移。

③渗流—扩散混合迁移　在降温过程中盐分发生渗流与扩散混合迁移。

为更好地研究土壤水盐动态变化规律，国内外学者从宏观模型发展到微观模型（对流—弥散、传输—化学平衡、函数模型），又逐渐发展到随机模型，为土壤溶质领域内的研究打下了坚实的理论基础。描述土壤水盐运移的方程是以地下水移动的数学模型为基础建立的。通过假设来简化其内容，并采用适当的计算方法求得结果。随着数据采集技术手段的不断完善和计算机技术的不断更新，从而使得利用数值来求解地下水盐分传输方式和利用数学模型解决现实问题变成可行的。

Richard 建立的土壤溶质运移与水分运移方程，奠定了研究土壤水溶液中各种可溶物质成分运移规律的理论基础。与此同时，根据宏微细观的实验成果与理论研究，提出水盐迁移的毛细管作用、薄膜水迁移、结晶力理论和吸附—薄膜理论的原动力假设。土壤水盐运移机理研究是防止土壤盐渍化、提出具体方法措施的理论基础。

Melsen 引入土壤空间变异理论，提出了如何确定土壤参数平均值，方差及其相关尺度的理论和方法。此后，学者们逐渐建立随机对流弥散模型和随机对数对流传递模型，该模型可用于野外非饱和土壤溶质运移的研究，分析溶质运移速度概率分布函数和平均浓度分布。水盐在土体内的复杂运移过程可由概率密度函数来体现，该函数是根据水盐运移的特征与区域自然环境，通过试验观测资料推出的，以 TFM 模型为模拟手段，分析了稳定条件下饱和非均质土壤盐分优先运移的随机特征。之后有学者考虑了盐分对土壤导水性能的影响，对水盐运移对流弥散方程进行了修正，由此得到土壤含水量与盐分浓度相互作用的双向耦合模型，经试验论证，该修正模型的模拟结果满足实际要求。

此外，盐分浓度对土壤水分运动起重要作用。由于温度会影响到盐分的溶解度，所以土壤持水能力也会受到土壤温度的影响。随着研究的深入，建立了土壤水盐运移的两区—两域模型。其中不仅考虑对流和弥散，还考虑了其中的可动水体和不动水体、大孔隙流、优先流和通管流等。国内外研究者还对蒸发条件下的水盐运移规律做了深入研究。已有研究表明，地膜覆盖有增温、保墒、节水、抑盐的作用。

7.4　土壤盐渍化的影响因素与过程

土壤与环境是一个统一的整体，盐渍化土壤是在一定的环境条件下形成和发育的，受环境中众多因素的影响，其中以气候条件、地形地貌、地质、水文和水文地质、生物因素和人为因素的影响最为显著。这些影响因素都会在不同区域和不同尺度表现出不同的作用和特点，而且还会叠加影响土壤的盐渍化。气候干旱、地面蒸发强烈及地势相对低平，导致地表和地下径流滞缓或汇集，地下水位接近地表是导致土壤现代积盐的主要原因。此外，人类活动通过改变环境条件、采用各种措施，从而影响土壤盐渍化的发展方向和发展程度。了解各种主要环境因素影响下土壤盐渍化的发生和演变规律，揭示各种环境影响因素与土壤盐渍化过程的相互关系，才能对症下药，达到有效防治土壤盐渍化的目的。

7.4.1　土壤盐渍化的影响因素

（1）气候因素

气候条件是影响土壤"水—盐"运动的重要环境因素。气候条件对土壤盐渍化的形成主要体现在两个方面：一是直接参与成土母质风化，水热条件直接影响矿物质分解与合成及盐分的累积和淋失；二是控制植物生长和微生物活动。

①气候干旱对土壤盐渍化的影响　我国盐渍化土壤从南到北都有分布，但其主要分布区在北方的干旱、半干旱地带和沿海地区，盐渍化土壤的这种分布规律和气候的地带性特点相适应。降水量和蒸发量季节性和年际间的波动直接控制着盐分在土体中分布、存在状态，影响着土壤剖面上盐分的淋洗和累积过程，与土壤盐渍化的关系最为密切。潜在蒸发量和年降水量的比值（蒸降比）反映了一个地区的干湿状况，蒸降比越大，气候越干旱；气候越干旱，土壤积盐速率越快，土壤的返盐现象越明显，土壤的含盐量也越高（图 7-4）。我国南方地区，潮湿多雨，降水量大于蒸发量，蒸降比小于 1，土壤中盐分以下行运动为主，且通过降水的淋洗，土壤中的水溶性盐分大部分随水流入海洋。而我国北方的半湿润、半干旱地区，蒸发量大于降水量，蒸降比大于 1，土壤中的毛管上升运动超过了重力下行水流的运动，土壤深层及地下水中的可溶性盐分随着上升水流蒸发、浓缩、累积于地表。例如，柴达木和塔里木盆地蒸降比高达 20~300，土壤毛管上升水流占绝对优势，积盐层厚度可达 80~200 cm，盐渍土大面积分布。

②土壤冻融对土壤积盐的影响　地处我国高纬度的东北的松嫩平原、辽河平原以及

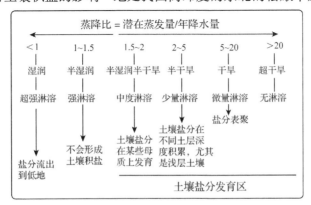

图 7-4　干旱、半干旱地区土壤盐分发育示意

（引自 Osman，2018）

甘肃、青海和新疆等地区，寒冬季节多从 11 月开始至翌年 4 月中下旬，土壤在一年中有较长时间的冻结期，土壤冻结层的深度一般可达 1~1.5 m，深者达 2 m 以上，土壤水盐运动与土壤的冻融存在密切关系(图 7-5)。在冻结期，冻层水和地下水仍存在着一定的水力学联系，当上层土壤冻结后，在冻土层与其下较湿润而温暖的土层之间，出现了温度和湿度的梯度差，而导致水分的热毛管运动，底层的土壤水和地下水则向冻土层积聚，并将溶解的盐分带入冻土层，地下水位也随之缓慢下降。在含盐地下水的热毛管运动过程中，即开始了隐蔽的积盐过程。但是在冻土层尚未完全化通之前，伴随这土壤返浆现象，地表就会出现明显的盐渍化，且随着土壤表层温度升高，水分在表层气化较多，在地表强烈蒸发影响下，导致暴发性的盐分积累，形成春季积盐期。

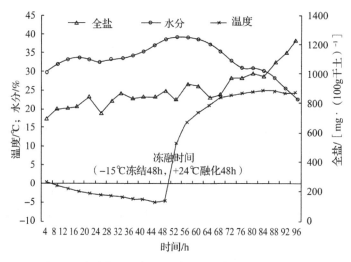

图 7-5　冻融作用下表层土壤温度、水分和盐度的关系
(引自张殿发，2005)

　　③季风气候与土壤盐渍化的形成　季风气候是由于海陆热力性质差异或气压带风带随季节移动而引起大范围地区的盛行风随季节而改变的现象。季风气候是大陆性气候与海洋性气候的混合型。夏季受来自海洋的暖湿气流的影响，高温潮湿多雨，气候具有海洋性；冬季受来自大陆的干冷气流的影响，气候寒冷，干燥少雨，气候具有大陆性。以我国东北的松嫩平原西部为例，5~9 月降雨集中，可达全年降水量的 70%~80%，而且骤雨较多，历时短，强度大；而 10 月至翌年 4 月降水量较少，比较干旱。

　　季风气候影响下的土壤水盐运动有其特殊的规律，即土壤盐分随季节而变化，划分为明显的四个水盐动态周期：春季积盐期、夏季脱盐期、秋季回升期和冬季潜伏期。这些地区，虽然夏季降水具有淋盐作用，但是从全年来看，淋盐时间较短，一般仅有 3~4个月，而积盐时间则长达 5~6 个月，积盐过程仍然大于淋盐过程。在我国高纬度的干旱和半干旱地区，由于受季风气候的影响，在夏秋两季，降水相对集中，在地面和地下径流流出不畅的盆地和平原低地，也常常会出现洪涝灾害，导致地下水位过高，土壤发生盐渍化。同时，也为土壤冻融期间的盐分隐蔽积累和春季返盐创造了条件。

　　④风的搬运作用　风的搬运作用也是影响土壤盐渍化的主要气候因素。在内陆盐矿体、盐沼泽、盐池或盐湖附近，盐分呈固体粉末状，被风力侵蚀和搬运到没有发生盐渍

化或盐渍化很轻的地方，降落沉积，形成盐渍化土壤。滨海地区，在海水涨潮的时候，如果有风自海洋吹向陆地，会有大量的浪花被风吹向海岸，使近岸地带土壤受到影响。

（2）地形地貌

地形地貌是影响土壤水盐运动和分布的重要条件，通过对土壤母质分布以及地表水和地下水运动的影响，间接决定土壤盐分的分布。

①地形对母质及盐分的影响　岩石风化所形成的盐分，以水作为载体，在沿地形的坡向流动过程中，其移动变化基本上服从于化学作用的规律，按溶解度大小，从山麓到平原直至滨海低地或闭流盆地的水盐汇集终端，呈有规律的分布：溶解度小的钙、镁碳酸盐和重碳酸盐类首先沉积；溶解度大的硝酸盐和氯化物类，可以移动到较远的距离（图7-6）。从微域地形来看，在低平地区中的局部高处，由于地表暴露面大，蒸发快且十分强烈，水和盐分由低处向高处积聚，有时往往相距几十米或几米、高差仅十几匣米的地方，高处的盐分含量可比低平处高出几倍。这就是民谚的"高中洼"和"洼中高"。同理，在农田中，也存在盐分从沟地向埝地运移的现象。

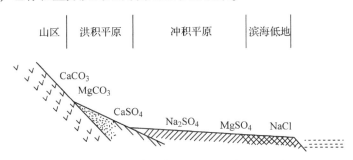

图7-6　由山麓到滨海低地的盐类沉积示意

（引自王遵亲等，1993）

②地形地貌对水热条件的影响　地势低洼处多是地下水排泄区，地下水补给区到排泄区的径流过程中，随着蒸发和水盐相互作用，盐分不断累积，矿化度不断增加；低地和洼地往往是地表水的汇集区，地表水将盐分从周边地势较高的地方带到此处；低地或洼地的潜水埋深相对较浅，水分蒸发散失到大气中，而盐分则留在土壤中。

（3）水文及水文地质条件

水是溶剂，又是盐分的载体，盐分随水而移动。因此，水文及水文地质条件是影响土壤盐渍化的重要条件。特别是地表径流、地下径流的运动规律和水化学特征，对土壤盐渍化的发生和分布具有重要的作用。

①地表径流对土壤盐渍化的影响　地表径流对土壤盐渍化的影响主要有3种方式：

a. 直接影响：通过河流泛滥或者引水灌溉将河水中水溶性盐分直接带入土壤中，使土壤含盐量升高，发生土壤盐渍化。

b. 间接作用：河流通过渗漏对地下水进行补给，抬高河道两侧的地下水位，提高地下水的矿化度，在蒸发作用下将盐分带入土壤中。

c. 盐分搬运作用：低地和洼地往往是地表水的汇集区，地表水将盐分从周边地势较高的地方带到此处，为土壤盐渍化提供了盐分来源。

②浅层地下水对土壤盐渍化的影响 浅层地下水主要通过水位的变化和浅层地下水径流对土壤盐渍化产生影响。当地下水位较浅时，地下水通过土壤毛细管上升到表层被大量蒸发，盐分则被留在土壤表层，产生土壤盐渍化；而当地下水位较深时，即使气候干旱，土壤也不会发生盐渍化。在同一气候带内，土壤质地和剖面构型基本一致的条件下，如果地下水矿化度相近，地下水埋深越浅，土壤积盐越强；如果地下水位差不多，地下水矿化度越高，则土壤积盐越严重。浅层地下水径流是影响土壤盐分运动非常活跃的因素，它是土壤中盐分运动的基本动力，对土壤中盐分的积累及其组成都具有十分重要的作用。在封闭地形中，地下水及土壤的化学成分，一般由补给区向容泄区逐渐增长，由于各种盐类在水中的溶解有差异，因此在较高的地形部位，溶解度小的碳酸盐或重碳酸盐先析出，而溶解度大的氯化盐则富集于容泄区的末端。故在径流滞缓的容泄区，常有大面积的高矿化地下水和盐渍土分布。

③深层地下水对土壤盐渍化的影响 这里所指的深层地下水主要是裂隙水、承压水和石油水。对土壤盐碱化而言，深层水虽不如地表水和浅层地下水那样具有广泛的影响；但是某些地区深层地下水通过泉水或者机井灌溉等方式影响地表径流和浅层地下水活动，从而引起大面积的土壤盐渍化。1931 年，土壤学家 B. B. 波勒诺夫根据地下水与土壤盐渍化的关系首次提出"临界深度"的概念，我国学者在此基础上进行深入研究后，提出"临界深度"的三个等级，即安全深度、临界深度和警戒深度。

（4）生物积盐作用

在土壤形成的生物小循环中，植物具有十分重要的作用。在土壤盐渍化过程中，植物对盐分的积累也具有重要作用。尤其是在干旱和半干旱地区生长着的草甸植物和荒漠的植物，诸如猪毛菜、罗布麻、盐爪爪、盐梭梭、骆驼刺和红柳等，大都具有根深、根茂和特殊的抗盐生理特性，称为盐生植物，含盐量可达 10%~45%，通过强大的根系从底层吸收水分和盐分，并以残落物的形式留存地面，植物残核被分解而形成的钙盐和钠盐返回土壤中，经雨水淋洗，钙盐在一定深度沉淀固定，而钠盐则仍以游离态存在于土壤溶液中，在钠盐浓度逐渐增大的情况下，土壤发生盐渍化。例如，在新疆塔里木盆地塔里木河两岸生长的胡杨树，能将地下水中的碱金属重碳酸盐吸收带到枝叶聚积，枝叶枯落后，枝叶中的重碳酸盐进入土壤。所以，在这些胡杨树下发育的土壤往往有苏打和小苏打的累积。

（5）人为因素

土壤不仅是自然体，也是人类劳动的产物。人类活动对土壤的成土过程和生态系统功能会产生巨大的影响，其中合理的利用方式，会改善土壤的理化性质，有利于土壤资源的可持续利用，而不合理的利用，会破坏土壤的理化性质，导致土壤的生产力下降。土壤次生盐渍化往往是人们开发利用土壤资源不当，引起水文及水文地质条件恶化，导致土壤形成过程向不利用人类生产的方向发展的例证。在我国北方的许多灌区，由于现代河水灌溉的迅速发展，旱地灌溉面积不断扩大，加之无节制的灌水，导致地下水位抬高，从而引起土壤的次生盐渍化问题，成为农牧业发展的主要障碍之一。

大量引用矿化水和碱性水灌溉是人为活动导致土壤盐渍化的另一个原因。我国北方的干旱、半干旱地区，普遍缺水严重，在气候特别干旱的年份，即使用咸水灌溉，作物产量也能明显增长。但长期饮用咸水灌溉却潜伏着土壤次生盐渍化的风险，随着灌溉时间和次数的增加，土壤中的盐分含量不断增加，导致土壤发生次生盐渍化(图7-7)。此外，人类活动不合理的利用土地，耕作方式粗放、管理不善、草地过度放牧等，都会破坏土壤的团粒结构，促进地面蒸发，使盐分由下层土壤不断向表层积聚。

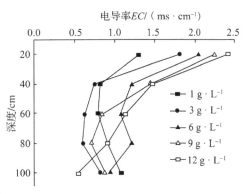

图7-7　不同浓度咸水灌溉对土壤电导率的影响(引自王泽林等，2019)

7.4.2　土壤盐渍化的过程

土壤额盐渍化过程即是土壤统一的形成过程的一个阶段，同时从地球化学观点来看，也是盐分地球化学的来源、迁移、分异和循环过程的组成部分。虽然，在我国土壤发生盐渍化的面积很大，种类繁多，但就土壤盐渍化过程的主要特点来看，可分为现代积盐、残余积盐和碱化3个主要盐渍化过程。

(1)现代积盐过程

在强烈的地表蒸发作用下，地下水和地面水以及母质中所含的可溶性盐类，通过土壤毛细管，在水分的携带下，在地表和上层土体中的不断累积，是土壤现代积盐过程的主要形式。此外，风力搬运、土壤冻融、生物作用以及近海地带的大气降水等对一些地区的土壤现代盐分表聚和盐类的局部再分配也起到一定的作用。土壤现代盐积过程又有以下几种情况：海水浸渍影响下的盐分累积过程、区域地下水的盐分累积过程、地下水和地面渍涝水双重影响下的盐分累积过程及地面径流影响下的盐分累积过程。

(2)残余积盐过程

指在地质历史时期，曾因地下水的作用(部分地区还可能有矿化的地面水的参与)而引起的土壤强烈积盐，而后由于地壳上升或侵蚀基面下切的原因，改变了原有导致土壤积盐的水文和水文条件，使地下水位大幅度下降，不再参与成土过程，因而中止了土壤的盐分积累过程，同时由于气候干旱，降水稀少也未能促使土壤产生显著的或者强烈的脱盐过程，以至过去积累下来的盐分仍大量残留于土壤中。残余积盐过程多发生在漠境和半漠境地区的山前洪积平原、古老冲积平原局部高起地段、老河阶地和起伏土丘上。这些地区因其地下水埋深在7~9 m以下，现代积盐过程几乎停止，借助年内的降水、盐生植物和风力搬运等，表层盐分多少都有些微弱的脱盐，土壤以不同的速度和程度向地带性土壤发展。

土壤残余积盐过程的特点主要有：① 地下水位埋深一般大于10 m，地下水的矿化度很高，一般超过10~20 g·L^{-1}，地下水已不参与现代成土过程，一般2 m深度内的土壤都很干燥，且土壤中含有大量的盐分；② 土壤中最大含盐层不是表土层，而是在心土层或者亚表层；③ 随着较明显的脱盐过程，易溶盐类垂直分异，一般表现为表层和亚表层以硫酸盐为主，而心底土则以氯化物—硫酸盐或硫酸盐—氯化物的淋溶型特征。

(3)碱化过程

指土壤溶液中的钠离子进入土壤胶体取代土壤胶体中的二价阳离子(主要是钙和镁离子)，使土壤呈强碱性反应，并引起土壤物理性质恶化，形成碱土或碱化土壤的过程。交换性钠越多，土壤碱化越强。交换性钠进入胶体的程度取决于土壤溶液的盐类组成：

当土壤溶液中含有大量 Na_2CO_3 时，交换性钠进入土壤胶体的能力最强；当土壤含有中性盐（如 $NaCl$、Na_2SO_4）时，需在土壤溶液的阳离子组成 $Na^+/(Ca^{2+}+Mg^{2+}) \geq 4$ 的条件下，Na^+ 才能被土壤胶体吸收而引起土壤碱化。碱化和碱化土壤的形成是由于土壤发生了碱化过程，但是并不是所有的碱化过程都会形成碱土和碱化土壤。土壤碱化过程根据现代成土条件（环境）和土壤属性，可以分为现代碱化过程和残余碱化过程两种。

7.5　盐渍化土壤的危害及植物抗盐行为

盐分对植物的危害，总是与盐分总浓度（全盐量）有密切的关系，较多的可溶性盐不仅直接影响植物的生长发育，而且会破坏土壤的性状，间接影响植物的生长发育。可溶性盐分中越溶于水的离子，穿透植物细胞的能力越强，对植物的危害越大。在土壤盐分中，各种离子有各自的特性，对植物的危害作用各有所异，且极为错综复杂，不仅与土壤溶液的化学、物理化学和生物化学过程有关，也与不同植物本身的生理特性有关。单种盐类往往比混合盐类毒性更大，有害盐类对植物危害程度顺序为 $Na_2CO_3 > MgCl_2 > NaHCO_3 > NaCl > CaCl_2 > MgSO_4 > Na_2SO_4$，阴离子对植物危害程度顺序为 $CO_3^{2-} > HCO_3^- > Cl^- > SO_4^{2-}$。因此，在考虑盐渍土的危害时，既要考虑土壤总盐含量，也要考虑总盐含量中各种主要离子的含量。

7.5.1　盐渍化土壤对植物的危害

（1）影响植物吸收水分

可溶性盐类过多会影响植物吸水。从力学角度来看，植物根系从土壤中吸收水分时，根毛细胞渗透压一定要高于土壤溶液的渗透压，植物才能源源不断地从土壤中吸收水分。一般植物渗透压为 15 个大气压，当土壤中可溶性盐含量过多时，土壤溶液浓度会增高，若土壤溶液的渗透压超过或接近 15 个大气压，就会造成植物根系不能从土壤中吸收水分，甚至植物细胞液内的水分会渗入土壤溶液中，产生生理脱水而枯萎死亡。不同土壤盐分浓度下小麦各生育期耗水量试验结果（图7-8）表明，土壤溶液渗透压为 10^6 Pa（约 10 个大气压）时，与不加盐分的对照相比，土壤含盐量为 0.25% 的土壤水分消耗减少了 20%~39%。

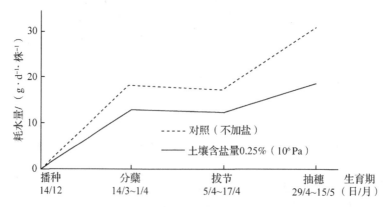

图 7-8　不同土壤盐分浓度下小麦耗水量测定

（引自王遵亲等，1993）

（2）影响植物对矿质养分的吸收利用

土壤盐分过多，植物根系选择性吸收能力相应降低，一些非营养的矿质离子随蒸腾进入植物地上器官和组织，进而造成植物营养缺失或营养紊乱，这些离子包括 Na^+、Ca^{2+} 和 Mg^{2+} 等阳离子，以及 Cl^-、SO_4^{2-} 和 HCO_3^- 等阴离子。土壤中高浓度的 NaCl 对其他营养素（如 K^+、Ca^{2+}、N 和 P）的吸收具有拮抗作用。盐胁迫对紫花苜蓿生长特性的研究结果表明，盐胁迫处理下，伴随着叶片 Na^+ 浓度的升高，叶片中 K^+ 的浓度显著降低（图 7-9）。土壤中高浓度的 K^+ 离子，会影响植物对铁和镁的吸收。土壤中高浓度的 SO_4^{2-} 离子，会与土壤中的 Ca^{2+} 离子结合形成沉淀，造成土壤缺钙。而且盐分过多，也会对植物

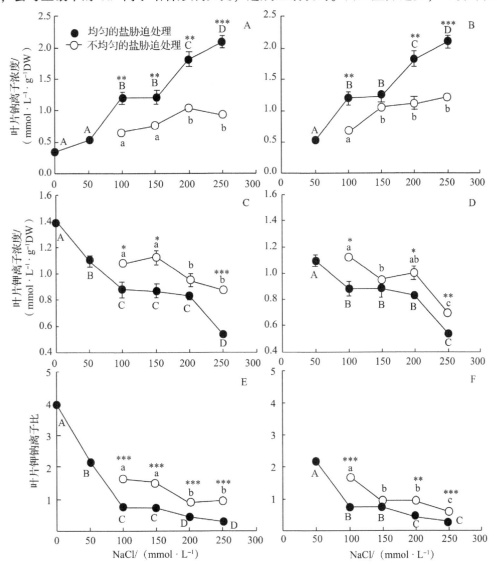

图 7-9　不同盐分胁迫对紫花苜蓿叶片钠离子浓度（A，B）、
钾离子浓度（C，D）及钾钠比（E，F）的影响
（引自熊雪等，2018）

的正常代谢活动产生严重影响。许多植物叶组织中 Na^+ 的积累会导致叶片的坏死和脱落。高水平的 Na^+ 或 Na^+/K^+ 比也会破坏细胞质中各种酶促过程，使蛋白质的分解大于合成，体内会积累大量游离的氨基酸，进而使结合态的氨基酸析离为腐胺和尸胺。作为一种有毒物质，尸胺的积累能引起植物中毒；腐胺能与二胺氧化酶、脱羧酸的辅酶转氨酶结合，从而抑制蛋白质的合成。蛋白质合成减少，叶绿体的机能结构解体，破坏了叶绿素，植物光合作用降低，致使植物生长缓慢甚至死亡。

（3）碱性物质对植物的危害

土壤中的碱性物质，如碳酸钠或碳酸氢钠等，以下列一种或多种方式对植物的生长产生不利影响。一是土壤中高浓度的可交换钠会破坏土壤的物理性质，使土壤中的黏土颗粒保持高度分散，而不能形成稳定的土壤团聚体，土壤结构体的破坏导致通气不良，土壤和根系缺氧。同时，由于土壤胶体高度分散，土壤中缺少必须的稳定的土壤团聚体，造成土壤的渗透性很差，雨水或灌溉水几乎不能入渗，严重影响土壤的耕性。二是土壤中的碱性物质导致土壤中一些营养元素的有效性很低。高浓度的可交换性钠使土壤的 pH 值升高到 8.2 以上，尽管土壤高 pH 值对植物没有直接影响，但土壤中极高的碱性会降低某些必需植物营养素（如磷、铁、锰和锌）的有效性，从而影响植物对这些营养元素的利用。此外，Na^+ 可以与土壤胶体中的 Ca^{2+} 和 Mg^{2+} 等发生置换，在高 pH 值下，土壤中置换出 Ca^{2+} 和 Mg^{2+} 可以与土壤溶液中的 CO_3^{2-} 和 HCO_3^- 等反应生成溶解度很低的碳酸钙和碳酸镁等，造成土壤溶液中的 Ca^{2+} 和 Mg^{2+} 缺乏，导致植物生长不良。三是土壤溶液中的碳酸钠或碳酸氢钠能直接腐蚀植物根系，幼嫩植物的芽或植物的纤维组织，还会破坏植物根系的各种酶，影响植物根系的呼吸，对植物产生直接毒害。

（4）盐碱对植物的间接危害

土壤中过量的盐分或土壤 pH 值过高，会导致土壤中微生物总量和组成发生变化，总量减少，活性减弱，从而影响土壤养分的转化和生物活性，造成植物生长不良；反之，土壤盐分或 pH 值降低，则会提高土壤微生物的生物量与土壤酶活性，促进植物的生长。盐碱地种稻的长期研究结果（图 7-10）表明，随着种稻时间的延长，土壤中盐分含量下降，土壤 pH 值显著降低，土壤盐碱状况的改善减少了对土壤微生物的胁迫，土壤中参与土壤碳氮循环的脲酶活性和蔗糖酶活性升高。盐碱土耕地的地下水位一般较高，大多在 2 m，土壤含水量大，盐分结晶本身吸热少，散热多，造成土壤温度低，土壤易冷，春天地温上升慢，土性阴凉，影响播种时间和幼苗出土，使植物生长期缩短，造成产量低、品质差。

7.5.2 主要盐离子对植物的毒害作用

盐渍土中的可溶性盐分，在土壤溶液中常以离子状态存在，当土壤中的水分减少时，土壤溶液浓缩，离子浓度增加提高了植物对离子的摄取，增加了它们在植物组织中的浓度，使其他离子在体内的运行转化受阻，破坏了离子间的平衡，干扰了植物正常的代谢活动，危害植物的生理机制。以下介绍几种重要的阴阳离子对植物的危害。

（1）氯（Cl^-）

土壤中的氯离子是一种微量营养元素。土壤中过量的氯离子会引发特定疾病并对植

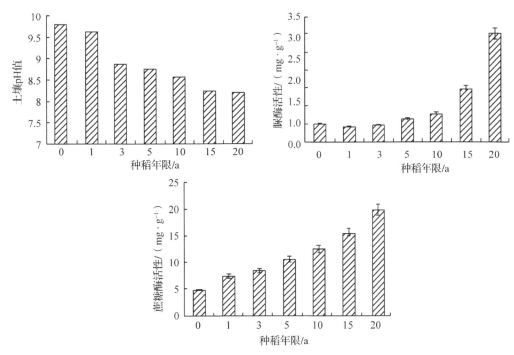

图 7-10　种稻年限对土壤 pH 值、脲酶活性和蔗糖酶活性的影响
(引自王巍巍等，2016)

物造成严重损害。例如，在初期出现缺氯病的同时，叶尖干燥及变褐；当初期烧伤出现后，受害组织进一步扩大，可以沿着叶缘一直延伸到叶面 1/2 或 2/3 处，甚至可以使整个叶片变成褐色，并呈坏死病症状，严重时，可以导致落叶，茎及小枝尖端明显出现顶枯病。

(2) 硫酸根 (SO_4^{2-}) 和碳酸根 (CO_3^{2-})

高浓度的碳酸根和硫酸根对植物的毒性十分明显。一般来说，土壤中高浓度的碳酸根和硫酸根，能明显地限制钙离子的活性，显著地抑制植物对钙离子的吸收。此外，土壤中碳酸根浓度增高，会减少蛋白质的合成，使大多数植物发生褪绿病或死亡，因此土壤中碳酸根的浓度不能大于 0.04%。

(3) 钠 (Na^+)

钠离子是造成植物盐害及产生盐渍生境的主要离子，在植物正常生长的植株中，一般各器官钠离子含量以根系最高，叶片最低，而在 0.2%~1.0% 的 NaCl 胁迫下，其钠离子含量则以茎内最高，叶片最低，且在 0.2%~0.8% 范围内，植物对钠离子的吸收遵循此规律，超过这一阈值，植物的生理活性和对钠离子的主动吸收降低。当植物吸收进较多的钠离子时，就会改变细胞膜的结构和功能。例如，植物细胞里的钠离子浓度过高时，细胞膜上原有的钙离子会被钠离子所替代，使细胞膜出现微小的漏洞，从而产生渗漏现象，导致细胞内的离子种类和浓度发生变化，核酸和蛋白质的合成和分解的平衡受到破坏，从而严重影响植物的生长发育。此外，某些植物在盐胁迫下，钠离子大量进入细胞，细胞内钠离子增加，而钾离子外渗，使 Na^+/K^+ 增大，从而打破原有的离子平衡，当 Na^+/K^+ 比值增大到阈值时，植物即受害。

（4）钙（Ca^{2+}）

钙是构成植物细胞壁的主要成分之一，能促使植物幼根生长于根毛的形成，对保持适当的细胞原生质胶体有很大作用。钙在植物体内的积累，会导致植物产生草酸钙结晶而对植物产生毒害。此外，植物因钙在体内积累过多，生长会受到抑制，从而发育成为叶色蓝绿、植株矮小的"钙型植物"。

（5）硼（B）

硼是植物生长所必须的微量元素，它能参与植物中氮和碳水化合物的代谢以及蛋白质的合成分解，但植物对土壤中硼元素的忍受范围是有限的，适宜的范围在 0.03～0.1 g·kg^{-1}。土壤中缺少硼会导致作物生长发育不良，如油菜籽不结籽，芹菜的茎会开裂等；而土壤中过量的硼会导致叶片中蛋白质态的氮转化为游离态的氨基酸，并破坏植物的叶绿素，降低植物的光合作用。

7.5.3　植物的抗盐行为

植物生长对盐渍土的适应性取决于一系列相互关联的因素，包括植物的生理结构，生长阶段和根系习性。例如，一些植物可以通过调节细胞液的渗透压适应某种程度的盐渍土，以保证植物可以顺利地从土壤中吸收水分；一些植物可以使有害的盐分离子全部滞留在细胞液泡中，从而使细胞液维持稳定的细胞质代谢环境；一些植物老的植株或组织要比新生的植株和组织更能适应盐渍化的土壤；另一些植物可通过增加根系的深度来适应土壤的盐渍化环境。

在自然界中，有一类植物能在含盐量很高的盐土或 pH 值很高的碱土中生长，具有一系列适应盐、碱生境的形态和生理特性，这类植物统称为盐碱土植物。例如，盐角草、獐茅、细枝盐爪爪、骆驼刺、碱蓬和小花碱茅等。这些植物在形态上常表现为植物体矮小、干硬，叶片不发达，蒸腾表面缩小，表皮具有厚的外壁且常呈灰白色。在内部结构上，细胞间隙缩小，栅栏组织发达。有些植物具有肉质性的叶，有特殊的储水细胞，能使同化细胞不受高浓度盐的伤害。

生理上，这些植物具有一系列的抗盐特性，根据这些抗盐特性，可以将它们分为 3 大类：

①聚盐性植物　这类植物能适应在强盐渍化土壤上生长，能从土壤中吸收大量的可溶性盐分，将这些可溶性的盐分聚集在体内而不受到盐分的伤害。这类植物的原生质对盐分的抗性特别强，能忍受 6% 甚至更高浓度的氯化钠溶液。这类植物的细胞液浓度特别高，具有极高的渗透压，特别是根部细胞的渗透压，显著高于土壤溶液的渗透压，所以能吸收高浓度盐渍土土壤溶液中的水分。

②泌盐性植物　这类植物根系细胞的浓度也特别高，与聚盐性植物一样，能顺利地吸收高浓度盐渍土土壤溶液中的水分。但是这些植物与聚盐植物不同，它们将吸收进入体内的过多的盐分通过茎、叶表面上密布的盐腺排出体外。排出体外的盐分，如在茎或叶上的氯化钠或硫酸钠等结晶或硬壳后，被风吹走或被雨水淋溶掉。

③不透盐植物　这类植物的根系细胞能够排斥土壤溶液中的盐分，对盐分的透过性非常小。它们虽然生长在高浓度土壤溶液的盐渍土中，但它们几乎不从土壤溶液中吸收

或很少吸收土壤溶液中的盐分。这类植物的根系细胞的渗透压非常高，但它们与另外两种盐生植物不同，它们细胞的高渗透压是由于体内细胞含有较多的可溶性有机酸、糖类和氨基酸等有机物所导致的。这类植物根系细胞的高渗透压同样提高了植物根系从盐渍土高浓度土壤溶液中吸收水分的能力，因此，这类植物也是一种典型的抗盐植物。

7.6　盐碱土的改良利用技术

土壤盐碱化不仅可以导致土壤质量和生产力降低，还会造成可利用土地资源的丧失并提高生态环境的脆弱性，从而对人类的生产生活和社会发展构成严重威胁。随着全球范围内土壤退化和土地资源紧张等问题的出现，盐碱土资源的开发、利用和改良逐渐受到人们的重视，而作为一种极为敏感和脆弱的土壤资源，在开发和利用过程中必须寻求合理有效的措施来防治和改良盐碱土壤。在农业栽培历史悠久的地区，在长期农业生产实践中，我国人民在改良利用盐碱地中创造和积累了宝贵的经验。中华人民共和国成立后，我国又在新疆、宁夏、内蒙古，以及东北和华北地区的盐碱地上开展了大量的开垦、改良和利用工作。随着人们对土壤中盐碱化成因及过程的深入研究，盐碱化土壤的改良和利用技术越来越趋于多样化和复杂化，但总的看来可以归纳为水利工程技术措施、生物改良措施、化学改良措施和农业耕作措施四大类。

7.6.1　水利工程技术措施

"盐随水去，盐随水来"是盐水的基本运动规律，在盐渍土改良时要重视"盐随水去"的脱盐规律。因此，水利工程措施是防治土壤盐渍化首要的必不可少的先决措施。我国幅员辽阔，气候差异较大，温、水的时空分布严重不均，而引起旱、涝与土壤盐渍化相伴而生，因此必须因地制宜的采取"排、灌、引、蓄和用"相结合的综合水利措施来防治土壤盐渍化。目前改良盐渍土常用的水利工程技术措施包括以下几种。

7.6.1.1　排水措施

排水是改良盐渍土的基础措施，主要指通过水平排水或以井代排等措施将土壤中多余的盐分排走，同时可以降低含盐地下水的水位，防止或消除盐分在土壤表层的重新累积。排水方法主要由水平排水和垂直排水两种。

（1）水平排水

水平排水又分为明沟排水和暗管排水。

①明沟排水　是我国最常用的一种排水措施，它利用地面沟渠排除田间土壤多余水分而带走土壤盐分，达到治理盐渍土的目的。明沟排水系统可以分两级设计，即骨干排水系统和田间排水系统。骨干排水系统往往比较大，比较深，可以利用天然河道；田间排水系统比较小且比较浅，一般在改良区内根据田块规划而呈长方形布置。明沟排水速度快，排水效果好，但工程量大、占地面积大、沟坡易坍塌且不利于交通和机械化耕作。经验表明，明沟排水应采用浅、密、通系统，一般深度以 1.5~2 m 为宜，排水沟间的间距以 100~200 m 为好。

②暗管排水　是指利用地下沟(管)排除田间土壤多余水分的排水技术措施。土壤中多余的水分可以从暗管接头处或管壁滤水微孔渗入管内排走，从而迅速降低地下水位，大量排除矿质化潜水，加速地下水淡化，促使土壤脱盐，并改善土壤的理化性质。中国暗管排水也有4年以上的历史，河南省济源县在唐代的时候用三片瓦拼合而成的合瓦管，经修复整理后至今仍在使用，效果良好。暗管排水系统由田间排水管和集水管组成。田间排水管用以直接排除田间多余的水分，降低地下水位，调控土壤水盐状况；集水管则汇集由田间排水管排除的的地下水，并输送到排水河沟中。暗管埋设的深度和间距，主要根据排水标准而定。中国南方暗管埋深一般为1~1.2 m，间距为8~20 m；北方一般为1.5~2.3 m，间距为50~200 m。暗管排水性能稳定，适应性强，便于田间机械作业，有节省用地和提高土地利用率的优点，但由于一次性投资较大，施工技术要求较高，若防沙滤层未处理好，使用过程中容易发生淤堵失效，因此大范围推广比较困难。

（2）垂直排水

垂直排水是指竖井排水，是指通过抽排井水以降低地下水位的排水技术措施，简称井排。通过大量抽排地下水，使地下水位快速下降，不需要开挖稠密的排水沟或铺设排水管道，管理养护比较简便。在地下水矿化度过高的地区，竖井排水系统可将高矿化度的地下水排空，接纳降水或其他淡水，逐步将咸水含水层改造成可供开采利用的淡水含水层。与水平排水措施相比，竖井排水降低地下水的幅度大，控制土壤盐渍化稳定，脱盐效果良好，但是受水文地质条件和能源的制约，竖井排水应选择含水层埋藏浅，溶水性好，水质好，能用于灌溉的地区。

7.6.1.2　排灌结合措施

排灌结合措施指用灌溉水把土壤盐分淋洗至土壤的底土层，然后再用排水沟将溶解在地下水中的盐分排走的一种集灌溉和排盐于一体的水利措施。在一些土壤盐碱化比较严重的地区，在进行作物种植前需要进行灌溉排水洗盐。排灌集合技术措施主要包括井灌井排和渠关沟排两种。井灌井排，是指在一些浅层地下水符合农田灌溉要求的地区，

利用从竖井中抽取的地下水进行灌溉，解决农田用水并进行土壤洗盐，同时又降低地下水位，为雨季降水腾出空间，减少雨季降水多带来的危害，协调好地面水、土壤水和地下水的关系。井灌井排的竖井深度一般较大，都穿过潜水含水层底板，一般深度大于50 m，最大有效控制范围一般在300~500 m。井灌井排，可以节约用地，脱盐速度快，脱盐率高，土壤脱盐深度随井灌井排的年限而逐渐加深。河南省封丘县常年从竖井抽取地下水进行灌溉，土壤盐分被逐渐淋洗，盐分逐步下移，土壤脱盐深度一般在1 m以下，有的已在2 m以下。

渠灌沟排是指利用渠系从灌区外向灌区内引入大量的水进行灌溉洗盐，然后利用排水沟将农田多余的水排泄至排水容泄区，这种通过渠系引水灌溉和排水沟排盐的方法称为渠灌沟排技术。渠灌沟排包括渠灌和沟排两部分。

①渠灌　是指利用灌溉渠道将灌区外的矿化度低的水引入灌区内进行灌溉的过程，灌溉渠道是联接灌溉水源和灌溉土地的水道，把从水源引取的水量输送和分配到灌区的各个部分。灌溉渠道可分为明渠和暗渠两类。

（续）

阳离子	土壤深度/cm	玉米地/(g·kg⁻¹)	苜蓿地/(g·kg⁻¹)	羊草割草地/(g·kg⁻¹)	羊草地/(g·kg⁻¹)	自然恢复草地/(g·kg⁻¹)
Na⁺	0~10	0.246(±0.030)a	0.166(±0.014)a	0.180(±0.020)a	0.191(±0.043)a	0.198(±0.062)a
	10~20	0.396(±0.075)a	0.384(±0.052)a	0.502(±0.074)a	0.499(±0.055)a	0.484(±0.143)a
	20~30	0.455(±0.054)a	0.455(±0.058)a	0.625(±0.052)a	0.668(±0.077)a	0.683(±0.151)a
	30~40	0.426(±0.048)b	0.441(±0.044)b	0.649(±0.024)a	0.596(±0.116)ab	0.712(±0.093)a
	40~50	0.420(±0.029)b	0.432(±0.072)b	0.561(±0.036)ab	0.611(±0.091)ab	0.678(±0.048)a

注：表中数据为样方重复数据的平均值±正负标准误，同一行中的小写字母表示不同土地利用方式间的差异达到显著水平（$P<0.05$）。引自 Yu $et\ al.$，2018。

（2）水溶性阴离子变化特征

研究区内 4 种土壤水溶性阴离子含量差异不明显，其含量大部分集中在 0.20 ~ 0.40 g·kg⁻¹（表 7-6）。4 种水溶性阴离子中，SO_4^{2-} 含量相对较高，其占水溶性阴离子总量的比例为 15.20% ~ 43.80%，其次为 CO_3^{2-} 和 HCO_3^-，其比例分别为 13.20% ~ 30.90% 和 21.10% ~ 38.80%，Cl^- 所占比例最低，其值为 14.30% ~ 26.00%。总体来看，除 0~10 cm 土层的 SO_4^{2-} 和 30~40 cm 土层的 Cl^- 外，土地利用方式对土壤中四种水溶性阴离子含量均没有显著影响。

表 7-6　不同土地利用方式下四种土壤水溶性阴离子含量

阴离子	土壤深度/cm	玉米地/(g·kg⁻¹)	苜蓿地/(g·kg⁻¹)	羊草割草地/(g·kg⁻¹)	羊草地/(g·kg⁻¹)	自然恢复草地/(g·kg⁻¹)
SO_4^{2-}	0~10	0.252(±0.069)ab	0.144(±0.062)b	0.293(±0.067)ab	0.444(±0.123)a	0.360(±0.120)ab
	10~20	0.384(±0.083)a	0.336(±0.076)a	0.352(±0.070)a	0.216(±0.093)a	0.336(±0.098)a
	20~30	0.312(±0.042)a	0.504(±0.173)a	0.324(±0.066)a	0.384(±0.048)a	0.408(±0.082)a
	30~40	0.588(±0.063)a	0.396(±0.099)a	0.438(±0.117)a	0.348(±0.136)a	0.336(±0.048)a
	40~50	0.696(±0.188)a	0.630(±0.083)a	0.427(±0.167)a	0.516(±0.151)a	0.408(±0.106)a
CO_3^{2-}	0~10	0.240(±0.032)a	0.278(±0.028)a	0.285(±0.026)a	0.255(±0.029)a	0.278(±0.039)a
	10~20	0.330(±0.070)a	0.360(±0.012)a	0.420(±0.044)a	0.278(±0.019)a	0.443(±0.125)a
	20~30	0.368(±0.077)a	0.390(±0.047)a	0.398(±0.008)a	0.338(±0.058)a	0.375(±0.043)a
	30~40	0.255(±0.040)a	0.263(±0.079)a	0.248(±0.035)a	0.308(±0.041)a	0.170(±0.07)a
	40~50	0.293(±0.045)a	0.270(±0.044)a	0.150(±0.030)a	0.188(±0.014)a	0.315(±0.082)a
HCO_3^-	0~10	0.244(±0.033)a	0.282(±0.029)a	0.290(±0.026)a	0.260(±0.029)a	0.283(±0.040)a
	10~20	0.343(±0.074)a	0.397(±0.028)a	0.465(±0.042)a	0.359(±0.019)a	0.481(±0.148)a
	20~30	0.412(±0.069)a	0.423(±0.052)a	0.488(±0.012)a	0.450(±0.052)a	0.443(±0.029)a
	30~40	0.313(±0.034)a	0.359(±0.065)a	0.351(±0.026)a	0.343(±0.034)a	0.397(±0.115)a
	40~50	0.336(±0.033)a	0.351(±0.054)a	0.267(±0.029)a	0.275(±0.012)a	0.397(±0.094)a
Cl^-	0~10	0.213(±0.043)a	0.200(±0.025)a	0.226(±0.013)a	0.200(±0.013)a	0.187(±0.015)a
	10~20	0.200(±0.040)a	0.213(±0.000)a	0.213(±0.022)a	0.266(±0.022)a	0.213(±0.031)a
	20~30	0.213(±0.049)a	0.266(±0.031)a	0.293(±0.015)a	0.279(±0.033)a	0.253(±0.025)a
	30~40	0.213(±0.022)b	0.0213(±0.000)b	0.352(±0.045)a	0.239(±0.046)b	0.266(±0.037)ab
	40~50	0.266(±0.000)a	0.213(±0.022)a	0.293(±0.034)a	0.293(±0.046)a	0.279(±0.40)a

注：表中数据为样方重复数据的平均值±正负标准误，同一行中的小写字母表示不同土地利用方式间的差异达到显著水平（$P<0.05$）。引自 Yu $et\ al.$，2018。

7.7.3.2 土壤盐化特征

从图 7-11 中可以看出，不同土地利用方式不同土层深度内土壤电导率差异较大。各土地利用方式下，下层（10~40 cm）土壤的电导率值显著高于表层（0~10 cm）土壤，表明研究区内土壤盐分有向下积累的趋势。玉米地表层（0~10 cm）土壤的电导率值要明显高于其他 4 种草地利用方式，而下层（20~40 cm）土壤的电导率值明显低于其他 4 种草地利用方式，表明草地恢复导致土壤盐分由表层逐渐向深层土壤迁移。总的来看，研究区内土壤总盐含量普遍不高，盐分最高值出现在自然恢复草地中的 20~30 cm 土层，仅为 2.23 g·kg^{-1}。在各土层深度下，土地利用方式均对土壤总盐含量没有显著影响，即短期的土地利用方式并不能改变土壤中的盐分含量。

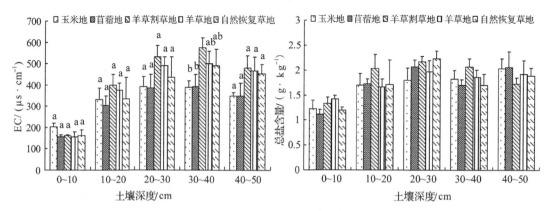

图 7-11 不同土地利用方式下的土壤电导率和总盐含量（引自 Yu *et al.*，2018）
（不同小写字母表示不同土地利用方式间的差异达显著水平 *P*<0.05）

7.7.3.3 土壤碱化特征

总的来看，研究区土壤的碱化程度较高，不同土地利用方式下的土壤 pH 值均超过了 9.00，最大值达到了 10.11（图 7-12）。从土地利用方式的影响来看，各土层深度内不同土地利用方式间土壤 pH 值均没有显著差异，但玉米地表层（0~10 cm）土壤的 pH 值要明显高于其他 4 种草地方式，表明草地恢复降低了表层土壤的 pH 值。研究区内土壤钠吸附比差异较大，其极差为 13.56，下层土壤的碱化程度显著高于表层土壤。表层 0~10 cm 土层，玉米地中钠吸附比的值高于 4 种草地利用方式，而在 10~40 cm 土层中，4 种草地利用方式的钠吸附比值则高于玉米地。土壤总碱度是表示土壤碱化程度的另一个重要指标。相比于土壤钠吸附比值的变异，土壤总碱度的变化范围较小，其极差仅为 2.65 mmol·L^{-1}。植被恢复对土壤总碱度影响不显著。

7.7.3.4 土壤盐化和碱化的关系

从图 7-13 中可以看出，土壤电导率与土壤 pH 值间呈极显著的对数回归关系，随着土壤电导率的增加，土壤 pH 值的变化趋势可以明显地分为两个部分，当土壤电导率小于 350 μs·cm^{-1} 时，土壤 pH 值增加极其迅速，而当土壤电导率大于 350 μs·cm^{-1} 时，土壤 pH 值增加幅度较小，基本稳定在 10.00 左右。

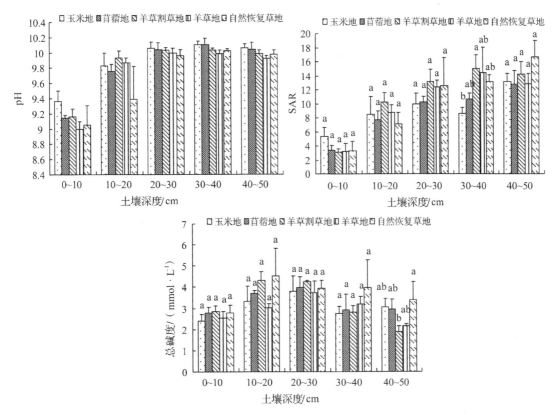

图 7-12 不同土地利用方式下的土壤 pH 值、钠吸附比(SAR)和总碱度(引自 Yu *et al.* ,2018)

(不同小写字母表示不同土地利用方式间的差异达显著水平 *P*<0.05)

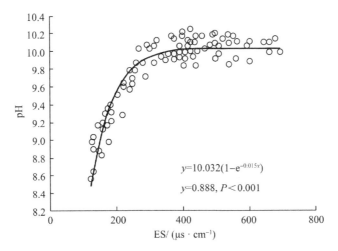

$$y=10.032(1-e^{-0.015x})$$

$$y=0.888, P<0.001$$

图 7-13 土壤 pH 值与电导率的关系

(引自 Yu *et al.* ,2018)

7.7.4　试验结论

本研究通过测定 5 种土地利用方式下的土壤 pH 值、电导率和八大离子含量的差异，分析了植被恢复对土壤盐化特征和碱化特征的影响，结果表明：①5 种土地利用方式下，土壤总盐含量为 1.10~2.30 g·kg^{-1}。土壤水溶性阳离子中以 Na$^+$为主，其含量占所有水溶性阳离子含量的比例大多在 70% 以上，水溶性阴离子中 HCO$_3^-$ 和 CO$_3^{2-}$ 的含量也占优势，但与 Cl$^-$ 和 SO$_4^{2-}$ 含量的差异不明显。植被恢复对土壤总盐含量与水溶性阴离子含量影响不大，而对水溶性阳离子含量有一定影响。②植被恢复对土壤电导率具有一定的影响。植被恢复降低了表层(0~10 cm)土壤的电导率，而明显提高了下层(10~50 cm)土壤的电导率。由于土壤 pH 值数值较高且变异范围较小，从而导致土地利用方式对土壤 pH 值没有显著影响。各土地利用方式下，下层土壤的碱化程度高于表层土壤。草地植被恢复降低了表层土壤的碱化程度，提高了下层土壤的碱化程度。

思考题

1. 为何可以根据指示植物初步判定盐碱地类型与程度？
2. 为何盐碱地的治理要因地制宜？
3. 现代节水条件下水盐运移的规律发生哪些变化？
4. 如何理解盐碱地是无法根除这句话？
5. 土壤盐渍化的影响因素有哪些？
6. 土壤盐渍化的过程有哪些？
7. 根据植物的抗盐特性，植物可以分为几类？它们是如何抵抗土壤盐渍化的危害？
8. 简述农业改良盐碱土的技术。

推荐阅读书目

1. 孙兆军. 中国北方典型盐碱地生态修复. 科学出版社, 2017.
2. 王德利, 郭继勋. 松嫩盐碱化草地的恢复理论与技术. 科学出版社, 2019.
3. 中国科学院新疆生态与地理研究所, 新疆维吾尔自治区水利厅农牧水利处. 新疆灌区土壤盐渍化及改良治理模式. 新疆科学技术出版社, 2008.
4. 赖先齐. 绿洲盐渍化弃耕地生态重建研究. 中国农业出版社, 2007.
5. 耿增超, 贾宏涛. 土壤学(第 2 版). 科学出版社, 2020.
6. 李保国, 徐建明, 等译. 土壤学与生活. 科学出版社, 2019.
7. 梁飞, 李智强, 张磊. 改良技术实用问答及案例分析. 中国农业出版社, 2018.

第 8 章

土壤的板结与压实

【本章提要】土壤板结与压实是常见的土壤退化形式，对植物的生长具有显著性抑制作用，其产生的原因可能是自然因素所致，也可能是人为耕作或管理不善所致。二者既有一定的相似性，但又有一定的区别，在生产上常将二者统称为土壤压板问题。比如犁耕过程可以疏松土壤，但机械同时也会对土壤产生压实作用。过度的压实会影响耕作质量，对作物生长不利。实际上，不仅仅是犁耕机械的行走会有压板问题，其他农业机械更易造成土壤压板问题，如运输和喷洒机械等。

8.1 土壤板结过程与特征

土壤板结是由于土壤表层缺乏有机质，结构不良，在灌水或者降雨等因素作用下造成土壤结构破坏、土粒分散，而干燥后在内聚力作用下变得坚硬，不适合植物生长的现象。

(a)   (b)

图 8-1　农田土壤板结

8.1.1 土壤板结的成因

土壤板结是由于土壤团粒结构的破坏，使得土壤在内聚力作用下变得坚硬，严重影响作物生长。土壤板结的发生不利于农业耕作的正常开展。要理解土壤板结的成因，首先应明白土壤团粒结构。土壤团粒结构主要是由土壤黏粒及有机质与土壤中的阳离子交联而形成的一种复合良性结构，大大小小的孔隙结构孕育其中，为营养元素、水分和微生物提供了充足的活动空间和场所，具有保温、保水和透气的作用，能够保证作物根系的健康发育。土壤团粒结构的疏松和通气性能为农业栽培提供了良好的条件。土壤团粒结构(土壤团聚体)是评价土壤肥力的重要指标。该结构一旦遭到破坏会使土壤保水和保肥能力下降、通透性降低，最终导致土壤板结。土壤板结的发生同土壤团聚体稳定性之间具有高度相关性。由于土壤团粒结构与土壤板结之间高度的关联性，凡是能够破坏土壤团粒结构的因素都将导致土壤板结的发生与形成。图8-2是土壤团聚体分类的层次模型。

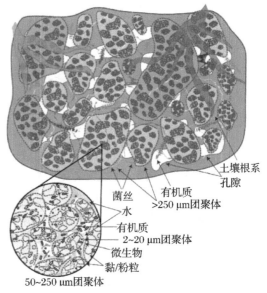

图8-2　土壤团聚体分类的层次模型

（资料来源：Costa *et al.*，2018）

（1）土壤有机质含量偏低

有机质的含量是衡量土壤肥力和土壤团聚体结构好坏的重要指标之一。土壤保持足够的有机质含量能够稳定结构、提高抵抗土壤退化的能力，能够降低土壤容重和硬度。通常，有机质含量越高，土壤团聚体则越大越稳定。然而在过去几十年，农业发展迅速，人们盲目追求产量，在耕作中长期单一地偏施化肥，而有机肥则严重不足，秸秆还田量减少，使土壤中有机质补充不足，土壤有机质含量偏低，结构变差，影响微生物的活性，从而影响土壤团粒结构的形成，造成土壤板结。全国第二次土壤普查的结果显示，我国六成以上的土壤处于有机质缺乏或严重缺乏的状态。

（2）化肥的过量施用

①氮肥　向土壤中过量施入氮肥后，微生物的氮素供应每增加1份，消耗的碳素就相应地增加20~25份，而这里所消耗的碳素主要来源于有机质。有机质含量降低将严重影响微生物的活性，从而影响土壤团粒结构的形成，致使土壤板结。

②磷肥　土壤团粒结构主要是通过带负电的土壤胶体及有机质与二价的钙、镁等离子交联而形成的。向土壤中施入过量的磷肥，磷肥中的磷酸根离子与土壤中的钙、镁等离子结合形成难溶性的磷酸盐，不仅浪费了磷肥，还破坏土壤团粒结构，加速土壤板结。

③钾肥　钾离子属于反应活性非常强的金属元素，当过量的钾肥施入土壤后，钾肥中的钾离子由于其超强的置换能力，可以将形成土壤团粒结构的钙、镁等离子交换出来。钾离子不能形成桥键，从而使团粒结构解体，造成土壤板结。

（3）土壤微生态环境失衡

微生物是土壤的重要组成部分，生命活动十分繁复，微生物活动中产生的丰富代谢产物，能够激活土壤团聚体中发生交联作用的钙、镁离子和被固化的磷元素，从而提高钙、镁离子和磷的活性，影响团粒结构的形成。化肥和农药长期大量施用，地膜和塑料袋等没有清理干净，在土壤中无法完全被分解。部分地区地下水和工业废水以及有毒物质过量累积。这些都使得土壤中的微生物种类和功能发生变化，土壤微生态环境失衡，在加剧农业病害的同时，还易造成土壤板结。

（4）土壤酸碱化加剧

酸性土壤通常伴随着极强烈的淋溶作用，在淋溶作用下，盐基离子大量流失，尤其是钙、镁等离子的缺乏将使得土壤团粒结构难以形成。在强碱性土壤中，钙、镁离子容易发生化学反应，被中和为氢氧化钙、氢氧化镁沉淀，从而使其活性受到影响，也不利于团粒结构形成。因此，土壤的酸碱化最终会加剧土壤板结的发生。

（5）灌溉不合理

现代农业不再靠天吃饭，遇到干旱天气，很多农户会对农田进行灌溉。但由于不合理抗旱，采用大水漫灌，加之气候干燥，大部分水分在短时间内被蒸发，导致土壤团粒结构遭到严重破坏，造成土壤表层的板结。

（6）风沙、暴雨和水土流失

遇到风沙和暴雨后，表土层细小的土壤颗粒发生机械搬运，强降雨的淋溶作用使部分钙镁离子被淋失掉，水土流失则带走部分土壤黏粒。这些恶劣的自然条件使土壤缺乏形成团粒结构的重要组分，使土壤结构遭到破坏而引起板结。

8.1.2　土壤板结的影响因素

（1）土壤质地

土壤板结的性状在一定程度上受到土壤质地的影响。不同质地的土壤具有不同的土壤机械组成、孔隙分布和通气性，其土壤颗粒表面电化学性质也具有较大差异。由大小相近的颗粒组成的土壤，其发生板结的可能性比具有不同大小颗粒的土壤小。较小的颗粒可以填充在较大颗粒之间的空隙，从而增加土壤密度。与纯砂土、黏土和粉土相比，砂质壤土更容易发生板结。黏土通常具有较好的可塑性，黏土的硬度与土粒内部和团粒间的凝聚力有关，而凝聚力取决于黏土的表面电化学性质。黏粒含量较高的土壤发生板结后，土壤的硬度较大。砂土的可塑性较差，砂土的硬度与土粒间和团粒间的摩擦有关。沙粒含量高的土壤发生板结后，土壤的硬度较小。因此，板结土壤的凝聚力强度受质地影响较大。土壤的抗剪切力由颗粒间的分子引力决定，这又受水分含量的影响。粉粒含量较多的土壤，其凝聚力和硬度较低，当含水量降低至土壤逐渐变干，土壤的硬度随之增加。

（2）含水量及容重

在农业生产实践中，一般的农事操作需要在土壤湿润甚至田间持水量条件下进行，这样的土壤水分条件大大增加了其发生板结的风险。土壤水分与土壤板结的发生具有十分密切的关系。土壤受到一定压力作用后，其容重大小最终取决于土壤水分含量的高低。土体的容重随着水分含量的增加呈现先增加后降低的趋势，在最优含水量处具有最大容重。这是由于土壤颗粒具有较大的硬度，颗粒间有一定的黏合力，颗粒发生相对位移时又受到摩擦阻力的作用。当水分含量增加时，较厚的水膜使带有低电荷的土壤颗粒间的联结变弱，从而使其吸引力降低，土壤团聚体内部颗粒间联结也会发生断裂。此外，随着含水量的增加，颗粒间的摩擦力降低，水分起到了润滑剂的作用。水分继续增加到超过最优含水量后，被排出的空气体积减少，增加的水分事实上开始降低土壤容重和土壤硬度。

（3）有机质含量

有机质的种类和数量影响着土壤的硬度和土壤的板结性状，这与有机质对土壤颗粒及其结构体的胶结作用有关。有机质影响土壤结构和土壤板结的机理主要有以下几点：①黏结土壤矿物颗粒；②有助于保持土壤水分，进而能够降低土壤板结的发生风险；③影响团聚体的机械硬度，该机械硬度是表征颗粒内部凝聚力的指标。有机质含量对土壤板结性状的影响与有机质类型、碳氮比、腐解程度，以及土壤类型、环境条件等有关。同总有机质含量相比，易氧化有机质含量同土壤的机械性质具有更密切的相关性。有机质的腐殖化程度越低，团聚体的孔隙度越大。由于有机质能够降低土壤容重、增加土壤孔隙，因此，向土壤中添加有机质，提高土壤有机质含量有助于改善土壤板结性状。

（4）施肥

施肥是常见的农田土壤耕作措施。向土壤中添加化肥后，土壤胶体表面和土壤溶液中的离子组成和离子强度等都会受到影响，从而导致土壤 pH 值发生变化。土壤中的多价阳离子与土壤胶体及有机物的交联作用是维持土壤团粒结构稳定性的重要原因。通常，在一定浓度范围内，这些多价阳离子含量越高，它们就越有助于土壤团粒结构的形成和稳定。向土壤中施入氮磷钾肥均会对这些多价阳离子的移动性产生不同程度的影响。例如，向土壤中过量施入磷肥时，磷肥中的磷酸根离子与土壤中钙、镁等阳离子结合形成难溶性磷酸盐，结果使土壤溶液中的钙、镁离子减少，使土壤团粒结构的稳定性下降；向土壤中过量施入钾肥时，钾肥中的钾离子能置换出土壤团粒结构中的多价阳离子，而一价的钾离子不具备交联作用，土壤团粒结构因此遭到破坏。

8.1.3　土壤板结的特征

土壤板结会提高土壤的硬度，造成土壤蓄水、保水和导水能力的下降。土壤板结将降低水分和养分的储存与供应，从而削弱土壤肥力。土壤板结会影响有机质碳氮的循环和矿化过程，使土壤中二氧化碳的浓度增加、微生物的活性下降。同时，土壤板结还会引起土壤侵蚀，进而造成养分流失和环境污染等一系列问题。

（1）土壤容重增加

容重是单位体积内的干燥土壤的质量。在其他条件相同时，土壤容重的大小反映了土壤储存、传输水分和空气的能力，与土壤总孔隙度紧密相关。通常，土壤发生板结后，土壤容重会有所增加，增加的程度与土壤含水量、土壤的质地和有机质含量的变化有关。

（2）土壤硬度增大

土壤硬度能够反映土壤对根系贯入的阻抗能力，根系生长伸长时需要一种力来克服土壤颗粒和团聚体移位、变形而产生的机械阻力，而土壤硬度理论上等同于贯入阻力。硬度受到土壤质地、有机质含量、容重和水分含量的影响。土壤硬度一般随着容重增加呈指数型增加。

（3）土壤导水性能变化

板结使土壤的基本物理性质发生了改变，也使土壤的导水和持水能力发生变化。土壤中水分的储存和运移都受到土壤板结的影响。

（4）透气性降低

土壤板结将影响土壤的孔隙特性，包括总孔隙度、大小孔隙的分布、孔隙的连通性和孔隙的曲度等。板结影响土壤中氧气的含量和氧气的扩散率，这对于土壤生物来说是十分重要的。

8.2　土壤压实过程与特征

为了满足对粮食和住房的需求，我国的许多森林和农场的机械化程度日益增加。集约种植和造林涉及的机械化作业可直接或间接导致土壤压实（图 8-3）。全世界约有 $6800×10^4$ hm^2 的土壤受到农机器械造成的土壤压实的影响。土壤压实是导致欧洲（$3300×10^4$ hm^2）、非洲（$1800×10^4$ hm^2）、亚洲（$1000×10^4$ hm^2）、澳大利亚（$400×10^4$ hm^2）和北美一些地区土壤退化的重要原因。1996 年，美国土壤学会将土壤压实定义为"土壤颗粒重新排列使得孔隙减小并且彼此接触更为紧密而土壤容重增加的过程。"2000 年欧洲环境署将土壤压实定义为："由于施加载重、振动或压力而导致土壤密度（每单位体积质量）增加和土壤孔隙率降低（吴永波等，2010）。土壤（或其他物质）越紧实越能支撑更大的承载量。"因此，土壤压实涉及了土壤物理性质（容重和土壤孔隙度）的变化，这些土壤物理参数的改变是土壤压实影响土壤化学性质、土壤动物群、多样性和植物生长的决定因素。

8.2.1　土壤压实的成因

压实既可以是寒冷或干燥等自然原因造成的，也可能由机械操作等人为原因引起。传统农业耕作也可能造成土壤压实致使土壤退化。

（1）农业机械的使用

在现代农业中，从播种到收获的大部分田间作业都是用重型轮式机器来完成的，这种机器的每个车辙都对土壤产生了压实作用。通常，机器对土壤的压实取决于土壤强度和机械负载。土壤强度受有机质、含水量、土壤结构和质地的影响，而荷载则受轴载荷、轮胎数量、轮胎尺寸、轮胎运行速度和土—轮胎相互作用的影响。轴载荷不应与轴压混淆，因为轴载荷是整个机器的质量，而压力是单位表面积压实土壤所受到的轴载荷。对土壤施加更大的压力会增加土壤压实的概率。增加农机具通过土壤的频率会增加土壤的容重和土壤圆锥贯入指数，从而导致表层土壤的压实和不适合种子萌芽的土壤条件。然而，总土壤压实度在很大程度上取决于第一次压实或者早期的压实。10 次农用机械压实对土壤的影响可达 50 cm 的深度。

（2）动物践踏

放牧动物的践踏可导致土壤压实，并可使土壤结构退化。与机械耕作产生的压实限定在车辙处不同，放牧动物通过践踏造成的土壤压实可能在围场内更为普遍。放牧动物

图 8-3　农业机械耕作造成的土壤压实

（资料来源：Nawaz *et al.*，2013；Batey，2009）

对土壤的破坏取决于践踏强度、土壤湿度、植物覆盖率、土地坡度和土地利用类型。动物造成的土壤压实范围为 5~20 cm，可能会影响土壤的容重、导水率、大孔隙体积和渗透阻力。此外，还会影响土壤中碳、氮的循环过程。

（3）森林伐木作业

与耕地相比，森林中的采伐作业会使土壤变得更加紧实，其原因是：①使用重型机械进行采伐；②对原木进行砍伐、推、拉和提起等操作；③运输木材过程中对土壤施加复合压力；④在森林中进行免耕作业以松土。在森林中，采伐作业将引起不同类型的土壤扰动，土壤压实的概率与采伐系统和采伐密度直接相关。大部分严重的土壤压实是在用机器进行疏伐和最后清理伐木作业时造成的，这些作业可以将土壤压实到 60 cm 的深度并持续 3 年以上。在森林中进行简单的伐木作业可破坏 20%~30% 的林地，压实深度可达 30 cm。使用质量轻的多功能机器可以减少压实，并最终削弱土壤的退化。

（4）旅游业的发展

在城市地区，城市公园和娱乐场所接待了大量游客。随着城市人口的增加，游客对这些场所的压力与日俱增。游客对土壤和植被的践踏效应在某些情况下是长期存在的。游客的增加导致土壤压实，容重增加，土壤孔隙度降低，有机质含量降低。

（5）自然原因

土壤压实的自然原因（树根、降水、季节循环等）不如人为原因有害，与自然原因相关的土壤压实是限制在表层土 5 cm，由于踩踏和城市压力，场地上的土壤压实可以达到20 cm，而机械操作引起的土壤压实可高达 60 cm。

8.2.2　土壤压实的影响因素

（1）土壤含水量

土壤含水量是影响土壤压实过程的最重要因素。在所有压实度下，渗透阻力随着土壤水势的降低而增加。换言之，增加土壤含水量会导致土壤的承载能力降低，从而降低了可容许地压。了解土壤压实度随含水量的变化有助于在适当含水量下安排农场运输和耕作作业。土壤变形随着含水量、碾压次数和耕作时间的增加而增加。因此，如果要将压实程度降至最低，则必须将土壤保持在适当的土壤湿度。在含水量较低的土壤中，传统的简单耕作对 30 cm 深度内土壤的密度几乎没有影响。只有在比较同一深度的土壤时，才能准确衡量水分对土壤压实的影响，因为同一剖面中不同深度之间以及剖面之间的巨大差异增加了对结果进行比较的困难。在土壤湿度较高时，压实土壤（农机器械）和未压实土壤（无农机器械）之间的犁耕阻力差异较小。然而，随着土壤变得干燥，表土中的土壤压实将变得明显。一般而言，农业器械所允许的最大地面压力随土壤湿度的增加而降低。对于给定的外部荷载，土壤压实度随着湿度的增加而增加。当农机具耕作频率降低时，压实系数减小，且这种减小在湿土中比在干土中更为缓慢。

（2）农机行走

集约农业中的土壤压实主要是由农机或牲畜对土壤施加的外部荷载引起。这会对耕作土壤和底土的结构造成相当大的破坏，进而对作物生长、土壤可耕性和环境造成损害。过度压实的土壤通常在车辙及其边缘地带，并且表土层受到的影响更明显。表土层的压实与机械的总压力有关，而底土层的压实与轴载荷相关。农业机械造成的严重结构退化限制或阻碍了植物的生长。

车轮荷载、轮胎类型和充气压力增加了土壤容重，在土壤压实中起着重要作用。几乎所有轮胎都显著增加了轮轨内的土壤压实度，而只有部分轮胎增加了轮轨附近的土壤压实度。在距轮轨较远的地方，土壤压实度普遍降低，特别是在底土层。使用低压轮胎作业可以显著降低土壤压实度，提高作物产量，而轮胎充气压力高则会增加土壤压实度。另外，轮胎施加的地面压力在拖车、泥浆罐车和联合收割机这些不同机器之间的差异很大。如果车辆使用子午线轮胎，可以提高牵引效率和降低轮胎与土壤接触压力，从而降低压实的可能性。带橡胶履带的拖拉机则致使表土层更加紧实而对底土层影响较小。

农机通过次数在土壤压实中起着重要作用，因为其造成的土壤变形会随着通过次数的增加而增加。所有的土壤参数在拖拉机通过后都几乎变得不太有利。轻型拖拉机在同一线路上多次通过造成的损害，与重型拖拉机少次通过造成的损害相同甚至更大。通常，通过次数超过 10 次后，轻型拖拉机的优势就消失了。然而，大分部表土层压实是由车轮第一次通过决定的，而底土层受到的影响来源于农机的重复通过，其影响可能持续很长时间。

（3）放牧

放牧动物的践踏对土壤性质和植物生长具有不利的影响，尤其是在潮湿的土壤条件下（图8-4）。它也可能影响水分和养分的流动。动物造成的土壤压实可以导致土壤物理性质的退化，影响土壤结构。集约化奶牛养殖不仅影响牧草品质和导水率，还由于压实践踏造成生产损失。践踏引起的土壤压实深度随动物体重和土壤湿度的变化而变化，范围通常为5~20 cm。大多数压实仅限于表面和中间深度（深度约为20 cm）的土壤。动物踩踏对表层约5 cm深度内土壤密度的影响很大，对土壤性质的影响可达到20 cm。

（a） （b）

图8-4 奶牛践踏引起牧场土壤压实

（资料来源：https：//pasture.io/management/winter-grazing-tips-gate-open）

放牧强度增加将显著增加了地表径流和土壤流失。细粒土壤比粗粒土壤更容易受到践踏效应的影响。较少的动物长时间放牧和大量的动物短时间放牧可以达到同样的土壤压实程度。相比于长期放牧，短期放牧在改善土壤物理性状和牧草方面没有明显优势。在放牧结束时，控制放牧条件下的表层土壤结构不仅优于传统的放牧条件下的表层土壤结构，还与不放牧条件下的表层土壤结构相似。

8.2.3 土壤压实的特征

土壤压实的特征与土壤板结较为类似，但土壤压实受农机耕作和放牧等非自然因素的影响更大。土壤压实导致土壤容重降低，破坏了土壤孔隙结构，尤其是对较大土壤孔隙的分解作用更为明显。在大型农耕机械的车辙和紧邻区域，土壤的容重最低，土壤孔隙的破坏程度最大。当然，土壤压实程度与土壤质地和土壤含水量密切相关。压实土壤的渗水率降低，这是受土壤孔隙度降低和孔隙连通性降低的共同影响。渗水率降低意味着土壤的保水保肥能力被削弱。此外，压实土壤也表现出土壤透气性变差的特征。压实后的土壤，团聚体结构破坏严重，更容易导致土壤的板结，因此很多时候也将土壤压实看作土壤板结的一个影响因素。

8.3　土壤板结与压实的影响

8.3.1　对土壤化学性质和生物化学循环的影响

（1）还原条件

土壤板结和压实改变土壤的物理性质，如减少水分入渗率和降低土壤透气性，这些也会影响土壤的化学性质。土壤板结和压实导致氧气扩散减少，如果氧气消耗比扩散快，可能导致土壤呈缺氧状态。同时，由于水分入渗率降低，土壤压实会导致车轮车辙覆盖区的地表水涝（雨季尤为明显），影响所有土壤过程，特别是铁的地球化学行为。板结和压实土壤中的积水和缺氧，导致土壤溶液的氧化还原电位降低，形成还原态的铁，铁的氢氧化物的溶解增加，有机络合铁的含量增加。在板结和压实土壤中可以肉眼观察到橙色的斑点，正是由纤铁矿这些铁矿物的存在造成的。

（2）碳氮循环

土壤板结和压实影响二氧化碳浓度和土壤有机碳、氮的矿化。当粉砂壤土（酸性森林土壤）容重从 $1.1 \ mg \cdot m^{-3}$ 被人工压实至 $1.5 \ mg \cdot m^{-3}$ 时，碳矿化率和净硝化速率在 9 个月后将显著降低。土壤板结和压实直接导致土壤中的二氧化碳流出量降低，但是，由于耕作中农用机械使用的增加，会间接导致更多的燃料消耗和最终更多二氧化碳的排放。反硝化作用随着土壤压实度的增加而增加，这将导致 N_2O 向大气的排放增加。如果在潮湿条件下向耕地中施用氮肥，这些排放物可能会大得多。实际上，在土壤中，N_2O 是由硝化作用（好氧土壤条件）和反硝化作用（厌氧土壤条件）共同产生的，有时硝化和反硝化作用可以同时出现在同一土壤团聚体中。土壤板结和压实可以强烈增加土壤中的反硝化作用过程，导致反硝化速率和排放量的增加，也可能减少 N_2O 向大气的排放和 N_2 的转化。这个过程受到 N_2O 在土壤中的停留时间和土壤条件的影响。土壤板结和压实会降低有效氮含量，作物的氮肥利用率下降，这会增加农业生产对肥料的需求。土壤板结和压实最终可能会减少土壤中氮氧化物的排放，同时，与未压实土壤相比，氨的挥发增加。土壤板结和压实有利于形成厌氧土壤环境，这会导致产甲烷菌的增加。

8.3.2　对当地环境的影响

土壤板结和压实影响土壤的物理、化学和生物学性质，影响植物生长，必然会对当地环境产生复杂的影响。首先，土壤板结增加了温室气体的排放量。其次，还会增加能源消耗。这是因为土壤板结、耕作阻力增加，耕作的能源投入必然增加，土壤养分利用效率下降，要获得同样高额的产量，必须增加农田肥料的用量。另外，板结造成土壤的厌氧环境，使得杀虫剂的降解降低，最终将增加杀虫剂等农用化学物质向地下水及含水层淋失的风险。同样，由于土壤板结和压实造成的土壤导水率降低，使水分向下运动变慢，可能会使地下水流动性降低、硝酸盐含量上升。尤其要指出的是，如果斜坡上的土壤发生板结和压实，则极易造成地表径流增加，进而导致地表土壤受到侵蚀、水土发生强烈的迁移。当然，这样的径流进入到地表水，会对水体中的水生生物造成威胁，因为泥浆的进入会降低地表水的氧气含量。然而，板结和压实对径流冲刷土壤的影响也因条件而异，对于砂土而言，由于板结和压实增加了土壤硬度，会使在相同径流量下的土壤侵蚀数量下降。因此，土壤板结和压实造成的土壤物理性质的改变往往是益害并存，其总体效果取决于具体的环境条件和土壤性质。

8.3.3 对植物生长的影响

（1）根

根系在养分吸收和植物生长中起着重要作用。由于土壤强度增加和大孔隙数量减少，土壤板结和压实对根系穿透能力产生不利影响（图8-5）。土壤紧实度对根系的影响因种间和同一物种的不同品种而不同，这是由于根系贯穿能力的差异取决于根系的生理和形态。通常，板结和压实会导致根长、根穿透和生根深度的减少。土壤板结和压实也会加重某些植物的根病。土壤紧实度对盐渍土离子吸收和根系生长的影响比正常土壤严重。将砂质黏土、壤土压实将降低小麦植株的根长和密度。盐分和压实的相互作用也会影响叶片中的K^+浓度和K^+/Na^+的比率。部分覆盖作物根系具有良好的穿透能力，土壤板结和压实的不利影响较小。这些作物可用于减轻土壤压实的影响。由于根的直径比土壤孔隙大，根在穿透过程中也会增加根附近土壤的容重，这种现象会改变根附近土壤的物理、生物和化学性质。根周围的微孔隙率和中孔隙率的变化也可以通过扫描电子显微镜来测定。

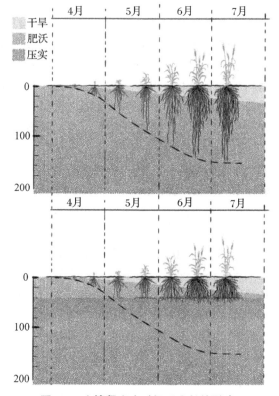

图8-5 土壤紧实度对根系生长的影响

（资料来源：Nannen et al.，2020）

上图：在健康土壤中，小麦根系可到达的土壤深度为120 cm。下图：在压实的土壤中，根的生长主要局限于犁过的表层土壤；在干旱的气候条件下，表层土壤很快就会干涸。

（2）芽

尽管土壤板结和压实严重影响植物的根系，但这并不总会导致地上部生长的减少，因为这取决于土壤中养分供应的有效性。如果土壤过于紧实，降低了土壤中离子的迁移率，严重限制了根系的生长，就会限制地上部分的生长。有报告指出土壤压实对株高没有影响，但粮食产量下降。

（3）出苗

土壤板结和压实对幼苗出苗有不利影响。在温室试验中，土壤容重增加导致橡树幼苗出现较晚，死亡率可达70%。土壤压实导致幼苗高度降低，氮回收率降低。在盆栽试验和田间试验中均有类似的发现。但幼苗生长对土壤板结和压实的响应也受到土壤类型和植物种类的影响，因为有时适度紧实的砂土反而有助于木本植物的幼苗生长。

（4）养分吸收

一般来说，土壤板结和压实减少了由于根系受损而引起的养分吸收，但也增加了根系与土壤颗粒之间的接触，这可能导致土壤基质与根系之间发生快速的离子交换。土壤压实会降低玉米对磷和钾的吸收，或者可以增加黑麦草对磷的吸收，这取决于土壤类型和土壤压实的产生原因。土壤压实和板结对植物的根部有负面影响，但对地上部的最终影响取决于植物对养分吸收的有效性。但严重的土壤压实会导致根系变形、地上部生长迟缓、发芽晚、发芽率低、死亡率高。所有这些土壤压实的影响在很大程度上会减少大多数农艺作物的产量。

8.3.4 对土壤生物多样性的影响

受土壤板结和压实影响后的土壤物理参数，决定了土壤板结和压实对土壤理化性质的影响，并最终影响到土壤生物群落。土壤板结和压实有利于土壤的生物多样性，这取决于土壤性质、气候和土壤板结和压实程度。

（1）细菌种群

土壤微生物生物量受到土壤压实和板结的不利影响。土壤压实导致土壤通气性降低，原因是空气填充的孔隙率降低 13%~36%，导致微生物生物量碳和微生物生物量氮的减少。土壤压实也可能造成微生物生物量磷的减少。

（2）酶活性

对土壤的任何干扰或胁迫都会影响土壤中酶的活性。土壤板结和压实改变了土壤的物理和化学性质，导致磷酸酶、脲酶、酰胺酶和脱氢酶等活性降低，但有时磷酸酶活性也会增加。土壤中的缺氧条件诱导微生物群落的变化，并有利于能够耐受这些条件的生物体生长。因此，在板结和压实土壤中，能够发现比未受影响的土壤中更低的真核/原核比率、更多的铁和硫酸盐还原剂以及较高的产甲烷菌。

（3）大型土壤动物群

土壤动物在土壤有机质的分解和结合中起着重要作用。土壤颗粒间的间隙或孔隙是土壤动物的栖息地。土壤板结和压实改变了孔隙的大小和分布，导致大孔隙比例降低，影响线虫和大型土壤动物的活动。其中，线虫由于其食物习性（细菌、食草动物和杂食动物）的多样性，在土壤食物链、有机物分解以及营养分解中发挥着重要作用。重度土壤压实或板结可能不会影响土壤中线虫的数量，但会影响它们的分布。有报道指出，在严重压实的土壤中，食菌线虫和杂食线虫减少，而食草线虫增加。蚯蚓也受到土壤压实的影响，它们的数量随着土壤压实度的增加而减少，但它们能够通过摄入土壤颗粒而表现出足够的穿透能力。

8.4 板结和压实土壤的改良

由于土壤板结和压实主要造成土壤孔隙率减少（或增加土壤容重），因此增加土壤孔隙度（或降低容重）就成为了减少或消除土壤板结和压实的一种有效的方法。管理土壤板结和压实，特别是在干旱和半干旱地区，可以通过合理运用以下措施或技术：①添加有机物；②控制农用机械的使用，减少碾压次数；③机械松土，合理搭配各种耕作措施；④选择作物与牧草轮作方式，利用牧草强壮根系打破板结土壤层。

8.4.1 增加土壤有机质含量

有机质涵养土壤水分，从而帮助土壤抵抗板结和压实。保持足够数量的有机质可以稳定土壤结构，使其更耐降解，并降低容重和土壤强度。有机质可以通过与土壤矿物颗粒结合、降低团聚体的润湿性、影响土壤团聚体的机械强度，从而影响土壤的结构和压实度。有机质腐殖化程度越低，其对提高团聚体孔隙率的作用越大。由于有机质具有较低的容重和更大的孔隙率，将它们与土壤混合可以提高土壤容重和孔隙率。通过植物残体或施用肥料向表土中添加有机质，已经在农业耕作中广泛应用。然而，用有机质改善底土却不太常见，这是由于技术和经济原因导致的。一方面要将有机质注入生根区，土壤必须至少深松 20~30 cm，这样通常需要很高的成本；另一方面必须克服的问题是，如何将有机物有效放置在所需深度。

虽然植物残渣是土壤中常见的有机质来源，但使用动物粪便也广泛被农民使用，以减少土壤板结和提高土壤肥力。肥料可以防止外加应力向底土的传递，从而起到缓冲作用，减少农业机械对底土的影响。牛粪显著降低了农机荷载和湿度对粉质黏土、壤土表土容重和土壤强度的影响。将绿肥施用于农田以增加土壤有机质含量在许多地方并不经济，但对于改善土壤物理性质、消减板结却是有效的。然而，这样的土壤改良效果既受施入材料的植物种类的影响，也因施用方法不同而效果相异，而且这种影响会贯穿有机质发挥作用的整个过程。来源于不同植物种类的有机物料，最大差异在于其碳氮比不同，它导致有机质的腐解速率不同。在干旱地区，向黏土中添加的有机质可能被土壤中现存有机质的损失抵消掉。在干燥环境下，由于恶劣的环境，表面施用的肥料可能会部分流失，因此向底土中注入有机质可能是解决土壤压实问题的一个更好的选择。

秸秆还田能改善土壤物理性质，有利于土壤有机质的积累和养分含量的提高，这是防止土壤板结、改良土壤的重要方法之一。推广作物秸秆还田技术同时还能促进秸秆资源转化利用率，改善农业生态环境，提升耕地质量，既能改善土壤结构、增加有机质含量，又能增加土壤透气性、土壤蓄水保水能力。据调查，秸秆还田后，土壤有机质含量明显增加，作物普遍增产10%，高的可增产15%~20%，同时还可使农户减少肥料的投入。

8.4.2 推广科学耕作措施

（1）选择合适的耕作时机

建议避开土壤含水量较高时进行耕作，尽量选择土壤较干时进行耕作。如必须作业，建议配合其他缓解土壤压实措施对土壤进行保护。稳定的土壤团粒结构是保持土壤结构的基础。传统耕作过度扰动土壤，破坏土壤团粒结构、劣化土壤结构。保护性耕作降低了土壤对板结和压实的敏感性，阻止地表硬化。

（2）作物轮作

作物轮作也是一种有效的耕作措施。实行包括多种作物在内的轮作制度，结合良好的农艺管理，将有助于降低土壤板结和压实的风险。根系粗大的作物在生长过程中会对土壤硬层具有穿透作用，并且收获后残留在土壤中的作物根茬腐烂后可以大幅度提高土壤孔隙度。利用根系粗大的直根植物与普通作物之间进行轮作可以明显减小表层和心土层土壤的压实。好的轮作体系不仅能促进作物根系生长、打破板结土层，还能提高土壤有机质的含量，改善土壤结构，增加土壤的生物多样性。

（3）控制农用机械的使用

控制农用机械的使用有助于为农作物生长提供一个良好的土壤环境。控制农用机械，还为对由农用机械引起的土壤压实进行长期管理提供了可能。然而，在实施管控之前，必须松土以清除任何压实层。在器械管制和免耕制度下，土壤水分入渗速率与原始土壤相似。但是，如果用中型拖拉机耕作，土壤的入渗速率可以降低到长期耕作土壤的入渗速率。这表明，控制水分入渗的主要因素可能是农用机械。这也意味着，在控制农业机械使用情况下，结合保护性耕作，提供了一种提高作物可持续耕作和改善渗透性、增加植物有效水和减少径流造成的土壤侵蚀的有效方法。受控农业机械减缓了再压实对耕作土壤的影响，显著增加了土壤水分入渗，减少了车轮打滑，改善了土壤结构，增加了土壤湿度，使野外作业更加及时、准确。

应选择适宜的土壤水分状态进行耕作，因为土壤板结多发生在特定的土壤湿润状态下。如果土壤湿润或者水分含量高于塑限，就不应在农田中使用农业机械。同时，耕作时应对自重不同的农业机械做出选择，使用自重过重的农业机械不仅影响表层土壤、也会引起亚表层土壤发生板结。一般来说，亚表层土壤板结的改良相对困难，减少农业机械的使用和选择使用自重较轻、对田面产生压力较小的机械就成了防止亚表层土壤板结的有效措施。

另外，将拖拉机行驶带与作物生长带隔离开，在田间建立永久的拖拉机行走通道（王宪良等，2016）。这样能缓解农用机械作业过程对土壤压实的影响。农业机械设计上应尽量减少轴载和接地压力，完善现有器械的行走系统。例如，改两轮驱动为四轮驱动；改一机四轮为一机六轮或八轮，增加轮胎数量以加大接地面积，可大幅降低土壤压实。将行走装置改为履带式，可以增加行走装置的接地面积，减小接地压力，但同时需考虑履带式行走装置存在行走速度低，转向功率大等问题。

8.4.3 深耕松土

深耕是消除土壤板结和压实、改善硬质土壤的重要方法。它已成为一种常用的管理技术，用于粉碎致密的地下土壤层，减轻其对水分渗透和根系贯穿的限制。多年以来，通过松土以促进植物生长在世界各地越来越受到关注，尤其是随着与机械化农业带来的土壤压实的增加，使得松土成为一种有益的土壤管理措施。对压实的沙质土壤进行深耕可以显著提升许多农作物的产量，其产量的增加可能归因于土壤强度的降低和土壤透水性的增加。

对压实土壤进行深松还可以改善土壤健康和植物的抗病能力。葡萄生长迟缓的病症可以被深耕完全根除，而且产量大幅度增加。与传统耕作相比，开垦提高了烟草的质量，从而提高了每公顷的单价和收入。在沙质土壤中，板结和压实不影响深层土壤的水分渗透，但阻止根系达到和利用这一深度的水分，导致水分利用效率较低，增加了干旱的危害和灌溉成本。根系生长受到板结和压实土壤的限制，仅总根系的 6% ~ 13% 能够出现在致密的土壤层中。深耕能够将底土层的最大土壤强度降低 1.2 MPa，从而使所有作物的根系在营养生长阶段穿过大约一半的致密土壤层，因而开垦土壤改善了根系的形态和垂直延伸。然而，松土作业也有缺点，疏松后的土壤特别容易被随后的农业机械行走和放牧动物重新压实。再次压实或板结也发生在通过干湿循

图 8-6　立体松土机

（资料来源：Hamza *et al*.，2005）

环反复沉淀的黏土和胶体中，特别是在黏性土壤中。为了防止再次压实和板结并帮助重新形成疏松的土壤结构，需要使用一种黏合剂或絮凝剂（石膏或有机物）。

　　通常有两种方法可以减轻半干旱和干旱地区的土壤压实问题。第一种方法是采用控制农业机械情况下的合理耕作，提供松散的生根带和稳固的行车道，从而为及时的田间作业提供良好的植物生长环境和农机行走能力。第二种方法就是采用机械松土技术，如深松来降低甚至清除土壤板结和压实。如果随后的农机行走得不到控制，机械松耕的效果往往只能持续很短时间。深耕也可能通过破坏毛细管作用来影响土壤盐分，毛细作用将水带到地表蒸发导致盐分积聚。通过深松或其他耕作和覆盖方法来提高土壤的渗水和淋失能力，可以降低土壤盐分。深耕可以减少地下水补给和土壤侵蚀。

　　深耕松土是通过物理方法来消除或削弱土壤板结和压实的重要方法。选择正确的土壤湿度和正确的松土深度可以最大限度地降低松土的成本。使用土壤松土机具是实施深耕松土的有效方法。图 8-6 是一种可调节松土机具，可以疏松 0 ~ 40 cm 的土壤，缓解土壤压实。

8.4.4　减少牲畜践踏

　　植被对土壤表面的覆盖，可以减少动物践踏对土壤的影响。50% 的覆盖率能够很大限度地提高渗透速率和减缓侵蚀。山地牧场常见牧草的 2 cm 冠层高度足以减少短期踩踏事件对水分渗透率和水土流失的影响。土壤湿度决定了践踏时的压实度，牲畜践踏的有害影响通常随着践踏时土壤湿度的增加而增加，因此，应防止在潮湿的土壤上放牧。放牧对土壤结构的影响在土壤干燥时期更为显著，因而建议在干旱时期必须调整放牧率。

8.4.5　促进科学合理施肥和使用土壤改良剂

　　测土配方施肥的根本目的是指导农户合理施肥。认真推广落实测土配方、测土施肥政策，科学引导种植户树立科学的施肥观，增施有机农家肥，不盲目滥用化学肥料。为此，应采取相应的措施，一是应积极推进测土配方施肥技术的普及和宣传工作，提高测

土配方施肥技术的到位率；二是政府部门应选择一批信誉度高、诚实守信、质量好的配方肥生产企业直接参与此项工作。

通过技术支持种植户，促使他们应用科技含量较高的土壤改良调理剂。土壤改良剂中的硅、钙、铁等二价阳离子与土壤中的有机无机胶体能快速形成土壤团粒结构，解决土壤板结问题，促进作物根系生长效果显著，调节板结土壤的固相、液相、气相三相比例，改善和协调土壤水、肥、气、热状况，提高土壤自然活力和自我调节能力。

8.5　案例解析

本节以川西平原为例(曾祥生，1985)，探讨通过农机与农艺相结合的方法来防止土壤板结。该案例的数据是基于 20 世纪 80 年代，其时间虽然比较久远，但对如今如何减少土壤板结对农业生产和生态环境的危害，仍然具有极大的参考价值。

8.5.1　川西平原土壤板结状况

川西平原有耕地 $94.67×10^4\,hm^2$，其中田 $70.53×10^4\,hm^2$，土 $24.13×10^4\,hm^2$，分别占耕地的 74.5% 和 25.5%。川西平原的耕地基本上由第四纪冲积母质发育而成，主要土类为灰色或灰棕冲积土，南北两端的台地和丘陵为黄壤和紫色土。长期种植水稻实行水旱轮作，经水耕和旱耕交替熟化，普遍发育成水稻土，除部分高产稳产农田外，其余都存在着不同程度的土壤板结问题。主要表现在以下几方面。

(1)土体构造变坏

主要是指耕层变浅，犁底层增厚，土壤结构不良。川西平原几种主要水稻土类型中，除去最好的油沙土有少数耕层厚达 18 cm 以上，团粒结构较好外，一般为 12~14 cm，犁底层厚 10~13 cm，多属块状结构。据平原腹心地带郫县(现成都市郫都区)永兴的调查统计，在 41 块 58.45 亩的稻田中，耕层在 13 cm 以下，新老犁底层在 13 cm 以上的田块为 15.6 亩，占 27.03%。地貌结构比较复杂的德阳市，在平坝、丘陵和台地的各类水稻中，耕层在 14 cm 以下，新老犁底层厚 10 cm 以上的约占 70%，耕层属块状结构的田块面积占 80% 以上，耕层仅 10 cm 左右的浅耕黏板型也占有一定面积。据该市金山镇十块下湿田的典型剖面统计，新老犁底层 12~17 cm，有的比耕层还厚。根据德阳 1981 年第二次土壤普查统计，一尺以下的薄土，比 1958 年第一次土壤普查时的 33 933 亩增加 1.4 倍。稻田耕层普遍变浅 4~6 cm，犁底层增厚 2~3 cm，说明土体构造变坏的状况是严重的。

(2)土壤物理性质和机械性质不良

由表 8-1 可见，主要表现在宜耕水分范围内所测得的土壤容重和坚实度都比较高。10 cm 以下土层内的平均值都分别大于 $1.3\,g\cdot cm^{-3}$ 和 $6.0\,kg\cdot cm^{-2}$；而总孔隙度、非毛管孔隙和容积比都较低，20 cm 土层内的平均值都分别小于 50%、10% 和 2.4%，固、液、气三相比例不调。这些物理性质和机械性质指标，都显著超过了所要求的正常范围，表现出不同程度的板结。

表 8-1 川西平原主要水稻土物理性质和机械性质测定统计

深度/cm	性状	土壤				
		油沙田	潮泥田	老泥田	紫泥田	黄泥田
0~10	水分/%	28.32	20.48	24.6	19.84	22.3
	容重/(g·cm⁻³)	1.13	1.35	1.28	1.30	1.45
	总孔隙/%	52.36	49.10	51.70	50.9	45.30
	非毛孔/%	4.80	7.83			
	三相比	1:0.70:0.60	1:0.55:0.42	1:0.65:0.42	1:0.52:0.51	1:0.55:0.27
	容积比	2.35	1.95	2.07	2.03	1.83
	坚实度/(kg·cm⁻²)	2.36	3.02	4.01	4.53	5.33
10~20	水分/%	20.87	21.25	18.6	17.99	23.30
	容重/(g·cm⁻³)	1.53	1.40	1.51	1.55	1.52
	总孔隙/%	42.26	47.17	43.02	41.50	42.64
	非毛孔/%	3.15	1.78			
	三相比	1:0.55:0.18	1:0.57:0.32	1:0.49:0.26	1:0.48:0.23	1:0.62:0.13
	容积比	1.75	1.88	1.75	1.71	1.74
	坚实度/(kg·cm⁻²)	5.67	6.52	6.98	7.75	7.84
20~30	水分/%	18.32	24.56	17.4	18.44	20.8
	容重/(g·cm⁻³)	1.52	1.58	1.62	1.68	1.55
	总孔隙/%	42.64	40.40	38.90	36.60	41.51
	非毛孔/%	1.67	1.00			
	三相比	1:0.46:0.26	1:0.65:0.03	1:0.46:0.18	1:0.49:0.09	1:0.55:0.16
	容积比	1.74	1.68	1.64	1.58	1.71
0~20	水分/%	24.60	20.87	21.60	18.92	22.75
	容重/(g·cm⁻³)	1.33	1.38	1.40	1.43	1.49
	总孔隙/%	49.81	45.14	47.45	46.20	43.97
	非毛孔/%	3.93	2.31			
	容积比	2.04	1.92	1.91	1.87	1.79
	坚实度/(kg·cm⁻²)	4.06	4.77	5.50	6.14	6.58
	物理性黏粒/%	58.90	56.67	62.61	53.07	59.84

(3) 土壤耕性恶化

土壤耕性恶化表现为土壤的犁耕阻力大、效率低、质量差、宜耕期短。老农说："这种油沙田，在 20 年前，一头牛，我一天要耕 7~8 亩，现在一天耕 4~5 亩还得展劲。"机手反映："以前用丰-27 拖拉机带三铧犁耕田，一天 8 h 可耕 30 亩左右，现在已经挂不动了，丰-35 用 2 挡耕起来都还感到费劲（超负荷），每天最多只能耕 20~25 亩，而且耕深还不能保证。从前用圆盘耙，在砂壤土横顺耙两遍也和现在用旋耕机耙三遍差不多，可现在用旋耕机耙地一般都得 3~4 遍，甚至更多遍。"由此可见土壤耕性恶化。

8.5.2　川西平原土壤板结的危害状况

土壤变板，耕层变浅，农田生态系统的"土壤库"容量减小，对水肥的吸持力减弱、保蓄量减少。土壤"无机—有机—微生物—酶"复合胶体的活性变弱，代谢和自调功能变差，且耕作阻力大，质量差。农田生态条件严重失调，土壤水、热、气、肥之间的矛盾加剧，根本不能满足作物正常需要。给农业生产造成巨大的危害：

①农作物生育不良，且易遭受旱涝及病虫等自然灾害，直接导致当年减产减收（表 8-2）。

②增大水、肥、种、药、劳力、机具及燃油消耗，直接增加生产成本，降低经济效益（表 8-3）。

③板结使土壤理化性质恶化，与多种失调的生态因素互为因果，形成恶性循环，导致耕层"越耕越板"、越种越浅，降低了土地的生产力。

8.5.3　川西平原土壤板结的原因分析

板结和压实是在生产过程中积劳成疾，逐年加剧的。土壤本身物理机械性质不良，是造成土壤板结的内因；而农业生态系统失调，农田生态条件恶化，则是造成土壤板结的外因。土壤板结是内因与外因共同作用的结果，是农艺和农机矛盾加剧的必然结果。

8.5.3.1　土壤物理机械性质不良是土壤板结的内因

川西平原水稻土物理机械性质不良（见表 8-1），其基本原因是土壤含分散性和比表面积大的黏粒较多，质地较黏重。由于在成土过程中受母质和气候等各种因素的影响，除靠近冲积扇顶部，沿江、河两岸的最新冲积物，丘陵幼年土的紫色沙页岩外，其余成土母质，在温暖湿润的气候条件下，风化度深，原生矿物彻底分解，母质多为低硅性，硅铝率在 2~3。矿物质组成中所含沙粒较少。含粉沙粒和黏粒很高，其物理性黏粒含量为 51%~93%。特别是地带性黄壤，脱硅富铝化作用强烈，土壤质地黏重。所以，川西平原主要稻田的土壤物理机械性质不良，土壤胀缩性和可塑性大、黏着性强，表现为土壤坚实度增大，耕性恶化。

8.5.3.2　农业生态系统失调是土壤板结的条件

长期以来，由于缺乏大农业的观念，重视粮食生产而忽视多种经营，违背了客观自然规律和经济规律，使多功效的农业生态系统长期处于单一经济结构、单一种植的落后状态，成为一个比例失调、畸形发展的开放性系统。如德阳县（现德阳市）的农业结构，近几年虽进行了很大调整，不合理的状况有所改善，但在 1980 年，农、林、牧、副、渔的结构比重仍分别为 76.1%、0.6%、14.1%、9.0%、0.2%。在种植业内部，粮食占 70%~80%，经济作物占 10%~15%，而且发展很不平衡，除粮食有较大的增长外，其余都未达到同业的历史最高水平，其中林业降低 1.94%，牧业降低 3.74%，副业降低 2.16%，渔业降低 0.04%，致使农业生态系统失调。特别是为了扩大种植面积，不合理

表 8-2　土壤板结对小麦植株及经济性状的影响（定点观测记载统计，1982 年 5 月）

植株性状 田块号	根系				主茎分蘖					主穗				籽粒		实产/（斤·亩⁻¹）	比当地平均亩产增减/%
	次生根数/（株·个）	30 cm 土层内风干重			高/cm	粗/cm	重/g	有效	无效	长度	小穗数	退化及不实小穗	实粒数	千粒重/g	秕粒/%		
		根重/g	10 cm 内占/%	20 cm 内占/%													
P_I	43	4.25	68.0	25.0	72.5	0.56	1.83	1.1	0.2	9.46	18.7	1.3	41	36.5	3	661.45	+7.9
P_II	30	2.55	74.7	20.8	73.8	0.41	1.75	0.4	0.2	8.36	17.5	1.5	39	35.4	4	570.00	−7.01
D_II	25	2.42	77.5	18.4	69.6	0.53	1.44	0.2	0.3	8.00	17.0	1.9	40	34.1	3	543.48	+8.7
D_I	21	2.20	84.6	12.8	74.73	0.39	1.77	0.2	0.5	6.58	16.0	1.2	35	35.2	7	482.17	−3.57
D_IV	14	2.15	93.3	5.0	71.24	0.38	1.32	0.1	0.2	6.18	14.8	2.3	35	34.5	6	444.00	−2.42

表 8-3　德阳县十个点每生产一斤小麦的耗用及生产资料消耗比重调查统计表（1981 年）

消耗 额率	人工消耗		生产资料消耗										
	用工数量/（标劳日·个）	人工费用/元	种子	肥料	其中农肥	农药	机械作业	灌溉作业	蓄力作业	其他费用	农业共同费	管理费和其他	小计
金额/元	0.0746	0.0919	0.0078	0.0541	0.0262	0.0008	0.0031	0.0001	0.058	0.014	0.0027	0.0003	0.261
占/%			0.21	70.94	34.76	1.09	4.07	0.15	7.59	1.89	3.62	0.44	100.00

生产总成本 0.168　主产品成本 0.1602　副产品（收入成本）0.0078　农业税 0.0101　国家中等价 0.1600　主产品收入均价 0.1701　单位：元·斤⁻¹

地开垦陡坡斜地、乱砍滥伐森林，使自然植被受到严重破坏。自然植被覆盖率由中华人民共和国成立初的 25%，减少到 2.25%，低于全国、全省水平。生态系统的破坏给农业造成了严重的后果，如水土流失严重，丘陵坡地变瘦变薄，平坝、台地耕层变浅变板。水土流失面积约 200 km²，每年损失 40×10⁴ m³ 表土，相当于 4000 亩地耕作层的土壤。一尺以下的薄土增加，稻田耕层普遍变板、变浅；塘堰水库、溪河渠道淤塞严重，年平均泥沙淤塞量有的竟达 0.12 m 之多。渠系不畅，地下水位逐渐抬高，下湿田随之相应增多，仅温江地区就达 40×10⁴~50×10⁴ 亩，内涝现象严重。生态系统的破坏给农业造成了严重后果：水土流失严重、丘陵坡地变瘦变薄、平坝和台地耕层变浅变板。由于地不尽其利，物不尽其用，来自"植物库"的初级产品减少，农村饲料、肥料和燃料的矛盾加剧，很多作物秸秆不得不用作燃料被浪费掉，大大减少土壤有机质的归还率。盲目提高复种指数，过多扩大小麦种植面积，使土壤用多养少或只用不养，用养失调。生态失调、农田生态变坏，也都必然通过土壤性状的恶化，扩大农艺和农机的矛盾，并形成恶性循环，使土壤变板。

8.5.3.3　农艺和农机的矛盾是土壤板结的必然结果

农艺和农机的变革随时处于由互不适应到互相适应的动态平衡之中，也都必然会有一个互相适应的过程。在机耕条件下的土壤板结，就是在两者相互适应的过程中还互不适应的一种暂时表现。其根本原因是土地用养失调，耕性恶化和用工高度集中，农时紧迫的条件下，长期采取不合理的土壤耕作措施而形成的恶性循环。

（1）现有农艺措施农机难以适应，耕作质量差

从熟制和作物布局来看：熟制以稻—麦两熟为主，复种指数平均为 188.5%，最高曾达到 210%。作物布局以稻、麦占绝对优势。其中，水稻占大春粮食作物播种面积的 75.3%；小麦占小春作物播种面积的 50% 左右；经济作物和绿肥作物面积很少，如德阳 1980 年粮、经、肥三者占全年播种面积的比例仍为 11∶3∶1，郫县的绿肥面积仅局限于秧母田。由于复种指数提高过快，作物布局不合理，特别是双季稻（指 1976 年，以后又减少）及耗地力大的小麦面积增加过大，养地的绿肥、饲料和经济作物减少过多。由于下湿田较多，不宜种小麦，作物轮换不过来，因此都只实行水、旱复种轮作，基本上不能进行作物的年间轮换，造成地力片面消耗，性状恶化，使农机具适应性相应降低；加之缺乏不同作物调节，耕、种、管、收农活高度集中，每年夏收夏种、秋收秋种所集中的用工量，一般约占全年的 60%，造成农机具作业负荷过重与农时季节紧迫的矛盾突出，而难以适应农艺要求。

①从品种搭配来看　当年川西平原所采用的主要作物良种，缺乏早、中、晚熟的优良品种配套，品种单一。生育期都较长，三熟作物全生期约需 430 d，二熟作物 360~370 d。由于缺乏品种的调节，作物生育期和农时季节的矛盾突出，使农活更加集中，在时间和空间上完全失去了选择和调节的余地，农机作业季节性负荷更重，在效率、质量和适时上，都难以适应农艺要求。

②从肥料结构和施用来看　由于复种指数高，耗地作物面积大，需肥量增多，而耕层变浅变板，土壤库存养分，特别是有机质贮量较少。因此，提高施肥水平对于作物增

产具有决定性的作用。但无机肥增长速度快，有机和无机肥料比例失调。有机肥和无机肥的比例失调，长期大量偏施化肥，不仅使农业成本逐年增加，而且使土壤结构破坏，耕性恶化，耕作机具难以适应，从而导致土壤越耕越板。

（2）当前的农机状况还不能满足"高效、低耗、优质、适时"的农艺要求

在川西平原地区，脱粒、提灌、植保及农副产品加工基本上实现了机械化和半机械化，部分地区的耕、整地基本实现机械化。但在农业机械化的发展过程中，以目前的农机状况来看，仍不能适应"高效、低耗、优质和适时"的农艺要求。

①从农业机械的服务范围方面　农业机械片面强调和着重抓种植业机械化，对经济作物和多种经营机械则重视和抓得不够，许多项目和生产环节都还是空白。因此，使农业机械化的路子越走越窄，不能适应大农业的要求，也不能为调整农业生产布局、推广先进农艺措施提供可靠的技术手段。

②从农机具的种类和配套方面　拖拉机以手扶式和轮式为主，前者主要为工农-12型，后者主要为丰收-35、丰收-27、红旗-50，大中型配套比为1∶2.54。大多机型老旧、功能单一、质量差、适应性不高、维修费用大，并且效率低、油耗大、成本高、效益差。配套农具仅犁、旋耕机和拖车"三大件"，基本上只有春、秋两季的耕翻和整地，而生产上急需的开沟、播栽、中耕、培土、施肥、镇压、植保及割、脱、烘，机械却很少或者还是空白。因此，不仅根本不能满足耕、种、管、收农活高度集中的需要，也不能适应耕作条件。为了不违农时，不合理耕作、不顾质量的现象相当普遍，致使土壤越耕越板。

③从农机的管理水方面　长期以来，由于管理体制有严重缺陷，规章制度不健全，维修保养很不及时，带病作业普遍。犁拌的技术状态，磨损和变形普遍严重。由于农机具的技术状态很差，因而效率低、油耗高、作业质量差，在无严格的农田作业质量监管制度的情况下，则常以降低作业质量来追求高效、低耗、高收入。从而削弱了农机具正常的工作性能，以致加重了破坏土壤结构和压实的副作用，成为土壤越耕越板的重要原因。

④从操作使用技术方面　由于机手变动大，不少人未受过农田作业的正式培训，操作技术不得法。机手对于机具(特别是农具)的保养、调整以及行走路线、土壤宜耕状况不懂或不重视；或者由于思想政治教育及管理不够。一部分机手服务态度、工作作风不够端正，以致单纯为了减少修配开支，提高经济收入，就根本不顾农机具技术状态。只要车子还能动得，不管土壤、气候条件、阻力大小，都要下地作业。拉不动就耕浅点、跑快点，实行"浅耕快跑"，粗耕烂耙，对土壤板结压实的危害更大。

8.5.4　川西平原土壤板结与压实的防止措施

（1）农艺措施

通过合理的作物布局及品种搭配，实行水旱轮作；广辟肥源，增施有机肥并合理施用化肥；深、浅、少耕结合，实行轮作轮耕，并加强炕土晒堡；实行山、水、田、林、路、沼综合治理等农艺措施，从根本上改良土壤性状，以利合理耕作，实现良性循环，为机械作业创造有利条件。

（2）农机工程措施

通过进一步完善多种形式的管理使用责任制，管好用好现有的农机具，充分发挥其技术经济效益。向农村普及农机具的基本知识，增加农机具维修技术的宣传、咨询。强调农机与农艺相结合，并根据不同作物、土壤和气候特点，改善耕作技术和方法，实行机、畜和人工结合，深、浅、少轮耕，稻田干耕、干旋、水整。对现有农机具进行必要的调整、改进或更新换代，并因地制宜地引进和研制新型耕作机具等农机工程措施，增加机型品种及合理配套，增强适应性，提高作业质量，实现合理耕作，增强良性循环或变恶性循环为良性循环，从而满足高效、低耗、优质适时的农艺要求。所以，农机与农艺互相适应，紧密结合，即可有效地防止土壤板结。

思考题

1. 造成土壤板结的原因是什么？土壤板结有哪些危害？
2. 花盆等盆栽土壤板结如何进行改良？
3. 为什么过度施肥会造成土壤板结？
4. 什么是土壤压实？它和土壤板结的异同是什么？
5. 如何缓解农业机械耕作对土壤压实的影响？

推荐阅读书目

1. Ray R Weil, Nyle C Brady. The Nature and Properties of Soils (15th Edition). Pearson, 2016.
2. Schaetzl, Randall J, Michael L. Thompson. Soils. Cambridge University Press, 2015.
3. 朱祖祥. 中国农业百科全书(土壤卷). 中国农业出版社, 1996.

第 9 章

土壤有机污染

　　土壤污染是全球三大环境(大气、水体和土壤)的污染问题之一。土壤污染对环境和人类造成的影响与危害在于它可导致土壤的组成、结构和功能发生变化，进而影响植物的正常生长发育，造成有害物质在植物体内累积，并可通过食物链进入人体，以致危害人体健康。土壤污染的最大特点是，一旦土壤受到污染，特别是受到重金属或有机污染物的污染后，其污染物是很难消除的。因此，要特别注意防止有机污染等物质污染土壤。

　　土壤有机污染是指人类活动所产生的污染物通过各种途径进入土壤，其数量和速度超过了土壤容纳和进化能力，而使土壤的性质、组成及形状等发生变化，使污染物质的积累过程逐渐占据优势，破坏了土壤的自然生态平衡，并导致土壤的自然功能失调、土壤质量恶化的现象。土壤污染的明显标志是土壤生产力下降。凡是进入土壤并影响到土壤的理化性质和组成物而导致土壤的自然功能失调、土壤质量恶化的物质，统称为土壤污染物。土壤污染物的种类繁多，既有化学污染物也有物理污染物、生物污染物和放射性污染物等，其中以土壤的化学污染物最为普遍、严重和复杂。土壤中主要有机污染物有农药、三氯乙醛、多环芳烃、多氯联苯、石油、甲烷等，其中农药是最主要的有机污染物。土壤中有机污染物按降解性难易分成两类：①易分解类，如 2,4-D、有机磷农药、酚、氰、三氯乙醛；②难分解类，如 2,4,5-T、有机氯等。在生物和非生物作用下，土壤中有机污染物可转化和降解成不同稳定性的产物，或最终成为无机物，特别是土壤微生物起着重要作用。土壤有机污染可造成作物减产，如用含三氯乙醛废酸制成的过磷酸钙肥料可造成小麦、水稻大面积减产，会引起污染物在植物中残留，如 DDT 可转化为 DDD、DDE，成为植物残毒。有机污染物质在土壤环境中通过复杂的环境行为进行吸附解吸、降解代谢，可以通过挥发、淋滤、地表径流携带等方式进入其他环境体系在土壤中残留，或被作物和土壤生物吸收后，通过食物链积累、放大，对人体健康十分有害。

9.1 土壤有机污染物类型及危害

　　环境中常见的有机污染物包括有机农药、石油类、塑料制品及增塑剂、染料、表面活性剂、阻燃剂等。其来源主要为农药施用、污水灌溉、污泥和废弃物的土地处置与利用以及污染物泄露等途径。世界上每年合成的近百万新化合物中约 70% 为有机化合物。其中，表 9-1 中列出美国环境保护署优先控制清单中的污染物类型包括苯系物、多环芳烃、卤代脂肪烃和芳烃化合物、多氯联苯、卤代醚、酚类、有机农药、邻苯二甲酸脂、硝基苯、苯胺及亚苯胺等有机污染物。

表 9-1 美国环境保护署优控污染物

类 别	化合物数	类 别	化合物数
苯系物	3	农药(有机)	6
多环芳烃	16	邻苯二甲酸酯	3
卤代脂肪烃	26	硝基苯类	3
卤代芳烃	7	苯胺类	3
多氯联苯	8	亚硝胺类	3
卤代醚	7	有机物杂类	3
酚类	11	重金属/有机物杂类	13/2

9.1.1 农药

农药是各种杀菌剂、杀虫剂、杀螨剂、除草剂和植物生长调节剂等农用化学制剂的总称。具体分类方法如图 9-1 所示。农药的作物利用率仅为 10%~30%，进入水体和大气的比例达到 25%，而超过一半的农药分子最终会进入土壤。农药在土壤中的半衰期短则数天，长则数年。较难降解的 DDT、六六六等农药的半衰期达到 2~4 年(张伟莹，2016)。而氨基甲酸酯类农药的半衰期仅为 0.02 年。在农业生产中，农药主要通过喷淋、土壤消毒以及通过雨水和尘埃降落等方式进入并残留于土壤中。

目前，全球生产和使用的农药已达 1300 多种，其中广泛使用的约为 250 种。我国 1990 年农药产量为 $2.6×10^4$ t，1994 年农药产量为 $26.6×10^4$ t 约占世界农药总量的 1/10。现在，我国每年要施用 $80×10^4$~$100×10^4$ t 的化学农药，其中有机磷杀虫剂占 40%，高毒农药占 37.4%。这些农药无论以何种方式施用，均会在土壤残留，而且我国农药的有效利用率低，据测定仅为 20%~30%(发达国家的农药利用率达 60%~70%)。若按单位面积平均施药量计算，我国农药用量是美国 2 倍多。大量的农药流失到土壤中，造成土壤环境的严重污染，影响了农业的可持续发展。

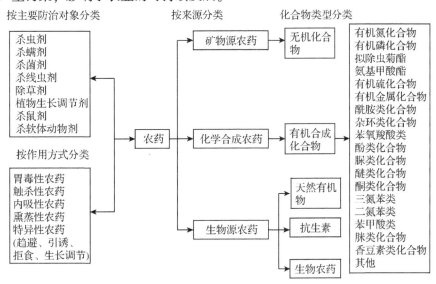

图 9-1 农药的不同分类方法

9.1.1.1 有机氯农药

有机氯农药是一类含氯有机化合物，大部分是含一个或几个苯环的氯素衍生物。最主要的品种是滴滴涕（DDT）和六六六，其次是毒杀芬、艾氏剂、狄氏剂、异狄氏剂、氯丹、七氯等。各种有机氯农药的化学结构及毒性大小各不相同，但它们的理化性质基本相似：挥发性低、化学性质稳定、不易分解、残留期长、不易溶于水、易溶于脂肪和有机溶剂。20世纪60~80年代，有机氯农药曾是我国生产和使用的主要农药品种（约占78%）。自1982年我国实行农药登记制度以后，国内先后停止生产和使用氯丹、七氯、毒杀芬。

有机氯农药虽然已经禁止使用近20年时间，但是在环境中和生物体内仍然可以检出，并且其生物富集作用（生物个体或处于同一营养级的许多生物种群，从周围环境中吸收和积累某种元素或难分解的物质，导致生物体内该物质的浓度超过环境中浓度的现象称为生物富集）已达到了很高水平。常用有有机氯农药具有系列特征：蒸汽压低，挥发性小，使用后消失缓慢；脂溶性强，水中溶解度大多低于 $1\ mg \cdot L^{-1}$；氯苯架构稳定，不易为体内酶降解，在生物体内消失缓慢；土壤微生物作用的产物，也像亲体一样存在着残留毒性，如DDT经还原生成DDD，经脱氯化氢后生成DDE；有些有机氯农药，如DDT能悬浮于水面，可随水分子一起蒸发。环境中有机氯农药通过生物富集和食物链作用，危害生物。有机氯农药在土壤中的残留期很长，六六六在土壤中被分解95%需30年之久。调查表明，20世纪90年代末，土壤中有机氯农药的残留量已大大降低，但检出率仍很高，在各种土壤中检出率一般为100%，六六六在园地土壤中检出率也达100%。

有机氯农药一旦进入生物体内易溶于生物的脂肪组织中，很难随着生物代谢被排泄，并随着食物链的逐级升高而不断富集。在生态系统内，有机氯农药沿食物链流动的过程中含量主机增加，其富集系数在各营养级中均可达到极其惊人的程度。例如，DDT是 $330×10^4$，狄氏剂是 $13.5×10^4$，毒杀芬是 $1.5×10^4 ~ 11×10^4$，六六六是 400~1500。

残留在动物体内的有机氯农药会引起神经系统、内分泌系统和中枢神经系统等的病变，发生肌肉震颤、内分泌紊乱、肝肿大、肝细胞变性等症状，并可通过母乳传递给下一代，因此，有机氯农药属于高残留、高毒害农药，是造成土壤环境污染的最主要农药类型，对人体构成极大危害。

近年来，有机氯农药的研究越来越引起各国环境化学家和生态学家的重视。2001年5月，在瑞典斯德哥尔摩签署了《关于持久性有机污染物的斯德歌摩公约》，严格禁止或限制使用12种持久性有机污染物，其中有机氯农药占了8种，它们是艾氏剂、氯丹、狄氏剂、异狄氏剂、七氯、DDT、六六六和六氯苯。几种典型有机氯农药的性质如下。

（1）DDT

DDT是常见的有机氯农药，始于1942年，起初主要用于预防疟疾、斑疹伤寒等传染疾病，第二次世界大战结束后被广泛用作农业杀虫剂，全球累计的消费量达到 $30×10^4 t$。DDT对人、畜的急性毒性很小。大白鼠 LD_{50}（半致死量）为 $250\ mg \cdot kg^{-1}$。但由于DDT脂溶性强，水溶性差（分别为 100 000 $mg \cdot L^{-1}$ 和 0.002 $mg \cdot L^{-1}$），半衰期较长，土壤中

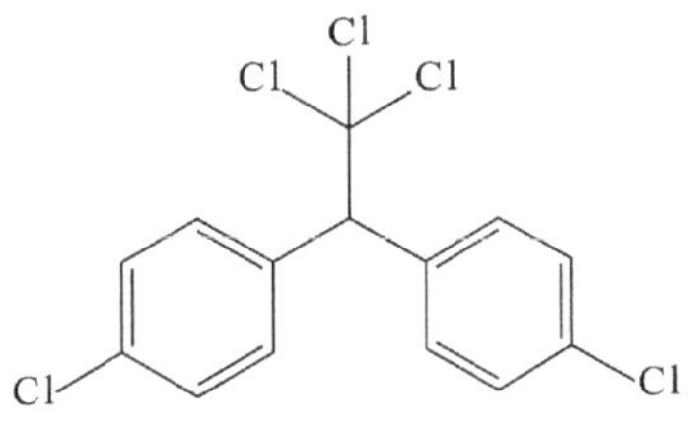

DDT(C$_{14}$H$_9$Cl$_5$)

[2,2-双(对氯苯基)-1,1,1-三氯乙烷]

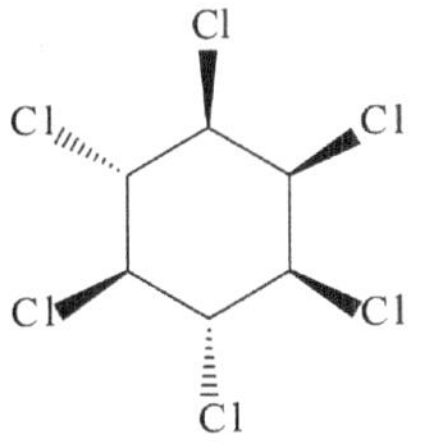

林丹(C$_6$H$_6$Cl$_6$)

(γ-1,2,3,4,5,6-六氯环己烷)

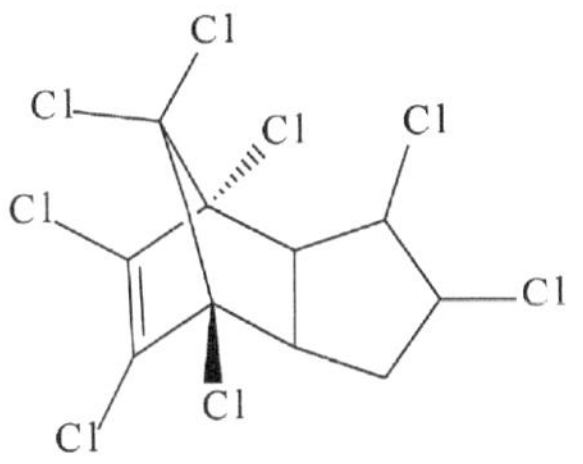

氯丹(C$_{10}$H$_6$Cl$_8$)

(1,2,4,5,6,7,8,8-八氯-2,3,3a,4,7,
7a-六氢-4,7-亚甲基茚)

图9-2 有机氯农药结构式例

DDT 的半衰期可达 10~15 年，它可以长期在脂肪组织中蓄积，并通过食物链在动物体内高度蓄积，使居于食物链末端的生物体内蓄积浓度比最初环境所含农药浓度高出数百万倍，对有机体构成危害。因此，从 20 世纪 70 年代早期开始被各国禁用，65 个国家对其全面禁止，26 个国家限制生产和使用。然而，在非洲等地区疟疾病媒的防治中难以取代，DDT 仍在这些区域应用。

（2）氯丹

氯丹是一种广谱杀虫剂，生产于 1945 年，通常加工成乳油状，琥珀色，沸点175 ℃，密度 1.69~1.7 g·cm^{-3}，不溶于水，易溶于有机溶剂，在环境中比较稳定，遇碱性物质能分解失效。用于蔬菜、谷物、水果、油糖作物等农作物，同时用于白蚁的防治用于保护森林、木构建筑、堤坝等，全球累积消费量约为 7×10^4 t。但研究发现，氯丹在土壤中的半衰期为 1~4 年，环境中的氯丹会影响人体神经系统、损害免疫系统，超过70 余个国家已经对其进行了禁止生产和限制使用。

（3）林丹

六六六有多种异构体，其中只有丙体六六六具有杀虫效果。含丙体六六六在 99% 以上的六六六称为林丹。林丹为白色或稍带淡黄色的粉末状结晶。20 ℃时在水中的溶解度为 7.3 mg·L^{-1}，在 60~70 ℃下不易分解，在日光和酸性条件下很稳定，但遇碱会发生分解而失去杀虫作用。

植物能从土壤中吸收积累一定数量的林丹。林丹在土壤中的残留期较其他有机氯杀虫剂短，容易分解消失，林丹的大鼠经口极性 LD$_{50}$ 为 88~270 mg·kg^{-1}，小鼠为 59~246 mg·kg^{-1}。按我国农药急性毒性分级标准，林丹属中等毒性杀虫剂。在动物体内也有积累作用，对皮肤有刺激性。

（4）毒杀芬

毒杀芬是用于农业和蚊虫的控制。毒杀芬为黄色蜡状固体，有轻微的松节油的香味。在 70~95 ℃ 范围内软化率为 67%~69%，熔点为 65~90 ℃。不溶于水，但溶于四氯化碳、芳香烃等有机溶剂。在加热或强阳光的照射和铁之类催化剂的存在下，能脱掉氯化氢。毒杀芬等对人、畜毒性中等，能够引起甲状腺肿瘤和癌症。大白鼠 LD$_{50}$ 为69 mg·kg^{-1}。能在动物体内蓄积。除葫芦科植物外，对其他作物均无药害，残留期长。

表 9-2　各类农药在土壤中的残留时间

名　称	半衰期/a	名　称	半衰期/a
含 Pb，As 农药	10~30	三嗪除草剂	1~2
DDT，六六六，狄氏剂	2~4	苯酸除草剂	0.2~1
有机磷农药	0.02~0.2	尿素除草剂	0.3~0.8
氨基甲酸酯类农药	0.02~0.1	氟乐灵	0.08~0.10
2，4-D；2，4，5-T	0.1~0.4		

9.1.1.2　有机磷农药

有机磷农药包括磷酸脂、硫代磷酸酯、磷酸胺和硫代磷酸胺类等化合物，一般有剧烈毒性，但由于易分解而在环境中残留时间较短。磷酸脂在动植物体内易分解而不易蓄积，常被认为是较安全的一种农药。有机磷农药对昆虫类哺乳类动物均可呈现毒性，破坏神经细胞分泌的乙酰胆碱阻碍刺激的传送机能等生理作用，致死。近年来研究报告指出，有机磷农药具有烷基化作用，可能会引起动物的致癌、致突变作用。所以，有机磷类农药的环境污染毒性是不可忽视的。有机磷类农药毒性大都很大，根据对人和哺乳动物毒性从大到小可分为 3 类。

（1）剧毒类

如对硫磷（别名 1605），具有难溶于水、毒性特强、对人和畜有剧毒的特点；甲基对硫磷的毒性约为对硫磷的 1/3，而杀虫效果大致相同，因而具有一定使用优势；内吸磷（别名 1059），具有恶臭，难溶于水，易进入植物组织，可以保持较长时期药效，但对动物和人仍有较剧烈的毒性。内吸作用指药剂被植物吸收后传导到各部组织内，使害虫吸食植物体时中毒死亡的作用。具有这种作用的杀虫剂称内吸杀虫剂，例如，内吸磷、三硫磷、乐果等。对防治刺吸口器害虫（如棉红蜘蛛、蚜虫）特别有效。

（2）中毒类

如敌敌畏和二甲硫吸磷（别名 M-81）等，敌敌畏为油状液体，有挥发性，微溶于水，有较高的杀虫力，易分解，残留时间短。

（3）低毒类

如乐果、敌百虫、马拉硫磷等。乐果有恶臭、微溶于水，也是一种内吸杀虫剂，但毒性较低，作用与内吸磷相似，对日光稳定。敌百虫应用范围很广，可杀各种害虫，具有较高的效力。同时，具有残留时间短、易于分解、动物毒性较低的优点。

9.1.1.3　氨基甲酸类农药

氨基甲酸类农药是一类低毒低残留的杀虫剂，具有苯基-N-丸剂氨基甲酸酯的结构，具有抗胆碱酯酶作用，与有机磷农药具有相同的中毒症状，但机理不同。其中毒是缘于胆碱酯酶分子弱可逆结合的抑制。氨基甲酸酯类农药在自然环境中易于分解，在动物机体内也能迅速代谢，代谢产物的毒性多数低于其本身毒性。

氨基甲酸酯类化合物的结构通式为：

$$R'NH-\overset{\overset{\displaystyle O}{\|}}{C}-OR \quad H_2N-\overset{\overset{\displaystyle O}{\|}}{C}-O-[CH_2]_n-O-\overset{\overset{\displaystyle O}{\|}}{C}-NH_2 \quad RO-\overset{\overset{\displaystyle O}{\|}}{C}-NHR''NH-\overset{\overset{\displaystyle O}{\|}}{C}-OR'$$

式中，R 为烷基或芳基；R′ 为 H 或烷基、环烷基、不饱和烃基、芳基；R″ 为烷基或芳基；n 为 2~10。

9.1.1.4　除草剂

近年来，除草剂发展迅速，品种已达 30 种以上，国外农药的销售额中除草剂占 38%。常用除草剂有 2,4-D(2,4 二氯苯氧基乙酸)和 2,4,5-T(2,4,5-三氯苯氧基乙酸)及其酯类，它们能杀灭许多阔叶草。大多数除草剂在环境中易分解，对哺乳动物的生化过程无干扰，未发现在人、畜体内有积累。

在除草剂中，阿特拉津占有很大比重，其对人类健康和生态环境的影响日益突出。近年来，研究报道阿特拉津具有内分泌干扰作用，环境中参与的阿特拉津有效消减已经成为环境污染控制的研究热点。研究表明，植物可以有效地降解土壤中其他农药如杀虫剂异丙甲草胺、氯乐灵存在的影响。如果向土壤中添加聚丙烯酰胺(PAM)作为土壤调节剂，阿特拉津在土壤中的吸附和解吸附不受影响，然而可以影响其代谢产物的吸附与解吸；对另一种除草剂 2,4-二氯苯氧乙酸的吸附、解吸以及降解行为都能产生影响，PAM 的加入可以改善土壤中农药的生物可利用性。在土壤中，阿特拉津的降解主要经历如图 9-3 所示。

在土壤中，有机农药可以通过光化学降解、物理降解、化学降解和微生物降解方式转化，其中以微生物降解为主。土壤微生物种类繁多，农药微生物的降解能促使天然的彻底净化。然而由于农药性质及降解过程的复杂性，有些剧毒农药一经降解就失去毒性；另外，有些农药本身毒性不大，但其分解物毒性很大；还有些农药其本身和代谢产物都有毒性。对于农药环境污染，要对各种情况进行综合考虑，应注意代谢产物是否有潜在危害。

由于各种农药的化学性质及分解难易的不同，一定土壤条件下的每一种农药都有相对的稳定性，即由不同的残留时间和残留量。当农药施加若干时间后，其残留量为第一年施药后土壤中残留量的两倍时即达到相对平衡。农药在土壤中残留时间长短要从不同角度考虑，理想情况是农药的毒性保持的时间能长到足以控制目标生物，又衰退的足够快以致对非目标生物无持续影响，并免于环境遭到污染。

9.1.2　多环芳烃

9.1.2.1　多环芳烃的性质和来源

（1）多环芳烃的定义和分类

多环芳烃(PAHs)是指分子中含有两个或两个以上苯环的烃类化合物，是一类典型的持久性有机污染物，主要来源于生物质和化石燃料的不完全燃烧缺氧条件下热裂解产生的一类化合物，是典型的持久性有毒污染物，具有致畸、致癌、致突变的"三致"效应"，是目前已知的环境中最大量的具有致癌性的单一化学物种。PAHs 在环境中会通过迁移、扩散和生物代谢等途径进入自然环境和生物体，同时形成比母体毒性更强的衍生

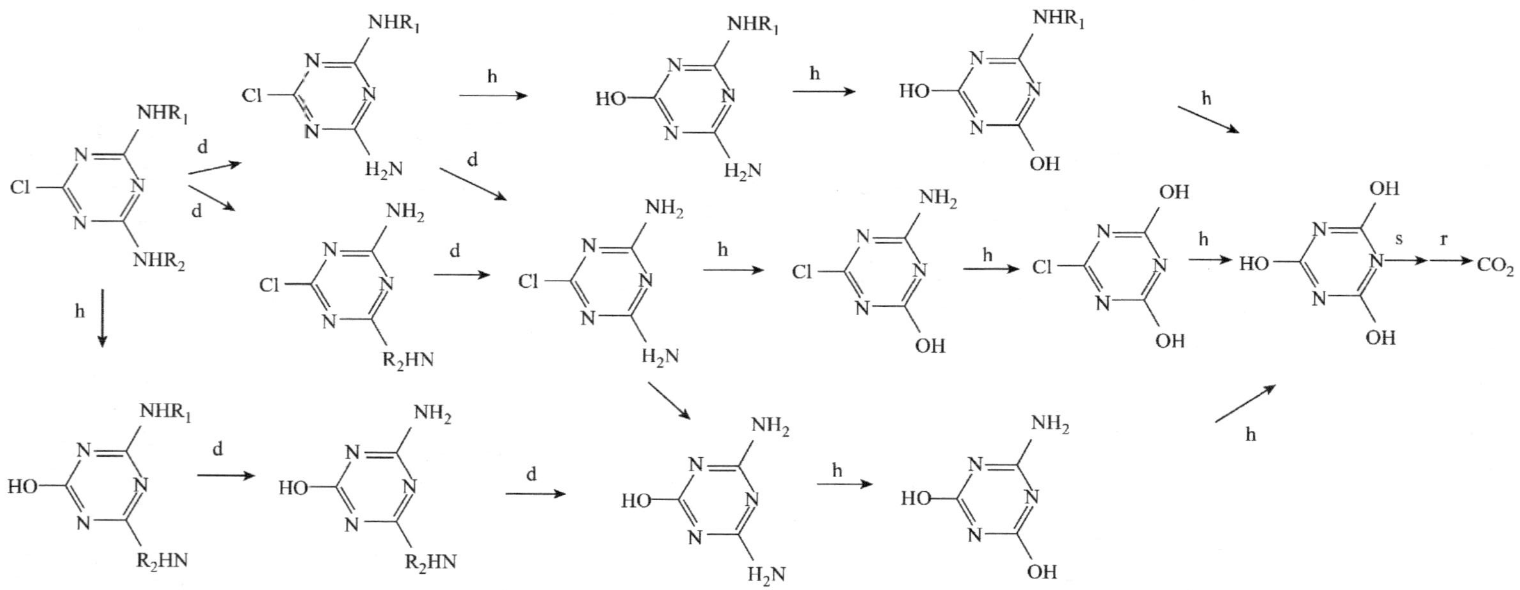

图 9-3 阿特拉津的降解途径及降解产物

h：表示水解反应　d：表示脱烷基反应

物，对生态系统和人类健康产生长期严重的危害。PAHs 化学性质稳定，可以长期广泛存在于各种环境有机相中，并且能够通过"蚱蜢跳效应"和"全球蒸馏效应"扩散到地球的偏远极地地区，导致全球范围的污染。在青藏高原—地球的"第三极"也检测到了 PAHs 的存在。1979 年美国环境保护署规定的 129 种优先控制污染物中，PAHs 占 16 种 PAHs 分子结构如图 9-4 所示。

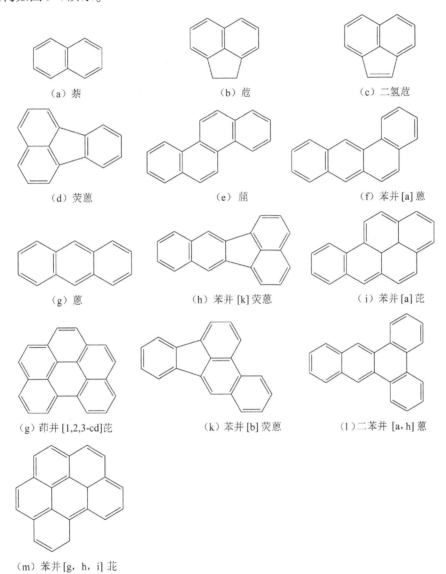

（a）萘   （b）苊   （c）二氢苊

（d）荧蒽   （e）䓛   （f）苯并［a］蒽

（g）蒽   （h）苯并［k］荧蒽   （i）苯并［a］芘

（g）茚并 [1,2,3-cd]芘   （k）苯并 [b] 荧蒽   （l）二苯并 [a，h] 蒽

（m）苯并 [g，h，i] 苝

图 9-4　多环芳烃结构式示例

　　按照苯环数量的不同，可将 16 种多环芳烃分为 2 环（萘）、3 环（苊、二氢苊、芴、菲、蒽）、4 环（荧蒽、芘、䓛、苯并［a］蒽）、5 环（苯并［b］荧蒽、苯并［k］荧蒽、苯并芘、二苯并［a,h］蒽）和 6 环 PAHs（茚并［1,2,3-c,d］芘苯并［g，h，i］苝）。

　　按照相对分子质量不同，可分为低相对分子质量（2 环和 3 环）、中相对分子质量

(4环)及高相对分子质量(5环和6环)PAHs。

(2)多环芳烃的来源

环境空气中PAHs的来源分为天然源和人为源，其中天然源主要是包括火山喷发、草原及森林的不完全燃烧以及部分生物合成，其所占比重较轻，因此人为源是当今世界上PAHs的主要来源，其主要污染途径包括以下3种。

①工业污染 其主要来源是焦化厂、炼油厂等生产过程中所产生的废水、废气中所排放出的PAHs，如有研究表明，苯并[a]芘在焦化厂所排出的废水中含量高达$4610~\mu g \cdot L^{-1}$，而焦化厂土壤中的多环芳烃总量局部则可能超过$100~mg \cdot kg^{-1}$。

②各种交通工具的尾气排放 据有关监测表明，机动车排放的尾气中大约含有100种PAHs，每年由于汽车启动时不完全燃烧所排放的PAHs含量巨大，如汽车在30 min内向环境中排放的PAHs的总量就有$41.53 \sim 121.1~\mu g \cdot m^{-3}$。近年来，随着机动车保有量的迅速增加，交通活动引发的道路两侧PAHs的增加日益明显。有研究表明，北京城市道路周边绿地土壤PAHs的浓度可达$1.60 \sim 14.6~mg \cdot kg^{-1}$。

③生活污染源 吸烟、烹调油烟以及家庭燃具的燃烧、垃圾焚烧等过程都会产生PAHs，并且其作用大大超乎人们的想象。有报道指出，居家厨房做饭时由于燃气的不完全燃烧产生的PAHs的含量高达$559~\mu g \cdot m^{-3}$，一支雪茄的烟雾中PAHs的检出浓度为$8 \sim 122~\mu g \cdot m^{-3}$。

9.1.2.2 多环芳烃形成及排放机制

在各类燃料燃烧过程中，PAHs形成及排放机制包括以下两种过程：热解和热合成。在燃料加热过程中，有机化合物中的某些部分裂解成较小且不稳定的碎片(热解)。这些碎片主要是活性较强、平均寿命很短的自由基，它们能够通过重组反应(热合成)形成性质更稳定的PAHs化合物。另外，也有研究者将燃烧过程PAHs的形成解释成"瀑布机制"，认为PAHs的形成是通过一些小的自由基不断积累，从而形成相对分子质量高的化合物。除了上述复杂化学反应外，煤燃烧过程中排放的部分PAHs还来自原煤该分子结构中自由PAHs的释放。

燃烧过程中，释放物的浓缩会生成大量焦油，研究表明，焦油中形成PAHs的典型反应包括聚合及芳构化。分子间重新组合、裂解及烷基化反应也被认为对焦油中PAHs的生成起到一定的作用。另外，在燃烧飞灰及底灰中，主要PAHs的形成已被证明与碳黑的形成有关。Pfefferle(1978)等通过研究认为PAHs化合物的二聚作用是形成煤灰的可能方式，同时煤烟颗粒也能为污染物如PAHs及重金属提供载体。

除了燃料燃烧过程外，一些学者对煤热解(如焦化)过程中PAHs生成机理进行了研究，认为煤热解过程中PAHs的生成途径主要包括：①煤中芳烃类物质的高温热解，即低温热解挥发物中相对高分子质量PAHs因高温加热而裂解为低相对分子质量PAHs及煤本身分子结构的裂解产生的PAHs；②高温自由基生成机理，即在煤热解时生成的挥发分自由基，如乙烯、乙炔基等经过聚合和重组形成PAHs。

9.1.3 多氯联苯

多氯联苯(简称PCBs)是联苯化合物多氯化的一类同系物，包括209个不同氯含量和不同氯代位置的化合物。PCBs 不易分解，物理化学性质稳定，耐酸、耐碱、耐腐蚀、和绝缘性能好，常用于变压器和电容器的冷却剂、绝缘材料、耐腐蚀涂料。在配置润滑油、农药、油漆、黏胶剂等添加剂，全球累计的消费量达到 $100×10^4 \sim 200×10^4$ t。其半衰期在 2~4 a，对人体和生态系统的毒害作用较强。多氯联苯自生产以来，由于消费过程中渗漏或有意、无意的废物排放已造成了 PCBs 大范围的污染，并且通过食物链对生物体产生影响。同时，由于 PCBs 的低溶解性、高稳定性和半挥发性等使得其能够作远程迁移，从而造成"全球性的环境污染"。

多氯二苯并呋喃是目前已知毒性最大的有机氯化合物，氯原子可以占据环上 8 个不同的位置，可以形成 75 种多氯二苯并二噁英异构体和 135 种多氯二苯并呋喃异构体。其中 2,3,7,8-四氯二苯并二噁英是目前已知有机物中毒性最强的化合物，具有致癌、致畸，损害生殖和免疫系统的能力。二噁英是生活垃圾、医疗垃圾、危险性废弃物、水泥炉窑燃烧或生产过程中排放的副产物。此外，冶金行业的热处理过程，如烧结工艺，同样是环境中人为二噁英排放源之一，氯酚等化合物在自然环境中也可转化形成二噁英。二噁英的半衰期长达 10~12 a。

土壤是一个大仓库，不断地接纳由各种途径输入的 PCBs。土壤中的 PCBs 主要来源于颗粒沉降，有少量来源于污泥作肥料，填埋场的渗漏以及在农药配方中使用的 PCBs 等。据报道，土壤中的 PCBs 含量一般比它上面的空气中含量高出 10 倍以上。若按只存在挥发损失计，Harner 等(1995)测得土壤中 PCBs 的半衰期可达 10~20 a。但在加拿大的北极地区，尽管温度很低，实验田中 PCBs Aroclor(1254 和 1260)的半衰期也只有 1.1 a。因而，土壤中 PCBs 的挥发除与温度有关外，其他环境因素也有一定影响。Haque(1976)等的实验结果表明，PCBs 的挥发速率随着温度的升高而升高，但随着土壤中黏土含量和联苯氯化程度的增加而降低。通过对经污泥改良后的实验田中 PCBs 的持久性和最终归趋进行的研究表明，生物降解和可逆吸附都不能造成 PCBs 的明显减少，只有挥发过程最有可能是引起 PCBs 损失的主要途径，尤其对高氯取代的联苯更是如此。

9.1.4　石油类污染物

石油类污染物是指石油在开采、运输、装卸、加工和使用过程中由于跑冒滴漏等现象所造成的污染问题，主要的污染组分包括烷烃、环烷烃、烯烃和芳香烃等组分。石油是由上千种化学性质不同的物质组成的复杂混合物，主要包括饱和烃、芳香烃类化合物等。全世界大规模开采石油是从 20 世纪初开始的，1900 年全世界消费量约 $2000×10^4$ t，100 年来这一数量已增长百余倍，石油已成为人类最主要的能源之一。当今世界上石油的总产量每年约有 $22×10^8$ t，其中 $800×10^4$ t 水、河流和海洋。许多研究表明，一些石油烃类进入动物体内后，对哺乳动物及人类有致癌、致畸、致突变的作用。土壤的严重污染会导致石油烃的某些成分在粮食中积累，影响粮食的品质，并通过食物链危害人类健康(韩言柱等，2000)。

我国自 1978 年原油产量突破 $1×10^8$ t 大关成为世界十大产油国之一以来，目前勘探开发的油气田和油气藏已有 400 多个。我国生产的原油大部分出自陆上油田，在陆地上进行采油生产时，大量的生产设施如油井、集输站、转输站、联合站等由于各种原因，会使部分原油直接或间接的泄露于油区地面，这些石油类物质进入土壤环境后，会发生一系列的物理、化学和生化作用，对环境造成污染，对人和生物健康造成损害和威胁。除了是由开采、冶炼、运输过程中的石油泄露事故、含油废水排放、石油制品挥发和不完全燃烧物等也可以引起一系列土壤石油污染问题，下面是引起土壤石油污染的 3 个来源。

（1）含油固体废弃物的污染

这类物质主要包括含油岩屑、含油泥浆等。它们的特点是进入地表土壤环境前就已经被固体物质所吸附或夹带，进入土壤环境后，它们污染土壤的形式是含油固体物质与土壤颗粒的掺混。污染的范围和严重程度主要取决于含油固体的扩散性质。

（2）落地原油污染

落地原油是一种重要的污染物，直接排入土壤后，落地原油在重力作用下，发生沿土壤深度方向的迁移，并在毛细力作用下发生平面扩散。由于石油的黏度大，黏滞性强，在短时间内形成小范围的高浓度污染。污染形态往往是石油浓度大大超过土壤颗粒的吸附量，过多的石油就存在于土壤空隙中。这时，如果发生降雨并产生径流，则一部分石油类物质在入渗水流的作用下大大加快入渗的速率；一部分随径流仪器进入地表径流。在径流中，由于水流的剪切作用，土壤团粒结构被破坏，分布在土壤颗粒空隙中的石油类物质释放出来。由于石油的疏水性，释放出来的物质很快浮于水面上，并且相互结合形成大的石油团块。这就是在有油井分布的地区，洪水期往往水流表面有块状浮油出现的主要原因。

（3）含油废水的污染

含油工业污水主要来自石油开采、运输和炼油等加工部门。含油废水中的原油以乳化的形态分散在水体中，含油浓度可高达 7000 mg·L^{-1}。高浓度的含油废水排至井场地面后迅速下渗。下渗过程中极细的分散油粒不断以扩散、沉淀、截留等方式与土壤颗粒接触，由于石油类物质的疏水性，这些接触的发生往往造成土壤颗粒对油粒的吸附。在水动力作用下，这种污染深度一般较大。如果当地浅层地下水位较高，污染土层深度达到了浅层地下水位时就会造成地下水的石油类污染。

9.1.4.1　土壤石油污染的现状

石油对土壤的污染主要是油田周围的落地石油污染和偶发事件中油罐的泄露。单井落地原油污染主要来自钻井、洗井、试井、采油和修井过程中的落地原油或井喷及固体废弃物。据大庆老油区资料统计，平均每口井每年产生落地石油的数量高达 0.5~2.0 t；1997 年大庆运行中的各类油井共 24 374 眼，按此计算，整个大庆油田将在一年中产生 2100~8400 t 落地石油。内蒙古的阿尔善油田平均每口油井每年产生落地石油 0.16~2 t，对草原植被的应吸纳过范围为 100 m×150 m。这些原油大多散落在油井周围，使土壤表层(0~20 cm)的含油量达 30%~50%，造成严重的环境污染和生态破坏。近年来，各油田都开始重视对环境的保护和落地原油的回收，落地原油量明显减少。

此外，在石油生产过程中发生的不同类型的油井事故，由此引起的突发性石油泄漏，往往造成数量多、浓度高、危害大的局部污染。一次井喷造成的原油覆盖面积就可能达到 3000~4000 m^2，石油的浓度大幅超过土壤颗粒能够吸附的量，过多的石油存在于土壤空隙中，将使小范围内的生态系统完全毁灭。

9.1.4.2　土壤石油污染造成的危害

由于石油特殊的物理化学性质，其进入土壤后会给受污染土壤带来一系列的危害，对局部生态、经济作物以及人类健康造成负面影响。石油对土壤的污染主要是在勘探、开采、运输以及储存过程中引起的，油田周围大面积的土壤一般都受到严重的污染，石油对土壤的污染多集中在 20 cm 左右的表层。石油类污染物质进入土壤可引起土壤物理性质的变化。石油的密度小、黏着力强且乳化能力低，在土壤中容易与土粒黏连，影响土壤通透性而降低土壤质量；石油附着在植物根表面形成黏膜，阻碍根系呼吸与吸收，引起根系腐烂而影响作物的根系生长；石油能与无机氮、磷结合并限制消化作用和脱磷酸作用，从而使土壤有效磷、氮的含量减少而影响作物的营养吸收；石油烃中不易被土壤吸附的污染物成分可以随地面降水渗透到地下水，污染浅层地下水环境而影响饮用水水质；石油中所含的多环芳烃具有致癌、致畸、致突变等作用，它们能通过食物链在动植物体内逐级富集而危及人类健康。

9.1.4.3　石油烃类在土壤中的迁移降解机理

原油的成分十分复杂，已鉴定出的大约有 600 中烃类，还有数千种组分无法辨认。总体来讲，原油由 4 中组分构成：饱和烃、芳香烃、沥青质和非烃类物质。微生物对它们发生作用的敏感性不同，生物降解速率以饱和烃最高，其次是低相对分子质量芳香烃，高相对分子质量芳香烃和极性物质降解速率极低。总之，结构越简单，相对分子质量越小的组分越易被降解。而不同原油其组成及炼制产品组成不同，微生物对它们的降解率也不同。

土壤中烃的新陈代谢和共代谢是由许多因素所影响的，例如，微生物的参与、营养物质、氧气、pH 值、含水率、土质、温度，以及污染物质的质量、数量和生物有效性。由于生态系统受到长期污染，并且在烃类物质利用上非常富足，同时污染物质的组成随着时间发生变化，因此，生态系统的污染历史同样非常重要。

石油类污染物质进入土壤后发生一系列的迁移转化过程。其中，某些物理、化学和生物化学作用能减少土壤中石油烃的含量，从而减轻土壤的石油污染程度，表现为自然状态下土壤油污的自净现象。图 9-5 列出了自然条件下土壤中石油污染物迁移转化的几类主要过程，以及在这些过程中，可以通过任务获得对其产生促进作用的各个环节。

（1）轻质烃的挥发

当土壤受到石油污染时，表层或亚表层图中的石油烃可通过挥发作用进入大气，脱离土壤，为土壤中石油类污染物自然消失的途径之一。挥发的速率取决于石油中各种烃的组分、起始浓度、面积大小和厚度以及气象状况等。挥发模拟实验结果表明：石油中低于 C_{15} 的所有烃类（例如，石油醚、汽油、煤油等），在土壤表层会很快地全部挥发掉；$C_{15} \sim C_{25}$ 的烃类（例如，柴油、润滑油、凡士林等）在土中挥发较少；而大于 C_{25} 的烃类就极少挥发了。

（2）下渗

洒落与地面的石油可以通过包气带向下渗透，也有可能通过大气降雨的淋滤而进入地下水，从而减轻土壤中石油的污染程度。其中，乳化和溶解态的石油类物质随水流可

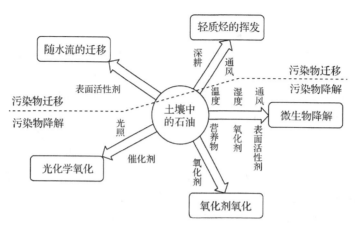

图 9-5　土壤中石油的迁移过程

以相对自由地向土层深处迁移或发生平面的扩展运动。但是，包气带的石油也可能被固体颗粒所吸附和被植物根系吸收，故下渗强度不仅与优质本身的黏度有关，也取决于受污土壤的结构和组成。在水—沉积物/土壤的石油类物质饱和水分配体系中，吸附过程主要与沉积物/土壤中的有机质含量相关，因为这种吸附主要发生在有机质上。而在干态和亚饱和态的土壤石油类物质发生吸附时，土壤的无机矿物却成为很强的吸附剂，故不同的土壤组成具有不同程度的油污下渗率。

石油是黏稠的非极性混合物，其组成多为大分子有机质，既可与土壤中的有机质产生分配作用，又可以被吸附在土粒表面上。故而其随水流在土壤中的迁移能力较弱。研究表明，在历时 100 d 的淋滤之后，石油类物质还主要集中在 0~25 cm 的土壤表层。但由于石油类物质为积累性污染物质，所以长时间石油污染后，由于下渗所造成的污染扩散还是不容忽视的。

（3）光化学氧化

土壤中的石油烃类物质在阳光（特别是紫外光）照射下，迅速发生光化学反应，先离解成自由基，接着转变为过氧化物，然后再转变为醇类物质。所谓的直接光解是指石油烃类物质吸收光能后，分子处于激发态（或高能状态），为恢复其稳定状态，往往出现较强的反应趋势，如分子重排、光解反应、取代反应和氧化反应等，从而分解和降解有机化合物，使其在环境中得以衰减的过程。直接光解的速率与有机物中能进行光化学反应的那部分光子呈正比，而有机物吸收光子优势根据不同的波长、不同的摩尔消光系数来进行的，因此，分不同波长范围来确定光子吸收量，而辐射光子量又随维度、季节和一天内时间的变化而变化。光解速率还与石油烃类物质本身的性质密切相关。对于在土壤环境中的石油类物质来说，光解反应主要在两个方面进行：一是经过分配作用逸散在大气中的部分，由于受到直接的光解而发生有效的降解；二是在土层中的石油类物质，只有最表层的一小部分可以受光照而发生降解。在吸收活性光物质（光敏剂）吸收能量后，再将其传递给反应体系，使石油烃间接获得能量。不同的接受能量的方式取决于在石油烃不同组分各自的性质，如正己烷、烷基苯等，它们在天然日光照射波长范围内吸光效果不好，通常需要借助于光敏剂来捕获的能引发光反应的能量。

在吸收能量后，与氧分子结合并继续反应直至完全降解石油烃过程有多条途径。从机理而言，主要有两种：一种是吸光后的激发态物质先于氧作用，生成反应活性很强的激发单线态氧，它再去氧化石油烃；另一种机理则是激发态物质先转变为自由基，而自由基再与氧结合，生成过氧自由基，从而引发链反应。一般在石油烃光反应中，两种机理都可能存在，哪一种占主导地位，则同样取决于反应物质的结构特点、性质以及反应条件等因素，因此每一种不同物质的光反应可能都是两种机理共存但又分别具有其特殊的降解途径。目前还没有能正确反应所有石油组分光反应的准确机理，石油组分的差别、中间产物的复杂性、光反应发生的程度和感光产物的多样性都为确定反应机理增加了难度，这有待于我们更加深入系统地研究和归纳。

在实际的石油污染土壤之中，大部分的石油类物质是滞留在土层中的，很少受到光照的应吸纳过而发生光解。所以多数情况下，石油烃的光解在受污染土壤的修复过程中不占主导地位。

(1) 化学氧化

化学氧化指向被石油烃类污染的土壤中喷洒化学氧化剂，使其与污染物质发生化学反应来实现净化的目的。自然界中最普遍的氧化剂——氧气的化学能还不足以造成明显的石油烃氧化，所以化学氧化法一般需要人类的介入，投加过氧化氢、高锰酸钾等氧化剂。

(2) 微生物降解

土壤中富含各类微生物，其中石油烃降解菌在适宜的环境条件下，可以把石油烃类物质中的一定组分作为有机碳、能量和细胞材料的来源，同时将它们降解，从而对油污土壤起到最主要的净化作用。石油烃类物质的降解主要是在有氧条件下进行的，以氧分子作为电子受体，但有效的生物降解是需要氧的。其主要原因是：①好氧系统对降解石油烃是非常有效的，降解速率也比厌氧系统快得多；②厌氧系统要隔离空气，对于处理土壤，这一条件要求很难达到，而好氧系统则无此特殊要求；③好氧系统最终产物为 CO_2 和 H_2O，对人类无害，而厌氧系统的产物 CH_4 和 H_2S 对环境会造成新的污染。土壤中石油烃降解菌矿化污染油的原理可表述为：

微生物+石油烃类(碳源)+氧+营养物(氮、磷等) —→ 微生物增殖+二氧化碳+水+氨及磷酸根等

降解石油的微生物很多，据报道有 200 多种，细菌有假单细胞菌属、棒杆菌属、微球菌属和产碱杆菌属等。放线菌主要是诺卡氏菌属，酵母菌主要是截脂假丝菌属和曲霉属等。此外，蓝细菌和绿藻也能降解多种芳烃。

由于石油是链烷烃、环烷烃、芳香烃以及少量非烃类化合物的复杂混合物，其生物降解因其所含烃分子的类型和大小而异。从烃分子类型来看，不饱和烃比饱和烃易降解，智联烷基越多，可降解行越低，尤其链末端有季碳原子时特别顽固；多环芳烃很难降解或不降解。主要过程有：烷烃的降解，最终产物为琥珀酸或丙酮酸和乙醛；环己烷的降解，最终产物为己二酸。下面举例说明链烷烃和环烷烃的具体降解过程。

链状烷烃的微生物降解：

①微生物攻击链烷烃的末端甲基，由混合功能氧化酶催化，生成伯醇，再进一步氧化为醛和脂肪酸，脂肪酸接着通过 β 氧化进一步代谢。

②有些微生物攻击链烷烃的次末端，在链内的碳原子上插入氧。这样，首先生成伯醇，再进一步氧化生成酮，酮再代谢为酯，酯键裂解生成伯醇和脂肪酸。醇接着继续氧

化成醛、羧酸,羧酸则通过 β 氧化进一步代谢。

不具备末端甲基的环烷烃:由类似于上述次末端氧化的机制进行生物降解。如环己烷,有混合功能氧化酶的烃化作用生成环己醇,后者脱氢生成酮,再进一步氧化,一个氧插入环而生成内酯,内酯开环,一端的羟基被氧化成醛基,再氧化成羧基,生成的二羧酸通过 β 氧化进一步代谢。

石油污染物进入土壤中,将发生一系列物理、化学和生物的自然进化过程,这些过程的作用在轻微污染时体现的比较明显;但当污染物浓度较高时,只依靠自然净化很难达到理想的处理效果。这时我们可以对自然净化过程中各关键环节进入人为的控制,从而达到加速土壤石油污染净化的目的。

9.1.5 其他重要的有机污染物

土壤中的有机污染物很复杂,除了前面介绍的几类外,还有增塑剂、阻燃剂、表面活性剂、染料类以及酚类和亚硝胺物质等。这些污染物大都来自工业废水、污灌以及污泥和堆肥。它们进入土壤环境后,会造成对生态与环境的危害。

9.1.5.1 增塑剂

我国常用的增塑剂为酞酸酯类化合物(简称 PAEs),酞酸酯是农膜及其他塑料制品所排放的邻苯二甲酸二丁酯、邻苯二甲酸二异辛酯等酞酸酯类化合物,具有致畸、致突变,影响土壤—植物生态系统的负面作用。由于它们的广泛使用,这类化合物在土壤、水体、大气及生物体乃至人体诸多环境或组分中均有检出,成为全球最为普遍的污染物之一。由于此类化合物显著的生物积累性,中国、美国和日本等许多国家都将其列入优先控制污染物黑名单之中。

邻苯二甲酸二丁酯和邻苯二甲酸二(乙基—己基)酯作为两种重要的酞酸酯类化合物,被广泛应用于化工产品的合成与生产中,尤其作为增塑剂被大量应用于塑料制品中的生产中(图 9-6)。随着塑料制品应用量增大,特别是农用薄膜的大量生产使用,越来越多邻苯二甲酸二丁酯和邻苯二甲酸二(乙基—己基)类酞酸酯化合物进入农田土壤等环境介质中,并通过植物吸收进入食物链,有研究发现其在植物体内的残留量与土壤含量相关。酞酸酯具有环境雌激素效应,往往能引起儿童性早熟,因此,美国环境保护署将包括邻苯二甲酸二丁酯和邻苯二甲酸二(乙基—己基)在内的 6 种酞酸酯类化合物列入129 种优控污染物黑名单,我国也将邻苯二甲酸二丁酯等酞酸酯类化合物列为优先控制污染物黑名单。

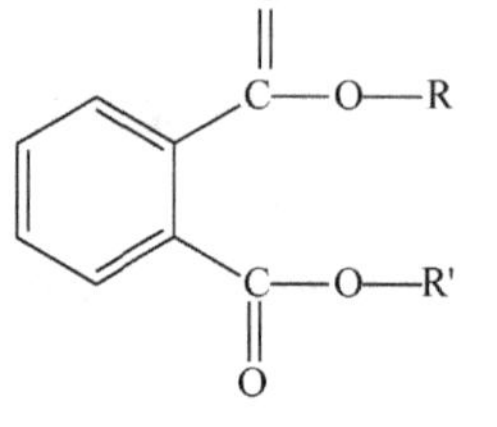

邻苯二甲酸二酯 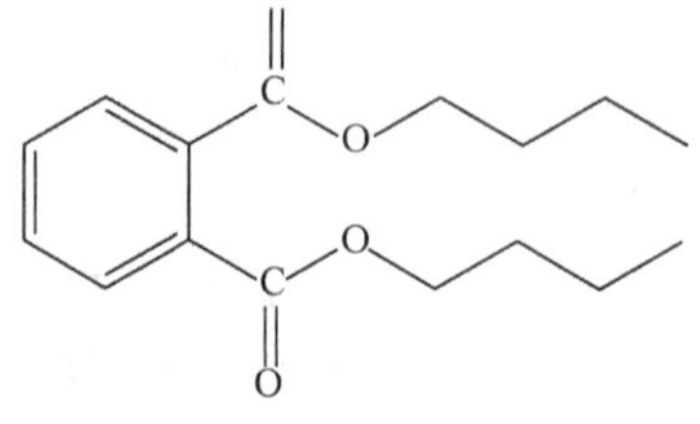　　　　邻苯二甲酸二丁酯

图 9-6　增塑剂、阻燃剂结构式示例

9.1.5.2 表面活性剂

表面活性剂是一类加入很少量就能使表面张力降低的有机化合物,具有分散、渗透、增溶、乳化、润湿、起泡、润滑、杀菌等诸多性能,广泛应用在国民经济的各个领域,有"工业味精"之美称。在使用过程中,大量含表面活性剂的废水、废渣不可避免地排入了土壤,表面活性剂在土壤环境中的大量存在严重影响整个土壤生态系统。表面活性剂分为阴离子型、阳离子型和非离子型 3 类。一般关于土壤污染的表面活性剂主要是烷基苯磺酸盐,如烷基苯磺酸钠。土壤中表面活性剂浓度低时能改善土壤团聚性能,提高土壤持水性;但是,较高浓度的表面活性剂进入土壤后导致土壤黏粒稳定性增强,不利于黏粒聚沉,导致土壤粒子的分散,流动性增加,从而加重水土流失;同时,吸附于土壤黏粒上的农药和重金属,可随径流而转移,使污染范围扩大,从而加深水环境的污染程度。另外,土壤中的许多营养成分富集在黏粒上,表面活性剂对土壤环境的污染亦会加重水体的富营养化和土壤自身的贫瘠化。

低浓度表面活性剂对植物(玉米、麦类)生长有刺激作用,但高浓度会导致减产。表面活性剂还对土壤微生物有影响,能引起微生物种群数降低。

9.1.5.3 染料类

随着染料生产、纺织和印染工业的迅速发展,有机染料在衣服、食物染色及家庭装修等方面应用广泛。有些染料具有致癌性物质,例如,芳香胺类中的联苯胺、萘胺和芴胺等。土壤中的染料主要来源于工业废水的排放、含有染料的污水灌溉、污泥和堆肥等。调查发现毗邻污染源地区的农业土壤中各种有机染料的总含量可达 19~3114 mg·kg^{-1}。

9.1.5.4 酚类和亚硝基化合物

酚类化合物是芳烃的含羟基衍生物,可根据挥发性将其分为挥发性酚和不挥发性酚。通常含酚废水中以苯酚和甲酚的含量最高,在环境监测中常以它们含量的多少作为污染指标。环境中的酚污染物主要来源于工业企业排放的含酚废水,在许多工业领域诸如煤气、焦化、炼油、冶金、机械制造、玻璃、石油化工、木材纤维、化学有机合成工业、塑料、医药、农药和油漆等工业排出的废水中均含有酚,这些废水若不经过处理或处理不达标而直接排放,或用于灌溉农田,则进入土壤环境中的有毒有害物质可能对土壤生物和人体健康产生不利影响。酚类物质污染农田后会导致农作物的可食用部分产生异味。

亚硝基化合物是一类含有 NNO 基的化合物,是一类广谱的致癌物,其前体物质广泛存在于环境中,人类与之接触的机会十分频繁。当农田中大量使用含有亚硝酸盐的化肥或土壤中 Fe、Mo 元素缺乏或光照不足时,造成植物体中硝酸盐的明显积累。过多的硝酸盐不仅严重影响动植物产品的安全,还会从土壤渗入地下并在一定条件下转化为 N-亚硝基化合物,从而对水体造成严重污染。

9.1.5.5 废塑料制品

近年来,由于塑料价格便宜、性能好和易加工特性,塑料工业迅速发展,各类农用塑料薄膜以及塑料制品(袋、盒和绳等)大量使用。这些制品使用后,除部分回收外,大量作为垃圾被抛弃或进行填埋处理。塑料是一种高分子材料，常用聚氯乙烯、聚乙烯、聚丙烯和聚苯乙烯等化工原料制成，因其不易腐烂、难于消解的性能，散落在土地里，形成永久性"白色污染"。实验表明，塑料在土壤中需要 200 年之久才能被降解。

农膜的大量使用带来了许多环境问题。残留的地膜碎片会破坏土壤结构，阻断土壤中的毛细管，影响水肥在土壤中的运移，妨碍作物根系发育生长，使农作物产量降低。实验表明，每公顷土地残留地膜 45 kg 时，则蔬菜产量可减少 10%，而小麦每公顷可减少 450 kg。残膜还影响农田耕作管理，使农田生态系统受到大面积破坏。同时，增塑剂随农膜的使用而大量地进入农田生态系统，使农田土壤和作物生长发育及产品品质受到影响。

9.2 土壤有机污染机制及环境效应

随着现代工农业生产尤其是化学工业的快速发展，通过的废水、废气、废渣等途径排放的各种有机化合物大量进入土壤、大气、地表水和地下水等环境中。有机污染物一旦进入环境，可在环境介质内部或不同环境介质之间通过吸附、挥发、扩散等途径迁移转化并持久存在，从而造成土壤等环境介质的污染（Daughton et al.，1999；Schwarzenbach et al.，1993）。土壤是各类污染物的天然储库，是污染物生物化学循环的关键介质（Bennett，2003）。

土壤是一个以固相为主的不均质多相体系。与污染环境化学行为关系密切的土壤组分主要是矿物质、有机质和微生物。由于土壤环境介质的非均一性，导致土壤中有机污染物的物理化学行为变得十分复杂（Chenu et al.，2002）。土壤有机污染物主要分布在固相颗粒、液相及气相等介质，有机污染物可被土壤无机、有机颗粒表面吸附，或被土壤有机质吸收、溶解在土壤溶液中，也可挥发至土壤空气中。有机污染物在土壤多介质的分布行为是一个动态过程，受一系列物理化学和生物过程的影响，包括土—水界面的吸附—脱附过程、水—气界面的挥发—溶解过程、植物根从土壤溶液中的吸收过程、微生物吸收降解过程等。土壤系统各界面过程并非相对独立，某一个界面过程可被另一个界面过程所影响。例如，植物或微生物一般只能直接吸收溶解在土壤溶解在土壤溶液中的有机污染物（Schwarzenbach et al.，1993），土壤颗粒对有机污染物的吸附会减少其土壤溶液中的浓度，导致植物根系从土壤溶液中吸收有机污染物的能力降低。有机污染物在土壤多介质间发生的物理、化学和生物化学过程中，吸附—脱附行为决定其生物有效性，影响其生物地球化学过程，在有机污染物迁移转化及归宿中起到至关重要的作用（Bennett，2003）。

有机质和黏土是土壤最重要的活性成分。土壤中黏土矿物可作为骨架，起核心作用，有机质和黏土氧化物呈絮团状与矿物表面接触，包围在黏土微粒表层，占据黏土矿物的一部分吸附位，并在微粒之间起黏结架桥作用。土壤有机质主要是动植物残体代谢后的中间产物和最终产物，具有很强的表面活性，含有大量的极性含氧基团，包括羧基、酚羟基及羟基等。碳、氢和氧三元素通常占有机质总质量的 90% 以上，也含少量的氮、硫和磷元素（Bennett，2003；Schwarzenbach et al.，1993）。人们发现有机质是土壤吸附疏水性有机化合物的最主要成分（Kile et al.，1995；Lambert et al.，1968）。某些特定环境条件下，非离子有机化合物也可被强烈吸附在土壤黏土上。

除土壤有机质和黏土矿物，土壤中通常存在少量生物质不完全燃烧产生的黑炭，包括烟灰、炭黑、木炭、焦炭等(Cornelissen et al.，2005)。特别当生物质被不完全燃烧生产生物炭并作为土壤改良剂施加到土壤中时，土壤中黑炭的量显著增加(陈宝梁等，2008)。黑炭在沉积物和土壤中的平均含量约占总有机碳含量的 9% 和 4%(Cornelissen et al.，2005)，最高含量可达总有机碳含量的 30%~45%(Schmidt et al.，2001)。黑炭具有较大的比表面积和空隙，对有机污染会产生强烈的非线性吸附，是导致有机污染物非线性吸附的重要原因(陈宝梁等，2008)。此外，随着纳米材料的广泛应用，各种人工合成的纳米颗粒会进入土壤环境。由于纳米颗粒表面积大和表面活性强，对有机污染物会产生强的吸附作用，从而影响其迁移转化行为和生物有效性(He et al.，2011；Yang et al.，2010)。环境中还广泛存在各种类型的表面活性剂，会影响共存有机污染物的环境化学行为和生物有效性。利用表面活性剂调控有机污染物在土壤上的吸附—脱附行为及生物有效性，可实现土壤和地下水有机污染缓解与修复的目的(West et al.，1992；Yang et al.，2006)。

9.3 有机污染物在土壤中的环境行为及自净作用

有机污染物在土壤中可能发生吸附/解吸、挥发、渗率、生物降解和非生物降解等，这些过程往往同时发生，相互作用，有时难以区分并受许多因素的影响(胡枭等，1999)。土壤是一个复杂的多介质、多界面体系，有机污染物在土壤中的行为涉及不同的界面过程。一般说来，土壤对外源性人工合成化学物质均具有自净能力，但是不同结构的化学物质在土壤中的降解历程却有很大的差异，一些有机物在土壤中可能还出现特异性反应，生成了比母体化合物毒性更大的产物和具有潜在危险性的转化产物。

9.3.1 有机污染物在土壤中的环境行为

9.3.1.1 吸附

(1)吸附行为的描述

土壤对有机污染物的吸着是环境土壤学的重要研究内容。农药在土壤中的吸附作用通常用吸附等温式表示，常用的有 Freundlich、Langmuir 和 BET 公式。例如，将过 60 目的风干土和若干不同浓度的农药溶液，按一定的水土比在恒温条件下振荡 24 h 达到平衡后，离心测定清液中农药的余量，通过拟合 Freundlich 吸附公式可求得农药的土壤吸附系数 K_a。

$$\lg C_s = \lg K_a + \frac{1}{n}\lg C_e \tag{9-1}$$

式中　C_s——农药吸附在土壤中的数量($\mu g \cdot g^{-1}$)；

　　　C_e——达到吸附平衡后溶液中农药的浓度($\mu g \cdot mL^{-1}$)；

　　　$1/n$——关系曲线的斜率。

常见的吸附等温线有直线形(C-形)，Langmuir 形(L-形)，Freundlich 形(F-形)，高亲和力(H-形)和 S-形等(图 9-7)。它依赖于吸附质和吸附剂的性质及其环境条件。最简单的是线性吸附等温线，它表明在一定浓度范围内有机物与吸附剂间作用力不变，它适用于均匀有机相中的分配占主导地位或当强吸附位点处于低浓度、远未达到饱和时的情形。F-形和 L-形等温线表明，随着有机物浓度升高，吸附变得越来越困难，这是因为吸附位点开始饱和或者剩下的吸附位点对有机污染物吸引力减小的原因；S-形等温线，其特点是等温线的起始斜率随土壤溶液中吸附质浓度的增加而增大，这种特点的出现，认为是在低浓度下土壤固相对吸附质的相对亲和力小于对土壤溶液的亲和力的结果。高亲和力型等温线，是 Langmuir 形等温线的一种极端情况，与 Langmuir 形等温线比较，它有较大的起始斜率，这是由于土壤固相对吸附质具有非常高的相对亲和力的结果，这种情况的出现，通常是由于固相和吸附质的很高的专性或者物理吸附作用。在土壤或沉积物中，往往存在多种吸附剂，因此总的吸附等温线可能是不同类型吸附等温线的综合结果。有关有机化合物吸附等温线的类型曾有概括的总结(Schwarzenbach et al.，1993)。

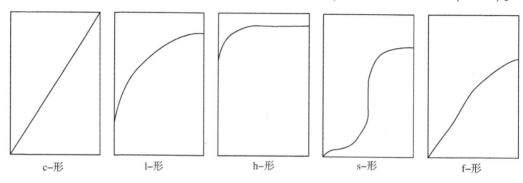

c-形　　　　l-形　　　　h-形　　　　s-形　　　　f-形

图9-7　常见吸附等温线

(2) 吸附机理

　　就土壤本身而言，对有机污染物的吸附实际上是由土壤中的矿物组分和土壤有机质两部分共同作用的结果。近年来的研究表明，与土壤有机质相比，土壤中矿物组分对有机污染物的吸附是次要的，而且这种吸附多以武力吸附为主，在动力学上符合线性等温吸附模式。因此，土壤吸附有机污染物机理的研究主要是从土壤中有机质的角度进行的(党志等，2001)。

1) 线性分配模型

　　早期的研究发现，土壤中有机碳的含量直接决定着土壤吸附杀虫剂的能力，并从机理上进行了解释，它假定土壤有机质的作用相当于有机萃取剂，有机污染物在土壤有机质与水之间的分配就相当于该化合物在水—憎水性有机溶剂之间的分配。经过许多学者的共同努力(Chiou et al.，1979；Karickhoff et al.，1979)，20 世纪 80 年代初期形成了一个较为普遍接受的线性分配模型，改模型假定土壤有机质在组分和分子结构上都是均匀的，当疏水性有机化合物被土壤吸附时，实际上是这些化合物在土壤有机质上的分配过程，此过程的特点包括：①吸附等温线应该是线性的，对给定的疏水性有机化合物，其经过有机碳标划过的分配系数 K_{oc} 为常数；②吸附速率很快；③吸附是完全可逆的；④不同疏水性有机化合物之间没有竞争吸附现象。

2) 非线性分配模型

　　实际上的吸附并非总是线性的，有的学者从分配原理出发提出了非线性分配模型，试图用以解释实验中常常观察到的这一现象。该模型认为发生非线性吸附主要是由于以下一个或多个因素共同作用的结果，即液相中存在的悬浮物会改变疏水性有机化合物在土壤中分配系数的大小；土壤中无机矿物组分参与了吸附；土壤有机质组成和结构的不同会影响吸附。

但是，对给定的反应体系，该模型无法给出非线性吸附的范围和大小。20 世纪 80 年代后，人们发现了大量非线性吸附现象：①所研究的土壤有机污染物体系，其吸附等温线经常是非线性的且遵循 Freundlich 吸附方程；②对一种非极性有机污染物，用不同的土壤进行吸附实验时，所得到的 K_{oc} 值不同，而且实验所得到的 K_{oc} 值比经验式预测的普遍偏高；③吸附速率随时间的增加逐渐减慢，吸附平衡时间可能需要数月；④同化学吸附相比，土壤对非极性有机污染物的吸附焓要小得多，有放热和吸热双重现象；对给定的非极性有机化合物，其吸附焓随土壤的不同而异；⑤有机污染物从土壤中的解吸速率明显低于吸附速率，有滞后现象；⑥不同物理化学性质的非极性有机化合物与土壤作用时存在竞争吸附，这是线性分配模型所无法解释的。

近年来，为了对实验中的现象进行合理解释，一些学者从各个角度出发，简介了一些新的模型，如双模式吸附模型和三端元反应模型（党志等，2001；高敏苓等，2006）。

3）双模式吸附模型

在一系列实验结果的基础上，假设土壤有机质实际上是一个双模式的吸附剂（胡枭等，1999），则可将土壤有机质分为溶解相（或有机质的橡胶质区域）和孔隙填充相（或有机质的刚性区域）两个部分。这两部分都会对吸附产生影响，但机理却完全不同。其中有机污染物在溶解相上的吸附是一个分配过程，表现为线性和非竞争性，在这个区域内主要是有机物分子与胡敏酸和富里酸发生反应，它在此相中的吸附遵循 Langmuir 吸附等温模型，有机污染物在此相中的扩散要慢得多，需要的平衡时间较长，从而构成了慢吸附。在刚性区域，分配作用和孔的填充吸附模型认为他人有机质中有大量性质不同的微小（纳米级）孔隙，即特殊点位的存在，而不同性质的点位对有机污染物的吸附能力不同，所以存在不同的吸附和解吸速率，即滞后现象的发生。

进一步的研究还表明竞争吸附只发生在土壤有机质相中，具体的吸附位置就是空隙填充相，而非溶解相。并且，随着土壤有机质缩合程度的增加（如土壤腐殖质中的胡敏素比胡敏酸缩合程度大），吸附的非线性和竞争吸附现象也越明显。双模式吸附模型不但适应于非极性有机化合物，而且也可用于极性有机化合物。

4）三端元反应模型

Weber 等（1996）客观地认定土壤（包括有机质）的不均匀性，在此基础上引入了"硬碳"之间倾向于非线性吸附，而与软碳之间则倾向于线性分配。土壤对有机污染物的吸附是由一系列线性的和非线性的吸附反应组合而成，观察到的宏观吸附现象实际上是由一系列线性和非线性的吸附反应组合而成，观察到的宏观吸附现象实际上是由很多微观机理各不相同的吸附所组成的。如果每一项微观的吸附都是线性的，总的吸附也应该是线性的；如果其中有一项或几项吸附是非线性的，则整个吸附等温线为非线性。线性部分的吸附服从分配机理，而非线性部分则与表面反应有关。这就是所谓的分布式反应模型，也称多端元反应模型。在菲的吸附机理的研究中，认为菲在土壤上的吸附可以用多端元反应模型进行很好的解释（连国玺等，2006）。

随后，Weber 等（1996）将土壤中吸附有机污染物的组分分成无机矿物表面、无定型的土壤有机质（软碳）和缩合态的土壤有机质（硬碳）三个部分，从而构成了三端元反应模型。有机污染物通过不同的吸附方式进入到土壤的上述三个部分，其中无机矿物和无定型的土壤有机质对有机污染物的吸附以相分配为主，是一个可逆过程；而在缩合态的吸附则表现为非线性，吸附速率与无机矿物和无定型的土壤有机质相比明显缓慢，需更长时间达到平衡，并难以解吸，因此，在吸附与解吸之间会存在明显的滞后现象。三端元反应模型不仅适用于平衡体系，同时也适用于非平衡体系，因此它能比较成功地对两阶段吸附现象进行解释。

腐殖酸的差热扫描分析表明，它具有一个玻璃过渡点，这可能以为着土壤有机质具有两种不同的吸附相，分别是橡胶态吸附相和玻璃态吸附相，前者相当于无定型的土壤有机质，后者相当于缩合态的土壤有机质。进一步的吸附实验还发现：有机污染物在橡胶态上的吸附和解吸可以用线性分配理论来描述，而在玻璃态上的吸附则表现为 Langmuir 等温吸附，这为三端元反应模型提供了一个直接的证据。

9.3.1.2 挥发

有机污染物在土壤中的挥发作用是指该物质以分子扩散形式从土壤中逸入大气中的现象。对于农药而言，挥发作用可产生于农药的生产、储运和使用等各个阶段之中，各种农药通过挥发作用损失的数量约占农药使用量的百分之几到一半以上不等。

在水体中，有机污染物的挥发取决于其化学与物理性质(如溶解度和蒸汽压)、有机物与悬浮物的相互作用、水体的物理性质(如深度、黏度和波动)以及水—气界面的性质。气体在水中的溶解度可以通过亨利定律来表达：

$$K_H = P_g / C_{aq} \tag{9-2}$$

式中　K_H——该化学品的亨利常数；

　　　P_g——气体的分压；

　　　C_{aq}——气体的水相浓度。

较大的 K_H 值说明有机物从水相进入气相的趋势较大。

亨利定律描述了有机物的挥发趋势，挥发速率可以挥发动力学过程的半衰期来表示。通常，有机物的挥发半衰期范围从数小时到数年不等。例如，三氯乙烯(TCE)在水相中的挥发半衰期为 3~5 h，而狄氏剂的挥发半衰期为 1 a。表 9-3 中列出了常见有机物从水体进入大气的挥发趋势和半衰期。

表 9-3　水体中常见有机物的挥发趋势和半衰期

挥发趋势	有机物	挥发半衰期
低	狄氏剂	427 d
	3-溴-1-丙醇	390 d
	菲	31 h
	五氯酚	17 d
中	DDT	45 h
	艾氏剂	68 h
	林丹	115 d
	苯	2.7 h
	甲苯	2.9 h
高	邻二甲苯	3.2 h
	四氯化碳	3.7 h
	联苯	4.3 h
	三氯乙烯	3.4 h

农药从土壤中的挥发速率除了与其本身的理化性质如有机物蒸汽压、水中溶解度、土壤含水率以及土壤组分对有机物吸附作用的综合影响。符合以下公式：

$$V_{sw/a} = \frac{C_w}{C_a}\left(\frac{1}{r} + K_d\right) \tag{9-3}$$

式中　$V_{sw/a}$——农药在土壤中的挥发速率；

　　　C_w——农药在土壤溶液中的浓度；

　　　C_a——农药在空气中的浓度；

　　　r——土壤中土壤固相与溶液的质量比；

　　　K_d——土壤对农药的吸附系数。

$V_{sw/a}$ 值越小，表示农药的挥发性能越强，越易从土壤表面向大气中挥发；反之，其值越大，表示农药的挥发性能越弱。通常根据 $V_{sw/a}$ 值的大小，将农药的挥发性能划分为三个等级：$V_{sw/a}<10^4$，为易挥发；$V_{sw/a}$ 值在 $10^4 \sim 10^6$ 为微挥发；$V_{sw/a}>10^6$ 为难挥发。土壤吸附系数 K_d 越大，$V_{sw/a}$ 值也越大，农药越不易从土壤中挥发。这就是为什么具有较高蒸汽压的农药(如氟乐灵等)在水中有较大的挥发性，而进入土壤后却很少有挥发的原因。

9.3.1.3　迁移过程

(1)有机污染物在土壤中迁移途径

污染物在土壤中的迁移过程是指其移动性，是指土壤中有机物随着水分运动的可迁移程度。主要包括横向的径流过程和纵向的淋溶过程。径流可以使得农药等有机污染物从农田土壤转移至沟、塘、河流等地表水体中，淋溶则可使之进入地下水。有机污染物在土壤中的移动性是一种综合性特性，与土壤对农药的吸附作用密切相关，所有影响到有机物的吸附性能、水解性能、土壤降解性能、光解性能等因素都会或大或小地影响到它在土壤中的移动性。土壤有机质和黏土矿物含量较少的沙质土壤最易发生淋洗，尤其是一些水溶性农药。有机污染物在土壤中迁移的途径主要有分配作用挥发、机械迁移等。

①分配作用　有机质与土壤固相之间相互作用的过程，称为分配作用，包括吸附和土壤颗粒中有机质溶解两种机制。土壤颗粒越小、比表面能越大，土壤颗粒对有机污染物吸附性越强，土壤对有机污染物的吸附分为物理吸附和物理化学吸附，当有机污染物被吸附后，其活性和毒性都会有所降低，土壤颗粒中有机碳含量越多，对有机污染物的溶解性就越强；土壤颗粒越小，有机含量越多对有机污染物的分配作用就越强。

②挥发作用　挥发是土壤中有机污染物重要的迁移途径，是指有机污染物以分子扩散的形式从土壤中逸出进入大气的过程。有机污染物在土壤中挥发作用的大小取决于有机污染物的蒸汽压、土壤机械组成、土壤孔隙度、土壤含水量和温度等因素，如有机磷和某些氨基甲酸酯类农药蒸汽压高，而 DDT、狄氏剂、林丹等则较低，蒸汽压大，挥发作用越强。研究表明，土壤温度升高、土壤含水量增大、地表空气流速快，有机污染物挥发作用强；土壤中有机污染物扩散挥发，是有机污染物向大气中扩散的重要途径。

③机械迁移　机械迁移是指土壤中有机污染物随水分子运动进行扩散，包括有机污

染物直接溶于水和被吸附在土壤固体颗粒表面随水分移动面进行机械迁移两种形式。水溶性有机污染物容易随着水分的运动进行水平和垂直方向的迁移，而难溶性有机污染物大多被土壤有机质和黏土矿物强烈吸附，一般在土体内不易随水分运动进行迁移，但因土壤侵蚀，可通过地表径流进入水体，造成水体污染。

（2）研究农药在土壤中移动的研究方法

对于有机农药，研究其在土壤中的移动性对于预测农药对水资源，尤其是地下水资源的污染影响具有重要意义。农药在土壤中的移动性的研究方法一般有土壤薄层层析法和淋溶柱法。

①土壤薄层层析法　土壤薄层层析法是以自然土壤为吸附剂涂布于层析板上（土壤厚度一般0.5~0.75 cm），点样后，以水为展开剂，展开后采用适当的分析方法测量土壤薄板每段的农药含量，以 R_f 值作为衡量农药在土壤中的移动性能指标。R_f 值为农药在薄板上的平均移动距离与溶剂前沿移动距离之比。

②淋溶柱法　在实验室条件下，根据土壤容量将一定质量的土壤样品装入淋溶柱（不锈钢或有机玻璃柱）中，将农药置于土柱的表层，模拟一定的降水量进行一段时间的淋溶，结束后将土柱分段取样，测定每段中农药的含量。以距土壤表层的距离为横坐标、测得的土柱各段中农药的含量为纵坐标作图，即可得到待测物在土柱中的分布图，根据待测物在土柱中移动的远近可预测有机物在环境中移动性的强弱。

田间土壤中农药的试剂移动性能也可用一定时期内农药在土层中的移动深度来衡量。俄罗斯麦尔尼科夫等在年平均气温25 ℃、年降水量1500 mm条件下，根据农药在土壤中的移动深度将农药的移动性能划分为4个等级：1级<10 cm·a^{-1}，2级<20 cm·a^{-1}，3级<35 cm·a^{-1}，4级<50 cm·a^{-1}。表9-4中列出了部分农药的移动级别。

表 9-4　部分农药在土壤中的移动级别

农　药	移动级别	农　药	移动级别	农　药	移动级别
谷硫磷	1~2	狄氏剂	1	2,4,5-T酸	2
草不绿	1~2	乐果	2	对硫磷	2
艾氏剂	1	克菌丹	1	毒杀芬	1
苯菌灵	2	西维因	2	氟乐灵	1~2
七氯	1	马拉硫磷	2~3	倍硫磷	2
六六六	1	代森锰	3	磷胺	3~4
2,4-D	2	速灭磷	3~4	氯丹	1
茅草枯	4	甲基1605	2	代森锌	2
DDT	1	2甲4氯酸	2	异狄氏剂	1
二嗪农	2	砜吸磷	3~4	乙硫磷	1~2
二溴磷	3	敌稗	1~2		

9.3.1.4　转化

有机污染物在土壤中的转化过程主要包括生物转化过程和非生物转化过程。生物过程包括植物、原生动物以及微生物对污染物的降解。非生物过程包括有机污染物的光催化/光化学转化过程、化学氧化/还原过程以及水解过程等。农药等有机污染物在土壤中的降解方式与其自身结构、理化性质和土壤环境条件相关。

(1) 水解

有机化合物的水解与其环境中的持久性密切相关，它是影响有机化合物在环境中归属机制的重要依据之一，也是评价有机化合物残留特性的重要指标（杨克武等）。水解是有机污染物与水分子之间发生反应的过程，由于土壤中含有水分，因此水解是有机污染物在土壤中的重要转化途径。有机污染物（RX）的水解是指其与水的反应，X 基团与 OH基团发生交换，而 H 与 X 相结合：

$$RX + H_2O \longrightarrow ROH + HX \qquad (1)$$

水解过程改变了有机污染物的分子结构。一般情况下，水解可以导致产物毒性的下降，但也有例外，例如，2,4-D 酯类的水解则会生成了毒性更大的 2,4-D 酸。水解产物的挥发性可能与母体化合物不同，与 pH 值有关的离子化水解产物可能没有挥发性，而且一般比母体更易于生物降解。

农药等有机污染物的水解速率主要取决于其本身的化学结构和土壤水的 pH 值、温度、离子强度及其他化合物（如金属离子、腐殖质等）的存在与否。通常水解作用随温度增加而加快，而 pH 值与溶液中其他例子的存在对水解反应速率的影响具有双重性。

式（9-1）为水解反应的通式，通产可按准一级反应来描述，RX 的消失速率与其浓度[RX]比，即

$$\frac{-\mathrm{d}[RX]}{\mathrm{d}t} = k_h[RX] \qquad (9-4)$$

式中　k_h——水解速率常数。

一级反应有明显依属性，表明 RX 水解的半衰期与其浓度无关。所以，只要温度、pH 值等反应条件恒定，从高浓度 RX 得出的结果可推出低浓度时的半衰期：

$$t_{1/2} = \ln2/k_h \qquad (9-5)$$

水解速率受 pH 值影响，从而可以将水解归纳为酸性、碱性催化水解以及中性水解过程，水解速率可表示为：

$$\frac{-\mathrm{d}[RX]}{\mathrm{d}t} = k_h[c] = \{k_A[H^+] + k_N + k_B[OH^-]\}[c] \qquad (9-6)$$

式中　k_A，k_B，k_N——分别为酸性催化、碱性催化和中性过程的二级反应水解速率常数；

　　　k_h——在某一 pH 值下准一级反应水解速率常数，又可以写为：

$$k_h = k_A[H^+] + k_N + k_B k_w/[H^+] \qquad (9-7)$$

式中　k_w——水常数；

　　　k_A，k_B，k_N 可从实验求得。

用不同的 pH 值可获得一系列 k_h。在 $\lg k_h$-pH 图中，可得三个与交点相对应的 pH 值（I_{AN}、I_{AB}、I_{NB}），结合式（9-8）~式（9-10）可计算出 k_A、k_B 和 k_N。

$$I_{AN} = -\lg(k_N/k_A) \qquad (9-8)$$

$$I_{AB} = -\lg(k_B k_w/k_N) \qquad (9-9)$$

$$I_{AB} = -1/2\lg(k_B k_w/k_A) \qquad (9-10)$$

pH 值水解速率曲线可以呈现"U"形或"V"形，这取决于特定酸、碱催化过程相比较的中性过程的水解速率常数的大小。I_{AN}、I_{AB}、I_{NB} 为酸、碱催化和中性过程中对 k_h 有显

著影响的 pH 值。如果某类有机物在 $\log k_h$–pH 图中的交点落在 5~8 个 pH 值范围内，则在预估各水解反应速率时，必须考虑酸碱催化作用的影响，从而可以大致判断有机化合物在不同 pH 值土壤中的持留性。

（2）光解

有机污染物在土壤表面的光解是指吸附于土壤表面的污染物分子在光的作用下，将光能直接或间接转移到分子键，使分子变为激发态而裂解或转化的现象，是有机污染物在土壤环境中消失的重要途径。土壤表面农药光解与农药防除有害生物的效果、农药对土壤生态系统的影响及污染防治有直接的关系。尽管 20 世纪 70 年代以前人们对农药光解的研究主要集中于水、有机溶剂和大气，但此后已对土壤表面农药光解十分重视（杨克武等，1994；张利红等，2006）。1978 年，美国环境保护署等机构已规定，新农药注册登记时必须提供该农药在土壤表面光解资料。

相比较而言，农药在土壤表面的光解速率要比在溶液中慢得多。光线在土壤中的迅速衰减可能是农药在土壤中光解速率减慢的重要原因；而土壤颗粒吸附农药分子后发生内部滤光现象，可能是农药在土壤中光解速率减慢的另一重要原因。多环芳烃在高含 C、Fe 的粉煤灰上光解速率明显减慢，可能是由于分散、多孔和黑色的粉煤灰提供了一个内部滤光层，保护了吸附态化学品不发生光解。此外，土壤中可能存在的光猝灭物质可猝灭光活化的农药分子，从而减慢农药的光解速率。

1）影响因素

土壤环境存在许多影响农药等有机污染物光解的因素，主要包括土壤质地、土壤水分、共存物质、土层厚度和矿物组分等。

①土壤组分与性质　土壤的自然组分对有机污染物的光解有着不同程度的影响。在干燥土壤中添加腐殖质可以使有些农药的光解速率降低，表明有机质使农药在土壤中的光降解过程没有光敏化作用，或者可以认为有机质是一种光稳定剂。土壤无机组分对有机化合物的光解亦有影响，γ-666 光解速率常数随 Fe_2O_3 含量的增加而增大，表明天然土壤中的 Fe_2O_3 对 γ-666 的光解起着不容忽视的作用。土壤质地可影响农药的光解，在砂质和黏质土壤中，农药在 0.5~1.0 mm 粒径范围的光解速率最快，在 0.1~0.25 mm 粒径范围的光解速率最慢，这可能因为土壤团粒、微团粒结构影响光子在土壤中的穿透能力和农药分子在土壤中的扩散移动性。例如，咪唑啉酮除草剂在质地较粗和潮湿的土壤中容易光解，除草剂 2-甲-4-氯丙酸和 2, 4-D 丙酸在质地粗、粒径大的土壤中光解速率快。对 3 种农药氟乐灵、三唑酮和甲基对硫磷在不同质地土壤中光解研究表明（岳永德等，1995），几乎在所有实验条件，3 种农药都是在砂质土壤中光解最快，在黏质黑壤中光解最慢；土壤的黏粒含量越低，农药光解越快。pH 值是影响土壤有机质光解的重要条件之一，在其他条件相同时，随土壤 pH 值的增大，丁胺在土壤中的光解速率加快，光降解深度增加。

土壤黏粒矿物具有相对高的表面积和电荷密度，能通过催化光降解作用所吸附的农药失去活性。研究证实，氧和水在光照的黏粒矿物表面极易形成活性氧自由基，这些活性氧自由基对吸附态农药的光解会产生明显的影响。例如，光诱导氧化作用是有机磷杀菌剂甲基立枯磷在高岭石和蒙脱石等黏粒矿物上的主要降解途径，分子氧和水在黏粒矿物上经光照而生成的羟基和过氧化氢与该农药反应，形成氧衍生物。

②土壤水分含量　潮湿的表面土壤在光照条件下容易形成大量的自由基，如过氧基、羟基、过氧化物和单重态氧，可加速农药的光解。另外，水分增加能增强农药在土壤中的移动性，有利于农药的光解。湿度为 80% 的土壤中，丁草胺和乙草胺的光解深度及光解速率均比干燥条件下的大。贝螺杀在土壤中的光解，湿度是调节光解速率最重要的一个因素。西维因在土壤中的光解也有同样的趋势，即土壤湿度增大使其光解加快。

③共存物质的猝灭和敏化作用　共存物质的猝灭和敏化作用是影响土壤中有机污染物光解的重要因素。研究发现，土壤色素可猝灭光活化的农药分子；采用紫外吸收物质二苯甲酮作光保护剂，可明显延长杀螟松的光解周期。对农药在土壤中间接光解的研究表明，土壤胡敏酸和富里酸含有 $10^{17} \sim 10^{18}$ 个自由基核心，它们在光照时表现为瞬时自由基浓度增加。此外，光照时土壤表面形成单重态氧，而且在光照下土表还入形成另一些强氧化物和其他自由基，这些自由基显然会促进许多农药的间接光解。

此外，有机污染物在土壤中的光化学行为还受光辐射强度、污染物在土壤表层中的分布深度和污染物的吸收光谱特性等影响。目前对有机污染物在土壤中光解过程和影响因素的研究十分有限，一个主要的原因是实验方法和设计上所存在的困难，因而建立有效的实验方法并用于研究多种因素对有机污染物光化学行为的影响，是该领域研究的重点内容之一(赵旭等，2002)。

2) 光解类型

土壤表面农药的光解反应过程比较复杂，其主要类型有光氧化、光还原、分子重排和光异构化等。通常土壤表面农药光降解过程涉及多种光反应类型。

①光氧化　是农药光解的最重要、最常见的途径之一。在氧气充足的环境中，一旦有光照，许多农药比较容易发生光氧化反应，生成一些氧化中间产物。例如，对硫磷、杀螟松、地亚农和甲拌磷等硫逐型磷酸酯可进行光氧化反应。乙拌磷、倍硫磷、丁叉威和灭虫威等农药分子中的硫醚键可通过光氧化生成亚砜和砜。当农药芳香环上带有烷基时，该烷基会逐渐发生光氧化反应，如可氧化成羟基和羰基，或进一步氧化为羧基。

②光还原　带氯原子农药在光化学反应中能被还原脱氯。一些农药可进行光化学的脱羟基反应，同时得到多种分解产物。对氟乐灵在土壤中的光分解研究证明，氟乐灵能脱羟基、硝基而被还原并产生苯并咪唑衍生物。

③光水解　土壤表面许多有酯键或醚键的农药在有紫外光和有水或水汽存在时可发生光水解反应。水解部位往往发生在最具有酸性的酯基或醚位上。

④分子重排　一般认为农药光解过程有自由基参与。许多农药分子光解后会产生自由基，该自由基可进一步反应而得到对位转位体或猝灭为降解中间体，这种伴随自由基的光转位在农药光解过程中是不能忽视的。

⑤光异构化　它总是形成对光更加稳定的异构体。一些有机磷农药光照下会发生异构化现象，分子的硫逐型($P=S$)转化为硫赶型($P-S$)，如对硫磷的芳基异构化和乙基异构化。此外，农药在环境中还可以发生光亲核取代反应和光结合反应等。

(3) 生物降解

生物降解是指通过生物的作用将有机污染物分解为小分子化合物的过程。参与降解

的生物类型包括各种微生物、高等植物和动物。其中微生物降解是最重要的,其原因为:

①微生物具有氧化还原作用、脱羧作用、水解作用和脱水作用等各种化学作用能力,对能量的利用要比高等生物体有效;

②微生物具有高速的繁殖和遗传变异性,使它的酶体系能够以最快的速度适应外界环境的变化;

③虽然微生物、高等植物和动物均能够代谢和降解许多有机污染物,尤其是人工合成的有机化合物降解为无机物质(CO_2、H_2O和矿物质)的潜力,或者说,微生物是有机化合物生物降解中的第一因素。所以,通常提到的生物降解即指微生物降解。

1)微生物代谢有机物的方式

土壤中微生物以多种方式代谢农药,见表9-5,而且这种代谢受环境条件的影响,因为环境条件将影响微生物的生理状况。因此,对同一种微生物和同一种有机污染物而言,不同的环境条件下可能会有不同的代谢方式。

表 9-5　微生物代谢农药的方式

酶促与否	代谢方式
A. 酶促反应	1. 不以农药为能源的代谢 　(1)通过广谱的酶(水解酶、氧化酶等)进行作用 　　(a)农药作为底物 　　(b)农药作为电子受体或供体 　(2)共代谢 2. 分解代谢:以农药为能源的代谢。多发生在农药浓度较高且农药的化学结构适合与微生物降解及微生物的碳源被利用时 3. 解毒代谢:是微生物抵御外界不良环境的一种抗性机制
B. 非酶方式	1. 以两种方式促进光化学反应的进行 　(1)微生物的代谢物作为光敏物吸收光能并传递给农药分子 　(2)微生物的代谢物作为电子受体或供体 2. 通过改变 pH 值发生作用 3. 通过产生辅助因子促进其他反应进行

研究表明,在微生物降解烃类和农药等有机物的过程中,微生物的共代谢降解方式起着重要的作用,其突出特点是在有机物浓度非常低时($mg \cdot kg^{-1}$或$\mu g \cdot kg^{-1}$),微生物也能对其进行降解。所谓共代谢降解,是指微生物的许多酶或微生物参与。"生长基质"是可以被微生物利用作为唯一碳源和能源的物质。"生长基质"和"非生物基质"共酶,是指有些有机污染物(非生长基质)不能作为微生物的唯一碳源和能源,其降解并不导致微生物的生长和能量的产生,它们只是在微生物利用生长基质时,被微生物产生的酶降解或转化为不完全的氧化产物,这种不完全氧化产物可以被别的微生物利用并彻底降解。

2)微生物代谢有机物的途径

由于微生物降解有机污染物受到环境条件和为生物种类的影响,因而目前还难以预测某一有机污染物在土壤中的生物降解途径。概括起来，土壤中有机污染物的微生物降解有氧化、还原、水解和合成等几种类型的反应。

①氧化　氧化是微生物降解有机污染物的重要酶促反应。其中有多种形式，例如：羟基化、脱羟基、β-氧化、脱羧基、醚键断裂、环氧化、氧化偶联、芳环或杂环开裂等。以羟基化来说，微生物降解土壤中有机污染物的第一步将羟基引入有机分子中，结果这种极性加强，易溶于水，从而容易被生物利用。羟基化过程在芳烃类有机物的生物降解中尤为重要，苯环的羟基化常是苯环开裂和进一步分解的先决条件。

②还原　在有机氯农药的生物降解中常发生还原性脱氯反应。在厌氧条件下，DDT被还原脱氯与细胞色素氧化酶和黄素腺嘌呤二核苷酸（FAD，氧化还原酶辅基）有关。微生物的还原反应还常使带有硝基的有机污染物还原成氨基衍生物，如硝基苯变成苯胺类，这在某些带芳环的有机磷农药代谢中较为常见。

③水解　在氨基甲酸酯、有机磷和苯酰胺一类具有醚、酯或酰胺键的农药中，水解是常见的，有酯酶、酰胺酶或磷酸酶等水解酶参与。水解酶多为广谱性酶，在不同的pH 值的温度条件下较为稳定，又无需辅助因子，水解产物的毒性往往大幅降低，在环境中的稳定性也低于母体化合物。因此，水解酶是有机污染物生物降解中最有应用前景的酶类。

④合成　生物降解中的合成反应可分为缩合和接合两类。如苯酚和苯胺类农药污染物及其转化产物在微生物的酚氧化酶和过氧化酶作用下，可与腐殖质类物质缩合。接合反应常见的有甲基化合酰化反应。

土壤中有机污染物的试剂降解过程通常至少有两个或多个作用的组合。例如，涕灭威，在土壤中可同时发生氧化、裂解与水解等作用。

3）影响有机污染物生物降解的环境因素

土壤中有机化合物生物降解的影响因素较多，气候条件（温度、降水、风和光照等）；土壤特性（好氧/厌氧状态、有机质含量、pH 值和矿物质等）；生物群落（植物、动物和微生物），特别是土壤有机质、土壤温度和土壤水分等是影响土壤中有机化合物生物降解的主要因素，因为这些因素决定了土壤中微生物的数量和活性。此外，有机化合物在土壤中的"老化""锁定"与"结合残留"也是影响其生物降解的重要因素。

①土壤类型和性质　不同土壤中有机化合物的降解特性是不同的，它是由土壤所有特性综合影响的结果。即使在同一种土壤的不同层次中的行为也可能不同（赵旭等，2002）。土壤不同层次，由于微生物数量分布不均匀，有机质含量等土壤特性有差异，直接影响了农药的土壤降解速率。有研究发现，如果在土壤中添加葡萄糖，可大幅加快涕灭威的降解，半衰期可缩短一半左右。

②土壤水分和温度　土壤随分对农药降解的影响因农药品种而异。例如，甲基异柳磷在水田土壤中的降解半衰期比旱田增加了 10 d，而克草胺的半衰期由水田条件下 3 d增加到旱田的 5 d。温度对农药降解的影响程度因农药品种而异，一般来讲，温度升高能提高农药降解速率。

③老化作用　有机污染物进入土壤后，随着时间的推移将会产生"老化现象"，使其与土壤组分的结合更为牢固，从而降低了生物可利用性，使其矿化率明显减少（Scow et *al.*，1997)。此外，在"老化"问题的讨论中，亦涉及"锁定"和"结合残留"问题，并在文献总结的基础上有较为明确的界定(李晓军等，2007)。

然而，对于有机化合物在土壤的"老化""锁定"和"结合残留"的认识目前并不一致。一般来说，土壤中有机污染物的老化指的是随土壤与有机污染物接触时间的延长，土壤中有机污染物的可提取性和生物可利用性下降的过程，可以认为是对有机污染物生物效应与实践变化的表现、总体的描述，它还包括了导致可提取性和生物可利用性下降的所有过程(包括锁定、结合残留)。土壤中有机污染物的锁定是指土壤中有机污染物与降解生物发生隔离或者转化为不能被利用状态的限速过程，是相对于生物作用而言的。随着老化时间的延长，有机污染物可从外表面移植到生物组织、细胞或酶进不去的土壤组分的微孔，从而失去生物可利用性；因而可以认为"锁定"是老化进程中生物可利用性降低的重要原因，是老化的机理或本质的反映之一。土壤中有机物采用特定溶剂的可提取性，表示的是在化学萃取后，以母体物质或其代谢产物的形式存留于土壤、植物或动物再提组织内的化合物，是操作性定义；它是形成老化的重要原因。总之，可以认为老化的结果和具体表现。

9.3.2 有机污染物在土壤中的自净作用

土壤是基本环境要素之一，又是连接自然环境中无机界和有机界、生物界和非生物界的中心环节。环境中的物质和能量，不断地输入土壤体系并在土壤中转化、迁移和积累，从而影响土壤的组成、结构、性质和功能。同时，土壤也向环境输出物质和能量，不断影响的状态、性质和功能，在正常情况下，两者处于动态平衡状态。

人类的各种活动产生的污染物质，通过各种途径输入土壤(包括人类活动叠加进入环境的各类物质、施入土壤的肥料和农药等)，其数量和速度超过了土壤环境的自净作用速度，打破了污染物在土壤环境中的自然动态平衡，使污染物的积累过程占据优势，导致土壤环境正常功能的失调和土壤质量的下降，或者土壤生态系统发生明显变异，导致土壤微生物区系(种类、数量和活性)的变化，土壤酶活性减小；同时，由于土壤环境中污染物的迁移转化，引起大气、水体和生物污染，并通过食物链最终影响人类健康，这种现象属于土壤环境污染。即当土壤环境中所含污染物的数量超过了土壤自净能力或当污染物在土壤环境中的积累量超过土壤环境基准或土壤环境标准时，即为土壤环境污染。

土壤环境的自净作用，即土壤环境的自然净化作用(或净化功能的作用过程)，是指在自然因素作用下，通过土壤自身的作用使污染物在土壤环境中的浓度、毒性或活性降低的过程。土壤环境自净作用的含义所包括的范围很广，其作用的机理既是指定土壤环境容量的理论依据，又是选择土壤环境污染调控与污染修复措施的理论基础。按其作用机理的不同，土壤自净作用可划分为物理净化作用、物理化学净化作用、化学净化作用和生物净化作用4个方面。

(1)物理净化作用

由于土壤是一个多相的疏松多孔体系，犹如一个天然过滤器，固相中的各类胶态物质——土壤胶体又具有很强的表面吸附能力，土壤对物质的滞阻能力是很强的。因而，进入土壤中的难溶性固体污染物可被土壤机械阻留；可溶性污染物可被土壤水分稀释，降低毒性，或被土壤固相表面吸附（指物理吸附），也可能随水迁移至地表水或地下水中。特别是那些易溶的污染物（如硝酸盐、亚硝酸盐等），以及呈中性分子和阴离子形态存在的某些农药等，随水迁移的可能性更大。某些污染物可挥发或转化成气态物质在土壤孔隙中迁移、扩散，以至进入大气。这些净化作用都是一些物理过程，因此，统称为物理净化作用

物理净化作用只能使污染物在土壤中的浓度降低，而不能从整个自然环境中消除，其实质只是对污染物迁移的影响作用。

土壤中的农药向大气的迁移，即是大气中农药污染的重要来源。如果污染物大量迁移进入地表水或地下水，将造成水源的污染。同时，难溶性固体污染物在土壤中被机械阻留，因其污染物在土壤中的累积，造成潜在的污染威胁。

（2）物理化学净化作用

所谓土壤环境的物理化学净化作用，是指污染物的阴、阳离子与土壤胶体原来吸附的阴、阳离子之间的离子交换吸附作用。例如，

$$（土壤胶体）Ca^{2+} + HgCl_2 \rightleftharpoons （土壤胶体）Hg^{2+} + CaCl_2 \tag{2}$$

$$（土壤胶体）3OH^- + AsO_4^{3-} \rightleftharpoons （土壤胶体）AsO_4^{3-} + 3OH^- \tag{3}$$

此种净化作用为可逆离子交换反应，服从质量作用定律，同时，此种净化作用也是土壤环境缓冲作用的重要机制。其净化能力的大小用土壤阳离子交换量或阴离子交换量来衡量。

污染物的阴、阳离子被交换吸附到土壤胶体上，降低了土壤溶液中这些离子的活度，相对减轻了有害离子对植物生长的不利影响。由于一般土壤中带负电荷的胶体较多，因此，土壤对阳离子或带正电荷的污染物的净化能力较高。当污水中污染物离子浓度不大时，经过土壤的物理化学净化以后，就能得到较好的净化效果。增加土壤中胶体的含量，特别是有机胶体的含量，可以提高土壤的物理净化能力。此外，土壤 pH 值增大，有利于对污染阳离子进行净化；相反，则有利于对污染阴离子进行净化。

对于不同的阴、阳离子，其相对交换能力大的，被土壤物理化学净化的可能性越大。但是，物理化学净化作用只能使污染物在土壤溶液中的离子浓（活）度降低，相对地减轻危害，但并没有从根本上将污染物从土壤环境中消除。

例如，利用城市污水灌溉，可将污染物从水体转移到土体，对水起到了一定的净化作用。经交换吸附到土壤胶体上的污染物离子可被相对交换能力更大的或浓度较大的其他离子交换出来，重新转移到土壤溶液中去，又恢复原来的毒性和活性。因此，土壤的物理化学净化作用只是暂时性的、不稳定的。对土壤本身来说，物理化学净化作用也是污染物在土壤环境中的积累过程，将引起严重的潜在污染威胁。

（3）化学净化作用

污染物进入土壤后，可能发生一系列的化学反应。例如，凝聚与沉淀反应、氧化还原反应、络合—螯合反应、酸碱中和反应、同晶置换反应（次生矿物形成过程中）、水解、分解和化合反应，或者发生由太阳辐射能引起的光化学降解作用等。通过这些化学反应，或者使污染物转化成难溶、难解离性物质，使危害程度和毒性减小，或者分解为

无毒或营养物质。这些净化作用统称为化学净化作用。土壤环境的化学净化作用反应机理较复杂，影响因素也较多，不同污染物有着不同的反应过程。那些性质稳定的化合物，如多氯联苯、多环芳烃、有机氯农药以及塑料、橡胶等合成材料，难以在土壤中发生化学净化作用。重金属在土壤中只能发生凝聚沉淀反应、氧化还原反应、络合—螯合反应、同晶置换反应等，而不能被降解。发生上述反应后，重金属在土壤环境中的活性可能发生改变，例如，富里酸与一般重金属形成可溶性的螯合物，其在土壤中随水迁移的能力便大幅增强。

（4）生物净化作用

土壤中存在着大量依靠有机物生活的微生物，如细菌、真菌、放线菌等，它们有氧化分解有机物的巨大能力。当污染物进入土体后，在这些微生物体内酶或分泌酶的催化作用下，发生各种各样的分解反应，统称为生物降解作用。这是土壤环境自净作用中最重要的净化途径之一。例如，淀粉、纤维素等糖类物质最终转变为 CO_2 和水；蛋白质、多肽、氨基酸等含氮化合物转变为 NH_3、CO_2 和水；有机磷化合物释放出无机磷等。这些降解作用是维持自然系统碳循环、氮循环、磷循环等所必经的途径之一。

土壤中的微生物种类繁多，各种有机污染物在不同条件下的分解形式也是多种多样的。主要有氧化还原反应、水解、脱烃、脱卤、芳香烃基化合异构化、环破裂等过程，并最终转变为对生物无毒性的残留物和 CO_2。

一些无机污染物也可在土壤微生物的参与下发生一系列化学变化，以降低活性和毒性。但是，微生物不能净化重金属，甚至能使重金属在土壤中富集，这是重金属成为土壤环境最危险污染物的重要原因。

土壤的生物降解作用是土壤环境自净作用的主要途径，其净化能力的大小与土壤中微生物的种群、数量、活性以及土壤水分、土壤温度、土壤通气性、土壤 pH 值、Eh 值、C/N 比等因素有关。为了强化生物降解作用，常采用增加碳源，通气良好，Eh 值较高、C/N 比在 20∶1 左右，都有利于天然有机物的生物降解。

土壤环境中的污染物质，被生长在土壤中的植物所吸收、降解，并随茎叶、种子而离开土壤，或者为土壤中的蚯蚓等软体动物所食用。选育栽培对某种污染物吸收、降解能力特别强的植物，特别是对重金属超积累吸收的植物是目前土壤生物修复的研究热点。

9.4 土壤中有机污染物的生态效应

农药等有机化合物进入土壤后可能进入生物组织，并可在食物链中不断传递、迁移，从而可对整个环境质量和人体健康产生有害的影响（龚平等，1996；王小艺等，1997）。

9.4.1 有机污染物对生物的影响

9.4.1.1 对微生物的影响

有机污染可引起土壤中微生物种群活细胞数量及组成结构的变化，同时土壤中的微生物也会在生理代谢方面作出响应，以适应环境的选择压力。

农药污染对土壤微生物的影响是有选择性的。对于那些能利用污染物作为碳源和能源的微生物来说，污染可能会刺激其生长与繁殖；而对于缺乏耐性的微生物来说，污染势必会对其生长产生抑制作用（石兆勇等，2007）。微生物对农药的反应大体可分成可忽略、可忍受与可持久反应三类。有些微生物对农药非常敏感，其主要代谢过程易受农药干扰；有些农药则作用于动、植物和微生物共有或相同的生化过程，因而对那非生物亦有影响。农药的选择性一定程度上取决于其作用方式，通常内吸性比非内吸性杀真菌剂更具选择性。

除草剂主要作用点是叶绿体，因而它们对植物的毒性远远高于微生物的毒性；但有些除草剂对植物和微生物均有不同程度的影响，例如，镇草宁、杀草强、咪唑烷酮类和磺酰脲类除草剂可以抑制植物和微生物生长所需的某些氨基酸合成；二硝基苯胺除草剂和氨基甲酸酯类农药能抑制植物和真菌维管束的形成，从而阻碍植物细胞分裂和抑制真菌的生长。氯乙酰替苯胺类除草剂（如草不绿、毒草胺）也有抗真菌作用。虽然这些除草剂可能有许多不同的作用方式，但已经证实，它们与结构相似的杀真菌剂，如甲霜灵和CGA29212（由瑞士 Ciba-Geigy AG 开发）都能抑制核糖核酸（RNA）的合成，只是它们的毒性阈浓度远高于甲霜灵的阈浓度。

很显然，尽管农药对靶生物和非靶生物的作用方式相同，但大量比较研究表明，大多数农药对非靶生物的毒性远远低于对靶生物的毒性。对农药作用方式及机理的研究有助于深入了解其对土壤微生物的生态效应。

（1）对微生物数量的影响

不同农药对土壤微生物群落的影响不完全相同，同一农药对不同微生物类群影响也不相同。一般认为，杀虫剂对土壤微生物种群数量影响很小，这也许是由于它们对微生物具有选择性，只能抑制某些敏感种，而其他种则取代敏感种，维持整体代谢活性不变。若以每年 $5.60 \sim 22.4$ kg·hm^{-2} 的剂量往一种砂质土壤中投加艾氏剂、狄氏剂、氯丹、DDT 和毒杀芬，土壤中的细菌数量和真菌数量均不发生变化，也不影响微生物分解植物残体的能力。据报道，以 2000 μg·g^{-1} 狄氏剂处理的土壤中，在 12 周的培养期间，真菌和细菌数量与对照相比并无明显差异。

（2）对呼吸作用的影响

呼吸作用的大小通常与土壤微生物的总量有关，呼吸作用越强，微生物数量越多。呼吸强度是评价污染物对土壤微生物生态效应的重要指标之一。除草剂对呼吸作用的影响与浓度有关。例如，2.0 μg·g^{-1} 西玛津对呼吸强度无任何影响，而 10 μg·g^{-1} 西玛津能促进呼吸作用。一般来说，正常使用除草剂不会影响土壤呼吸作用。杀虫剂对呼吸作用的影响也很小。尽管土壤微生物消耗氧气的量随有机磷杀虫剂浓度的增大而提高，但这可能是农药被微生物代谢和利用的结果。

广谱杀真菌剂和熏蒸剂能强烈抑制土壤呼吸作用，然而这种影响通常是短暂的。田间施用农药对土壤微生物呼吸作用的影响主要取决于农药对微生物的毒性、农药种类与用量（傅丽君等，2007），高浓度甲基托布津会抑制土壤微生物群体的生命活动，降低土壤呼吸作用，进而影响土壤有机质的分解与再循环，降低土壤肥力。

（3）对土壤酶活性的影响

土壤酶主要来源于土壤微生物的生命活动，土壤酶参与许多重要的生物化学过程，因而土壤酶活性在一定程度上反映出土壤功能状况。20 世纪 70 年代初，人们开始注意到土壤微生物活性与土壤酶的相关性。与此同时，土壤酶也逐渐被广泛应用于污染物对土壤微生物影响的研究。在一块施用 4 kg·hm^{-2}·a^{-1} 除草剂莠去津的果园土壤中（1958—1973 年），磷酸酶、β-葡萄糖苷酶、蔗糖酶和脲酶活性降低了 50% 以上。酶活性的降低可能并非完全由于农药的直接影响，而其中覆盖植物的减少也可能是重要的原因。对吡氟氯禾灵、灭草环和 2-氯-6(2-甲氧基呋喃)-4-(三氯甲基)吡啶 3 种农药对脱氢酶、磷酸酶、脲酶和固氮酶影响的研究表明，脱氢酶活性有显著增强；脲酶抑制剂氢醌可暂时促进或抑制多酚氧化酶、脱氢酶、蛋白酶、磷酸酶和蔗糖酶的活性，但培养结束时(88 天)，抑制和促进作用均消失。

淀粉酶与脲酶广泛存在于土壤中。淀粉酶能使淀粉水解生成糊精和麦芽糖，它是参与自然界碳素循环的一种重要的酶。脲酶酶促产物——氨是植物氮源之一，同时，脲酶与土壤其他因子，如有机质含量、微生物数量有关。石油烃对土壤淀粉酶活性受石油烃含量的影响显著，可以作为这两类土壤淀粉酶活性的影响表明(王梅等，2010)在石油烃含量低于 2000 mg·kg^{-1} 时，潮土和褐土的淀粉酶活性受石油烃含量的影响显著，可以作为这两类土壤石油污染程度的敏感生化指标。石油烃对土壤酶活性中心受到抑制：抑制土壤微生物的生长繁殖，减少微生物体内酶的的合成和分泌量；影响作物的代谢活力，抑制根系分泌和释放酶的能力。

（4）抗生素类兽药对土壤微生物的影响

近年来，兽药对生态与环境的影响逐渐成为研究的热点问题之一。兽药的种类很多，其中抗生素主要用来防治细菌引起的疾病，它可抑制病原菌的生长，在很低浓度下即可影响微生物活性，土壤中 1 mg·kg^{-1} 的四环素对脱氢酶和磷酸酶活性有明显抑制作用。在 14 d 培养期内，土霉素和磺胺嘧啶显著降低了土壤微生物量，但真菌数量随这两种兽药浓度升高而升高，土霉素对真菌量的增加效果更明显。

兽药对土壤微生物的作用主要受兽药种类和土壤因子(如土壤有机质种类和含量、矿物种类、pH 值等)的影响，由于微生物吸收兽药是一个需能的主动过程，因此必须添加一定碳源，微生物才能将兽药转移至体内，从而兽药毒性才能表现出来；但经过一段时间后，微生物可表现出一定的抗性。兽药作用时间、有机质种类和数量是土壤微生物群落抗性发展的主要影响因子。有机物能够加速土壤微生物群落抗性发展，由于兽药往往随粪便施入土壤，因此土壤微生物会很快获得群落抗性，从而对整个农田生态系统产生潜在危害。这种抗性甚至可以通过蔬菜、农作物而间接进入人体，进而对人类产生极大的危害(孔维栋等，2007)。

9.4.1.2 对土壤动物的影响

所谓土壤动物是指经常或暂时栖息在包括大型植物残体在内的土壤环境中，并在那里进行某些活动的类群。主要包括蚯蚓、线虫、甲壳类、多足类、软体动物、昆虫及其幼虫、螨类、蜘蛛的某些类群。土壤动物身体微小，通常不引人注意，然而它们的数量惊人，生物量巨大，它们在土壤的形成与发展极生态系统的物质循环中起着极其重要的作用。

动物与环境统一是动物生存和分布的一般法则，任何动物的生存都离不开环境。土壤动物长期生活在土壤环境中，它们一方面积极同化各种有用物质用于其自身繁殖；另一方面又将其排泄物归还到环境中从而不断地改造环境。因此，它们和环境间存在着密不可分的关系。土壤动物活动范围小、迁移能力弱，它们与环境间具有相对稳定的关系，土壤具有一定的自净能力，即大部分有机污染物进入土壤后逐步由种类繁多、数量巨大的土壤微生物、土壤动物分解转化，从而达到生物降解的目的。

污染物对土壤动物的影响目前主要限于蚯蚓，因为蚯蚓在土壤中存在数量大、范围广，对蚯蚓的生态检测与毒理研究既可反映土壤污染状况，又能鉴定、鉴别各种有害物的毒性。从群落结构、污染物指示种类、剂量反应和毒性机理方面较为系统的研究表明，随着土壤污染程度增加，蚯蚓分布的种类与数量明显减少，其主要原因可能是蚯蚓属大型天然动物，摄食量大，在摄食和移动过程中广泛接触有害物质，致使有害物质在蚯蚓体内大量富集后产生毒害效应，其中一些对污染物敏感的种类由于抵抗力差不能维持生存和繁衍而消失。多数农药在正常使用量下对蚯蚓的危害不大，但有一些农药对蚯蚓毒性很大，在蚯蚓体内可积累相当大量的持久性农药；蚯蚓是鸟类和小型兽类的食物来源之一，它可能通过食物链传递。进一步对鸟类和兽类产生危害影响，蚯蚓在土壤生物与陆生生物之间起着传递农药的桥梁作用。

9.4.1.3 对植物生长的影响

三氯乙醛常随污水灌溉进入农田，天津市曾因此有约 $4 \times 10^3 \ hm^2$ 小麦受害、$1.3 \times 10^3 \ hm^2$ 绝收的严重事故。由于含三氯乙醛废酸磷肥的施用，曾导致几十万公顷种农作物，特别是旱地禾本科作物遭受不同程度的危害(安琼等，1989；徐瑞薇等，1980)。

三氯乙醛化学性质是不稳定的，在农田中会很快消失。试验表明(徐瑞薇等，1980)，在添加 25 mg·kg^{-1} 和 80 mg·kg^{-1} 三氯乙醛的三种土壤中，2 d 内在盐化草甸土中几乎全部消失；而水稻土和红壤在 10 d 内的降解率分别为 99%和 80%。其中降解历程可用一级动力学方程来描述。

三氯乙醛在土壤中可迅速转化为三氯乙酸，两者消长有着密切的关系，土壤中的三氯乙酸是三氯乙醛在微生物作用下生成的，是生物氧化作用的产物。盐化草甸土在第 4 小时即可检出三氯乙酸，在第 4 天达到最大值(约占三氯乙醛初始浓度的 76%)，70 d 左右消失；红壤在第 12 小时检出三氯乙酸，9 d 时达最高值(约占三氯乙醛初始浓度的 56%)，100 d 左右消失。由此可见，三氯乙醛在不同土壤中均能转化成三氯乙酸，且消失趋势相似，但消失速率和转化率有明显差异。三氯乙酸是农作物受害的直接原因，因而有关规定明确磷肥中三氯乙醛(酸)的临界含量为 400 mg·kg^{-1}。

阿特拉津是一种均三氮苯类灭生性除草剂，主要通过植物的根系吸收，对大部分一年生双子叶杂草具有很好的防治作用。其作用机理是抑制杂草的光合作用和蒸腾作用，使植物叶片失绿、干枯和死亡。乙草胺属酰胺类除草剂，生物活性较高，通过抑制植物的幼芽或根的生长，使幼芽严重矮化而最终死亡。甲磺隆是磺酰脲类化合物，是一种生物活性极高的超高效广谱除草剂，通过植物根和茎叶的吸收，在植物体内迅速传导、扩散，主要在生长分裂旺盛的分生组织中发挥除草作用。通过抑制乙酰乳酸合成酶，阻断一些氨基酸的合成，导致细胞分裂和植物生长受抑制(苏少泉，1989)。

9.4.2 农药污染与农产品质量安全

污染物在食物链中的传递严重地威胁着食品安全和人体健康。一些持久性有机污染物，例如，有机氯农药可通过土壤—植物系统残留于肉、蛋、奶、植物油中，通过人的膳食进入人体后，参加人体内各种生理过程，使人体产生致命的病变，破坏酶系统，阻碍器官的正常运行，从而导致神经系统功能失调，引起致癌、致畸、致突变的"三致"问题。

9.4.2.1 作物对土壤中农药的吸收、转运与积累

许多农药都是通过土壤—植物系统进入生物圈的。由于残留在土壤中的农药对生物的直接影响，植物对农药的吸收被认为是农药在食物链中生物积累，并危害陆生动物的第一步。植物根系对农药的吸收与农药的结构特性和土壤性质有关。一般植物根系对相对分子质量小于500的有机化合物易于吸收。如果相对分子质量大于500，根系能否吸收取决于这类化合物在水中的溶解度，溶解度越大、极性越大的越容易被植物所吸收，也越容易在植物体内转移。相对分子质量较大的非极性有机农药只能被根系表面吸收，而不易进入组织内部。例如，DDT为非极性农药，在水中的溶解度又很小($1.2\ \mu g \cdot L^{-1}$)，因此多附着于根的表面。

农药由土壤进入植物体内至少有两个过程：①根部吸收；②农药随蒸腾流而输送至植物体各部分。土壤中的农药主要通过根部吸收进入植物体。农药通过吸收进入植物根部有两种方式：主动吸收过程和被动吸收过程，前者需要消耗代谢能量，后者则包括吸收、扩散和质量流动。

9.4.2.2 农药污染对农产品品质的影响

农药的发明和使用无疑大幅提高了农业生产力，被称为农业生产的一次革命。中国是农业人国，每年均有大面积的病虫害发生，需施用大量的农药进行病虫害防治，由此可挽回粮食损失$200 \times 10^8 \sim 300 \times 10^8$ kg。但由于过量和不当使用对农产品造成的污染也不容忽视。使用农药可造成农产品中硝酸盐、亚硝酸盐、亚硝胺、重金属和其他有毒物质在农产品中的积累，造成农药在动、植物食品中的富集和残留，直接威胁着动、植物和人体的健康，化学农药的使用使农产品质量与安全性降低。在我国，由于农药污染的不断加剧，以致由于农产品中农药超标而使农产品的国际竞争力下降的现象。例如，我国苹果产量居世界第1位，但目前苹果出口量仅占生产总量的1%，出口受阻的主要原因是农药残留超标。中国橙优质率为3%左右，而美国、巴西等柑橘大国橙类的优质品率

达 90% 以上，原因是中国橙的农药残留量等超标。我国加入世贸组织后，一些国家对我国出口的茶叶允许的农药残留指标只有原来的 1%。因此，农药残留已成为制约农产品质量的重要因素之一。

农药对农作物污染程度与作物种类、土壤质地、有机质含量和土壤水分有关。砂质土壤要比土壤对农药的吸附弱，作物从中吸取农药较多。土壤有机质含量高时，土壤吸附能力强，作物吸取农药较少。土壤水分因能减弱土壤的吸附能力，从而增加了作物对农药的吸收。根据日本各地对污染严重的有机氯农药进行的调查，马铃薯和胡萝卜等作物的地下部分被农药污染严重，大豆、花生等油料作物污染也较严重，而茄子、西红柿、辣椒、白菜等茄果类、叶菜类一般污染较少。

9.4.2.3　减少农药对农产品污染的措施

农药的使用一定要讲究科学，严格按照操作规程进行。农作物病虫害的防治，应采取化学和生物相结合的措施，利用抗病品种、间种套种、合理施用微肥及生长调节剂等来增强植物的抗病虫能力；使用天敌昆虫，施用生物农药，选择高效、低毒、低残留化学农药等多项措施，降低农药使用量，减轻农药对农产品的污染。根据防治对象和农作物生长特点，选择合适的农药和施药方法（如土壤处理、拌种、喷雾、喷粉、熏蒸等），利用合格的喷药器械，掌握最佳的防治时期，达到有效防治。施药时，严格控制用药量和施药次数，特别是几种农药混合使用时，应注意浓度，以确保农产品上农药残留量在有关允许标准范围内。杜绝在蔬菜上使用剧毒、高毒农药，注意蔬菜采收时的安全间隔期。

9.4.2.4　农药污染对人和动物健康安全的影响

农药进入土壤后，引起土壤性质、组成及性状等发生了变化，并对土壤微生物产生抑制作用，农药在土壤中的逐渐积累，破坏了土壤的自然动态平衡，导致土壤自然正常功能失调、土质恶化，影响植物的生长发育，造成农产品产量和质量下降，并通过食物链危害人类。如某些杀虫剂对大豆、小麦、大麦等敏感植物产生影响，妨碍其根系发育，并抑制种子发芽。喷过六六六的蔬菜、水果，化学药物通过植物的根或块茎吸收，或渗透到果核里而无法除去。用各种方式施用的农药，通过土壤、大气、水体在生物体内富集，残留在生物体内。有机氯农药随食物链的不断积累，毒性逐渐增大，危害不断增强，生物体级数越高，浓缩系数越大。人是生物体的最高形式，因而必将通过食物链最终危害人类健康。

有机氯农药难降解、易积累，直接影响生物的神经系统。例如，DDT 主要影响热的中枢神经系统；狄氏剂除急性作用外，还有长期的后遗影响，使人健忘、失眠、做噩梦，直至癫狂。有机磷农药虽易降解、残留期短，但其毒性大，虽在生物体内能分解不易蓄积，然而它有烷基化作用，会引起致癌、致突变作用；有机磷农药以一种奇特的方式对活的有机体起作用，损坏酶类，危害有机体神经系统。当它与各种医药、人工合成物、食品添加剂相互作用时，其危害更大。氨基甲酸酯类农药在土壤中残留时间短，能被微生物作用而降解，但经研究表明，一旦被哺乳动物吸收，是一种强烈的致畸胎毒剂。

9.5 土壤有机污染修复技术

9.5.1 物理修复技术

9.5.1.1 蒸汽浸提技术

蒸汽浸提技术通过降低土壤中空气的蒸汽压,将土壤中的污染物转化为蒸汽形式予以去除,是一种通过物理方法有效除去不饱和土壤中挥发性有机组分(VOCs)污染的原位修复技术。具体而言,该技术经过注射井将新鲜空气注入污染区域,利用真空泵产生负压,空气流经污染区域过程中解吸并夹带土壤孔隙中的 VOCs经过抽取井流返回地面;抽取出的气体经过活性炭吸附法以及生物处理法等净化处理之后排放到大气中或重新注入地下循环使用。蒸汽浸提修复技术处理过程示意如图 9-8 所示。

蒸汽浸提技术适用于高挥发性化学污染土壤的修复,如汽油、苯和四氯乙烯等污染的土壤,通常应用于亨利系数 Kq 大于 0.01 mol·L^{-1}·Pa^{-1} 或者蒸汽压大于 66.7 Pa 的挥发性有机物,使用该方法可使苯系物等轻组分石油烃类污染物的去除率达 90%。此外,该技术有时也用于除去环境中的油类、重金属及其有机物、多环芳烃等污染物。蒸汽浸提技术对污染可行性的影响因素如图 9-9 所示:

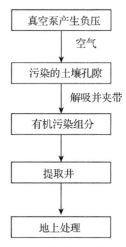

真空泵产生负压
↓ 空气
污染的土壤孔隙
↓ 解吸并夹带
有机污染组分
↓
提取井
↓
地上处理

图 9-8 蒸汽浸提修复

土壤特性 {
控制土壤空气流速的物理因子 — 容重、总孔隙率、充气孔隙率、挥发性污染物的扩散率、土壤湿度、气态渗透率、质地、结构、矿物含量、表面积、有机碳含量、均一性、空气可渗入区的深度和地下水埋深等

决定污染物在土壤与空气之间分配数量的化学因子
}

污染物特性:污染的程度与范围、蒸汽压、亨氏定律常量、水溶解度、扩散速率和分配系数等

图 9-9 蒸汽浸提技术对污染物可行性的影响因素

蒸汽浸提技术的主要优点:①能够原位操作且较简单,对周围环境干扰较小;②能高效去除挥发性有机物;③经济性好,在有限的成本范围内能处理更多污染土壤;④系统安装转移方便;⑤可以方便地与其他技术组合使用。

蒸汽浸提技术种类包括原位土壤蒸汽浸提技术、异位土壤蒸汽浸提技术、多相浸提技术(两相浸提技术、两重浸提技术)和生物通风技术。

(1)原位土壤蒸汽浸提技术

该技术利用真空通过布置在不饱和土壤层中的提取井向土壤中导入气流,气流流经土壤时,挥发性和半挥发性的有机物挥发并随着空气进入真空井,使土壤得到修复。

原位土壤蒸汽浸提技术多用于去除挥发性有机卤代物或非卤代物,有时也用于去除污染土壤中的油类、重金属及其有机物、多环芳烃或二噁英等污染物。如图 9-10 所示。

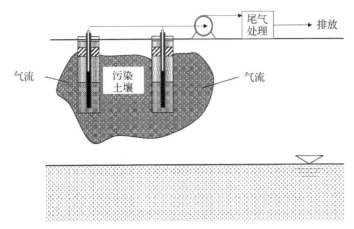

图 9-10　污染土壤的原位蒸汽提取过程

原位土壤蒸汽浸提技术的应用条件见表 9-6。

表 9-6　原位土壤蒸汽浸提技术的应用条件

对象	项目	有利条件	不利条件
污染物	存在形态/$(mg \cdot L^{-1})$	气态	被土壤强烈吸附或呈固态
	水溶解度/Pa	<100	>100
	蒸汽压/℃	>1.33×10^4	<1.33×10^3
土壤	温度/℃	>20	<10
	湿度/%	<10	>10
	组成	均一	不均一
	空气传导率/$(cm \cdot s^{-1})$	>10^{-4}	<10^{-6}
	地下水位/m	>20	<1

原位土壤蒸汽浸提技术效果的影响因素：①真空提取过程中地下水位的变化；②地下水位的高度；③黏土、腐殖质的含量受污染土壤的干燥程度；④排出气体的处理；⑤土壤的异质性；⑥土壤的低渗透性。

（2）异位土壤蒸汽浸提技术

异位土壤蒸汽浸提技术是指利用真空通过布置在堆积状污染土壤中的开有狭缝的管道网络向土壤中通入气流，促使挥发性和半挥发性有机污染物挥发并随流入土壤中的清洁空气流后提取脱离土壤的修复方法。该技术主要用于挥发性有机卤代物和非卤代污染物污染土壤的修复。污染土壤的异位蒸汽浸提过程如图 9-11 所示。

与原位土壤蒸汽浸提技术相比，异位土壤蒸汽浸提技术具有以下优点：①挖掘过程中可增加土壤中的气流通道；②处理过程不受浅层地下水位的影响；③可进行泄漏收集；④处理过程可监测。

异位土壤蒸汽浸提技术效果的影响因素：①挖掘和物料处理过程中易出现气体泄漏；②运输过程可能引起挥发性物质释放；③对环境空间面积要求较大；④处理前需除去直径大于 60 mm 的块状碎石；⑤修复效率受黏质土壤影响；⑥腐殖质含量过高会抑制

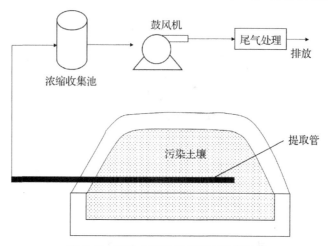

图 9-11 污染土壤的异位蒸汽浸提过程

挥发过程。

（3）多相浸提技术

多相浸提技术（multi-phase extraction）是在土壤蒸汽浸提技术进行革新的基础上发展出来的，是一种强化的蒸汽浸提技术，该技术可以同时对地下水和土壤蒸汽进行提取。主要用于处理中、低渗透性地层中的 VOCs 等污染物。

多相浸提技术可具体细分为两相（TPE）和两重浸提（DPE）两种方法。其中，两相浸提技术为高真空环境，受地下水影响大，而两重浸提技术相反，如图 9-12 所示。

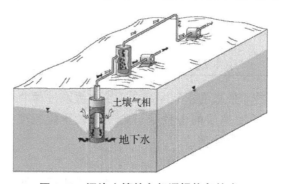

图 9-12 污染土壤的多相浸提修复技术

①两相浸提技术（two-phase extraction，TPE）　是指利用蒸汽浸提或者生物通风技术向不饱和土壤输送气流以修复挥发性有机物和油类污染物污染土壤的过程。气流同时也可以将地下水提到地上进行处理，两相提取井同时位于土壤饱和层和土壤不饱和层，建立真空后进行提取。

②两重浸提技术（dual-phase extraction，DPE）　既可以在高真空下也可以在低真空条件下使用潜水泵或者空气泵工作。

污染土壤的两重浸提修复技术示意如图 9-13 所示。DPE 的适用性及其与 TPE 的比较见表 9-7。

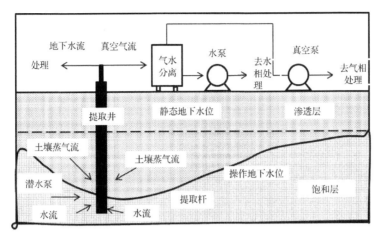

图 9-13 污染土壤的两重浸提修复技术示意

表 9-7 DPE 与 TPE 的比较

项目	DPE	TPE
优点	不受目标污染物深度影响； 提取井内的真空损失少； 不受地下水产生速率影响	地下水气提：污染物液相—气象转移速率最高达到 98%； 井内无需泵及其他机械设备； 可用于现有的提取、观测井
缺点	使用潜水泵，因此需要有没过水泵的水位； 与 TPE 相比，需要进行泵的控制	深度有限制：最深地下 150 m； 地下水流速有限制：最大 5 m·min^{-1}； 由于需要提水到地面，耗费较大真空气流

两相或多相浸提技术修复土壤的时间由 6 个月至几年不等，主要取决于以下因素：①修复目标及要求；②原位处理量；③污染物浓度及分布；④现场特性，如渗透性、各项异质性；⑤地下水抽取影响半径；⑥地下水抽取速率。

多相浸提技术应用的场地条件见表 9-8。

表 9-8 多相浸提技术应用的场地条件

场 地	应用条件
污染位置	(1)挥发性有机卤化物； (2)非挥发性有机卤化物和/或石油烃化合物
大部分污染物的亨利系数	(1)地下水位以下； (2)地下水位上下都有
大部分污染物的蒸汽压	>0.01 Pa(20 ℃无量纲)
地下水位以下的地质情况	>1.33×10^3 Pa(20 ℃)
地下水位以上的应用	砂土与黏土之间
地下水位以上土壤的透气性	低、中渗透性(K<0.1 达西)

9.5.1.2 热解吸技术

热解吸技术是一种利用直接或间接热交换，通过控制热解吸系统的床温和物料停留时间有选择地使污染物得以挥发去除的技术。污染土壤热解吸修复过程如图 9-14 所示。

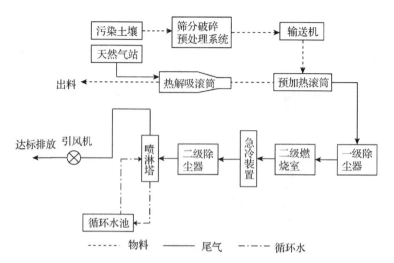

图9-14 污染土壤热解吸修复过程示意

该技术通过直接或间接的热交换，将土壤中有机污染组分加热后使其从土壤介质相蒸发出来。热解吸技术具有污染物处理范围广、设备可移动、修复后土壤能够二次利用等优点；而对于PCBs等含氯有机污染物，使用非氧化燃烧的处理方式可以显著地减少二噁英的产生。

目前土壤热解吸技术在高浓度污染场地的有机物污染土壤的异位或原位修复过程中被广泛应用，但因其具有脱附时间过长、相关设备价格昂贵、处理成本过高等缺陷，所以该技术在持久性有机物污染土壤修复的应用中受到限制。热解吸修复技术根据土壤和沉积物的加热温度分为高温热解吸和低温热解吸；根据加热方式分为直接加热系统（直接火焰加热和直接接触加热）和间接加热系统（间接火焰加热间接接触加热）；根据给料方式分为连续给料系统和批量给料系统。

9.5.1.3 超声/微波加热技术

超声/微波加热技术是利用超声空化现象所产生的机械效应、热效应和化学效应对污染物进行物理解吸、絮凝沉淀和化学氧化，将污染物从粒状土壤上解吸，并在液相中发生氧化反应降解成 CO_2 和 H_2O 或环境易降解的小分子化合物的一种修复技术。

相关研究表明，超声波除了能对土壤有机污染物进行物理解吸，还可以通过氧化作用将有机污染物彻底清除。此外，利用超声波净化石油污染土壤，研究结果表明，超声波技术对石油污染土壤有很好的修复作用。

9.5.2 化学修复技术

9.5.2.1 溶剂浸提法

溶剂浸提修复技术(solvent extraction remediation)是种利用溶剂将有害化学物质从污染土壤中提取出来或去除的技术，主要适用于PCB、石油烃、氯代烃、多坏芳烃(PAHI)、多氯联苯、多氯二苯并二噁英(PCDD)及多氯二苯并呋喃(PCDFs)等有机污染物污染的土壤，不适用于重金属和无机污染物的修复，可用于修复农用地污染土壤中的多氯联苯和有机农药(包括杀虫剂、杀真菌剂和除草剂等)。PCBs 和油脂类污染物易于吸附或黏附在土壤中，处理起来有难度，溶剂浸提技术可轻易去除该类土壤污染物。溶剂浸提技术的装置组件易运输安装，可以根据土壤的体积调节系统容量，一般在污染地点就地开展，属于异位处理技术。

在原理上，溶剂浸提修复技术是利用批量平衡法，将挖掘出来的污染土壤放置在一系列提取箱(除出口外密封严实的容器)内，进行污染物与溶剂的离子交换等化学反应。在这一过程中，污染物转移到有机溶剂或超临界液体中，然后将溶剂分离作进一步处理或弃置。溶剂浸提技术所用的是非水溶剂，溶剂类型取决于污染物的土壤特性和化学结构，因此不同于一般的化学提取和土壤淋洗。一般先将污染土壤中的大块岩石和垃圾等杂质过筛分离去除，然后将过筛的污染土壤置于提取罐或箱中，将清洁溶剂从储存罐运送到提取罐，以慢浸方式加入土壤介质，以便于土壤污染物全面接触进行离子交换等反应，再借助泵的力量将其中的浸出液排出提取箱并引导到溶剂恢复系统中进一步分离，在分离系统中通过改变温度或压力将污染物从溶剂中分离出来，溶剂进入提取器中循环使用，浓缩的污染物被收集起来进一步处置。按照这种方式重复提取过程，直至目标土壤中污染物水平达到修复目标值。干净的土壤经过滤和干燥可以进一步使用或弃置，干燥阶段产生的蒸汽需要收集冷凝，进一步处置，或者对处理后的土壤引入活性微生物群落和富营养介质，快速降解残留的溶剂。

溶剂浸提修复技术存在一定的局限性，低温和土壤黏粒含量高不利于溶剂浸提修复，黏粒含量高于 15% 的土壤则不适于采用这项技术，湿度大于 20% 的土壤要先风干，保证土壤和溶剂能够充分接触，避免水分稀释提取液而降低提取效率，但会增加处理费用。土壤有机质和含水量决定了 PCBs 的去除率，由于有机质对 DDT 有强烈的吸附作用，高的有机质含量还会影响 DDT 的溶剂浸提效率，使用的有机溶剂会有部分残留在处理后的土壤中，因此有必要对溶剂的生态毒性进行事先考察。

溶剂浸提修复技术设计和运用得当，是比较安全、快捷、有效、便宜和易于推广的技术。在美国，该技术已成功地进行了多氯联苯、二噁英和有机农药污染场地的修复，平均修复费用为每立方米土壤 165~600 美元，污染物去除率高达 9%。美国 Terra-Kleen 公司在该技术上作了很多的探索并已成功用于土壤修复，迄今为止，Terra-Kleen 公司已利用溶剂浸提技术修复了约 2000 处受到 PCBs 和二噁英污染的土壤和沉积物，PCB 浓度由 200 mg·hg^{-1} 被减少到 1 mg·hg^{-1}，二噁英的浓度减幅甚至达到了 99.9%。在美国加利福尼亚北部的一个岛上，曾采用溶剂浸提法对多氯联苯污染的土壤进行修复，该地多氯联苯含量高达 17~640 mg·hg^{-1}，该技术系统采用了批量溶剂浸提过程以分离土壤中的多氯联苯，所使用的溶剂为专利溶利。整个修复系统由 5 个提取罐、1 个微过滤单元，1 个溶剂纯化站、1 个清洁溶剂存储罐和 1 个真空抽提泵系统组成，每吨土壤需 4 L 溶剂进行处理，处理后的土壤中多氯联苯含量降到约 2 mg·kg^{-1}。

土壤溶剂浸提修复技术如图 9-15 所示。

9.5.2.2　化学淋洗修复技术

化学淋洗修复技术(chemical leaching and flushing/washing remediation)是借助能促进

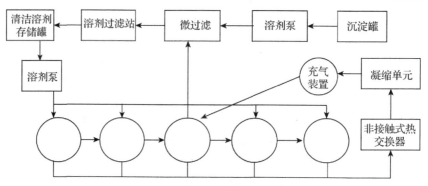

图9-15 土壤溶剂浸提修复技术示意

土壤环境中污染物溶解或迁移作用的化学/生物化学溶剂，在重力作用下或通过水力压头推动清洗液，将其注入到被污染土层中，然后再把包含有污染物的液体从土层中抽提出来，进行分离和污水处理的技术。清洗液可以是清水，也可以是化学冲洗助剂的溶液，具有乳化、增溶效果，或改变污染物的化学性质。实施该技术的关键是污染物的溶解性和它在液相中的流动性。到目前为止，化学淋洗技术主要用螯合剂或酸修复被重金属污染的土壤，用表面活性剂修复被有机物污染的土壤，但是会影响土壤中生物的活性，改变土壤养分的形态，降低养分的有效性，破坏土壤微团粒结构，淋出液会增加处理成本。在操作上可将化学淋洗修复技术分为原位修复和异位修复。

（1）原位化学淋洗修复技术

原位化学淋洗修复技术（*in-situ* chemical leaching and flushing/washing remediation）是利用水力压头推动淋洗剂通过污染土壤，使污染物溶解进入淋洗液，淋洗液往下渗透或水平排出，最后将含有污染物的淋出液收集再处理。修复系统由三个部分组成：①将淋洗液投入土壤中的设备；②下层淋出液收集系统；③淋出液处理系统，需要在原地搭建修复设施。同时，由于在污染物和化学清洗剂相互作用的过程中，通过螯合、解吸、溶解或络合等物理化学作用，最终形成可迁移态化合物，通常采用隔离墙等物理屏障将污染区城封闭起来，为了节省工程费用，该技术还包括淋出液再生系统。原位化学淋洗修复技术适用于多空隙、易渗透的土壤，砂粒和砾石占50%以上、阳离子交换量低于10 cmol·kg^{-1}、水传导系数大于10^{-3} cm·s^{-1}的土壤可采用土壤淋洗技术进行修复，适合处理重金属、具有低辛烷/水分配比系数的有机化合物、羟基化合物、相对分子质量低的醇类和羧基酸类污染物，不适合处理水溶态液态污染物，如强烈吸附于土壤的呋喃类化合物、极易挥发的有机物及石棉，可以用来处理农田土壤中的重金属、多氯联苯和农药等，具有长效性、易操作性、高渗透性、费用合理性（依赖于所使用的淋洗剂）、治理的污染物范围广泛等优点，但淋洗剂易造成二次污染。土壤淋洗技术各系统及相互关系如图9-16所示。

化学淋洗液投加系统应根据土壤被污染的深度来设计，采用漫灌、挖掘或沟渠和喷淋等方法向土壤中添加淋洗液，使其通过重力或外力的作用贯穿污染土壤并与污染物相互作用，该系统不仅可以通过挖空土壤后再用多孔介质（粗砂砾）填充的浸渗沟和浸渗床方式将清洗液扩散到污染区，也能采用压力驱动的扩散系统来加快淋洗液在土壤中的扩

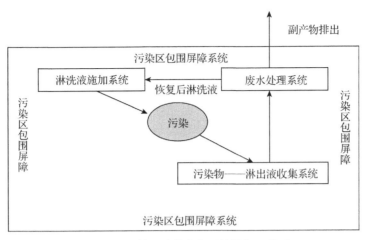

图 9-16　土壤淋洗技术各系统及相互关系

散。在考虑地形因素的同时，也需要人为构筑地理梯度，以确保淋洗液能匀速顺利渗入和向下贯穿污染区。可利用梯度井或抽提井等方式来收集含有污染物的淋出液。对于淋出液的处理，不同的污染物有不同的处理方式，如重金属污染土壤的淋出液可采用化学沉淀或离子交换手段进行处理，烃基类化合物的处理可以添加额外的碳源后采用生物手段，石油及其轻蒸馏产物可采用空气浮选法。如果淋洗系统有淋出液再生设备，淋洗液纯化后可再次进入淋洗液投加系统进行循环利用。

1987—1988 年，在荷兰曾采用原位化学淋洗技术修复镉污染土壤，用 $0.001\ mol\cdot L^{-1}$ HCl 对 $6000\ m^2$ 的土地上约 $3000\ m^3$ 的砂质土壤进行处理，修复后土壤镉含量从原来的 $20\ mg\cdot kg^{-1}$ 以上降低到 $1\ mg\cdot kg^{-1}$ 以下，每立方土处理费用约 50 英磅。

在美国犹他州希尔空军基地开展的小规模现场试验中，采用淋洗液中加表面活性剂十二磺基丁二酸钠的方法去除了土壤中大约 9% 残留的三氯乙烯。

（2）异位化学淋洗修复技术

与原位化学淋洗修复技术不同的是，异位化学淋洗修复技术是将污染土壤挖掘出来放在设备中，用水或其他化学溶液来清洗、去除污染物，之后对含有污染物的废水或废液再进行处理，洁净的土壤可以回填或运到其他地点。通常先根据土壤的物理性状将其分成石块、砂砾、沙、细砂以及黏粒，再处理到修复目标。如果大部分污染物被吸附于某一土壤粒级，且这一粒级只占全部土壤体积的一小部分，那么可以只处理这部分土壤。异位化学淋洗技术适用于污染物集中于大粒级土壤中的情况，对含有 25%～30% 黏粒的土壤不建议采用这项技术，砂砾、沙和细砂以及相似土壤组成中的污染物更容易处理，可用于处理重金属、放射性元素以及许多有机物，包括石油烃、易挥发有机物、PCBs 以及多环芳烃等，可用于修复农田土壤中的重金属、PCBs 和多环芳烃。在实验室可行性研究的基础上，淋洗剂可根据污染物类型进行选择，能很大程度上提高修复工程的效率。该技术具有耗低、设备投资小、工艺简单、范围广、速度快等优势，其操作的核心是通过力学方式机械地悬浮或搅动土壤颗粒，土壤颗粒尺寸最小为 9.5 mm，大于这个粒径的石砾和粒子容易用土壤淋洗的方式将其中污染物去除。土壤异位淋洗技术，应该是可运输的，且能随时随地搭建、撤卸、改装，一般采用单元操作系统包括慢筛分设备、振动筛、泥浆泵、砂砾曝气室、摩擦反应器、漂浮单元装置、德化床清洗设备、矿石筛、传送系统、砂砾清洗装置、刷烈环提分离、鼓轮过滤器、过速压榨机、生物泥浆反应器等。异位化学淋洗修复技术流程如图 9-17 所示；异位土壤化学淋洗修复技术如图 9-18 所示。

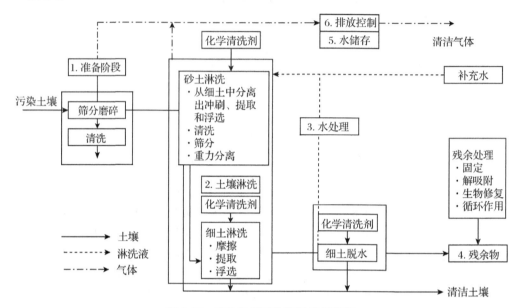

图 9-17 异位化学淋洗修复技术流程

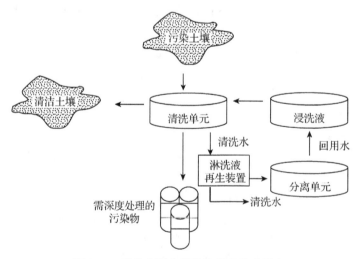

图 9-18 异位土壤化学淋洗修复技术示意

美国国家超级基金项目中一个非常有名的修复实例是新泽西州温斯洛镇的土壤异位化学淋洗修复，这也是美国环境保护署首次全方位采用该项技术成功修复污染土壤的实例。KOP 公司将工业废物丢弃在这块 4 hm^2 的土地上，土壤和污泥受到砷、铁、镉、铬、铜、铅、镍和锌污染，其中污泥中铬、铜和镍最高值均超过了 10 000 mg·kg^{-1}。通过异位化学淋洗修复后，土壤中的镍平均浓度下降到 25 mg·kg^{-1}，镍下降至 73 mg·

kg^{-1}，铜下降为 110 mg · kg^{-1}。

9.5.2.3　化学氧化修复技术

化学氧化法主要是利用氧化剂的氧化性或者其分解产生的自由基的强氧化性，破坏有机污染物的分子结构，使高毒性污染物转变为低毒或无毒物质，该类方法具有污染物降解速率快、降解彻底等优点。这项修复技术属于原位修复技术，不需要将污染土壤全部挖掘出来，而只是在污染区的不同深度钻井，将氧化剂注入土壤中，通过氧化剂与污染物的混合、反应使污染物降解或导致形态的变化。原位氧化修复技术离不开向注射井中加入氧化剂等手段，对于低渗土壤，可以采取创新的技术方法(如土壤深度混合、液压破裂等方式)对氧化剂进行分散。原位化学氧化修复技术主要用来修复被油类、有机溶剂、多环芳烃、PCP(pentachlorophenol)、农药以及非水溶态氯化物(如 TCE)等污染物污染的土壤，通常这些污染物在污染土壤中长期存在，很难被生物降解。而氧化修复技术不但可以对这些污染物起到降解脱毒的效果，而且反应产生的热量能够使土壤中的一些污染物和反应产物挥发或变成气态溢出地表，这样可以通过地表的气体收集系统进行集中处理。技术缺点是：加入氧化剂后可能生成有毒副产物，使土壤生物量减少或影响重金属存在形态。

目前最常用的氧化剂是 Fenton 试剂、K_2MnO_4、H_2O_2 和臭氧(O_3)等，常见的化学氧化法有 Fenton 法、类 Fenton 法、H_2O_2 氧化法、O_3 氧化法、高锰酸盐氧化法和过硫酸盐氧化法等。

Fenton 法产生的自由基—OH 能无选择性地攻击有机物分子中的 C—H 键，对有机溶剂(如酯、芳香烃)以及农药等有害有机物的破坏能力高于 H_2O_2 本身。然而，由于 H_2O_2，进入土壤后立即分解成水蒸汽和氧气，所以要采取特别的分散技术避免氧化剂的失效。在实际应用中具有氧化反应速率快、设备简单、操作方便、效率高等优点，但同时也存在一定的缺陷，如 H_2O_2 消耗量大且难以充分利用，在 pH 值为 2.0~6.0 的酸性条件下才具有明显的活性等。类 Fenton 法与传统 Fenton 法相比，前者拓宽了活化 H_2O_2 反应的 pH 值范围，因而具有更好的应用前景，但由于类 Fenton 法仍以 H_2O_2 作为氧化剂，因此 H_2O_2 消耗量大的问题依然存在。H_2O_2 是一种强氧化剂，通常用作漂白剂和消毒剂，其与有机污染物反应后的产物为 H_2O 和 O_2 不会引起二次污染，是一种"绿色"的高效氧化剂，自身分解产生的—OH 具有非选择性强氧化性，能与大多数有机污染物进行反应，已被广泛应用于环境领域。H_2O_2 氧化法对土壤酸碱度和土壤类型要求较低，能适用于大多数污染土壤的修复。但由于 H_2O_2 可与多种金属(如 Mn、Pb、Au、Fe)化合物发生催化氧化反应，且在光照条件下或储存在表面粗糙的容器(具有催化活性)都会引起 H_2O_2 分解，因此在实际应用过程中，H_2O_2 溶液的安全存放和预防 H_2O_2 分解是非常重要的问题。

H_2O_2 本身具有很高的氧化电位，对难降解有机物的降解能力较强，但在土壤修复过程中由于需要以土壤中的空隙作为 H_2O_2 流动和传递的途径，才能与污染物充分接触反应，因此，在实际应用过程 O_3 氧化法在砂质类污染土壤修复中会表现出更明显的修复效果。但 O_3 对各种金属和非金属具有较强的腐蚀性，故在实际应用过程中对设备的耐蚀性要求较高。高锰酸盐氧化法具有操作简单、适用范围广、修复效率高等优点，而高锰酸盐在酸性条件下的强氧化性使得其在酸性类污染土壤的修复中具有潜在的优势。但在应用高锰酸盐进行土壤修复时，须确定最佳高锰酸盐的投加量，若投加过量，则可能导致土壤板结，而且会增加土壤中 Mn 的含量，进而还可能对地下水造成污染。因此，从安全的角度考虑，应用高锰酸盐氧化法进行土壤修复时，需要通过试验确定高锰酸盐的最佳投加量。

9.5.2.4 原位化学还原与还原脱氯修复技术

原位化学还原与还原脱氯修复技术(in-situ chemical reduction and reductive dehalogenation remediation)是一项利用化学还原剂将污染物还原为难溶态，从而使污染物在土壤环境中的迁移性和生物可利用性降低的污染土壤原位修复技术。一般用于污染物在地下较深范围很大区域成斑块扩散，对地下水构成污染，且用常规技术难以奏效的污染修复。原位化学还原与还原脱氯修复技术需要构建一个可渗透反应区并填充以化学还原剂，修复地下水中对还原作用敏感的污染物(如铀、铬酸盐)和一些氯代试剂，当这些污染物迁移到反应区时，或者被降解，或者转化成固定态，从而使污染物在土壤环境中的迁移性和生物可利用性降低。通常这个反应区设在污染土壤的下方或污染源附近的含水土层中。常用的还原剂有 SO_2、H_2S 气体和 FeO 胶体等。

化学还原与还原脱氯修复常用还原剂的特征概要见表 9-9。

表 9-9 化学还原与还原脱氯修复常用还原剂的特征概要

还原剂	二氧化硫	气态硫化氢	零价铁胶体
适用污染物	对还原敏感的元素(如铬、铀、钍等)及散布范围较大的氯化溶剂	对还原敏感的重金属元素，如铬等	对还原敏感的元素(如铬、铀、钍等)及氯化溶剂
修复对象	通常是地下水		
适宜 pH 值	碱性	不受限制	高 pH 值导致铁表面形成覆盖膜的可能，降低还原效率
天然有机质的影响	未知	未知	有促进铁表面形成覆盖膜的可能
适宜的土壤渗透性	高渗透性	高渗和低渗	依赖于铁胶体的渗透技术
其他因素	在水饱和区有效	以 N_2 为载体	要求高的土壤水含量和低氧量
潜在危害	可能产生有毒气体，系统运行较难控制		有可能产生有毒中间产物

通常情况下，可渗透反应墙的建造是把原来的土壤基质挖掘出来，代替以具有一定渗透性的介质。可渗透反应墙墙体可以由特殊种类的泥浆填充，再加入其他被动反应材料，如降解易挥发有机物的化学品，滞留重金属的螯合剂或沉淀剂，以及提高微生物降解作用的营养物质等。理想的墙体材料除了要能够有效进行物理化学反应外，还要保证不造成二次污染。墙体的构筑是基于污染物和填充物之间化学反应的不同机制进行的。通过在处理墙内填充不同的活性物质，可以使多种无机和有机污染物原位吸附而失活。根据污染物的特征，可分别采用不同的吸附剂，如活性铝、活性炭、铁铝氧石、离子交换树脂、三价铁氧化物和氢氧化物、磁铁、泥炭、褐煤、煤、钛氧化物、黏土和沸石

等，使污染物通过离子交换、表面络合、表面沉淀以及对非亲水有机物的厌氧分解作用等不同机制吸附、固定。很多学术机构、政府实验室的学者热衷于用 Fe 作墙体材料降解取代程度较高的 PCE(perchloroethylene)和 TCE 等氯代试剂，并且取得了一些成功的经验。在美国加利福尼亚州森尼维尔地区 Inersil 半导体工业污染地点，工作人员采用 1.2 m 宽、11 m 长和 6 m 深的处理墙治理 TCE、cDCE (cis-1, 2-dichloroethene)和 VC(vinylchoride)污染的地下水，内部全部填充 FeO 颗粒。安装后，地下水 VOC(volatile organic compounds)浓度降低到污染物最大允许量以下，TCE、cDCE 和 VC 浓度分别降至 5 mg·L^{-1}、6 mg·L^{-1} 和 0.5 mg·L^{-1}，达到饮用水标准。需要注意的是，为了保证修复工作的高效率，原位处理墙必须要建得足够大，确保污染物流全部通过。同时，为使反应墙长期有效，设计方案要考虑众多的自身因素和影响因子。首先，墙体的渗透性，这是优先考虑因素。一般要求墙体的渗透性要达到含水土层的 2 倍以上，但是理想状态是 10 倍以上，因为土壤环境的复杂性、地下水及污染物组分的变化等不确定因素，常使系统的渗透性逐渐下降。细粒径土壤颗粒的进入和沉积，碳酸盐、碳酸亚铁、氧化铁、氢氧化铁以及其他金属化合物的沉淀析出，难以控制微生物增长所造成的"生物阻塞"现象，以及其他未知因素，都有可能降低墙体的渗透性。为了尽可能克服上述不利影响，可以在墙体反应材料中附加滤层和筛网。其次，墙体内应包含管道，用于注入水、空气，缓解沉积或泥沙堵塞状况。最后，反应墙应为开放系统，便于技术人员进行检查和监测，更新墙体材料。

9.5.2.5　光催化氧化技术

光催化氧化技术因具有处理效率高、成本相对较低、容易工业化等优点，逐渐成为高级氧化技术的主要方法之一。光催化技术是指在光和光催化剂同时存在的条件下发生的光化学反应，该过程将光能转化为化学能。光催化法是在常温常压下利用半导体材料（常用二氧化钛）作催化剂，在太阳光（紫外光）作用下将污染物降解为 H_2O、CO_2 等无毒物质，无二次污染，可实现对污染物的完全矿化。根据光催化剂形态不同，光催化反应可分为均相光催化和异相光催化，均相光催化剂主要有 Fenton、H_2O_2、O_3、$K_2S_2O_8$ 等，异相光催化剂主要有 TiO_2、铁基材料、ZnO 等。光催化氧化技术可以用于修复农用地土壤中的有机磷类农药、有机氯类农药、氨基甲酸酯类农药、拟除虫菊酯类农药，以及酰胺类、有机氟、杂环类等农药。另外，还能修复农用地土壤中的抗生素、多环芳烃、多氯联苯、重金属。

目前常用的催化剂是 TiO_2，对于 TiO_2 光催化降解污染物机理研究尚不成熟，一般以价带理论为基础。TiO_2 的带隙能为 3.2eV，相当于 387.5nm 的光子能量。当 TiO_2 被能量等于或者大于其带隙能的光照射时，处于价带上的电子被光子激活迁移至导带上，在导带上产生带负电的高活性电子(e^-)，并在价带上留下带正电荷的空穴(h^+)，形成电子空穴对。其在电场作用下，分离并迁移至粒子表面，一方面可直接将吸附的有机物分子氧化，另一方面也可与吸附在 TiO_2 表面的有机物或水分子、溶解氧发生系列反应，生成强氧化性的羟基自由基(·OH)或超氧自由基($O_2^{-·}$)。·OH 自由基是一种非选择性的强氧化剂，可以氧化各种有机物，当然也可以氧化大多数农药化合物，使其彻底氧化为

H_2O、CO_2、无机物等无毒物质。

光催化降解技术是一种极具发展前途的农药降解的技术。然综观国内外研究进展，发现 TiO_2 光催化氧化技术在土壤修复中的应用仍存在以下问题：①在实验室中取得了很多理想效果，但将结果应用于土壤污染现场时往往达不到预期效果。②TiO_2 光催化剂禁带较宽(3.2eV)，只能被波长较短的紫外光激发，而且光激发的电子与空穴易重新复合，将使光量子效率降低。因此，可以通过对 TiO_2 进行掺杂(如掺 N、金属 Fe 等)及表面修饰，扩展光吸收范围，提高其催化剂的活性。③TiO_2 分离与回收也是需解决的一大问题。于是，可以选择有效、结合率更高的载体，制备 TiO_2 负载型催化剂，使其易于二次回收，从而节约成本。④单一的光催化降解技术处理效果十分有限，利用与其他技术(如超声、臭氧、混凝等)的协同作用，以达到最优降解效果。

9.5.3　生物修复技术

9.5.3.1　微生物修复

有机物污染土壤的微生物修复是通过土壤微生物利用有机物(包括有机污染物)为碳源，满足自身生长需要，并同时将有机污染物转化为低毒或者无毒的小分子化合物，如 CO_2、H_2O、简单的醇或酸等，达到净化土壤的目的。对具有降解能力的土著微生物特性的研究，始终是环境生物修复领域的研究重点。常见的降解有机污染物的微生物有细菌(假单胞菌、芽孢杆菌、黄杆菌、产碱菌、不动杆菌、红球菌和棒状杆菌等)、真菌(曲霉菌、青霉菌、根霉菌、木霉菌、白腐真菌和毛霉菌等)和放线菌(诺卡氏菌、链霉菌等)，其中以假单胞菌属最为活跃，对多种有机污染物，如农药及芳烃化合物等具有分解作用。有些情况下，受污染环境中溶解氧或其他电子受体不足的限制，土著微生物自然净化速率缓慢，需要采用各种方法来强化，包括提供 O_2 或其他电子受体(如 NO^-)，添加氮、磷营养盐，接种经驯化培养的高效微生物等，以便能够提高生物修复的效率和速率。

有机污染物质的降解是由微生物酶催化进行的氧化、还原、水解、基团转移、异构化、酯化、缩合、氨化、乙酰化、双键断裂及卤原子移动等过程。该过程主要有两种作用方式：①通过微生物分泌的胞外酶降解；②污染物被微生物吸收至其细胞内后，由胞内酶降解。微生物从胞外环境中吸收摄取物质的方式主要有主动运输、被动扩散、促进扩散、基团转位及胞饮作用等。

一些有机污染物不能作为碳源和能源被微生物直接利用，但是在添加其他的碳源和能源后也能被降解转化，这就是共代谢(co-metabolism)。研究表明，微生物的共代谢作用对于难降解污染物的彻底分解起着重要作用。例如，甲烷氧化菌产生的单加氧酶是种非特异性酶，可以氧化多种有机污染物，包括对人体健康有严重威胁的三氯乙烯和多氯联苯等。

微生物对氯代芳香族污染物的降解主要依靠两种途径：好氧降解和厌氧降解。脱氯是氯代芳烃化合物降解的关键步骤，好氧微生物可以通过双加氧酶和单加氧酶使苯环羟基化，然后开环脱氯；也可以先脱氯后开环。其厌氧降解途径主要依靠微生物的还原脱氯作用，逐步形成低氯的中间产物。

一般情况下微生物对多环芳烃的降解都是需要氧气的参与，在加氧酶的作用下使芳烃环分解。真菌主要是以单加氧酶催化起始反应，把一个氧原子加到多环芳烃上，形成环氧化合物，然后水解为反式二醇化合物和酚类化合物。而细菌主要以现加氧酶起始加氧反应，把两个氧原子加到苯环上，形成二氨二苯化合物，进一步代谢。除此之外，微生物还可以通过共代谢降解相对分子质量大的多环芳烃，此过程中微生物分泌胞外酶降解共代谢底物维持自身生长的物质，同时也降解了某些非微生物生长必需的物质。

9.5.3.2　动物修复

土壤动物特别是无管排动物对动植物残体粉碎和分解作用，可促进物质的淋溶、下渗，增加土壤中细菌和真菌活动的接触面积，加速养分的流动，土壤动物通过直接采食细菌或真菌或通过有机质的粉碎，微生物繁殖体的传播和有效营养物质的改变等间接方式影响微生物群落的生物量和活动，由于微生物特别是细菌的活动性差，因而只能靠水及其他运动移动。

蚯蚓等无脊椎动物通过产生蚯蚓粪使微生物和底物充分混合，蚯蚓分泌的黏液对土壤的松动作用，改善了微生物生存的物理化学环境，大幅增加了微生物的活性及其对有机质的降解速率。

动物修复方法主要应用于重金属污染土壤修复过程中，采用土壤动物这种天然的方法来转化重金属形态或富集，可以在一定程度上提高土壤肥力。土壤动物不仅自己能够直接富集土壤中的污染物，还能够和周围的微生物共同富集，并在其中起到一种类似"催化剂"的作用。

（1）土壤动物对一般有机污染物的处理机理

随着城市的发展和人们生活水平的提高，生活垃圾越来越多；密集型农业的进一步发展，特别是畜牧业的发展，产生了大量的粪便，排到环境中去会严重污染土壤环境和大气环境。

据统计，全国每年产生的粪便量约为 $17.3×10^8$ t。如果这些畜禽粪便和生活垃圾随意堆放，不做适当处理，势必对周围环境的水体、土壤、空气和作物造成污染，成为公害，成为畜禽传染病、寄生虫病和人畜共患疾病的传染源。而这些污染物正是许多土壤动物的食物。土壤动物有许多腐生动物，它们专门以有机物为食，处理能力是相当惊人的。在人工控制条件下，土壤动物的处理能力和效率更加强大。全国已有超过 500 家公司利用蚯蚓处理畜禽粪便，也有许多农场养殖蝇蛆、蛴螬等来处理粪便，大幅降低了粪便污染量。

土壤动物主要是通过对生活垃圾及粪便污染物进行破碎、消化和吸收转化，把污染物转化为颗粒均匀、结构良好的粪肥。首先，这种粪肥中还有大量有益微生物和其他活性物质，其中原粪便中的有害微生物大部分被土壤动物吞噬或杀灭；其次，土壤动物肠道微生物转移到土壤后，可填补土中微生物的不足，加速微生物处理剩余有机污染物的能力。

（2）土壤动物对农药、矿物油类的富集

农药中含有的有机氯、有机磷等具有很强的毒性，会对高等动物的神经系统、大脑、心脏、脂肪组织造成损伤；而矿物油类会抑制土壤呼吸使得土壤肥力降低。从生态学角度上看，土壤动物处在陆地生态链的底部，对农药、矿物油类等具有富集和转化作用。线虫等土壤动物对农药的富集作用比较明显，可以用作农药污染土壤的动物修复。

（3）土壤动物对重金属形态的转化和富集作用

土壤由于自身的特殊性成为重金属污染物的归宿地，于是土壤重金属污染日益严重。土壤肥力退化、农作物产量降低和品质下降，严重影响环境质量和经济的可持续发展。用植物富集重金属是对土壤肥力的一次消耗；如果用动物来富集重金属或转化其形态，不但不会降低土壤肥力，还可以提高土壤肥力。

9.5.3.3 联合生物修复技术

联合修复技术就是协同两种或两种以上修复方法，克服单项修复技术的局限性，实现对多种污染物的同时处理和对复合污染土壤的修复，提高污染土壤的修复速率与效率。该方法已成为土壤修复技术中的重要研究内容，其中植物—微生物联合修复是最为广泛采用的联合生物修复技术。

在有机物污染土壤中，有植物生长时，其根系提供了微生物生长的最佳场所；反过来，微生物的旺盛生长，增强了对有机污染物的降解，也使得植物有更好的生长环境，所以，植物—微生物联合体系能够促进有机污染物的快速降解、矿化。其作用原理如下：

①对于环境中中等亲水性有机污染物，植物可以直接吸收，然后转化为没有毒性的代谢中间产物，并储存在植物体内，达到去除环境污染物的作用。

②植物释放促进化学反应的根际分泌物和酶，刺激根际微生物的生长和生物转化活性，并且植物还能释放一些物质到土壤中，有利于降解有毒化学物质，有些还可作为有机污染物降解的共代谢基质。

③植物能够强化根际(根土界面)的矿化作用，特别是菌根菌和共生菌存在时的矿化作用更为显著，菌根菌能够增加其寄主植物对营养和水的吸收，提高其抗逆性，增加有机污染物降解的有效性，提高植物吸收效率。

9.6 案例解析

大庆油田是我国目前最大的石油开采基地，该油田自开发以来已累计生产石油$17.26×10^8$ t，曾连续27年保持年产油$5000×10^4$ t以上。在20多年的石油开采与加工过程中，由于开采、运输、使用、储存过程中发生渗漏，以及石油开采过程中井喷等事故，造成大量落地油渗入土壤。此外，在试油、洗井、油井大修等井下作业和油气集输过程中，落地油和含油废水也对土壤造成严重污染。大庆油田开采区土壤含油量为$500\sim68\,000$ mg·kg^{-1}干土，与其他油田区相比处于较低水平，易于修复工程的实施和效果评估的开展。

污染场地土壤以粉壤为主，渗透性和持水性处于黏土和砂土之间，通气性较好，含水率适中，易于现场修复工程的开展。土壤 pH 值为 7.9，属弱碱性土壤。有机质含量远远高于大庆油田同种土壤类型的非污染土壤，这主要是因为待修复场地的土壤中含有石油烃污染物,客观上造成了土壤有机质含量的上升。土壤营养水平相对其他类型土壤(如农业土壤)较低,如果选择生物修复技术则需有针对性地进行微生态环境调控以实现微生物活性的提高和生物降解效应的强化。

基于石油开采场地特征和污染物特征分析,按照修复技术选择的有效性、可操作性和资金投入等原则,选择植物—微生物集成修复技术对石油开采区污染场地进行修复与治理。综合大庆地区的气候条件、土壤物理特性、功能微生物种群及构成等场地特征,根据修复技术体系的有效性评价与研究结果,选择改进后的植物—微生物修复技术,投加多功能载体及营养物促效剂改善油污土壤为生态环境,强化低温下的石油降解过程。在对油污土壤理化特性及植物、微生物特性进行分析的基础上,筛选驯化高效原油降解菌,筛选优势植物并构建优势植物群落,研制开发多功能载体及营养物促效剂,对石油污染场地进行强化修复。

基于大庆地区石油污染场地量大面广的特点,以植物—微生物集成修复技术可以降低成本,同时发挥植物—微生物联合修复对土壤环境破坏度小、工程建设相对简单、易于操作、公众接受性和制度可操作性较强等优点,构建经济、高效和环境友好的修复系统与修复工程。

修复系统的治理效果是关系到场地修复目标是否可以实现的直接和关键评价内容。治理效果可分为阶段性治理效果和总体治理效果两类。其中阶段性效果是总体治理效果的基础和保证,对阶段的治理效果进行评价,根据评价结果改进和修正修复工程的参数与工艺,是达到总体修复目标的重要保障。

经过近 100 d 的修复工程运行,污染土壤石油去除效率可达 33.7%,达到总体修复目标(去除 50% 的石油烃)的 67.4%。

思考题

1. 土壤有机污染物类型及危害有哪些?
2. 土壤有机污染机制及环境效应有哪些?
3. 有机污染物在土壤中的环境行为有哪些?
4. 有机污染物对生物有哪些影响?
5. 土壤有机污染有哪些修复技术及各技术的优缺点?

推荐阅读书目

1. 骆永明,等. 土壤污染特征、过程与有效性. 科学出版社, 2019.
2. 张颖,伍钧. 土壤污染与防治. 中国林业出版社, 2018.
3. 李法云,吴龙华,范志平,等. 污染土壤生物修复原理与技术. 化学工业出版社, 2018.
4. 崔龙哲,李社锋. 污染土壤修复技术与应用. 化学工业出版社, 2016.

第 10 章

土壤重金属污染与修复

10.1　重金属污染物的来源及危害

10.1.1　重金属污染的来源

重金属是指密度大于 6 g·cm⁻³、原子序数大于 20 的金属元素。它们天然存在于自然界的岩石与土壤中，随着污染的发生，其浓度不断上升。在环境科学中，确切地说，重金属这一术语并不准确，但已经被广泛使用，尽管有时也称为"有毒金属""潜在有毒元素"和"微量元素"等。在地球化学研究中，重金属由于在地壳岩石中含量不到 1%，属于"微量元素"的范畴。这些微量元素，当它们的浓度过高时，均存在毒性。其中有一些元素，当它们浓度较低或没有超过临界水平时，对动、植物的正常健康生长和繁殖都是必需的，这些元素称为"必需微量元素"或"微量营养物质"。当缺乏它们时，往往会导致动植物的疾病甚至死亡。这些必需微量元素包括：钴(细菌和动物必需)、铬(动物必需)、铜(植物和动物必需)、锰(植物和动物必需)、钼(植物必需)、镍(植物必需)、硒(动物必需)、锌(植物和动物必需)。此外，硼(植物必需)、氯(植物必需)、铁(植物和动物必需)、碘(动物必需)、硅(可能植物和动物必需)也是必需微量元素，尽管从其密度上尚不能归为重金属。银、砷、钡、镉、汞、铊、铅和锑等元素，尚不能确定是否具有必需功能，当土壤中的浓度超过其耐受水平，就会使动、植物受到毒害。其中，最为重要的土壤重金属污染物为砷、镉、铜、铬、汞、铅和锌等。

土壤重金属污染的来源主要包括以下 9 个方面：

①金属采矿　尤其是砷、镉、铜、镍、铅、锌等重金属，矿体不仅含有各种具有经济开发价值的金属(矿石)，也可能有相当数量的不具经济价值的元素(以脉石形式)存在。绝大多数矿区经常被若干重金属和一些伴生元素(如硫)所污染。风刮起的尾砂(一些含金属的细颗粒矿石)经沉降以及这些尾砂经雨水冲洗、风化淋溶以离子的形式进入土壤，成为金属矿区土壤污染的主要来源。

②金属冶炼　这是从矿物中分离金属的过程，因而是许多金属的污染源，一般以细矿石颗粒、氧化物气溶胶颗粒形式通过大气的迁移、沉降进入土壤，造成土地污染。在冶炼厂下风向 40 km 以内，这种形式的土地污染都会发生。

③金属工业　包括金属及其固体废物热处理过程中产生的气溶胶颗粒，经大气沉降进入土壤；金属经过酸性物质处理后流出的污水以及电镀工业使用的金属盐溶液等的排

放。此外，电子工业因为金属用于半导体、导线、开关、焊料和电池的原料和生产，电镀工业镉、镍、铅、汞、硒和锑等），颜料和油漆工业（涉及的重金属有铅、铬、砷、锑、硒、钼、镉、钴、钡和锌等），塑料工业（聚合体稳定剂如镉、锌、锡和铅等），以及化工工业常用些金属作为催化剂和电极（如汞、铂、钌、钼、镍、钐、锑、钯和锇等）也造成金属工业污染。

④金属的腐蚀　例如，屋顶和水管上的铜、铅，不锈钢中的铬、镍、钴，钢表面防止生锈覆盖层中的镉、锌，铜制配件中的铜、锌，以及喷漆表面退化释放的铬、铅等都会造成土壤污染。

⑤废物处置　包括城市生活垃圾、工业固体废物、特殊废物和有害废物，常常含有各种金属，增加了土壤重金属污染的可能。

⑥农业污染源　包括以添加剂形式加到猪和家禽饲料中的砷、铜和锌等重金属，某些磷肥中可能含有镉、铀等污染物，以及某些含有金属（如砷、铜、锰、铅和锌等）农药的使用，经若干转移过程最终会导致重金属污染的发生。

⑦森林与木材工业　一些含有砷、铬和铜的木材防腐剂被广泛和长期使用，导致了木材厂附近土壤和地下水的污染。一些有机化学品、焦油派生物（木馏油和五氯酚也被用于木材防腐，导致对土壤及地下水的污染。

⑧化石燃料的燃烧　存在于煤和石油中的一些微量元素，如镉、锌、砷、锑、硒、钡、铜、锰和钒等，经过工业或家庭燃烧，以飘尘、灰、颗粒物或体形式释放。此外，一些金属，如硒、碲、铅、钼和锂等，被加到燃料或润滑剂中以改善其性质，都是加剧土壤重金属污染的因素。

⑨运动与休闲活动　比赛和陶土飞靶射击场含有铅、锑和砷等金属小球的使用导致铅、锑和砷的污染，但如果用其他金属如钢作为其替代物，也会导致钼和铋的土壤污染。

10.1.2　土壤中重金属污染物的危害

重金属污染物在土壤中一般不易随水淋滤，不能被微生物分解，所以常常在土壤中积累，危害土壤动物、微生物、土壤酶等。有的可以转化成毒性更强的化合物（如甲基化合物），有的通过食物链以有害浓度在人体内蓄积，严重危害人体健康。重金属在土壤中积累的初期，不易为人们觉察或注意，属于潜在危害。通过各种途径进入土壤中的重金属种类很多，其中影响较大，目前研究比较深入的有汞、镉、铅、砷、铬、铜、锌、硒、镍等。由于它们各具不同的特性，因而造成的污染危害也不尽相同。首先，植物对各种重金属的需要情况有很大差别。有些重金属是植物生长发育中并不需要的元素，对植物健康危害比较明显。有些重金属是植物正常生长发育所必需的元素，具有一定的生理功能，只是含量过高时，才发生污染危害。其次，土壤因受重金属污染而对作物产生危害时，不同类型的重金属其危害也不相同，且其迁移转化特点也不相同。土壤中的重金属或类金属可分为 5 种形态：①水溶态的；②弱代换剂（如醋酸盐溶液等）可代换的；③强代换剂（或整合剂整合）提取的；④次生矿物中的；⑤原生矿物中的。其中①②③部分是可被植物吸收的。因此，它们的含量越高，越容易造成污染危害。不过，植物生长导致根际土壤重金属形态变化，如在小麦、大豆和玉米根际土壤中交换态铜含量显著增加。所以在研究土壤重金属的污染危害时，不仅要注意它们的总含量，还必须重视各种形态的含量，同时也要考虑作物对它们的影响。另外，土壤中重金属污染物的危害还与重金属间、重金属与其他常量元素，以及重金属与其他污染物之间的交互作用有关，所以要综合考虑多方面因素，才能全面了解其危害。

铅毒性强，会使人的泌尿系统出现炎症、血压变化、死亡、胎儿死亡，会影响作物的产量和质量；低浓度对作物有促进作用，高浓度会导致作物幼苗萎缩、生长缓慢、产量下降；还会降低土壤微生物生物量和酶活性；镉毒性极强，中毒后 20 min 即可引发恶心、呕吐、腹痛和腹泻等症状，严重时会导致急性呼吸衰竭；镉不仅会在植物体内残留，还会对植物的生长发育产生明显的危害，叶片发黄褪绿，作物组织坏死、枯萎抑制土壤微生物代谢功能，降低微生物活性。铬是人、畜的微量营养元素之一，过量会引起呼吸道疾病、肠胃道病和皮肤损伤；也是作物必需的微量元素之一，过量的铬会引起植株矮小，叶片内卷，根系变褐、变短、发育不良。汞引起腐蚀性气管炎、支气管炎、神经功能紊乱等，最具代表性的为日本"水俣病"。汞会使叶绿素含量下降，造成叶、茎、梗等变为棕色或黑色；抑制酶的活性，造成植物代谢紊乱甚至死亡。砷在细胞中与其酶系统反应，使其生物活性被抑制，最终引起代谢异常。少量促进作物生产；过量阻碍植物的生长发育，主要表现在叶子上，叶子卷起或者枯萎；阻碍根部生长，过量会抑制微生物的生长及活性；不同的砷化物其影响不同。铜是人畜必需微量元素之一，急性铜中毒表现为急性肠胃炎；过量导致溶血、Wilson 氏症。铜是植物生长必需的微量元素，过量会抑制营养元素的吸收，特别是铁；抑制作物生长，降低产量。锌是人畜必需的元素之一，过量中毒症状主要局限于胃肠道，还会抑制吞噬细胞的活性。植物必需的微量营养元素之一，过量会伤害植物的根系，使根的生长受到抑制，造成植物矮化。

10.2　土壤重金属污染的环境行为及特点

10.2.1　土壤重金属污染的环境行为

10.2.1.1　土壤中重金属存在的形态

土壤中重金属元素与不同成分结合形成不同的化学形态，它与土壤类型、土壤性质、外源物质的来源和历史、环境条件等密切相关。土壤中重金属形态的划分为两层含义：一层是指土壤中化合物或矿物的类型，另外一层含义系指操作定义上的重金属形态。对于前者，例如，含 Cd 的矿物包括 CdO、$\beta\text{-}Cd(OH)_2$、$CdCO_3$、$CdSO^+ \cdot H_2O$、$CdSiO_3$、CdS 及其他存在形态。由于重金属元素在土壤中化学结合形态的复杂和多样性，难以进行定量的区分，通常意义上所指的"形态"为重金属与土壤组分的结合形态，即"操作定义"。

对于重金属的操作形态，目前还没有统一的定义及分类方法。常见土壤和沉积物中重金属形态分析方法有以下几种：①Tessier 五步提取法，它是目前应用最广泛的形态分析法之一，该方法将沉积物或土壤中重金属元素的形态分为可交换态、碳酸盐结合态、铁锰氧化物结合态、有机物结合态和残渣态 5 种形态；②Cambrell 认为土壤和沉积物中的重金属存在 7 种形态，即水溶态、易交换态、无机化合物沉淀态、大分子腐殖质结合态、氢氧化物沉淀吸收态或吸附态、硫化物沉淀态和残渣态；③Shuman 将其分为交换态、水溶态、碳酸盐结合态、松结合有机态、氧化锰结合态、紧结合有机态、无定形氧化铁结合态和硅酸盐矿物态 8 种形态；④为融合各种不同的分类和操作方法，欧洲参考交流局(The Community Bureau of Reference)提出了较新的划分方法，即 BCR 法，将重金属的形态分为 4 种，即酸溶态(如碳酸盐结合态)、可还原态(如铁锰氧化物态)、可氧化态(如有机态)和残渣态。

10.2.1.2　土壤中重金属污染物的主要迁移转化过程

重金属在土壤中的物理过程、物理化学过程、化学过程和生物过程是影响其迁移转化的主要因素。物理迁移系指土壤溶液中的重金属离子或络合离子，或吸附于土壤矿物颗粒表面进行水迁移的过程，包括随土壤固体颗粒受风力作用进行机械搬运的风力迁移作用。物理化学过程则主要指土壤中重金属的吸附和解吸作用或吸附交换作用，也包括专性吸附作用。土壤中存在大量的无机、有机胶体，这些胶体对重金属的吸附能力强弱不一，如蒙脱石对重金属的吸附顺序为：$Pb^{2+}>Cu^{2+}>Ca^{2+}>Ba^{2+}>Mg^{2+}>Hg^{2+}$；高岭石对重金属的吸附顺序为：$Hg^{2+}>Cu^{2+}>Pb^{2+}$。化学过程则主要指重金属在土壤中的氧化、还原、中和及沉淀反应等。生物过程则包括动植物和微生物对土壤重金属的吸收及转化。

土壤中重金属的化学迁移，即重金属的溶解和沉淀作用，实际上是重金属难溶电解质在土壤固相与液相之间的离子多相平衡。需根据溶度积一般原理，结合土壤环境介质 pH 值和 Eh 值等的变化，研究和了解它们的一般迁移规律，从而对其进行控制。另外，受水特别是酸雨的淋溶或地表径流作用，一些重金属进入地表水和地下水，影响水生生物。

10.2.1.3　影响重金属形态的因素

影响土壤吸附的因素有土壤胶体的种类、形态、pH 值、重金属离子的亲和力大小等。如不同矿物胶体对 Cu^{2+} 的吸附能力分别为：氧化锰(68300)>氧化铁(8010)>海络石(810)>伊利石(530)>蒙脱石(370)>高岭石(120)(括号内数字为最高吸附量，单位为$\mu g \cdot g^{-1}$)。重金属离子在土壤溶液中的浓度，在很大程度上取决于吸附作用。

土壤有机质对重金属的作用较复杂，一方面土壤有机质既可与重金属进行络合、螯合反应；另一方面重金属也可为有机胶体所吸附。一般当重金属离子浓度较低时，以络合、螯合作用为主；而在高浓度时，则以吸附交换作用为主。实际上，土壤有机胶体对重金属离子的吸附交换作用和络合、螯合作用是同时存在的。

10.2.2　土壤重金属污染的特点

(1) 隐蔽性和滞后性

大气、水和废弃物污染等问题一般都比较直观，通过感官就能发现。而土壤污染则不同，它往往要通过对土壤样品进行分析化验和对农作物的残留检测，甚至通过研究对人、畜健康状况的影响才能确定，因此，土壤重金属从产生污染到出现问题通常会滞后较长时间。因此，土壤污染问题一般都不太容易受到重视，如日本的"痛痛病"在10多年之后才被人们所认识。

（2）累积性

重金属污染物在大气和水体中一般都比在土壤中更容易迁移，这使污染物质在土壤中并不像在大气和水体中那样容易扩散和稀释，因此，重金属很容易在土壤中不断积累而超标，同时也使土壤污染具有很强的地域性。各种生物对重金属都有较大的富集能力，其富集系数有时可高达几十倍至几十万倍，因此，即使微量重金属的存在也可能构成污染。污染物经过食物链的放大作用，逐级到较高级的生物体内成千上万倍地富集起来，然后通过食物链进入人体，在人体的某些器官中积累起来，造成慢性中毒，影响人体健康。

（3）不可逆转性

重金属对土壤的污染基本上是一个不可逆转的过程，许多有机化学物质的污染也需要较长的时间才能降解。如被某些重金属污染的土壤可能要100~200年才能恢复。

（4）难治理性

对于大气和水体污染，切断污染源之后通过稀释和自净化作用有可能使污染得到不断逆转，而积累在土壤中的难降解污染物则很难靠稀释作用和自净化作用来消除。土壤污染一旦发生，仅依靠切断污染源的方法则往往很难恢复，有时要靠换土、淋洗土壤等成本高昂的方法才能得到较快解决，其他治理技术如植物修复技术虽然经济简单无二次污染，但需要的周期相对较长，需要几十年甚至上百年的时间。因此，治理污染土壤通常成本较高，或治理周期较长。

10.3 重金属污染土壤及修复技术

10.3.1 物理修复技术

10.3.1.1 物理分离修复技术

物理分离修复技术是依据污染物和土壤颗粒的特性，借助物理方法将污染物从土壤中分离出来的技术，其技术原理主要可分为以下几种：①依据粒径的大小，采用过滤或微过滤的方法进行分离；②依据分布、密度大小，采用沉淀或离心分离；③依据磁性有无或大小，采用磁分离手段；④根据表面特征，采用浮选法进行分离。

物理分离技术主要应用在污染土壤中无机污染物的修复技术，最适合用于处理小范围的受污染土壤。某射击场污染土壤的物理分离修复方案如图10-1所示。

物理分离技术大都具有设备简单、经济性好及可持续高产出等优点。在实际的分离应用过程中，其技术可行性应考虑各类因素的影响。例如：

①要求具有较高浓度的污染物且污染物存在于含不同物理特征的相介质中；

②对干燥的污染物进行筛分分离时可能会产生粉尘等；

③固体基质中含有的细粒径混合物与废液中的污染物需要进行再处理。

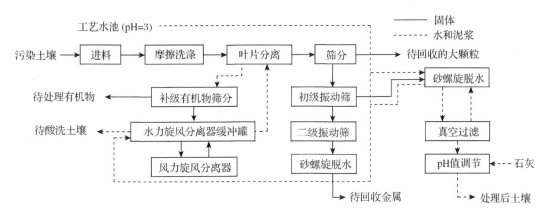

图 10-1　某射击场污染土壤的物理分离修复方案

污染土壤的物理分离修复过程如图 10-2 所示。

10.3.1.2　固定/稳定化修复技术

固定/稳定化技术是将行染物在污染介质中固定，使其处于长期稳定状态。是较普遍应用于土壤重金属污染的快速控制修复方法，对同时处理多种重金属复合污染土壤具有明显的优势。固化/稳定化修复技术通常用于重金属和放射性物质的无害化处理；异位固定稳固化技术通常用于处理无机污染物，对于受半挥发性的有机物质及农药杀虫剂等污染的情况适用性有限。

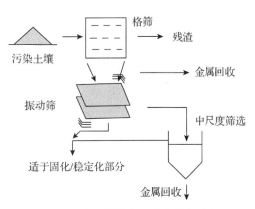

图 10-2　污染土壤的物理分离修复过程

固定/稳固化修复技术的特点：①需要污染壤与固化剂稳定利等进行原位或异位混合，与其他技术相比，不会破坏土壤中的无机物质，但可能改变有机物质的性质；②稳定化可能与封装等其他固定技术联合应用，并可能增加污染物的总体积；③固化/稳定化处理后的污染土壤应有利于后续的处理；④现场应用需安装全部或部分固定设施。

固定/稳定化通常采用的方法：首先利用吸附质(如黏土、活性炭和树脂等)吸附污染物，浇上沥青；然后添加某种凝固剂或黏合剂(可用水泥、硅土、小石灰、石膏或碳酸钙)，使混合物成为一种凝胶，最后固化为硬块，其结构类似矿石，使金属离子和放射性物质的迁移性和对地下水污染的威胁大为降低。固定/稳定化修复技术的关键是固定剂和稳定剂的选择，其中水泥是国外应用最为广泛的固定剂。相关研究报道的稳定剂还包括石灰、粉煤灰、明矾浆、钙矾石、沥青、钢渣、稻壳灰、沸石等，多为碱性物质，用于提高系统的 pH 值，与重金属反应产生氢氧化物沉淀。固化/稳定化方法对污染土壤修复的有效性可以从处理后土壤的物理性质和对污染物质浸出的阻力两个方面进行评价。

固定稳定化技术是少数几个能够原位修复金属污染介质的技术之一，具有以下优点：①可处理多种复杂的金属废物；②费用低廉，经济性好；③加工设备转移方便；

④处理后形成的固体毒性降低，稳定性增强；⑤凝结在固体中的微生物很难生长，不至破坏结块结构。

异位(原位)土壤固化稳定化修复的工艺流程如图 10-3 所示。

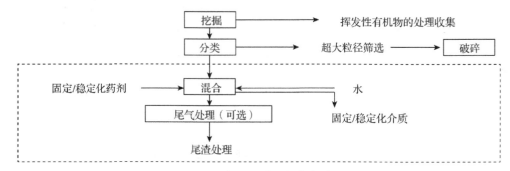

图 10-3　异位土壤固定/稳定化修复的工艺流程

(1)原位固定/稳定化修复技术

原位固定/稳定化修复技术直接将修复物质输入污染土壤中混合，处理后的土壤留在原地，如图 10-4 所示。

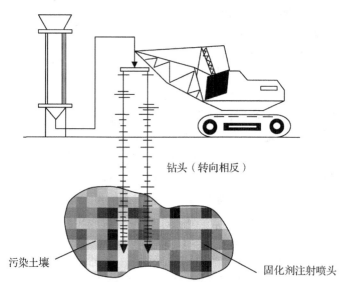

图 10-4　原位固定/稳定化修复技术示意

原位固定/稳定化修复技术的影响因素：①污染物的埋藏深度会影响或限制某些过程的实施；②黏结剂的注射和混合过程必须精细控制以防止污染物进入清洁区域；③与水接触或者结冰解冻降低固定化的效果；④黏结剂的运输和混合过程比较困难，成本高。

(2)异位固定/稳定化修复技术

异位固定/稳定化修复技术通过将污染与黏结剂混合形成的物理封闭(如降低孔隙率等)或者发生化学反应(如形成氢氧化物或硫化物沉淀等)，降低污染土壤中污染物活性。

异位固定/稳定化修复污染土壤如图 10-5 所示。

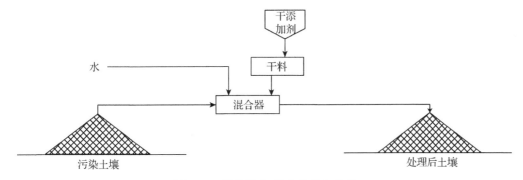

图 10-5　异位固定/稳定化修复技术

固定/稳定化修复技术的影响因素：①最终处理时的环境条件；②工艺和技术条件；③有机物质的存在；④污染土壤或固体废物的复杂成分；⑤待处理土壤中石块或碎片的含量。

10.3.1.3　技术应用情况

在美国的非有机物污染的超级基金项目中大部分采用固化/稳定化技术处理。在美国 Superfund 支持下，固化/稳定化应用较多，有近 30 年历史和经验，较为成熟，甚至可应用于水体底泥修复。

我国一些冶炼企业场地重金属污染土壤和铬渣清理后的堆场污染土壤也采用了这种技术。国际上已有利用水泥固化稳定化处理有机与无机污染土壤的报道。目前，需要加强有机污染土壤的固化稳定化技术研发、新型可持续稳定化修复材料的研制及其长期安全性监测评估方法的研究。

10.3.2　化学修复技术

10.3.2.1　化学钝化技术

化学钝化技术是一项修复土壤中重金属的技术。使用化学固定技术处理重金属最先应用水处理中，在 20 世纪 50 代人们开始用吸附剂固定水中的重金属。在之后的研究中，化学钝化技术开始应用于土壤修复中。研究中发现，重金属在土壤中有 5 种不同的形态，真正对植物产生影响的是有效态的重金属。基于此项原理，此易与重金属结合的物质，如石灰、沸石等，被应用于土壤重金属修复中。化学钝化技术是以降低污染风险为目的，通过向土壤中加入稳定化剂，调节和改变重金属在土壤中的物理化学性质，使其产生吸附、络合、沉淀、离子交换和氧化还原等一系列反应，降低其在土壤环境中的生物有效性和可迁移性，从而减少重金属元素对动、植物的毒性。这种修复方法因投入低、修复快速、操作简单等特点，对大面积中低度土壤污染的修复具有较好的优越性，能更好地满足当前我国治理土壤中重金属污染以及保障农产品安全生产的迫切要求。根据 Tessier 形态分级分析，土壤中重金属不同形态的生物可利用性大小为：水溶态>可交换态>碳酸盐结合态>铁锰氧化物结合态>有机物以及硫化物结合态>残渣态。通过稳定剂调节重金属从生物可利用性较大的形态向生物可利用性较小的形态转化，可以降低重金属对植物和人体等生物受体的毒性，实现修复重金属污染土壤的目的。不同金属元素有着不同的化学特性和迁移特征，单一的钝化剂很难对所有重金属具有良好的固定作用。钝化剂的钝化效果与处理的重金属种类以及加入量有直接关系。

常用的稳定剂主要分为无机稳定剂、有机稳定剂及无机有机混合稳定剂，其中无机稳定剂主要包括石灰、碳酸钙、粉煤灰等碱性物质，金属氧化物、羟基磷灰石、磷矿粉、磷酸氢钙等磷酸盐，天然、天然改性或人工合成的沸石、膨润土等矿物，以及无机硅肥；有机稳定剂包括农家肥、绿肥、草炭和作物秸秆等有机肥料；无机有机混合稳定剂包括污泥、堆肥等。

修复土壤重金属复合污染的常用稳定剂分类见表 10-1。

表 10-1　重金属复合污染的常用稳定剂分类

钝化剂类型		名　称	可修复重金属	修复机理
无机	含硅物质	硅酸钠、硅酸钙、硅肥、硅酸盐类黏土矿物	Pb、、Zn、Cu、Ni	降低重金属的迁移，减少对植物的伤害。增加重金属的吸附，或者生成不溶性沉淀
	含钙物质	石灰、石灰石、碳酸钙镁	Cd、Zn、Cr、Cu、Pb	
	含磷物质	磷酸、盐基熔磷、羟基磷灰石、磷石灰、磷酸盐、过磷酸钙	Pb、Cr、Cu、Zn、Cd	与重金属产生吸附、沉淀和共沉淀作用，降低重金属有效性
	金属以及金属氧化物	零价铁、硫酸亚铁、二氧化钛、氢氧化铁	Pb、As、Cu、Cr	通过表面吸附、共同沉淀实现对重金属的固定
	生物炭	玉米秆生物炭、棉花秆生物炭、骨炭、果壳炭、黑炭	Pb、Cd、Cr、Cu	生物炭表面官能团的配位作用、吸附作用和离子交换作用
有机	有机酸	柠檬酸、酒石酸、草酸、乳酸	Pb、Cr、Cd、Zn	与重金属离子产生络合，抑制植物对重金属离子的吸收，降低对植物的毒害
	有机高分子	壳聚糖、聚丙烯酸钠、聚丙烯酸钾、水溶性羧甲基壳聚糖	Pb、Cr、Cu	对金属离子产生吸附作用，增加土壤中水分保持，利于植物生长
	作物组织	树皮、树叶、秸秆、稻草	Pb、Cd、Hg、Cr、Cu	吸附、络合土壤中的重金属，降低重金属离子的迁移能力
	动物粪便	猪粪、牛粪、鸡粪、蚯蚓粪	Cu、Zn、Pb、Cd	改变重金属在土壤中的存在形态，与重金属产生吸附、络合作用
	其他	有机肥、活性污泥、泥炭	Pb、Hg、Cr	络合吸附重金属

利用钝化剂钝化土壤重金属的机理十分复杂，但归总起来就是通过加入钝化剂使土壤重金属的生物有效性和可迁移能力降低。钝化剂种类繁多，不同钝化剂修复土壤重金属的机理、反应过程不尽相同。现阶段没有一套完整的理论体系来解释钝化剂修复土壤重金属，主要方式是吸附、络合、沉淀、离子交换和氧化还原。随着研究的不断深入，很多新型的研究手段不断用来揭示钝化机理。常见的有 XRD（X 射线衍射）、SEM（扫描电镜）、TEM（透射电镜）、XAFS（X 射线吸收精细结构光谱）和 FTIR（红外光谱）。这些技术手段极大地推动了对土壤重金属钝化机理的研究。影响钝化剂修复土壤重金属效果的因素有很多，主要包括土壤本身的性质、土壤 pH 值、重金属之间相互作用和钝化剂

的类型。土壤本身的干湿度、pH 值、有机质含量等条件会影响钝化剂的钝化效果。石灰等碱性物质的加入会提高土壤 pH 值，Cu、Cr、Zn 等重金属离子会形成氢氧化物沉淀，降低其生物有效性。

钝化剂的加入虽然改变了土壤内重金属的形态，但是重金属总量却没有改变，土壤 pH 值的变化、有机质的改变有可能会引起重金属离子二次泄漏，严重者会产生新的污染物，引发二次污染。例如，硅钙类钝化剂固定土壤中 Pb、Ca 等重金属，生成的氢氧化沉淀或者硅酸盐沉淀会在强酸或者强碱条件下再次释放出 Pb、Ca 离子。因此，如何长期稳定重金属仍是亟待解决的问题。化学钝化技术是一项简单可行的修复技术，但是其在工程推广中应关注三个问题：一是如何评价土壤重金属形态的变化；二是固化后重金属形态的长期稳定性；三是修复成本。此外，用精确的数学模型重金属在环境胁迫下的二次释放也是原位纯化修复技术的研究内容。

10.3.2.2 电动力学修复技术

电动力学修复技术(electrokinetic remediation，EK)由于其高效、无二次污染、节能、原位的修复特点，被称为"绿色修复技术"。其基本原理是将电极插入受污染土壤或地下水区域，通过施加微弱电流形成电场，利用电场产生的各种电动力学效应(包括电渗析、电迁移和电泳等)驱动土壤污染物沿电场方向定向迁移，从而将污染物富集至电极区，再通过移土、抽出、离子交换树脂等方法去除。该技术特别适用于低渗透性土壤，容易安装和运行，而且不破坏原有的自然环境。研究表明，一些重金属(如铬、镉、铜、汞、锌)及有机化合物(如多氨联苯、苯酚、氨苯乙烷、甲苯、三氯乙烯和乙酸等)都适合电动力学法。电动修复的优点主要有：①可以处理低渗透性土壤(由于水力传导性能，传统技术的应用受到限制)的修复；②可以进行原位修复，电动修复过程对现场的污染最小；③修复时间短，实验室研究表明修复时间不会超过 1 个月；④处理每吨或每立方土壤的成本比其他传统技术要少得多。在实际应用中电动力学技术还存在着一些问题，如污染物的溶解性差和脱附能力弱，以及对非极性有机物的去除效果不好等，限制了该技术的有效应用。电动力学及其联用技术可克服单独采用 EK 技术的缺点，提高污染物的去除效率，并降低修复成本。因此，发展 EK 及其联用技术已成为目前土壤修复领域研究的热点。影响电动力学修复的主要因素有土壤 pH 值、电极材料、电压和电流。

电动力学作为一种新兴的原位修复技术已经在污染土壤尤其是重金属污染土壤的修复中显示了其高效性，尤其在传统方法难以治理的细粒致密的低渗性异质土壤以及不能改变地上环境的区域(如受污染区域上部有重要建筑物)修复中有独特的优势，适应无机有机污染的饱和或非饱和土壤，且成本低于传统方法。但目前其作为一种技术仍旧存在一些需要改进和进一步研究的方面，如土壤体系中污染物的溶解/增强试剂(整合剂)的投加；较高电压引起土体发热而导致效率变化；土壤中碳酸盐、铁类矿物碎石砂砾、腐殖酸类等对修复的影响等。电动处理的 Lasagna 处理方式由于其独特的优点有可能成为电动技术发展的一个重要方向，但对其中存在的诸多影响因素(如反应区的选择、电场切换时间等)需要作进一步深入的探讨。同时，作为一种技术电动力学方法也存在某些不足，如对 F 污染物的选择性不高，用以提高金属溶解度的胶化措施有可能对环境不好，相标提取物的浓度比较低而非目标物质的浓度较高的时候，耗费较高等。

10.3.3　生物修复技术

10.3.3.1　微生物修复

微生物不仅能降解环境中的有机污染物，而且能将土壤中的重金属、放射性元素等无机污染物钝化、降低毒性或清除。重金属污染环境的微生物修复近几年来受到重视，微生物可以对土壤中重金属进行固定、移动或转化，改变它们在土壤中的环境化学行为，从而达到生物修复的目的。重金属污染土壤的微生物修复原理主要包括生物富集（如生物积累、生物吸附）和生物转化等作用方式。

微生物可以将有毒金属吸收后储存在细胞的不同部位或结合到胞外基质上，将这些离子沉淀或整合在生物多聚物上，或者通过金属结合蛋白（多肽）等重金属特异性结合大分子的作用，富集重金属原子，从而达到消除土壤中重金属的目的。同时，微生物还可以通过细胞表面带有的负电荷通过静电吸附或者络合作用固定重金属离子。

生物转化包括氧化还原、甲基化与去甲基化，以及重金属的溶解和有机络合配障解等作用方式。在微生物的作用下，镥、砷、镉、铅等金属离子能够发生甲基化反应。其中，假单孢菌在金属离子的甲基化作用中起到重要作用，它们能够使多种金属离子发生甲基化反应，从而使金属离子的活性或毒性降低；其次，一些自养细菌（如硫杆菌类 *Thiobacillus*）能够氧化 As^{3+}、Cu^{2+}、Mo^{4+}、Fe^{2+} 等重金属，生物转化中具有代表意义的是汞的生物转化，Hg^{2+} 可以被酶催化产生甲基汞，可以和其他有机汞化合物裂解并还原成 Hg 进一步挥发，使污染消除。

从目前来看，微生物修复是最具发展潜力和应用前景的技术，但微生物个体微小，富集有重金属的微生物细胞难以从土壤中分离，还存在与修复现场土著菌株竞争等不利因素。近年来微生物修复研究工作着重于筛选和驯化高效降解微生物菌株，提高功能微生物在土壤中的活性、寿命和安全性，并通过修复过程参数的优化和养分、温度、湿度等关键因子的调控等方面，最终实现针对性强、高效快捷、成本低廉的微生物修复技术的工程化应用。

10.3.3.2　植物修复

自 20 世纪 80 年代以来，利用植物修复环境污染物的技术迅速发展。植物修复技术就是利用自然生长植物根系（或茎叶）吸收、富集、降解或者固定污染土壤、水体和大气中的污染物的环境技术总称。主要通过植物提取、植物蒸腾作用、根系过滤和植物钝化来实现。一般来说，植物对土壤中的有机和无机污染物都有不同程度的降解、转化和吸收等作用，有的植物可能同时具有几种作用方式。

污染土壤的植物修复技术如图 10-6 所示。植物的根和茎都具有相当的代谢活性，而且这种活性是可以诱导的。在土壤修复过程中，往往利用植物的这种性能去除土壤中的污染物。植物对外来物质的解毒能力很强，被称为"绿色肝脏"，可以从土壤中吸收污染物，经代谢转化为无毒物质，或把这些污染物结合到稳定的细胞组分（如木质素）中去。

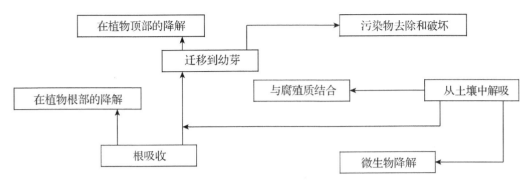

图 10-6　污染土壤的植物修复技术

植物修复技术目前主要应用于重金属污染土壤的修复，利用对重金属有富集特征的植物来吸收或者吸附积累重金属，达到从土壤中除去重金属的目的。对有机污染物的修复机制主要是根际修复，利用植物根际的环境来刺激微生物生长，改变根际微生物大的群落结构，分泌与有机物降解相关的氧化还原酶来降解有机污染物。

10.3.4　重金属污染土壤的联合修复

近几年，重金属污染土壤的植物—微生物联合修复作为一种强化植物修复技术逐渐成为国内外研究的热点，这种方式可以充分发挥各自的优势，从而提高污染环境的修复效率。微生物可以辅助超积累植物修复重金属污染土壤，其中有关微生物调控植物修复的机理及效应是人们关注的重点。

微生物在其代谢过程中可改变根际土壤重金属的生物有效性，从而有利于超积累植物对重金属的吸收和积累；微生物的代谢产物还可改善土壤生态环境；另外，微生物还能够分泌植物激素类物质、铁载体等活性物质，促进植物的生长。反之，植物根系分泌的氨基酸、糖类、有机酸及可溶性有机质等可以被微生物代谢利用，促进微生物的生长，有利于提高植物—微生物联合修复的效率。

在重金属联合修复过程中，微生物主要通过两种方式提高植物修复效率：直接活化重金属，提高植物对重金属的吸收和转运；通过间接作用提高植物对污染物的耐受及抗逆性，从而促进植物生长，增加植物对重金属的吸收和积累。

目前，植物—微生物联合修复方面已经取得了许多有价值的结果，为植物—微生物联合修复重金属、有机物污染土壤的实际应用与推广提供了重要的研究数据。

10.4　案例解析

10.4.1　日本富山县神通川流域土壤物理修复实例

10.4.1.1　概况

20 世纪三四十年代，三井金属矿业公司在神通川上游发现了一个铅锌矿，于是在那里建了铅锌矿厂。工厂在洗矿石过程中将含有镉的大量废水直接排入神通川，造成捕鱼量减少和水稻生长受阻，农业生产受损害范围和程度不断加大。河两岸的稻田用这种被污染的河水灌溉，镉经过生物的富集作用，使产出的稻米含镉量很高。周边地区土壤中镉含量超正常标准 40 多倍，导致该地区的水稻中镉含量普遍超标。人们常年吃这种被镉污染的大米，喝这种被镉污染的神通川水，久而久之，就造成了慢性镉中毒，引起肾脏损害，以及与此相伴随的骨软化症，即大名鼎鼎的"痛痛病"。20 世纪 50 年代时，"痛痛病"患者逐渐增多，患者大多为女性，年龄从 35 岁到更年期不等，特别是有生育经历的人占较大比例。最初是从腰、肩、膝盖开始疼痛；随着症状加重，反复骨折，全身疼痛；接着无法活动，只能卧床。

"痛痛病"经历了发生、发现、研究、治疗四个阶段，目前还没有治愈的病例，其认定从 1910—1968 年，经历了长达半个多世纪的漫长过程。

10.4.1.2　日本政府采取措施

(1)被污染农用地的修复

由于"痛痛病"事件主要是由于居民食用镉米导致，因此降低稻米中镉含量成为首要任务，表 10-2 列出了日本对糙米中镉的相关规定。

表 10-2　日本对糙米中镉的相关规定

年份	规　定
1970	在《食品卫生法》中规定糙米中的镉浓度标准值为低于 1.0×10^{-6}
1971	《农用地土壤污染防治》等有关法律实行，遵照食品卫生法的标准，判定受污染农用地以糙米中的镉浓度超过 1.0×10^{-6} 为准
2010	根据修正后的《食品卫生法》(2011 年 2 月 28 日施行)，糙米和精米中的镉浓度必须小于 0.4×10^{-6}，标准值更为严格
2010	根据《农用地土壤污染防治》等有关法律施行令中部分改正政令，对农用地土壤污染地域的判定条件进行改正

基于《农用地土壤污染防治法》等有关法律，1971—1976 年的 6 年中，日本以约 $3130 \times 10^4 \ m^2$ 农地为对象，对 $2570 \times 10^4 \ m^2$ 糙米、$1667 \times 10^4 \ m^2$ 土壤进行了调查。调查方法如下：每 $2.5 \times 10^4 \ m^2$ 选定一处农地采样范围；对采样范围中央地点以及范围内其他 4 点生长的稻子进行采样；去掉黏在稻子上的土壤，将稻子风干后脱粒去壳精选，对所得大米进行测定。

在土壤调查的基础上，对土壤进行污染对策地域的判定(表 10-3)，进而开展修复工程。从 1973 年起，6 年内设置了 10 处试验田，尝试了 50 多种修复施工法。最终确定的施工法是将污染土填埋后，用含小碎石的土壤作为耕盘层，上面再覆盖约 15 cm 厚的客土。

将被判定为农用地土壤污染对策地域的范围划分成 3 部分，从上游流域开始逐次进

表 10-3　农用地土壤污染对策地域的判定

农用地土壤污染地域的判定	糙米中镉浓度 1.0×10^{-6} 以上的污染米产出地域及其周围污染米产出可能性较高的地域共 1500.6 hm^2，被判定为农用地土壤污染对策地域(1974—1977 年对大米进行了镉浓度调查)
	1991 年，185.6 hm^2 的地域被判定为产出大米流通对策地域，即糙米中镉浓度为 0.4×10^{-6} 以上、1.0×10^{-6} 以下的地域(1987—1988 年对大米进行了镉浓度调查)

行修复(表 10-4)。对于产出大米流通对策地域,自 1997 年 2 月制订修复计划,同年 4 月展开修复工程,至 2012 年 3 月完成修复工程。

表 10-4　农用地土壤污染对策地域修复工程进展情况

第 1 次地区	1979 年,神通川流域地区被认定为重金属污染防治特别土地改良工程地区,制订了工程计划 1980 年起修复工程展开→1984 年中修复工程完成
第 2 次地区	1984 年起修复工程展开,1991 年 9 月,因工程作业量以及工程费用减少而相应修订了对策计划。1994 年中修复工程完成
第 3 次地区	1992 年,确定工程计划,1992 年起修复工程展开

经过修复的农用地,虽然可以栽种大米,但在进入市场前需要经过安全性确认检查(确认镉的浓度)。针对农用地土壤污染对策地域内的土地,按日本政府制定的要领指南,原则上需进行 3 年调查。安全性得到确认后,方可解除有关判定(即不再为"农用地土壤污染对策地域")。至 2012 年,共计 9 次对部分地区解除了有关判定。当初判定的农用地土壤污染对策地域面积 1500 亩中,有 1469 亩解除了判定。安全性确认调查过程如图 10-7 所示。

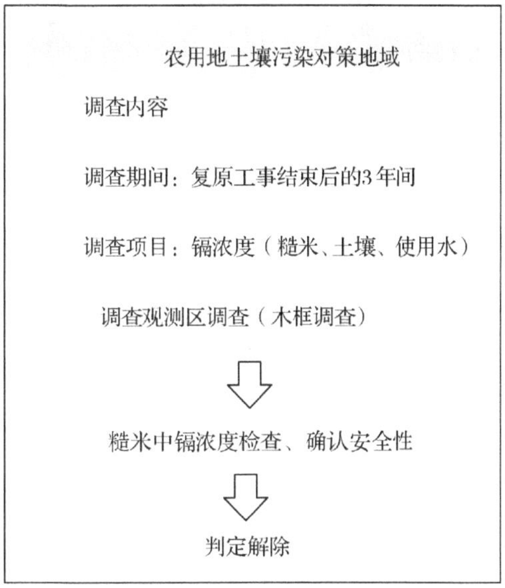

(2)对健康受损害者的救济补偿

从 1967 年起,富山县专门对患者进行诊断,实施公费医疗、救济。之后,按照新制定的法律条款,富山县首长听取"富山县健康受污染损害认定审查会"的意见,认定"痛痛病"患者。如果患者被认定患"痛痛病",则责任企业将基于保证书条款对其进行赔偿。

农用地土壤污染对策地域

调查内容

调查期间:复原工事结束后的3年间

调查项目:镉浓度(糙米、土壤、使用水)

调查观测区调查(木框调查)

糙米中镉浓度检查、确认安全性

判定解除

图 10-7　为判定解除而进行的安全性确认调查过程

10.4.1.3　责任企业采取措施

根据居民方的要求,企业采取了各种各样的措施,企业把恢复神通川钢浓度至自然河流水平,并长期维持作为目标;实施了排水处理对策、排烟处理对策、堆积场的"池中处理"对策、坑内水的处理对策、在矿山周围的荒废地(裸露地)上栽种树木植被等举措。

10.4.1.4　居民方采取措施

污染防治协定,居民方自 1972 年起每年进入矿山区实施调查,对废渣、工场排水、排烟、报废矿山流出的水中的镉进行严格的监视。

基于富山县同三井金属矿业有限公司之间的"关于环境保全的基本协定"(1972 年),富山县每个月在神通川的神一水坝进行水质调查。自从 1972 年调查开始以来,所有测定数据都表明镉的浓度在环境标准值 0.03 m/以下(即合乎环境标准)。通过责任企业实施

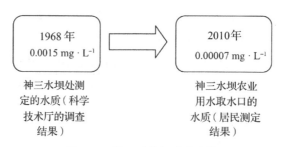

图 10-8　神通川的镉浓度变化

防治污染对策，加之行政、居民的监视，使受污染的神通川的水质得到了恢复，如图10-8 所示。

对此，日本采用了客土法和灌水技术来治理受污染农田。对于大米镉含量在 0.4 ~1.0 mg·kg^{-1} 的土壤采用灌水技术修复，对于大米镉含量超过 1.0 mg·kg^{-1} 的土壤采用客土法修复。据统计，富山县政府共更换了 863 hm^2 的土地，耗费了 33 年时间，花了整整 407 亿日元。

10.4.2　广西环江重金属污染农田修复工程

10.4.2.1　案例概况

①场地概况：2001 年，广西环江县因洪水冲击引发尾矿库垮坝事故，使下游近万亩农田受到严重污染，造成了极大的社会影响。②污染特征：调查结果显示，农田土壤主要是受砷、铅、锌、镉、铜等重金属污染。砷、铅和锌主要集中分布在土壤表层 0 ~30 cm 范围。多金属污染的同时，农田还存在含硫尾矿的酸污染问题，pH 值最低为 2.5。③项目规模：1280 亩。④实施周期：2 年。选用技术成本低；操作简单；环境友好、无二次污染；能够大面积应用。

10.4.2.2　修复工艺流程

在污染土壤中种植对砷具有超常富集能力的蜈蚣草，蜈蚣草可在生长过程中快速萃取、浓缩和富集土壤中的砷，通过定期收割蜈蚣草去除土壤中的砷，可实现修复土壤的目的，收割的蜈蚣草按环保要求无害化处理。具体如图 10-9 所示，①调查土壤重金属污染程度和污染物的空间分布，分析植物修复技术的可行性；②进行蜈蚣草快速繁育；③移栽蜈蚣草幼苗；④利用植物萃取，采用超富集植物并与经济作物间套作等技术；⑤用田间辅助措施提高蜈蚣草对土壤中重金属的去除能力；⑥评价植物修复效率，并评估污染土壤再利用的安全性；⑦对收获的蜈蚣草进行焚烧处理，焚烧灰渣填埋处置。

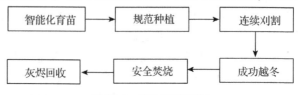

图 10-9　修复工艺流程

10.4.2.3　主要工艺及设备参数

蜈蚣草砷富集系数 10~100，迁移系数 5∶1；种苗参数高 15 cm；种植模式单作和间作；种植密度 30 cm×30 cm；收割次数 2~3 次；留花高度 5 cm。焚烧炉炉体形式：卧式链条炉排；点火方式：自动点火；辅助燃料：柴油。

设备处理量：60 kg·h^{-1}；一燃室温度：750~850 ℃；二燃室温度：950~100 ℃；出口烟气含氧量(干烟气)：6%~10%；停留时间≥36 min；焚烧炉体表面温度 35 ℃；

炉腔负压值：-10~-3 Pa；焚烧残渣的热灼减率<5%；年运转时间 280 d，使用寿命 10 年。

10.4.2.4　应用效果

经过两年修复，土壤 pH 值由修复前的 2~3 升高至 5~6，有效抑制了硫酸矿返酸状况；利用植物萃取技术每年从土壤中去除的镉、砷分别达到 10.5% 和 28.6%；玉米、水稻、甘蔗平均亩产量分明增加 154%、29.6%、105%；玉米籽粒中砷、铅、镉和锌的含量分别下降 39%、4.9%、4.1% 和 0.5%，农产品重金属含量的合格率大于 95%；同时，实现了重金属超富集植物收获物的焚烧和蚕粪的安全利用。项目实施后，仅种桑养蚕一项，农民增收 627 万元，收益人口超过 5600 人。

10.4.2.5　二次污染防治情况

蜈蚣草焚烧处理产生的烟和灰渣中含有砷；烟气中砷的含量是 0.17 mg·m^{-3}；灰渣中砷及其化合物占灰渣总质量的 0.15%~0.76%。烟气采用"急冷+湿法除尘+布袋除尘"装置处理，烟气中砷的浓度 0.027 mg·m^{-3}，达到国家排放标准；灰渣中含有高浓度的砷，按照危险废物进行填埋处置。

10.4.2.6　投资运行费用

①投资费：一般为每公顷 45 万~75 万元。

②运行费用：

除草：7200 元·hm^{-2}·次$^{-1}$；移栽：12 000 元·hm^{-2}(包括平整土地、打梗、划线等)；收割：9000 元·hm^{-2}(收割+搬运)，北方地区冬季需要保温，另有根部培土、覆膜人工费用 4500 元·hm^{-2}；浇地：人工费 1200 元·hm^{-2}·次$^{-1}$，电费 555 元·hm^{-2}；焚烧设备：处理量为 100 kg·h^{-1}；一套设备约 100 万元；运行费用(电费+人工费) 60~70 元·h^{-1}；维护费约 1.5 万元·a^{-1}。

10.4.3　甘肃白银重金属污染农田土壤化学修复工程

10.4.3.1　概况

从民勤村横贯而过的东大沟原是白银当地黄河上游的一条排洪沟，随着 20 世纪七八十年代沿岸的 22 家冶炼、化工企业陆续建成投产，东大沟受到污染，变成了一条名副其实的污染沟。当地农民利用东大沟里重金属严重超标的工业废水进行农田灌溉，导致东大沟流域农田重金属污染面积高达 524.67 hm²，污染深度是 0～60 cm，镉、铅、砷、锌含量均超过国家二级标准值。2011 年 5 月，作为环境保护部示范工程的农田重金属污染土壤修复示范工程在白银市开工实施，投资 1100 万元。民勤村 4.33 hm² 受重金属严重污染的试点农田采用化学淋洗、化学固定、土壤改良等方式进行治理修复。2012 年 10 月示范工程建设完成。监测结果显示，修复后的农田土壤中的重金属含量去除率达到了国家质量标准。

10.4.3.2　场地特征

对白银市土壤的重金属污染问题，近几十年不少学者做了大量的研究探索，李小虎等的研究表明，冶炼厂周围土壤存在不同程度的重金属污染，其中以东侧污染最为严重，其次为东南侧、西南侧土壤污染相对较轻，整个区域土壤存在严重的 Cd 污染；并发现距离冶炼厂越远，重金属含量越低。他们认为冶炼烟尘沉降是引起土壤重金属污染的重要原因。黄天龙等对沙坡岗、梁家窑、红星村、东台子、尾矿库渗坑等 5 个有代表性的地点进行土壤监测，6 种重金属元素 Cu、Pb、Zn、Cd、As、Hg 在监测点处出现不同程度的超标，其中以沙坡岗、尾矿渗坑 2 处监测点超标最为严重。李春亮等的研究表明，白银市土壤中 Cd 均未达到国家土壤环境质量 I 级标准，III 级、V 级污染面积占研究区面积的 82.39%；Hg、Pb、Zn、Cu 的 IV 级及其以上污染区面积分别占研究区的 7.35%、5.59%、14.67%、5.71%。南忠仁等研究表明，东大沟污灌区作物籽粒重金属含量相对其他类型区明显为高，但只有 Cd、Pb 含量超标明显，虽然东大沟污灌区内作物籽粒 Cu、Zn 含量仍在食品卫生标准以内，但按照污染预报原则，东大沟污灌区生产的农作物产品不能用作食品加工的原料。可见，白银市土壤在一定范围定程度上已经受到重金属的污染，而且有些地区污染表现十分严重。

10.4.3.3　修复工艺

甘肃白银市主要为砂质土，从介质与污染物（重金属）两个角度考虑，理论上适合采用土壤化学淋洗法与固化法。初步推断其工艺为：对于浓度较高的污染土采用化学淋洗法，对于浓度中、低的污染上采用化学固定法，并结合土壤改良法恢复耕地的功能。

10.4.3.4　修复成本

根据甘肃新阳网 2011 年 10 月 18 日的报道，"甘肃白银市投资 650 万元对白银市四龙镇民勤村东大沟的 4.33 hm² 土地进行重金属污染土壤改良"。推定该 10 万投资应为此一处试点（4.33 hm²），综合两次报道，则平均成本介于 150 万～253.5 万元·hm⁻²。

10.4.4　江西贵溪冶炼厂周边土壤联合修复技术实例

10.4.4.1　概况

江西贵溪冶炼厂建于 20 世纪 80 年代初期，2010 年已发展为国内规模最大、技术最先进的闪速炼铜厂。早期由于没有有效地控制冶炼过程产生的废渣、废水和废气排放，经 30 多年的累积，给周边环境造成了不同程度的污染。污染物主要为金属铜（Cu）和镉（Cd），污染浓度高、面积大。根据 2008 年环境保护部南京环境科学研究所对冶炼厂周边区域部分农地的地表水、土壤、水稻等的采样分析、结果，对照《食用农产品地环境质量评价标准》（HJ 332—2006），调查区城内农田土壤的 Cu 超标率为 100%，Cd 超标率为 87%~10%。

2010 年，贵溪冶炼厂周边区城九牛岗土壤修复示范项目纳入国家《重金属污染综合防治"十二五"规划》和《江西省重金属污染综合防治"十二五"规划》的历史遗留试点项目。2012 年初，开始对冶炼厂周边区域重金属污染土地实施规模化修复治理工程；2014 年底项目通过验收（图 7-5）。项目规模：133.33 hm^2。实施周期：3 年。

10.4.4.2　修复思路

修复方案的选择不仅要考虑修复技术本身的特点，还要考虑污染物种类、污染程度、修复成本、土地的未来利用方式、修复目标和修复周期等因素。结合修复区当地的经济发展水平和大面积治理的现实，客土、土壤淋洗、电动修复、固定化和热脱附等技术对于大面积的污染农田不具有经济性和可行性，主要原因是工程量大、成本高、土壤理化性质恶化，修复后不利于农田的利用和作物的生长。鉴于此，该工程提出的修复技术总体思路为"调理—消减—恢复—增效"，具体如下：①调理，用物理调节+化学改良，调理被污染土壤中重金属的介质环境。②消减，用物理化学植物/生物联合的方法，降低污染土壤重金属总量或有效态含量。③恢复，在调理污染土壤介质环境、降低土壤重金属毒性基础上，联合植物及农艺管理技术，建立植被，逐次恢复污染土壤生态功能。④增效，增加污染修复区土地的生态效益、经济效益和社会效益。

10.4.4.3　修复工艺

集成轻度、中度、重度重金属（Cu 和 Cd）污染土壤钝化/稳定化植物联合修复技术，建立具有针对性的土壤调理—植物农艺管理的综合修复技术体系。对重度污染区，采用土壤重金属钝化调理材料+镉铜超积累耐性能源植物+优化农艺生态技术；对中度污染区，采用土壤重金属钝化调理材料+耐性植物/其他经济类植物+灌溉施肥等农艺技术；对轻度污染区，采用土壤重金属钝化调理材料+水稻/其他经济作物+生态农艺技术。

主要工艺流程：施撒土壤重金属钝化调理材料—翻耕—清水平衡—整地—植物/作物种植—农艺管理。

（1）修复材料

采用生物质灰改性，配伍碱性材料、含磷矿物、有机肥等，合成后经过造粒等工艺，制造出便于撒施的 1~3 mm 颗粒状产品。

（2）施用工艺

①土壤检测，分析确定土壤重金属污染程度。②确定用量，依据土壤污染程度和修复治理目标确定施用量。③施用方法，作物播种或移栽前基施，将产品人工或机械均匀撒施于土壤表层后翻耕。④清水平衡，产品施后用清洁灌溉水平衡熟化 4~7 d 后即可正

常农事操作。⑤每2~3年施用1次。

（3）工艺参数

重度污染区亩施用量500 kg；中度污染区亩施用量300~500 kg；轻度污染区亩施用量100~300 kg。修复材料不能与化学氮肥同时混合使用；存放时防水防潮。

10. 4. 4. 4　修复目标

修复目标为在连片集中、面积大（133.33 hm^2）且污染程度不同，在资金有限的条件下，使治理后的土壤特别是重度污染土壤既能达到国家《土地环境质量 农用地土壤污染风险管控标准（试行）》（GB 15618—2018）三级标准，又不影响土壤的农业可利用性。综合比较各种工艺后认为依据不同地块污染程度，分类选择技术，或降低土壤重金属活性（主要是有效态含量），或降低其向其他介质迁移的环境风险，使污染土壤改良后能够安全利用，更具可行性和实际意义。鉴于此，最终确定的修复目标为：

①重度污染土壤修复后，重金属铜/镉的有效态降低50%；植被逐步恢复，覆盖率不低于85%；区域景观得到显著改善，生态效益显著。

②中度污染土壤修复后，能够生长纤维、能源、观赏或经济林木等植物，具有一定的经济效益。

③轻度污染土壤修复后能够选种水稻等粮食作物或纤维、能源等经济作物，且粮食作物可食用部分达到食用标准，经济效益显著[600 kg 稻谷·hm^{-2}·季$^{-1}$]。

10. 4. 4. 5　修复效果

（1）环境效益

经过修复有效降低了污染土壤中重金属的活性。试验结果表明，所有修复后的土壤样点经0.1 mol·L^{-1} CaCl$_2$浸提，有效态 Cu 和 Cd 的下降幅度均在50%以上，实现了修复目标。修复材料可将重金属有效固定在土壤本体中，降低重金属污染物向污染主体外的迁移能力，进而减弱重金属通过地表径流和淋溶作用对地表水体和地下水的污染，达到了降低重金属污染物向其他介质迁移的环境风险的目的。污染土壤中重金属有效态的降低，为植物生长创造了条件。植物的生长为裸露的地表提供了植被覆盖，这样可以固持水土、减少重金属径流和地下水入渗，同时改善和美化景观。大面积污染农田在施用改良材料后，种植的巨菌草等植物能够生长，农田植被恢复，有利于昆虫和鸟类的栖息和繁殖，以及污染土壤生态系统的恢复，治理区生态效益显著提升。种植巨菌草的土壤每亩每年可以吸收转移 Cu 454.3 g、Cd 9.5 g，通过连续多年的吸收转移，最终实现减少土壤中重金属总量的目的。同时，为考察巨菌草作为生物质材料在焚烧过程中可能产生的环境问题，项目对燃烧后巨菌草的灰烬进行重金属总量测定和毒性浸出实验。燃烧后巨菌草灰烬重金属 Cu 含量为1822.3 mg·kg^{-1}，Cd 含量为10.2 mg·kg^{-1} 采用《固体废物浸出毒性浸出方法 硫酸硝酸法》（HJ/T 299—2017）对燃烧后的巨菌草灰烬进行毒性浸出实验，浸出液中 Cu 和 Cd 含量均低于《危险废物鉴别标准 浸出毒性鉴别》（CB 5085.3—2007）规定的标准。另外，有研究表明，高 Cu 含量植物燃烧后，底灰中重金属含量占总体的98%，空气挥发和飞灰中仅有2%。

（2）经济效益

该项目采用的物理/化学—植物—农艺联合技术修复重度污染的土壤，与其他修复技术相比成本较低。如用固定化方法治理重金属污染土壤，每吨土壤需要 570~1300 元，土壤淋洗法需要 1625~3250 元，土壤填埋需要 650~2700 元，本案例中治理每吨土壤（按土壤表层计算）费用为 65~130 元。案例中，用改良材料与巨菌草联合治理，巨菌草具有较高的热值和其他多种用途，每亩每年鲜草产量在 10~30 t（表 10-5）。由于生物量大、碳含量高，作为生物质电厂发电的原料，每公顷巨菌草生物量相当于 30~45 t 标煤的发电量。对于轻度污染的农田区采用单一和复合改良材料钝化土壤重金属活性（表 10-6），修复后每公顷水稻产量比对照组分别提高了 32.8% 和 49.4%，且稻米中的铜和镉含量均低于食品中铜、镉国家限量标准（Cu：10 mg·kg^{-1}；Cd：0.2 mg·kg^{-1}）。项目区内不同修复区植物对土壤铜、镉的萃取情况见表 10-5。

表 10-5　项目区内不同修复区植物对土壤铜、镉的萃取情况

修复区	植物	鲜重/ （t·hm^{-2}）	干重/ （t·hm^{-2}）	Cu 含量/ （mg·kg^{-1}）	Cd 含量/ （mg·kg^{-1}）	Cu 总量/ （g·hm^{-2}）	Cd 总量/ （g·hm^{-2}）
苏门	巨菌草	531	178.5	33.3	0.56	5970	100.35
水泉	巨菌草	240	41.25	77.3	2.65	3195	109.5
九牛岗	巨菌草	172.5	52.2	130	2.74	6810	143.1

表 10-6　轻度污染区农田修复前后水稻产量和重金属铜、镉含量

处理	有效穗数/ （万·hm^{-2}）	结实率/ %	千粒重/ g	产量/ kg	Cu/ （mg·kg^{-1}）	Cd/ （mg·kg^{-1}）
对照	162	92	32.5	337	10.2	0.31
单一改良	244.5	89.5	29.5	448	6.37	0.18
复合改良	295.5	90.56	31	504	8.67	0.16

（3）社会效益

该项目通过了大型重金属相关冶炼企业周边土壤污染治理示范工程及取得较好的修复效果，受到各级政府的重视和推介，尤其得到当地群众的高度认可。他们认为重度污染的不毛之地在治理过程中能生长有经济价值的植物，在改善环境的同时还给他们带来了收益。另外，在工程实施中，引导和培训了农民运用重金属防治污染技术和技能，培养了项目区当地的环保技术与管理队伍，培育了污染治理的企业和产业。

10.4.4.6　工程实施中的难点

我国土壤重金属污染修复治理仍以理论探索为主，规模化治理重金属污染土壤技术与工程尚处于起步阶段，成熟的技术工程规模示范很少；修复目标、修复标准、技术路线、成本效益等难以确定和估算，工程实施和管理中存在一些重点和难点需要解决。

（1）规模化治理技术思路与修复目标选择

与场地污染土壤治理不同，规模化治理重金属污染土壤目标的选择首先要注重土地的利用。修复治理是手段，安全利用才是最终目标，这是由我国国情决定的。尽管当前我们已经具有应用土壤淋洗和客土等技术来降低土壤中重金属总量，使之达到《土地环境质量 农用地土壤污染风险管控标准（试行）》（GB 15618—2018），但要修复成千上万亩的土壤，使某种重金属总量降低到一定量值，通过类似淋洗的技术需要巨大资金的支持，而且此类技术处理后的土壤已无生态与耕种功能（土壤无生物活性、无可耕性）。针对大面积的污染土地，只有治理后能被安全利用，治理技术才有活力，才会为农户所接受和认可。本案例在技术研发和社会调研基础上，选择了低成本的农田原位钝化联合植物修复治理技术，将"消减存量"以减存土壤中重金属总量为唯一目标的思路，转变为"降活减存"以降低土壤重金属活性，植物能够生长，恢复土壤生态功能，再通过植物吸收消减总量，以时间换成本，达到利用大面积修复后的耕地，产生效益为主的治理目标。工程案例证明，这一目标现实可行，有技术依据。

（2）技术路线和工程实施方案的确定

本案例中，由于污染区域面积大、污染程度差异大、土地利用方式不同，因此单一的修复模式和路线并不可行。结合当地的实际情况和前期技术孵化过程，本案例工程的技术路线可以概括为以下四步。

①分区　根据地理位置和空间单元将要治理的2000多亩污染区按地理、地形和耕地利用方式分为若干片区，采用"一区一策"，将治理技术个性化，使治理效果与治理成本理性平衡。

②分类　对土壤中主要重金属污染物按照类型进行划分，进而采取不同的治理技术措施。

③分级　对土壤中主要重金属按照污染的程度（轻度、中度和重度）进行划分，采用不同的治理目标和技术方案。

④分段　工程实施中，按照先易后难，先选用改良材料配方等关键技术，后采用农艺措施等一般性技术，形成土壤污染治理的"物理+化学-生物/农艺一体化集合技术"。最后将土壤污染修复和耕地综合利用有效结合起来，治理产生效果，耕地产生效益，并将主要技术形成规范，转化为可落地、可复制、可借鉴的治理工程经验。

（3）污染土壤改良材料与植物的筛选

规模化治理土壤重金属污染工程实施中首先应确定改良材料的种类、配方和用量，即工程化相关参数，因其直接关系到工程的主要费用和治理目标的实现效果。该工程实施前，室内培养和温室盆栽实验已发现蒙脱石、凹凸棒石、微纳米羟基磷灰石、磷灰石、木炭和生物质灰等10多种材料，按照土壤质量的一定比例添加，对土壤中重金属钝化具有一定的效果；按正交实验设计经过田间试验证，淘汰了蒙脱石、凹凸棒石、铁粉等材料；在考虑了材料成本、来源和施用后的二次污染风险后，最终将微纳米羟基磷灰石、磷灰石和生物质灰等按照最佳优化配比，制成一系列配方产品，在田间治理工程施工中直接施用。重金属污染土壤修复植物种类多样，理想的植物应具有大生物量、可富集重金属、安全利用等特点。综合污染区重金属污染的类型、程度和气候特点，经多次对比试验，最终筛选确定以巨菌草、海州香薷、伴矿景天、香根草、香樟、冬青和红叶石楠等为主体的修复植物。

（4）治理工程施工、推广和管理难题

与普通建筑工程施工不同，规模化治理土壤重金属污染工程涉及面积千亩或万亩，甚至更大范围，最重要的是涉及广大农民的切身利益。引导农民将自家污染的耕地进行治理，需要满足农户利益诉求，合理合情合法确定污染耕地治理过程及治理后权属利益，征求村干部同意，做到技术监管与培训到位，以及落地的技术，细化的施工方案和正确的工序，同时需要考虑材料和机械进场的天气许可，工程劳务组织以优先使用当地群众劳力，增加污染区群众治污增收能力等，还要控制工程施工和管理成本。本案例中遇到的这些施工和管理类的困难具有普遍性。案例中采取政府推动、村组动员、技术引导、示范引领、成效教育、利益保障等多种带有政策性、情感性、利益保障性的工作办法，解决了治理工程施工、推广和管理中的难题。

10.4.5　化学修复技术工程应用实例

相对于物理修复，污染土壤的化学修复技术发展较早，其技术也较为成熟。对于重金属污染的土壤，化学修复方法是利用改良剂与重金属之间的化学反应从而对污染土壤中的重金属进行固定、分离提取等；对于土壤中的有机物污染物，通过溶剂洗脱、热脱附、吸附和浓缩等物理化学过程可以将有机化合物从土壤中去除，从而修复受污染的土壤。化学修复是一种传统的土壤修复方法，有着多种优势，但往往需要昂贵的经济投入，而在具体应用时也存在一定的局限，由于新材料、新试剂的发展，它仍在不断发展。目前应用较为广泛的化学修复技术主要有土壤化学淋洗技术、原位化学氧化修复技术、化学脱卤技术以及农业改良措施等。

10.4.6　土壤淋洗技术工程应用实例

土壤淋洗修复技术适用范围广、见效快、处理容量大，应用前景广阔。对于重金属污染的土壤，该方法主要利用化学或生物试剂来增强重金属在土壤中的移动性，并通过化学洗脱的方式集中处理淋洗液或浸提液，从而去除重金属。常用的化学试剂有 EDTA、DTPA、无机酸、小分子有机酸和表面活性剂等；对于有机污染物污染土壤，该方法是用水或含有某些能够促进土壤环境中污染物溶解或迁移的化学试剂注入被污染的土壤中，然后从土壤中提取浸提液，进而将浸提液与污染物分离，从而修复污染土壤，所以表面活性剂是常用的污染土壤清洗剂。目前超临界提取土壤中污染物是一项受到广泛关注的土壤污染修复方法。Alonso 等研究了萃取温度、固态粒子大小、溶剂组成等对碳氢化合物提取效率的影响，被提取的溶液将用活性炭进行吸附处理。

10.4.7　原位化学氧化技术修复砷污染土壤应用实例

近年来，不少研究利用聚合的(非稳定的)零价铁颗粒物进行环境修复。由于其颗粒尺寸小、比表面积大和反应活性较高，这些纳米材料已经在修复受污染土壤和地下水方面显现出巨大优势。中国科学院生态环境研究中心与美国奥本大学联合研究了稳定化的零价 Fe、FeS、Fe_3O_4 纳米颗粒在土壤中的固砷作用，总体目标就是检测稳定后的纳米颗粒降低土壤中砷生物可利用性和滤出性的有效性。首先制备了 3 种经水溶性淀粉稳定后的纳米颗粒物（Fe，FeS，Fe_3O_4），然后在实验室中将其用于处理两种代表性的砷污染土壤，并考察了 Fe/As 摩尔比和反应时间对处理效果的影响。

在证明了 3 种稳定后的铁系纳米颗粒，尤其是 Fe_3O_4，能十分有效地降低土壤中砷的生物可利用性和滤出性，进而减轻了砷潜在的毒害作用。砷的生物可利用性和滤出性随着 Fe/As 摩尔比的增加快速降低。当用 Fe_3O_4 在 Fe/As 摩尔比为 100∶1 条件下处理受污染土壤，反应进行到 3 d 后，果园土壤中砷的浓度就降低了 58%，靶场土中砷浓度降低了 67%。Fe 和 FeS 纳米颗粒同样显示出了不同程度的砷吸附能力，但是在成本和环境友好方面不如 Fe_3O_4。3 d 和 7 d 的试验效果没有明显的差别，证明纳米材料的反应速度很快。因为果园土壤中的铁含量较低而砷可滤出性较高，所以本研究中的处理方法更适用于果园土壤。除了能高效吸附砷以外，稳定后的纳米颗粒还易于在土壤中传输和保存。结果证明，稳定后的纳米颗粒是土壤原位固砷的有效材料，尤其适用于砷含量高而铁含量低的土壤。

10.4.8　农业改良措施工程应用实例

改良材料包括有多种金属氧化物、黏土矿物、有机质、高分子聚合材料、生物材料、石灰等无机材料和还原物质(如多硫碳酸盐和硫酸亚铁)等。该方法具有技术简便，取材容易，费用低廉等诸多优点，是一种适合于我国农村的实用技术。

10.4.9　Envirobond™技术修复污染土壤应用实例

美国石头山环境修复服务有限公司开发了 Envirobond™ 技术，这是一项通过降低重金属在污染土壤中的移动性而将其除去的方法。1998 年 9 月，该技术在美国环境保护署超基金创新技术项目的评估认可下，于俄亥俄州罗斯维尔 2 个受铅污染的场地上开展了土壤性能改良技术修复工程的评估示范。2 个场地中一处为陶瓷工厂，另一处为拖车停放场。

美国石头山环境修复服务有限公司宣称 Envirobond™ 技术可以与存在于污染土壤、污泥、金属矿渣中的重金属结合，降低其移动性。该技术的处理过程可以将重金属污染物从其淋溶态转变为稳定态和无害的金属络合物。在该技术的络合反应过程中，有至少 2 个的非金属离子配位体作用于一个金属离子，形成一个杂环。因该项技术能够有效地降低重金属的移动性，经其处理后，源污染区域的毒性渗滤测试结果可低于规定的标准值，从而减小环境和人类健康的暴露风险。

在实施 Envirobond™ 技术前后，分别从修复现场的土壤中采样分析，以评估该项技术的处理效果是否能够达到示范项目的预期目标。该项目有 2 个主要目标和 4 个次要目标。

主要目标：首先，评估利用该技术对铅污染土壤的处理是否能够达到资源保护和修复法案(RCRA)以及有害废物及土壤废弃物修正法案(HSWA)中规定的可选择性一般处理标准 0(UTS)。该标准对铅污染的规定，在毒性渗滤测试中铅浓度不高于 $7.5\ mg \cdot L^{-1}$，或不高于未经处理的土壤浸提液中铅浓度的 10%，则视为处理效果达标。其次，根据美国环境保护署标准测试方法 SBRC(Solubility Bioaccessibility Research Consortium)规定的铅和砷可生物降解性判断的实验方法的定义，评估该技术是否能够降低 25% 或更多的土壤中铅的可生物降解性能。次要目标：分别为评估处理后土壤的长期化学稳定性，证明该技术不会增加公众的铅污染健康暴露风险，报道应用该技术前土壤中地质物理学状况和化学状况，报道该项技术的设计参数。

现场修复结果表明，在停工的陶瓷工厂场地上，土壤中铅浓度从 382 mg·L^{-1} 下降到 1.4 mg·L^{-1}，降幅高达 99%，已达到标准要求。由于拖车停放场地土壤中铅浓度处理前后均未达到检出限，所以其数据没有用来进行评估。处理后的土壤减少了 12% 的铅的生物可利用性能。但这并未达到标准的要求，该标准是非常难以达到的，有重新修订的可能，因为标准化的测试步骤中消化土壤样品所采用的强酸，其浓度远远超过人体胃酸所能达到的 pH 值。

经 Envirobond^{TM} 技术处理后的土壤，表现出一定的化学稳定性，对修复后土壤的长期化学稳定性和修复效果进行监测，在 11 项分析项目中，淋溶试验、铅形态顺序提取、阳离子代换量等大部分测试结果证明该技术具有较为稳定的土壤修复效果。然而其余有些分析项目，如 pH 值、Eh 值、硝酸盐铅、总磷酸盐铅等的分析数据却显示出了该技术修复效果的不足之处。通过来自这次评估示范项目的数据，以及来自美国石头山环境修复服务有限公司和其他渠道的数据进行经济分析，以此来检验 Envirobond^{TM} 技术全方位修复应用的方案中 12 项经费项目，该方案中共处理了 4046.8 m^2 范围内的 617 m^3 的铅污染土壤，经计算，处理费用大概为每立方米土壤 350 元。

思考题

1. 土壤重金属污染有哪些来源？
2. 重金属在土壤中主要形态及影响因素？
3. 土壤重金属污染有什么特点？
4. 常见的土壤重金属污染修复措施有哪些？各有什么优缺点？

推荐阅读书目

1. 骆永明，等．重金属污染土壤的修复机制与技术发展．科学出版社，2019.
2. 洪坚平．土壤污染与防治．中国农业出版社，2011.
3. 丁昌璞，徐仁扣．土壤氧化还原过程及其研究法．中国农业出版社，2011.
4. 周启星，宋玉芳．污染土壤修复原理与方法．科学出版社，2004.

第 11 章

矿山土地复垦

　　土地是人类赖以生存和繁衍的场所，而采矿场、废石厂、尾矿厂都属于破坏性占地，严重破坏生态平衡和自然景观。因此，必须正确处理发展矿业与保护环境的矛盾，将采矿作业破坏的土地及时复垦。

11.1　矿山土地复垦概述

11.1.1　矿山土地复垦的概念及分类

　　矿山土地复垦，又称土地复垦，是采矿权人按照矿产资源和土地管理等法律、法规的要求，对在矿山建设和生产过程中，因挖损、塌陷等造成破坏的土地，采取整治措施，使其恢复到可供利用状态的活动。国务院发布的《土地复垦规定》，明确实行"谁破坏，谁复垦"的土地复垦原则。采矿权人在开工前向政府主管部门提交矿山土地恢复计划，经批准后实施。政府主管部门进行监督管理。矿山土地复垦主要包括恢复农田、改土造田及土地他用等项。复垦的内容包括塌陷区、采空区充填，尾矿库造田、排土场改土造林及建成新风景观赏区等。上述复垦工程可与开采矿产资源结合进行，也可以在开采后进行。矿山企业对所恢复的土地，有经营使用权，转给其他单位使用时，可适当收费。

　　目前矿山土地复垦根据其用途可分为农业复垦、林业复垦、渔业复垦、自然保护复垦、水资源复垦和工业复垦等。其中农业复垦和林业复垦是最普遍的。在我国由于耕地面积有限，目前复垦的核心便是恢复耕地。而作为被破坏土地开发最可靠、最经济的林业土地复垦虽已得到越来越广泛的重视，但是其研究和应用仍局限于单一植被恢复为主，很少或基本未考虑自然生态系统的恢复，无法满足矿区生态系统恢复的要求。

　　从土地复垦的工艺来看，一般分为有覆土复垦工艺和无覆土复垦工艺两种：

　　有覆土矿区土地复垦工艺：表土的采集、储存和复用—岩石的排弃和回填—场地整备—铺垫表土—耕作种植。采石场中土壤的粒度组成较大，大粒度矿石的比例较高而不适于植物生长；排土场及尾矿场的土壤质地大多有别于耕地土壤；土壤的理化性状如粒度组成、孔隙状况等不适于生长植物以及土壤中含有对植物生长有害的元素和化学物质而使土壤必须加以处理方可种植作物。

　　无覆土复垦工艺：矿山排土场、尾矿场以及风化较好的采石场，其表层土质与耕作土壤相近，无需进行表面覆土即可种植，如表层土质与耕作土有较大的差别，如酸性或碱性过高、黏粒含量偏低、某些化学物质的含量过低或过高、土壤肥力低等，可以选择适宜的植物品种，在无覆土的情况下进行种植。

11.1.2　矿山土地复垦特点

矿山土地复垦是一项涉及多学科，政策性强，且具有规范性、系统性、地域性等特点的工作。

(1)规范性

矿山土地复垦必须严格执行各项严格细致的政策规范。我国的矿产开发采取采矿许可证登记制度，由自然资源部门依照《矿产资源开采登记管理方法》办理，为对矿山土地复垦工作进行有效的管理，该项工作也一并由各级自然资源部门负责监督和管理。

2009 年国土资源部第 44 号令(《矿山地质环境保护规定》)指出："矿山地质环境保护，坚持预防为主、防治结合，谁开发谁保护、谁破坏谁治理、谁投资谁受益的原则。" 2011 年第 592 号国务院令(《土地复垦条例》)指出："生产建设活动损毁的土地，按照"谁损毁，谁复垦"的原则，由生产建设单位或者个人(以下称土地复垦义务人)负责复垦。""国务院国土资源主管部门负责全国土地复垦的监督管理工作。县级以上地方人民政府国土资源主管部门负责本行政土地复垦的监督管理工作。"

上述法律法规、文件和制度，不仅明确了复垦责任，还明确了违反所应承担法律、行政、经济方面的责任。因此，从事矿山土地复垦工作人员必须熟知有关法律法规、文件要求，明晰矿山土地复垦的责任主体、监管部门，以及各自应该承担的责任，在矿山土地复垦各项工作中，要严格贯彻执行各项政策与法规。

(2)系统性

矿山土地复垦是一项系统工程。从时间上看，它贯穿于矿山建设、开采、闭坑、复垦、养护、监测整个过程；从工作内容上看，它包括有矿山土地复垦规划、复垦方案编制、复垦工程实施、监管、工程验收、移交等；从空间上看，矿山土地复垦不仅限于对土地挖损的地表或塌陷的地表进行回填复垦，还有采取各项地下充填采矿法，减少和避免地表沉降，保护地表土地不受塌陷损毁；从方法上看，矿山土地复垦不仅仅只是采用工程物理的方法，还要有对污染水、污染土壤化学、物理、植物、动物、微生物的处理与修复方法。为此，土地复垦理论和复垦措施体现出学科的综合性，涉及学科主要有地质学、矿床学、采矿学、水文地质学、工程地质学、土壤学、生物学、水利学、林学、岩土工程学、灾害学、生态学、环境科学、建筑学等，如何将现有的一些相关理论和方法进行整合、融合、链接、拓展，实现各种理论与方法的集成，以及在集成基础上的创新是人们面临的一项重要研究课题。

广义的矿山土地复垦实际上包含了矿山生态修复的内容，后者只是更加强调在复垦区重新建立个新的、完整的生态系统，它不仅是修复生态系统的结构和成分，更注重退化生态系统的整体功能的提高，既包括自然系统，也包括社会、经济系统，但矿山土地复垦是基础、是前提。

(3)地域性

矿山土地复垦目标和标准要体现地域差异，我国地域广阔，南北有别，东西各异，同类矿山不同的开采方式会形成不同的土地损毁方式和损毁程度，而处在不同地区的同类矿山，即使采取相同的开采方式，也会形成不同的损毁程度。因此，矿山土地复垦目标要设置合理，复垦标准设置要经济、技术可行，符合复垦区实际，且兼顾复垦区周边自然条件，保持与相邻区域各方面的协调。确定复垦地类时，要因地制宜，宜农则农，宜林则林，宜牧则牧，宜渔则渔，宜建则建。条件容许的地方，要优先复垦为耕地，而从对生态环境贡献率考虑，则优先复垦林(草)地。

11.2　矿山土壤及破坏

11.2.1　土壤的概念及基本特征

土壤学家和农学家传统上把土壤定义为"发育于地球陆地表面能生长绿色植物的疏松多孔结构表层"。在这一概念中重点阐述了土壤主要功能是能生长绿色植物，具有生物多样性，所处的位置在地球陆地的表面层，它的物理状态是由矿物质、有机质、水和空气组成的，具有孔隙结构的介质。

土壤的基本特征包括土壤的本质特征、土壤是环境的产物和土壤是一个独立的历史自然体。

（1）土壤的本质特征

土壤的本质特征是土壤肥力，肥力是土壤所独有的性质，是土壤与其他自然体区别最明显的标志。土壤肥力有自然肥力和人为肥力的区别，前者是指土壤在自然因子即五大成土因素(气候、生物、母质、地形和时间)的综合作用下发育而来的肥力，它是自然成土过程的产物。后者是耕作熟化过程发育而来的肥力，是在耕作、施肥、灌溉及其他技术措施等人为因素影响作用下所产生的结果。可见，只有从来不受人类影响的自然土壤才具有自然肥力。自从人类从事农耕活动以来，自然植被为农作物所代替，森林或草原生态系统为农田生态系统所代替。随着人口膨胀、人均耕地减少，人类对土地利用强度的不断扩展，人为因子对土壤的演化起着越来越重要的作用，并成为决定土壤肥力发展方向的基本动力之一。人为因子对土壤肥力的影响集中反映在人类用地和养地两个方面，只用不养或不合理的耕作、施肥、排灌，必然会导致土壤肥力的递减；用养结合，可以培肥土壤，保持土壤肥力的永续性。

（2）土壤是环境的产物

土壤有它自己发生、发展的过程，环境因素以及环境变化必将对土壤产生深刻的影响。土壤也是影响人类生存的三大环境要素(大气、水和土壤)之一，因此，考察研究土壤一定要把土壤与周围环境当作一个整体考虑，不但要时刻注意环境对土壤的影响，也要注意土壤对环境的可能影响。

（3）土壤是一个独立的历史自然体

土壤不是简单的混合物，由于独立存在于自然界中，因此受自然界规律的支配。土壤是生物、气候、母质、地形、时间等自然因素和人类活动综合作用下的产物。它不仅具有自己的发生发展历史，而且是一个形态、组成、结构和功能上可以剖析的物质实体。

11.2.2　土壤的基本物质组成

土壤主要是由矿物质、有机物、空气、水分和土壤生物五个部分组成的，也可概括为固相、液相、气相三大相组成。固相包括矿物质、有机物和土壤生物；液相包括水分和溶解于水中的矿物质和有机质；气相包括各种气体。

（1）土壤固相部分

土壤固相部分包括颗粒大小不同的矿物质颗粒及无定形的有机质颗粒，以及原生动物和微生动物，尤其是微生动物，每克土壤约有 10 亿个。

（2）土壤液相部分

土壤液相部分占整个土地容积的 25% 左右，存在于土壤空隙中或土粒周围，主要是水分，但是土壤中的水并非纯粹的水分，而是含有溶解物质(包括各种养分)的土壤溶液。

（3）土壤气相部分

土壤气相部分占整个土地容积的 25% 左右，一部分是由地面大气层进入，另一部分则是由土壤内部产生的，它在组成上和大气成分不同。

土壤主要由固、液、气这三相组成，但这三部分不是孤立存在的，它们在土壤中不是混合物的关系，而是构成一个极其复杂的生物物理化学的体系。

11.2.3　矿山土地破坏类型

矿山土地破坏类型取决于矿产资源类型、开采方式、生产设施与布局、选矿工艺、废渣和废水中污染物及排放方式等因素。

根据影响矿山土地破坏类型的主导因素，可划分为五大类，即地质灾害破坏土地、污染破坏土地、压占破坏土地、塌陷破坏土地和矿山挖损土地。

（1）地质灾害破坏土地

地质灾害破坏土地又可细划分为崩塌、滑坡破坏土地、泥石流(渣土流)破坏土地以及岩溶塌陷破坏土地。

（2）污染破坏土地

污染破坏土地主要又可分为重金属破坏土地和酸性等废水污染破坏土地。

（3）压占破坏土地

压占破坏土地可分为工业广场压占破坏土地、排土场(表土堆场)压占破坏土地、废石堆场压占破坏土地、矸石堆场压占破坏土地、尾矿库压占破坏土地、赤泥堆场压占破坏土地、办公及生活区压占破坏土地和堆浸场压占土地。

（4）塌陷破坏土地

塌陷破坏土地可细分为煤矿采空塌陷破坏土地、金属及非金属矿采空塌陷破坏土地、地面沉降破坏土地以及岩盐矿采空塌陷破坏土地。

（5）矿山挖损土地

矿山挖损土地又可细分为露采矿山挖损土地、井采矿山主井、风井挖损土地以及道路挖损土地。

11.2.4 矿山土地破坏特征

矿山土地破坏特征是开采矿种、开采方式、选冶方式、矿山布局等的体现。

11.2.4.1 采空塌陷破坏土地

地下开采金属和非金属矿产后，在地下形成采空区，如不采取充填法开采和保留采空区平衡所需的矿柱的情况下，就会导致采空塌陷。由于矿区所处的地形地貌、地类、植被条件、地质条件、采矿条件以及地下水位的不同，采空塌陷对土地损毁程度和最终表现方式也不同。

(1)丘陵山区

由于其地形本身存在坡度，地类多为林地、草地，植被条件较好，发生采空塌陷后视觉上并不十分明显，尤其是对带状、脉状产出的金属矿山。此外，山区地下水位埋深大，塌陷区基本不会积水，或仅存在短时间积水现象，对植被的破坏一般不太明显。但塌陷区往往成为滑坡、崩塌的易发地段。中国的西北、西南、华东、华中等丘陵山区属于此类。

(2)低潜水位平原岗地区

该区地类多为农用地。矿山开采，尤其是多层、厚层的煤矿开采产生的采空塌陷，使土地部分或全部失去农用地价值。由于地下水位埋藏较深，塌陷区一般不会积水，或仅仅塌陷深度大的地段积水。中国黄河以北的大部分平原岗地矿区属于此类。

(3)高潜水位平原岗地区

该区多为我国粮食主产区或基本农田保护区，由于地下水位埋深较浅，采空塌陷区部分成为季节性或常年积水区，塌陷区上部的农田水利、交通等设施均遭受到破坏。位于中国黄淮海平原的中东部矿区均属此类。我国东部平原煤矿区，如枣庄、兖州、大屯、淮南、淮北、徐州等矿区，由于地下潜水位高，采空塌陷积水相当普遍，部分地区甚至形成了盐渍化的趋势。

11.2.4.2 露采矿山挖损土地

挖损土地的表现形式主要如下：

①大规模的土石方开挖，使山体地貌景观破坏、正地形转为负地形，产生凹陷，当矿区开采标高低于局部侵蚀基准面标高时，可能形成局部积水区；造成视觉污染，尤其是处于交通干线、旅游区、城市建成区附近的露天采矿场。

②地表土壤被全部剥离转移，土壤机构遭到彻底的破坏。采区植被全部破坏且失去生存的土壤，动物失去生存的空间和摄取食物的场所，整个生态系统遭到破坏。

③形成了台阶状的采坑，基岩裸露，减少了对下游地下水和地表水的补给，引发水土流失，采场局部存在崩塌、滑坡地质灾害。

11.2.4.3 压占破坏土地

(1)工业广场及堆场压占破坏土地

一个完整的矿山除了地表或地下采场(区)外，一般都建有配套的选矿、排土场(表土场)、废石(矸石)堆场、尾矿库、赤泥堆场、办公和生活区等建(构)筑物。矿山配套的建(构)筑物压占土面积在矿山损毁土地总面积中占有较大比例,值得指出的是,矿山工业广场、办公及生活区处于平原或岗地地貌单元时,一般为压占土地;而处于丘陵山地时,受地形所限,只有通过挖高垫低、切坡等措施,才能形成一定面积的平缓地带作为建设用地,此时,表现为先挖损,后压占。在评价时,可将其归为挖损土地,面积较小时,也可纳入压占损毁土地类型。

在矿产采选过程中,产生大量的剥离土、废石(煤矸石)和尾矿等固体废弃物。这些废弃物的堆放压占了原来具有一定生产力的土地,代之以废弃物堆积的裸露地。按照废弃物的不同,主要有矸石的压占、剥离物的压占和尾矿的压占。其中以煤矸石压占最为严重。

露天采矿剥离物(夹石)包括土壤、岩石和岩石风化物,一般是石多土少。在剥离和堆放时经过机械的扰动后,原土地的结构及层序受到了破坏,土地的表层不再是土壤层,而是贫瘠的土石混合层。即使表土超前剥离,排土作业结束后覆盖在排土场的表面,在机械工下,也不可能保持原来层序,土体结构依然受到破坏。

(2)尾矿场(库)压占损毁土地

尾矿以尾矿场(库)的形式压占土地。尾矿是矿石经过磨碎,将有用的矿物选出后所排弃的残渣,其物理性能与粉砂土相似。治金矿山的尾矿量大,压占土地较多。尾矿颗粒细、处于饱水状态、养分含量低,甚至含有有毒有害元素。山谷型尾矿库一般压占土地类型为林地,少量农用地,而平地型尾矿库主要压占为农用地。

11.2.4.4　污染破坏土地

矿山污染损毁土地是指矿业活动产生的环境污染物进入矿区土地(土壤),并积累到一定程度引起土地(土壤)的环境质量恶化的现象。土地(土壤)污染的实质是通过各种途径进入土壤的污染物,其数量和速度超过了土壤自净作用,破坏了自然动态平衡。后果是土壤正常功能失调,土壤质量下降,作物生长发育不良,作物产量和质量下降。土地(土壤)污染还包括由于土壤污染物质的迁移转化引起大气或水体污染,并通过食物链,最终影响人类健康的整个过程。

矿山土地(土壤)的污染源有堆浸场的淋滤水、矿坑排水、矿石及废石堆所产生的淋滤水、矿山工业和生活废水、矿石粉尘、燃煤排放的烟尘和 SO_2,以及放射性物质的辐射等。

根据矿山污染物总量和对环境污染的"贡献率"分析,矿山污染损毁土地的主要污染源是重金属和酸性废水。

11.2.4.5　地表地质灾害破坏土地

矿山地质灾害是指在矿山及相邻区域,因受矿业活动引发的危害矿区及相邻地区人民生命和安全,以及损毁土地的崩塌、滑坡、泥石流、岩溶塌陷、地裂缝、地面沉降等灾害。根据矿山地质灾害形成的土地损毁的特点,可分为矿山地表地质灾害(如上述的崩塌、滑坡、泥石流、岩溶塌陷、地裂缝、地面沉降等地质灾害)和矿山井下地质灾害

（如矿井突水、瓦斯突出、矿井热害、冲击地压、冒顶、煤自燃等）。

矿山地质灾害大多与矿业活动有关，但如果矿山位于一些地质环境条件脆弱的地质灾害易发区，也会存在因自然因素引发的地质灾害。作为肩负矿山土地复垦责任和监管职能的自然资源部门，更为关注的三点是：一是因矿山建设、开采方案、工程设计不当，引发的地表地质灾害；二是未按开采设计，实施截排水、边坡支护等地质灾害预防工程引发的地表地质灾害；三是在土地复垦设计和施工时，复垦工程设计不当或不按复垦设计复垦引发的地表次生地质灾害。特别要指出的是，不能简单地将井采地面塌陷归为地质灾害，原因是这种塌陷是开采设计时顶板管理方式决定的；不能简单地将矿山生产过程中发生的一些诸如露采边帮崩塌等归为地质灾害，应归为生产安全事故。

必须强调的是，在矿山土地复垦设计时，必须查明地质灾害隐患，制订相应的防治方案，并进行先期治理，为矿山土地复垦提供前提条件，避免复垦工程引发次生地质灾害。

11.3 矿山土壤复垦评价

11.3.1 矿山土壤复垦评价的原则和依据

在开展矿山土壤复垦评价时，需要遵循一些基本原则和依据。矿山土壤复垦评价主要遵循的原则应包括以下方面：①与上一级规划及相关规划相符合的原则；②可耕性和最佳综合效益原则；③主导因素优先原则；④综合分析原则；⑤因地制宜原则；⑥自然属性与社会属性相结合的原则；⑦动态性和持续发展的原则；⑧理论分析与实践检验相结合的原则；⑨技术可行、经济合理的原则；⑩不产生次生地质灾害及次生污染的原则。

评价依据主要包括国家级地方法律法规、行业标准与相关规划等。大致包括以下几类。

（1）相关法律法规

a.《中华人名共和国土地管理法》（2019 年 8 月）；

b.《中华人民共和国环境保护法》（2014 年 4 月）；

c.《土地复垦条例》（2011 年 3 月）；

d. 其他相关法律法规。

（2）相关规程与标准

a.《土地复垦质量控制标准》（TD/T 1036—2013）；

b.《土地复垦方案编制规程》（TD/T 1031.1~1031.7—2011）；

c.《耕地后备资源调查与评价技术规程》（TD/T 1007—2003）；

d.《耕地地力调查与质量评价技术规程》（NY/T 1634—2008）；

e.《农用地定级规程》（GB/T 28405—2012）；

f. 其他国家与地方的相关规程与标准。

（3）相关规划

a. 复垦区土地利用总体规划；

b. 其他与评价相关的地方规划。

(4)相关调查评价资料

a. 项目区及复垦责任范围内自然社会经济状况;

b. 复垦矿山损毁土地预测及损毁程度分级评价结果;

c. 土地损毁前后的土地利用状况;

d. 公众参与意见;

e. 周边同类项目的类比分析;

f. 本次地形测绘、损毁土地调查、采样分析、周边基础设施情况等资料;

g. 其他与项目区相关的调查评价资料。

11.3.2　矿山土地复垦评价的体系与方法

矿山土地复垦评价的体系与方法是整个评价系统的核心部分,目前国际上应用较为广泛的评价系统主要有以下几类。

11.3.2.1　美国农业部潜力分级评价系统(LCC)

美国农业部潜力分级评价系统分为潜力级、潜力亚级和潜力单位三级体系,潜力级是限制性或危害性相同的若干土地潜力亚级的归并,根据土地在利用上所受到的限制性的强弱,将全部土地划分为八个等级,从Ⅰ级至Ⅷ级,限制性逐渐增强,土地的用途数量逐渐减少(详见表 11-1)。潜力亚级在土地潜力级之下,按照土地利用的限制性因素的种类和危害进行续分而来。潜力级中的Ⅰ级因无限制因素,故不划分潜力亚级。潜力单位的划分应满足以下 3 点:①在相同经营管理措施下,可生产相同的农作物、牧草或林木;②在种类相同的植被条件下,采取相同的水土保持措施和经营管理方法;③相近的生产潜力(在相似的经营管理制度下,同一潜力单元内各土地的平均产量的变率不超过 25%)。

表 11-1　美国土地生产潜力分类结构

土地用途类别	潜力级	潜力亚级	潜力单位
耕地	Ⅰ Ⅱ D Ⅲ Ⅳ	$Ⅱ_e$(侵蚀) $Ⅱ_w$(过程) $Ⅱ_s$(土壤厚度) $Ⅱ_c$(气候) …	$Ⅱ_{e1}$ 土系 1 $Ⅱ_{e2}$ 土系 2 $Ⅱ_{e3}$ 土系 3 …
非耕地	Ⅴ Ⅵ Ⅶ Ⅷ	…	…

资料来源:引自刘卫东《土地生产潜力的计算方法》,1993。

11.3.2.2 联合国粮食及农业组织《土地评价纲要》评价系统

联合国粮食及农业组织（FAO）在 1976 年正式颁布的《土地评价纲要》中，从土地的适宜性角度出发，分为纲、类、亚类和单元四级，评价结果不仅揭示了土地的生产潜力，更重要的是针对某种土地利用方式来反映土地的最佳利用方式和适宜性程度。具体见表 11-2。

表 11-2 FAO 土地适宜性评价分类系统

纲	级	亚级	单元
纲：表示适宜性种类 S（适宜）	级：表示在纲内的适宜程度 S_1 高度适宜 S_2 中等适宜 S_3 勉强适宜	亚级：表示级内的限制性因素的差异 以 S_2（中等适宜）为例可能有 S_{2m} 表示水限制 S_{2o} 表示通气限制 S_{2n} 表示养分状况差 S_{2e} 表示抗侵蚀差 S_{2w} 表示土壤耕性差 S_{2v} 表示扎根条件差等	单元：表示级内限制性因素的微小差异 以 S_2（中等适宜）的 S_{2e} 亚级为例：S_{2e-1} S_{2e-2} 表示：S_{2e} 这一亚级内可以区分两种抗侵蚀能力不同的单元，但这两个单元是在中等适宜的范围内
N（不适宜）	N_1 当前不适宜 N_2 永久不适宜	N_{1m} N_{1me}	

资料来源：引自严兵《土地适宜性评价》，1989。

11.3.2.3 《中国 1：100 万土地资源图》的评价体系

《中国 1：100 万土地资源图》由中国科学院自然资源综合考察委员会主持编制，属小比例尺的专题地图，其评价系统属土地资源适宜性评价系统，评价原则和依据为：土地生产力的高低；土地对农、林、牧业的适宜程度；土地对农、林、牧业的限制程度；适当考虑与土地资源有密切关系的土地利用现状和社会经济因素。该评价体系采用 5 级分类制，即土地潜力区、土地适宜类、土壤质量等、土地限制性和土地资源单位。把全国划分为 9 个土地潜力区、8 个土地适宜类和 10 个土地限制型。

常采用的评价方法主要分为定性分析法和定量分析法两类。定性分析法是对损毁单元原土地利用状况、损毁程度、公众参与、当地社会经济等情况综合定性分析，以此来确定土地复垦方向和适宜性等级的方法，主要采用参比法（类比法）；常用的定量分析法有极限条件法、综合指数法、多因素模糊判别法等。具体评价时，酌情采用一种方法，也可将多种方法结合使用。

11.3.3 矿山土地复垦评价步骤

矿山土地复垦评价主要按照以下步骤进行（图 11-1）：①在拟损毁土地预测和损毁程

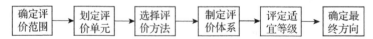

确定评价范围 → 划定评价单元 → 选择评价方法 → 制定评价体系 → 评定适宜等级 → 确定最终方向

图 11-1 矿山土地复垦评价线路图

（资料来源：引自郭建一《矿山土地复垦技术与评价研究》，2009）

度分析的步骤上，确定评价对象和范围；②综合考虑复垦区的土地利用总体规划、公众参与意见以及其他社会经济政策因素分析，初步确定复垦方向，划定评价单元；③针对不同的评价单元，建立适宜性评价方法体系和评价指标体系；④评定各评价单元的土地适宜性等级，明确其限制因素；⑤通过方案比选，确定各评价单元的最终土地复垦方向，划定土地复垦单元。

11.3.3.1　评价范围和评价单元的划分

评价范围即为复垦范围，评价范围应包括采矿权所在范围和采矿权外该矿山开采和建设已经损毁和拟损毁的全部土地。在确定评价范围后，根据矿山土地类型、土地损毁类型和损毁程度等划分待复垦土地的评价单元，即将损毁前土地类型基本一致、土地损毁类型基本一致、处于同一位置、损毁程度基本一致的损毁地块划分为一个评价单元，主要有以下几种划分方法：①以损毁类型划分，将复垦区损毁土地分成挖损、塌陷、压占等单元；②以损毁程度划分，分成轻度损毁、中度损毁和重度损毁；③以矿山建设用地类型划分，如将金属矿项目损毁土地分为采矿场、排土场、尾矿场和其他用地等单元；④综合划分，将与评价单元相关图(如损毁类型图、损毁程度图、用地类型图、土地利用现状图以及限制因素等)进行叠加和合并后，形成评价单元。

11.3.3.2　复垦方向的初步确定

复垦方向主要结合土地利用规划、矿山土地损毁的类型、损毁的程度、周边地类、水利设施、所在地复垦经验、经济投入与产出分析、相关政策(规划)要求、人们主观愿望等来确定，从技术的可行性和经济的合理性，结合我国复垦工程实践，可将矿山土地复垦主要方向进行如下划分，如图 11-2、图 11-3 所示。

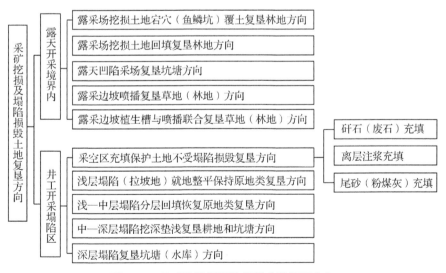

图 11-2　采矿挖损及塌陷损毁土地复垦方向

(资料来源：引自方星《矿山土地复垦理论与方法》，2015)

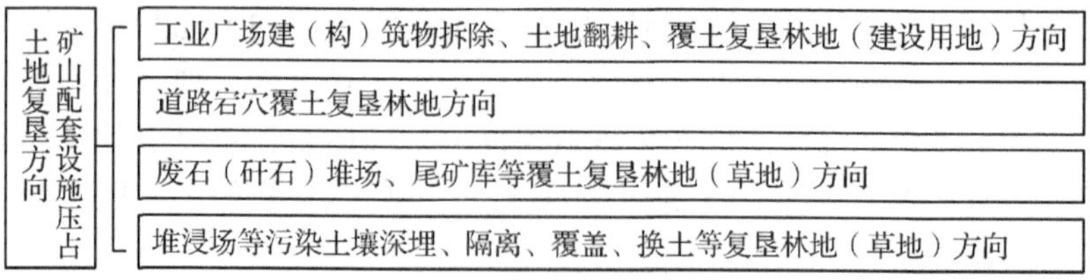

图 11-3　矿山配套设施压占土地复垦方向
（资料来源：引自郑飞《露采矿山土地复垦及生态重建关键技术研究》，2015）

11.3.3.3　适宜性评价体系与方法的选择

目前较为常用的评价体系是：根据 FAO《土地评价纲要》评价系统和《中国 1∶100 万土地资源图》评价系统的划分规范，针对实际矿山土地复垦适宜性评价的特点，参照多个复垦实例，确定土地复垦适宜性分类为高度适宜、中等适宜、勉强适宜和不适宜四级。根据不同复垦利用方向划分，即宜农(宜林、宜草)一等地、宜农(宜林、宜草)二等地、宜农(宜林、宜草)三等地和不适宜地。结合矿山自身情况，选取合适的一种或几种评价方法，构建评价的总体思路。

11.3.3.4　评价指标体系和标准的建立

评价因子的选择是土地复垦适宜性评价的核心内容之一，在土地复垦适宜性评价的实践中，常选的评价因子有：土壤状况、灌溉条件、土源保证率、污染状况等，应根据复垦的初步利用方法以及评价单元选择不同的评价因子，参照多个复垦案例，按照评价单元的复垦方向，选择矿山土地复垦适宜性评价因子。为了反映各评价单元内各评价因子间的差异，可通过特尔菲法、层次分析法、主成分分析法和回归分析法来确定评价因子的权重，尽可能准确地反映土地本身的质量。评价等级标准的建立主要依据是《土地复垦质量控制标准》和《中国 1∶100 万土地资源图》。

11.3.3.5　适宜性等级的评定和最终复垦方向的确定

调查或分析复垦区各评价单元不同指标实际情况，根据采用的评价方法，结合评价标准，评定各单元的不同利用方向的适宜性等级。同一评价单元往往具有多宜性，宜农、宜林和宜草等适宜性等级相同，需综合考虑政策、生态环境和公众参与意见等来最终确定各评价单元的复垦方向。

11.3.3.6　复垦单元的划分

在确定各损毁单元复垦方向的基础上，对复垦方向相同，复垦工程措施、复垦标准、复垦时间基本一致的损毁单元进行归并和分解，确定损毁单元的复垦单元。

11.3.3.7　土地复垦时序的确定

对比矿山(中段、采区)开采时间，土地复垦时序可分为矿山闭坑后复垦(或中段、采区结束开采)、与矿山开采同步复垦和超前复垦。大多数矿山，尤其是小型矿山，由于规模小，开采时间短，一般在矿山闭坑后再实施复垦工程。大型的露采场或井采矿山，开采历时长，露采场和塌陷区如不及时复垦，将长时间呈损毁状态，因此应与矿山开采同步复垦。

11.4　矿山土壤复垦中的水利工程

矿山土壤复垦中的水利工程主要是指为复垦耕地、园地、林地、草地服务的水利工程措施，主要有土地平整、田间道路林网、坡面防护、灌溉、截排水、蓄水等。通过实施以上工程，基本可以实现设定的复垦方向。

11.4.1　复垦水利工程设计标准

在矿山土地复垦水利工程设计时，一般是直接引用我国现行标准。以灌溉、排水和防洪三个方面为例。灌溉设计标准反映了灌溉水源对灌区用水的保证程度，灌溉标准越高，灌溉用水得到水源供水的保证程度就越高，我国表示灌溉标准的指标有两种：一种是灌溉设计保证率，是指灌溉工程在多年运行期间能够得到供水保证的概率，以正常供水的年数占总年数的百分比表示；另一种是抗旱天数，抗旱天数是指在作物生长期间遇到连续干旱无雨时(如日降水量小于 2 mm 或 3 mm 为无雨日)，灌溉设施能够满足灌区作物用水要求的天数，选定时，不仅要考虑水源供水的可能性，同时要考虑作物的需水要求，在水源一定的条件下，灌溉标准定的高，灌溉用水量得到保证的年数高，灌区作物因缺水而造成的损失小，但可发展的灌溉面积小，水资源利用程度低；定的低时则相反。排水标准可分为排涝、除渍和治碱三类，排水标准直接影响排水工程投资规模与效益，规划时应根据国家及有关部门颁布的规程和规范等行业标准，结合当地的自然经济条件，考虑治理区的作物种类、土壤特性、水文地质和气象条件等自然条件，按照现代农业发展要求，通过技术经济论证，合理确定排水标准。目前我国各地大多采用设计频率为 20%~10% 的暴雨，即重现期为 5~10 年的暴雨作为除涝设计标准，在治渍排水工程设计中，一般以满足农作物全生育期要求的最大排渍深度为设计排渍深度。防治盐碱化排水标准通常应以地下水临界深度为工程设计标准，农田防洪标准应采用以乡村为主的防护区防洪标准，重现期应为 10~20 年。

11.4.2　矿山复垦土地平整工程规划与设计

矿山土地复垦平整工程是根据复垦耕地、林地(草地)方向需要，制定的农田耕作、灌排、田块修筑和地力保持措施的总称，在进行土地平整工程设计时，应在满足灌排要求的基础上，合理调配土方，尽量做到挖填平衡，同时与水土保持、土壤改良措施相结合。

矿山复垦单元土地平整工程规划的原则主要有因地制宜、系统协调、远近结合、效益最佳和权属完整等。土地平整应满足地面灌水技术要求，便于耕作，周边具备机耕条件时，复垦区还应尽量满足机耕要求等。土地平整工程规划包括耕作田块布置和田块高程规划两部分,田块规划布置包括田块方向、长度、宽度、形状的确定等,使整理后的田块有利于作物的生长发育、田间机械作业、水土保持,还能满足灌溉排水要求和放风要求等。

对于矿山土地复垦中的土地平整工程设计,主要是针对采煤塌陷区复垦耕地单元、露采矿山底盘区复垦林地(耕地)单元、工业广场复垦耕地(林地)单元、露采边坡复垦梯田(林地)单元进行不同的设计。对于采煤塌陷拉坡地(一般指塌陷深度小于0.5 m的塌陷区,称为拉坡地),不需回填,可以通过就地整平的方法,复垦为原来的地类即可;对于浅层塌陷区(一般指塌陷深度小于0.5~1.5 m的塌陷区),需要考虑回填平整,一般采用"挖深垫浅"的方法,部分复垦为耕地(或原地类),部分复垦为坑塘水面,作为精养鱼塘利用;露采场一般分开采底盘和开采边坡两个损毁单元,对于边坡复垦单元,大多采用宕穴法种植灌木或藤蔓,对于开采底盘可形成永久性积水区,构成坑塘水面,以作为林地、草地或耕地的灌溉水源;对于工业广场,应先拆除办公楼房或堆场的支挡工程,清除厂区硬化地面,对压实的地表进行松翻,拆除硬化路面,对复垦区依地面高程分阶梯状进行场地平整,尽量减缓坡度。

11.4.3 坑塘水面设计

矿山开采塌陷积水是塌陷损毁土地的一个重要特征。塌陷积水区域一般是封闭的水体,其中部深、四周浅,类似于天然湖泊,水面面积从几亩到数千亩不等。不少矿区塌陷后出现丰水季节倒灌、旱季缺水的现象,这类矿区进行土地复垦时可保留适当的水面用作水库、蓄水池和鱼塘来调节供水排水,究竟保留多大水面合适,一般应根据塌陷区的塌陷深度分布情况,合理确定复垦单元,然后进行挖深垫浅计算,确定适宜的水面和耕地面积,并结合实际情况通过水文水资源条件和工程地质条件论证确定。对于深层塌陷区(塌陷深度>3 m),由于煤矿开采,造成地表塌陷,形成一个自然的坑塘,可加以修整建设蓄水工程。对于中层塌陷区(塌陷深度为1.5~3 m),一般以开挖精养鱼塘为主,畜牧结合的复垦方式为宜。对于凹陷开采底盘,一般根据矿山地形情况设计蓄水坑塘。

11.4.4 截排水工程设计

截排水工程是指根据复垦单元的需要而设置的截水和排水工程,截水工程一般在露天采场境界外、堆场、建(构)筑物上方布置,该处"上游"具有一定汇水面积,易形成坡面流对复垦后的边坡、底盘、堆场渣土、建(构)筑物等造成冲刷,部分截水沟由于地形陡峻,需增设跌水或陡坡。为了排涝、除渍和治碱,在平原、河坝、山冲、山脚及复垦单元处需布置排水沟,平原、河坝的排水沟走向要垂直于溪河等承泄区;山冲排水沟走向为顺坡向下;山脚排水沟走向顺山脚导向夏季排水沟。在布置排水系统时,常常根据需要还应布置涵洞、跌水等配套建筑物,涵洞一般用于露采矿山凹陷开采区排除积水的出口段、沟渠过路地段、由于水流状态的不同,涵洞可能是有压的、无压的或半有压的,有压涵洞的水流充满整个洞身,无压涵洞的水流从进口到出口都保持自由水面,半有压涵洞进口洞顶为水流封闭,但洞内水流具有自由水面。跌水多设置于落差集中处,用于渠道或沟道的泄洪、排水和退水、矿山土地复垦中跌水一般布置在露天采场境界外围山坡、溢洪道和涵洞出口处、截排水沟落差较大的地段，以将上流渠道、排水沟道或水域的水安全自由地跌落下游沟道或水域。通过跌水，调整渠道或排水沟的地坡，避免沟渠因水力冲毁，并克服过大的地面高差引起的大方挖方或填方。

11.4.5　田间路和生产路设计

田间道路工程是为满足农业物资运输、农业耕作和其他农业生产活动需要所采取的各种措施总称，包括田间道和生产路。田间道是农村居民点联系田块之间，通往田间的道路，主要为货物运输、作业机械向田间转移及为机器加油、加水、加种等生产操作过程服务，可通行汽车，并兼有乡村交通运输功能。此外，还要注意与复垦区周边道路有一个良好的衔接。生产路是联系田块之间用于田间生产作业的道路，主要为人工田间作业和收获农产品服务。

田间道路一般由路基、路面、路肩、桥梁、涵洞和沿线设施等部分构成，路基应达到一定高程以保证行车安全和畅通，当设置路肩挡土墙时，路基宽度为路面宽度和路肩宽度之和，路基应采用水稳定性好的材料填筑，并根据沿线的降水与地质水文等具体情况，设置必要的排水措施。田间道一般采用中低级路面，适宜选用的面层类型为沥青表面处理、水泥混凝土、泥结碎石、砂砾石、砌块等，使其具有良好的稳定性和足够的强度，以满足平整、抗滑和排水的要求。田间道路整体要与土地利用总体规划相适应，充分利用项目区内地形地貌条件，按因地制宜、就地取材的原则进行布置，以方便农业生产与生活。

生产路一般设在田块的长边方向，并分旱作区和淹灌区，旱作区生产路布置为：平原地区旱地一般不受灌溉条件的影响，田块宽度较长，每个田块可设一条生产路，丘陵地区和山区，旱地田块宽度较小，一般每 2~3 个田块设一条生产路。淹灌区生产路的设置：设置在农沟的外侧与田块直接相连或设置在农渠与农沟之间，生产路设置应充分考虑田块、农渠与农沟之间的协调配合。路基要求：当地面排水良好时，路基应高出原地面 0.2 m（地下水位较高时 0.3 m），路基宽度宜取 0.8~2.5 m，边坡采用 1∶0.5~1∶1，路面一般由面层与垫层组成，垫层由块石或卵石砌筑，碎石填隙，一般厚度为 20.0 cm，面层可采用素土、泥结碎石、混凝土、预制混凝土板等类型，厚度为 8.0~10.0 cm。

11.4.6　灌溉工程设计

复垦的耕地或林草地农作物、植物能正常生长，并达到当地平均生产力水平，与充分的灌溉用水有很大关系，灌溉用水可以利用复垦区原有的灌溉工程，需重新设计复垦区灌溉工程时，要兼顾与周边原有灌溉系统相协调、相补充。

灌溉水源工程主要分为塘堰（坝）工程和复垦区小型集雨工程，矿山土地复垦中的塘堰工程主要是露天采场和采空塌陷形成的平塘，需水量一般在 1000~1 000 000 m³，坝高一般不超过 10 m，塘坝蓄水量可通过计算地表径流和塘坝集水面积、确定塘坝来水量和塘坝有效容量来确定。复垦区小型集雨工程由集雨系统、输水系统和蓄水系统组成，集雨系统主要是指收集雨水的场地，可以是庭院、屋面、道路、坡地和大田等，也可以是采用防渗材料铺砌的地面。输水系统是指输水沟(渠)和截流沟，其作用是将集雨场的雨水收集起来并输送至沉沙池，输水系统可以是土渠，也可以是混凝土、浆砌块石或土工膜衬砌的明渠等。蓄水系统包括蓄水构筑物及其附属设施，其作用是蓄存雨水。蓄水池多设置于露采场周边山体较高处(高位水池)，以及露采场的底盘区。

灌溉渠道工程设计多在大面积采煤塌陷复垦单元为耕地方向的情况使用，渠道一般分为干、支、斗、农四级，干、支渠主要起输水作用，称为输水渠道；斗、农渠主要起配水作用，称为配水渠道。渠道级数的多少主要根据灌区面积大小和地形条件而定。灌溉渠系一般由渠首工程(或称取水枢纽)、灌溉渠道、渠系建筑物和田间工程四部分组成，主要作用是把从水源引取的灌溉水输送到田间，适时适量地满足作物需求要求，促进农业发展。

对于果树、蔬菜、草坪、花卉、经济作物灌溉也可使用喷灌和微灌技术，喷灌是指利用喷头等专用设备把有压水喷洒到空中，形成水滴落到地面和作物表面的灌水方法。喷灌系统一般由水源工程、水泵及动力设备、输水管道系统和喷头等部分组成，可分为管道式喷灌系统和机组式喷灌系统。微灌是指利用微灌设备组装成微灌系统，将有压水输送分配到田间，通过灌水器以微小的流量湿润作物根部附近土壤的一种局部灌水技术，主要适用于露天采场挖损土地复垦区林草地灌溉，按所用的设备(主要是灌水器)及出流形式不同，可分为滴灌、微滴灌、小管出流灌和渗灌4种。

11.5 矿山土壤重构与修复

11.5.1 矿山土地复垦中的土壤重构

土壤重构是指通过人工的方法，恢复或重建一个与原土壤一致或更加合理的土壤剖面，该剖面是具有一定的养分、微生物等理化特征的各土壤层介质。重构后的土壤，应该达到或超过矿山开采损毁前土壤的生产力水平。土壤重构包括土壤的工程重构及土壤的物理、化学和生物重构。

对于矿山土地复垦中的土壤重构，因不同复垦单元土地损毁的方式、程度等不同，其复垦方法、标准、措施各异，各复垦单元土壤剖面主要重构方法与结构也不尽相同(表11-3)。

表11-3 不同复垦单元复垦林(草)地土壤工程重构典型剖面构成

复垦单元与重构方法	剖面结构	建议厚度/cm	备注
深层塌陷区分层剥离后三层回填	A	30~40	C层高度根据复垦标高确定
	B	20~30	
	C	—	
中层塌陷区二层剥离后二层回填	A	30~40	C一般为剥离后的原土壤结构中保留的C层
	B	20~30	

（续）

复垦单元与重构方法	剖面结构	建议厚度/cm	备　注
浅层塌陷区一层回填	A	30~40	直接覆土或不覆土
中、深层塌陷区粉煤灰（泥浆吹填）回填	Z	—	Z 为粉煤灰或泥浆法吹填土，厚度根据复垦标高而定
露采平台（底盘）宕穴一层回填	A	40~60	宕穴周边土壤（母岩）不渗水，可直接覆土
露采平台（底盘）宕穴二层回填	A	30~40	宕穴周边土壤（母岩）渗水，B 层起保水、保肥作用
	B	20~30	
露采底盘二层回填	A	30~50	复垦为园地或旱地；B 层起保水、保肥作用
	B	20~30	
尾矿库、堆（浸）场二层土回填	A	30~40	堆场渣土有污染，必要时 B 层下设污染隔离层
	B	20~30	
工业广场（生活区、道路等）一层回填	A	40~60	清理渣土（硬化地面），翻耕覆土
堆场一层回填	A	30~50	堆场渣土无污染
尾矿库无回填	Z	—	Z 为无污染尾砂，不覆土，直接复垦为林草地（湿地）

资料来源：引自方星《矿山土地复垦理论与方法》，2015。

从上表可见，尽管土地损毁的方式和程度不同，但土壤工程重构的措施主要是回填，而重构后的结构包括：只需覆盖表土的一层结构，需要构建表土和心土的二层结构，以及建立完整的表土、心土和底土的三层结构。此外，当废弃渣土（尾砂）无污染或污染程度较低，且具备林、草生长条件时，则无需覆土，直接将矿山生产的废弃渣土（尾砂）作为复垦土壤层，或称之 Z 层结构。

11.5.2 重构土壤的改良

土壤改良是指针对土壤的不良性状和障碍因素，采取相应的物理、化学或生物措施，以改善土壤性状，提高土壤肥力，为农作物创造良好的土壤环境条件的一系列技术措施。矿山重构土壤改良则是指针对矿山开采活动引起的土壤的沙化、硬化、肥力流失等情况，采取相应的物理、化学或生物等措施，改善土壤性状，增加土壤有机质和养分含量，增加土壤肥力，促进种植的林、草生长，提高农作物产量，以及改善矿山土壤环境的各种措施。其实质是按照复垦方向的需要，重构土壤的物理、化学和生物的性质。

土壤改良的主要技术措施有：水利措施，如建立农田排灌工程，调节地下水位，改善土壤水分状况，防止沼泽地和盐碱化；工程措施，如运用平整土地、兴修梯田、引洪漫淤等工程措施改良土壤条件；生物措施，用各种生物途径种植绿肥、牧羊增加有机质以提高土壤肥力或营造防护林等；耕作措施，改进耕作方法，改良土壤条件；化学措施，如施用化肥和各种土壤改良剂等提高土壤肥力，改善土壤结构等。

土壤改良一般是针对未污染土壤或经治理和修复后的土壤。土壤改良可以与土壤剖面重构同步实施，也可以在土壤剖面重构后进行。土壤改良过程其实质也是一个广义的土壤修复过程。

土壤改良剂的研究始于 19 世纪末，20 世纪七八十年代土壤改良剂研发和应用进入高潮，目前，一些发达国家已经大面积推广与应用土壤改良剂，并取得了很好的效果。我国是从 20 世纪 80 年代初才开始了这方面的研究与应用，初步建立了土壤改良的理论与方法。实践证明：在矿山复垦土壤改良中，正确选择和使用土壤改良剂，可以提高土壤肥力、改善土壤结构、提高复垦土地的生产力水平。

11.5.3　污染物土壤的隔离与防渗

在矿山复垦土壤重构和修复时，要十分重视矿山污染源和污染土壤的处置。矿山土壤污染场地主要有尾矿库、堆浸场、赤泥堆场、废渣土堆场等，根据污染物含量和危害性，需采取隔离与防渗措施，实现对污染物的过程阻断，尤其是前三类场地。对于原有的、没有采取隔离防渗措施（这种情况在老矿山常见），且存在污染风险的土壤污染场地，在复垦时，需重新设计污染物的填埋场，根据污染物组分、危害性、可能的污染程度，采取相应的隔离防渗措施，进行处置。根据土壤污染物及污染程度评价结果，结合场地地形和岩土体条件，选取不同的隔离与防渗措施。

为了防止污染物对周边土壤、地下水、地表水的污染，在拟建的堆浸场、尾砂库区底部铺设垫层。垫层可分单一的黏土垫层和复合垫层。

为了防止矿山闭坑后的尾矿库、堆浸场地、赤泥堆场等表面所产生的粉尘、坡面流、渗流带来的污染，以及复垦后对覆土和植被的污染，需对其表面进行覆盖。在进行上述场地覆盖时，还需配合周边的截排水工程，避免和减少外来水进入场区。覆盖包含黏土表面覆盖、黏土与人工材料覆盖、毛细阻滞覆盖层、砾石表面覆盖和湿地"覆盖型"5 种类型。

11.5.4　污染土壤治理与修复

污染土壤的治理，也称修复，是指采取物理、化学、植物、动物、微生物等方法，或者是这些方法的组合应用，以达到削减、净化土壤污染物含量或降低其有害性的过程。对于矿山土壤主要污染物——重金属而言，污染土壤的治理是指降低土壤重金属含量和毒性。

按照污染土壤修复方式，可分为以下两种。①异位修复是将受污染的土壤挖出来集中处理。常见的异位修复技术有：萃取、焚烧处理、热处理和生物反应器等多种方法。由于该法涉及挖土和运土，因而它具有处理成本高、不能处理深度污染（如污染物渗入饱和层土壤及地下水）的土壤、不能处理建筑物下面的土壤、会破坏原土壤结构及生态环境等缺点。②原位修复是指在现场条件下直接对污染土壤进行修复的方法。常见的原位修复技术有：原位气相抽取技术、原位生物修复技术、原位土壤清洗技术、原位电动力修复技术、原位电磁波加热技术、原位玻璃化技术等。目前，在矿山污染土壤的治理或修复中是以原位修复为主，异位修复为辅。

污染土壤修复的方法：

（1）物理化学方法

物理化学方法主要是指通过各种物理及化学过程将污染物从土壤中去除、分离、固化的技术。处理的矿山污染物以无机物为主，主要技术包括填埋技术、客土和换土技术、固化/稳定化技术、淋洗/化学萃取技术以及电动修复技术 5 种。

（2）植物方法

通过调查和研究发现，尽管矿山受污染的土壤对于植物生长不利，但总存在一些自然定居的植物，这说明这些植物耐性较强或对土壤中的污染元素具有特殊的吸收能力和富集能力，这为我们采取植物方法治理和修复污染土壤提供了依据。这些植物包括耐性植物和超富集植物，对于重金属污染严重的土壤的治理和修复，除了选择栽种耐性物种外，还应当选择对土壤中的污染元素具有特殊的吸收富集能力的超富集植物。通过对植物收获并进行妥善处理，如灰化回收后，逐步将该种重金属移出土壤，达到土壤恢复与植被重建的目的。

初步研究表明：植物治理或修复污染土壤的机理大可分为植物提取、植物挥发和植物固定。治理的目标物主要是重金属和酸。

（3）动物方法

土壤动物是指动物的一生或生命中有一段时间定期在土壤中度过且对土壤产生一定影响的动物。它是土壤生态系统中的主要生物类群之一，对土壤生态系统的形成和稳定起着重要的作用。土壤动物不仅直接富集重金属，还和微生物、植物协同富集重金属，改变重金属的形态，使重金属钝化而失去毒性。利用动物来富集重金属或转化其形态，不但不会降低土壤质量，而且还可以提高土壤肥力。

（4）微生物方法

微生物治理或修复土壤是指利用土著微生物、外来微生物和基因工程菌，在适宜的环境条件下，促进或强化微生物降解功能，从而达到降低土壤中有毒污染物活性或降解成无毒物质的技术方法。微生物对污染土壤中污染物的降解与转化是污染土壤微生物修复的基础。对于矿山土壤的重金属污染土壤，其本身存在或人为加入一些对有毒重金属离子具有抗性的特殊微生物类群，这些特殊微生物类群能够把重金属进行生物转化，如生物氧化、吸收、沉淀、还原、甲基化、溶解和有机络合等，从而改变其毒性，使重金属污染土壤得到修复。

微生物治理或修复土壤方法具有处理方式多样、可原位治理，具有最大限度地降低污染物浓度的作用，以及对环境影响小、处理成本低、适应性强等特点，是一种污染土壤治理的有效方法，有必要进一步研究和推广。

11.6 矿山土地复垦中的植被恢复

11.6.1 露采边坡植被重建

露采矿山的采场边坡，尤其是岩质高陡边坡，表土缺乏、植被条件较差，通过开采平台凿岩穴种植灌木，以及藤蔓植物的"上爬下挂"，从成活到生长，以致达到整个坡面的绿色植物覆盖，至少需要 2~3 年的时间。为了实现快速复绿，满足矿山土地复垦的时间要求，可以选择喷播技术，以及相类似的技术方法，此类方法主要原理是把人造土壤（基质）与灌草植物（或其种子）"合为一体"，通过工程手段将其附着在坡面上，前期通过先锋植物的生长，达到稳定边坡、初步复绿、保持水土和改善生长环境的目的，后期本土植物逐渐"入侵和定居"，自然生态环境得以较快地恢复。从其土壤重构和植被恢复同步实现的特点看，它属于一种联合植被重建技术。

11.6.1.1 生态植被毯植被重建技术

生态植被毯植被重建技术是利用人工加工复合的防护毯结合灌、草、花种子，进行坡面防护和植被恢复的一种技术方法。它具有工艺简单、坡面复绿速度快、投资低、养护方便的优点，具有保墒、防晒、防雨水冲刷的特性。生态植被毯形成的生长环境有利于种子快速发芽，快速形成植被，并且不用揭除，植物可以穿过植物纤维之间的空隙良好生长，植物成坪郁闭后草毯中的纤维腐烂分解形成进一步促进植物生长基质。该项技术既能单独使用，也可与其他植被技术结合使用。

（1）工艺流程

通常生态植被毯施工工艺流程如图 11-4 所示。

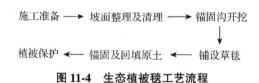

图 11-4 生态植被毯工艺流程

（资料来源：引自方星《矿山土地复垦理论与方法》，2015）

（2）施工技术要求

a. 坡面平整及清理。坡面应顺直、平滑、平整且稳定，将坡面不稳定的石块或杂物清除，不得有松石、危石。对于不稳定的坡面应采用特殊锚固的方法，基底无工程垃圾和大的石块、杂草等凸起物。

b. 锚固沟开挖。在坡顶和坡脚开挖锚固沟，沟宽和沟深一般不小于 20 cm，原土放在远离坡面的一侧备用。

c. 铺设植被毯。从坡顶向下铺设植被毯至沟边内侧，铺展平顺，要拉紧，坡顶预留不小于 40 cm，坡高大于 1.5 m。

d. 锚固及回填原土。铺设完毕在锚固沟底、搭接处用"U"形钉固定紧实，其他铺设面每平方米固定物不少于一个，锚固沟回填原土压牢，并播种，或压在硬路肩或护坡道平台下面，最后把预留的植被毯遮盖在土壤上并用"U"形钉固定。

（3）后期养护

施工后立即喷水，保持坡面湿润直至种子发芽。种子前期养护一般为 45 d，发芽期15 d。植被完全覆盖前，应根据植物生长情况和水分条件，合理补充水分，并适当施肥。植被覆盖保护形成后的前 2~3 a 内，注意对灌草植被组成的人工调控，以利于目标群落的形成。

11.6.1.2　格室植被重建技术

根据格室材料不同，格室植被重建技术可分为土工格室植被重建和混凝土格构植被重建。土工格室适用于较稳定边坡，混凝土格构适用于欠稳定边坡。

土工格室植被重建技术是首先将土工格室固定在缺少植物生长土壤条件和表层稳定性差的坡面上，然后在格室内填充种植土，撒播适宜混合灌草种的一种坡面植被恢复技术。由于土工格室抗拉伸、抗冲刷效果好，具有较好的水土保持功能，能有效防治强风化石质边坡和土石混合坡面的水土流失，土工格室内有植物生长所需的土壤条件，植被恢复效果显著。该项技术一般用于矿山弃渣边坡的植被恢复，也用于部分裸岩面的植被恢复，在植被恢复的同时还能增强坡面的稳定性。

混凝土格构是在护坡面做纵横向的受力框架梁柱，形成小区格，适用于各类高边坡、散体及不稳定边坡。边坡格构加固技术具有布置灵活、格构形式多样、截面调整方便、与坡面密贴、可随坡就势等显著优点。对坡度过大的格构，可以格构下框架为依托，构建蓄土槽，而后，在槽内填土、植灌(草)，实现植被重建。混凝土格构植被重建的特点是，在边坡支护的同时，实现边坡土地林地的复垦。

11.6.1.3　喷播植被重建技术

喷播植被重建技术是指利用特制喷射机械将植生基材、植物种子混合料搅拌均匀后喷射到坡面上，种子生根、发芽、生长，从而实现快速固土护坡、植被恢复的技术。

喷播植被重建工程在公路、铁路、水利、矿山等工程的边坡生态恢复中都有运用，在矿山生态恢复中，目前在露天采场边坡植被重建中运用较多。优点是人工配制的基质材料有利于植物的存活与生长，可快速绿化边坡。

喷播植被重建技术是工程、土壤、植物、生态等多种技术的集合，具有综合性、适应性强等特点，尤其是高陡岩质边坡，对于坡度 45°以下、表面较粗糙且凹凸不平的边坡，可采用不挂网喷播，这样会大幅节省投资。

根据施工方法和喷播植生基材的不同，大致可以将喷播植被重建分为客土喷播、植被混凝土喷播、团粒喷播、三维网喷播等类型。

11.6.1.4　植生袋、植生槽(钵)植被重建技术

植生袋植被重建技术是采用内附种子层的土工材料袋，通过在袋内装入植物生长的土壤材料，在坡面或坡脚以不同方式码放，起到拦挡防护、防止坡面侵蚀，同时随着植物在其上的生长，进一步将边坡固定的一项工程技术。该技术对坡面质地无限制要求，比较适合坡度较大的露采边坡植被重建，是一种见效快且效果稳定的坡面植被恢复方式。

植生槽植被重建技术是通过在岩石边坡表面，大致沿等高线构建种植槽板，槽板内回填经特别配制的人工种植土，然后移栽适合当地气候环境的灌木、藤本植物袋苗，并辅以草本种子的撒播，通过适当养护，在裸露岩面上形成合理的人工植物群落。该技术依照生态学原理，采用安全可靠的工程措施和生物措施，在高陡的岩质边坡上构建适当

的植物群落，从而实现集坡面防护、水土流失控制以及生态功能恢复和景观建造于一体的生态恢复目的。

植生钵是利用边坡局部破碎或凹岩，人工凿成"钵穴"，为植被重建提供"平台"。

11.6.1.5 高陡岩质边坡植生槽与团粒喷播联合植被重建技术

我国是矿业大国，其中露天建筑材料、水泥灰岩矿山占有相当大的比重。露采矿山，尤其是未按设计分台阶开采的老矿山，留下了众多的高陡边坡，以前坡开阶法进行植被重建，虽能为凿蓄土槽(穴)、覆土和植树提供"平台"，但边坡植被重建难度大，难以全断面快速复绿，而且会带来山体挖损面积的进一步扩大；直接在岩石表面进行常规的喷播复绿，由于边坡较陡，喷播形成的人工土壤难以和岩石表面进行有效的连接，已喷播的人工土壤和植被，在强降雨等不利条件下，常形成坍塌，导致植被重建工程失败。从目前的设计、治理工程看，还有一种公认的、有效的技术方法。基于露采场岩质高陡边坡植被重建的需要，建议采用高陡岩质边坡植生槽与团粒喷播联合植被重建新技术。为了解决高陡边坡植被重建难题，必须从两方面加以改进。一是改进喷播施工工艺、材料配比，使土壤基质能黏的住，具有足够的抗冲刷能力，植物不但要成活，而且要成长的快，还要尽快构成植物群落，发挥绿化美化和护坡固土作用，另外还要采用环保黏结剂并尽量减少人工养护的工作量。二是人工构建的沟槽，构建的沟槽要具备足够的强度，不但能承受槽体、耕植土和植株的重力，而且对"喷播体"的滑塌有支撑作用，以确保喷播段的稳定性。

11.6.2 矿山复垦土地植被重建品种选择

矿山复垦区虽经过土壤重构，但是其植物的生长土壤环境与损毁前相比，还是有着很大的差异，因而，必须根据重构土壤土质理化特征、水利化程度(灌溉保证率)、小区域先锋植被等因素，选择适宜的植被物种，以确保植被重建目标的顺利实现。

11.6.2.1 复垦区植被品种选择的基本原则

应根据复垦单元实际情况选择适宜树种，一般应选择适应性强、抗逆性强、成活率高、生长稳定的植物，用于矿山植被重建的常见树种如下所述。

乔木类：国外松、侧柏、龙柏、垂柳、刺槐、槐树、臭椿、油松、杨树、元宝枫、五角枫、榉树、榆树、黄栌、泡桐、白蜡、皂荚、无患子、栾树、柽柳、乌桕、悬铃木、黄檀、青檀、麻栎等。

灌木类：紫穗槐、黄刺玫、连翘、紫薇、金银花、紫叶小檗、杜鹃、鸡爪槭、木槿、火棘、杞柳、油茶、石楠、山胡椒、海棠、梅、盐肤木、绣线菊等。

经济果木类：沙枣、枣、酸枣、杏、李、青梅、山楂、桑树、梨树、葡萄、山桃等。

要体现"适地适树，宜乔则乔、宜灌则灌、宜草则草"的原则，选择适应当地自然条件的乡土树种或先锋树种作为主要树种，并通过引种驯化、选育栽培等措施引进适宜在本区域栽培的优良树种，以增加物种的多样性。提倡营造树种具生态互补作用的混交林，提倡营造乔、灌、草复合结构的人工群落。

选择对复垦区环境有一定改善作用的树种。矿山在开采过程中会产生大量烟尘和有害气体，因此，应选择对 SO_2、Cl_2、HF 等有毒气体具有吸收功能或者抗性较强的植物，以及能够阻滞烟尘、保持水土、防风固沙的植物。

植物重建时要做到绿化与美化相结合，运用仿生态和园林美学原理进行植物的选择与搭配，运用园林美学的原理，科学合理地对植物进行搭配，发挥植物的空间结构功能，对生产区、生活区、工作区等功能区域进行空间划分、隔离和规划设计，科学处理植物与山、水、道路等自然要素的关系，并充分考虑植物的季相变化，了解树种的花期、果期和色彩变化，实现绿化与美化相结合的原则。

11.6.2.2 不同复垦单元的植被品种选择

（1）露采边坡挖损土地复垦单元

该单元水土流失严重、干旱瘠薄，水源缺乏，因此在植物选择上，要优先选择根系发达、树冠浓密、抗干旱、耐贫瘠的树种。植被以灌、草为主，辅以浅根系乔木。在采场边坡复垦区，可以考虑选用覆盖面积广，附着力强，对环境适应性强，易繁殖、易成活的攀缘植物。

（2）露采底盘挖损土地复垦单元

露采底盘一般面积较大，地形较缓，可依据地势坡度和覆土厚度，选择具有一定经济效益、适应性强的植物品种，也可播种能够增加土壤肥力的豆科植物，整体形成乔—灌—草的种植结构。

（3）矿山道路压占土地复垦单元

沿矿山道路占压土地两侧植被自矿山建设期就已经开始，而多数矿山闭坑后道路仍作为养护路予以保留，因此，根据矿山道路的特点，要选择体型高大、树冠适宜、深根性、滞尘能力强的植物。同时，从交通安全的角度考虑，选用的树种还应当具有分支点高、树冠整齐等特点。

（4）抗塘水面塌陷（挖损）土地复垦单元

矿山抗塘水面有采空深层塌陷积水区和露采矿山的底盘积水区，复垦成坑塘水面时，其周边多种植抗涝、抗污染的林草，并和浅水区净化水生植物搭配，以改善矿山水体和生态环境。

（5）矿山生活（办公）区压占土地复垦单元

对于大中型矿山，其生活、办公等区段压占土地时间较长，故要营造以园林植物为主的生态系统，进行造园绿矿、美化环境，绿化植物应选择树形优美、适应性强、防污能力强和净化功能好的树种，从而有效地美化环境、吸收污染、调节厂区小气候。

（6）矿山工业广场压占土地复垦单元

该单元是矿业活动最强烈的区段，是大量的有害气体、粉尘等污染的点源或面源。此区段的复垦一般需等到矿山闭坑后，故在生产期间，应该与生活区、办公区之间设置较宽的隔离林带，林带的宽度一般要达到 $30\sim50$ m，选择配置抗污染能力强和对有害气体吸收能力强的树种，以净化空气、吸滞粉尘。另外，工业广场一般土壤瘠薄，因此，选择的植物还应该具有耐瘠薄的特性。

(7)污染损毁土地复垦单元

污染损毁土地复垦单元主要有金属矿山的堆浸场、赤泥堆场、尾矿库等的压占土地区。主要特点是酸(碱)和重金属污染。在植物品种选择上,一是选择耐性植物;二是选择对土壤中污染元素具有特殊的吸收和富集能力的超积累植物。通过种植此类植物,一方面达到复垦区的植被重建,另一方面逐步实现对污染土壤的植物改良。

11.7 案例解析

11.7.1 白山市道清沟煤矿矿区概况

道清沟煤业有限责任公司位于吉林省白山市浑江区六道江镇属白山市八道江区管辖,该煤矿属国有煤矿,土地权属明确,无土地权属纠纷,批复矿区范围内采矿面积为 6.4730 km²。矿区中心地理坐标为:126°23′05″E、41°53′3″N。距白山市区南 4 km 处,距矿区北 6 km 处有鸭大线铁路浑江西站,矿区西北 1.5 km 处有四平市至白山市的国道 G201 线通过,在区内有砂石路相连,交通便利。矿区位于老龄山脉浑江南岸的中低山区,地形多属山间坡地,其中壶碰子山峰为矿区内最高峰,海拔高度为 806.4 m,矿区内最低点标高 472.4 m,相对高差约 334.0 m。

道清沟煤矿所在白山市浑江区(原名八道江区),西与通化市相连,北与柳河县交界,南与集安市接壤,东南与朝鲜民主主义人民共和国隔江相望,边境线长 45 km,区内总面积为 1388 km²。下辖 4 个镇、8 个乡镇级街道办事处、54 个行政村和 41 个城市社区,分别是:七道江镇、六道江镇、红土崖镇、三道沟镇;红旗街道、新建街道、东兴街道、通沟街道、城南街道、板石街道、江北街道、河口街道。

11.7.2 白山市道清沟煤矿案例分析

白山市道清沟煤矿矿区位于东北浑江盆地含煤区,区内富含煤炭等矿产资源。然而,国有煤矿和私营煤矿大面积的开发与开采,对当地土地资源的损毁、压占等破坏加剧,煤矿矿区的不适当的开发与开采,对生态环境产生负面效应,土地复垦迫在眉睫。

白山市在复垦治理中,根据道清沟煤矿土地损毁的方式、以土地类型图为基础,客观地划分为工业广场、井工广场、矸石山和塌陷区 4 类。采用归纳、分析与综合的定性分析方法,对道清沟煤矿区位、自然地理条件、矿区资源概况及社会经济发展状况进行分析与阐述。依据极限条件法,结合道清沟煤矿区内土地类型多为林地、草地,耕地保护较好,占用的情况较少等特点,将其土地适宜类划分为 3 个类型:①宜林地类;②宜草地类;③不宜林草地类。影响道清沟煤矿土地适宜类评价的主要因素为:坡度和土壤质地。进而运用 AHP 分析法,结合道清沟煤矿的宜林、宜草及不宜农林牧草的地类,选取地形坡度、土壤质地、土层厚度、水文因素、植被类型、塌陷深度与周边生态环境 7 个影响因子,进行权重分析,最终得出:适宜性评价土地质量等的主要影响因素有地形坡度、土壤质地与土层厚度。最后,运用加权指数和法,得出道清沟煤矿宜林、宜草、不适宜(暂时不适宜与永久不适宜)面积，以及待复垦土地面积比例。

影响道清沟煤矿复垦的主要因素是地形坡度、土壤质地与土层厚度，所以道清沟土壤复垦采用工程措施为主、生物化学措施为辅助的土地生态重构对策措施。在工程措施方面，采用地表覆盖技术、增加表上技术；在生物化学工程措施方面，采用生物改良技术和 pH 值化学改良技术等技术措施。通过采取一系列的措施，最终形成中草药材种植和经济动物养殖的林业区。

思考题

1. 什么是矿山土地复垦？简述矿山土地复垦的分类，试举几个例子？
2. 结合身边实例，谈谈地域性对矿山复垦的影响。
3. 矿山土地复垦设计时要考虑哪些矿山土壤的哪些性质和特征？
4. 不同矿山土地破坏类型如何选择复垦技术？
5. 如何进行对矿山土地复垦的评价，具体步骤如何？
6. 对矿山土地复垦进行评价时要考虑哪些内容，有哪些具体原则和依据？
7. 什么是矿山土壤复垦中的水利工程？
8. 在设计矿山土壤复垦中的水利工程时有哪几方面设计要点？
9. 简述污染土壤的修复方式。
10. 矿山土壤重构与修复要根据哪些因素进行设计？
11. 简述露采边坡植被重建技术。
12. 如何选择矿山复垦土地植被重建品种？

推荐阅读书目

1. 白中科，赵景奎，段永红，等. 工矿区土地复垦与生态重建. 中国农业科学技术出版社，2000.
2. 韩宝平. 矿区环境污染与防治. 中国矿业大学出版社，2008.
3. 雷海清，柏明娥. 矿山废弃地植被恢复的实践与发展. 中国林业出版社，2010.
4. 张国良. 矿区环境与土地复垦. 中国矿业大学出版社，1997：70-77.
5. 赵永红，周丹，余水静，等. 有色金属矿山重金属污染控制与生态修复. 冶金工业出版社，2014.

参考文献

白图雅，2021. 土壤中的有机污染物及其处理方法研究进展[J]. 内蒙古石油化工，47(1)：7-9.

包岩峰，杨柳，龙超，等，2018. 中国防沙治沙 60 年回顾与展望[J]. 中国水土保持科学，16(2)：144-150.

蔡美芳，李开明，谢丹平，等，2014. 我国耕地土壤重金属污染现状与防治对策研究[J]. 环境科学与技术，37(S2)：223-230.

蔡荣荣，黄芳，庄舜尧，等，2007. 集约经营雷竹林土壤有机质的时空变化[J]. 浙江林学院学报，24(4)：450-455.

曹志洪，周健民，2008. 中国土壤质量[M]. 北京：科学出版社.

曹志洪，1998. 科学施肥与我国粮食安全保障[J]. 土壤，30(2)：57-63，69.

曹志洪，2000. 继承传统土壤学的成果，促进现代土壤学的发展——论"土壤质量演变规律与可持续利用"研究[J]. 中国基础科学(10)：13-18.

陈卫平，杨阳，谢天，等，2018. 中国农田土壤重金属污染防治挑战与对策[J]. 土壤学报，55(2)：261-272.

陈正发，龚爱民，宁东卫，等，2021. 基于 RUSLE 模型的云南省土壤侵蚀和养分流失特征分析[J]. 水土保持学报，35(6)：7-14.

陈正发，史东梅，何伟，等，2019. 1980—2015 年云南坡耕地资源时空分布及演变特征分析[J]. 农业工程学报，35(15)：256-265.

翟亚男，2020. 土壤有机污染治理研究[J]. 资源节约与环保(11)：95-96.

董治宝，郑晓静，2005. 中国风沙物理研究 50a(Ⅱ)[J]. 中国沙漠(6)：3-23.

董智，李红丽，2011. 乌兰布和沙漠人工绿洲沙害综合控制技术体系[J]. 中国沙漠，31(2)：339-345.

樊胜岳，徐裕财，徐均，兰健，2014. 生态建设政策对沙漠化影响的定量分析[J]. 中国沙漠，34(3)：893-900.

范任君，崔昕毅，2021. 土壤中持久性有机污染物生物有效性研究[J]. 环境生态学，3(4)：15-26.

高大文，赵欢，李莹，等，2021. 有机污染场地生物修复技术挑战与展望[J]. 应用技术学报，21(4)：293-305.

高燕，张延玲，何小雷，2016. 东北黑土区耕地分布解译的遥感数据源对比[J]. 中国水土保持(7)：61-65.

龚子同，陈鸿昭，骆国保，2000. 人为作用对土壤环境质量的影响及对策[J]. 土壤与环境，9(1)：7-10.

关天霞，何红波，张旭东，等，2011. 土壤中重金属元素形态分析方法及形态分布的影响因素[J]. 土壤通报，42(2)：503-512.

韩晓增，邹文秀，2021. 东北黑土地保护利用研究足迹与科技发展望[J]. 土壤学报，58(6)：1341-1358.

环境保护部，国土资源部，2014. 全国土壤污染状况调查公报[R]. http：//www.cqbnhb.gov.cn/Html/1/zwgk/zcwj/2014-04-18/944.html

黄芳，蔡荣荣，孙达，等，2007. 集约经营雷竹林土壤氮素状况及氮平衡的估算[J]. 植物营养与肥料学报，13(6)：1193-1196.

黄锦法，曹志洪，李艾芬，等，2003. 稻麦轮作田改为保护地菜田土壤肥力质量的演变[J]. 植物营养与肥料学报，9(1)：19-25.

黄益宗，郝晓伟，雷鸣，等，2013. 重金属污染土壤修复技术及其修复实践[J]. 农业环境科学学报，32(3)：409-417.

姜培坤，徐秋芳，2004. 雷竹笋硝酸盐含量及其与施肥的关系[J]. 浙江林学院学报，21(1)：10-14.

姜培坤，叶正钱，徐秋芳，2003. 高效栽培雷竹林土壤重金属含量的分析研究[J]. 水土保持学报，17(4)：61-63

姜培坤，俞益武，张立钦，等，2000. 雷竹林地土壤酶活性研究[J]. 浙江林学院学报，17(2)：132-136.

蒋平安，盛建东，贾宏涛，2012. 土壤改良与培肥[M]. 乌鲁木齐：新疆人民出版社.

焦坤，李德成，2003. 蔬菜大棚条件下土壤性质及环境条件的变化[J]. 土壤，35(2)：94-97.

金爱武，周国模，郑炳松，等，1999. 雷竹保护地栽培林地退化机制的初步研究[J]. 福建林学院学报，19(1)：94-96.

靳一丹，陆雅海，2022. 大数据时代土壤微生物地理学的研究进展与展望[J]. 生态学报，42(13)：1-13.

康文平，刘树林，2014. 沙漠化遥感监测与定量评价研究综述[J]. 中国沙漠，34(5)：1222-1229.

李芳柏，徐仁扣，谭文峰，等，2020. 新时代土壤化学前沿进展与展望[J]. 土壤学报，57(5)：1088-1104.

李剑睿，徐应明，林大松，等，2014. 农田重金属污染原位钝化修复研究进展[J]. 生态环境学报，23(4)：721-728.

李玲，王珂，王秀丽，等，2021. 矿区复垦土壤研究进展[J]. 河南农业大学学报，55(1)：8-14.

梁飞，李智强，张磊，2018. 盐碱地改良技术实用问答及案例分析[M]. 北京：中国农业出版社.

梁飞，2017. 水肥一体化实用问答及技术模式、案例分析[M]. 北京：中国农业出版社.

刘邦瑜，2019. 论矿山土地复垦技术与生态重建[J]. 建材与装饰(33)：228-229.

刘德，吴凤芝，1998. 哈尔滨市郊蔬菜大棚土壤盐分状况及影响[J]. 北方园艺(6)：1-2.

刘国强，顾轩竹，胡哲伟，等，2022. 农业土壤有机污染生物修复技术研究进展[J]. 江苏农业科学，50(1)：27-33.

刘世增，徐先英，詹科杰，2017. 风沙物理学进展及其在沙漠化防治中的应用[J]. 科技导报，35(3)：29-36.

刘燕，孙浩峰，2021. 甘肃省生态清洁小流域建设技术体系研究[J]. 中国水土保持(7)：19-21，72，5.

龙安华，2021. 有机污染土壤淋洗液再生利用的研究进展[J]. 化工管理(14)：30-31.

卢晓岩，王明彤，汤继芹，2014. 浅谈新时期矿区土地复垦及生态重建构想的研究探索实践[J]. 土地资源利用，30(7)：136-137.

卢瑛，2001. 南京城市土壤的特性及其分类的初步研究[J]. 土壤(1)：47-51.

鲁如坤，1998. 土壤—植物营养学原理和施肥[M]. 北京：化学工业出版社.

陆佳裕，张祖强，李笑咪，等，2021. 土壤有机污染物迁移转化的界面行为研究进展[J]. 山东化工，50(18)：51-52，55.

孟赐福，傅庆林，水建国，等，1999. 浙江中部红壤施用石灰对土壤交换性钙、镁及土壤酸度的影响[J]. 植物营养与肥料学报，5(2)：129-136.

孟赐福，傅庆林，1995. 施石灰石后红壤化学性质的变化[J]. 土壤学报，32(3)：300-307.

潘志斌, 2017. 我国矿区土地复垦的主要问题及其对策分析[J]. 科技展望(14): 289.

彭珂珊, 1995. 中国耕地资源严重失衡与摆脱困境之途径[J]. 长江流域资源与环境, 4(3): 90-94.

彭新华, 王云强, 贾小旭, 等, 2020. 新时代中国土壤物理学主要领域进展与展望[J]. 土壤学报, 57
(5): 1071-1087.

沈仁芳, 陈美军, 孔祥斌, 等, 2012. 耕地质量的概念和评价与管理对策[J]. 土壤学报, 49(6):
1210-1217.

沈仁芳, 2018. 土壤学发展历程、研究现状与展望[J]. 农学学报, 8(1): 44-49.

史政都, 2020. 沙性土壤中挥发性有机污染物去除技术的模拟实验研究[D]. 太原: 太原科技大学.

水利部, 2013. 第一次全国水利普查水土保持情况公报[R]. 北京: 水利部.

孙波, 梁音, 徐仁扣, 等, 2018. 红壤退化修复长期研究促进东南丘陵区生态循环农业发展[J]. 中国
科学院野外台站, 33(7): 746-757.

汤继芹, 高树中, 井夫杰, 2014. 新时期矿区土地复垦及生态重建构想研究和环境恢复探索[J]. 资源
优化配置, 7(S2): 119-120.

唐克丽, 1999. 土壤侵蚀环境演变与全球变化及防灾减灾的机制[J]. 土壤与环境, 8(2): 81-86.

唐兴敏, 汪欣, 贾正勋, 等, 2022. 武汉市某污染场地开发利用后土壤环境质量分析[J]. 资源环境与
工程, 36(1): 54-59.

铁生年, 姜雄, 汪长安, 2013. 沙漠化防治化学固沙材料研究进展[J]. 科技导报, 31(Z1):
106-111.

汪海霞, 吴彤, 禄树晖, 2016. 我国围栏封育的研究进展[J]. 黑龙江畜牧兽医(9): 89-92.

王洪波, 2015. 半干旱地区历史时期沙漠化成因研究进展[J]. 干旱区资源与环境, 29(5): 69-74.

王慧, 马建伟, 范向宇, 等, 2007. 重金属污染土壤的电动原位修复技术研究[J]. 生态环境(1):
223-227.

王龙, 2019. 露天矿区土地复垦与生态重建问题探讨[J]. 中国金属通报(12): 165-166.

王涛, 2009. 沙漠化研究进展[J]. 中国科学院院刊, 24(3): 290-296.

王涛, 2016. 荒漠化治理中生态系统、社会经济系统协调发展问题探析——以中国北方半干旱荒漠区
沙漠化防治为例[J]. 生态学报, 36(22): 7045-7048.

王巍巍, 魏春雁, 张之鑫, 等, 2016. 不同种稻年限盐碱地水田表层土壤酶活性变化及其与土壤养分
关系[J]. 东北农业科学, 41(4): 43-48.

王泽林, 杨广, 王春霞, 等, 2019. 咸水灌溉对土壤理化性质和棉花产量的影响[J]. 石河子大学学报
(自然科版), 37(6): 700-707.

魏文杰, 程知言, 胡建, 等, 2018. 定额喷灌对滨海盐碱地的改良效果研究[J]. 中国农学通报, 34
(27): 137-141.

魏香婷, 李欢, 刘海琴, 等, 2021. 土壤中有机污染物多环芳烃的微生物降解[J]. 山东化工, 50
(13): 251-252.

吴同亮, 王玉军, 陈怀满, 2021. 2016—2020年环境土壤学研究进展与热点分析[J]. 农业环境科学学
报, 40(1): 1-15.

吴晓松, 梁凤霞, 2017. 我国矿区土地复垦及生态重建构想的研究与生态重建技术的应用[J]. 环境保
护与可持续发展, 36(4): 48-50.

吴燕玉, 1990. 土壤污染的评价指标及方法[A]//中国科学技术协会工作部编. 中国土地退化防治研究
[C]. 北京: 中国科学技术出版社.

吴正, 2009. 中国沙漠及其治理[M]. 北京: 科学出版社.

熊雪, 罗建川, 魏雨其, 等, 2018. 不均匀盐胁迫对紫花苜蓿生长特性的影响[J]. 中国农业科学, 51

（11）：2072-2083.

熊燕，2021. 土壤质量和土壤重金属污染评价方法综述[J]. 贵阳学院学报（自然科学版），16（3）：
　　92-95.

徐建明，汪海珍，2004. 土壤质量指标及评价体系研究进展[C]//. 中国土壤学会第十次全国会员代表
　　大会暨第五届海峡两岸土壤肥料学术交流研讨会论文集（面向农业与环境的土壤科学综述篇）. 北京：
　　科学出版社. 373-380.

徐仁扣，李九玉，周世伟，等. 2018. 我国农田土壤酸化调控的科学问题与技术措施[J]. 中国科学院
　　院刊，33（2）：160-167.

杨景成，韩兴国，黄建辉，等，2003. 土壤有机质对农田管理措施的动态响应[J]. 生态学报，23（4）：
　　787-796.

杨萍，魏兴琥，董玉祥，等，2020. 西藏沙漠化研究进展与未来防沙治沙思路[J]. 中国科学院院刊，
　　35（6）：699-708.

杨珍珍，耿兵，田云龙，等，2021. 土壤有机污染物电化学修复技术研究进展[J]. 土壤学报，58（5）：
　　1110-1122.

殷飞，王海娟，李燕燕，等，2015. 不同钝化剂对重金属复合污染土壤的修复效应研究[J]. 农业环境
　　科学学报，34（3）：438-448.

禹朴家，范高华，韩可欣，等，2018. 基于土壤微生物生物量碳和酶活性指标的土壤肥力质量评价初
　　探[J]. 农业现代化研究，39（1）：163-169.

袁和第，信忠保，侯健，等，2021. 黄土高原丘陵沟壑区典型小流域水土流失治理模式[J]. 生态学报，
　　41（16）：6398-6416.

袁金华，徐仁扣，2011. 生物质炭的性质及其对土壤环境功能影响的研究进展[J]. 生态环境学报，20
　　（4）：779-785.

张宝，2021. 新时期黄河流域水土流失防治对策[J]. 中国水土保持（7）：14-16，46.

张翠莲，玛喜，2010. 土壤退化研究的进展与趋向[J]. 北方环境，22（3）：42-45.

张甘霖，朱永官，傅伯杰，2003. 城市土壤质量演变及其生态环境效应[J]. 生态学报，23（3）：
　　539-546.

张力，黄帅，赵小娟，等，2021. 土壤及地下水有机污染的化学和生物修复[J]. 资源节约与环保
　　（12）：11-13，23.

张桃林，潘剑君，赵其国，1997. 土壤质量研究进展与方向[J]. 土壤（1）：2-8.

张桃林，王兴祥，2000. 土壤退化研究的进展与趋向[J]. 自然资源学报，15（3）：280-284.

张天宇，郝燕芳，2018. 东北地区坡耕地空间分布及其对水土保持的启示[J]. 水土保持研究，25（2）：
　　190-194.

张学雷，龚子同，2003. 人为诱导下中国的土壤退化问题[J]. 生态环境（12）：317-321.

张昱晨，2018. 土地沙漠化问题及其生态防治[J]. 环境与发展，30（4）：46-48.

赵斌，宋莉，2021. 矿区土地复垦与生态恢复技术研究[J]. 再生资源与循环经济，14（2）：36-38.

赵哈林，2012. 沙漠生态学[M]. 北京：科学出版社.

赵其国，孙波，张桃林，1997. 土壤质量与持续环境 Ⅰ. 土壤质量的定义及评价方法[J]. 土壤（3）：
　　113-120.

赵其国，2002. 中国东部红壤地区土壤退化的时空变化、机理及调控[M]. 北京：科学出版社.

赵述华，陈志良，张太平，等，2013. 重金属污染土壤的固化/稳定化处理技术研究进展[J]. 土壤通
　　报，44（6）：1531-1536.

赵晓丽，张增祥，汪潇，等，2014. 中国近30年耕地变化时空特征及其主要原因分析[J]. 农业工程

学报, 30(3): 1-11.

赵义君, 2020. 有机物污染土壤的高级氧化技术修复研究[J]. 山东化工, 49(8): 267-268.

周健民, 2015. 浅谈我国土壤质量变化与耕地资源可持续利用[J]. 土壤与生态环境安全, 30(4): 459-467.

朱祖祥, 1996. 中国农业百科全书(土壤卷)[M]. 北京: 中国农业出版社.

Mamontov E N, Tarasova E A, Mamontova, 2018. Persistent Organic Pollutants in Soils of Southern Baikal [J]. Russian Journal of General Chemistry, 88(13): 2862-2870.

A. L. Romero-Olivares, Allison S D, Treseder K K, 2017. Soil microbes and their response to experimental warming over time: A meta-analysis of field studies [J]. Soil Biology & Biochemistry, 107: 32-40.

Alao Micheal B, Adebayo Elijah A, 2022. Fungi as veritable tool in bioremediation of polycyclic aromatic hydrocarbons-polluted wastewater[J]. Journal of basic microbiology, 62: 3-4.

Alekseeva T, Alekseev A, Xu R K, et al., 2010. Effect of soil acidification induced by the tea plantation on chemical and mineralogical properties of yellow brown earth in Nanjing (China) [J]. Environmental Geochemistry and Health, 33: 137-148.

Ali Hazrat, Khan Ezzat, Sajad Muhammad Anwar, 2013. Phytoremediation of heavy metals-Concepts and applications[J]. Chemosphere, 97(7): 869-881.

Ambade Balram, Sethi Shrikanta Shankar, Giri Basant, et al., 2021. Characterization, behavior, and risk assessment of polycyclic aromatic hydrocarbons (PAHs) in the estuary sediments[J]. Bulletin of Environmental Contamination and Toxicology, 108(2): 243-252.

Babaeian E, Sadeghi M, Jones S B, et al., 2019. Ground, Proximal, and Satellite Remote Sensing of Soil Moisture [J]. Review of Geophysics, 57: 530-616.

Becerril-Pina R, Alberto Mastachi-Loza C, Gonzalez-Sosa E, et al., 2015. Assessing desertification risk in the semi-arid highlands of central Mexico[J]. Journal of Arid Environments, 120: 4-13.

Beckett C, Keeling A, 2018. Rethinking remediation: mine reclamation, environmental justice, and relations of care[J]. Local Environment, 24(3): 216-230.

Bennett J A, Klironomos J, 2019. Mechanisms of plant-soil feedback: interactions among biotic and abiotic drivers [J]. New Phytologist, 222: 91-96.

Bolan Nanthi, Kunhikrishnan Anitha, Thangarajan Ramya, et al., 2014. Remediation of heavy metal(loid)s contaminated soils- To mobilize or to immobilize[J]? Journal of Hazardous Materials, 266: 141-166.

Burakov Alexander E, Galunin Evgeny V, Burakova Irina V, et al., 2017. Adsorption of heavy metals on conventional and nanostructured materials for wastewater treatment purposes: A review[J]. Ecotoxicology and Environmental Safety, 148: 702-712.

Chen Z X, Yang Y J, Zhou L, et al., 2022. Ecological restoration in mining areas in the context of the Belt and Road initiative: Capability and challenges[J]. Environmental Impact Assessment Review, 95: 106767.

Crowther T W, van den Hoogen J, Wan J, et al., 2019. The global soil community and its influence on biogeochemistry [J]. Science, 365: eaav0550.

Cui J X, Chang H, Cheng K Y, et al., 2017. Climate change, desertification, and societal responses along the Mu Us Desert margin during the Ming Dynasty[J]. Weather, Climate and Society, 9(1): 81-94.

Doran J W, Parkin T B, 1994a. Quantitative indicators of soil quality: a minimum date set[A]// Doran J W, Jones A J. Methods for assessing soil quality. Soil Science Society of American, Special Publication 49, Madison, Wisconsin WI. 25-37.

Doran J W, Parkin T B, 1994b. Defining and assessing soil quality[A]//Doran J W, Timothy B P. Defining

Soil Quality for a Sustainable Environment. Soil Science Society of American Publication No. 35. Inc, Madison, Wisconsin, USA. 3-21.

Feng Y, Wang J M, Bai Z K, et al., 2019. Effects of surface coal mining and land reclamation on soil properties: A review[J]. Earth-Science Reviews, 191: 12-25.

Fujii K, Hartono A, Funakawa S, et al., 2011. Acidification of tropical forest soils derived from serpentine and sedimentary rocks in East Kalimantan, Indonesia [J]. Geodema, 160(3-4): 311-323.

Guan Y P, Jiang N, Wu Y X, et al., 2021. Disentangling the role of salinity-sodicity in shaping soil microbiome along a natural saline-sodic gradient[J]. Science of the Total Environment, 765: 142738.

Guo J H, Liu X J, Zhang Y, et al., 2010. Significant acidification in major Chinese croplands [J]. Science, 327(5968): 1008-1010.

Huang Y Z, Wang N A, He T H, et al., 2009. Environmental significance of RSL in ancient city wall: historical desertification of Ordos Plateau, Northern China[J]. Climatic Change, 93: 55-67.

Jaishankar Monisha, Tseten Tenzin, Anbalagan Naresh, et al., 2015. Soil Contamination in China: Current status and mitigation strategies[J]. Environmental Science & Technology. 49(2): 750-759.

Jeffery S, Verheijen F, van Der Velde M, et al., 2011. A quantitative review of the effects of biochar application to soils on crop productivity using meta-analysis [J]. Agriculture Ecosystems and Environment, 144 (1): 175-187.

Karien D L, Mausbach M J, Doran J W, et al., 1997. Soil quality: a concept, definition, and framework for evaluation(A guest editorial)[J]. Soil Science Society of America Journal, 61: 4-10.

Kevin C Jones, Jennifer A Stratford, Keith S Waterhouse, et al., 2002. Organic contaminants in Welsh soils: polynuclear aromatic hydrocarbons[J]. Environmental. Science and Technology, 23(5): 540-550.

Krishnamurthy N, 2014. Toxicity, mechanism and health effects of some heavy metals [J]. Interdisciplinary Toxicology, 7(2): 60-72.

Kumar Bhupander, Verma Virendra Kumar, Kumar Sanjay, 2022. Source apportionment and risk of polycyclic aromatic hydrocarbons in Indian sediments: a review[J]. Arabian Journal of Geosciences, 15(6).

Kumar C, Ramawat N, Verma A K, 2022. Organic fertigation system in saline-sodic soils: A new paradigm for the restoration of soil health[J]. Agronomy Journal, 114(1): 317-330.

Lang L, Wang X, Wang G, et al., 2015. Effects aeolian processes on nutrient loss from surface soils and their significance for sandy desertification in Mu Us Desert, China: a wind tunnelapproach[J]. Journal of Arid Land, 7(4): 421-428.

Larson W E, Pierce F J, 1991. Conservation and enhancement of soil quality[C]// Evaluation for sustainbale land management in the developing word: proceedings of the International Workshop on Evaluation for Sustainable Land Management in the Developing World, Chiang Rai, Thailand, 15-21.

Li G S, Hu Z Q, Li P Y, et al., 2022. Innovation for sustainable mining: Integrated planning of underground coal mining and mine reclamation[J]. Journal of Cleaner Production, 351: 131522.

Li S, Yu F, Werger M, et al., 2011. Habitat-specific demography across dune fixation stages in a semi-arid sandland: Understanding the expansion, stabilization and decline of a dominant shrub[J]. Journal of Ecology, 99(2): 610-620.

Liang L Z, Zhao X Q, Yi X Y, et al., 2013. Excessive application of nitrogen and phosphorus fertilizers induces soil acidification and phosphorus enrichment during vegetable production in Yangtze River Delta, China [J]. Soil Use and Management, 29: 161-168.

Liu X B, Lee Burras C, Kravchenko Y S, et al., 2012. Overview of mollisols in the world: Distribution, land use and management[J]. Canadian Journal of Soil Science, 92(3): 383-402.

Liu Lianwen, Li Wei, Song Weiping, et al., 2018. Remediation techniques for heavy metal-contaminated soils: Principles and applicability[J]. Science of the Total Environment, 633: 206-219.

Logeshwaran Panneerselvan, Subashchandrabose Suresh Ramraj, Krishnan Kannan, et al., 2022. Polycyclic aromatic hydrocarbons biodegradation by fenamiphos degrading microbacterium esteraromaticum MM1[J]. Environmental Technology & Innovation, 27: 102465.

Markéta Hendrychová, Kamila Svobodova, Martin Kabrna, 2020. Mine reclamation planning and management: Integrating natural habitats into post-mining land use[J]. Resources Policy, 69: 101882.

Meng C F, Lu X N, Cao Z H, et al., 2004. Long-term effects of lime application on soil acidity and crop yields on a red soil in central Zhejiang[J]. Soil and Plant, 265(1-2): 101-109.

Miao Y, Jin H, Cui J, 2016. Human activity accelerating the rapid desertification of the Mu Us sandy Lands, North China[J]. Scientific Reports, 6: 23003.

Molina Lázaro, Segura Ana, 2021. Biochemical and metabolic plant responses toward polycyclic aromatic hydrocarbons and heavy metals present in atmospheric pollution[J]. Plants, 10(11): 2305.

Osman K T, 2018. Saline and sodic soils[A]// Management of Soil Problems[M]. Cham: Springer.

Peco J D, Higueras P, Campos J A, et al., 2021. Abandoned mine lands reclamation by plant remediation technologies[J]. Sustainability, 13(12): 6555.

Peng X, Horn R, Hallett P, 2015. Soil structure and its functions in ecosystems: Phase matter & scale matter [J]. Soil & Tillage Research, 146: 1-3.

Phenrat Tanapon, Malem Fairda, Soontorndecha Peerapong, et al., 2012. Feasibility evaluation of using polymer-modified nanoscale zerovalent iron (NZVI) together with electromagnetic induction heating to accelerate remediation of groundwater and soil contaminated with volatile chlorinated organic pollutants[J]. Abstracts of Papers of the American Chemical Society, 243.

Pratiwi, Narendra B H, Siregar C A, et al., 2021. Managing and reforesting degraded post-mining landscape in Indonesia: A review[J]. Land, 10(6): 658.

Qian L, Chen B, Hu D, 2013. Effective alleviation of aluminum phytotoxicity by manure derived biochar [J]. Environmental Science & Technology, 47(6): 2737-2745.

Qiao M, Wang J J, Li Y, et al., 2017. Soil and water conservation technology in the Zhifanggou watershed. Journal of Resources and Ecology, 8(4): 433-440.

R Prăvălie, Patriche C, Bandoc G, 2017. Quantification of land degradation sensitivity areas in Southern and Central Southeastern Europe. New results based on improving DISMED methodology with new climate data [J]. Catena, 158: 309-320.

Rabot E, Wiesmeier M, Schlüter S, et al., 2018. Soil structure as an indicator of soil functions: A review [J]. Geoderma, 314: 122-137.

Ray R. Weil, Nyle C. Brady, 2016. The nature and properties of soils[M]. 15th Edition. New York: Pearson.

Schaetzl, Randall J, and Michael L Thompson, 2015. Soils. London: Cambridge university press.

Shi RY, Liu ZD, Li Y, et al., 2019. Mechanisms for increasing soil resistance to acidification by long-term manure application[J]. Soil and Tillage Research, 185: 77-84.

Singer M J, Ewing s, 2000. Soil quality[A]// Sumner M E. Handbook of Soil Science[M]. Boca Raton: CRC Press.

Sojka R E, Upchurch D R, 1999. Reservation regarding the soil quality concept[J]. Soil Science Society of

America Journal, 63(5): 1039−1054.

Sun J, Liu H B, Zhang L Q, *et al.*, 2015. Experimental study of the application of sodium silicate in the windbreak and sand fixation engineering[J]. Advanced Materials Research, 1092−1093.

Száková, Pulkrabová, Černý, *et al.*, 2019. Selected persistent organic pollutants (POPs) in the rhizosphere of sewage sludge-treated soil: implications for the biodegradability of POPs[J]. Archives of Agronomy and Soil Science, 65(7): 994−1009.

Wang JianLong, Chen, Can, 2009. Biosorbents for heavy metals removal and their future[J]. Biotechnology Advances, 27(2): 195−226.

Wei Chen, Mason B Tomson, 2006. Sequestration of organic contaminants in soil/sediment and its impact on contaminant fate[J]. Chinese Journal of Geochemistry, 25(1): 262−263.

Whyte M, 2011. Salinity Management Handbook[M]. 2nd edition. New York: Elsevier Scientific Publishing, Resource Sciences Centre.

Wiesmeier M, Urbanski L, Hobley E, *et al.*, 2019. Soil organic carbon storage as a key function of soils − A review of drivers and indicators at various scales[J]. Geoderma, 333: 149−162.

Yang J L, Zhang G L, Huang L M, *et al.*, 2013. Estimating soil acidification rate at watershed scale based on the stoichiometric relations between silicon and base cations[J]. Chemical Geology, 337−338: 30−37.

Yang X P, 2010. Climate change and desertification with special reference to the cases in China[A]// Dodson J. Changing Climates, Earth Systems and Society[M]. Berlin: Springer: 177−187.

Yang Zhenni, Liu Zeshen, Wang Kehuan, *et al.*, 2022. Soil microbiomes divergently respond to heavy metals and polycyclic aromatic hydrocarbons in contaminated industrial sites [J]. Environmental Science and Ecotechnology, 10: 1000169.

Yu P J, Liu S W, Yang H T, *et al.*, 2018. Short-term land use conversions influence the profile distribution of soil salinity and sodicity in northeastern China[J]. Ecological Indicators, 88: 79−87.

Zeng Hao, Fang Bo, Hao Kelu, *et al.*, 2022. Combined effects of exposure to polycyclic aromatic hydrocarbons and metals on oxidative stress among healthy adults in Caofeidian, China[J]. Ecotoxicology and Environmental Safety, 230: 113168.

Zeng Xiangying, Liu Yi, Xu Liang, *et al.*, 2021. Co-occurrence and potential ecological risk of parent and oxygenated polycyclic aromatic hydrocarbons in coastal sediments of the Taiwan Strait[J]. Marine Pollution Bulletin, 173: 113093.

Zhang Guanglong, Lan Tingting, Yang Guangqian, *et al.*, 2021. Contamination, spatial distribution, and source contribution of persistent organic pollutants in the soil of Guiyang city, China: a case study[J]. Environmental Geochemistry and Health. HTTPS: //DOI. ORG/10. 1007/S10653−021−01089−5.

Zhao G J, Kondolf G M, Mu X M, *et al.*, 2017. Sediment yield reduction associated with land use changes and check dams in a catchment of the Loess Plateau, China[J]. Catena, 148: 126−137.

Zheng Meilin, Zhao Yinghao, Miao Lili, *et al.*, 2021. Advances in bioremediation of polycyclic aromatic hydrocarbons contaminated soil[J]. Chinese Journal of Biotechnology, 37(10): 3535−3548.